JN374330

ARCHITECTURE & DESIGN COMPETITION

설계경기 02_문화 · 주거

설계경기 02_문화·주거

no.135 ~ 146
Office
Culture
Education
Welfare
Housing
Commerce
Urban
Traffic
Sports
Medical
Landscape

설계경기 02_문화·주거
no.135 ~ 146

Contents

문화

시립청소년음악창작센터 (주)신한종합건축사사무소 | (주)해천건축사사무소 ... 14

함안박물관 리모델링 및 제2전시관 증축 건축사사무소 사람인 + 다림건축사사무소 | (주)무위건축사사무소 | 건축사사무소 시토 ... 24

돈의문 박물관마을 수직정원 (주)그람디자인 + (주)코어건축사사무소 ... 36

대전국제전시컨벤션센터 (주)디엔비건축사사무소 ... 40

순천시 목재문화체험장 (주)아이에스피건축사사무소 | (주)에스지파트너스건축사사무소 ... 50

당인리 문화공간 조성 건축사사무소 매스스터디스 | (주)건축사사무소 아크바디 + (주)종합건축사사무소 스페이스 오 ... 66

참살이 발효마을 조성 (주)길종합건축사사무소이엔지 ... 84

충남스포츠센터 에이앤유디자인그룹건축사사무소(주) + 큐빅 이엔지건축사사무소 ... 94

오산시 반려동물 테마파크 (주)케이지엔지니어링종합건축사사무소 | (주)건축사사무소토담21 + (주)제이티이엔지 ... 106

경산 명품대추 홍보관 건축사사무소 상생호 ... 122

망우리공원 웰컴센터 모노건축사사무소 | (주)이손건축 건축사사무소 ... 126

농업공화국 조성사업 플로건축사사무소 + 건축사사무소 바탕 + (주)그람디자인 + 이병연 ... 136

구루물 아지트 (주)무심종합건축사사무소 ... 144

금천 고가하부공간 활용 공공공간 건축사사무소 니즈건축 ... 152

목재문화체험장 건축사사무소 더안 + 건축사사무소 이레 | 블루건축사사무소 + 밀건축사사무소 | 디에이건축사사무소 ... 156

강동구 청소년 문화의 집 여느건축디자인 건축사사무소 | 베이직 건축사사무소 ... 177

국립인천해양박물관 (주)디엔비건축사사무소 ... 194

파주 무대공연종합아트센터 (주)디엔비건축사사무소 ... 202

한겨레 얼 체험관 블루건축사사무소 + 프로덕티브 ... 210

보성군 복합커뮤니티센터 (주)리가온건축사사무소 ... 214

대가야역사문화클러스터사업(가얏고 전수관 및 연수원) (주)사이어쏘시에이츠 건축사사무소 | 건축사사무소 엘브로스 ... 220

민주인권기념관 (주)디아건축사사무소 | 지요건축사사무소 ... 236

전주 육상경기장 증축 및 야구장 (주)해안종합건축사사무소 ... 251

광주문화예술회관 리모델링 (주)디아이지건축사사무소 ... 260

설계경기 02_문화 · 주거
Architecture & Design Competition

화성동탄2 트라이엠파크 복합문화공간 (주)상지엔지니어링건축사사무소 + 지앤디 건축사사무소 ······ 268

제천예술의전당 건립 및 도심광장 (주)행림종합건축사사무소 ······ 276

석촌호수 아트갤러리 원정연 + (주)위드웍스에이앤이건축사사무소 ······ 282

광주문학관 (주)건축사사무소 플랜 ······ 287

서울 공공한옥 한옥체험시설 리모델링 (주)참우리건축사사무소 | (주)구가도시건축 건축사사무소 ······ 294

서서울미술관 더 시스템랩 + 제이더블유랜드스케이프 ······ 306

혁신어울림센터 (주)부산건축종합건축사사무소 + (주)한미건축종합건축사사무소 ······ 310

선사문화체험관 · 청소년문화의집 건축사사무소 이레플랜 ······ 316

향남문화복합센터 (주)에이플러스건축사사무소 + 디유랩건축사무소 + 조종수 ······ 322

국립여수해양기상과학관 (주)건축사사무소 유앤피 ······ 330

송정복합문화센터 (주)엠피티종합건축사사무소 | (주)다움건축 종합건축사사무소 ······ 336

수원문화시설 (주)에이플러스건축사사무소 + (주)진우종합건축사사무소 + 디유랩건축사무소 + 조종수 | (주)제이앤제이건축사사무소 + (주)디본건축사사무소 ······ 352

춘천먹거리 복합문화공간 심플렉스 건축사사무소 + 어반야드 | (주)산이앤씨건축사사무소 + 스튜디오 도감 + 스튜디오 MRDO | 건축사사무소 에브리아키텍츠 ······ 364

여수시립박물관 (주)아이에스피건축사사무소 + (주)인테크디자인 | (주)리가온건축사사무소 + 송성욱 ······ 382

천안시 청소년복합커뮤니티센터 (주)길종합건축사사무소이엔지 + (주)디엔비건축사사무소 ······ 394

주거

양주회천 A-17BL 공동주택 (주)해안종합건축사사무소 ······ 406

군산 금광지구 행복주택 (주)길종합건축사사무소이엔지 | (주)건축사사무소 윤원 ······ 414

파주운정3 A-23BL 공동주택 (주)다인그룹엔지니어링건축사사무소 + (주)위더스건축사사무소 ······ 432

옛 성동구치소 부지 신혼희망타운 (주)디에이그룹엔지니어링종합건축사사무소 ······ 436

과천지식정보타운 S-10BL 김태철 + (주)건축사사무소 두올아키텍츠 ······ 444

원주무실지구 A-2BL 공동주택 (주)종합건축사사무소 가람건축 + (주)강남종합건축사사무소 ······ 452

부산 에코델타시티 대방노블랜드 아파트 13블럭 (주)무영종합건축사사무소 ······ 462

Contents

CULTURE

Creative Music & Sound Center for Youth Shinhan Architects & Engineers | SEASKY Architects & Associates — 14

Haman Museum Remodeling and 2nd Exhibition Hall Extension architectural design group Saramin + Darim architects | Muwi Architectural Office | atelier SIte-TOpos — 24

Donuimun Open Creative Village Vertical Garden gramdesign + CoRe architects — 36

Daejeon International Convention center D&B architecture design group — 40

Suncheon Woodcraft Culture & Experience Center ISP Architect & Engineering | SG Partners Architecture — 50

Danginri Culture Space Design Mass Studies | ARCBODY architects + space OH_O — 66

Chamsari Fermentation Village Design GIL Architects & Engineers Co., Ltd. — 84

Chungnam Sports Center architecture & urbanism design group + CUBIC Engineering Design Group — 94

Osan Companion Animal Theme Park KG Engineering & Architecture Co., Ltd. | Todam21 Architects + JTENG — 106

Gyeongsan Jujube Promotion Center SANGSAENGHO Architects & Partnership — 122

Manguri Park Welcome Center MONO Architects | ISON ARCHITECTS — 126

Urban Farming Platform Design FLO Architects + Batang Architects + Gramdesign + Lee Byungyun — 136

Gurumul Agit Moosim Architects & Engineers — 144

Geumcheon Public Space of the Below the Overpass NEEDS ARCHITECTS — 152

Woodcraft Culture & Experience Center THEAN Architect & Engineer + IRE Architect & Engineer | BLUE Architects + MIL Architects | DA architects — 156

Gangdong-gu Youth Center Yeoneu Architects | BAZIK ARCHITECT — 177

Incheon National Maritime Museum D&B architecture design group — 194

Paju Stage Performance Art Center D&B architecture design group — 202

Korean Race Spirit Experience Center BLUE Architects — 210

Boseong Community Center REGAON Architects & Planners Co., Ltd. — 214

Daegaya History Culture Cluster Project (Gayatgo Succession Hall & Training Institute) SAI ASSOCIATES | Lbros Architects — 220

Democracy and Human Rights Memorial Hall DIA ARCHITECTURE | Jiyo Architects — 236

Jeonju Athletic Stadium and Baseball Park HAEAHN Architecture, Inc. — 251

Remodeling of Gwangju Culture & Arts Center D.I.G Architects — 260

02 Culture · Housing
Architecture & Design Competition

Hwaseong Dongtan 2 Tri-M Park Multi-Cultural Complex Sangji Environment & Architects INC. + GND Architects	268
Jecheon Arts Center and the Urban Plaza Design HAENGLIM Architecture & Engineering	276
Seokchon Lake Art Gallery Won Chungyeon + WITHWORKS Architects & Engineers Inc.	282
Gwangju Literary House Plan Architects Office, Inc.	287
Seoul Public Hanok, Hanok Experience Facility Remodeling CHAMOOREE Architects	guga urban architecture	294
Seo-Seoul Museum of Art THE_SYSTEM LAB + jwl	306
Innovation Eoulim Center Busan Architecture + Hanmi Architects	310
Prehistoric Cultural Experience Center · Youth Culture House iREPLAN ARCHITECT	316
Hyangnam Culture Complex Center APLUS + Design United Lab. + Cho Jongsoo	322
Yeosu National Maritime Meteorological Science Museum UNP Architects	330
Songjeong Complex Cultural Center MPT Total Architects & Consultants Corp.	DAUM Architects and Planners Ltd.	336
Suwon Cultural Facility APLUS Architects & Engineering + JINWOO Architects & Engineers Group + Design United Lab. + Cho Jongsoo	J&J Design Group + design bon architects	352
Chuncheon Food Complex Culture Space Simplex Architecture + Urban Yards	SAN E&C ARCHITECTS + STUDIO DOGAM + STUDIO MRDO	everyarchitects	364
Yeosu City Museum ISP Architect & Engineering + INTECH DESIGN	REGAON Architects & Planners Co., Ltd. + Song Sungwook	382
Cheonan-si Youth Complex Community Center GIL Architects & Engineers Co., Ltd. + D&B architecture design group	394

HOUSING

Yangju Hoecheon A-17BL Housing HAEAHN Architecture, Inc.	406
Gunsan Geumgwang District Happy Housing GIL Group Total Design Architecture	Yunwon Architect/Planners/Engineers	414
Paju Unjeong 3 A-23BL Housing DAAIN GROUP Architects & Engineers Co., Ltd. + WITHUS Architecture Co., Ltd.	432
Newlywed Hope Town on the Site of Seongdong Detention Center DA GROUP Urban Design & Architecture Co., Ltd.	436
Gwacheon Knowledge Information Town S-10BL Kim Taecheol+ Doall Architects & Engineering	444
Wonju Musil District A-2BL Housing GARAM Architects & Associates + KANG NAM ARCHITECTS & PLANNERS	452
Busan Eco Delta City Daebang Noble Land Apartment 13BL MOOYOUNG architects & engineers	462

시립청소년음악창작센터
대지위치 서울특별시 양천구 신정동 1290-6번지 외 필지
발주처 서울특별시
대지면적 1,935.8㎡
추정공사비 13,514백만원
설계용역비 678백만원
참가등록 2018. 9. 10 ~ 10. 10
질의접수 2018. 9. 17 ~ 9. 21
현장설명 2018. 9. 20
질의회신 2018. 10. 8
작품접수 2018. 11. 22
당선 (주)신한종합건축사사무소
2등 (주)해천건축사사무소

함안박물관 리모델링 및 제2전시관 증축
대지위치 경상남도 함안군 가야읍 도항리 799번지 일원
발주처 함안군청
대지면적 22,620㎡
연면적 증축 2,036㎡
예정사업비 6,709백만원
설계용역비 314백만원
참가등록 2018. 8. 31
현장설명 2018. 8. 31
질의접수 2018. 9. 3 ~ 9. 4
질의회신 2018. 9. 7
작품접수 2018. 11. 29
당선 건축사사무소 사람인 + 다림건축사사무소
2등 (주)무위건축사사무소
3등 건축사사무소 시토

돈의문 박물관마을 수직정원
대지위치 서울특별시 종로구 송월길 2 일원
발주처 서울특별시청
연면적 D동 - 2,114.18㎡ / H동 - 474.66㎡ / 수직정원 - 552㎡
추정공사비 약 15억원
설계용역비 78,780천원
현장설명 2018. 11. 13
참가등록 2018. 11. 16
질의접수 2018. 11. 14 ~ 11. 16
질의회신 2018. 11. 20
작품접수 2018. 12. 14
당선 (주)그람디자인 + (주)코어건축사사무소

대전국제전시컨벤션센터
대지위치 대전광역시 유성구 도룡동 3-8 엑스포공원 내 대전무역전시관부지
발주처 대전광역시청
대지면적 27,972㎡
연면적 40,970㎡
추정공사비 79,779백만원
설계용역비 1,312,436천원
참가등록 2017. 12. 14
현장설명 2017. 12. 18
질의접수 2017. 12. 20 ~ 12. 21
질의회신 2017. 12. 26
작품접수 2018. 3. 13
당선 (주)디엔비건축사사무소

순천시 목재문화체험장
대지위치 전라남도 순천시 해룡면 대안리 1192-9번지 일원
발주처 순천시청
대지면적 11,267㎡
연면적 1,000㎡
추정공사비 6,156백만원
설계용역비 296,562천원
참가등록 2018. 11. 7
현장설명 2018. 11. 7
질의접수 2018. 11. 12 ~ 11. 15
질의회신 2018. 11. 19
작품접수 2018. 12. 26
당선 (주)아이에스피건축사사무소
2등 (주)에스지파트너스건축사사무소

당인리 문화공간 조성
대지위치 서울특별시 마포구 당인동 1번지 외 68필지
발주처 문화체육관광부, 한국중부발전
대지면적 118,779㎡
추정공사비 서울화력 4,5호기 - 42,071백만원 / 주차장 - 15,063,544,320원
설계용역비 3,308백만원 / 725,938,400원
참가등록 2018. 10. 15 ~ 10. 19
현장설명 2018. 10. 22
질의접수 2018. 10. 15 ~ 10. 26
질의회신 2018. 10. 30
작품접수 2018. 12. 7
당선 건축사사무소 매스스터디스
가작 (주)건축사사무소 아크바디 + (주)종합건축사사무소 스페이스 오

참살이 발효마을 조성
대지위치 전라북도 순창군 순창읍 백산리 580번지 일원
발주처 순창군청
대지면적 발효테라피센터 - 8,060㎡ / 누룩체험관 - 4,126㎡ / 세계발효마을 체험농장 - 9,152.00㎡ / 식물원 - 7,490㎡ / 추억의식품거리 - 7,434㎡
추정공사비 160억원
설계용역비 718,157천원
참가등록 2018. 10. 22
현장설명 2018. 10. 23
질의접수 2018. 10. 29
질의회신 2018. 11. 5
작품접수 2018. 12. 21
당선 (주)길종합건축사사무소이엔지

충남스포츠센터
대지위치 충청남도 예산군 삽교읍 목리 1967, 1969
발주처 충청남도청
대지면적 20,614.7㎡
추정공사비 29,293백만원
설계용역비 1,582,365천원
참가등록 2019. 1. 18
현장설명 2019. 1. 18
질의접수 2019. 1. 23
질의회신 2019. 1. 28
작품접수 2019. 3. 27
당선 에이앤유디자인그룹건축사사무소(주) + 큐빅 이엔지 건축사사무소

오산시 반려동물 테마파크
대지위치 경기도 오산시 오산천로 72
발주처 오산시청
대지면적 10,000㎡
연면적 3,000㎡
추정공사비 88억원

설계용역비 463,180천원
참가등록 2018. 11. 13
현장설명 2018. 11. 14
질의접수 2018. 11. 15 ~ 11. 16
질의회신 2018. 11. 19
작품접수 2019. 1. 11
당선 (주)케이지엔지니어링종합건축사사무소
우수 (주)건축사사무소토담21 + (주)제이티이엔지

경산 명품대추 홍보관
대지위치 경상북도 경산시 갑제동 105번지 일원
발주처 경산시청
대지면적 3,862㎡
연면적 660㎡
추정공사비 2,100백만원
설계용역비 111,540천원
참가등록 2018. 11. 29
현장설명 2018. 11. 29
질의접수 2018. 12. 3
질의회신 2018. 12. 7
작품접수 2019. 1. 31
당선 건축사사무소 상생호

망우리공원 웰컴센터
대지위치 서울특별시 중랑구 망우로 570
발주처 서울특별시청
대지면적 5,000㎡
추정공사비 4,946백만원
설계용역비 272백만원
참가등록 2018. 11. 8 ~ 11. 15
질의접수 2018. 11. 16 ~ 11. 22
질의회신 2018. 11. 28
작품접수 2019. 1. 11
당선 모노건축사사무소
3등 (주)이손건축 건축사사무소

농업공화국 조성사업
대지위치 서울특별시 강서구 마곡동 727-164번지 일대
발주처 서울특별시청
대지면적 11,817㎡
연면적 9,810㎡
추정공사비 32,576백만원
설계용역비 1,489,270천원
참가등록 2019. 3. 29 ~ 4. 25
현장설명 2019. 4. 9
질의접수 2019. 4. 10 ~ 4. 12
질의회신 2019. 4. 17
작품접수 2019. 4. 22 ~ 4. 26
당선 플로건축사사무소 + 건축사사무소 바탕 + (주)그람디자인 + 이병연

구루물 아지트
대지위치 충청북도 청주시 흥덕구 운천동 871번지 외 5필지
발주처 청주시청
대지면적 986.9㎡
연면적 1,700㎡
추정공사비 5,032백만원
설계용역비 207백만원
참가등록 2019. 3. 6
현장설명 2019. 3. 6
질의접수 2019. 3. 13 ~ 3. 15
질의회신 2019. 3. 22
작품접수 2019. 4. 19

당선 (주)무심종합건축사사무소

금천 고가하부공간 활용 공공공간
대지위치 서울특별시 금천구 가산동 677
발주처 서울특별시청
대지면적 368.1㎡
추정공사비 1,016,232천원
설계용역비 48,213천원
참가등록 2019. 7. 24 ~ 8. 2
질의접수 2019. 7. 29 ~ 7. 31
질의회신 2019. 8. 2
작품접수 2019. 8. 28
당선 건축사사무소 니즈건축

목재문화체험장
대지위치 대구광역시 달서구 송현동 산56번지
발주처 달서구청
대지면적 9,500㎡
연면적 1,200㎡
추정공사비 36억원
설계용역비 178,010천원
참가등록 2019. 7. 18 ~ 7. 19
현장설명 2019. 7. 19
작품접수 2019. 9. 16
당선 건축사사무소 더안 + 건축사사무소 이레
우수 블루건축사사무소 + 밀건축사사무소
가작 디에이건축사사무소

강동구 청소년 문화의 집
대지위치 서울특별시 강동구 천호동 308-9, 308-10
발주처 강동구청
대지면적 596㎡
연면적 2,140㎡
추정공사비 5,850백만원
설계용역비 270,580천원
참가등록 2019. 8. 12
현장설명 2019. 8. 12
질의접수 2019. 8. 14
질의회신 2019. 8. 20
작품접수 2019. 9. 18
당선 여느건축디자인 건축사사무소
우수 베이직 건축사사무소

국립인천해양박물관
대지위치 인천광역시 중구 북성동 1가 106-7 외 7필지
발주처 해양수산부
대지면적 27,335㎡
연면적 16,938㎡
추정공사비 54,243,700천원
설계용역비 2,736,351천원
참가등록 2019. 10. 30
질의접수 2019. 11. 1 ~ 11. 4
질의회신 2019. 11. 8
작품접수 2019. 11. 8
당선 (주)디엔비건축사사무소

파주 무대공연종합아트센터
대지위치 경기도 파주시 탄현면 법흥리 1631번지 외 1필지
발주처 문화체육관광부
대지면적 50,000㎡
연면적 13,403㎡
추정공사비 32,916백만원
설계용역비 1,585,350천원
참가등록 2019. 11. 20
질의접수 2019. 11. 21 ~ 11. 22
질의회신 2019. 11. 26
작품접수 2019. 11. 29
당선 (주)디엔비건축사사무소

한겨레 얼 체험관
대지위치 인천광역시 강화군 화도면 상방리 863-7번지 외 3필지
발주처 강화군청
대지면적 8,062㎡
연면적 660㎡
추정공사비 2,400백만원
설계용역비 112,075천원
참가등록 2019. 9. 6
질의접수 2019. 9. 11
질의회신 2019. 9. 17
작품접수 2019. 11. 1
당선 블루건축사사무소 + 프로덕티브

보성군 복합커뮤니티센터
대지위치 전라남도 보성군 보성읍 보성리 824-6번지외 10필지
발주처 보성군청
대지면적 5,700㎡
연면적 14,000㎡
추정공사비 27,500백만원
설계용역비 1,321백만원
참가등록 2019. 10. 14
현장설명 2019. 10. 14
질의접수 2019. 10. 15 ~ 10. 16
질의회신 2019. 10. 22
작품접수 2019. 11. 20
당선 (주)리가온건축사사무소

대가야역사문화클러스터사업(가얏고 전수관 및 연수원)
대지위치 경상북도 고령군 대가야읍 저전리 888-4 일대
발주처 고령군청
대지면적 17,636㎡
연면적 3,051.16㎡
추정공사비 7,468,600천원
설계용역비 437,547천원
참가등록 2019. 12. 27
현장설명 2019. 12. 27
질의접수 2019. 12. 31
질의회신 2020. 1. 3
작품접수 2020. 2. 17
당선 (주)사이어쏘시에이츠 건축사사무소
3등 건축사사무소 엘브로스

민주인권기념관
대지위치 서울특별시 용산구 한강대로 71길 37
발주처 행정안전부
대지면적 6,391㎡
연면적 6,719.60㎡
추정공사비 18,969백만원
설계용역비 994,898천원
참가등록 2019. 10. 15
현장설명 2019. 10. 15
질의접수 2019. 10. 15 ~ 10. 17
질의회신 2019. 10. 24
작품접수 2019. 12. 6
당선 (주)디아건축사사무소
2등 지요건축사사무소

전주 육상경기장 증축 및 야구장
대지위치 전라북도 전주시 덕진구 장동 545-1 일원
발주처 전주시청 시민의숲1963추진단
대지면적 122,958㎡
연면적 육상경기장 - 7,200㎡ / 야구장 - 10,100㎡
추정공사비 64,800,000천원
설계용역비 3,796,529천원
참가등록 2019. 12. 10
질의접수 2019. 12. 18
질의회신 2019. 12. 20
작품접수 2020. 2. 20
당선 (주)해안종합건축사사무소

광주문화예술회관 리모델링
대지위치 광주광역시 북구 북문대로 60
발주처 광주광역시청
대지면적 88,999㎡
연면적 47,012.44㎡
추정공사비 22,617,940천원
설계용역비 922,060천원
참가등록 2019. 11. 14
현장설명 2019. 11. 15
질의접수 2019. 11. 18
질의회신 2019. 11. 21
작품접수 2019. 12. 4
당선 (주)디아이지건축사사무소

화성동탄2 트라이엠파크 복합문화공간
대지위치 화성동탄2 근린공원 10호 내
발주처 한국토지주택공사
연면적 12,170㎡
설계용역비 1,901,657천원
참가등록 2019. 11. 18 ~ 11. 28
질의접수 2019. 11. 29 ~ 12. 3
작품접수 2020. 1. 6
당선 (주)상지엔지니어링건축사사무소 + 지앤디 건축사사무소

제천예술의전당 건립 및 도심광장
대지위치 충청북도 제천시 명동 68번지 일원
발주처 제천시청
대지면적 16,903㎡
연면적 10,000㎡
예정사업비 381.3억원
설계용역비 1,870,314천원
참가등록 2019. 10. 14
현장설명 2019. 10. 14
질의접수 2019. 10. 18
질의회신 2019. 10. 25
작품접수 2019. 12. 16
당선 (주)행림종합건축사사무소

석촌호수 아트갤러리
대지위치 서울특별시 송파구 신천동 32
발주처 송파구청
대지면적 1,396.58㎡
연면적 1,500㎡
추정공사비 5,310백만원

설계용역비 310,481천원
참가등록 2020. 1. 9 ~ 1. 10
현장설명 2020. 1. 14
질의접수 2020. 1. 16 ~ 1. 17
질의회신 2020. 1. 23
작품접수 2020. 2. 25
당선 원정연 + (주)위드웍스에이앤이건축사사무소

광주문학관
대지위치 광주광역시 북구 각화동 586번지
발주처 광주광역시청
대지면적 8,898㎡
연면적 2,543.67㎡
예정사업비 8,400백만원
설계용역비 312,640천원
참가등록 2020. 1. 30
현장설명 2020. 1. 31
질의접수 2020. 2. 3
질의회신 2020. 2. 10
작품접수 2020. 3. 23
당선 (주)건축사사무소 플랜

서울 공공한옥 한옥체험시설 리모델링
대지위치 서울특별시 종로구 북촌로 11가길 10
발주처 서울주택도시공사
대지면적 605㎡
연면적 455.12㎡
추정공사비 2,664백만원
설계용역비 170백만원
참가등록 2020. 4. 1
현장설명 2020. 4. 2
질의접수 2020. 4. 6
질의회신 2020. 4. 9
작품접수 2020. 4. 16
당선 (주)참우리건축사사무소
우수 (주)구가도시건축 건축사사무소

서서울미술관
대지위치 서울특별시 금천구 독산동 1151번지 일대(금나래중앙 공원 일부)
발주처 서울특별시 도시공간개선단
대지면적 7,370㎡
연면적 7,000㎡
추정공사비 26,600백만원
설계용역비 1,637백만원
참가등록 2020. 6. 12
질의접수 1차 - 2020. 4. 6 ~ 4. 10 / 2차 - 2020. 4. 20 ~ 4. 24
질의회신 1차 - 2020. 4. 20 / 2차 - 2020. 5. 4
작품접수 2020. 6. 22
당선 더 시스템랩 + 제이더블유랜드스케이프

혁신어울림센터
대지위치 부산광역시 동래구 온천동 129-2번지
발주처 동래구청
대지면적 1,320㎡
연면적 3,900㎡
추정공사비 9,850,000천원
설계용역비 493,856천원
참가등록 2020. 4. 22
질의접수 2020. 4. 23 ~ 4. 24
질의회신 2020. 4. 29
작품접수 2020. 5. 13

당선 (주)부산건축종합건축사사무소 + (주)한미건축종합건축사사무소

선사문화체험관·청소년문화의집
대지위치 대구광역시 달서구 대천동 339-2번지 일원
발주처 달서구청
대지면적 약 1,899.2㎡
연면적 약 4,680.0㎡
추정공사비 11,300,000천원
설계용역비 526,672천원
참가등록 2020. 4. 14
현장설명 2020. 4. 14
질의접수 2020. 4. 17
작품접수 2020. 6. 9
당선 건축사사무소 이레플랜

향남문화복합센터
대지위치 경기도 화성시 향남읍 하길리 1512번지(오음공원 내)
발주처 화성시청
대지면적 18,000㎡
연면적 6,800㎡
추정공사비 19,596,000천원
설계용역비 908,688천원
참가등록 2020. 4. 21
현장설명 2020. 4. 21
질의접수 2020. 4. 24
질의회신 2020. 5. 1
작품접수 2020. 6. 16
당선 (주)에이플러스건축사사무소 + 디유랩건축사사무소 + 조종수

국립여수해양기상과학관
대지위치 전라남도 여수시 공화동 1492-2번지 일원
발주처 광주지방기상청
대지면적 5,291.50㎡
연면적 5,549.49㎡
추정공사비 15,570,979천원
설계용역비 818,821천원
참가등록 2020. 5. 22
질의접수 2020. 5. 25 ~ 5 .27
질의회신 2020. 6. 1
작품접수 2020. 7. 13
당선 (주)건축사사무소 유앤피

송정복합문화센터
대지위치 울산광역시 북구 화봉동 1484-2번지
발주처 울산광역시 북구청
대지면적 1,523㎡
연면적 3,450㎡
추정공사비 10,600,000천원
설계용역비 472,670천원
참가등록 2020. 6. 9 ~ 6. 10
현장설명 2020. 6. 10
질의접수 2020. 6. 11
질의회신 2020. 6. 16
작품접수 2020. 7. 17
당선 (주)엠피티종합건축사사무소
우수 (주)다움건축 종합건축사사무소

수원문화시설
대지위치 경기도 수원시 권선구 호매실동 1366번지
발주처 수원시청
대지면적 4,000㎡
연면적 5,000㎡
추정공사비 17,756,000천원
설계용역비 800,030천원
참가등록 2020. 6. 10
현장설명 2020. 6. 11
질의접수 2020. 6. 11 ~ 6. 12
질의회신 2020. 6. 16
작품접수 2020. 7. 24
당선 (주)에이플러스건축사사무소 + (주)진우종합건축사사무소 + 디유랩건축사무소 + 조종수
2등 (주)제이앤제이건축사사무소 + (주)디본건축사사무소

춘천먹거리 복합문화공간
대지위치 강원도 춘천시 근화동 154-7번지 일원
발주처 춘천시청
대지면적 18,910㎡
연면적 1,700㎡
추정공사비 8,300,000천원
설계용역비 392,893천원
참가등록 2020. 5. 22 ~ 5. 28
현장설명 2020. 5. 26
질의접수 2020. 5. 28 ~ 5. 29
질의회신 2020. 6. 2
작품접수 2020. 7. 6
당선 심플렉스 건축사사무소 + 어반야드
최우수 (주)산이앤씨건축사사무소 + 스튜디오 도감 + 스튜디오 MRDO
가작 건축사사무소 에브리아키텍츠

여수시립박물관
대지위치 전라남도 여수시 웅천동 1865-1번지
발주처 여수시청
대지면적 33,000㎡
연면적 6,300㎡
추정공사비 26,279백만원
설계용역비 10,242백만원
참가등록 2020. 7. 30
현장설명 2020. 7. 30
질의접수 2020. 8. 3
질의회신 2020. 8. 7
작품접수 2020. 10. 19
당선 (주)아이에스피건축사사무소 + (주)인테크디자인
2등 (주)리가온건축사사무소 + 송성욱

천안시 청소년복합커뮤니티센터
대지위치 충청남도 천안시 서북구 불당동 1507번지
발주처 천안시청
대지면적 8,064.00㎡
연면적 10,500.00㎡
추정공사비 26,000,000천원
설계용역비 1,154,044천원
참가등록 2020. 8. 18
질의접수 2020. 8. 19
질의회신 2020. 8. 27
작품접수 2020. 9. 28
당선 (주)길종합건축사사무소이엔지 + (주)디엔비건축사사무소

설계경기 02_문화

시립청소년음악창작센터

당선작 (주)신한종합건축사사무소 정인호, 김상훈 설계팀 노 현, 김하나, 오인환, 박승균, 송자영, 강민지, 이성열, 김태훈

대지위치 서울특별시 양천구 신정동 1290-6외 4필지 **대지면적** 1,935.80㎡ **건축면적** 962.39㎡ **연면적** 5,610.00㎡ **건폐율** 49.72% **용적률** 221.68% **규모** 지하 1층, 지상 6층 **최고높이** 34.8m **구조** 철근콘크리트조 **외부마감** 로이복층유리, 고밀도 압축패널, U-글래스, 노출콘크리트 **주차** 25대(장애인 주차 1대 포함) **협력업체** 구조 - 상원구조, 기계 - 일송엔지니어링, 전기 - 삼우TEC, 토목 - S&P EnC, 친환경 - Sun&Light, 음향 - 에스엔 엔지니어링, 조경 - 이화원, C.G. - Genesis

락원; 소리, 그 자체를 즐기는 놀이터

락원(樂原)은 음악의 본질을 탐구하고 실험하여 새로운 소리를 창작하는 공간을 의미한다. 이 공간은 언제 어디서나 소리를 듣고, 만들고, 즐기고, 배우고 실험하며 쉬는 공간이 되고자 한다.

음악은 소리를 소재로 하는 예술로서 합주실, 실기실, 블랙박스 공연장, 트레이닝실, 합창실 등의 전용공간뿐만 아니라 외부의 이벤트 공간과 내부의 공용공간까지도 소리체험이 가능하도록 건축물 자체가 하나의 소리공간으로 만들고자 하였다. 이에 건물 내외부 8개의 공간에 소리풍경 즉 '사운드 스케이프'를 제공함으로써 로비와 외부 공유공간은 사람들이 모여 일상의 소리를 담아내는 공간이 되고, 상층부는 소리를 공유하고 실험하는 창작활동의 장소로 제공된다.

소리를 모으고, 나누며, 쉬고 즐기려는 청소년 음악창작센터 '락원'은 지역 주민들에게는 문화교류의 장소이자 커뮤니티 공간이 되고, 청소년들에게는 음악의 놀이터이자 자유로운 음악창작활동과 미래를 꿈꿀 수 있는 지원공간으로 바쁜 일상 속 잠시 휴식시간을 갖는 쉼터가 될 것이다.

A playground for relishing sound itself

Rakwon means a place for exploring the essence of music, conducting musical experiments and creating a new sound. This space wants to become a place where people can hear, create, enjoy, study and experiment with a sound and have a rest anytime, anywhere.

Music is a form of art using sound as a source. The design aims to turn the architecture itself into a sound chamber which offers sound experiences in its exclusive-use spaces including rehearsal room, practice room, Black Box performance hall, training room and choir room as well as in its outdoor event space and indoor public space. Therefore, 8 areas inside and outside of the building are arranged to create a "soundscape", a scenery of sound. This allows its lobby and a part of its outdoor public space to become a place for people to gather and collect everyday sounds, and the upper floors to function as a place for creative activities to share sounds and conduct experiments with them.

"Rakwon", a youth music center for collecting and sharing sounds and having a rest or a fun time, is a place for cultural exchanges and community space for the local community as well as is a musical playground and supporting facility for teenagers to feel free to work on their musical creation and design their future. Consequently, it will become a shelter that helps to take a break from the hectic daily routine.

Prize winner Shinhan Architects & Engineers_Jeong Inho, Kim Sanghoon **Location** Yangcheon-gu, Seoul **Site area** 1,935.80m² **Building area** 962.39m² **Gross floor area** 5,610.00m² **Building coverage** 49.72% **Floor space index** 221.68% **Building scope** B1, 6F **Height** 34.8m **Structure** RC **Exterior finishing** Low-E paired glass, High-density compressed panel, U-glass, Exposed concrete **Parking** 25 (including 1 for the disabled)

Creative Music & Sound Center for Youth

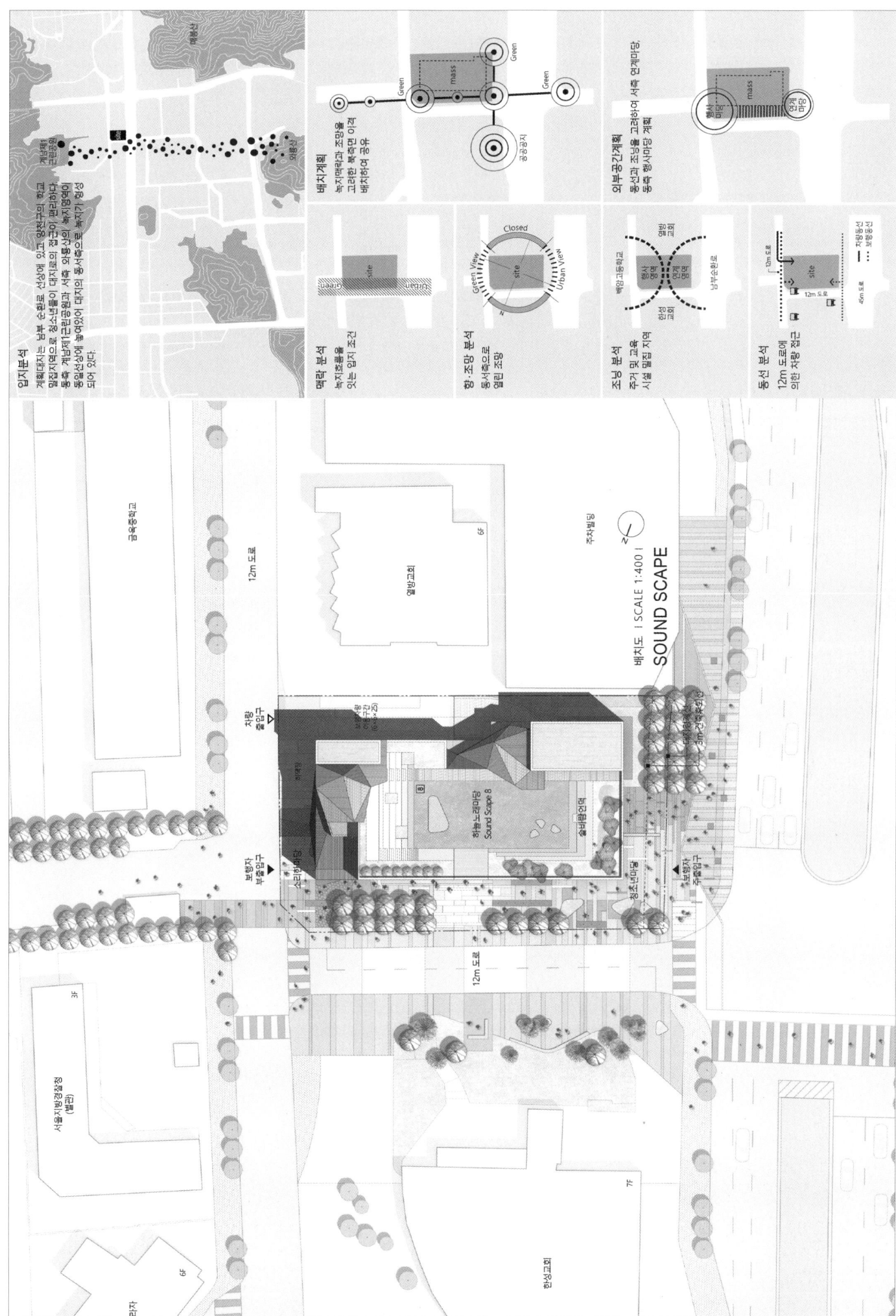

시립청소년음악창작센터

Creative Music & Sound Center for Youth

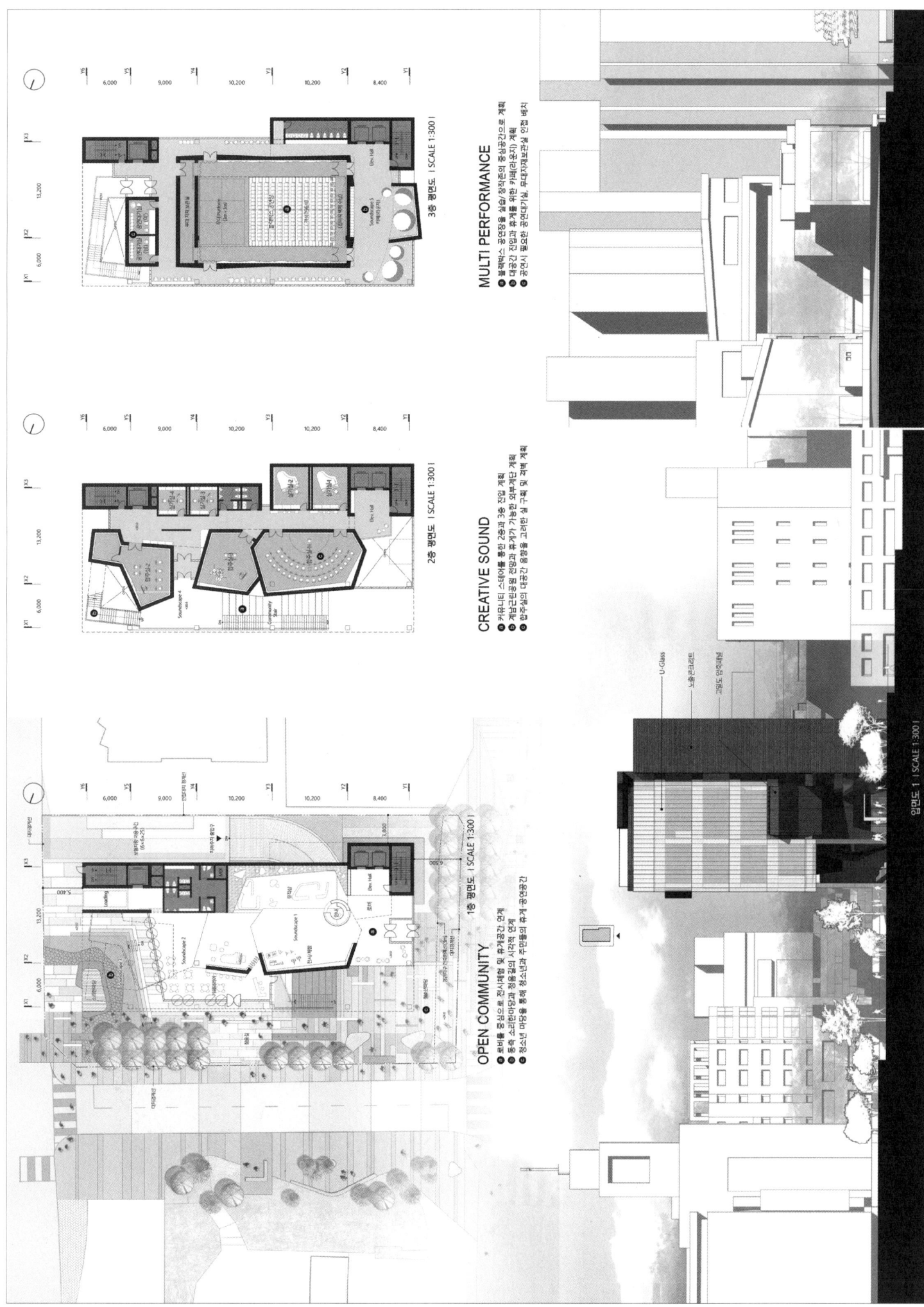

시립청소년음악창작센터

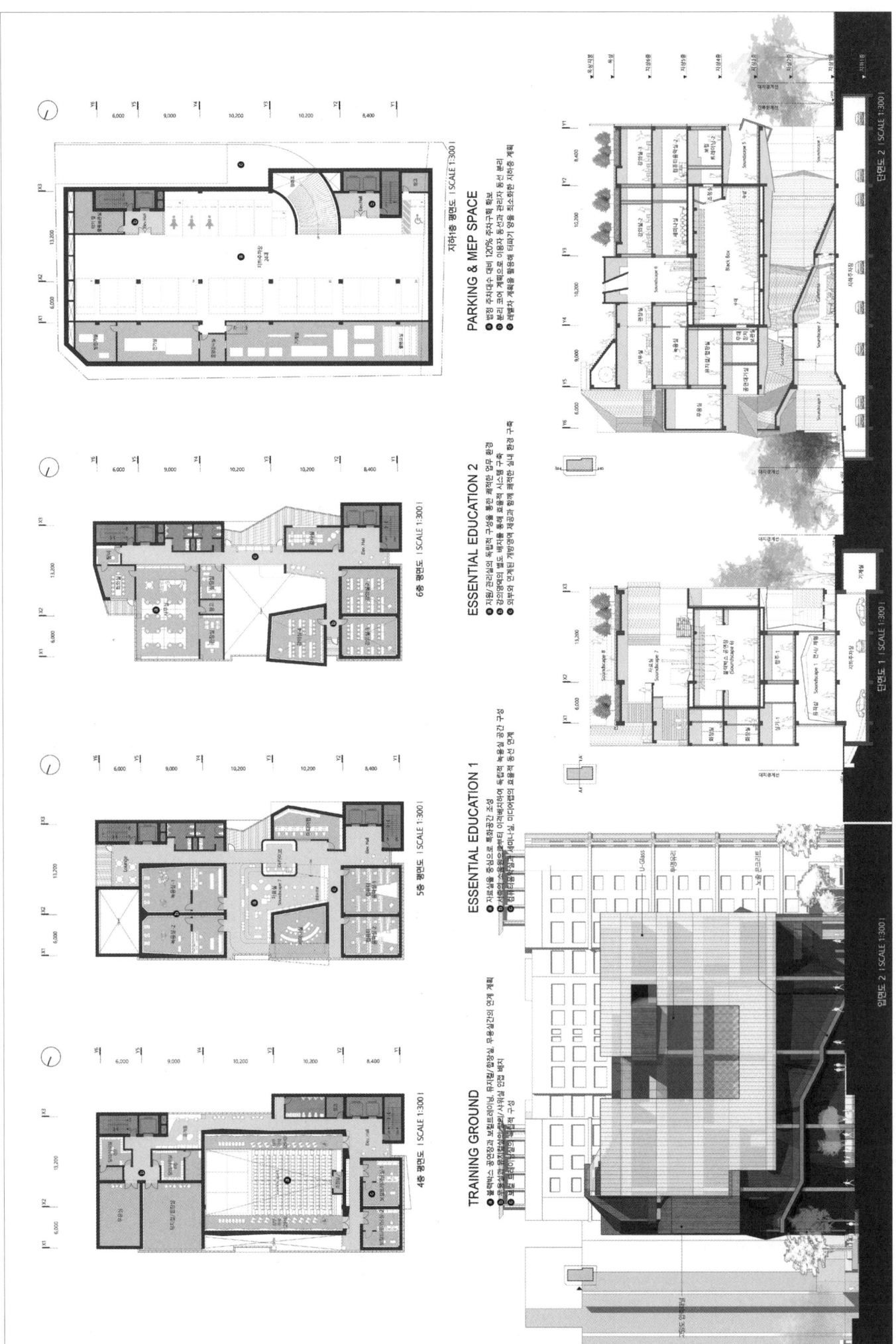

Creative Music & Sound Center for Youth

2등작 (주)해천건축사사무소 서해천, 전진곤 설계팀 송기중, 오문걸, 강현정, 조아해, 소용수

대지위치 서울특별시 양천구 신정동 1290-6외 4필지 **대지면적** 1,935.80m² **건축면적** 964.99m² **연면적** 5,600.16m² **건폐율** 49.85% **용적율** 212.45% **규모** 지하 1층, 지상 6층 **최고높이** 28.35m **구조** 철근콘크리트조 **외부마감** 로이복층유리, 고밀도패널, 박판세라믹패널 **주차** 24대(장애인 주차 1대 포함) **협력업체** 구조 – 누리구조, 조경 – 자연감각, 토목 – 시원이앤씨, 기계 – 기성이앤씨, 전기 – 조은기술단

들림 그리고 울림

대규모 주거단지가 밀집된 신정주거생활권역 내 남부순환로변에 위치한 사이트는 청소년음악창작센터로서의 상징성, 접근성에 대한 고려와 지역사회 거점 공공시설로서 공공적 역할을 위한 도시, 건축적 대응이 요구되고 있다.

들림의 건축

세 면이 도로에 면하는 대지에서 주변시설 및 지역사회와의 연계를 위해 건물을 들어 지층을 열어줌으로써 대지에 요구되는 공공적 성격의 영역들을 확보하여 문화예술 프로그램들을 통해 지역 공공문화시설의 구심적 역할을 한다.

울림의 공간

지역사회의 한 구성원인 청소년들이 학교를 벗어난 일상의 생활 공간에서 음악활동을 통해 그들만의 시대적 정서와 감성을 찾고, 어울리며, 배우고, 창작 할 수 있는 환경을 만들어 서로의 예술적 감성이 교감하는 울림의 공간을 제안한다.

Open up and Listen up

Located at the side of Nambu Beltway in dense Shinjung residential district, the site is required to do its role and respond to surrounding context as a Creative Music & Sound Center for Youth.

Open up space

The 3 sides of the site adjoin the main street, and it leads the mass to be lifted up to make a connection with neighbor facilities, while leaving the ground open to the possibility that it can be a central place for community with culture and art programs.

Echo space

It is expected to be a place resonant with artistic sensibility of the young members of a community in a daily life, away from the academic atmosphere. They can find their own sense while learning, creating with their friends in a rhythmic flow.

2nd prize SEASKY Architects & Associates_Ser Haichun, Jun Jinkon **Location** Yangcheon-gu, Seoul **Site area** 1,935.80m² **Building area** 964.99m² **Gross floor area** 5,600.16m² **Building coverage** 49.85% **Floor space index** 212.45% **Building scope** B1, 6F **Height** 28.35m **Structure** RC **Exterior finishing** Low-E paired glass, High-density panel, Ceramic sheet panel **Parking** 24 (including 1 for the disabled)

Creative Music & Sound Center for Youth

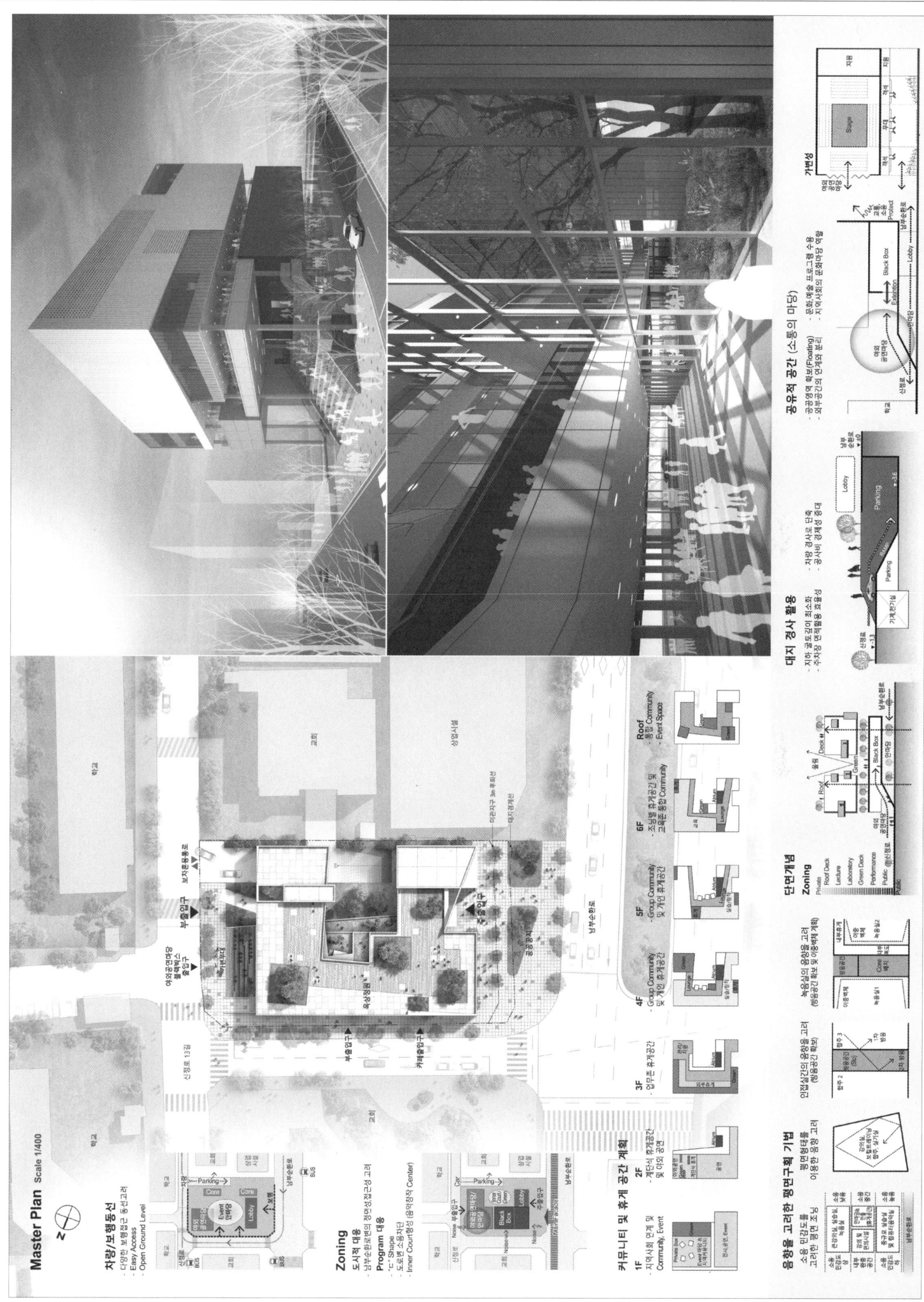

시립청소년음악창작센터

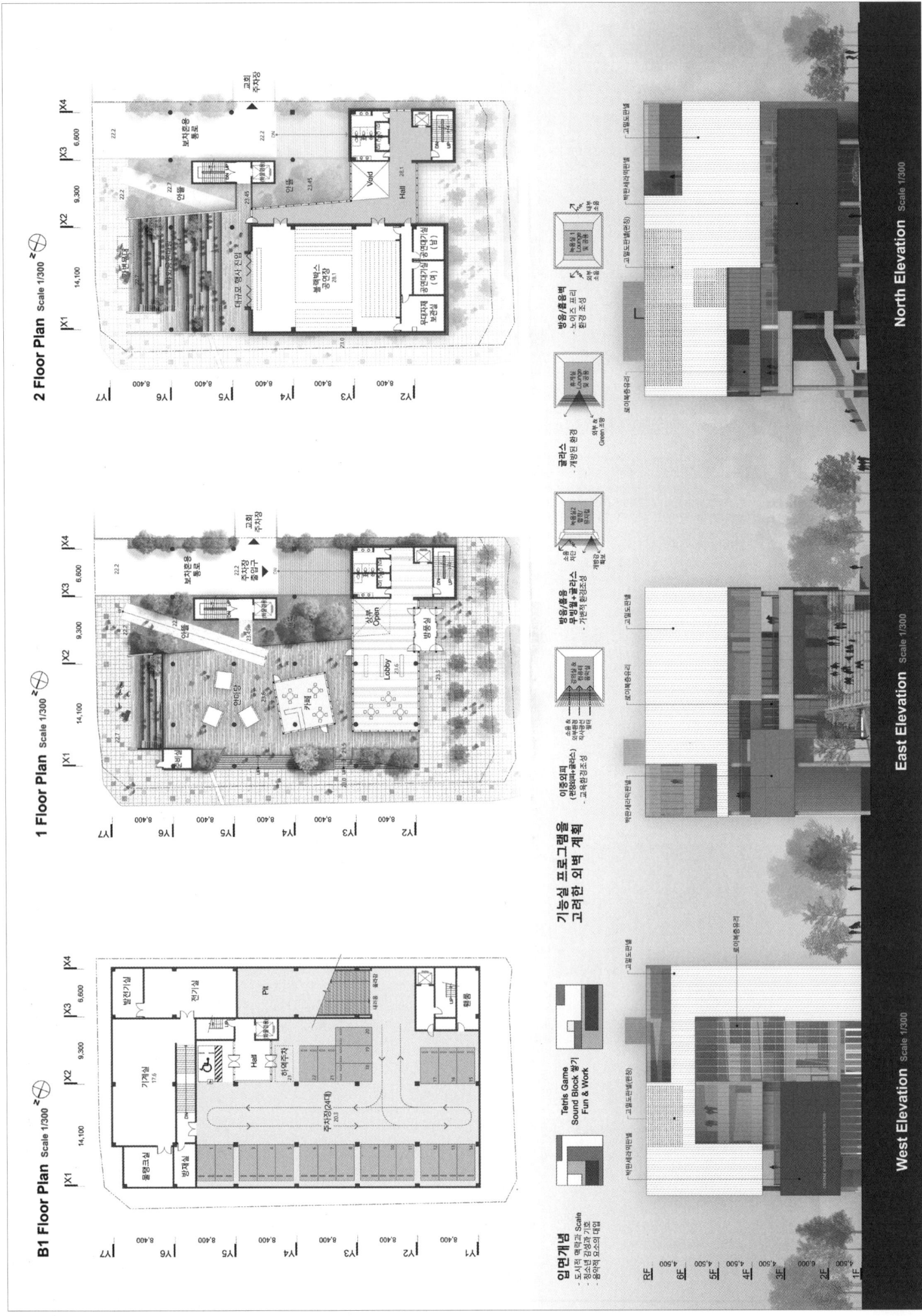

Creative Music & Sound Center for Youth

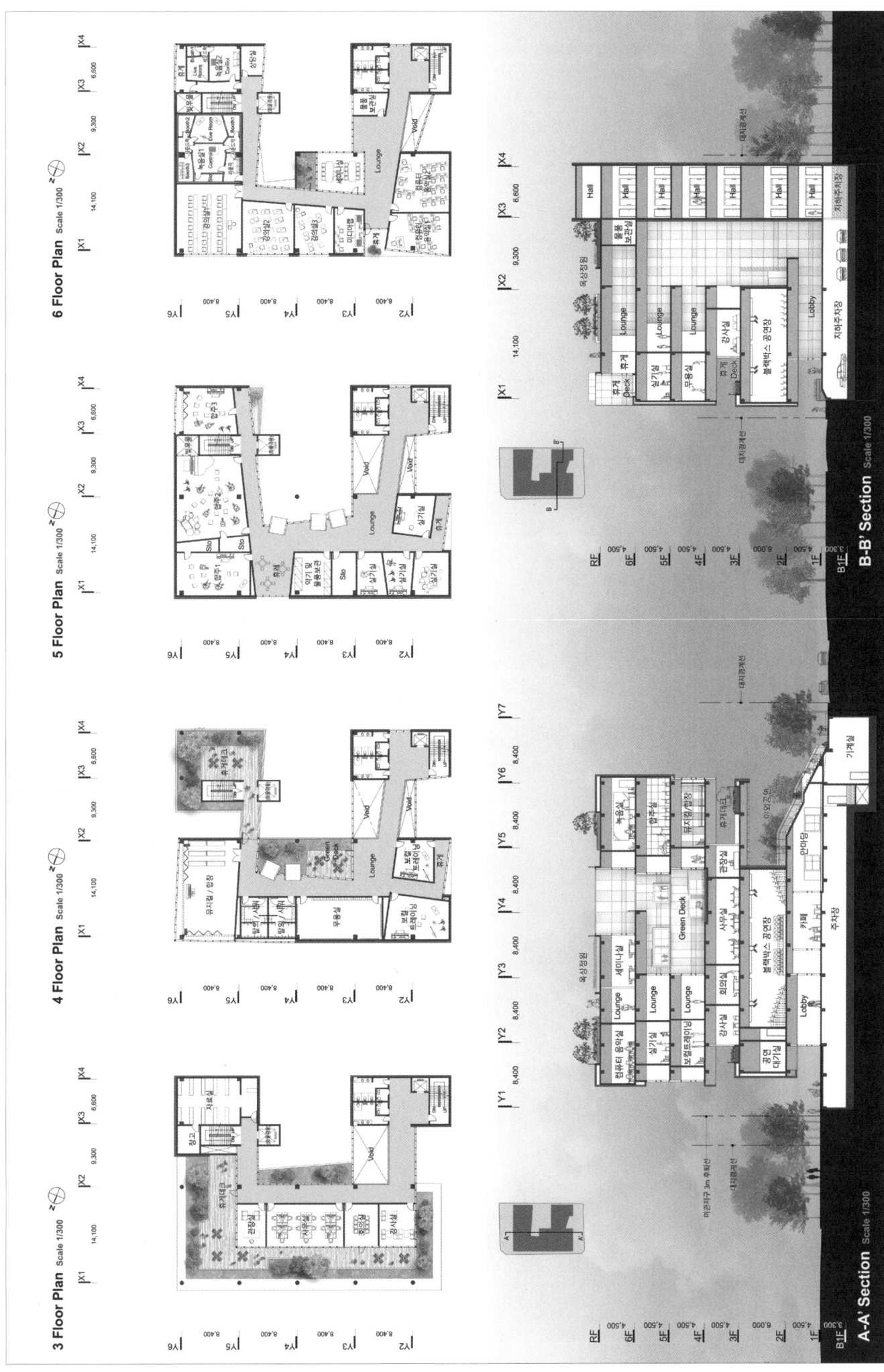

architecture & design competition 문화·주거

함안박물관 리모델링 및 제2전시관 증축

당선작 건축사사무소 사람인 송인욱 + 다림건축사사무소 조만재 설계팀 송인호, 문보람, 유준혁(이상 사람인) 조영직(이상 다림)

대지위치 경상남도 함안군 가야읍 도항리 799번지 일원 **대지면적** 22,620.00㎡ **건축면적** 2,674.67㎡ **연면적** 4,015.65㎡ **건폐율** 11.82% **용적률** 15.64% **규모** 지하 1층, 지상 2층 **최고높이** 16.9m **구조** 철근콘크리트조 **외부마감** 송판무늬 노출콘크리트, 로이복층유리 **주차** 118대 **협력업체** 김재환 / 광림구조

기존 함안박물관은 아라가야의 고분이 다수 산재해 있는 말이산 고분군 내에 위치한다. 박물관의 전면에 위치한 광장은 비워져 있을 뿐 완결된 형태의 박물관과 분리되어 보였다. 새로이 증축되는 박물관에 사용되는 재료와 배치형태는 기존 건축의 연장으로, 기존 박물관과 말이산 고분군의 배경으로써 존재한다.
말이산 고분군과 시공중인 고분박물관으로 향하는 동선을 중심으로 하고 기존 함안박물관으로 향하는 동선, 증축되는 전시관으로 향하는 동선으로 구분되는 외부공간에 개별적인 성격을 부여했다. 기존 박물관의 중정인 마당은 전시 및 이동의 공간으로써 활용되고 있어 증축되는 전시관의 마당은 1층에 배치된 교육기능과 중정형태의 배치를 통해 놀이와 진입의 공간으로 구성했다. 2층과 옥상에 중정을 중심으로 한 회유동선을 구성하여 마당이 더욱 돋보이도록 했다. 기존의 강제순식의 전시는 증축되는 전시관에서는 회유형의 선택가능한 전시 방식으로 전환하여 관람객들이 편안하게 관람할 수 있도록 배려했다. 실내 전시관람이 완료된 후에는 계단형태의 완충공간을 두어 외부에서 학습 및 휴식이 가능하도록 하였고, 코어와 휴식의 두 가지 동선을 통해 옥상으로 올라가 말이산 고분군을 보게함으로써 과거와 현재를 함께 느낄 수 있도록 했다.

The Haman Museum is located within the Marisan Ancient Tombs site dotted with many ancient tombs from the Aragaya period. The materials and arrangement plan of museum's new extension are in line with the existing architecture, and they appear as a background for the original museum and the ancient tombs.
The path to the ancient tombs and the construction site of the ancient tombs museum are put at the center, and the outdoor areas divided by the paths to the original Haman Museum and to the extension are designed to show different characteristics. The courtyard of the original museum has been used as an exhibition space and passage, thus the courtyard of the extension is designed as a playground and accessway by assigning an education program on the 1st floor and making use of the form of courtyard. And a promenade is organized on the 2nd floor and rooftop to circle around the courtyard so that the courtyard can stand out more. The existing loop-type guided exhibition circulation turns into a promenade-type circulation offering various alternatives, and it allows visitors to look around conveniently. At the end of the indoor exhibition program, a stepped buffer zone is placed so that people can learn or have a rest in the outside. Made to run through the core and resting spots, two circulation routes lead people to the rooftop and help them observe the ancient tombs, therefore people can experience the past and the present at the same time.

Prize winner architectural design group Saramin_Song Inwook + Darim architects_Cho Manjae **Location** Haman-gun, Gyeongsangnam-do **Site area** 22,620.00m² **Building area** 2,674.67m² (Extension 1,351.03m²) **Gross floor area** 4,015.65m² (Extension 2,106.88m²) **Building coverage** 11.82% **Floor space index** 15.64% **Building scope** B1, 2F **Height** 16.9m **Structure** RC **Exterior finishing** Pine pattern exposed concrete, Low-E paired glass **Parking** 118

Haman Museum Remodeling and 2nd Exhibition Hall Extension

함안박물관 리모델링 및 제2전시관 증축

함안박물관 리모델링 및 제2전시관 증축

2등작 (주)무위건축사사무소 서정석　설계팀 권오열, 김강현, 김주애, 강봉구, 함지현, 배지희

대지위치 경상남도 함안군 가야읍 도항리 799번지 일원　**대지면적** 22,620.00㎡　**건축면적** 1,090.07㎡　**연면적** 2,071.78㎡　**건폐율** 10.67%　**용적률** 16.81%　**규모** 지하 1층, 지상 2층　**최고높이** 13.45m　**구조** 철근콘크리트조, 일부 철골조　**외부마감** 내후성강판, 전벽돌, T24 로이복층유리　**주차** 36대(장애인 주차 3대포함)　**협력업체** 전기 - 정원티이씨, 기계 - 대명설비, 구조 - 광림구조

박물관 아라(阿羅)를 품다.

페르소나는 '인격', '위격' 등의 뜻으로 쓰이는 라틴어로 정체성을 드러내는 사물이나 형태를 의미한다. 오랜시간 베일에 싸여있던 아라가야가 현재에 복기됨에 따라 그 시대의 역사적, 사회적, 지역적 문화를 품고 그 정체성을 명징하게 드러내는 박물관을 제안함으로써 잊혀졌던 왕국의 위상을 다시 한 번 떠올리게 한다.

기존 박물관과의 관계, 대지여건을 고려해 진입축과 기존 건물축, 두 방향에서의 정면성을 확보하는 쪽으로 위치를 정하였고, 박물관 기능에 맞는 매스를 만들고 시각적 다양성과 조화를 고려해 높이를 조절하였다. 박물관의 특성상 무창의 덩어리로 표현되는 입면에 집중하였다. 말갑옷, 투구 등 아라가야의 번성했던 철기유물의 발굴 당시 이미지를 모티브로 하여 이들을 패턴화하고 내후성 강판에 새겨 그 DNA를 이식하려 하였다. 외부공간 계획은 말이산 고분군의 위치에 따라 고분의 형태 및 유물을 체험하고 설명할 수 있는 공간을 조성해 학습과 놀이가 동시에 이루어지기를 기대했다.

The museum embracing Ara(阿羅)

Persona is a Latin word meaning "personality" or "character". It refers to an object or form revealing one's identity. As long-veiled Aragaya has been brought to light in the present time, a new museum is proposed to embrace the historical, social and local cultures of that time and clearly express the identity of Aragaya, with an aim to look back again on the significance of a kingdom long forgotten.

In consideration of relationship with the existing museum and site conditions, the position of the new museum is determined to have frontality on two sides respectively facing the access road and the existing building. The building mass is designed to accommodate the functions of a museum, and the height is adjusted to ensure visual variety and harmony. Considering the characteristics of the new museum, much effort has been put into the facade in the form of a windowless box. The images of Aragaya's sophisticated iron artifacts including horse armors and helmets are taken as a design motif and turned into a pattern which is engraved on weatherproof steel plates to transplant their DNA to the new facility. In the outdoor area, places for experiencing or presenting the forms and relics of the ancient tombs are created in consideration of the position of the Marisan Ancient Tombs site to enable both learning and play.

2nd prize Muwi Architectural Office_Seo Jungsuk　**Location** Haman-gun, Gyeongsangnam-do　**Site area** 22,620.00㎡　**Building area** 1,090.07㎡　**Gross floor area** 2,071.78㎡　**Building coverage** 10.67%　**Floor space index** 16.81%　**Building scope** B1, 2F　**Hight** 13.45m　**Structure** RC, partly SC　**Exterior finishing** Weathering steel, Face brick, T24 Low-E paired glass　**Parking** 36 (including 3 for the disabled)

Haman Museum Remodeling and 2nd Exhibition Hall Extension

함안박물관 리모델링 및 제2전시관 증축

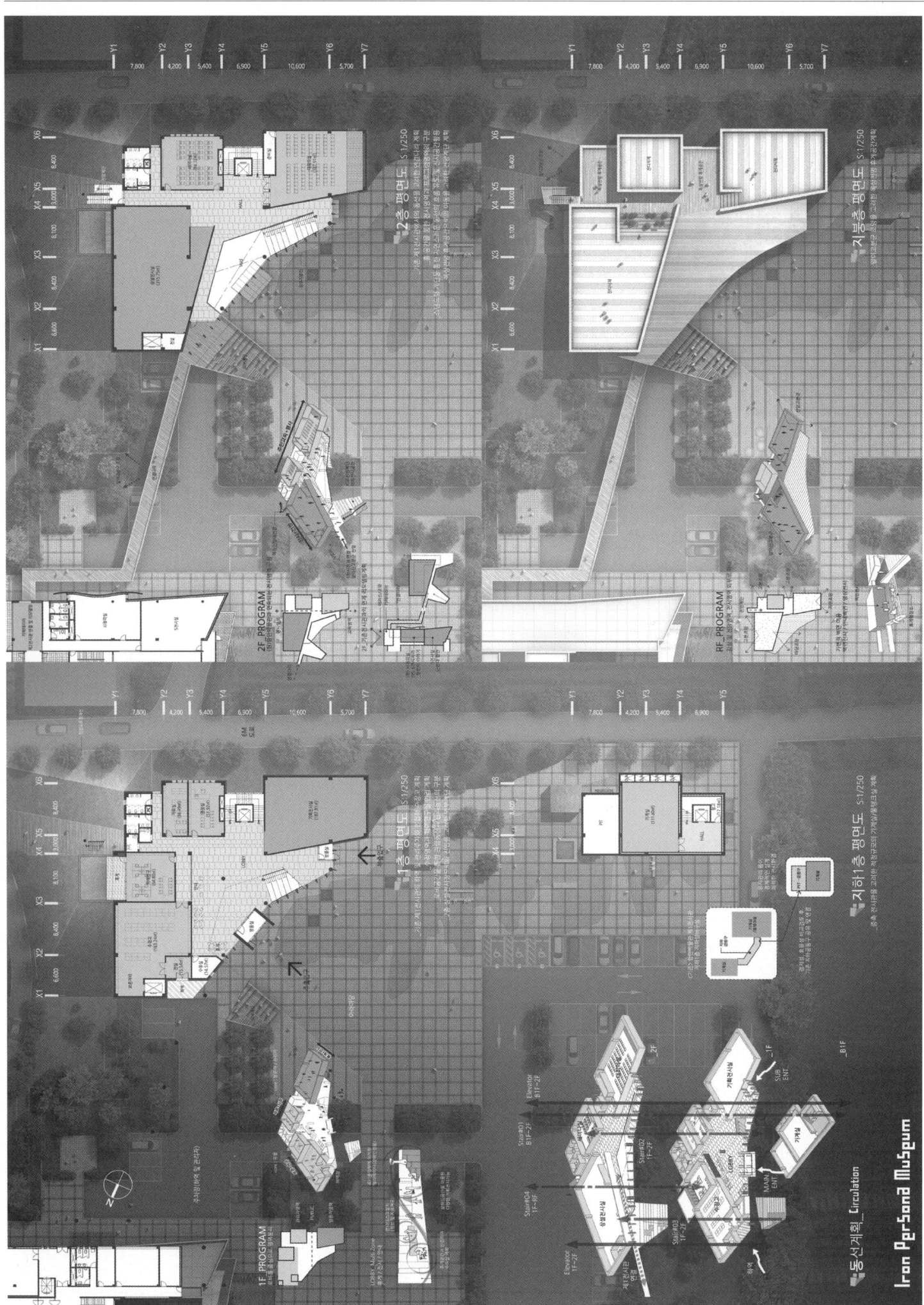

함안박물관 리모델링 및 제2전시관 증축

3등작 건축사사무소 시토 하동열 설계팀 김다희, 조혜영, 구순영

대지위치 경상남도 함안군 가야읍 도항리 799번지 일원 **대지면적** 22,620.00㎡ **건축면적** 2,555.92㎡ (증축 1,232.28㎡) **연면적** 3,979.65㎡ (증축 2,079.25㎡) **건폐율** 11.3% **용적률** 15.6% **규모** 지하 1층, 지상 2층 **최고높이** 13.7m **구조** 철근콘크리트조 **외부마감** 노출콘크리트, 내후성강판, 동판, 커튼월 **주차** 100대 (장애인 주차 8대 포함) **협력업체** CG – 아키원, 구조 – SNS구조

계획개념
- 과거의 유물을 현재의 박물관에 전시하여 미래에 대한 준비하기
- 시간을 레이어로 나누고, 각각의 레이어에 기능 부여
- 자연 질서와 기존 함안박물관의 질서에 순응

배치계획
- 녹지 면적을 최대한 살려 역사와 녹색문화가 공존하는 장소 조성
- 외부공간의 다양화로 공원의 이미지 부여

프로그램
- 관리체계 : 기존 관리시설과 신설 관리시설을 적극적으로 연계하여 관리의 편의성 제고
- 기능분리 : 관리 및 상설전시 / 주진입 및 휴식 / 교육 및 특별전시
- 관람연결 : 기존 전시실과 연속적인 관람동선 생성
- 시퀀스 : 전시장 – 고분을 보는 동선 – 현재를 통한 미래조망 – 물의 정원 조망 – 자연을 다시 보는 공간

Concept
- Exhibiting relics from the past at a museum in the present time to make preparation for the future
- Dividing the time frame into layers, and assigning different programs to each layer
- Embracing the order of nature and of the existing museum

Site plan
- Maximizing the green area to create a space where history and green culture exist together
- Diversifying outdoor programs to present the image of a park.

Program
- Management system : Actively connecting the existing and new managerial facilities to enhance management efficiency
- Separating functions : Management and Permanent Exhibition / Main Access and Resting Area / Education and Special Exhibition
- Connecting exhibition circulations : Creating an exhibition circulation extended from the existing exhibition hall
- Sequence : Connecting circulations in the order of Exhibition hall - Ancient tomb observation route - Observation point to see the future through the present - Observation point to see the Water Garden - Observation point to see nature again

3rd prize atelier SIte-TOpos_Ha Donglyul **Location** Haman-gun, Gyeongsangnam-do **Site area** 22,620.00m² **Building area** 2,555.92m² (Extension 1,232.28m²) **Gross floor area** 3,979.65m² (Extension 2,079.25m²) **Building coverage** 11.3% **Floor space index** 15.6% **Building scope** B1, 2F **Structure** RC **Exterior finishing** Exposed concrete, Weathering steel, Copper plate, Curtain wall **Parking** 100 (Including 8 for the disabled)

함안박물관 리모델링 및 제2전시관 증축

Haman Museum Remodeling and 2nd Exhibition Hall Extension

돈의문 박물관마을 수직정원

당선작 (주)그람디자인 최윤석, 경정환 + (주)코어건축사사무소 유종수, 김 빈 설계팀 김성은, 황아름, 류치환(이상 그람디자인) 김현수(이상 코어)

대지위치 서울특별시 종로구 송원길 2 일원

돈의문 박물관마을 수직정원은 푸르른 자연을 보고, 냄새를 맡고, 손길이 스치는 많은 이들이 적극적으로 가꾸는 정원이다. 또한 그동안 서울에서 옥외 수직정원 조성이 미흡했던 원인들을 파악하여 이를 보완함과 동시에 정원이 가진 본질적인 가치와 매력을 끊임없는 가꿈 행위를 통해 발현하고자 한다.

모든 수직정원들은 수평적 외관에서 시각적은 물론 공간 체험적으로 연속성을 가진다. 세부적으로 정원 구역을 하나로 엮어주는 수직정원 산책길이 새롭게 형성되고, 그 안쪽은 가드닝 프로그램 시설로써 제안한다. 여러 가지 방식의 수직정원들은 가드닝 활동에 초점을 맞춰 계획 되었다. I블록의 기존 도시온실과 더불어 H블록(2, 3) 옥상층에 온실을 증축하여 겨울 동안 식물의 보관과 증식을 위한 활동공간이 확보된다. 벽면정원의 구조적 형태는 다양한 타입을 선정 및 적용하여 다채로운 경관 연출과 함께 수직정원의 모니터링을 위한 테스트 모델이 되는 장소가 되도록 하였다.

기존 창호를 활용한 회전형 창문형과 컵형 플랜터는 보다 용이한 관리와 겨울철 경관연출을 꾀할 수 있으며 옥상부와 연계한 하수형 벽면녹화, 지상부와 연계한 등반형 벽면녹화, 건물 후면부의 이끼벽면 등 다양한 수직 녹화를 볼 수 있다. 식재계획에 있어 마을 배후의 인왕산의 바위와 산림으로 이뤄진 한국적 경관과 식생을 차용한다.

Donuimun Open Creative Village Vertical Garden is a garden which invites various people to cultivate it while enjoying green nature, smelling its scent and reaching out to each other. The project aims to analyze the cause of insufficiency of outdoor vertical gardens in Seoul and take complementary measures accordingly while promoting the essential value and charm of a garden through continuous gardening activities.

All vertical gardens show continuity in their visual and spatial experiences through their horizontal exterior. To be more concrete, a vertical garden promenade that binds all garden areas into one is newly formed, and its inside is organized as a facility for gardening programs. Various types of vertical gardens are designed appropriately to gardening activities. In addition to the existing urban greenhouse in I block, a new greenhouse is built on the rooftop of H block (2, 3) to provide a place for storing or proliferating plants during the winter. When designing the structural form of wall gardens, various types are selected and applied to present various sceneries and define a space that serves as a test model for monitoring vertical gardens.

Designed by making use of existing windows, rotating window planters and cup-type planters improve maintenance efficiency and create a beautiful scenery during the winter. They introduce various vertical gardens including droopy type green walls linked with the rooftop, climbing type green walls coupled with the ground area and moss walls on the back side of the building. In terms of planting plan, Korean style landscape and vegetation created by the rocks and trees of Inwangsan Mountain behind the village is borrowed.

Prize winner gramdesign_Choi Yoonseok, Kyung Junghwan + CoRe architects_Yoo Zongxoo, Kim Vin **Location** 2, Songwon-gil, Jongno-gu, Seoul

Donuimun Open Creative Village Vertical Garden

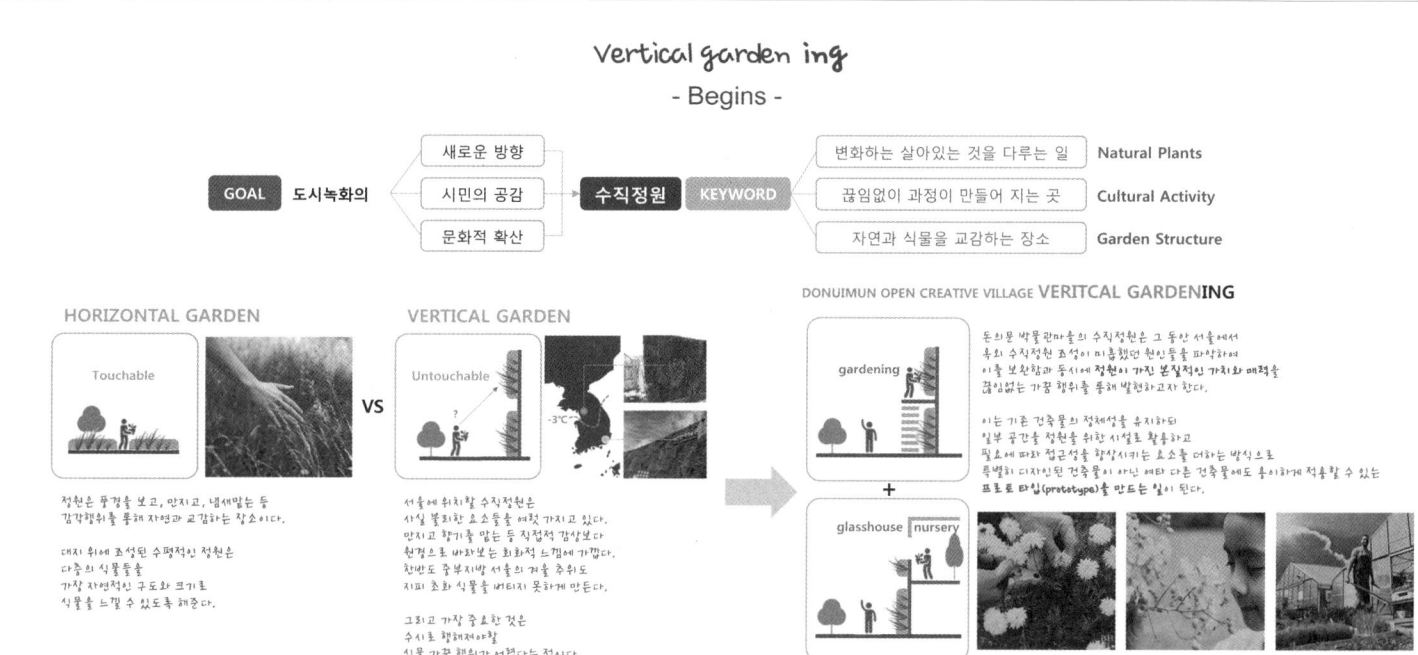

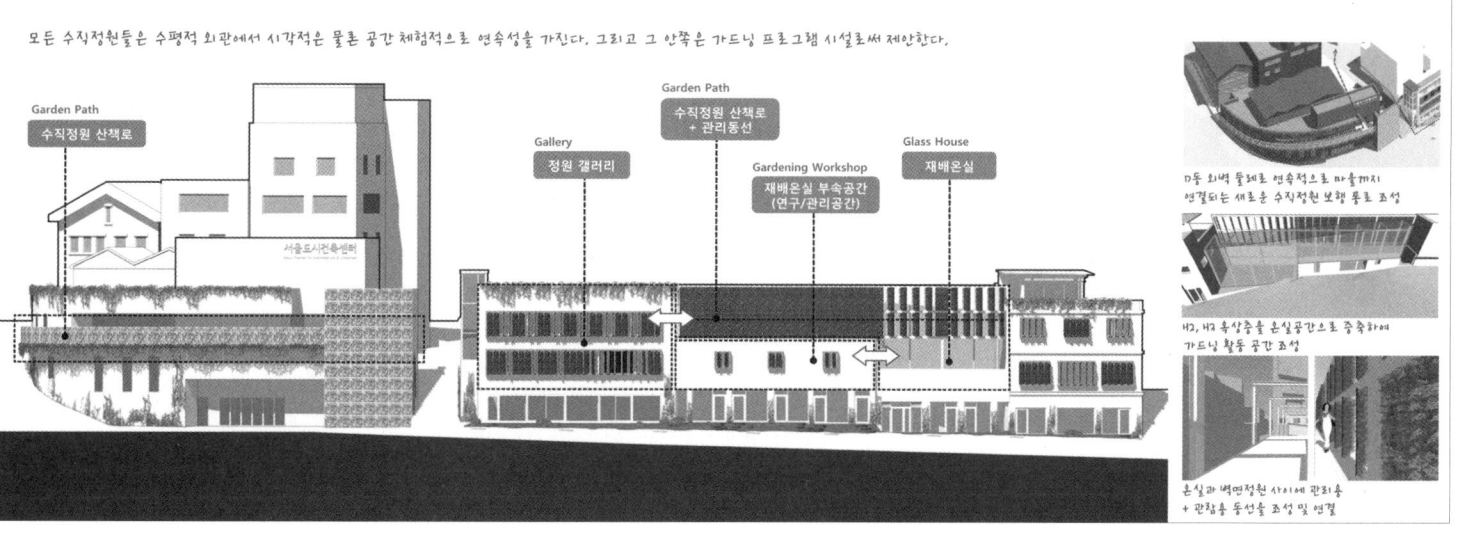

돈의문 박물관마을 수직정원

돈의문 박물관마을 수직정원은 서울 '건물숲' 조성을 현실화하기 위한 다양한 테스트 모델과 모니터링, 그리고 가드닝 활동이 수반된 과정의 공간이다.

식재기반 구조물

기존 근대 건축물의 구조물에 대한 보존 시공는 방식으로 벽면장치형(Wall Installation Type)을 기본으로 하되 플반형과 과수형을 적절히 혼합 적용한다.

유지관리시스템

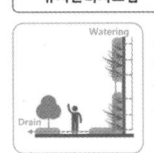

관수 및 배수 시스템
자동 관수 자동화 시스템이 장착된 식생틀의 생장 구조는 각 종간 자연 배수가 이뤄짐과 동시에 가로녹지까지 연속성을 가진다.

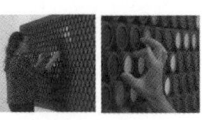

탈부착 시스템 (패널_컵형)
손실과 훼손시 교체시 또는 동절기 교체를 위한 탈부착이 용이한 타입의 식생들이 적용된다. 동절기 별도 경관연출 장치로 활용 가능한 시설이 된다.

회전 창호 시스템 (플랜터형)
벽면 플랜터를 회전하는 양면형으로 제작하여 보다 용이한 정원 유지관리 및 계절성을 고려한 경관적 연출이 가능하도록 한다.

처연화 록본등 식재 (암석 경관 차용)
주변 자연경관을 차용한 암벽녹화를 통해 다층식물의 서식 환경조성 및 평면적이고 획일적인 벽면녹화에 변화와 흥미감이 부여된다.

마을 배후 인왕산의 바위와 산림으로 이뤄진 한국적 경관과 식생을 차용한다. 하지만 생태적 건강성, 쾌적성을 위하여 수종의 선정 및 배식을 공간별로 구분하여 달리할 필요가 있다.

벽면식재
철동이 가능하면서 상록성을 띠는 식물/목본식물을 우선적으로 선정하되 세부 구성은 계절 변화를 식재와 계절에 따른 경관적 변화감을 유도하고 북한산/인왕산 절벽에 생육하는 식물을 배식하여 한국적 생태이미지와 서식처 차별성을 띠도록 한다.

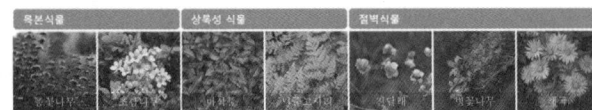

옥상 및 가로식재
옥상정원의 난간부는 하수형으로 벽면녹화와 연계하며 가로녹지는 흡착등반형 벽면녹화와 연계한다. 식재지 전면을 지피 초화류 식재하기보다 목본류와 적절히 혼합으로 다층식생이 이뤄지도록 한다. 질소고정식물(보존수를 부분적으로 적용하여 건강한 생태로 유지되도록 한다.

돈의문 박물관마을 수직정원은 완성형 사업이 아니라 과정형 사업을 제안한다. 시민이 만지고 가꾸고 키워나가는 장소이다.

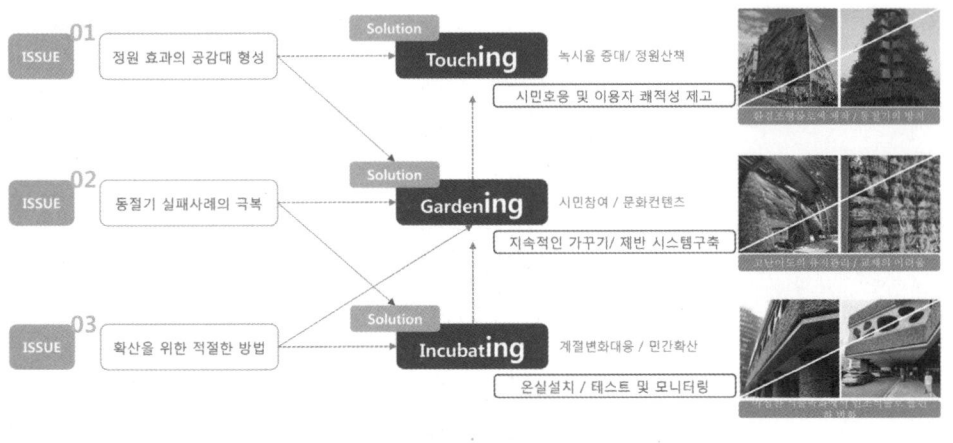
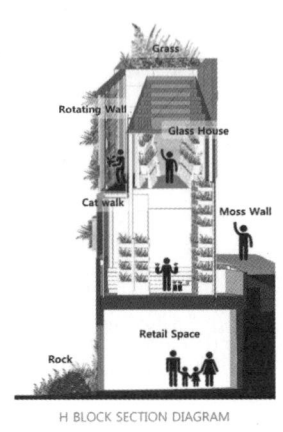

H BLOCK SECTION DIAGRAM

ISSUE 01	정원 효과의 공감대 형성	Solution	Touching	녹시율 증대/ 정원산책
ISSUE 02	동절기 실패사례의 극복	Solution	Gardening	시민호응 및 이용자 쾌적성 제고 / 시민참여 / 문화컨텐츠 / 지속적인 가꾸기/ 제반 시스템구축
ISSUE 03	확산을 위한 적절한 방법	Solution	Incubating	계절변화대응 / 민간확산 / 온실설치 / 테스트 및 모니터링

Donuimun Open Creative Village Vertical Garden

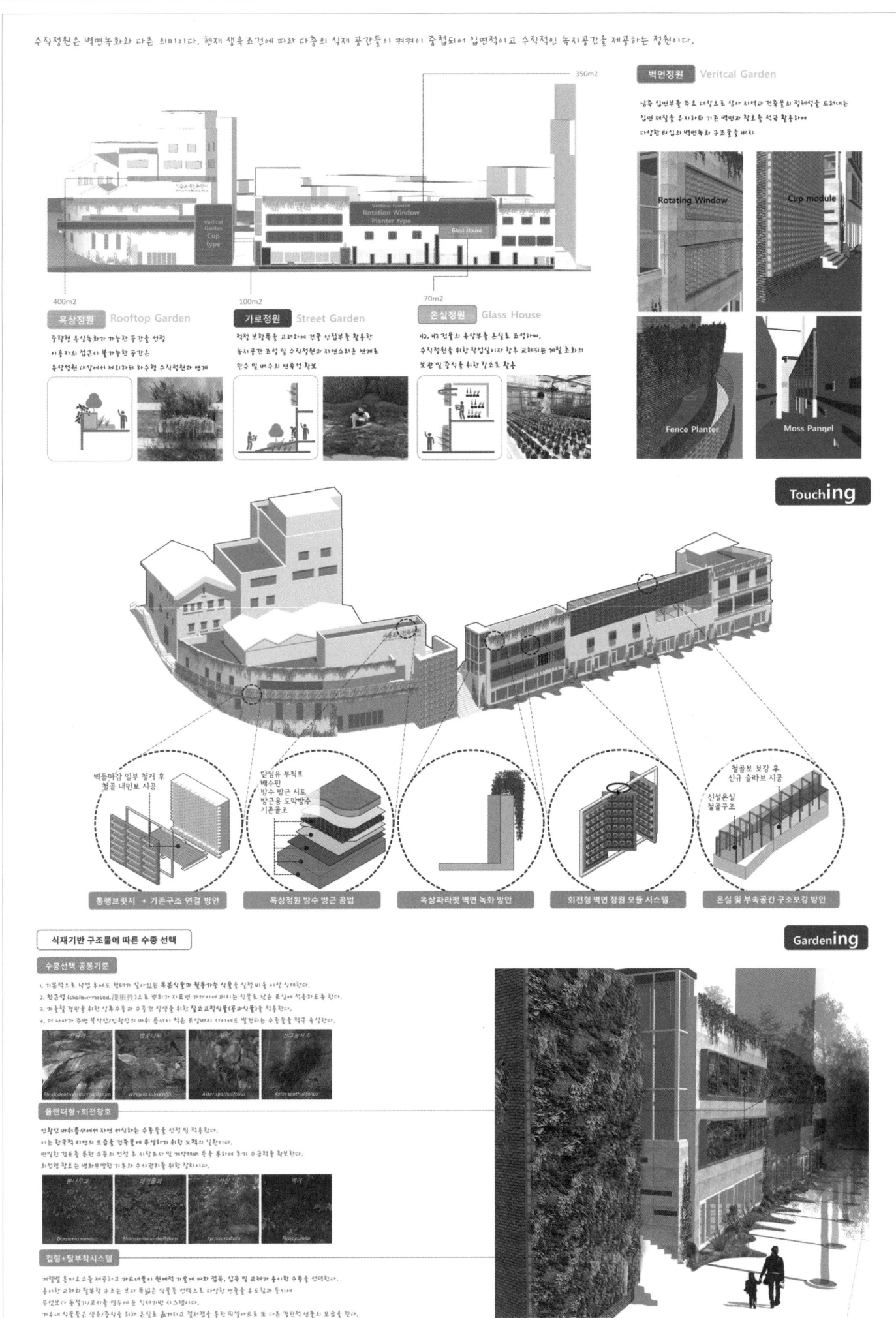

대전국제전시컨벤션센터

당선작 (주)디엔비건축사사무소 조도연 설계팀 하홍원, 강연우, 정민기, 이준구, 이봉근

대지위치 대전광역시 유성구 도룡동 3-8번지 엑스포공원 내 대전무역전시관부지 **대지면적** 27,972.00㎡ **건축면적** 13,361.43㎡ **연면적** 41,855.88㎡ **건폐율** 47.77% **용적률** 73.04% **규모** 지하 2층, 지상 4층 **최고높이** 42m **구조** 철골철근콘크리트조 + 철골트러스조 **외부마감** 로이복층유리, 금속패널 **주차** 673대(장애인 주차 23대, 대형 14대, 확장형 310대 포함) **협력업체** 구조 - 신화구조, 기계설비/전기/소방 - 수양엔지니어링

한밭나래
대전의 활기찬 미래를 향해 비상의 나래짓을 하며 지역에 새로운 바람을 일으키는 복합 문화공간이다. 도시와 자연, 자연과 사람, 문화와 경제가 융합되는 소통과 교류의 중심지로서 지역교류의 거점이 되고 지역과 시민들에게 새로운 바람을 일으키는 국제전시컨벤션센터가 될 것이다.

갑천변에서 갖는 상징성
갑천의 철새들이 날갯짓하는 모습을 지역의 특색으로 하여 디자인하였으며, 이는 대전의 밝은 미래와 비전을 나타내는 새로운 랜드마크가 된다.

갑천과 우성이산을 잇는 자연의 흐름
대전의 중심 하천인 갑천과 우성이산을 연결하는 스카이라인과 콘코스로 도시의 흐름을 담고, 충분한 일조 확보 및 자연조망이 가능한 자연친화적 복합문화 컨벤션센터를 구현한다.

지역사회와 교류하며 다양하게 융합
기존 대전컨벤션센터의 주진입도로 및 콘코스 축을 확장하여 주변상업시설, 숙박시설, 엔터테인먼트 기능이 활성화되는 MICE산업의 중심지가 된다.

Hanbat-narea
This project is a complex cultural space as a new central place for the rise of Daejeon. It aims to be international exhibition and convention center, where interrelation is achieved between city, nature, and human; convergence of culture and economy.

A Symbol of Gapcheon Stream
The design concept is migratory birds of Gapcheon stream which is a symbol of this area. This new landmark represents a bright future and a vision of Daejeon.

A Natural flow of Gapcheon and Woosungi Mountain
City flow is represented by skyline, linking Gapcheon main stream in Daegu to Woosungi Mountain, and is shown by concourse as well. It is intended to create eco-friendly convention center while bringing sunshine and exterior view of nature.

The coexistence of various features in local community
The existing entry path to Daejeon Convention Center is extended to be centered in MICE industry dedicated to retail stores, accommodations, entertainment center.

Prize winner D&B architecture design group_Cho Doyeun **Location** Yuseong-gu, Daejeon **Site area** 27,972.00m² **Building area** 13,361.43m² **Gross floor area** 41,855.88m² **Building coverage** 47.77% **Floor space index** 73.04% **Building scope** B2, 4F **Height** 42m **Structure** SRC + SC truss **Exterior finishing** Low-E paired glass, Metal panel **Parking** 673 (including 23 for the disabled, 14 for large size, 310 for extension type)

Daejeon International Convention Center

01 MASTER PLAN
기본계획방향 · 대지현황분석

엑스포 재창조사업 및 주변 시설과의 연계를 위한 광역분석

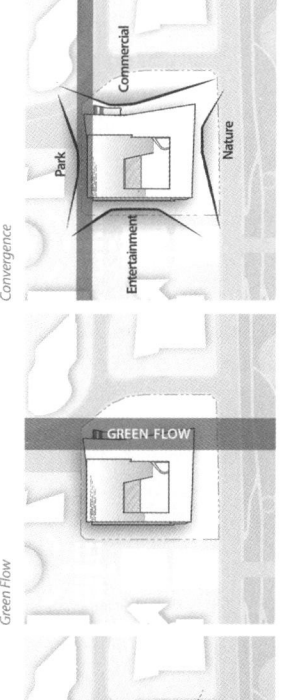

한밭나래 Urban Icon

갑천변에서 갖는 상징성

그린나래 Green Flow

갑천과 우성이산을 잇는 자연의 흐름

소통나래 Convergence

지역사회와 교류하며 다양하게 융합

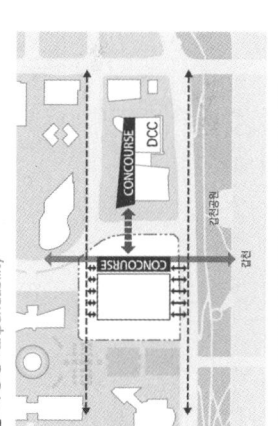
□ 확장성 Expandability
· DCC 콘코스와의 연계를 통한 시설의 확장성을 고려

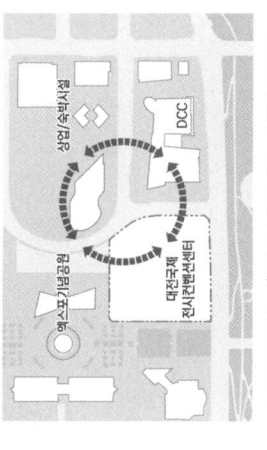
□ 연계성 Connectivity
· DCC 및 주변 상업/숙박 시설과의 연계성을 적극 고려하여 시너지 극대화

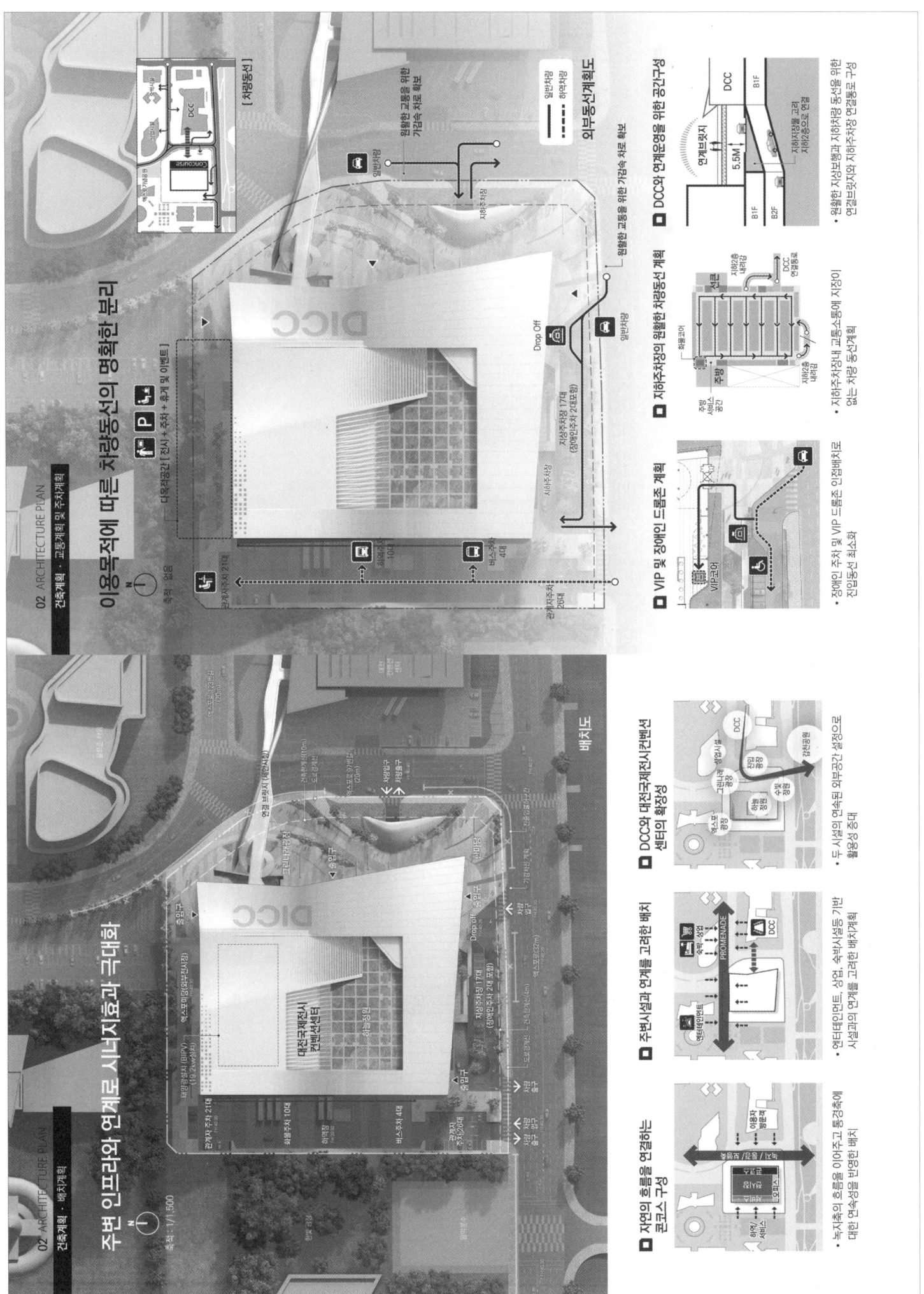

Daejeon International Convention Center

02 ARCHITECTURE PLAN
건축계획 · 무장애 및 내부동선계획

주변환경과 연계를 고려한 쾌적한 보행환경 및 다양한 접근을 고려한 동선계획

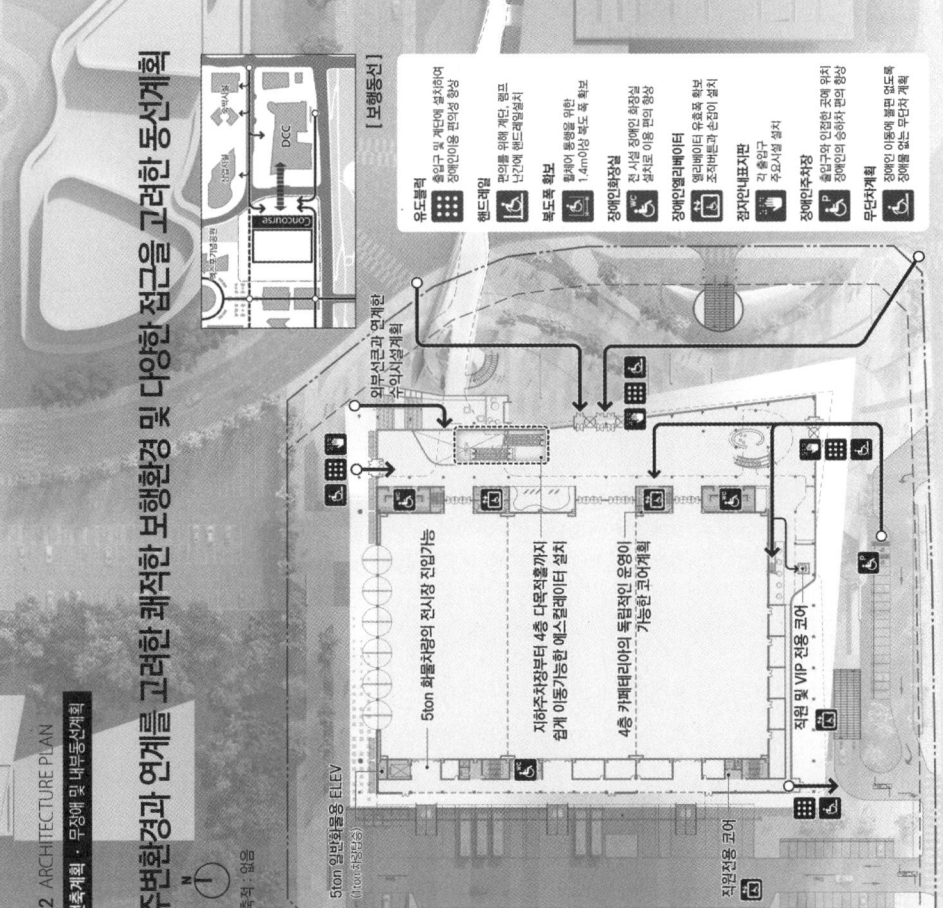

건축계획 · 평면구성점

4가지 테마를 가진 체류형 복합문화공간

THEMA 01 [LIFE STYLE]
- 컨벤션과 시너지를 위한 웨딩 및 연회서비스 공간 도입
- 다양한 규모의 회의를 위한 다목적홀

THEMA 02 [WATER FRONT]
- 갑천변의 여유를 즐기는 카페테리아
- 갑천 및 하늘수목 조망을 즐기는 식음매장

THEMA 03 [CULTURE]
- 주변 문화 인프라네트웍을 고려한 공간계획
- 대전의 홍보 및 역할 및 문화예술 증진 목적으로 하는 시설

THEMA 04 [BUSINESS]
- 대전 기반 기업을 위한 전시, 체험, 판매공간 도입
- 주변 상업시설과 연계한 식음매장 도입

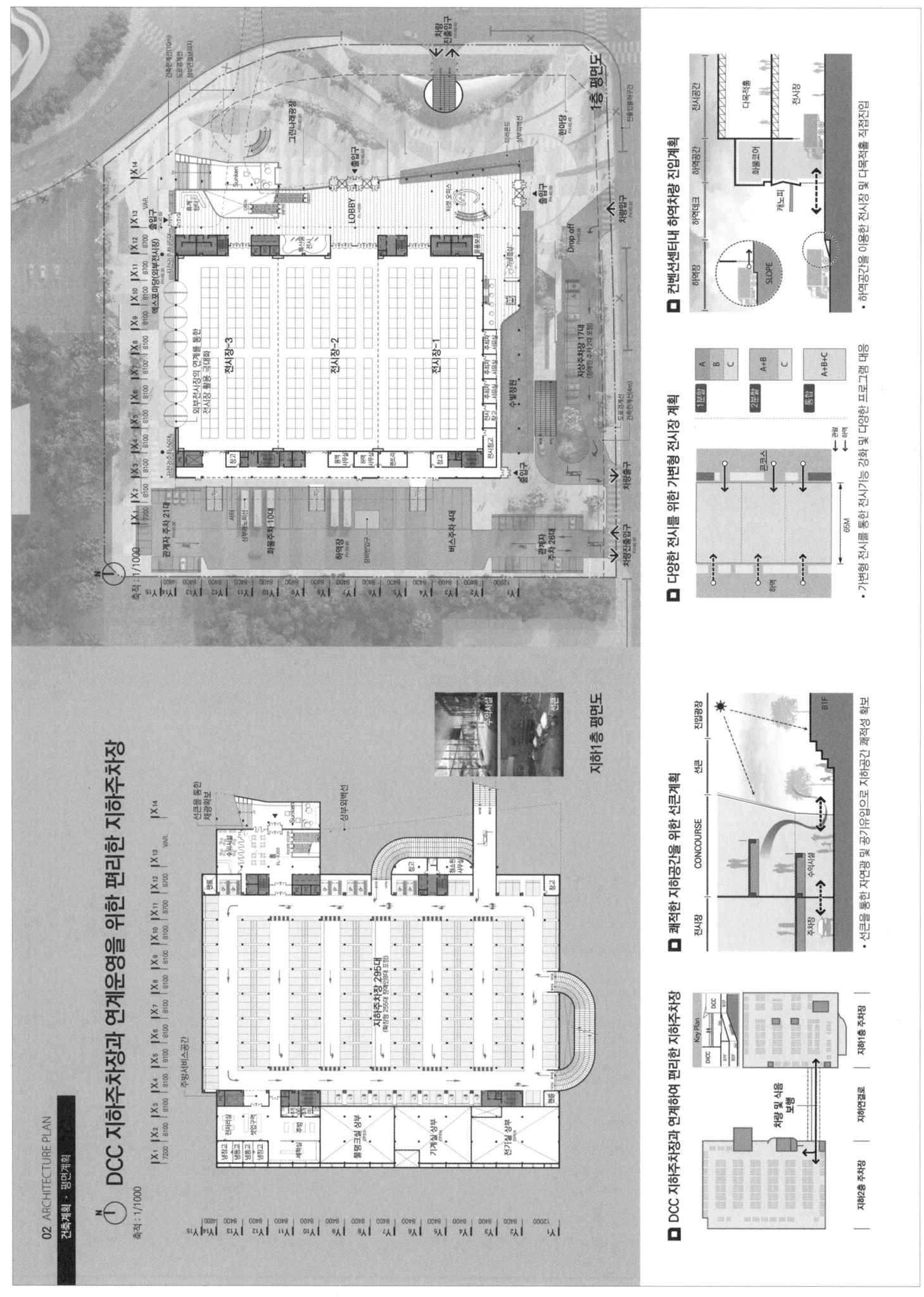

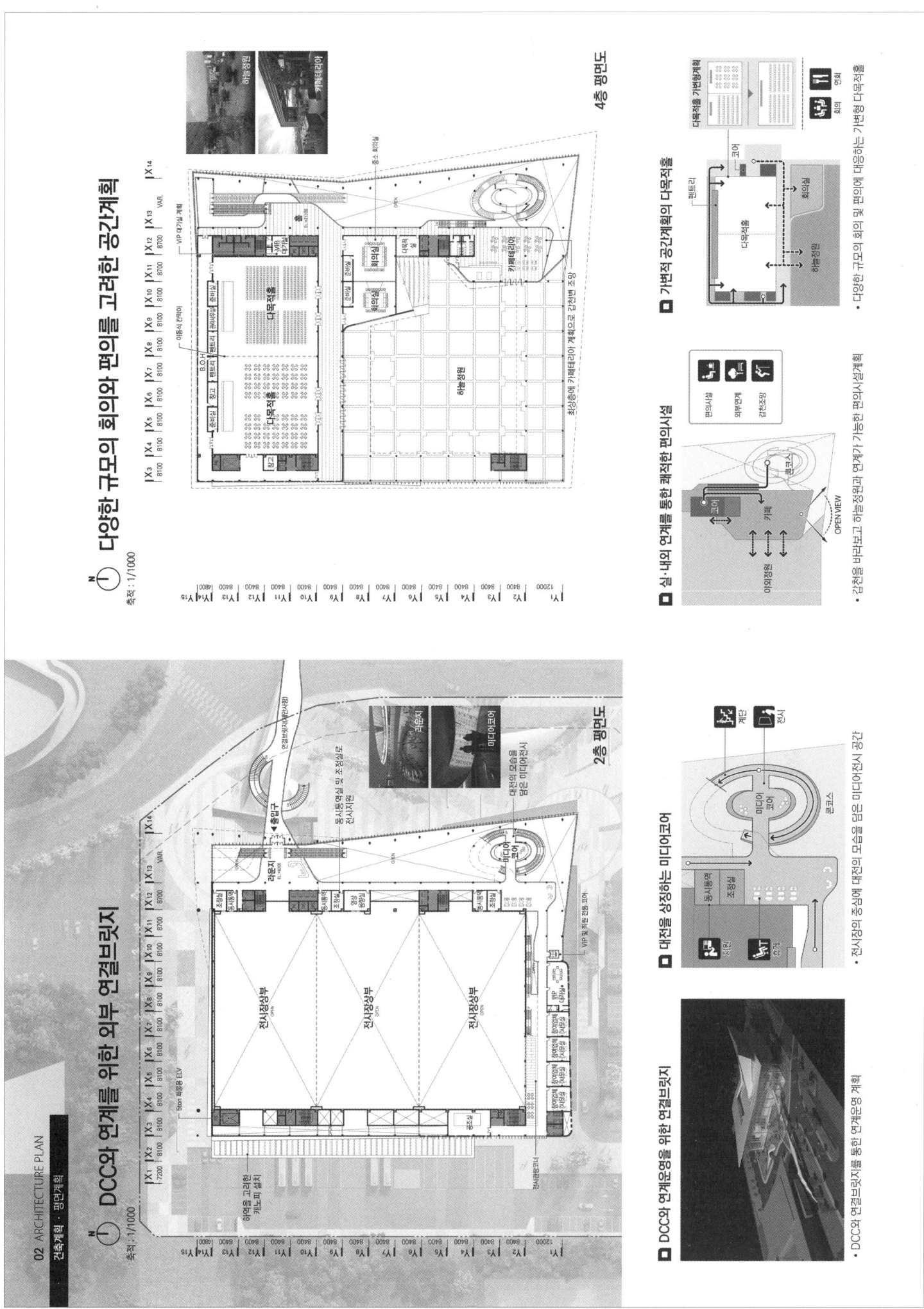

대전국제전시컨벤션센터

02 ARCHITECTURE PLAN
건축계획 · 입면계획

대전의 모습을 담고, 주변과 조화로운 입면디자인

대전을 품은 힘찬 나래

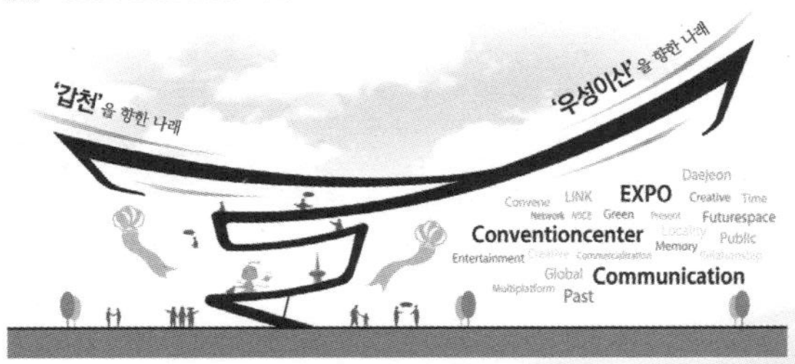

- 대전의 모습을 담은 중심공간에서 시작된 선형이 강천과 우성이산의 흐름과 하나되는 상징적인 디자인

재료계획

- **역동성**: 역동성과 간결함을 표현하는 White계열 금속패널 계획
- **공공성**: 공공성 및 자연과의 소통을 강조한 커튼월 계획 
- **투명성**: 미래지향적 이미지의 White계열 금속패널과 투명함과 소통을 표현하는 커튼월

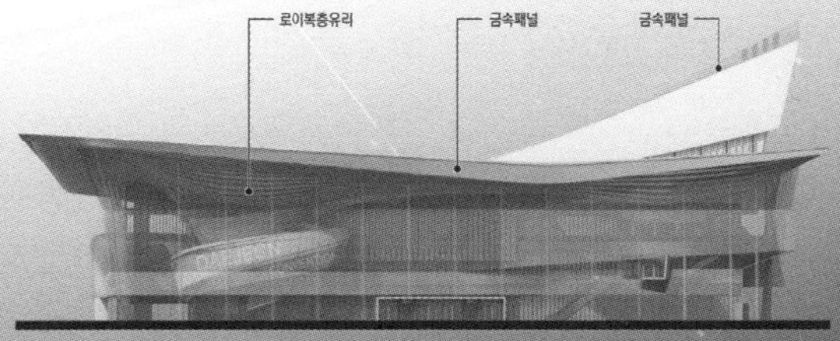

건축계획 · 단면계획

관리가 용이하며, 시설별 기능이 유기적으로 연계되는 단면계획

기능 및 이용자를 고려한 시설별 단면조닝

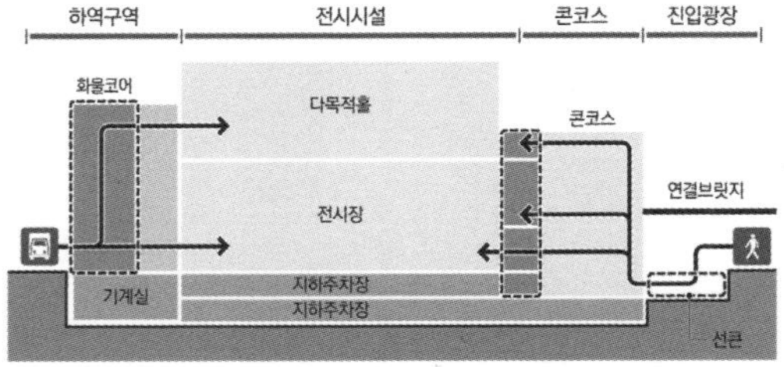

- 전시장의 기능과 이용자의 특성을 고려한 프로그램 조닝 및 동선체계

공간의 특성을 고려한 천장고 계획

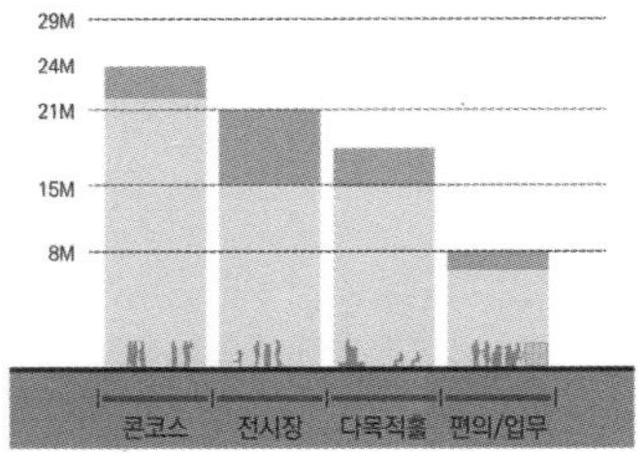

- 유지관리가 용이한 합리적인 층고계획

갑천과 우성이산의 흐름을 연결하는 프롬나드

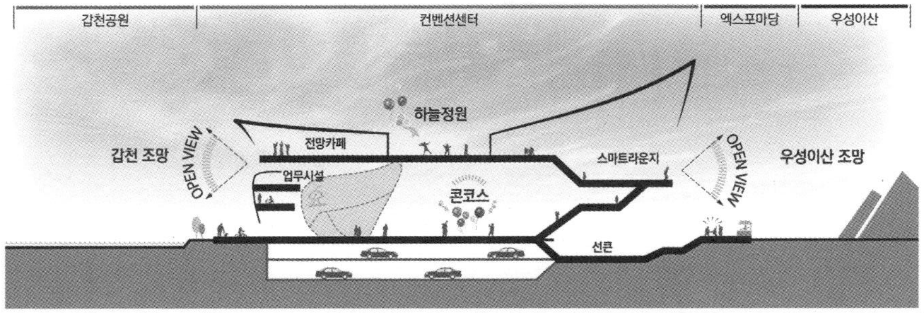

횡단면도
축척: 1/1000

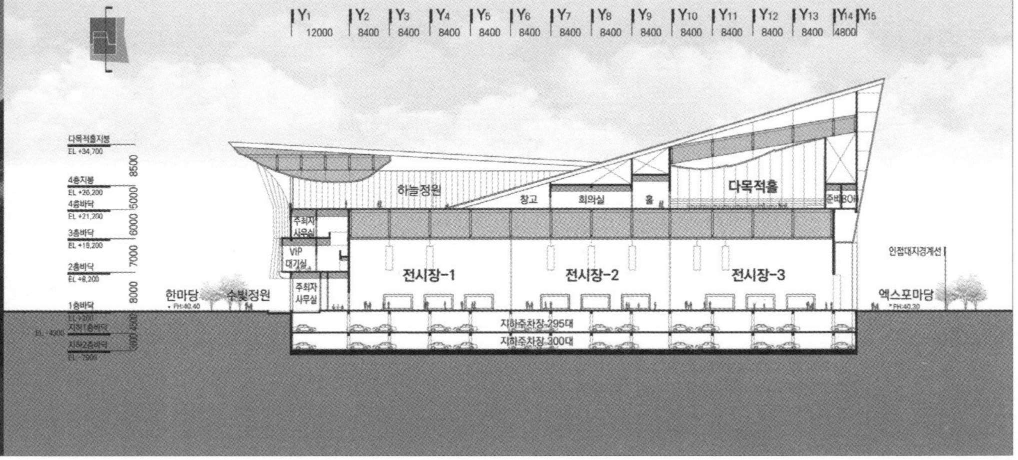

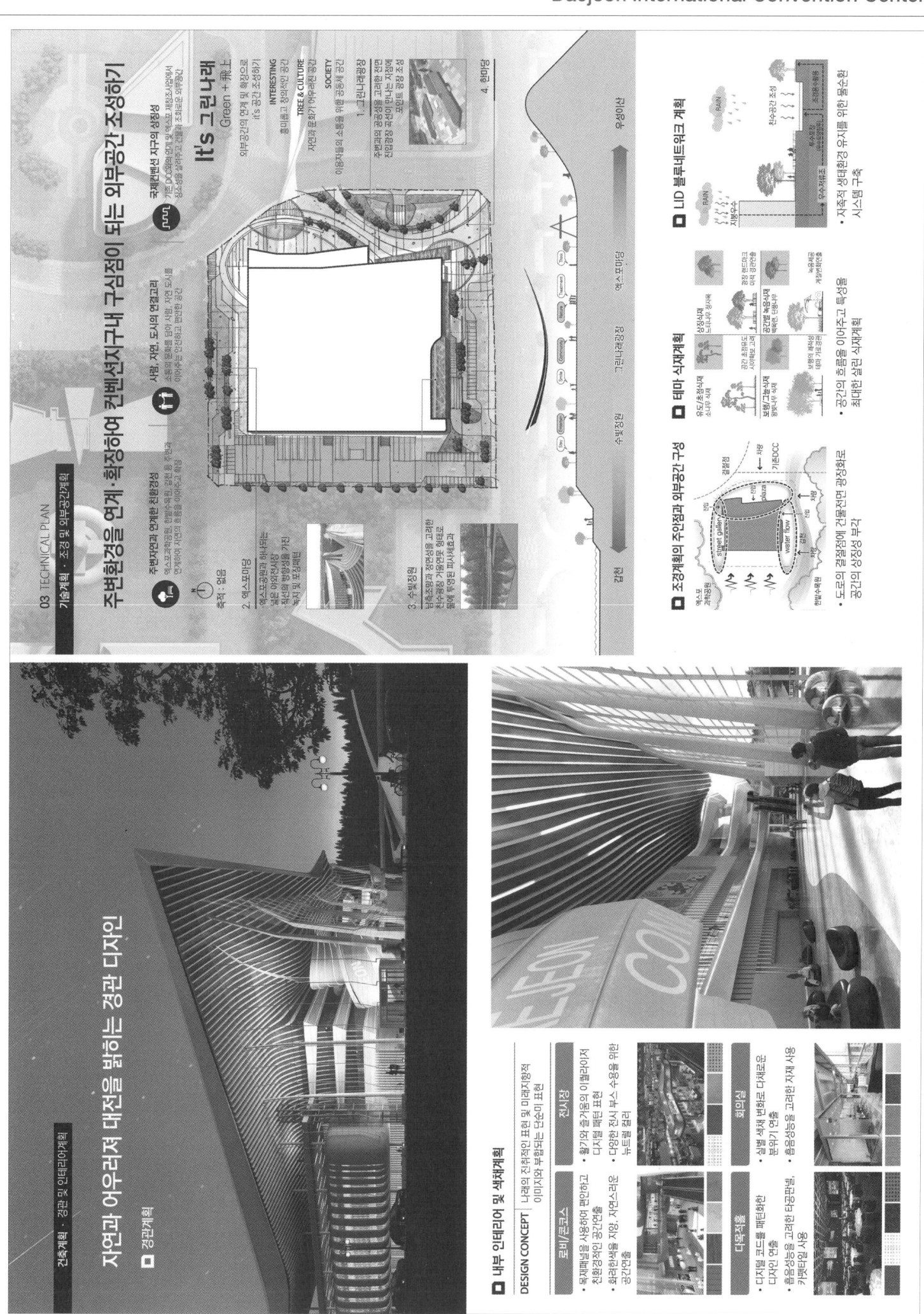

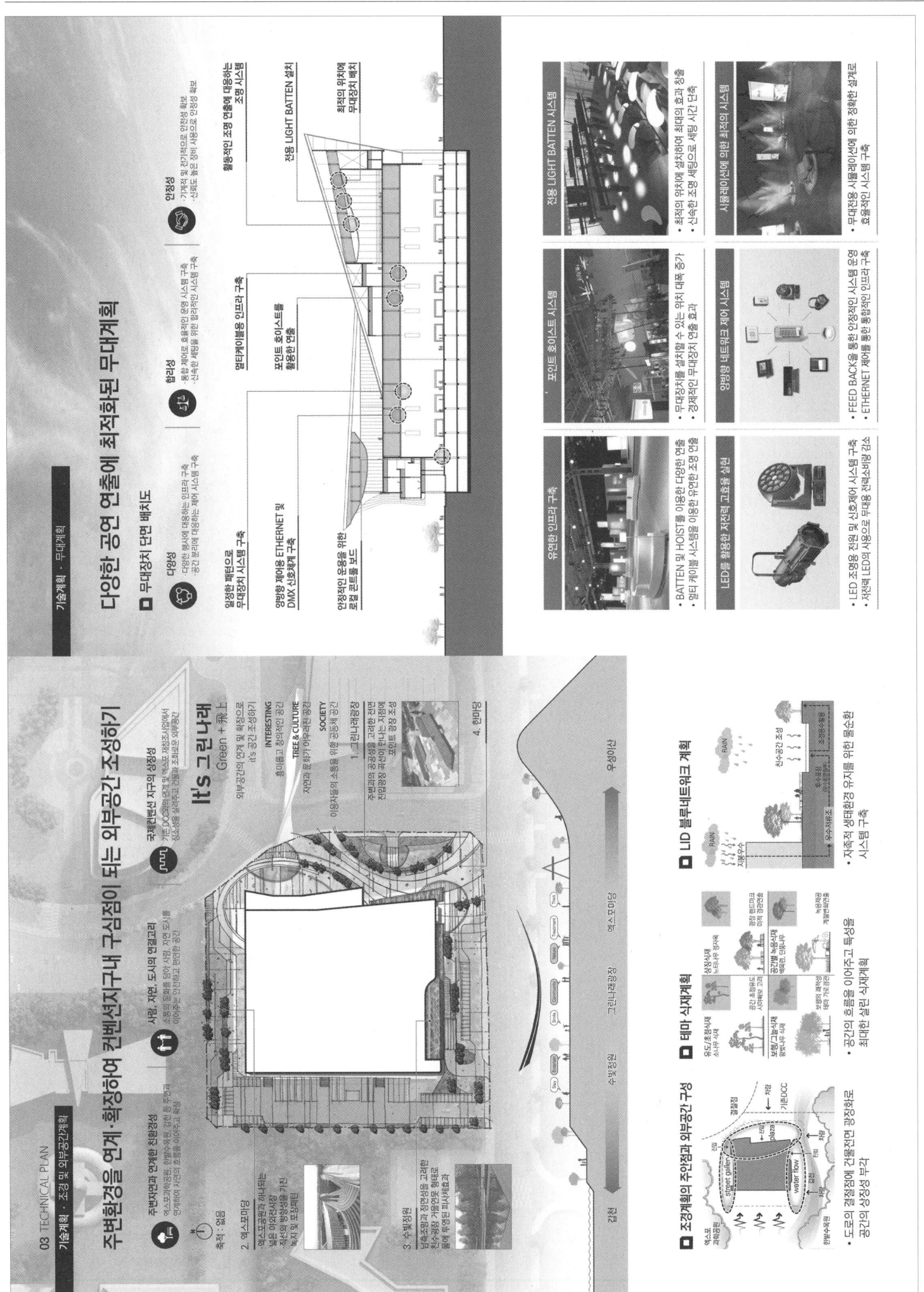

Daejeon International Convention Center

순천시 목재문화체험장

당선작 (주)아이에스피건축사사무소 이주경 설계팀 고민규, 김남국, 이지혜, 국동환, 노윤진, 강현구, 정세화

대지위치 전라남도 순천시 해룡면 대안리 1192-9번지 외 9필지 **대지면적** 11,267.00㎡ **건축면적** 1,087.71㎡ **연면적** 1,087.71㎡ **건폐율** 9.6% **용적률** 9.6% **규모** 지상 1층 **최고높이** 6.6m **구조** 철근콘크리트조 **외부마감** 목재, U-글래스, 노출콘크리트, 로이복층유리 **주차** 68대(장애인 주차 3대 포함)

배치계획
- 잡월드, 4차산업클러스터와의 콘텍스트 조화
- 진입, 체험, 조망, 산책 등에 효율적인 다양한 동선
- 주변 도로변에 대응하여 인지성과 상징적 이미지 확보
- 중정 및 남향 배치, 바람길 분석을 통한 자연환경 유입

평면계획
- 그루터기를 놓다 : 휴식처로서의 그루터기를 문화, 지식, 체험의 소통공간으로 경계 짓다.
- 주변을 열다 : 잡월드와 4차산업클러스터 프로그램을 이어주는 공간을 유입하다.
- 경험과 체험을 담다 : 다양한 체험거리와 볼거리가 용이한 공간을 배치하다.
- 자연과 연결하다 : 문화, 체험을 담고 자연으로 뻗어나가는 확장의 공간을 만들다.

입면계획
- 목리의 다양한 선형을 패턴화한 입면
- 직선목리, 교주목리, 파상목리 등의 다양한 패턴들을 외피 디자인에 적용

Site plan
- Contextual harmony with Job World and the Fourth Industry Cluster
- Diversified circulation plans efficient for access, experience, sightseeing and strolling
- Promoting the proposed facility's presence and symbolic image in response to roads nearby
- Making a courtyard, implementing a south-facing arrangement plan and conducting a wind path analysis to bring in the natural environment

Floor plan
- Putting a stump : Turning a stump serving as a resting place into a communication platform embracing culture, knowledge and experience
- Opening the perimeter : Inserting a space that connects Job World and the Fourth Industry Cluster
- Offering various experiences : Proposing a space with various experience programs and attractions
- Establishing connection with nature : Creating a cultural and experience space expanding toward nature

Elevation
- A facade design that translates various linear wood grains into a pattern
- Applying various patterns inspired by straight, cross and wavy grains to the exterior skin design

Prize winner ISP Architect & Engineering_Lee Jukyung **Location** Suncheong, Jeollanam-do **Site area** 11,267.00㎡ **Building area** 1,087.71㎡ **Gross floor area** 1,087.71㎡ **Building coverage** 9.6% **Floor space index** 9.6% **Building scope** 1F **Height** 6.6m **Structure** RC **Exterior finishing** Wood, U-glass, Exposed concrete, Low-E paired glass **Parking** 68 (including 3 for the disabled)

Suncheon Woodcraft Culture & Experience Center

대지현황분석 _ SITE ANALISYS

● 대상지 내 주변 현황 _ SITE CONDITION

● 대지 분석 _ SITE ANALYSIS

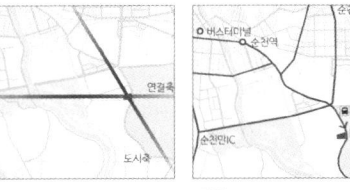
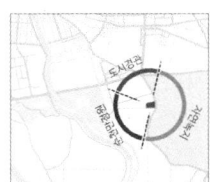

- **축 _ AXIS**
  도시의 맥락과 녹지의 맥락을 연결하고 두 축으로 뻗어가는 공간
- **접근 _ ACCESS**
  버스터미널과 순천역 인근에 위치하며 다른지역에서의 접근도 용이한 위치
- **조망 _ VIEW**
  다양한 경관을 갖는 공간으로 서로 연계되고 상호작용하는 경관 형성

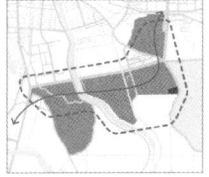

- **녹지 _ GREEN**
  대지주변 녹지체계의 흐름을 연결 시켜주는 매개공간으로서의 역할
- **관광인프라 _ INFRASTRUCTURE**
  순천만 국가정원, 국제습지체험센터, 잡월드 등의 시설들과 클러스터 구성
- **교점 _ NODE**
  도심과 근접하고 주변 시설들과 연계되어 다양한 에너지가 공존하는 접점

● 문화체험 연계 현황 _ CULTURAL EXPERIENCE NETWORK ROOT

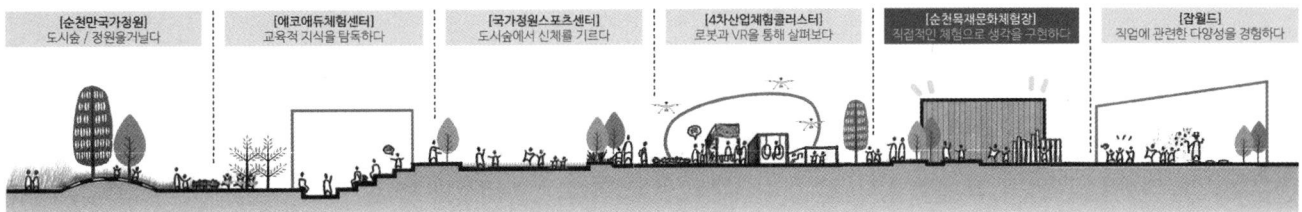

형태대안분석 _ ALTERNATIVES ANALYSIS

● 형태대안의 주안점 _ SHAPE FOCUS

- 호남권 대표 목재문화시설로서 '순천'의 특징이 반영된 형태
- 잡월드와의 형태적, 기능적 연계성을 고려한 형태
- 목재체험관으로서 내·외부 프로그램이 효율적으로 구성 될 수 있는 형태

● 대상지 내 연계 가능성 _ IN-PLACE CONNECTIVITY

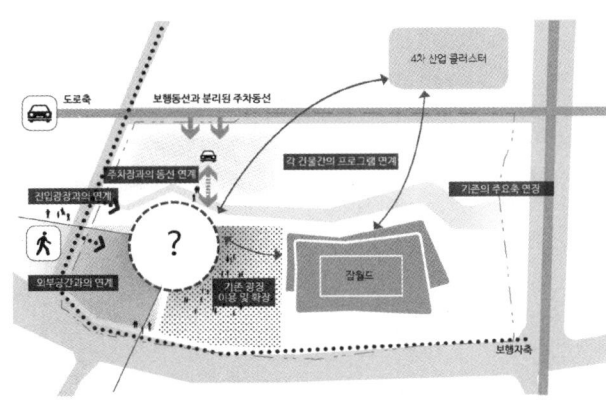

● 대안 1 _ 갈대밭의 생장, 나무단면 형상화

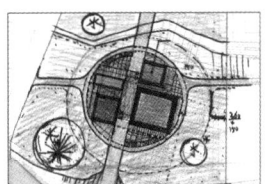

상징성	◎	완결된 원형으로 목재의 형태로 인식
인지성	○	모든면에서 입면이 도드라져 보임
주변연계성	○	주변의 프로그램과 연계하기 용이한 구조
접근성	◎	원형으로 구성되어 접근이 쉬움
기능성	◎	프로그램별 기능 조합의 제약이 없음
동선구성	○	방향의 제약이 없음

● 대안 2 _ 대지축과 잡월드 연계축 고려

상징성	△	대지 축에 맞춘 흐름으로 상징성이 약함
인지성	○	정면이나 측면에서 건물 입면 인식
주변연계성	○	주변의 프로그램과 연계하기 용이한 구조
접근성	△	대지 축에 맞춰 접근해야 함
기능성	○	공간구성을 구획하기 어려움
동선구성	△	대지 축에 맞춰 동선 구성

● 대안 3 _ 프로그램과 동선의 흐름 고려

상징성	◎	방사형의 형태로 'X'문자로 인식
인지성	△	독립적 건물로 인식하기 어려움
주변연계성	○	주변의 프로그램과 연계하기 용이한 구조
접근성	○	다방향으로의 접근이 쉬움
기능성	△	이형적인 형태로 공간구성이 어려움
동선구성	△	'X'자형 방향으로 접근 동선 구성

● 형태 대안 스터디 _ ALTERNATIVE STUDY

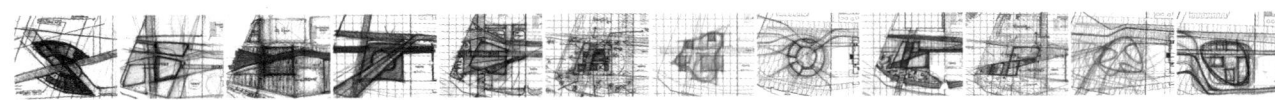

architecture & design competition 문화·주거 **51**

순천시 목재문화체험장

계획개념 _ CONCEPT

순천 웃듬, 圓(원)으로 맺다.

[웃듬] : '으뜸', '그루', '줄기'의 옛말

순천시 목재문화체험장이 들어설 이 공간은, 순천시의 과거부터 미래까지 하나의 시퀀스로 만나볼 수 있는 유연한 도심 속 공공 체험 장소이다.

산, 숲, 교외에 조성되어 있었던 이전 시설과 달리 잡월드와 4차산업클러스터 등 현장프로그램이 스며들어 있는 장소에 도심형 목재체험장이 들어선다는 것은, 순천지역이 가지는 원천적 상징과 이미지가 투영되어 상징화되며, 체험관의 아이덴티티(Identity)인 체험을 통해 재능과 능력을 성장시켜주는 장소라는 특징을 녹아들도록 건축적 방안으로 제안하는 것이 프로젝트의 기본방향이다.

1. 순천만 특유의 S자 곡선, 유유한 흐름은 과거, 현재, 미래를 경험하는 체험장의 투영이다.
2. 자연과 상호 유기적으로 성장하는 순천만 갈대밭의 생명력을 圓(원)으로 풀어내다.

순천 웃듬 ; "원"[wʌn]으로 풀어내다.

| 原 : [근원 원] ORIGIN — The Origin of Experience | 元 : [으뜸 원] ONE — The One & Only Space | 圓 : [둥근 원] CIRCLE — Circle of The Dream |

도시형 목재문화체험의 **새로운 시간** / 다양한 프로그램이 공존하는 **유일한 장소** / 꿈과 미래가 점점 **발전하는 공간**

  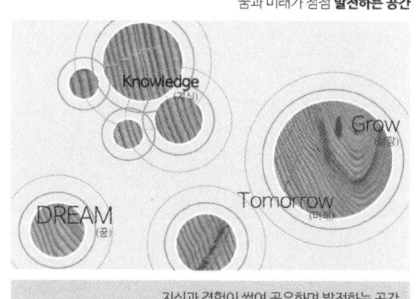

새롭고 다양한 포맷의 체험을 즐기는 시간
도심 속 공원처럼 자연을 느끼며 휴식하는 시간

확장된 주변의 4차원적 컨텍스트를 흡수하는 장소
유연한 기능에 의해 우연한 이벤트가 나타나는 장소

지식과 경험이 쌓여 공유하며 발전하는 공간
순천의 미래와 함께 대표적 입지로 성장하는 공간

 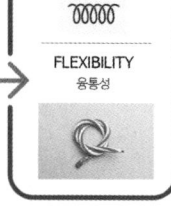  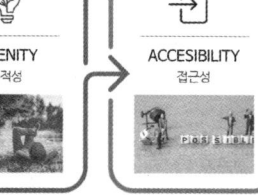   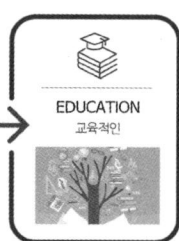

SAFETY 안전성 → FLEXIBILITY 융통성 → AMENITY 쾌적성 → ACCESIBILITY 접근성 → DIVERSITY 다양성 → INTERESTING 흥미로운 → EDUCATION 교육적인

Suncheon Woodcraft Culture & Experience Center

배치계획 _ SITE PLAN

● 배치계획의 개념 및 프로세스 _ SITE PLAN CONCEPT & PROCESS

순천웃듬 [으뜸]
도형의 완결체 '원' 모양의 나무 단면 형상화

순천웃듬 [줄기]
중심으로부터 파생되는 프로그램 배분

순천웃듬 [그루]
시민들의 쉼터로서 옥외휴게공간

● 배치계획의 주안점 _ SITE PLAN FOCUS

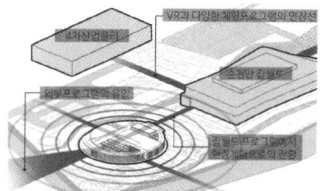

주변 프로그램과의 연계성 _ CONNECTIVITY
- 잠월드, 4차산업클러스터와의 컨텍스트 조화
- 공용공간을 중심으로 외부프로그램을 흡수하고 연장

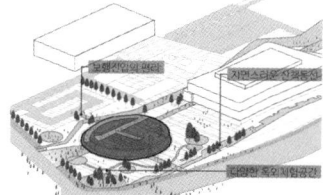

이용자 편의를 극대화한 접근성 _ ACCESSIBILITY
- 진입, 체험, 조망, 산책 등 효율적인 다양한 동선
- 시설이용의 편의성과 외부공간의 자유로운 활용

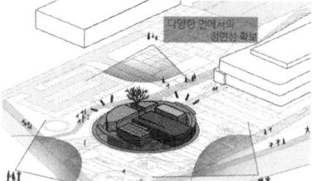

시각적 접근성 및 인지성 극대화 _ RECOGNIZE
- 주변도로변에 대응하여 인지성과 상징적 이미지 확보
- '원'이라는 완결체의 모습으로 나무 단면과 염면으로 인식

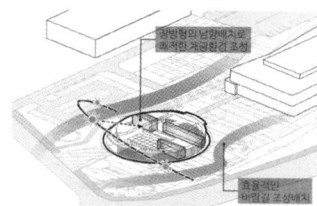

바람길, 채광 등 환경적 기능성 고려 _ ECO
- 자연적 요소를 활용한 효율적 배치
- 중정 및 남향배치, 바람길 분석을 통한 자연환경 유입 고려

● 공간으로의 효율적 접근 _ EFFECTIVE ACCESS

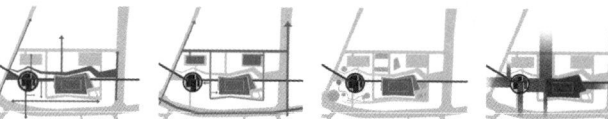

보행자 _ PEDESTRIAN　　차량 _ VEHICLE　　유입 _ INFLOW　　연계 _ LINK

평면계획 _ FLOOR PLAN

● 평면 형태 개념 _ FLOOR PLAN CONCEPT

 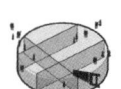  

#1 그루터기를 놓다
휴식처로서의 그루터기를 문화·지식·체험의 소통공간으로 경계 짓다

#2 주변을 열다
잠월드와 4차산업클러스터 프로그램을 이어주는 공간을 유입하다

#3 경험과 체험을 담다
다양한 체험거리와 볼거리 프로그램을 용이한 공간을 배치하다

#4 자연과 연결하다
문화, 체험을 담고 자연으로 뻗어나가는 확장의 공간을 만들다

● 공간구성 개념 _ SPACE COMPOSITION CONCEPT

URBAN LOUNGE _ 휴식의 공간
내·외부의 프로그램을 입체적으로 연계하여 시민이 찾기 쉽고 이용하기 쉬운 '도심형 체험장' 만들기

NETWORK _ 소통의 공간
열린 평면계획으로 내·외부의 행위와 움직임을 볼 수 있도록 하여 동적인 공간 만들기

FLEXIBILITY _ 유연한 공간
물리적으로 상호 독립적이고 한정된 공간이 아닌 공간개념들이 중첩되고 섞이면서 때로는 분리도 가능한 공간 만들기

SYSTEM _ 체계적 공간
업무효율을 고려한 이동동선의 최소화 및 최적의 관리 동선을 갖춘 공간 만들기

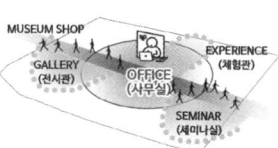

NATURE _ 자연적 공간
도시 속의 공원, 공원 속의 체험장 만들기

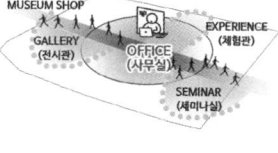

순천시 목재문화체험장

평면계획 _ FLOOR PLAN

● 1층 평면계획 및 동선계획 _ 1ST FLOOR PLAN & CIRCULATION

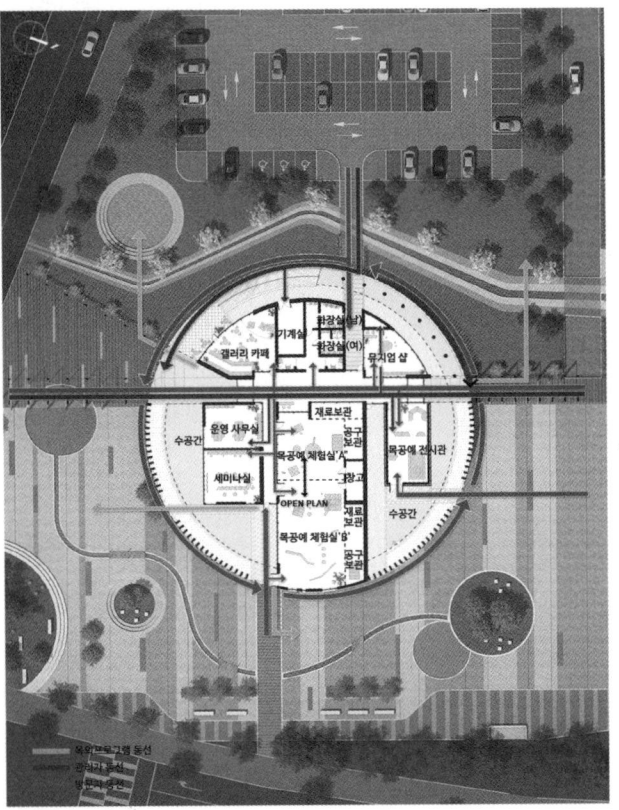

● 평면구성 _ PLANAR CONFIGURATION

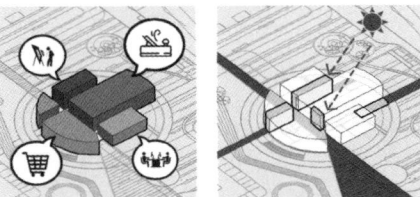

- 시설별로 구분된 배치
- 다양한 특화 파티오 계획
- 쾌적한 조망을 가지는 실내

● 목공예 체험실 공간 계획 _ EXPERIENCE ROOM PLAN

- 목공예 체험실 개방형 평면

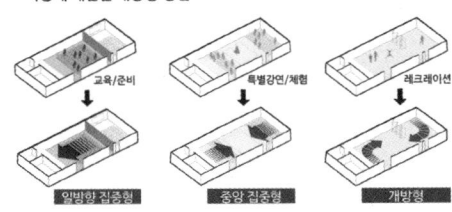

- 재료 및 공구보관실 제안

재료의 크기와 형상에 따라 단수를 조절할 수 있으며 증설이 용이한 이동식가구 사용

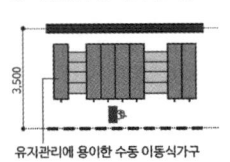

유지관리에 용이한 수동 이동식가구

● 사용자 목적에 따른 가구배치를 통한 다양한 공간 활용

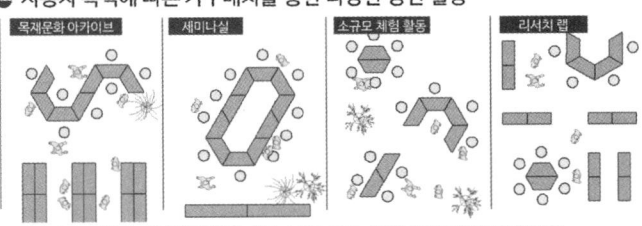

- 세미나실, 목공예 체험실에 적용가능하며 소규모 모임, 회의 등 다양한 활동에 대응 가능

● 지붕층 공간구성 및 동선계획 _ ROOF FLOOR PLAN

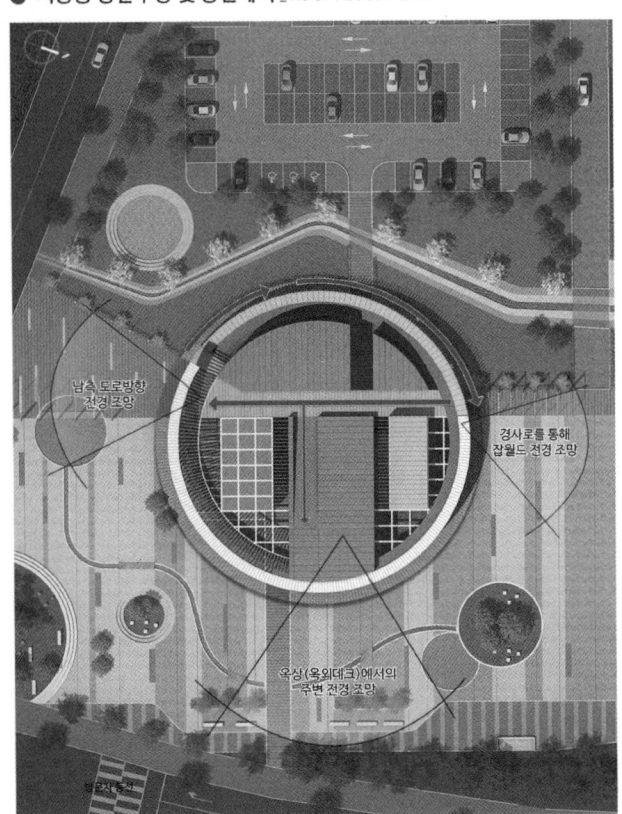

● 다양한 행위를 유발하는 지붕계획 _ ROOF FLOOR ACTIVITY

| 커뮤니티 루프 | 수직적 외부공간 연계 | 문화의 통로 |

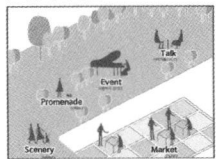  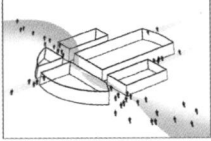

Suncheon Woodcraft Culture & Experience Center

입면계획 _ ELEVATION PLAN

입면 개념 _ ELEVATION CONCEPT

- 목재의 목리의 다양한 **선형을 패턴화**한 입면계획
- 목리(WOOD GRAIN)란, 목재를 구성하고 있는 **배열과 방향**이 재면에 나타난 상태
- 직선목리, 교주목리, 파상목리 등의 **여러 패턴**들을 외피 디자인에 활용

입면 패턴의 응용 _ APPLICATION OF ELEVATION PATTERNS

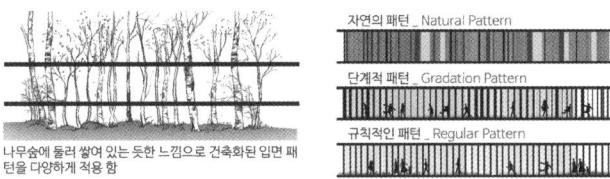

나무숲에 둘러 쌓여 있는 듯한 느낌으로 건축화된 입면 패턴을 다양하게 적용 함

입면 적용 _ APPLY ELEVATION

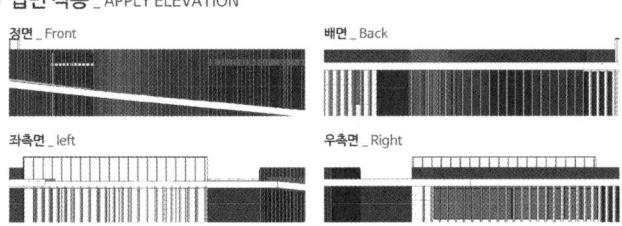

단면계획 _ SECTION PLAN

단면 계획 프로세스 _ SECTION PLAN PROCESS

| 단계 1 | 단계 2 | 단계 3 | 단계 4 |

추출된 형태 / 도시축에 의한 분절 / 프로그램 도입 / 자연과의 조화

단면 공간 연계 계획

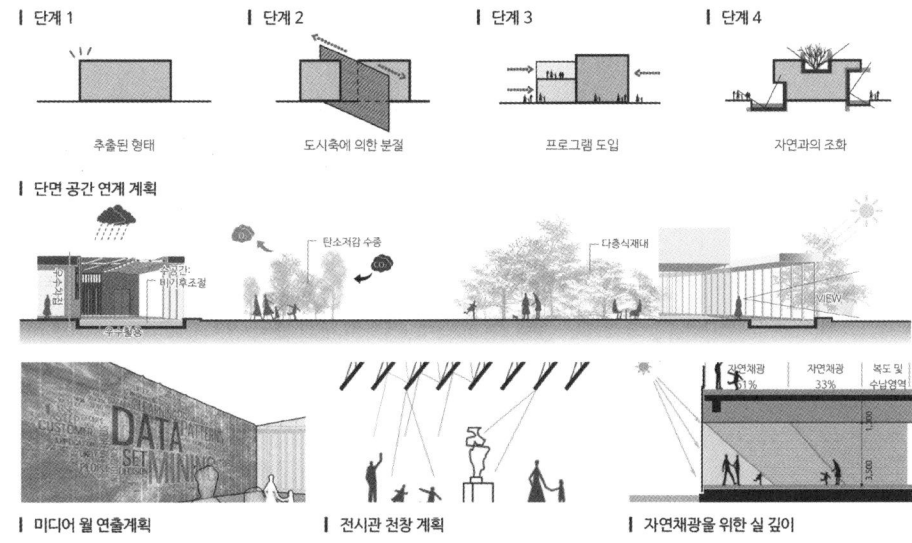

미디어 월 연출계획 | 전시관 천창 계획 | 자연채광을 위한 실 깊이

하늘과 맞닿은 진입광장

지면과 맞닿은 옥외 휴게공간

단면 프로그램 _ SECTION PROGRAM

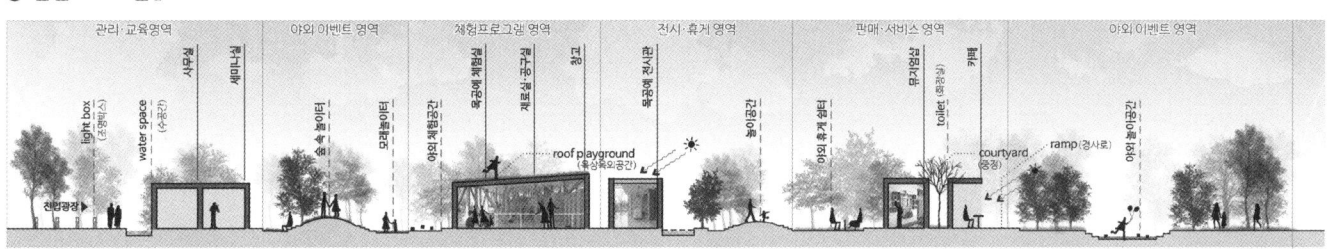

순천시 목재문화체험장

외부동선 및 주차계획 _ CIRCULATION & PARKING

● 법정 주차대수에 의한 주차 타입별 기준 적용 _ PARKING REGULATION

구분	설치기준에 따른 산출대수	기준대수	계획대수
부설주차장 설치	문화 및 집회시설 : 시설면적 100㎡당 1대 (1,087㎡ / 100㎡ = 11대)	11대	68대
장애인주차대수	기준대수의 2% 이상 (10*2% = 1대)	1대	3대
여성 및 교통약자 우선주차대수	기준대수의 3% 이상 (10*3% = 1대)	1대	3대

● 주차동선 계획 _ PARKING PLAN

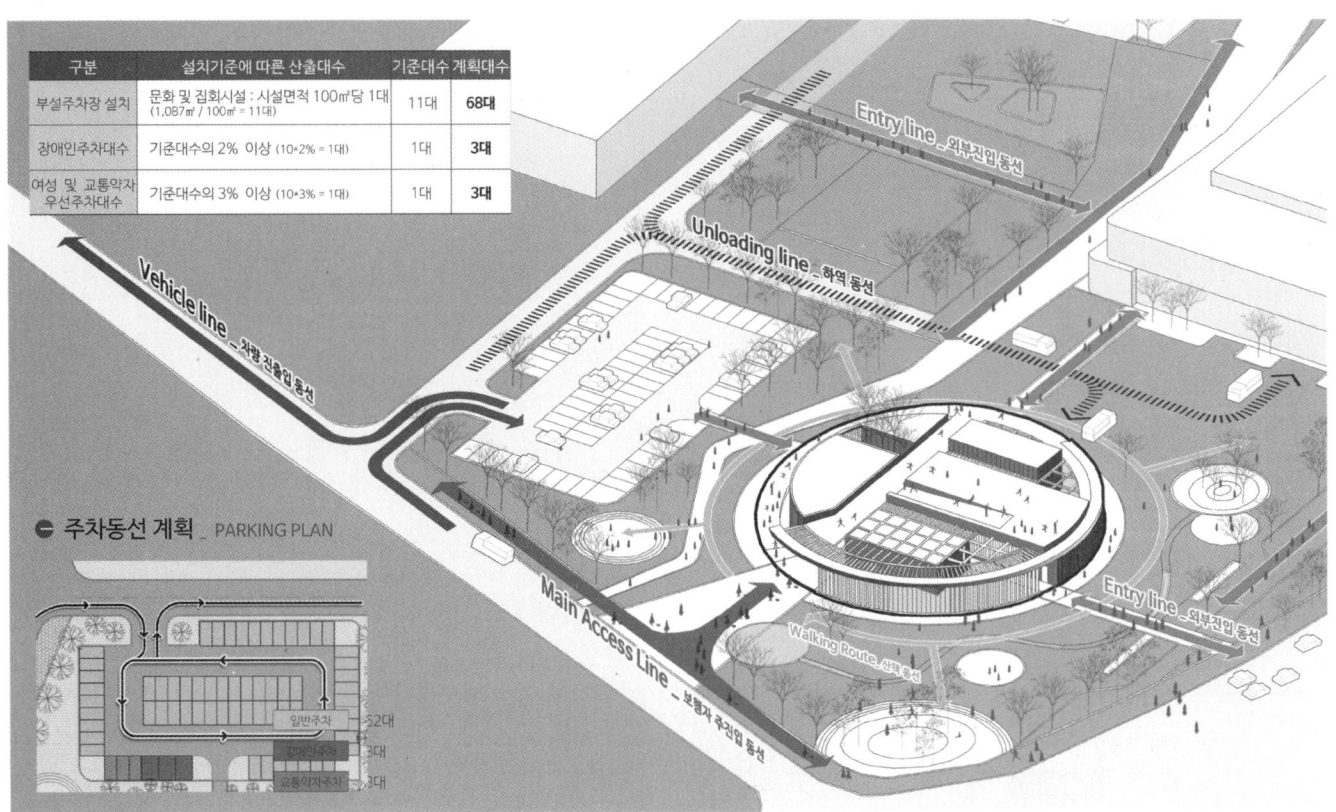

색채 및 재료마감계획 _ COLOR & METERIAL PLAN

● 색채 선정의 기본 방침 _ COLOR SELECTION
- 각 영역별 기능 컬러를 선정하여 공간 배색과 기능에 맞게 적용
- '2017 순천시 건축정책 기본계획'에서 선정한 영역별 색상 선정
- 자연 그대로의 편안하고 친환경적인 색채를 계획하여 여유로운 이미지 연출

순천의 생태 주조색

순천만정원 주변 강조색

목재 고유 주조색

● 재료 및 색채 구성 _ METERIAL & COLOR

● 재료 선정의 기본 방침 _ METERIAL SELECTION
- '2017 순천시 건축정책 기본계획'에서 제시한 소재 선정
- 돌과 나무 재질의 소재를 사용하여 표현하되, 시각적 공해가 없는 재료 적용

범용성	- 충분히 성능이 입증되고 가공 성능이 우수한 재료 적용
경제성	- 유지관리비와 시공 비용이 최소화된 재료
친환경성	- 환경오염을 최소화하고 건축물 에너지 절약 설계 기준에 부합하는 재료

● 외부 재료 및 색채 구성 _ EXTERIOR METERIAL & COLOR

목재 루버 _ WOOD LOUVER
채광 및 향에 따른 조절, 채광각에 따른 다채로운 입면구성을 위하여 자연목재 이용

유글라스 _ U-GLASS
반투명 재질로, 외부공간과 내부를 연결하고, 주변을 흡수하여 전시공간만의 특징을 부각하는 재료

목재 패널 _ WOOD PANEL
온화한 느낌의 목재를 통해 자연과의 어울림 강조 및 나뭇결을 이용한 입면 패턴 극대화

노출콘크리트 _ CONCRETE
재료적 특성을 통해 사무실 부분의 특성을 부각하고, 주변과 이질감이 없도록 구성

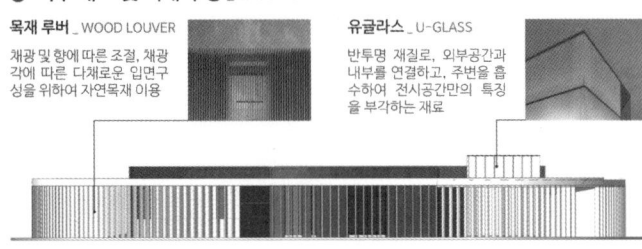

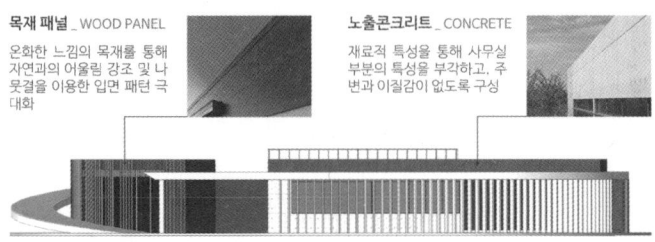

Suncheon Woodcraft Culture & Experience Center

외부공간 및 조경계획 _ EXTERIOR PLAN & LANDSCAPE PLAN

식재 특화 계획 _ PLANTING PLAN
- 목재에 활용될 수 있는 나무를 중심으로 외부공간 테마로 배치하여 다양한 목재 체험공간 확립

외부 공간 프로그램 _ EXTERIOR PROGRAM

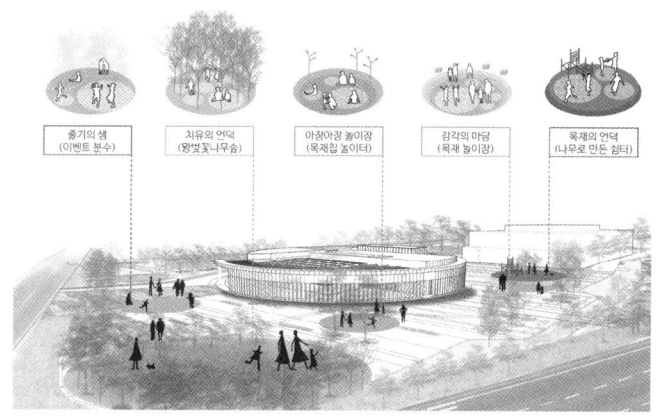

수공간 특화 계획 _ WATER SPACE PLAN
- 물을 즐기는 2가지 방법
  - 물과의 친밀도를 높이는 다양한 접촉기회 제공
- ECO BLUE SYSTEM (우수 재활용 시스템)
  - 투수성포장, 자연형수로 도입으로 채집한 빗물은 여과후 수공간에 재활용하는 친환경 수순환체계 확립

기타 외부공간 계획 _ OTHERS EXTERIOR PLAN

친환경계획 _ ECO FRIENDLY

친환경계획 _ ECO FRIENDLY

| 효율적창호모듈 _ 일사량조절 |
| 수공간 _ 미기후조절 |
| 루버 및 증청 _ 일사량조절 및 탄소저감 |
| 유글라스 _ 자연채광 및 방음 |

| 기후요약/분석 |

| 단계별 친환경계획 |
- 일사재광분석으로 최적방위 검토
- 대지기류 분석으로 주기류 고려
→ 냉방에너지를 고려한 계획
- 실내공기질 향상을 위한 환기 계획
→ 최적 건물에너지 관리방안 제공 시스템 적용
- 제로에너지건축물 (ZEB) 5등급 이상

- 녹색건축인증 일반(그린4등급)
- 건축물 에너지효율 1등급
- 장애물없는 생활환경 우수등급
- 신재생에너지 공급비율 27%

| 저탄소 계획 | 에너지 계획 |

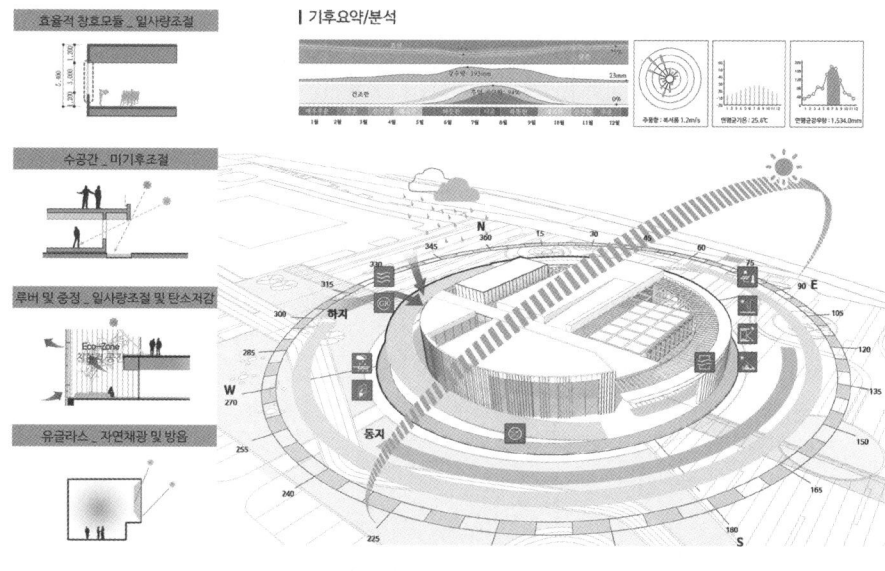

| 예상에너지 사용량 | 에너지성능지표 | 건물에너지관리시스템(BEMS) |

건축물 에너지 효율등급 **1등급**

에너지성능지표 법적기준 74점 이상 → **75점 이상 확보**

자연환기 및 통풍 / 급수기압 펌프 인버터제어
투수블럭포장 / 엘이디 조명 설비
수자원 절약 계획 / 열회수 환기장치

순천시 목재문화체험장

2등작 (주)에스지파트너스건축사사무소 최기성 설계팀 정세영, 이찬희, 김윤정

대지위치 전라남도 순천시 해룡면 대안리 1192-9번지 외 9필지 **대지면적** 11,267.00㎡ **건축면적** 728.68㎡ **연면적** 1,053.04㎡ **건폐율** 6.48% **용적률** 9.35% **규모** 지상 2층 **최고높이** 11.7m **구조** 철근콘크리트조 **외부마감** 고밀도 목재패널, 목재 수직루버, 금속강판 평이음, 로이복층유리 **주차** 37대(장애인 주차 2대 포함)

자연을 담은 마을

전라남도 순천은 대한민국을 대표하는 생태도시이다. 이러한 자연과 생태를 담은 마을은 '그린 네트워크'를 형성하고 입체적 보행데크인 '에코 링크'를 따라 대지 사이로 확장되어 모든 사람들에게 휴게공간 및 체험과 교류의 장소를 제공하며 자연스럽게 순천의 자연과 접할 수 있게 유도하려 한다. 디자인에 앞서 순천의 목재문화체험장에 의한 사람들에게 관련된 네 가지의 자료로써 설계를 시작하였다.

첫 번째는 여수와 순천을 오가는 길목 그리고 순천의 입구에 대한 상징성, 두 번째는 프로젝트명이 자연과 관련이 있듯이 주변의 자연과 끌어들이도록 하였다. 세 번째는 근처의 잡월드와 추후 세워질 4차산업클러스터와의 연계로써 방문자의 이야기가 끊임없이 이어지도록 노력하였다. 네 번째는 외부공간에 녹지를 생성하고 태양광 시설 등을 설치하여 액티브디자인과 패시브 디자인을 동시에 만족시켰다. 이를 토대로 다섯 개의 매스로 공간을 분리를 하였는데 사무, 체험, 전시, 공용, 휴식공간으로 나누어 이용자가 명확하게 공간의 위치를 알 수 있도록 하였다. 입면적인 콘셉트는 '집'으로, 이용자에게 자연처럼 편안하고 안락한 공간으로 느낄 수 있도록 하였다.

Nature Town

Suncheon, Jeollanam-do is Korea's major ecological city. Embracing the surrounding nature and ecosystem, its town forms a "Green network" and expands across the land along "Eco link", a three-dimensional pedestrian deck. And through that, it provides places for relaxation, experience and socialization so that people can experience the nature of Suncheon in a natural way. Before the design process begun, four aspects related to wood culture center users were suggested as the starting point for the design.

The first aspect was the center's symbolic significance as the junction of Yeosu and Suncheon and as the gateway to Suncheon. The second was the idea of embracing the surround nature as the project name suggests that the facility is asso-ciated with nature. The third was the idea of establishing connection with Job World and the soon-to-be-built Fourth Industrial Cluster to provide a continued visitor experience. The fourth was the idea of imple-menting both active and passive designs by introducing an outdoor green area and installing a solar energy system. Designed based on these ideas, five masses divide the whole site into office, experience, exhibition, public and resting areas, and these areas are arranged to allow users to easily find the location of a space. "Home" is suggested as a concept for the facade design, so the facade is designed to make users see the facility as a comfortable and cozy nature-friendly place.

2nd prize SG Partners Architecture_Choi Gisung **Location** Suncheon, Jeollanam-do **Site area** 11,267.00m² **Building area** 728.68m² **Gross floor area** 1,053.04m² **Building coverage** 6.48% **Floor space index** 9.35% **Building scope** 2F **Height** 11.7m **Sturcture** RC **Exterior finishing** High-density wood panel, Wood vertical louver, Steel plate flat lock seam **Parking** 37 (including 2 for the disabled)

Suncheon Woodcraft Culture & Experience Center

디자인프로세스 _ Design Process

디자인주안점

- **Identity** — 자연과 사람을 위한 새로운 순천의 랜드마크
  특화된 프로그램과 차별화된 공간을 구성하며 목재문화체험관의 목표를 표현할수 있는 새로운 패러다임 제공
- **Nature +** — 자연과 하나로 융합되는 마을
  순천의 자연과 생태를 이어 나갈수 있는 순천의 대표적인 랜드마크로써의 목표를 추진
- **Urban & Public** — 다양한 이야기와 공간으로 도시와 소통
  공공에 대한 다양한 배려로 도심에서의 목재문화체험관의 역할에 대한 새로운 롤모델 제시
- **Sustainability** — 환경친화적이고 미래지향적인 smart architecture 제공
  환경을 우선시 하는 에너지피아 건축

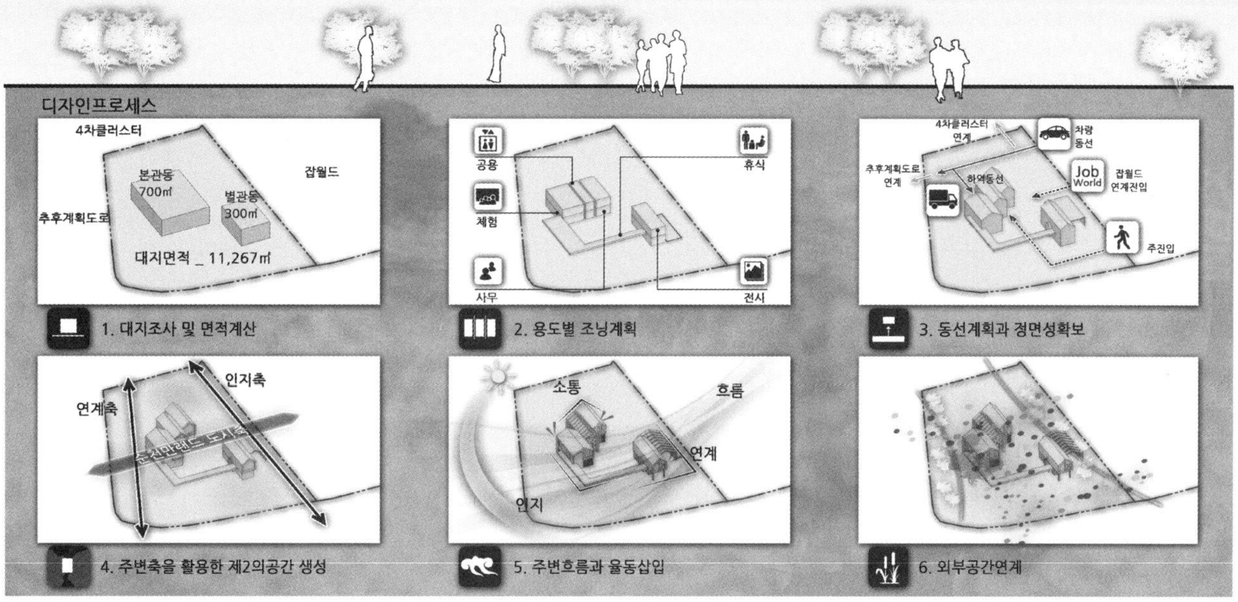

디자인프로세스

1. 대지조사 및 면적계산
2. 용도별 조닝계획
3. 동선계획과 정면성확보
4. 주변축을 활용한 제2의공간 생성
5. 주변흐름과 율동삽입
6. 외부공간연계

자연의 감성을 담은 공간계획 _ Space Concept

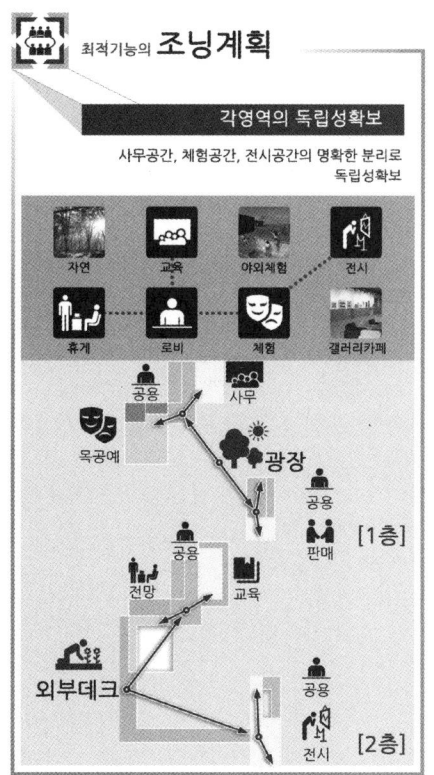

최적기능의 **조닝계획** — 각영역의 독립성확보
사무공간, 체험공간, 전시공간의 명확한 분리로 독립성확보

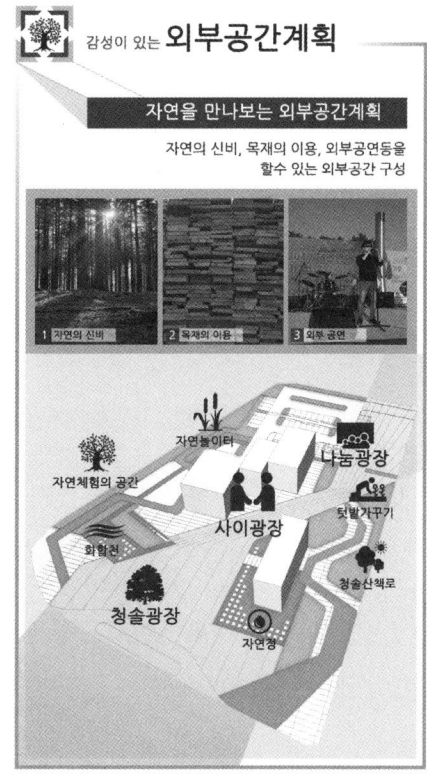

감성이 있는 **외부공간계획** — 자연을 만나보는 외부공간계획
자연의 신비, 목재의 이용, 외부공연등을 할수 있는 외부공간 구성

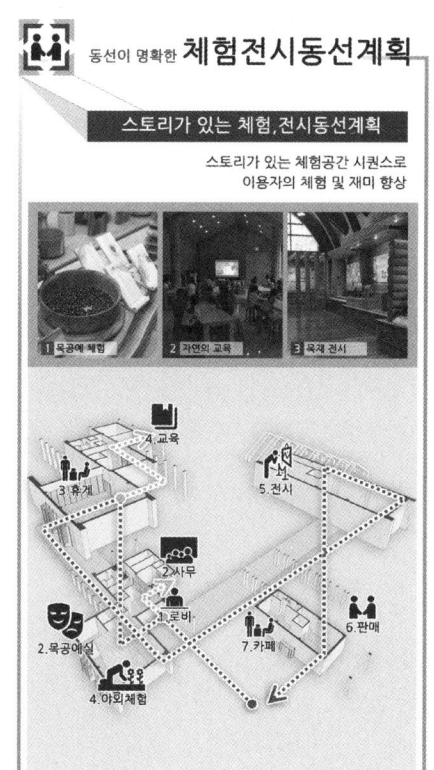

동선이 명확한 **체험전시동선계획** — 스토리가 있는 체험, 전시동선계획
스토리가 있는 체험공간 시퀀스로 이용자의 체험 및 재미 향상

순천시 목재문화체험장

기본계획 _ Site Analysis

광역분석

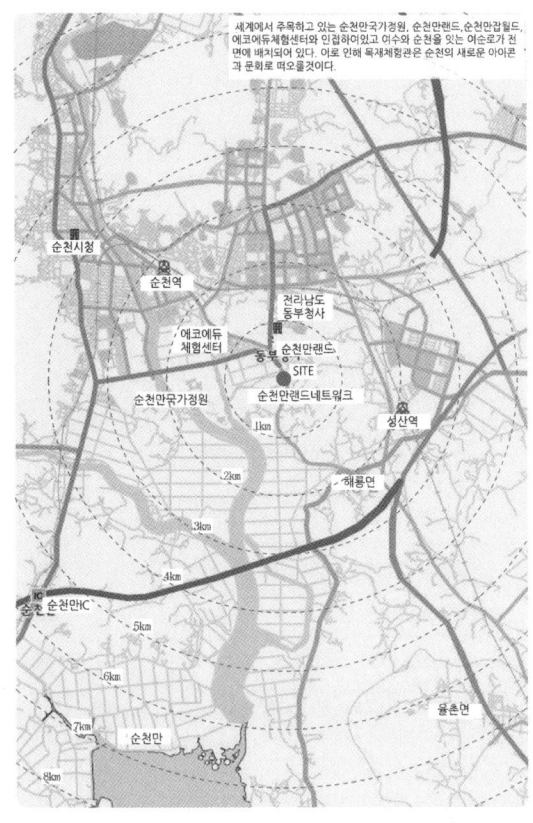

순천만랜드 토지이용계획 _ Land use
순천만랜드 발전에 따른 토지이용계획

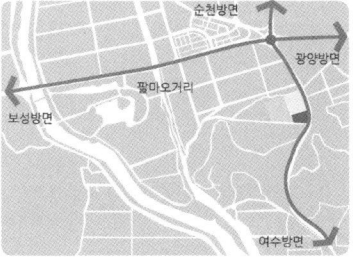

도로 _ Urban corridor
순천내 교통의 원활한 접근 및 유동동선고려

조망 _ Dynamic view
자연 및 도시경관을 향한 다양한 조망권이 확보

녹지 _ Green network
대지 주변을 감싸는 녹치체계의 흐름, 그린 네트워크의 연계

대지분석

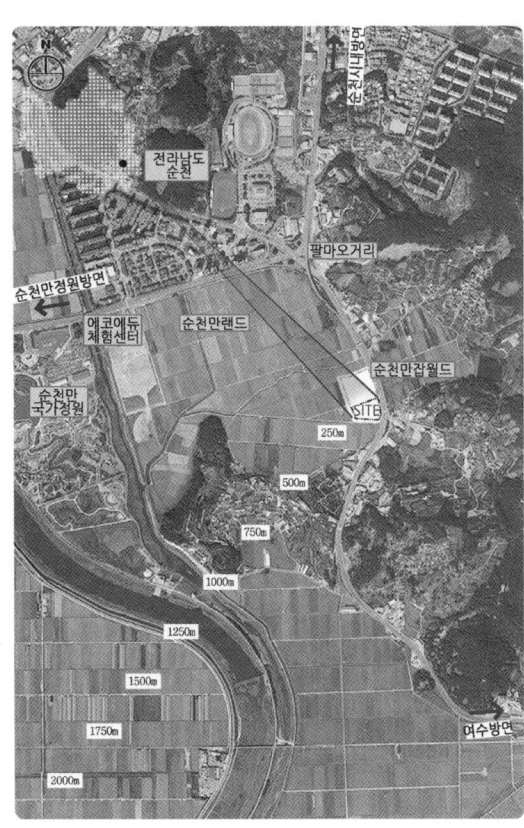

축 _ Axis
순천과 여수의 연결축에서 생성된 경관축과 인지축 확인

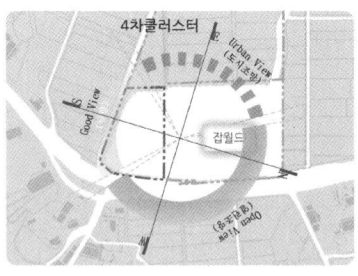

조망 _ View
부지의 인접한 경관녹지와 자연녹지으로의 쾌적한 조망확보

접근 _ Approach
주변도로를 이용한 안전한 보행 및 원활한 차량동선 확인

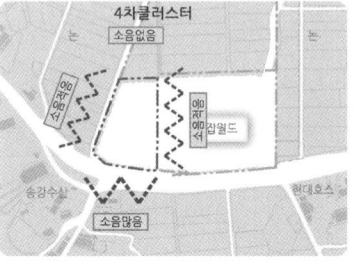

소음 _ Noise
부지와 인접한 주변도로 소음발생에 대응하는 이격거리 확보

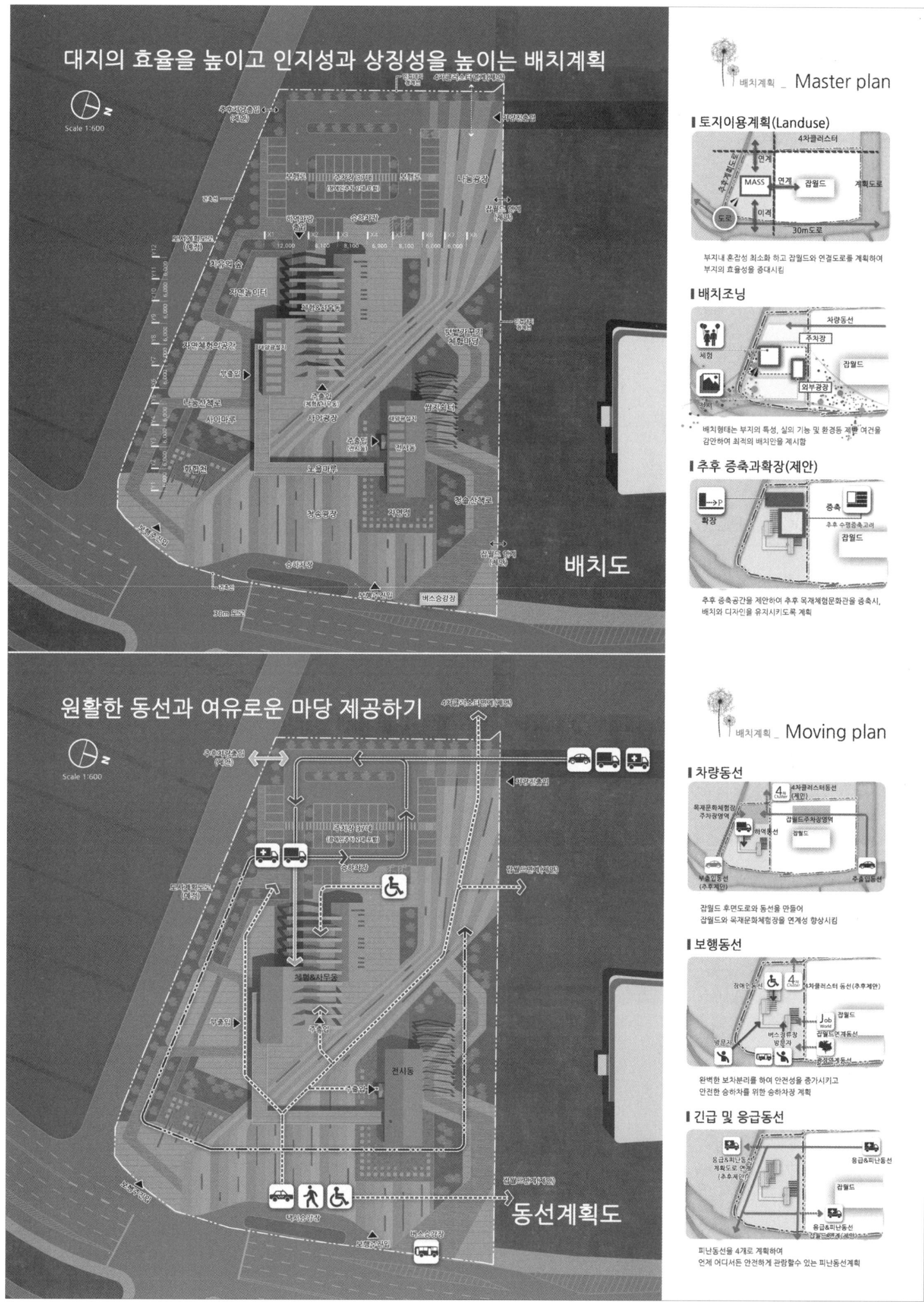

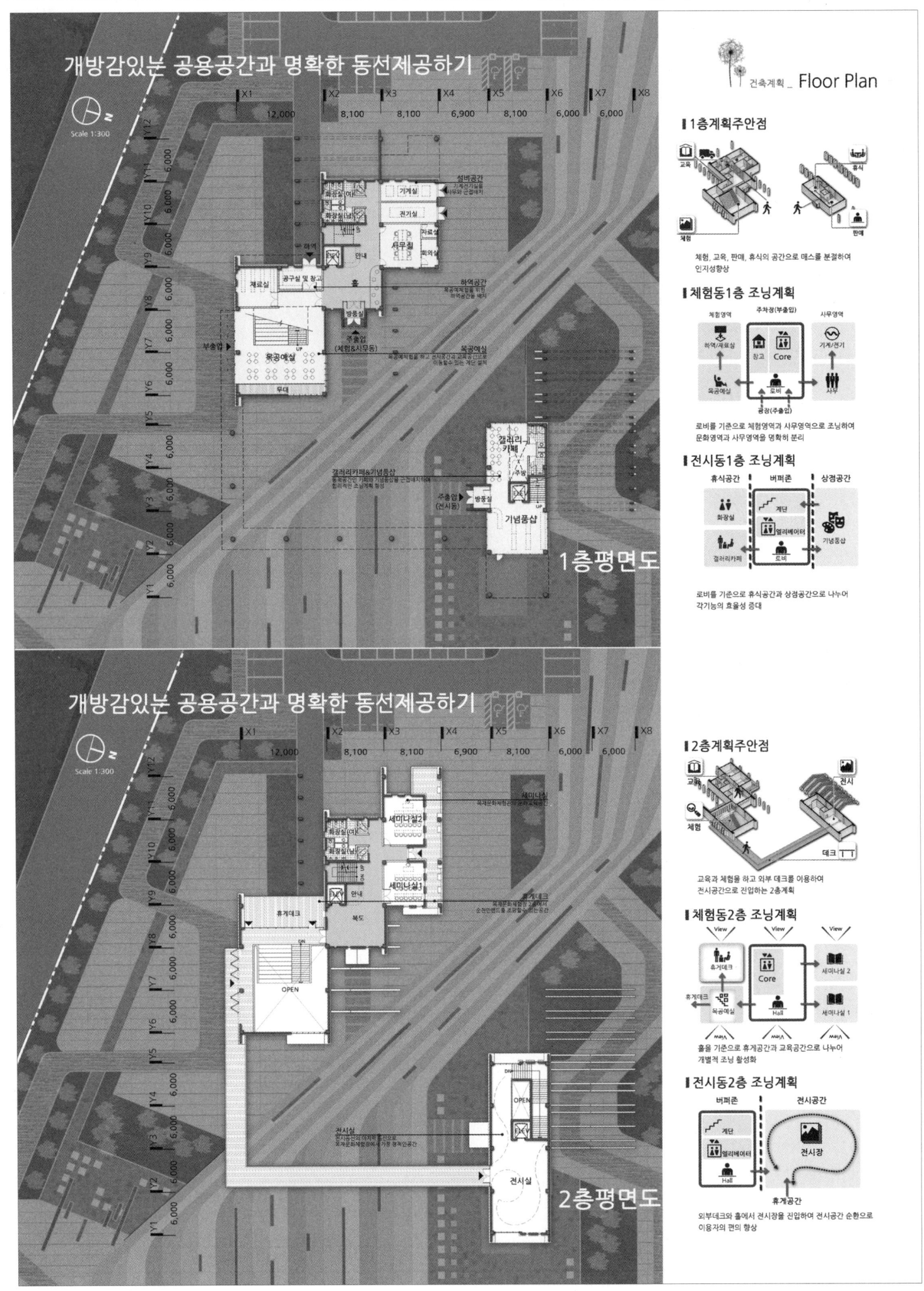

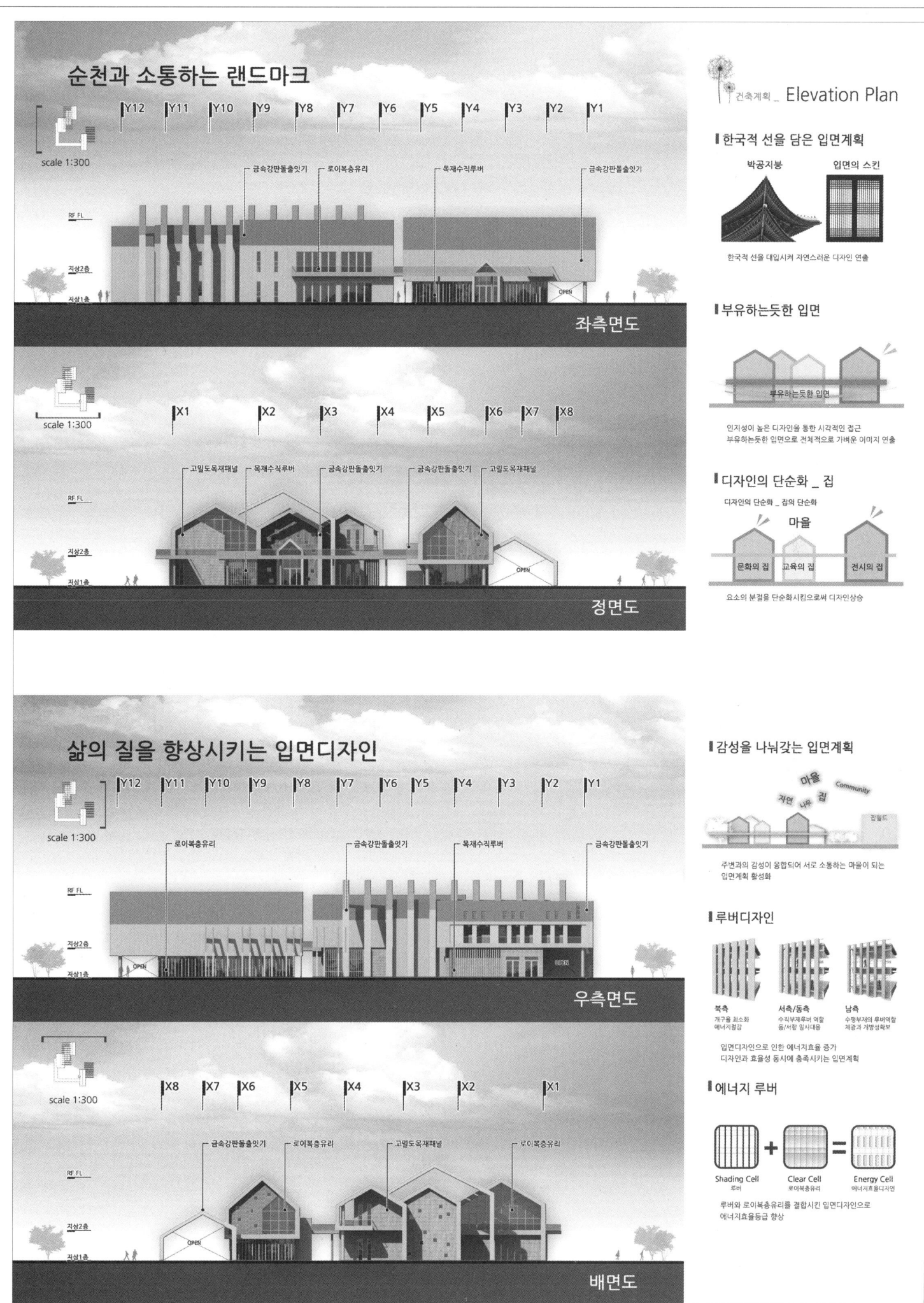

개방감있는 공용공간과 명확한 동선제공하기

배치계획 _ Inside Plan

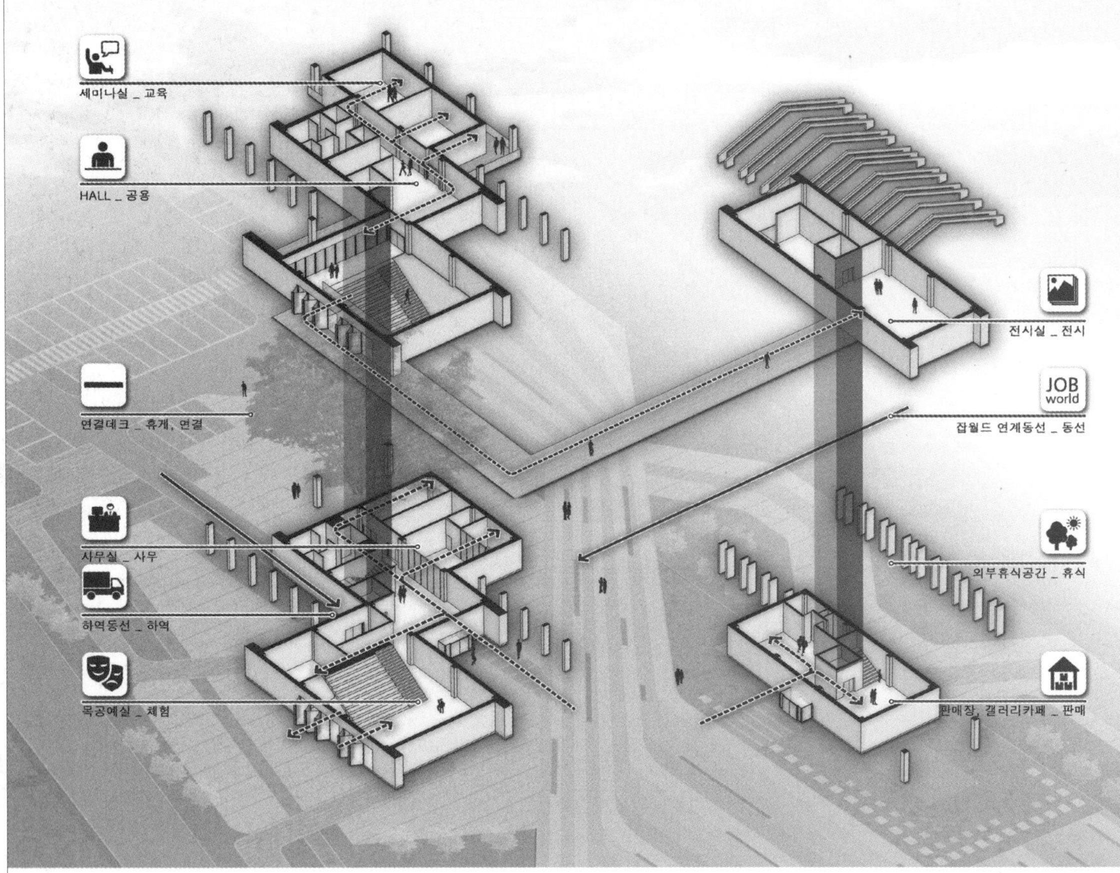

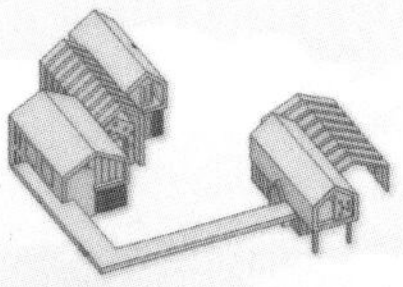

체험공간

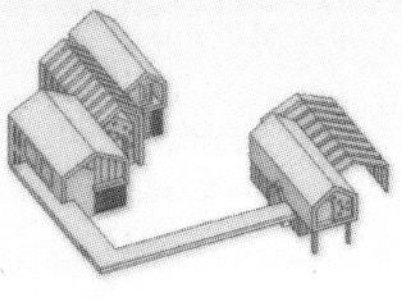

전시공간

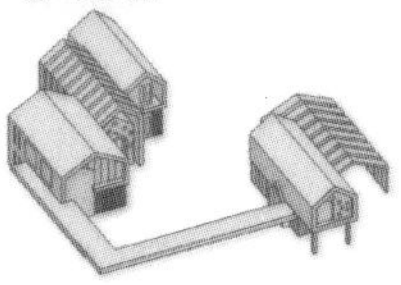

사무&교육공간

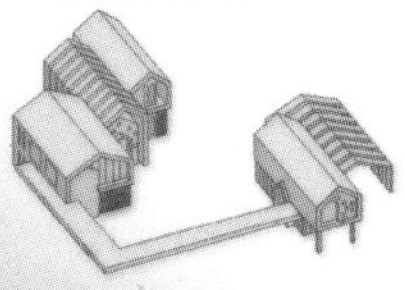

공용공간

기술계획 _ Landscape Plan

조경계획

▮조경계획도

Green Transformation

순천의 아이덴티티인 순천만의 선을 반영한 광장 식재계획
꿈을 만들어가는 목재문화체험장은 친환경적 공간을 꿈꾼다
바람,채광,우수등 순천의 환경을 적극 고려한 공간계획

▮경관 및 저탄소 식재계획_ 지역수종을 통한 경관식재계획 및 저탄소 수종의 선정을 통한 친환경식재계획 수립

지역수종 반영한 경관식재계획 | **저탄소 계획**

-사계절을 고려한 식재
향토수종을 도입하여 계절 다채로운 경관

-수종의 선정
-탄소흡수율이높은수종의선정
-생장속도를 고려한 지속적인 탄소저감량 확보

연간 이산화탄소 흡수량

수종		생장속도
묵백합나무	101.0kg	++
회화나무	32.5kg	++
은행나무	35.4kg	+
상수리나무	14.6kg	++

-탄소저감형식재기법도입
- 사계절 남동풍만 부는 지역을 고려한 방풍식재

-실내조경계획

▮생태 식재계획_ 부지내생태성 향상을 위한 비오톱계획과 최저의 생육환경 조성을 통한 식재계획

음영분석에 따른 수종선정 | **토양분석을 통한 식재기반조성**

음영 시뮬레이션 분석한 생태환경 식재계획

음영분석에 따른 수종선정

4~6hour	음수	눈주목, 청나래고사리등
2~4hour	중용수	산수유, 청단풍 등
0~2hour	양수	은행나무, 화살나무등

표토조사-토양분석

시료채취지점

토목채취 및
활용가능여부분석

식생 기반 조성계획

토성분석을 통한 토양개량 성토, 배수등
생육기반 마련

건강한 생육환경조성

양질토 반입으로 생육환경 조성
유지관리를 위한 관/배수 설치

▮조경조감도

초화 및 지피식재
다양한 색의 식재를 통해 공간의 분위기 조성

사면식재
경사진 사면에 철쭉, 사철나무, 영산홍 등 관목배치

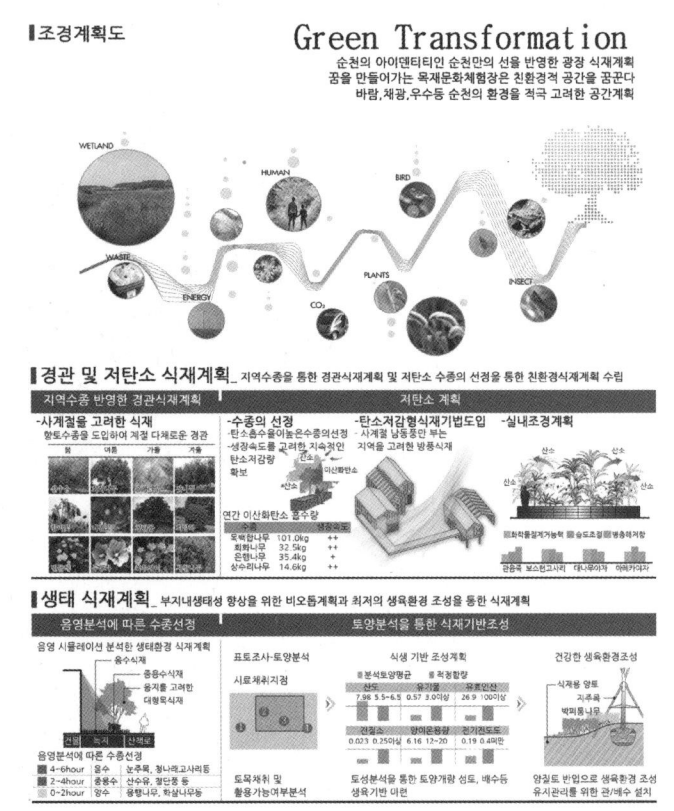

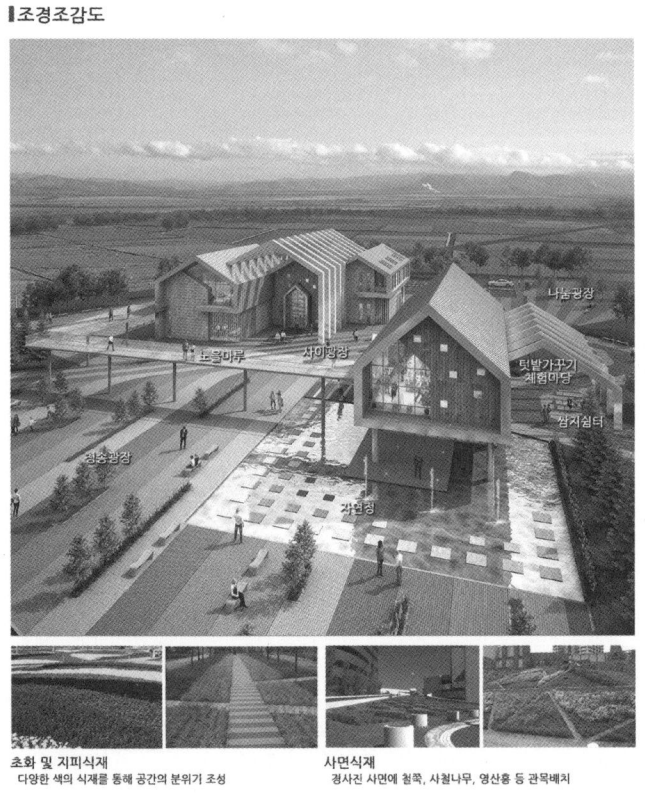

기술계획 _ Environment

친환경계획

에너지 소비 최소화를 위한 친환경계획

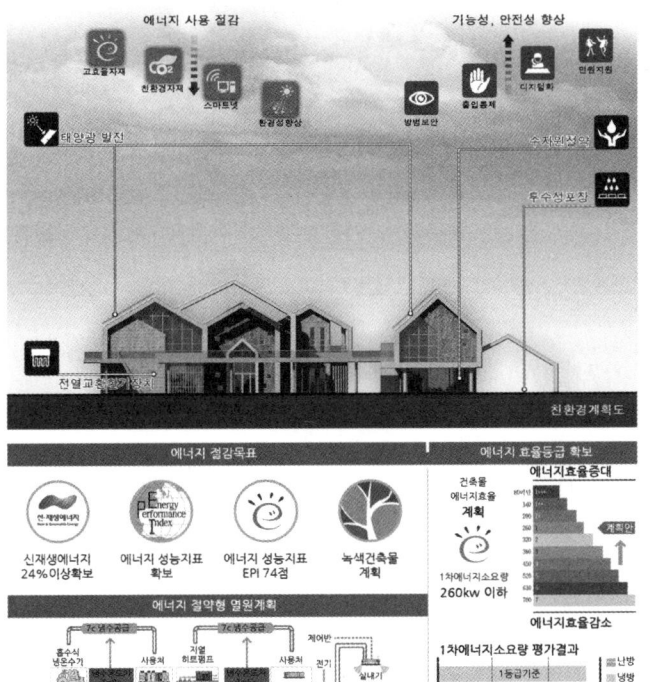

저탄소 녹색빌딩 구현을 위한 에너지 절약계획

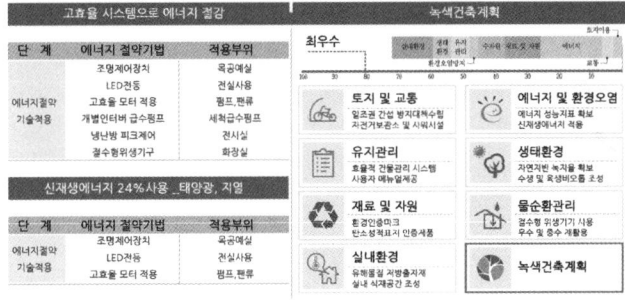

에너지절감계획

1. 녹색건축계획-1

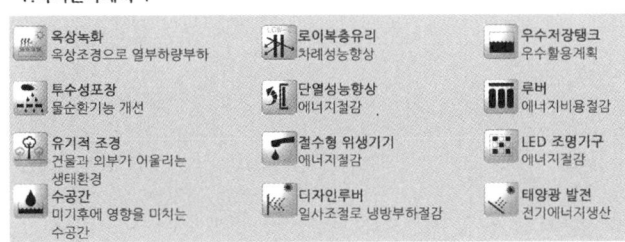

2. 패시브시스템

[PASSIVE PLAN_패시브계획]
- 효율성 높은 수 처리(관리)계획과 패스브하우스 개념을 통한 에너지 절약 시스템 반영
- 외부에서 열을 끌어쓰는데 수동적인 건물, 즉 낭비를 막고 외부로 열이새는것을 방지하는 시스템을 패시브계획이라고 한다.

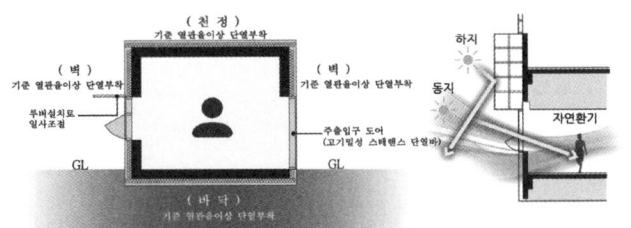

3. 녹색건축계획-2

당인리 문화공간 조성

당선작 건축사사무소 매스스터디스 조민석, 박기수 설계팀 강준구, 김보라, 박희도, 오중현, 김장운, 박주현, 이상민, 홍성범, 구재승, 박정훈, 이태영

대지위치 서울특별시 마포구 당인동 1번지 외 68필지 **대지면적** 118,779㎡ **건축면적** 7,150.91㎡ **연면적** 24,267.32㎡ **건폐율** 6.02% **용적률** 11.54% **규모** 지하 2층, 지상 7층 **구조** 철근콘크리트조, 철골조 **외부마감** 콘크리트 위 투명발수제, 알루미늄 단열 복합패널, ETFE, 로이복층유리, 미러복층유리, 투명접합 강화유리 **주차** 79대 **협력업체** 터구조, 하나기연, VS-A KOREA, 감이디자인랩, 신적산

당인리 포디움과 프롬나드

산업 유산을 재생한 사례 중에는 옛것과 새것의 구분이 어렵게 중화되어 예전의 아우라도, 새로움도 부각되지 못하는 경우가 있다. 이 제안은 기존 조건에 최소한의 개입으로 보존되는 부분, 공간/기능상의 요구로 적극적으로 변화되는 부분 간에 명쾌한 시각적, 경험적 구분이 공존하면서 활기를 창출해낼 수 있다. 산업 유산으로서 보존·이용될 5호기와 기계의 공간이 비워지고 문화 활동으로 채워질 4호기의 대조부터, 세부까지 다양한 스케일로 병치될 것이다.

요구된 내부 기능 규모는(8,300㎡) 기존 구조물 볼륨 내부에 충분히 들어갈 수 있다. 신설 공간은 효과적으로 최소화하고, 기존 공간의 합리적 전유 방식을 우선한다. 요구된 새 용도들 또한 이를 넘어선 사용 가능성을 세심히 살펴 전유한다. 변모할 내부 공간의 각 부분은 독립적인 문화 공간으로서 요구된 기능을 수행하며, 나아가 부분 간 연결의 극대화로 다변화할 미래의 문화적 요구를 준비한다. 내부 공간 사이는 물론이고, 건물/단지 주변 다양한 외부 공간과의 전방위적 확장도 중요하다. 도시/생태/산업의 풍족한 자원이 있는 이곳은 위와 같은 발견/전유/연결 과정을 통해 미래 최적의 진취적인 문화 생산/향유의 확장적인 터전이 될 수 있을 것이다.

Danginri Podium and Promenade

Some of industrial heritage regeneration projects neutralize the old and the new until they become indistinguishable and end up losing both their original significance and freshness. This proposal aims to create new energy by setting up a clear visual and experiential distinction between a preserved area keeping modification of existing elements to a minimum and an actively renovated area accommodating new spatial or functional demands. Unit 5 will be preserved and used as an industrial heritage area whereas Unit 4 and its equipment will be replaced with cultural programs. Their contrast and details will be juxtaposed on various scales. The existing building volume can easily accommodate required indoor programs (8,300m²). Building a new facility is efficiently kept to a minimum whereas appropriation of an existing one is attempted actively. New required functions are also appropriated based on an in-depth study on their usability from an expanded perspective. Each part of the renovated indoor space serves as an independent cultural facility that provides required services. Moreover, the connection between them is strengthened to accommodate diversified cultural demands in the future. All directional expansion between indoor spaces as well as toward various outdoor spaces around buildings or the complex are also considered as an important objective. With abundant urban/ecological/industrial resources, this site will become an expandable platform for proactively creating or relishing cultures in the future through the process of discovery/appropriation/connection.

Prize winner Mass Studies_Cho Minsuk, Park Kisu **Location** Dangin-dong, Mapo-gu, Seoul **Site area** 118,779m² **Building area** 7,150.91m² **Gross floor area** 24,267.32m² **Building coverage** 6.02% **Floor space index** 11.54% **Building scope** B2, 7F **Structure** RC, SC **Exterior finishing** Clear water repellent on concrete, Aluminum insulating composite panel, ETFE, Low-E paired glass, Mirror paired glass, Clear laminated tempered glass **Parking** 79

Danginri Culture Space Design

당인리 포디움과 프롬나드

당인리 화력발전소가 멈춰진 기계로 이루어진 거대한 감성적 공간이 아니라 미래에 역동적으로 생성될 문화를 담을 총체적 환경으로서 작동하게 하기 위한 생각이다.

1. 서울에는 당인리 부지 규모 이상의 전시, 공연, 기타 행사를 위한 문화 시설이 이미 숱하다. 그래서 기존 문화시설과의 경쟁이 아닌 차별화된 보완적 관계를 가져야 한다. 다양한 문화 활동을 서울 어디에서만 가능한 새로운 방식으로 담아내기 위해, 외부로부터 무엇을 부가, 발명하기 이전에 기존 내/외부 공간의 물리적 잠재력의 관찰, 발견을 우선한다. 이곳에서 'One Liner' 건축 전략은 불가능하며 또한 불러하다.

2. 거대한 단지에 지속적으로 생기를 불어넣으려면 문화행사 방문객만으로는 부족하다. 이곳은 후대광역이라는 풍부한 도시적 조건들을 지나고 있는 동시에 서울의 대규모 시설로서 유일하게 한강 변 입지로 지정되었다. 이로 인한 독특한 생태/경관 조건과 산업/기반시설에 연루된 웅대한 스케일의 거칠으나 수수하고 실용적인 공간은 다른 곳에서 찾아 볼 수 없는 강렬한 장점이다. 이 매력과 잠재적 수행성을 극대화한다면 문화공간이면서 특정한 목적 없이도 사계절, 밤낮으로 누구나가 즐겨 찾을 수 있는 서울의 대표적 공공 유휴공간으로 다시 태어날 가능성이 크다.

3. 산업 유산을 재생한 사례 중에는 옛것과 새것의 구분이 어렵게 중화되어 예전의 아우라도, 새로움도 부각되지 않는 경우가 있다. 이 제안은 기존 조건에 최소한의 개입으로 보존될 부분, 공간/기능성의 요구를 적극적으로 변화하는 부분 간에 명확한 시각적, 부촉하다. 이곳은 후대광역이라는 풍부한 도시적 경험적 구분이 공존하면서 활기를 창출해낼 수 있다. 산업 유산으로 보존 사용될 5호기와 기계의 공간이 비워지고 프로젝트 활동으로 채워질 4호기의 대조부터, 세부까지 다양한 스케일로 병치될 것이다. 1단계 성공 시 유연하게 추가 진행되어야 하므로 결과 지향이 아닌 과정 수행성을 극대화한다면 문화공간이면서 특정한 화이트 박스(white box)의 체약을 극복하는 것이 현대 미술의 과제였고 블랙 박스(black box)의 한계를 극복하려는 것이 현대 공연예술의 도전이라면, 도시/생태/산업의 풍부한 자원이 있는 이곳은 위와 같은 발견/전유/연결 과정을 통해 미래 최적의 진취적인 문화 생산/향유의 확장적인 탄전이 될 수 있을 것이다.

4. 요구된 내부 기능 규모는 (8,300m²) 기존 구조물 불륨 내부에 충분히 들어갈 수 있다. 신설 공간은 효과적으로 최소화하고 요구된 새 용도를 포함하면서 이를 넘어서 사용가능성을 세심히 살피 추진한다. 기계를 통한 에너지 흐름의 논리로부터 만들어진 공간이 인간/문화의 에너지가 흐르는 공간으로 변모하는 과정에는 기계공학자의 단호함과

5. 변모된 내부 공간의 각 부분은 독립적인 문화 공간으로서 요구된 기능을 수행하며, 나아가 부부 간 연결의 극대화로, 단계별 미래의 문화적 요구를 준비한다. 내부 공간 사이는 몽타주 같은 과정 중심의 건축이 또한 산전외곽에의 장고함이 동시에 중요할 것이다.

도시/산업/생태 x 발견/전유/구성/연결/확장 A-Z

1단계. 기존 시설을 생성시킨 논리가 발견되도록 더욱 순수하게 정제

2단계. 정제된 논리를 기반으로 기존 내부 공간을 보존 또는 요구된 기능으로 전유하며.

3단계. 내부 논리의 수평/수직 투영으로 외부 공간을 다양하게 구성한다.

4단계. 내/외부 공간들을 공공의 움직임으로 부지 내/외부에서 유연하게 연결한다.

5단계. 이들 공간 사이를 나아가 시각적/물리적으로 변화할 수 있는 다양한 건축적 장치들을 통해 확장한다.

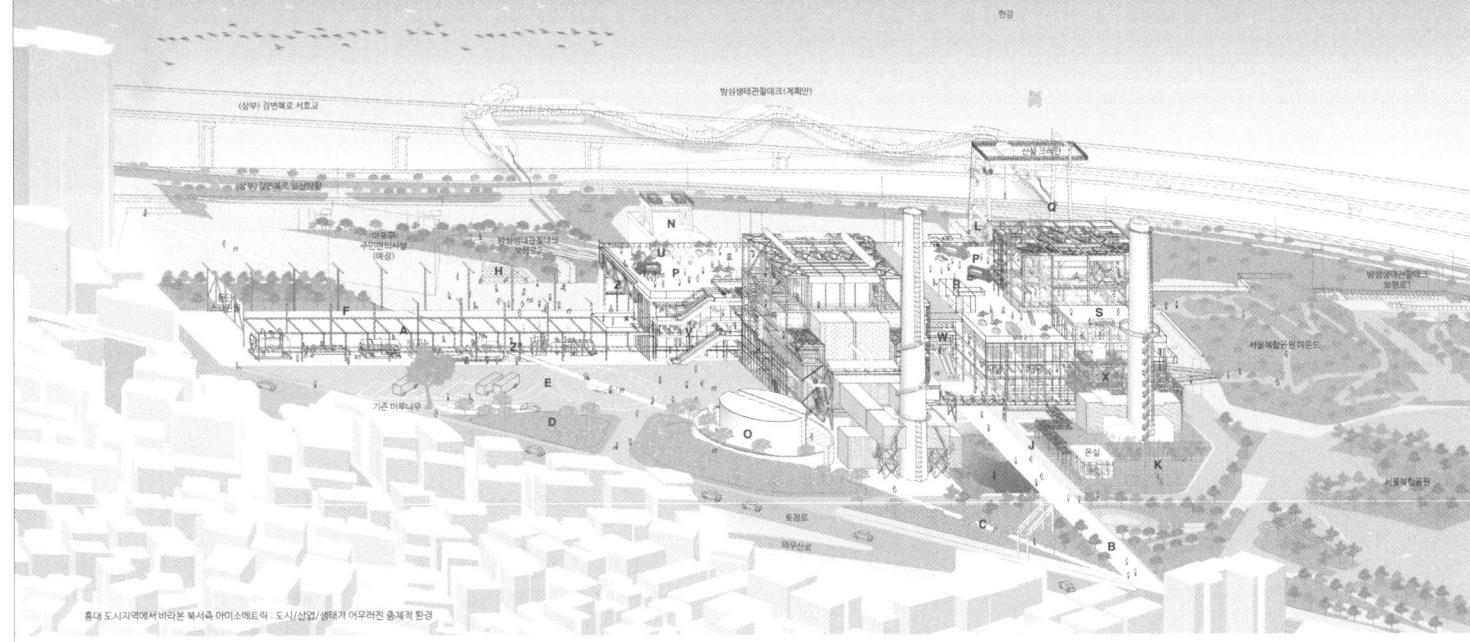

휴대 도시지역에서 바라본 북서측 아이소메트릭 : 도시/산업/생태가 어우러진 총체적 환경

1 단계. 기존 시설을 생성시킨 논리가 발견되도록 더욱 순수하게 정제

4 단계. 내/외부 공간들을 공공의 움직임으로 부지 내/외부에서 유연하게 연결

2 단계. 정제된 논리를 기반으로 기존 내부 공간을 보존 또는 요구된 기능으로 전유

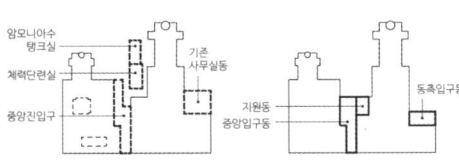

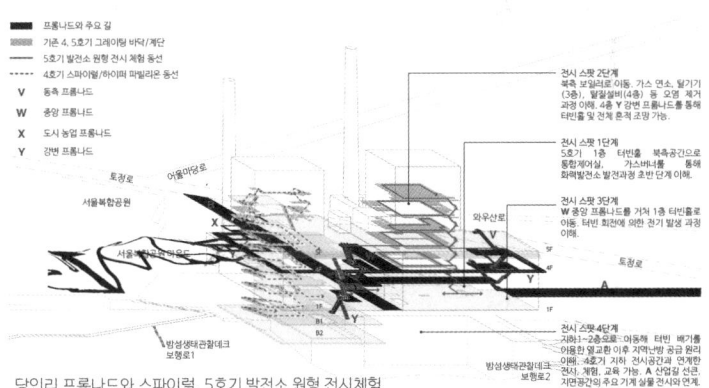

당인리 프롬나드와 스파이럴, 5호기 발전소 원형 전시체험

3 단계. 내부 논리의 수평/수직 투영으로 외부 공간들을 다양하게 구성

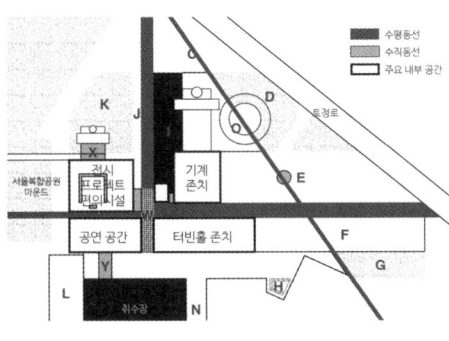

A 산업길 B 생태길 C 지름길 D 숲과 잔디마운드 E 차량 공간 F 이벤트 광장 G 숲과 잔디밭 H 스탠드/편의시설 I 생태 습지 J 서비스 차량 도로 K 도시 농업 L 신설 발전소 취수장(접근 불가) M 5호기 변전시설/배관 및 지지 벽/기초 N 5호기 취수장 구조/개폐식 지붕 O '고든 마타 클락' 파빌리온 P 당인리 포디움 Q 하이퍼 파빌리온 R 화물 엘리베이터 S 이벤트 홀 T 공공화장실 U 이동식 플랜터/벤치 V 동측 프롬나드 W 중앙 프롬나드 X 도시 농업 프롬나드 Y 강변 프롬나드 Z 개폐식 벽

내부 논리의 수평/수직 투영으로 외부 공간 조성

5 단계. 이들 공간 사이를 나아가 시각적/물리적으로 변화할 수 있는 다양한 건축적 장치들을 통해 확장

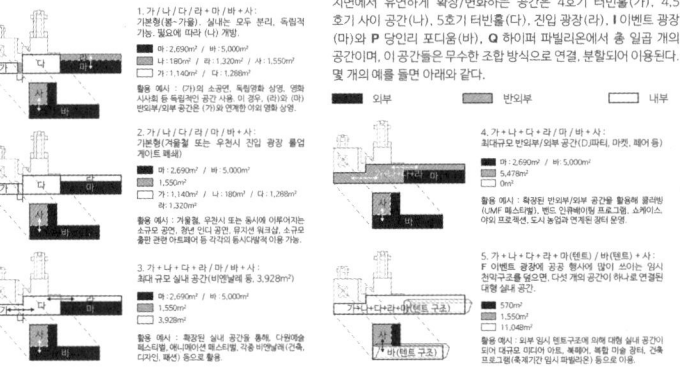

당인리 문화공간 조성

1. 발견 : 철거 부위

4, 5호기 두 발전소물 구성하는 주 요소는 터빈홀, 보일러 그리고 이들을 연결하는 배관 및 굴뚝이다. 이 요소들 주변으로는 잡다한 다른 기능의 공간이 무계획적인 방식으로 오랜 기간 축적되어 건축적 명쾌성을 잃고 둔탁하고 무질서한 외관이 되었다. 이들을 제거, 원본의 순수한 아름다움을 새롭게 발견한다. 문화공간으로 이용될 4호기의 주요 기계는 A 산업길 외부 ETFE 지붕 구조 하부로 이동, 배치한다.

2. 전유 : 4호기, 5호기 그리고 사이 공간

4호기 공간 : 기계, 배관들을 비워내고 기존 볼륨 내부의 공간을 새로운 기능을 위해 전유하고, 신설은 최소화한다.

4호기 전유 부분
수평축, 터빈홀(1~3층) : 공연 공간, 수납의 과실성과 한강을 향한 3개 층의 발코니 서로가 기변적 구성, 공연축·터빈홀 및 이와 인접한 외부 공간과 연장 가능.

수직축, 보일러실(B2~최상층) : 보일러가 있던 지하/지상 총 높이 44.75m의 공간은 각각 3개 층의 높이를 가진 세 개의 특징적인 내/외부 공간으로 분할하여 다양한 내부 활동의 중심이 될 '수직축'. 이 수직 공간 주변 지하 2층, 지상 4층 공간 내부에 적절하게 기능 배치.

4호기 변경/신설 부분
전망 엘리베이터(전층, 24인승) : 협소한 기존 엘리베이터 교체.

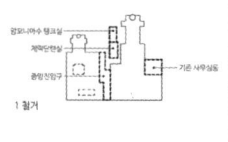
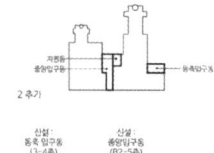
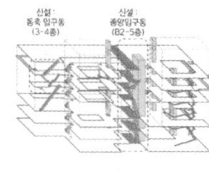

R 화물(전망) 엘리베이터(B2~5층) : 모든 층에 3톤 이상의 트럭이 진입 가능한 초대형 엘리베이터. 5층 P 당인리 포디움 행사시 푸드트럭 각종 차량과 컨테이너 등 대형 화물 진입 용이.

전망 엘리베이터(2기, B2~4층, 15인승) : 주 내부 동선, '수직축' 보일러실 공간 남서쪽에 증앙에 신설.

비상 계단(2기, B2~5층) : 신설.

S 이벤트 홀(5층) : Q 하이퍼 파빌리온 북동쪽에 인접, 다양한 행사 가능, 4층 식당/주방과 연결. 신설.

5호기 공간 : 공간의 기계축, 이동축 연결하며 전체물 구성하는 배관들은 모두 보존한다. 터빈홀과 5호기 전체의 이벤트/전시공간으로 사용시 필요한 최소한의 시설(화장실, 사무실 등 보조 공간, 수직 동선)만을 보존공간/기계/배관에 방해되지 않는 위치에 변경/신설한다.

5호기 변경/신설 부분
동측입구동(2~4층) : 입구, 화장실, 편의시설 기능. 동측 기존 단층인 터빈홀 일부 상부에 3개 층 증가.

지원동(B2~4층) : 사무실, 화장실 및 보조 기능. 산설.

전망 엘리베이터(전층, 장애인용 24인승) : 기존 엘리베이터 교체.

비상 계단(전층) : 신설.

사이 공간 신설 부분
중앙입구동 : 4, 5호기 사이 비워진 10m 폭의 공간. 모든 레벨에서 두 건물을 연결하며 동선의 허브(hub) 기능을 하는 반이투어공간, 지하2층을 제외한 모든 층 바닥이 철재 구조로 지지되는 유리 블록 재질로 되어 채광과 공간의 수직성을 강조.

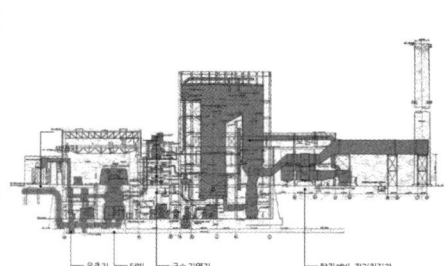

보존 될 기존 5호기 기계배치 단면도(1969)

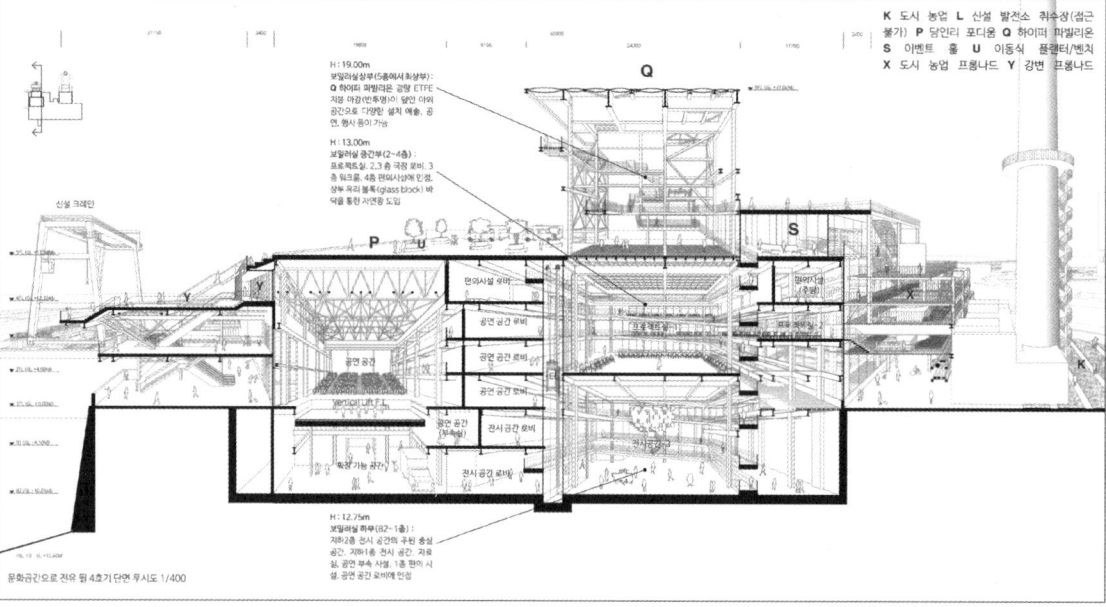

K 도시 농업 L 산설 발전소 취수장(접근 불가) P 당인리 포디움 Q 하이퍼 파빌리온 S 이벤트 홀 U 이동식 플랜터/벤치 X 도시 농업 프롬나드 Y 강변 프롬나드

문화공간으로 전유 된 4호기 단면 투시도 1/400

3.1 구성 : 세 보행길 ABC

세 보행길 : 전유 된 내부 공간들의 내부 활동은 부지 주변 맥락으로 자연스럽게 투영되며, 부지를 두 방향으로 관통, 직교하는 두 개의 보행길 A 산업길, B 생태길이 된다. 합정지구 주민들 대상으로 한 개선사항 설문 결과, 1위는 '한강 접근성 부족' 문제였다. 이에, 북측 토정로, B 생태길의 시작결점에서 시작, 주차장 부지를 사선으로 관통해 부지 남동단에 인접한 마포구 주민편의 시설(예정) 입구, 나아가 한강공원에 달하는 폭 3m의 C 지름길을 제안한다.

기능상으로 분할하며, 다양한 방식으로 부지 안팎의 도시/산업/생태 요소들을 시각적/물리적으로 통합할 기반이 된다.

길 ABC는 각각 다른 방향에서 사람들을 끌어들인다.
A/B 교차점 : 신설 중앙 입구
A/C 교차점 : 지하 주차장, 공공화장실 입구
B/C 교차점 : 여울마당길(통대 공영주차장 공용)과 연결되는 단지 입구

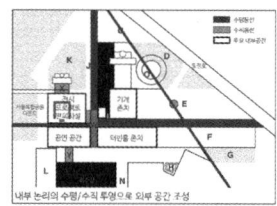

세 보행길을 통한 도시맥락 연결 확장

A 산업 E 차량 공간 F 이벤트 광장 H 스탠드/편의시설 I 생태 습지 K 도시 농업 L 산설 발전소 취수장(접근 불가) M 5호기 변전시설/배관 및 인접, 지지 벽/기초 N 5호기 취수장 구조/개폐식 지붕 O '고든 마타 클락' 파빌리온 P 당인리 포디움 Q 하이퍼 파빌리온 R 화물 엘리베이터/벤치 V 동측 프롬나드 W 중앙 프롬나드 X 도시 농업 프롬나드 Z 수직 리프트 게이트 Z' 대형 슬라이딩 벽체 양개문 Z" 훕 업 게이트

A 산업길

토정로, 동측 상수동 서거리로 두 발전소를 관통, 즉 동서축의 산업길 단면.

4, 5호기 터빈 복측 면은 실내 공간(길이 130m)은 두 발전소를 관통하는 내부 주동선. 축 북측동 동과의 신설 ETFE 지붕으로 덮인 상수동 서거리까지 이 측 외부로 투명하게 남/동북방향 내외 가로지르는, A 산업길(길이 250m)은 공공화장실로 연결되는 계단, 엘리베이터.

주차 축 4호기 산업축의 4개층 남서쪽면으로 지역난방공사 상부 공원 하오던/계획인접, GL+10.0m 인접, 계단/공지보행자로 연결, 옥상 공원이 구비된 감시 측 측 신설 발전소 지형으로 도달하는 입체 보루 프롬나드로 산업축의 수직 방향 3차원 확장.

B 생태길

여울마당로의 한강, 즉 도시와 생태를 연결. 4, 5호기 사이 연결된 공간(길이 230m). 남동로로 확성 되는 토정로로 두고 보행간 거리. 여울마당로(동대 공영주차장 공원)와 근접 연결되는 B 5호기 취수장과 주변 녹지공원.

방성생태복원대로(계획)에도 쉽고, 도시의 생태 환경을 연결하는 B 생태길과 A 산업길/생태길 시설/생태길 입구지에 위치한 동선에 접근한 강대축.

C 지름길

합정지구 주민설문 결과 개선사항 1위가 한강접근성 부족. 이에 복측 토정로, B 생태길의 시작점에 함께 시작, 주차장 부지 복측 사선으로 관통해 부지 남동단에 인접한 마포구 (예정) 시설 입구로부터 남쪽 인접 하부 한강공원 게이트에 도달까지 한강공원에 한강에 정진 폭 3m의 이 지름길은 남쪽 인접 부지의 차를 유입하지 않는 보행길. 단지 한강공원으로 연결하는 단지 내 진행로의 공용 보행길. O '고든 마타 클락' 파빌리온이 길이 위한한 개방적인 구조물로 보행길의 장소 역할.

Danginri Culture Space Design

3.2 구성 : 주차장 지면 공공 공간 D-H

A 산업길. **B** 생태길. **C** 지름길. 세 보행길과 기존 구조물들로 분할. 특징적인 지면 공공 공간 요소들은 다음과 같다.

D 숲과 잔디마운드 : 토심으로 변에서 자연으로 경계를 이루는 기존 마스터플랜 맥락에 상응.

주차장 상부 지면 : **A** 산업길을 중심으로 발전소 내부 공간과 결을 같이 하는 남서/북동 방향의 띠를 구성해서 내/외부 공간의 시각/물리적 연장이 가능하도록 한다.

E 차량 공간 : 계획 부지 차량 진/출입구, 외부 버스 주차장(9대)과 드롭-오프 구역(drop-off zone), 지하 주차장 진출입구.

F 이벤트 광장 : 5호기 터빈홀과 같은 폭 24m의 선형 공간. 12m 간격으로 양단에 가로등, 동단 스크린월(screen wall)은 야외 무대식 행사에 조명. 인접 5호기의 개폐식 벽으로 내부 공간과 연장 가능. 나아가 5호기 후면 두 개의 개폐식 벽까지 열면 4호기 극장 후면까지 연결되어 길이 250m의 행사를 위한 공간이 생긴다. 외부에서는 산업길의 반외부 공간인 진입 광장에 면해 추가 확장성 부여. 다양한 마켓, 공연, 전시를 위한 야외형사의 중심 공간.

G 숲과 잔디밭 : 인접 마포구 주민편의시설과 강변도로의 완충/휴식 공간.

H 스탠드/편의시설 : 강변도로의 차량 소음을 막아주고 강변도로보다 낮아 아늑한 조망 조건을 개선. 3.5m 높이의 천양대 역할을 하는 계단식 콘크리트 스탠드. 지면에 자연스럽게 버스킹(busking) 등이 가능한 환경 조성. 스탠드 하부는 편의 시설 공간.

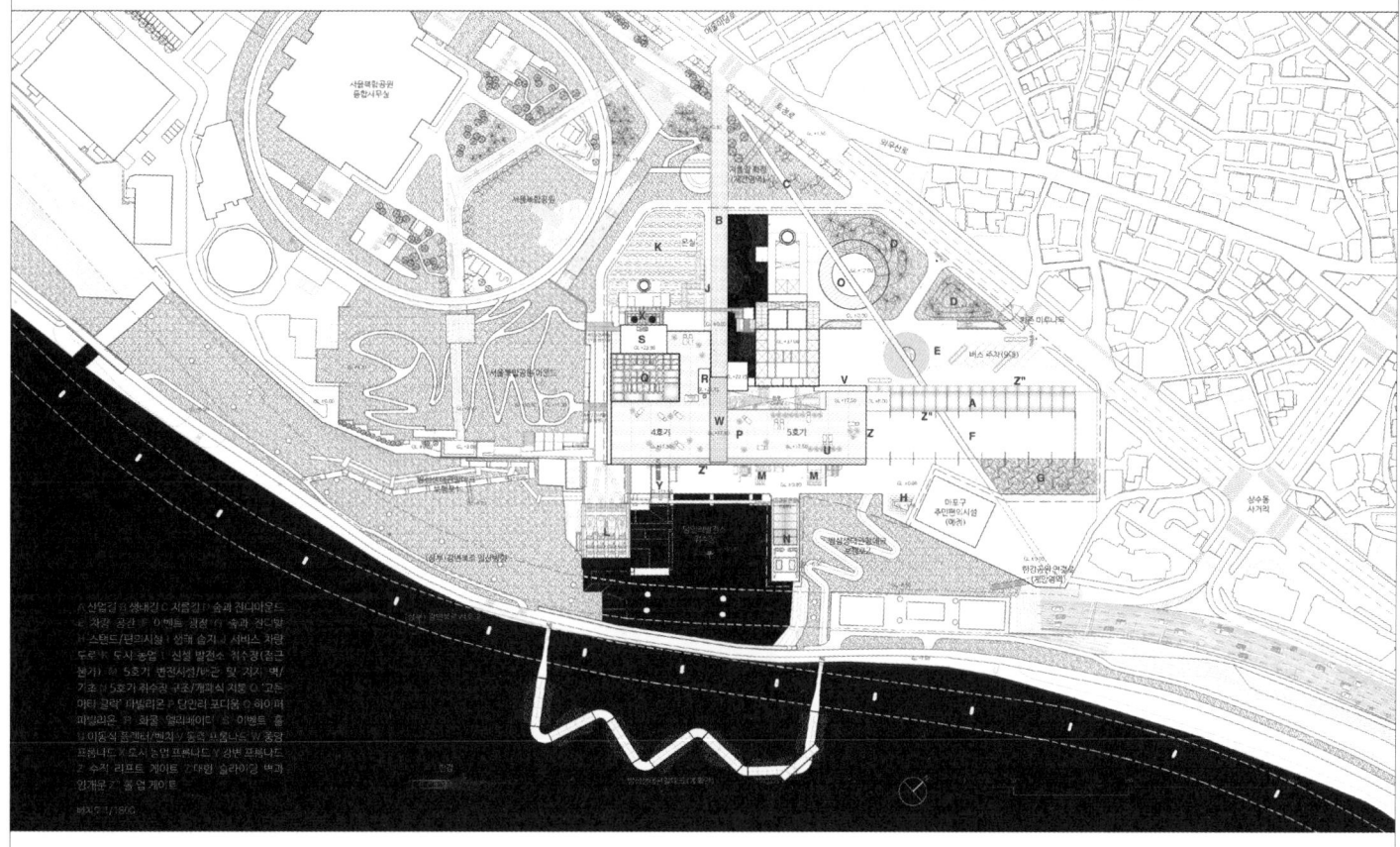

3.3 구성 : 발전소 지면 공공 공간 I-O

발전소 부지 지면은 **B** 생태길에 연결한 진입 공간(**IJ**)를 제외하고 대부분 산업 유산으로서 존치하거나 최소한으로 변형, 전유한다.

I 생태 습지 : **B** 생태길과 5호기 사이 수경 공간. 도시와 한강 및 밤섬의 광활한 공간 사이에 생태 공간으로 연결. 밤섬 습지 식물로 구성된 습지 연못은 인접 신설 발전소의 폐수를 필터링. 인접한 **K** 도시 농업의 농업 용수 공급.

J 서비스 차량 도로 : 대형 화물 엘리베이터로 내부 전 층에 화물차 진입 가능.

K 도시 농업(Urban Farm) : 4호기 굴뚝 주변 지면 상부 배관, 배관 지지구조, 야외 지붕 구조 등 대부분 보존 + 4호기 보일러실 상부 5층까지 연결되는 계단, 캣워크(catwalk) 존치(이 동선 주변 기존 전기 방진시설 제거). 이를 통해 동선/배관/구조만 남은 공간을 주변 지역 다수가 이용할 도시 농업 기능으로 전용. 지면과 함께 5층까지 연결되는 동선/랜딩을 이용, **X** 도시 농업 프롬나드 조성. 시설 내의 다양한 생태, 문화, 참여/교육 프로그램, 식음/식당과 연계하여 운영 가능.

L 신설 발전소 취수장 : 접근 불가해서 막다른 길을 형성. 순환 동선 단절 문제.

M 5호기 변전시설 : 시설/배관/지지 벽/기초 모두 보존. 발전소 원형 전시체험 가능.

N 5호기 취수장 구조/개폐식 지붕 : 구조물 내부에서 한강공원 연결되는 계단 추가.

(밤섬생태관찰데크 보행로2로 연결). 내부 공간은 '한강 생태전시관'으로 제안.

A 산업길 **B** 생태길 **C** 지름길 **D** 숲과 잔디마운드 **E** 차량 공간 **F** 이벤트 광장 **G** 숲과 잔디밭 **H** 스탠드/편의시설 **I** 생태 습지 **J** 서비스 차량 도로 **K** 도시 농업 **L** 신설 발전소 취수장 **M** 5호기 변전시설/배관 및 지지 벽/기초 **N** 5호기 취수장 구조/개폐식 지붕 **O** '고든 마타 클락' 파빌리온 **R** 화물 엘리베이터 **V** 등숲 프롬나드 **W** 공장 프롬나드 **X** 도시 농업 프롬나드 **Y** 강변 프롬나드 **Z** 수직 리프트 게이트 **Z'** 대형 슬라이딩 벽과 **Z''** 팝 업 게이트

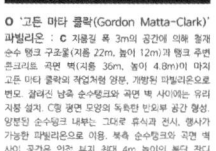 

O '고든 마타 클락(Gordon Matta-Clark)' 파빌리온 : **C** 지름길 폭 3m의 공간에 의해 결정. 순수 탱크 구조물(지름 22m, 높이 12m)과 행주 주변 콘크리트 곡면 벽(길이 36m, 높이 4.8m)이 마치 고든 마타 클락의 작업처럼 영향, 개방형 파빌리온으로 변모. 잘라진 남측 순수탱크와 곡면 벽 사이에는 유리 지붕 설치. C형 평면 모양의 독특한 안외부 공간 형성. 양분된 순수탱크 내부는 그대로 휴식과 전시, 행사가 가능한 파빌리온으로 이용. 북측 순수탱크의 곡면 벽 사이 공간은 안전 차지 최대 4m 높이의 녹단 잔디 마운드와 함께 마운드로 채워지는 숲과 잔디 공간.

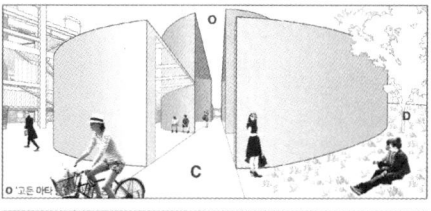

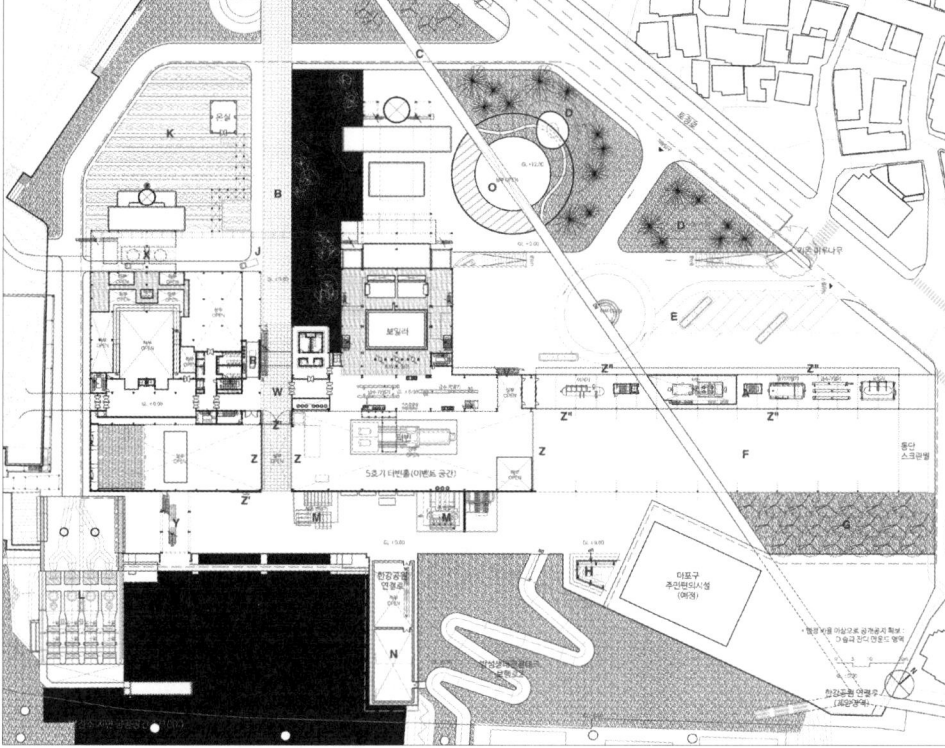

F 이벤트 광장 남측에서 바라본 **Y** 강변 프롬나드와 계획 부지

당인리 문화공간 조성

3.4 당인리 포디움 P-U

P 당인리 포디움(VWXY)로 시설 내부 공간을 통과하지 않고도 공장에 도달할 수 있는 지면 17.50m(5층) 위의 옥상 공공 공간이다. 한강에 면한 두 부분, 남서/남동측의 길이만 총 200m가 되어 최적의 한강 조망 경험하므로 강력한 목적지가 될 것이다. 이곳에 최소한의 제약으로 최대한 사용상의 자유를 주어 끊임없이 변화해서 지속적으로 찾아갈 새로운 이유를 줄 수 있는 건축적 공간/장치들을 구성한다.

P 당인리 포디움 : 하나의 기준면(datum)으로 통합된 옥상형 레벨은 PC 판 마감. 바닥의 두곳, 4, 5호기 사이 공간과 4호기 보일러가 있던 장소. 철제 구조로 지지되는 유리 블록 바닥으로 비어있었던 곳임을 드러내며 하부에 재광.

남동측 가장자리 전체는 1.2m 레벨 차이가 나는 스탠드를 두어 포디움 주 레벨에서 난간의 수평 사선에서 벗어나도록 설정. 전체 포디움 가장자리는 안전과 소음 보호를 위해 2m 높이의 투명접합 강화유리 난간 설치.

구성 : 보일러를 비운 4호기 보일러 구조체, 캣워크를 최대한 존치한 보존 + 최상부에 ETFE 막구조 지붕(크기 35mx25m) + 기존 컷워크는 난간, 바닥 보완해서 안전하고 입체적인 전망/예술 감상용로 전유 → 기존 협소했던 전망 엘레베이터 24인승 전망 엘레베이터로 교체.

R 화물 엘리베이터 : 뉴욕 첼시지역의 87년 된, 19층의 초대형 창고 건물이었던 스타렛-리하이(Starrett-Lehigh) 빌딩은 사무실, 행사, 문화, 제작, 상업공간으로 변모하며 지금도 잘 쓰이고 있음. 이곳에서 다양한 레벨에서 패션쇼, 런칭

포디움에서의 조명, 다양한 행사와 함께 공공이 정기적으로 옥상 공원으로 찾아 올라갈 이유를 목적지 공간.

Q 하이퍼 파빌리온(Hyper Pavilion) : 4호기 보일러가 비워지고, 기존 보일러의 지지, 관리를 위한 철골구조를 존치, 전유. 거대한 누각과 같이 휴식 장소로 기능하게 하며, 동시에 미술, 공연, 야외 행사 등이 가능한 공간. 공공 설치/퍼포먼스 예술 작가라면 도전하고 싶어 가시 범위가 한강 주변으로 광대한 테이트 모던(Tate Modern)의 터빈홀(Turbine Hall) 처럼 당인리 부지를 상징하는 독특한 시그니처(signature) 시설이 될 잠재력.

행사 등의 문화 행사가 빈번하게 이루어지게 된 것은 3.9m의 높은 창고와 모든 층에 대형 트럭이 올라올 수 있어야 하는 창고였음에 기인. 최근의 옥상은 기존 양측 컷워크로 진입, 또 하나의 조망을 위한 외부 공간으로 야외 행사/파티시 MC/DJ를 위한 단상 역할.

S 이벤트 홀 : 4층 테라스에서 에스컬레이터, 레스토랑/부엌에서 내부 계단/덤웨이터(dumbwaiter)로 연결되는 공간. 이 단층 건물의 옥상은 기존 양측 컷워크로 진입, 또 하나의 조망을 위한 외부 공간으로 야외 행사/파티시 MC/DJ를 위한 단상 역할.

T 공공화장실 : 신설 중앙입구동 최상부. 편리한 위치.

L 신설 발전소 취수장(접근 불가) M 5호기 변전 시설/배관 및 지지 벽/기초 P 당인리 포디움 Q 하이퍼 파빌리온 R 화물엘리베이터 S 이벤트홀 T 공공화장실 U 이동식 플랜터/벤치 V 남측 프롬나드 W 중앙 프롬나드 Y 강변 프롬나드 Z 수직 리프트 게이트 Z' 대형 슬라이딩 벽과 양개문

위해 다양한 층에 나뉘어 수직 푸드트럭 코트(vertical food-truck court)의 첫 사례가 됨. 본 계획에서 제안하는 트럭, 컨테이너 등이 들어갈 화물엘리베이터는 모든 층 내부의 문화생산을 위해 편리하게, 계층별 이용의 편차가 있을 옥상 공원에 고정 시설의 부담을 줄이고 유연하게 식음, 판매, 시설물 조정, 투입물 교체용로 전유 → 당인리 포디움을 소자본 요식업 및 기타 청년창업자 다수를 위해 큰 기회를 제공하는 플랫폼으로 역할.

U 이동식 플랜터/벤치 : 벤치가 가장자리에 둘러져 있는 원형 플랜터(지름 2m, 높이 1.2m) 바퀴가 달려 손쉽게 이동할 수 있어 푸드트럭 등 다른 이동 가능한 요소들과 함께 변화 있는 공간으로 당인리 포디움을 연출.

4. 연결 : 당인리 프롬나드 V-Y, 스파이럴 그리고 발전소 원형전시체험

기존 건물이 기계로 생산된 전기 에너지 흐름에 관한 것이었다면, 계획 공간은 사람들이 들어가 생성할 문화적 에너지의 흐름을 위한 건물이다. 외부/반외부에서 공중의 새로운 흐름을 가능하게 하는 동선이 '당인리 프롬나드'이고, 4호기 시설 내부에서는 '스파이럴'이 새로운 흐름을 만들며 5호기는 독립적으로 발전소 원형 전시체험 동선이 구성된다.

당인리 프롬나드

당인리 프롬나드는 지면 랜드스케이프와 P 당인리 포디움, 인접 지역난방공사 상부 공원 마운드 그리고 이 외부 공간들 사이 다양한 기능의 내부 공간을 3차원으로 연결한다. 아는 지붕이 덮인 반외부의 복도, 홀, 테라스, 랜딩, 브릿지 등의 수평적 요소와 다양한 각도의 에스컬레이터, 계단 등 수직 이동 요소들로 구성. 건물 내외부를 총체적으로 연결한다. 동측입구, 중앙입구, 남측 4호기 외부 공간에서 각각 한 쌍의 에스컬레이터와 전유된 기존 그레이팅 계단으로 시작되는 이 길은 이 시 레벨/방향이 바뀔 때마다 변화무쌍하며 발전소 내/외, 또는 한강/주변 지역의 특별한 조망을 드러내, 이동 행위 자체가 목적이 될 수 있는 건축화된 산책로이다.

옥상에서 파리의 전경을 볼 수 있는 카페로 직접

도달하게 하는 퐁피두센터의 에스컬레이터, 또는 홍콩 센트럴 지역을 탈바꿈한 미드레벨 에스컬레이터와도 비견되는 서울의 상징적인 장소/도시적 장치가 될 수 있을 것이다.

당인리 프롬나드는 특징적인 세 개의 수직이 주가 되는 동선(VWX)과 Y 수평이 주가 되는 동선 하나로 구성되며, 수직 동선들은 수평 동선으로

연결, 하나의 복합계(complex system)로써 전체를 이룬다.

스파이럴

스파이럴은 자리를 비우게 되는 4호기 보일러 공간 지하 2층에서 지상 4층까지의 공간 주변을 감싸는 폭 2m, 최소 1:12의 경사를 가진 완만한 실내 경사 보행로이다. 각각 개 층 높이의 지하 2층 공간과 지상 2층 프로젝트실 주변을 상승하며 모든 층을 연결, 공연/전시를 위한 관람 공간이기도 한다. 이 내부의 경사는 상부 5층 당인리 포디움의 이벤트 홀 내부와 연결되어 공유되며, 외부에서는 보존되는 하이퍼 파빌리온 주변 첫워크와 연결되어 시설의 최상부에 도달하게 한다.

스파이럴은 경량 철골 구조이며, 경사로의 난간 재료는 4호기 내부 공사시 제거되어야 할 많은 물량의 철재 그레이팅 바닥재를 재활용한다. 현재 이 바닥재는 폭 1m의 다양한 길이, 그레이팅 간격, 그리고 고유한 스펙트럼의 표면 상태, 즉 파티나(patina)를 지니고 있다. 터빈홀, 지하 공간, 철골 구조를 계외하고는 대부분 새로운 슬라브로 만들어질 때 대부분 4호기 의 공간 속에서 스파이럴을 중심으로 하는 두 개의 큰 볼륨 공간은 축적된 시간성을 드러낼 것이다.

5호기 기계존치 : 발전소 원형 전시체험

5호기 기계들은 최대한 존치, 안전을 위한 최소한의 건축적 장치(난간, 계단 등)를 추가해 대중에게 역사, 문화, 교육이 원활히 전달될 수 있도록 한다. 이는 각각이 독립된 전시가 아닌, 하나의 유기체로 발전소 전체 문화과정을 이해할 수 있다. 4호기 공연공간, 프로젝트실, 전시공간과 원활히 연계되어 외부 산업길까지 확장될 수 있다.

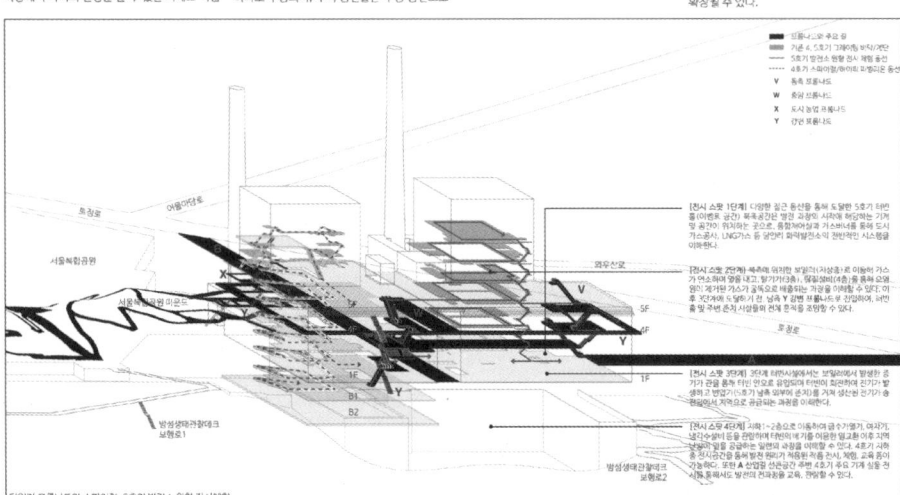

Danginri Culture Space Design

5. 확장 : 변화를 위한 건축적 장치들 Z

역동적인 문화 환경만큼이나 이를 위한 공간에 관한 요구들도 급변, 다변하고 있다. 요구되는 공연, 전시 시설 등의 문화 기능들을 독립적으로 만족시켜야 하지만, 통대로 상징되는 문화 환경, 한강/밤섬의 생태 환경, 그리고 산업 유산으로써 주어진 당인리 부지의 여유로운 내/외부 공공 공간은, 더 크고 다양한 요구들을 담아낼 수 있는 곳이다. 이곳은 도시 지역 스케일의 페스티벌, 마켓, DJ 파티 등과 같은 대형 야외 행사, 아트 페어, 비엔날레, 엑스포, 등의 대형 실내 행사, 그리고 이 두 가지 종류 내/외부 행사가 혼합된 주야간 행사 등이 무궁무진할 것이다. 당인리 포디움과 포디움을 지원 공공 공간으로부터 연결되는 네 개의 당인리 프롬나드는 미래의 이러한 규모에 관한 요구에 부응할 것이고, 추가되는 변화와 융통성을 위해 다음과 같이 변화하는 건축적 장치들을 통해 너그러운 규모와 형태로 다양하게 확장, 이용될 수 있도록 계획한다.

Z 개폐식 벽들

Z 4, 5호기 터빈홀 사이 수직 리프트 게이트 : 공연 공간으로 변환되는 4호기 터빈홀과 보존되는 5호기 터빈홀(이벤트 홀)을 연결, 길이 130m로 확장해 사용할 수 있도록 두 개의 Z 수직 리프트 게이트를 중앙 입구면에 면한 두 터빈홀의 벽에 설치. 이는, 런던 테이트 모던의 터빈홀 길이(155m)와 버금가는 규모. 각각 폭 20m, 높이 12m, 3단으로 이동하는 경량트러스로 구성된 두 게이트는 4호기는 불투명한 벽체로, 5호기는 투명접합 강화유리로 마감.

Z' 대형 슬라이딩 벽과 양개문 : 두 터빈 공간이 연결된 실내공간으로 사용시, 외기 밀폐룸을 위해 4, 5호기 사이공간이 남동측 외벽에는 폭 8m, 높이 12m의 대형 유리 슬라이딩 벽과 반대편에 폭 8m, 높이 3.5m의 양개문을 추가 설치해, 개방 가능.

Z 5호기 터빈홀과 이벤트 광장 사이 수직 리프트 게이트 : 5호기 터빈홀 외부 F 이벤트 광장과 연장될 수 있도록 폭 26m, 높이 12m의 유리벽으로 마감된 Z 수직 리프트 게이트가 설치된다. (세 개의 수직 리프트 게이트는 구조 변경, 즉 개구부가 될 벽 중앙의 기둥들을 없애고 상부에 신설 트러스 구조 보강).

이 가변적 장치들을 통해 A 산업길에 면한 내/외부 선형공간이 연결되면 길이 250m가 되어 베니스 비엔날레 아르세날레 (길이 317m) 공간에 버금가는 규모, 대형 내/외부 행사가 가능한 강력한 시설로서 기능.

Z" 롤 업 게이트 (Roll-up Gate)
F 이벤트 광장에 면한 A 산업길 진입 광장 야외전시장에 전시된 4호기 터빈 및 주요 기계 보호 목적의 경량 ETFE 지붕. 지붕 양측으로 롤 업 투명 폴리카보네이트 게이트를 전체 길이에 설치, 계절에 따라 다양하게 변용.

조명

4, 5호기 터빈홀, F 이벤트 광장과 진입 광장의 조명은 독립적으로 내/외부 공간에서 전시, 공연, 행사를 위한 조명으로 기능하거나, 동시에 한 공간으로 연결해 음악, 공연, 마켓 등의 야간행사 시 연동 조작 가능. 두 터빈홀 내부 조명과 F 이벤트 광장의 가로등 높이 12m로 동일. 디밍(dimming) 가능, 다양한 색 변환 가능한 LED 조명, 진입광장, Q 하이퍼 파빌리온의 ETFE 지붕도 다양한 색 변환 가능한 LED 조명으로 행사에 따라 변화하며 한강 주변 광대한 지역으로 강한 존재감 발현.

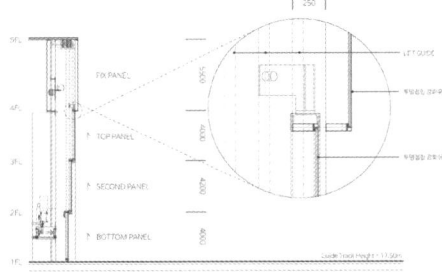
수직 리프트 게이트 단면 및 상세

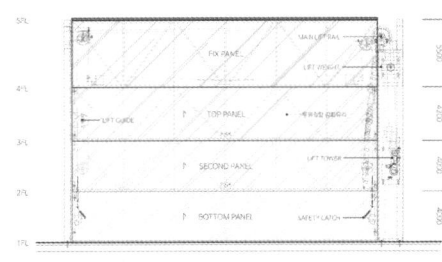
수직 리프트 게이트 입면

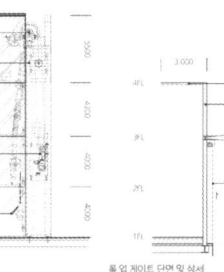
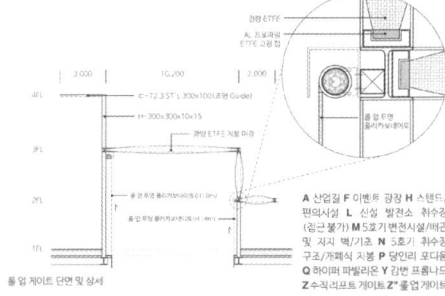
롤업 게이트 단면 및 상세

A 산업길 F 이벤트 광장 H 스탠드/편의시설 L 신설 발전소 취수장 (접근 불가) M 5호기 변전실 사변/새천 및 지지 벽/기둥, N 5호기 취수장 구조/개폐식 지붕 P 당인리 모디움 Q 하이퍼 파빌리온 Y 강변 프롬나드 Z 수직리프트게이트 Z" 롤업게이트

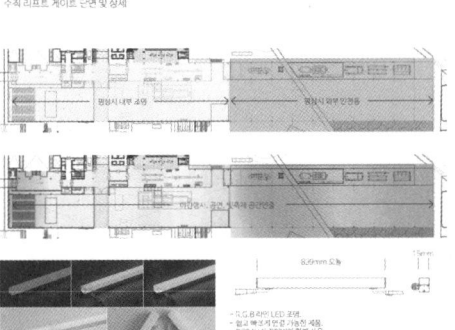
LED LINE BAR (R.G.B) 계획

확장 시나리오와 사례들

공연 공간 : 1,430m², 높이 14.5m의 4호기 터빈홀은 슈박스(shoe box) 형태의 가변형 블랙박스 공간으로 다양한 공연, 강연, 학술회의, 전시 공간으로 활용된다. 유사 공연 공간으로 MMCA 서울관 열린프로젝트실(200석, 560m²), 서강대 메리홀(428석, 784m²), 아르코예술극장 대극장(600석, 1,140m²), 예술의 전당 자유소극장(241석, 192.6m²) 보다 규모가 크고, 가변 요소들을 통해 더욱 확장된다.

평상시 독립된 공연 공간(가, 길이 20m)이 사이공간(나), 5호기 터빈홀(다)까지 확장될 경우 (가+나+다, 길이 130m) 2,608m²가 되어,

다원예술 및 애니메이션 페스티벌, 각종 비엔날레 등이 가능하다.

전시 공간 : 4호기 지하2층(1,396m²), 지하1층(432m²), 1층 공연 공간(1,140m²), 2층 프로젝트실(345m²), 그리고 5호기 1층 터빈홀(1,287m²)을 사용하면, 전시 공간은 총 4,600m²이 되어 테이트 모던 터빈홀(3,565m²) 보다 크며, 베니스 비엔날레 아르세날레(6,657m²)에 버금가는 공간이 된다.

여기에 외부 F 이벤트 광장, P 당인리 포디움, Q 하이퍼 파빌리온(마)가 포함하면 명실상부 새로운 예술의 허브 기능을 충분히 할 수 있다.

지면에서 유연하게 확장/변화하는 공간은 4호기 터빈홀(가), 4,5호기 사이 공간(나), 5호기 터빈홀(다), 진입 광장(라), I 이벤트 광장 (마)와 P 당인리 포디움(바), Q 하이퍼 파빌리온에서

흙 일곱 개의 공간이며, 이 공간들은 무수한 조합 방식으로 연결, 분할되어 이용된다. 몇 개의 예들을 아래와 같다.

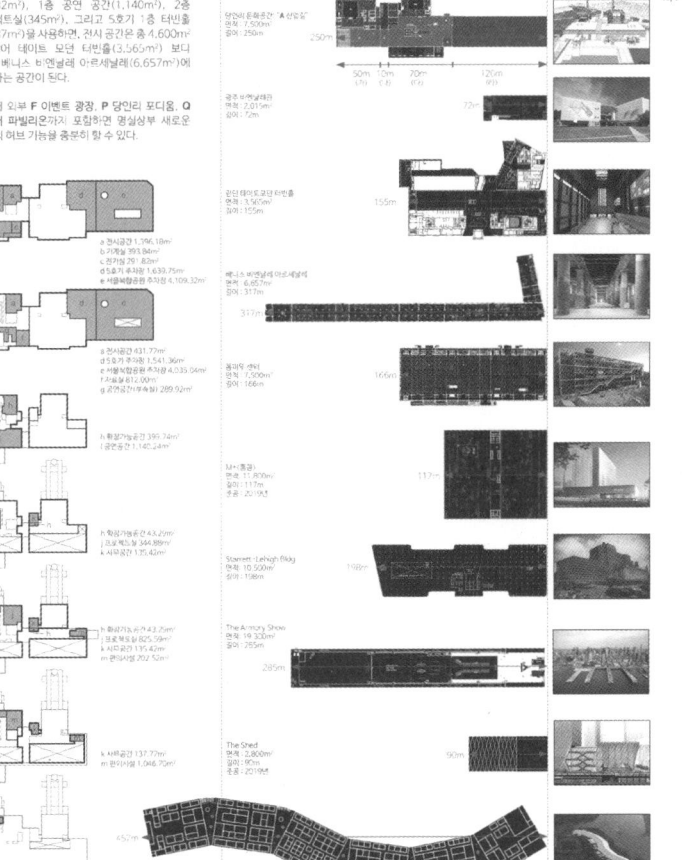

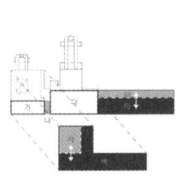

가 / 나 / 다 / 라 / 마 / 바 / 사:
기본형(봄~가을), 실내는 모두 분리, 독립적 기능, 필요에 따라 (나) 개방.

- 2,690m² + 5,000m²
- 4,180m² / 4,1320m² / 1,550m²
- 1,140m² / 1,288m²

(가)의 수공연, 독립영화 상영, 영화 시사회 등 독립적인 공간 사용, 이 경우, (라)(마) 반외부/외부 공간은 (가)와 연계해 야외 영화 상영.

가 / 나 / 다 / 라 / 마 / 바 / 사:
기본형(겨울철 또는 우천시 진입 슬라 플랩 게이트 패쇄)

- 2,690m² + 5,000m²
- 1,550m²
- 1,140m² / 4,180m² / 1,288m² / 1,320m²

겨울철, 우천시 또는 동시에서 소규모 공연, 청년 인디 공연, 유스텔 워크숍, 소규모 출판 전형 아트페어 등 각국의 농시(수)달력 이용 가능.

가 / 나 / 다 / 라 / 마 / 바 / 사:
최대 규모 실내 공간(비엔날레 등, 3,928m²)

- 2,690m² + 5,000m²
- 1,550m²
- 3,928m²

확장된 실내 공간을 통해, 다원예술 페스티벌, 애니메이션 페스티벌, 각종 비엔날레(건축, 디자인, 패션 등)로 활용.

가 / 나 / 다 / 라 / 마 / 바 / 사:
최대 규모 반외부/외부 공간 (DJ 파티, 마켓, 페어 등)

- 2,690m² + 5,000m²
- 5,478m²
- 1,550m²

확장된 반외부/외부 공간을 활용해 컬쳐빙(U&B 페스티벌), 밴드 인큐베이팅 프로그램 쇼케이스, 야외 크로셋, 도시 농업과 연계된 장터 운영.

가+나+다+라+마(텐트 구조) / 바(텐트 구조) + 사: F 이벤트 광장의 공공 행사에 많이 쓰이는 임시 차양구조물 덮으면, 다섯 개의 공간이 하나로 연결된 실내공간(하)로 이용할 수도 있으며, (바)공간 역시 유사한 개념의 공간 연출 가능.

- 570m²
- 1,550m²
- 11,048m²

외부 임시 천막구조물에 의해 덮어진 실내 공간이 되어 대규모 미디어 아트, 북페어, 복합 미술 행사, 건축 프로그램(축제기간 임시 레지던스 파빌리온) 등에 이용.

당인리 문화공간 조성

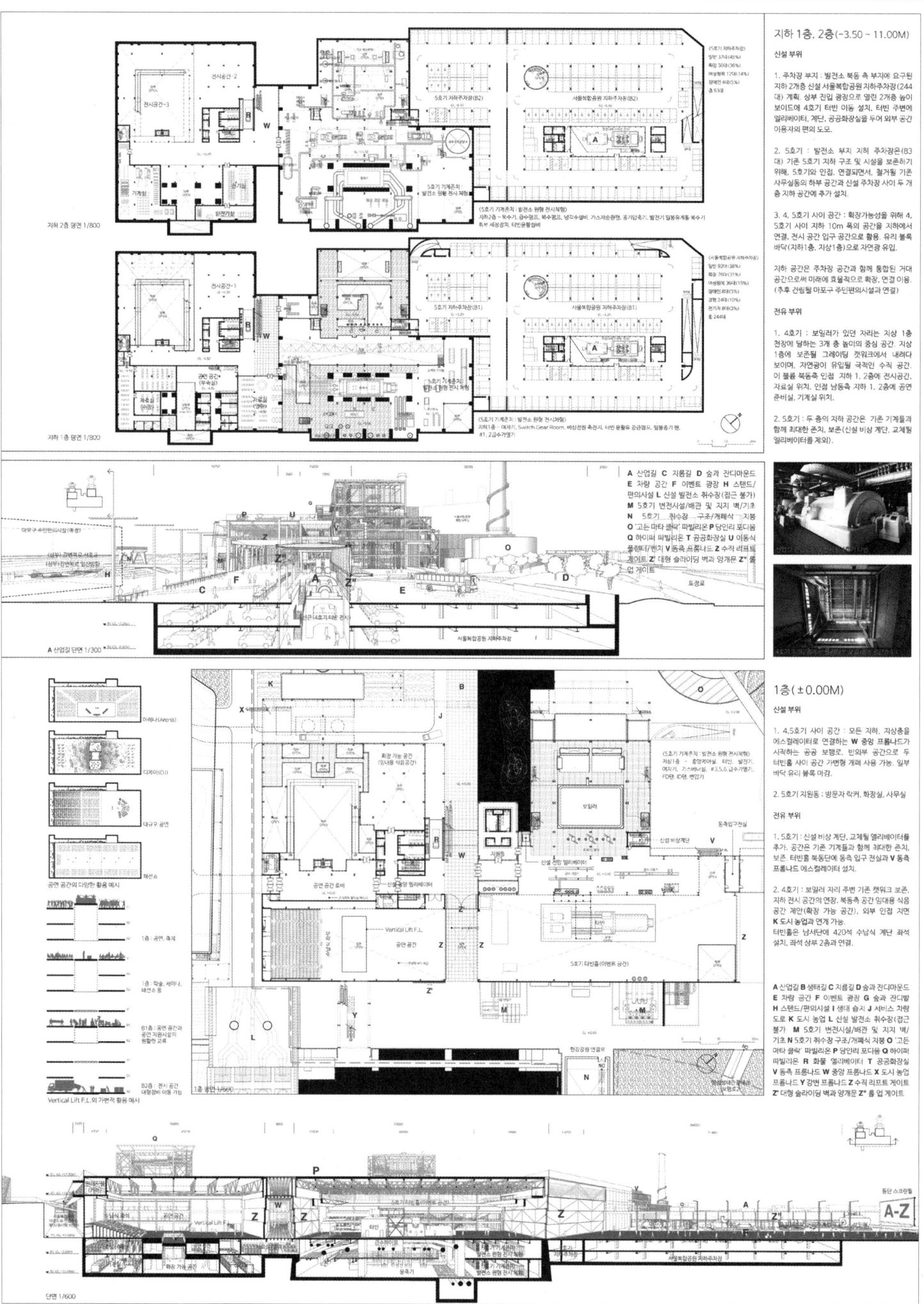

Danginri Culture Space Design

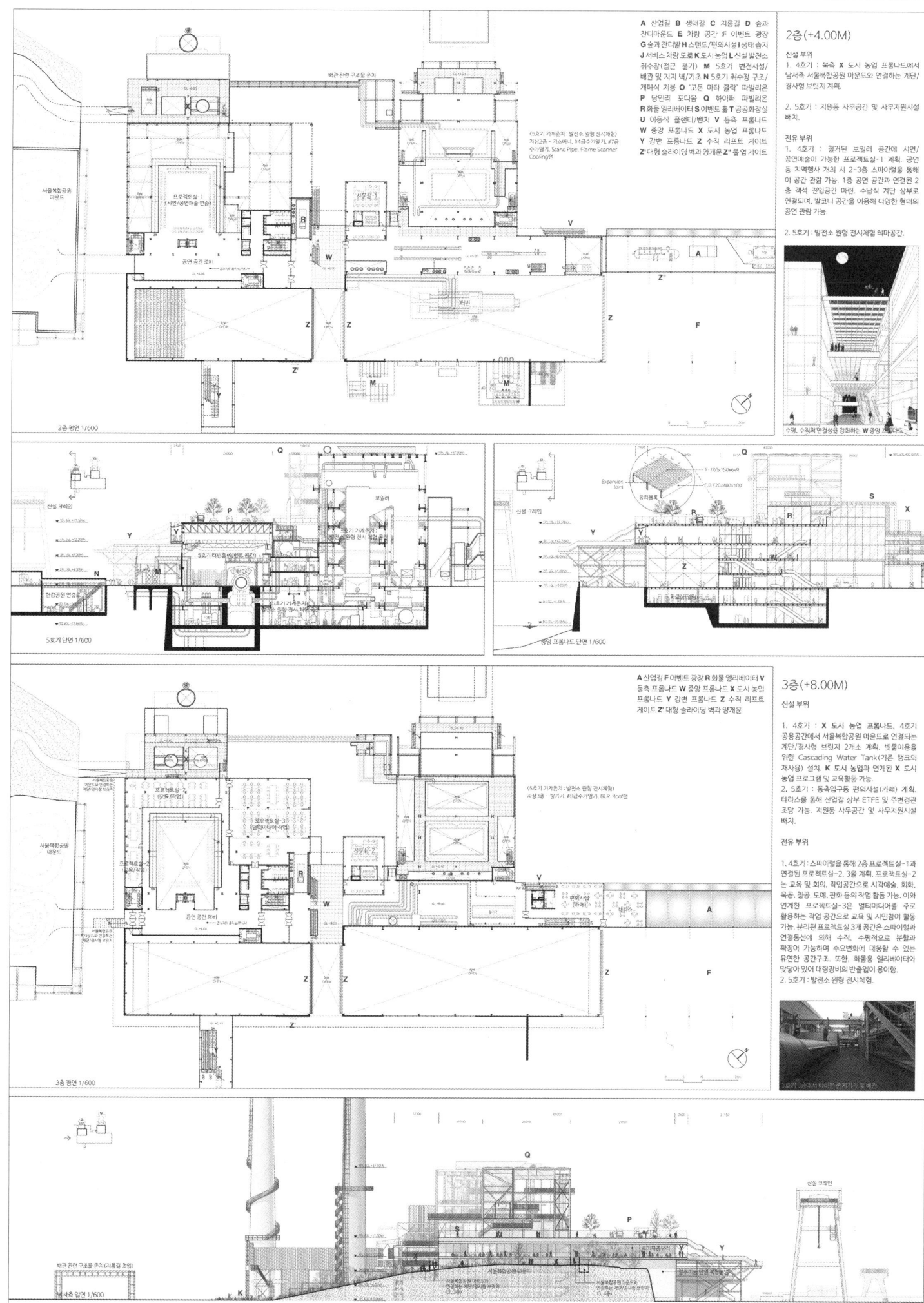

당인리 문화공간 조성

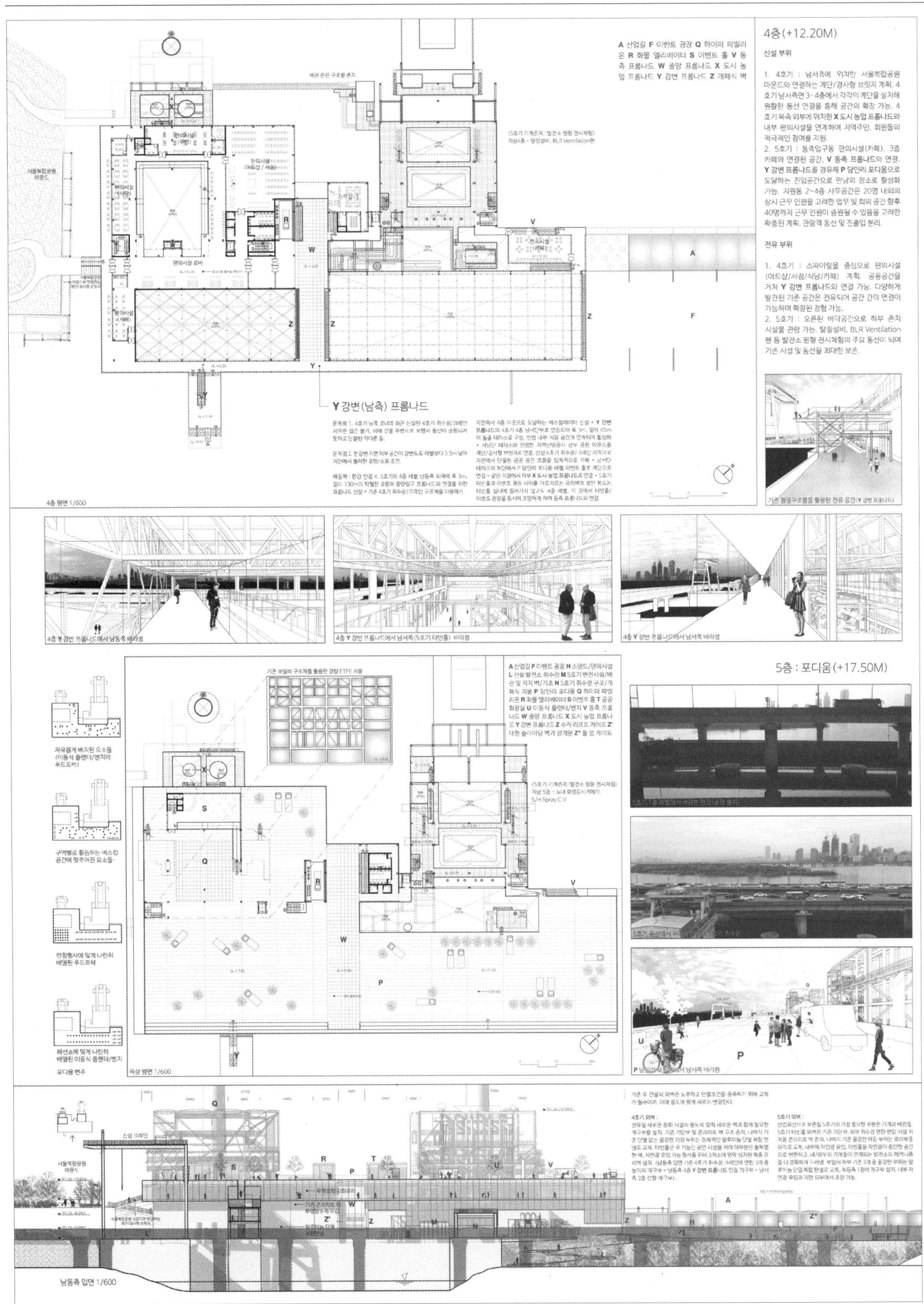

Danginri Culture Space Design

입면

이 제안은 입면 구성에서도 몇 것과 새 것의 구분을 명확히 형식, 시각적/경험적으로 구분한다. 산업유산으로서 보존될 5호기 북동/북서측 입면은 오랜기간 축적된 무질서한 외관에 간명한 질서를 부여하고, 다양한 스케일의 내부 활동 및 산업유산으로서 보존할 기계들을 드러내고, 자연광을 적극 유입할 수 있는 투명경량 강화유리로 교체한다. 추상성을 강조하면서 현재 남산 타워의 야간 색 단지 외부에서 잘 보이는 5호기 북동측 입면은 V 동측 프롬나드를 구성하는 에스컬레이터 유리 북서측 P 당인리 모디움으로 방문객을 유입한다.

북서측 입면에서 강한 존재감을 가진 두 개의 굴뚝은 백색 도장 마감으로 형태적 순수성, 북서측 주진입구 B 생태길에서 바라본 대상지는 에너지의 재사용 순환과정(폐열 활용)이 시각화하는, 온실, I 생태 습지, K 도시농업 X 도시농업 프롬나드 용으로 이루어진 명료한 경관이다. 생태길에서 바라본 4, 5호기 앞 복측공간은 생태 연못과 도시 농업이 얹혀 있고, 보존된 배관들, 전용되어 사용되는 온실 등과 함께 자연의 생태, K 도시 농업의 활동성이 X 도시농업 프롬나드를 통해 부지 남서측 서울복합공원 마운드 상부까지 확장된다. 4, 5호기 사이 허브 기능을 명쾌하게 분리되었던 4, 5호기 사이 허브 기능을 명쾌하게 드러내며 공간의 채광 효과와 수직성을 강조한다.

충양 입구 열 지원동은 미래 복층유리 커튼월로 구성된다. W 충앙 프롬나드의 유리물받 바닥에는 분리되었던 4, 5호기 사이 허브 기능을 명쾌하게 드러내며 공간의 채광 효과와 수직성을 강조한다.

A 산업길 **B** 생태길 **D** 룬디마운드 **E** 차량 공간 **F** 이벤트 광장 **G** 숲과 잔디밭 **H** 스탠드/편의시설 **I** 생태 **J** 서비스/차량 도로 **K** 도시 농업 **L** 신설 발전소 취수장/접근 불가 **M** 5호기 변전시설, 보일러 및 지지 벽/기초 **N** 5호기 취수장 구조/개폐식 지붕 **O** '고든 마타 클락' 파빌리온 **P** 당인리 모디움 **Q** 하이퍼 파빌리온 **R** 화물 엘리베이터 **S** 이벤트 홀 **T** 공공화장실 **U** 이동식 플랜터/벤치 **V** 동측 프롬나드 **W** 중앙 프롬나드 **X** 도시농업 프롬나드 **Y** 강변 프롬나드 **Z** 개폐식 벽

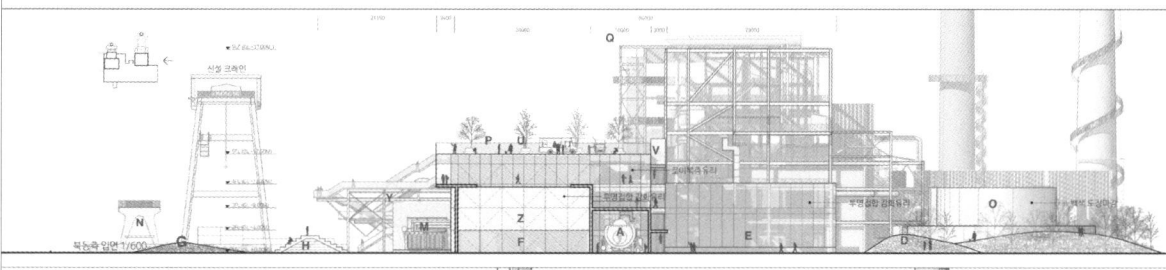

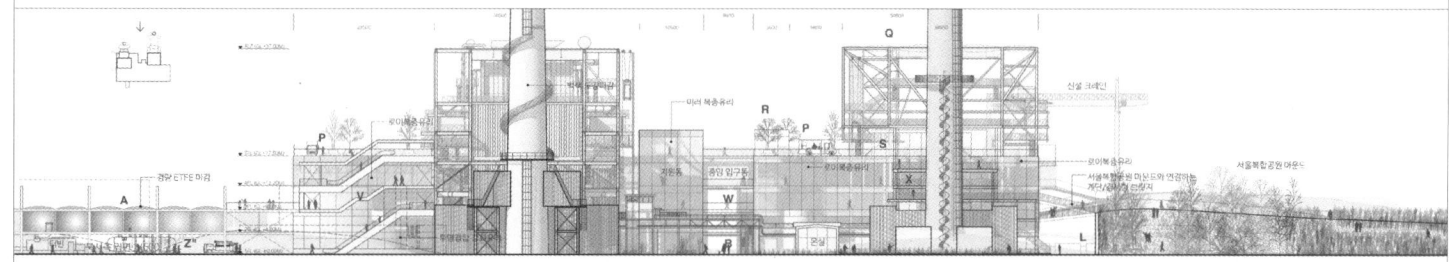

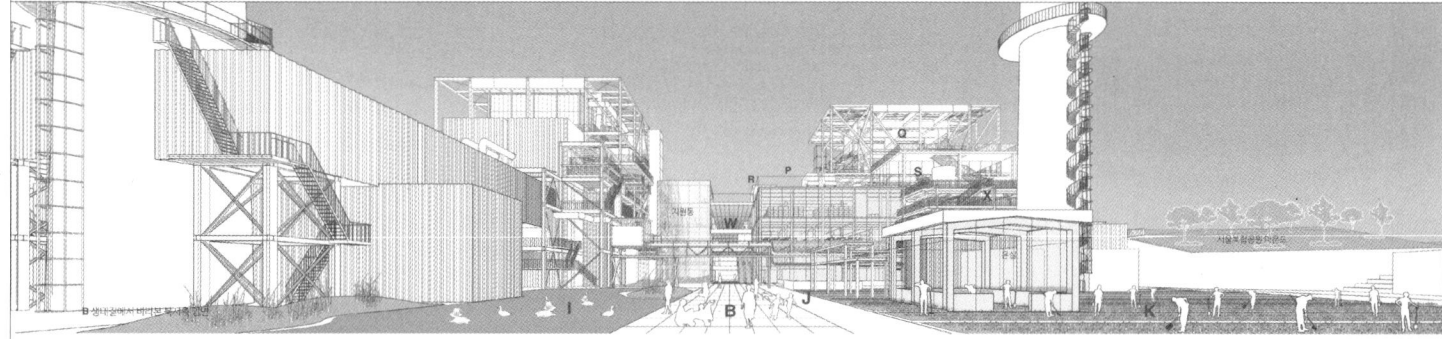

친환경 에너지 및 조경계획

근대 산업 유산으로서 에너지 생성의 상징이었던 발전소 건물의 에너지 계획은 그 자체로 의미가 있으며, 친환경 건축의 새로운 지표로 제시될 의무가 있다. 부지 내부적으로 소화할 수 있는 신재생에너지로서 지열발전과 지역난방 열원 사용을 적용할 수 있으나, 당인리 발전소 에너지 생성방식과 계획 부지만의 특성, 한강을 면한 조건 등을 적극 활용하여 당인리 문화공간의 친환경 신재생에너지에 활용할 수 있는 다양한 가능성을 제안한다.

제안1. 발전용 냉각수 폐열 활용방안

기존 발전소의 발전 과정인 CO-GEN 2단계 에너지 이용은 화석연료투입 이후, 발전(1차), 지역난방 공급(2차), 배출의 순서로 작동한다. 이 과정에 지역난방과 배출 사이에 '동결난방 폐열' 의 3차 에너지 활용 방안을 추가 제안한다. 이는 동결기 발전용 방류 냉각수를 이용하여 건물을 예열하는 방식으로, 열병합 발전 후 대규모 방류되는 25℃(예상)의 2차 냉각수를 이용하여 건물 지붕과 벽에 메탈 샤워를 구축함으로서 3차 에너지로 활용하는 아이디어이다. 개방회로는 1회 순환의 단순성을 지니고, 복사난방 장치로 건물 구조체 온도를 평균 10℃로 유지하는 것을 목표로 한다. 단순계산 방식으로 검토하면, 외기온도 0℃의 경우, 50%의 전도부하가 절감(미적용: Δt 20℃ (0℃~20℃), 적용 Δt 10℃ (10℃~20℃)) 되며, 외기온도 -10℃의 경우, 66%의 전도부하 절감(미적용: Δt 30℃ (-10℃~20℃), 적용:Δt 10℃ (10℃~20℃)) 효과를 기대할 수 있다.

이 제안은 밀폐회로 순환방식(close circuit)이 아닌 개방 1회로(open circuit) 배양방식, 즉 1차원의 식생적 방식으로서 유지관리 측면에서 단순하고 명쾌하다. 이는 발전소 가동 (2차 냉각수 배출) 후, 공급펌프 작동, 개방 1회로 통과에 의해 건물 외피로 예열되고, 이후 냉각수를 한강에 방류 (normal open)하거나 발전용 냉각수로 재활용(cascading 이용)이 가능해 K 도시 농업의 운실(겨울철), I 생태 습지(여름철) 등 사계절 정화된 물을 공급받을 수 있다. 셋째, 배출되는 냉각냉각수를 발전회로에 다시 재활용함으로서 발전 단가를 절약(1차 원수 처리비용 절감, 수자원 절약, 환경부하 경감 등) 할 수 있으며. 넷째로 겨울철에 건물의 주요 외부공간인 P 당인리 모디움 바닥 표면에 방열효과를 통해 건물 이용 기간을 늘려 공간 활용을 극대화할 수 있다.

제안2. 한강수 이용 수열원 히트펌프

한강수를 이용한 수열원 히트펌프는 낮은 에너지를 갖고 있는 자연 상태의 물에 전기에너지를 투입하여 냉각수 또는 고온의 난방수로 전환시킬 수 있는 히트펌프 시스템을 이용한다. 한강에 저렴한 냉각수 및 발전 후 방류되는 2차 냉각수를 이용한 수열원 히트펌프 방식은 기존 태양광, 지열 일반도와 신재생에너지보다 초기 투자비용이 적게 유지비용이 경제적이며 우수한 효율의 건물 냉난방용 에너지 수급이 가능하다. 유관기관의 협의가 필요하며, 최근 유사 사례가 존재하며, 단순히 계획 부지 내에서만 작동하는 원리가 아닌, 한강에 면한 부지 조건을 적극 활용한 제안이다.

빗물이용

Cascading 을 통한 폐열 에너지 활용과 같은 맥락이며, 조경계획의 핵심 개념은 빗물의 이용은 한강 생태, 화력발전소의 물과 대립하고 조응을 이루는 요소로서 강한 상징성을 지닌다. P 당인리 모디움의 빗물을 집수하는 공간으로서도 중요하다. P 당인리 모디움에 모인 빗물을 저장할 수 있는 물탱크(기존 탱크)의 재사용을 X 도시 농업 프롬나드에 설치한다. 물탱크는 하중을 분산하고 햇볕이 드는 것을 가로막지 않도록 여러 곳에 분산배치 하여 높은 곳에서부터 자체로 빗물이 재배치될 수 있도록 한다. 집수된 물은 K 도시 농업 용수로 사용하고 부족시 냉각수는 불은 I 생태 슬지로 끌어들여야 한다. E 차량공간과 F 이벤트 광장은 오픈 트랜치(집수로/갈수로)를 적용해 물흐름 과 순환과정을 가시적으로 보여주는 장치를 만든다.

이용은 한강 생태, 화력발전소의 물과 대립하고 조응을 이루는 요소로서 강한 상징성을 지닌다. 활성화 할 수 있을 것이다. 겨울철 채소 재배는 꽃들이른 봄 모종 준비와 내한성이 약한 허브류의 겨울철 마닌트를 제공, 교육프로그램과 모임 공간으로 기능도 가능하다.

I 생태 습지

B 생태길과 K 도시 농업 전 영역을 투수성 포장하고 계획한다. 배수관은 관로를 사용하지 않고, 오픈트렌치 표면수로 시스템으로 계획, 슬지 방식을 레인가든으로 조성, 재활용을 최대화 이용한다. 식재는 방식 생태와 유사한 환경을 마련, 햇볕 강도에 맞춰 식재를 계획한다.

식재 계획

햇볕이 잘 드는 부분에는 양지식물(a~g)을 식재하고 그늘진 곳에는 습한 곳에서 생육이 원활한 음지식물(h~j)을 선별하여 계획하고, 겨울철 온실재배(k~l)도 가능하다.

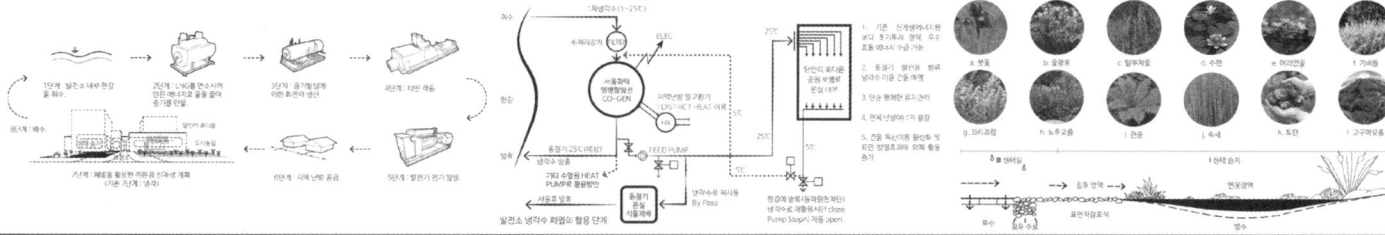

당인리 문화공간 조성

가작 (주)건축사사무소 아크바디 김성한 + (주)종합건축사사무소 스페이스 오 오기수 설계팀 김형연, 김성욱, 정우상, 김새미, 김우영

대지위치 서울특별시 마포구 당인동 1번지 외 68필지 **대지면적** 32,480.00㎡ **건축면적** 7,215.03㎡ **연면적** 서울화력 4, 5호기 - 30,138.84㎡ / 지하주차장 - 8,043.76㎡ **건폐율** 22.21% **용적률** 51.97% **규모** 지하 2층, 지상 6층 **최고높이** 36.5m **구조** 철골조, 일부 철근콘크리트조 **외부마감** 삼중로이유리, 골강판 패널, 저철분유리, 폴리카보네이트 패널, 인터렉티브 미디어 파사드 **주차** 서울화력 5호기 - 76대 / 서울복합공원 지하주차장 - 256대(버스 9대 포함)

잠들지 않는 문화예술 창작공간

기존의 복잡한 공간과 틀에 다양한 스페이스 프로그램을 배치함에 있어 건축적인 욕심을 버리고 최소한의 건축행위를 하여 기존 산업유산의 아이덴티티를 훼손하지 않는 것이 본 프로젝트의 주요점이라고 생각하고 계획을 진행했다.

민간인의 출입이 금지되어있던 대지 북측의 담장을 허물고 인접한 공원, 도시로부터의 보행자 진입을 열어서 영역을 공유하고, 주변 도심, 한강과의 소통을 통해 섬으로 고립되어있는 당인리의 지역성을 회복한다. 4, 5호기의 틈에 가볍고 투명한 공간을 삽입하고 4호기의 터빈 내부의 블레이드와 로터를 아트리움 상부에 설치함으로써 가장 무거운 물건을 가장 가벼운 공간에 설치하는 것으로 창의적인 활동의 상징성을 부여한다. 연료를 태워 한강의 물로 증기를 만들어 터빈을 돌려 전기와 열원으로 도시를 밝힌 보일러와 터빈은 예술가들의 24시간 불이 꺼지지 않는 문화창작의 공간으로 변화, 새로운 예술, 문화에너지로 도시를 물들인다. 30여 개소의 입주 스튜디오가 아티스트 플레이그라운드를 중심으로 모여 있는 스튜디오 클러스터는 보일러와 연도가 있던 자리를 채워나가며, 채광을 위해 반투명재질로 치환된 외벽을 통해 내부의 액티비티가 은유적으로 배어나가도록 한다.

Eternal Flame

The architect has developed the design with the idea in mind that the project's main objective is to keep the original identity of industrial heritages by giving up architectural ambitions and conducting only minimal intervention when it comes to assigning various new programs to the existing complicated space and framework.

The fence on the site's northern border which used to restrict public access is removed to receive pedestrians from neighboring parks or urban areas and share the territory. And interaction with urban centers and Hangang River is encouraged to restore the regional significance of Danginri which has been isolated like an island. A light and transparent space is inserted between Unit 4 and 5, and blades and rotors inside the turbines of Unit 4 are moved to the top of the new atrium with an aim to symbolize creative activities by installing the heaviest objects in the lightest space. Boilers and turbines which used to light up the city with electricity and heat energy by burning fuel and generating steam with water from the river are turned into an artist studio that operates 24 hours a day to create new cultures. It enriches the city with new arts and cultural energies. Studio Cluster in which about 30 residence studios are concentrated around Artist Playground fills the place which used to be occupied by boilers and flues. And through its outer wall which is reconstructed with a translucent material to enable natural lighting, it exposes its internal activities in a subtle manner.

3rd prize ARCBODY architects_Kim Sunghan + space OH_Oh Kisoo **Location** Dangin-dong, Mapo-gu, Seoul **Site area** 32,480.00㎡ **Building area** 7,215.03㎡ **Gross floor area** Seoul Power Plant unit 4, 5 - 30,138.84㎡ / Underground parking - 8,043.76㎡ **Building coverage** 22.21% **Floor space index** 151.97% **Building scope** B2, 6F **Height** 36.5m **Structure** SC, Partly RC **Exterior finishing** Low-E triple glass, Corrugated steel sheet, Low-iron glass, Polycarbonate panel, Interactive media facade **Parking** Seoul Power Plant unit 5 - 76 / Underground parking - 256 (including 9 for bus)

Danginri Culture Space Design

대지현황분석

대지분석

주변현황

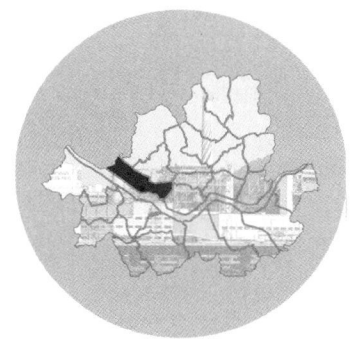
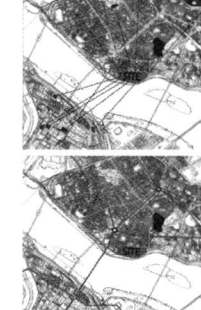

- 1939년 1호기가 우리나라 최초의 화력발전소로 준공되었으며, 이후 1969년에 5호기, 1971년에 4호기가 차례로 준공되어 1987년 부터 남서울 지역의 아파트 및 건물에 난방용 증기를 공급.
- 현재 대상지내 발전소 지중화와 서울복합화력 1, 2호기 통합사무실 건설이 진행되고 있음 화력발전소의 원형이 그대로 남아있는 역사적이고 상징적인 가치를 가진 건물로서 보존할 가치가 있는 유산임
- 냉각수 등의 공업용수가 필요한 화력발전소의 특성상 한강변에 위치하고 있어 한강에 조성되는 기존 녹지, 휴양, 문화 자원 등과 연계가 가능
- 한강과 인접해 있고, 고가형태의 강변북로가 위치하고 있으며, 한강 수변 공원과는 약 7~9미터의 단차가 있어 직접 접근은 어려움
- 상수역과 합정역이 500미터 이내에 위치하여, 전시, 공연, 카페의 성격을 가지는 예술카페들이 많고 젊은 문화예술관련 인력이 풍부하며, 홍대문화거리와 연속선상에 위치하여 걷고 싶은 거리를 통해 홍대지역과 보행으로 연계
- 주변에 상암 DMC, 문래예술촌, 홍대지역이 입지하고 있어 문화자원이 풍부

HISTORY

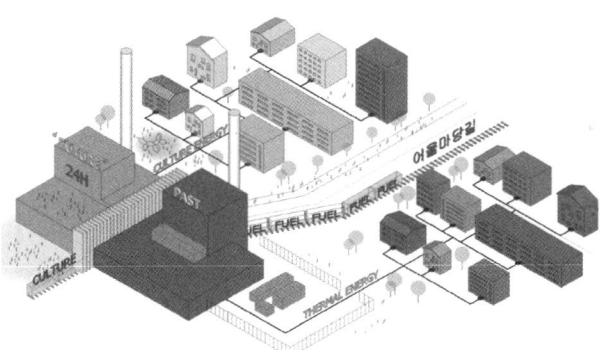

CIRCULATION

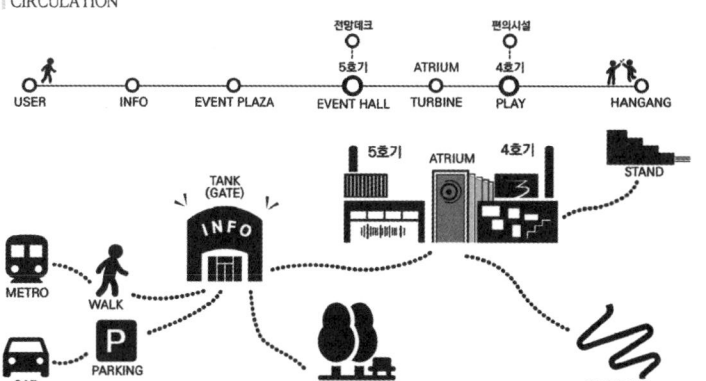

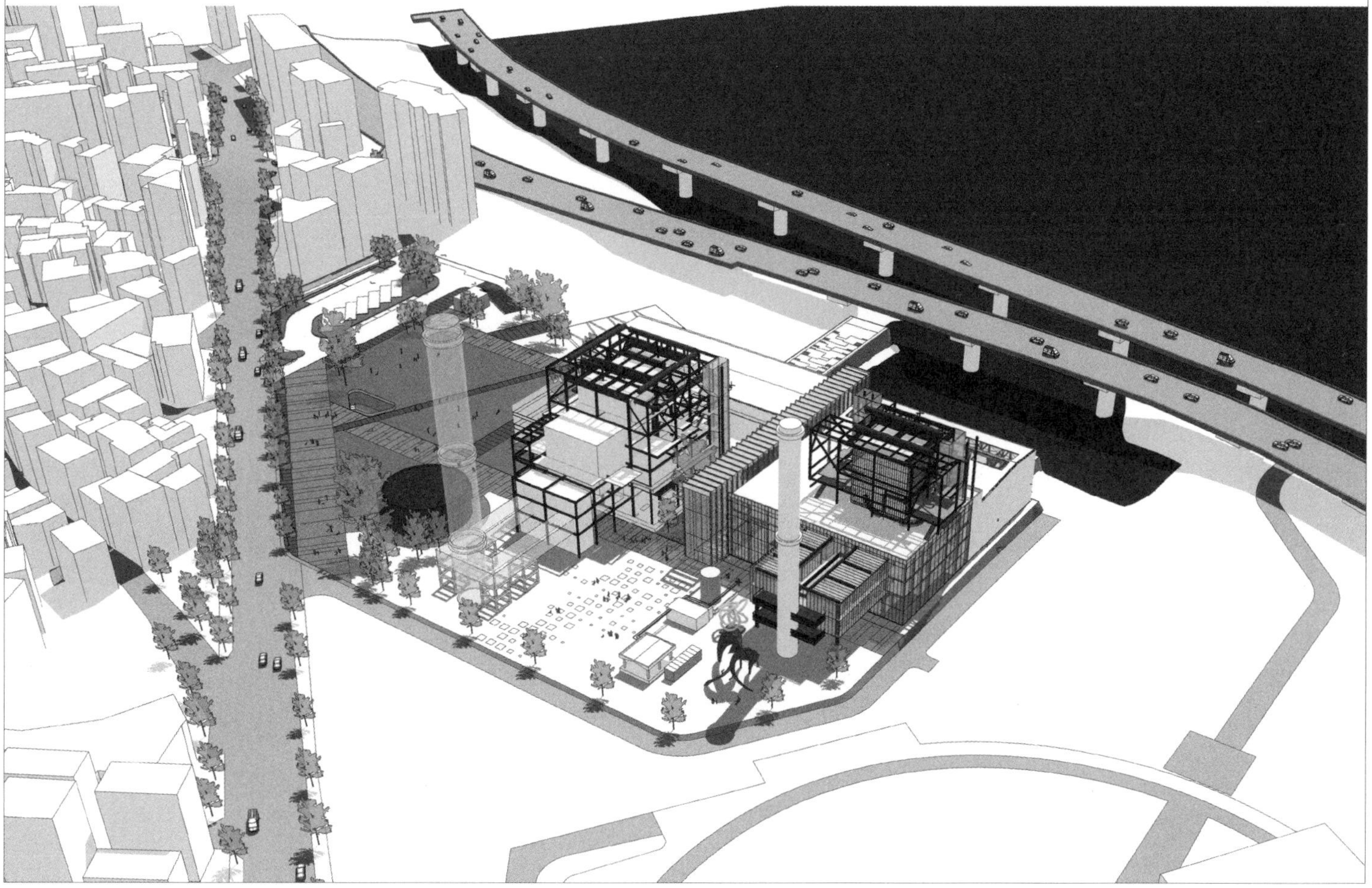

당인리 문화공간 조성

건축계획

배치도 (1:1,000)

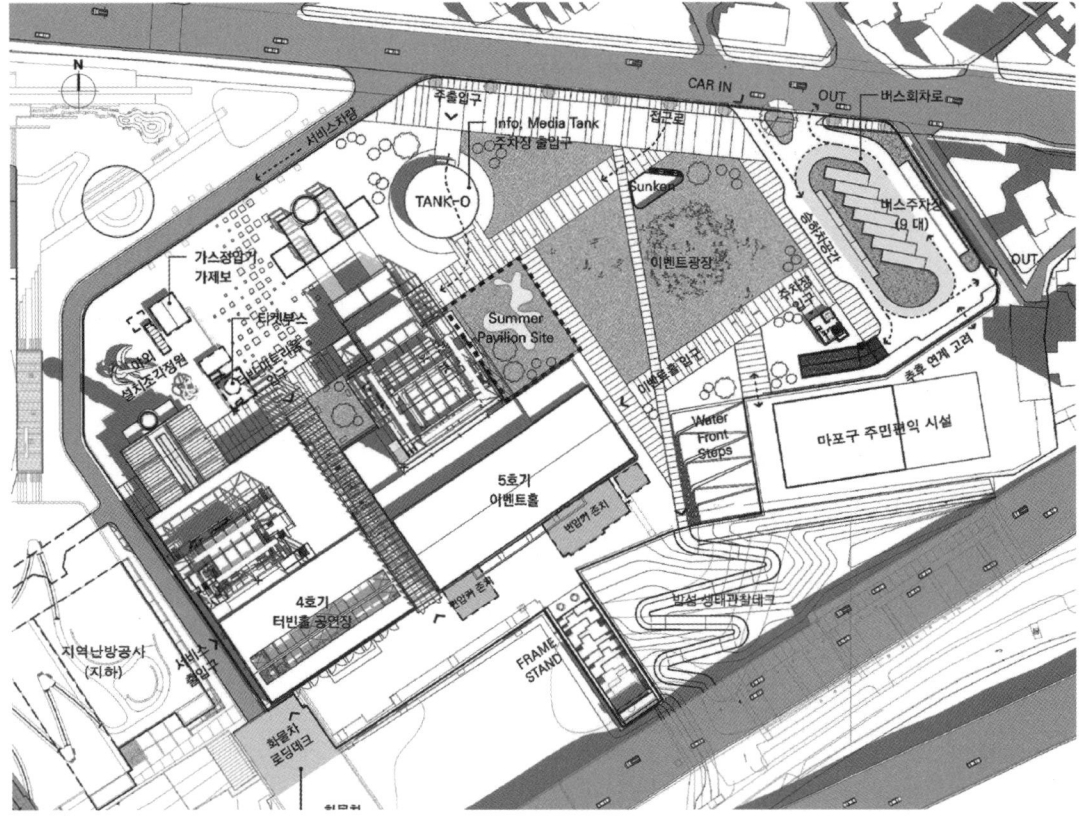

외부 공간 계획

- 주차장 : 버스 9대를 위한 지상주차장과 드롭존은 주차와 드롭오프, 버스의 회차가 가능한 최소한의 회전반경을 반영하여, 원활한 이용자 수송을 돕고, 일반 주차장 이용동선은 회차로를 통하지 않고, 지하 주차장으로 직접진출입이 가능하도록 대로와 이면도로측으로 2개소의 진출입구를 설치하였다.

- TANK-O : 보행자 출입축에 위치한 순수 탱크의 외부는 도장을 벗겨내고 코르텐 강판으로 처리하여 붉은색 철의 순수한 물성을 드러내며, 내부는 미디어 프로젝션을 통해 미디어 및 인포메이션 박스의 역할과 더불어 지하주차장에서 올라오는 코어박스가 된다.

- 이벤트 가든 : 다양한 이벤트가 가능한 잔디마당인 이벤트 가든은 외부공간에서 가장 큰 대공간으로 한강으로의 조망을 열어주며, 발설한강테크로 이어지는 워터 프론트 스탠드를 통하여 한강시민공원으로 연결될 수 있다.

- Summer Pavilion Garden : 5호기 측면의 보행자의 진입동선이 교차하는 공간에 한시적으로 건축 파빌리온을 설치하도록 공간을 조성하여, 파빌리온 설치 건축가들을 선정하여, 지원하고 전시하는 프로그램을 위한 공간이다.

- 프레임스탠드 : 콘크리트 박스였던 취수장의 구조체를 이용한 프레임 스탠드는 한강측의 전면벽을 열어서 한강과 콘크리트 구조체의 프레임에 담을 수 있는 정적인 공간으로, 기존의 설비를 조형요소로 남겨두고, 가변스크린을 설치하여 야간에는 야외 영화상영공간으로 활용한다.

지하2층 평면도(1:600)

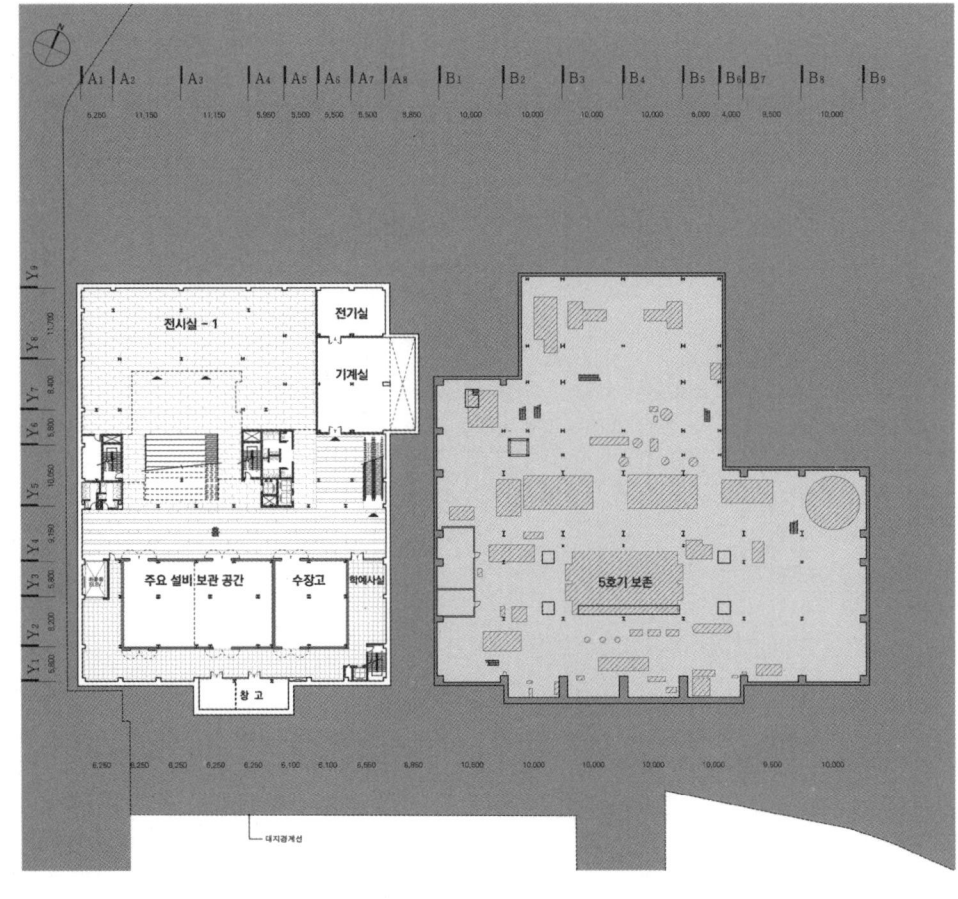

전시공간

- 지하 1, 2층에 위치한 전시공간은 10미터의 높은 층고를 갖는 대 전시장과 5미터 층고의 중전시장으로 통합 또는 분리하여 활용할 수 있다.

- 전시장으로 연결되는 화물용 엘리베이터와 수장고로 연결되는 작품운반 동선을 통하여 대형 작품의 설치, 전시가 가능하다.

수장공간

- 외부에서 공간의 활용과 관계없이 별도의 서비스 동선으로 수장공간으로 작품의 이동이 가능 하도록 반출입 동선을 구성하였고, 세 개의 색션으로 구분되는 수장공간은 발전소 철거를 통하여 나온 산업유산의 수장과, 미술작품의 수장을 위한 공간으로 활용된다.

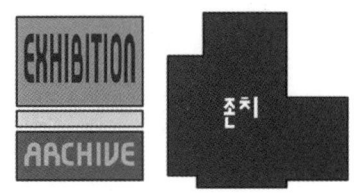

5호기 지하주차장

- 5호기의 지하2층에 지하주차장을 계획할 경우 굴토 지하옹벽 두께를 고려할때 시공이 어려우며, 공사비 증가의 요인이 될수 있어, 지침에서 요구하는 주차 대수를 지하1층에서 확보

Danginri Culture Space Design

지하1층 평면도-1

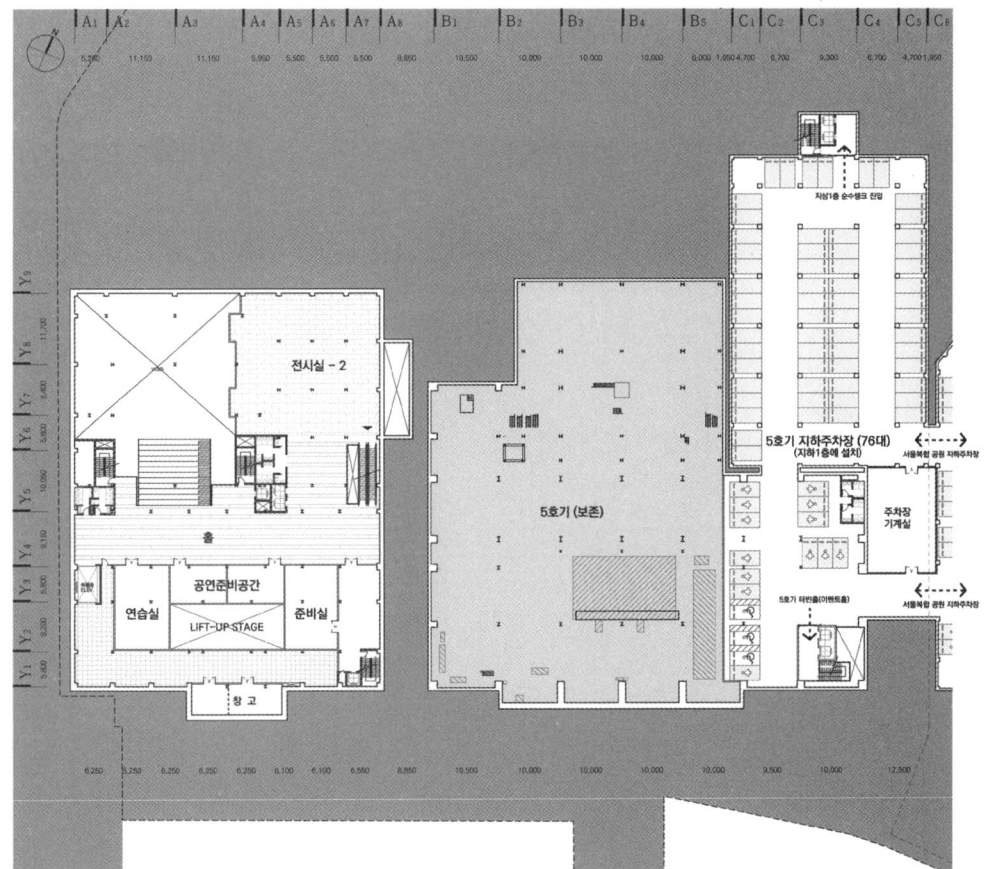

미디어박스
· 전시공간의 중앙에 위치한 커튼업 미디어박스는 패브릭 박스를 이용하여 대 전시장과 분리된 미디어 전시 공간으로 가변적 활용이 가능한다.

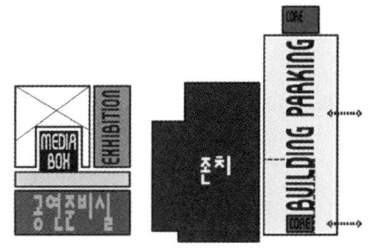

세부면적 비교

공간	면적	
	지침면적	계획면적
전시공간	1,800	1,771.06
공연공간	1,400	1,365.67
이벤트 공간	1,300	1,288.27
워크룸	1,200	1,169.29
사무공간	400	384.39
편의시설	1,400	1,408.05
자료실	800	789.31

지하1층 평면도-2

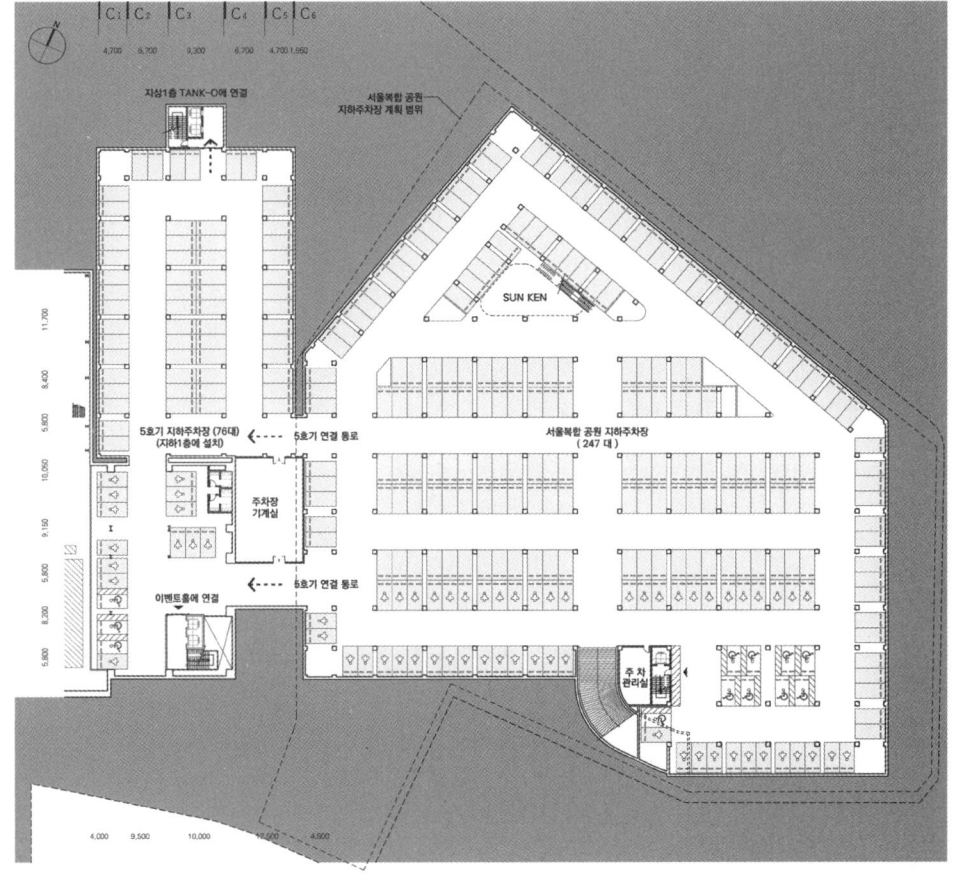

지하주차장 동선계획

· 설계지침에 따르면 5호기 지하 일부에 73대, 서울복합 공원 지하주차장에 244대를 계획하도록 하였다.

· 이에따라 서울복합 공원 지하주차장에 247대의 자주식 주차를 계획하였으며, 같은 레벨로 연결되는 5호기의 지하1층에 76대를 계획하였다.

· 각각의 지하 주차장은 지상의 보행동선에 영향이 적은 위치에 설치되는 램프를 공유하며, 2개소의 연결 통로를 설치하여 원활한 차량의 흐름을 유지하도록 하였다.

· 큰 규모의 서울복합 공원 주차장은 지상으로 연결되는 두 개의 코어와 1개소의 선큰가든을 이용한 수직동선, 그리고 5호기 터빈홀 내부로 직접 진출입 할 수 있는 총 네 개의 코어를 구성한다.

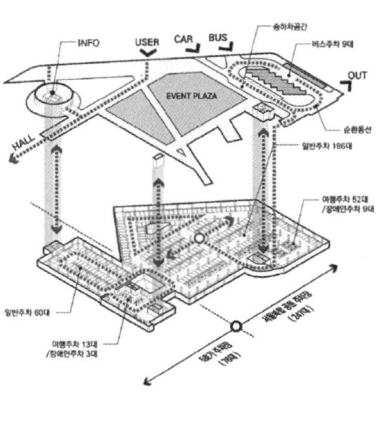

당인리 문화공간 조성

지상1층 평면도(1:600)

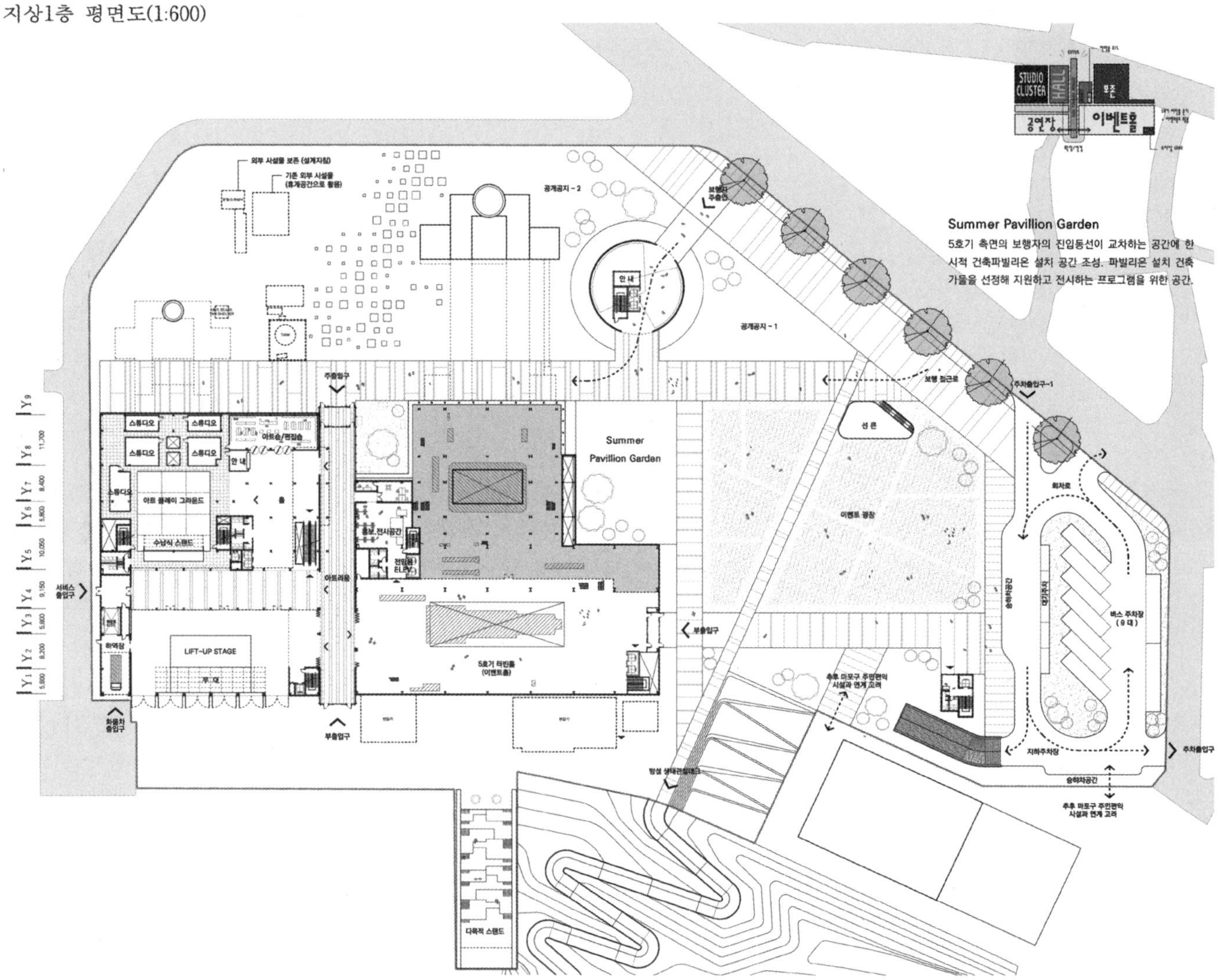

Summer Pavillion Garden
5호기 측면의 보행자의 진입동선이 교차하는 공간에 한시적 건축파빌리온 설치 공간 조성. 파빌리온 설치 건축가들을 선정해 지원하고 전시하는 프로그램을 위한 공간.

터빈홀
- 터빈홀은 스탠딩과 2층의 좌석에 의하여 다양한 형태의 공연이 가능하도록 구성
- 터빈이 위치하던 보이드에 리프트업 무대를 설치하고, 공연의 성격에 따라 터빈 아트리움과 5호기 이벤트홀 또는 한강변 외부 데크까지 영역을 확장할 수 있는 가변적인 공간 활용 계획

아티스트 플레이그라운드
- 아티스트 스튜디오 클러스터의 중심공간으로 15 x 15 x 15 미터의 대공간은 설치, 공연, 행위예술, 연주 등 다양한 실험적 예술 활동을 펼칠 수 있는 예술가들의 놀이터가 될 것이다.
- 접이식 스탠드를 설치하여 공간의 가변적 활용이 가능하며, 2-3층에서 다양한 액티비티의 조망이 가능하다.

5호기 발전소 관람동선
- 터빈 아트리움의 좌측에 300㎡ 규모의 전시공간을 구성하여 우리나라 최초의 화력발전소의 역사와 화력발전소의 메카니즘을 전시하고, 전시관람후에 새로 설치되는 엘리베이터를 통하여 보일러타워 6층의 전망대와 주변 공간을 관람한 후 엘리베이터를 통해 터빈홀과 지하의 설비공간을 관람하는 교축, 관람동선을 구성

Danginri Culture Space Design

지상2층 평면도

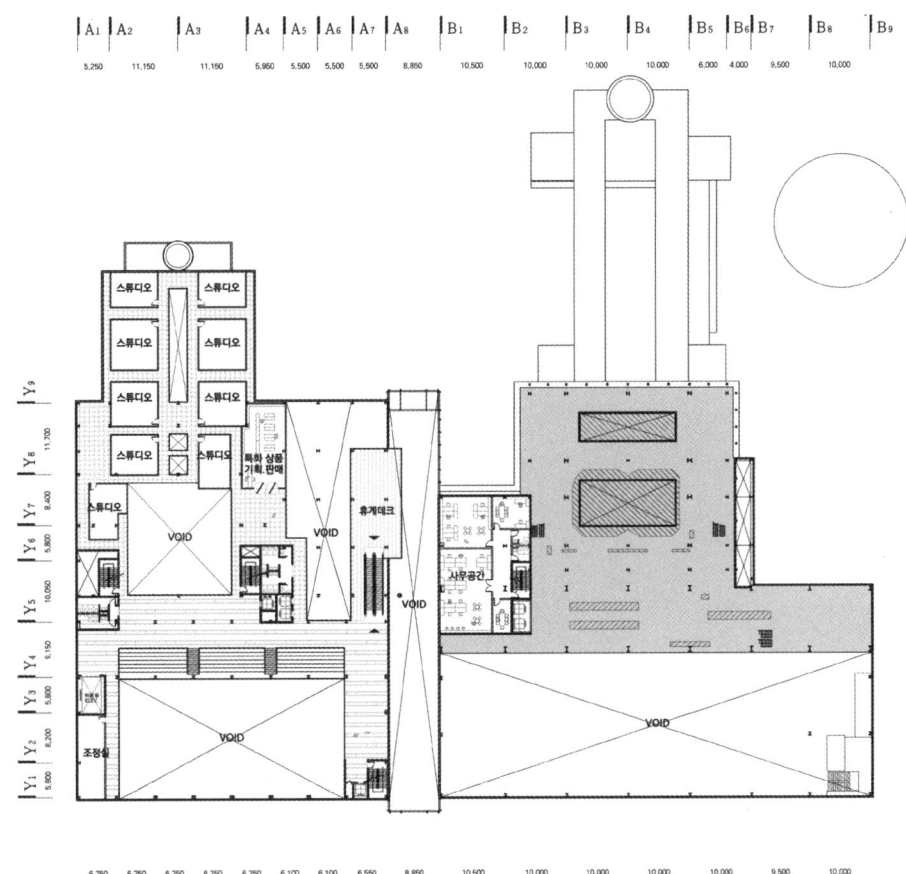

Turbine Atrium
- 4호기의 터빈 블레이드와 로터를 두 건물의 사이에 신설되는 진입홀 상부에 설치하여 전시
- 반투명 외피를 통하여 자연광이 들어오는 밝은 진입 동선의 중심 홀이며, 야간에는 도시의 랜드마크로서 터빈을 담은 라이트 박스가 된다.

스튜디오(프로젝트실)
- 30여개소의 입주 스튜디오가 아티스트 플레이그라운드를 중심으로 모여있는 스튜디오 클러스터는 보일러와 연도가 있던 자리를 채워나가며, 채광을 위해 반투명 재질로 치환된 외벽을 통해 내부의 액티비티가 은유적으로 배어나가도록 한다.

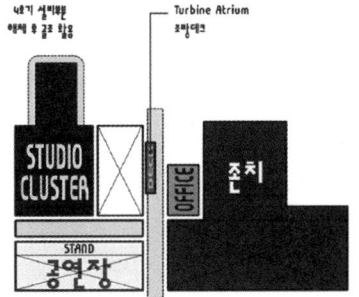

지상3층 평면도

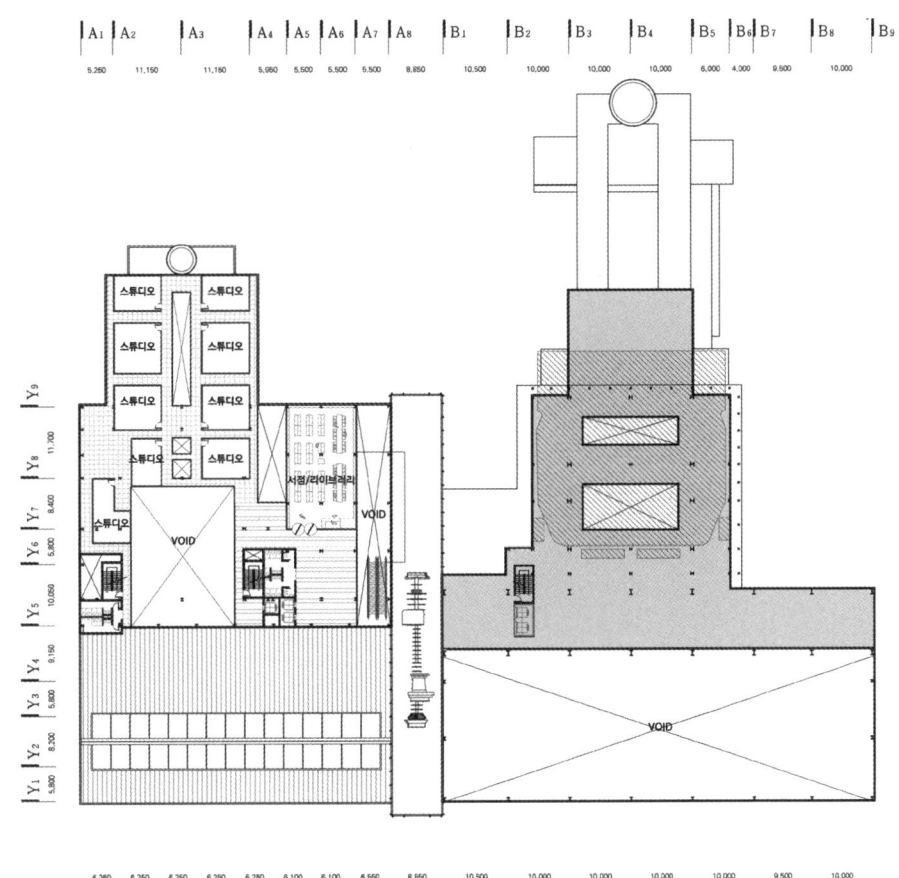

Turbine Atrium

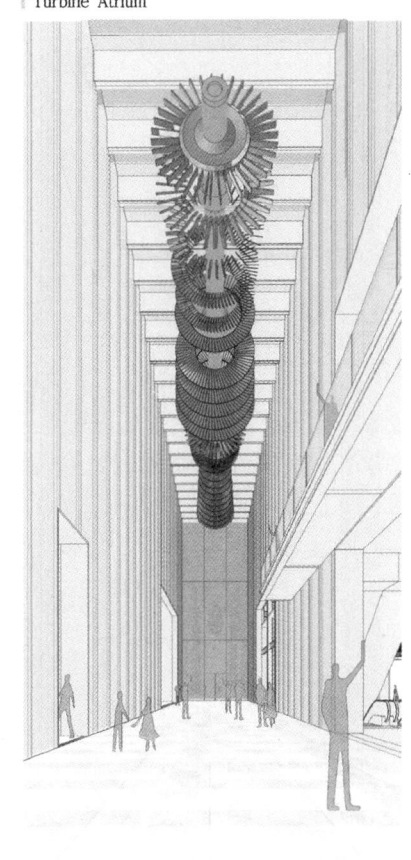

당인리 문화공간 조성

지상4층 평면도(1:600)

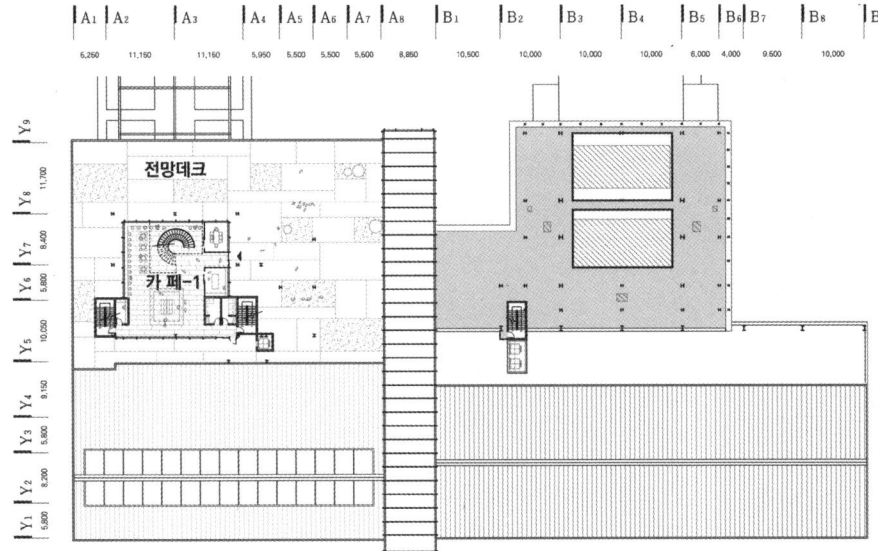

보일러

- 연료를 태워 한강의 물로 증기를 만들어 터빈을 돌려 전기와 열원으로 도시를 밝힌 보일러와 터빈은 예술가들의 24시간 불이 꺼지지 않는 문화창작의 공간으로 변화, 새로운 예술, 문화 에너지로 도시를 물들인다.

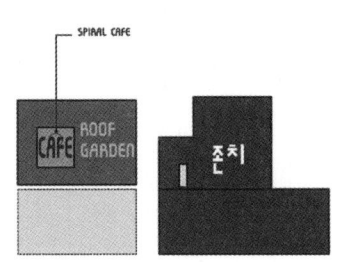

지상5층 평면도(1:600)

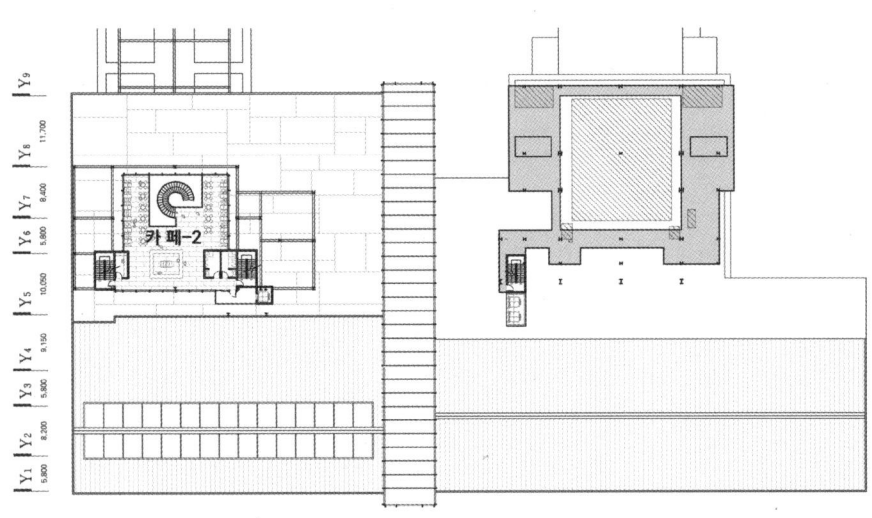

SPACE PROGRAM

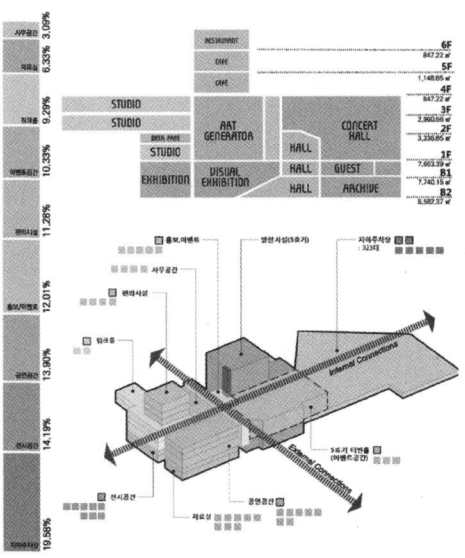

지상6층 평면도(1:600)

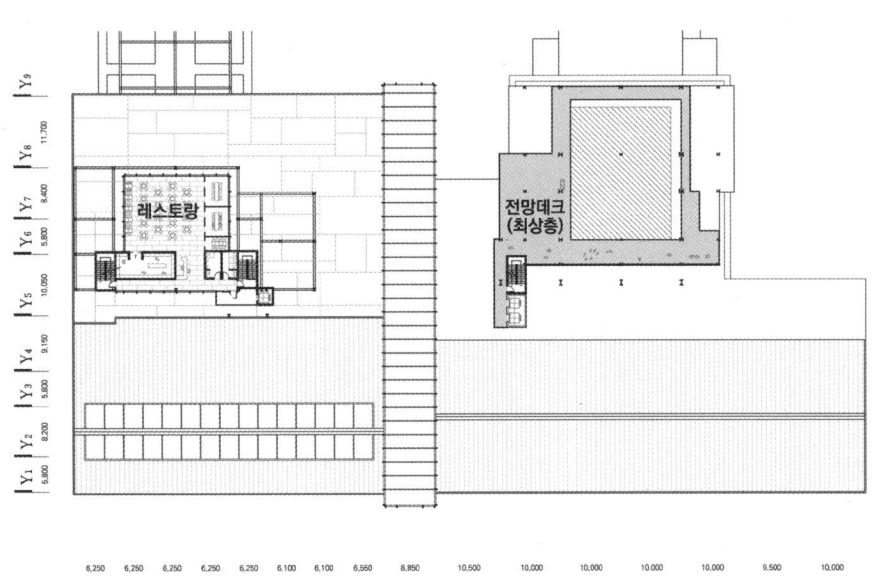

전망데크

- 전망데크를 이용하는 관람객들의 안전성과 사용성을 확보하기 위하여, 필요한 부분에 철제 그레이팅을 FRP GRATING COVER로 교체

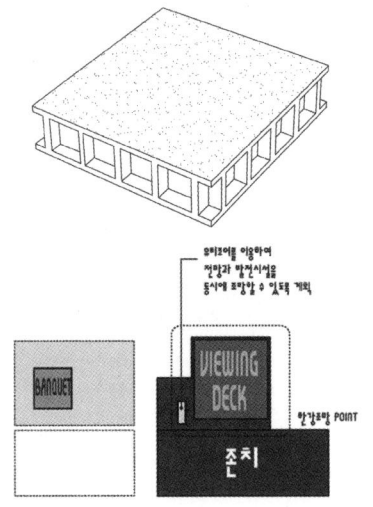

Danginri Culture Space Design

입면도 및 단면도

남측면도

단면도

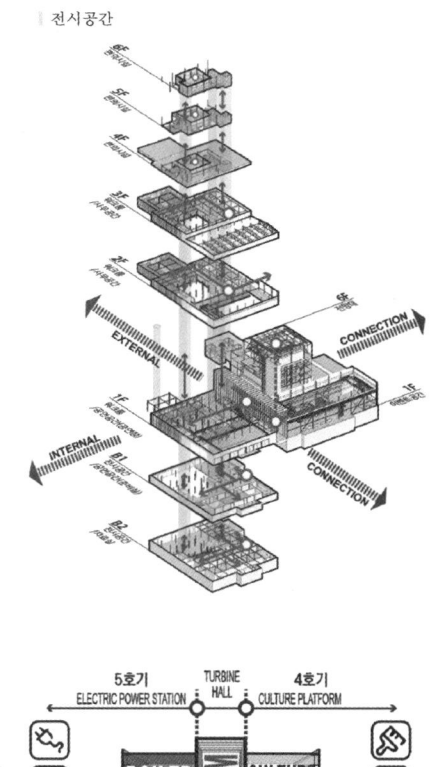

전시공간

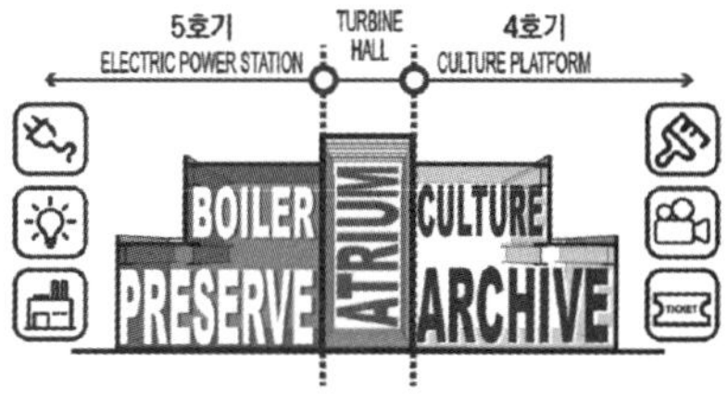

참살이 발효마을 조성

당선작 (주)길종합건축사사무소이엔지 이길환 설계팀 박진호, 김영효, 이명순, 이창대

대지위치 전라북도 순창군 백산리 580번지 일원 **대지면적** 36,262.00㎡ **건축면적** 발효테라피센터 - 2,572.82㎡ / 전통누룩체험관 - 1,780.19㎡ / 세계발효마을 체험농장 - 1,067.22㎡ / 다년생식물원 - 1,288.67㎡ / 고추식물원 - 855.35㎡ / 추억의 식품거리 - 1,393.63㎡ **연면적** 2,359.15㎡ / 1,269.90㎡ / 1,236.40㎡ / 1,255.69㎡ / 807.71㎡ / 1,211.29㎡ **건폐율** 31.92% / 43.15% / 11.66% / 34.41% / 22.84% / 18.75% **용적률** 29.27% / 30.78% / 13.51% / 33.53% / 21.57% / 16.29% **구조** 철근콘크리트조, 일부 철골조 **외부마감** 징크패널, 치장벽돌, 스투코플렉스, 로이복층유리

처마길

고추와 곡물, 메주가 일년의 기다림을 하늘을 향한 처마 끝에 매달고 땅의 모습을 닮은 처마 밑 장독에 담아낸 삶의 풍경을 오롯이 닮은 거리를 느낄 수 있는 전통 풍경과 소통하고 자연과 하나되는 참살이 발효마을을 제안한다.

배치계획으로는 일방향의 동선 진입과 다목적 광장의 원형 동선, 상징건물인 테라피센터의 전체 매스에서 동적인 조망이 가능하도록 고려하였다. 또한 발효마을의 콘셉트에 맞는 처마지붕과 장독대를 은유적으로 표현한 랜드스케이프 디자인을 적용하여 형태를 완성하였다.

계획의 방향으로는 야외 공연장 및 먹거리 마당, 전시, 체험공간 등이 서로 시각적으로 관여하여 하나의 공간으로 인식되는 오픈 스페이스로 계획하였고, 계획부지의 서측으로 관광 및 숙박시설, 동측으로 마켓 기능의 고추장 민속마을과 연계를 위한 광장을 배치하였다. 여기에 처마지붕의 유연한 흐름이 발효테라피센터까지 이어지는 전통가로를 완성하였다. 세계발효체험 농장은 먹거리 재배를 테마로 계단식 정원을 조성하여 고추장 마을과의 연계성을 고려하였다.

Eaves Street

Peppers, grains or fermented soybeans are hung and wait to be aged for a whole year at the tip of soaring eaves. And under the eaves, crocks that resemble the silhouette of the land portray everyday life. Embracing a traditional scenery in which streets exhibit the sentiment of such images and becoming part of nature are what the proposal suggests for this project.

In terms of arrangement plan, a single directional access is created along with a circular flow for the multipurpose plaza, and the iconic Therapy Center is designed to provide dynamic views through its entire mass. The overall form is created by introducing roofs and eaves that fit the concept of village and applying a landscape design that expresses crocks metaphorically.

In terms of design, an outdoor stage, food court, exhibition hall and experience center are arranged to visually interact with each other and appear as one integrated open space. Tourist attractions and accommodations are positioned in the west area of the site, and a plaza, in the east, to establish connection with the Gochujang Folk Village that serves as a market. Moreover, a traditional street through which the elegant flow of roofs and eaves stretches to Therapy Center is added. For the experience farm, a tiered garden is proposed under the theme of "Fermentation Experience Farm" to strengthen connection with the folk village.

Prize winner GIL Architects & Engineers Co., Ltd._Lee Gilhwan **Location** Sunchang-gun, Jeollabuk-do **Site area** 36,262.00㎡ **Building area** Therapy center - 2,572.82㎡ / Leaven experience center - 1,780.19㎡ / Experience farm - 1,067.22㎡ / Perennial plant garden - 1,288.67㎡ / Hot pepper garden - 855.35㎡ / Foods street - 1,393.63㎡ **Gross floor area** 2,359.15㎡ / 1,269.90㎡ / 1,236.40㎡ / 1,255.69㎡ / 807.71㎡ / 1,211.29㎡ **Building coverage** 31.92% / 43.15% / 11.66% / 34.41% / 22.84% / 18.75% **Floor space index** 29.27% / 30.78% / 13.51% / 33.53% / 21.57% / 16.29% **Structure** RC, Partly SC **Exterior finishing** Zinc panel, Face brick, Stucco-flex, Low-E paired glass

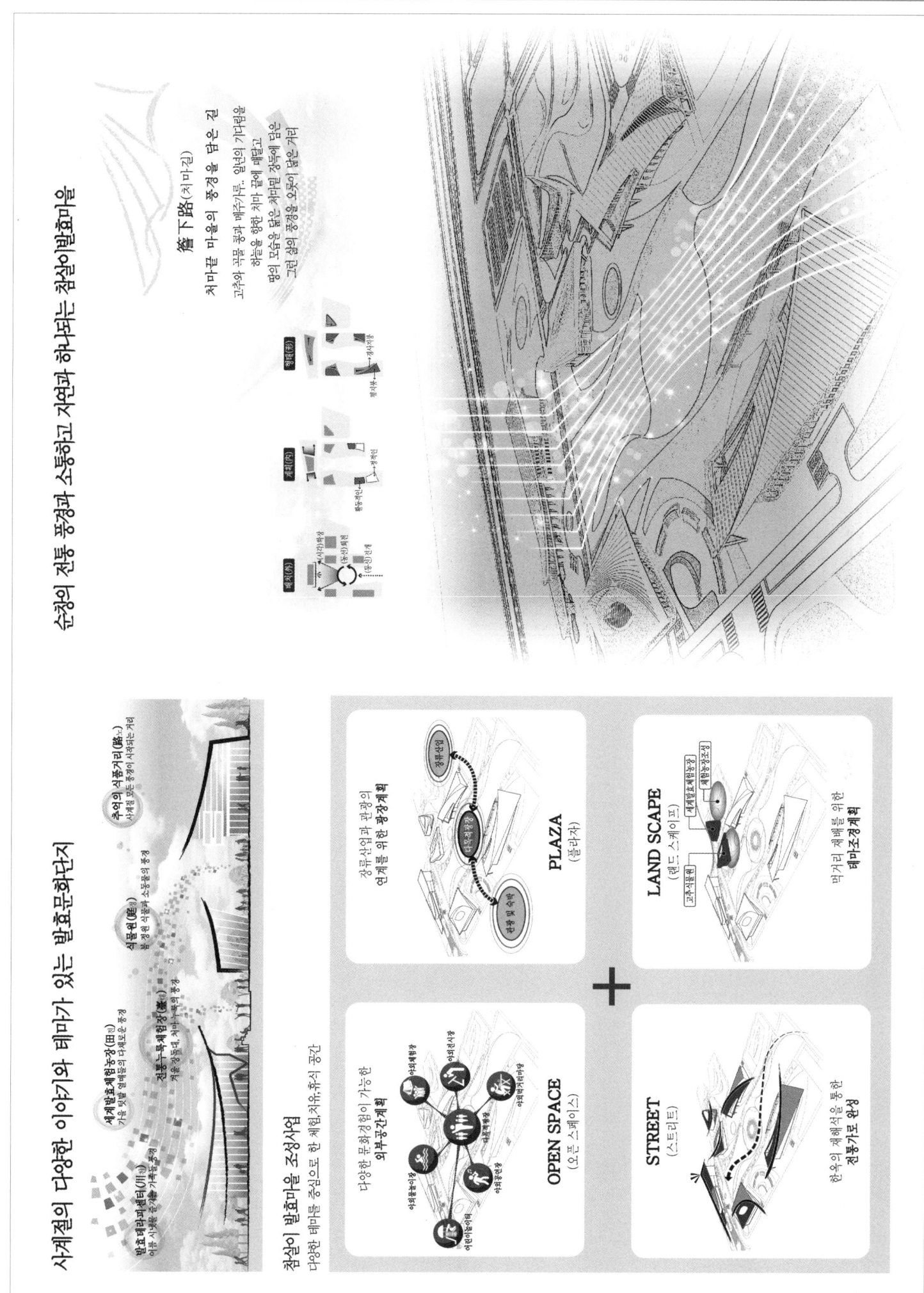

참살이 발효마을 조성

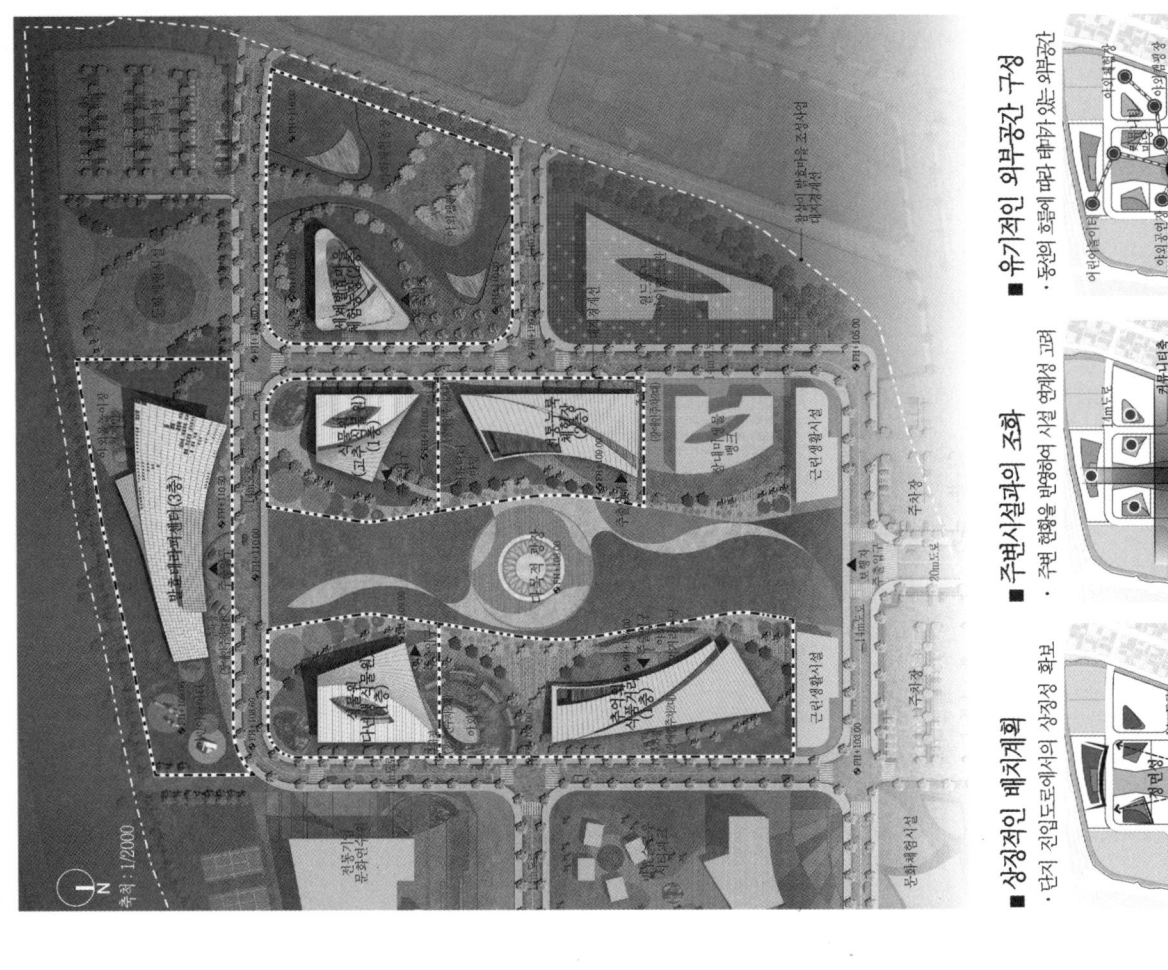

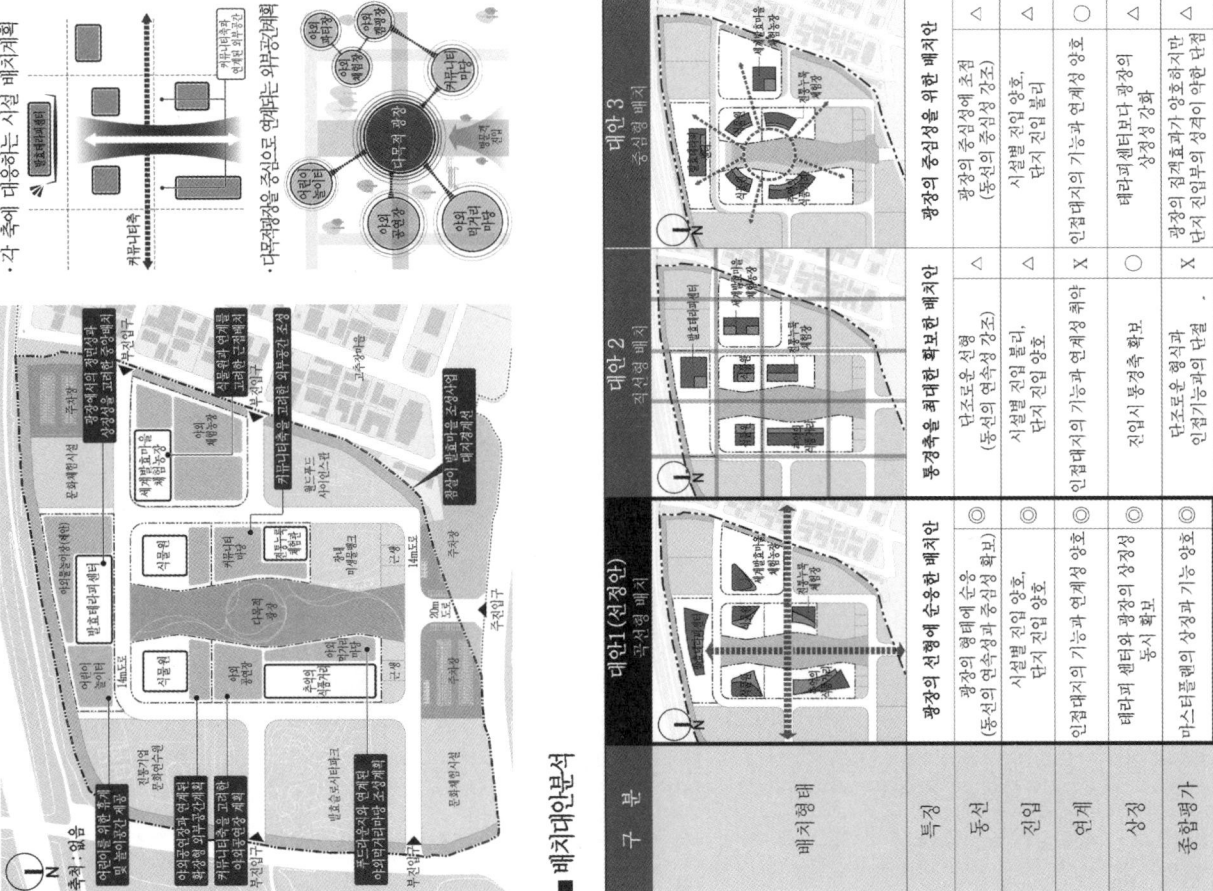

Chamsari Fermentation Village Design

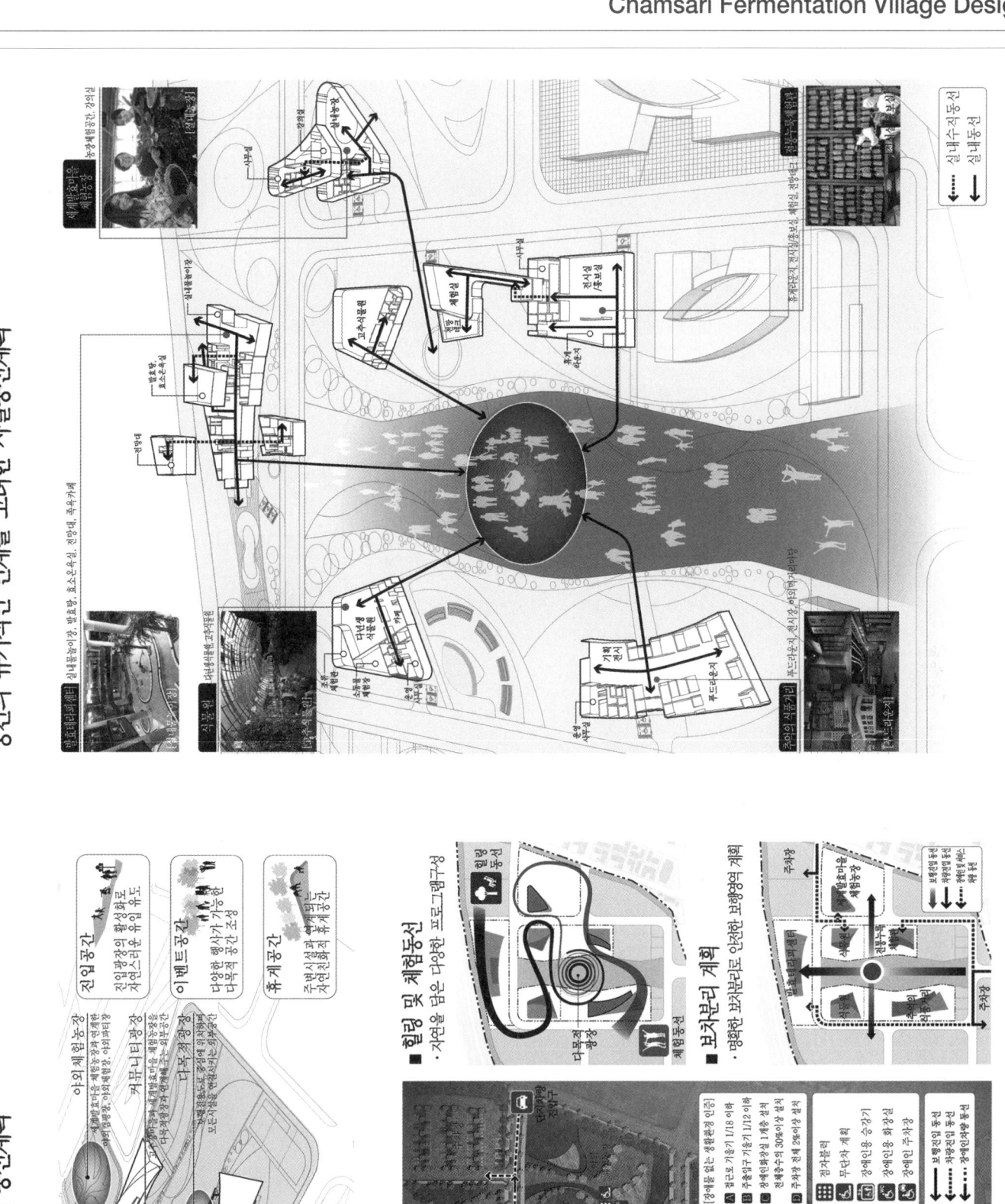

참살이 발효마을 조성

외부공간과 다양한 테마가 연계된 공간계획

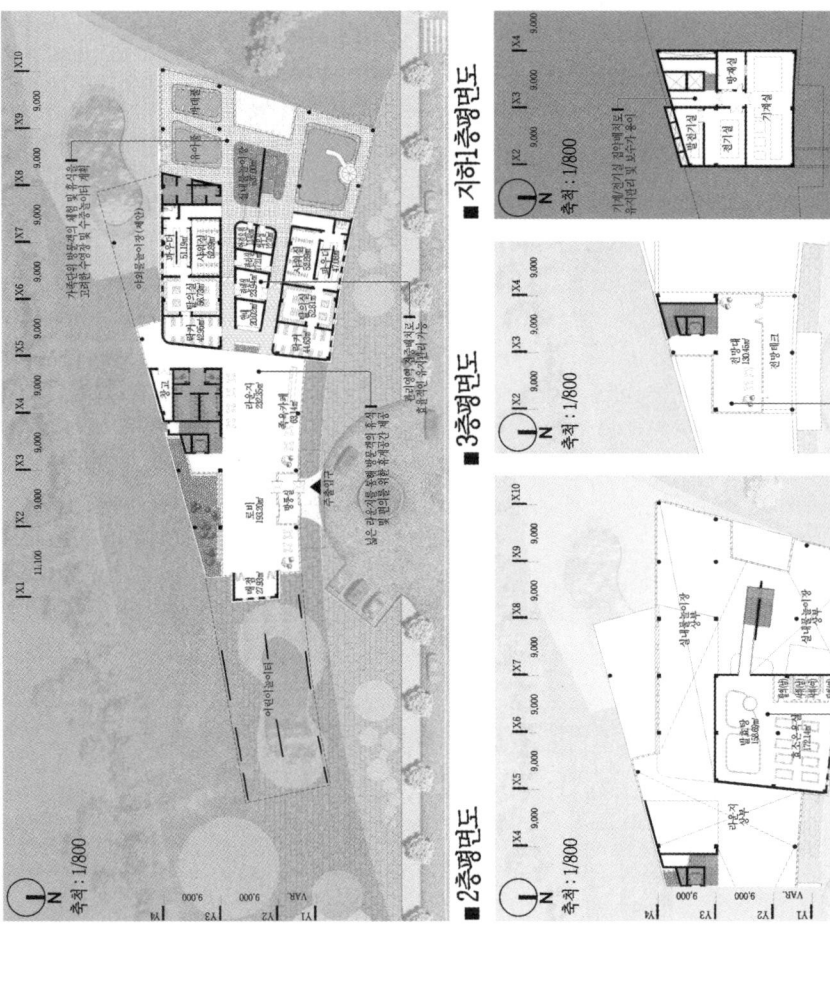

다양한 발효테라피 테마를 담고 체험하는 공간

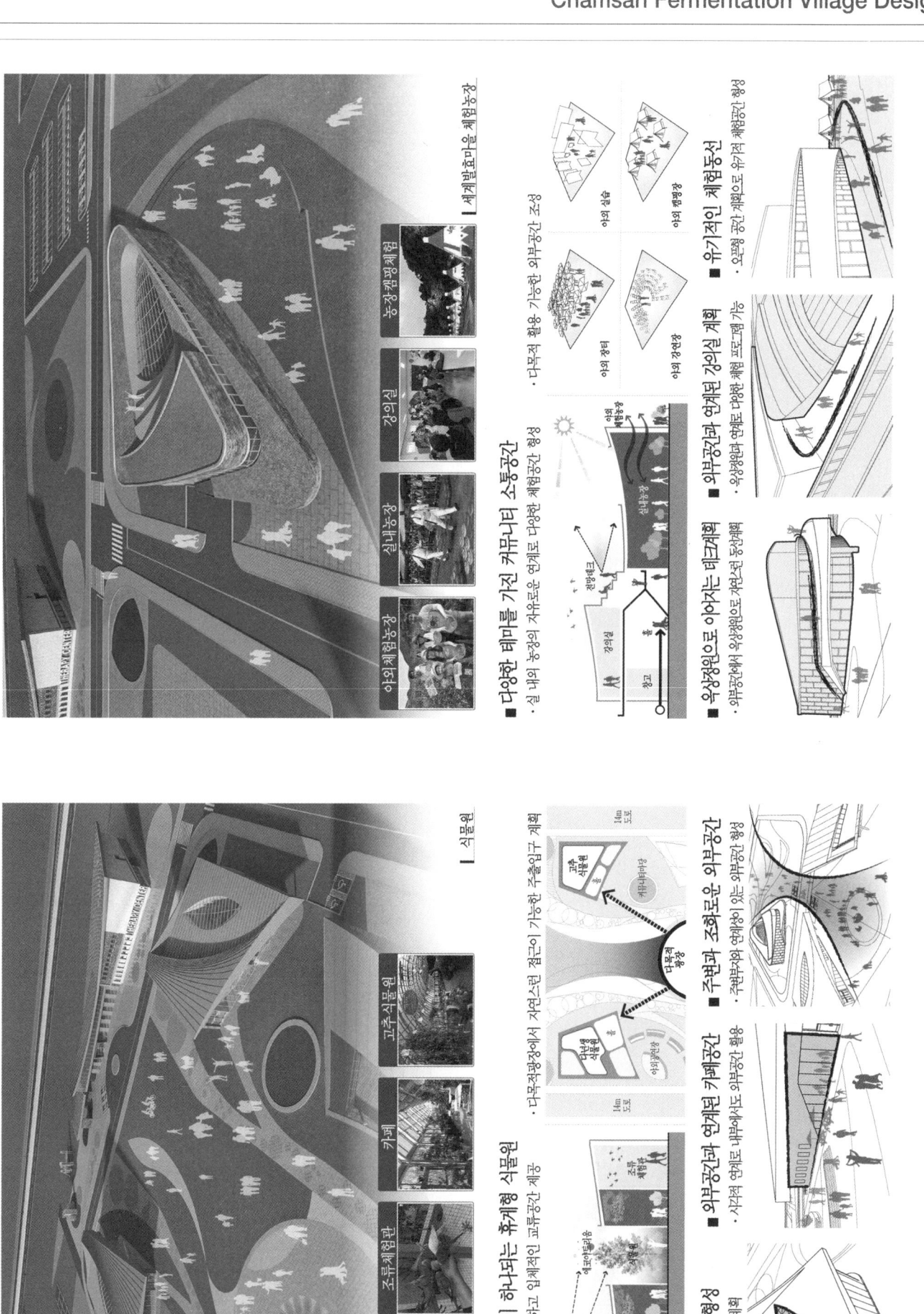

참살이 발효마을 조성

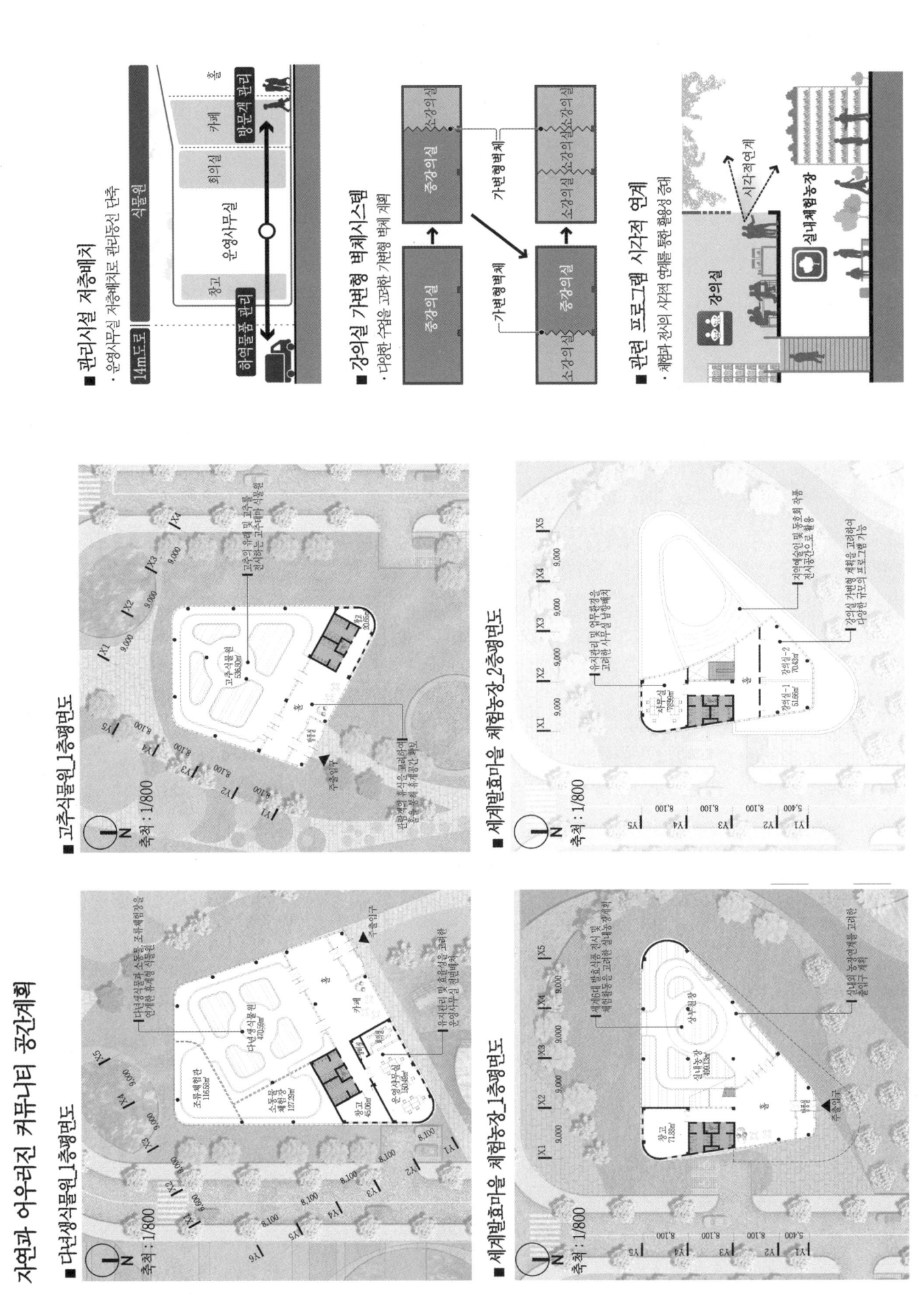

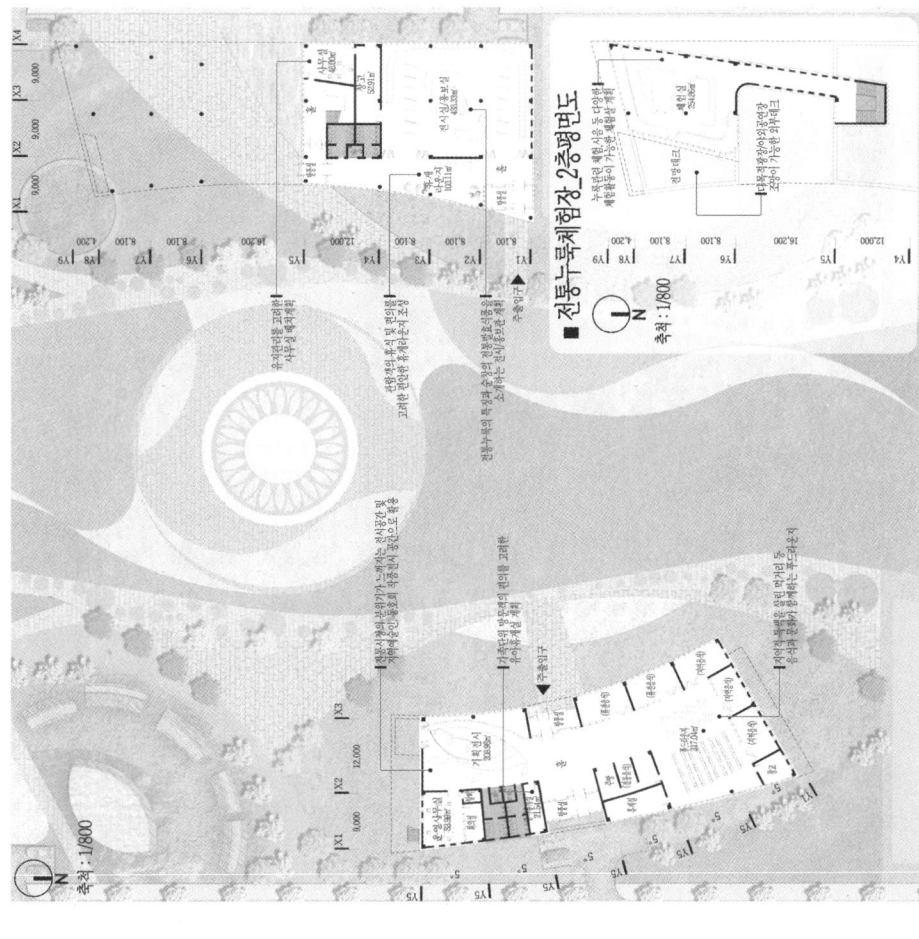

참살이 발효마을 조성

전통과 자연을 담은 창조적이며 기능적인 입면계획

전통적인 입면 구성개념

- 순창 고추장 마을과 어우러지는 전통 한옥을 모티브로
- 처마의 들어올림과 중첩을 통해 풍경과 소통하고 자연과 하나되다

정갈한 입면계획

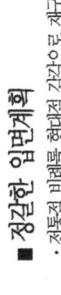

- 전통적 비례를 현대적 감각으로 재구성

용도별 특성을 고려한 쾌적한 테마공간 조성

각 시설별 적정한 층고계획

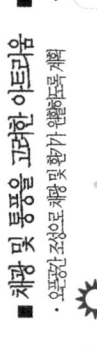

- 각 시설 효용성을 고려한 적정 층고계획

채광 및 통풍을 고려한 에트리움

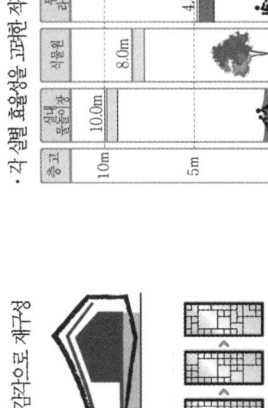

- 요프진 조성을 위한 에트리움 시설 및 맞통풍 계획

실내 쾌적성 향상을 위한 시스템

- 일사량 조절을 위한 맞춤형 시설 및 맞통풍 계획

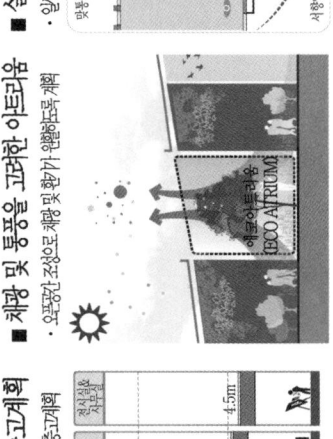

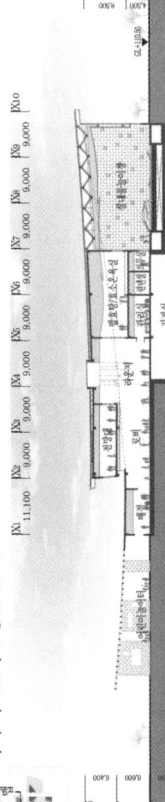
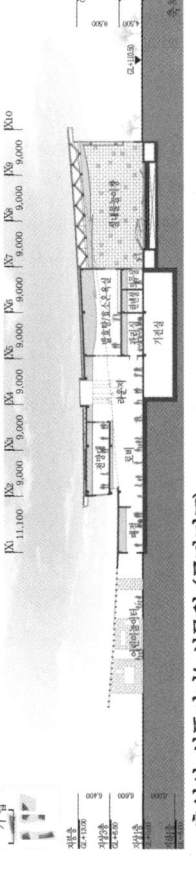
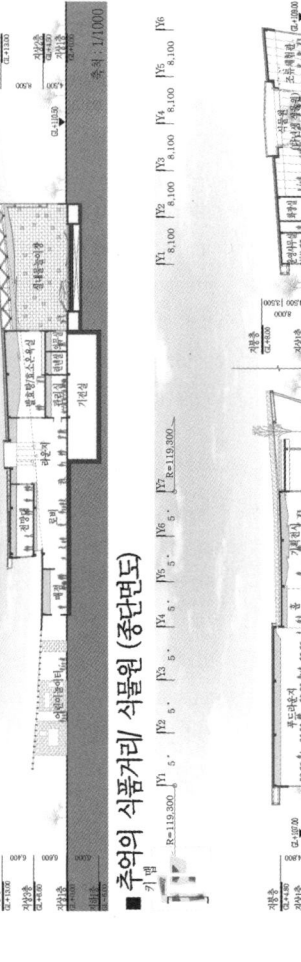
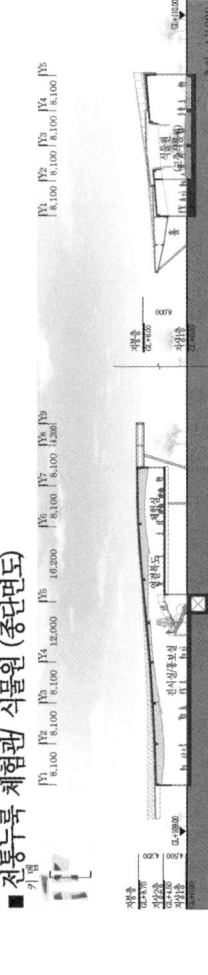
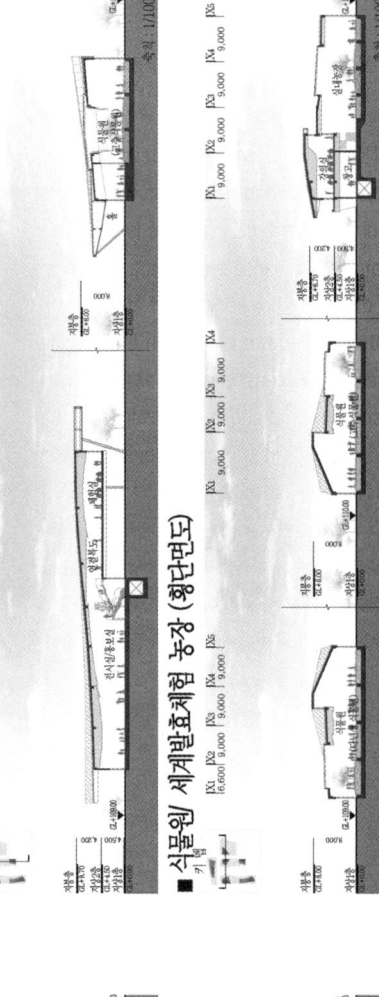
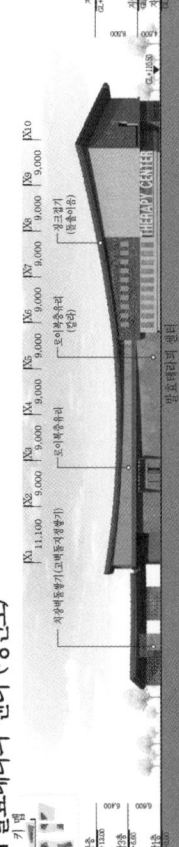
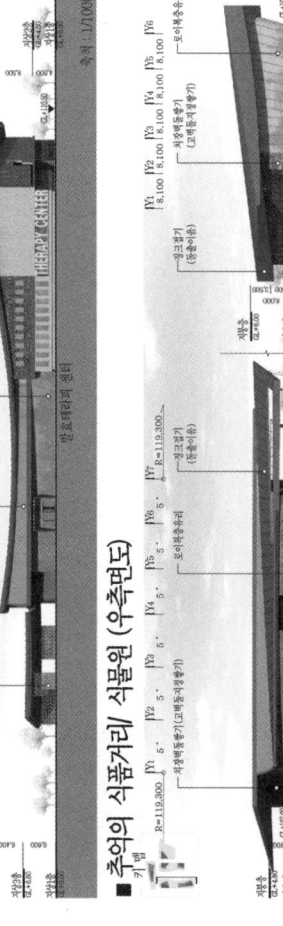
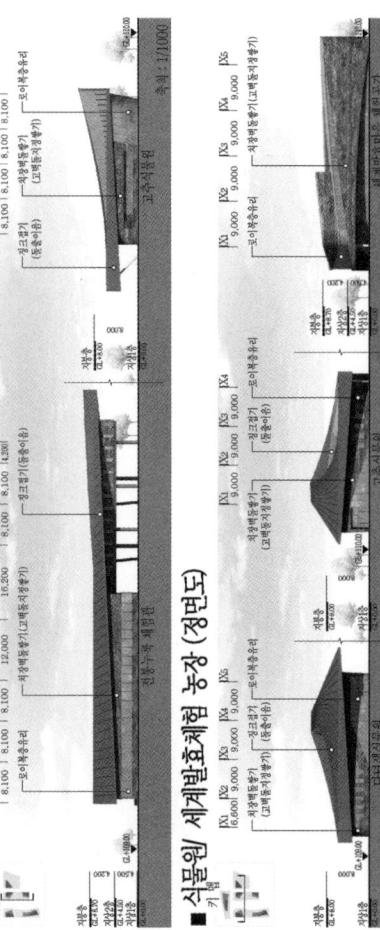
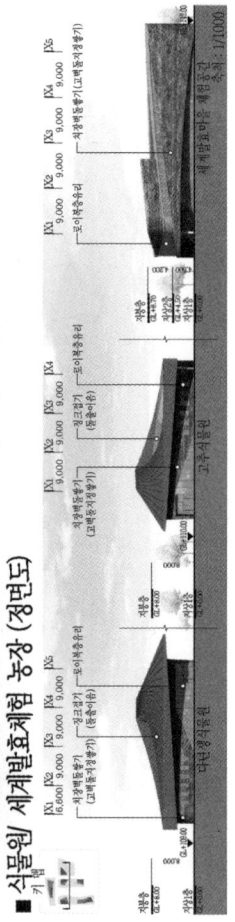

Chamsari Fermentation Village Design

입지 환경 분석을 통한 지속가능한 건물구현

이용자들의 다양한 이야기가 있는 공간계획

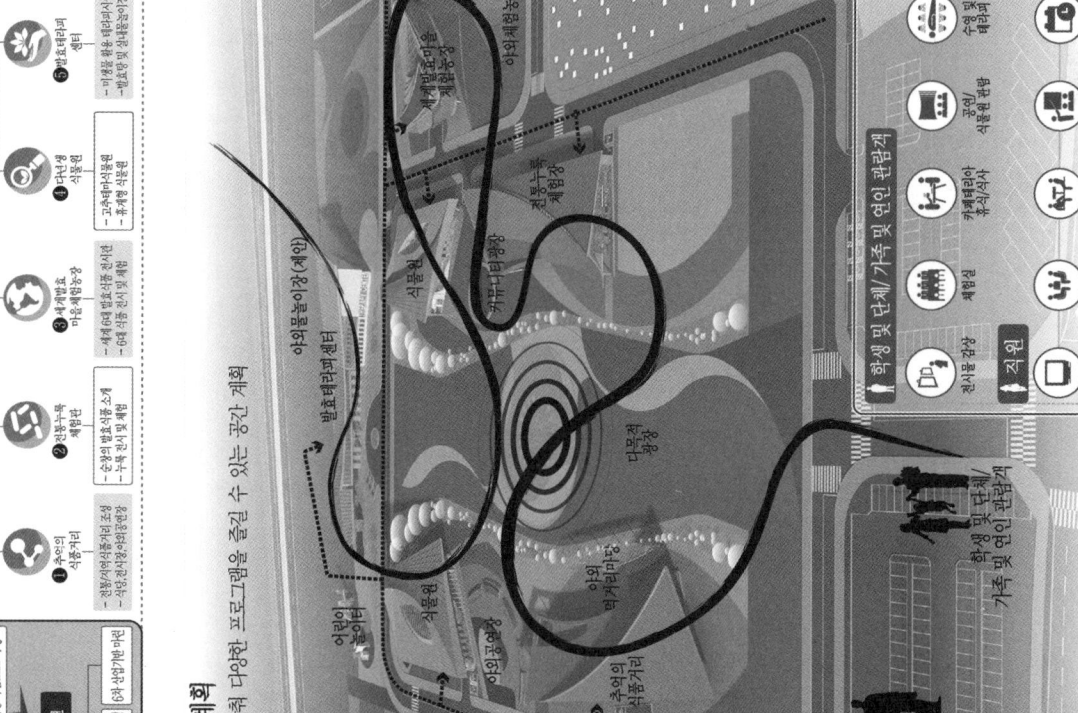

충남스포츠센터

당선작 에이앤유디자인그룹건축사사무소(주) 황성택, 유창현, 김재석, 이상진 + 큐빅 이엔지건축사사무소 이종철 설계팀 이강영, 임완규, 김선욱, 염인영, 이상아, 강서원, 손상권(이상 에이앤유)

대지위치 충청남도 예산군 삽교읍 목리 1967, 1969 **대지면적** 실내체육관 - 9,418.80㎡ / 수영장 - 11,195.90㎡ **건축면적** 3,264.22㎡ / 5,355.36㎡ **연면적** 4,658.49㎡ / 6,195.11㎡ **건폐율** 34.66% / 47.83% **용적률** 19.29% / 49.43% **규모** 지하 1층, 지상 2층 **최고높이** 14.4m / 16.5m **구조** 철근콘크리트조, 철골조 **외부마감** 금속패널, 로이복층유리 **주차** 38대 / 72대

Edgeless Sports Park

대상지는 폐기물시설, 하수시설, 열병합발전소로 둘러싸여 도시로부터 격리되어 있었으나 이곳에 스포츠 문화 기능을 넣어 자원순환, 재생 그리고 녹지흐름이 지속되어 자연과 도시, 주변시설과 체육시설 그리고 일반인과 장애인의 경계 없는 거점공간으로서 충남 대표 스포츠 문화의 새로운 시작점을 만들고자 한다.

배치계획

숲 속에 둘러싸여 있어 예각을 갖는 삼각형 대지에 모서리가 충돌하지 않는 유선형의 건물을 배치하여 주변의 자연과 건축이 유기적으로 조화를 이루고 숲과 하나가 되는 것이 배치개념의 핵심이다.

건축계획

비정형인 충남도청의 상징성과 조화를 이루는 유선형의 건축물로 내포신도시 도시녹지축의 단부를 계획하였고, 세 개의 타원형 건물 사이로 주변 공원을 자연스럽게 유입하는 배치로 도시와 자연의 경계가 없는 수평적 랜드마크를 만들었다. 그러한 세 개의 건물을 연결하는 커뮤니티 브릿지를 통해 입체적 랜드스케이프를 계획하여 충남 대표 랜드마크 스포츠 공원을 조성하였다.

Edgeless Sports Park

Surrounded by a waste disposal facility, sewage treatment facility and cogeneration plant, the project site was isolated from the city. By adding a sports center with cultural programs to this place to enable continued resource circulation and renewal and extend the existing green flow, the proposal aims to provide a new starting point for the sports culture of Chungnam Province in the form of a local major venue drawing no boundaries between the city and nature, the sports center and its neighboring facilities, and ordinary and disabled people.

Site plan

The essence of the proposed arrangement plan is to build a cornerless, streamlined building on this acute angled triangular site surrounded by a forest so that the architecture and its surroundings can make an organic harmony and become part of the forest.

Architectural plan

The streamlined architecture that counterbalances the symbolism of the atypical Chungnam Province Office building marks the end of the urban green axis of Nepo Newtown. An arrangement plan that leads an adjacent park to flow seamlessly between three elliptical buildings is implemented to introduce a horizontal landmark with no boundaries between the city and nature. Community Bridge that connects these three buildings is added to provide a three-dimensional landscape, with an aim to create a sports park that serves as an iconic landmark of Chungnam Province.

Prize winner architecture & urbanism design group_Hwang Sungtaek, Lew Changhyun, Kim J-Seok, Lee Sangjin + CUBIC Engineering Design Group_Lee Jongcheol **Location** Yesan-gun, Chungcheongnam-do **Site area** Gym - 9,418.80m² / Swimming pool - 11,195.90m² **Building area** 3,264.22m² / 5,355.36m² **Gross floor area** 4,658.49m² / 6,195.11m² **Building coverage** 34.66% / 47.83% **Floor space index** 19.29% / 49.43% **Building scope** B1, 2F **Height** 14.4m / 16.5m **Structure** RC, SC **Exterior finishing** Metal panel, Low-E paired glass **Parking** 38 / 72

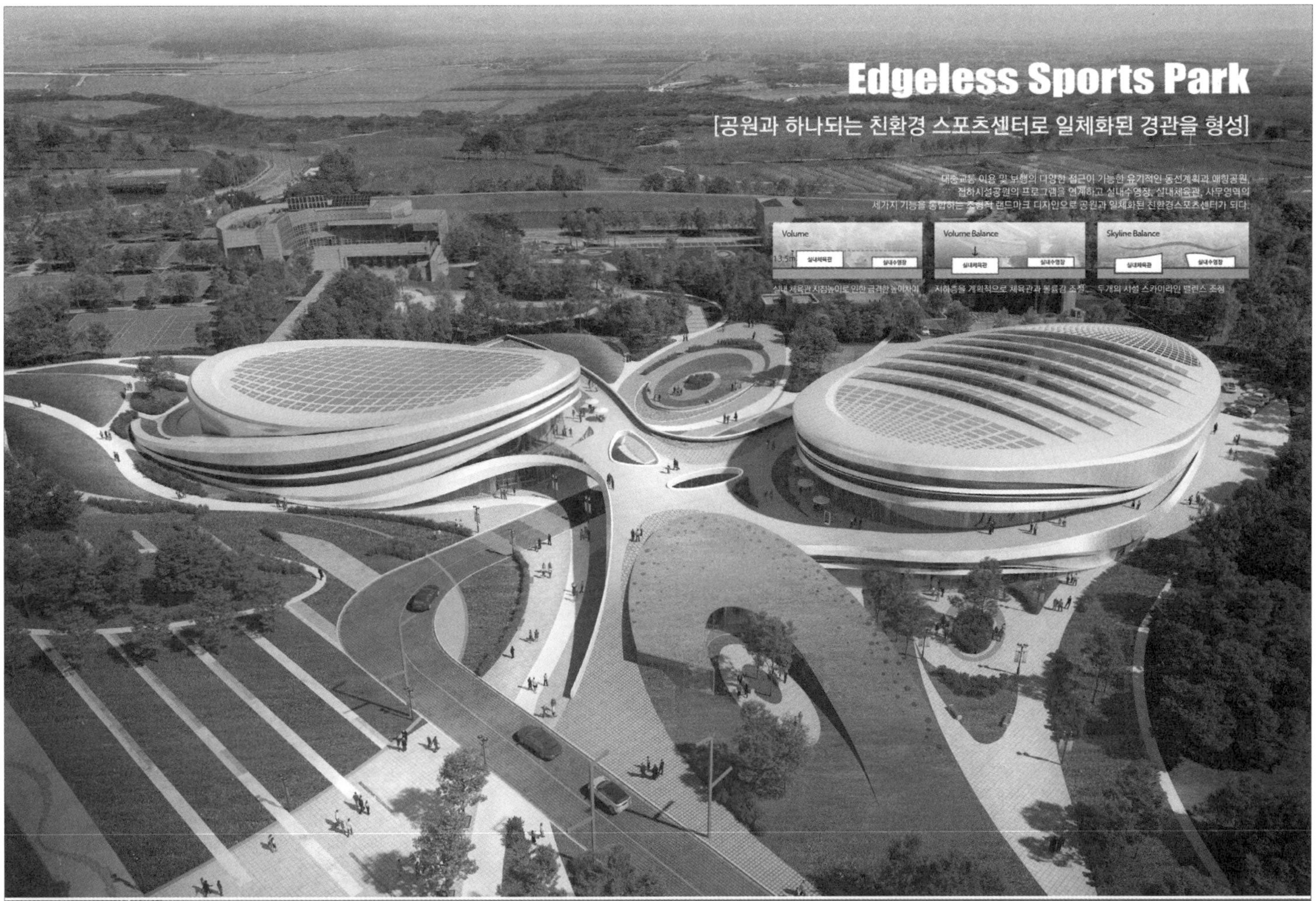
Edgeless Sports Park
[공원과 하나되는 친환경 스포츠센터로 일체화된 경관을 형성]
대중교통 이용 및 보행의 다양한 접근이 가능한 유기적인 동선계획과 애향공원,
접하시설공원의 프로그램을 연계하고 실내수영장, 실내체육관, 사무영역의
세가지 기능을 통합하는 조형적 랜드마크 디자인으로 공원과 일체화된 친환경스포츠센터가 되다.
Volume
13.5m
실내체육관
실내수영장
실내 체육관 지점높이로 인한 급격한 높이차이
Volume Balance
실내체육관
실내수영장
지하층을 계획적으로 체육관과 볼륨감 조정
Skyline Balance
실내체육관
실내수영장
두개의 시설 스카이라인 밸런스 조정

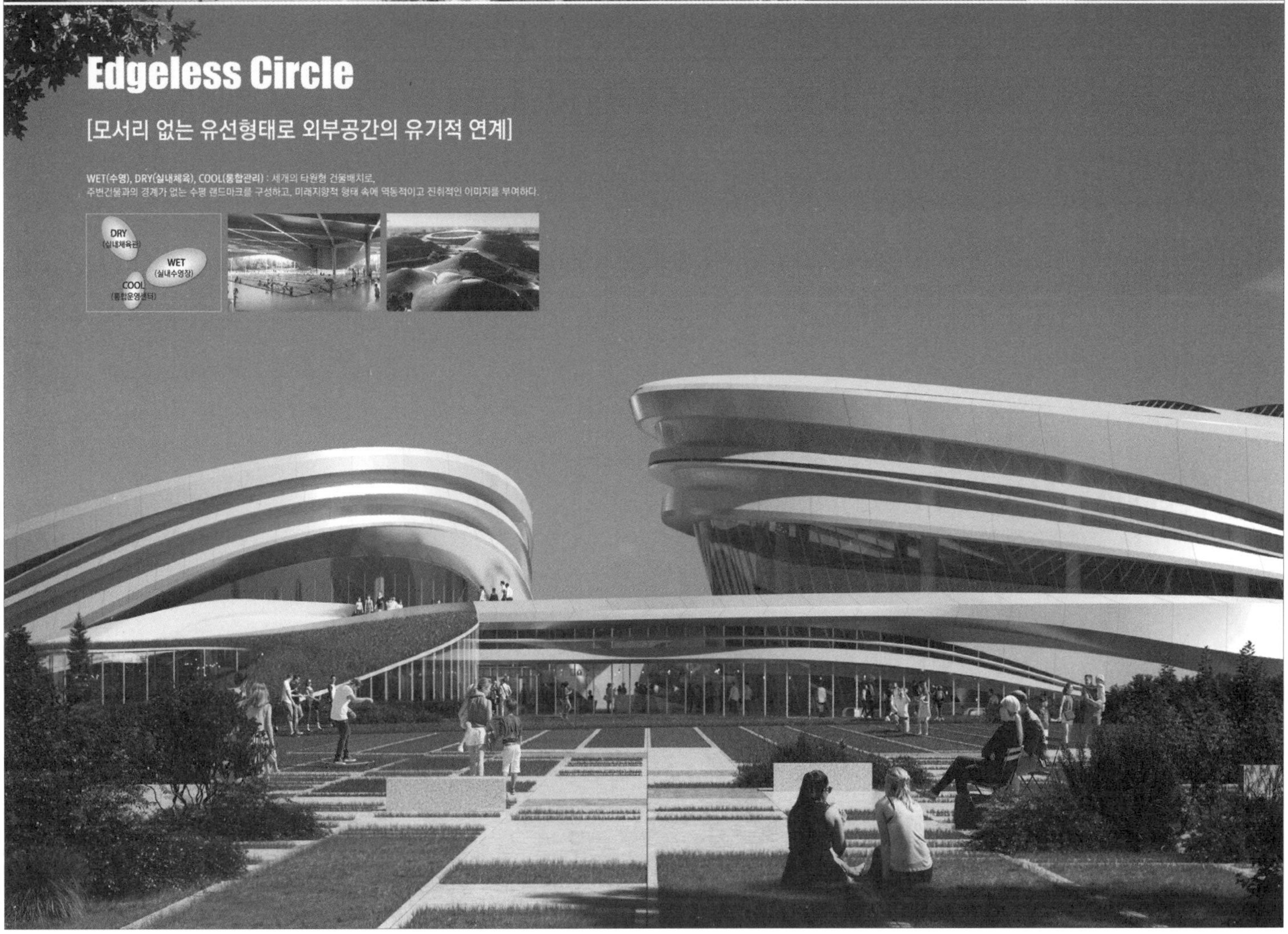
Edgeless Circle
[모서리 없는 유선형태로 외부공간의 유기적 연계]
WET(수영), DRY(실내체육), COOL(통합관리) : 세개의 타원형 건물배치로,
주변건물과의 경계가 없는 수평 랜드마크를 구성하고, 미래지향적 형태 속에 역동적이고 진취적인 이미지를 부여하다.
DRY
(실내체육관)
WET
(실내수영장)
COOL
(통합운영센터)

충남스포츠센터

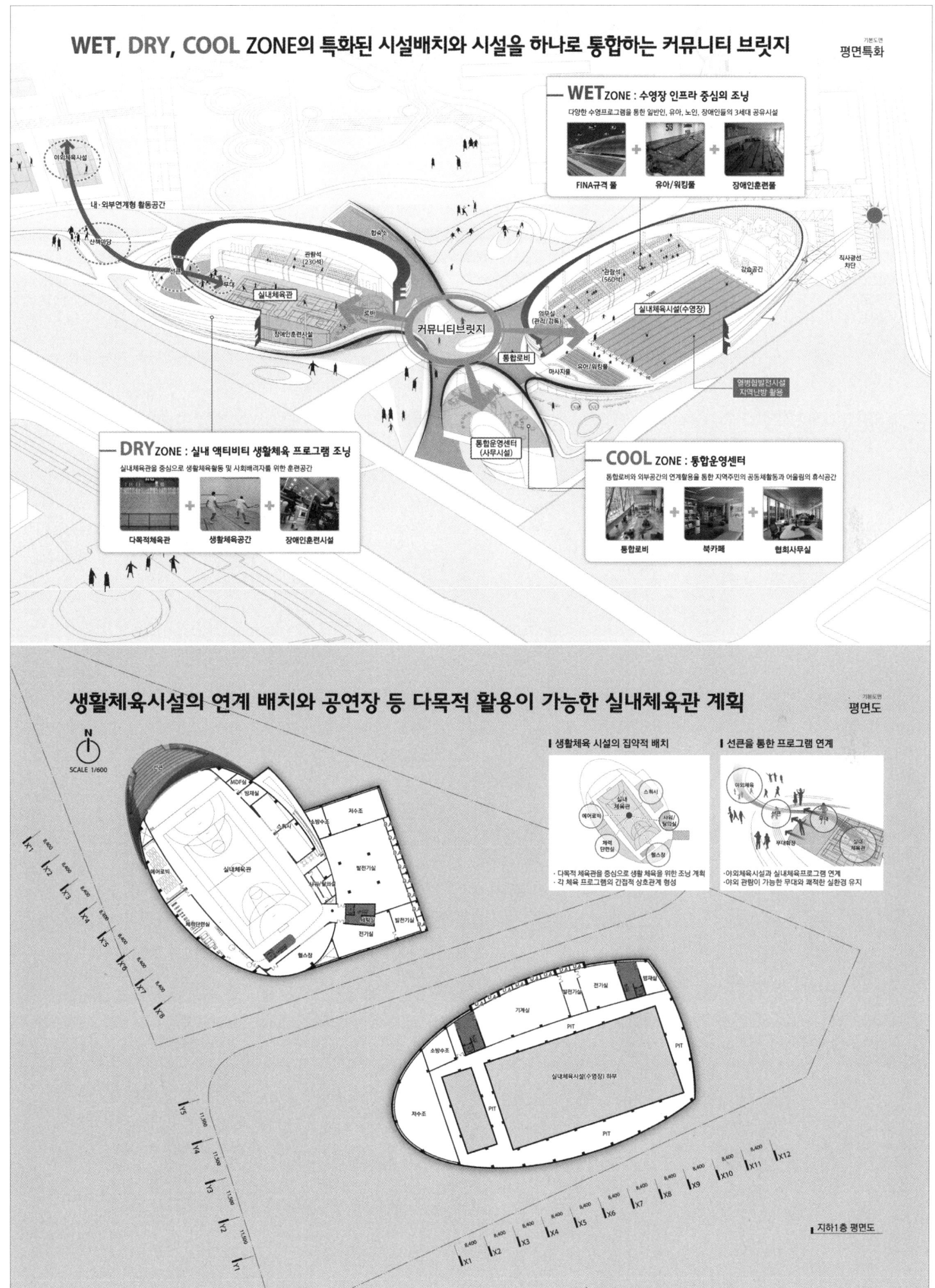

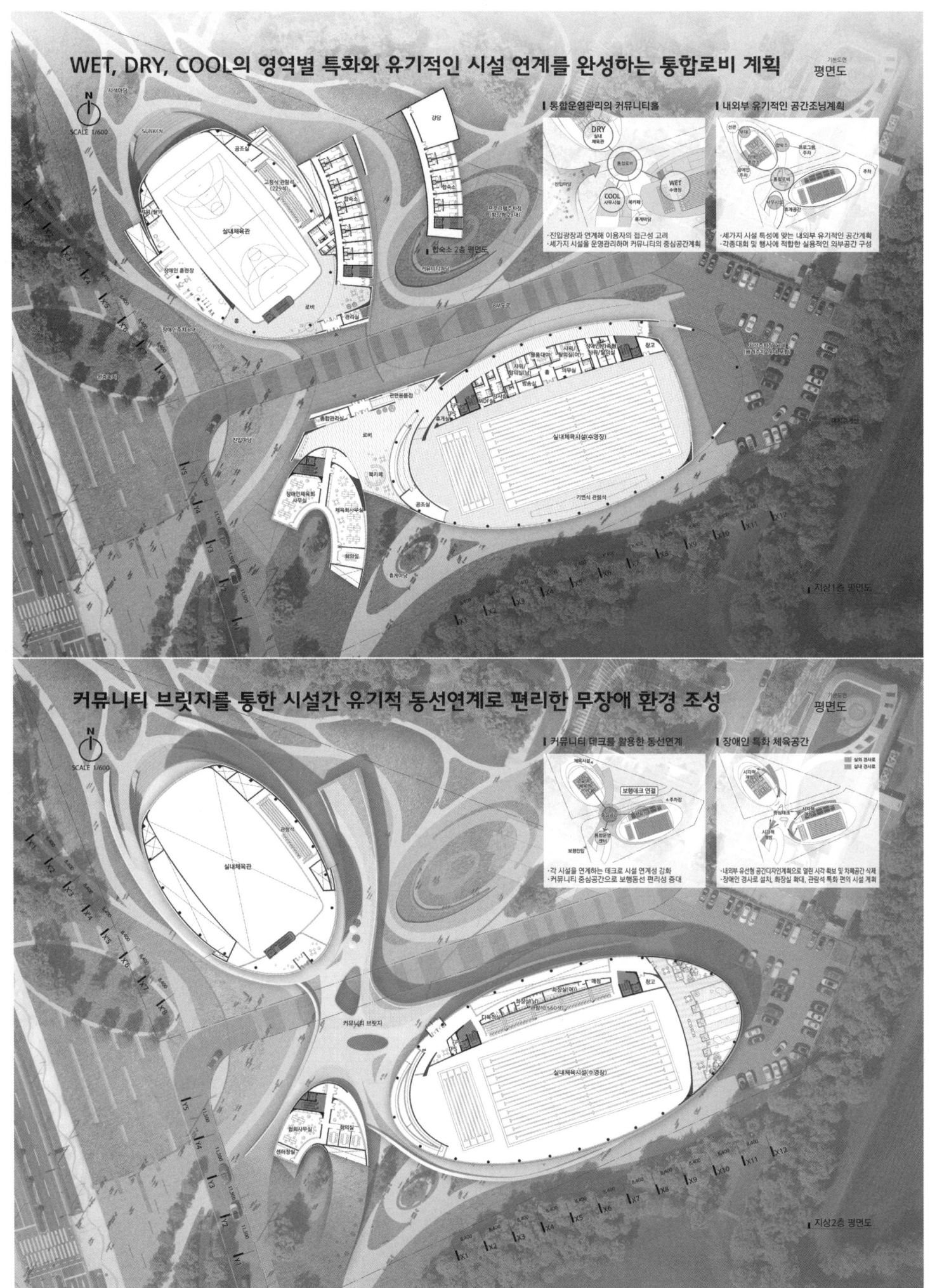

조화로운 높이의 볼륨과 유선형태로 경관의 연속성을 가진 랜드마크 디자인

기본도면
입면도

공원과 일체화된 Sports Hill의 경관으로 에너지효율, 경제성을 고려한 입면계획

기본도면
입면도

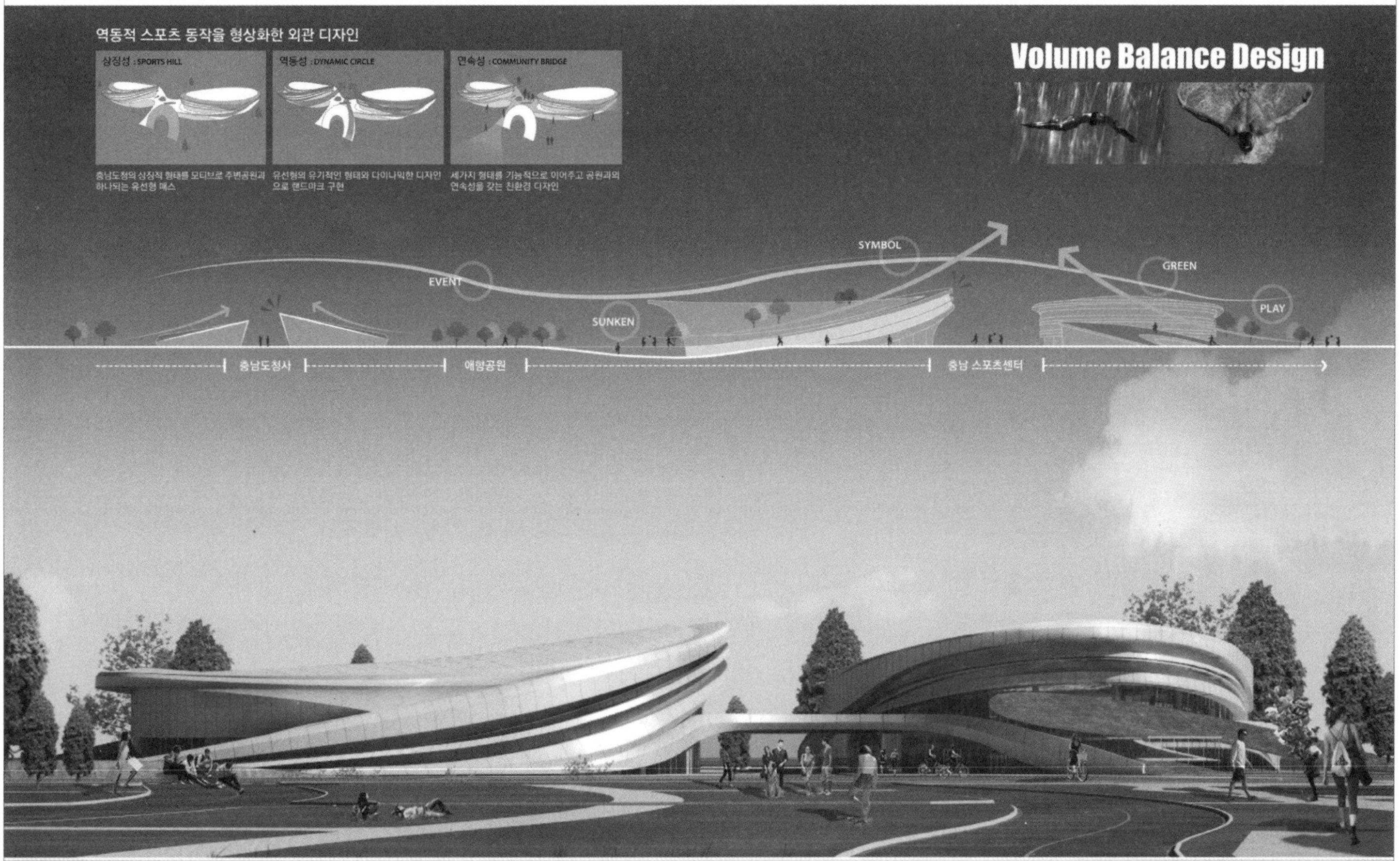

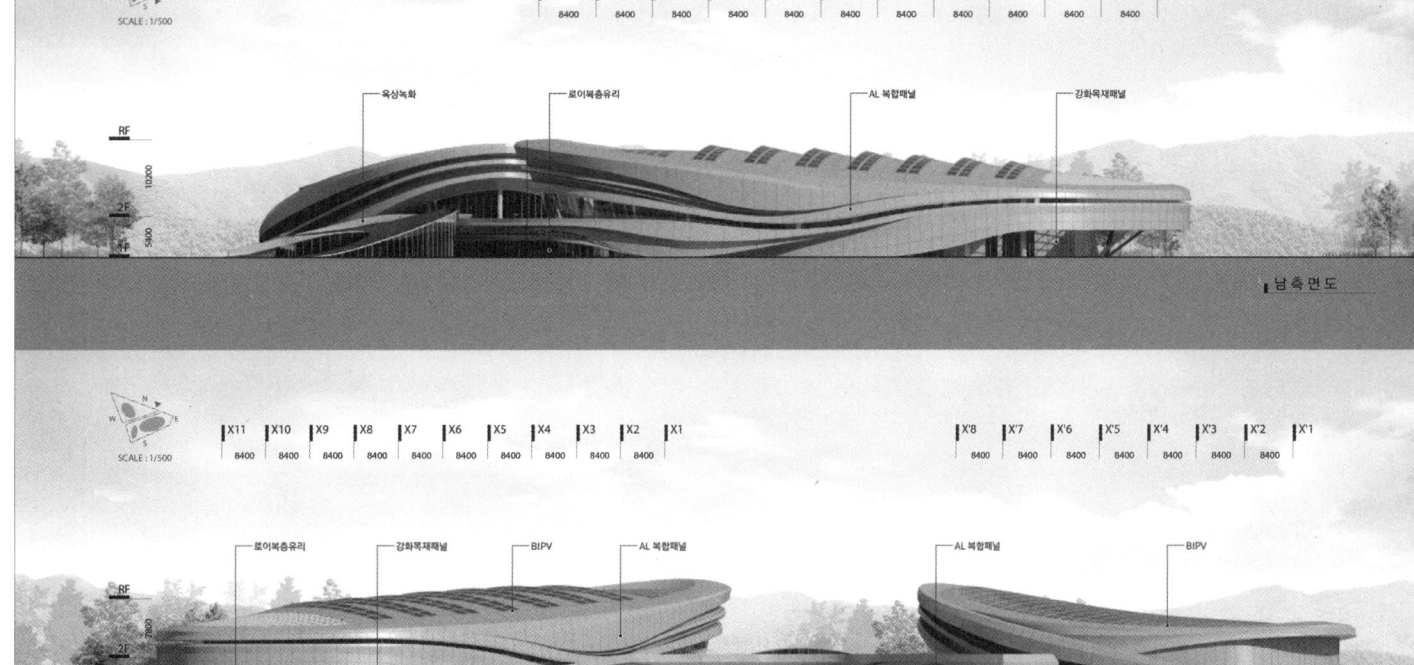

경관 및 지반조건을 고려한 단면계획과 연관시설의 이용성을 높인 수평적 시설계획

기본도면
단면도

실내체육관 단면개념

· 연관시설의 동일층 수평 조닝계획
· 외부프로그램과 연계한 선큰, 쾌적한 대공간 구성, 장애인공간조닝

지하층 구성으로 경제적 단면계획

Strategy

Landscape_경관성	Cost_경제성	Safe_안전성
· 조망경관 부합 · 지하구성으로 균일한 온도의 실환경유지	· 파일 공사비 절감 · open cut 공법적용	· 지내력기초 적용검토 · 부력 안전성 검토 · 사면 안전성 검토

현황/제약

반영사항

01 ▸ 조망경관 중점관리구역으로 4층이하 제약 → 저층계획
02 ▸ 지하수위 → 차수공법, 기초 영구배수시설 적용
03 ▸ 풍화토 출현 → 실내체육관 : 지내력 기초 적용
수영장 : 지내력 기초 + 일부파일 기초 적용

실내체육관 단면도_SCALE : 1/600

외력저항에 우수한 타원형태로 경제성 및 시공성을 고려한 최적의 구조시스템 적용

공통도면
구조계획

계획성
· 건축공간을 고려한 구조형식 채택
· 대공간을 고려한 최적 구조

내구성
· 진동 및 처짐, 균열 방지
· 중성화방지를 위한 피복두께 적용

안전성
· 내진/내풍 안전성 확보
· 장스팬 구조의 안전성 확보

경제성
· 대안 비교를 통한 최적구조 선정
· 공정 단순화를 통한 경제성 확보

실내체육관 지붕층 구조평면도

[실내체육관]

PSG1	H-2500~1500x400x25x40
PSC1	H-2500~1000x400x25x40
SG2	H-482x300x11x15
Purlin	Z-230x1.6~3.2t

실내 체육시설(수영장) 지붕층 구조평면도

[실내 체육시설(수영장)]

MT1	상,하현재	P 355.6x9.0t
	수직/사재	P 190.7x6.0t
SB0, SB1		H-400x200x8x13 ~H482x300x11x15
기둥		558.8x22t

구조개요

대지위치	충청남도
건축규모	지하 1층, 지상 2층
건물용도	체육시설(운동시설)
구조형식	철근콘크리트조+ 철골조
설계방법	극한강도설계법(RC조) 한계상태설계법(S조)
횡력저항 시스템	건물골조시스템(RC 보통 전단벽) 일반규정만을 만족하는 철골구조시스템

적용 기준 및 참고자료

관련법규	건축물의 구조기준 등에 관한 규칙
철골구조	건축구조설계기준 (2016)
콘크리트구조	건축구조설계기준 (2016)
기초설계	건축구조설계기준 (2016)
	구조물 기초설계 기준 (2008)

내진/내풍/적설/온도 하중 조건

[내진설계]

지역계수	0.18
지반분류	Sc(가정치)
중요도계수	1.2(1등급)
반응수정계수	3.0,(철골), 5.0(철근콘크리트)
내진설계범주	C
진동주기	$0.049hn^{(3/4)}$
허용층간변위	0.015h

[내풍 설계]

설계풍속	30m/s
중요도 계수	1.0(1등급)
지표면조도구분	C
가스트 영향계수	G_D = 1+$_D$4 r s$_D$qrt(B)
고도분포계수	$0.71Z^{\alpha}$
지형할증계수	1.0
허용수평변위	H/400이하

[적설하중]

지상적설하중	0.5kN/㎡
노출계수	1.0
중요도 계수	1.1
습설하중	0.25kN/㎡

[온도하중]

연중 최고 온도	35.5℃
연중 최저 온도	-15.5℃
기준 온도	20.0℃
온도변화	-35.5℃

대경간 지붕 구조시스템 선정

수영장 지붕구조

·횡강성이 우수한 철골 트러스 구조
·외압, 내압계수를 고려한 내풍 설계

실내체육관 지붕구조

·경제성과 시공성을 고려한 변단면 철골구조
·수평 변위 제한(H/400)

기초 구조 시스템 선정

파일 기초

·기둥 하부에 적용(매립토층/퇴적층)
·부등침하 제어에 유리

지내력기초(필요시 지반보강)

·체육관/수영장 바닥 및 풍화토 지역 지내력확보
·하중이 작은 부위에 유리

하부 골조 시스템 선정

일방향 슬라브

·진동 및 처짐 성능 우수(관람객 심리적 안정)
·지진 및 풍하중 저항에 우수

부력에 대한 대책

배수공법

·지하수에 대한 부력 발생
·기초부분 영구배수공법 적용으로 부력 제어

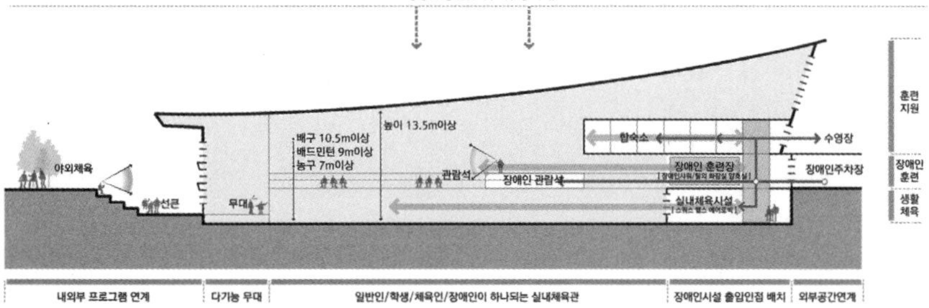

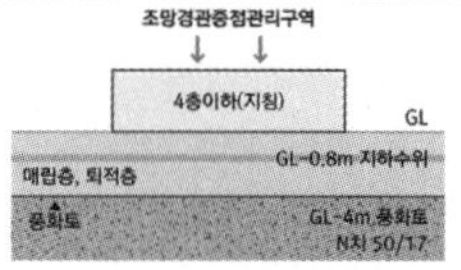

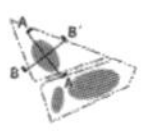

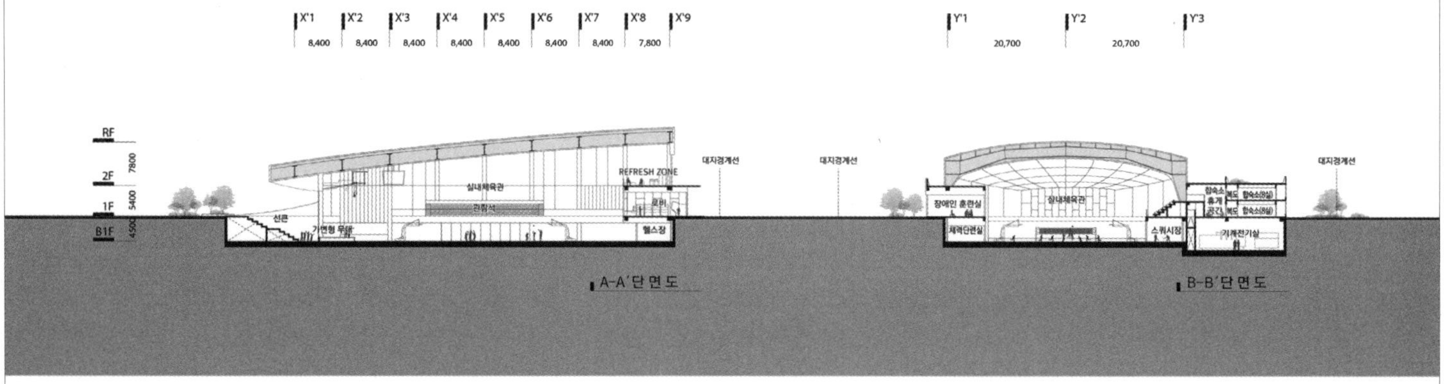

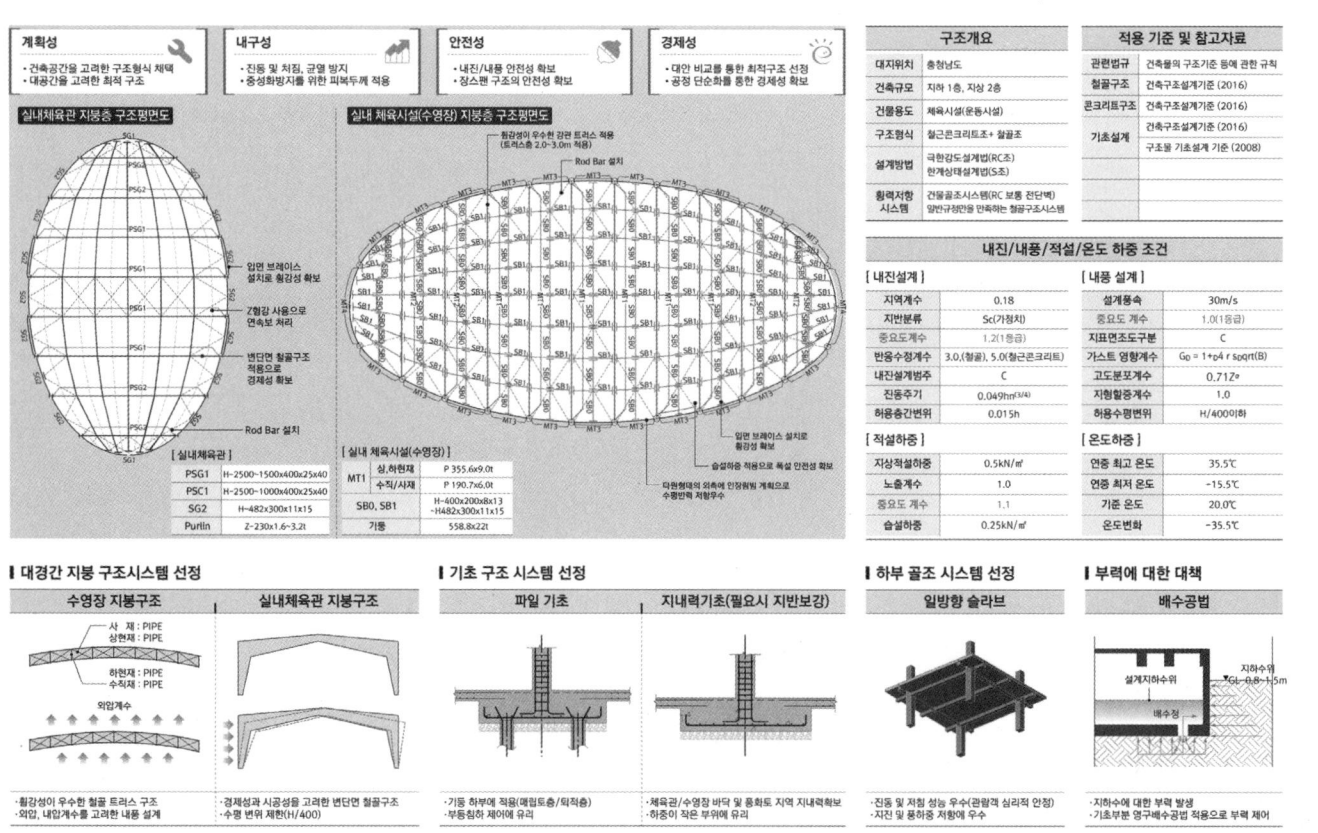

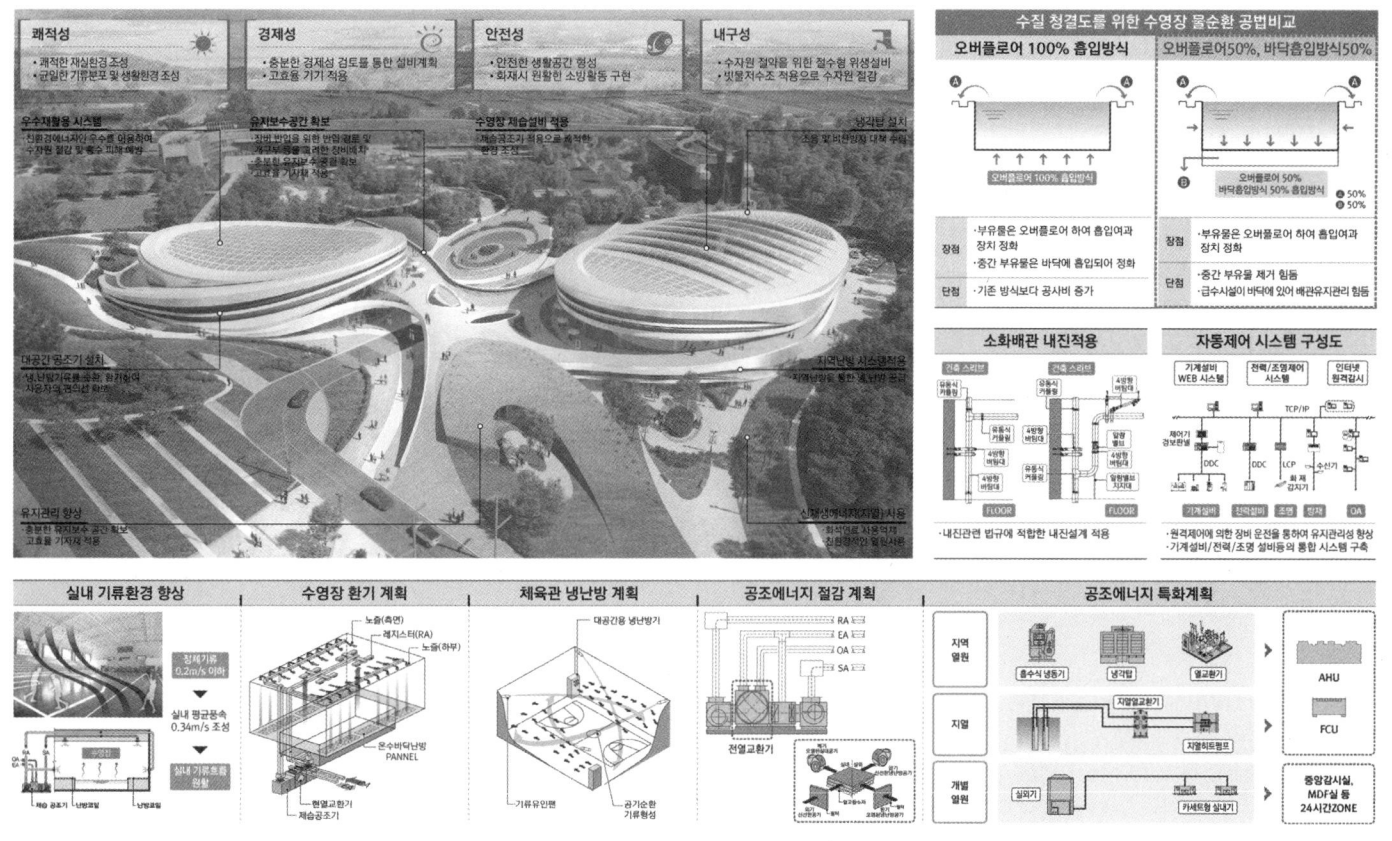

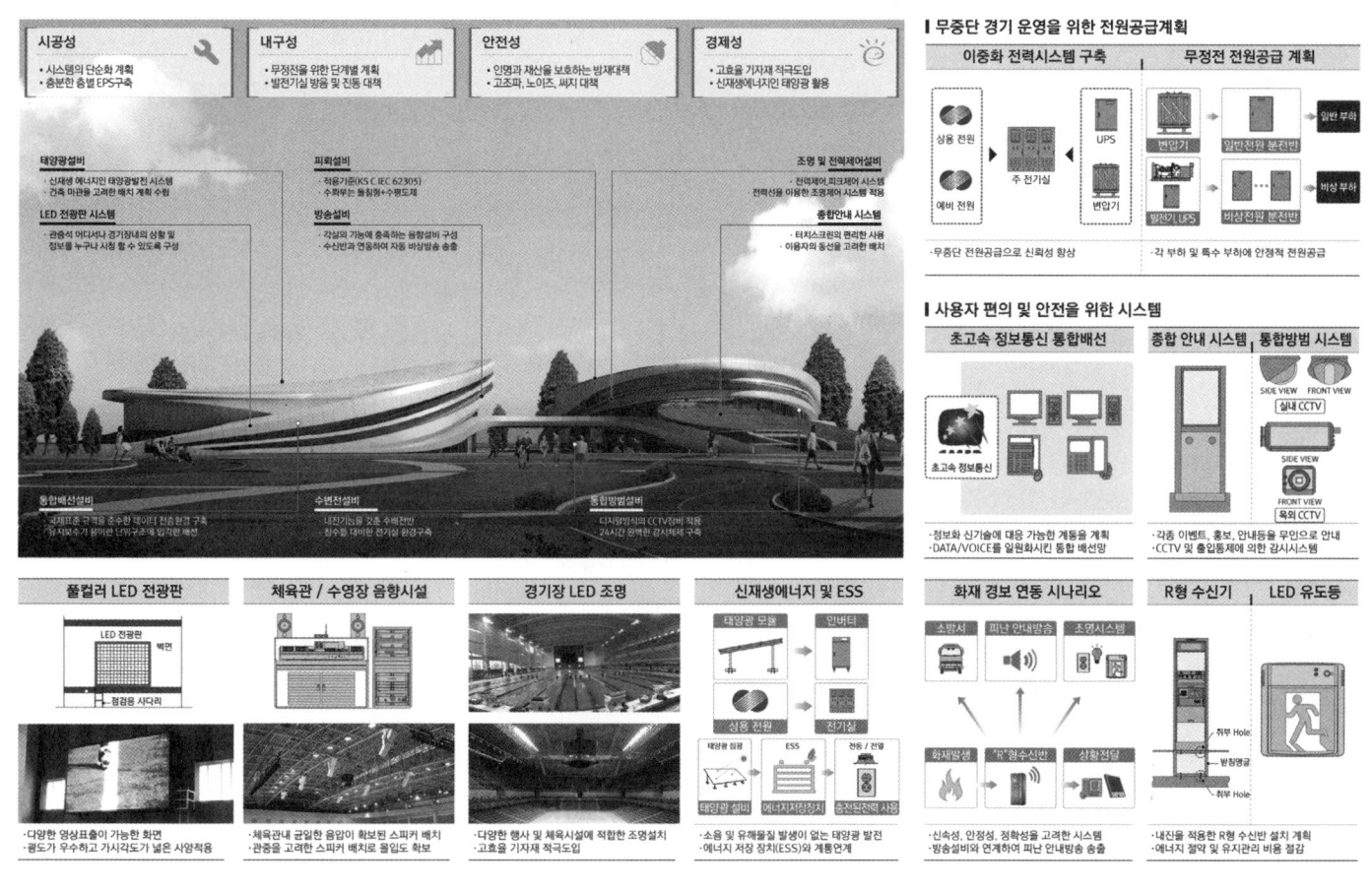

충남스포츠센터

자연과 함께하는 숲의 내포신도시

충남도청의 상징성을 잇는 Edgeless Sports Park

도시를 잇다
[Boundaryless City]

도시녹지축과 진입광장을 연결하여, 내포신도시의 그린 네트워크를 완성

공원을 품다
[Green Sports Park]

세개의 타원형 건물 배치로, 주변 건물과의 경계가 없는 수평적 랜드마크를 생성

공간을 열다
[Edgeless Circle]

커뮤니티브릿지를 통해 각 시설을 하나로 통합하는 입체적 랜드스케이프 완성

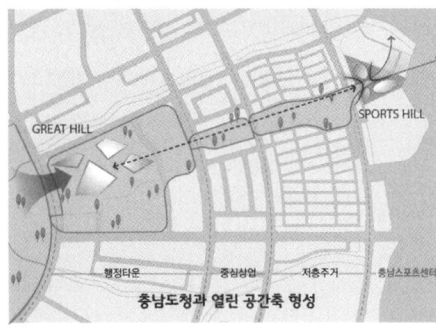

충남도청과 열린 공간축 형성

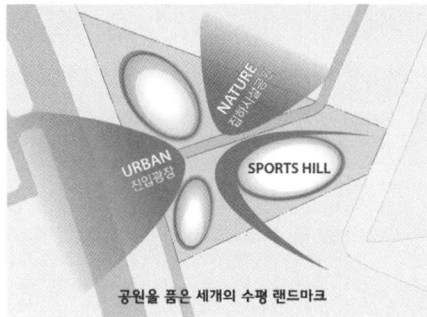

공원을 품은 세개의 수평 랜드마크

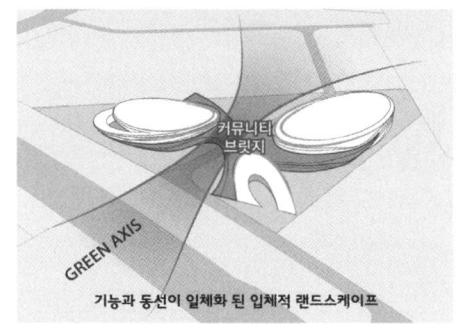

기능과 동선이 일체화 된 입체적 랜드스케이프

녹지축과 주변시설을 연계한 충남 대표 스포츠센터의 토지이용계획 완성

설계설명서
대지현황 및 배치계획 분석

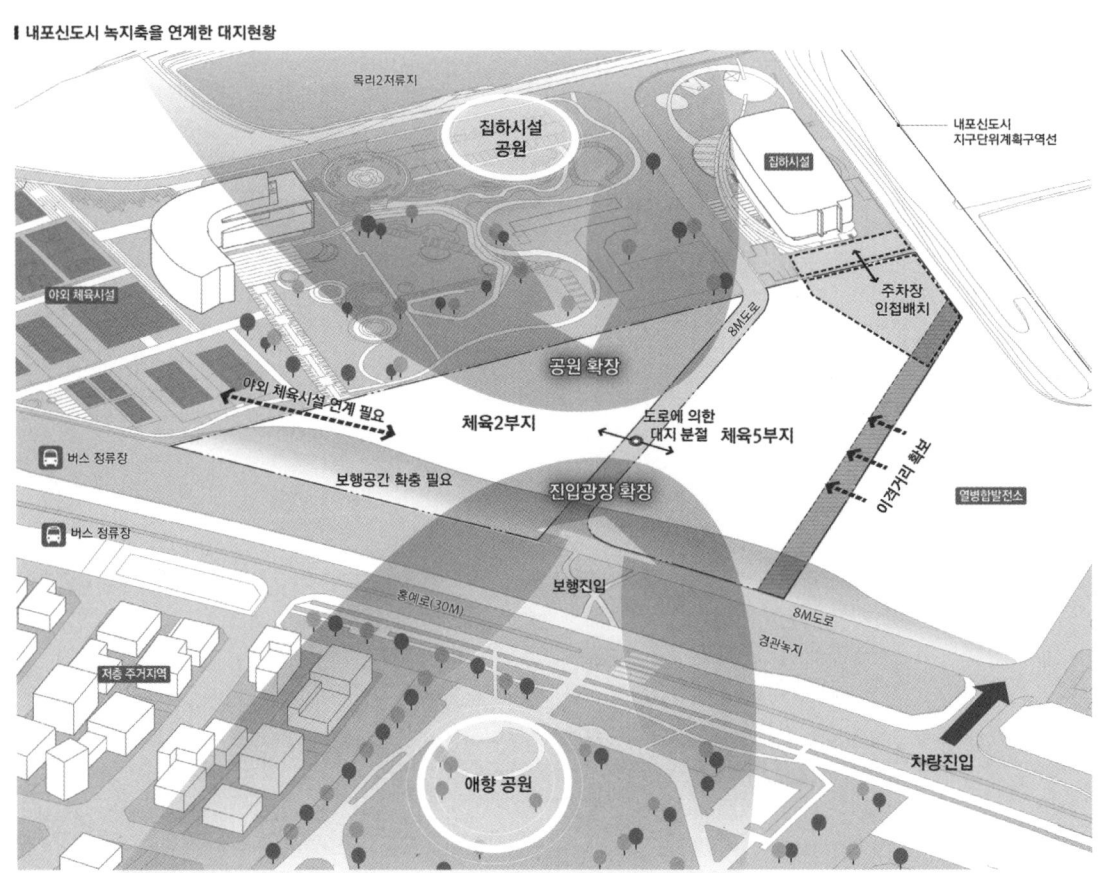

■ 내포신도시 녹지축을 연계한 대지현황

■ 도로로 단절된 부지에 접근성, 진입성 확보

· '버스 정류장'과 '애향공원'으로부터 보행동선과 '홍예로(30m)'부터 대지로 차량접근 동선

■ 주변시설과 연계한 공공성의 확장

· '애향 공원'과 '집하시설공원' 연계를 통한 공공성 확보와 열병합발전시설로부터 이격 거리 확보

■ 내·외부 시설간의 연계

· '야외 체육시설'과 '집하시설공원'을 고려한 체육, 공원, 광장, 주차장 영역 계획

이용객의 접근성을 고려한 외부동선 및 커뮤니티 브릿지를 통한 입체적 보차분리 계획

설계설명서
교통계획도(보차) 및 주차계획

❙ 데크를 통한 입체적 보차분리

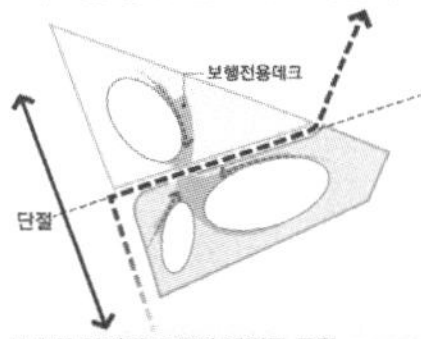

·도로로 단절된 두개의 대지를 통한 보차분리로 안전한 보행동선 확보

❙ 열린 진입광장으로 접근성 강화

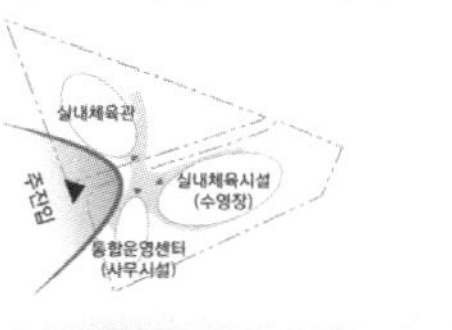

·진입광장과 연계된 통합로비로 접근성 강화

❙ 합리적인 주차계획

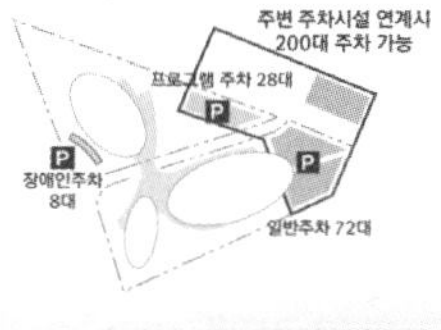

·프로그램 주차를 통해 대규모 행사시에도 수용가능한 합리적 주차계획

❙ 적정 주차대수 산정

법 정	10,853.60㎡/150㎡ = 72.35대
계 획	110대 (프로그램주차 포함) 법정 147% 만족
	일반 : 84대 (확장형 33대 포함)
	장애인 : 16대
	전기차 : 2대
	대형 : 2대
	임산부 : 6대

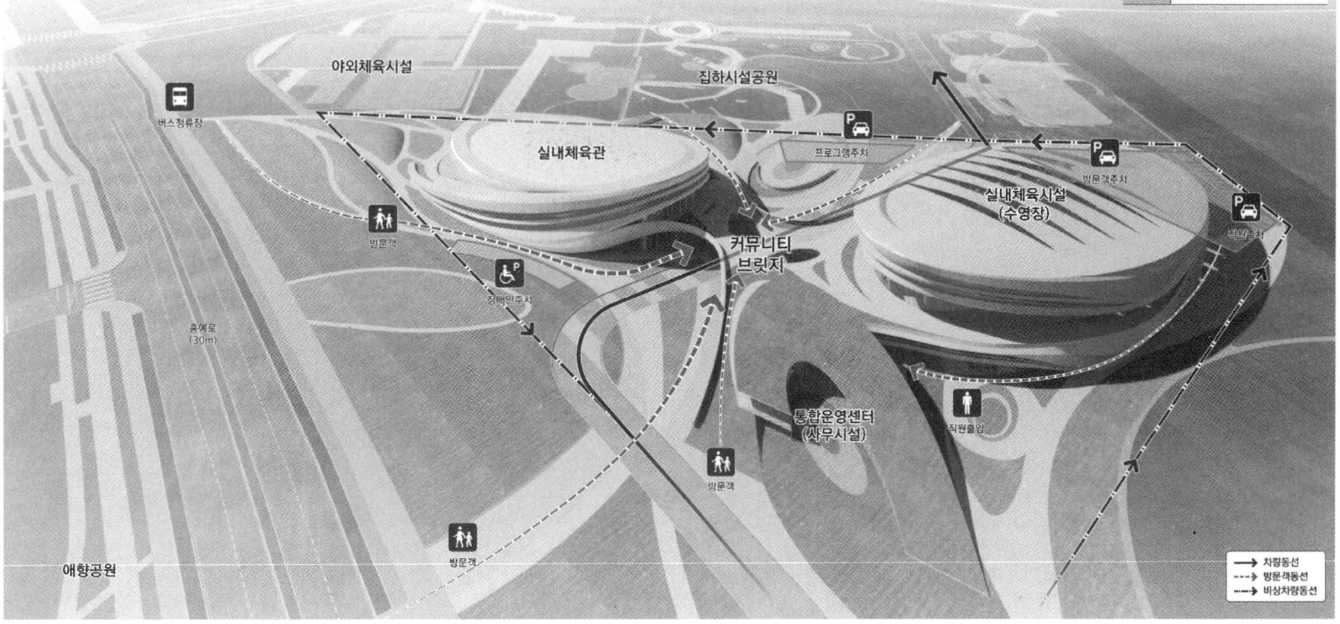

주변공원과 유기적인 프로그램 계획으로 공원으로 일체화된 스포츠 파크

설계설명서
조경 및 외부공간계획

❙ 조경개요

구 분		법정수량(㎡)	계획수량(㎡)	비 고
대지면적	실내체육관		9,418.82	-
	수 영 장		11,195.90	-
조경면적	실내체육관	1,412.83	2,366.26(25.12%)	대지면적의 15%이상
	수 영 장	1,679.39	1,757.41(15.70%)	대지면적의 15%이상
생태면적률	실내체육관	2,825.65	2,831.57(30.06%)	대지면적의 30%이상
	수 영 장	3,358.78	3,359.16(30.01%)	대지면적의 30%이상

❙ 디자인 프로세스

STEP1 도시와 생태가 만나는 디자인 계획
- 용봉산으로부터 이어지는 녹지축의 연장으로 지역주민의 건강한 Green Health 공간 계획

STEP2 시설과 공간의 유기적 연계
- 스포츠시설과 인근 공원을 연결하는 Green Bridge의 계획으로 유기적인 동선 구축

STEP3 그린네트워크의 흐름
- 인근 공원의 녹지와 연계하여 활기차고 건강한 녹지의 흐름 형성

❙ 외부공간 활용계획(프로그램주차)

지역사회와 교감하는 주차장 특화 계획

·주민에게 열려있는 공감 프로그램 계획
·낮에는 여가공원 밤에는 주차장으로 활용

❙ 특색있는 경관을 연출하는 식재계획

다채로운 풍경을 연출하는 테마 식재

·특색있는 공간을 위한 테마 수종 식재 계획
·지역을 대표하고 사계절 경관을 고려한 합리적 식재계획

❙ 주변환경과 소통하는 다양한 외부프로그램 및 식재계획

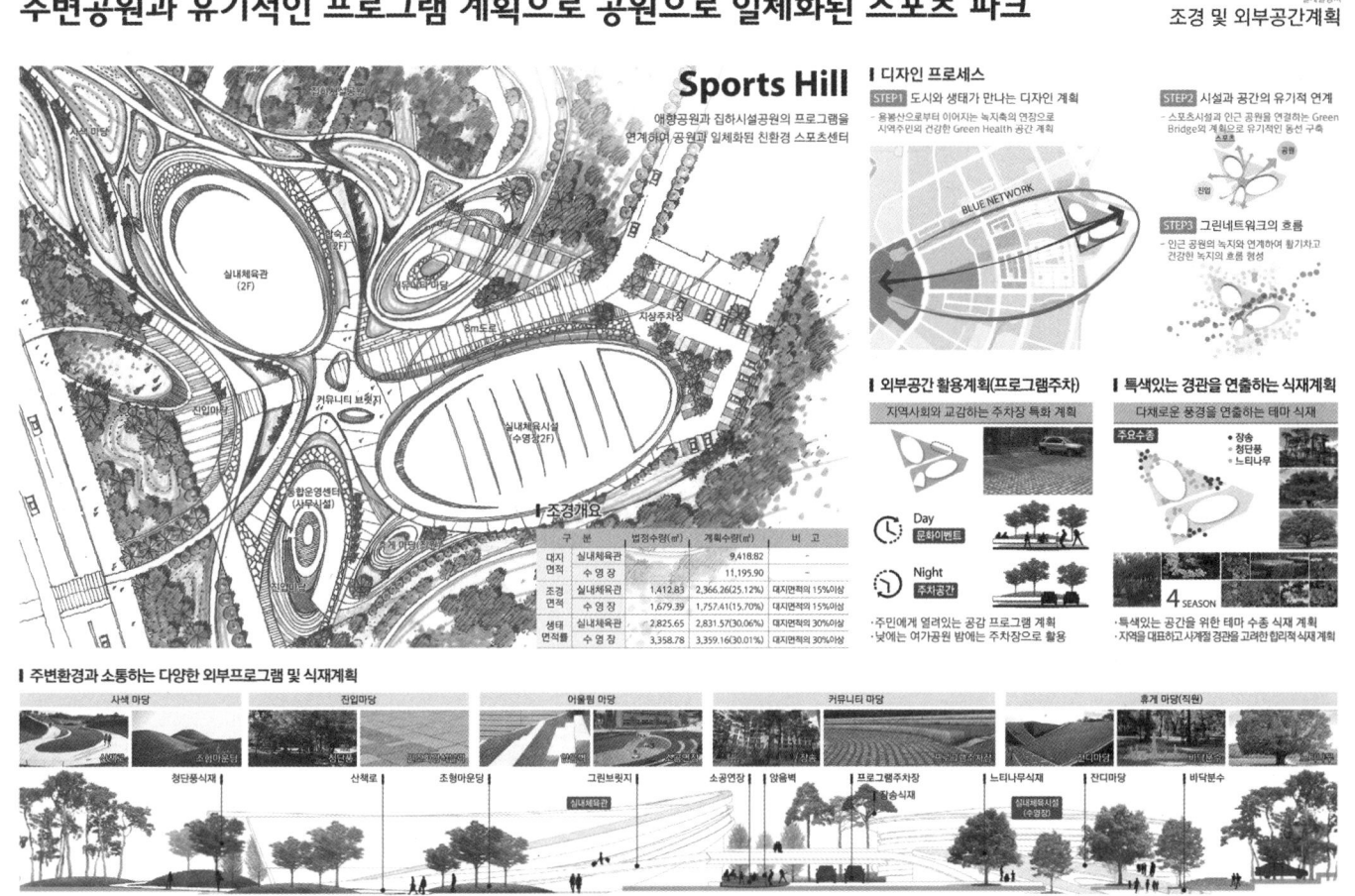

충남스포츠센터

일상적 생활체육 기능과 각종 대회 및 행사가 가능한 3세대 어울림 체육센터
커뮤니티공간계획

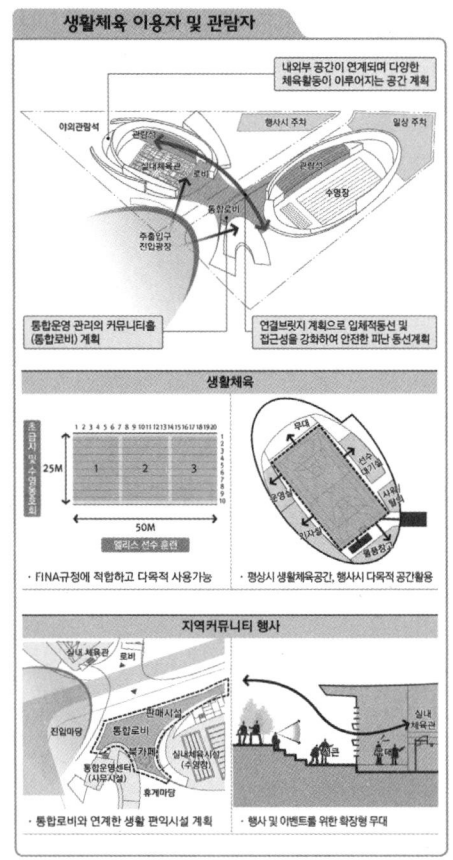
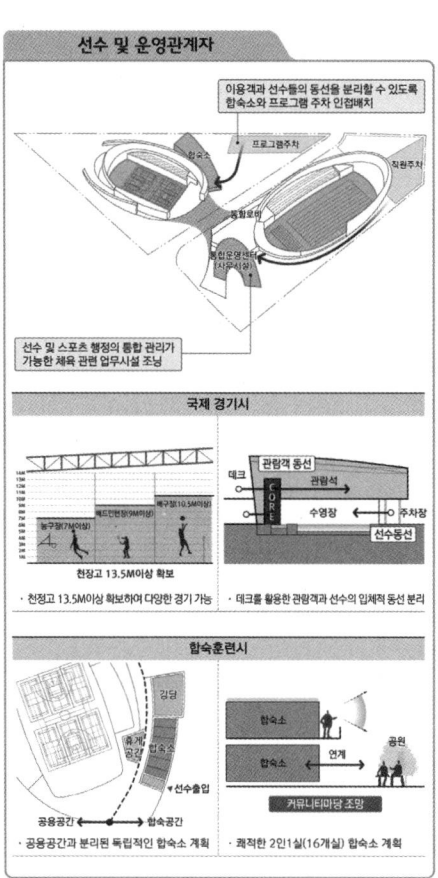
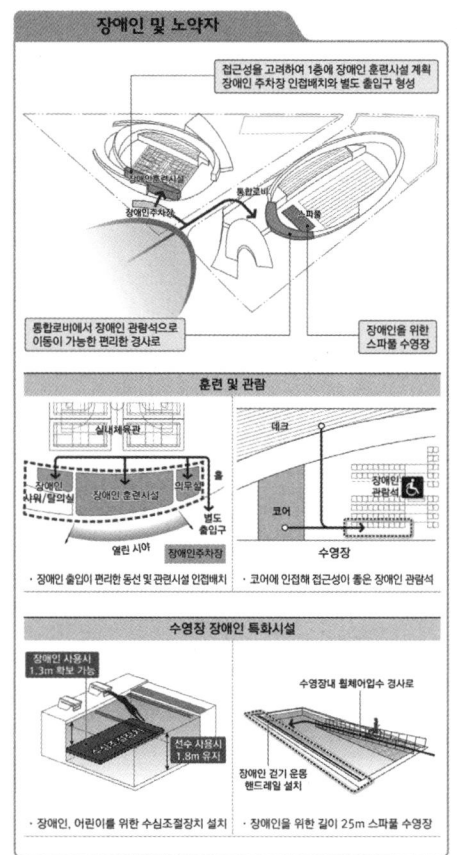

타원볼륨으로 외피면적을 최소화하여 지속가능한 친환경 스포츠 센터
친환경계획

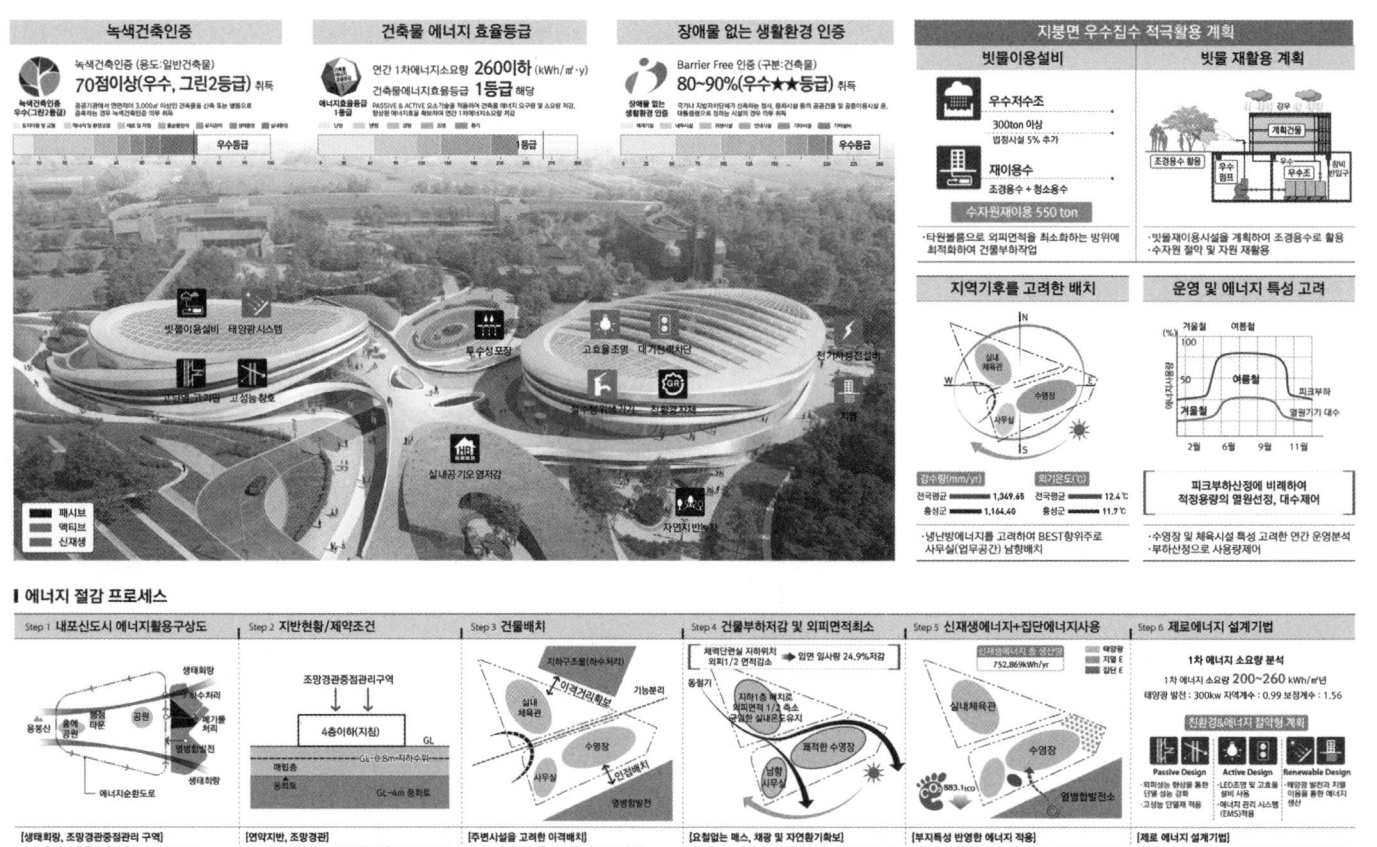

Chungnam Sports Center

이용자의 접근과 편의를 고려한 유니버설디자인과 대규모 행사시 피난을 고려한 동선계획

피난 안전 및 무장애 공간계획

수영장 및 실내체육관의 필요한 신기술, 신소재 적용으로 유지관리 및 품질향상

신기술 신공법 및 신소재계획

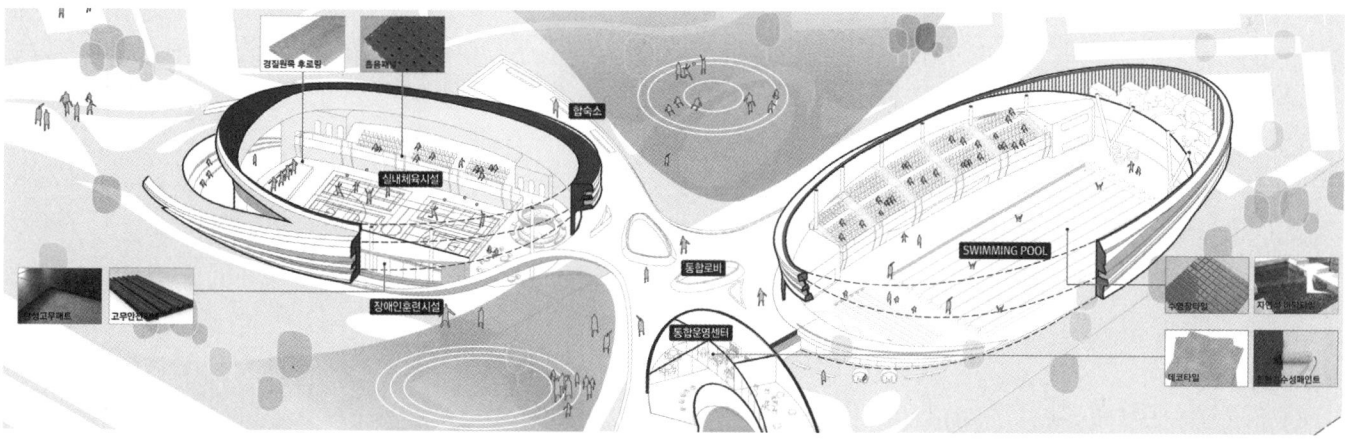

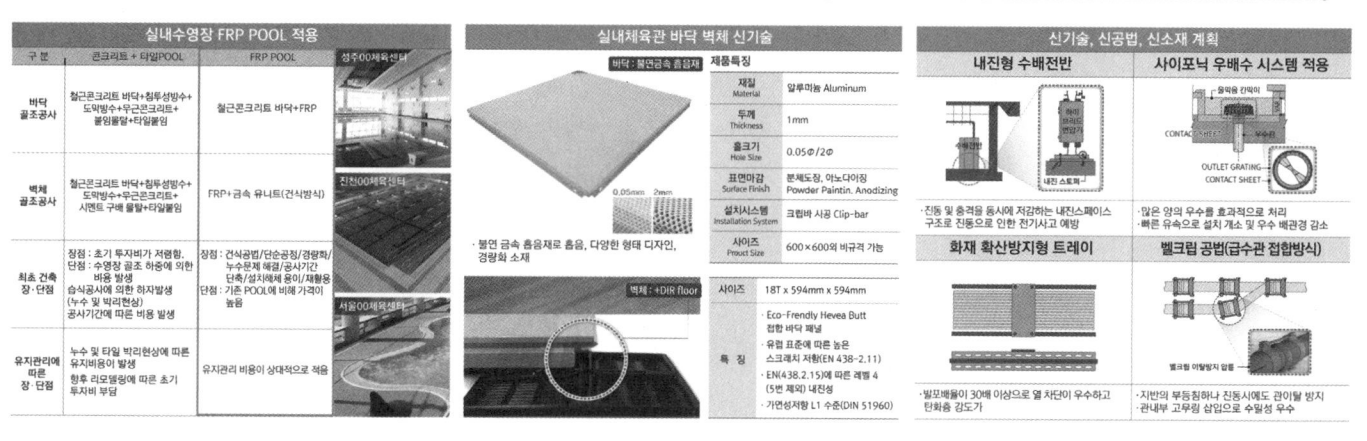

오산시 반려동물 테마파크

당선작 (주)케이지엔지니어링종합건축사사무소 최한순 설계팀 천병희, 천용화, 김헌구, 문홍기, 김형중, 서용규, 최현준, 김판원, 김진호

대지위치 경기도 오산시 오산천로 72 **대지면적** 70,505.00㎡ **건축면적** 2,425.02㎡ **연면적** 3,106.61㎡ **조경면적** 3,483.86㎡ **건폐율** 14.43% **용적률** 17.79% **규모** 지상 4층 **최고높이** 22.6m **구조** 철근콘크리트조, 철골조 **외부마감** 금속패널, 금속루버, 목재패널, 로이복층유리 **협력업체** 조경 – 라모디자인, 토목 – 대영이앤지, 구조 – 베이스구조, 기계/소방/전기/통신 – 건일엠이씨, 친환경 – 세익컨설턴트, 견적 – C&D적산

Pemily Ground

Pet(애완동물)과 Family(가족)의 합성어인 Pemily는 사람과 반려견이 더불어 살아가는 가족의 의미를 갖는다.
- 연계 : 오산시의 으뜸명소 맑음터공원과 오산천에 반려동물의 생기를 더한 여가문화의 메카를 조성하다.
- 재생 : 하수처리시설 상부를 반려동물과 함께하는 희망의 감성테마파크로 계획하다.
- 체험 : 반려인과 비반려인이 생명존중을 기반으로 공감대를 형성하는 인성교육의 장을 구현하다.

배치계획

제1하수처리시설 상부에 자리잡은 테마파크는 오산천과 맑음터 공원에서 물리적으로 이격되어 기능적, 공간적 연계에 제약을 지닌다. 이러한 물리적 제약을 극복하고 테마파크의 다양한 활동을 지원해야 하는 문화센터동은 그라운드레벨에서 들어올려져 오산천의 경관을 들여오고 공원에 연접하여 통합 마스터플랜을 완성한다.

평면계획

반려동물의 치료 및 안정과 더불어 방문객의 교감/심리 치료를 병행하여, 인성교육과 치유의 중심공간이 되는 문화센터동은 반려동물의 활동성을 고려한 공간의 크기와 프로그램의 확장에 중점을 두어 계획되었다. 개별실의 프로그램은 테마파크의 각 영역과 밀접하게 맞물리며, 테라스형 평면은 다양한 활동과 이벤트의 조망점이 된다.

Pemily Ground

Pemily a compound word of "pet" and "family", meaning a family of people and pets living together.
- Connection : Constructing a mecca for leisure culture, which is filled with the energy of pets, around the Malgeumteao Park and Osancheon Stream, the most popular attractions in Osan.
- Restoration : Converting the upper part of a sewage treatment facility to an emotional, uplifting theme park that is open to pets.
- Experience : Introducing an open platform for personality education, which helps pet and non-pet owners build a consensus by sharing their respect for life.

Site plan

The proposed park nestled at the top of Sewage Treatment Facility Unit 1 is physically positioned away from the Malgeumteao Park and Osancheon Stream, so there are limitations in connecting functions or spaces. Designed to overcome such physical restrictions and support various activities in the park, the proposed culture center is lifted above the ground level to have a view of the Osancheon Stream and complete an integrated master plan by establishing connection with the park.

Floor plan

Providing treatment and care for pets as well as counseling and psychotherapy services for visitors to serve as a hub for personality education and healing, the proposed culture center is designed focusing on the size of spaces in relation to the activities of pets and on expandability of programs. The program of individual rooms are closely interlinked with each section of the park, and a terrace-type floor plan offers a viewing point for various activities and events.

Prize winner KG Engineering & Architecture Co., Ltd._Choi Hansoon **Location** Osan, Gyeonggi-do **Site area** 70,505.00㎡ **Building area** 2,425.02㎡ **Gross floor area** 3,106.61㎡ **Landscaping area** 3,483.86㎡ **Building coverage** 14.43% **Floor space index** 17.79% **Building scope** 4F **Height** 22.6m **Structure** RC, SC **Exterior finishing** Metal panel, Metal louver, Wood panel, Low-E paired glass

Osan Companion Animal Theme Park

만남과 참여를 유도하는 통합 마스터플랜

마스터플랜 | 배치도

[소통의 풍경]

부지 밖으로 흐르는 자연을 마주하여 다양한 대안을 테마파크는 다양한 자리잡은 체험을 연결하고 반려인과 반려견과의 소통을 유도하여 동반자적 역할수행의 온기를 감싸 안는다

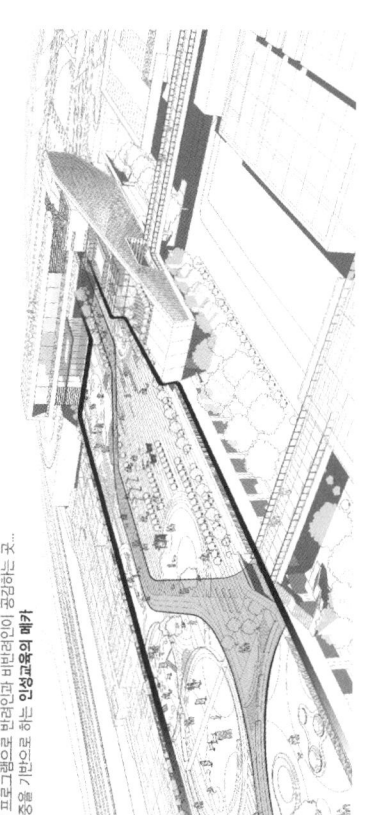

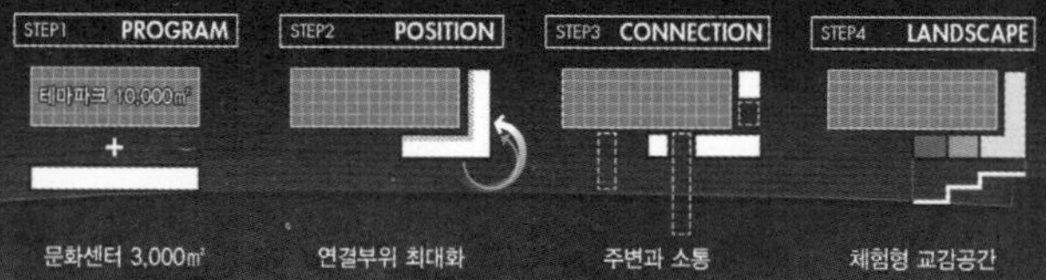

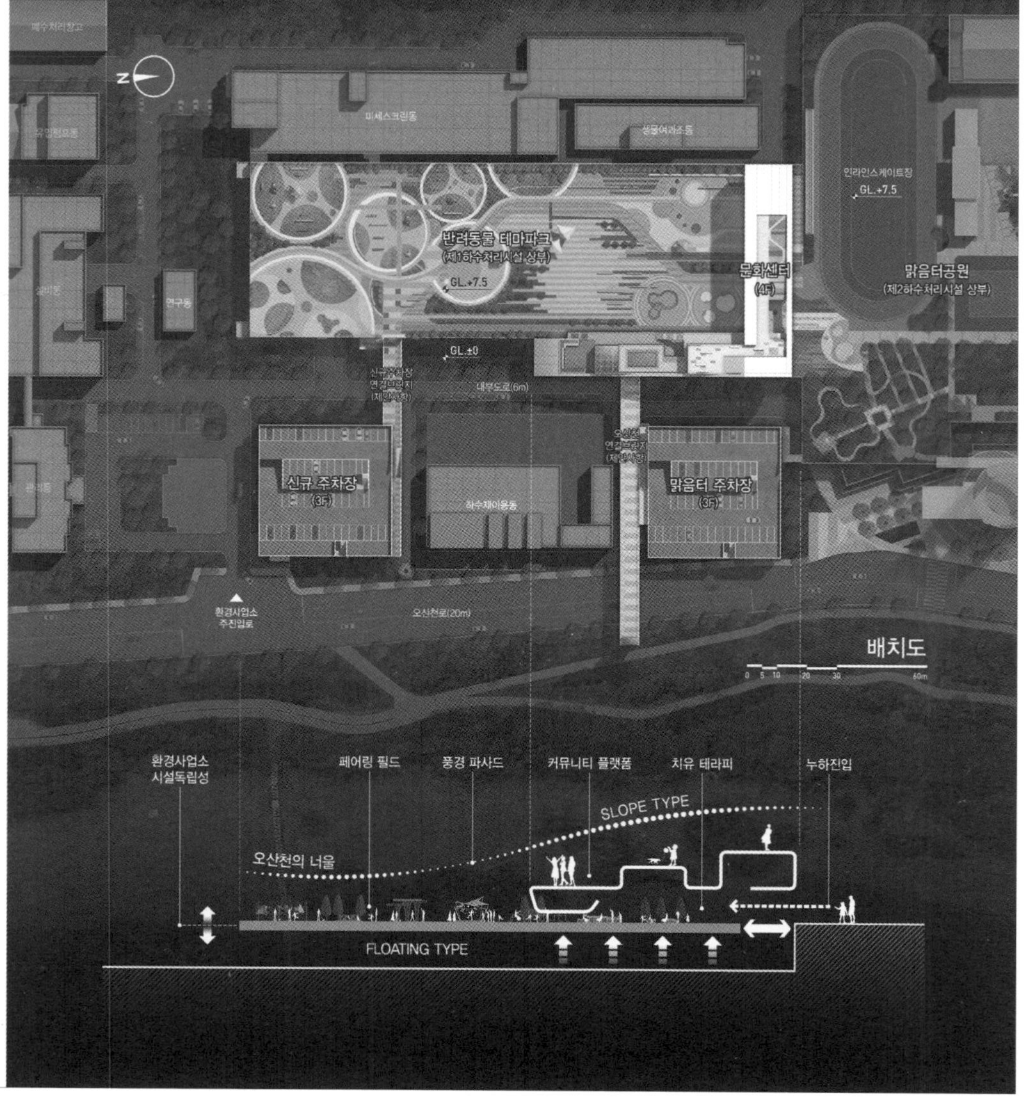

Pemily Ground
[연계 | 재생 | 체험의 공간]

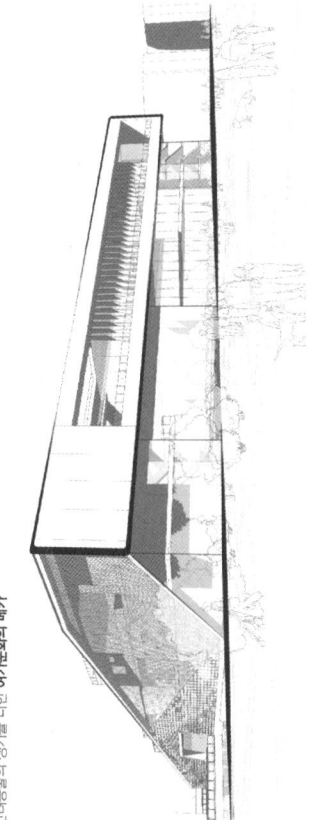

연계 Refresh
오산시의 으뜸명소 맑음터공원과 오산천에... 반려동물이 생기를 더한 여가문화의 매카

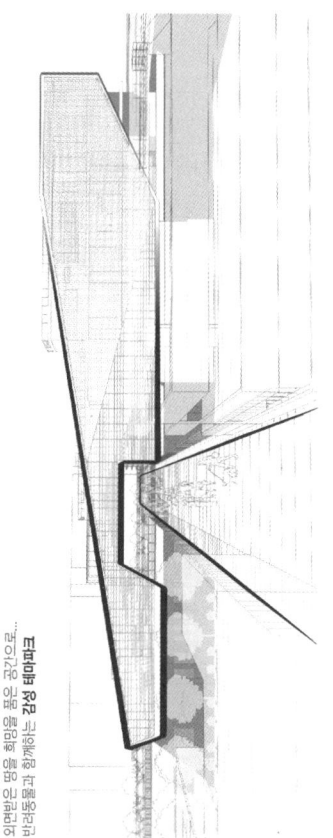

재생 Renewal
외면받은 맑음 회랑을 붐비는 공간으로 반려동물과 함께하는 감성 테마파크

체험 Roll-Playing
다양한 프로그램으로 반려인과 비반려인이 공감하는 곳 생명존중을 기반으로 하는 인성교육의 매카

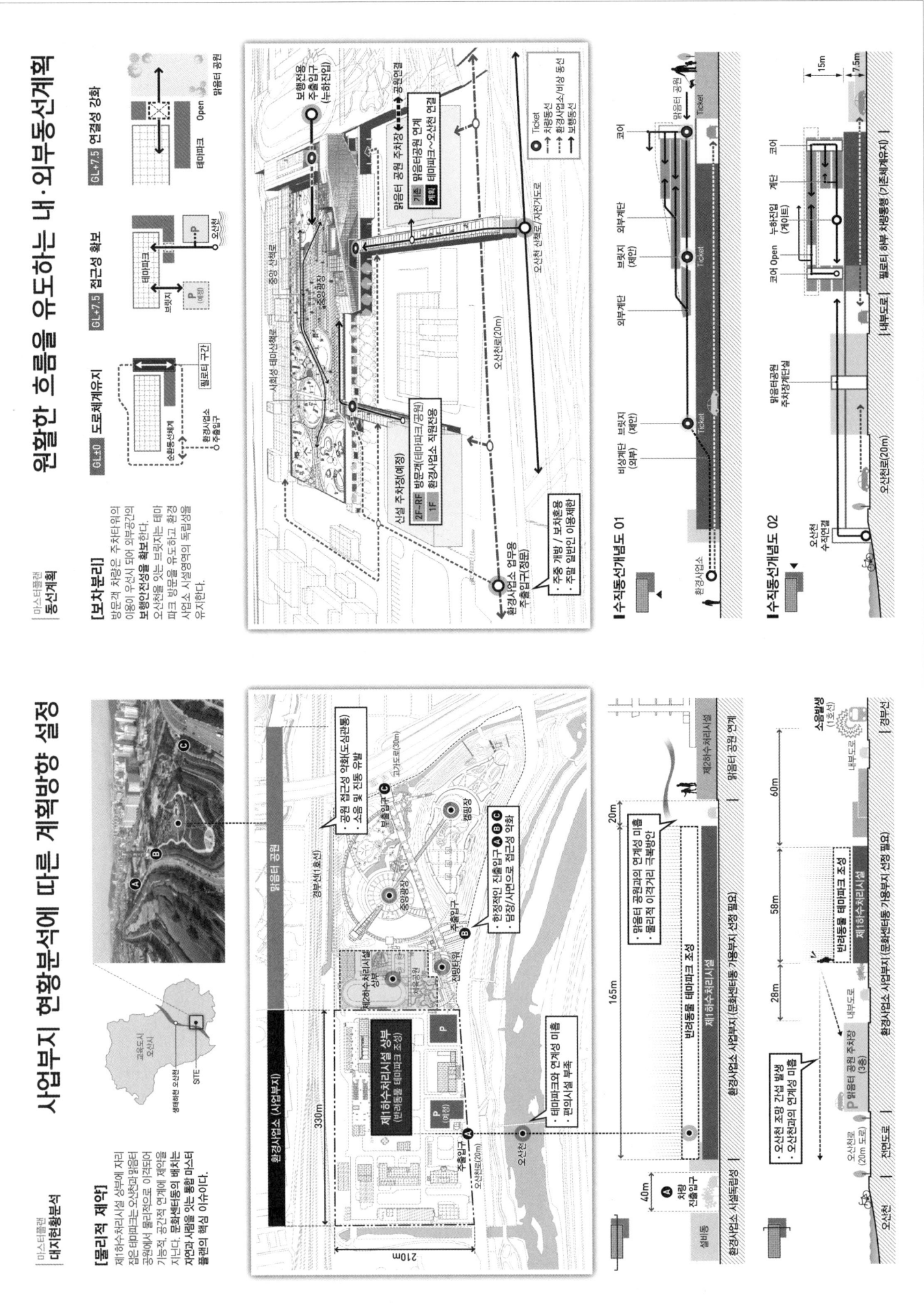

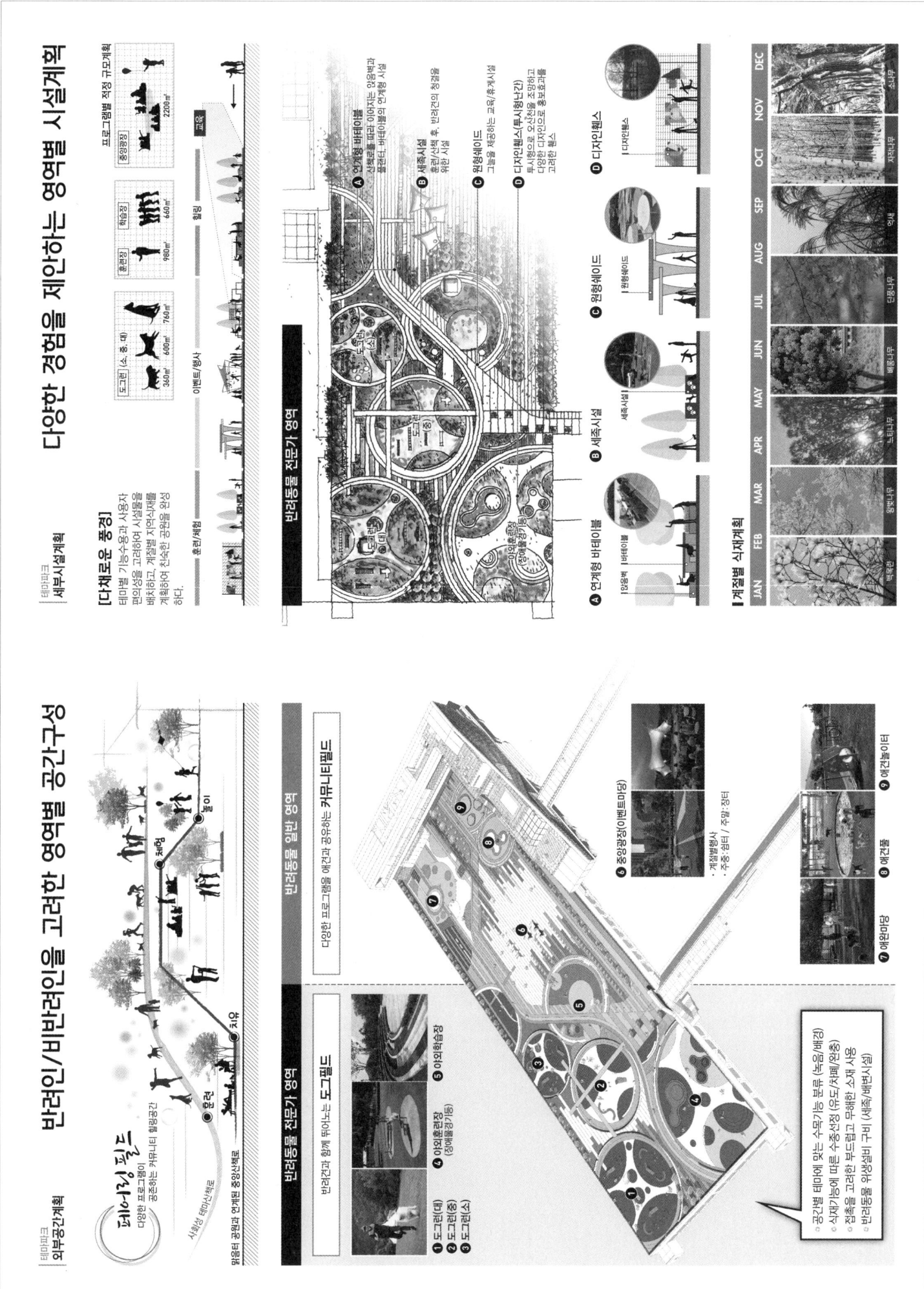

오산시 반려동물 테마파크

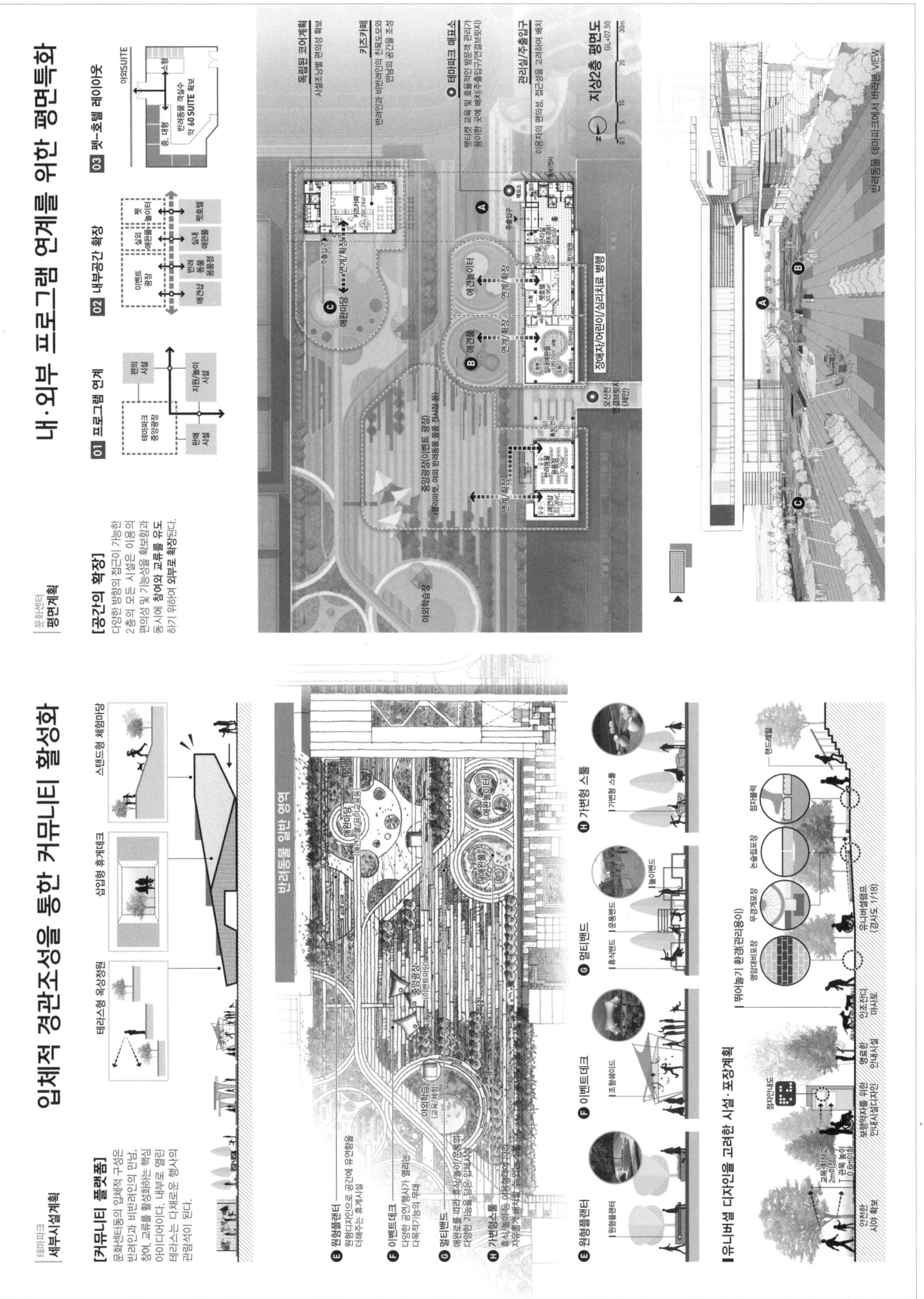

Osan Companion Animal Theme Park

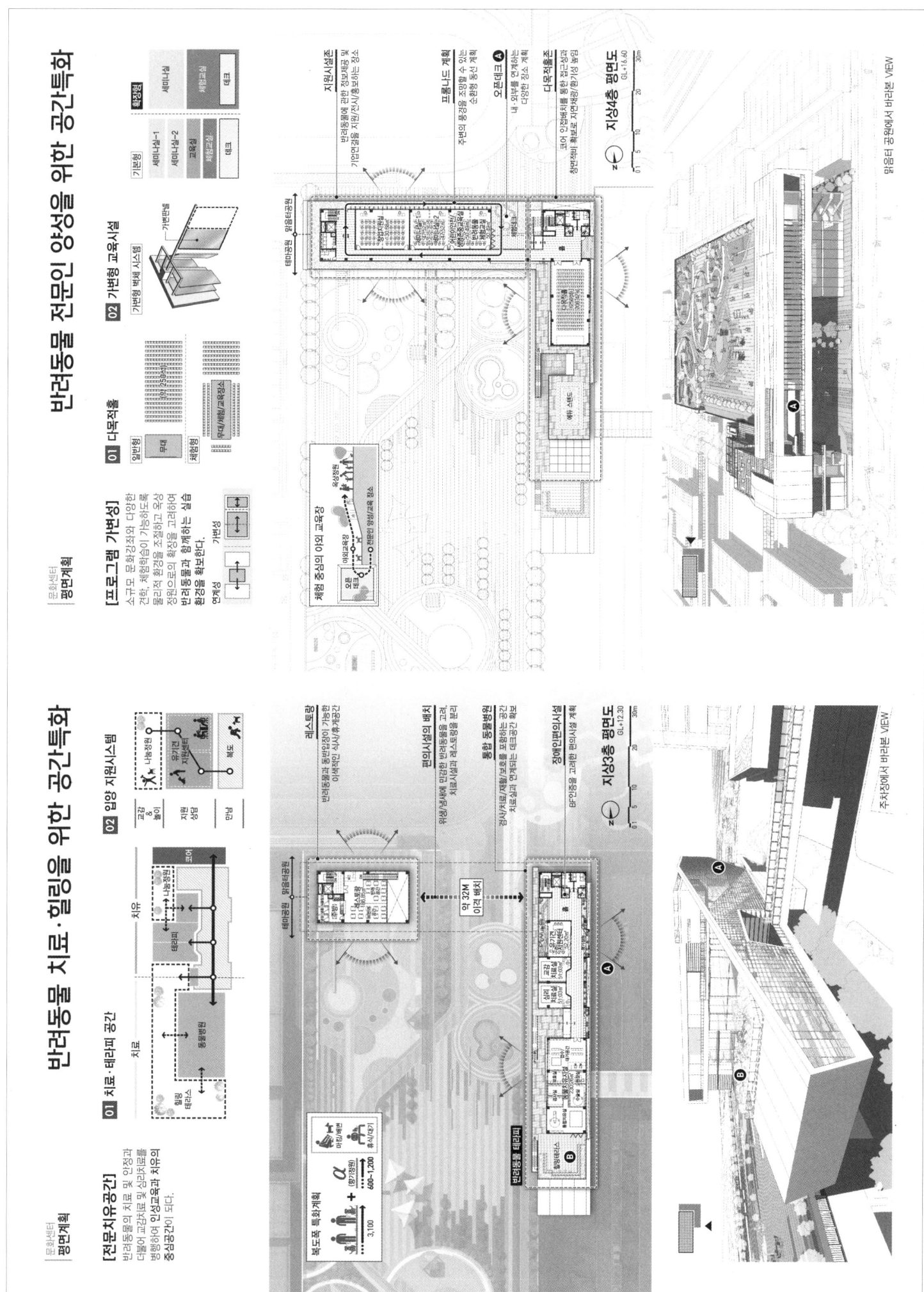

오산시 반려동물 테마파크

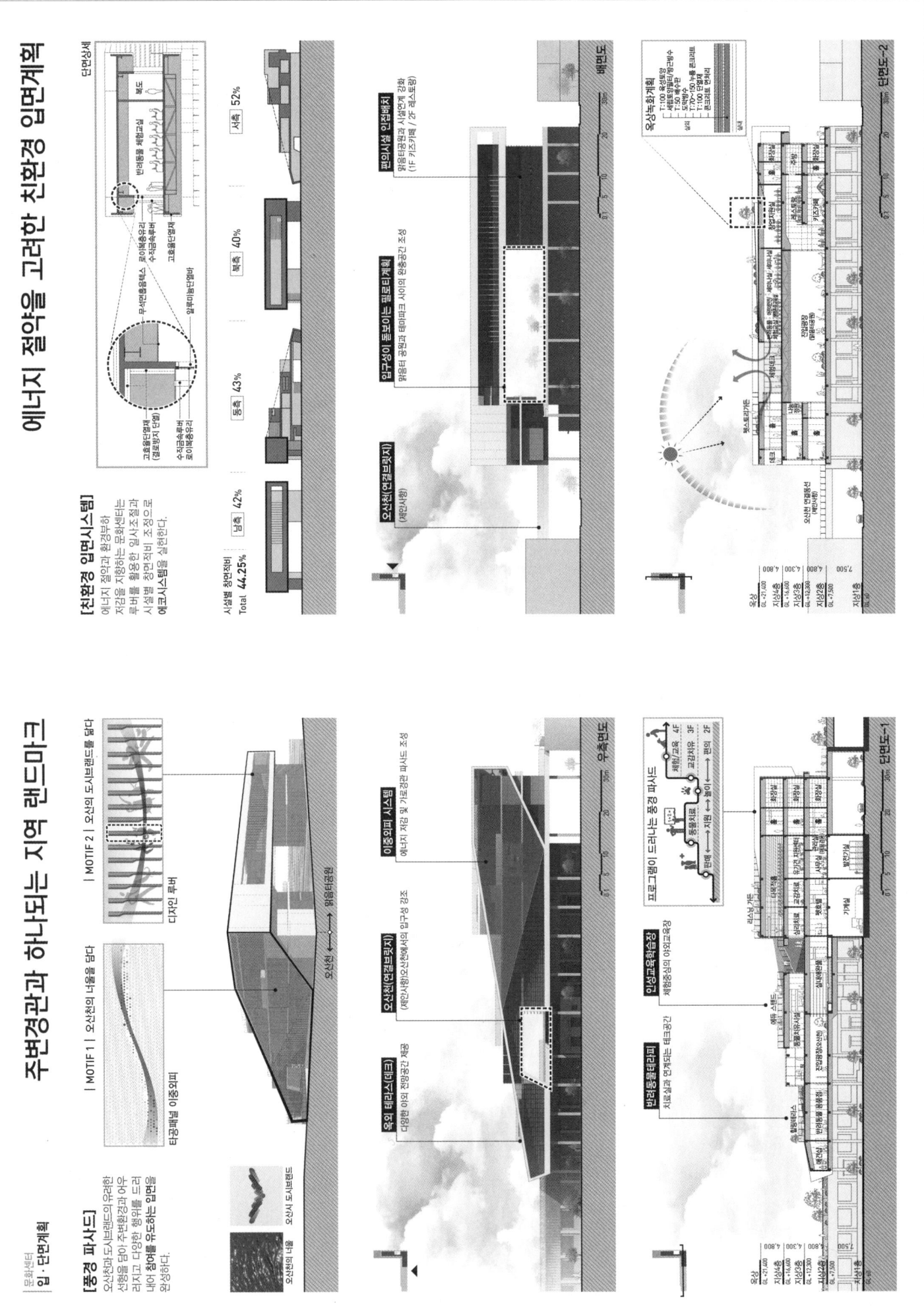

Osan Companion Animal Theme Park

오산시 반려동물 테마파크

우수작 (주)건축사사무소토담21 전용식 + (주)제이티이엔지 정보강 설계팀 권오덕, 조중원, 변혜린, 전세훈(이상 토담21) 이승용, 김원동, 조재현(이상 JTENG)

대지위치 경기도 오산시 오산천로 72 **대지면적** 70,505.00㎡ **건축면적** 9,265.26㎡ **연면적** 15,393.71㎡ **건폐율** 13.14% **용적률** 17.46% **규모** 지상 3층 **최고높이** 23.8m **구조** 철근콘크리트조 **외부마감** 고밀도 목재패널, 알루미늄 복합패널, 벽돌, 로이복층유리

자연으로 이끄는 소통의 통로(路)를 통한 사람과 반려동물 간의 교감(愛)

환경사업소 하수처리시설 상부에 위치할 반려동물 테마파크는 언덕의 개념에서부터 시작하였다. 하수처리시설 상부를 반려동물들이 자유롭게 뛰어놀 수 있는 언덕으로 만들고 언덕으로 이끄는 다양한 소통의 길을 만든다. 자연스럽게 이어지는 길에서 사람과 반려동물 간의 교감이 이루어지도록 배려하였고, 문화센터동은 큰길을 중심으로 두 개의 매스로 분리하고 중앙부를 투명한 커튼월로 만들며 중심부에는 원통 형태의 둥지를 닮은 매스를 띄워 테마파크 상징성을 표현하였다.

테마파크는 반려동물, 사람, 자연이 함께하는 즐거움과 달리는 감성 테마파크를 모티브로 방문객이 실제로 참여하고 즐길 수 있으며, 끊임없이 자생적으로 생산되는 콘텐츠 공원인 '상상 퍼니랜드'를 제안한다. 공간구성은 첫째, 반려인/비반려인의 동선 분리를 통한 관리의 효율성을 증대한다. 둘째, 마운딩 녹지를 통한 토심 확보 및 악취 저감기능의 탄소중립 숲을 조성한다. 셋째, 영역별 커뮤니티 연계를 통한 공동체 활성화를 도모한다. 이를 통한 다양한 시퀀스를 제공하는 옥외공간을 계획하였으며 상상과 즐거움을 주는 놀이문화 플랫폼으로서의 테마파크 조성으로 오산천-테마파크-맑음터 공원까지 연결되는 공원으로서의 그린 네트워크를 구축한다.

Interactions between people and pets on a communication walkway leading to nature

Planned to be constructed on the top of a sewage treatment facility, the proposed pet theme park is designed udder the concept of a hill. The upper part of the treatment facility will transform into a hill for pets to freely romp around, and various communication walkways that lead to the hill will be constructed. People and pets will build a bond on these smoothly flowing walkways. The proposed culture center consists of two masses divided by the main road, and a transparent curtain wall system is applied to their center. And a cylindrical nest-like floating mass is inserted there to express the park's symbolic value.

Inspired by the idea of introducing an entertaining and dynamic, emotional theme park that brings people, pets and nature together, the proposal proposes "Imagination Funny Land", a theme park that encourages participation of visitors and entertains them while continuing to generate new contents. As for zoning strategy, firstly, the circulation routes of pet and non-pet owners are separated to enhance management efficiency. Secondly, a green mound is formed to give a certain depth to the soil and create a carbon neutral forest that helps to reduce foul odor. Thirdly, each program is connected to the local community to contribute to its vitalization. In this context, the outdoor space is designed to unfold various sequences, and the proposed theme park is defined as a recreation culture platform filled with imagination and excitement. Consequently, they form a green park network that connects the Osancheon Stream, the pet theme park and the Malgeumteo Park.

2nd prize Todam21 Architects_Jeon Yongsik + JTENG_Jung Bokang **Location** Osan, Gyeonggi-do **Site area** 70,505.00m² **Building area** 9,265.26m² **Gross floor area** 15,393.71m² **Building coverage** 13.14% **Floor space index** 17.46% **Building scope** 3F **Height** 23.8m **Structure** RC **Exterior finishing** High-density wood panel, Aluminum composite panel, Brick, Low-E paired glass

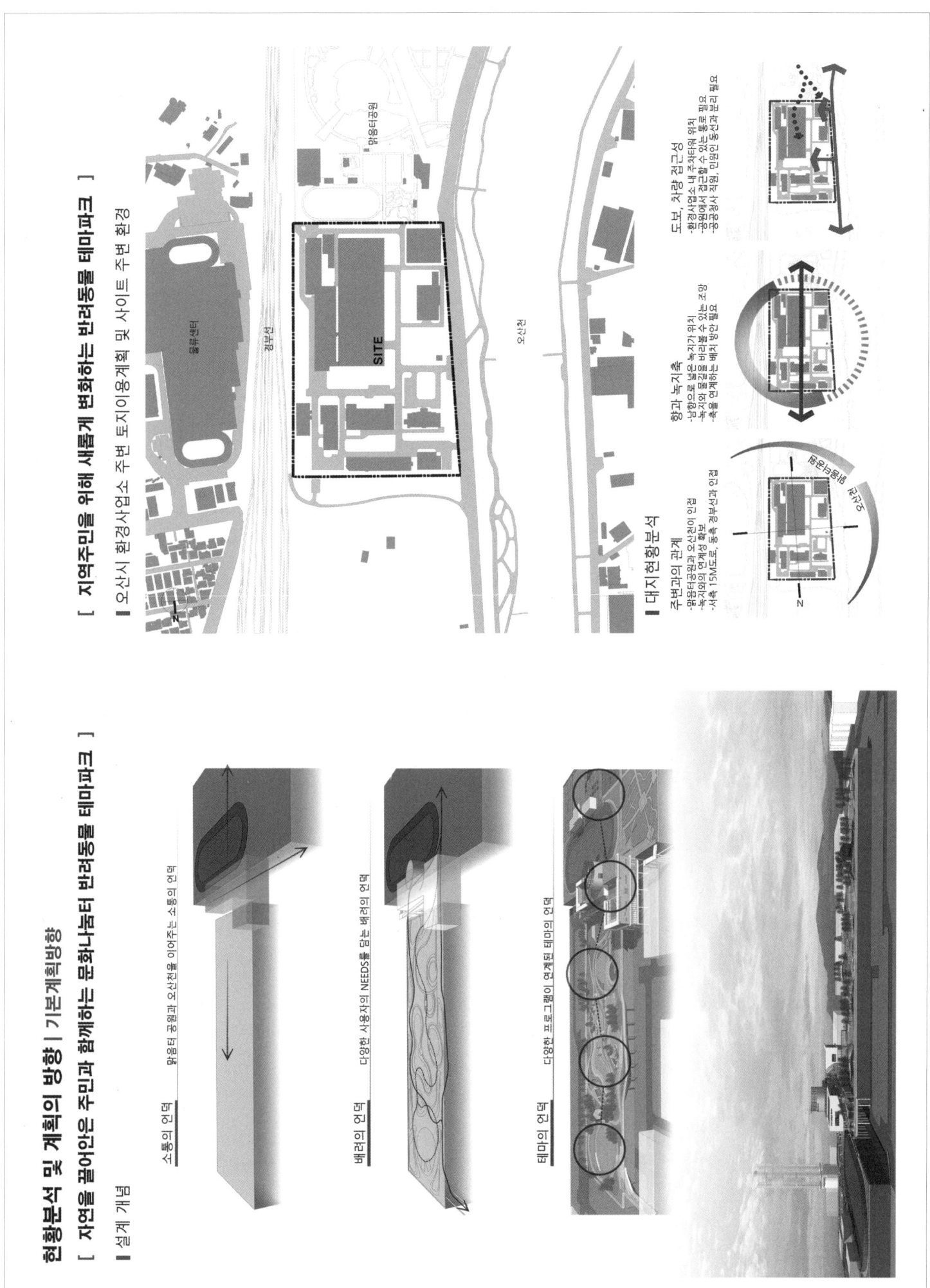

오산시 반려동물 테마파크

건축계획 | 배치계획
[반려동물과 주민들을 하나로 엮어주는 지역 마실의 장]

디자인 컨셉

도심속의 공원과 아우러진 반려동물 테마파크와 문화센터는 다양한 프로그램들과 함께 지역주민이 함께하는 나눔의 장이되며 입체적으로 소통하는 공간으로 작용

맘음터공원과 연계되는 매스 배치

부지의 인근에 있는 맘음터공원을 연계할 수 있는 위치를 설정해 연계성 확보

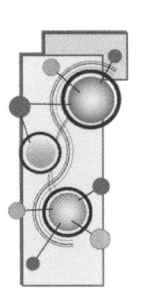

환경자원이소를 고려한 동선계획

같은 부지 내에 위치한 환경사업소를 그리해 사용자 동선과 문제되지 않도록 분리해 계획

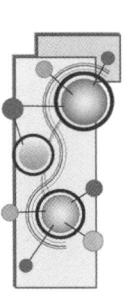

다양한 내·외부 공간 연계

반려동물 테마파크와 문화센터등의 다양한 공간들을 유기적으로 연계시켜 쾌적한 흐름이 들어냄

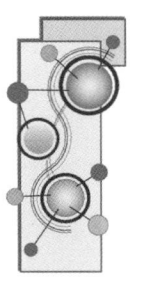

[배치도] SCALE : 1/1200

건축계획 | 평면계획
[반려동물의 이야기가 담기는 공간]

지상1층 평면계획

사용자의 접근이 용이하도록 동선계획
주변과의 연계 및 채광과 환기를 반영한 공간배치

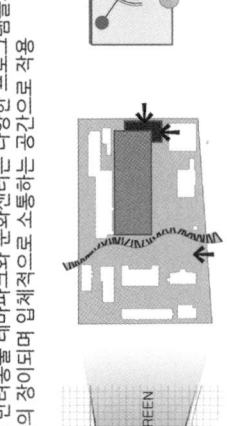

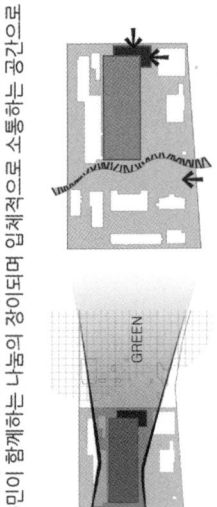

중앙의 통로를 이해 분리되는 2개의 매스에 지원시설과 애완복지시설들을 분리 배치해 독립적 영역 확보

지상1층 평면도 SCALE : 1/450

Osan Companion Animal Theme Park

건축계획 | 평면계획

[주민과 소통하는 반려동물 테마파크]

| 지상2층 평면계획

애완동물지시설과 문화교육시설과의 유기적인 책임으로 기능에 따른 조닝 계획

2층으로 진입할 수 있는 램프, 데크공간 등을 통해 내부와 외부 및 공원, 반려동물 테마파크와 연계

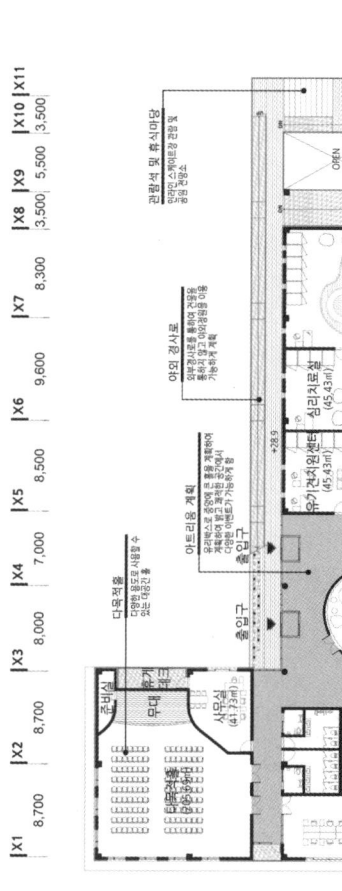

| 지상2층 평면도 SCALE : 1/450

[외부와 연계된 쾌적한 공간]

| 지상3층 평면계획

실내외 정원 및 데크로 연계된 쾌적한 커뮤니티 공간들을 구성하고 유지관리를 위한 기/전기실 배치

옥상등 녹화시켜 반려동물이 지원을 위한 정원, 사람들을 위한 정원으로 계획해 휴게공간으로 사용

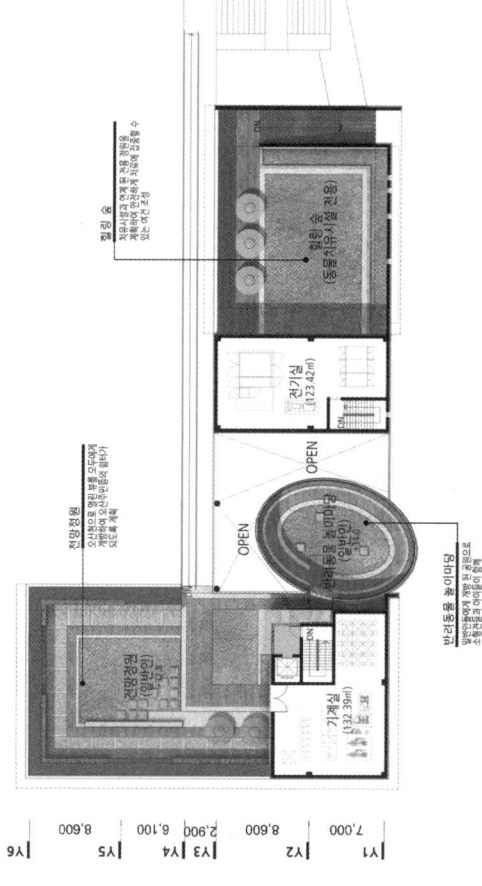

| 지상3층 평면도 SCALE : 1/450

오산시 반려동물 테마파크

건축계획 | 입면계획
[인지성을 고려한 친환경적 입면계획]

녹지를 안으로 품어들이기 위한 입체적 입면 계획
도로변에 대응하는 전면성 확보

[주민과 소통하고 주변과 조화로운 입면계획]

차별화된 입면 계획을 통해 문화센터동에 상징성 부여
친환경적 재료 사용으로 친환경 인지성 강조

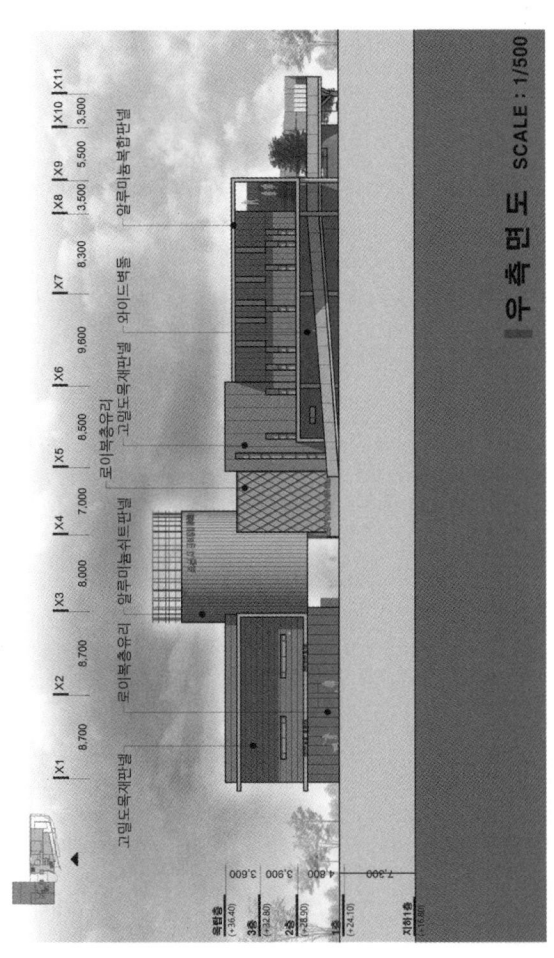

Osan Companion Animal Theme Park

건축계획 | 동선계획
[주민의 편의를 고려한 입체적 동선체계]

| 주요동선 계획

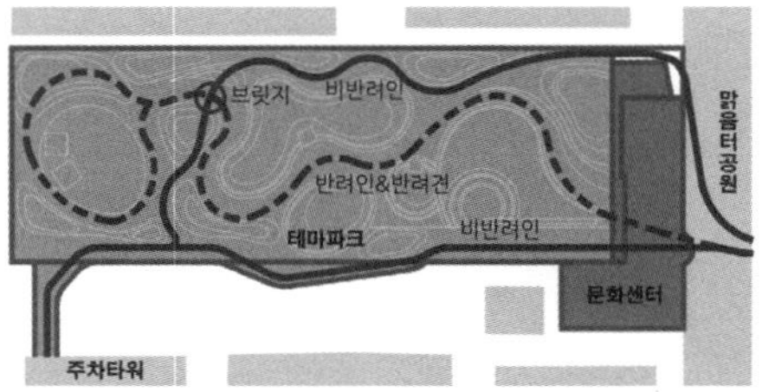

- 맑음터공원, 반려동물 테마파크와 문화센터 전체를 아우르는 동선을 계획
- 공공청사를 이용하는 직원 및 민원인과의 동선을 분리해 합리적인 동선흐름으로 영역별 진출입 유도
- 테마파크 내 출입구를 분리하고 다른 보행로를 두어 반려인·비반려인의 동선의 혼선 최소화
- 새들개 공축돌 주차타워를 고려해, 주차타워에서 반려동물 테마파크로 바로 진입할 수 있는 동선 구축

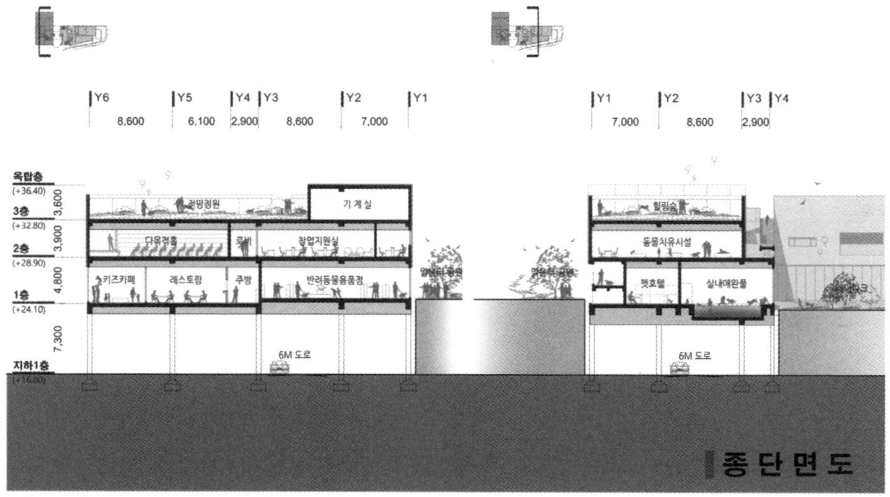

| 내·외부 동선계획

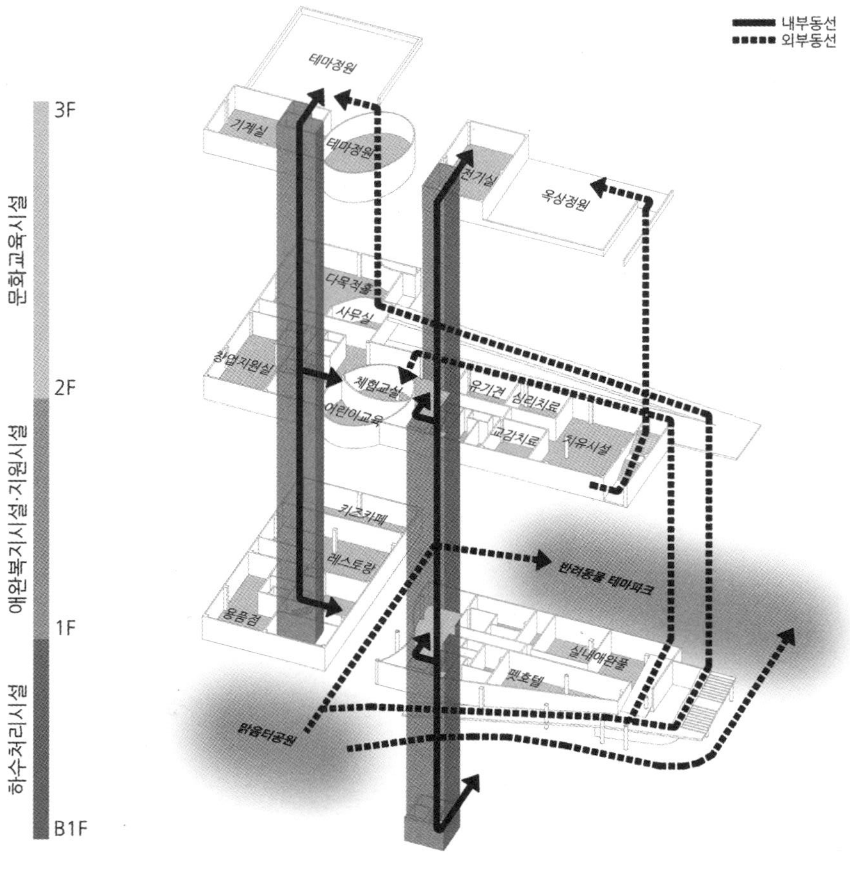

건축계획 | 단면계획
[공간의 유기적 연계를 고려한 단면계획]

| 단면계획

테마파크와 맑음터공원에서 접근이 용이하고 연계성 강화
각 기능에 맞는 경제적인 층고계획과 합리적인 조닝을 통한 동선의 간결화

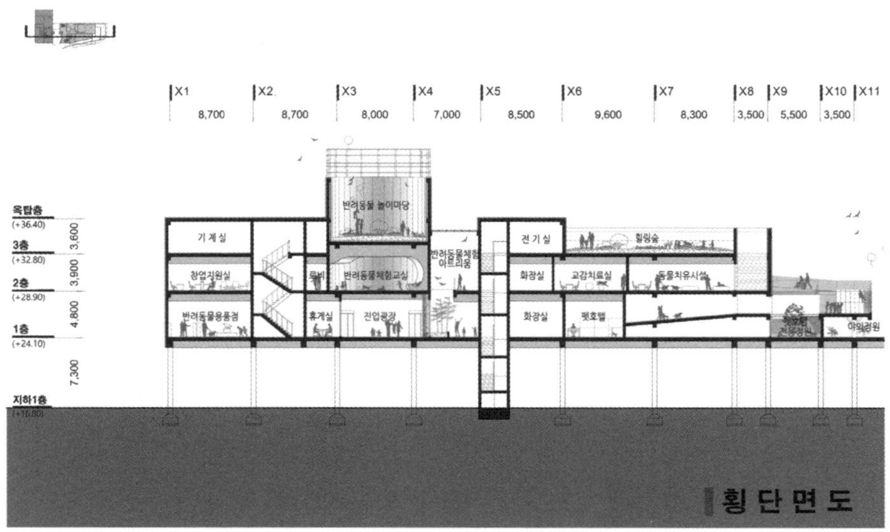

architecture & design competition 문화·주거 119

오산시 반려동물 테마파크

기술계획 | 조경계획
[만남과 교류가 있는 소통형 테마파크]

반려동물, 사람, 자연이 함께하는 즐거움과 달리는 감성 테마파크
방문객이 실제로 참여하고 즐길 수 있으며, 끊임없이 자생적으로 생산되는 컨텐츠 공원

"반려동물과 사람이 함께 떠나는 상상피날"

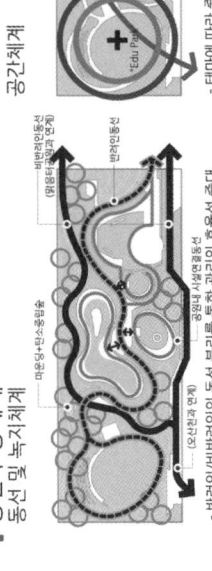

상상피날니랜드
반려동물, 사람, 자연이 어우러진 감성 테마파크

기술계획 | 외부공간 및 친환경 계획
[다양한 시퀀스를 제공하는 옥외공간계획]

공간구성체계
동선 및 녹지체계 / 공간체계

외부공간 및 친환경 계획

| A-"Edu Park" : 다양한 학습요소와 호기심 가득한 이야기가 있는 자연속 교육공간
| B-"Rundogs Park" : 반려동물의 특성을 고려한 놀이공간으로서 영역 다툼 고려
| C-"Healing Park" : 다목적 이벤트 공간을 통한 다양한 프로그램 수용

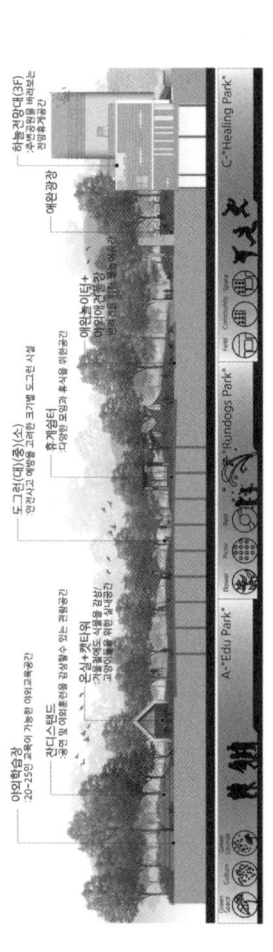

조경계획도
방문객이 실제로 참여하고 즐길 수 있으며, 상상과 즐거움을 주는 놀이문화 플랫폼으로서의 테마파크 조성

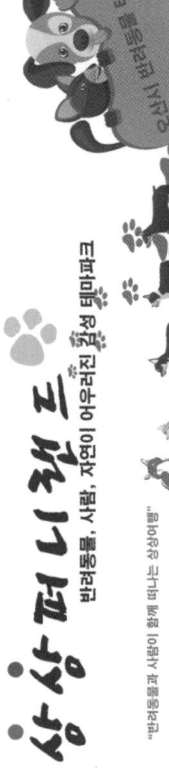

A-"Edu Park"
1. 야외학습장
2. 야외학습장(포켓교육)
3. 잔디스탠드
4. 쉼터+쿳터피
5. 자연놀이터

B-"Rundogs Park"
6. 도그런
7. 놀수로프교
8. 도그런(중)
9. 도그런(소)
10. 쉬터피

C-"Healing Park"
11. 이벤트광장
12. 중앙잔디/이벤트놀이터
13. 이야기마당
14. 물놀이터
15. 건강터

16. 잠시쉼터(물)
17. 휴게정원
18. 분학시(돋)
19. 분학지(잔막)
20. 초화원크리

프로그램 단면도
오산천-테마파크-맑음터 공원을 잇는 공원으로의 Green Network 구축

Osan Companion Animal Theme Park

경산 명품대추 홍보관

당선작 건축사사무소 상생호 음상호 설계팀 오승민, 강태구

대지위치 경상북도 경산시 갑제동 105번지 일원 **대지면적** 3,862.00㎡ **건축면적** 634.36㎡ **연면적** 692.25㎡ **건폐율** 16.43% **용적률** 17.92% **규모** 지상 2층 **최고높이** 22.95m **구조** 철근콘크리트 + 철골조 **외부마감** 코르텐강판, 고밀도목재패널, 제주판석, 알루미늄 복합패널 **주차** 11대(장애인 주차1대 포함)

상징성(단순기하로 환원된 매스)
- 지역의 랜드마크로서 대추홍보관의 형태 및 공간 형성을 위하여 타원과 원으로 구성된 단순기하로 환원하여 대추홍보관만의 상징적 형상을 구현
- 프로그램의 기능적 공간구성을 위해 프로그램 특성을 반영한 디자인요소로 조합되는 방식의 디자인 프로세스

차별성(자연이 중첩되는 공간)
- 기능을 담아내는 매스와 자연을 담아내는 건축적 프레임의 통합적 형태 구성
- 내외부 공간이 공유되는 특화된 건축적 장치로서 그린 샤프트를 적용하여 대추홍보관의 아이덴티티 형성

주변과의 조화(커뮤니티 로드)
- 경산 명품대추 테마공원 홍보의 장 내 다양한 프로그램을 수용하는 커뮤니티 로드를 계획하여 하나의 완결된 기능, 형태로서의 홍보관이 아닌 열려진 체계로서의 소통의 장으로서의 장소성을 제안

Symbolism (A mass that is reduced to a simple geometric form)
- A simple geometry consisting of ellipses and circles is applied to the form and space design of the proposed promotion center that will work as a local landmark, with an aim to give it a distinctive symbolic form.
- Functionally efficient space planning that combines different design elements reflecting the nature of each program

Distinctiveness (A space filled with overlapping natural sceneries)
- Proposing an integrated form that combines a functional mass and an architectural framework embracing nature
- Defining the hall's identity with a special architectural feature called "Green Shaft", which interconnects the inside and outside

Harmony with the surroundings (Community Road)
- Proposing "Community Road" which can accommodate various programs around the exhibit plaza of Gyeongsan Jujube Park so that the promotion center can serves as a communication platform presenting an open network, not one finalized function or form

Prize winner SANGSAENGHO Architects & Partnership_Eum Sangho **Location** Gyeongsan, Gyeongsanbuk-do **Site area** 3,862.00㎡ **Building area** 634.36㎡ **Gross floor area** 692.25㎡ **Building coverage** 16.43% **Floor space index** 17.92% **Building scope** 2F **Height** 22.95m **Structure** RC + SC **Exterior finishing** Cor-ten steel plate, High-density wood panel, Jeju stone, Aluminum composite panel **Parking** 11 (including 1 for the disabled)

Gyeongsan Jujube Promotion Center

경산 명품대추 홍보관

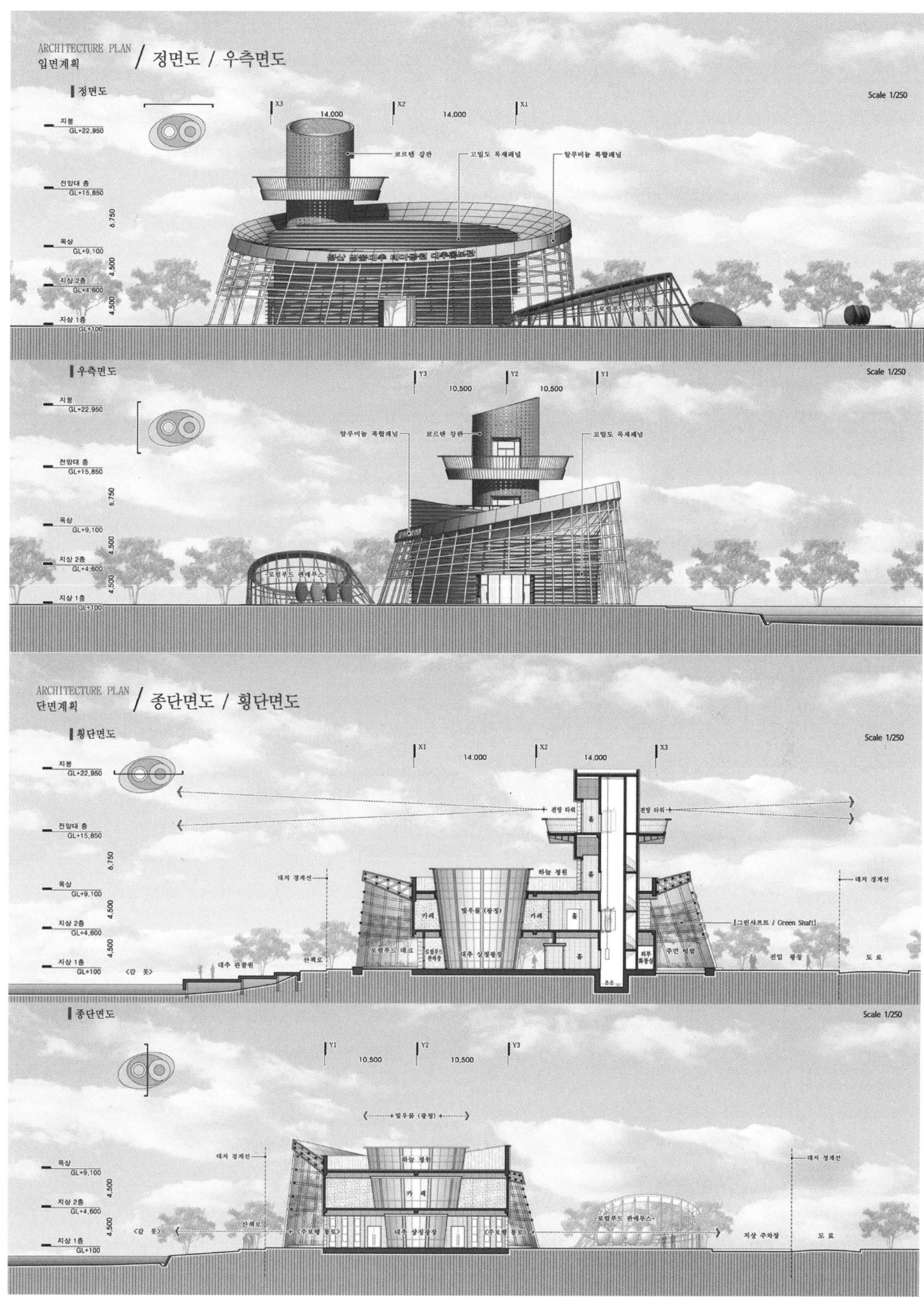

망우리공원 웰컴센터

당선작 모노건축사사무소 정재헌 설계팀 김정호, 황소연

대지위치 서울특별시 중랑구 망우로 570 **대지면적** 116,826.00㎡ **건축면적** 930.00㎡ **연면적** 1,245.00㎡ **건폐율** 0.79% **용적률** 1% **규모** 지상 2층 **최고높이** 8.3m **구조** 철근콘크리트조 **외부마감** 콘크리트, 목재 **주차** 32대

인문 자연공원
망우리 묘지는 1933년 조성되어 1973년 만장되었다. 초기에는 서울 외곽의 공동묘지였으나 서울의 팽창과 주변의 도시화로 자연스럽게 도심에 위치한 자연공원이 되었다.

두 개의 풍경
망우리공원은 산책로를 연결하여 근현대 인문학의 역사를 떠올리게 하는 기억의 장소이며, 시민들의 쉼터로 자리 잡았다. 진입로를 따라 능선에 있는 대지는 산으로 둘러싸인 고요한 자연 풍경과 발아래 펼쳐지는 도시 풍경을 동시에 경험할 수 있는 양면적인 곳이다.

선형의 대지, 인생의 여정
묘지공원이 시작하는 초입의 완만한 능선에 위치하는 웰컴센터는 건물이라기보다는 길고 좁은 길이다. 120m의 길을 따라 걸어가면서 다양한 공간과 풍성한 자연을 경험한다. 건물은 막힘이 없고 자연과 사람은 그 사이를 넘나든다. 길은 땅에서 하늘로 이어지고 자연을 넘어 도시를 발견하게 한다.

A humanistic, natural park
Manguri Public Cemetery was built in 1933 and reached its full capacity in 1973. Originally, it was a simple public cemetery located at the outskirt of Seoul, but the expansion of Seoul and the urbanization of neighboring areas have turned it into a natural park nestled in downtown.

Two different sceneries
Constructed by connecting a number of promenades, the Manguri Park has become a place of memory, which helps to look back the history of modern humanities, and a shelter for locals. The site nestled on a ridge along the access road is a two-sided place which provides views of a calm natural landscape surrounded by mountains and a cityscape that stretches below at the same time.

A linear shaped land, a journey through life
Sitting on a gentle ridge at the entry to the cemetery park, Welcome Center looks like a long and narrow path, not a building. While walking along this 120m-long path, people can encounter various spaces and experience the abundance of nature. The building is not blocked, and nature and people flow through it. The path continues from the ground to the sky and leads people to discover a stunning view of the city beyond nature.

Prize winner MONO Architects_Jeong Jaeheon **Location** Jungnang-gu, Seoul **Site area** 116,826.00m² **Building area** 930.00m² **Gross floor area** 1,245.00m² **Building coverage** 0.79% **Floor space index** 1% **Building scope** 2F **Height** 8.3m **Structure** RC **Exterior finishing** Concrete, Wood **Parking** 32

Manguri Park Welcome Center

SITE ANALYSIS

대상지에서 바라본 서울 풍경

인문 자연공원
망우리 묘지는 1933년 조성되어 1973년 만장 되었다. 초기에는 서울 외곽의 공동묘지였으나 서울의 팽창과 주변의 도시화로 자연스럽게 도심에 위치한 자연공원이 되었다.

두 개의 풍경
망우리공원은 산책로를 연결하여 근현대 인문학의 역사를 떠올리게 하는 기억의 장소이며, 시민들의 쉼터로 자리잡았다. 진입로를 따라 능선에 있는 대지는 산으로 둘러싸인 고요한 자연 풍경과 발아래 펼쳐지는 도시 풍경을 동시에 경험할 수 있는 양면적인 곳이다.

망우리 공동묘지의 입지성 변화 / 경유지로서의 역할을 하는 대지

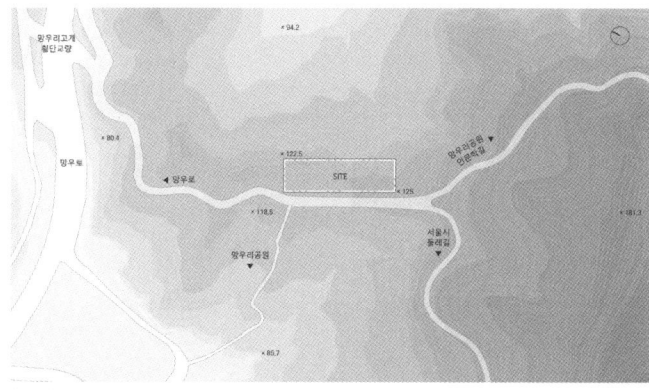

능선에 위치한 대지

대상지에서 바라본 고요한 자연풍경

PROCESS DIAGRAM

묘지, 자연 그리고 건축
망우리공원의 역사적 의미나 기억을 떠올리기보다는 현재의 삶과 미래의 의미에 주안점을 두었다. 묘지의 이미지를 벗고 자연의 풍성함이 드러나는 장소를 만든다.

형태가 드러나지 않은 자연을 닮은 건축
건축은 단지 자연을 담는 상자이며, 자연을 경험하게 하는 프레임으로 드러나기보다는 풍경 속으로 사라진다. 빛과 색을 뽐기보다는 자연을 흡수하고 끌어들여 원래 그곳에 있던 것처럼 익숙한 풍경이 된다.

능선에 있는 선형의 대지 / 펼쳐진 대지에 열주와 보로 공간 영역을 구분하여 장소 만들기 / 경유지로서의 역할을 하도록 동선을 유도하여 지형을 이용한 입체 산책로 만들기 / 동선 사이에 프로그램이 담긴 볼륨을 배치 자연으로 열린, 형태가 드러나지 않는 건축

망우리공원 웰컴센터

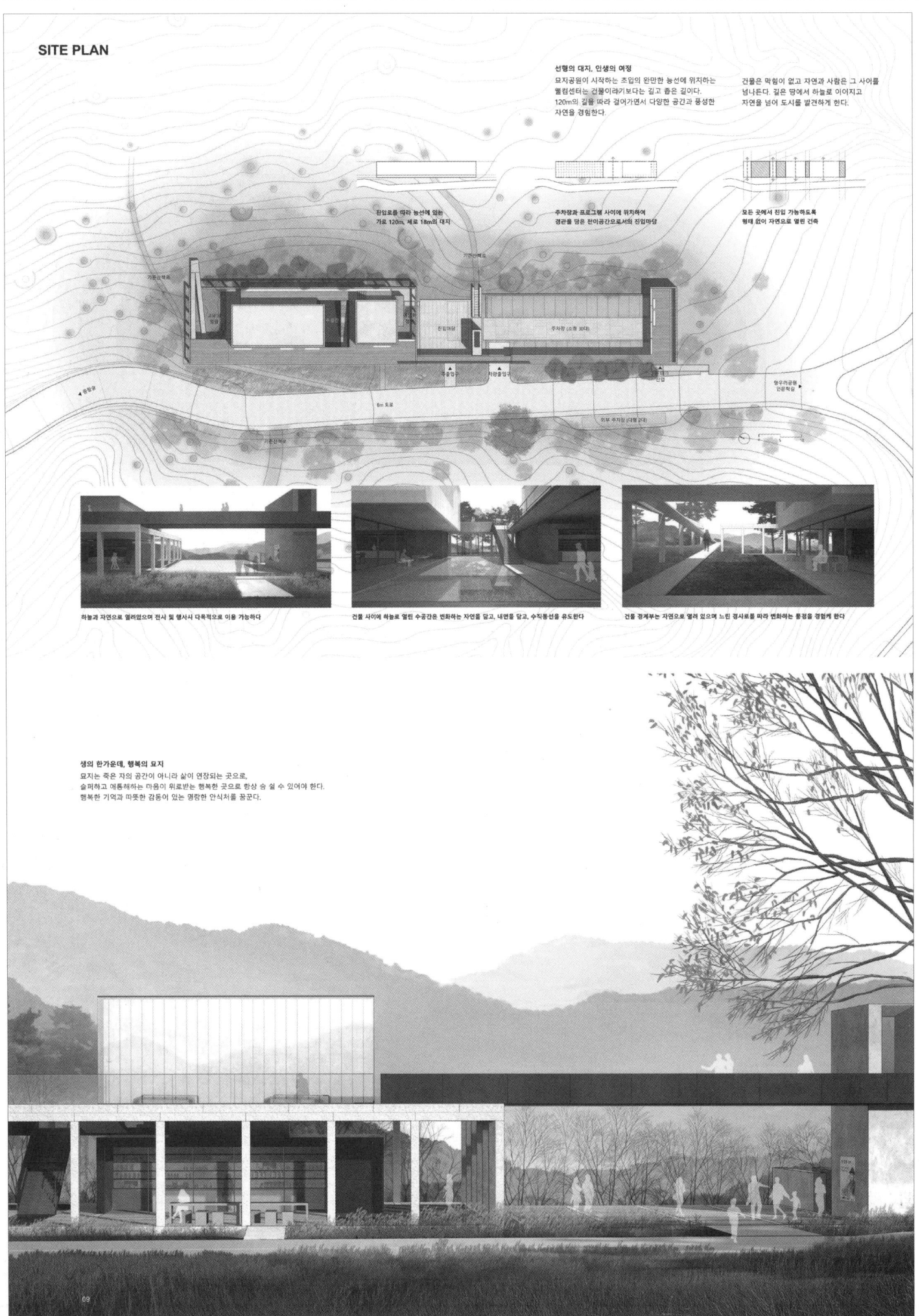

Manguri Park Welcome Center

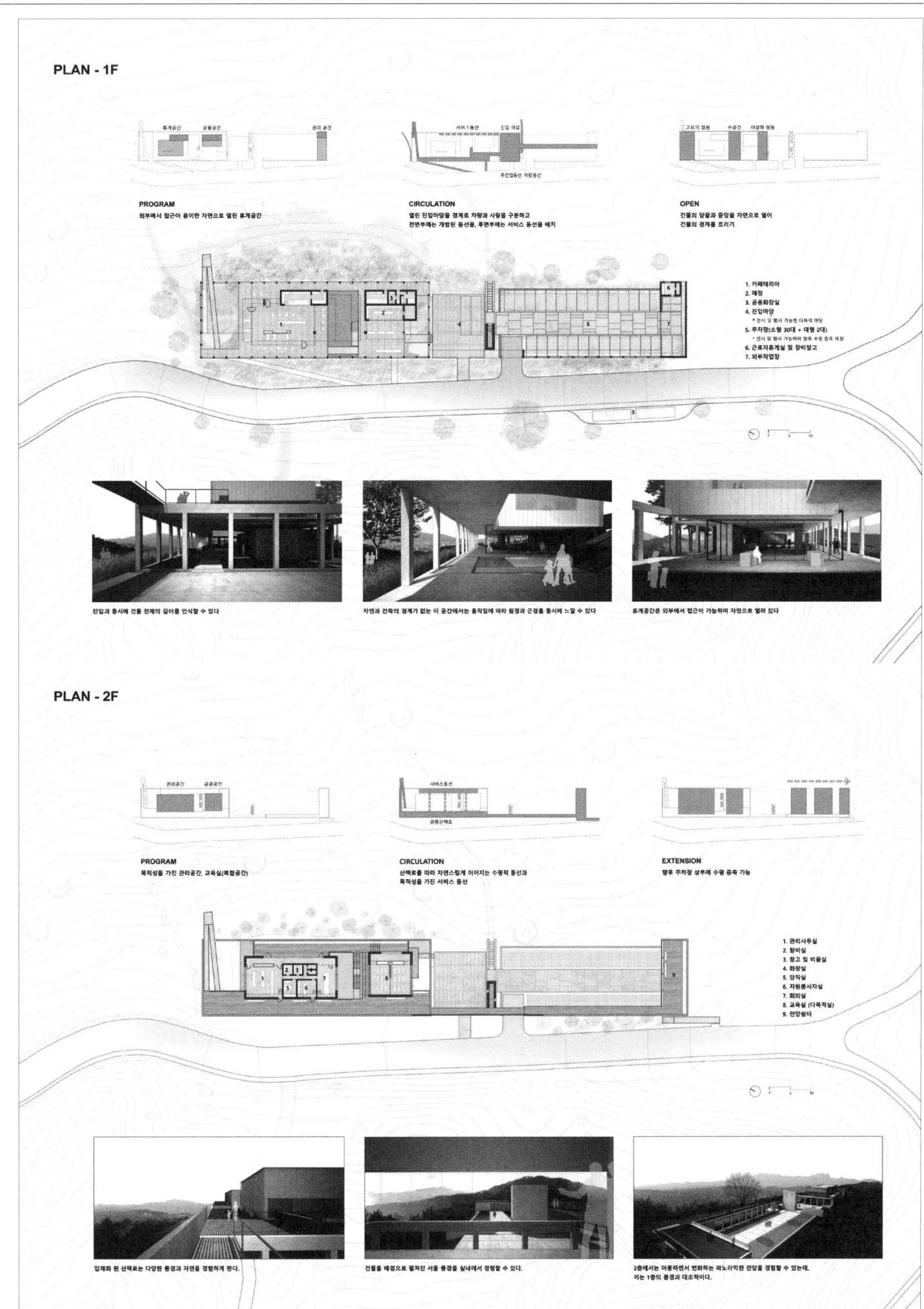

망우리공원 웰컴센터

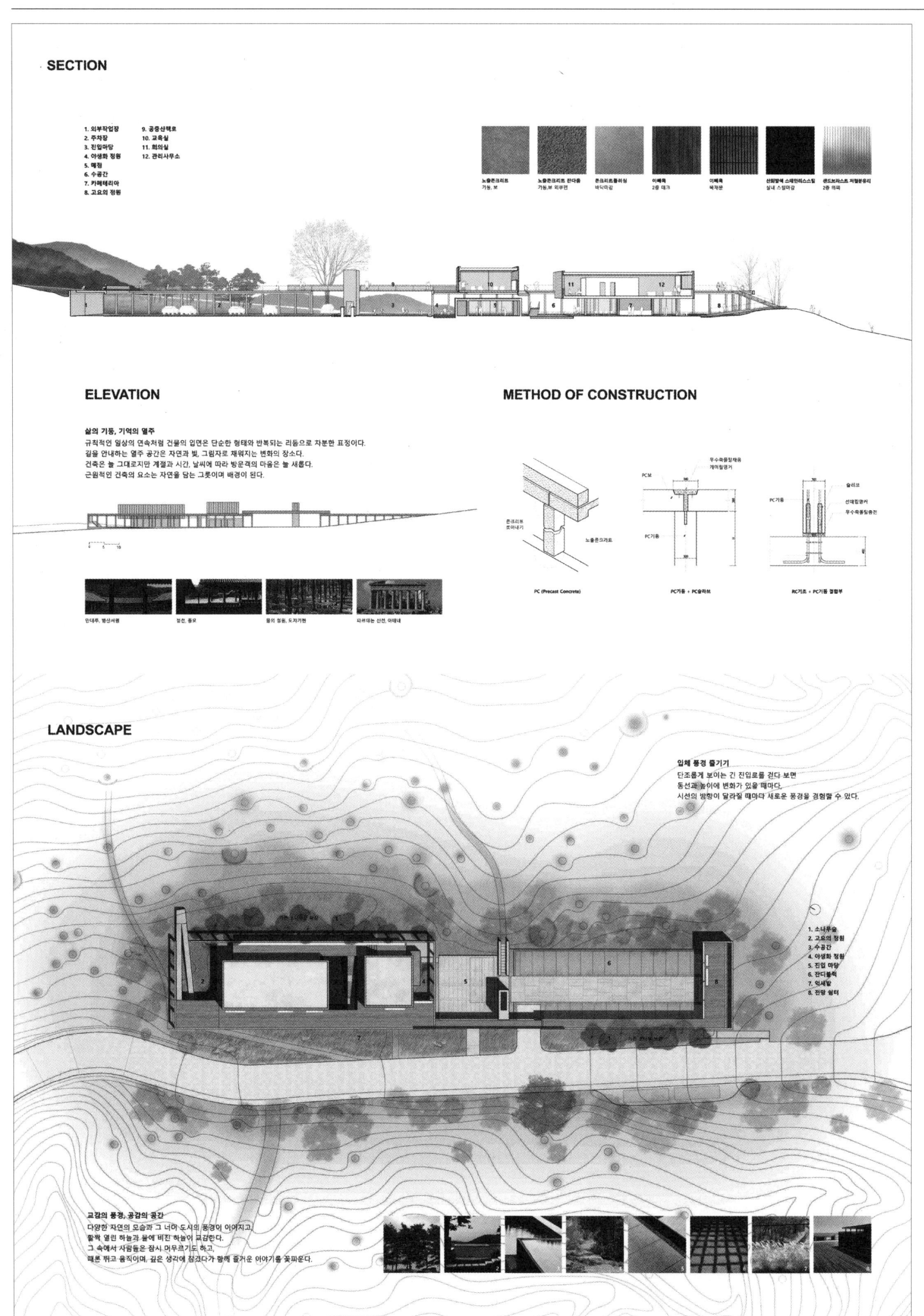

Manguri Park Welcome Center

3등작 (주)이손건축 건축사사무소 손 진 설계팀 마진숙, 강기진, 유창희, 김승진

대지위치 서울특별시 중랑구 망우로 570 **대지면적** 116,826.00㎡ **건축면적** 928.87㎡ **연면적** 1,224.17㎡ **건폐율** 30.96% **용적률** 40.84% **규모** 지상 2층 **구조** 철근콘크리트조, 목구조 **외부마감** 노출콘크리트, 천연방부목, 로이복층유리 **주차** 34대(장애인 주차 1대 포함) **협력업체** 조경 – 스튜디오 엘

수평으로 강하게 형성된 두 개의 판, 복원된 소나무들, 긴 목조볼륨은 망우산 자락의 과거와 현재, 원경과 근경, 멈춤과 흐름이 담겨있는 '오래된 경관'이고자 한다.
- 주어진 사이트는 오래 전 망우산 등성이의 나무를 베어내고 땅을 깎아 만들어진 것이다. 웰컴센터는 그때 베어졌을 중요한 식생 중의 하나인 소나무를 상징적으로 복원하여 '그때'를 담고자 한다.
- 주변에 인접하여 흩어져 있는 묘지들과 물리적·상징적 거리가 필요하다는 판단에서 기존의 지표에서 45cm를 들어 올려 바닥판을 형성한다.
- 콘크리트 구조물로 된 바닥판에서 역시 콘크리트 구조물의 벽들이 1층의 트임새와 막힘새를 규정하며 놓여지고, 2층 바닥은 1층의 바닥판과 같은 크기로 평행하게 놓여짐으로써 바닥판과 함께 주변 경관에 대한 수평적 프레임을 제시한다.
- 복원된 소나무들과 평행한 두 개의 판은 서로 관입함으로써 '자연과 인공이 맞물리는 형국'을 취하게 되는데, 결과적으로는 '오래된 경관'을 새로 만드는 행위이다.
- 두 개의 판 위에 폭 8m, 길이 70.5m의 목조볼륨이 길게 누워있어 주변의 부드러운 지형의 흐름에 부응한다.
- 전체 프로그램의 전개형식은 라키비움(lachiveum)의 형식을 적용하여, 카페·전시·교육·공연 등의 다양한 프로그램이 융통성 있게 전개되도록 통합적 공간구성을 제안한다.

Two firmly formed, horizontal plates, restored pine trees and an elongated wooden structure want to create an "old-fashioned scenery" which embraces the past and present, near and distant views, and static and dynamic flows of Mangusan Mountain.
- The project site was created a long time ago by cutting down trees and excavating the land around the ridge of Mangusan Mountain. Welcome Center restores pine trees, one of the important trees that were supposedly cut down at that time, in a symbolic way to recall "the old days".
- It was thought that a certain physical and symbolic distance should be kept from other cemeteries scattered in the neighborhood. Therefore, the center's floor plate is raised above the ground by 45cm.
- On this floor plate made of concrete, the same concrete walls are built to define open or closed areas of the 1st floor. The 2nd floor plate is designed in the same size with the 1st floor plate and aligned parallel to it so that they together create a horizontal frame embracing the surrounding scenery.
- The restored pine trees and two aligned plates penetrate each other to create a "scenery in which manmade objects and nature are integrated". It's an act of renewing an "old-fashioned scenery".
- The wooden structure with a width of 8m and a length of 70.5m makes a long stretch on the two plates. It makes harmony with the gentle topographic flow of the surrounding area.
- The typical layout of a larchiveum is borrowed to establish a program arrangement plan. Based on this, an integrated space plan is proposed so that various programs, including a café, exhibition hall, education center and performance hall, can operate flexibly.

3rd prize ISON ARCHITECTS_Son Jean **Location** Jungnang-gu, Seoul **Site area** 116,826.00m² **Building area** 928.87m² **Gross floor area** 1,224.17m² **Building coverage** 30.96% **Floor space index** 40.84% **Building scope** 2F **Structure** RC, Wood frame **Exterior finishing** Exposed concrete, Treated wood, Low-E paired glass **Parking** 34 (including 1 for the disabled)

망우리공원 웰컴센터

수평으로 강하게 형성된 두개의 판, 복원된 소나무들, 긴 목조 볼륨은 망우산 자락에 과거와 현재, 원경과 근경, 멈춤과 흐름이 담겨있는 '오래된 경관'이고자 한다.

- 주어진 사이트는 오래전 망우산 등성이의 나무를 베어내고 땅을 깎아 만들어진 것이다. 웰컴센터는 그 때 잘리워 컸을 중요한 식생층의 하나일 소나무를 상징적으로 복원하여 '그 때'를 담고자 한다.
- 주변에 인접하여 흩어져있는 묘지들과의 물리적, 상징적 거리가 필요하다는 판단에서 기존의 지표에서 45cm를 들어올려 바닥판을 형성한다.
- 콘크리트 구조물로된 바닥판에서 역시 콘크리트구조물의 벽들이 일층의 트임새와 막힘새를 규정하며 놓여진다.
- 이층 바닥은 지상층 바닥판과 같은 크기로 평행하여 놓여 짐 으로써 바닥판과 함께 주변 경관에 대한 수평적 프레임을 강하게 제시한다.
- 복원된 소나무들과 두개의 평행하는 판은 서로 관입하여 '자연과 인공이 맞물리는 한국'을 취한다. 결과적으로 '오래된 경관'을 새로 만드는 행위이다.
- 두개의 판 위에 폭 8m 길이70.5m의 목조 볼륨이 길게 누워 있어 주변의 부드러운 지형의 흐름에 부응한다.
- 전체 프로그램의 전개 형식은 라키비움(archiveum)의 형식을 적용하여 카페,전시,교육,공연등의 다양한 프로그램이 유통성있게 전개되도록 통합적 공간구성을 제안한다.

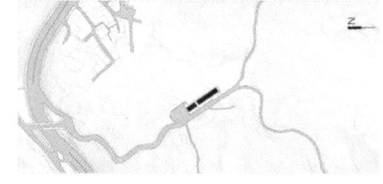

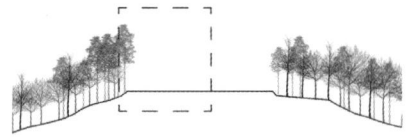  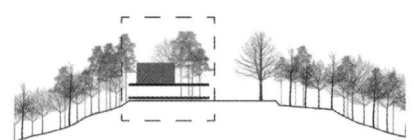

입면도 1:300

Manguri Park Welcome Center

배치계획

- 복원된 소나무들과 두개의 평행하는 판은 서로 관입하여 '자연과 인공이 맞물리는 형국'을 취한다. 결과적으로 '오래된 경관'을 새로 만드는 행위이다.

평면계획

- 주변에 인접하여 흩어져있는 묘지들과의 물리적, 상징적 거리가 필요하다는 판단에서 기존의 지표면에서 45cm를 들어올려 바닥판을 형성한다.
- 콘크리트 구조물로된 바닥판에서 역시 콘크리트구조물의 벽들이 일층의 트임새와 막힘새를 규정하며 놓여진다.

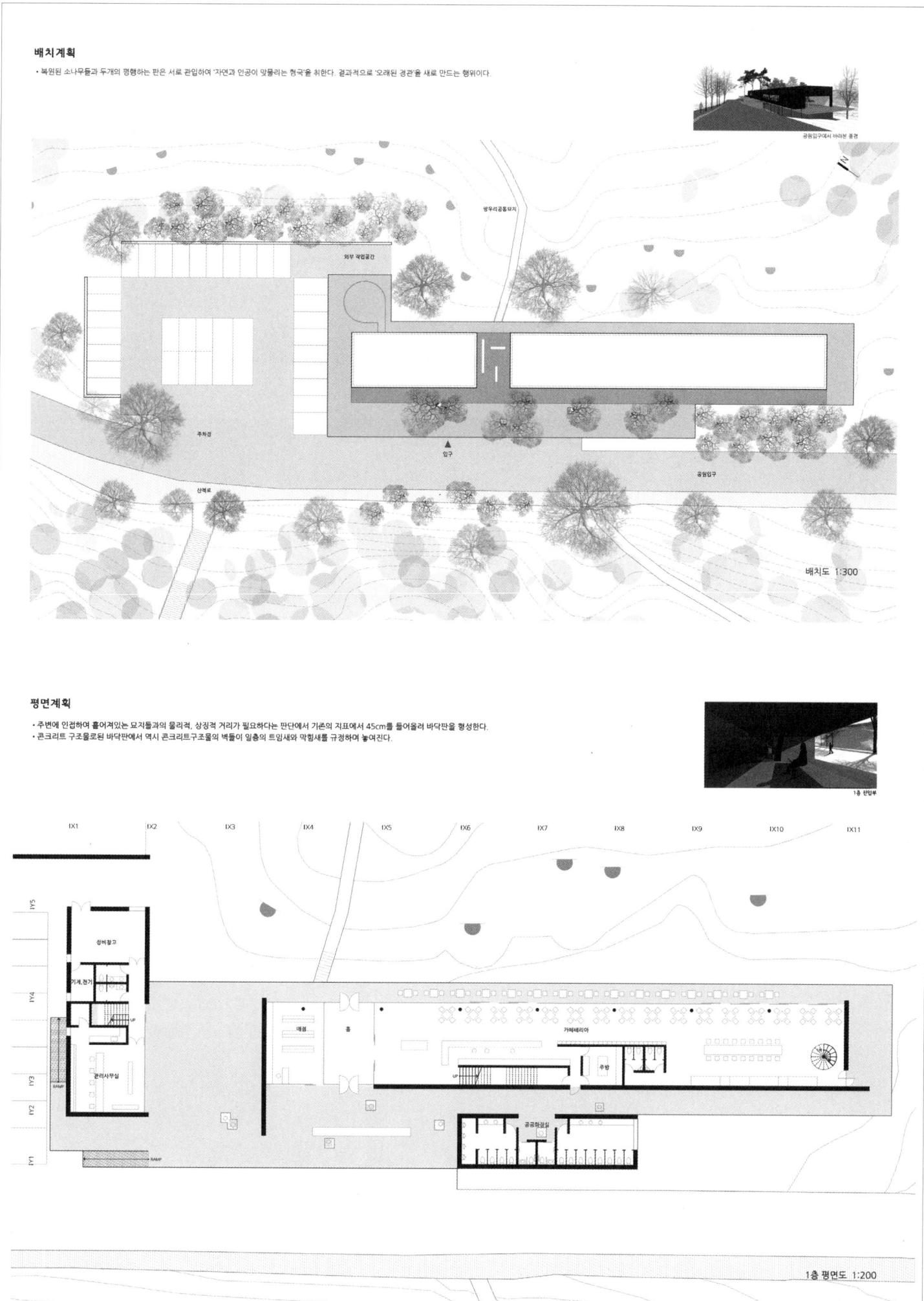

망우리공원 웰컴센터

평면계획
- 이층 바닥은 지상층 바닥판과 같은 크기로 평행하여 놓여 짐으로써 바닥판과 함께 주변 경관에 대한 수평적 프레임을 강하게 제시한다.

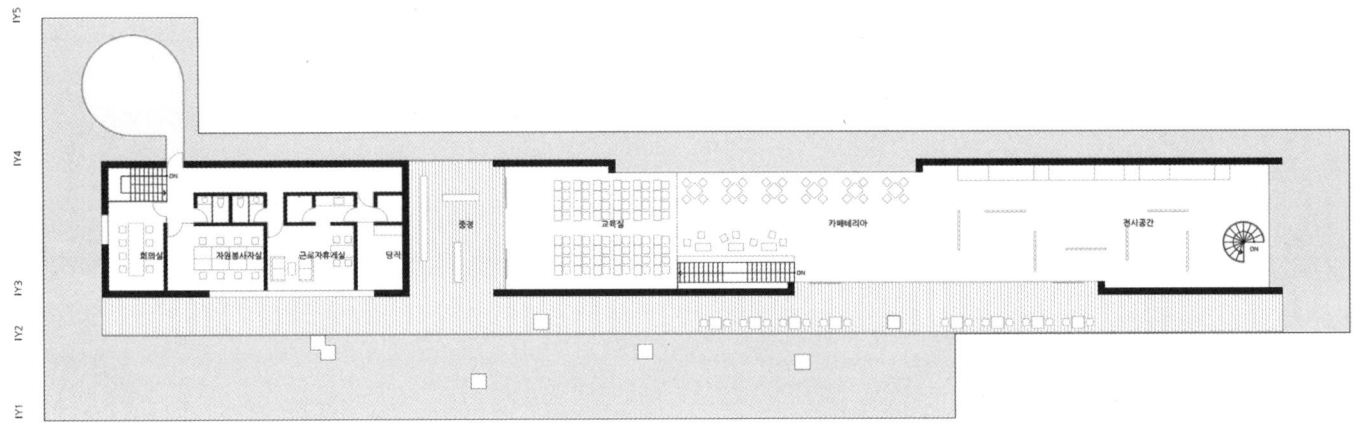

1층 카페테리아

2층 평면도 1:200

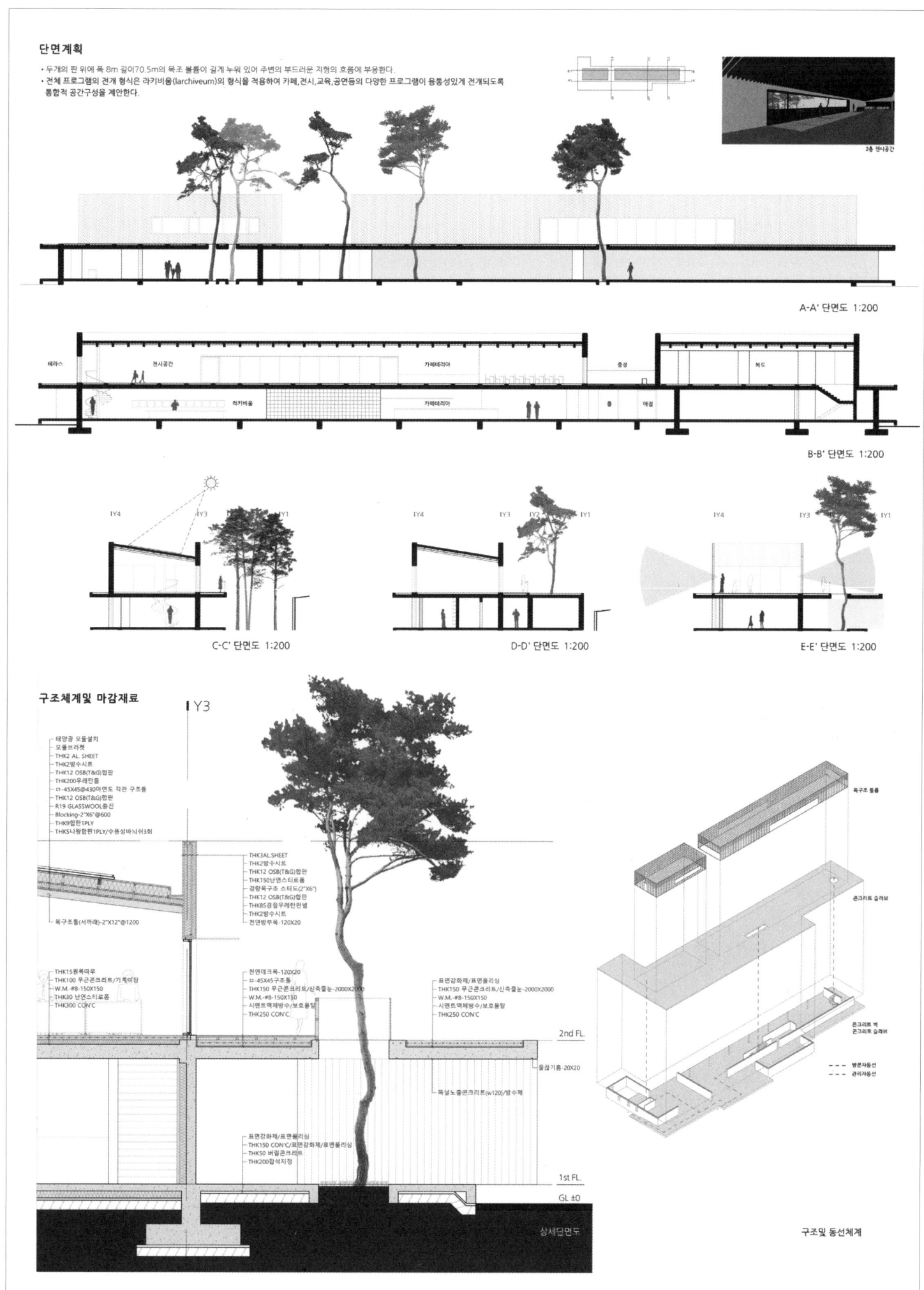

농업공화국 조성사업

당선작 플로건축사사무소 최재원, 오진국, 신요한, 권미리 + 건축사사무소 바탕 황종호, 이상흠 + 그람디자인 최윤석 + 이병연 충북대학교 지속가능계획연구실 설계팀 조경민, 성민창(이상 플로) 경정환, 김성은, 유치환, 황아름(이상 그람) 진해조(이상 충북대)

대지위치 서울특별시 강서구 마곡동 727-164번지 일대 **대지면적** 11,817.00㎡ **건축면적** 2,359.00㎡ **연면적** 10,009.18㎡ **건폐율** 19.96% **용적률** 19.17% **규모** 지하 2층, 지상 2층 **구조** 철근콘크리트조 **주차** 98대(장애인 주차 3대, 버스 3대 포함)

배치계획
식물원과 마주한 지반에 과거 경작지의 모습을 회복하고 남향으로 경사진 언덕을 따라 현재와 미래 농업의 모습을 볼 수 있게 경작지와 건물을 배치하였다. 현재의 옥상정원 위에 스마트팜 같은 미래 기술이 자리하는 것은 미래 농업이 새로운 환경을 만들어 이루는 것이 아니라 현재의 환경 속에서 찾아내는 것임을 보여준다.

프로그램 및 운영 제안
오감을 통해 참여를 유도하는 마을농장 언덕을 따라 걸으면 다양한 작물을 보고 만질수 있고, 텃밭과 논으로 모이는 물이 흐르는 소리도 들을 수 있다. 계절에 따라 다채로운 꽃내음, 오픈 키친에서 만드는 요리를 먹기도 한다. 오감을 통해 농업의 모습을 느낄 수 있는 마을농장을 계획하여 자연스러운 참여를 유도한다.

경관연출 방안
공원의 호수, 언덕, 식물원 내부의 지형이 입체적으로 대상지까지 이어지다 급작스레 평탄해지며 도시조직과 급격하게 만나고 있다. 대지에 공원과 닮은 언덕을 만들어 공원 속에서 대지를 바라보는 시선은 하늘을 향하며 풍경이 확장된다.

Site plan
The farmlands of the old days are restored on a natural ground adjacent to a botanic garden, and these farmlands and buildings are positioned along a hill sloping toward the south to show the present and future of agriculture. Future technologies represented by Smart Farm are introduced on the existing rooftop garden to express that the future of farming is not something that can be attained only by creating a new environment but something that should be unearthed from the present.

Program & Operation plan
While strolling along the hills of a village farm that encourages participation by stimulating the five senses, visitors can see and touch various crops or hear the sound of water flowing into vegetable gardens and rice paddies. Also, they can smell different flower scents throughout the seasons and enjoy meals made at an open kitchen. This village farm encourages participation in a natural manner by introducing various aspects of the agriculture through the five senses

Landscape
The lake and hills of the park and the landscape inside the botanic garden continue to make a three-dimensional flow until they reach the site, but then suddenly they become flat and abruptly join the urban fabric. A hill that resembles the park is added to the site, and this turns views of the site from the park toward the sky and ends up expanding the whole scenery.

Prize winner FLO Architects_Choi Jaewon, Oh Jinkuk, Shin Yohan, Kwon Milee + Batang Architects_Hwang Jongho, Lee Sangheum + Gramdesign_Choi Yoonseok + Lee Byungyun_Chungbuk National University Sustainable Design and Planning Group **Location** Magok-dong, Gangseo-gu, Seoul **Site area** 11,817.00m² **Building area** 2,359.00m² **Gross floor area** 10,009.18m² **Building coverage** 19.96% **Floor space index** 19.17% **Building scope** B2, 2F **Structure** RC **Parking** 98 (including 3 for the disabled, 3 for bus)

Urban Farming Platform Design

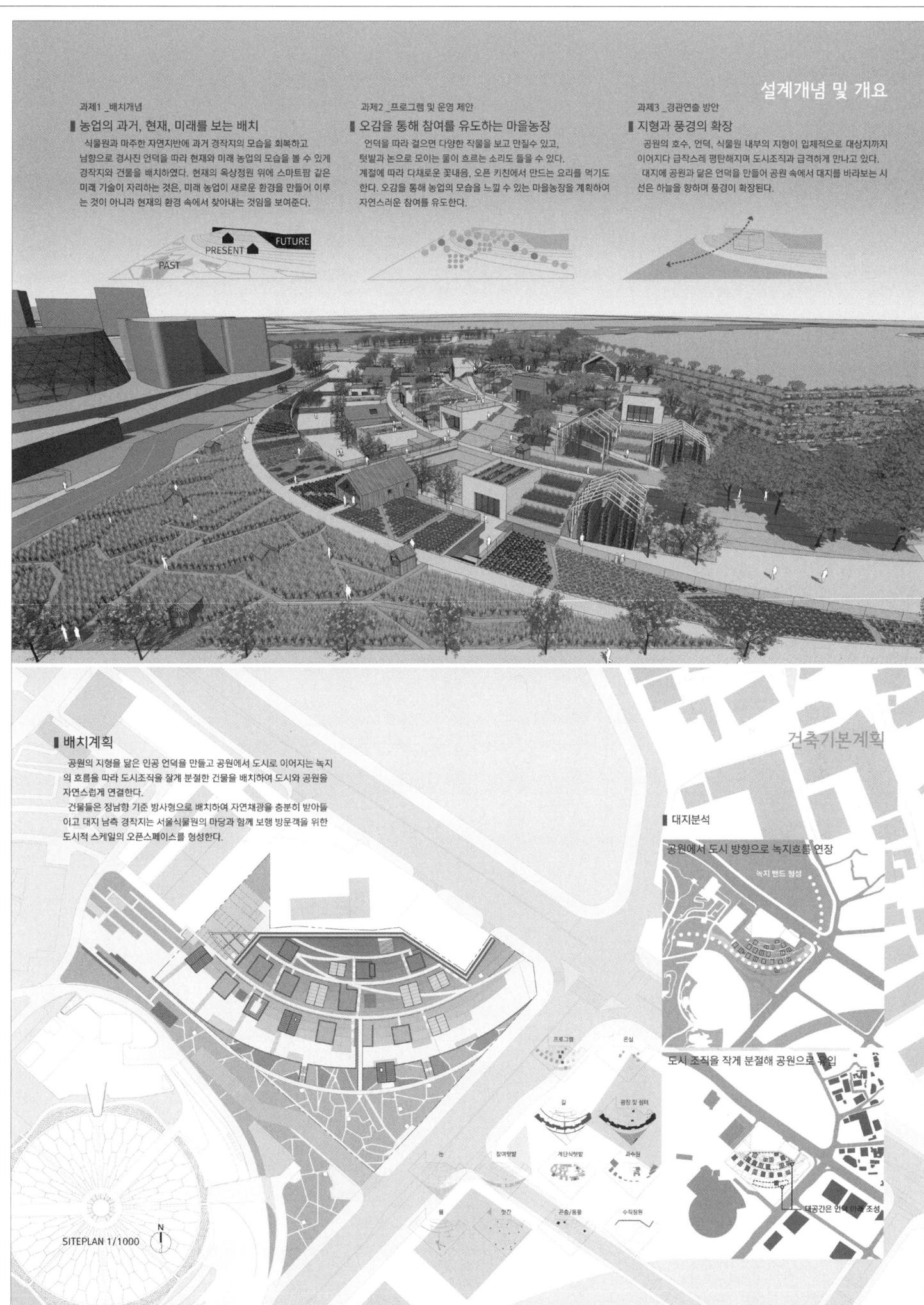

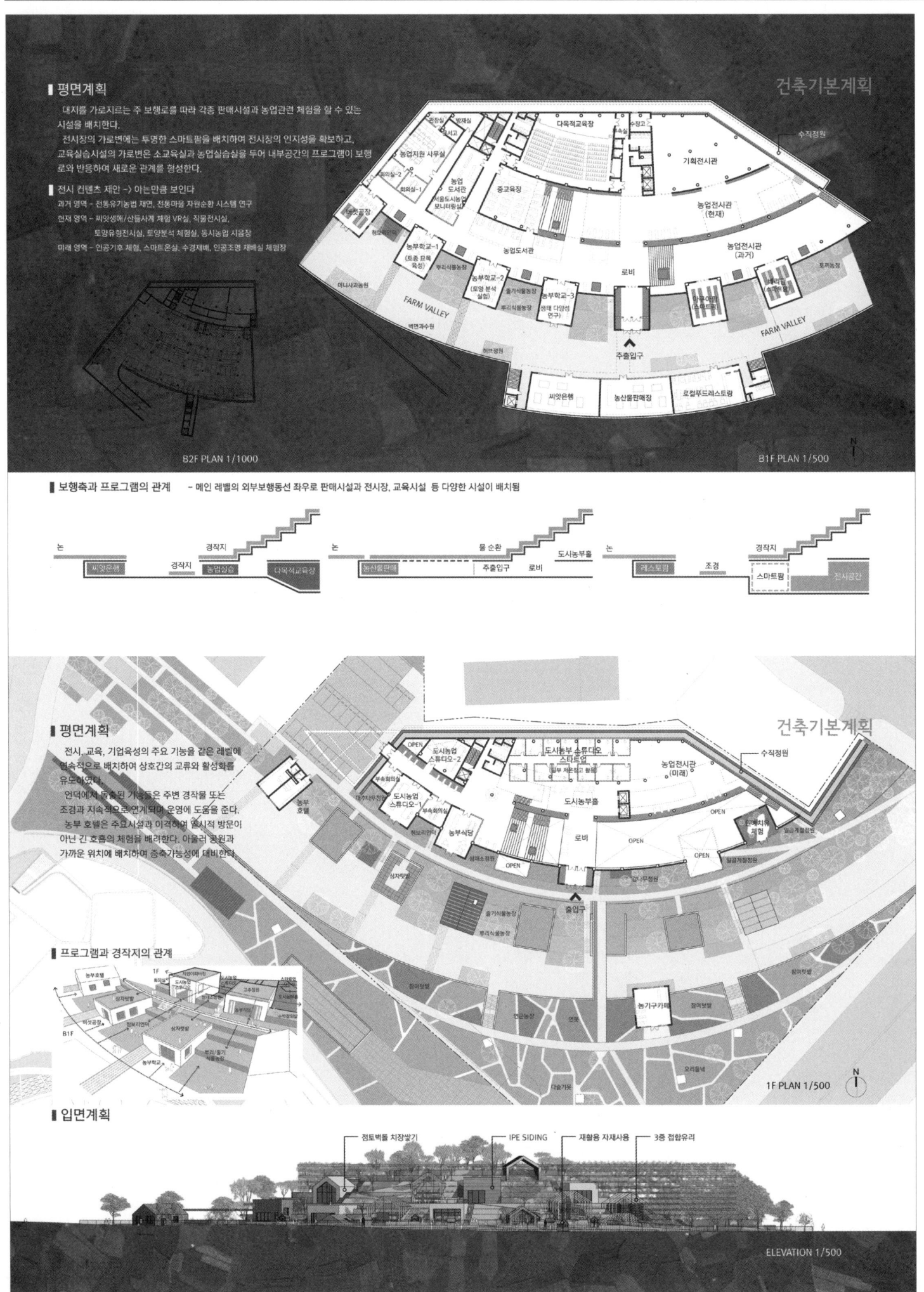

▌평면계획

최상층에서는 언덕과 공원 전체를 조망할 수 있는 전망카페, 셀프키친 등 방문자용 체험 / 휴게 시설을 두어 공공성을 강조한다.

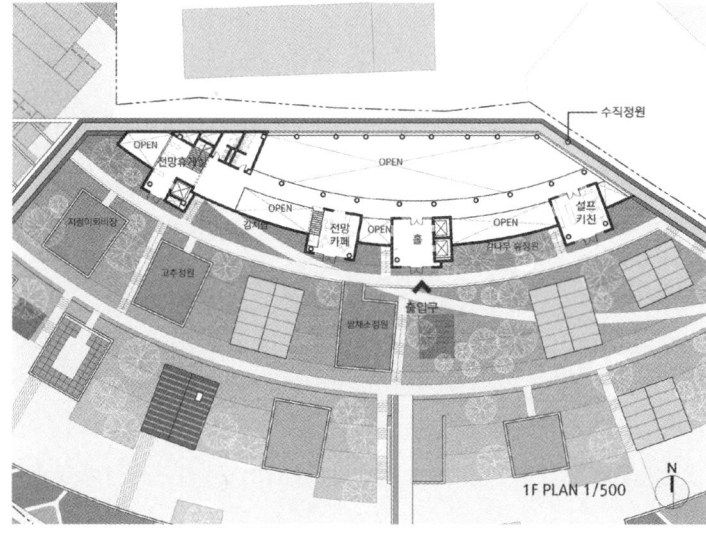

수직정원
OPEN
OPEN
OPEN
OPEN
전망 카페
홀
셀프 키친
출입구
1F PLAN 1/500
N

▌조닝다이어그램

전시, 교육, 기업육성 3개의 영역을 배치하고 전체 공간을 한 눈에 볼수 있는 길게 열린 로비를 만들었다.

전시 영역은 계단식으로 구성하여 전체 시대를 한 눈에 볼 수 있다.

교육 및 기업육성은 외부에서 직접 접근 가능한 체험 및 교육 시설을 먼저 언덕 산책로를 따라 배치하고 볼륨의 크기와 단면을 적절히 고려하여 배치하였다.

2F
1F
B1F
B2F
전시/체험
교육/실습
기업육성
판매/보급
관리

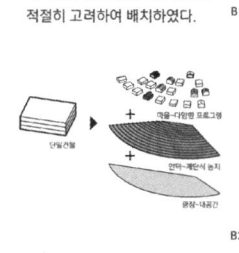

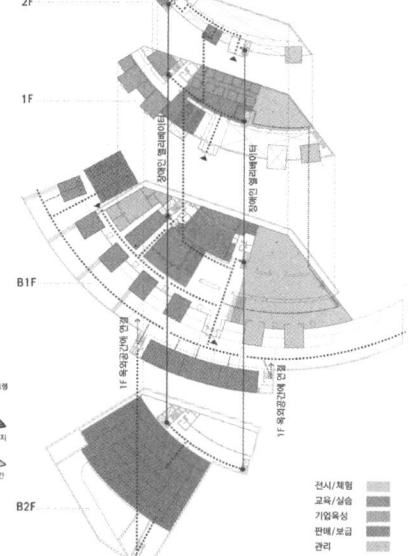

▌마을건물 카탈로그

다양한 타입의 건물이 언덕위에 배치되어 편안하고 안정감 있는 마을의 풍경을 형성한다.

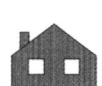

농부호텔
Farmer's Hotel
체험숙소/농부테마인테리어
버섯공장
Mushroom Factory
버섯재배실
농부학교
Farmer's School
소교육실/트랙터창고
힐링센터
Healing Center
원예치유체험원/원예텃밭
아쿠아팜
Aqua farm
아쿠아포닉재배장
원두막까페
Farmer's Pavilion
전망대 까페테리어
농기구까페
Garden Tool Cafe
지하층 씨앗은행과 연계
농부식당
Farmer kitchen
농산물로 다양한 요리 시연
오렌지온실
Orangery
오렌지,귤, 레몬 등 시트러스계열농장

수직정원
숲정원
행잉팜
농업전시(미래)
FARM VALLEY
농업전시(현재)
농업전시(과거)
SECTION-A 1/400
수직정원
도시농부 스튜디오
FARM VALLEY
농부학교
농업도서관
중교육장
다목적교육장
지하주차장
SECTION-B 1/400

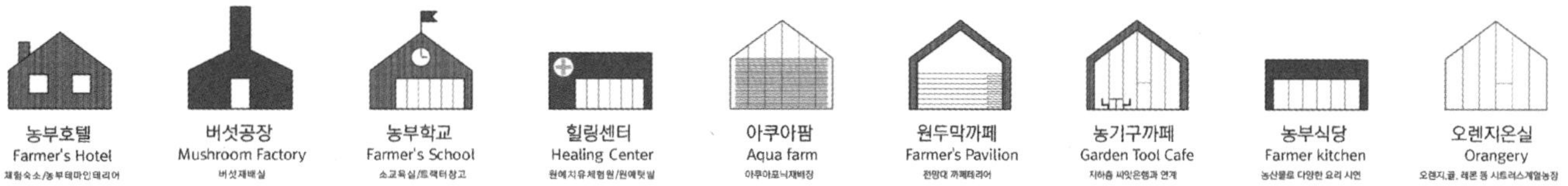

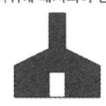

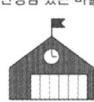

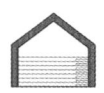

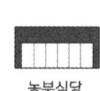

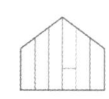

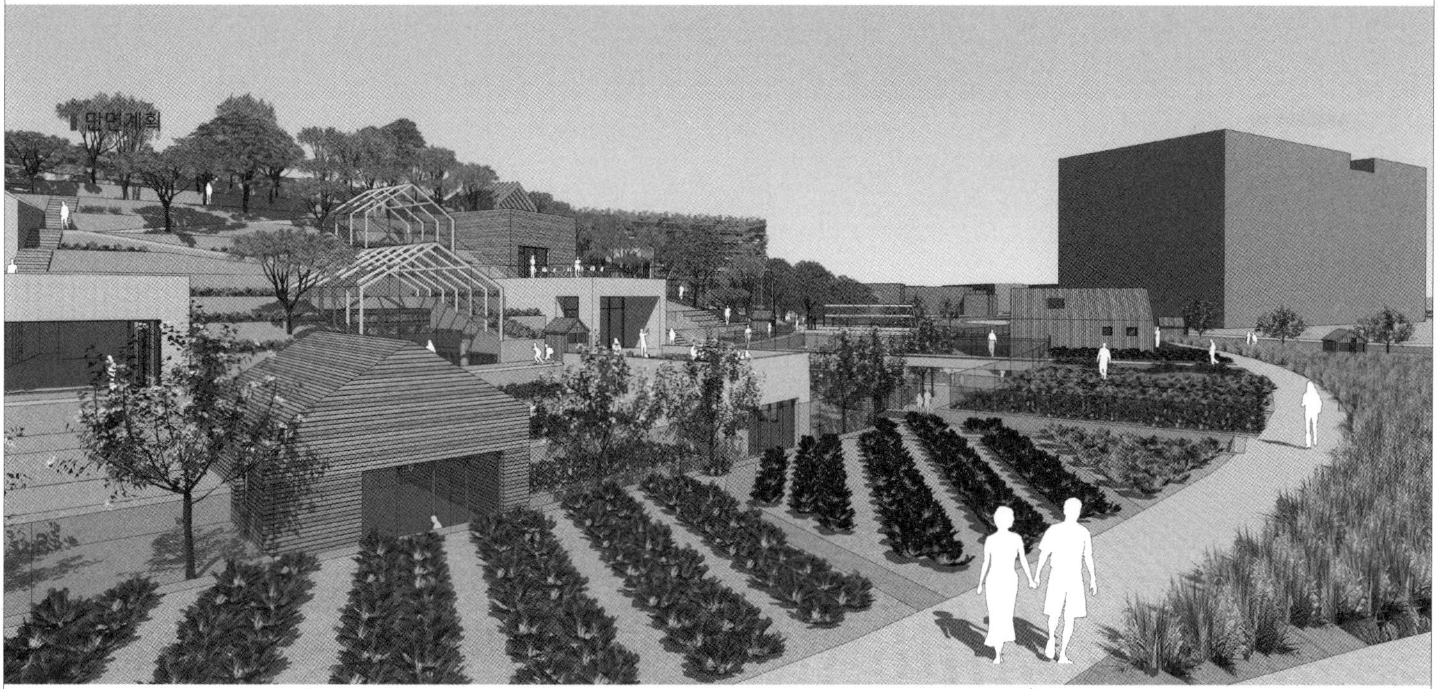

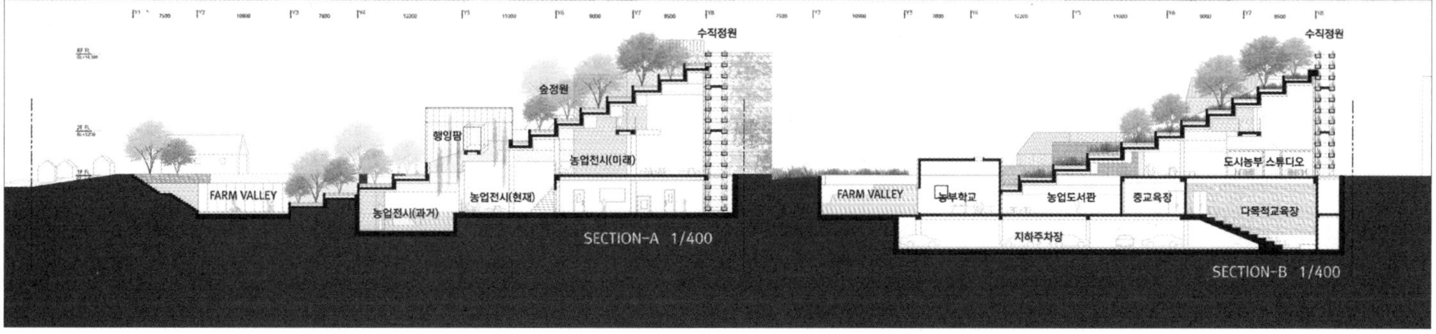

농업공화국 조성사업

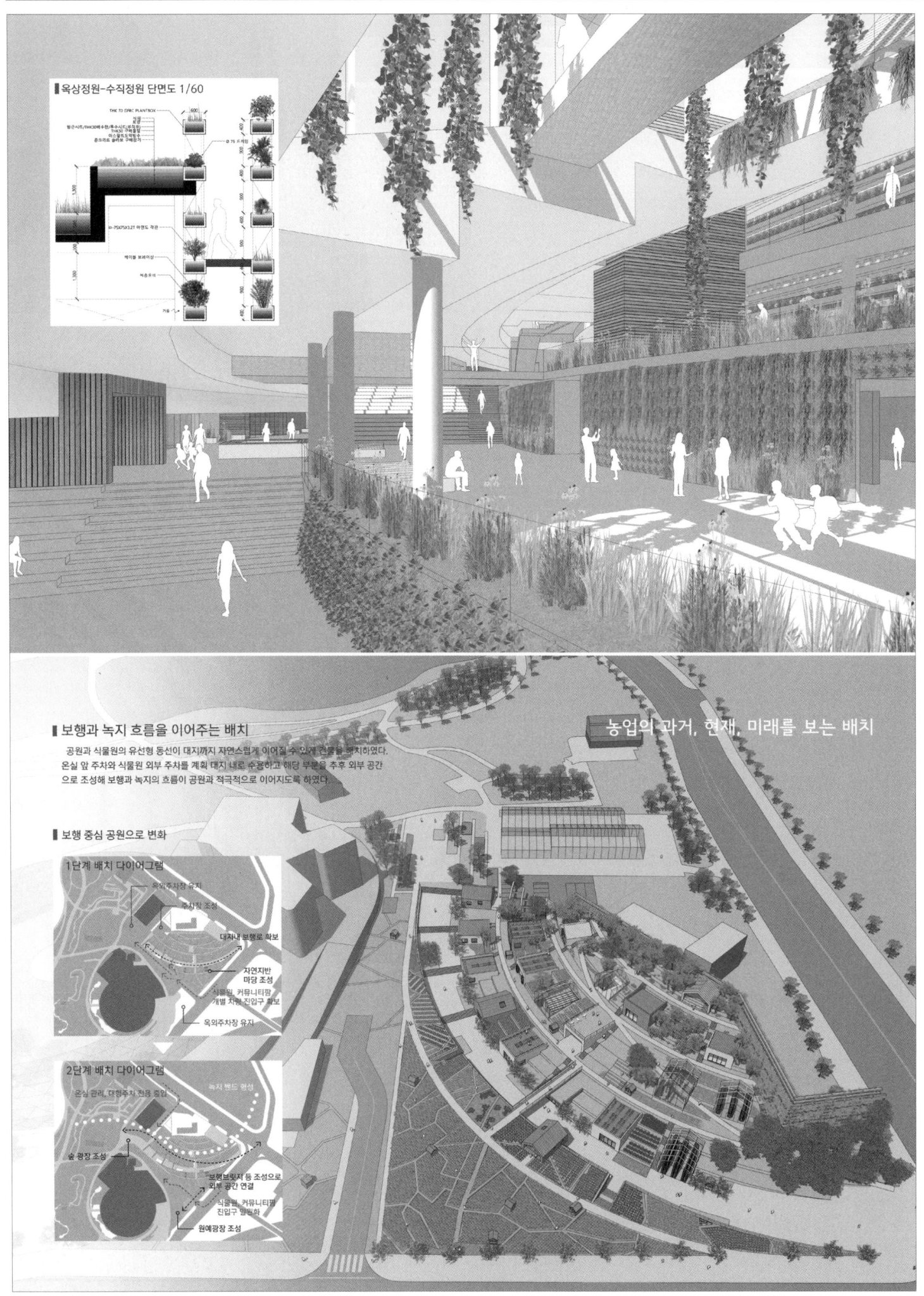

Urban Farming Platform Design

■ 농업의 과거, 현재, 미래를 볼 수 있는 외부공간 배치

넓은 들판은 과거 경작지의 모습을 회복하고 남향으로 경사진 언덕을 따라 현재의 일반적인 옥상정원을 이용한 농업의 모습을 볼수 있게 외부공간을 배치하였다.

옥상정원 중간중간에 미래 농업의 모습을 볼 수 있는 스마트 팜, 수직정원 등을 배치하였다. 미래 농업은 현재와 다른 새로운 환경을 만들어 이루는게 아니라 현재의 환경 속에서 찾아내는 것, 가까이 다가와 있다는 것을 보여준다.

실내 전시 공간 또한 외부의 레벨을 따라 계단식으로 배치해 과거-현재-미래를 한 눈에 볼수 있게하였다.

농업의 과거, 현재, 미래를 보는 배치

■ 마곡커뮤니티팜 지식 진화 플랫폼

오감을 통해 참여를 유도하는 마을농장

운영의 키워드 "공생(共生)"
마곡커뮤니티팜은 관람, 교육, 컨설팅, 치유, 기업, 연구 등의
다양한 기능이 공생하며, 도시민과 농민, 전문가
모두 함께 자라나는 장소이다.

시설의 역할

서울도시농업인 확산 베이스캠프
- 지속적인 정보, 연구 역량, 전문가 집단이 축적되고 진화하는 플랫폼

서울도시농업지원센터
- 연구 컨설팅기능 강화
- 단기 교육자 온라인 지원
- 텃밭공동체 지원

■ 서울시 도시농업 텃밭지도

서울시 도시농업 네트워크의
허브가 될 마곡 커뮤니티 팜

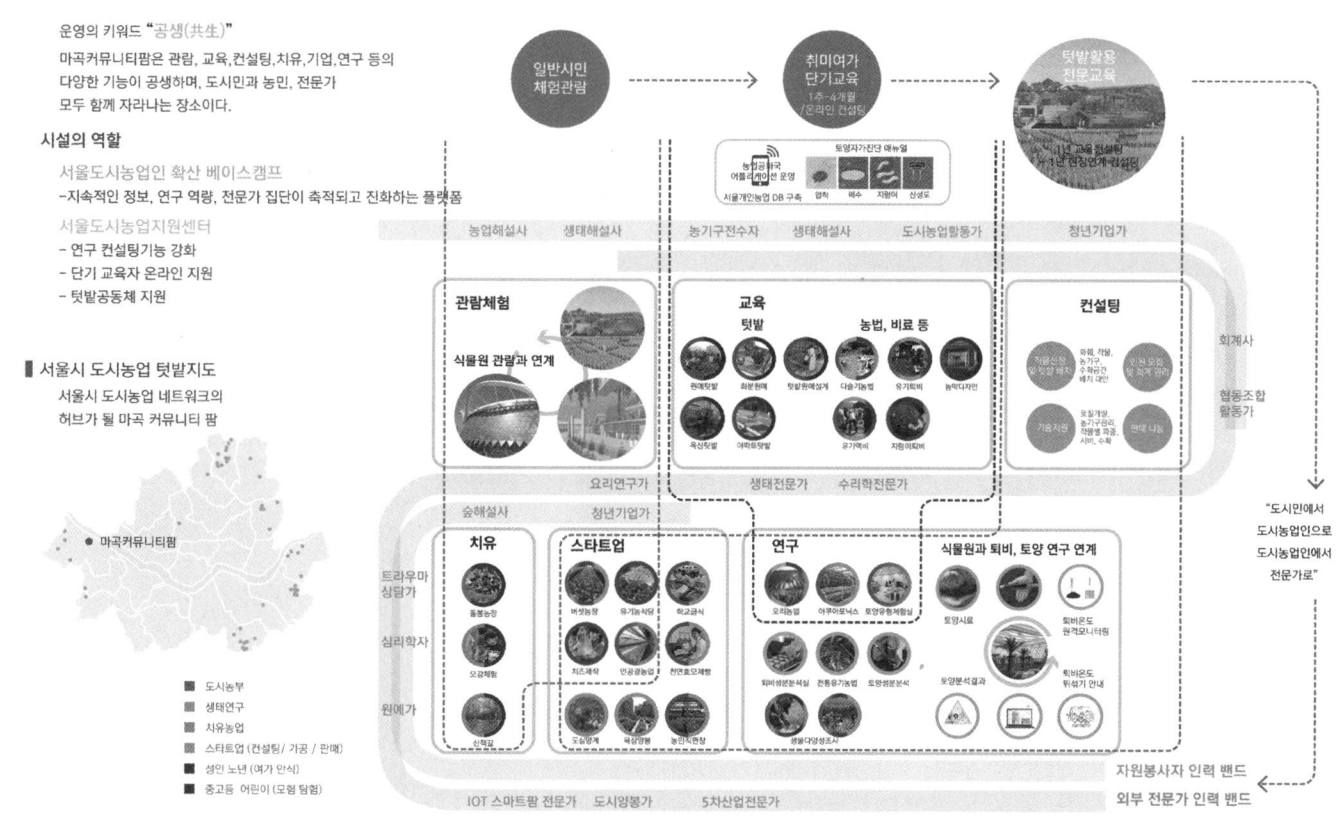

공생공화국

오감을 통해 참여를 돕는 마을농장

도시의 삶이 마곡커뮤니티팜 안에서 식물 동물 곤충과 함께 공생한다.
농지, 숲, 물의 다른 환경을 만들어 서식하는 동식물의 카테고리를 넓혀 다양한 생태계와 공생 체계를 만들었다.

프로그램의 공생(내외부 프로그램 연계)

메인 레벨인 지하1층은 프로그램의 켜와 녹지의 켜가 반복 배치되어 있다. 실내 정원을 적극 조성해서 실내 재배에 대한 연구가 이루어질 수 있다.

언덕으로 돌출된 프로그램은 외부 경작지와 연계 운영 되도록 배치하였고 2층에는 시민개방시설을 나란히 배치하여 대지 전체와 공원을 바라볼 수 있게 하였다.

실내에서 하부로 열린 곳을 통해 내부 수직정원과 전시장을 볼 수도 있다.

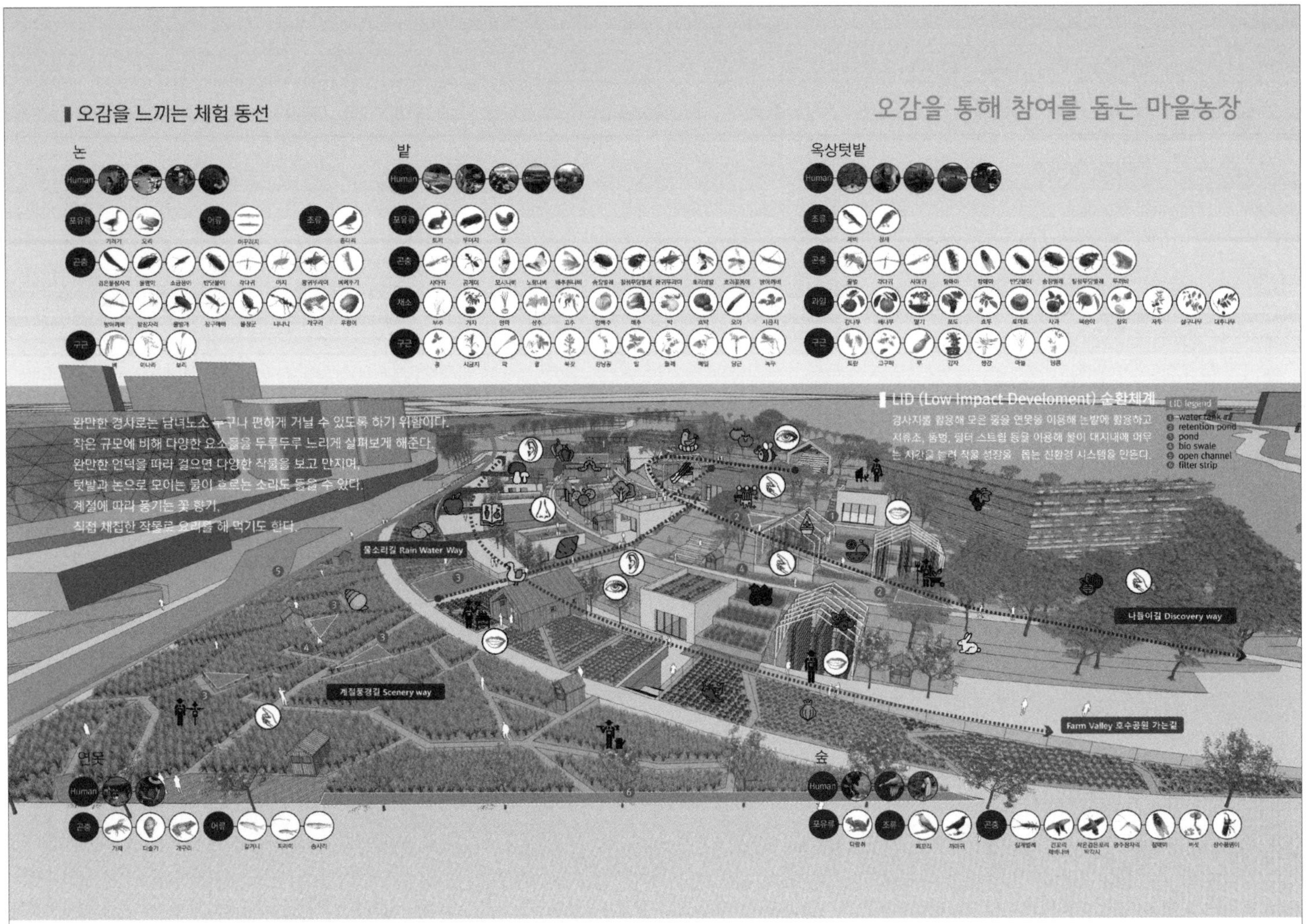

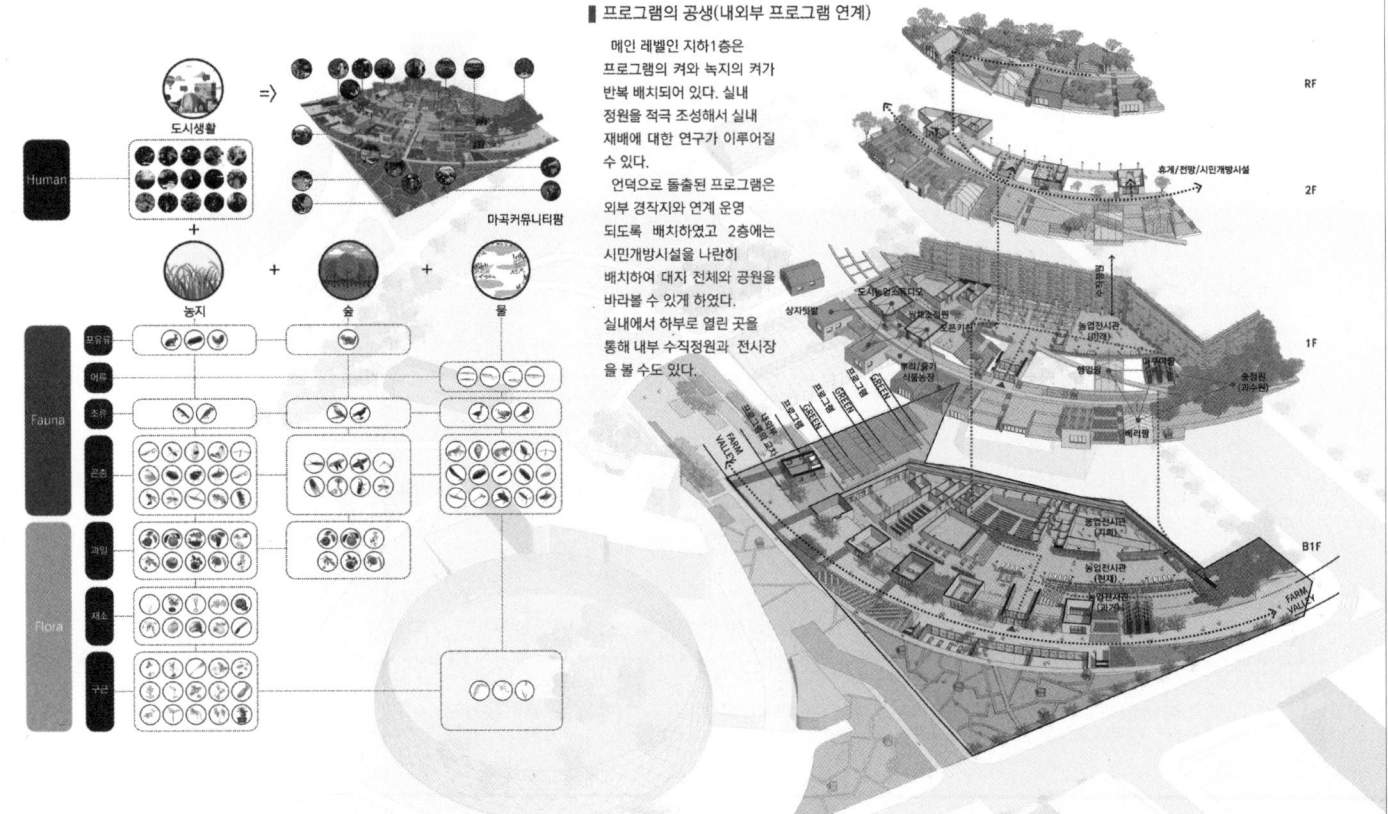

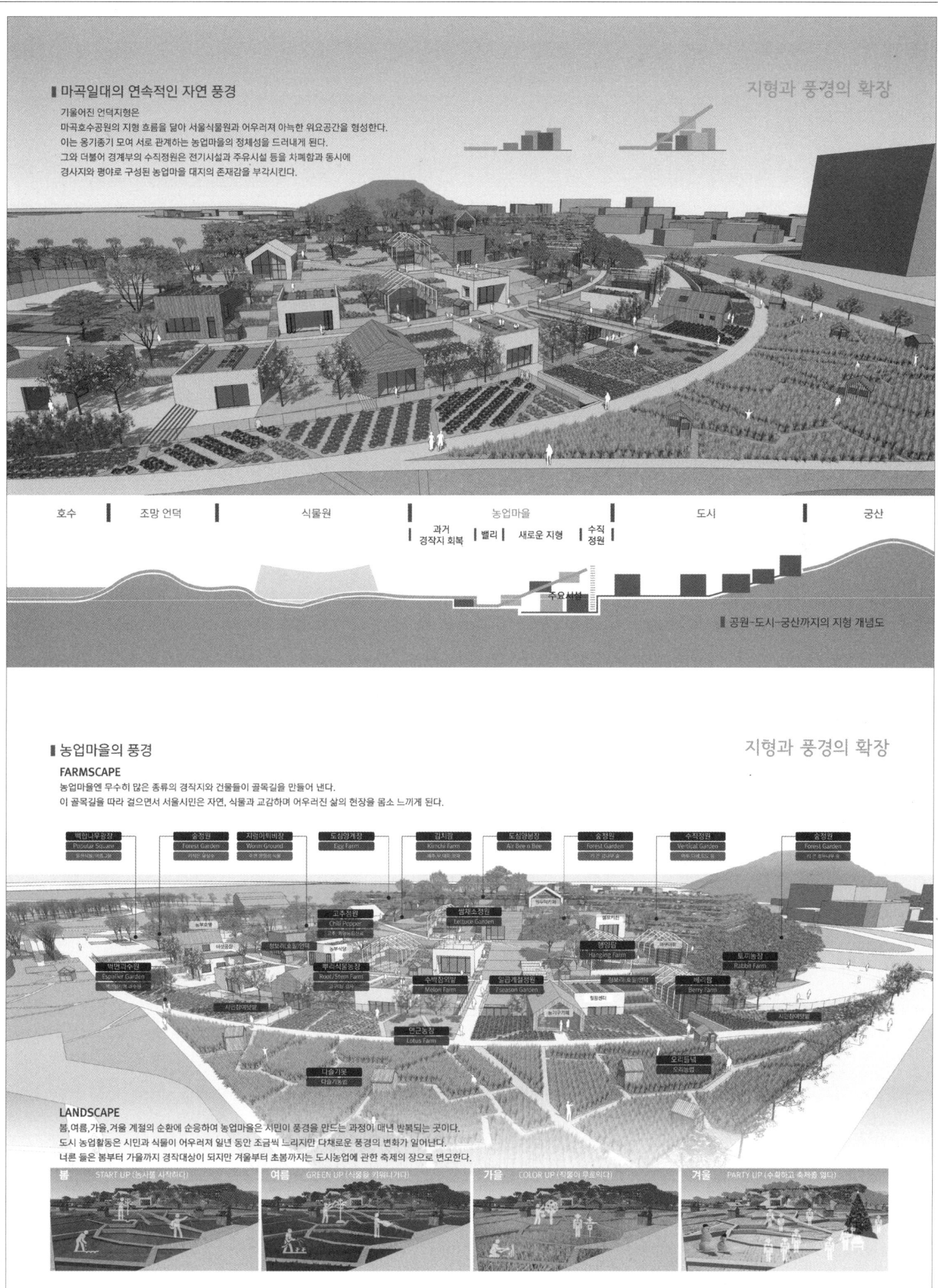

구루물 아지트

당선작 (주)무심종합건축사사무소 유보영 설계팀 김기동, 김희성, 이수현, 심양기, 권현지

대지위치 충청북도 청주시 흥덕구 운천동 871번지 외 5필지 **대지면적** 986.90㎡ **건축면적** 556.25㎡ **연면적** 1,760.87㎡ **건폐율** 56.36% **용적률** 103.02% **규모** 지하 1층, 지상 3층 **최고높이** 14.3m **구조** 철근콘크리트 라멘구조, 전단벽 구조 **외부마감** 콘크리트블록, 로이복층유리, 타일 **주차** 11대(장애인 주차 2대, 확장형 2대 포함)

역사의 적층: 직지의 문화를 쌓다

사이트인 도시재생 뉴딜사업으로 선정된 운천신봉동은 직지문화특구 구역으로서 흥덕사지와 고인쇄박물관을 비롯하여 근현대 인쇄전시관까지 옛 문화유적을 비롯한 근·현대 건물이 하나의 클러스터를 형성하고 있는 지역으로 이러한 고유의 역사성을 계승하고자 직지의 전통을 담은 입면계획으로 주변과의 조화를 추구하고 열린공간 계획을 통해 다양한 문화생활이 수용가능한 시대의 트랜드가 반영되는 문화예술 중심지로 계획하였다.

문화의 플랫폼: 공유와 경험을 잇다.

보행자 전용 가로와 연계된 넓은 전면광장을 배치하여 시민들에게 다양한 이벤트와 쉼터를 제공, 적층되는 층별 테라스공간을 통해 주변유적 및 자연과의 시각적 연계를 고려하였다. 이러한 문화체험거리의 수평·수직의 연장으로 가로의 활성화를 도모하고 직지문화 특구의 이정표가 되고자 한다.

Staked layers of history: Shaping the culture of Jikji

Ucheon Sinbong-dong, an urban regeneration project site, is in the Jikji Culture Zone, and modern and contemporary buildings and cultural heritage sites including Heungdeoksa temple, the Early Printing Museum and the Modern Printing Museum are forming one cluster there. To inherit such a unique historical context of the area, the traditional features of Jikji is applied to the facade design to make harmony with its surroundings. And open-plan spaces are introduced to create a major venue for culture and art, which can accommodate various cultural activities and keep up with the trend of the time.

A cultural platform: Establishing connection between sharing and experience

A large entrance plaza networked with pedestrian-only streets is inserted to provide various events and resting places for local people. A stackable terrace is designed on each floor to establish visual connection to heritage sites nearby and nature. These solutions lead to horizontal and vertical extensions of the culture street, and, through that, give life to local streets and set a milestone for the Jikji Culture Zone.

Prize winner Moosim Architects & Engineers_Christina Boyoung Ryu **Location** Heungdeok-gu, Cheongju, Chungchengbuk-do **Site area** 986.90m² **Building area** 556.25m² **Gross floor area** 1,760.87m² **Building coverage** 56.36% **Floor space index** 103.02% **Building scope** B1, 3F **Height** 14m **Structure** RC rahmen, Shear wall structure **Exterior finishing** Concrete block, Low-E paired glass, Tile **Parking** 11 (including 2 for the disabled, 2 for extension type)

Gurumul Agit

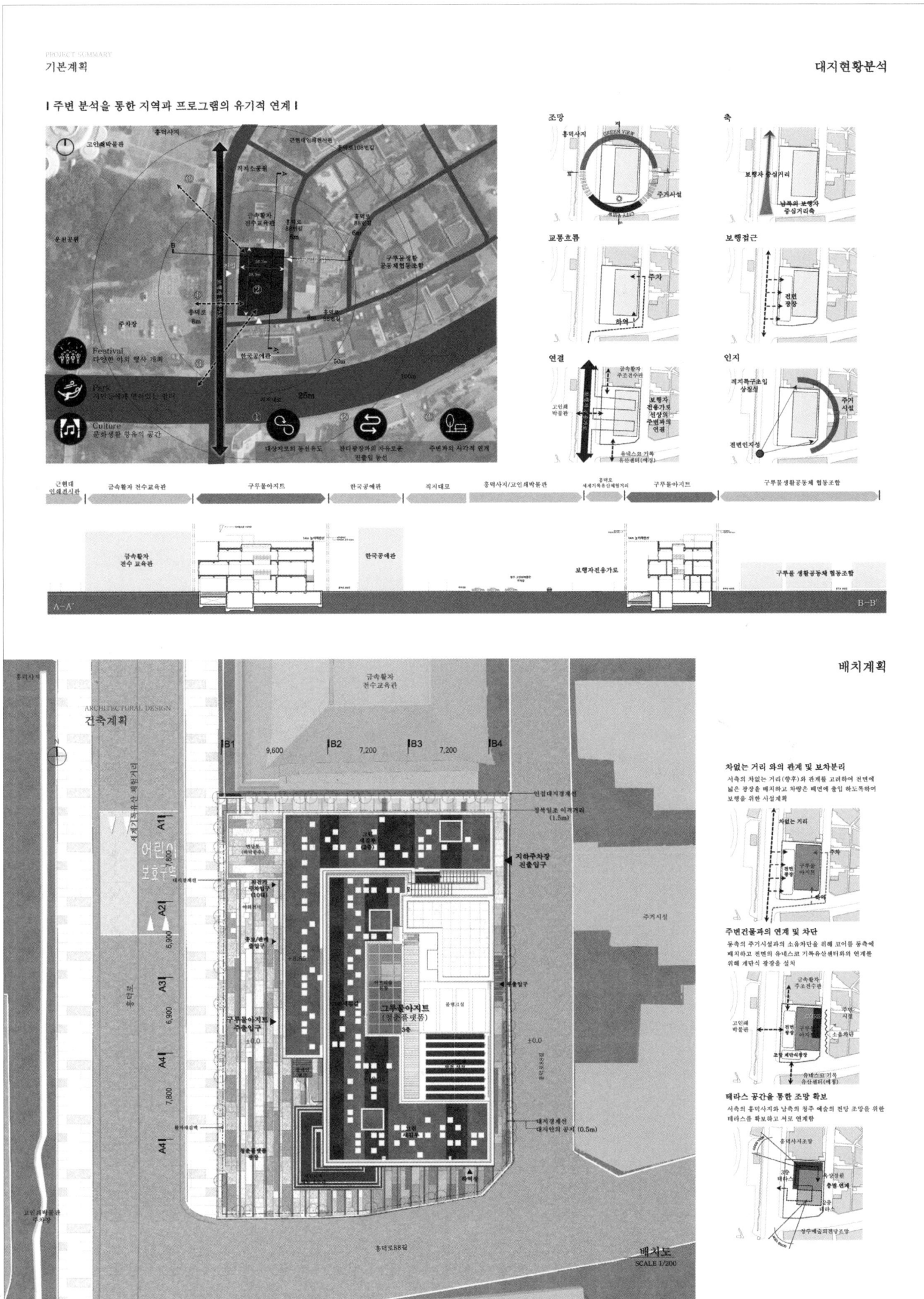

구루물 아지트

ARCHITECTURAL DESIGN
건축계획

평면계획

지하 1층 평면도
SCALE 1/150

충분한 차로 7m 확보
법적 차로폭보 내측6m 보다 넓은 7m 차로를 확보하여 주차이용시 편의를 증대

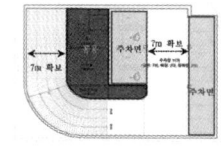

법정 주차대수 이상 확보
법정 주차대수 이상을 확보하고 개정된 법규의 확장된 일반형 주차를 계획하여 허가시 불편함이 없도록 함

분류	법정주차	계획주차	비고
유형	일반형	일반형	산정근거
일반형	8대	9대 (7+2대)	1종근린생활시설 시 설면적당 130m²당 1대 (정주시 건축조례 제 15조 별표7)
장애인	1대	2대	
소계	9대	11대	

주차장 유도 계획
종합주차 상황판설치 및 각층 진입로에 주차가능 안내판 설치

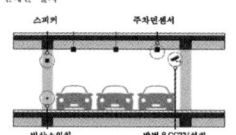

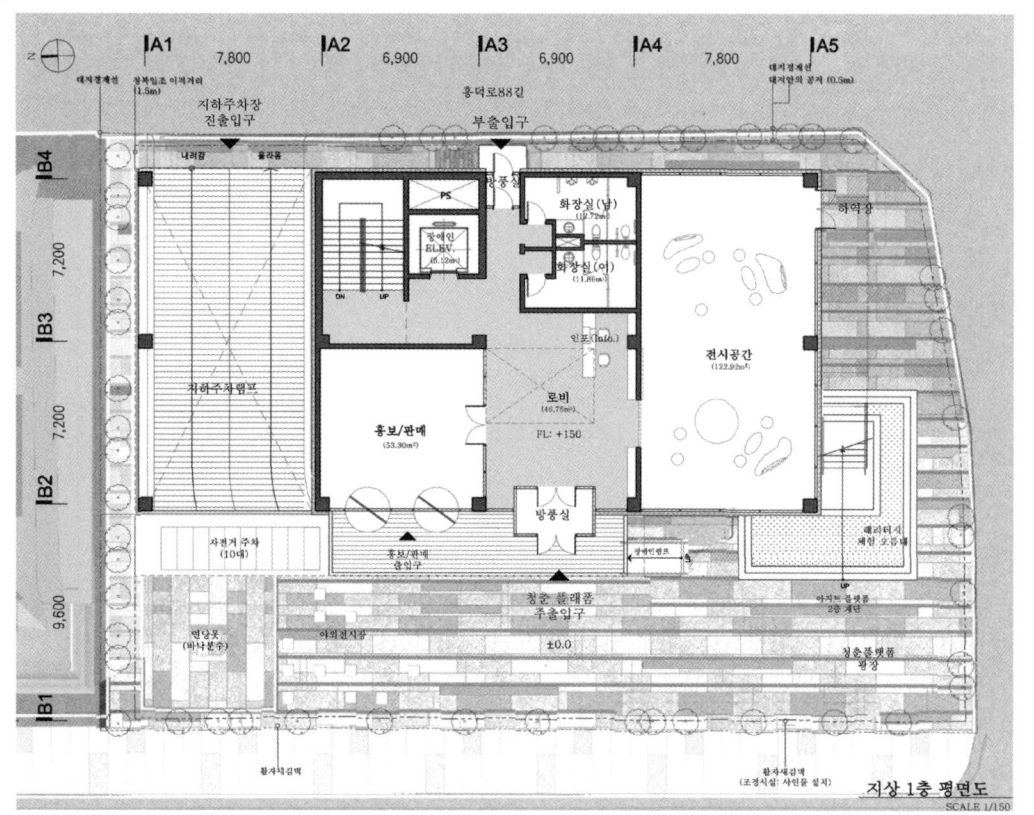

지상 1층 평면도
SCALE 1/150

홍보 및 판매시설 독립운영 가능
홍보 및 판매시설을 별도 독립 운영가능 하도록 전면광장에 맞닿게 배치하여 사용자로 하여금 공간의 이용과 효율을 증대

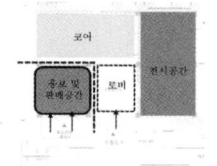

넓은 전면광장 확보 (직지관련행사 가능)
차없는 거리와 연계되어 넓은 전면광장을 확보하여 직지 관련행사, 시설과 관련된 행사, 강연 등을 개최할 수 있도록 하여 지역의 이정표 역할을 함

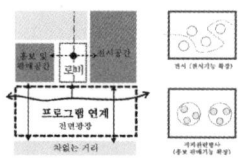

주민,거주자와의 소음을 고려한 코어배치
주민시설과의 소음을 고려하여 활동공실이 아닌 코어를 벽면에 계획하여 소음발생을 최소화로 함

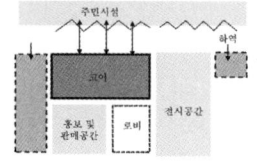

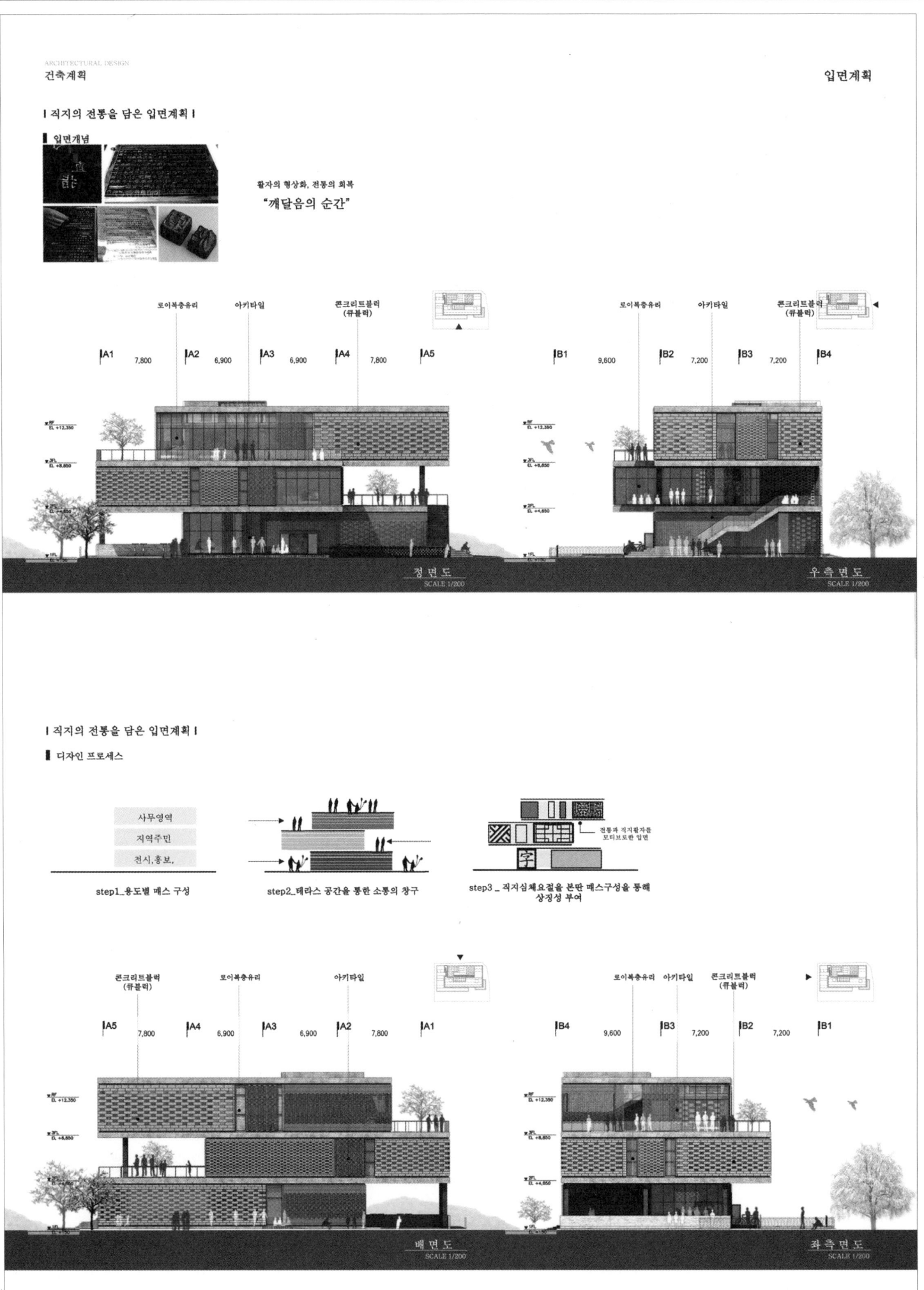

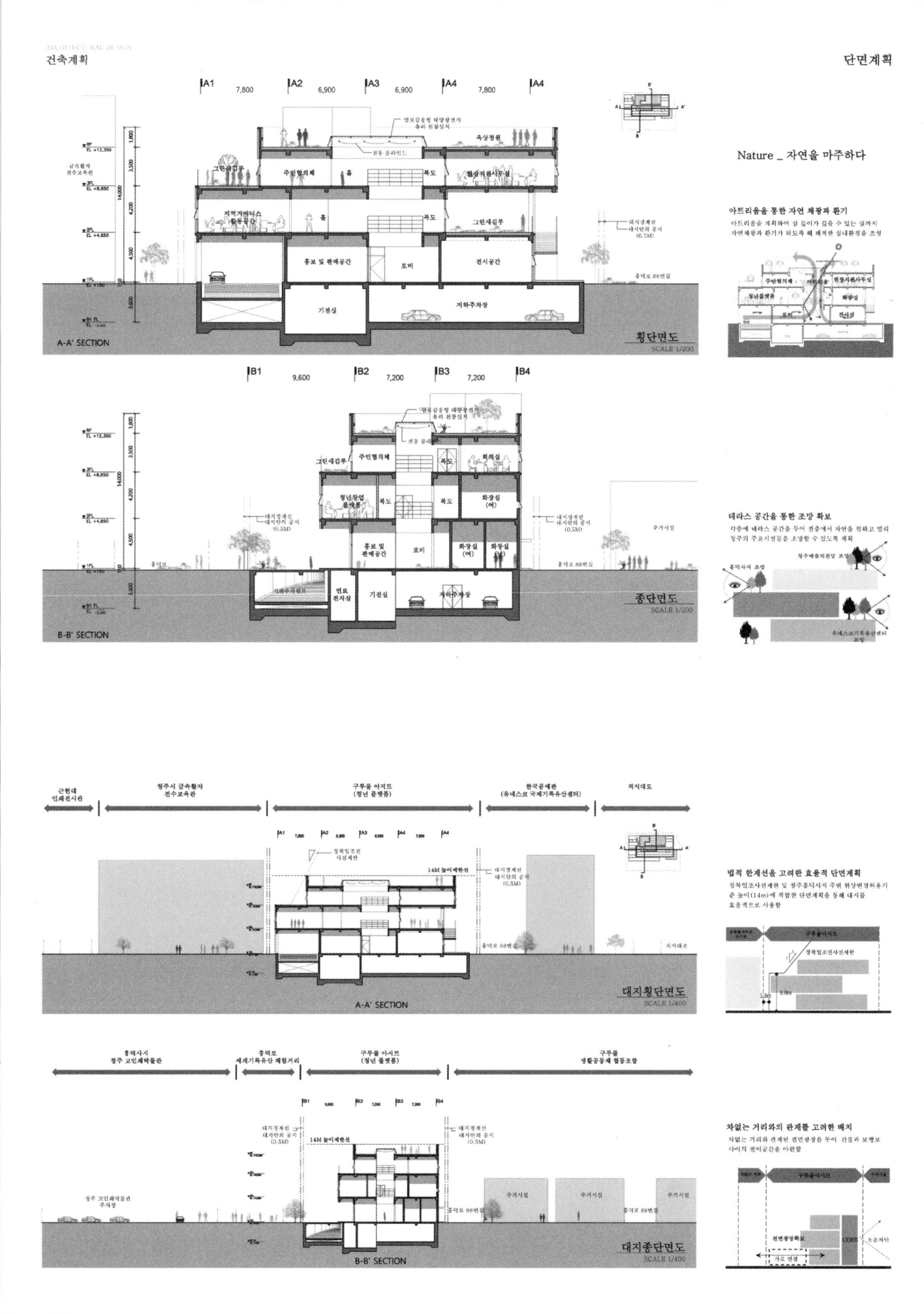

구루물 아지트

ARCHITECTURAL DESIGN
건축계획

외부 공간계획 (외부동선, 조경계획)

| 청주의 전통과 문화공동체를 담은 외부공간계획 |

▌외부공간배치

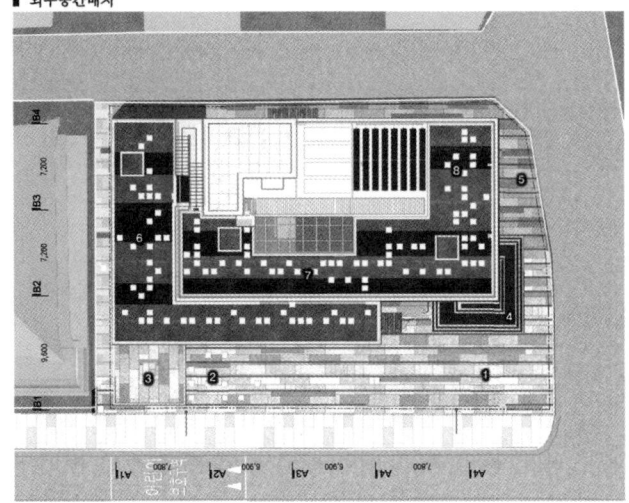

▌조경공간 개념도

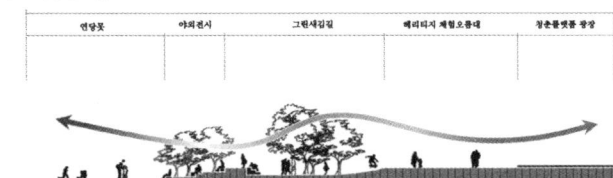

▌조경 컨셉

"전통을 쌓고
구루물 닫다"

▌외부공간 프로그램

1 청춘플랫폼 광장 2 야외전시장 3 연당못 4 헤리티지 체험오름대
5 상징정원 6 그린새김정원 7 그린새김길 8 청주전망대

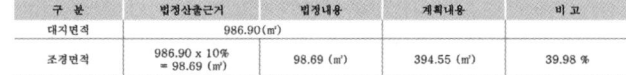

구 분	법정산출근거	법정내용	계획내용	비 고
대지면적	986.90(㎡)			
조경면적	986.90 x 10% = 98.69 (㎡)	98.69 (㎡)	394.55 (㎡)	39.98 %

▌외부동선계획

주차/서비스동선 / 보행동선
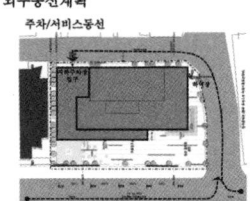 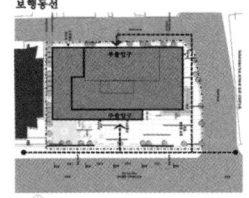

시설이용동선 / 외부공간활용
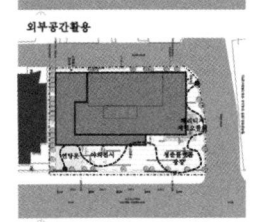

주요경관 및 색채계획

| 청주의 전통과 자연을 돋보이게 하는 유기적 색채계획 |

▌주변전통경관

▌기본계획방향

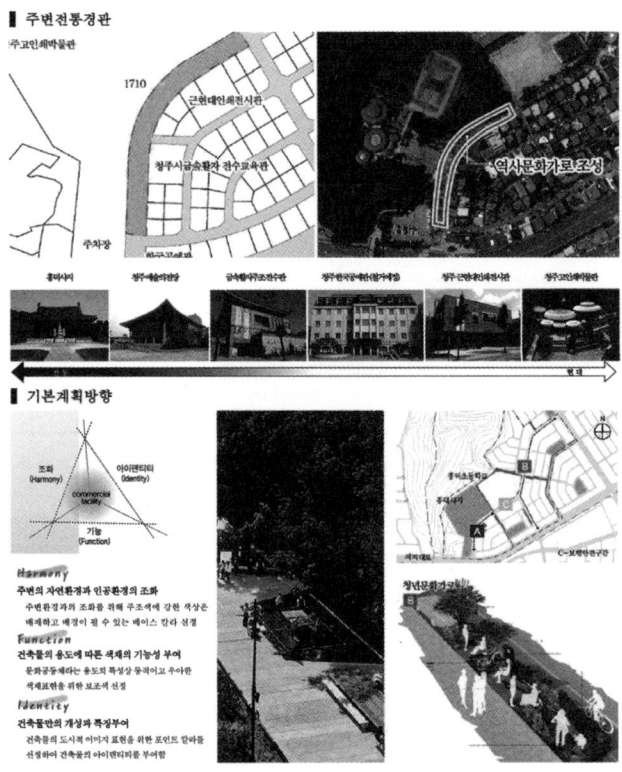

Harmony
주변의 자연환경과 인공환경의 조화

Function
건축물의 용도에 따른 색채의 기능성 부여

Identity
건축물만의 개성과 특징부여

▌색채 방향

전통 / 문화 / 소통 / 가치

주조색/보조색 — 부드럽고 은은하게 Warm Gray으로 밝고 우아하게 표현

강조색 — Brown Tone계열의 칼라를 Tone in Tone 기법으로 연출

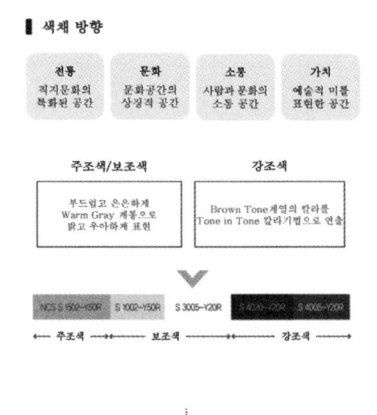

▌재료선정

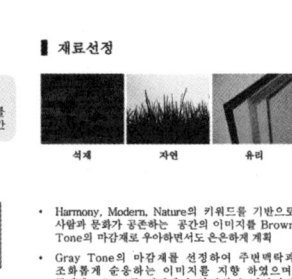
석재 자연 유리

- Harmony, Modern, Nature의 키워드를 기반으로 사람과 문화가 공존하는 공간의 이미지를 Brown Tone의 마감재로 우아하면서도 은은하게 계획
- Gray Tone의 마감재를 선정하여 주변맥락과 조화롭게 순응하는 이미지를 지향 하였으며, 투명한 Glass를 선정하여 현대적인 이미지의 마감재 계획
- 자극적인 원색 적용은 제한하며, 청주 전통의 색을 차용하여 자연녹지 경관과 조화되는 색채 사용

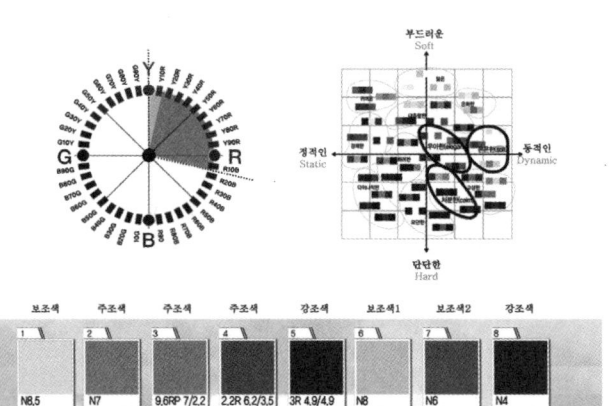

Gurumul Agit

분야별계획 — 친환경 계획

| 청주의 자연을 온전히 받아들이는 Sustainable 계획 |

친환경 통합 디자인 프로세스

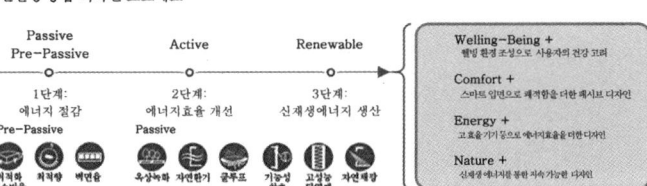

녹색건축인증제도

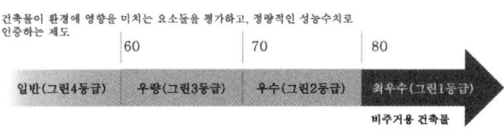

친환경 종합 다이어그램

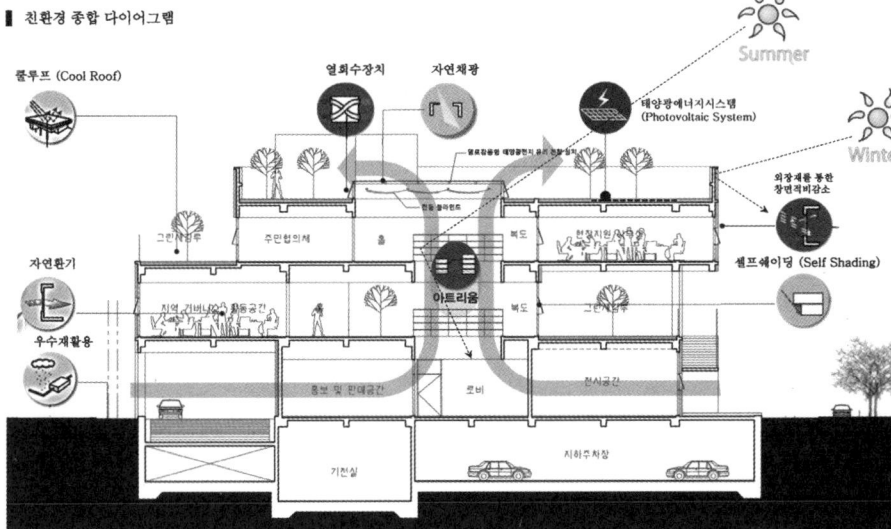

신재생 에너지 계획

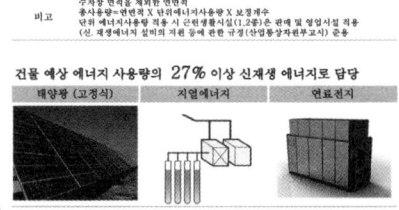

건물 예상 에너지 사용량

연면적 (㎡)	단위에너지사용량 (kWh/㎡·yr)	용도 보정계수	지역 보정계수
1,122.95	408.45	1.58	1
총 사용량	724,696.91 kWh/yr		

건물 예상 에너지 사용량의 27% 이상 신재생 에너지로 담당

신재생 에너지원	태양광 (고정식)	지열에너지	연료전지	합계
공급비율	10.80%	12.15%	4.05%	27%
단위에너지 생산량 (kWh/kw·yr)	1,358	2,045	9,392	-
보정계수	4.14	0.7	6.35	-
연평균 총 생산량 (kWh/yr)	78,267.27	88,050.67	29,350.22	195,668.16

무장애 계획/소방·방재계획

| 장애물 없는 생활환경 계획 |

장애물 없는 생활환경 [최우수 등급] 인증계획

유니버셜디자인 계획 (Universal Design)

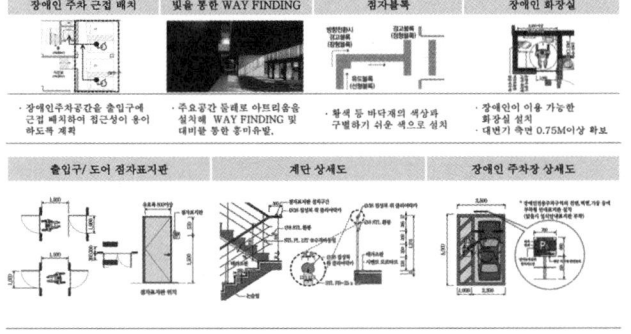

건축물의 특성을 고려한 소화시스템 계획

신속성 / 안전성 / 편리성 / 신뢰성

소방설비 흐름도

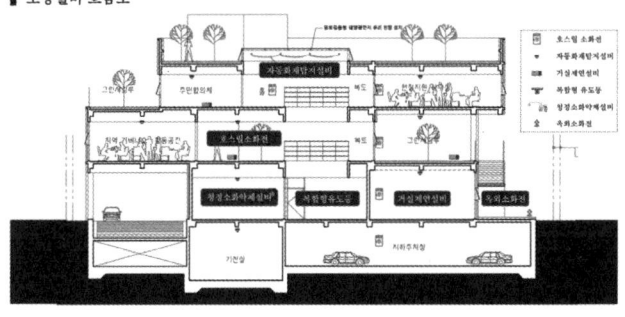

소방설비 계획 / 소화설비 내진설계

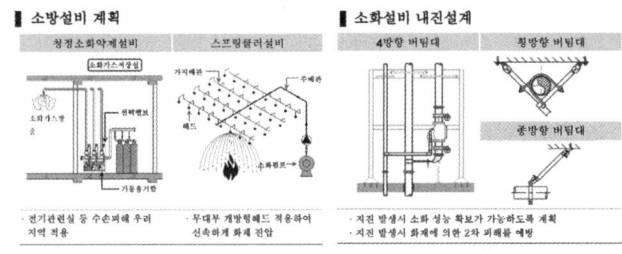

금천 고가하부공간 활용 공공공간

당선작 건축사사무소 니즈건축 박진희   설계팀 안대호

대지위치 서울특별시 금천구 가산동 677 **대지면적** 368.1㎡ **건축면적** 241㎡ **연면적** 274㎡ **건폐율** 65% **용적률** 74% **규모** 지상 2층 **구조** 철골구조 **외부마감** 폴리카보네이트, 복층유리, 목재루버리

본 사업은 가용지가 부족한 서울시에서 활용도가 낮은 고가도로 하부공간을 활용하여 지역 커뮤니티의 거점 공간을 마련하고자 했다. 지역과 이용자의 특성에 초점을 맞추고, 규모는 작지만, 실효성이 있는 커뮤니티 공간의 성격은 무엇인지 고민하였다.

SITE : 대상지는 고가차도하부로 독산역과 인접하고 있으며, 주거시설보다 업무시설이 밀집된 지역이다. 지하철을 이용하는 사람들이 자주 지나치고 출퇴근 시 유동인구가 많은 지역이다. 현재 대상지 내에는 작은 도서관과 푸드트럭들이 있지만 고가도로 하부의 열악한 환경으로 제약이 있다.

USER : 이용자의 특성을 기반으로 한 시나리오를 정리해보았다. 첫째, 퇴근 시간 이후 이용도가 높을 것이다. 둘째, 점심시간, 퇴근 시간 혹은 지하철역을 가면서 잠깐의 여유를 즐기는 사람들이 있을 것이다.

PROGRAM & DESIGN : 기존의 작은도서관은 주민들과 인근 직장인들에게 작지만, 꼭 필요한 공간이었다. 여기에, 기존의 기능을 확장하는 것으로 방향을 잡고, 교육과 문화를 주 프로그램으로 설정하였다. 낮에는 주민들이 주로 이용을 하고 밤에는 직장인들 혹은 취업준비생을 위한 교육프로그램이 운영될 수 있는 다목적공간을 구성하였다. 작은 공간을 세분화하기보다는 단순한 형태를 통해 공간 가변성의 효율을 높이고자 하였다. 고가 하부의 어두움을 밝히고, 밤에는 도시의 조명 빛이 되는 상상을 하였다.

This project aims to create a major community venue by making good use of an underused space under an overpass in Seoul which has a shortage of available land. The characteristics of the project area and target users are carefully observed, and the attributes of a small but practical community facility are studied.

SITE : The project site is nestled under an overpass near Doksan Station. And business facilities are concentrated around the site to outnumber residential buildings. The site is on a route frequently used by subway users, and it has a large floating population during rush hours. Currently, the site area is occupied by a small library and a number of food trucks, yet its poor environment formed under the overpass is posing many limitations.

USER : Several scenarios are set up based on the user characteristics. The first one is that the number of users will be increased after business hours. The second is that there may be some people who want to enjoy their free time briefly after work or on the way to the station.

PROGRAM & DESIGN : The existing small library has provided a small but essential space for local people and office workers in the area. Therefore, it's decided to extend its original function, and education and culture are taken as the main theme for new programs. Consequently, a multi-purpose space is designed to offer educational programs for local people during daytime and for office workers or jobseekers during nighttime. Spatial flexibility is increased by proposing a simple form rather than subdividing the small site area. This new space will drive away the darkness under the overpass, and when the night comes, it will begin to shine a light for the city.

Prize winner NEEDS ARCHITECTS_Park Jinhee **Location** Gasan-dong, Geumcheon-gu, Seoul **Site area** 368.1m² **Building area** 241m² **Gross floor area** 274m² **Building coverage** 65% **Floor space index** 74% **Building scope** 2F **Structure** SC **Exterior finishing** Polycarbonate, Pair glass, Wood louver

Geumcheon Public Space of the Below the Overpass

01 설계의 기본방향

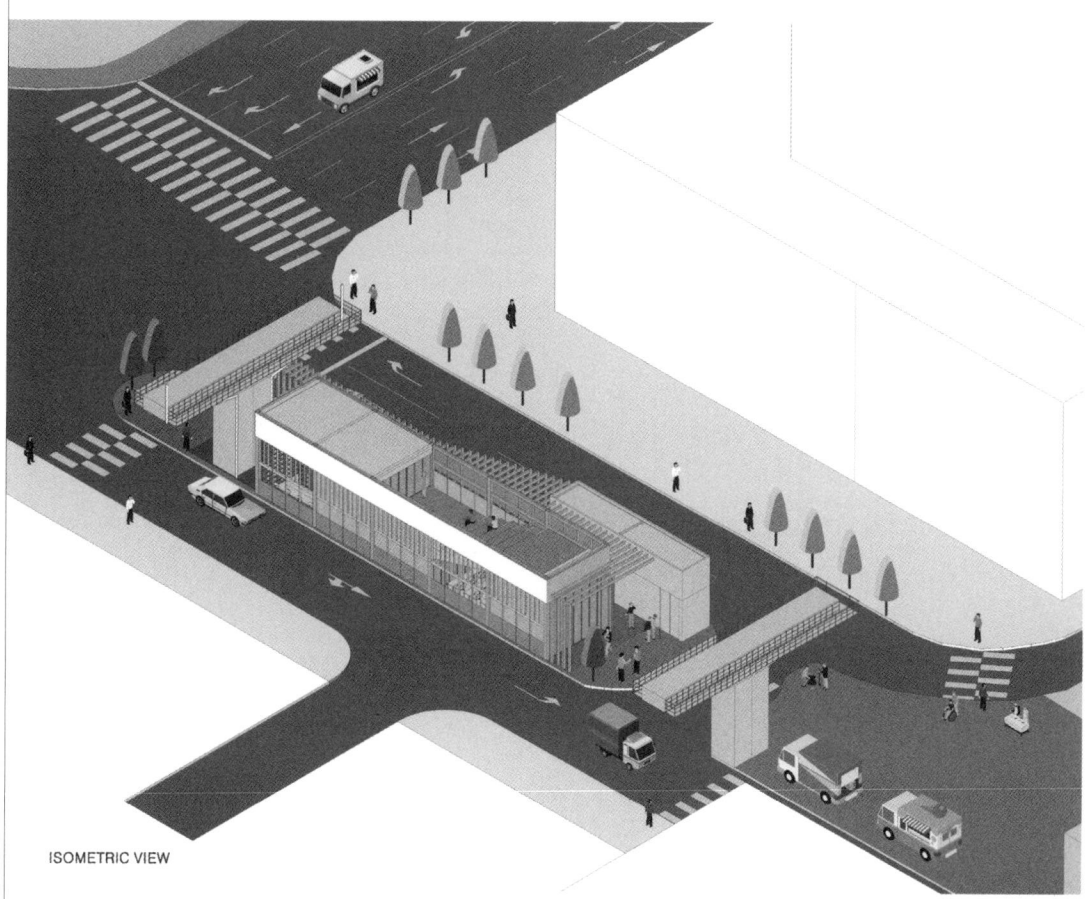

ISOMETRIC VIEW

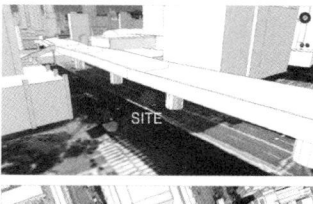

SITE: 대상지는 고가차도하부로 독산역과 인접하고 있으며, 주거시설에 비해 업무시설이 밀집되어 있는 지역이다. 지하철을 이용하는 사람들이 자주 지나치고 출퇴근시 유동인구가 많은 지역이다. 현재 대상지 내에는 작은도서관이 위치하고 있으며 푸트트럭들이 위치하는 푸트코트가 인접하고 있지만 고가도로 하부의 열악한 환경으로 인해 기존의 프로그램이 활성화되는데 제약이 있다.

USER: 대상지의 특성 상 주민분 아니라 인근의 직장인들이 대상지의 공간을 주로 이용하고, 지하철을 이용하며 잠깐씩 지나쳐가는 사람이 많을 것이라 판단하였다. 이용자의 특성을 기반으로 한 시나리오를 정리해보았다. 첫째, 퇴근시간 이후 이용도가 높을 것이다. 둘째, 점심시간, 퇴근시간 혹은 지하철역을 가면서 잠깐의 여유를 즐기는 사람들이 있을 것이다.

PROGRAM&DESIGN: 기존의 작은도서관 기능을 확장하면서 교육과 문화의 프로그램을 주 프로그램으로 설정하였다. 낮에는 주민들이 주로 이용을 하고 밤에는 직장인들 혹은 취업준비생을 위한 교육프로그램이 운영될 수 있는 가변적인 다목적공간을 구성하였다. 작은 공간을 세분화하기보다는 단순한 형태를 통해 공간 가변성의 효율을 높이고자 하였다. 밤에는 어두운 공간에서 빛을 발산하는 도시의 조명이 될 수 있으리라 상상하였다.

02 배치계획 및 공간구성

기존의 동선을 고려하여 대상지 내 스트리트를 구성하였다. 스트리트의 양쪽으로 분리된 매스는 본 건물과 부 건물(화장실)로 이용된다. 건물에 도서관/문화/교육 프로그램을 배치하면서 단순한 형태 안에서 입체적, 가변적 구성을 고려하였다. 스트리트는 수직 프레임으로 구획하여 반개방적인 공간으로 구성하였다. 잠깐의 쉼터가 되어줄 작은 녹지공간을 구성하고 도서관 책장 뒷면의 벽면녹화를 통해 도서관과 고가 구조물의 사이에 켜를 구성하였다.

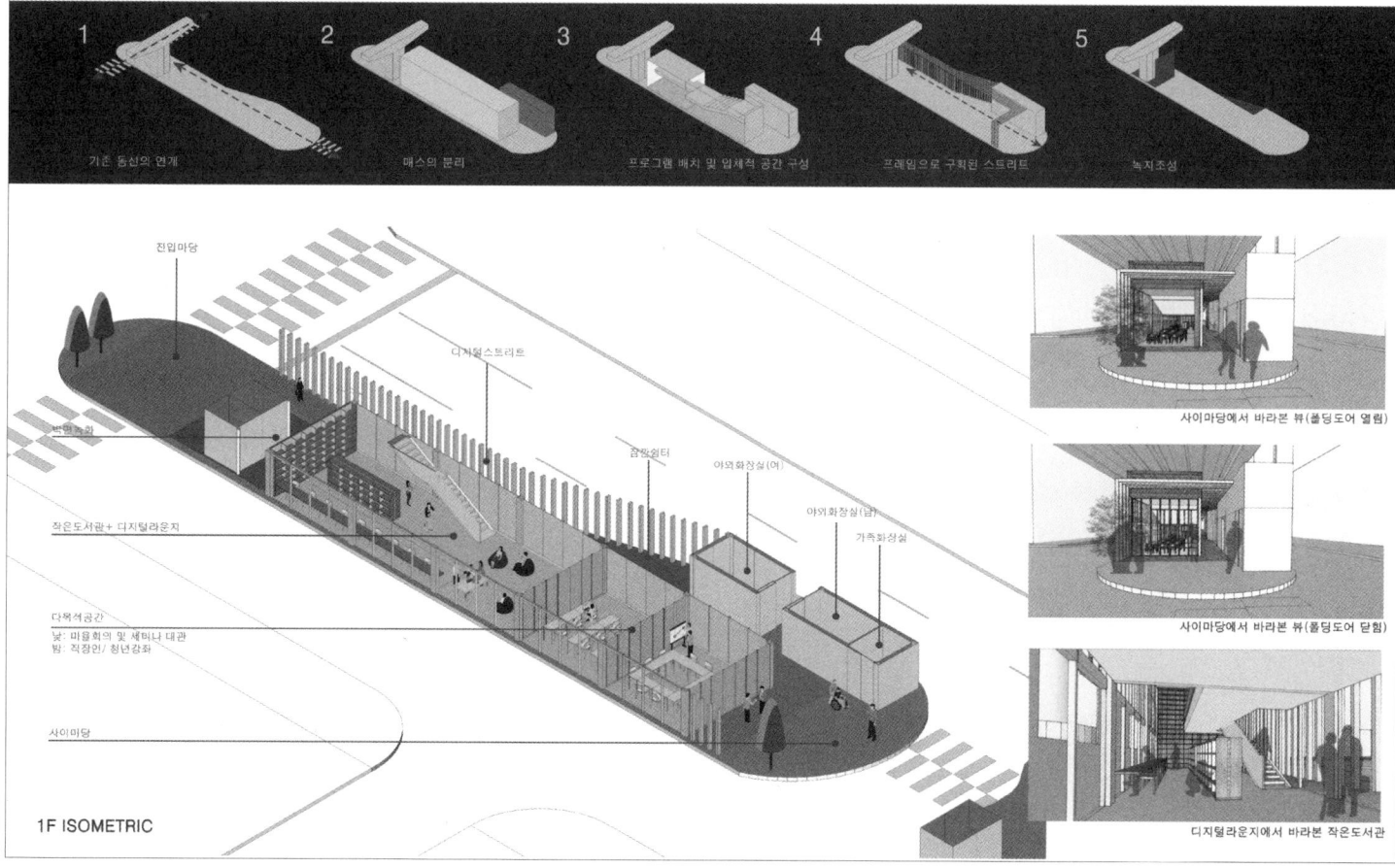

1F ISOMETRIC

금천 고가하부공간 활용 공공공간

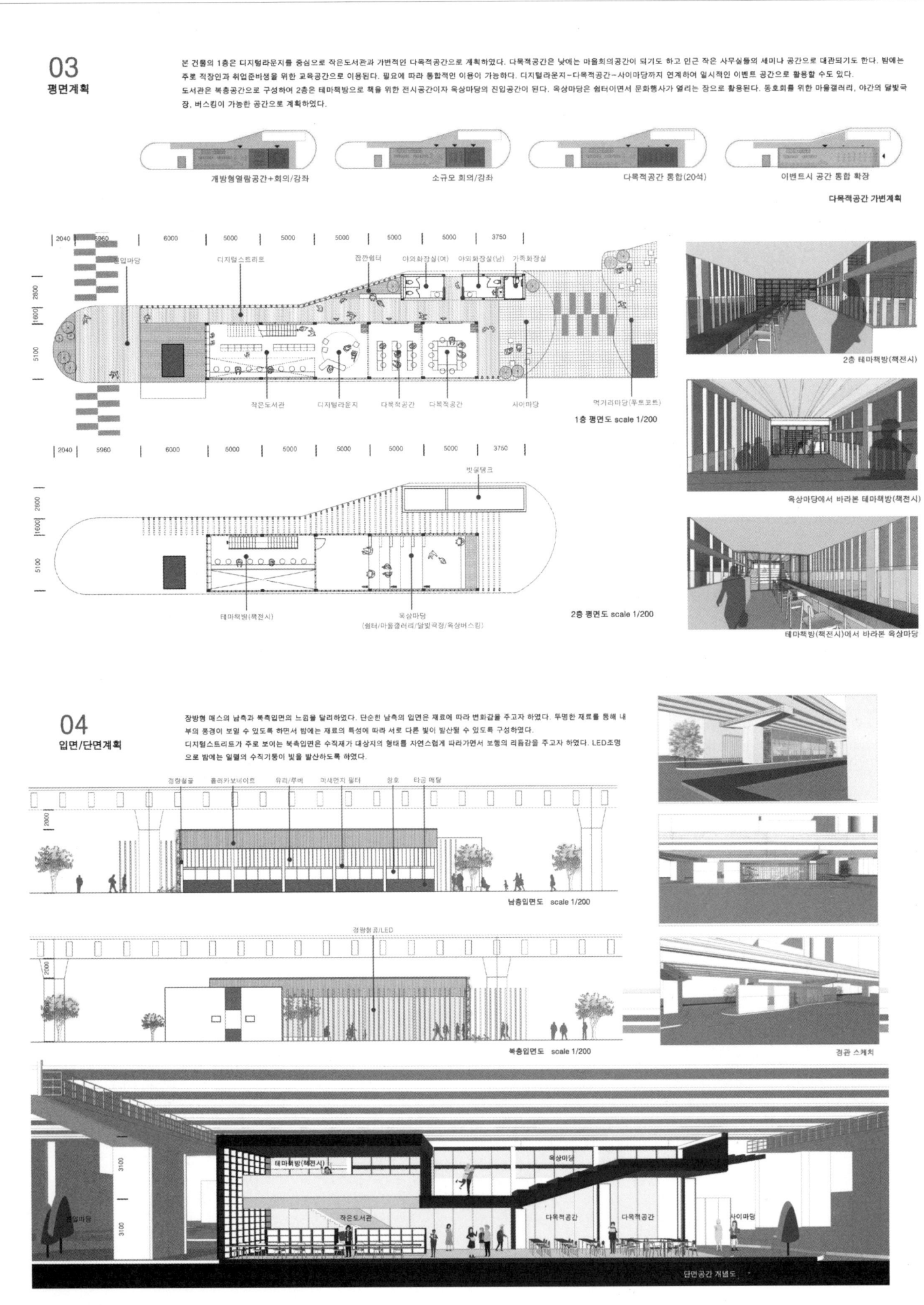

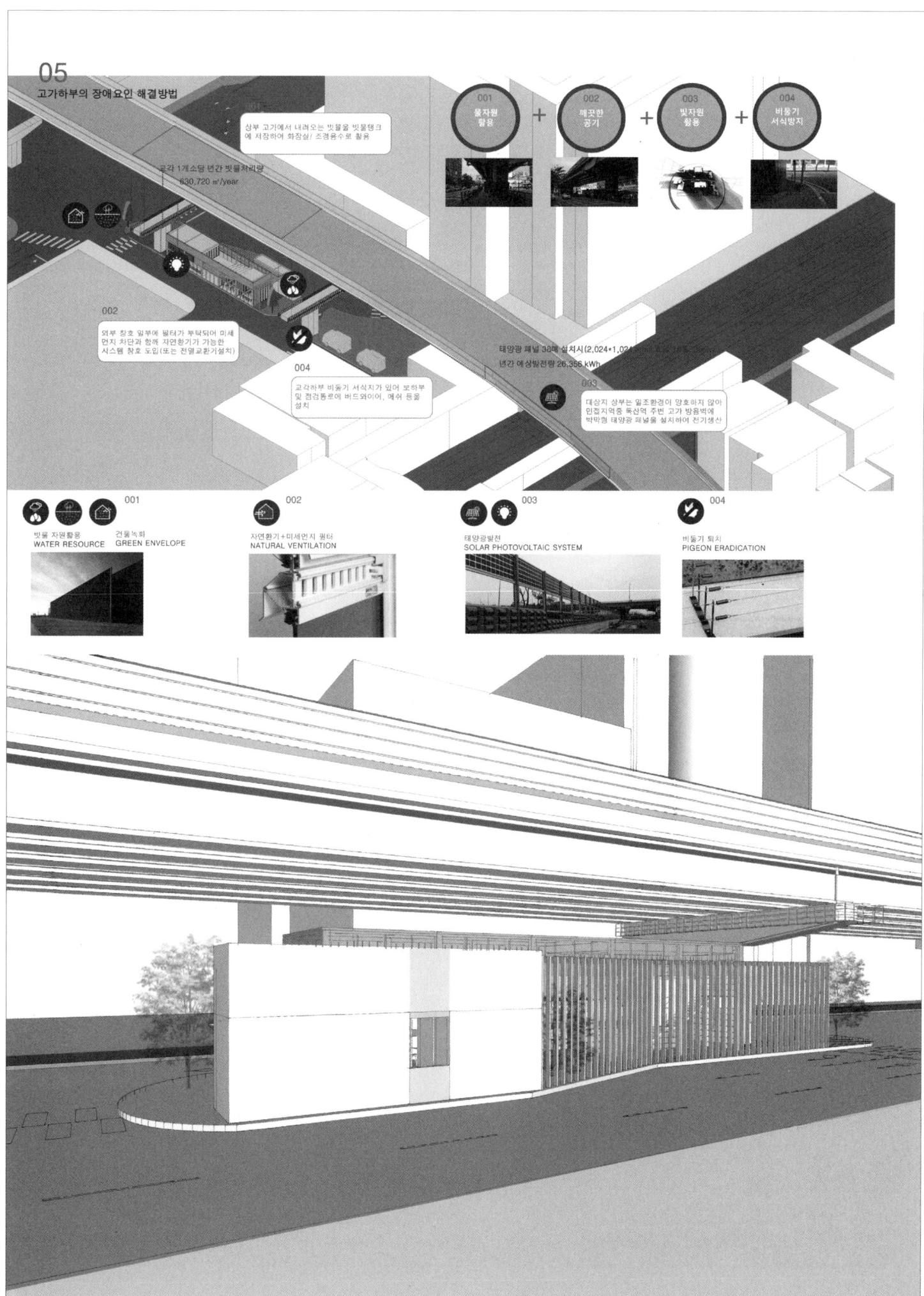

목재문화체험장

당선작 건축사사무소 더안 안효석 + 건축사사무소 이레 채정민

대지위치 대구광역시 달서구 송현동 산56번지 **대지면적** 9,500.00㎡ **건축면적** 933.03㎡ **연면적** 1,230.08㎡ **건폐율** 9.82% **용적률** 12.95% **규모** 지하 1층, 지상 2층 **최고높이** 11.55m **구조** 철근콘크리트조 **외부마감** 고밀도 목재패널, 목재루버, 고흥석 **주차** 2대

상상-Stair (계단식 커뮤니티데크)
계획부지 후면에 위치한 달서 별빛 캠핑장과 자연스러운 접근을 유도하는 외부계단은 카페와 연계하여 도시와 자연을 조망하며 쉴 수 있는 전망휴게쉼터 역할을 하며 공연, 전시, 영화 등 다양한 행사가 가능한 멀티 문화 공간으로 활용 가능하다.

상상-Open space (확장성)
하늘이 열려 있는 중정과 데크들은 주변 자연을 끌어안아서 쾌적하고 편안함을 줄 수 있는 실내환경을 조성한다. 상부 오픈된 상상나무놀이터는 인공나무를 오르며 상상의 나래를 펼칠 수 있도록 하였으며, 외부계단 하부 다목적 세미나실은 무대부분 충분한 층고 확보를 통하여 다양한 프로그램이 가능하도록 도와준다.

상상-Open space (가변성)
가변형 벽체와 폴딩도어를 통해 각실들은 분리되거나 통합되어 다양한 프로그램을 수용한다. 이는 내부뿐 아니라 외부간의 적극적인 열림을 통하여 천혜의 자연과 도시경관을 내부로 끌어들이고 내부의 프로그램이 외부에 확장되어 목재체험장의 기능들을 보다 활성화한다.

상상-Plaza (친환경커뮤니티광장)
목재체험장 남쪽에 위치하여 햇살 가득 머금은 외부 마당은 수공간, 잔디, 다양한 화초들과 수목들이 어울어져 실내에서 체험할 수 없는 적극적인 자연의 교감을 가질수 있게 한다.

Imagination-Stair (a stepped community deck)
Dalseo Byeolbit Camp Site nestled behind the project site and external stairs opening seamless access are connected with a café so that it can provide a scenic resting place with a view of the city and nature while serving as a multi-purpose cultural venue that can accommodate various events including performances, exhibitions and movie screenings.

Imagination-Open space (expandability)
Courtyards and decks open to the sky embrace the surrounding nature to create a pleasant and comfortable indoor environment. Imagination Forest Playground with an open-top allows children to stretch their imaginations while climbing artificial trees. Multi-purpose seminar rooms under the external stairs have a stage with a high ceiling, thus they can accommodate various programs.

Imagination-Open space (flexibility)
Flexible wall and folding door systems divide or combine individual rooms to accommodate various programs. This solution encourages active interaction among spaces both inside and outside with an aim to bring natural and urban landscapes inside and expand indoor programs outside. As a result, the programs of wood experience center become more active.

Imagination-Plaza (Environment-friendly community plaza)
A sunny outdoor courtyard nestled in the south of the wood experience center has a water space, grass field and various plants and trees. Therefore, it enables active interaction with nature, which can't be experienced in an indoor environment.

Prize winner THEAN Architect & Engineer_An Hyoseok + IRE Architect & Engineer_Chae Jungmin **Location** Dalseo-gu, Daegu **Site area** 9,500.00㎡ **Building area** 933.03㎡ **Gross floor area** 1,230.08㎡ **Building coverage** 9.82% **Floor space index** 12.95% **Building scope** B1, 2F **Height** 11.55m **Structure** RC **Exterior finishing** High-density wood panel, Wood louver, Granite **Parking** 2

Woodcraft Culture & Experience Center

기본계획

CONCEPT I 기본 계획 방향

"상상 숲(S.O.O.P)"

각각의 기능을 담은 다양한 매스들, 그 매스들 사이에 수평/수직적으로 열린 공간들을 이들을 아우르는 수직루버와 태양광 패널들이 이어져 하나의 인공숲을 형성한다. 이 숲은 주변 전체의 자연과 도시를 극적으로 조우하게 만들고, 외부 환경 광장과 연계하여 이용자들에게 꿈과 쉼을 공급한다.

■ 디자인 전략 -1

"상상 숲(S.O.O.P)"

01. 상상 - Stair (계단식커뮤니티데크)

— 계획부지 후면에 위치한 답사 별빛 캠핑장과 자연스러운 접근을 유도하는 외부계단은 카페와 연계하여 도시와 자연을 조망하며 쉴 수 있는 전망/휴게시설타 역할을 하며 공연, 전시, 관람등 다양한 행사가 가능한 열린 문화 공간으로 활용 가능하다. 또한 상부 태양광 패널과 벽면과 벽면 수직루버를 통한 녹화로 그늘을 제공하고 편안한 쉼을 누릴 수 있도록 한다.

■ 디자인 전략 -2

"상상 숲(S.O.O.P)"

02. 상상 - Open Space (휴게광장)

— 하늘이 열려 있는 중정과 매크로는 주변 자연을 끌어 안아서 쾌적하고 편안함을 줄 수 있는 실내환경을 조성한다. 상부 오픈된 상상나무놀이터는 인공나무를 오르며 상상의 나래를 펼칠 수 있도록 하였으며, 외부계단 하부 다목적 세미나실은 무대부분 충분한 중정 확보를 통하여 다양한 프로그램이 가능하도록 도와준다.

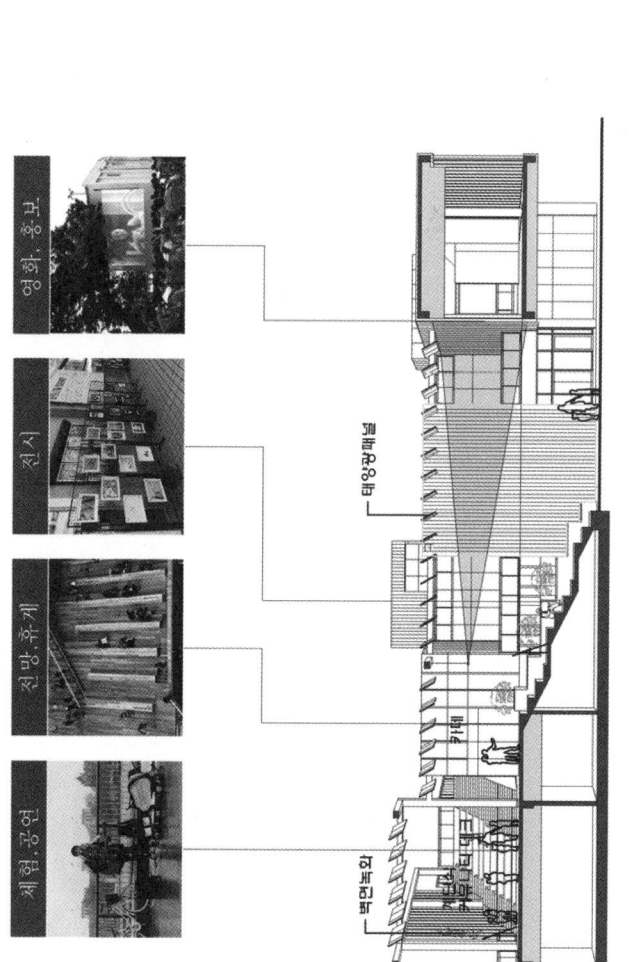

목재문화체험장

기본계획

CONCEPT | 기본체회 방향

"상상 숲(S.O.O.P)"

각각의 기능을 담은 다양한 매스들, 그 매스들 사이에 수평/수직적으로 열린공간들을 이들을 아우르는 수직루버와 태양광 패널들이 어울어져 하나의 인공숲을 형성한다. 이 숲은 주변 전해의 자연과 도시를 극적으로 조우하게 만들고, 외부 친환경 광장과 연계하여 이용자들에게 공간과 쉼을 공급한다.

■ 디자인 전략 -1

"상상 숲(S.O.O.P)"

04. 상상 -Plaza(친환경 외부마당)

- 목재체험장 남쪽에 위치하여 햇살 가득 머금은 이 외부 마당은 수공간, 잔디, 다양한 화초들과 수목들이 어울어져 실내에서 체험할 수 없는 적극적인 자연의 교감을 가질수 있게 한다. 이 외부공간은 주변 시설과의 긴밀한 연계를 통하여 모이고, 소통할 수 있는 커뮤니티 중심 광장이 된다.

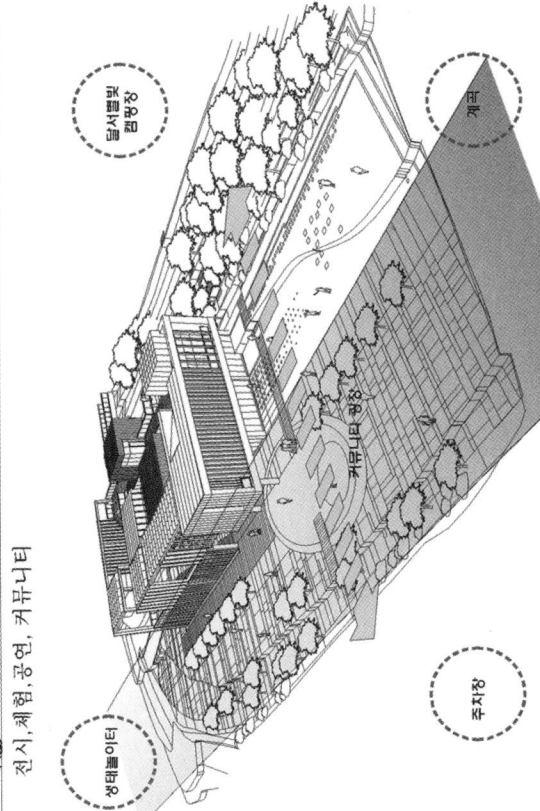

EVENT   PARK (Community Plaza)
전시, 체험, 공연, 커뮤니티

- 커뮤니티 광장
- 생태볼이터
- 들사람및 캠핑장
- 계곡
- 주차장

"상상 숲(S.O.O.P)"

각각의 기능을 담은 다양한 매스들, 그 매스들 사이에 수평/수직적으로 열린공간들을 이들을 아우르는 수직루버와 태양광 패널들이 어울어져 하나의 인공숲을 형성한다. 이 숲은 주변 전해의 자연과 도시를 극적으로 조우하게 만들고, 외부 친환경 광장과 연계하여 이용자들에게 공간과 쉼을 공급한다.

■ 디자인 전략 -3

"상상 숲(S.O.O.P)"

03. 상상 -Open Space(가변성)

- 가변형 벽체와 홀딩도어를 통해 각 실들은 분리되거나 통합되어 다양한 포로그램을 수용한다. 이는 내부뿐 아니라 외부간의 적극적인 열림을 통하여 친해의 자연과의 도시경관을 내부로 끌어들이고 내부의 포로그램이 외부에 확장되어 목재체험장의 기능들을 풍부하게 활성화 시킨다.

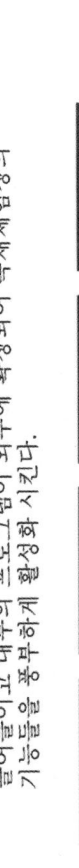

다목적출 중정 전시로비 후게시설

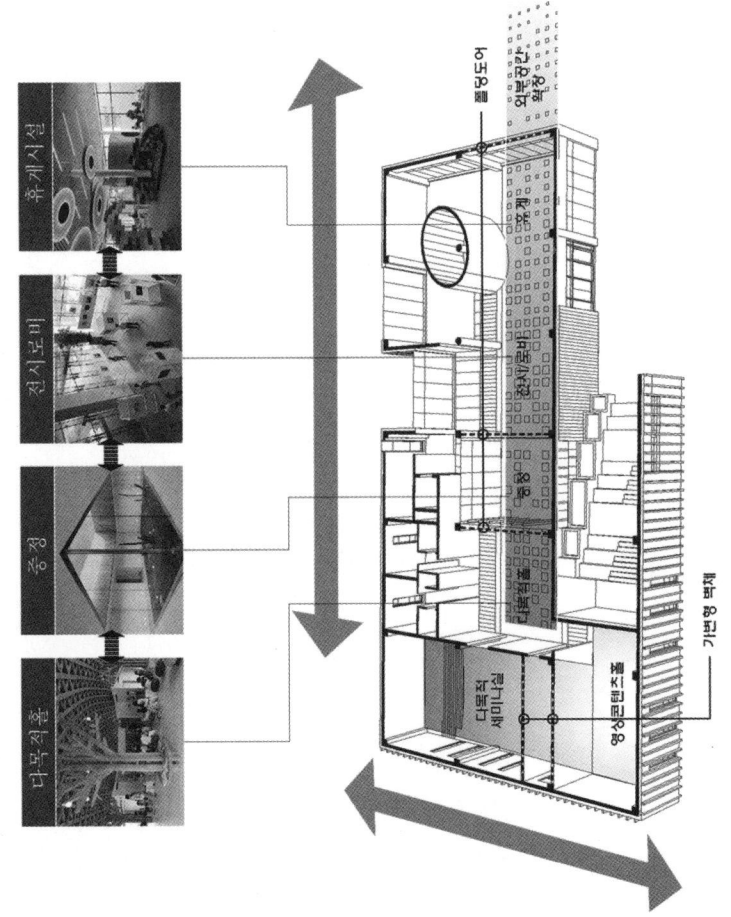

- 가변형 벽체
- 영상 프린테이션 홀
- 판매 미샵
- 다목적 홀
- 전시도로비
- 중정
- 전시제험장
- 로비
- 목도아

Woodcraft Culture & Experience Center

건축계획

SITE PLAN | 배치계획
"자연 속 열린 마당으로 도시를 끌어안은 배치계획"
목재체험장과 외부마당의 유기적 열림을 통해 지역주민이 모이고 소통할 수 있는 도시목 계획

■ 평면개념
■ 배치도 1:800

■ 배치계획의 주안점
- 하합의 광장을 조성하여 기존시설 연계 및 사용자의 접근성을 높임

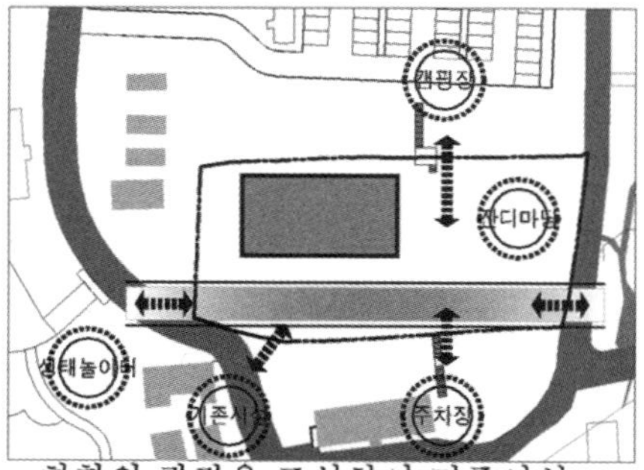

■ 토지이용계획 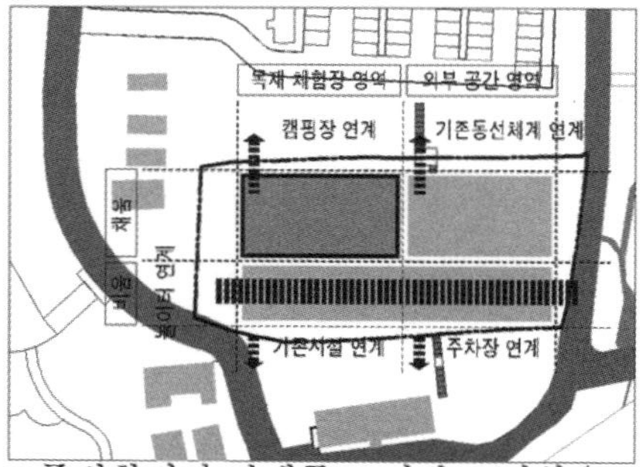
- 주변환경과 관계를 고려한 토지 활용

FLOOR PLAN | 평면계획
"자연에 순응하며 도시를 조망하는 목재체험장 계획"
비움을 통한 내·외부공간의 유기적 연계로 힐링공간 계획
기존시설과 연계성을 극대화하여 문화체험공간 시너지 극대화

■ 평면개념

■ STEP-1 (자리잡기) — Volume 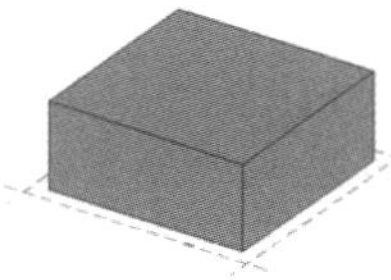
- 프로그램 규모에 따른 최적의 볼륨 설정

■ STEP-2 (늘어뜨리기) — View 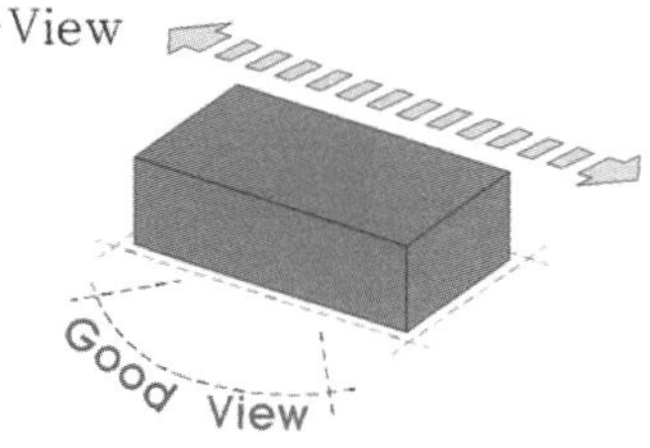
- 조망 및 정변성에 대응한 볼륨의 확장

■ STEP-3 (비워주기) — Light 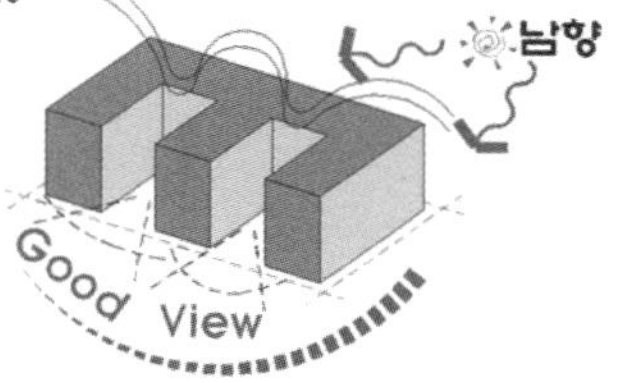
- 매스분절을 통한 남향 극대화

■ STEP-4 (이어주기) — Link 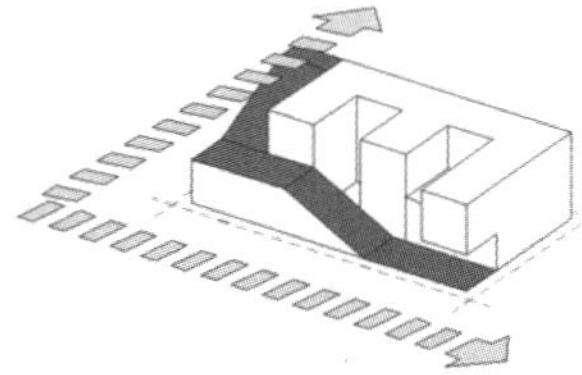
- 외부계단을 통한 주변 연계

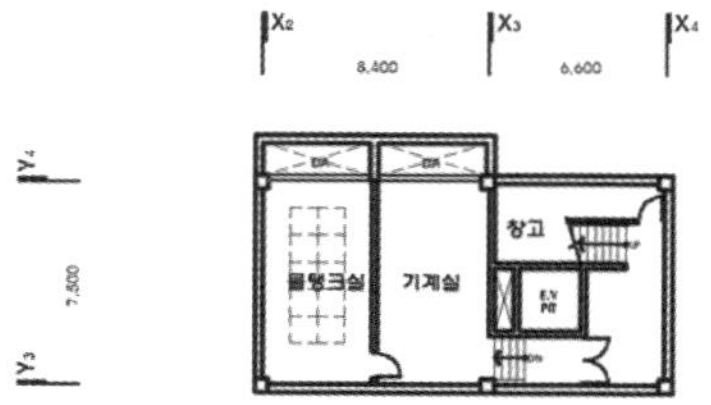

■ 지하볼륨(Volume) 최소화 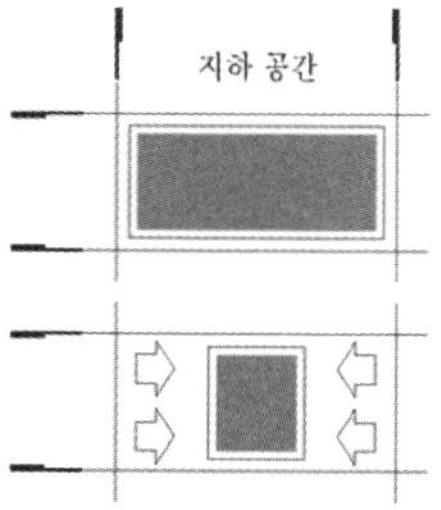
- 지하 터파기 최소화로 공사비 절감
- 주요실 지상화로 쾌적한 환경 제공 및 유지관리 향상

■ 지하1층 평면도 1:400

목재문화체험장

FLOOR PLAN | 평면 계획

"자연에 순응하며 도시를 조망하는 목재체험장 계획"

비움을 통한 내·외부공간의 유기적 연계로 힐링공간 계획
기존 시설과 연계성을 극대화하여 문화체험공간 시너지 극대화

건축계획

■ 1층 평면도 | 1:400

■ 2층 평면도 | 1:400

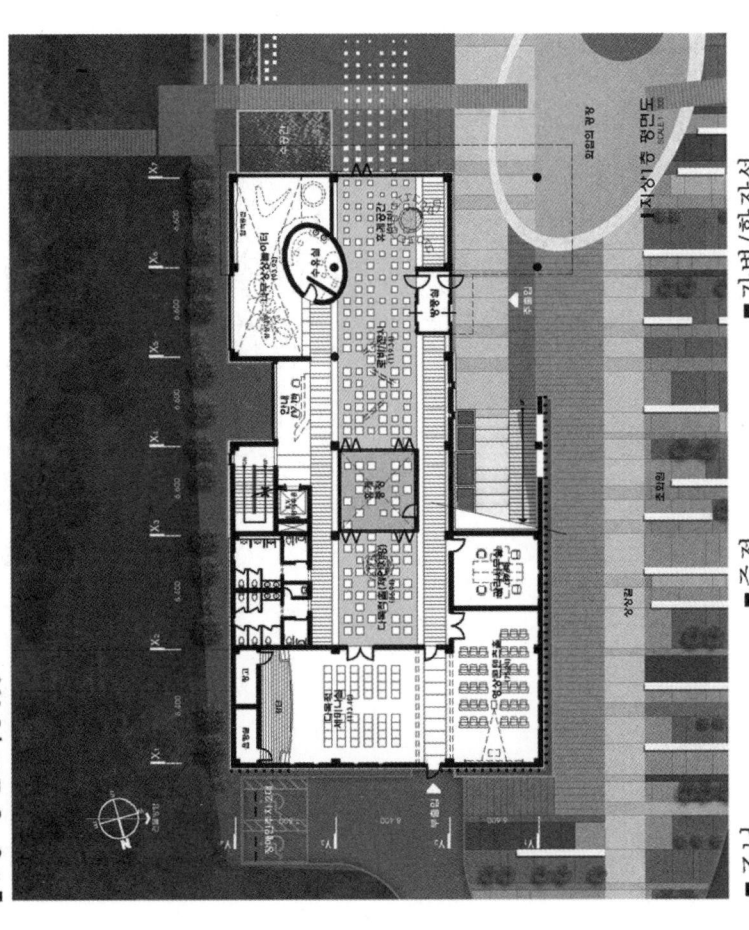

■ 조닝
: 통합/연계되는 합리적 조닝
- 방문자, 관리자 동선을 고려한 주·부출입구 계획
- 정적영역과 동적영역을 구분하여 연계성 극대화

■ 중정
: 중정을 통한 영역 분리 및 연계
- 휴게중정 풀딩도어 설치로 단목재충과 로비/전시공간의 분리 및 연계

■ 가변/확장성
: 가변형(확장)의 공간 구성
- 여유로운 흐름 공간구성으로 다양한 프로그램 수용과 개방감 극대화

■ 조닝
: 조닝 및 동선계획
- 프로그램 기능에 따른 명확한 분리조닝
- 오픈공간구성으로 조망 및 휴식공간 제공

■ 연계 및 확장성
: 내외부 공간의 확장 및 연계
- 다양한 내·외부 공간의 연계로 잠재된 활용성 제공

■ 힐링카페
: 독립적 운영 가능한 힐링카페
- 독립적 운영하는 계단식·실별 프로그램 특성에 따라 업무시간이후, 공휴일에 독립적 운영이 가능한 별도의 동선체계확보

Woodcraft Culture & Experience Center

건축계획

"진해의 자연을 조망하고 목재체험장 상징성 극대화"

ELEVATION | 입면계획

FRAME과 WINDOW를 통해 주변 자연과 도시 조망을 극대화하고
분절된 매스와 매스를 감싸는 프레임은 숲을 형상화 함

■ 입면개념 -1

■ WALKING GALLERY　　■ NATURE WINDOW

- 목재판넬 전시 및 행사 홍보
- 벽면녹화를 통한 생태 갤러리

- 최적의 남향 조망 및 조망 확보를 위한 열린 창
- 자연을 투영하는 목재프레임

■ 입면개념 -2

■ 상상 숲　　■ 환경을 고려한 에너지 절감

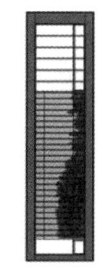

- 분절된 다양한 매스 조합과 이를 감싸주는 목재부재(벽면녹화)로 인공숲 형상화
- 남향채광극대화, 서향 및 동향 채광 최소화
- 차양 및 수직부재를 통한 에너지부하 절감

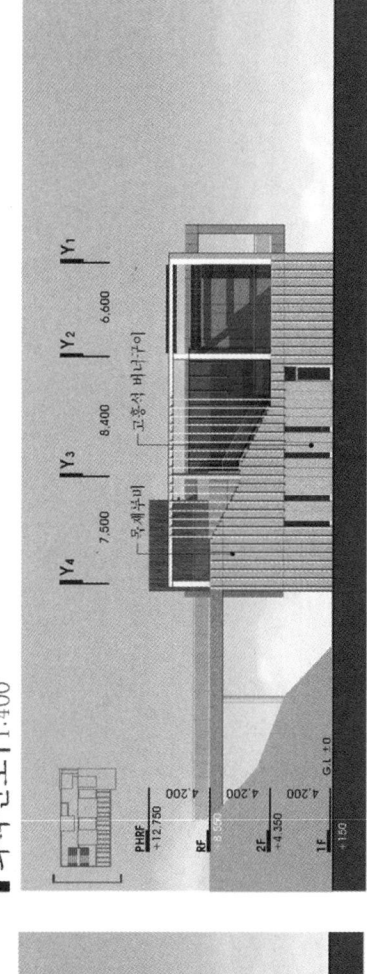

정면도 | 1:400

좌측면도 | 1:400

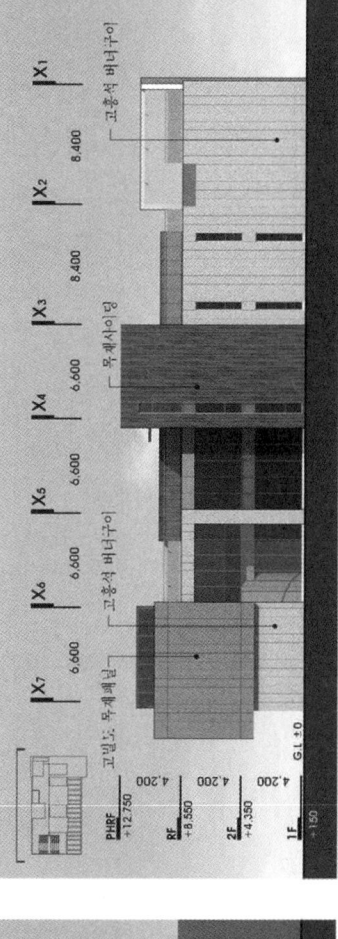

우측면도 | 1:400

배면도 | 1:400

목재문화체험장

건축계획

SECTION | 단면계획

"다양한 공간감과 비움을 통해 상상력을 자극"

상부 오픈과 중정, 데크공들을 통한 다양한 공간감과 오픈스페이스는 방문객들의 색다른 즐거움을 제공하고 상상력을 자극

단면 개념 – 에너지 절약을 실현하는 친환경 계획

| ENERGY SAVING | WIND FLOW | ECO VOID |

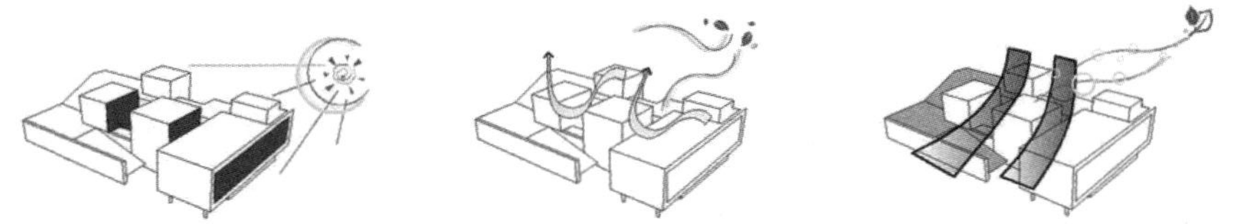

- 최적의 남향 확보를 통한 에너지 절감형 건물계획
- 장방향 매스의 채나눔을 통한 바람길 조성
- 자연을 유입시킨 친환경 VOID로 폐쇄적 실환경 조성

합리적 층고계획
- 경제성, 가변성, 이용성을 고려한 층고계획

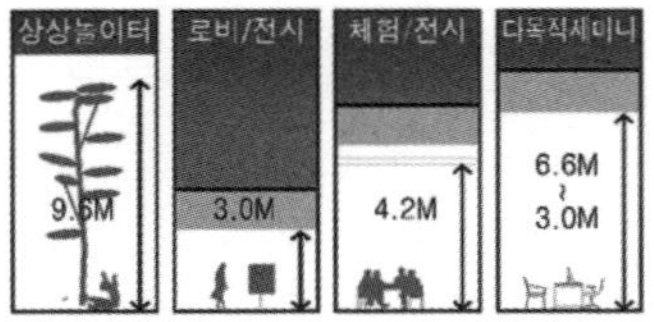

단면 조닝계획
- 사용자 편의를 고려한 단면조닝
- 오픈 스페이스를 통한 개방감 극대화

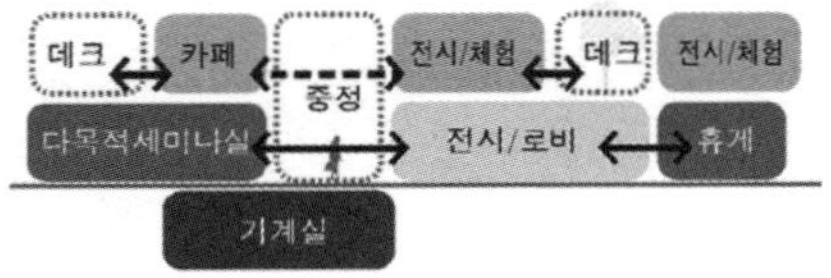

■ 횡단면도 1:400

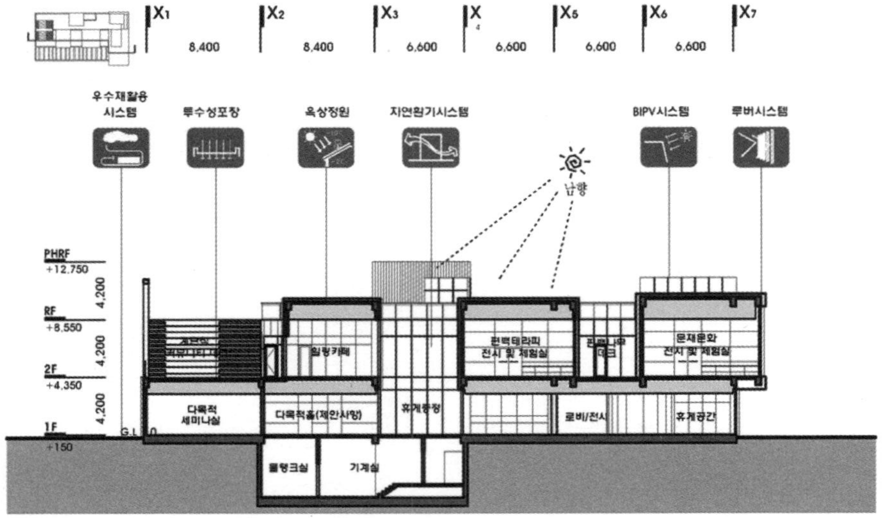

기술계획

EXTERIOR SPACE & LANDSCAPE | 외부공간 및 조경 계획

"머무르고 소통하고 싶은 친환경 조경 계획"

기존 주변 시설과 적극적으로 소통하고 연계
비움을 통해 자연으로 채우고 쉼과 안식을 제공하는 친환경 외부공간 계획

■ 외부공간 계획도

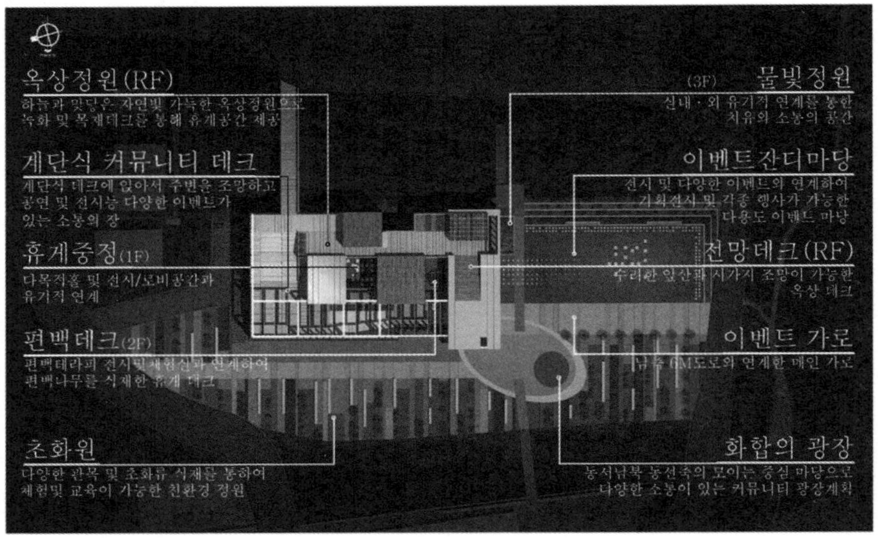

- 옥상정원 (RF)
- 계단식 커뮤니티 데크
- 휴게중정 (1F)
- 평벽데크
- 조화원
- 불빛정원
- 이벤트선다마당
- 이벤트 가로
- 화합의 광장

■ 외부공간 계획

이벤트선다마당 / 옥상정원 / 화합의 광장 / 계단식 커뮤니티데크 / 휴게공간 / 수공간 / 조화원 / 평벽데크

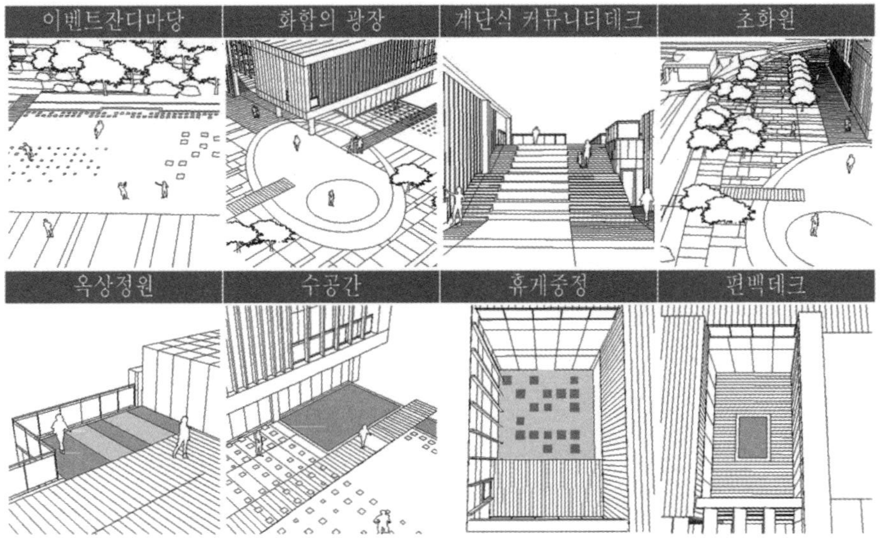

Woodcraft Culture & Experience Center

우수작 블루건축사사무소 정기홍 + 밀건축사사무소 함명균 설계팀 김우남, 임미혜, 이지혜

대지위치 대구광역시 달서구 송현동 산56번지 **대지면적** 9,500.00㎡ **건축면적** 525.02㎡ **연면적** 1295.94㎡ **건폐율** 5.53% **용적률** 13.64% **규모** 지하 1층, 지상 2층 **최고높이** 10.12m **구조** 철근콘크리트조, 목구조(철물공법) **외부마감** 징크패널, 방부목 각재, 적삼목 채널사이딩, T41 로이삼중유리

자원으로서의 역할, 자연재해를 예방하는 역할, 공기를 정화시키는 역할까지 일일이 다 열거할 수 없을 정도로 많은 것들을 우리는 나무로부터 받고 있다. 어른들에게는 너무 익숙해져서 모르고 지내던 나무의 소중함을 상기시켜주고, 아이들에게는 왜 우리가 나무를 아끼고 보살펴야 하는지, 몸으로 직접 느끼고 체험하면서, 자연스럽게 터득할 수 있는 목재체험 공간을 설계해 보고자 하였다.

목재문화체험장 부지 주변에는 목재로 된 놀이터, 산책로, 캠핑장, 어린이수영장들의 요소들이 산재되어 있어, 통합할 수 있도록 외부공간을 조성하여 내부공간과 유기적으로 연결시키고자 하였다. 목재상상놀이터와 연결되는 원두막 브릿지와 편백숲 마당을 중심으로 한 둘레길은 사람들을 외부에서 내부로 다양한 방향으로 유입시킨다. 야외 계단관람석에서는 지하층의 영상 콘텐츠홀과 연계될 수 있도록 구성하였다. 내외부로 연결된 길들이 앞산과 목재문화체험장의 위계를 줄여주며, 자연스럽게 나무와 자연의 소중함도 일깨워준다. 목재체험장에 맞게 목구조를 적극적으로 활용하였으며, 목재의 노출이 많아 내화구조 1시간을 충족시킬 수 있는 철물공법 중목구조로 계획하였다. 내부에 수직으로 열린 공간에서는 공간체험과 더불어 목구조를 느낄 수 있도록 구조를 노출시켰다.

We are receiving far too many benefits to count from trees which provide resources, serve as a preventive against natural disasters and contribute to air purification. The main objective was to design a wood experience center that can serve as a reminder of how important trees are for adults who are too accustomed to such a situation and thus take it for granted, and, at the same time, that can help children learn the reason why we should save and care trees through feelings or experiences in a natural way.

As facilities like a wooden playground, walkway, camp site and children's swimming pool are scattered around the project site, the outdoor area is designed to establish connection among them, and then it's organically linked with the indoor area. Laid to go around a pavilion bridge leading to the playground and a cypress forest courtyard, a trekking course guides people from outside to inside in various directions. Outdoor bleachers are connected to Media Content Hall on the basement floor. Internally and externally interlinked pathways blur the boundaries of the experience center and the mountain in front of it, and, in a natural way, they make people realize how important trees and nature are. Timber structure systems are actively adopted to emphasize the identity of the wood experience center. Also, considering that many timber structural members are exposed, a heavy timber system using steel connections is implemented to ensure a 1-hour fire resistance duration. As for indoor spaces that are open in a vertical direction, their structure is exposed so that people can feel the spatial quality and the aesthetics of timber construction at the same time.

2nd prize BLUE Architects_Jung Kihong + MIL Architects_Ham Myunggyun **Location** Dalseo-gu, Daegu **Site area** 9,500.00m² **Building area** 525.02m² **Gross floor area** 1295.94m² **Building coverage** 5.53% **Floor space index** 13.64% **Building scope** B1, 2F **Height** 10.12m **Structure** RC, Post & Beam structure **Exterior finishing** Zinc panel, Preserved wood, Red cedar channel siding, T41 Low-E triple glass

목재문화체험장

Premises of Plan — 계획의 전제

대지 현황 분석

광역, 지역 분석

- 대구는 산으로 둘러싸인 분지형태의 도시로서 목재문화체험장의 입지 테마의 도시 앞산에 위치하여 경관이 더욱 적합하고,
- 대구 앞산에 위치하여 경관이 우수하고, 도심과 가까워 접근성이 좋다.
- 주변에 달서별빛캠핑장과 잔디광장, 어린이수영장, 앞산 둘레길이 있어 다양한 활동이 가능하다.

▲ 광역, 지역 분석

대지사진

- 자연속에서 낮에는 도심전경을, 밤에는 멋진 야경을 감상할 수 있는 위치에 있어 조망이 우수하다.

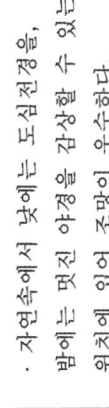
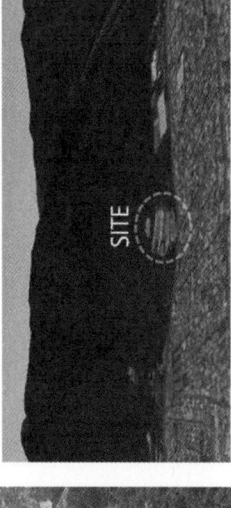
▲ 대지사진

대지분석 (향, 조망, 진입)

▲ 대지분석 (향, 조망, 진입)

기본 계획 방향

친환경 재료인 목재를 직접 만지고, 느끼고, 즐기는 교육체험공간 조성

자연을 닮은 목재체험관

- 공장화 된 집성목재를 공장에서 교리컷하고 집성공법으로 시공하여 현장작업을 최소화시킨 중목구조는 최소 내화시간 1시간이상 유지하며, 내진성능 7 이상을 발휘하는 우수한 구조

우수한 성능을 가진 집성공법 중목구조

- 내, 외부에 노출된 목구조는 목재교육, 놀이기구, 전시부스, 카페갤러리 등 다양한 기능을 만들어 낸다

집, 마당, 외부공간의 어울림

집, 마당, 외부공간의 어울림

- 확장과 리모델링에도 뛰어난 기둥, 보 가구식 구조

체험관 중정의 쿨배숲 마당을 중심으로 이어진 집은 다양한 외부공간을 둘러 보면서 건축물과 자연이 하나되는 체험할 수 있게 한다.

지역의 장소, 기억 담아내기

지역의 장소, 기억 담아내기

목재상상놀이터와 연결되는 원두막 브릿지와 빗방울에 설치되어 있는 개성넘치는 허수아비는 새다른 체험의 장으로 방문객들의 기억에 오랫동안 각인될 것이다.

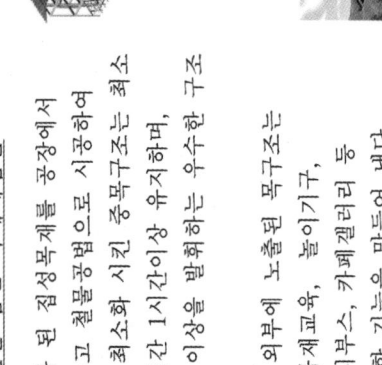

Woodcraft Culture & Experience Center

배치계획

형태의 인지성 : 능선과 닮은 배치

가구식 구조 : 910 × 910 기본모듈

자연의 개방성 : 자연의 흐름축 설정

장래 증축의 확장성 : 증축시 동선, 형태 연결

건축계획

Architectural Plans

공간구성개념

공간의 확장성 (Inside extends out)	창호의 구성은 시선을 확장
구부러짐 (Deflection)	시시각각 변화하는 공간으로 호기심인 유발
레벨의 변화 (Change of level)	공간의 분위기와 시각적 클라이맥스
밖과 안 (External and internal)	내부, 외부, 반 내부 공간의 유기적인 연결
돌출 (Protrusion)	단순함을 탈피하고 매스감을 줌

건축에서 공간에 대한 이념과 결합 관계가 명확하다면 양식이나 장식처럼 표현된 것들은 크게 문제가 되지 않는다.

Step 1. 매스의 구성
지하1층, 지상2층의 매스구성 (연면적 1,200㎡)

Step 2. 외부공간 끌어들이기
주면스케일로 분할시키고 외부공간을 계획하여 환경적, 시각적인 효과 마당의 조성은 다양한 방향의 접근성

Step 3. 내부와 외부 관계 맺기
나무들 레겹을 만들어 내외부의 공간 확장성을 가짐

Step 4. Void 상호관입
Void는 다양한 프로그램의 수직 수평 교차공간으로 내부공간에 활력소로 작용

Step 5. 지붕의 조형미
자연의 흐름과 주변 컨텍스트를 고려한 경사지붕은 자연스러운 입면효과

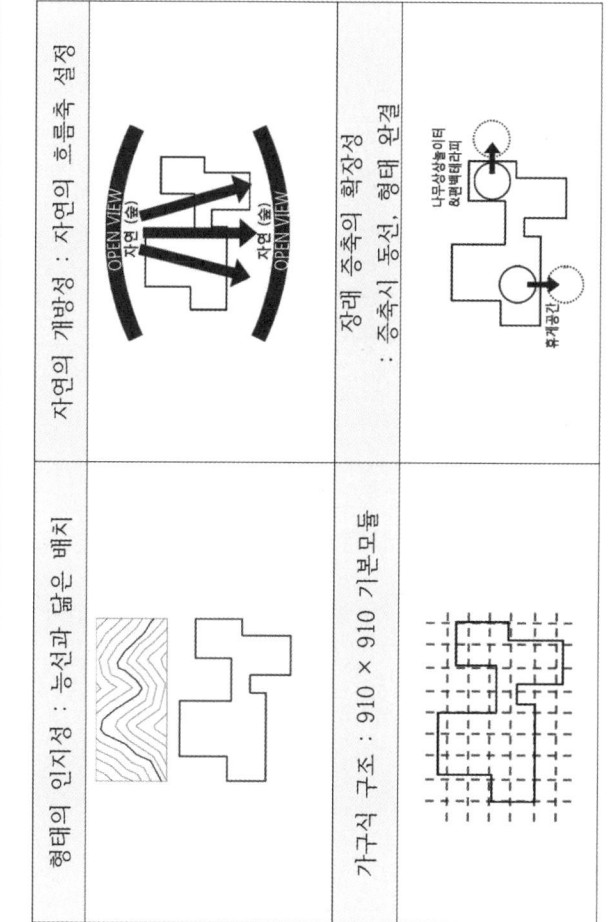

목재문화체험장

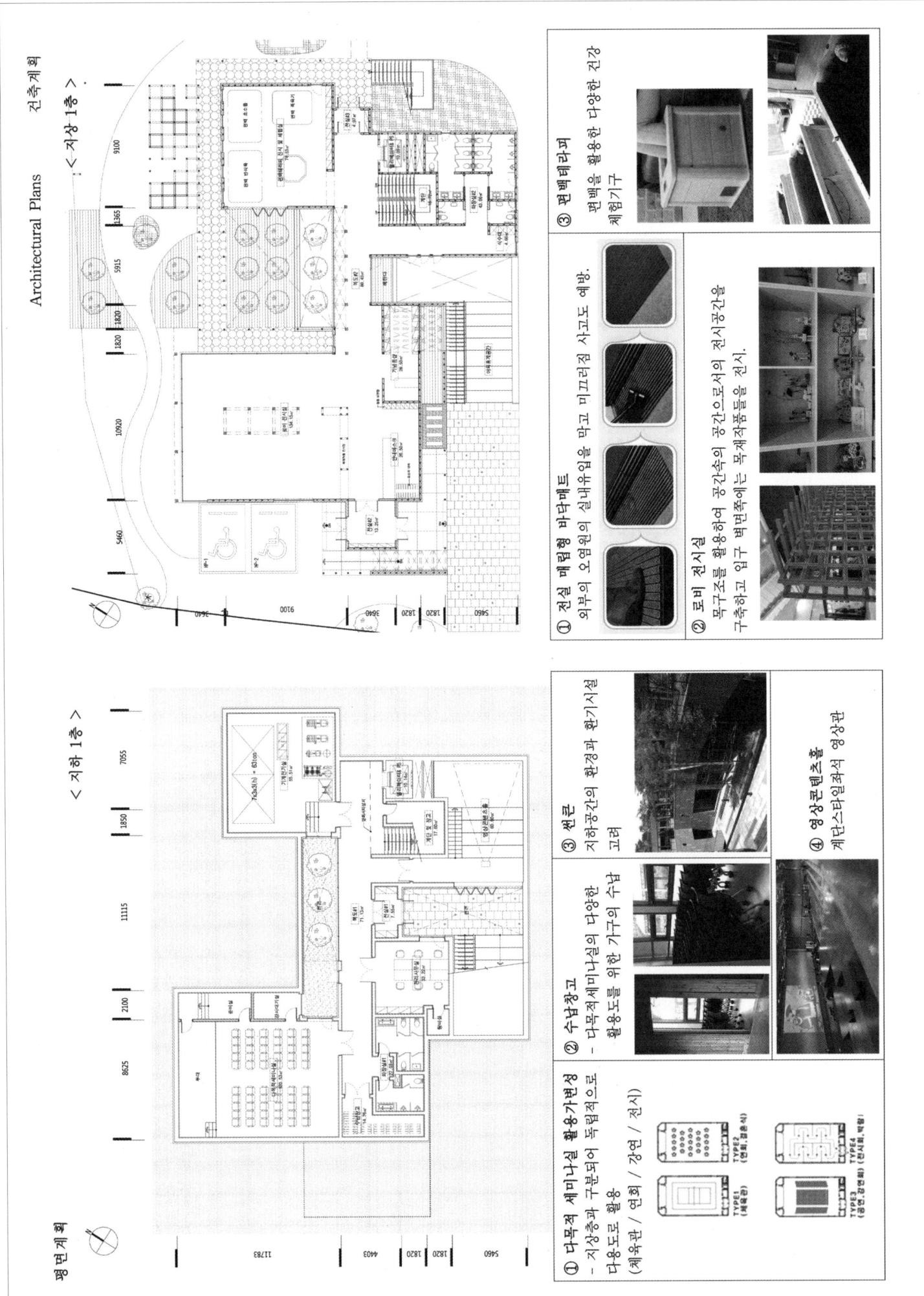

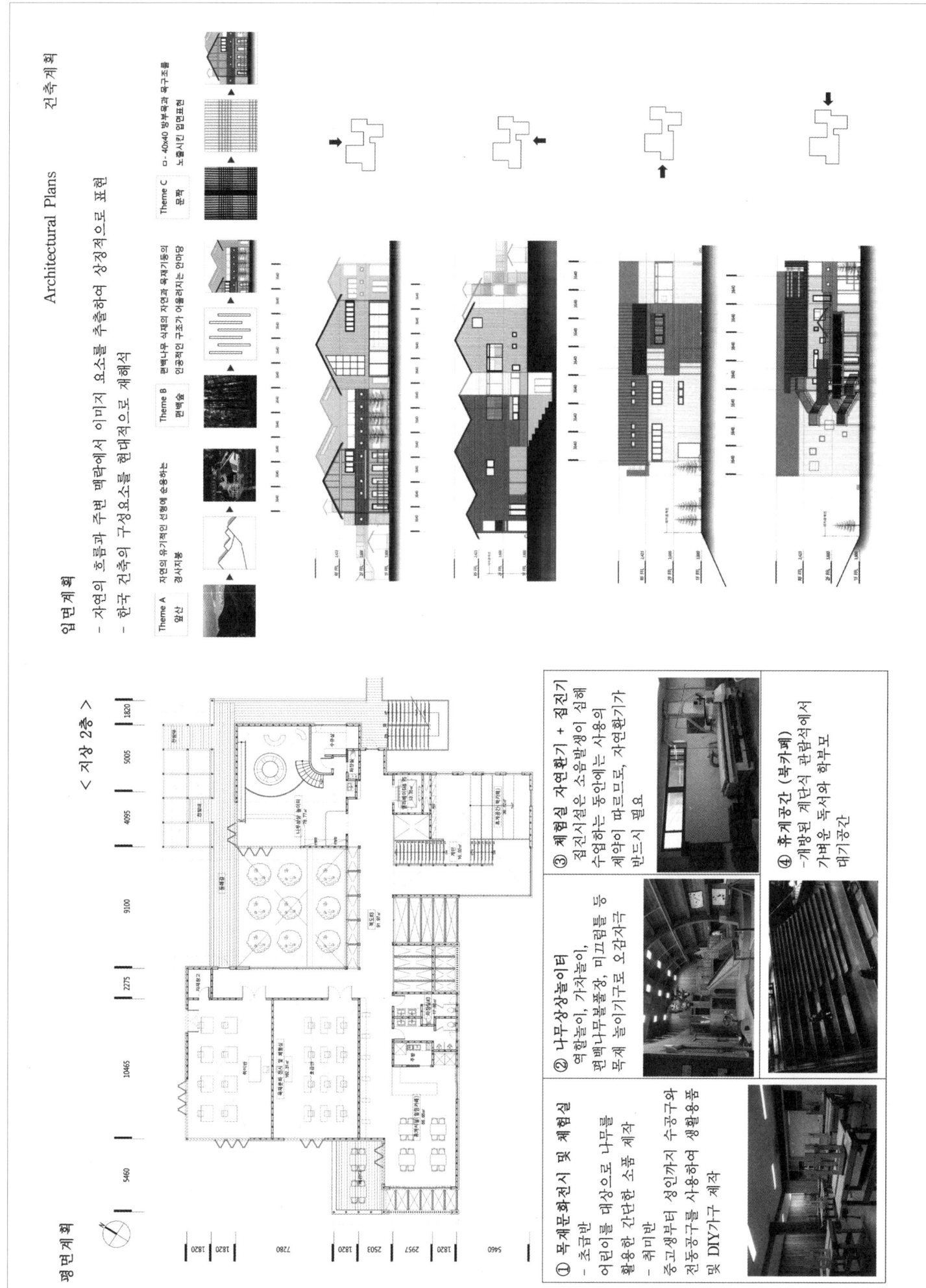

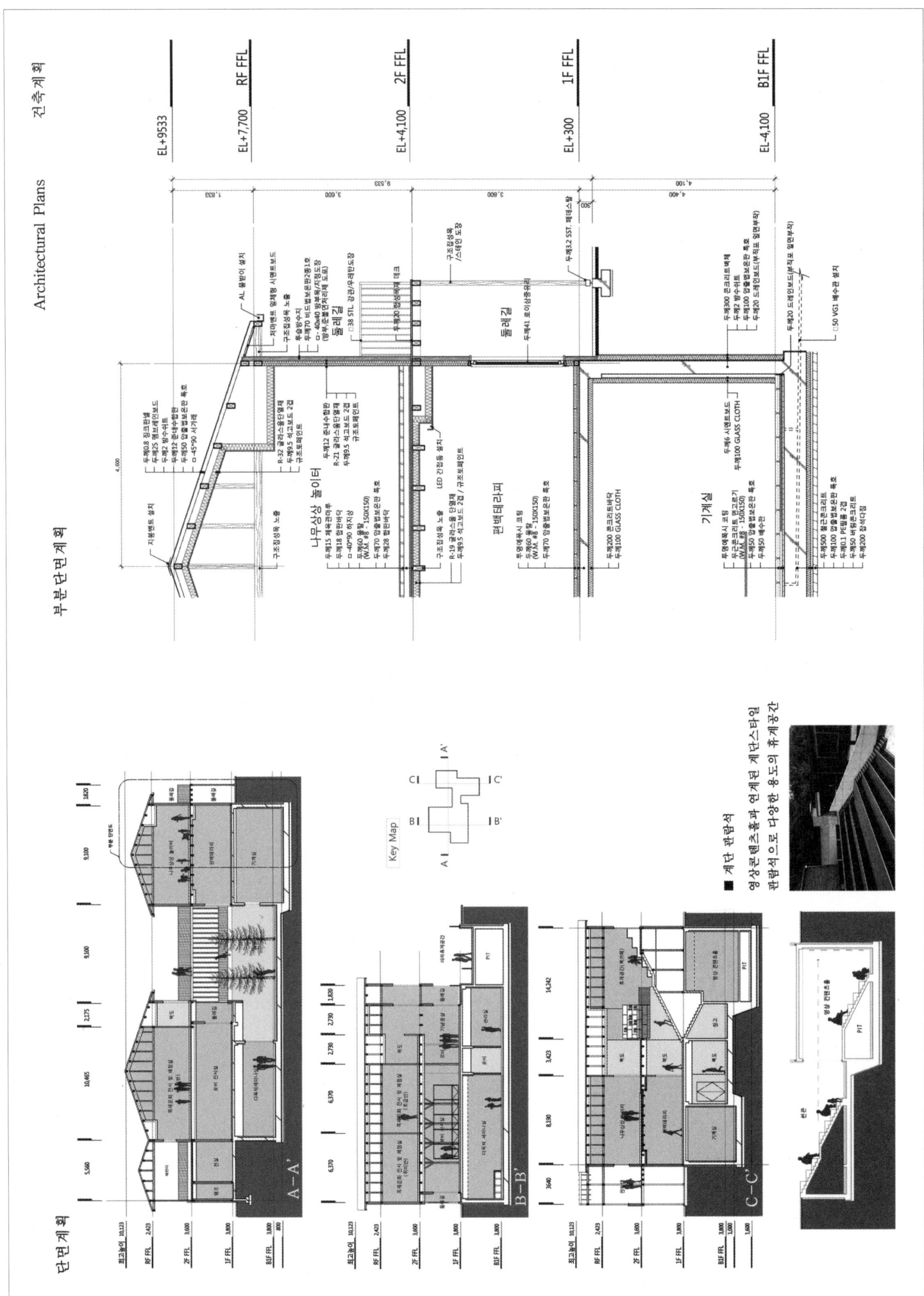

Woodcraft Culture & Experience Center

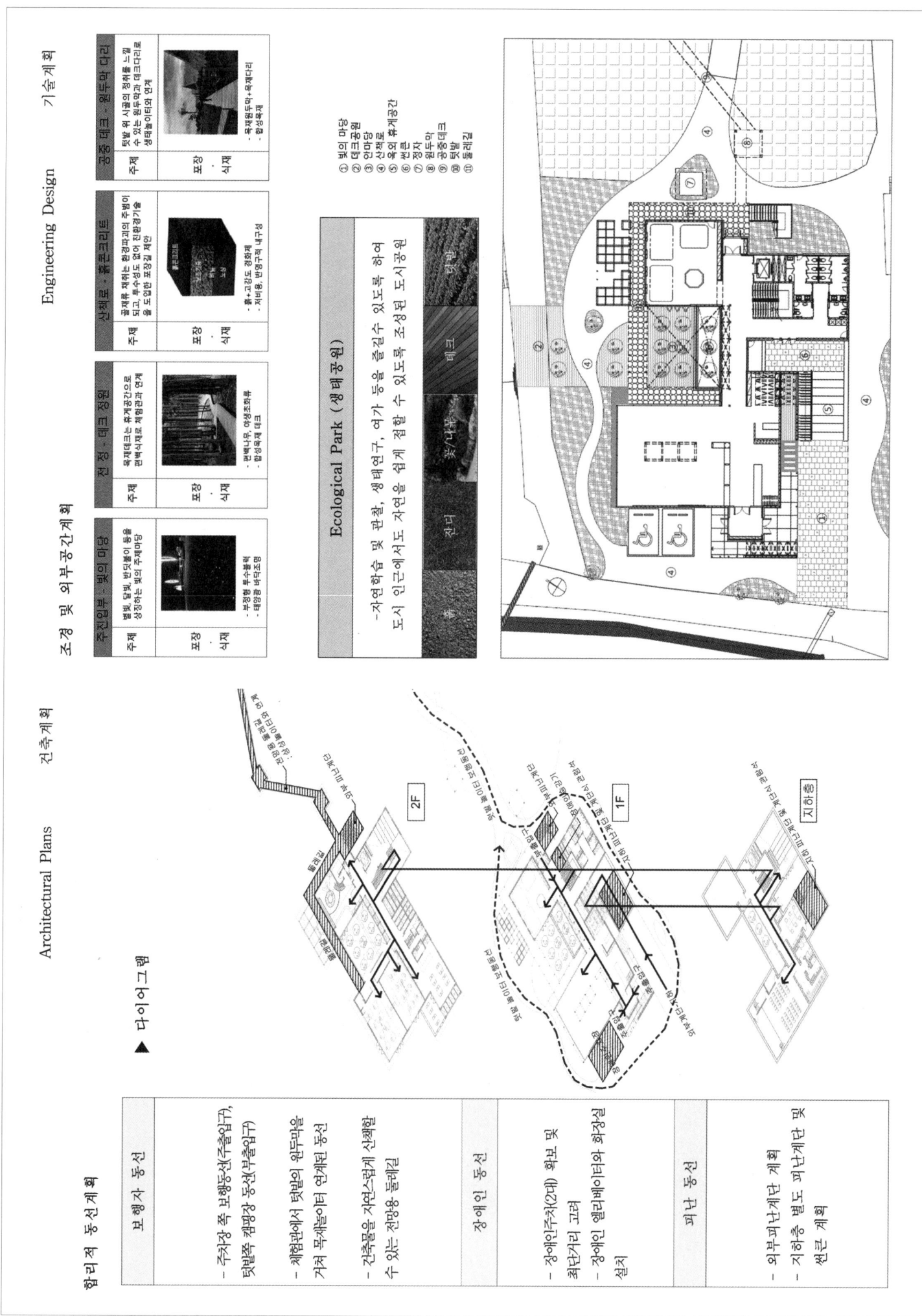

architecture & design competition 문화·주거 169

목재문화체험장

가 작 디에이건축사사무소 동원서 설계팀 김탁근, 조연지

대지위치 대구광역시 달서구 송현동 산56번지 **대지면적** 9,500.00㎡ **건축면적** 831.81㎡ **연면적** 1,281.79㎡ **건폐율** 8.76% **용적률** 13.49% **규모** 지하 1층, 지상 2층 **최고높이** 12m **구조** 철근콘크리트조 **외부마감** 목재패널, 목재루버, 노출콘크리트, 징크패널, 로이복층유리 **주차** 2대

도시와 녹지를 연결하는 목재문화체험장

도시와 자연이 단절된 자리, 그 자리에서 새로이 흐름의 연결이 싹트기 시작한다. 도시와 접한 자연의 가장자리 자연을 닮은 목재문화체험장은 연결의 매개체 역할을 담당한다. 흐름은 연결되고, 그 흐름을 타고 도시는 자연을 인지하고 바라보게 된다. 변하지 않는 자연의 소중함과 보호의 중요성을 체험하는 장이 되길 희망한다.

배치계획
- 주변의 녹지축과 콘텐츠를 고려하여 열린공간으로 배치하였다.
- 보행자 접근로를 고려하여 외부공간을 계획하였다.

평면계획
- 사용자를 생각하고 기능별 실의 특성을 고려하여 로비를 통한 명확한 동선 분리로 사용성을 극대화하였다.
- 내부 실과 외부공간과의 연계성을 고려한 계획으로 유기적인 체험 및 휴실의 장을 형성하였다.
- 주진입로 인접 위치에 외부계단을 설치해 2층으로의 직접 진입이 가능하도록 계획하였다.

A woodcraft culture & experience center that connects the city and nature

On a place where the city and nature are divided, a new form of network starts emerging. Located on the border between the city and nature, the new wood culture experience center has a likeness to nature, and it will serve as a medium for networking. Different flows join each other, and driven by such a movement, the city begins to appreciate and take a view of nature. The proposed center is expected to give an opportunity to learn how important consistent nature and its conservation are.

Site plan
- An open-type arrangement plan is implemented to take account of green axes nearby and the local context.
- The outdoor area is designed in consideration of how pedestrian access is provided.

Floor plan
- Considering user characteristics and the function of each room, the lobby is designed to provide clearly separated circulation routes that maximize usability.
- Connectivity between spaces inside and outside is strengthened to create an organically networked place for experience and relaxation.
- External stairs are installed close to the main access to provide direct access to the 2nd floor.

3rd prize DA architects_Dong Wonseo **Location** Dalseo-gu, Daegu **Site area** 9,500.00m² **Building area** 831.81m² **Gross floor area** 1,281.79m² **Building coverage** 8.76% **Floor space index** 13.49% **Building scope** B1, 2F **Height** 12m **Structure** RC **Exterior finishing** Wood panel, Wood louver, Exposed concrete, Zinc panel, Low-E paired glass **Parking** 2

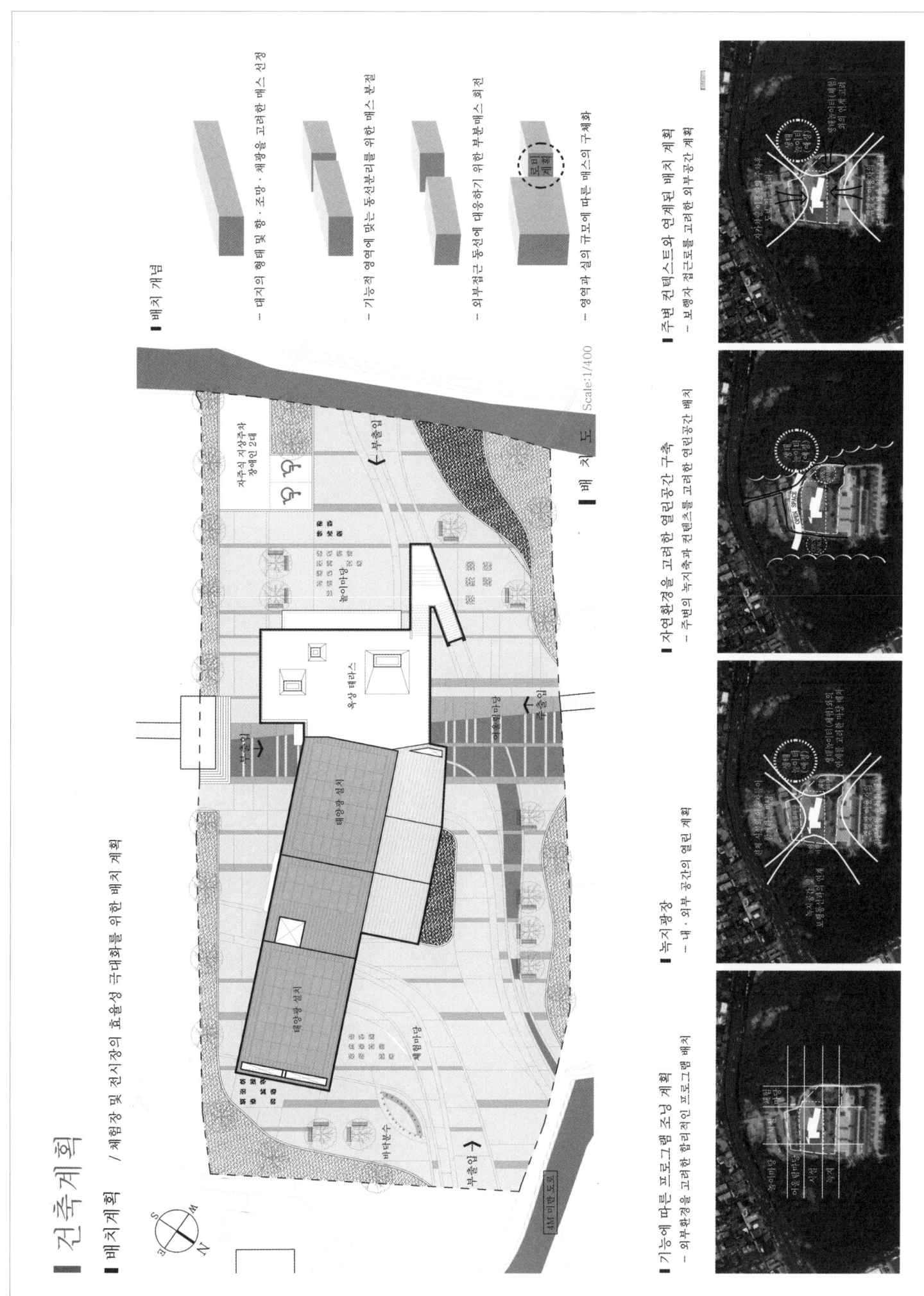

목재문화체험장

건축계획

평면계획 / 기능별 명확한 조닝을 통한 효율적 동선 체계

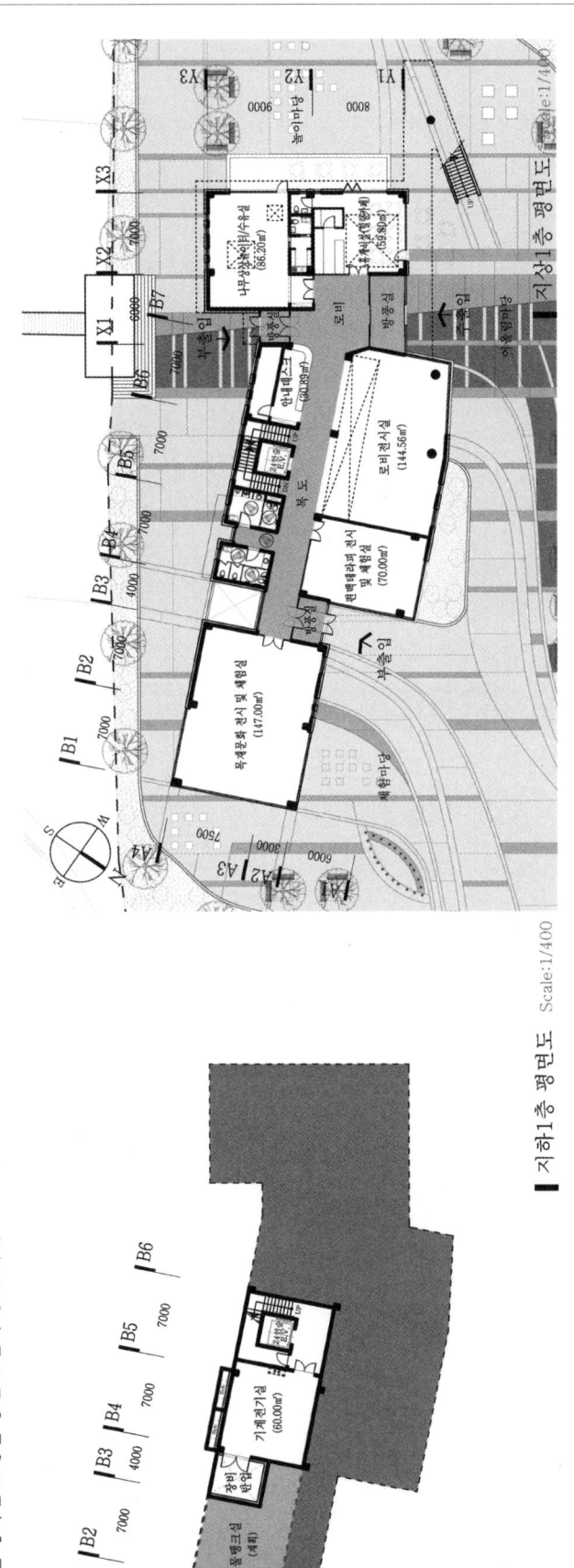

지상1층 평면도 Scale:1/400

지하1층 평면도 Scale:1/400

- 효율적 장비반입 및 집약적 배치를 통한 시공비 절감, 구조적 안정성

효율적인 관리가 가능한 지하시설 계획

사용자를 위한 조닝별 명확한 동선 분리

- 북측 주차장과 남측 단서별빛캠프에서의 접근 동선에 로비를 두어 시설로의 명확한 진입 유도.
- 사용자를 생각하고 기능별 실의 특성을 고려하여 로비를 통한 명확한 동선처리로 사용성 극대화.

외부공간 계획과 시설물과의 연계성

사용성을 고려한 외부동선 계획

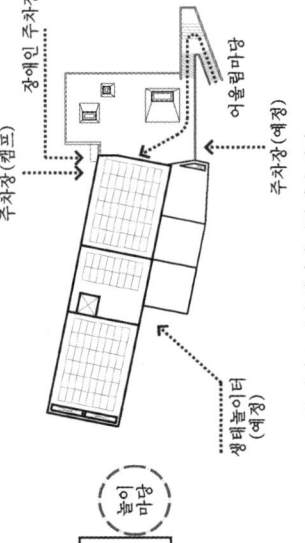

- 주 진입로 인접 위치에 외부계단 설치로 2층으로의 직접 진입을 위한 동선 계획
- 각 방향의 외부 동선으로부터의 진입을 위한 출입구 계획으로 사용성 극대화.

- 내부 실과 외부공간과의 연계성을 고려한 계획으로 유기적인 체험 및 주차의 장 형성.

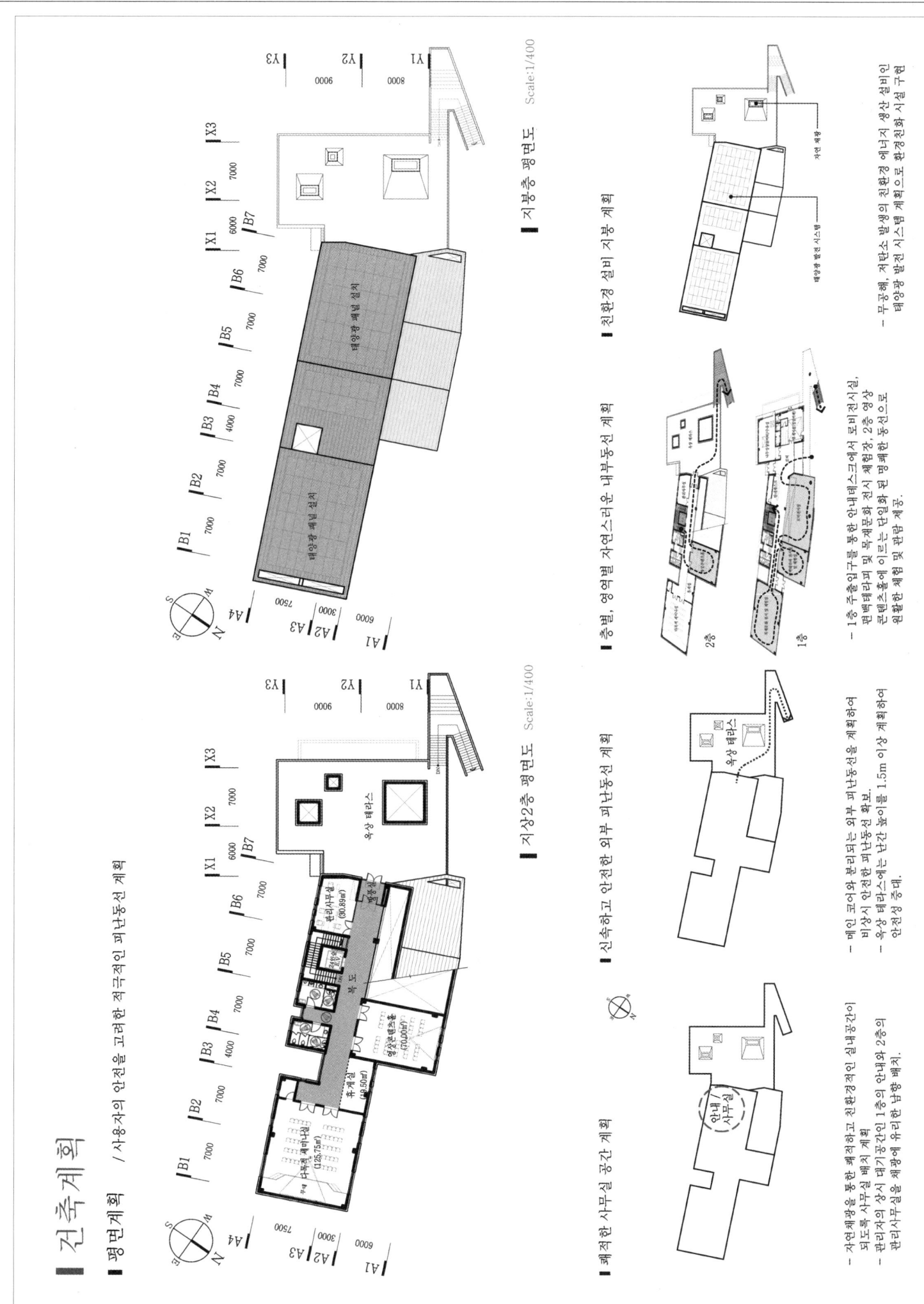

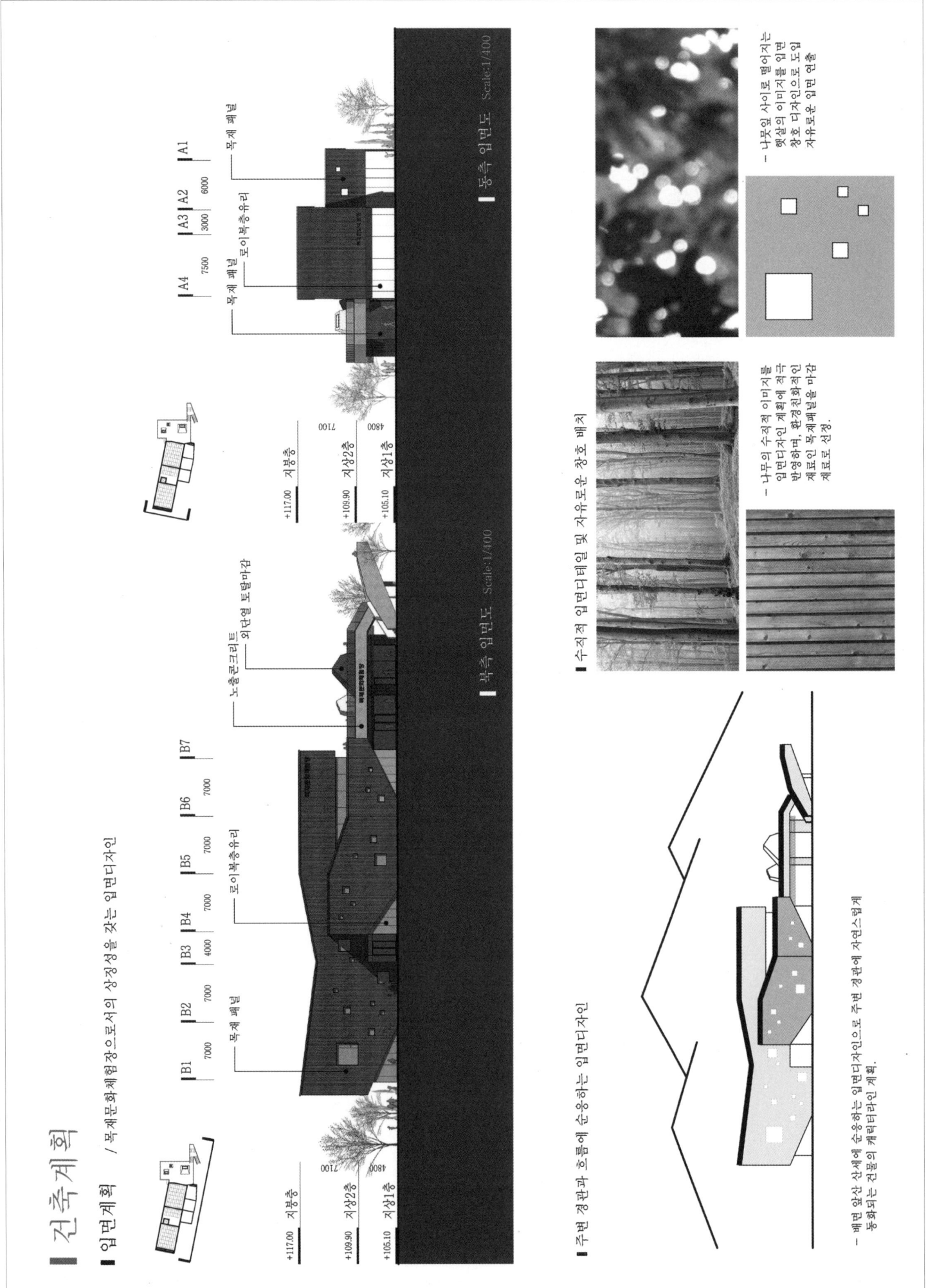

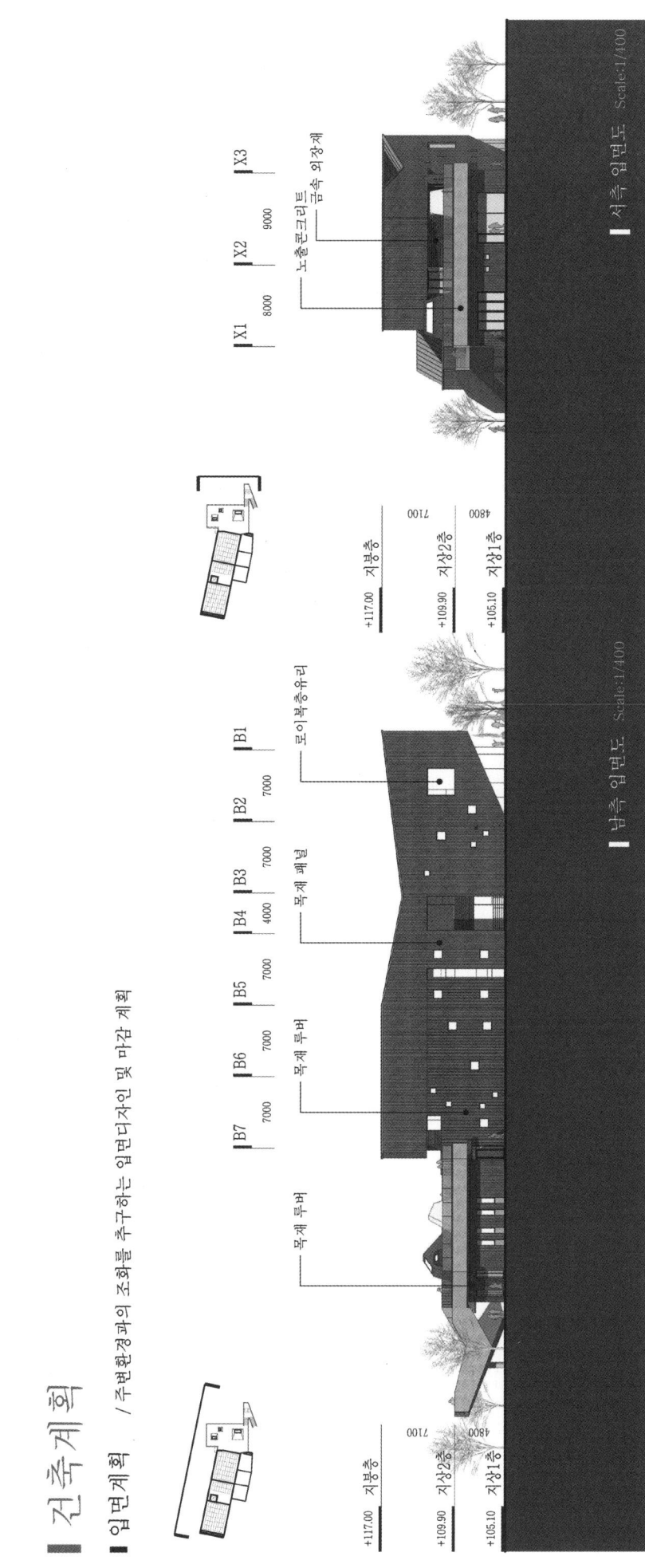

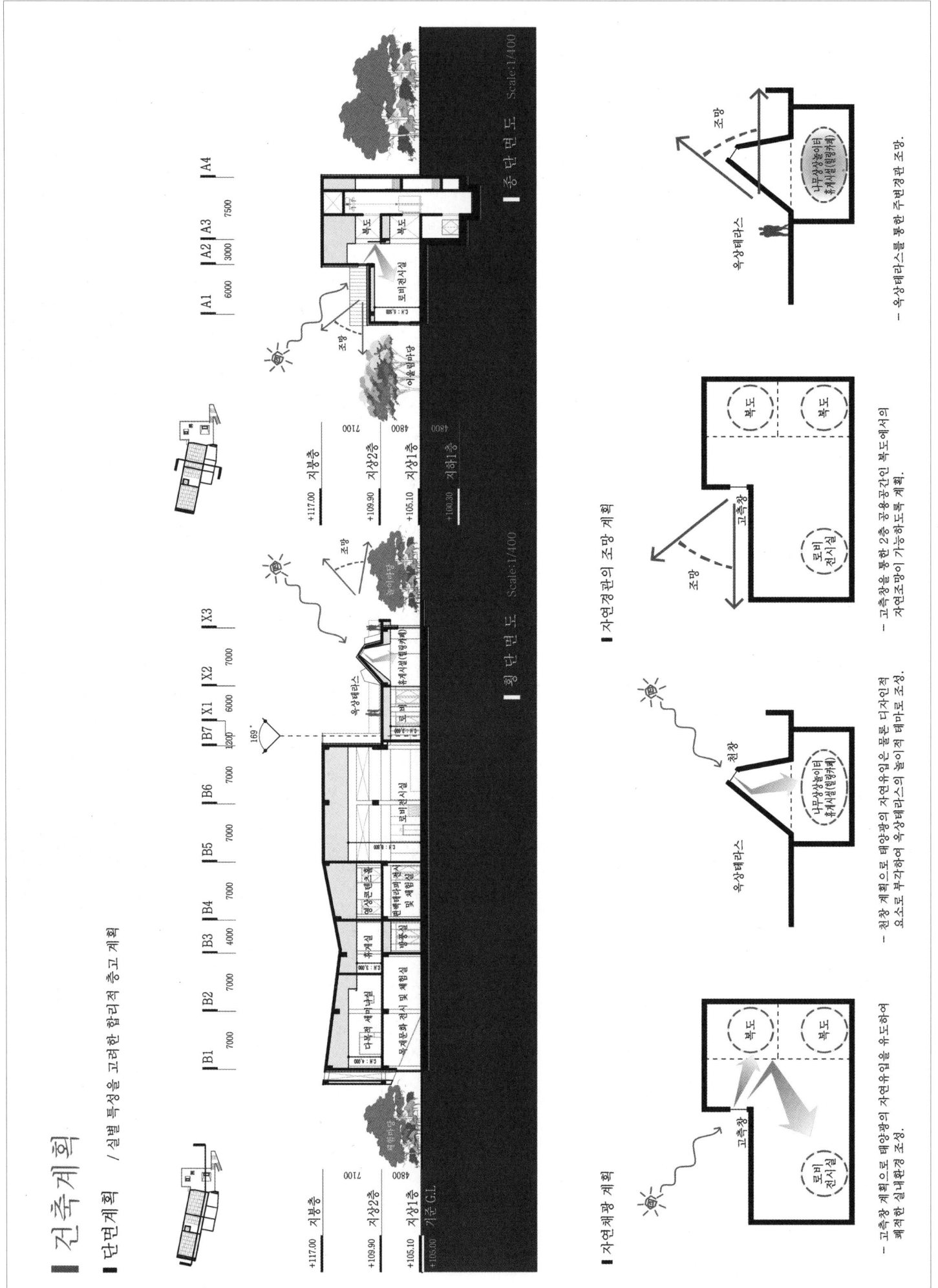

Gangdong-gu Youth Center

당선작 여느건축디자인 건축사사무소 홍규선 설계팀 김주석

대지위치 서울특별시 강동구 천호동 308-9, 308-10 **대지면적** 596.00m² **건축면적** 350.84m² **연면적** 2,076.03m² **건폐율** 58.87% **용적률** 199.52% **규모** 지상 4층 **최고높이** 19.6m **구조** 철근콘크리트조 **외부마감** 치장벽돌, 송판노출콘크리트, 로이복층유리, 목재사이딩, 목재데크 **주차** 9대(장애인 주차 1대 포함)

제2종 일반주거지역에 속한 대상지 주변으로는 천일초·중학교, 강동초등학교 등이 인접하여 청소년 시설의 수요가 상존하나, 정작 청소년들을 위한 문화 시설은 매우 부족한 형편이다. 이에 새로이 건립될 청소년문화의집은 지역 청소년들의 창의적 문화 활동뿐 아니라 방과 후 그들의 건전한 여가활동공간이라는 측면에서 지역 커뮤니티에 매우 필요한 시설이라 할 수 있다. 이에 본 제안은 청소년 스스로 주체적인 문화 및 여가활동을 꾸려갈 수 있는 공간의 독립성 확보와 지역 커뮤니티와 청소년 간의 원활한 소통을 위한 열린 커뮤니티 시설이라는 두 가지 상반된 계획개념을 동시에 추구한다. 이를 위해 층별로 다양한 연령, 성별 등의 수요그룹이 독립적인 문화 활동을 영위할 수 있도록 층별 조닝계획을 명확히 하고, 동시에 시설의 내·외부를 아울러 각 조닝영역 간의 유연한 소통을 유발하는 '전이공간' 성격의 수직동선을 두루 배치하여 주변 커뮤니티와 긴밀히 연계된 청소년 문화공간을 제안한다. 한편 배치계획에 있어 대다수 방문자들이 인근학교 및 주거지로부터 주로 보행을 통해 접근한다는 점을 고려하여 명확한 보차분리가 가능하도록 보행 저해요소인 차량 진입로를 북측에 이격 배치하고, 도로와 면한 주보행 진입면인 남서측 공간의 보행접근성 및 개방성을 최대한 확보하였다.

Located in a Class 2 general residential district, the site area has Cheonil and Gangdong elementary schools in the neighborhood, so there has been a constant demand on youth facilities. However, the area is severely lacking in cultural facilities for the youth. Under such circumstances, the new youth culture center will provide creative cultural activities and healthy afterschool recreation programs for local teenagers. As a result, the center will become a very essential facility for the local community. Considering such a background, the proposal tries to implement two contrasting concepts in parallel; an independent space that allows local teenagers to take the initiative in designing cultural or recreational activities for themselves, and an open community platform that encourages communication between them and the local community. A floor-specific zoning system is established to enable each user group categorized by age, gender, etc. to enjoy their cultural activities independently. Also, 'transitional area'-like vertical passages are provided throughout the facility to ensure flexible interaction between inside and outside and among different zones so that the center can establish a cohesive network with various communities in the neighborhood. As for the arrangement plan, considering that most visitors will come to the center on foot from schools or residential areas nearby, the vehicle access, one of the obstructive factors for pedestrians, is positioned away in the north section, and the southwest section with the main pedestrian access from the road is arranged to provide enhanced pedestrian accessibility and openness, with an aim to clearly separate pedestrians from vehicles.

Prize winner Yeoneu Architects_Hong Kyuseon **Location** Gangdong-gu, Seoul **Site area** 596.00m² **Building area** 350.84m² **Gross floor area** 2,076.03m² **58.87Building coverage** 58.87% **Floor space index** 199.52% **Building scope** 4F **Height** 19.6m **Structure** RC **Exterior finishing** Face brick, Pine pattern exposed concrete, Low-E paired glass, Wood siding, Wood deck **Parking** 9 (including 1 for the disabled)

강동구 청소년 문화의 집

현황분석
대상지와 주변 여건의 이해에서 시작되는 합리적 계획

대지 현황분석 : 주변 지역지구 및 특성 확인 ▶ 주거밀집지역으로 청소년 + 주민 편의시설에 대한 수요확인

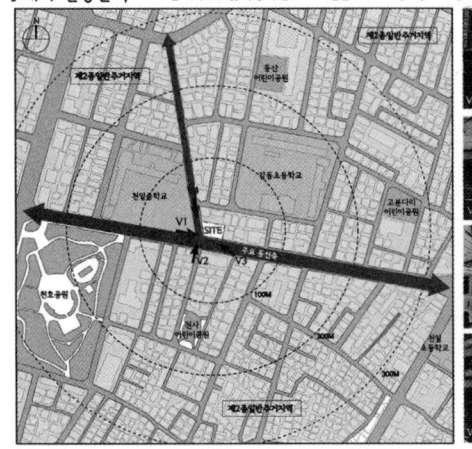

배치계획 고려사항

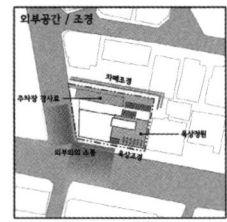

매스개념 : 지역커뮤니티에 새로운 활력이 될 모두에게 열린 문화시설

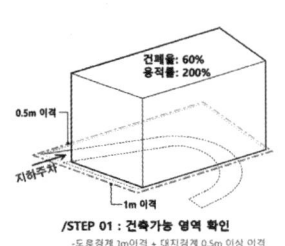  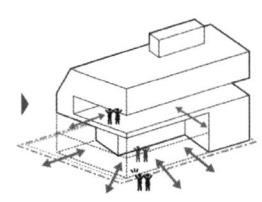 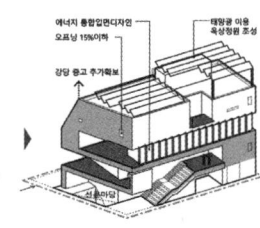

/STEP 01 : 건축가능 영역 확인
/STEP 02 : 정북일조 사선 적용
/STEP 03 : 프로그램별 열린 공간 설정
/STEP 04 : 내 외부공간 정의 및 연계
/STEP 05 : 통합디자인 제안

건립 기본방향
기능에 따른 명확한 조닝 + 영역간 유연한 연계

디자인방향 : 주변커뮤니티와 어우러지는 '연계'의 청소년문화공간 형성

청소년 문화공간으로서 청소년들이 자유로운 환경속에서 문화 및 여가생활을 영위할 수 있는 공간의 독립성은 매우 중요하다. 하지만 이러한 시설의 성격에도 불구하고 주변 커뮤니티와 이격된 청소년 시설은 그 장점과 더불어 여러 문제점을 내포하고 있다. 이에 본 제안은 층별로 다양한 연령, 성별 등의 수요그룹이 비교적 독립적인 활동공간을 영위할 수 있도록 계획함과 동시에 시설의 내외부를 통해 각 존(Zone)간의 소통이 일어날 수 있는 '전이공간' 성격의 수직동선을 두루 배치하여 주변 커뮤니티와 긴밀히 연계된 청소년 문화공간을 제안하고자 한다.

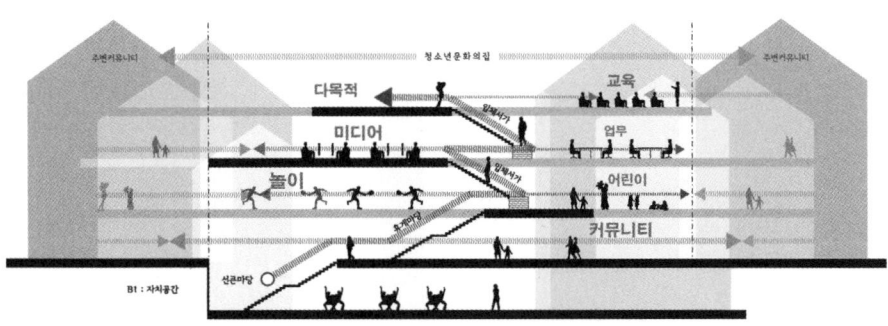

디자인컨셉 : 분리하기 • 열어주기 • 연계하기 • 어우러지기

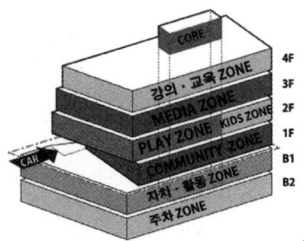 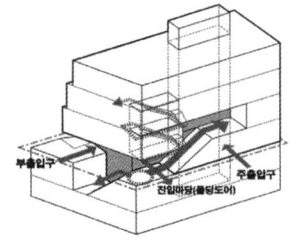 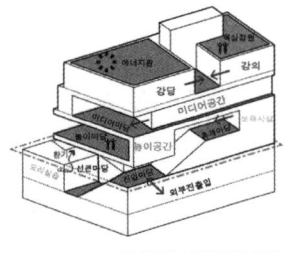 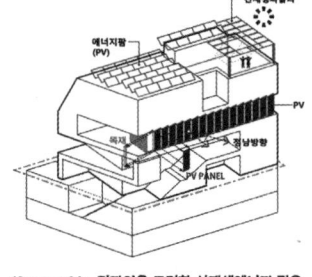

/Concept 01 : 조닝의 명확한 구분
/Concept 02 : 내외부+수직조닝간 유연한 동선연계
/Concept 03 : 조닝별 맞춤외부공간 계획
/Concept 04 : 디자인을 고려한 신재생에너지 적용

Gangdong-gu Youth Center

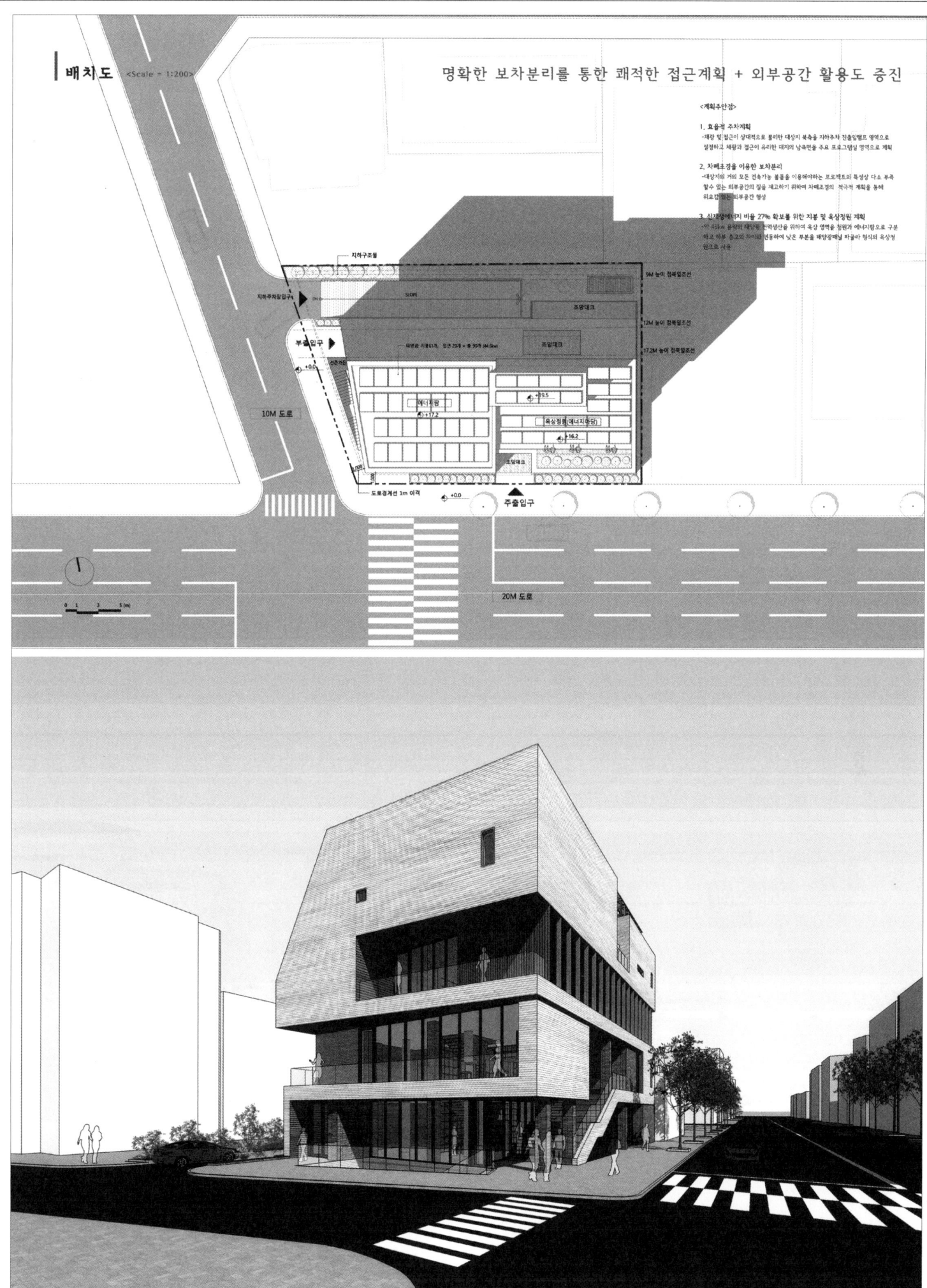

강동구 청소년 문화의 집

평면도

지하2층 평면도 <Scale = 1:150>
"주차 + 기능존 (Parking Zone)"

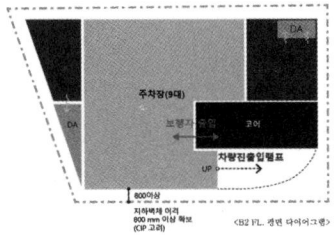

<B2 FL. 평면 다이어그램>

<계획주안점>

1. 효율적 주차계획
   - 최적의 주차계획을 통해 좁은 대지의 여건 극복

2. 주차 9대 확보 (장애인 1대 포함) : 법정 7대

3. 기계실, 전기실 등 소요 기능공간 배치
   - 각종 소요 설비공간을 지하2층에 배치함으로써 지상 공간의 사용성 향상계획

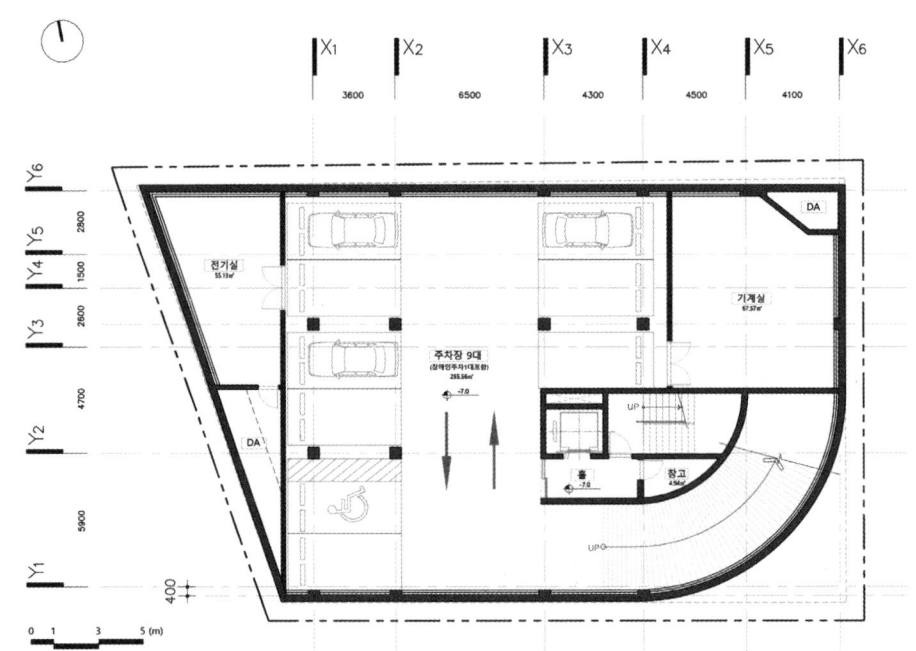

평면도

지하1층 평면도 <Scale = 1:150>
"자치·활동존 (Active Zone)"

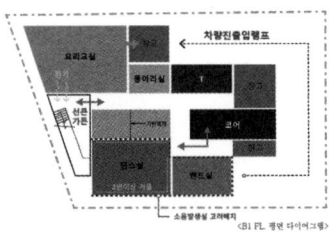

<B1 FL. 평면 다이어그램>

<계획주안점>

1. 선큰가든을 이용한 지하시설 '채광+환기' 개선
   - 요리교실, 댄스실, 동아리실 등의 주요 프로그램 실을 선큰가든 인접배치
   - 채광 및 환기 고려

2. 소음을 고려한 '댄스실+밴드실' 배치
   - 지하층 주차램프 상부에 해당실 배치하여 소음관리 계획

3. 동아리실 '가변벽체' 적용
   - 동아리실 가변벽체 적용을 통해 필요에 따른 실 구획 가능

4. 요리교실 환기 고려 배치
   - 요리교실에 필수적인 환기를 고려하여 기계적 환기와 자연환기가 모두 가능한 계획 적용

<지하1층으로 연결되는 선큰가든 전경>

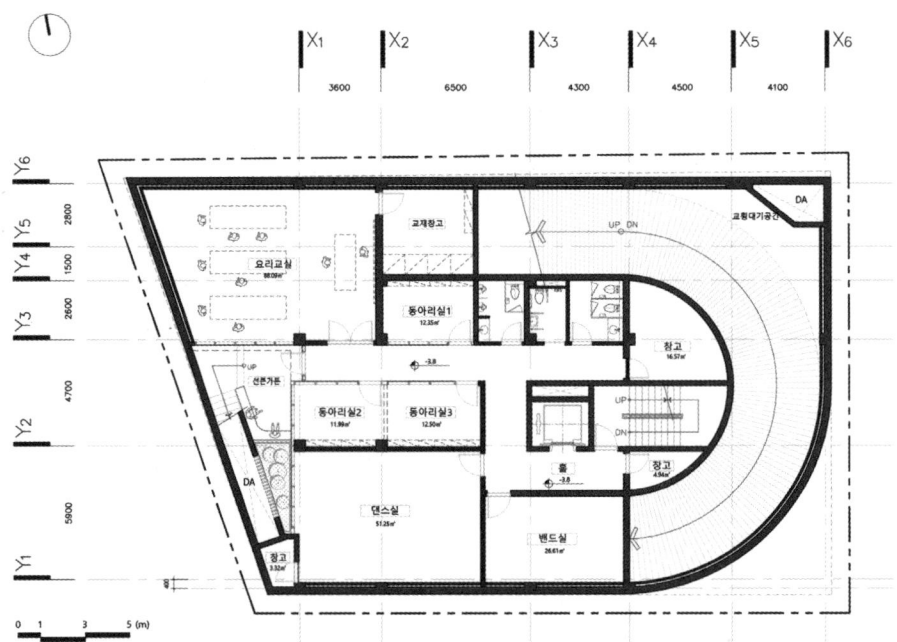

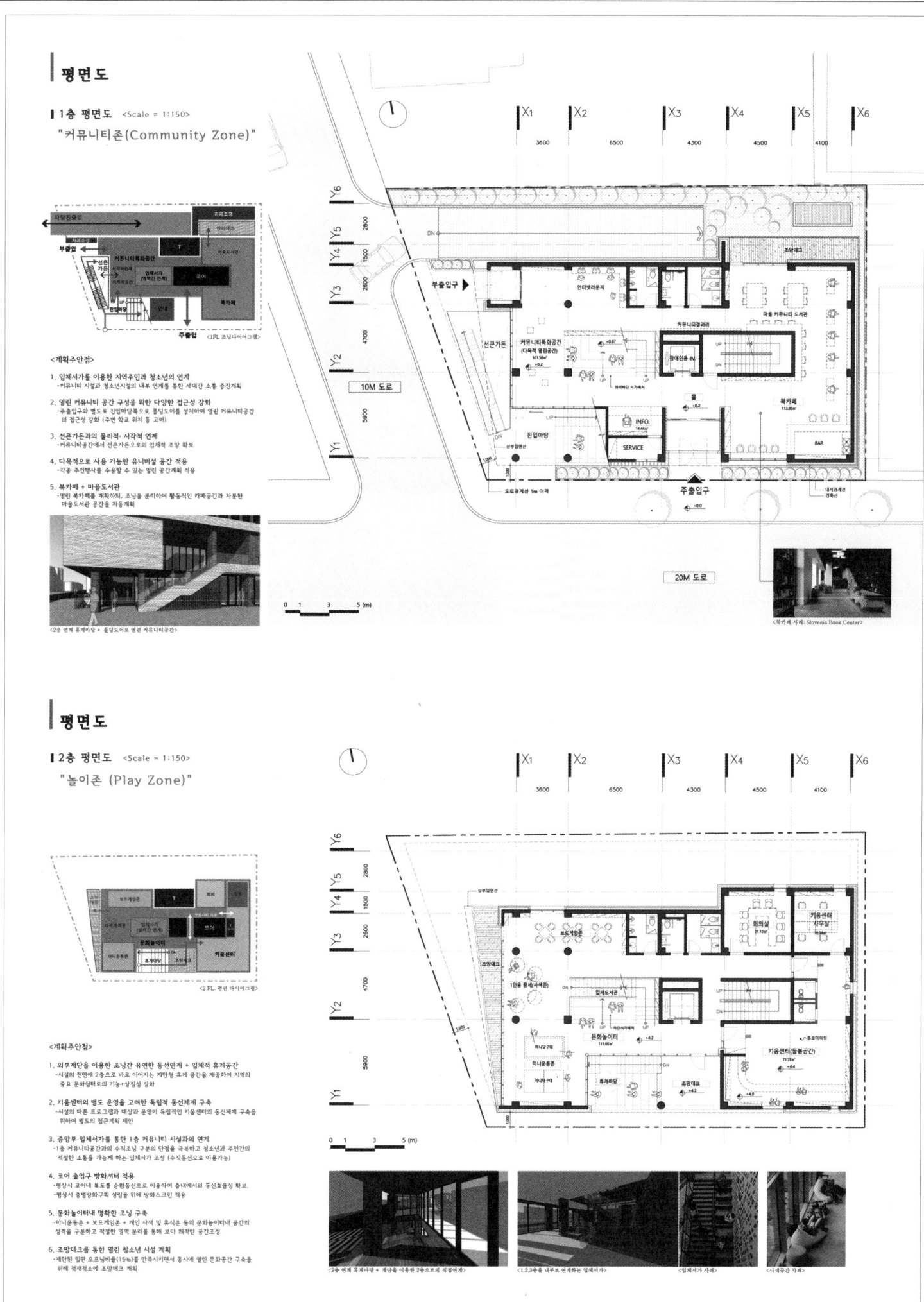

강동구 청소년 문화의 집

평면도

3층 평면도 <Scale = 1:150>
"미디어존 (Media Zone)"

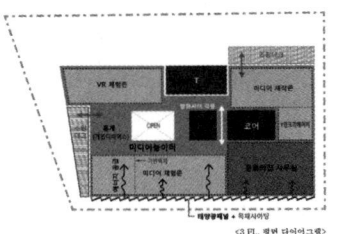
<3 FL. 평면 다이어그램>

<계획주안점>

1. 개인디바이스 활용공간과 비치자료 이용공간의 조화
   - 개인 디바이스를 이용할 수 있는 '휴게공간'과 더불어 시설이 보유하고 있는 미디어를 체험할 수 있는 미디어체험존을 분리 계획하여 체험의 질과 관리 모두 강화

2. 남측입면 태양광패널 적용 (미디어체험에 필요한 에너지 자체생산)
   - 정남축방향을 함께 틈나형태로 배치된 입면의 벽면형 태양 패널을 통해 해당층이 담당하는 미디어 기능과 이에 따른 필요 에너지를 직접적으로 제공

3. 내부 바닥오픈을 통한 층간 연계 (입체적 공간재미 강화)
   - 하부 입체서가의 연장을 이용해 미난계단 이외의 체험적 수직동선을 3층까지 연장하고 이를 통해 입체적 공간재미와 효율성 고려

4. 미디어 체험공간과 미디어 제작공간의 조닝
   - 미디어의 생산과 소비의 관점에서 체험과 제작의 영역을 구분하여 계획

5. 1인 크리에이터 공간 추가확보
   - 미디어 제작존에 추가로 '1인크리에이터' 실을 마련하여 청소년들이 실제 다양한 시도와 경험을 활성화

6. 문화의집 사무실 배치
   - 각종 미디어 기기 등 관리의 수요가 보다 많은 3층에 문화의집 사무실을 배치하여 보다 효율적인 관리 동선 가능 고려

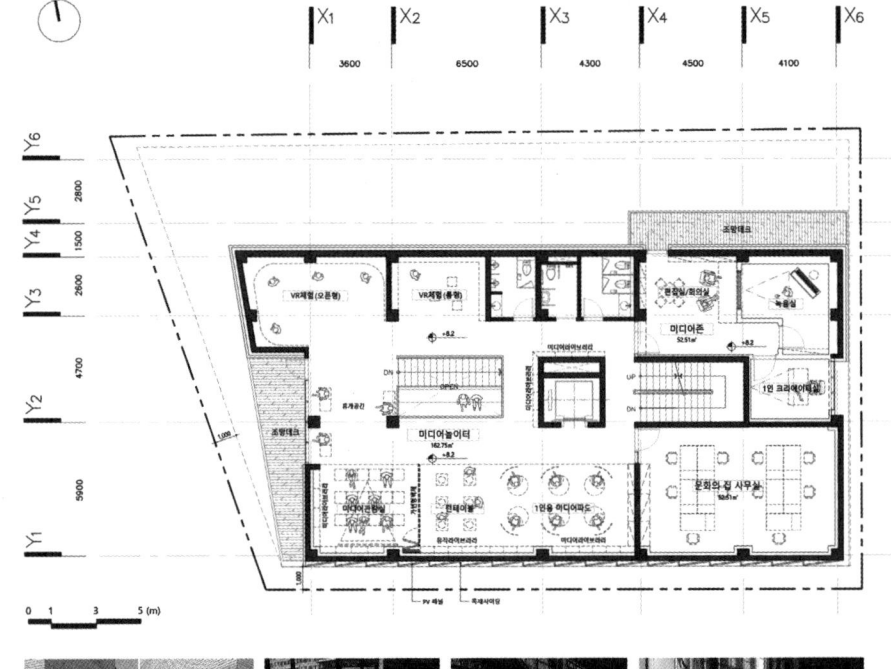

<입면 태양광패널 적용: 방향에 따라 폭재와 패널이 다른 처관> <휴게공간: 개인 미디어디바이스 사용공간> <유직타이브러리 사례: 현대카드뮤직라이브러리> <1인용 미디어좌도 사례: 연세대 언더우드 기념도서관>

평면도

4층 평면도 <Scale = 1:150>
"강의·교육존 (Education Zone)"

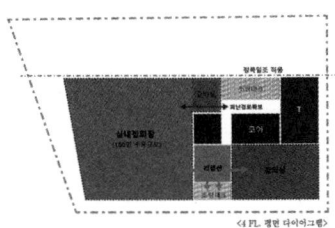
<4 FL. 평면 다이어그램>

<계획주안점>

1. 명확한 '집회·교육 영역'의 수직조닝 계획
   - 낮은 사용빈도이지만 사용시 많은 인원이 몰리게 되는 교육, 집회시설의 특성을 감안하여 수직조닝 계획을 통해 최상층으로 분리계획

2. 대규모 인원 수용을 감안한 전이공간 확보 (리셉션)
   - 많은 인원의 출입에 따른 혼잡을 최소화하기 위한 전이공간 확보
   - 전이공간(리셉션) 전면 조망데크를 두어 쾌적한 대기 및 리셉션 공간 구성

3. 정북일조 사면에 따른 경사벽을 고려한 평면계획
   - 경사면을 접하는 다소 사용성이 낮은 공간을 감안하여 내부 평면의 합리적 계획

4. 충분한 조망데크 확보를 통한 내외부 공간의 조화 고려
   - 최상층의 피난공간을 확보하기 위하여 조망데크 활성화 계획

5. 실내집회장 피난 2방향 확보
   - 유사시 많은 인원이 효율적으로 대피할수 있도록 준비실을 통하는 피난구 확보

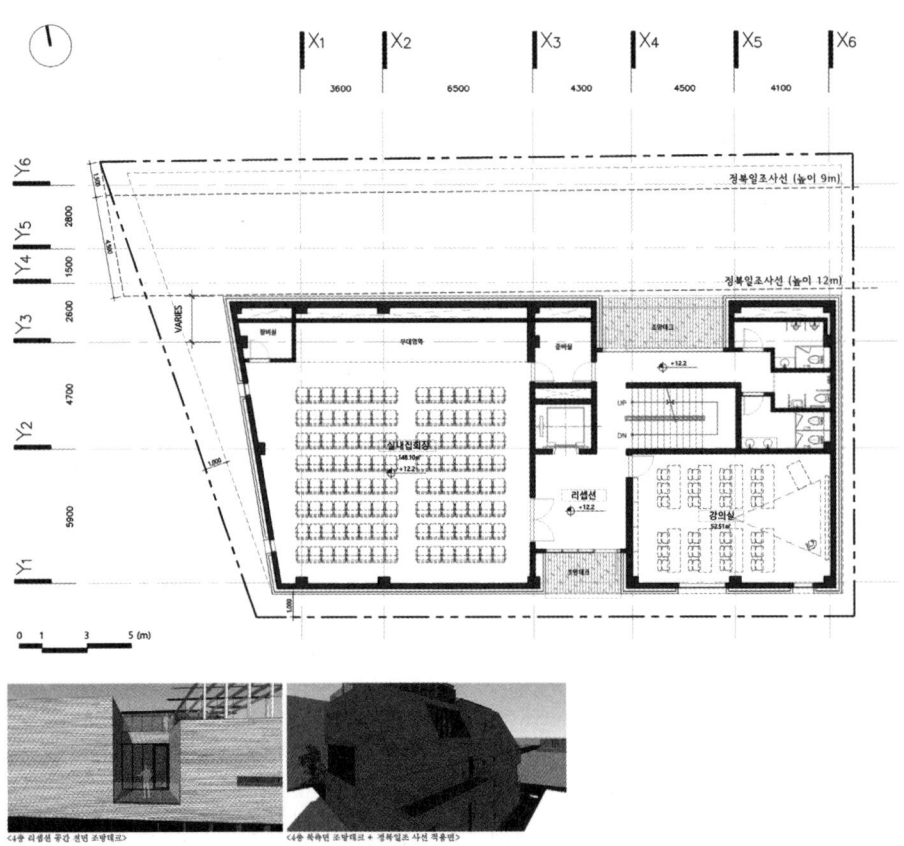

<4층 리셉션 공간 전면 조망데크> <4층 북측면 조망데크 + 정북일조 사선 적용면>

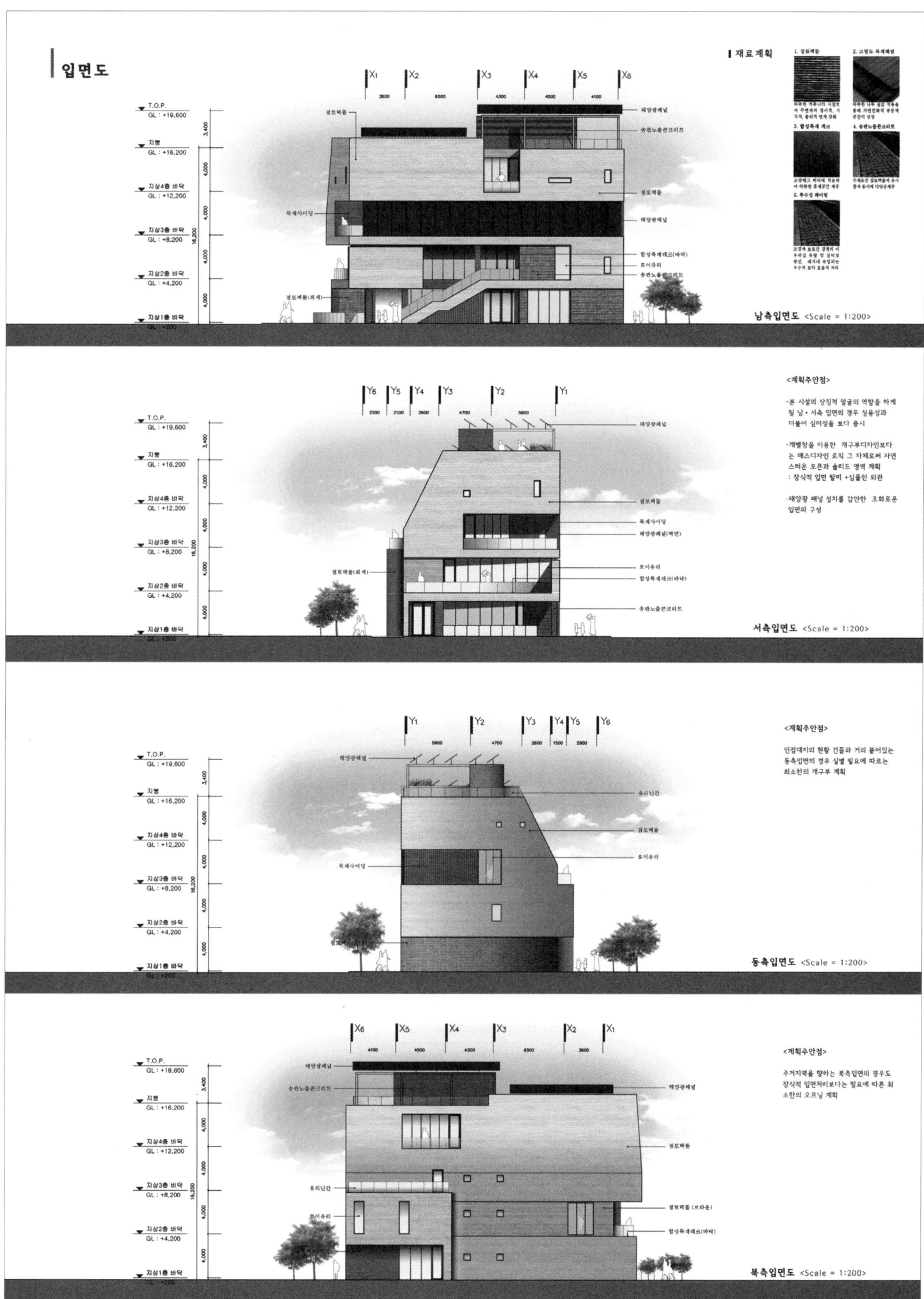

강동구 청소년 문화의 집

단면도

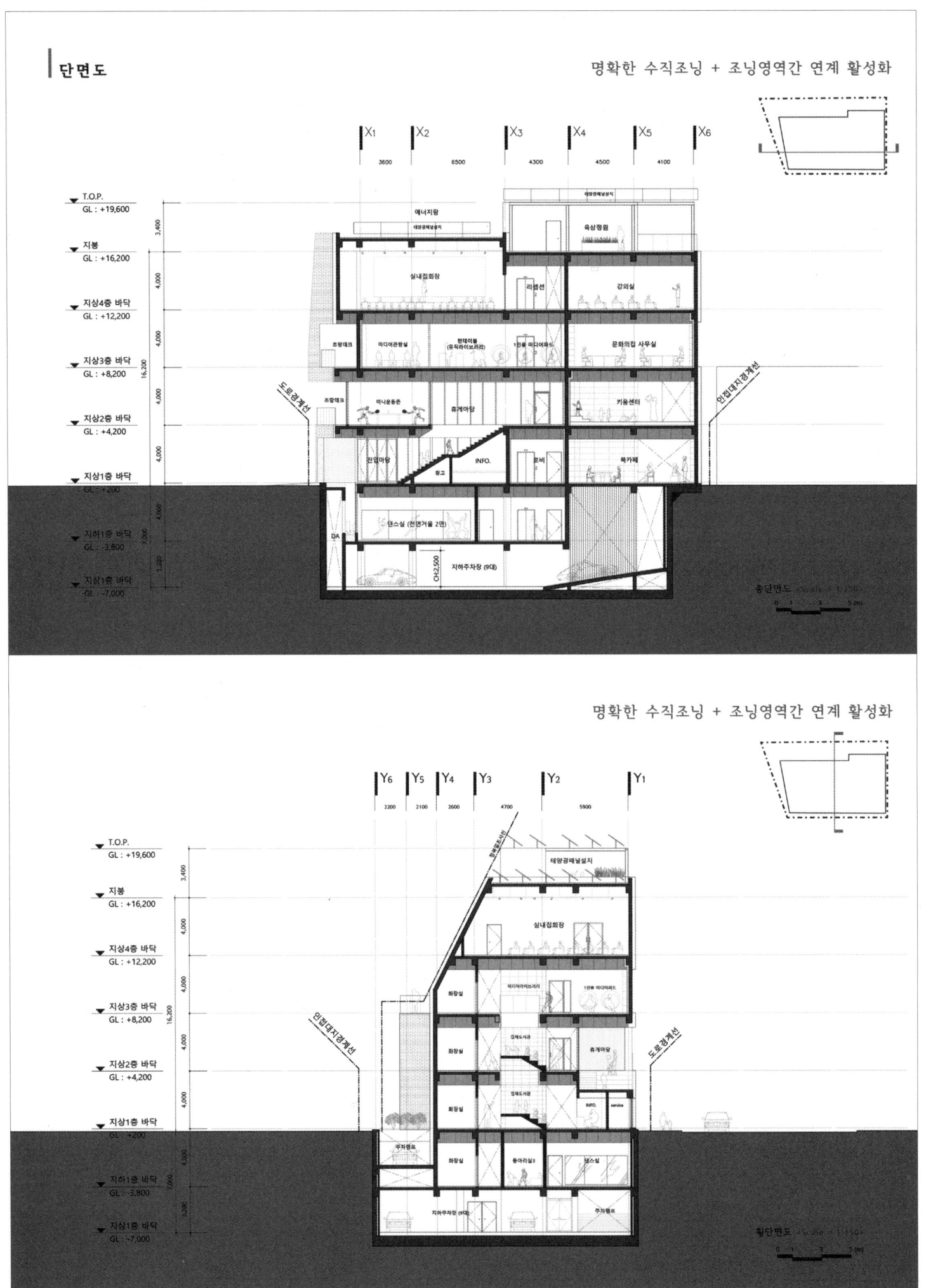

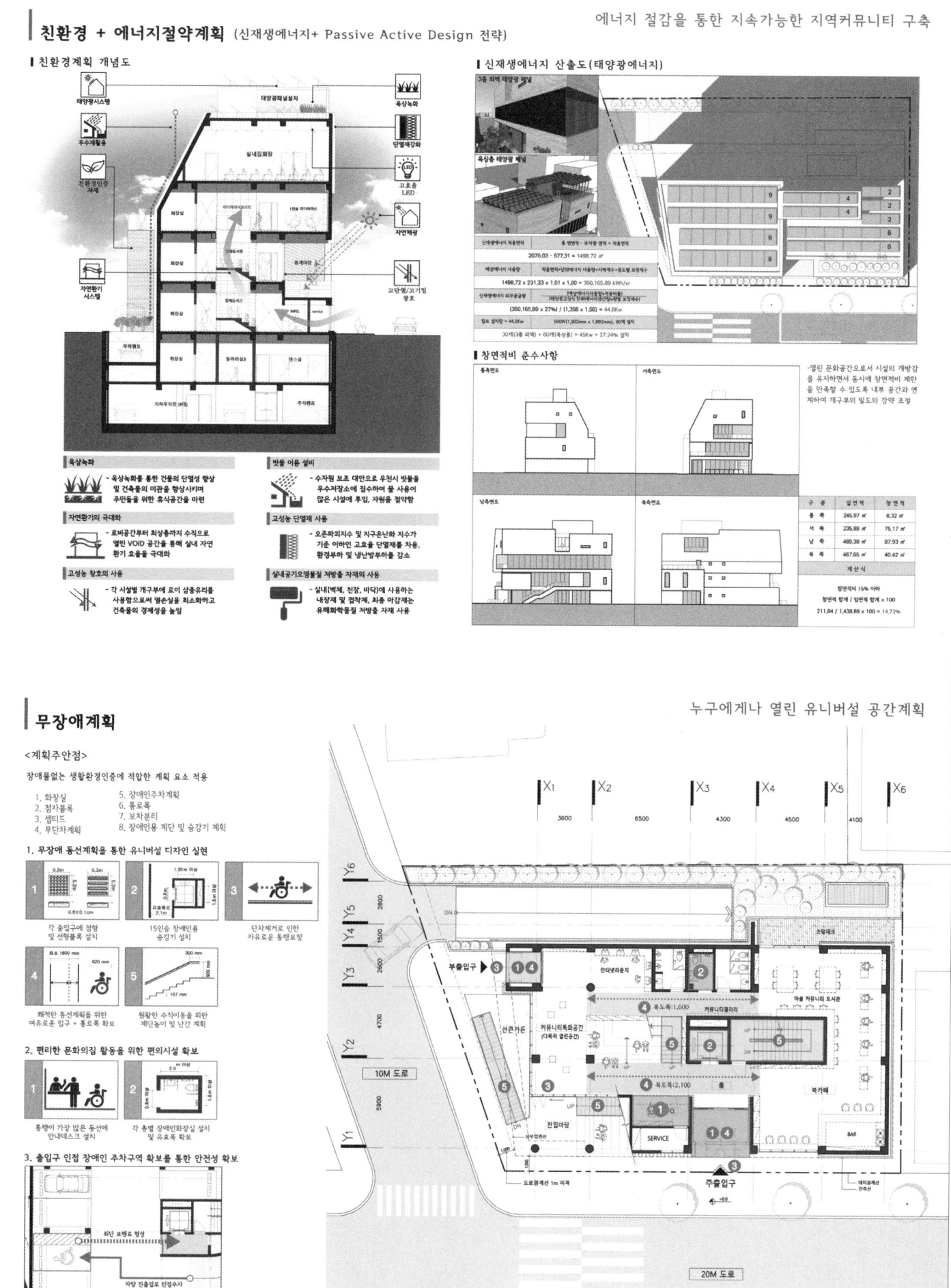

강동구 청소년 문화의 집

우수작 베이직 건축사사무소 최준석

대지위치 서울특별시 강동구 천호동 308-9, 308-10 **대지면적** 596.00㎡ **건축면적** 357.18㎡ **연면적** 2,090.13㎡ **건폐율** 59.93% **용적률** 194.60% **규모** 지하 2층, 지상 4층 **최고높이** 17.4m **구조** 철근콘크리트조 **외부마감** 롱브릭, 합성목재패널, 알루미늄 골강판, 폴리카보네이트 **주차** 8대(장애인 주차 1대 포함)

Around the Corner

청소년기는 인생에 대한 기대와 희망을 품는 시기이며 같은 시기를 거쳐가는 친구들과 교감을 나누는 기쁨을 찾게 된다. 현대 구도심의 보편적 문제를 가지고 있는 땅에서 또 하나의 프로그램 덩어리를 그저 멋있게 놓을 것인가? 그들의 기대와 만남 기쁨을 찾아줄 수 있는 공간을 '길모퉁이'에서 찾아 보고자 하였다.

Make Corner

층별 프로그램으로 연결되는 연속된 외부계단의 흐름은 공간의 시퀀스를 만들어 분리된 층별 공간을 연속된 '길'과 '모퉁이' 그리고 기대치 않은 '그들만의 이야기'로 채우고자 하였다.

디자인 프로세스

- 비우다 : 학교에서 대지까지 청소년들의 주접근이 모이는 서측 코너부 외부공간을 최대로 비우고, 모든 층과 프로그램으로 바로 연결 되는 마당(입구)를 만든다.
- 통하다 : 대지 내부로의 다양한 접근이 가능하도록 북·동측 인접대지를 따라 소통하는 길'을 만들고 정북일조 높이제한에 따라 필연적으로 만들어지는 고립된 북측 마당을 전체 외부공간과 연결한다.
- 우연히 만나기 : 주계단 이외에 각 층, 각 프로그램으로 직접 연결되는 서브 동선을 두어 오고감에 자유와, 우연한 스침과 만남이 이루어지는 자연스러운 커뮤니티를 이끌어 내고자 한다.

Around the Corner

Adolescence is a time for nurturing dreams and hopes for the future. And teenagers in adolescence find joy in sharing their feelings with friends who are in the same phase. Then, would it be okay for us to recklessly put up a block of program in a stylish way on a site with typical problems of today's old urban centers? With such a question in mind, a 'street corner' is taken as a starting point to develop a space design that can help teenagers find dreams, friends and joy.

Make Corner

Continuous external stairs leading to programs on each floor form a spatial sequence and fill the fragmented space of each floor with 'paths', 'corners' and unexpected 'personalized narratives'.

Design process

- Emptying : The outdoor area of the west corner on a converging point of main user access routes from schools to the site is emptied as much as possible. And it's turned into a courtyard (entrance) providing direct access to each program and floor.
- Establishing Connection : A 'communication road' is laid along the border area of the north and east sections to provide various access routes to the inner area of the site. The height restriction related to the northern sunlight exposure is bound to create an isolated courtyard in the north section, and it's connected with all outdoor areas.
- Come across : In addition to the main staircase, sub-routes are laid to provide direct access to each program and floor with an aim to create an unconstrained community that ensures free passage and encourages causal interactions or encounters.

2nd prize BAZIK ARCHITECT_Choi Junseok **Location** Gangdong-gu, Seoul **Site area** 596.00m² **Building area** 357.18m² **Gross floor area** 2,090.13m² **Building coverage** 59.93% **Floor space index** 194.60% **Building scope** B2, 4F **Height** 17.4m **Structure** RC **Exterior finishing** Long brick, Synthetic wood panel, Aluminum corrugated steel sheet, Polycarbonate **Parking** 8 (including 1 for the disabled)

Gangdong-gu Youth Center

DESIGN CONCEPT | 디자인 컨셉

What's around the next corner?

다음 모퉁이를 돌아서면
무엇이 나를 기다리고 있을까?

Around the Corner
길모퉁이를 돌아서면

청소년기는 인생에 대한 기대와 희망을 한껏 품는 시기이며
같은 시기를 거쳐가는 친구들과 교감을 나누는 기쁨을 찾게 된다
현대 구도심의 보편적 문제를 가지고 있는 땅에서
또하나의 프로그램 덩어리를 그저 멋있게 놓을 것인가?
그들의 기대와 만남 기쁨을 찾아줄 수 있는 공간을
'길모퉁이'에서 찾아 본다

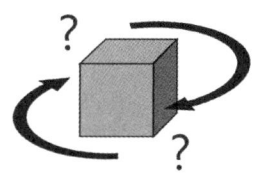

Design Process | 디자인 프로세스

solution 01 : [비우다] Set Back
- 학교에서 대지까지 청소년들의 주접근이 모이는 서측 코너부 외부공간을 최대로 비우고, 모든 층/모든 프로그램으로 바로 연결 되는 마당(입구)을 만든다
- 남측 20M 주도로 보행환경을 고려한 남측 서측부 비우기, 비워진 공간을 활용한 변면 만들기

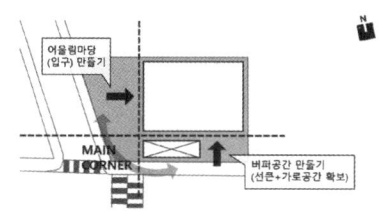

solution 02 : [통하다] Make Path
- 대지 내부로의 다양한 접근이 가능하도록 북-동측 인접대지를 따라 '소통하는 길'을 만들고 정북일조높이제한에 따라 돌면적으로 만들어지는 고립된 북측 마당을 전체 외부공간과 연결한다
- 협소한 대지 내에서 청소년들의 다채로운 활동을 이끌어낼 단초를 만든다

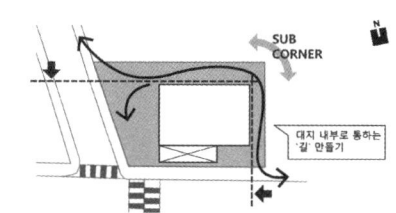

solution 03 : [우연히 만나기] Come Across
- 주계단 이외에 각층, 각프로그램으로 직접 연결되는 서브 동선을 두어 오고감에 자유로운 스침과 만남이 이루어지는 자연스러운 커뮤니티를 이끌어 내고자 한다
- 연속적으로 연결되는 서브동선은 협소한 층별 프로그램들 간의 공간적 연계성을 강화하며 수직적으로 연속/확장되는 공간감을 구성한다

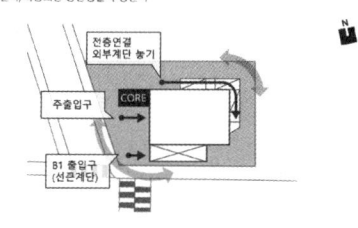

SPACE SPECIALIZATION | 공간특화계획

Make Corner
다양한 만남과 교감을 만들다

층별 프로그램으로 연결되는
연속된 외부계단의 흐름은
공간의 시퀀스를 만들어
분리된 층별 공간을 연속된 '길'과 '모퉁이'
그리고 기대치 않은
'그들만의 이야기'로 채운다.

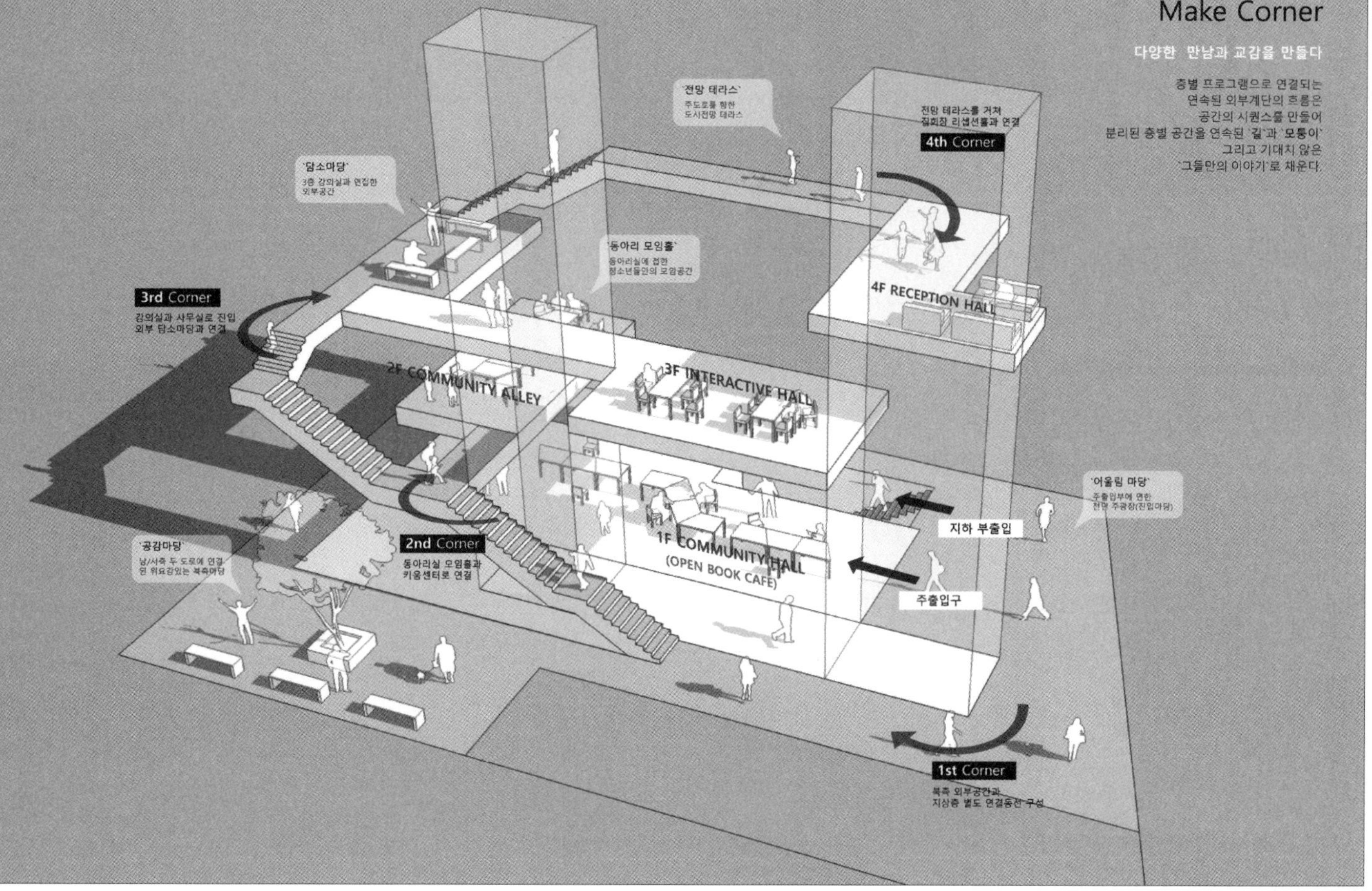

강동구 청소년 문화의 집

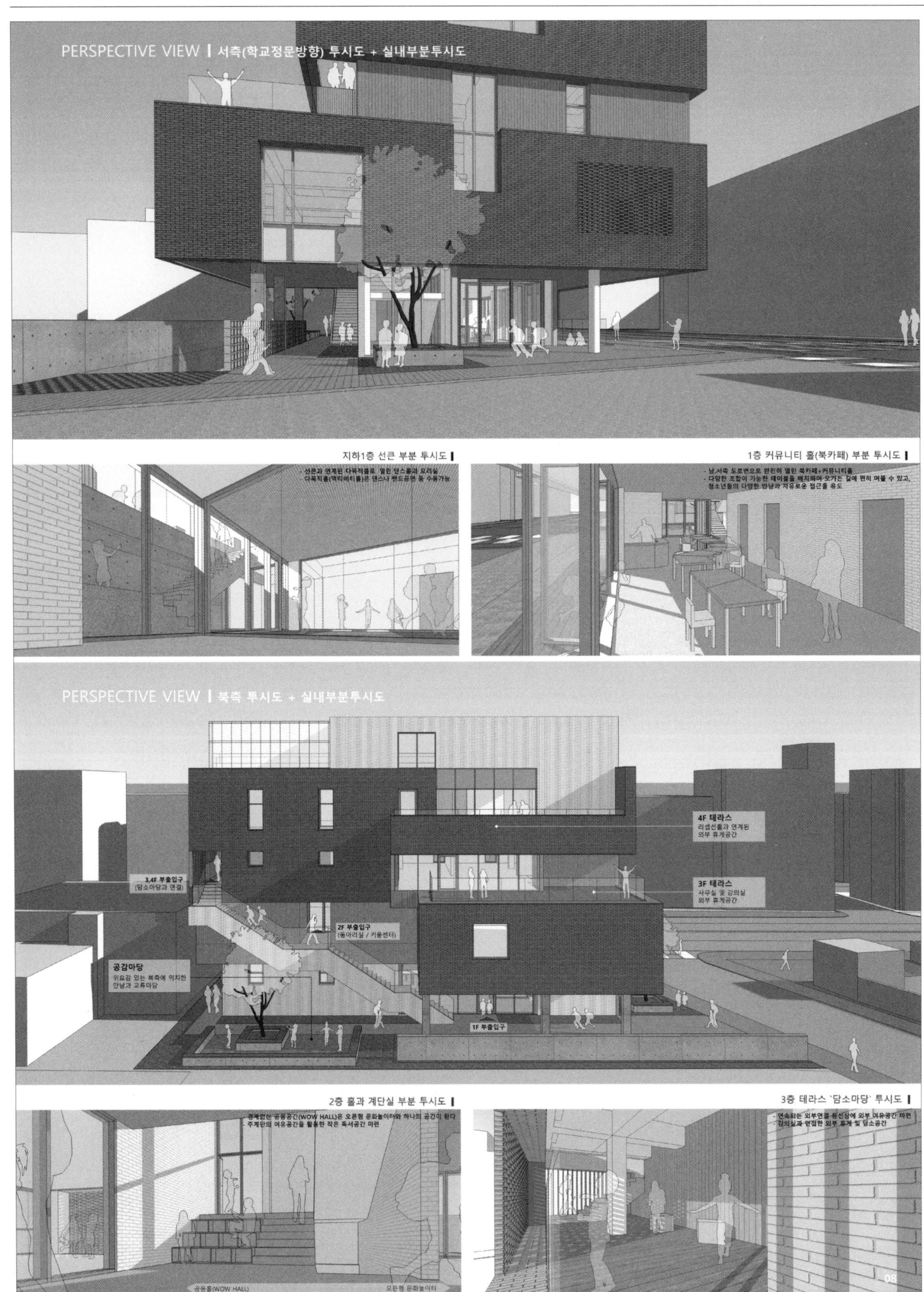

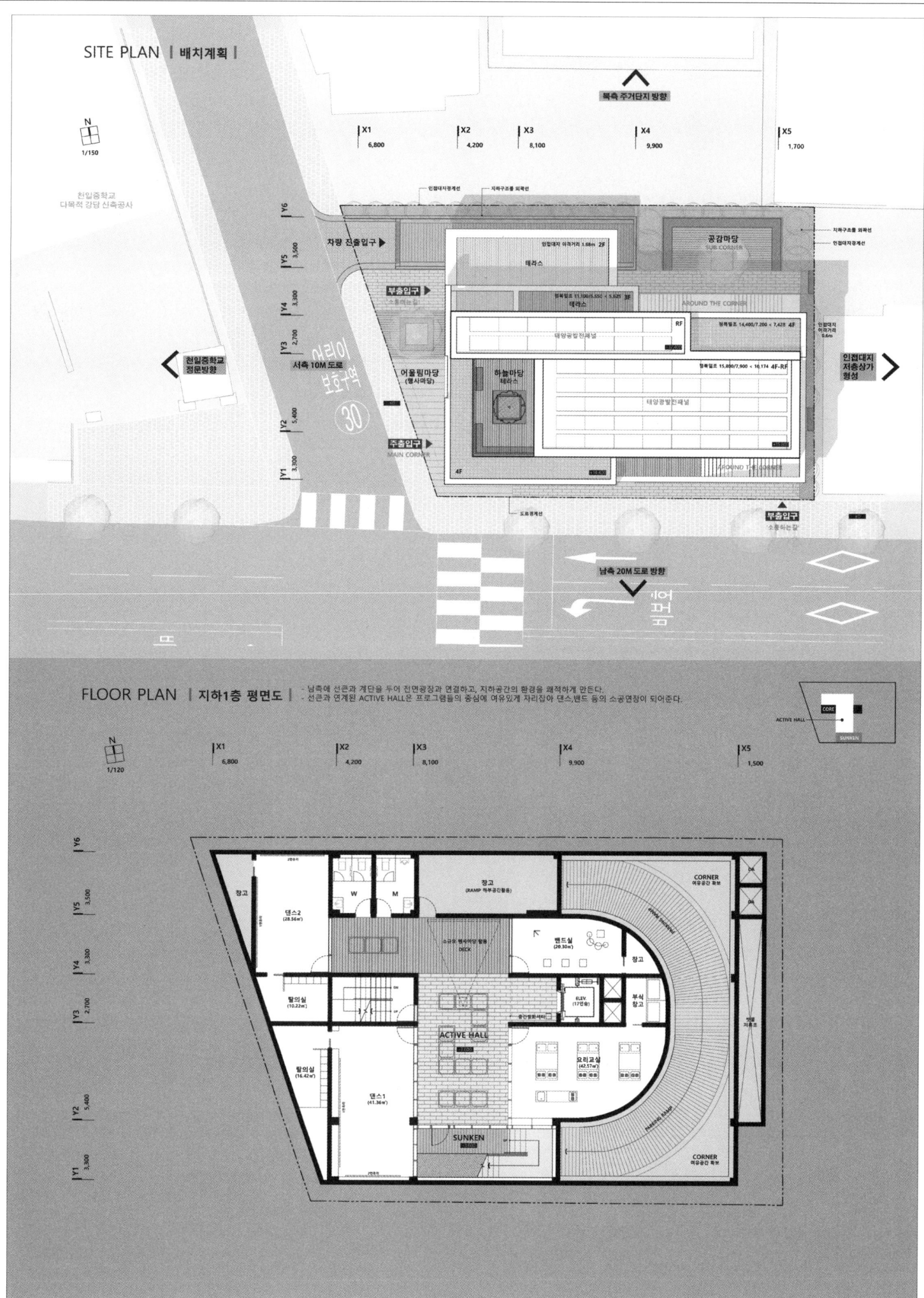

강동구 청소년 문화의 집

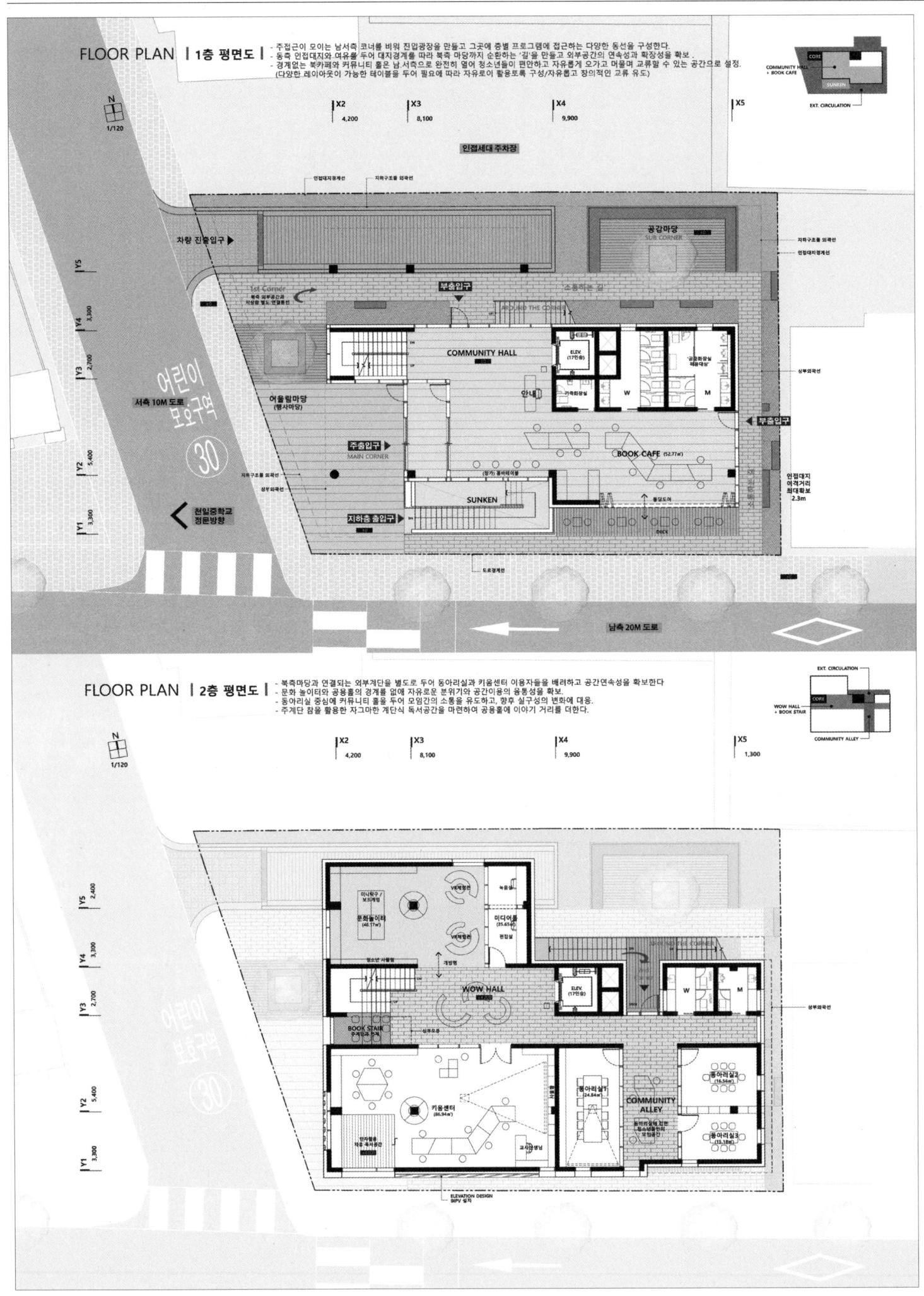

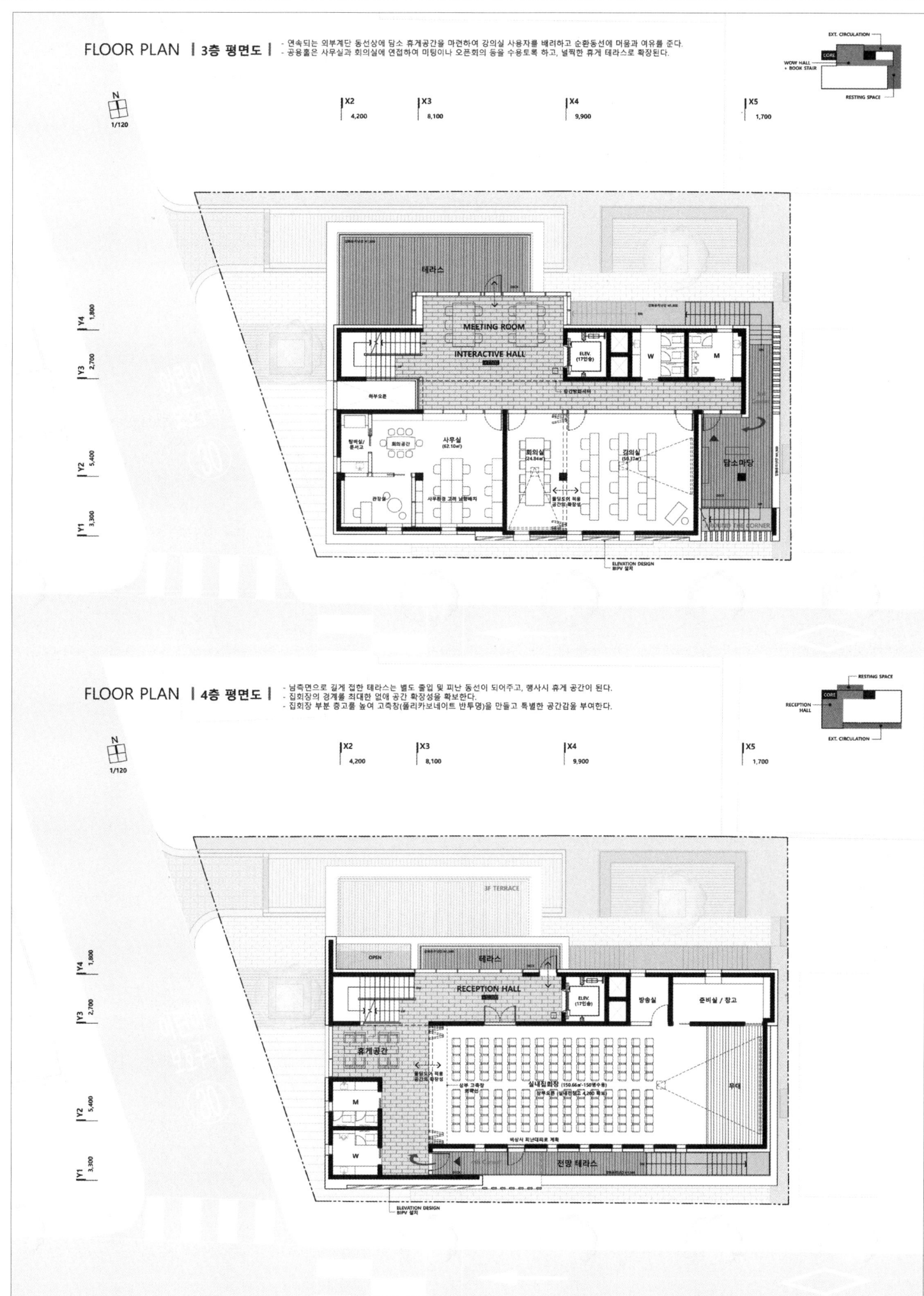

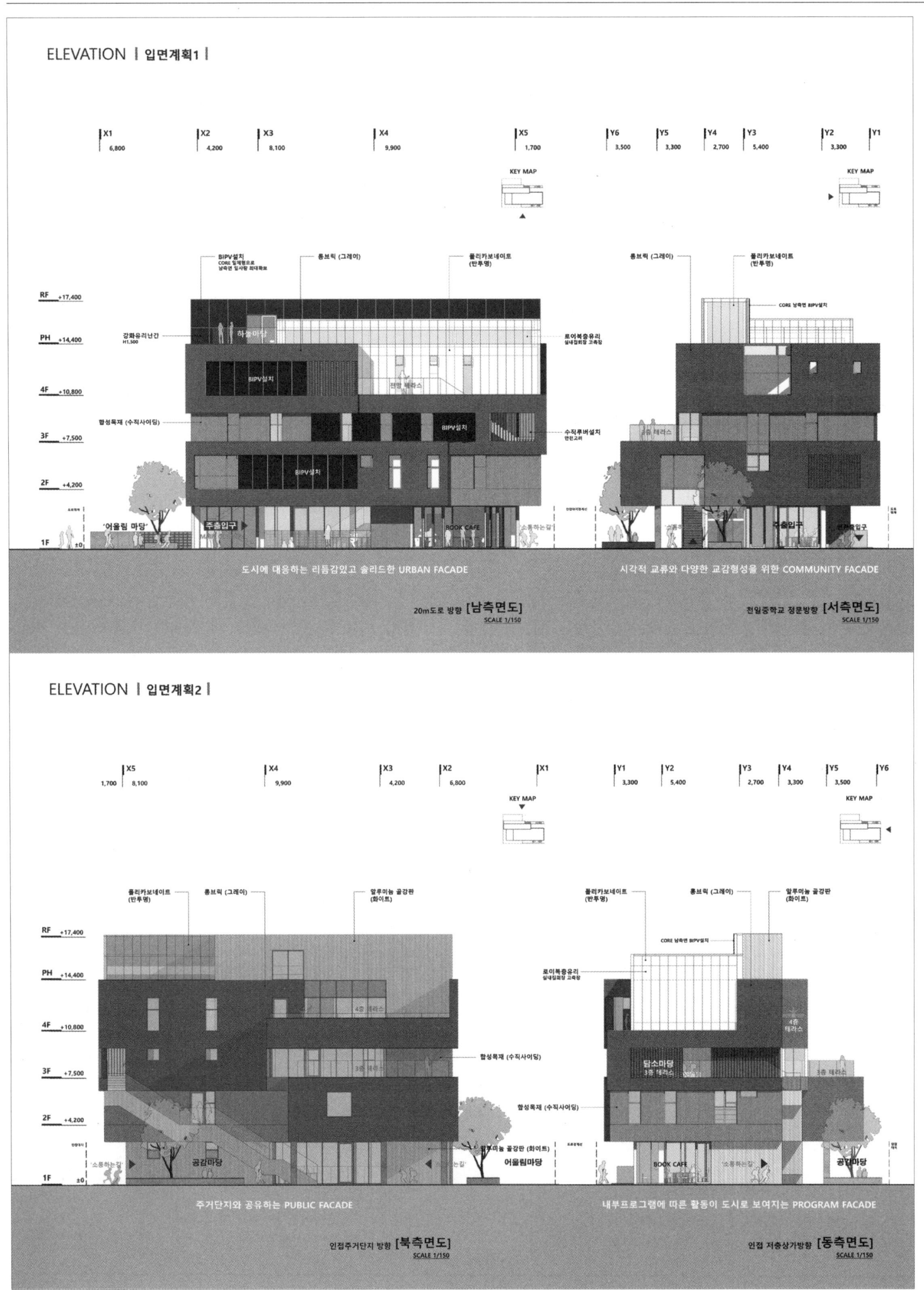

Gangdong-gu Youth Center

SECTION | 단면계획

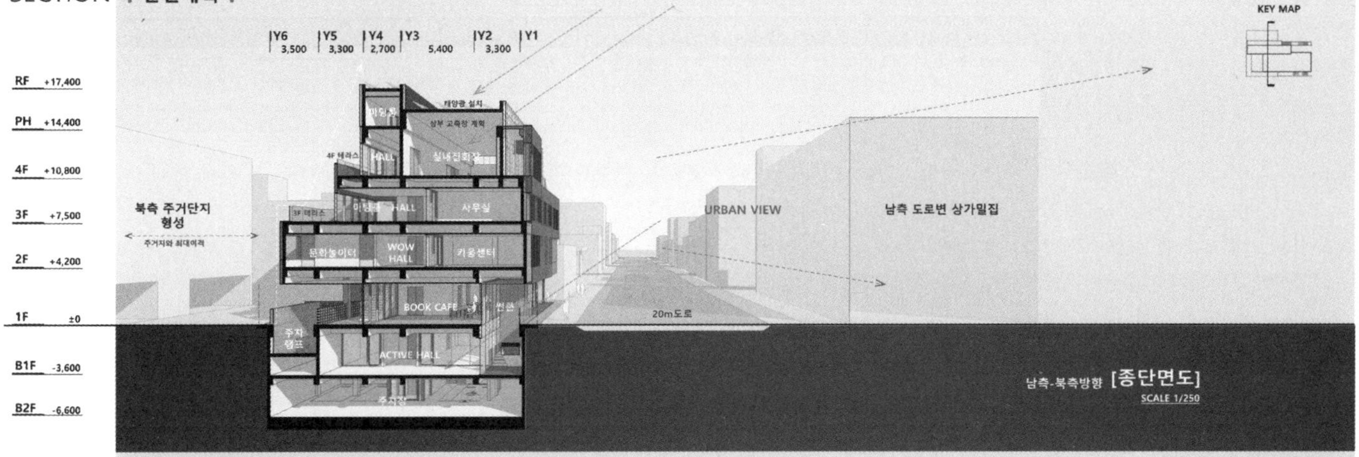

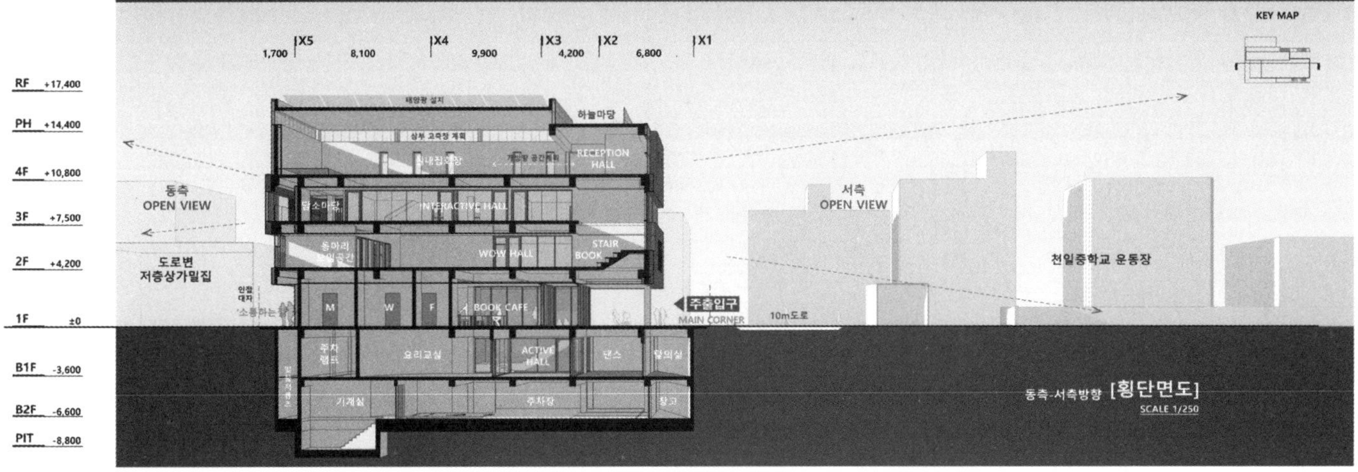

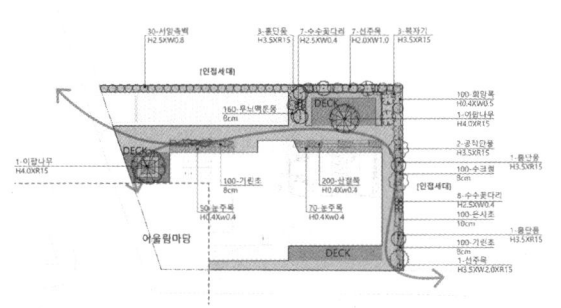

남측-북측방향 [종단면도] SCALE 1/250

동측-서측방향 [횡단면도] SCALE 1/250

LANDSCAPE & MATERIAL | 경관 및 재료마감 계획 |

조경 및 외부공간계획 Landscape Design

- 대지 내외부로의 다양한 접근이가능하도록 '소통하는 길'을 만들고, 우연한 만남이 이루어지는 다채로운 활동과 커뮤니티를 이끌어 내고자 한다

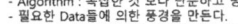

실내외 주요 마감재료표 Material List

Emotional Space — 빛 색채 질감등의 감성적 요소를 통해 공간에 다채로운 표정 부여

Cosy Space — 화이트·우드·브릭 등 로지한 재료를 통해 아늑하고 편안히 오래 머물고 싶은 공간 연출

Creative Space — 자유롭게 머물고, 쉬이고, 무엇이든 상상력과 창의성이 Up! 되는 공간

로비/ 북카페

Rest/ Nature/ Heimish/ Relax
- 부드러운 베이스 컬러와 Wood & Lighting의 조화로 포근한 자연 그대로의 편안하고 충분한 멋을 살려 따뜻한 감성의 공간을 연출한다.

키움센터/ 동아리실/ 사무실

Cosy/ Bright/ Casual/ Creative
- 밝고 깨끗한 Light wash wood를 바탕으로 포근한 감성을 드러내고, 채도 높은 선명한 포인트 색상들의 조화로 경쾌한 공간을 완성한다.

문화공간/ 미디어룸

Modern/ Simple/ Sensitive
- 깨끗한 화이트 컬러와 톤대비를 통해 모던한 공간을 나타내고 우드와 자연적인 요소를 조화롭게 결합하여 아늑하고 세련된게 연출한다.

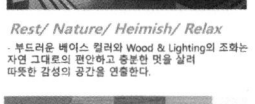

▶ 외부 재료마감계획
- 지속 가능한, 시간의 층을 담을 수 있는 재료의 선정
- Algorithm : 복잡한 것 보다 단순하고 명쾌한 것이 최고의 알고리즘이다.
- 필요한 Data들에 의한 풍경을 만든다.
- 규모 · 프로그램 · 향후 대지에 대한 활용 · 공공건물로써의 Icon 담아내다.

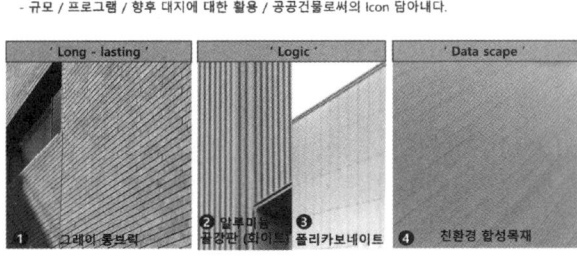

'Long - lasting' / 'Logic' / 'Data scape'
1. 그레이 롱브릭 2. 알루미늄 불광판 (화이트) 3. 폴리카보네이트 4. 친환경 합성목재

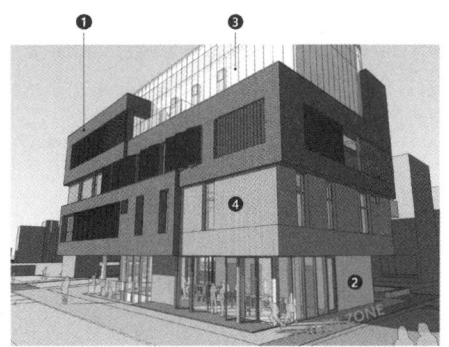

▶ 내부 재료마감계획

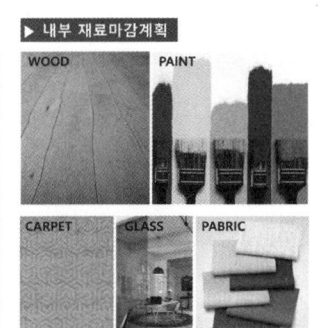

WOOD / PAINT / CARPET / GLASS / FABRIC

국립인천해양박물관

당선작 (주)디엔비건축사사무소 조도연 설계팀 강연우, 이정훈, 권민성, 박인수, 서성민, 성기환, 이준구, 서승효, 김윤수, 안혜인, 오호준

대지위치 인천광역시 중구 북성동 1가 106-7 외 7필지 **대지면적** 27,335.00㎡ **건축면적** 7,992.75㎡ **연면적** 17,231.31㎡ **건폐율** 29.24% **용적률** 63.04% **규모** 지상 4층 **구조** 철골조 + 철근콘크리트조 **외부마감** 로이삼중유리, 알루미늄 복합패널

Infinity Wave

인천은 공항과 항구를 통해 다양한 유형, 무형의 문화가 드나드는 관문이며, 사업 부지는 서해바다의 풍경과 인천항을 오가는 대형 선박을 감상하는 비스타-포인트다. 국립인천해양박물관은 해양강국으로서의 모습을 담고, 앞으로 드넓은 대양을 향해 뻗어 나가는 해양문화의 새로운 이정표가 될 것이다.

문화의 물결을 확장하다

파도의 무브먼트를 형상화한 인피니티 웨이브를 콘셉트로, 해안선을 따라 자연스럽게 건물을 배치하고, 등대길과 월미산을 이어주는 축을 중심으로 광장을 만들어, 모두가 모이는 공공의 장소가 되며, 건물은 바다를 향해 넓게 펼쳐진 모습으로, 무한한 해양을 탐험하는 박물관의 기능을 담았다. 전체적인 평면의 구성은 중심홀을 기준으로, 서측은 교육/연구실, 동측은 전시공간으로 분리하여 영역성을 확보하였다.

해안선의 물결을 이어주다

건물의 형태는 월미문화벨트의 흐름을 이어 조화로움을 최우선적으로 고려하면서 동시에 상징적인 랜드마크로 계획하였다. 월미산의 능선과 서해바다의 물결을 이어주는 유연한 매스 디자인에 고래가 헤엄치는 유영을 모티브로 인천의 역동성을 더하여 바다에서 무브먼트를 갖는 상징성을 만들었다.

Infinity Wave

Incheon is an airport and port city that serves as a gate for various tangible and intangible cultures. The project site is sitting on a vista point where one can enjoy a view of the Yellow Sea and large vessels coming into or leaving the port. The Incheon National Maritime Museum expresses Korea's status as a maritime power and sets up a new milestone for Korean maritime culture that will continue to expand its territory toward the vast ocean.

Expanding the wave of culture

Under the concept of 'Infinity Wave' that represents the movement of a sea wave, the museum building is laid along the coastline. A plaza is formed around the axis connecting Deumgdae-gil and Wolmisan Mountain so that the museum can serve as a public meeting point. The building is shaped to make a wide stretch toward the sea to express the purpose of the museum which aims to explore the infinite ocean. Speaking of the floor plan, the west and east sections are arranged into an education and research center and an exhibition hall respectively, with the main hall as center, so that each section has a separate domain.

Connecting different waves around the coastline

The building exterior makes harmony with the context of the Wolmi Culture Belt and serves as an iconic landmark. A fluidic mass design is proposed to connect the ridge of Wolmisan and waves of the Yellow Sea, and the movement of a whale in the ocean is taken as a design motif to express the dynamic characteristics of Incheon. They give the museum a symbolic feature that creates a new movement over the sea.

Prize winner D&B architecture design group_Cho Doyeun **Location** Jung-gu, Incheon **Site area** 7,335.00㎡ **Building area** 17,231.31㎡ **Gross floor area** 17,231.31㎡ **Building coverage** 29.24% **Floor space index** 63.04% **Building scope** 4F **Structure** SC + RC **Exterior finishing** Low-E triple glass, Aluminum composite panel

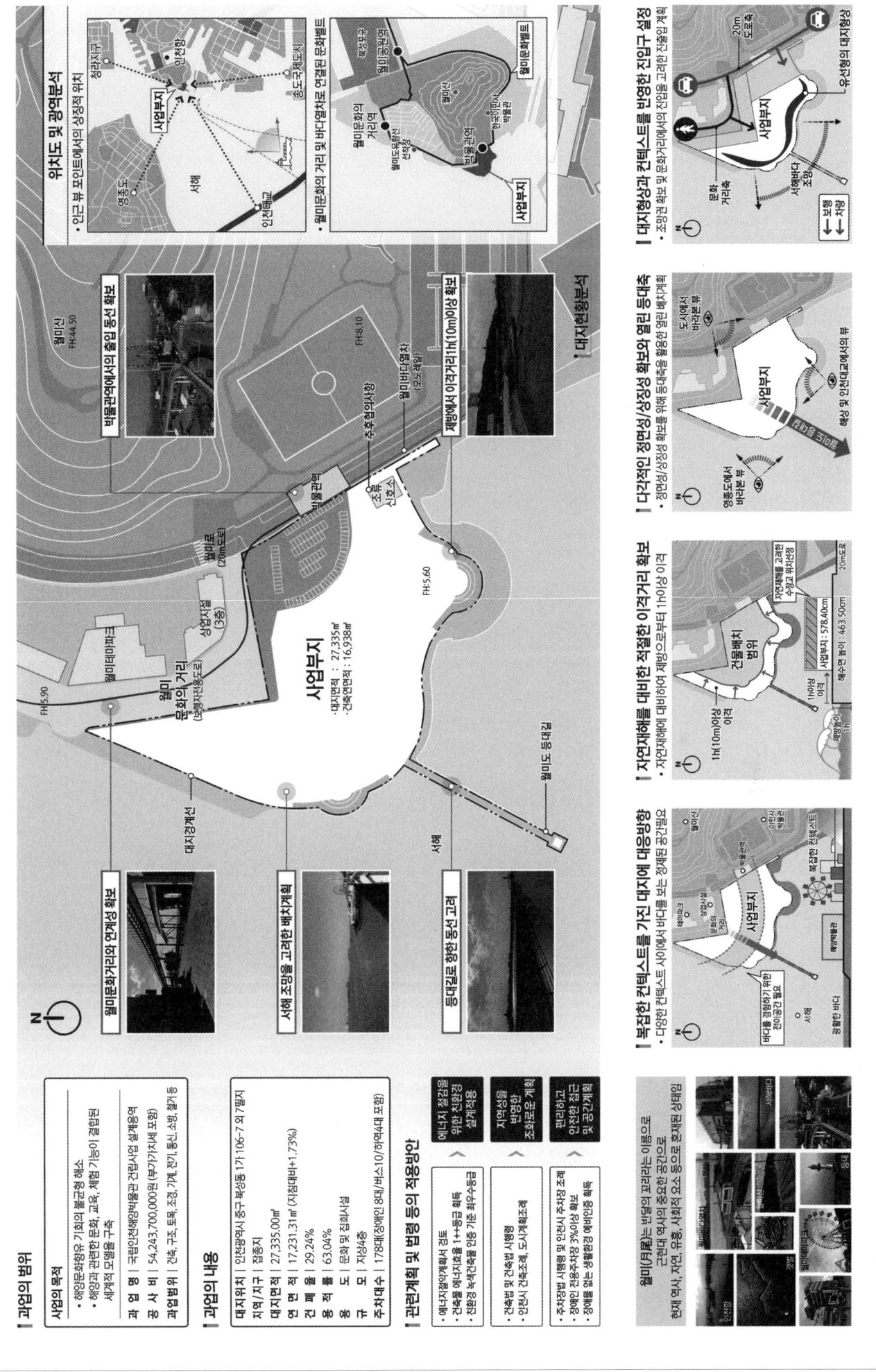

Incheon National Maritime Museum

과제1-1 | 박물관으로서 기능과 역할이 충족가능한 건축 제안

진입 광장으로 열린 문화교육공간, 바다와 연계한 전시체험공간 계획

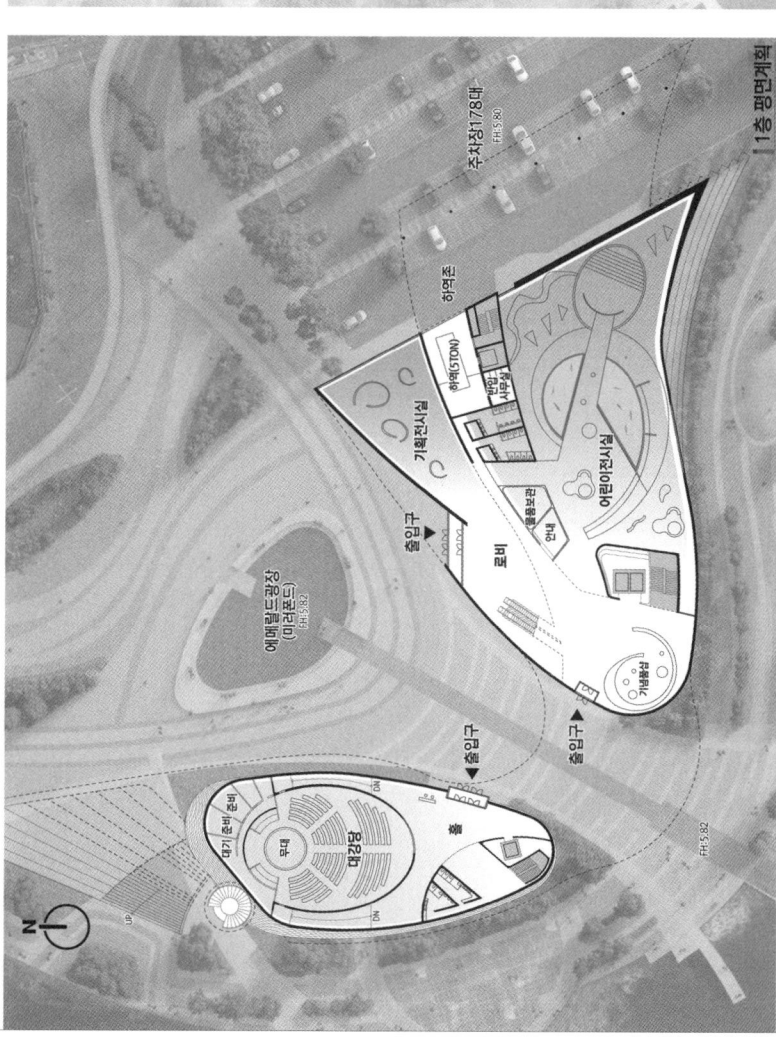

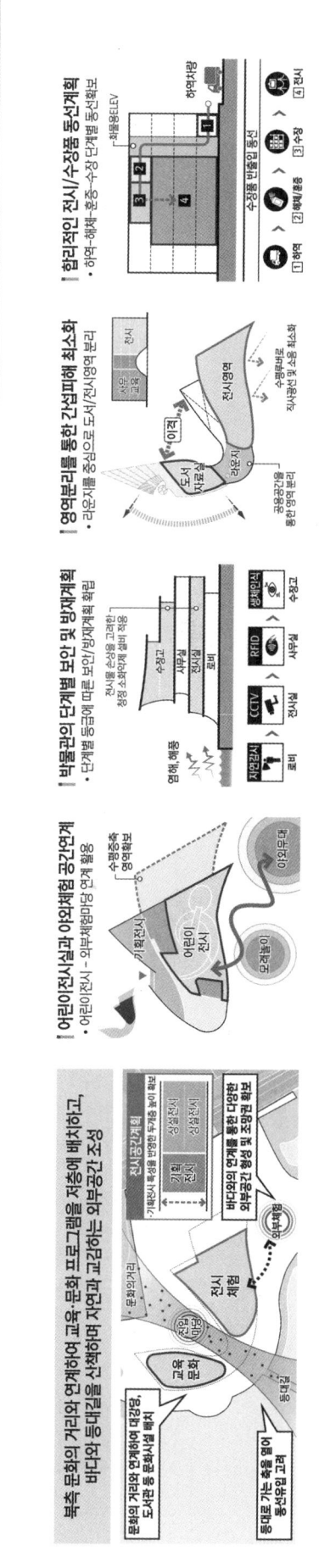

국립인천해양박물관

확장이 가능한 가변적 공간계획과 바다를 보며 이동하는 입체적인 전시동선

과제1-2 | 박물관으로서 기능과 역할이 충족가능한 건축 제안

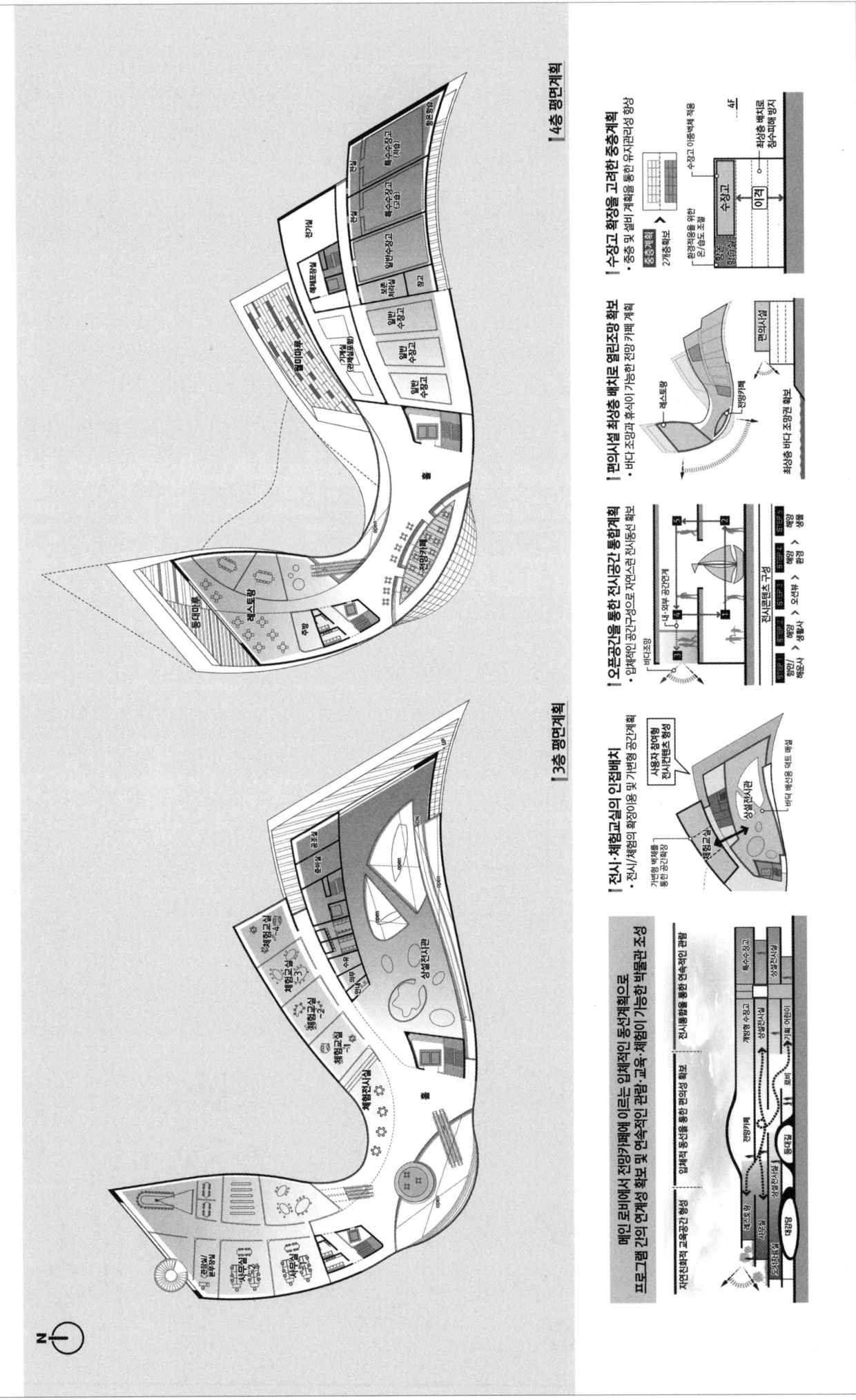

Incheon National Maritime Museum

해양문화를 담는 아케이드 광장, 바다를 체험하고 느끼는 다양한 외부공간

과제2-1 | 주변환경과 공공성을 고려한 배치 제안

서해바다를 감상하는 여정

공공성 : 열린 문화체험공간

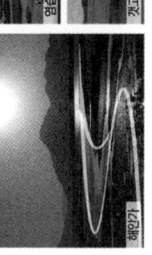
문화의 거리-박물관-바다를 이어주는 열린광장

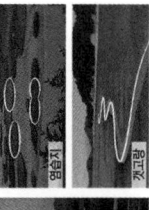
저층 접근 및 이용이 편리한 열린 문화공간

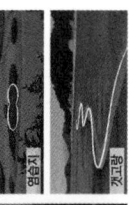
해안선을 따라 바다를 감상하는 열린 체험공간

외부공간 : 바다를 경험하다

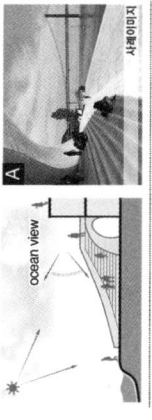
- ① AM 11:00 인천의 바다를 감상하는 그랜드 스테어
- ② PM 14:00 커뮤니티가 열어나는 중심공간 아케이드

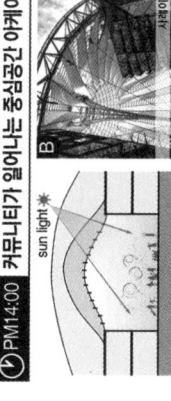
- ③ PM 20:00 바다를 품은 해안가 달맞이 마당

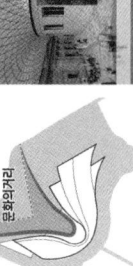

"북측 문화의 거리와 박물관을 이어주는 이벤트 마당"

"문화시설의 공공성과 내·외부 공간연계를 위한 개방시설 저층배치"

"월미도 문화의 거리부터 이민사박물관, 월미산 둘레길을 연결하는 해양 탐방로"

국립인천해양박물관

과제2-2 주변환경과 공공성을 고려한 배치 제안

서해바다의 조망과 등대길 확보, 월미산의 능선을 이어주는 조화로운 경관

바다와 하나되는 전시실
- 전시실 내 서해 조망 가능한 공간 조성으로 전시의 일부로 활용
- 바다를 관람할 수 있는 자연친화적 전시공간 구현

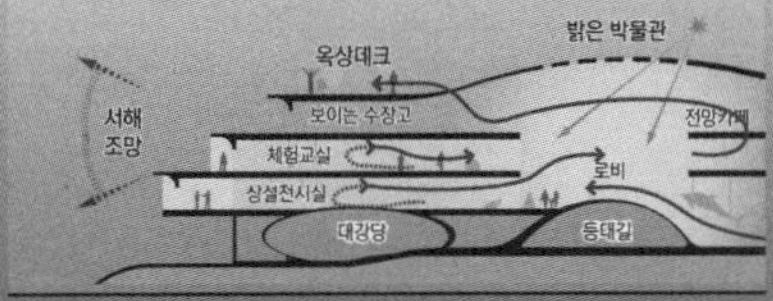

바다와 연결되는 산책길
- 기존 등대길을 유지하는 산책길 계획으로 전망시 서해바다 감상가능
- 등대길을 기준으로 진입축이 형성되어 진입 인지성 확보

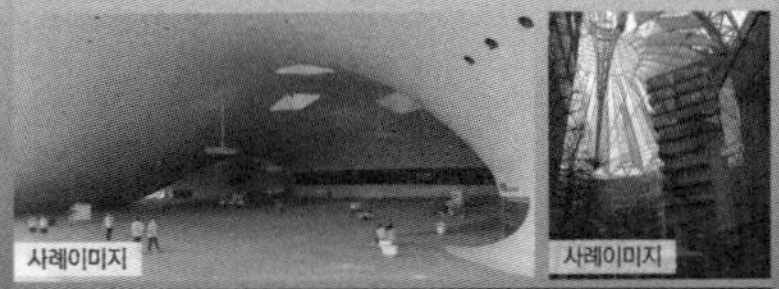

바다를 조망하는 데크
- 바다로 열린 다양한 데크를 계획하여 자연과 소통하는 박물관 조성
- 휴게/커뮤니티를 위한 그린드 스페이스(스텝)

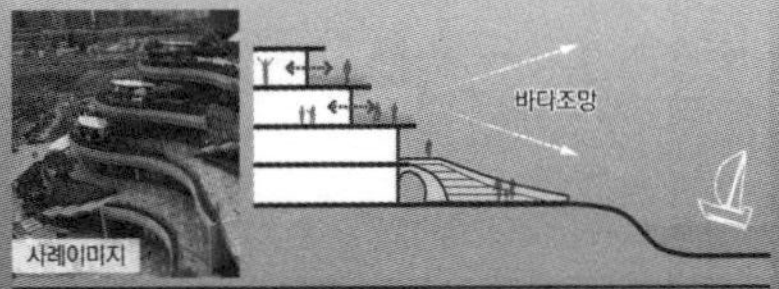

"문화의 거리에서 뷰"

Infinity Wave
문화의 물결을 확장하다 .....
파도의 흐름을 상징하는 역동적인 매스는 주변 환경과 어우러지고 중첩된 형태에 따라 내·외부가 연결된 일체적인 동선을 만든다.

활력넘치는 해양을 표현하는 경관 모티브 계획
- 다각적인 정면성을 가지고 있는 대지에서의 상징성을 갖는 경관디자인

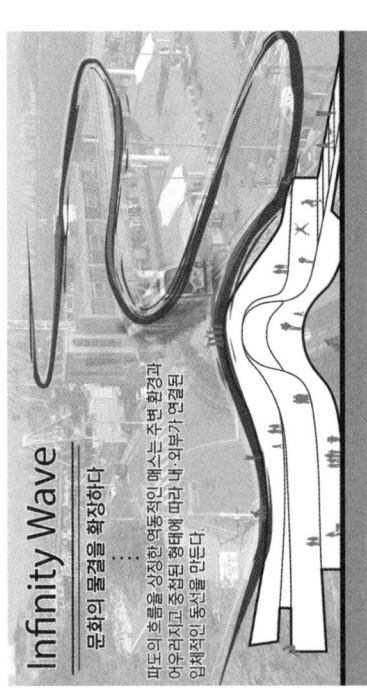

매스프로세스
- 대지에 눕히듯 채 주변 자연환경을 오롯이 품어 건재하는 건물 디자인

STEP 01 서해바다 물결
STEP 02 월미산의 곡선
STEP 03 등대를 향한 산책

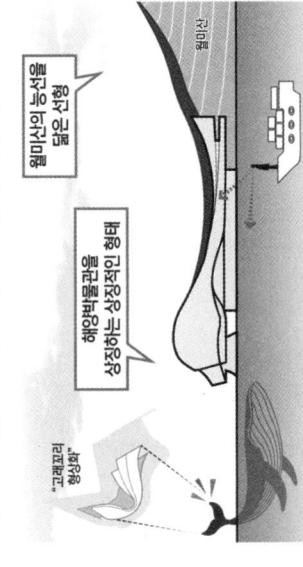

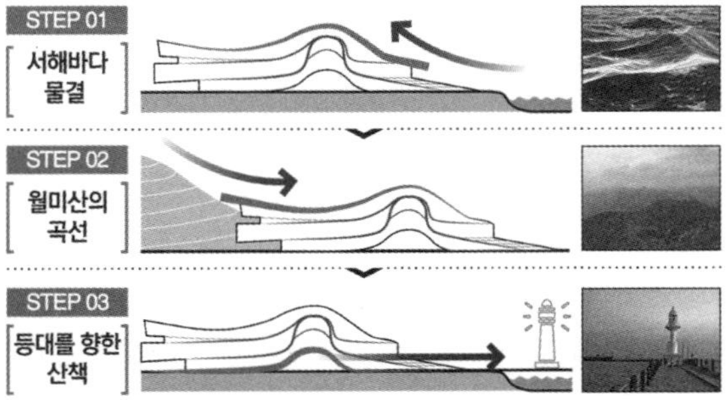

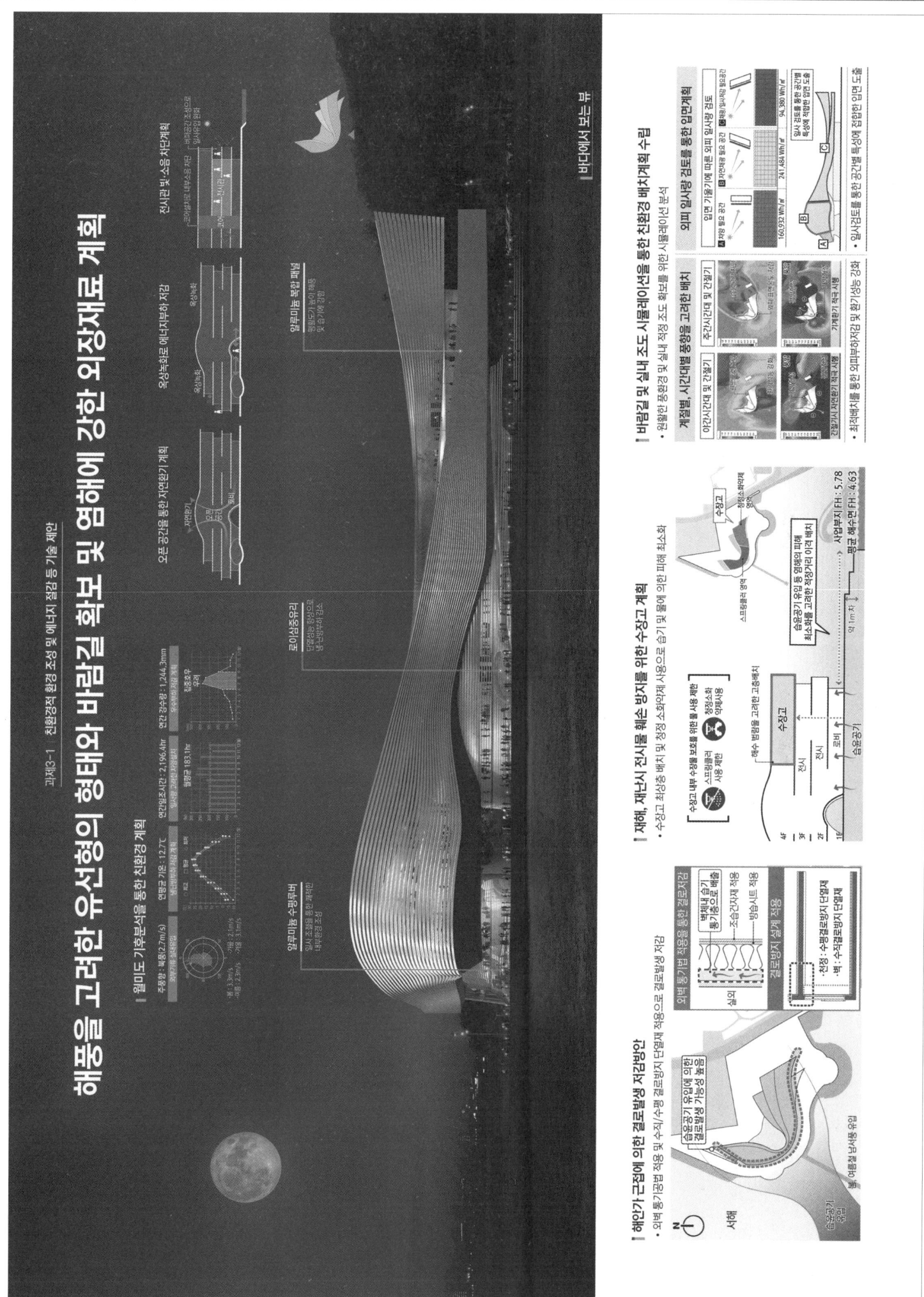

파주 무대공연종합아트센터

당선작 (주)디엔비건축사사무소 조도연 설계팀 강연우, 김민수, 권민성, 박인수, 송준석, 이준구, 안지현, 이봉근, 안혜인, 정동명, 박현수

대지위치 경기도 파주시 탄현면 법흥리 1631번지 외 1필지 **대지면적** 50,000.00㎡ **건축면적** 11,576.79㎡ **연면적** 13,646.94㎡ **건폐율** 23.15% **용적률** 27.29% **규모** 지상 2층 **구조** 철골조 + 철근콘크리트조 **외부마감** 로이복층유리, 콘크리트 디자인블록 **주차** 192대

파노라마 스테이지

보관에서부터 제작, 전시의 기능에 따라 연속적으로 펼쳐지는 각각의 켜와 매스는 파주의 도시적 풍경인 비움과 채움의 연장이며, 이러한 파노라마 스테이지에서 사람들은 다채로운 행위와 자연의 풍경을 경험할 것이다.

도시의 풍경

북측에는 전시체험을 중심으로 보관실, 제작실을 배치하여 하역에서부터 무대용품의 보관, 제작, 분해에 이르는 통합시스템을 구축하고, 보관실은 장래 증축을 고려하여 충분한 여유공간을 계획하였다. 남측에는 편의 및 교육시설을 수공간과 함께 계획하여, 자연을 받아들이고 사람과 함께하는 열린 도시풍경을 연출 하였다.

비움과 채움

파주문화도시가 갖는 비움과 채움으로 자연의 풍경을 담아, 사람들이 모여 머무를 수 있는 무대 공연 종합 아트센터를 제안하였다. 도시와 주변 건물을 향해 채워진 매스는, 기능적이고 체계적인 하역 시스템과 시설별로 연계되어, 사람들이 모이게 되고, 건물 사이의 비워진 공간에는 자연의 아름다움을 한 폭의 수채화로 파노라마 창에 담아내어 사계절의 변화하는 풍경을 조망할 수 있는 힐링공간으로 만들었다.

Panorama Stage

Continuously stretching along with different programs for archiving, production and exhibition, each layer and mass turn into an extension of Paju's urban landscape filled with a combination of solid and void. Through a panoramic view provided by them, people will be able to observe various activities and natural scenes.

Urban Scenery

In the north section, a storage and production room are positioned to center around the exhibition program, and they together become part of an integrated system for processing the cargo handling, storage, production and disassemble of stage sets. The storage is designed to have sufficient extra room in preparation for future extensions. In the south section, amenity and education facilities are put together with a water space to create an open urban scenery that embraces nature and blends in with people.

Solid and Void

The new art center is designed to bring nature into the cityscape of Paju displaying a combination of solid and void, and thus to provide a place for people to gather and spend their time. Stretching toward the city and neighboring buildings, the solid mass is connected to each facility through a functional and efficient cargo handling system that brings people together. The void in the gaps of the building is designed as a healing space where people can observe the changes of the seasons through a panorama window displaying beautiful natural scenes like a piece of watercolor painting.

Prize winner D&B architecture design group_Cho Doyeun **Location** Tanhyeon-myeon, Paju, Gyeonggi-do **Site area** 50,000.00m² **Building area** 11,576.79m² **Gross floor area** 13,646.94m² **Building coverage** 23.15% **Floor space index** 27.29% **Building scope** 2F **Structure** SC + RC **Exterior finishing** Low-E paired glass, Concrete design block **Parking** 192

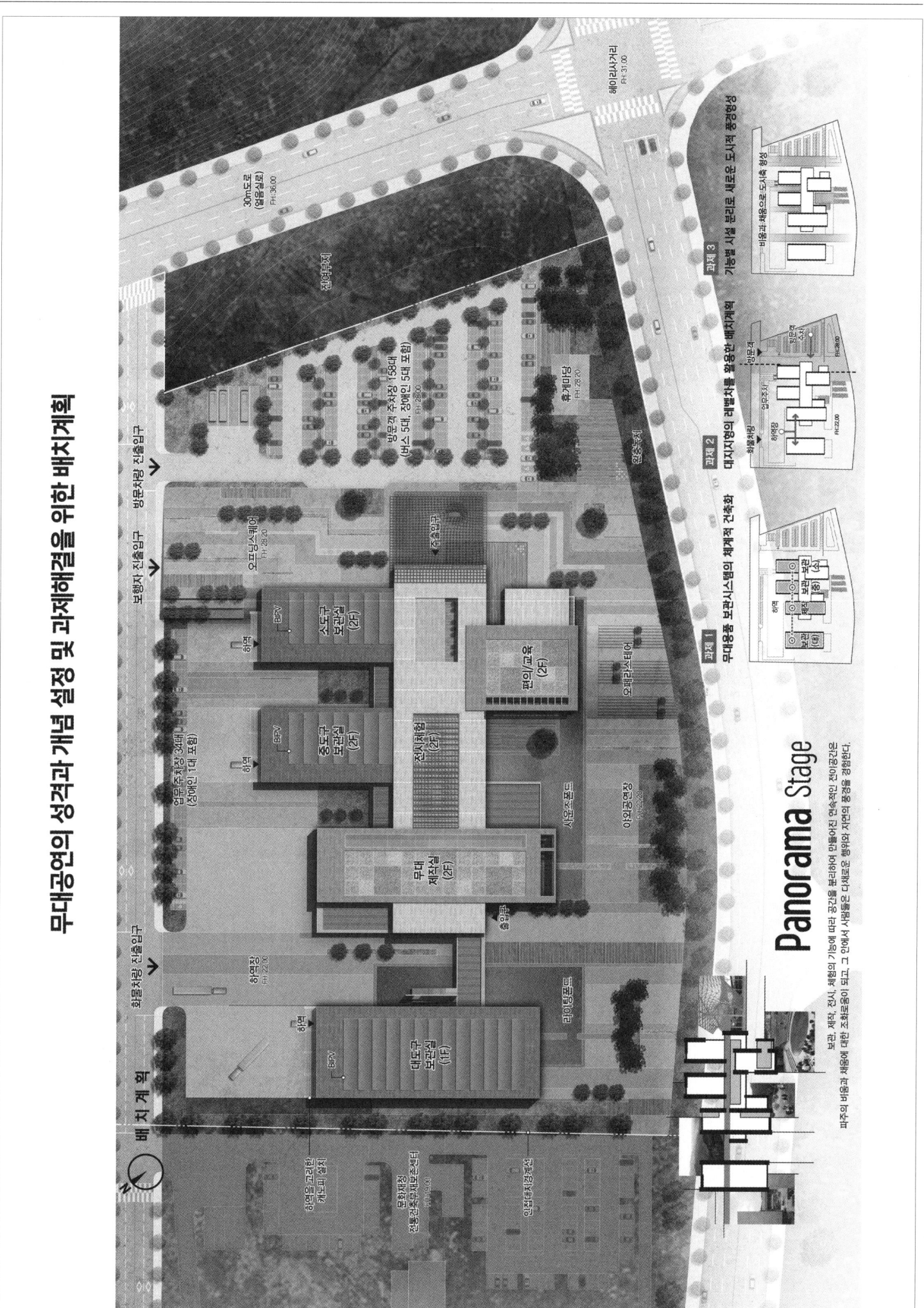

무대용품 보관시스템의 체계적 건축화

무대공연에 대한 문헌 및 논문연구를 통한 물품의 보관 및 하역 시스템의 공간적 체계화

특화계획 _시설연계를 고려한 하역시스템 조닝

대도구 보관실
자동화시스템을 통한 보관실
내부 호이스트 크레인방식 운영

무대제작실
하역장 및 보관시설과
창작무대스튜디오 효율적 연계

자료실/열람실
무대관련 자료 집적 및 공유로
교육과 체험교육 연계

보관실 출납시스템을 고려한 출입구 및 하역공간
- 하역차량동선을 고려한 컨테이너 수직배열로 효율성 극대화

무대용품 하역,보관,제작 연계를 위한 합리적배치
- 하역장, 출납공간이 제작실과 연계되어 물품이동 동선최소화

지침에 따른 제작실과 창작무대스튜디오 연계배치
- 기능에 따른 연계배치로 무대예술과 제작의 체험 역할 동시 수행

내·외부공간 연계로 창작 및 교육공간 극대화
- 실습실과 자료실 연계로 현장형 교육실습 가능

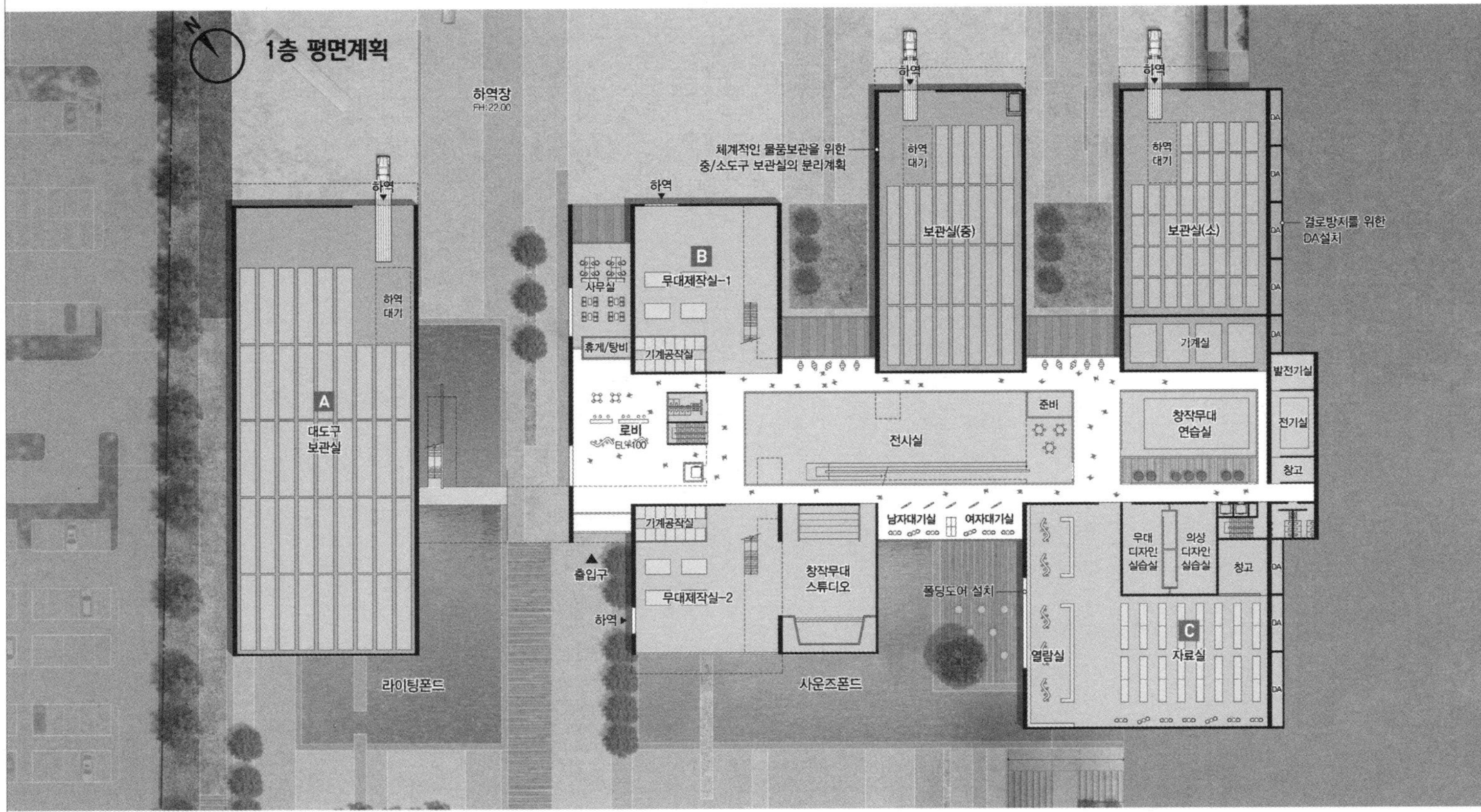

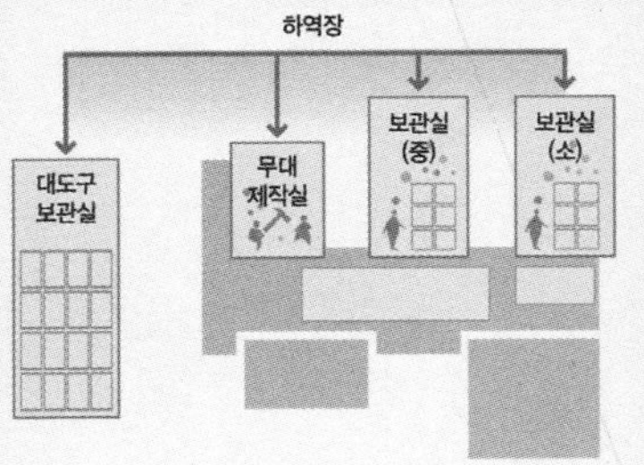

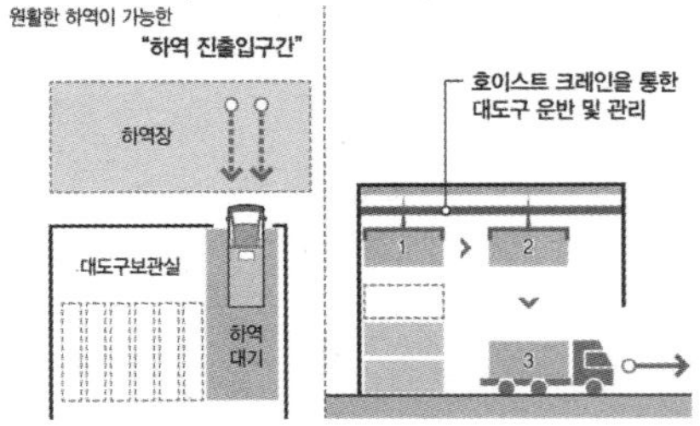

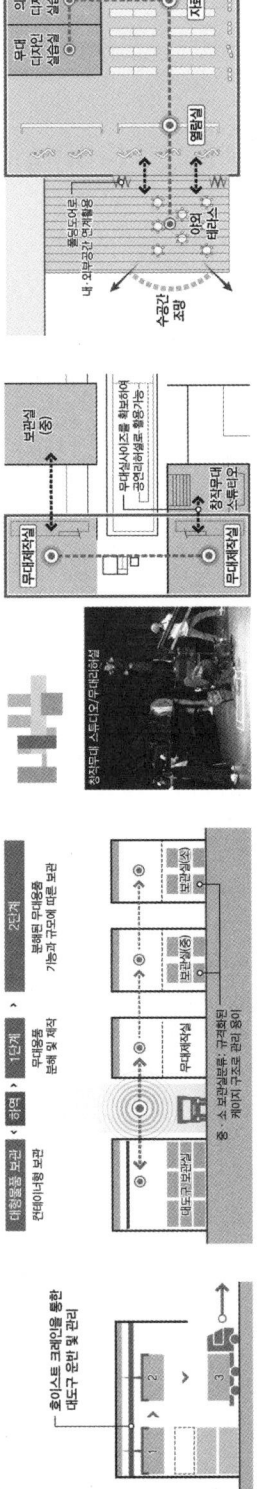

Paju Stage Performance Art Center

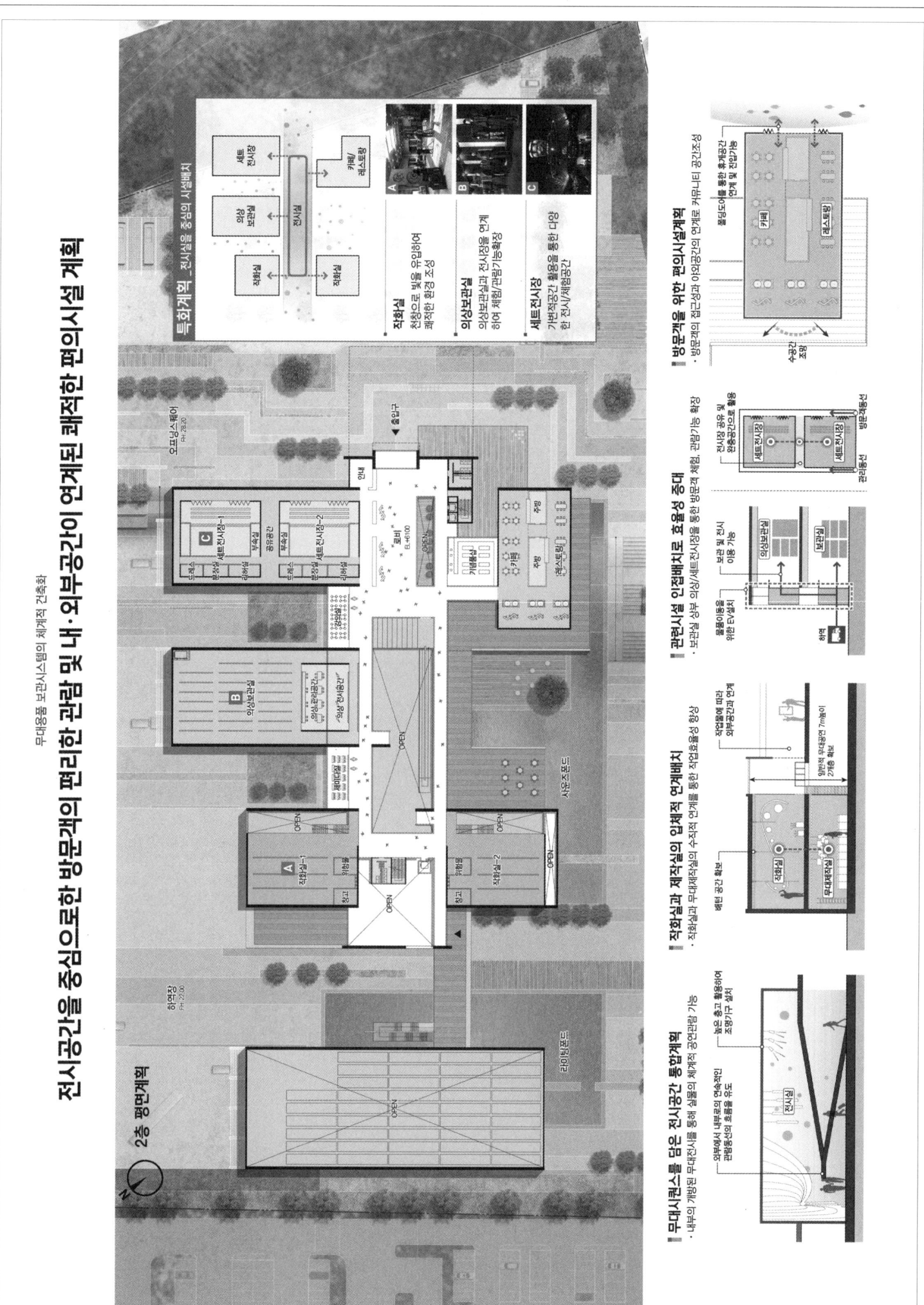

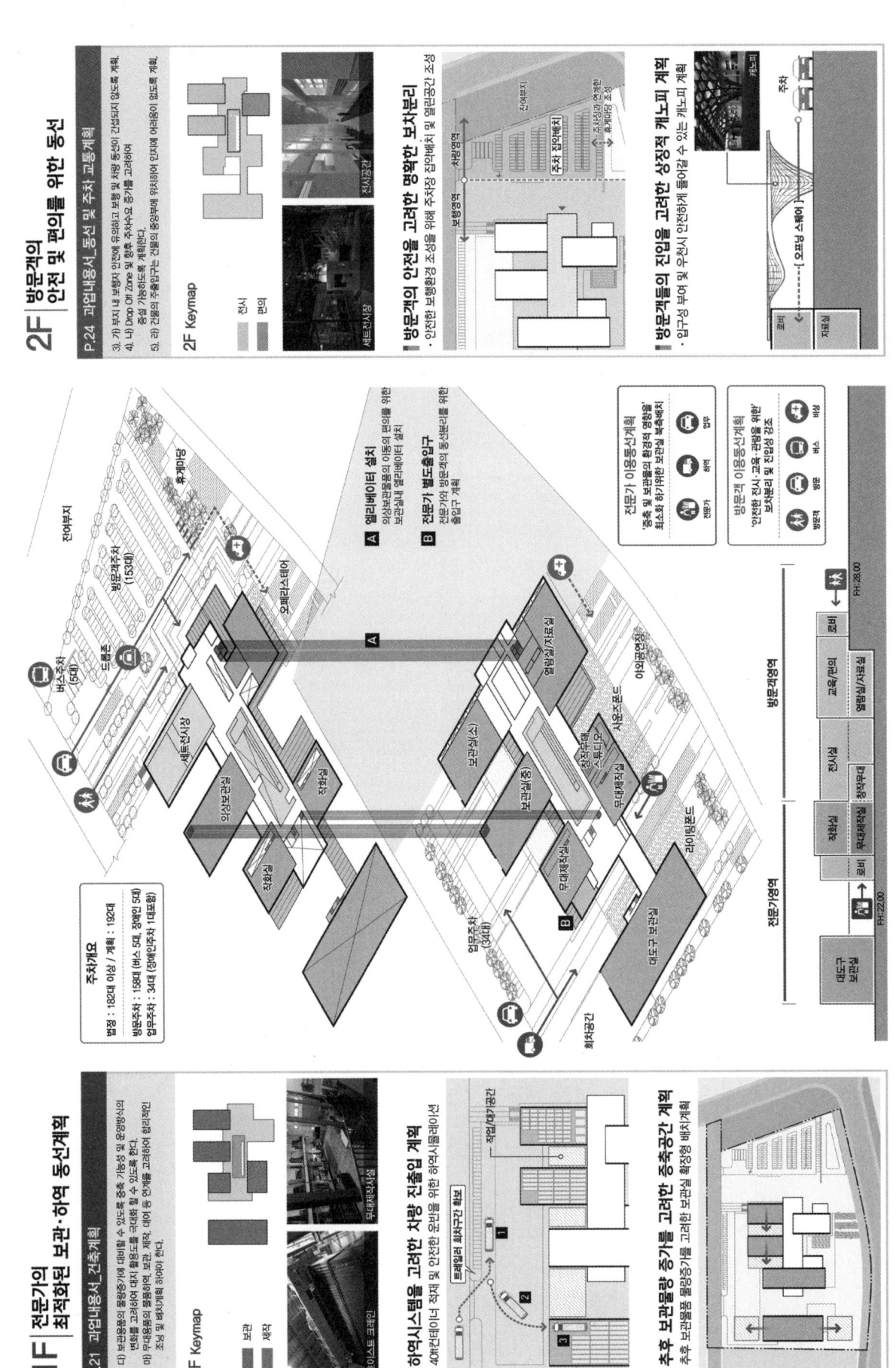

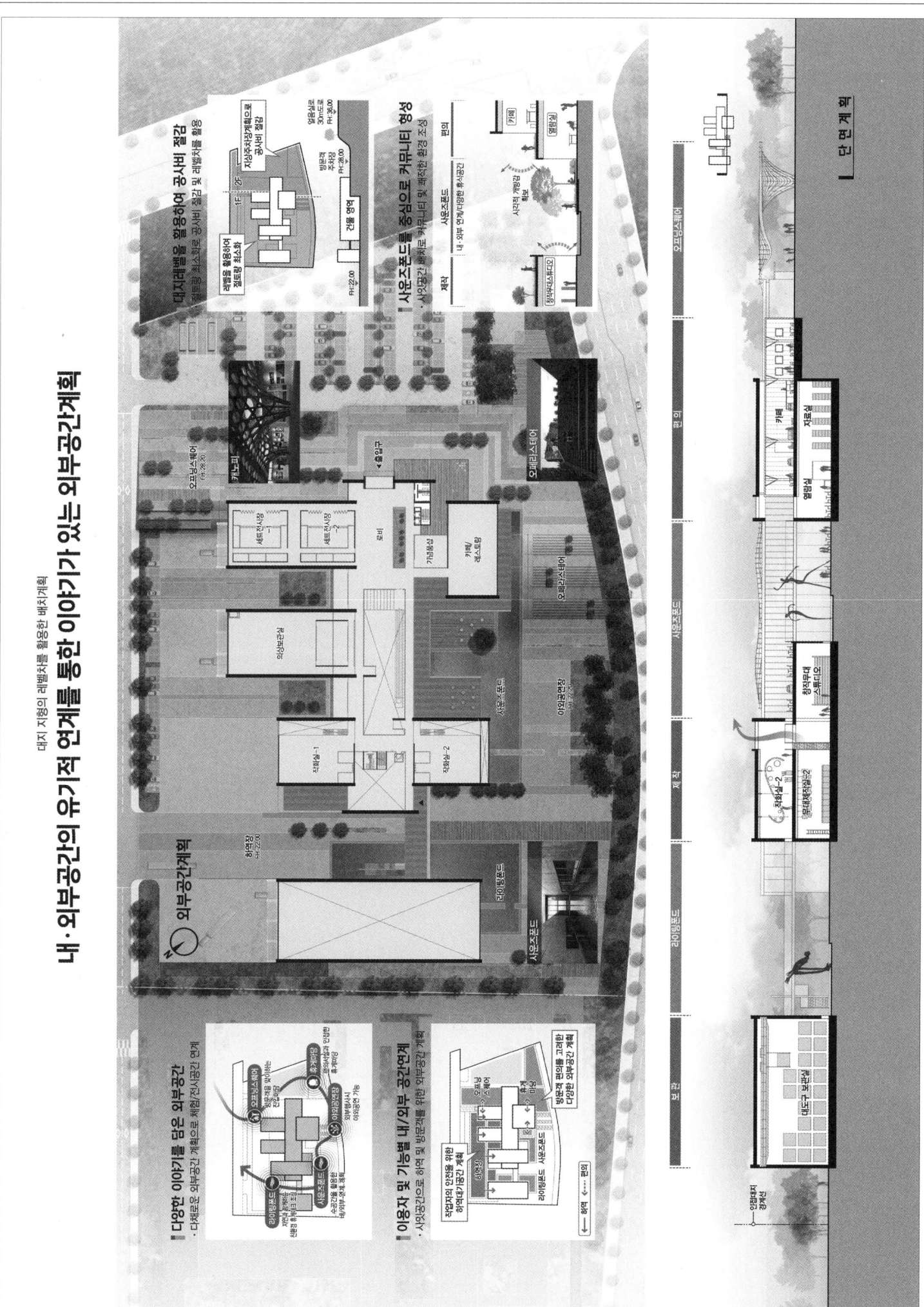

파주 무대공연종합아트센터

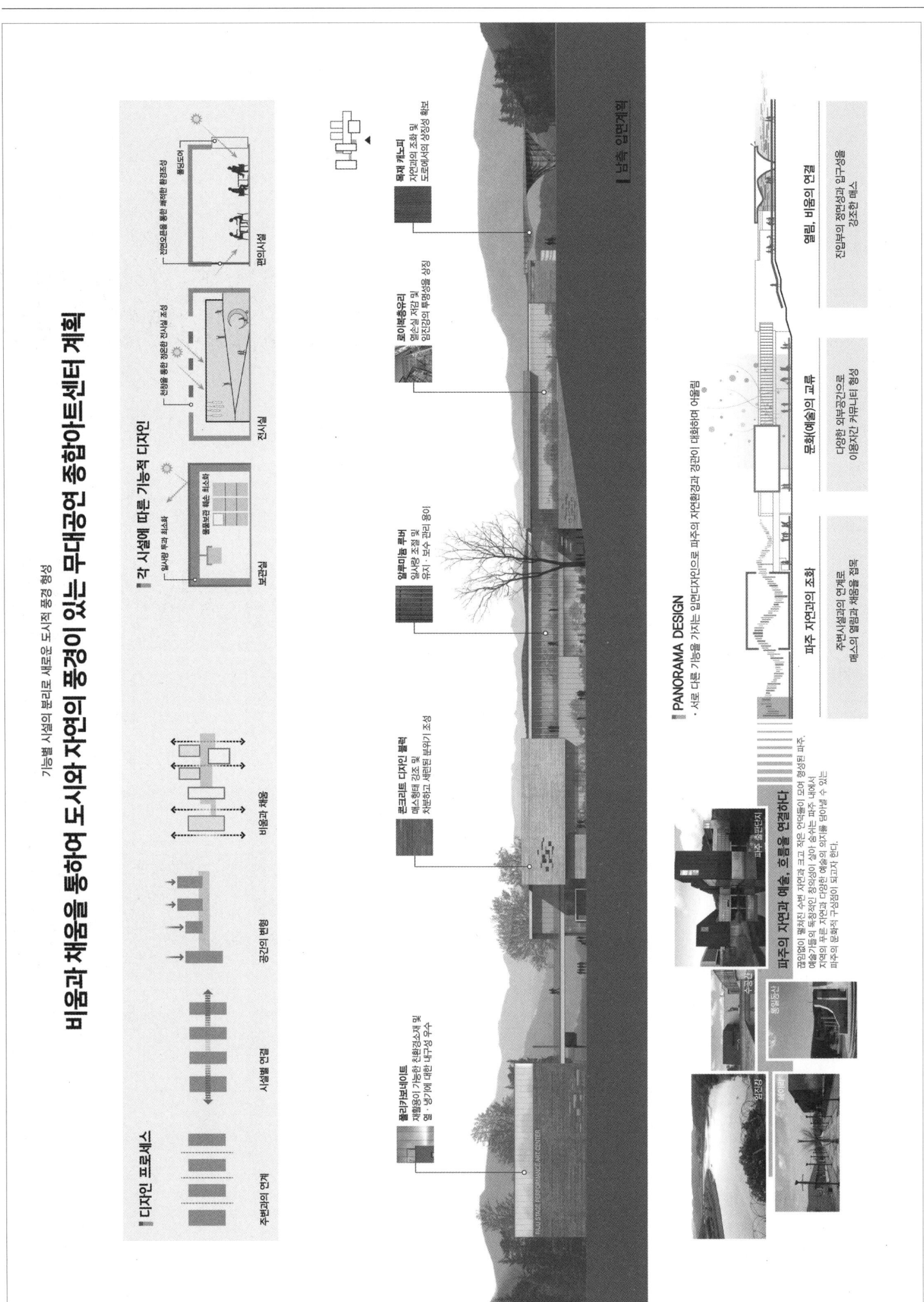

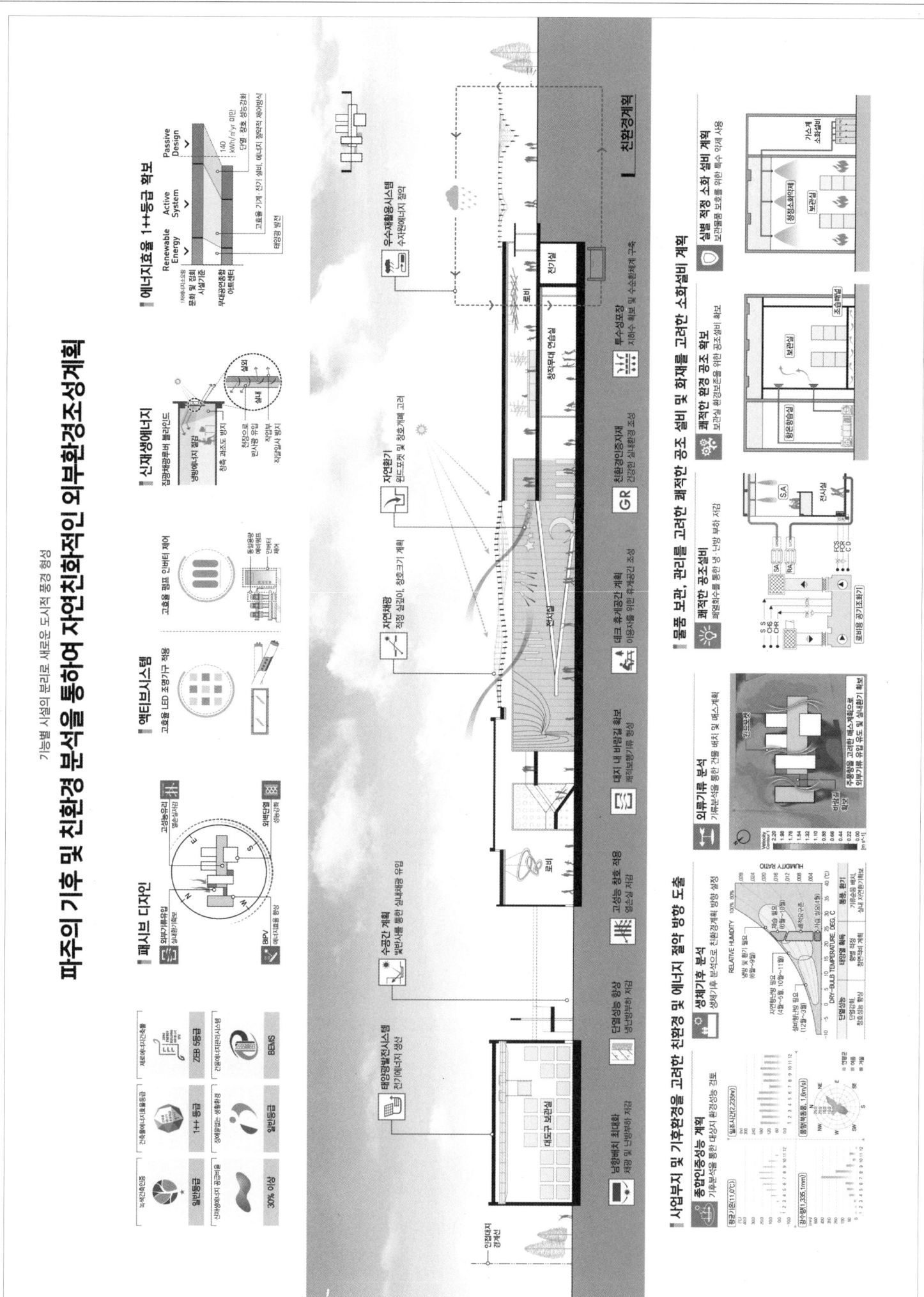

한겨레 얼 체험관

당선작 블루건축사사무소 정기홍 + 프로덕티브 박치동　설계팀 김우남, 임미혜, 이지혜(이상 블루) 노정석, 김유미, 장효선, 김정희(이상 프로덕티브)

대지위치 인천광역시 강화군 화도면 상방리 863-5 외 3필지　**대지면적** 8,062.00㎡　**건축면적** 798.47㎡　**연면적** 734.4㎡　**건폐율** 9.9%　**용적률** 9.11%　**규모** 지상 1층　**최고높이** 8m　**구조** 철근콘크리트조　**외부마감** 실리콘페인트(외단열시스템), T41 로이삼중유리　**주차** 2대

대지는 마니산 국민관광지 내에 위치하고, 한겨레 얼 체험공원 조성 사업에 포함되어 있다. 체험관을 단군으로부터 현재로 이어지는 우리민족의 정신을 시대의 정신을 우리들에게 일깨워 주는 공간으로 만들려고 한다. 마니산의 참성단은 민족의 공통된 유적으로 어떤 시대 어떤 민족이던 상관없이 지키고 보존하려 하였고, 이 참성단이 가지는 민족의 의의를 분석을 통해 체험관에 녹여 내려고 하였다.

체험관의 디자인 콘셉트는 고조선의 다양한 유적, 유물에서 유추한 디자인으로, 천원지방(天圓地方) 형태의 참성단, 고조선 질그릇의 곡선, 형태의 전달인 신지 글자 곡선을 건축의 형태에 접목시켰다. 건물의 축은 참성단을 향하게 하였고, 체험관의 동선은 장애인도 이동이 가능하도록 경사로를 만들어 옥상의 전망대까지 이어지게 하였다.

체험관의 프로그램 제1전시관은 시대별 단군의 정신을 알리며, 제2전시관은 성화지인 마니산과 전국체전 홍보 및 기획전시를 겸하며 이동동선에 있는 복도 전시는 단군신화 속 동굴을 모티브로 하여 꾸미며, 영상실에서는 홍보적인 영상 및 AR체험, VR체험도 가능하게 한다. 신성한 숲속에 위치한 체험관은 순수한 백색의 조형적 형태를 가져 건축물과 외부공간이 자연과 하나 됨을 느낄 수 있게 하며, 마니산에 생명력을 불어 넣어 지역 활성화 및 시민들의 문화생활에 이바지하고자 하였다.

The project site is located in the Manisan National Attraction area and is designated as a site for the experience park development project. The experience center is designed to become a place for people to capture the spirit of the time by reflecting the Korean spirit that has been inherited until today from the Dangun era. Chamseongdan Altar at Manisan Mountain is the nation's cultural heritage. There has always been an effort to preserve it throughout generations and nations. Therefore, its national significance is analyzed and reflected in the design.

The design concept of the experience center is inspired from various remains and relics from the Gojoseon era. The form of Chamseongdan Altar with a circular top and a rectangular base and the curves of Gojoseon pottery and hieroglyphs are translated into an architectural form. The axis of the experience center is oriented in the direction of Chamseongdan. The center's circulation plan is arranged to include a ramp for the disabled, and it's directly connected to the rooftop observatory.

As for the programs of the experience center, Exhibition Hall 1 introduces the spirit of Dangun shared by the public in each era, and Exhibition Hall 2 serves as a promotion and exhibition hall for Manisan, a sacred fire-lighting site, and the National Sports Festival. Another exhibition area on a visitor circulation route is designed by taking the cave from Dangun Mythology as a motif. The Media Center allows visitors to watch promotional videos or have an AR or VR experience. Nestled in a sacred forest, the proposed experience center has a pure-white exterior which makes the architecture and its outdoor space appear as one with nature. Also, by giving new life to Manisan, it will contribute to vitalization of the local community and help local people enjoy cultural life.

Prize winner BLUE Architects_Jung Kihong + PRDTV_Park Chidong　**Location** Ganghwa-gun, Incheon　**Site area** 8,062.00m²　**Building area** 798.47m²　**Gross floor area** 734.4m²　**Building coverage** 9.9%　**Floor space index** 9.11%　**Building scope** 1F　**Height** 8m　**Structure** RC　**Exterior finishing** Silicon paint, T41 Low-E triple glass　**Parking** 2

한겨레 얼 체험관

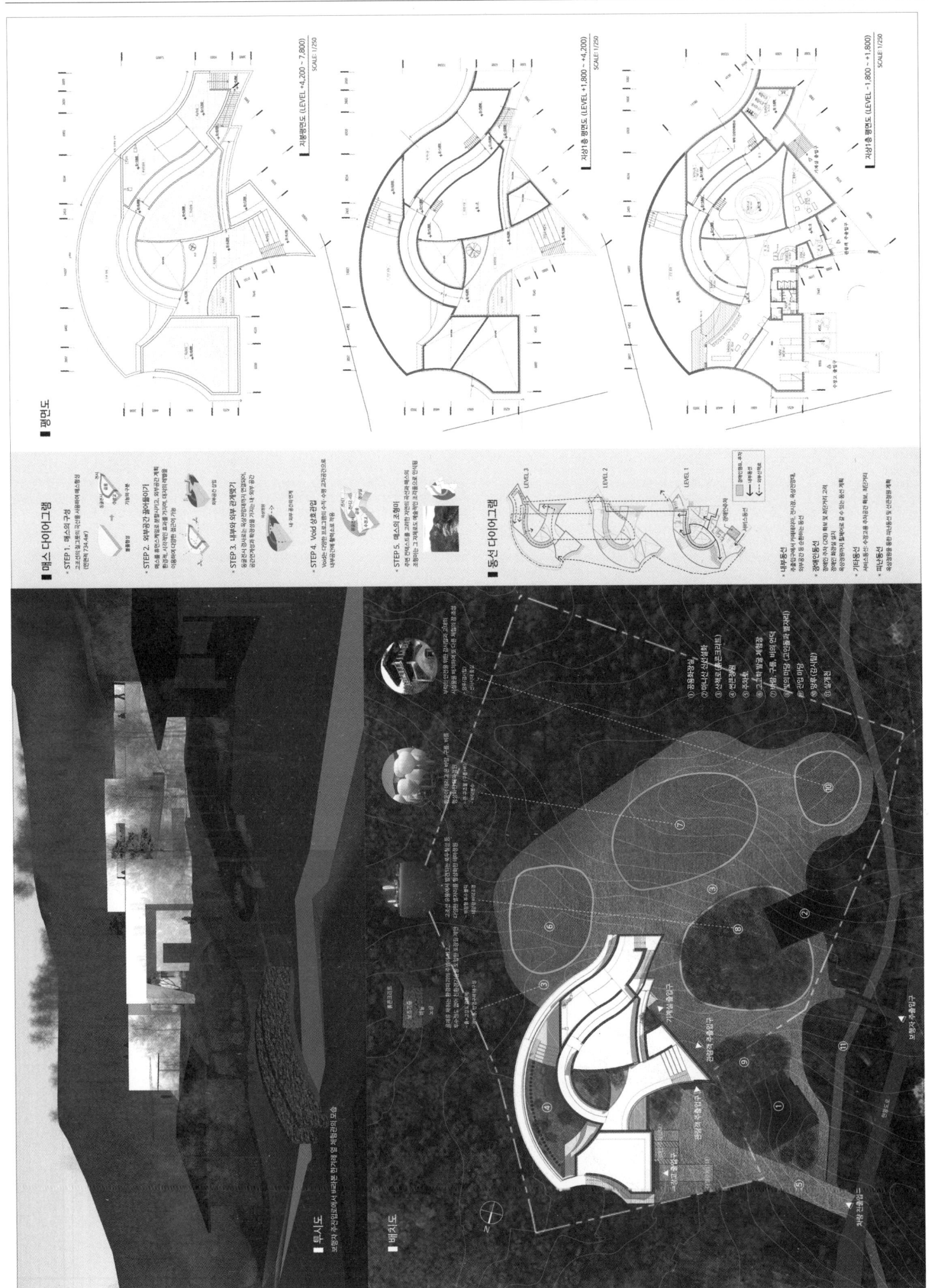

Korean Race Spirit Experience Center

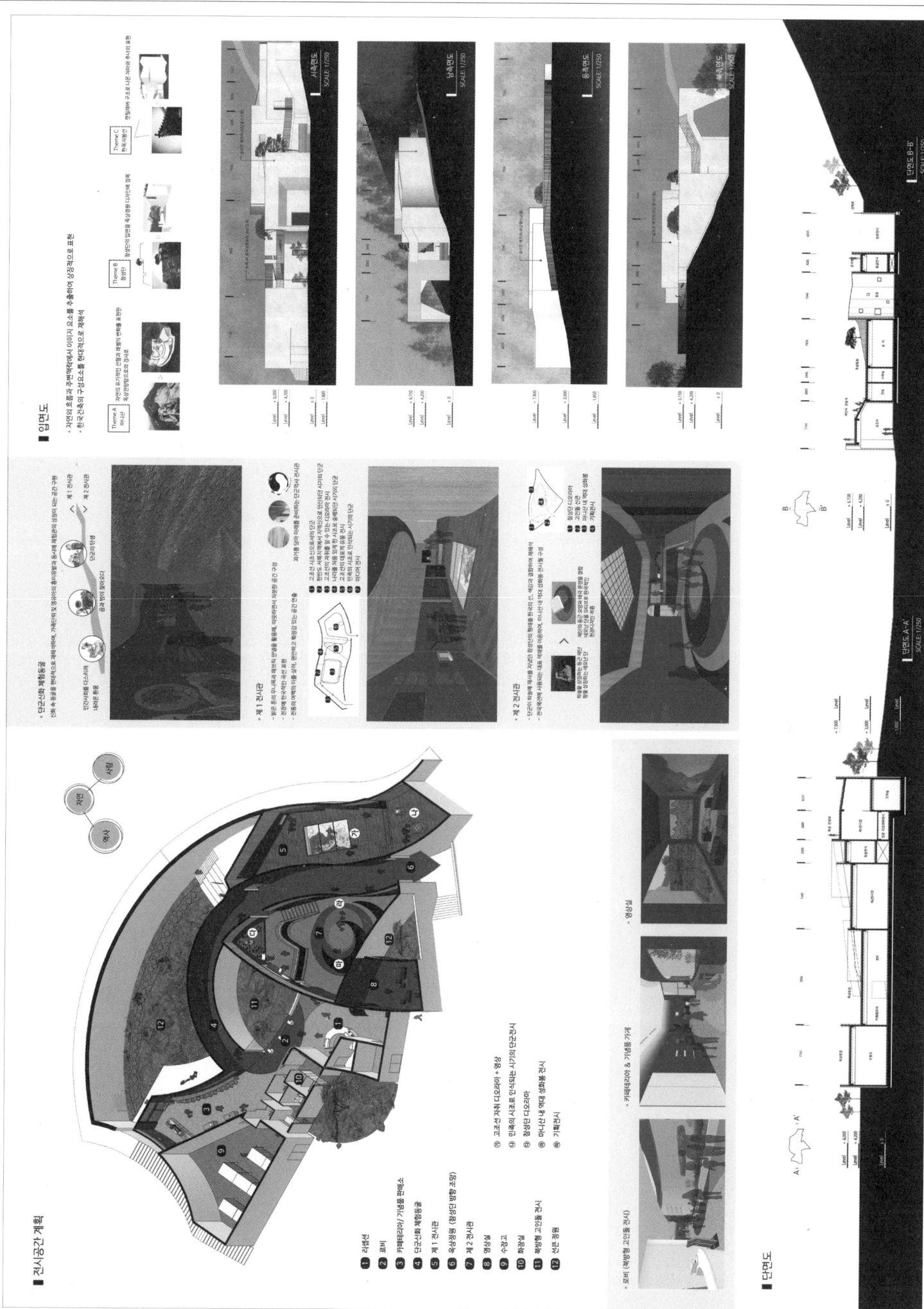

보성군 복합커뮤니티센터

당선작 (주)리가온건축사사무소 이현조 설계팀 김용준, 정하연, 윤용상, 박시영, 서교근, 박요셉, 정현지

대지위치 전라남도 보성읍 보성리 824-6번지외 10필지 **대지면적** 5,203.00㎡ **건축면적** 2,877.98㎡ **연면적** 14,635.38㎡ **조경면적** 635.73㎡ **건폐율** 55.31% **용적률** 135.54% **규모** 지하 2층, 지상 5층 **최고높이** 24.8m **구조** 철근콘크리트조 **외부마감** 금속패널, 테라코타패널, 알루미늄 루버, 로이복층유리 **주차** 236대(장애인 주차 14대 포함)

3향 3경_익숙함 속에 새로움을 담아 보성의 풍경을 만들다
발길 닿는 곳 마다 향기로운 보성은 3경 3보향의 고장이다. 명산과 청정해역, 주암호의 아름다운 풍광이 조화를 이뤄 3경(景) 충신열사(義), 판소리(藝), 녹차(茶) 등의 보배를 품은 고장으로 3보향(寶鄕) 이에 보성의 단어인 3경 3보향을 재해석하여 보성 군민들에게 보다 친근한 복합커뮤니티센터를 제안하고자 한다.

3향_도심의 축을 담다
대상지는 도로를 경계로 성격이 다른 2개의 필지와 3개의 축이 혼재된 밀집한 도시구조를 갖고 있다. 이에 경계가 없는 공간을 만들어 연결성을 강화하고, 우연 속 다양한 이벤트로 동선을 유도하여 새로운 소통의 길을 만들고자 한다.

3경_보성의 새로운 경관을 만들다
보성의 3경은 '바다, 호수, 산'과 더불어 도심에 새로운 활력을 불어넣는 경관을 만들고자 한다. 도시 외관을 아름답게 하는것 뿐만이 아닌, 공간에 의미를 담아 문화와 커뮤니티를 어우르는 장소로서 보성 군민의 행복을 디자인하고자 한다.

Three Scenic Views and Three Treasures: Representing the scenery of Boseong by adding a new dimension to a familiar element
Boseong, a place where every destination within reach gives off a sweet scent, is a town well known for the Three Scenic Views and the Three Treasures. The Three Scenic Views means the beautiful landscapes of great mountains, crystal clear seas and Juamho Lake, and the Three Treasures are local-born patriotic martyrs, pansori and green tea. Therefore, this proposal aims to propose a more approachable multi-purpose community center for local people according to a reinterpretation of the Three Scenic Views and the Three Treasures.

Three Treasures: Embracing urban axes
The project site is settled in a rather crowded urban environment in which two different lots divided by a road and three axes are disorderly intermingled. Therefore, the proposal proposes a borderless space to strengthen connectivity, and introduces various random programs to attract the flow of people to create a new path of communication.

Three Scenic Views: Creating a new scenery for Boseong
The new community center is designed to create a new scenery that can give new life to the city together with the Three Scenic Views defined by the 'sea, lake and mountain'. It serves as a place for culture and community to promote happiness for the local community by not only making the cityscape more beautiful but also providing a space containing special meanings.

Prize winner REGAON Architects & Planners Co., Ltd._Lee Hyunjo **Location** Boseong-eup, Jeollanam-do **Site area** 5,203.00㎡ **Building area** 2,877.98㎡ **Gross floor area** 14,635.38㎡ **Building coverage** 55.31% **Floor space index** 135.54% **Building scope** B2, 5F **Height** 24.8m **Structure** RC **Exterior finishing** Metal panel, Terracotta panel, Aluminum louver, Low-E paired glass **Parking** 236 (including 14 for the disabled)

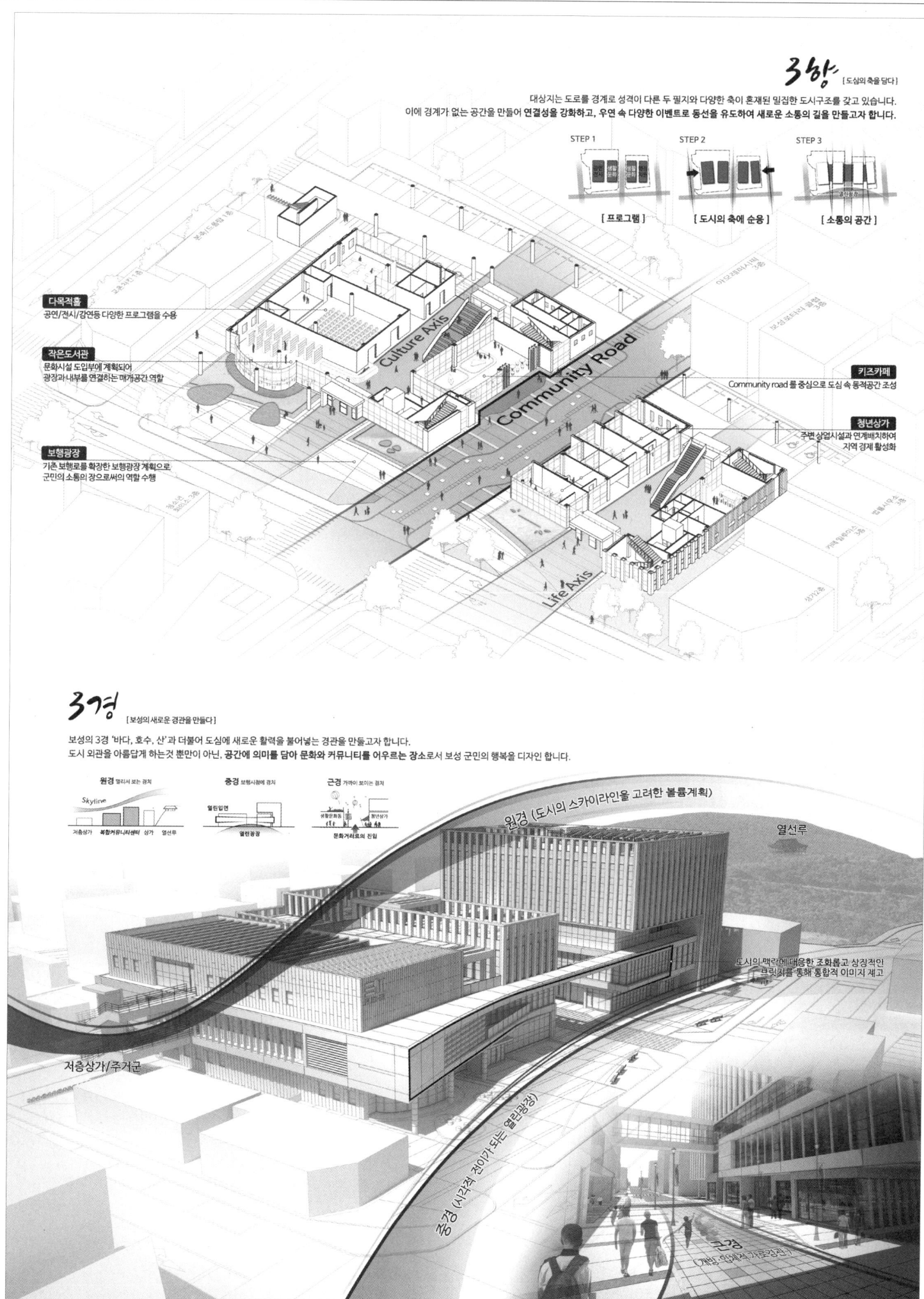

보성군 복합커뮤니티센터

길과 공간의 적극적인 연계로 보성의 새로운 문화산책로를 만들다

건축계획 | 배치계획

기능에 따른 분리와 모든 사용자의 편의를 고려한 동선계획

건축계획 | 내부동선계획

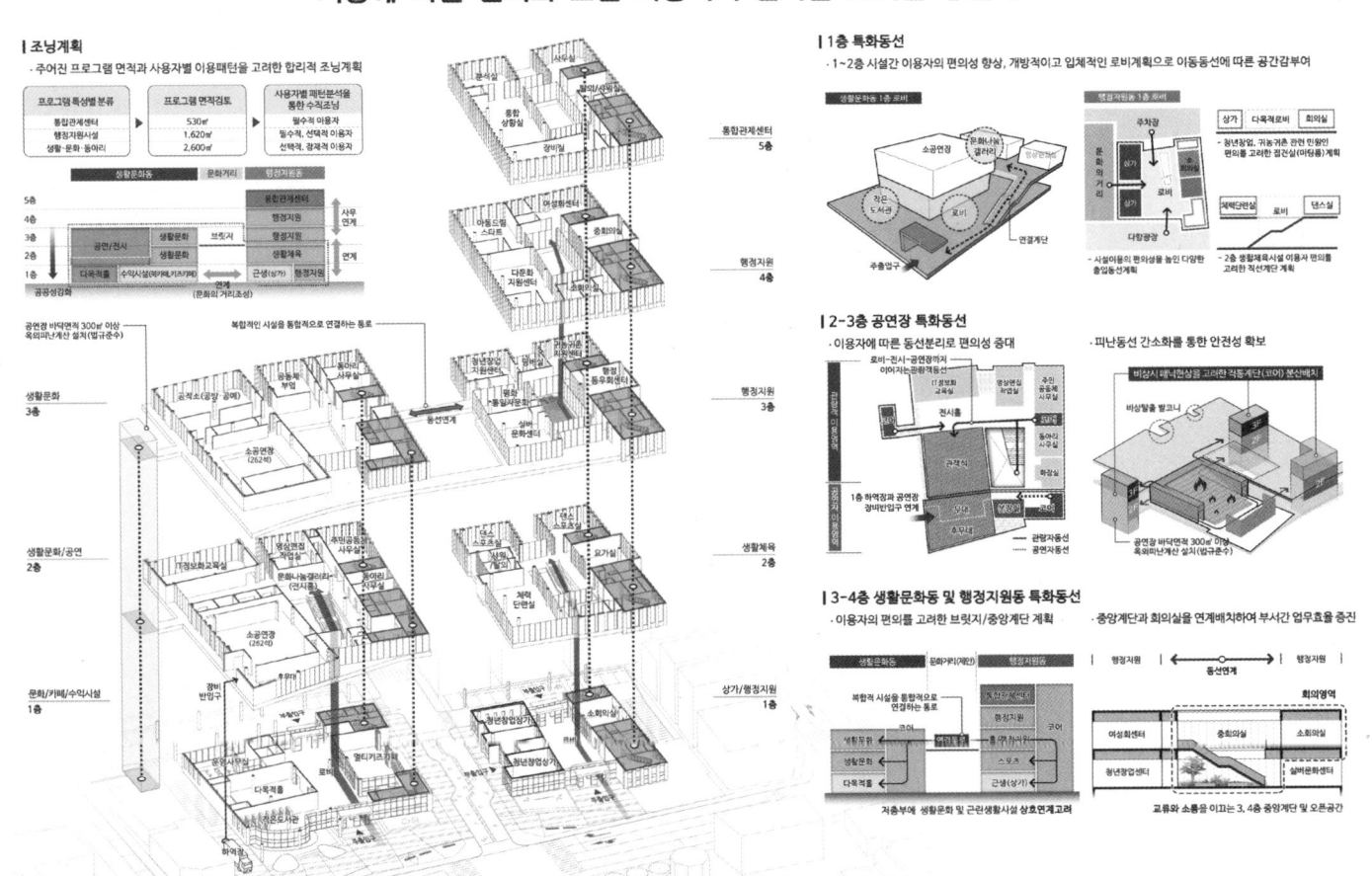

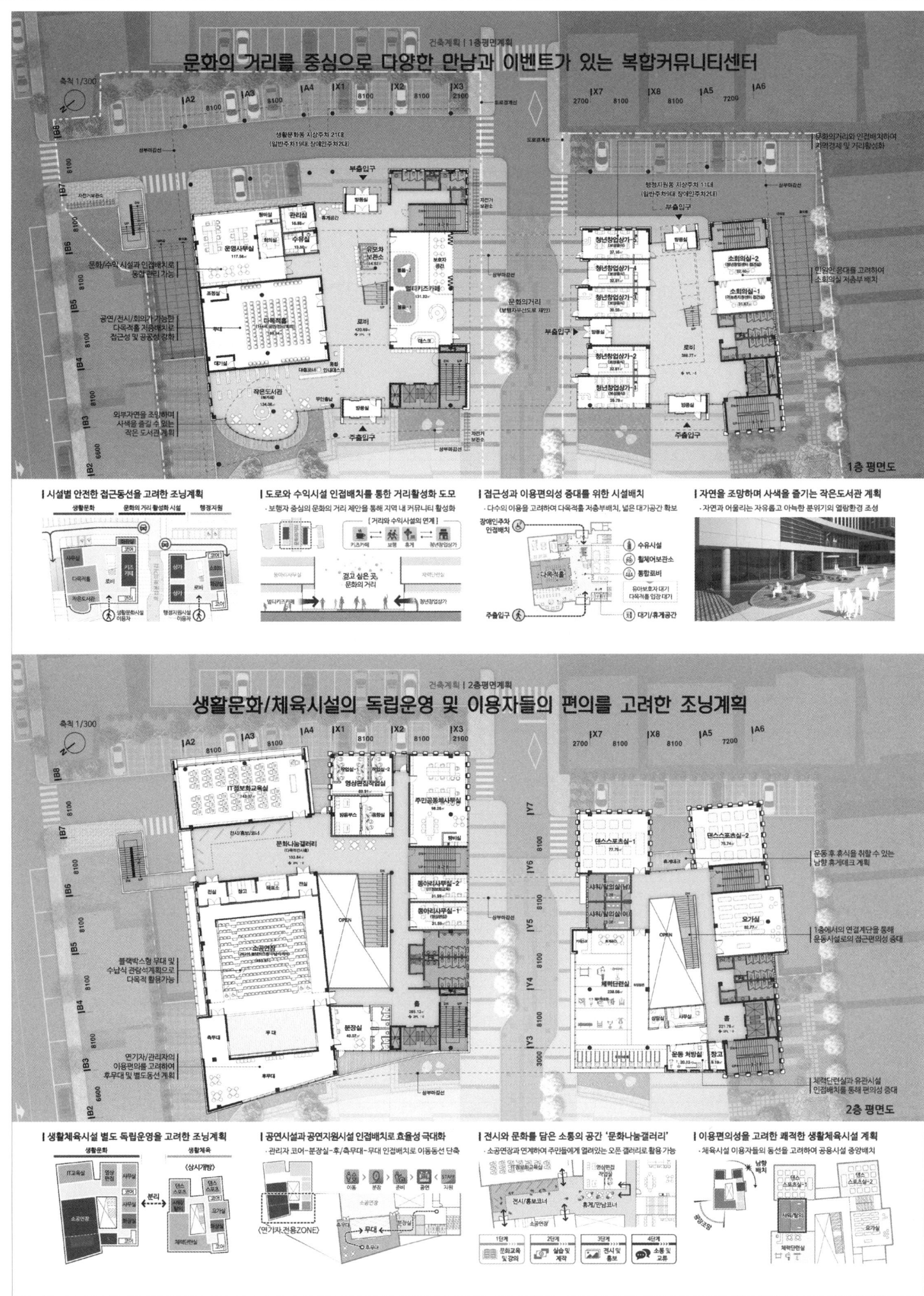

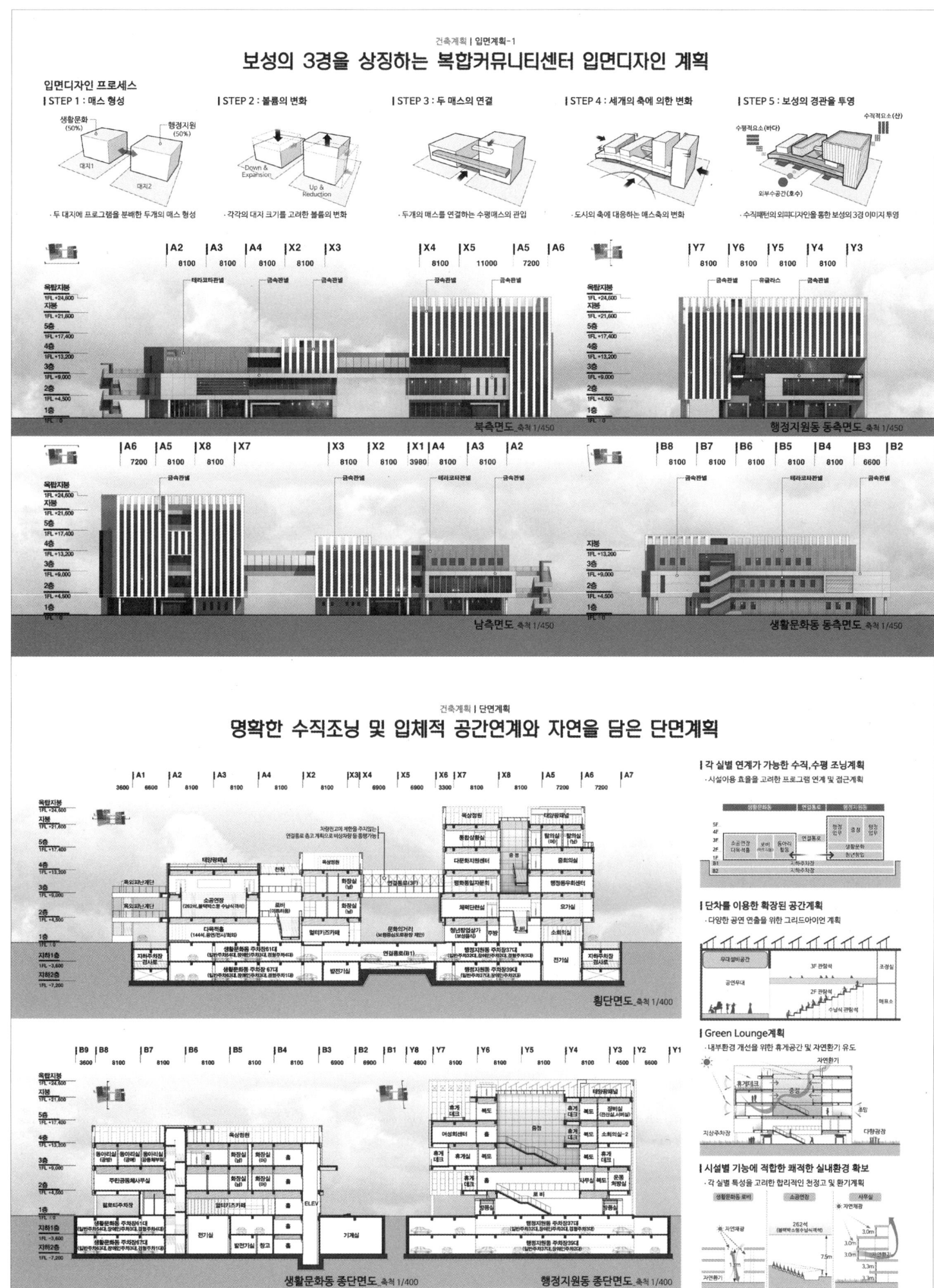

대가야역사문화클러스터사업(가얏고 전수관 및 연수원)

당선작 (주)사이어쏘시에이츠 건축사사무소 박종호 설계팀 성창훈, 구봉근, 권형민, 정유정, 송민준, 노유림

대지위치 경상북도 고령군 대가야읍 저전리 888-4외 5필지 **대지면적** 17,636.00㎡ **건축면적** 2,369.95㎡ **연면적** 3,138.01㎡ **건폐율** 13.44% **용적률** 17.19% **규모** 지상 2층 **구조** 철근콘크리트조 **외부마감** PC패널, 화강석, 금속패널, 로이복층유리 **주차** 32대(장애인 주차 3대, 버스 10대 포함) **협력업체** 구조 - 나래구조안전기술, 전기 - 건창기술단, 기계 - 성신기계설비, 토목 - 한국지오컨설턴트, 조경 - 더:조경, 친환경 - 이지컨설턴트

대가야의 역사와 선율이 흐르는 풍류의 장소, 가얏고 전수관

대상지는 우륵테마로드 끝자락에 위치하고 마을과 연계된 진입로와 대지내 내곡초등학교가 위치한다. 내곡초등학교가 지역주민 커뮤니티시설로 리모델링됨으로써 자연스럽게 전면마당이 형성되고 우륵테마로드와 연속되어 기존 진입구 앞에 진입마당이 형성된다. 기존 마을과 연계한 진입마당은 향후 클러스터 활성화를 위한 또 다른 거점공간이 될 것으로 기대한다.

진입마당과 커뮤니티마당 사이에 매개공간을 형성하여 방문객이 자연스럽게 동선이 유도되도록 하였고, 축을 따라 전통건축물 요소를 도입함으로써 가얏고 전수관 및 연수원을 특성화 하였다. 통시적 전통공간의 요소(마당, 회랑, 누정)도입을 통해 자연스럽게 펼쳐지는 예스러운 풍경을 만들고 다양한 크기의 마당을 통해 많은 풍경들이 담아질 수 있도록 하였다.

중문을 통해 진입마당을 거치면 정면에 누정이 보여지고, 누하진입을 통해 주산과 어우러진 안뜰정원을 맞이하게 된다. 1층과 연결된 옥상정원은 주산과 우륵마루로 자연스런 풍경을 체험하게 되고 누정의 공간을 통해 수려한 전경을 체험할 수 있도록 하였다. 우륵마루는 회랑을 통해 위요가 되어 지역 커뮤니티동과의 매개 공간이 되도록 하였다. 이러한 외부공간의 안배를 통해 건축물은 자연스럽게 3개의 켜를 가진 매스로 구성되었다.

Gayatgo Succession Hall; an elegant place where the history and music of Daegaya reside

The project site is sitting on the tip of Ureuk Theme Road. It has an access road connected to the town, and there is Naegok Elementary School within the site area. The elementary school is remodeled into a local community facility, and it gives room for an entrance plaza to be formed naturally. This plaza comes as an extension of the theme road and occupies the area in front of the existing entry. Connected with the town, the plaza is expected to serve as a major venue for activating clusters in the future.

A medium space is inserted between the entrance plaza and the community plaza to create a seamless visitor circulation. Traditional architectural elements are placed along the axis to give character to Gayatgo Succession Hall and training center. The conventional features (courtyard, hallway and pavilion) of Korean traditional space are introduced to unfold an antique scenery. Also, courtyards with different sizes are added to present various sceneries.

if one passes through the entrance plaza via an inner gate, he will see a pavilion standing in front of him. Then, if he goes through the underpass of the pavilion, he will be welcomed by an inner garden that makes harmony with the Jusan Mountain. The rooftop garden connected to the 1st floor allows visitors to enjoy the natural landscapes of the Jusan Mountain and Ureuk Maru, and the pavilion offers a beautiful view as well. Ureuk Maru is surrounded by a hallway, thus it can serve as a medium space connected with the community building. Considering such composition of the outdoor area, the building is designed to have a mass with three layers.

Prize winner SAI ASSOCIATES_Park Jongho **Location** Daegaya-eup, Goryeong-gun, Gyeongsangbuk-do **Site area** 17,636.00㎡ **Building area** 2,369.95㎡ **Gross floor area** 3,138.01㎡ **Building coverage** 13.44% **Floor space index** 17.19% **Building scope** 2F **Structure** RC **Exterior finishing** PC panel, Granite, Metal panel, Low-E paired glass **Parking** 32 (including 3 for the disabled, 10 for bus)

Daegaya History Culture Cluster Project (Gayatgo Succession Hall & Training Institute)

기본구상도 | 계획개념
Scale 1/NONE

자연 환경 분석
- 향과 조망 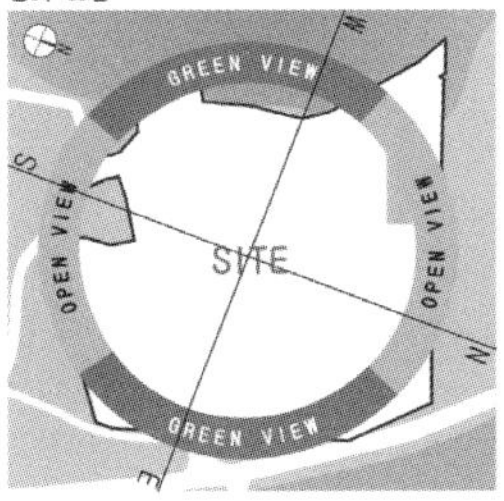
- 바람의 흐름 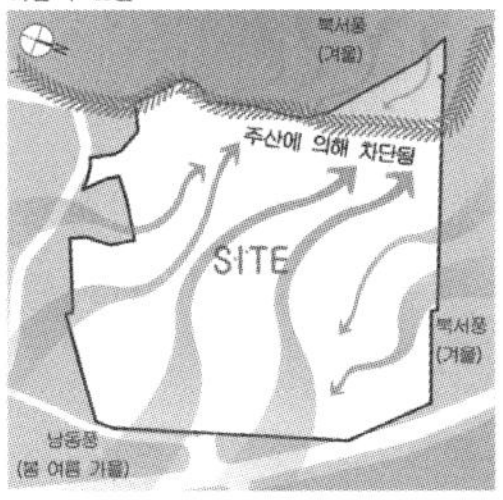
- 녹지의 흐름

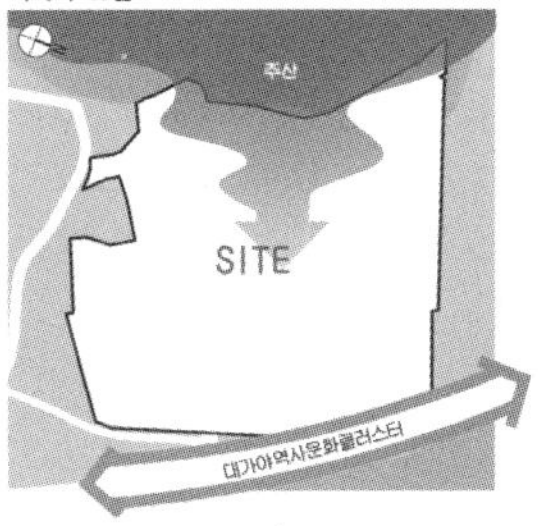

대상지는 우륵테마로드 끝자락에 위치하고 마을과 연계된 진입로와 대지내 내곡초등학교가 위치한다.

내곡초등학교가 지역주민 커뮤니티시설로 리모델링됨으로써 자연스럽게 전면마당이 형성되고 우륵테마로드와 연속되어 기존 진입구 앞에 진입마당이 형성된다.

기존마을, 기존 클러스터와 연계한 진입마당은 향후 클러스터 활성화를 위한 또 다른 거점공간이 될 것으로 기대한다.

우리는 진입마당과 커뮤니티마당 사이에 매개공간을 형성시켜 방문객이 자연스럽게 동선이 유도되도록 하였고 진입축을 통해 단지의 정면성을 부여하고 축을 따라 전통건축물 요소를 도입함으로써 가야고 전수관 및 연수원을 특성화 하였다.

디자인 프로세스
- 축 설정
- 공간안배
- 외부공간의 연결
- 그린존 형성
- 건축물 배치
- 전통요소 도입

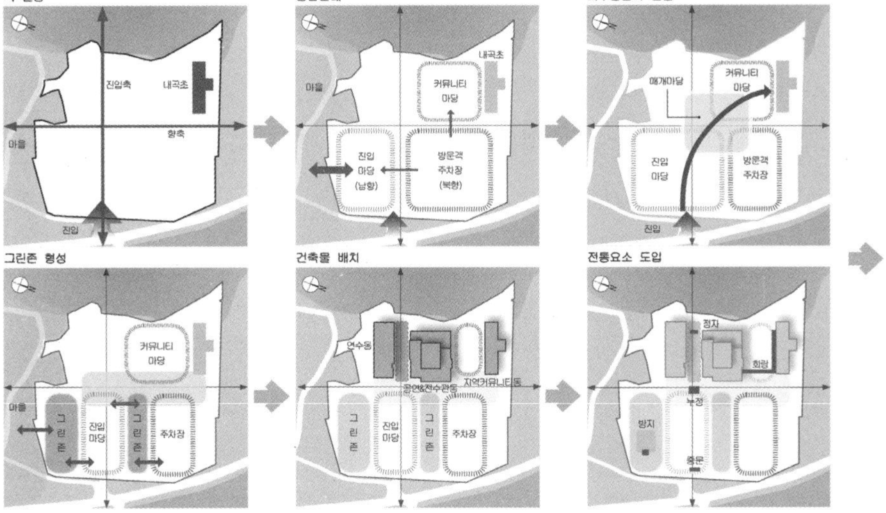

외부공간 및 시설구성

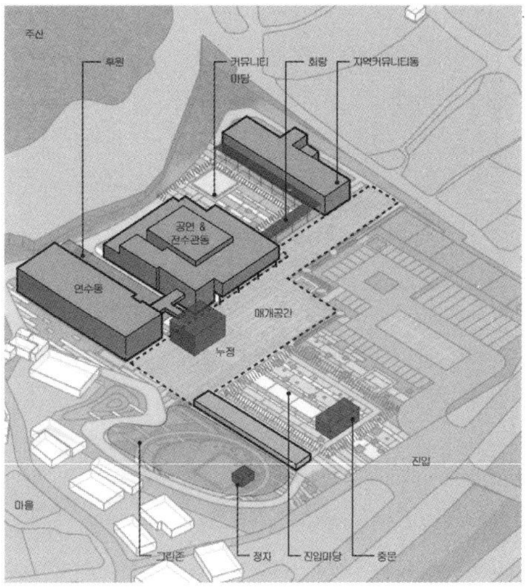

기본공간 구상도

지역 커뮤니티, 역사·문화 및 관광 거점을 위한 열린 공간을 제공함으로써 주변환경과의 적극적인 연계를 창출하고, 사업부지가 대가야역사문화클러스터 사업의 출발점의 역할을 하도록 한다.

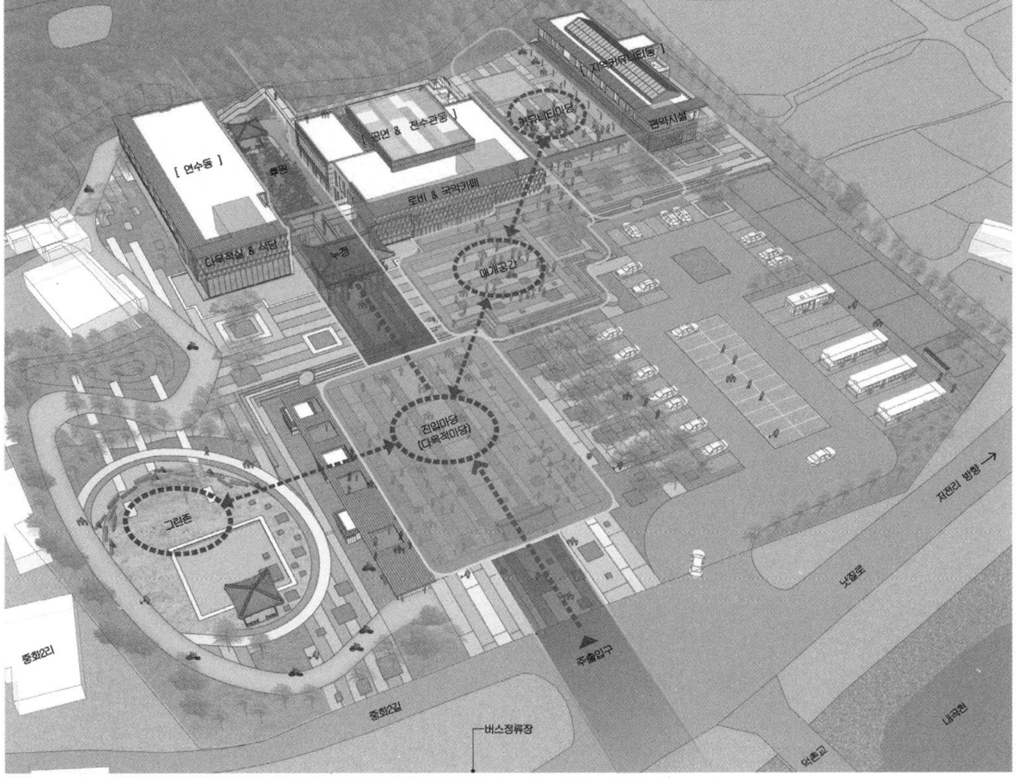

외부공간계획

커뮤니티 마당
- 진입마당과 야외공연장을 연결하는 매개공간을 구성
- 진입마당을 지역행사장소로 활용할 수 있는 커뮤니티마당으로 이용

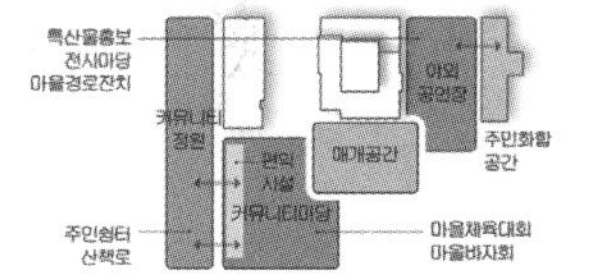

문화 마당
- 진입마당과 실내공연장을 연결하는 상징적인 진입의 축으로 구성
- 진입마당이 고향의 역사·문화의 홍보, 전시 기능을 수행하도록 함

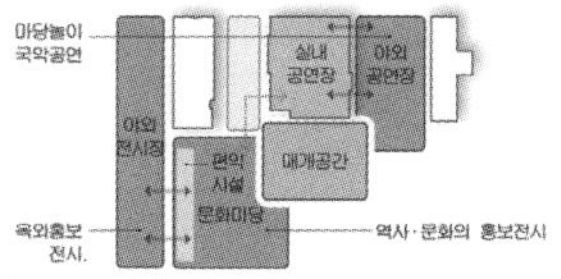

축제 마당
- 진입마당과 휴게정원(야외시장)을 연계, 휴게·체험공간으로 구성
- 진입마당은 관광객들을 위한 이벤트 마당으로 활용

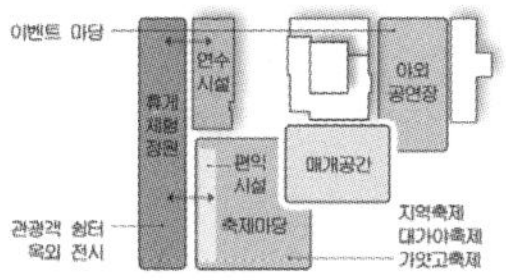

거점화 장소설정

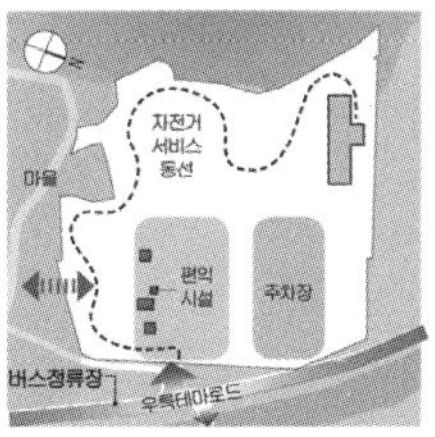

대가야역사문화클러스터사업(가얏고 전수관 및 연수원)

배치계획 | 건축계획
Scale: 1/800

배치계획

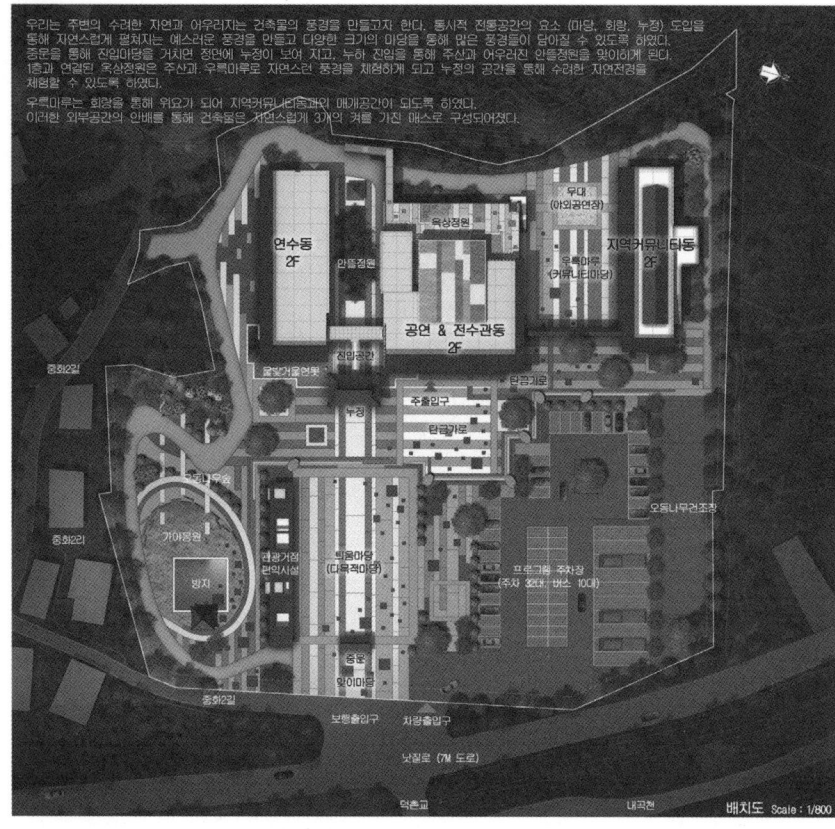

배치개념도

문화역사관광의 거점화

대가야역사와 전통문화의 향유와 체험 _ 가얏고 전수관

지역문화 활성화

평면계획 | 건축계획
Scale: 1/NONE

건축공간계획

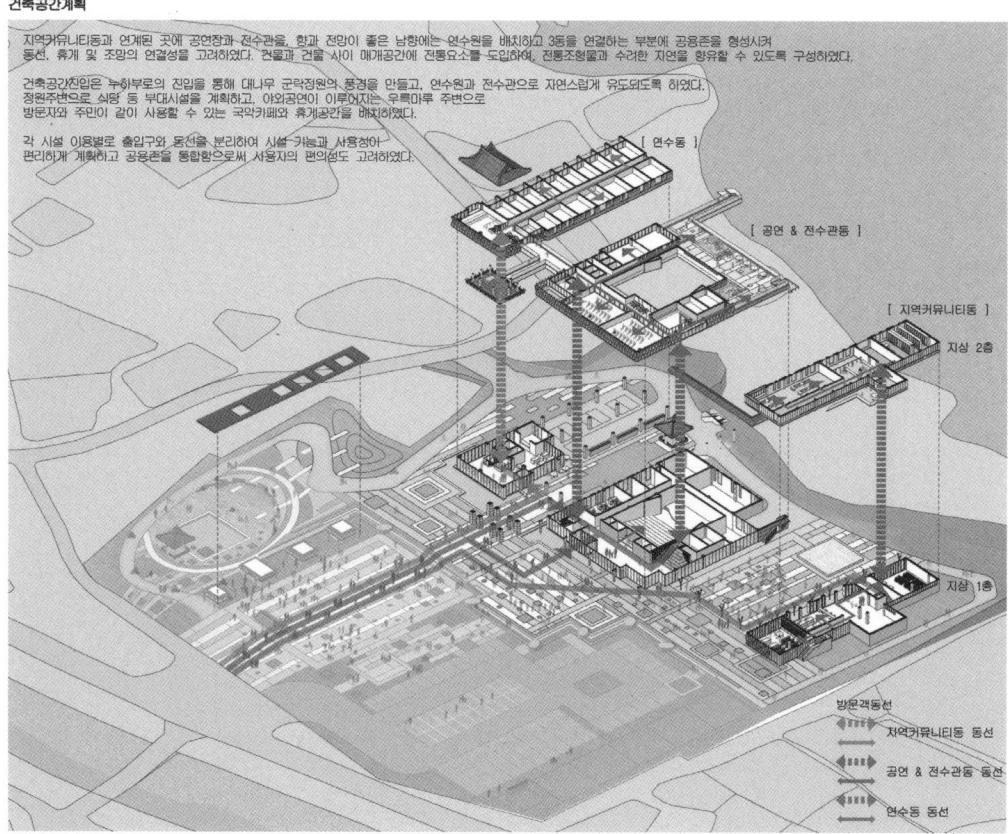

편의시설 계획

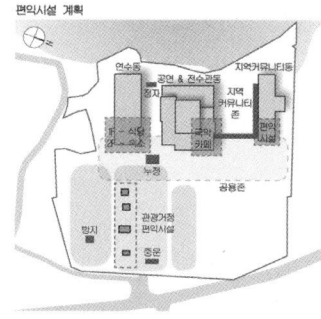

이동하는 공간박스 _ 편의시설계획(제안)
- 편의시설과 전시시설을 이동형 공간박스로 계획

순환동선 _ 마당의 연결
- 커뮤니티마당과 중정의 연결동선

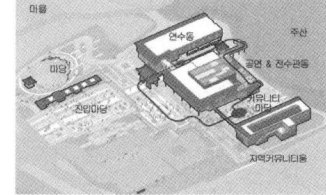

Daegaya History Culture Cluster Project (Gayatgo Succession Hall & Training Institute)

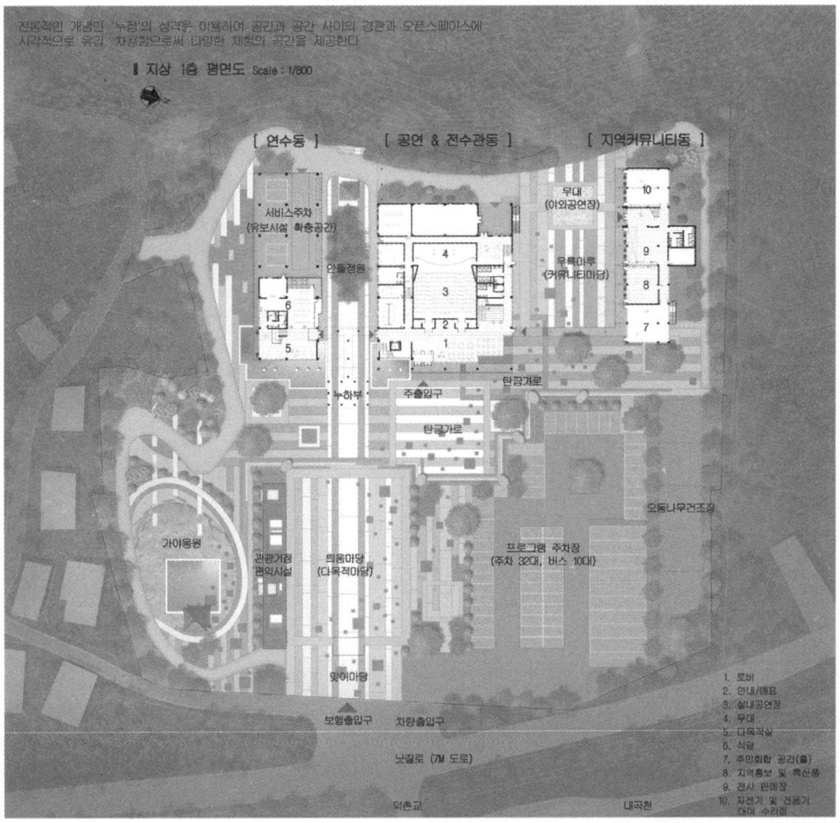

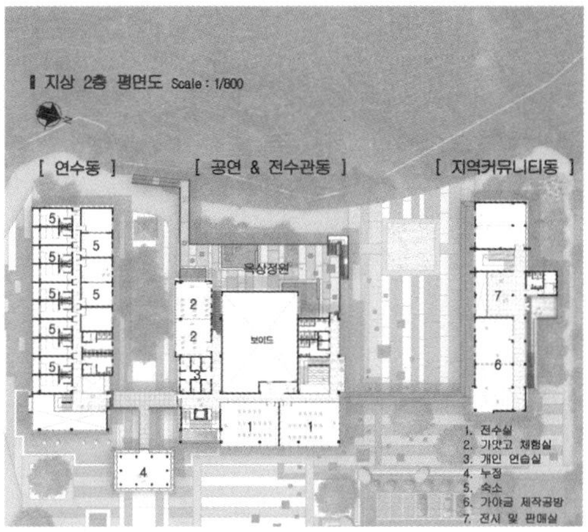

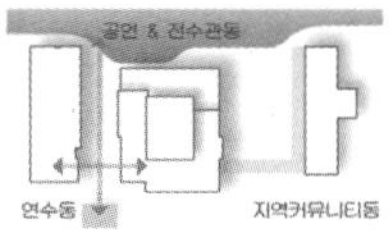

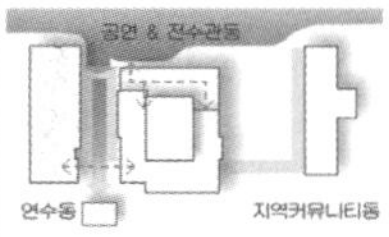

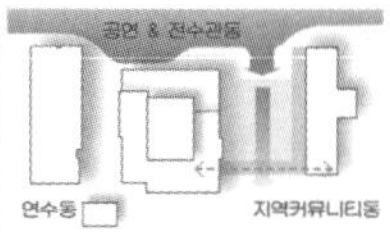

대가야역사문화클러스터사업(가얏고 전수관 및 연수원)

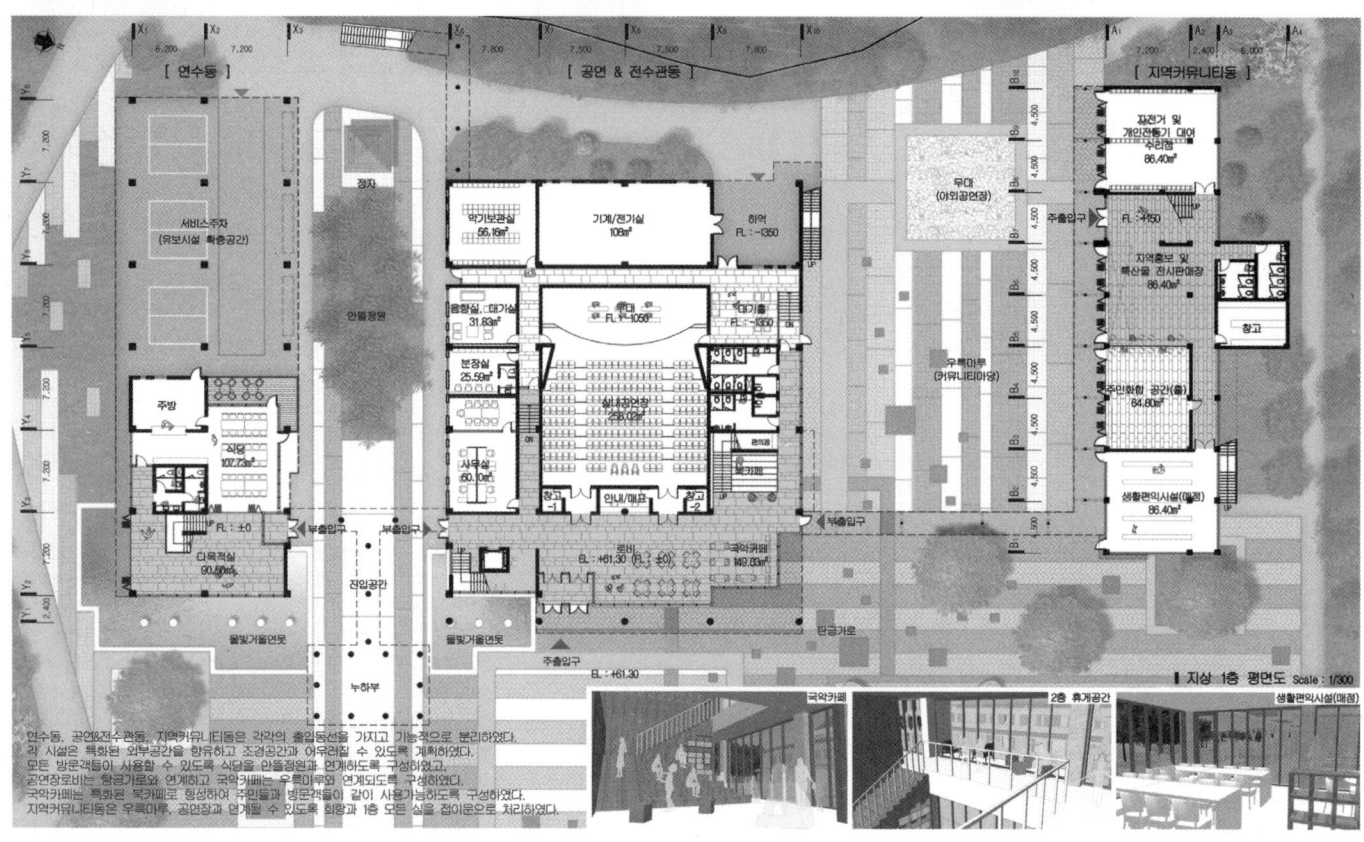

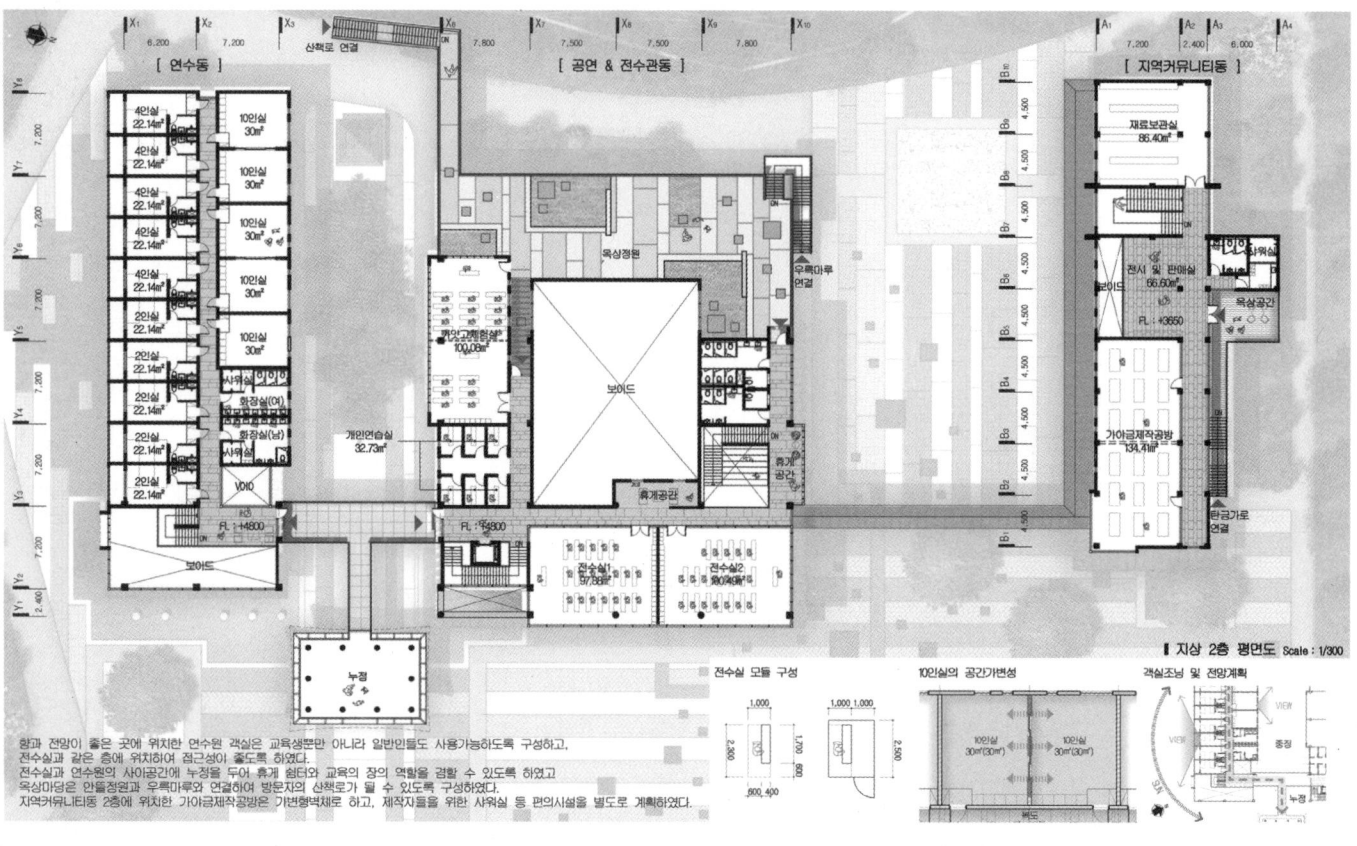

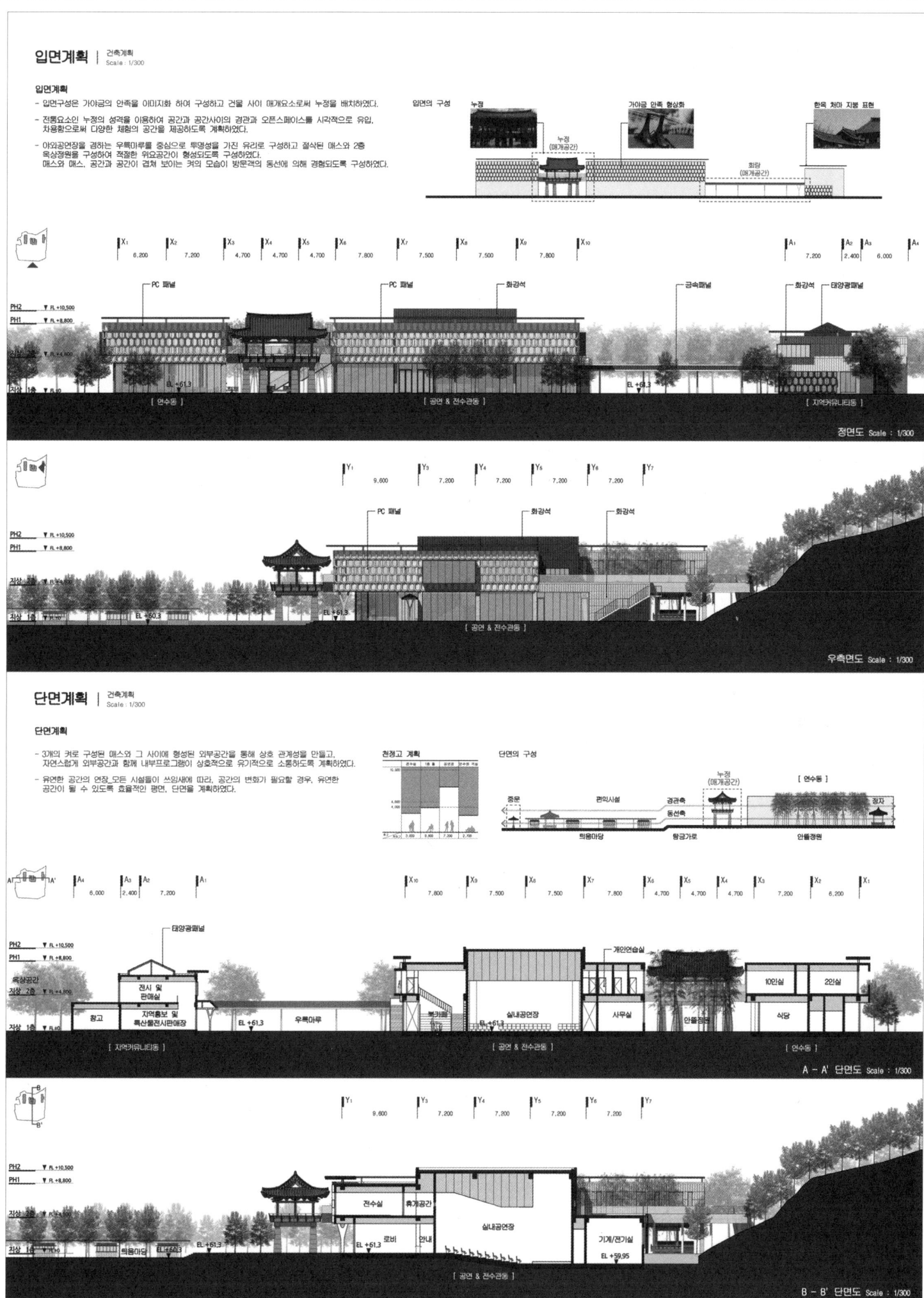

대가야역사문화클러스터사업(가얏고 전수관 및 연수원)

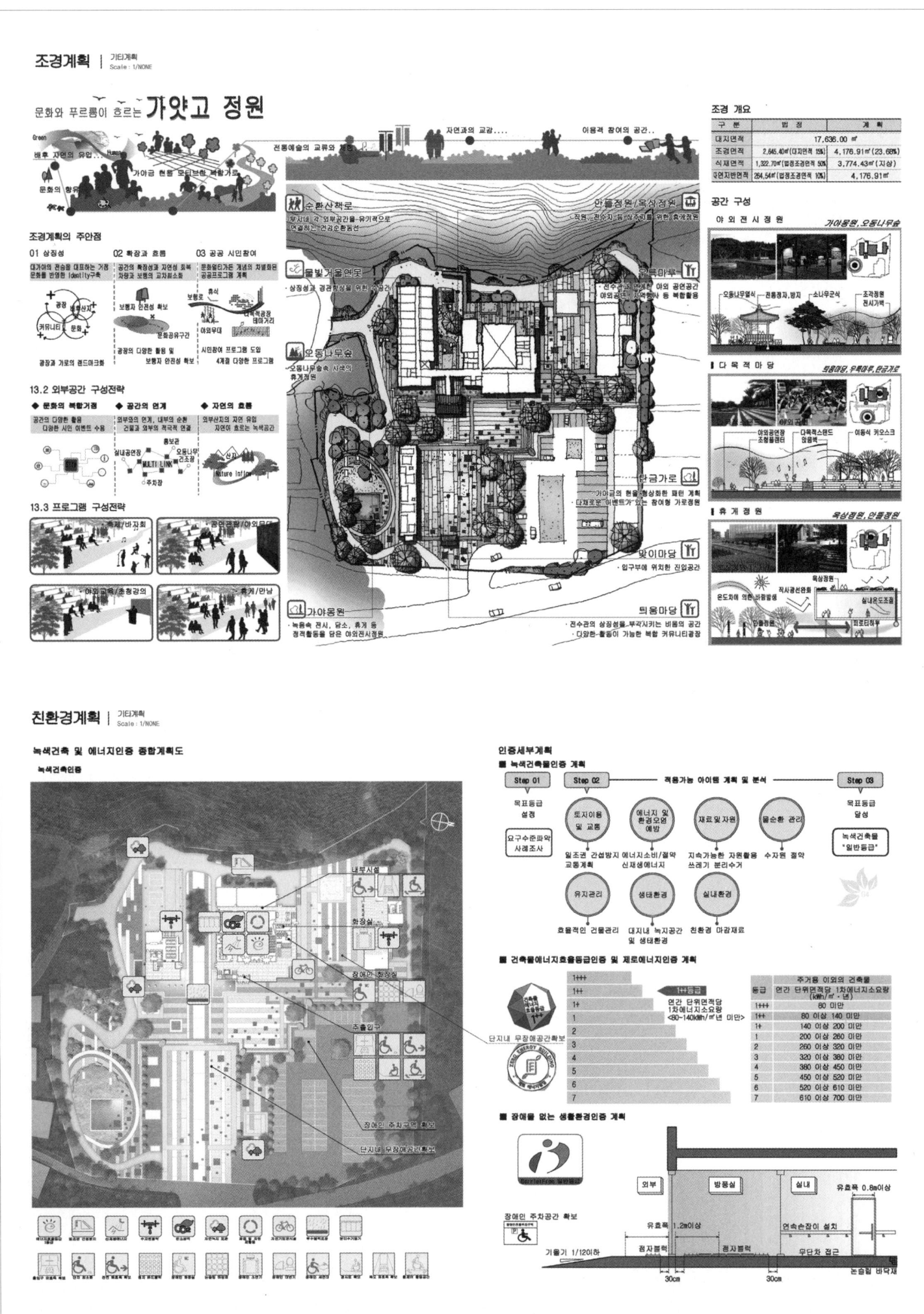

Daegaya History Culture Cluster Project (Gayatgo Succession Hall & Training Institute)

대가야역사문화클러스터사업(가얏고 전수관 및 연수원)

3등작 건축사사무소 엘브로스 임정민 설계팀 임정국, 김원찬

대지위치 경상북도 고령군 대가야읍 저전리 888-4 일대 **대지면적** 17,636.00m² **건축면적** 2,225.23m² **연면적** 3,122.14m² **건폐율** 12.62% **용적률** 16.34% **규모** 연수원 - 지하 1층, 지상 2층 / 전수관 - 지하 1층, 지상 1층 / 교사동 - 지상 2층 **최고높이** 15.7m **구조** 철근콘크리트조, 철골조 **외부마감** 와이드 치장벽돌, U-글래스, 로이복층유리, 고밀도 목재패널, 금속패널 **주차** 47대(장애인 주차 2대 포함)

배치계획
배치의 주된 개념은 전통 한옥의 배치를 접목하면서 각 동의 역할에 맞는 마당을 내어 주는 것이다. 주민들이 주사용자인 커뮤니티 시설에는 아늑하게 둘러싸인 안마당을, 하룻밤을 묵어가는 여행객을 위한 연수원을 사랑방으로 재해석하여 사랑마당을, 활동적인 관람객을 위한 문화시설에는 다양한 이벤트를 즐길 수 있는 활동마당을 배치함으로써 건축이 마당이라는 유연한 외부공간과 유기적으로 하나가 되게 한다.

평면계획
기존 건축물을 시작으로 안마당을 둘러싸는 배치를 기본으로 하고, 문화시설과 연수원을 데크와 브릿지로 연결하여 동간의 이질감을 최소화하고 전수관과 체험관은 정면에 수직으로 배치하여 바람과 시야를 자연스럽게 통과시킴으로써 편안하게 안마당까지 사람과 자연을 끌어들일 수 있는 디자인을 담는다.

입면계획
한국 전통 창호를 현대화하여 전통 누의 사방과 전수관의 전면에 차용하였고, 여러 형태의 전통 지붕과 회랑 등을 모던하게 재해석하여 유려하면서도 새로운 디자인을 만들어 낸다. 공연장 뒷벽은 병풍 형태의 커튼월로 이미지화하여 외부 수공간을 한폭의 그림처럼 오버랩 시키면서 공연을 감상할 수 있도록 하였다.

Site plan
The main idea of the proposed arrangement plan is to adopt the arrangement of traditional hanok and to create a courtyard that matches to the function of each building. The community building which will be mainly used by local people is designed to have a gently enclosed inner courtyard. The training center for overnight tourists is redefined in the form of a guest room and thus added with a guest garden. And the cultural facility for active visitors is equipped with an activity courtyard where various events take place. These solutions allow the architecture to establish an organic network with courtyards which offer a flexible outdoor space.

Floor plan
The arrangement plan that takes the existing building as a starting point and encloses the inner courtyard is applied as a master plan. The cultural facility and training center are connected through a deck and a bridge to reduce alienation between different buildings. succession hall and the experience center are positioned in front at right angles to open a clear wind path and vista; it introduces a design that makes way for people and nature to naturally flow into the inner courtyard.

Elevation
Korean traditional windows are translated into a modern design, and it's applied to all sides of the pavilion and the front facade of succession hall. Various types of traditional roof and hallway are reinterpreted with a modern perspective to create an elegant yet innovative design. The rear wall of the performance hall is characterized with a curtain wall system that looks like a folding screen. Therefore, people can overlap the scenery of a water space outside onto the stage like a piece of painting while watching a show.

3rd prize Lbros Architects_Lim Jungmin **Location** Daegaya-eup, Goreyong-gun, Gyeongsangbuk-do **Site area** 17,636.00m² **Building area** 2,225.23m² **Gross floor area** 3,122.14m² **Building coverage** 12.62% **Floor space index** 16.34% **Building scope** Training institute - B1, 2F / Succession hall - B1, 1F / School - 2F **Height** 15.7m **Structure** RC, SC **Exterior finishing** Wide face brick, U-glass, Low-E paired glass, High-density wood panel, Metal panel **Parking** 47 (including 2 for the disabled)

Daegaya History Culture Cluster Project (Gayatgo Succession Hall & Training Institute)

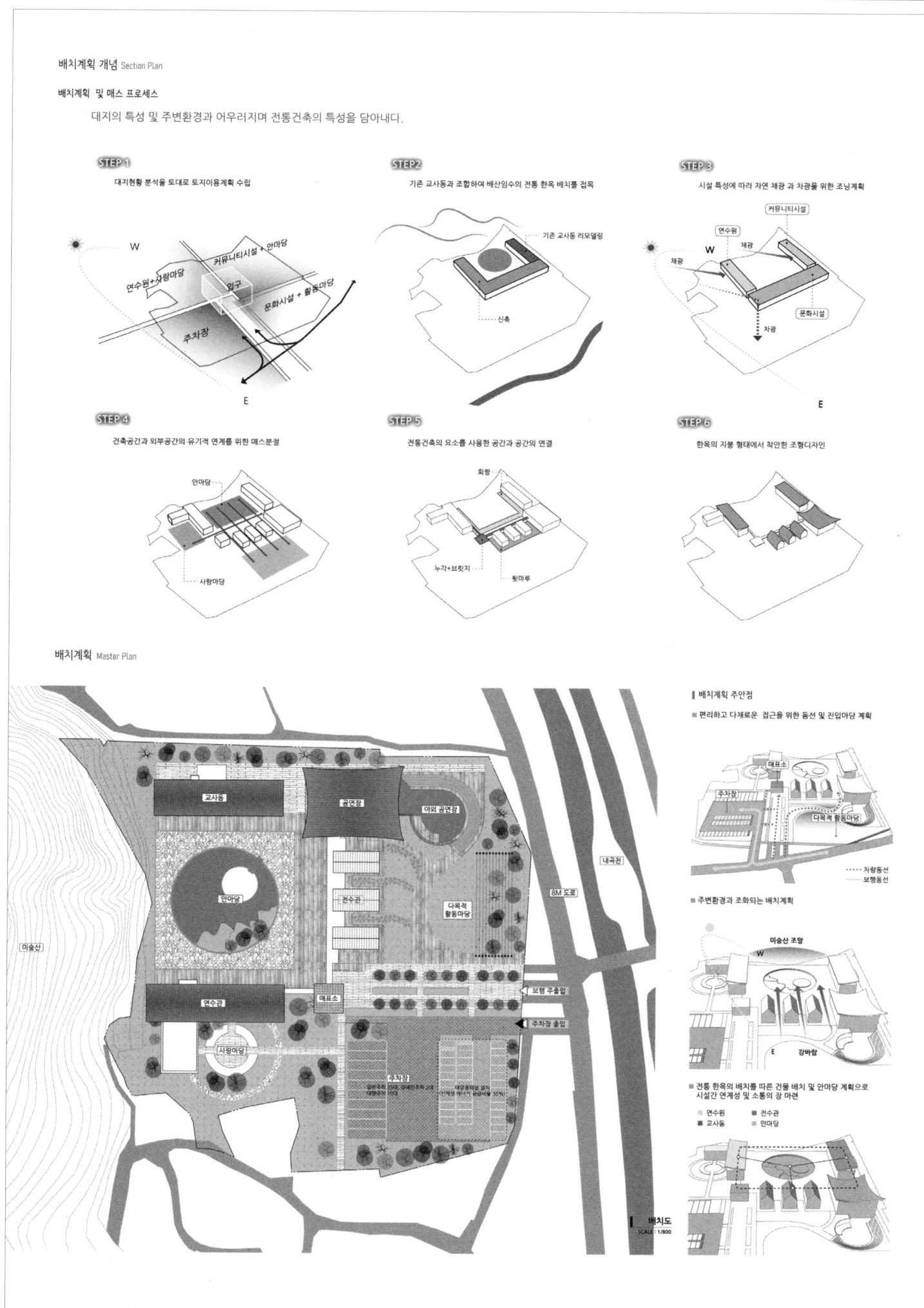

대가야역사문화클러스터사업(가얏고 전수관 및 연수원)

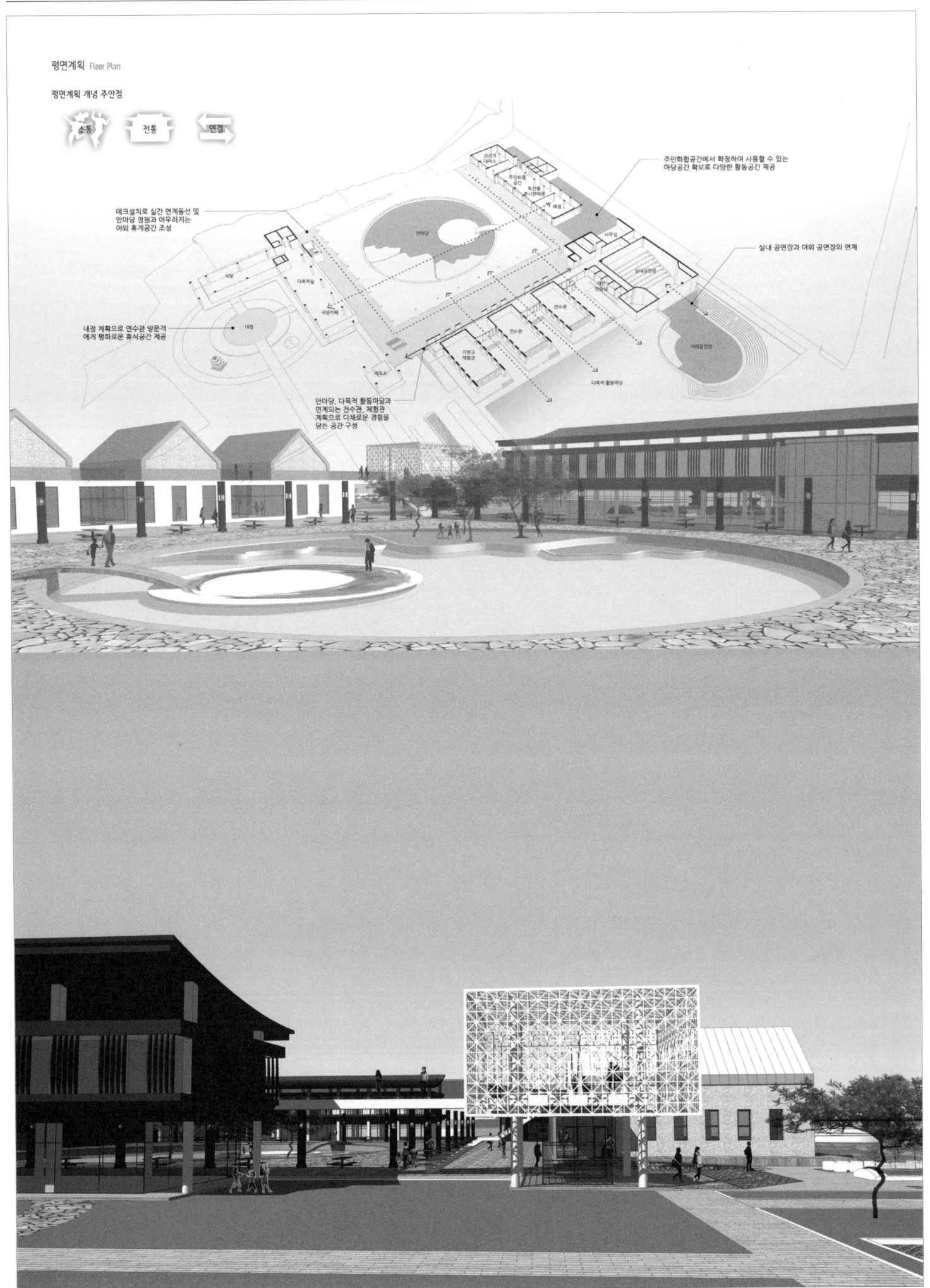

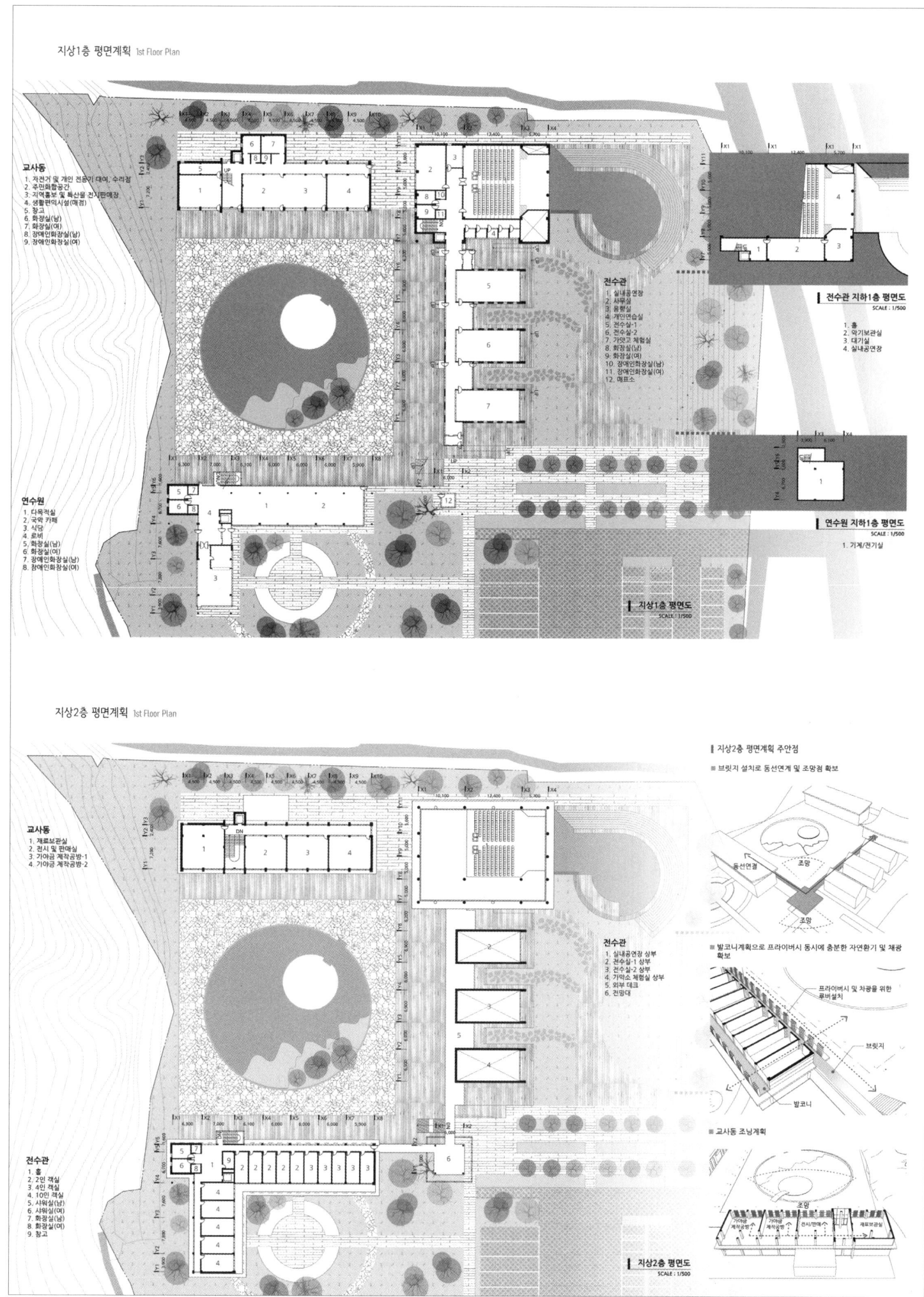

대가야역사문화클러스터사업(가얏고 전수관 및 연수원)

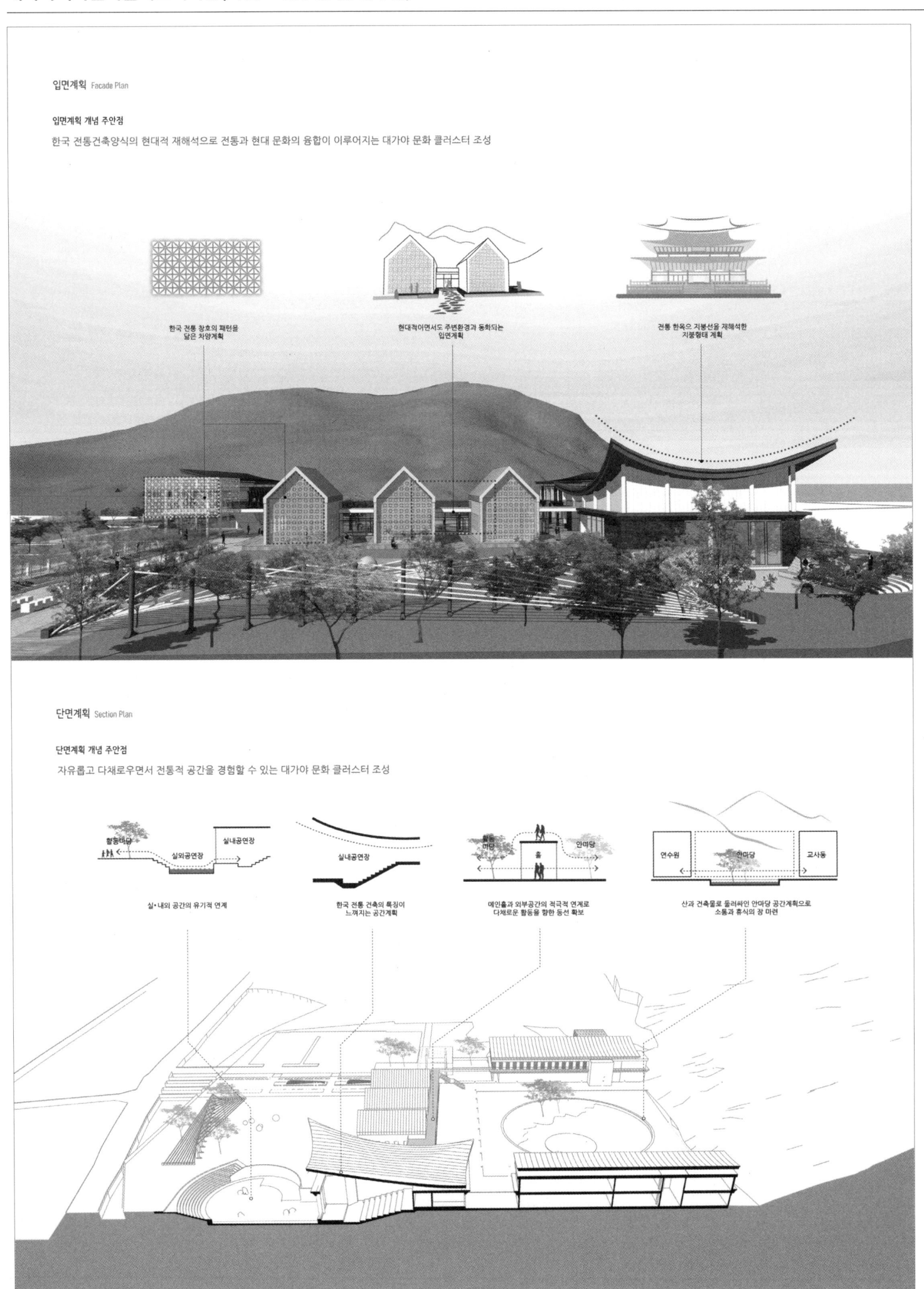

Daegaya History Culture Cluster Project (Gayatgo Succession Hall & Training Institute)

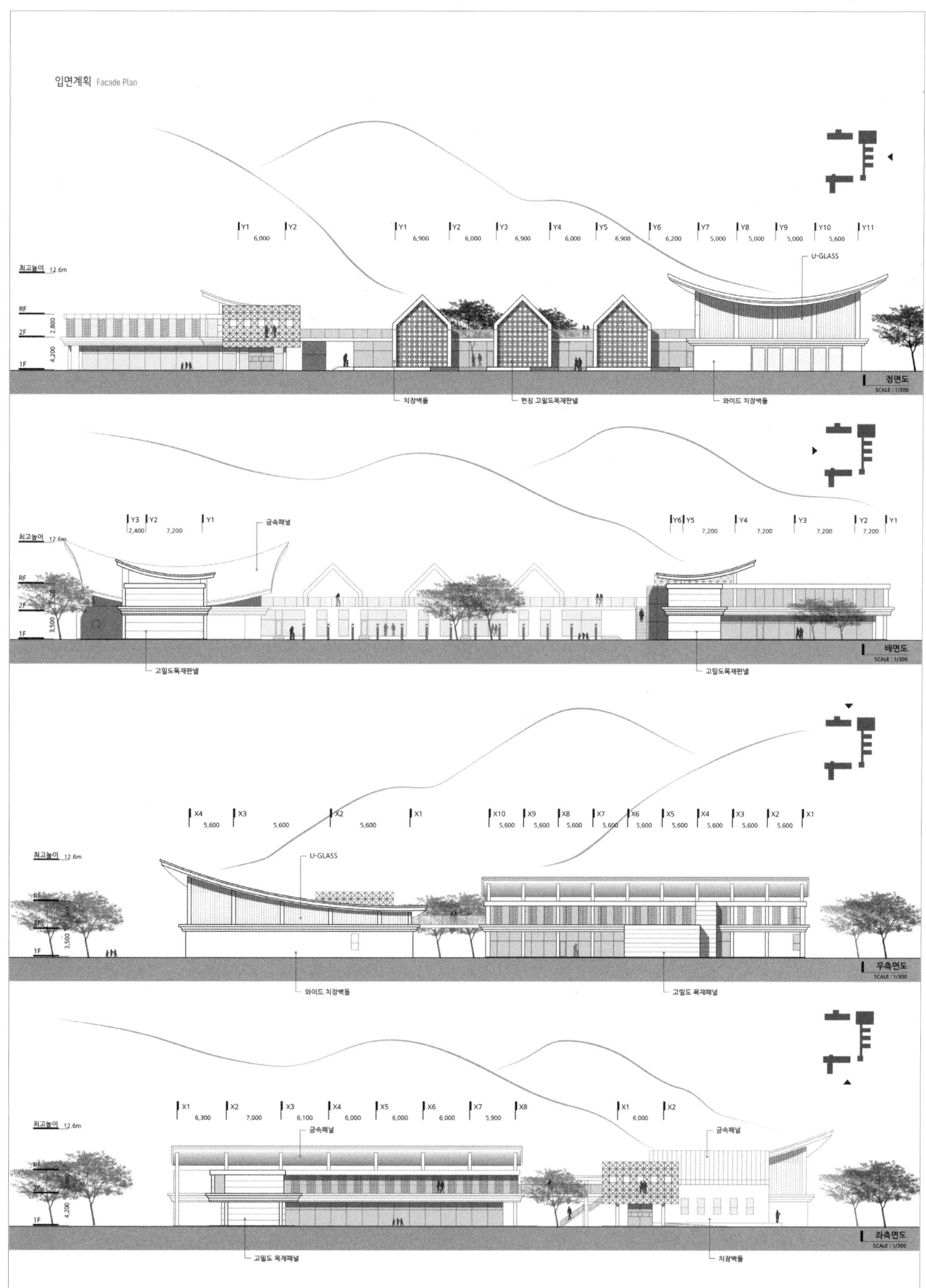

대가야역사문화클러스터사업(가얏고 전수관 및 연수원)

단면계획 Section Plan

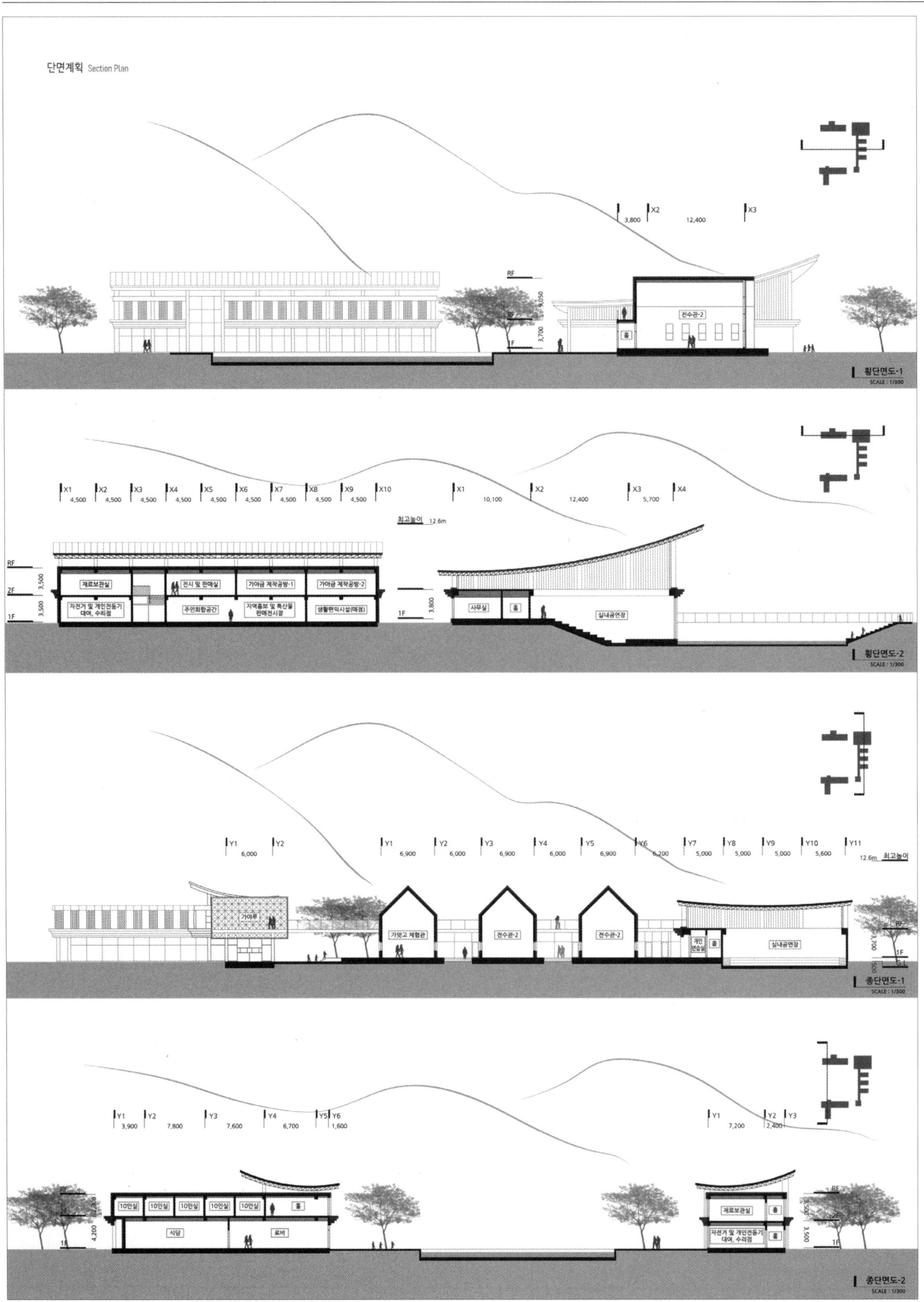

Daegaya History Culture Cluster Project (Gayatgo Succession Hall & Training Institute)

건축계획개념 Architecture Design Motives

계획개념 주안점

한옥의 건축적 요소를 현대적으로 재해석한 대가야 역사 문화 클러스터

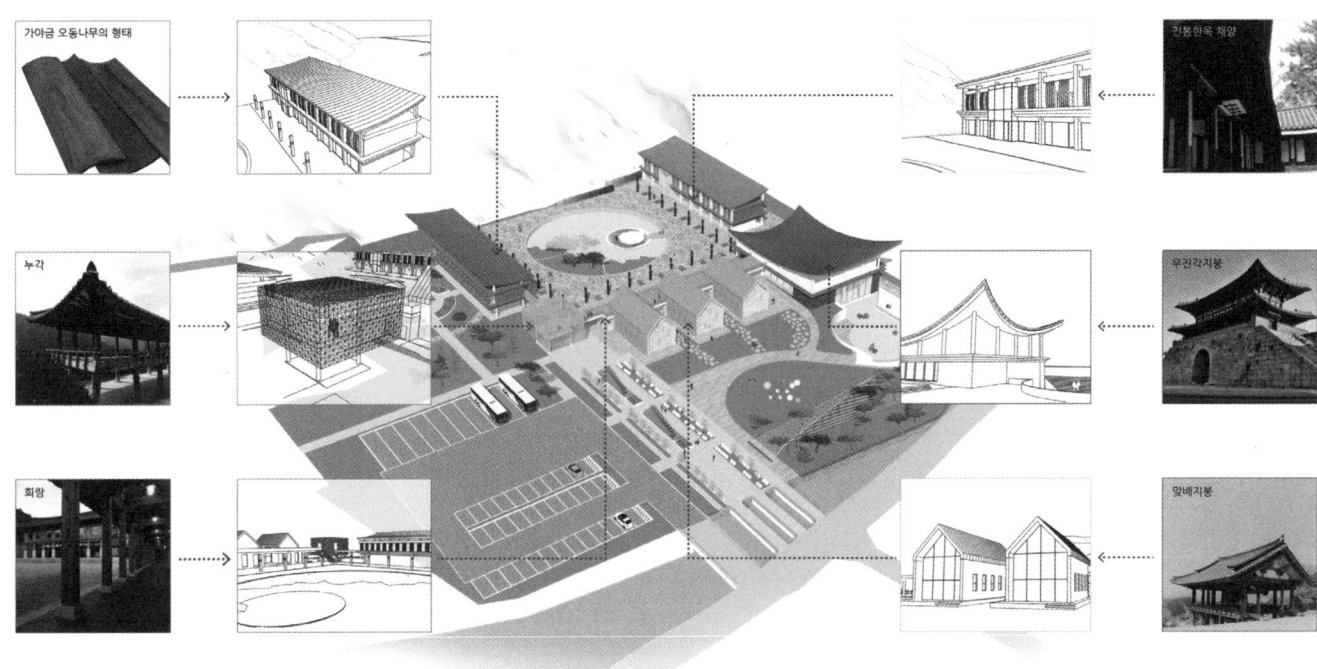

외부공간계획개념 Landscape Design

계획개념 주안점

전통적 외부공간 현대적 조경요소가 조화를 통한 다채로운 활동 및 휴식공간 조성

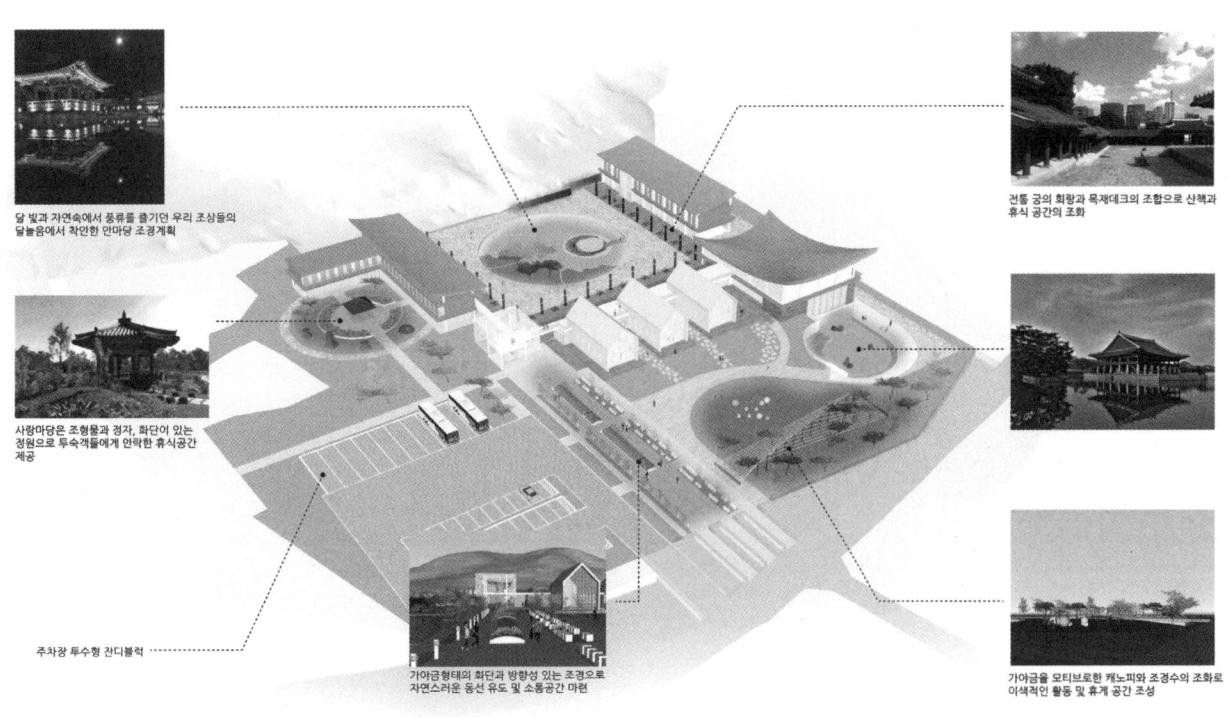

민주인권기념관

당선작 (주)디아건축사사무소 정현아 설계팀 방누리, 신세철, 김태환, 최선웅

대지위치 서울특별시 용산구 한강대로 71길 37 **대지면적** 6,391㎡ **건축면적** 1,411.83㎡ **연면적** 6,719.60㎡ **건폐율** 32.85% **용적률** 69.18% **규모** 지하 3층, 지상 4층 **구조** 철근콘크리트조 **외부마감** 석재, 노출콘크리트 **주차** 29대

역사의 현장을 마주하는 관람자의 낮은 시선을 주제로 삼았다.

대공분실 건물은 계획대상에서 제외되었지만, 고문실과 테니스장 등 사건 현장과 연속하는 스토리라인이 중요하다고 보았다. 낮게 가라앉은 지붕으로 진입하여 점진적으로 지하로 내려가면서 전시공간이 전개된다.

썬큰마당으로 신·구관의 전시 동선을 연결하였으며, 외부에 조성된 자유 광장과 치유의 길을 거쳐, 기념관 최상층 사색의 공간에 이르고, 그곳에서 자신의 관람 루트 전체를 조망하는 시간을 가지게 된다. 특히 과거 테니스장 지하에 마련한 참여전시실은 관람객이 단순 관찰자에서 벗어나 전시공간에 능동적으로 개입하는 체험을 통해 과거를 극복하고 새로운 실천을 모색하는 의미를 담고자 하였다.

도시적으로는 대공분실은 남영역과 캠프킴 등으로 주변과 단절된 배치였으나, 주변은 용산 재개발 고층화와 캠프킴 이전 등으로 커다란 변화를 맞고 있다. 이로 인해 기념관의 새로운 도시적 대응으로 도심지 공공 문화공간의 기능을 회복하고자 한다.

The design concept is inspired by the humble eyes of visitors who are witnessing a historical site.

The former anticommunist investigation department building is excluded from the proejct site, but the spatial narrative that runs across a series of important places inclduing a torture chmaber and a tennis court is regarded as a vital element. In this context, visitors are guided to enter through a lowly laid roof and walk gradually down to underground, watching the exhibition hall emerging before their eyes.

A sunken plaza is added to connect the exhibition routes of the old and new halls. The integrated route flows through an outdodor plaza and promenade and finally reaches a place for meditation on the top foor of the memorial hall. There visitors can observe the entire view of their exhibition route. Especially, the participatory exhibition hall in the basement of the former tennis court facility is designed to make visitors turn from a pure observer into an active participant of the program. It's intended to overcome the past and pave the way for a new future.

On an urban scale, the former anticommunist investigation department building was isolated from its neighborhood by Namyoung Station and Camp Kim. But its surrounding area is experiencing a huge change due to the Yongsan redevelopment project and the relocation of Camp Kim. Considering such local context, the new memorial hall is designed to take a new urban design approach which aims to restore the function of an urban public cultural space.

Prize winner DIA ARCHITECTURE_Chung Hyuna **Location** Youngsan-gu, Seoul **Site area** 6,391m² **Building area** 1,411.83m² **Gross floor area** 6,719.60m² **Building coverage** 32.85% **Floor space index** 69.18% **Building scope** B3, 4F **Structure** RC **Exterior finishing** Stone, Exposed concrete **Parking** 29

Democracy and Human Rights Memorial Hall

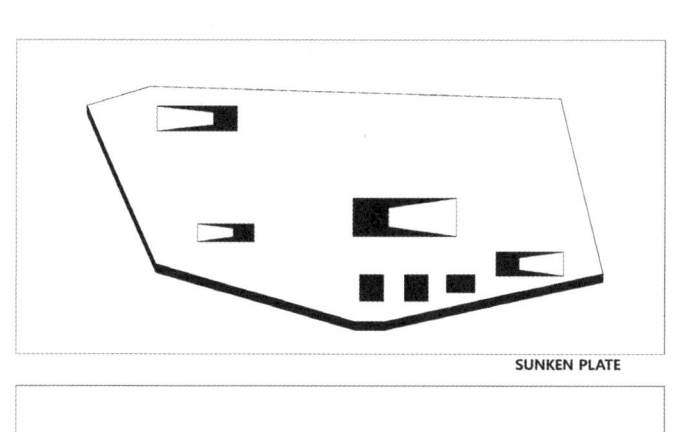

SUNKEN PLATE

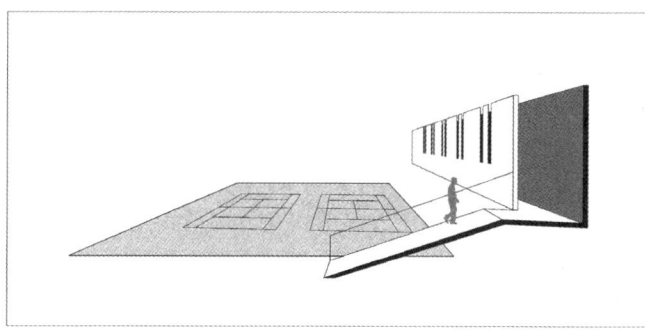

광장과 SLIT WINDOW

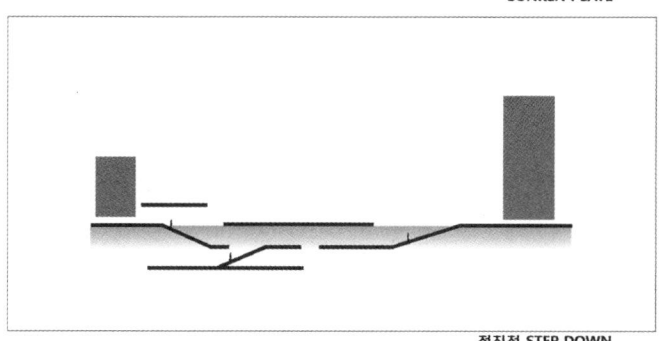

점진적 STEP DOWN

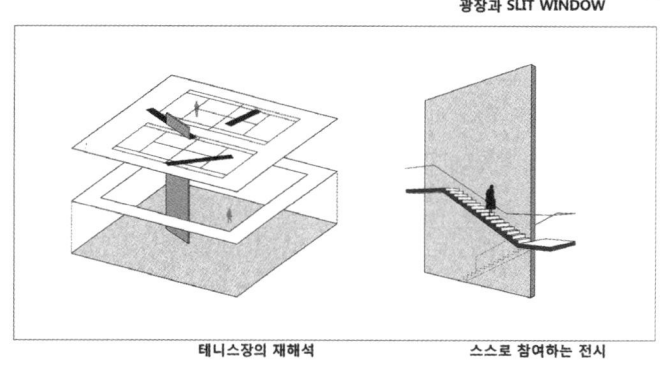

테니스장의 재해석   스스로 참여하는 전시

남영동 대공분실

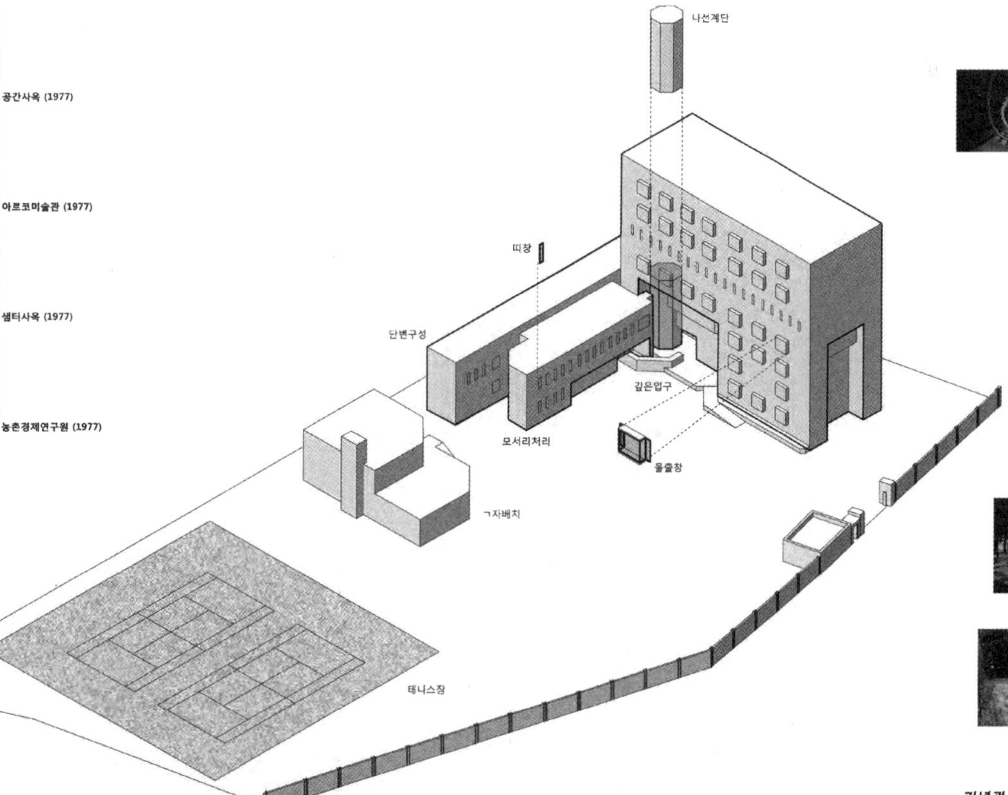

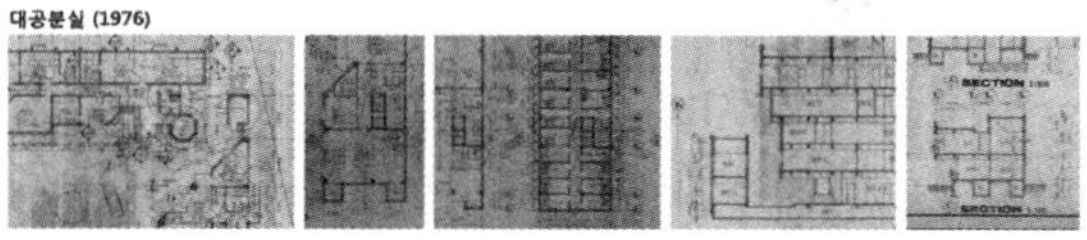

무엇을 보존하고 기억할 것인가

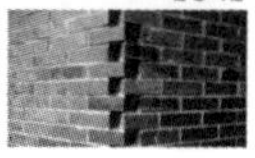

1 건축가 김수근의 건축
- 공간적 특징 : ㄱ자 배치, 작게 나눈 공간 분할, 길을 품은 깊은 입구
- 건축적 수사 : 나선계단, 띠장+돌출창, 45도 모서리 처리, 검정벽돌

2 역사적 실체로서의 현장성
테니스장의 상징적 의미, 인권유린의 현장 보존

기념관으로서의 공간적 한계

공공건물로서의 도시적 입장 부족, 외부공간 방치, 단변(4.2m) 구성의 평면, 낮은 천장고(2400-2700), 대공간 부족

민주인권기념관의 새로운 요구

체험과 사색의 장소가 되어야 한다.
자발적 참여와 민주적 실천이 가능한 공간

민주인권기념관

도시적 맥락

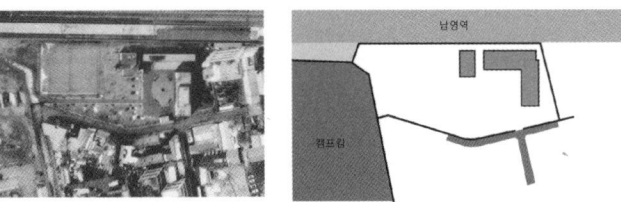

1980
서측으로는 일제시대에 개발한 남영역에 접하고 남측으로는 미군부지(캠프킴)에 접한 대지이다.
도시적으로 고립된 부지라 유신시대 대공분실의 비밀스런 기능을 수행하기에 최적의 장소였다.
도시로부터 등돌린 건물 배치와 부지 측면 소로에서 접근하는 입구는 도시적 소통을 의도적으로 배제하고 있다.

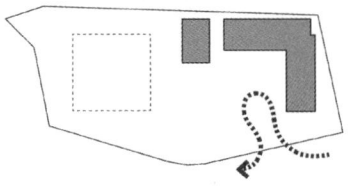

기존 입구
부지 측면 진입으로 대지 절반만 활용

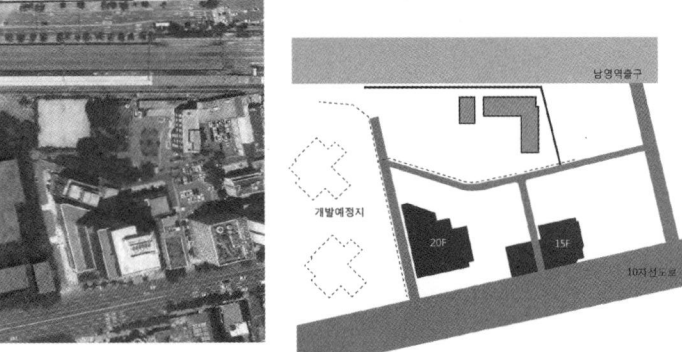

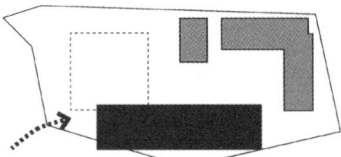

새로운 입구성
김수근 건물을 정면으로 바라보는 진입
건물과 시선의 거리감 확보

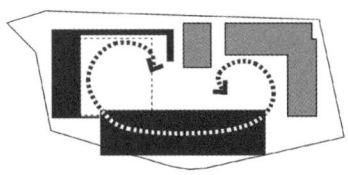

동선 순환
대지 전체를 활용하는 중정형 배치
마당을 중심으로 내부 동선 구성

2019
부지가 위치한 용산은 재개발의 흐름 속에 있다.
동측 10차선 도로에 면하여는 고층 오피스가 들어서고 있고, 인접한 캠프킴의 이전은 새로운 도시상황을 예고하고 있다.
공공이 이용하는 문화시설로서의 적절한 도시적 관계를 회복하고 새로운 입구성을 부여할 필요가 있다.

Democracy and Human Rights Memorial Hall

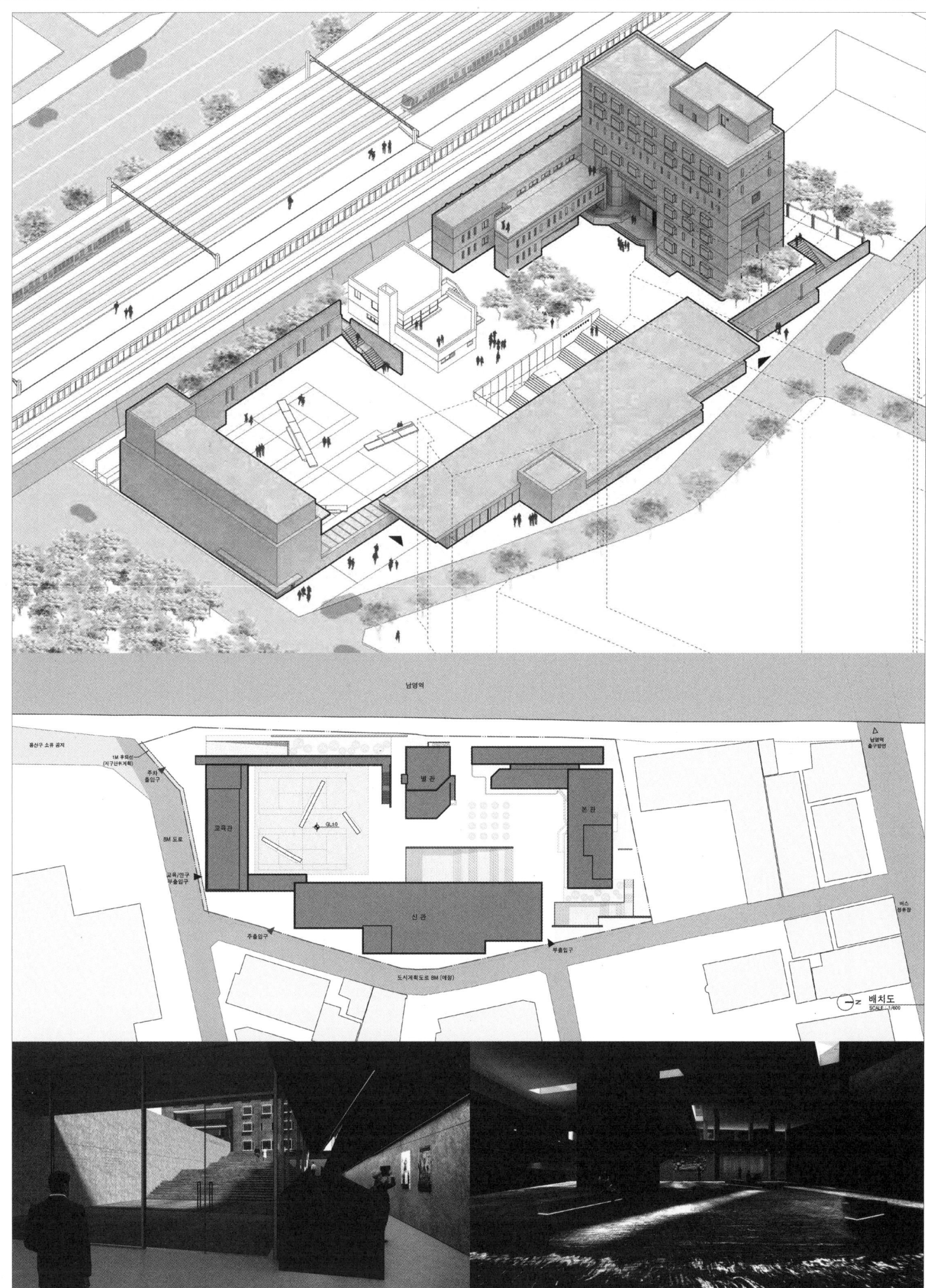

민주인권기념관

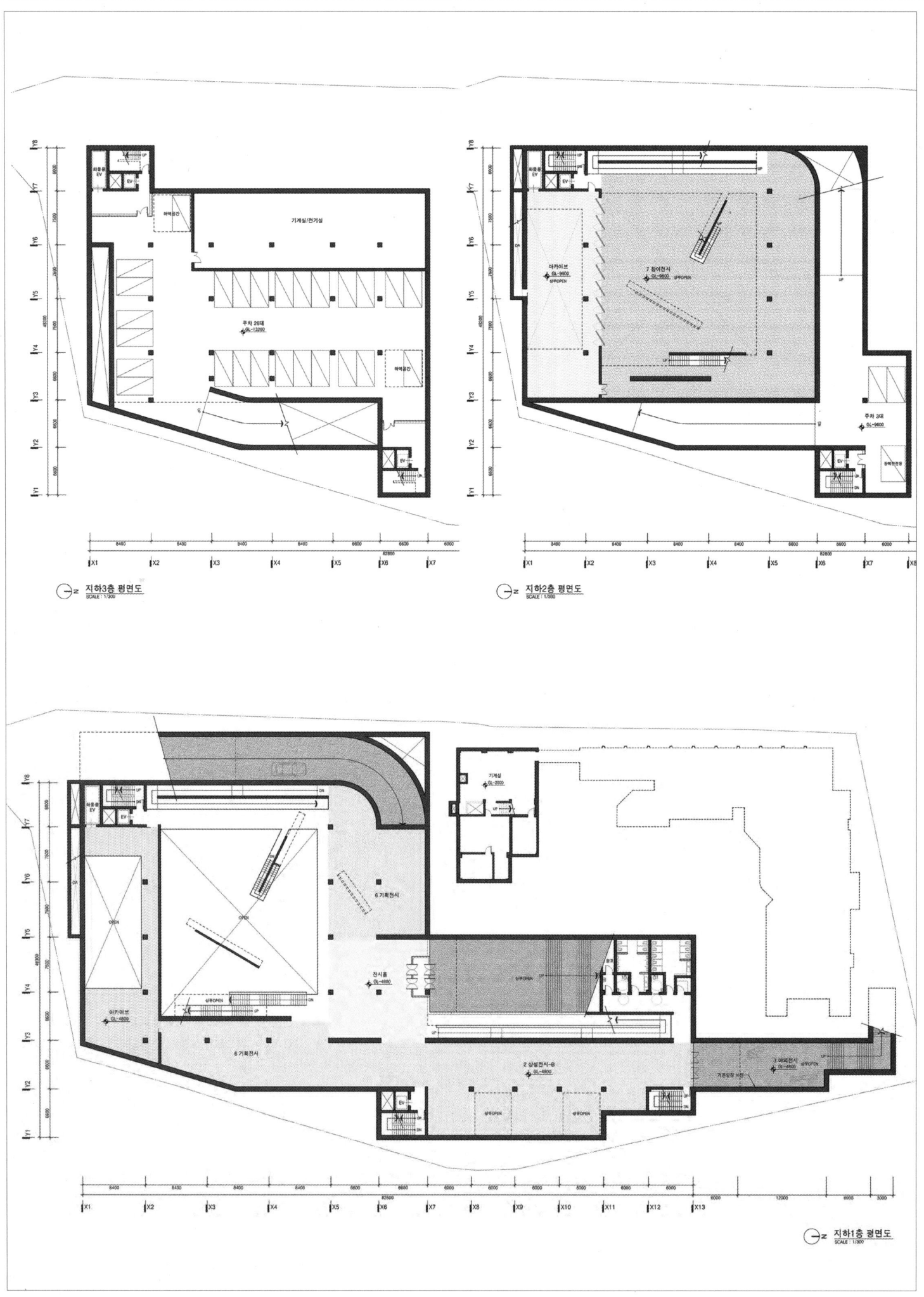

Democracy and Human Rights Memorial Hall

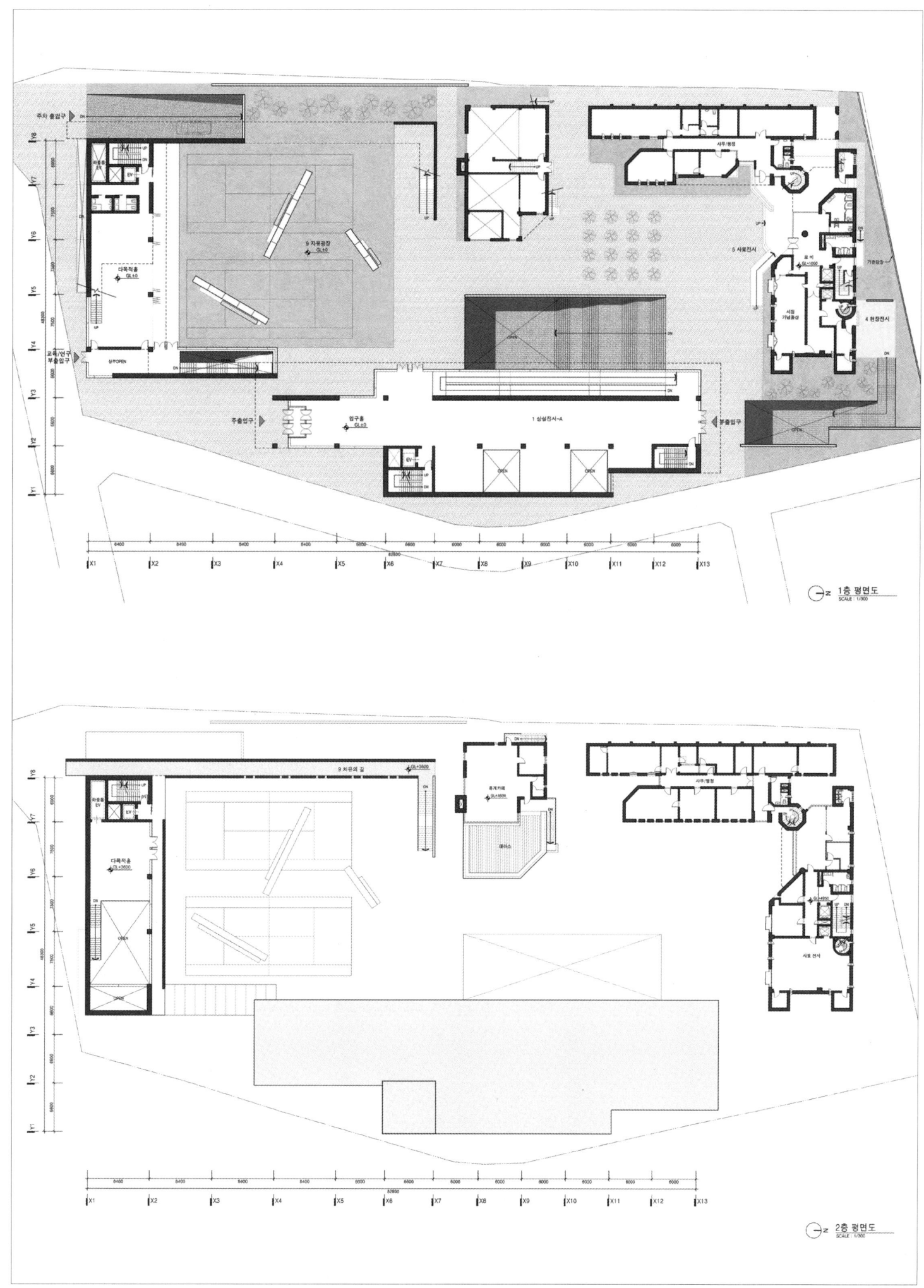

민주인권기념관

Democracy and Human Rights Memorial Hall

민주인권기념관

2등작 지요건축사사무소 김세진 설계팀 송경은, 정세훈, 이시영

대지위치 서울특별시 용산구 한강대로 71길 37 **대지면적** 6,391㎡ **건축면적** 718.32㎡ **연면적** 6,841.87㎡ **조경면적** 1,009.88㎡ **건폐율** 11.24% **용적률** 23.35% **규모** 지하 2층, 지상 3층 **최고높이** 17.70m **구조** 철근콘크리트조 **외부마감** U-글래스, 석회암판석, 전벽돌 치장쌓기 **내부마감** 석고보드, 수성페인트 **주차** 32대(장애인 1대 포함, 부설주차장 설치 제한지역 적용)

다층적 대면, 새로운 지평

민주주의는 현재진행형이다. 남영동 대공분실의 존치를 전제로 하는 민주인권기념관은 민주주의의 승리를 기리는 일반적인 기념비와는 개념을 달리한다. 부담스러운 과거사를 단절 또는 청산의 대상으로 여기는 것이 아니라 그 상흔을 현재화하고 내면화하여 스스로 경계하고 공동체의 정체성으로 재구성하는 것이어야 한다.

대공분실 건물과의 대면을 선택함으로써 과거 억압의 민낯을 직시하고 민주주의에 대한 위협과 공동체의 고통을 마주한다. 과거 국가폭력이 행하여졌던 곳이라는 공간적 특성을 뛰어넘어 보는 사람을 소름 끼치게 하는 압도적 현장성은 기존 건물과 부속 테니스장, 단절 요소인 담장 등을 포함하는 계획대지의 본질이다. 대공분실동보다 낮지만 기존 테니스장을 위요하는 증축 건물의 ㄷ자 매스, 악의 평범함을 상징하는 흙과 잔디의 테니스장 은유, 세로로 긴 형상으로 현재화된 입면, 좁고 긴 형상에서 거대한 무주공간에 이르러 내러티브의 전환이 가능한 전시영역 등은 남영동 대공분실 일단의 고유한 뉘앙스를 다양한 층위에서 대면할 수 있도록 하는 건축적 장치이다. 민주인권기념관은 과거와 현재가, 현재와 미래가 대면하고, 자아와 타자가, 부채의식과 의지가 대면하는 공간으로서, 상호작용하는 대립항들이 민주주의의 새로운 지평을 열어갈 것을 기대한다.

Multi-layered confrontation; opening up a new horizon

Democracy is still in development. Planned on the premise that the existing anticommunist investigation department building will be preserved, the Democracy and Human Rights Memorial Hall differs in concept from other conventional monuments that celebrate the victory of democracy. Rather than regarding an unpleasant past as something to break off from or put behind, the project aims to shed light on and internalize the scars left behind to learn lessons from them or reinterpret them as part of the identity of the community.

Designed to face the existing anticommunist investigation department building, the proposed memorial hall faces up squarely to a history of oppression as well as to threats to democracy and pains of the community. The place's overwhelming aura appalls visitors, apart from the history of the place where violations were committed by the government; it characterizes the project site having old buildings, a tennis court and separating walls. The ㄷ-shaped mass of the extension building that is lower than the anticommunist investigation department building and encloses the existing tennis court. The metaphorical meaning of clay and grass tennis courts that symbolize the banality of evil. The revived facade that makes a long vertical stretch. The exhibition hall that has a long and narrow shape and changes its narrative once it reaches a large column-less space. These are the architectural features that allow visitors to explore the unique meaning of the anticommunist investigation department building at various levels. The Democracy and Human Rights Memorial Hall is a place where the past, present and future meet, and where self and others and a sense of debt and new wills encounter. Here elements of conflicts will interact with each other and open up a new horizon for democracy.

2nd prize Jiyo Architects_Kim Sejin **Location** Youngsan-gu, Seoul **Site area** 6,391㎡ **Building area** 718.32㎡ **Gross floor area** 6,841.87㎡ **Landscaping area** 1,009.88㎡ **Building coverage** 11.24% **Floor space index** 23.35% **Building scope** B2, 3F **Structure** RC **Exterior finishing** U-profiled glass, Limestone, Brick stacking **Interior finishing** Plasterboard, Water based paint **Parking** 32 (Including 1 for the disabled)

Democracy and Human Rights Memorial Hall

■ 계획개념

압도적 현장성

기존 건물의 내부는 원형이 일부 왜곡, 은폐되었음에도 불구하고 잔혹한 국가폭력의 민낯을 드러내고 있다. 과거 국가폭력이 행해 여졌던 곳이라는 장소성을 뛰어넘어 보는 사람을 소름끼치게 하는 압도적인 현장성은 기존 건물과 부속 테니스장 등을 포함하는 계획대지의 가장 큰 특징이다. 기존 건물을 복원할 것인지 아니면 보존할 것인지의 선택은 건축의 몫이 아니라 공동체 전체의 것이다. 그럼에도 불구하고 계획안이 기존 건물을 단순한 체험시설로 박제화하지 않고 반민주적인 과거사에 대한 깊은 반성과 민주주의의 새로운 도약에의 기대를 담고자 하는 의지는 바로 지금 건축이 물러설 수 없는 지점이다.

과거사의 현재화

부담스러운 과거사와 희생자들의 고통을 이미 지나간 일로만 인식하는 것이 아니라 현재의기억으로 소환하기 위해 기존 건물로부터 연장되는 브릿지를 계획한다. 관람객들은 브릿지를 통해 기존 건물로부터 증축 건물로 이동하면서 과거의 상흔에서 현재의 문제로, 상실에서 기억으로, 애도에서 공감으로 이행하게 된다. 좁고 긴 외부공간으로 고안된 브릿지는 과거와 현재의 시공간적 연결장치이자 민주주의로의 지난한 도정과 주체의 의지를 상징하는 은유이다.

대면

증축 건물은 그 형상을 감추지 않는다. 기존 건물과의 대면을 선택함으로써 국가폭력의 민낯을 직시하고 민주주의에 대한 위협과 공동체의 고통을 마주한다. 민주인권기념관은 민주주의의 승리를 기념하는 장소가 아니라 부담스러운 과거사와 현재의 반민주적인 행태들을 대면하고 공동체의 새로운 방향과 정체성을 고민하도록 하는 곳이어야 한다. 증축 건물의 지상부분은 기존 건물보다 낮지만 펼쳐진 매스로 구성하고, 지상과 지하 곳곳에 관람객들이 계획대지와 또는 스스로와 대면할 수 있는 장소를 마련한다.

건축적 재현

현재진행형인 민주주의는 과거를 현재화하고 대면하는 것에 머무르지 않는다. 미래에 대한 기대를 현실화하기 위한 공동체의 의지가 수반되어야 한다. 도상에 있는 민주주의를 건축적으로 재현하기 위해 기존 건물을 증축 건물과 연결하고 압도적 현장성에서 비롯되는 계획대지의 고유한 뉘앙스를 다양한 층위에서 대면할 수 있도록 계획한다. 악의 평범성을 폭로하는 기존 테니스장의 일부는 지상에, 일부는 지하에 재구성하여 내적 동요와 갈등 없이 일상적으로 일어나는 반민주적인 행태를 스스로 경계하도록 한다. 증축 건물의 정면은 1층을 무주공간의 보이드로 구성하여 계획대지의 지평을 건물 사이에 가두지 않고 증축건물의 배면으로 연장한다. 전시 동선을 리니어하게 계획하고 층별로 전환될 수 있도록 하여 관람객들이 전시의 과정에서 스스로 성찰하고 관조할 수 있는 여백을 제안한다.

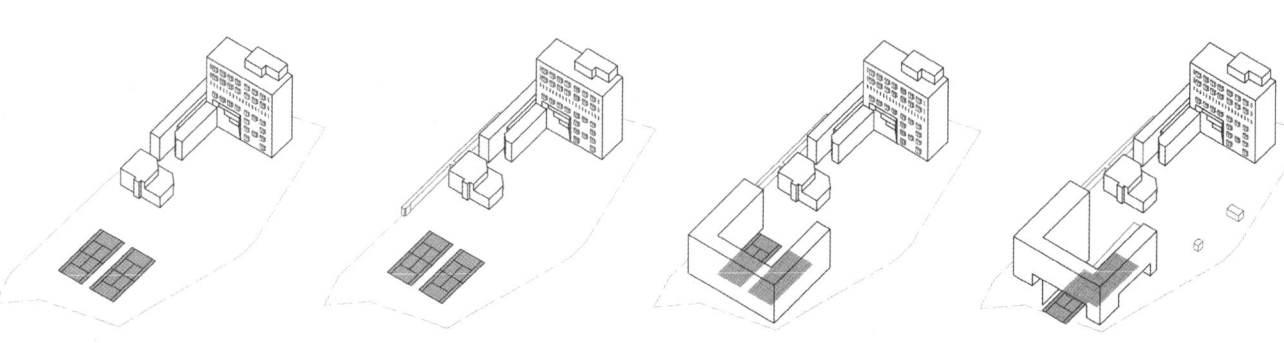

■ 모델링 / 배치도

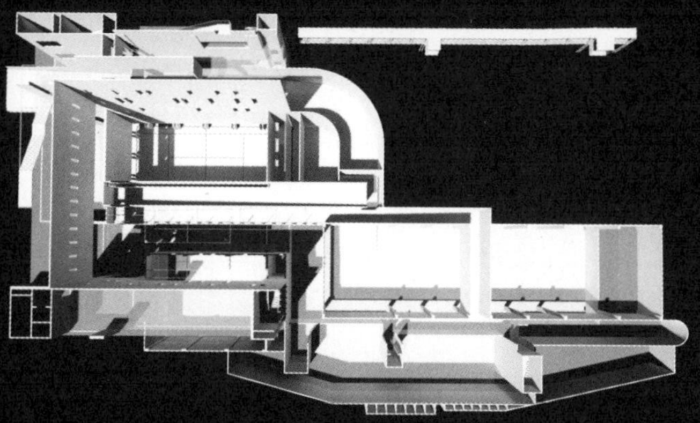

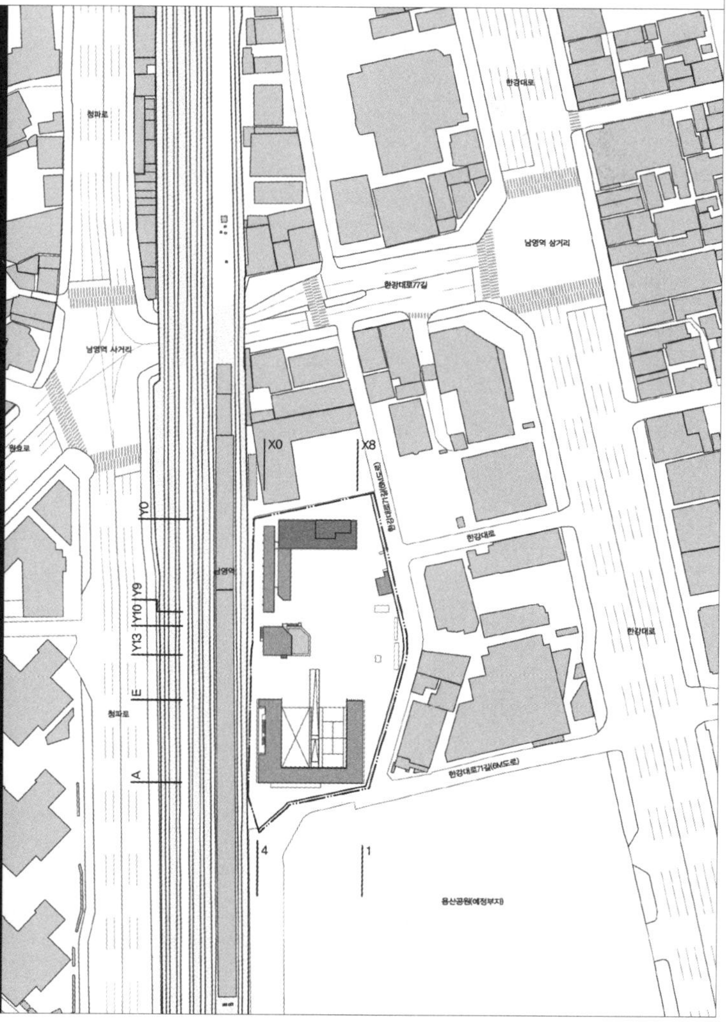

민주인권기념관

■ 지하 2층 평면계획

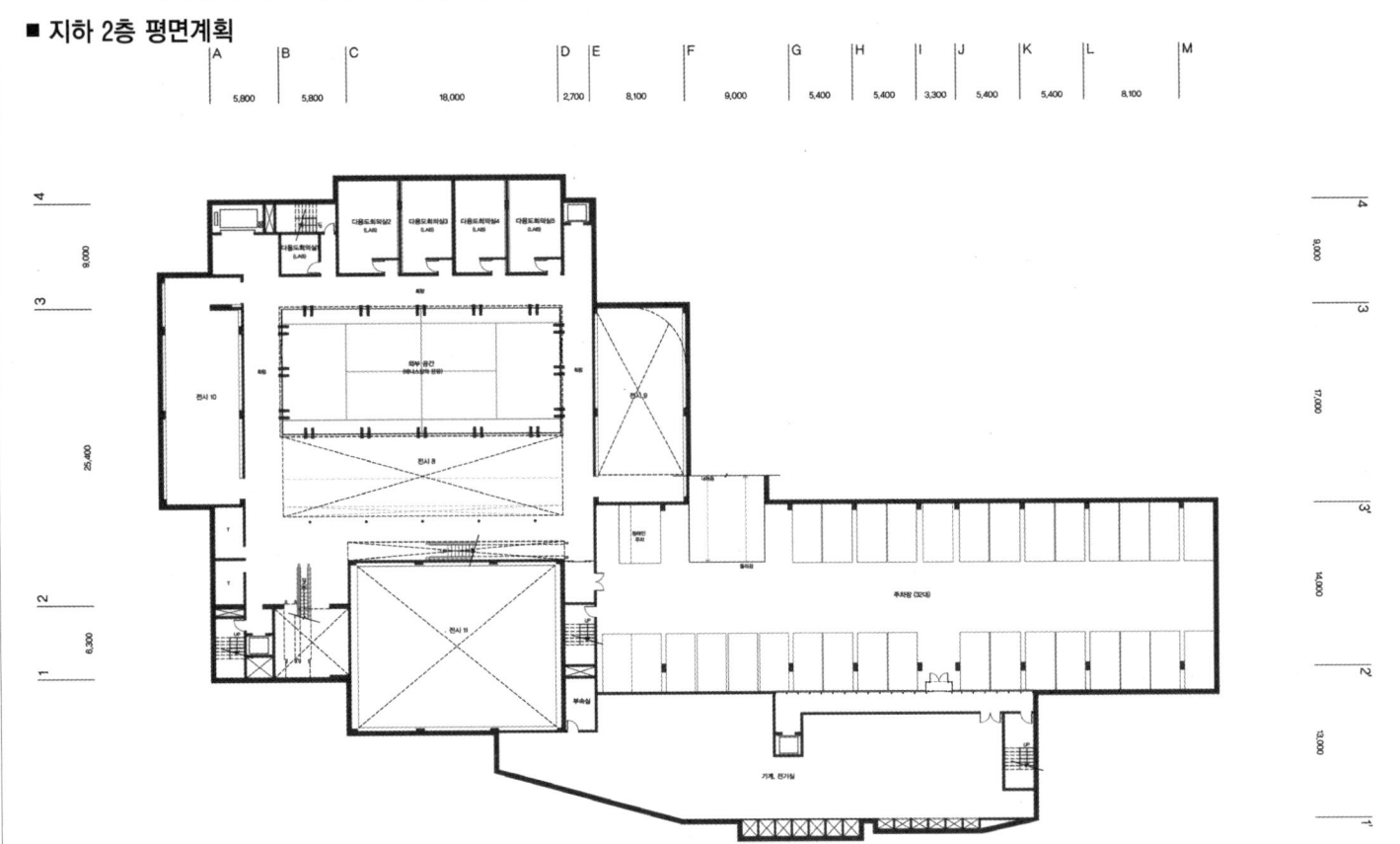

지하2층의 주요시설은 기존 테니스장의 1면에 해당하는 규격을 비워 만든 외부공간과 약 18m×15m×12m의 규모로 계획된 전시11 시설이다.
총 32주의 콘크리트 기둥은 지상2층 또는 지상3층으로부터 연속되는 벽과 연결된다. 외부공간의 테니스장 주변으로 회랑처럼 배치한 공용공간은 전시동선의 일부로서 관람객들의 내적 동요를 이끌어낸다.
외부공간을 중심으로 장방형의 4면에 각각 대응하여 전시10 시설과 지하2층으로부터 지하1층에 걸쳐 층고 12m를 확보한 전시9 시설, 다용도회의실(LAB)을 배치한다.
이로써 지하2층은 테니스장을 은유하는 외부공간을 중심으로 수평과 수직으로 그 외연을 확장하는 형상을 지닌다.

■ 지하 1층 평면계획

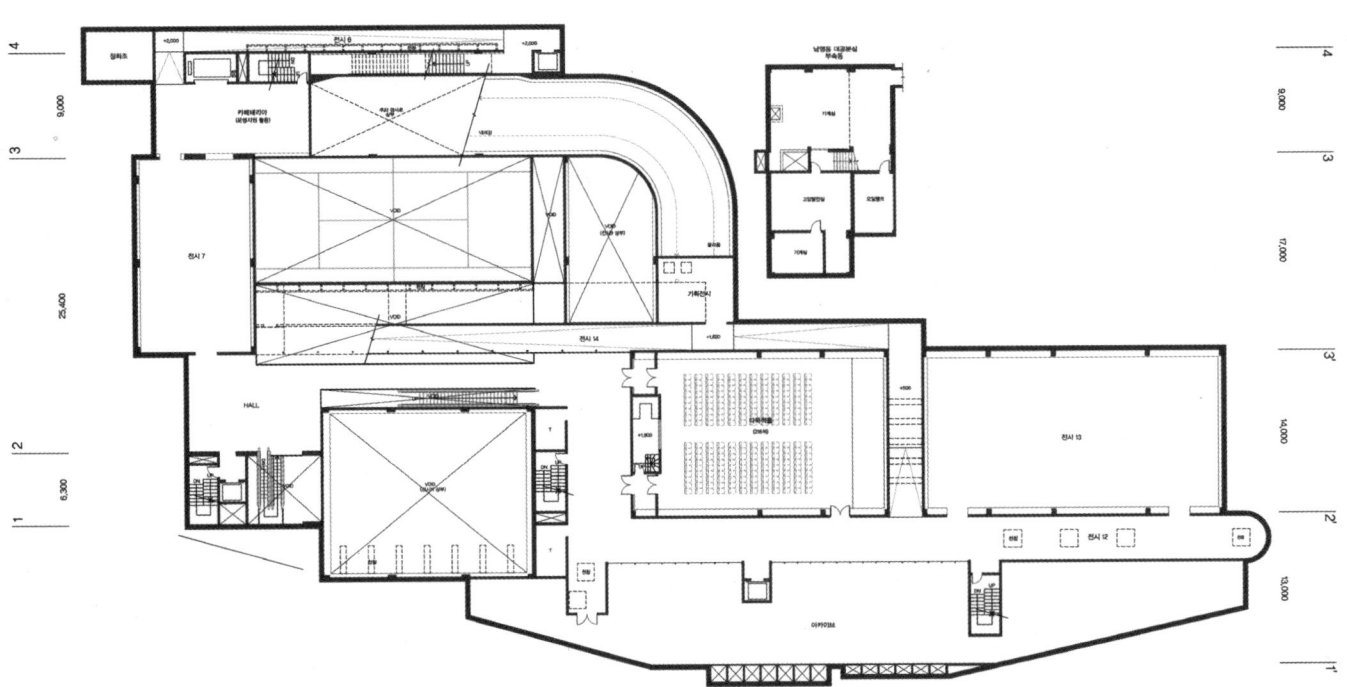

지하1층은 전시의 순서에 따라 동선으로 서술되어야 한다. 지하1층 평면은 지상1층과 연결된 계단과 경사로를 거쳐 전시실 사이의 공용공간을 만나는 것으로 시작한다.
경사로는 천창의 채광을 통해 벽으로 낙하하는 빛의 전시공간으로 구현되고, 경사로의 끝에서 관람객들은 간소한 카페테리아를 만나게 된다. 이 영역을 나서면 새로운 전시 내러티브를 가지는 전시7 시설이 출현하고, 다시 지하2층의 전시8 시설로 연결된다.
지하2층의 전시를 관람하고 에스컬레이터를 통해 지하1층으로 다시 올라오면 아카이브 전시에 차용한 영역이 이어지고 이와 연계하여 좁고 긴 전시공간인 전시 12시설을 계획한다. 그 끝에는 곡선으로 계획된 벽이 있어 오브제 등을 극적으로 전시할 수 있도록 한다.
이후 지하 전시의 마지막인 전시 14시설을 거쳐 긴 경사로를 통해 지상으로 올라오게 된다. 이 경사로의 중간에는 두 개의 천창을 설치한 특별전시실이 있고, 경사로는 종국적으로 지면으로 연결되어 기존 남영동 대공분실의 압도적인 정면을 마주하게 된다.
지하1층에는 전시시설과 다목적홀, 아카이브를 배치하여 전시, 교육, 컨퍼런스 등의 기능적 요구가 집적 효과를 만들어 내기를 의도하였는데 그 근간에는 층고 7M의 건축적 제안이 있다.

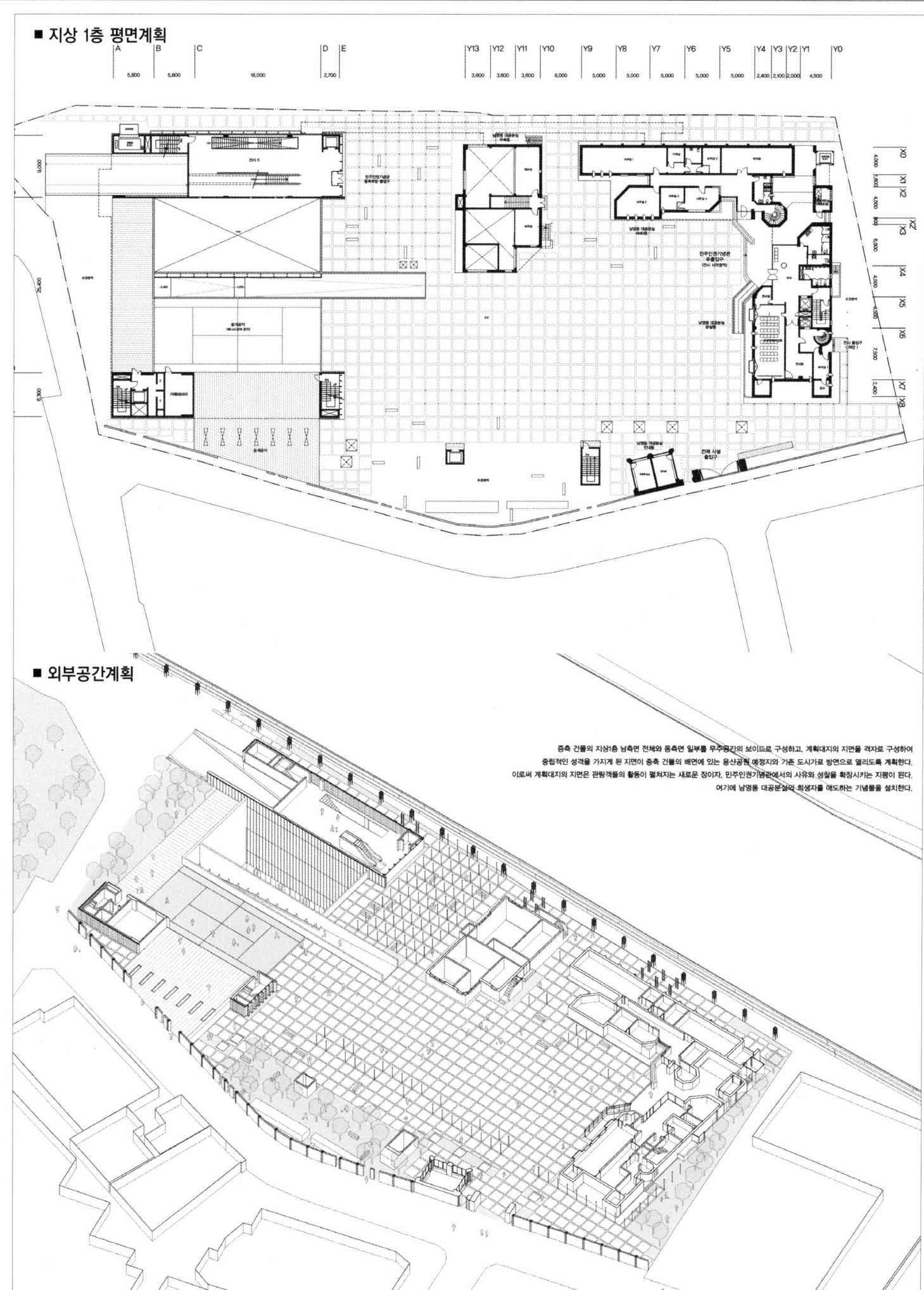

민주인권기념관

■ 지상 2층 평면계획

■ 지상 3층 평면계획

■ 지상 5층 평면계획

대면항들의 상호작용

기존 건물 5층의 취조실은 그 원형이 일부 훼손, 은폐된 상태로 박제되어 있으며, 취조실의 복원 내지 보존에 대한 논의는 현재 진행 중이다. 어두운 취조실에서 좁고 세로로 긴 창을 통해 증축 건물을 응시하는 이 장면은 지난한 민주주의 여정에서 희생자들이 겪었을 설 움을 보여줌과 동시에 현재 세대가 퇴보하지 않고 앞으로 나아가야 할 당위를 대변한다. 민 주인권기념관은 과거와 현재가, 현재와 미래가 대면하고, 자아와 타자가, 부채의식과 의지 가 대면하는 공간으로서 상호작용하는 대립항들이 민주주의 새로운 지평을 열어갈 것을 기대한다.

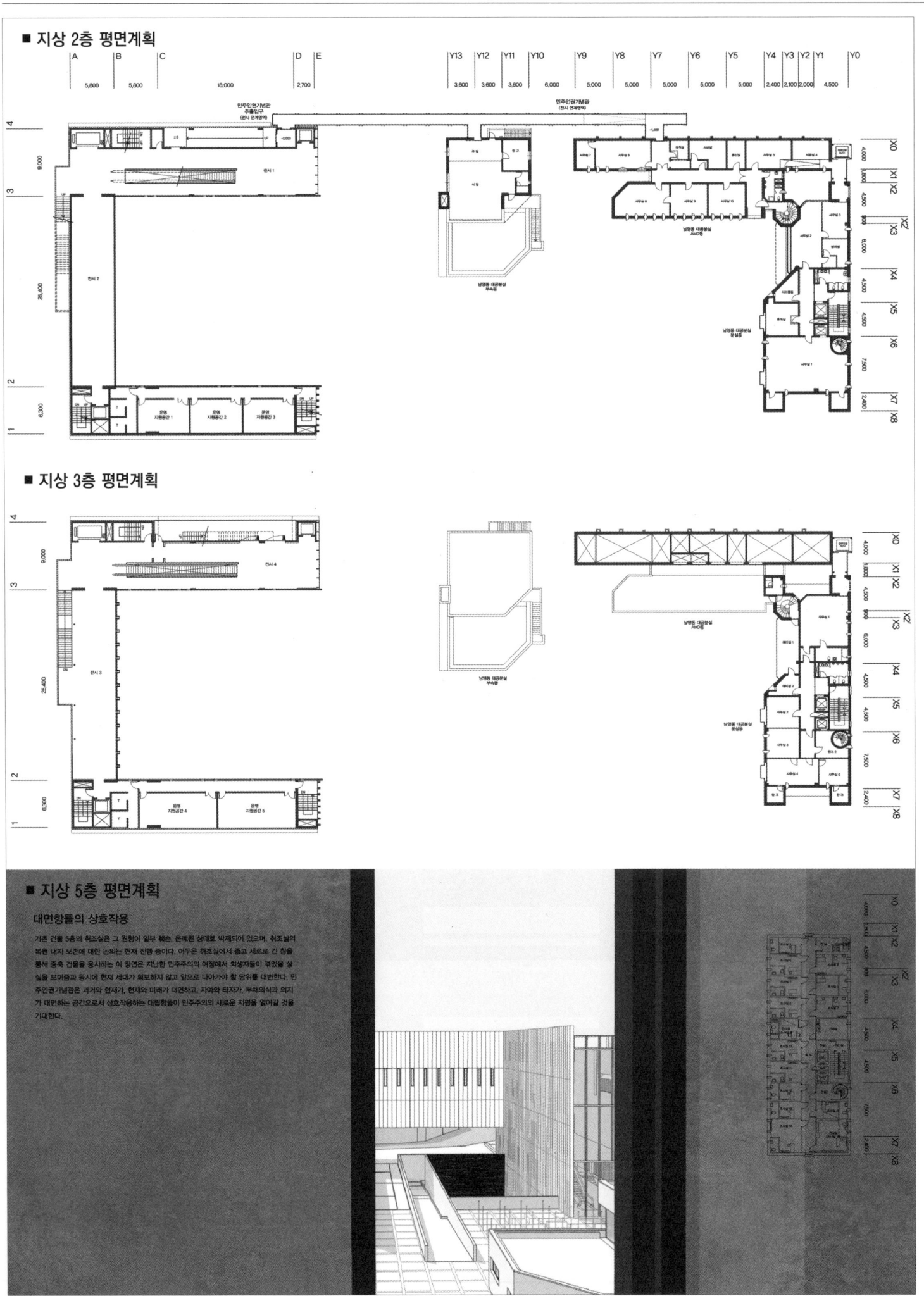

Democracy and Human Rights Memorial Hall

■ 입면계획

기존 건물은 짙은 회색의 벽돌을 주요 외장재로 사용하여 어둡고 무거운 분위기를 지니고 있으며, 특히 입면은 창호의 배열로 인하여 소조적이고 마치 독방의 연속처럼 개별적인 느낌을 준다.

이에 대응하여 기존 건물과 대면하고 있는 증축 건물의 정면에는 밝은 색상의 석재를, 증축 건물의 배면에는 유글라스를 외장재로 사용한다. 유글라스는 투명하고 가벼운 재료로서 밝은 이미지를 가지며, 재료의 접합에 있어서도 평면적이고 크고 길다는 특징이 있다. 밀실에서의 외로운 희생이 아니라 광장에서 이루어지는 일상과도 같은 민주주의에의 희망을 담는다. 석재는 그 물성은 단단하지만, 밝은 색상으로 인하여 짙은 회색의 벽돌과 유글라스 사이의 중간자적 느낌을 가진다. 증축 건물의 정면에서 석재는 유글라스처럼 판재로서 사용하지만, 석재를 편평하게 붙이는 것이 아니라 어슷하게 접합하여 벽돌과 같이 미세한 시간의 변화를 반영하도록 한다.

국가폭력은 옅어졌지만 갈등은 언제나 새로워진다. 한층 정교해지는 반민주적인 일상의 정치에 예민하게 반응하고 스스로를 경계하여야 하는 현재의 민주주의 모습을 은유한다. 증축 건물의 정면에는 기존 건물 5층과 같이 세로로 좁고 긴 형태이기는 하지만 그보다는 너비를 넓힌 창호를 배열하여 기존 건물의 입면과 최소한의 유사성을 가지고 대응하도록 한다.

■ 단면계획

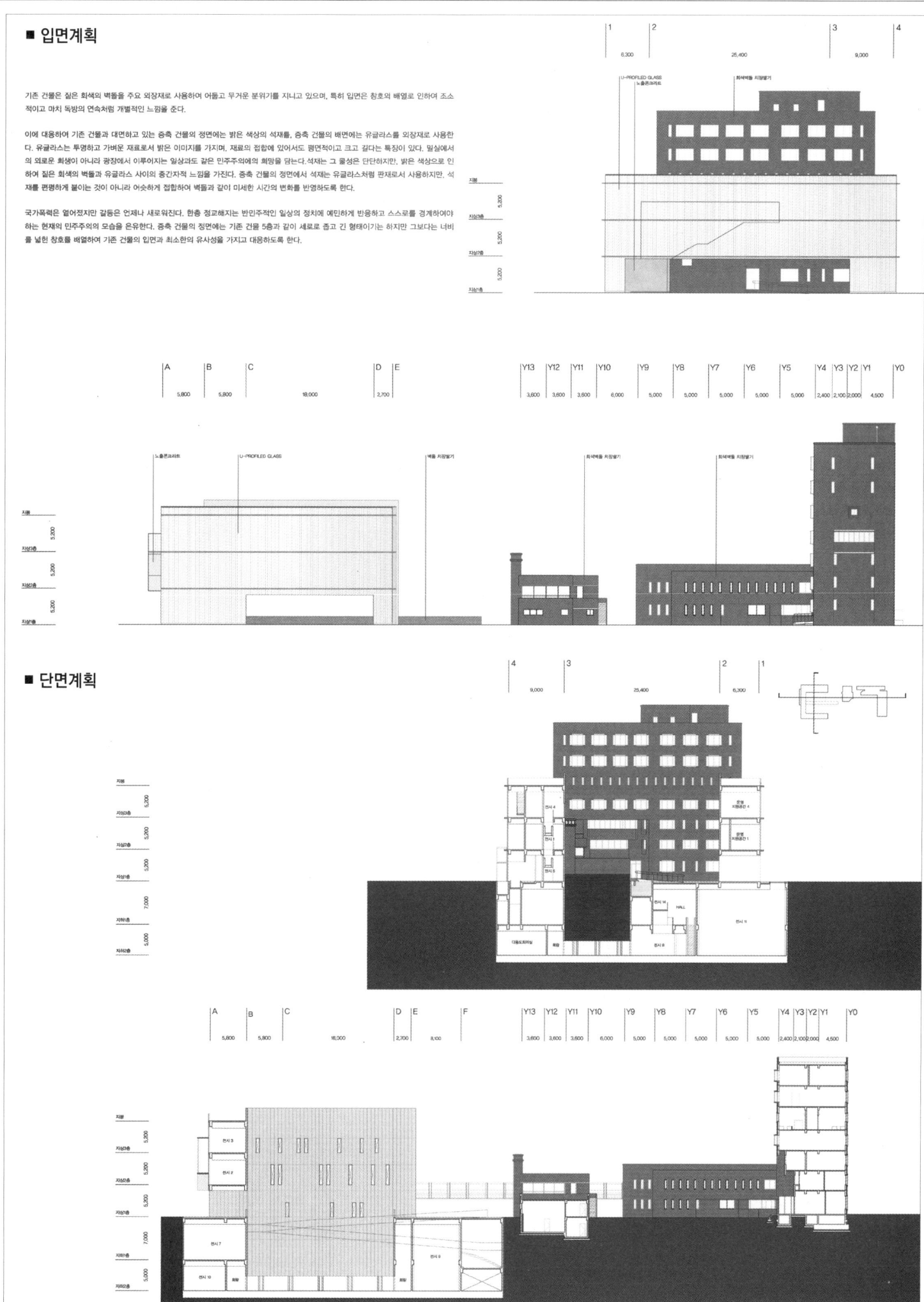

민주인권기념관

Jeonju Athletic Stadium and Baseball Park

당선작 (주)해안종합건축사사무소 김태만 설계팀 박민진, 김민규, 김준형, 이재명, 이성렬, 임지혁, 최동훈, 강현승, 이효권, 박 문, 임재훈, 이상국, 이상민, 이지훈, 한수정

대지위치 전라북도 전주시 덕진구 장동 545-1 일원 **대지면적** 122,958.00㎡ **건축면적** 16,424.33㎡ **연면적** 18,044.70㎡ **조경면적** 32,573.62㎡ **건폐율** 13.36% **용적률** 10.77% **규모** 지하 1층, 지상 3층 **구조** 철근콘크리트조, 강관트러스 **외부마감** PC 콘크리트, PTEE **내부마감** 페인트, 커튼월 **협력업체** 구조 – 이레구조, 기계 – 삼신, 소방 – 한백, 전기 – 석우, 토목 – 에이스올, 친환경 – 네드

전통역사도시, 예술의 도시인 전주의 새로운 육상경기장과 야구장 'Dream Forest'는 천만그루 정원도시를 꿈꾸는 전주시의 비전을 모티브로, 3가지 주요 목표를 가지고 디자인되었다.

첫째, 365일 활기가 넘치는 스포츠 커뮤니티 공간을 목표로 하였다. 육상경기장과 야구장의 차량 진입은 전체 대지의 양 끝으로 계획하여 보행 안전을 최대한 확보하고, 전면 도로 부분에 많은 사람이 모이는 광장을 연속적으로 배치하여 진입공간을 쾌적하게 조성하였다. 이러한 배치로 다양한 동서 보행축을 확보해 단지 전체가 활성화되도록 계획하였다. 둘째, 천만그루 정원도시를 상징하여 그 이미지를 구조화한 외관과 전통문화의 자연스러운 선형을 형상화한 새로운 도시 경관의 창출하였으며, 셋째, 관객들이 보다 가까이에서 선수를 관람할 수 있도록 역동적인 관람환경을 제공하는 밀착관람형 경기장으로 계획하여 전문성을 갖추었다.

육상경기장은 관람석의 형태를 고려한 지붕의 높이와 깊이 변화로 경제성을 확보하는 동시에 한옥, 문양 등 한국 전통문화에서 볼 수 있는 유려한 선을 이용하여 지붕 라인을 아름답게 디자인하였다. 지붕 라인 아래의 관람석은 밀착 라운드형으로 다이나믹한 경기관람이 가능하다. 열린 광장, 잔디석, 식재 등 외부 공간과 잘 어우러진 야구장은 진입광장에서 바로 관람석으로 진입하는 메이저구장식 오픈형 콘코스를 계획하였으며, 최적의 관람환경을 위해 필드집중형 관람석으로 계획하였다. 숲과 어우러진 전주시의 새로운 스포츠 타운 'Dream Forest'는 65만 전주시민의 새로운 생활체육 공간의 거점이 될 것이다.

'Dream Forest', a new athletic field and baseball stadium for Jeonju, a city of tradition and history and of art, is designed to achieve three main objectives in line with the vision of Jeonju which wants to become a garden city with millions of trees.

The first objective is to introduce a sports community that is full of energy 365 days a year. Vehicle access points to the athletic field and baseball stadium are positioned at both ends of the site to ensure pedestrian safety. A meeting plaza is positioned near the front road in a sequential manner to create a pleasant entry sequence. This arrangement plan forms various east-west pedestrian axes and thus gives energy to the entire complex. Secondly, to symbolize the vision for a garden city with millions of trees, an exterior design that embodies the image of the garden into a structure is proposed along with a new urban landscape that portrays the natural lines of traditional crafts. Thirdly, the audience stand is positioned close to the field to create a dynamic viewing environment in which the audience can watch players at a close distance.

As for the athletic field, the height and depth of the roof show changes in line with the shape of the audience stand, and this ensures economic feasibility. Also, the elegant lines of Korean traditional crafts such as hanok and traditional pattern are translated into a beautiful roof line. Audience seats below these roof lines are closely positioned in a round shape, and this can give a dynamic viewing experience. As for the baseball stadium which makes harmony with the outdoor area including an open plaza, grass area and trees, an open-type concourse that offers direct access from the entrance plaza to the audience stand is designed like Major League stadiums. Also, a field-focused audience stand system is designed to provide the best viewing environment. After all, 'Dream Forest', a new sports town for forested Jeonju, will serve as a major community sports facility for 650,000 citizens of Jeonju.

Prize winner HAEAHN Architecture, Inc._Kim Taeman **Location** Deokjin-gu, Jeonju, Jeollabuk-do **Site area** 122,958.00m² **Building area** 16,424.33m² **Gross floor area** 18,044.70m² **Landscaping area** 32,573.62m² **Building coverage** 13.36% **Floor space index** 10.77% **Building scope** B1, 3F **Structure** RC, Truss **Exterior finishing** PC concrete, PTEE **Interior finishing** Paint, Curtain wall

전주 육상경기장 증축 및 야구장

Jeonju Athletic Stadium and Baseball Park

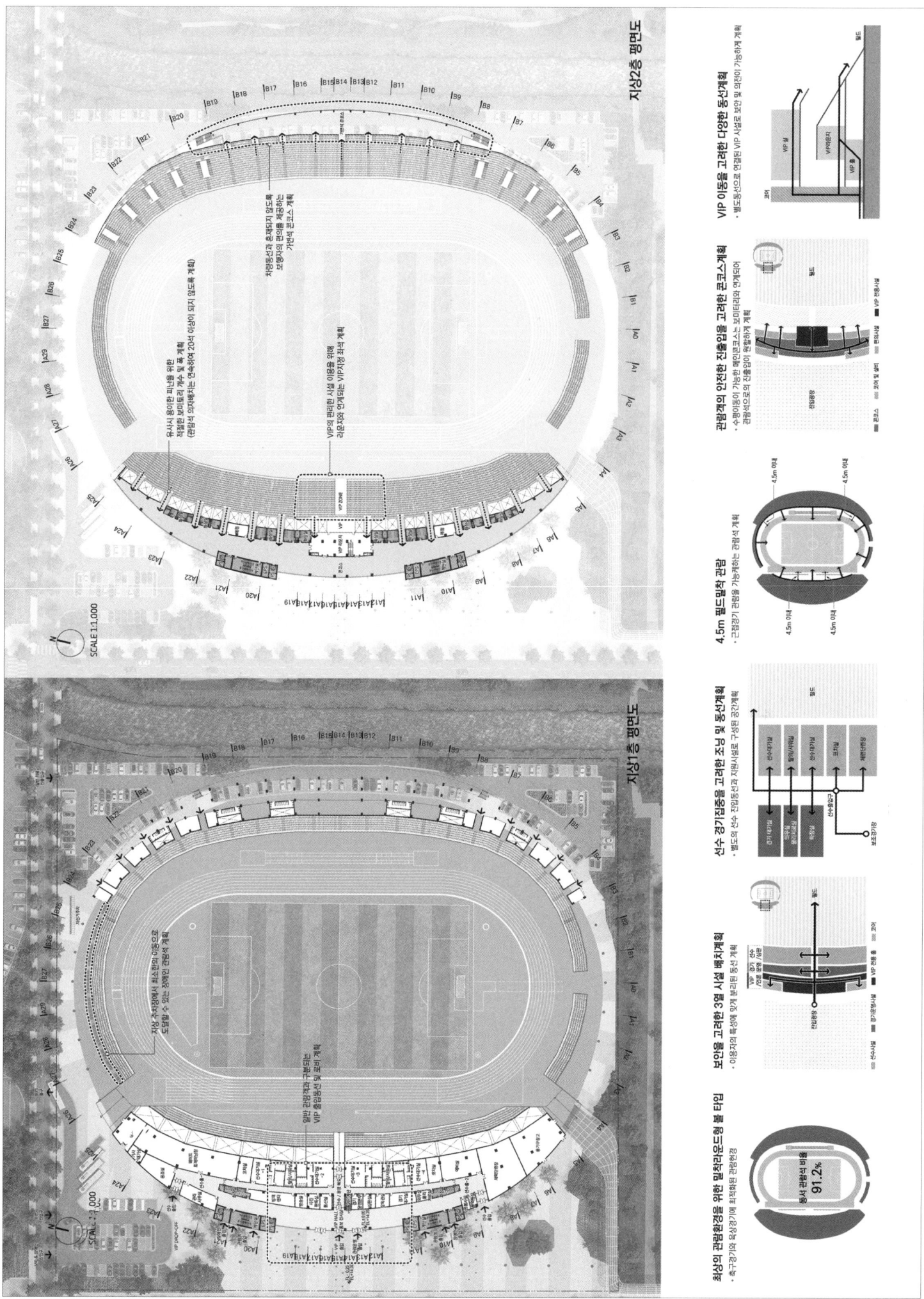

전주 육상경기장 증축 및 야구장

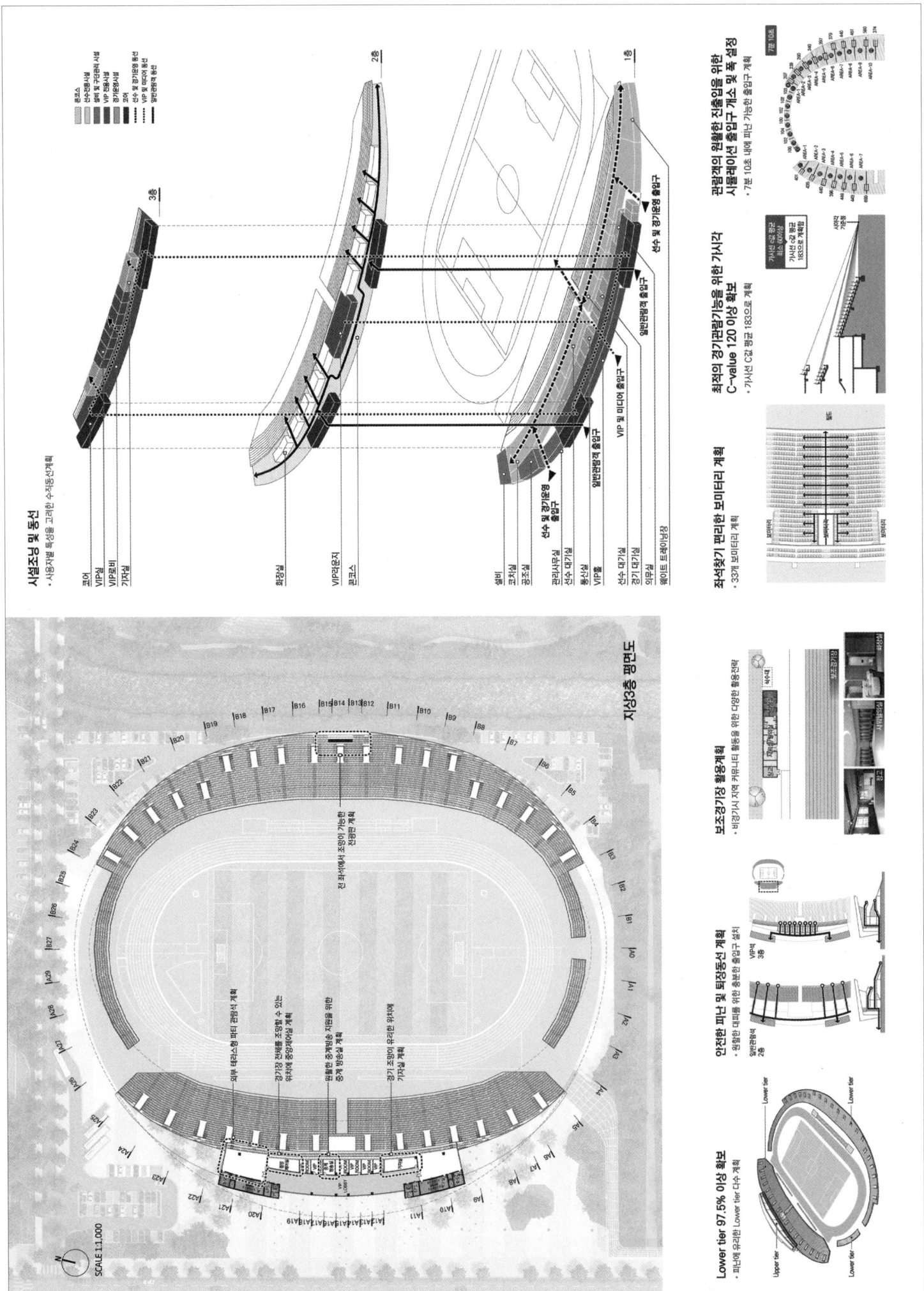

Jeonju Athletic Stadium and Baseball Park

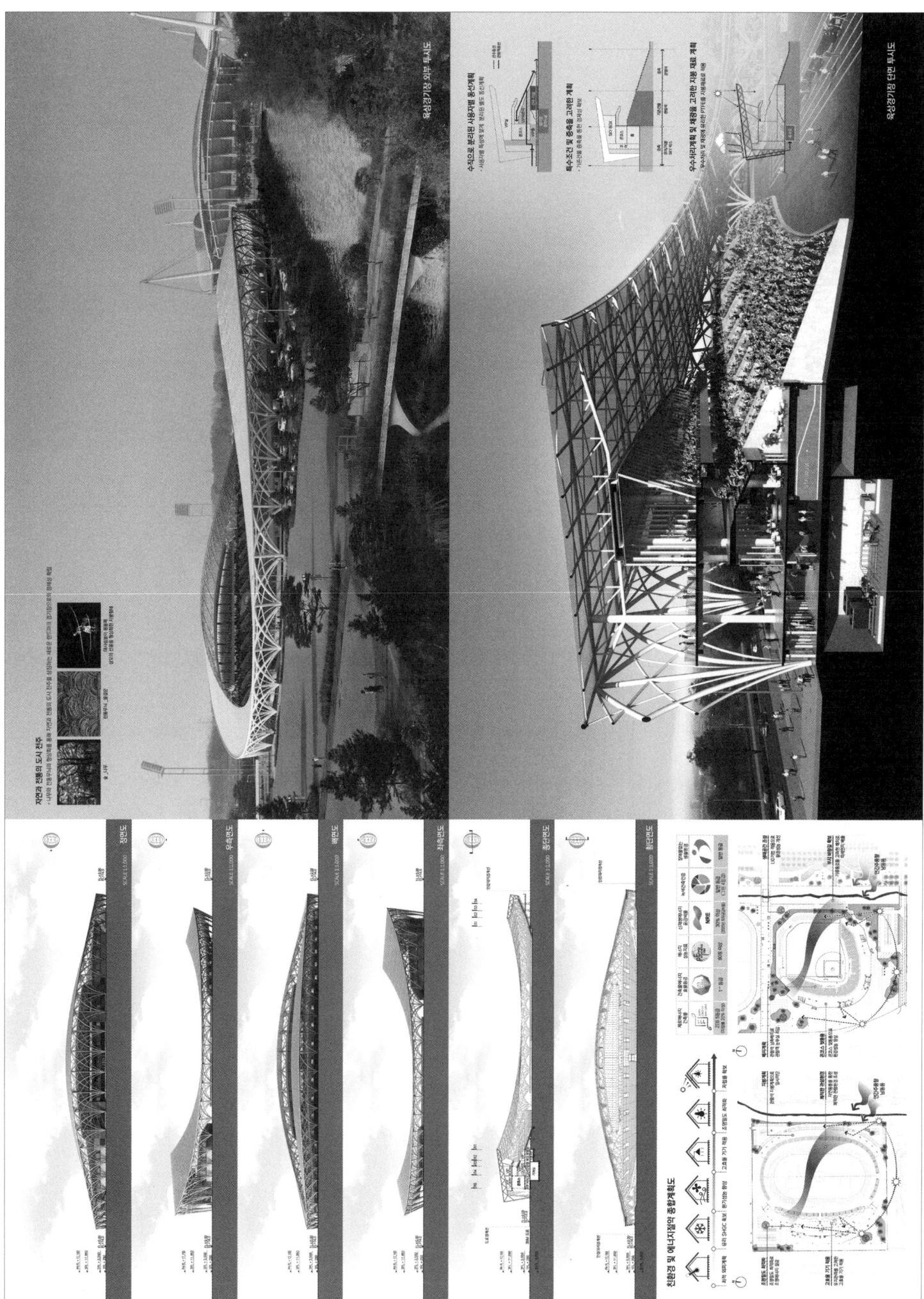

전주 육상경기장 증축 및 야구장

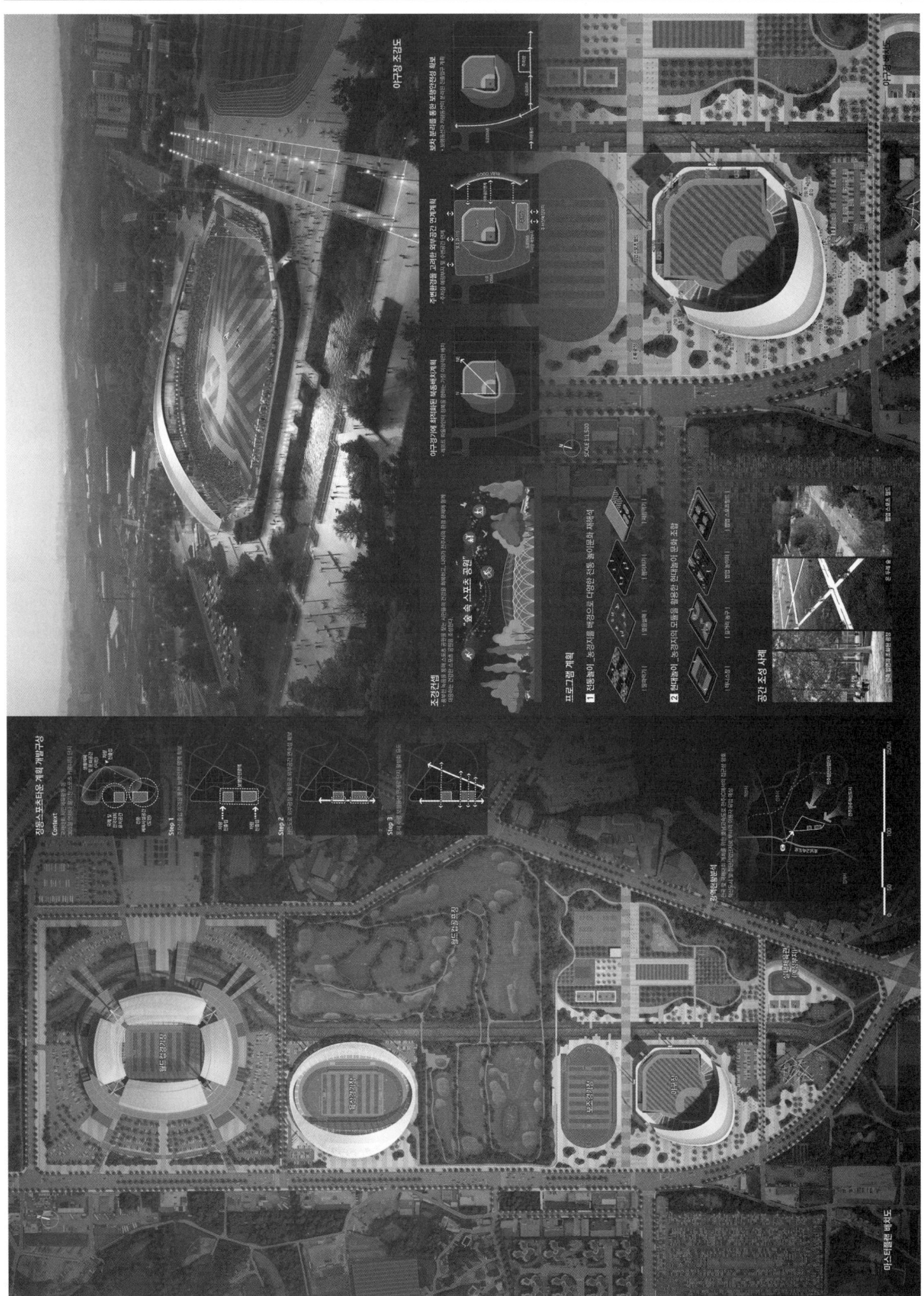

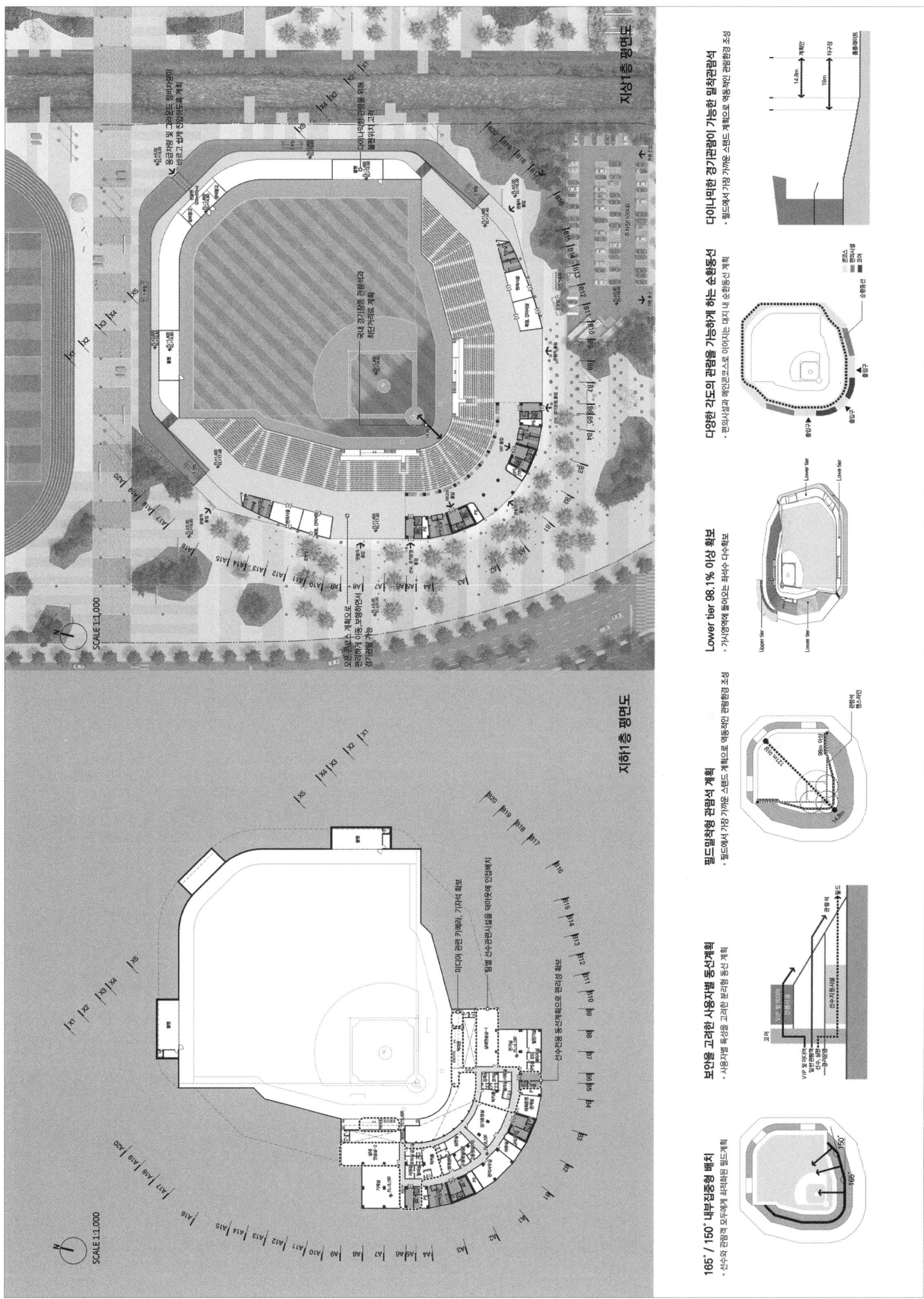

전주 육상경기장 증축 및 야구장

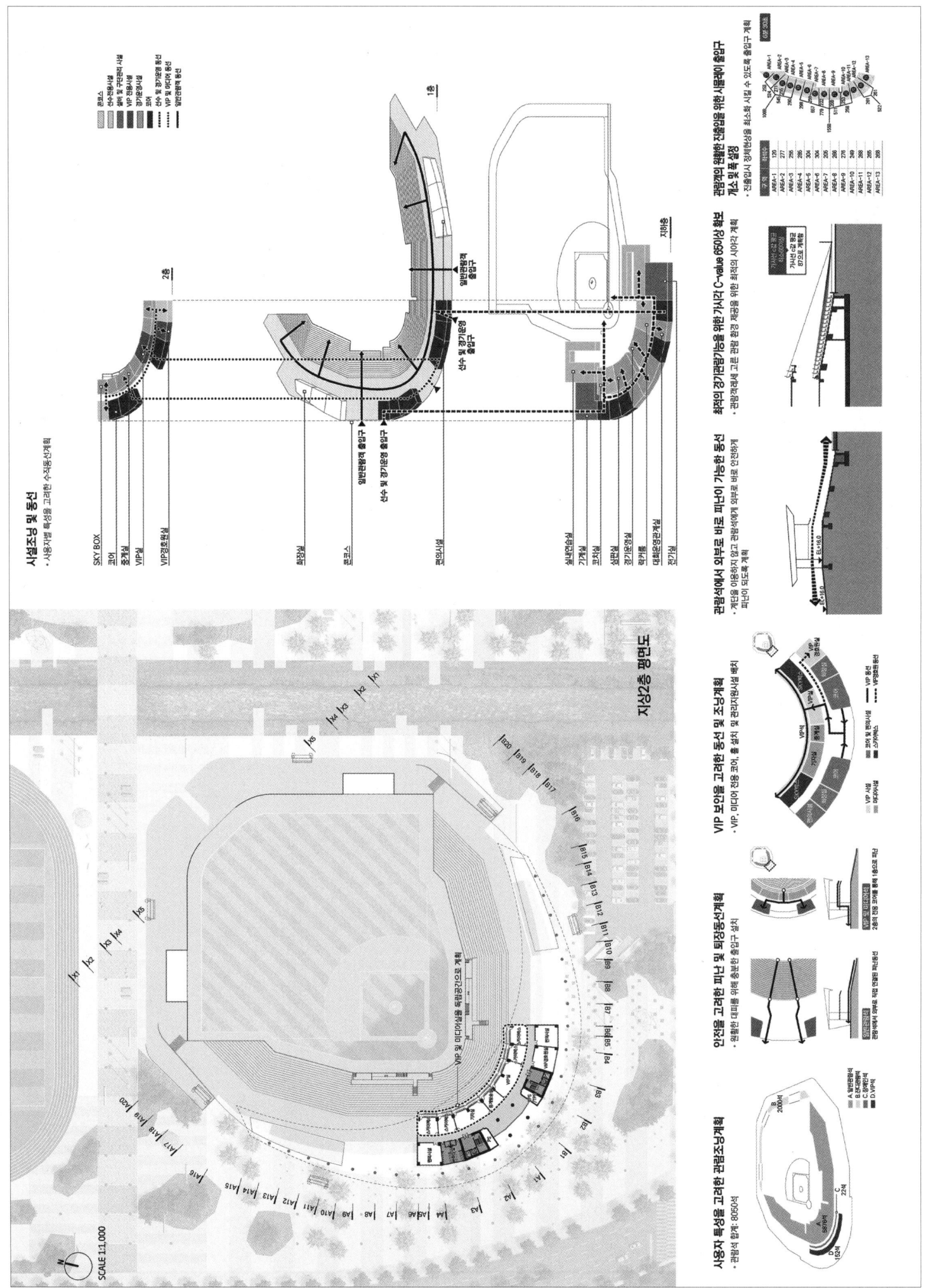

Jeonju Athletic Stadium and Baseball Park

광주문화예술회관 리모델링

당선작 (주)디아이지건축사사무소 오금열 설계팀 강형주, 최병민, 차예진, 서현정, 엄희수

대지위치 광주광역시 북구 북문대로 60(운암동) **대지면적** 88,999.00㎡ **건축면적** 47,012.44㎡ **연면적** 대극장 - 6,528㎡ / 소극장 - 1,201㎡ / 주차장 - 15,642㎡ **규모** 지하 2층, 지상 4층 / 지하 1층, 지상 2층 / 지하 3층, 지하 1층 **주차** 455대

대극장 리모델링
- 기본 원음 공연을 기본으로 하고, 내부 마감면 전체를 흡음구조로 구성하여 균일한 잔향시간 및 음압을 확보한다.
- 건축음향 가변구조의 한계 및 비용과다를 고려하여 원음과 같은 음향이 전 객석에 전달되는 실감 음향 시스템을 적용한다.

소극장 리모델링
- 내부 마감면 전체를 확산 반사면으로 구성하여 원음을 풍부하게 들을 수 있는 원음 공연장으로 계획한다.
- 클래식 전용 공연장인 챔버홀은 대관이나 독주회 등 다양하게 사용되고 있으며 전국적으로 챔버홀의 수요와 활용도가 증가하는 추세이기 때문에 대규모 공연장인 이곳에 챔버홀이 필요하다.

대극장 로비 리모델링
- 전면부를 개방할 수 있는 폴딩도어를 적용하여 시사회, 시상식, 로비 내 소공연, 축하연회, 피로연 등 다양한 행사가 가능한 열린공간으로 계획하였다.
- 방풍실 상부를 브릿지로 연결하여 행사를 관람할 수 있고, 공연 중간에 인터미션, 티타임을 가질 수 있는 공간을 확보하였다.

Remodeling of large theater
- The design aims to deliver the original sound of a performance. To that end, the entire interior surface is structured with sound absorbing materials to secure a steady reverberation time and sound pressure level.
- Considering the limitations and excessive cost of an architectural acoustic control structure, the Actual Feeling Sound Technology is applied to deliver original-like sounds to the entire audience.

Remodeling of small theater
- The entire interior surface is covered with diffused reflectors to create a performance hall where the audience can enjoy rich original sounds.
- The chamber hall for classical concerts can be used in various ways as it can be rented out or accommodate a recital. Demand for chamber halls is increasing across the nation, therefore the new center, as a large-scale performance venue, should have a chamber hall as well.

Remodeling of large theater lobby
- A folding door system that can open up the front façade is installed to make the center into an open space that can accommodate various events including a movie preview, year-end awards ceremony, small lobby performance, reception or wedding feast.
- The upper part of wind chamber is connected with a bridge to provide a space for having an intermission or a teatime in the middle of a show.

Prize winner D.I.G Architects_Oh Geumyeol **Location** Buk-gu, Gwangju **Site area** 88,999.00m² **Building area** 47,012.4m² **Gross floor area** Large theater - 6,528m² / Small theater - 1,201m² / Parking - 15,642m² **Building scope** B2, 4F / B1, 2F / B3, B1 **Parking** 455

Remodeling of Gwangju Culture & Arts Center

광주문화예술회관 리모델링

공연장 특성에 대한 이해를 바탕으로 노후화된 내부 공간 개신 및 공연장 운영을 고려한 아이디어 제안

01 [대극장] 현황 및 문제점

1 다목적 공연장
- 음향가변의 부재로 다양한 장르 불가

2 장비노후화
- 공연진행 효율성 저하, 안전 미흡

3 관람환경문제
- 2층 객석 시야 제한, 안전 문제

4 관람객편의공간
- 공연시간 이외에 활용도 부족

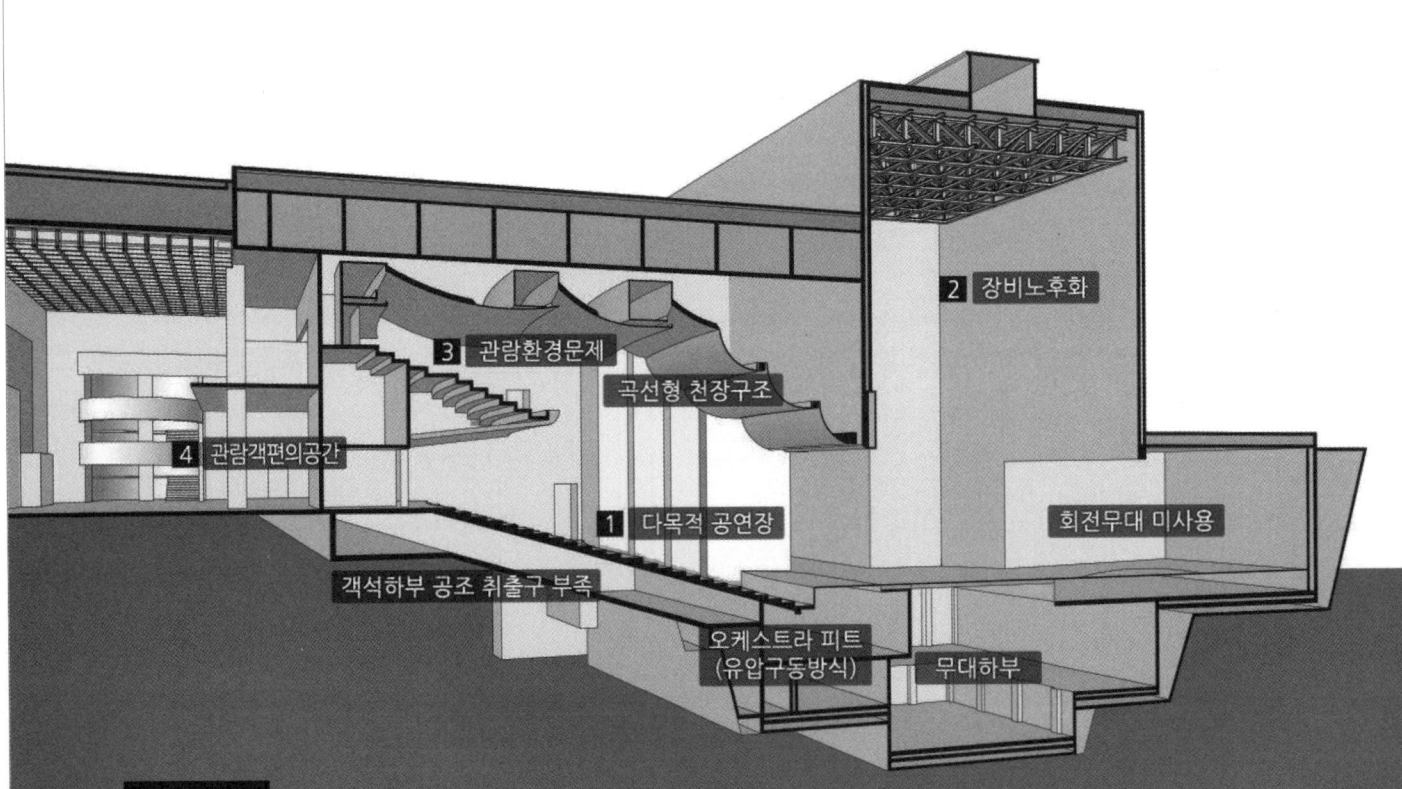

BEFORE

- 1980년대 우리나라 공연장의 넓고 낮은 프로시니엄 아치를 가진 전형적인 형태
- 1,700석의 대규모 다목적공연장이지만, 다양한 장르의 무대 활용 미비
- 가시각 기준점이 무대 전면 끝선이 아닌 오케스트라 피트 뒤 높이 500mm에 위치함
- 2층 전실(SLL) 두개로 화재시 전실을 통한 피난이 어려울 것으로 예상
- 공조의 소음이 크며 이로 인해 공연시 가동을 중지시켜 관람객을 위한 냉난방이 어려움

02 [대극장] 내부공간 개선 아이디어

1 가변형 공연장
- 적정잔향조성을 위한 흡음루버 적용

2 장비교체 및 신설
- 효율적이고 안전한 무대지원공간

3 안전한 관람환경
- 2층 발코니 가변식안전난간 설치

4 관람객편의공간
- 다양한 행사가 가능한 가변공간 계획

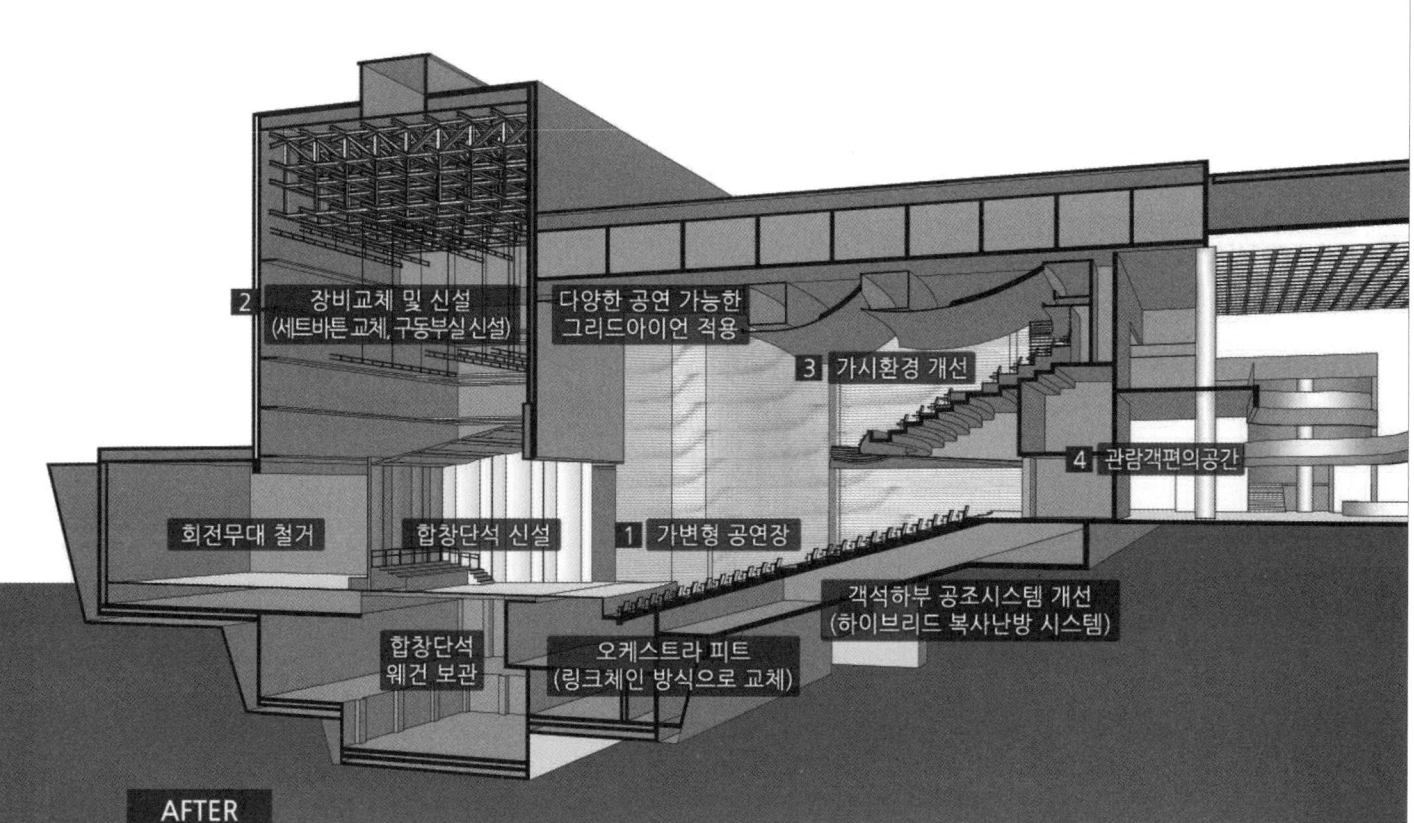

AFTER

- 현재, 10년 후를 기준으로 하지 않고 향후 30년 이상을 운영할 수 있는 구조 선택
- 다양한 장르의 무대 활용이 가능하도록 그리드아이언설치, 오케스트라쉘 신설, 실감음향시스템 도입
- 가시선이 확보가 되지 않는 2층 후면 객석 높이 조정 및 객석의 엇갈린 배치로 2열 간격의 가시선 적용
- 2층 좌우측에 전실(SLL) 추가 확보하여 안전한 피난동선 확보
- 객석전면부 바닥복사난방, 추가 천공을 통한 공조 시스템 개선

광주문화예술회관 리모델링

공연장 특성에 대한 이해를 바탕으로 노후화된 내부 공간 개선 및 공연장 운영을 고려한 아이디어 제안

01 [소극장] 현황 및 문제점

1 와이드한 부채꼴 공연장
- 음의 집중현상 발생, 반사음 부족

2 시야제한석
- 측면부·코너부 객석 시야 제한적

3 공연지원공간
- 2층 대부분의 실 미사용중

4 관람객편의공간
- 로비협소, 관람객 편의공간 부족

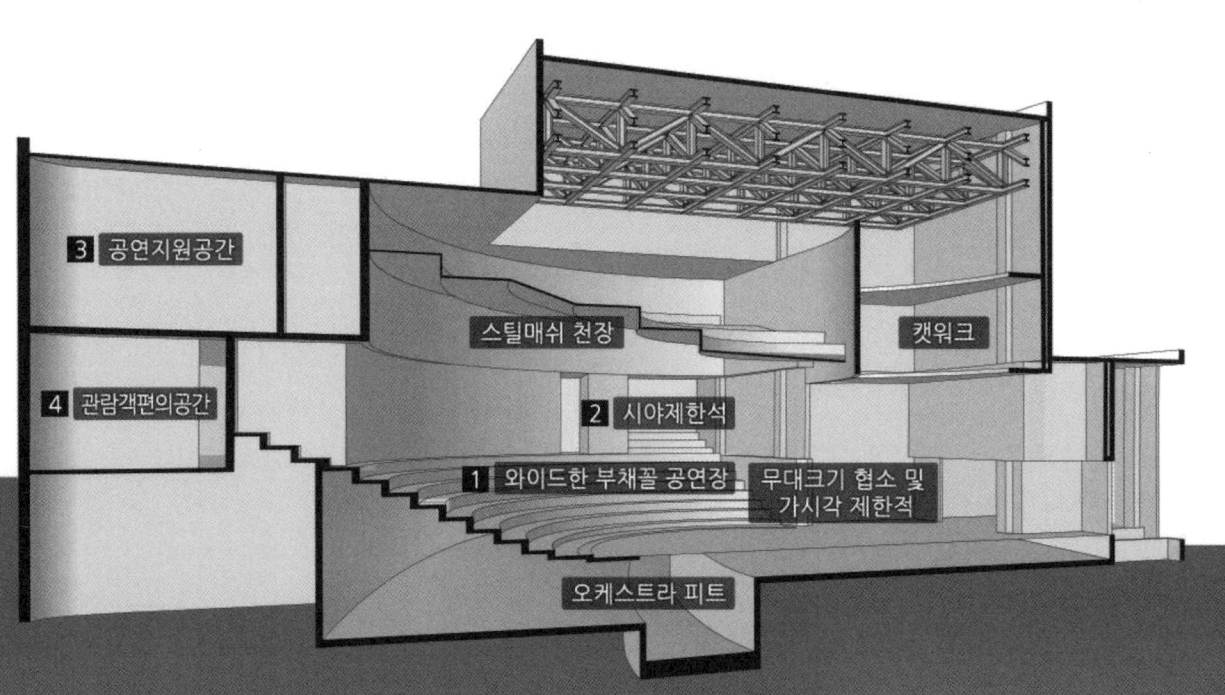

BEFORE

◆ 좁은 무대 영역으로 인해 다수 참여형 공연 불가
◆ 와이드한 부채꼴 형태로 중앙 반사음 결여, 매쉬 구조의 오픈 천장으로 확산체를 통한 반사음 미확보
◆ 다목적 공연 및 운영단체의 연습을 위한 연습실 부족
◆ 좁은 로비로 인한 공연 전후의 활용도가 낮고 필수 지원 시설 결여
◆ 양측 후면 객석에서의 관람 시야 미확보

02 [소극장] 내부공간 개선 아이디어

1 클래식전용(원음) 공연장
- 수평반사음을 확보하는 벽체 형태

2 가시각 확보
- 벽체 일부 철거 및 객석 재배치

3 갤러리박스
- 2층 미사용실 관람공간으로 활용

4 관람객편의공간
- 물품보관, 휴게를 위한 공간 확보

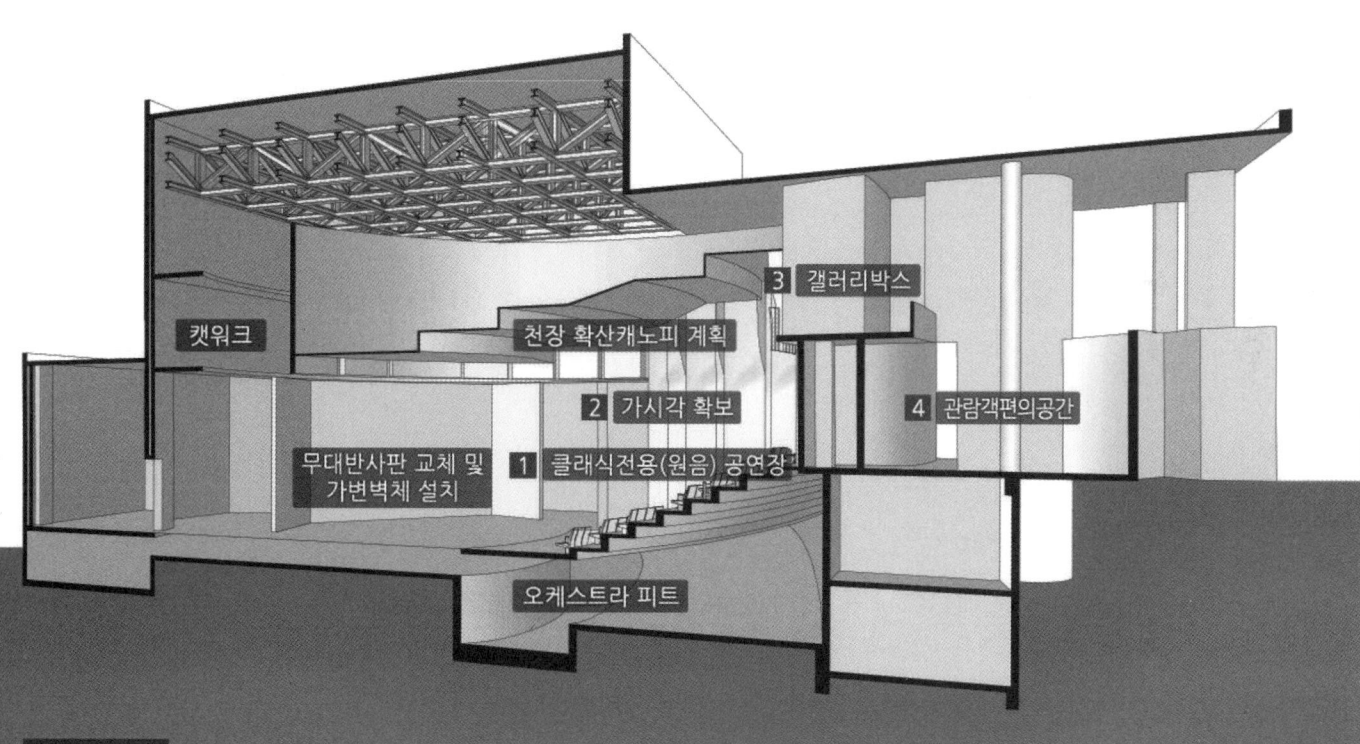

AFTER

- ◆ 원음 공연이 가능한 확산 반사면 확보
- ◆ 무대의 크기를 오케스트라 및 국악 관현악단 공연이 가능하도록 확장
- ◆ 기존 화장실 및 미사용중인 식당을 변경하여 출연자의 연습공간 확보
- ◆ 연습실이 외기에 면하도록 하여 자연환기 및 채광 가능
- ◆ 흡음이 가능한 객석 의자로 교체

광주문화예술회관 리모델링

대/소극장의 관람객 편의증진을 위한 공간 활용방안 및 관람석의 환경 개선방안 제시, 기존 시설물 내외부 개선이 필요한 시설의 보완 방안 제시

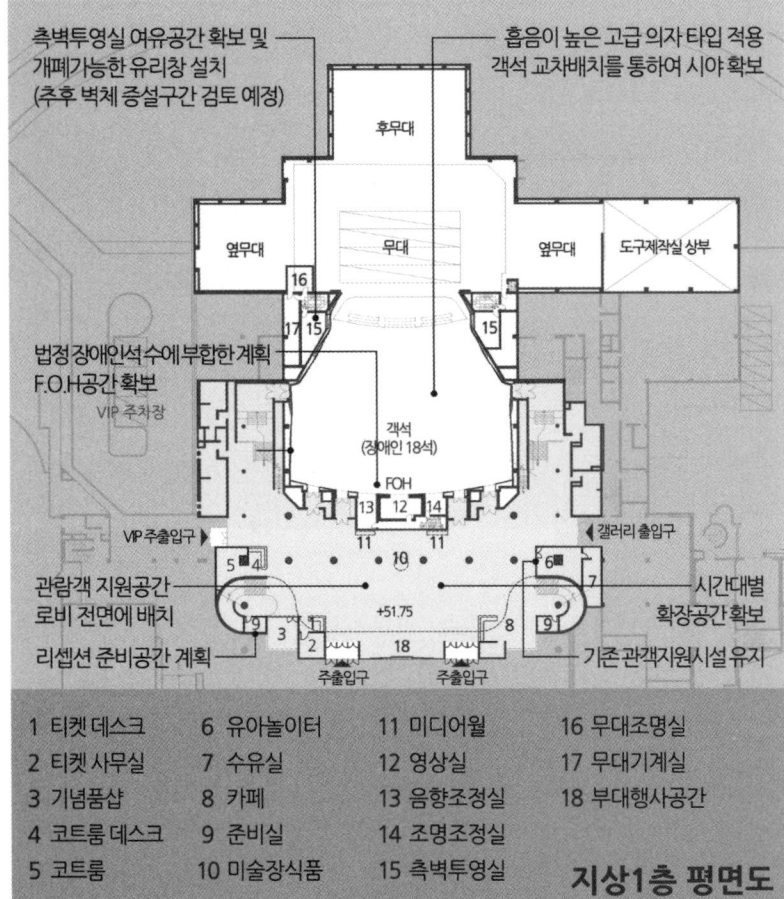

지상1층 평면도

1 티켓 데스크
2 티켓 사무실
3 기념품샵
4 코트룸 데스크
5 코트룸
6 유아놀이터
7 수유실
8 카페
9 준비실
10 미술장식품
11 미디어월
12 영상실
13 음향조정실
14 조명조정실
15 측벽투영실
16 무대조명실
17 무대기계실
18 부대행사공간

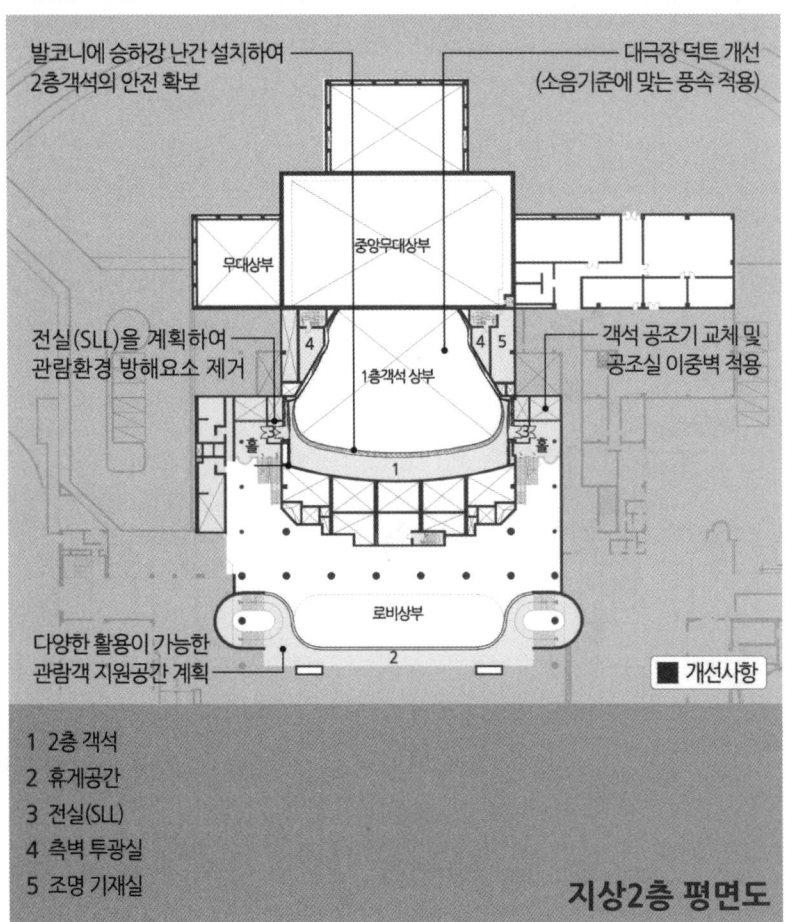

지상2층 평면도

1 2층 객석
2 휴게공간
3 전실(SLL)
4 측벽 투광실
5 조명 기재실

■ 개선사항

흡음 조절 루버

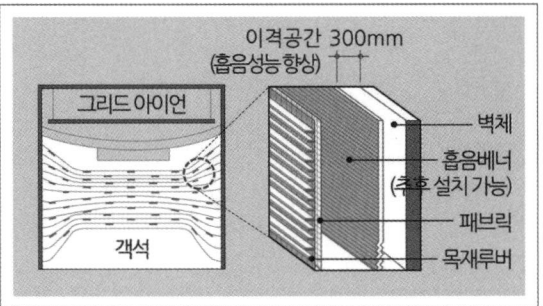

- 벽체 흡음이 가능한 흡음베너 설치공간 확보
- 루버에 음의 흐름을 형상화한 LED 패턴 적용

출연자 분장실 개선(제안)

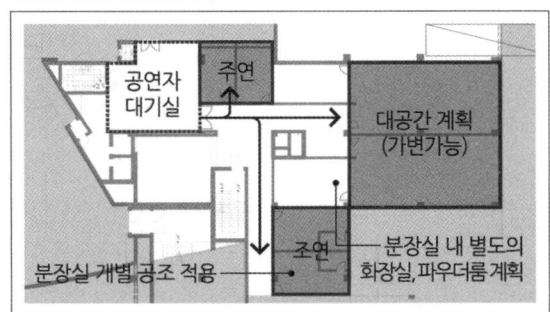

- 대기공간을 중심으로 분장실을 구성하여 출연자의 편의성 극대화, 가변이 가능한 대공간 조성

객석 가시선 확보

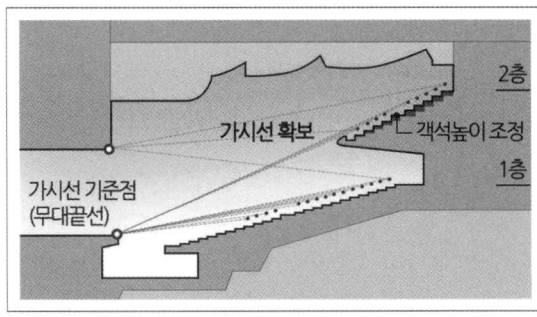

- 2층 객석의 시선 확보를 위한 객석바닥 높이 조절
- 객석을 교차배치하여 앞좌석과 무관한 시야 확보

2층 관람석 환경 개선

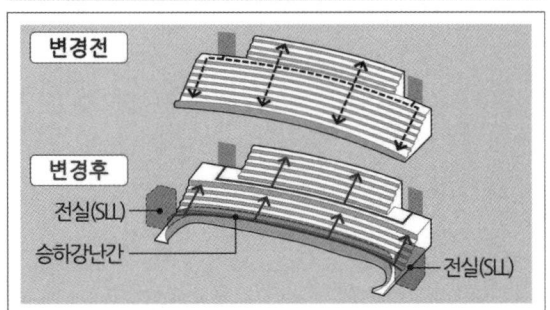

- 2층 객석에 전실을 추가로 확보하여 피난동선 확보
- 발코니에 승하강 난간을 두어 안전한 관람환경 조성

대/소극장의 관람객 편의증진을 위한 공간 활용방안 및 관람석의 환경 개선방안 제시, 기존 시설물 내외부 개선이 필요한 시설의 보완 방안 제시

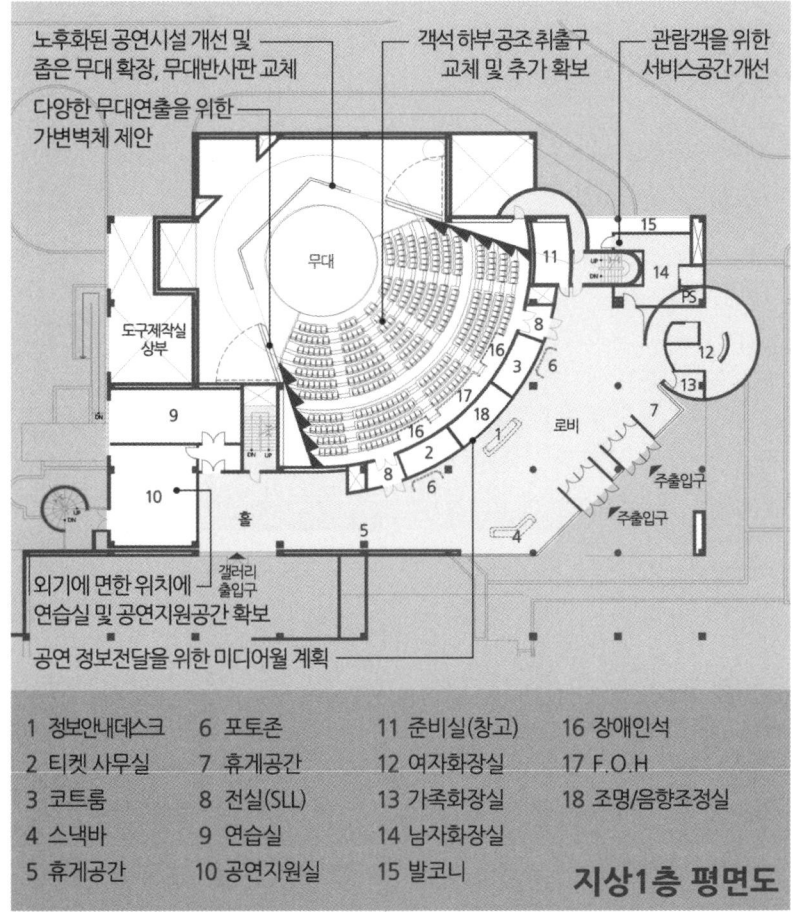

지상1층 평면도

1 정보안내데스크
2 티켓 사무실
3 코트룸
4 스낵바
5 휴게공간
6 포토존
7 휴게공간
8 전실(SLL)
9 연습실
10 공연지원실
11 준비실(창고)
12 여자화장실
13 가족화장실
14 남자화장실
15 발코니
16 장애인석
17 F.O.H
18 조명/음향조정실

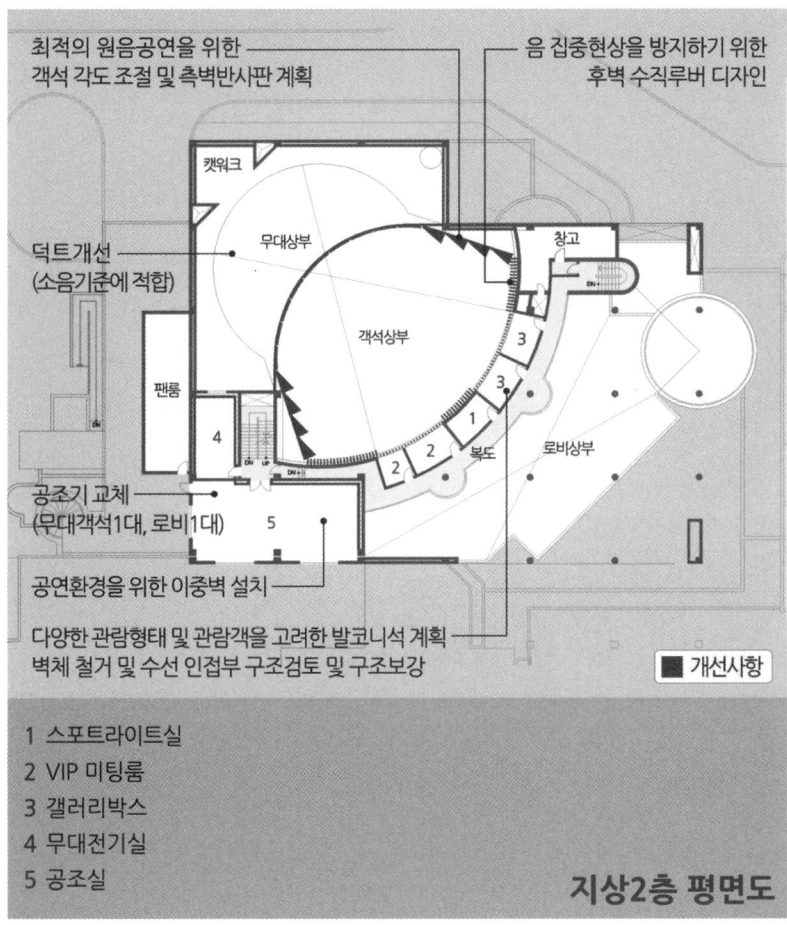

지상2층 평면도

1 스포트라이트실
2 VIP 미팅룸
3 갤러리박스
4 무대전기실
5 공조실

원음공연장 조성

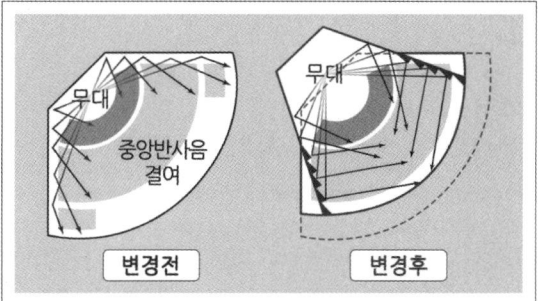

- 기존 부채꼴 형태의 공연장은 확성 및 음향 조건이 불리하므로 슈박스 형태의 원음공연장으로 계획

관람객 편의공간 확보

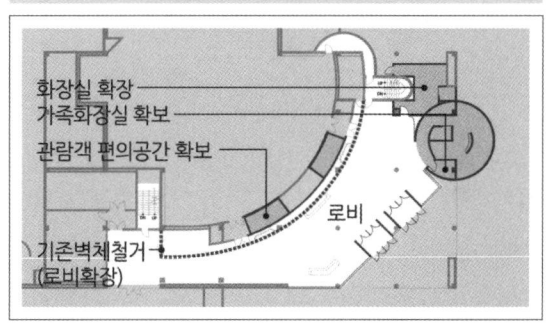

- 기존 좁고 복잡한 로비를 대폭 개선하여 관람객들의 휴게·대기·프로그램 구매·물품 보관등의 편의공간 제공

무대 공간 확장

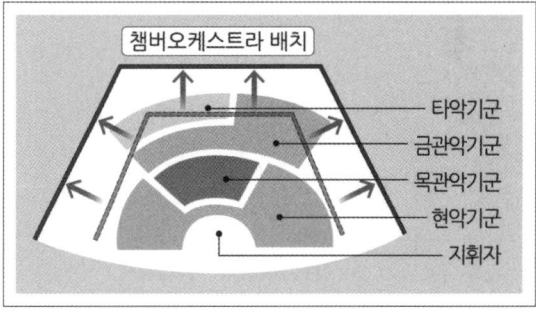

- 무대를 확장하여 소규모 오케스트라의 공연이 가능하도록 무대 계획

2층 관람석 조성

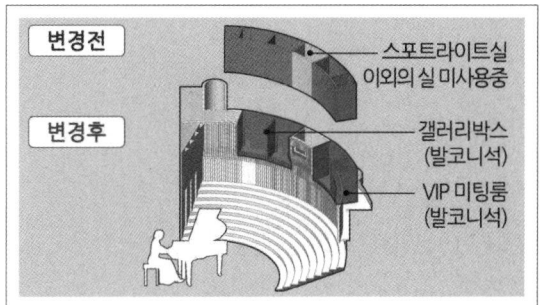

- 2층의 미사용공간을 활용하여 갤러리박스, VIP미팅룸 등 프라이빗한 관람공간 조성

화성동탄2 트라이엠파크 복합문화공간

당선작 (주)상지엔지니어링건축사사무소 허동윤 + 지앤디 건축사사무소 진근수 설계팀 김시형, 윤택용, 최병국, 홍순필, 이하연, 안도은, 임우택, 김민진, 이 산, 최태훈

대지위치 경기도 화성시 동탄면 영천리 **대지면적** 공원 - 105,865㎡ / 지상 - 7,928㎡ / 지하 - 18,227㎡ **건축면적** 5,464.80㎡ **연면적** 12,155.84㎡ **건폐율** 5.16% **용적률** 2.11% **규모** 지하 2층, 지상 1층 **구조** 철근콘크리트조 **외부마감** 로이복층유리, 세라믹패널 **내부마감** 친환경페인트, 세라믹패널 **주차** 18대

길을 잇다. 사람을 잇다. 문화를 잇다.

동탄 신도시의 중심에는 동탄여울공원, 근린공원, 오산천 등 도심 속 자연을 느낄 수 있는 공간으로 계획되어 있으며, 이러한 자연요소는 본 사업 대상지인 트라이엠파크와 중심 보행축으로 이어지고 있다. 트라이엠파크는 음악(Music), 미디어(Media), 뮤지엄(Museum) 테마의 젊고 활기찬 복합문화공간으로 계획되어 있으며, 도시의 다양한 길들과 공원 속 산책로가 이어지는 사람과 문화의 중심에 위치하고 있다. 대상지에 길, 사람, 문화가 존재하는 트라이엠 파크의 특징을 이끌어 도시와 공원의 길을 하나로 잇고, 지역민들의 커뮤니티를 잇고, 문화와 공간을 잇는 복합문화공간을 계획하였다.

길을 따라 걸으며 만나는 다양한 문화 공간

- 공원 가는 길을 걷다보면 트라이엠 홀 (실내 공연장) 로비를 마주하게 된다.
- 학교 가는 길을 걷다보면 트라이엠 센터(청소년 특화 시설)가 청소년들을 맞이한다.
- 야외공연장 가는 길을 걷다보면 트라이엠 가든 (야외공연장)이 한 눈에 들어온다.
- 옥상정원 가는 길을 걷다보면 트라이엠 파크의 자연을 느끼게 된다.

Connecting the Streets. Connecting the People, Connecting the Culture.

The heart of Dongtan New Town is planned to blend natural environments within an urban context including Dongtan Yeoul Park, small-scale neighbourhood parks, and Osan River which becomes the main pedestrian axis of the site. Incorporating the theme of Music, Media, and Museum, Tri-M Park strives to create a young and lively multi-cultural space at its central location where urbran streets meet natural walking trails, and people meet culture. Tri-M Park Complex Cultural Centre embodies the value in co-existence of Streets, People, Culture to connect the urban and the natural, the local communities, culture and the space in the planning of the dynamic multi-cultural complex.

Array of dynamic cultural spaces as you walk along the street

- On the way to the park, entrance to Tri-M Hall (indoor theatre) lobby is perceived.
- On the way to school, students are invited by Tri-M Centre (youth-focused facilities).
- On the way to the outdoor theatre, panoramic view of Tri-M Garden (outdoor performance stage) comes into sight.
- On the way to the rooftop garden, lush nature of Tri-M Park can be felt.

Prize winner Sangji Environment & Architects INC._Heo Dongyoon + GND Architects_Jin Keunsoo **Location** Hwaseong, Gyeonggi-do **Site area** Park - 105,865m² / Ground - 7,928m² / Underground - 18,227m² **Building area** 5,464.80m² **Gross floor area** 12,155.84m² **Building coverage** 5.16% **Floor space index** 2.11% **Building scope** B2, 1F **Structure** RC **Exterior finishing** Low-E paired glass, Ceramic panel **Interior finishing** Eco-friendly paint, Ceramic panel **Parking** 18

Hwaseong Dongtan 2 Tri-M Park Multi-Cultural Complex

모든 지역민들을 하나로 이어주는 화성시의 새로운 문화의 중심

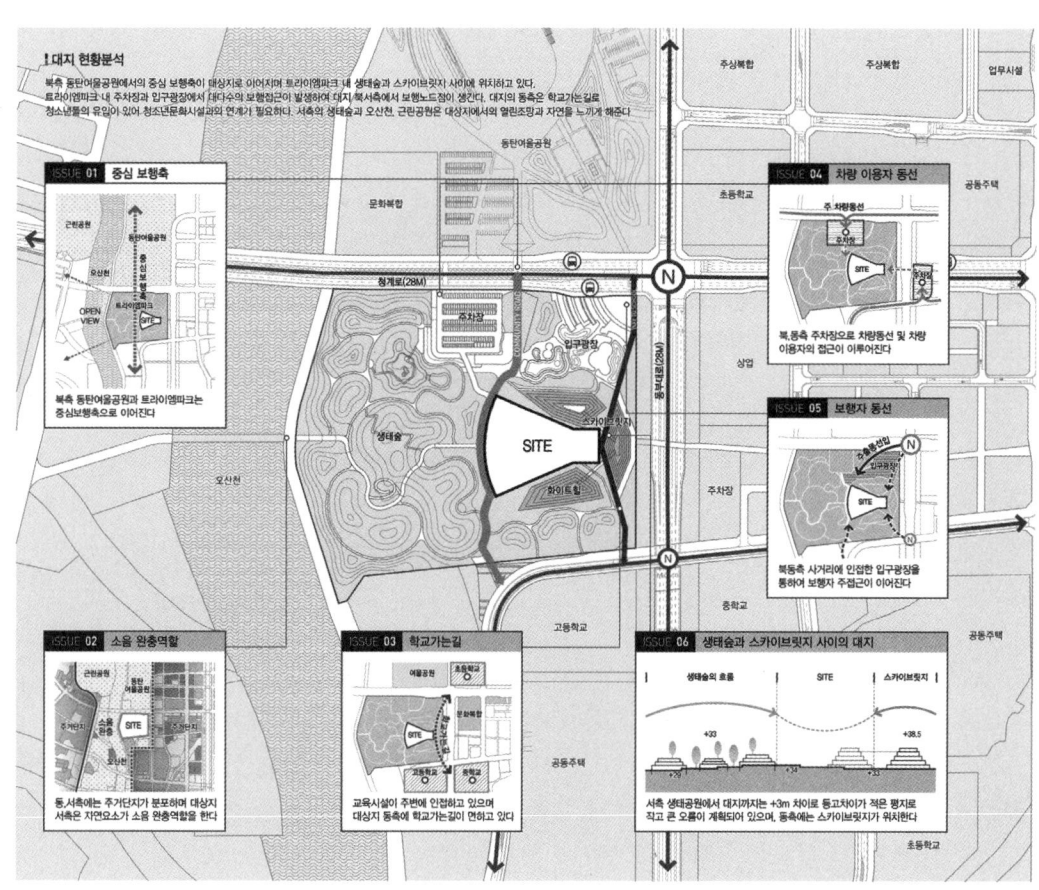

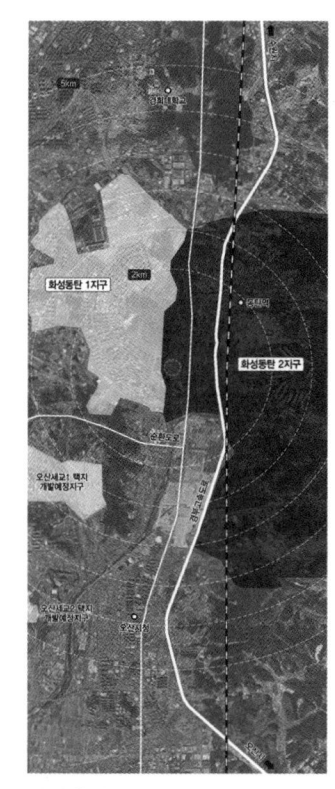

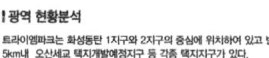

길을 따라 걸으며 만나는 트라이엠파크의 다양한 문화공간

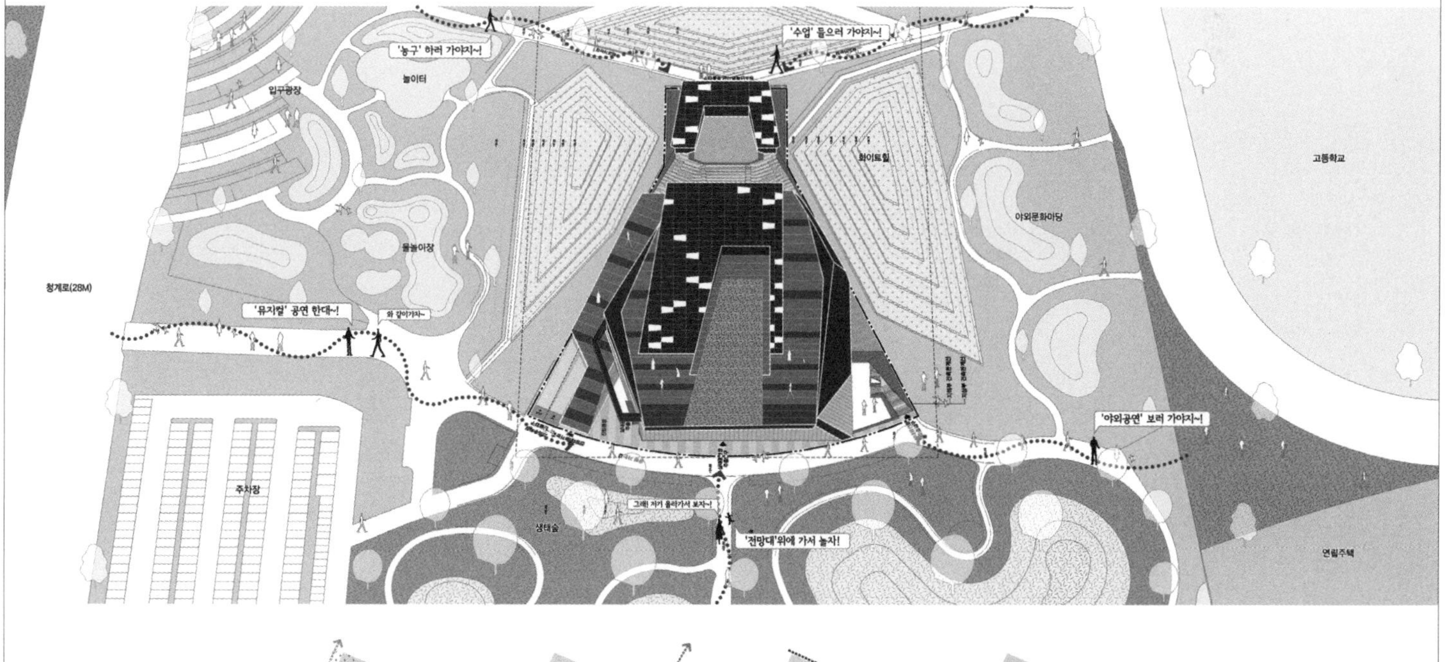

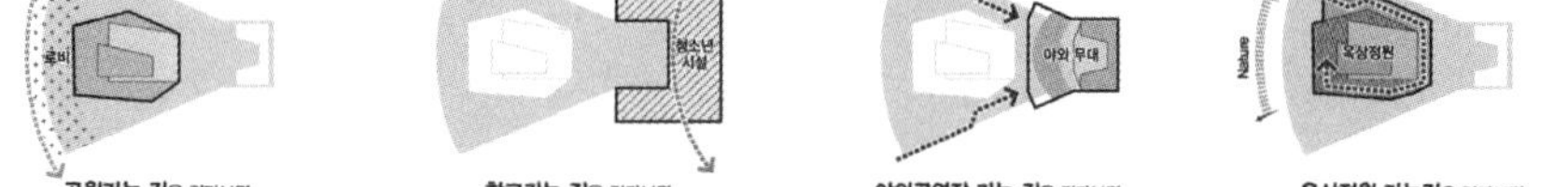

화성동탄2 트라이엠파크 복합문화공간

다양한 길과 공간을 이어주는 배치계획

트라이엠파크, 젊고 활기찬 문화 멜로디를 담다

트라이엠파크가 가진 다양한 특징들은 길을 통해 대상지와 연계된다. 다양한 길을 이어주는 효율적인 공간 배치로 길, 사람, 문화가 이어진다.
트라이엠 홀(실내공연장)은 북측 주차장을 고려한 배치로 관람객의 적극적인 수용이 가능하며 서측 생태숲의 자연을 실내공연장 상부로 이어주어 자연요소를 지니게 된다.
트라이엠 가든(야외공연장)을 스카이브릿지와 연계하며 소음을 고려한 배치로 야외공연시 대상지 주변의 요소들과 이어져 공연에 대체로운 공간이 된다.
트라이엠 센터(청소년 특화시설)은 학교 가는 길과 이어주어 인근 학교의 청소년들이 편리하게 이용하며, 지하공간 이지만 선큰을 통해 채광과 환기가 용이한 쾌적한 시설로 계획했다.

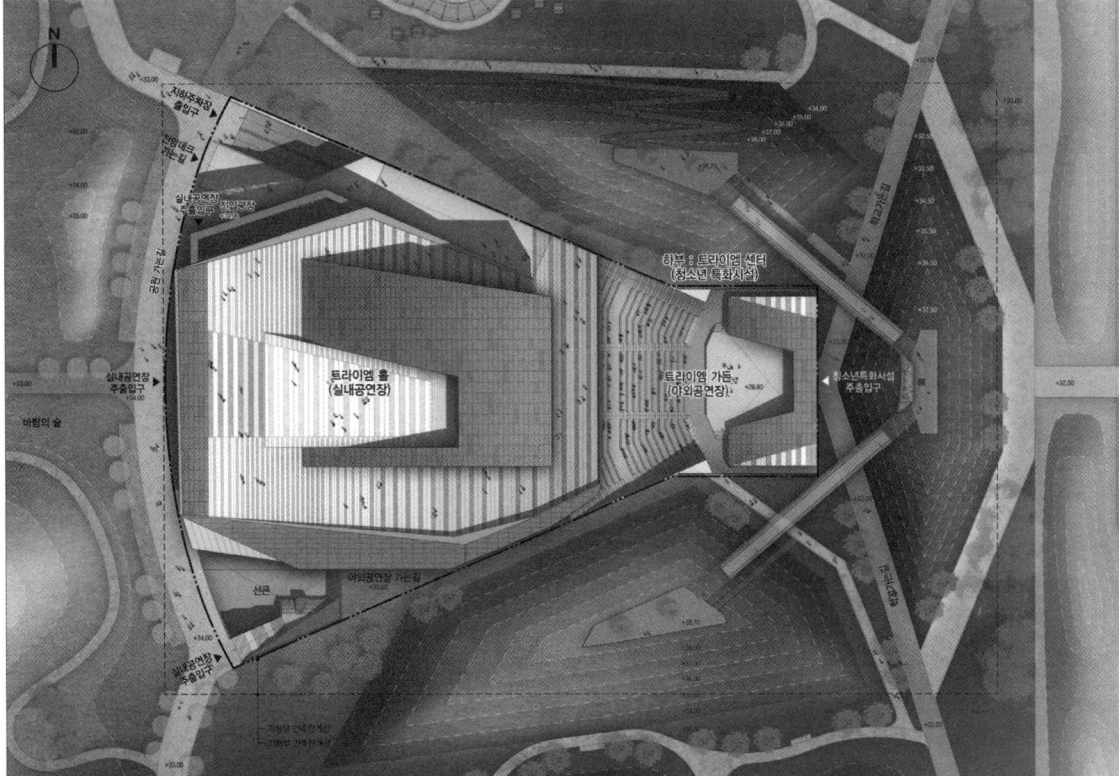

접근성 _Useful Theater
- 대지 서측 보행가로 및 주차장 접근성을 고려하여 공연시설 배치
- 대지 동측 학교가는 길을 연계하여 청소년시설 배치

연속성 _Eco Theater
- 대지의 서측에 위치한 생태숲을 유입하여 산책 공간의 영역을 확장하고 녹지를 조망할 수 있는 옥상정원 계획

활용성 _Digital Theater
- 대지를 둘러 싸고 있는 스카이 브릿지와 미디어 파사드를 활용하여 다채로운 무대 연출이 가능한 대형 야외공연장 계획

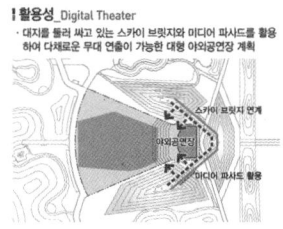

Hwaseong Dongtan 2 Tri-M Park Multi-Cultural Complex

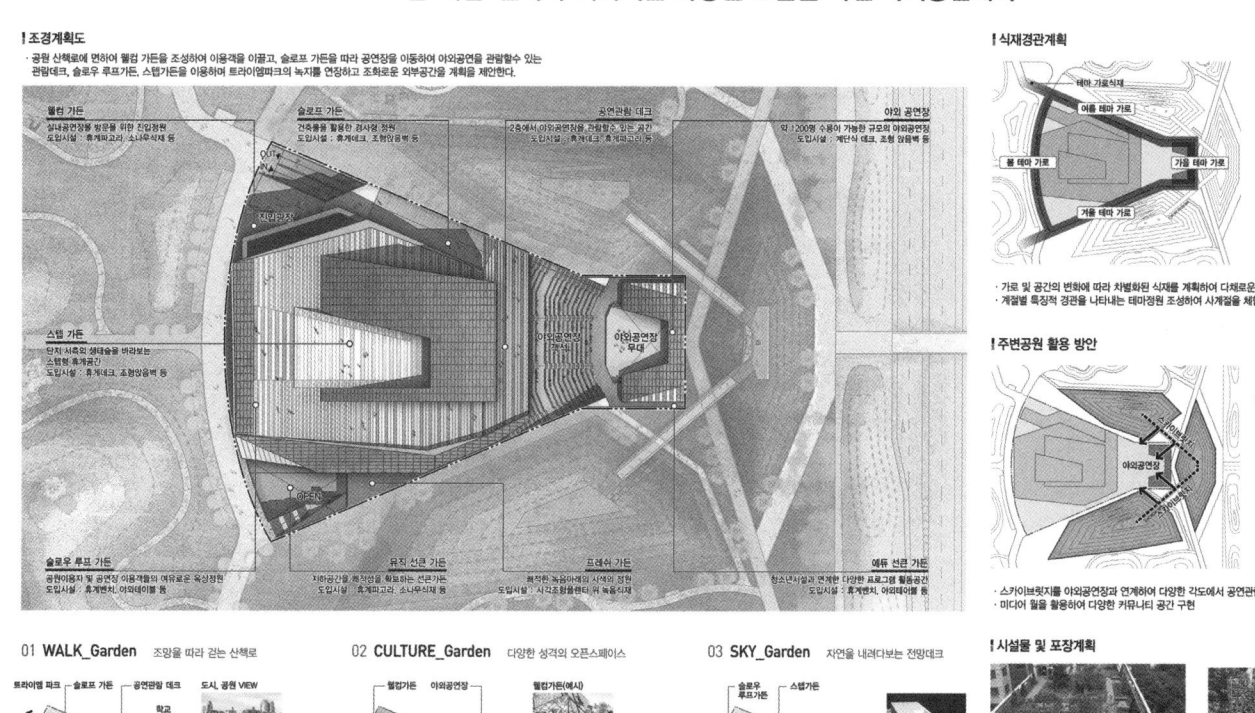

화성동탄2 트라이엠파크 복합문화공간

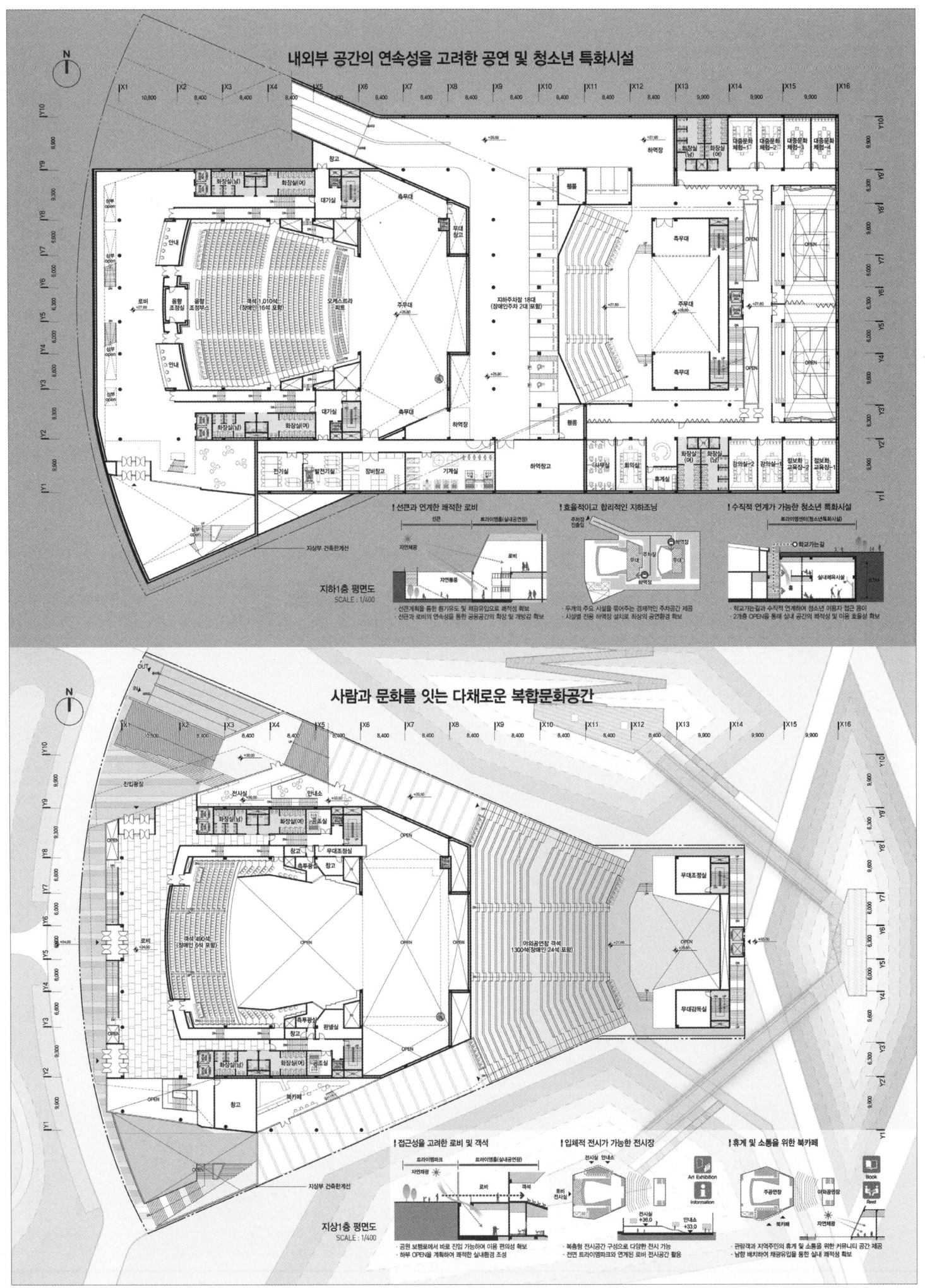

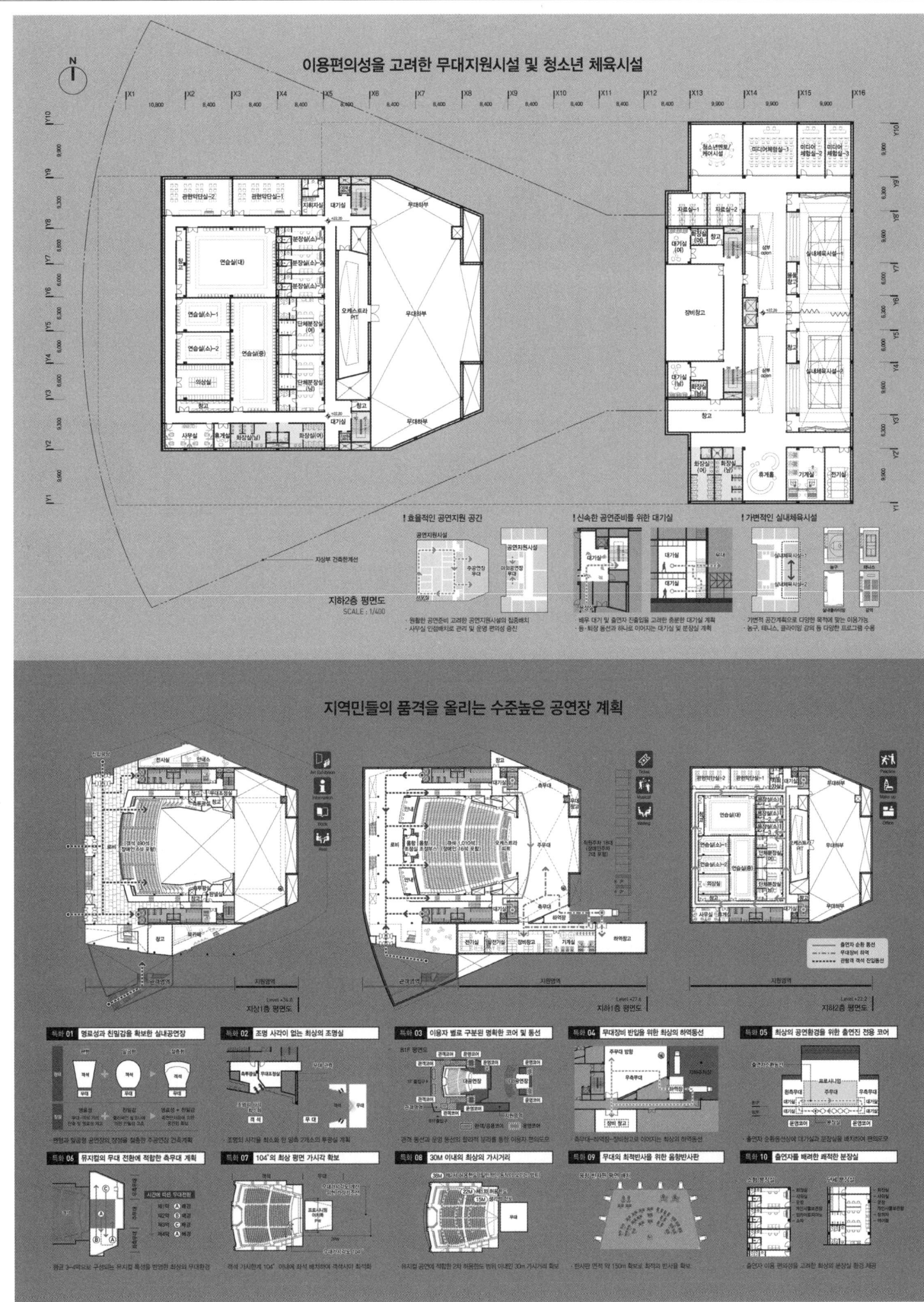

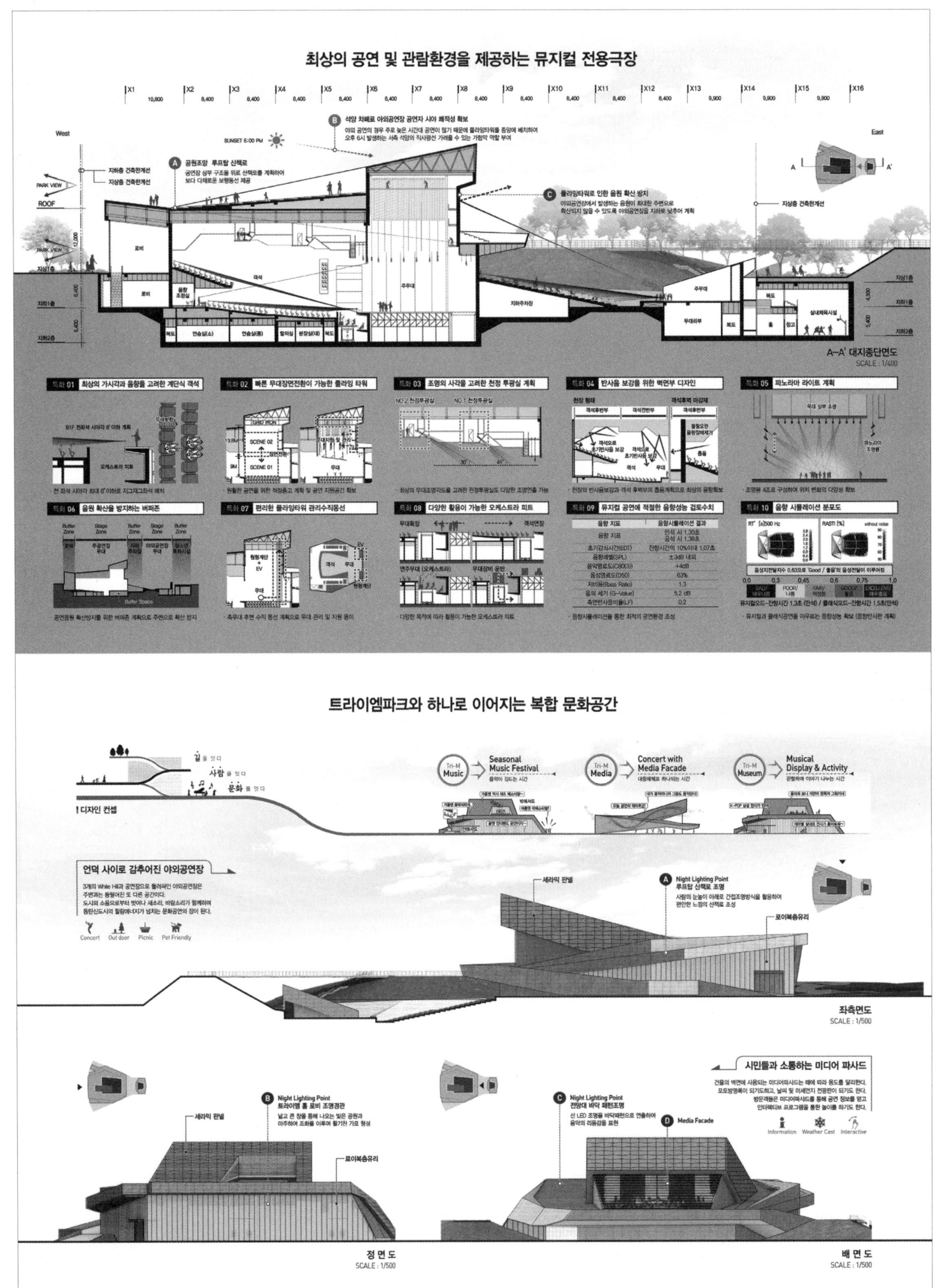

Hwaseong Dongtan 2 Tri-M Park Multi-Cultural Complex

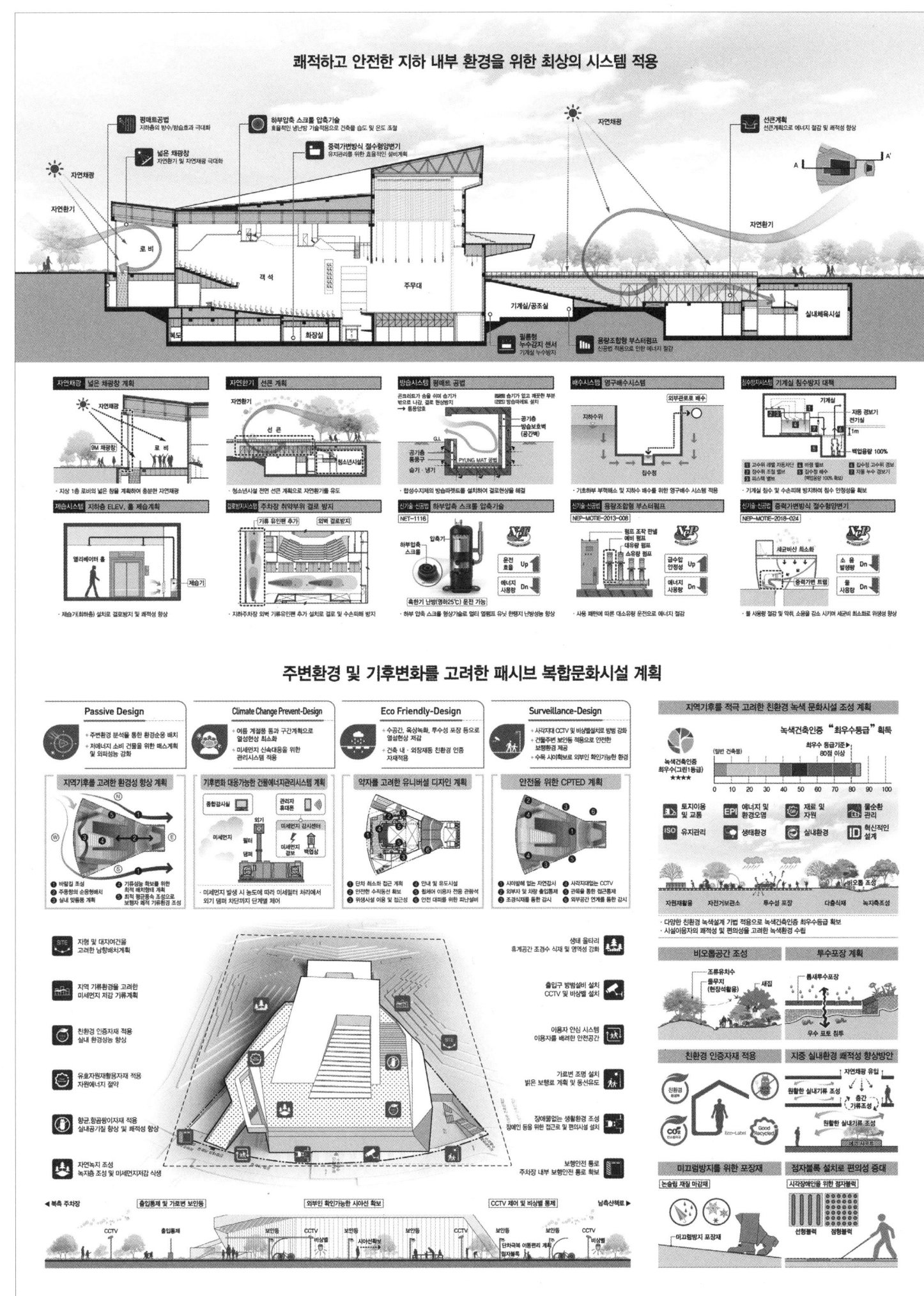

제천예술의전당 건립 및 도심광장 조성사업

당선작 (주)행림종합건축사사무소 이용호 설계팀 이상혁, 구자해, 이승수, 방현서, 박정준, 조세희, 류가영, 한선미, 박연수, 김웅식, 최성민

대지위치 충청북도 제천시 명동 68번지 일원 **대지면적** 16,903.00㎡ **건축면적** 4,206.65㎡ **연면적** 10,376.46㎡ **건폐율** 24.89% **용적률** 34.60% **규모** 지하 1층, 지상 3층 **구조** 철근콘크리트조, 철골철근콘크리트조, 철골조 **주차** 200대

기본계획
다양한 장르의 공연을 수용할 수 있는 예술의전당 건립과 쇠퇴하고 있는 제천 원도심에 도심 속 광장조성을 통한 문화예술 중심의 커뮤니티 거점을 제공함으로써 각종 축제, 행사 등과 연계활용을 통해 원도심 활성화를 도모한다.

포용하는 형태
대지는 100년의 역사를 지닌 동명초등학교 부지로 제천시민들의 추억이 담긴 곳이다. 예술을 담는 장소일 뿐만 아니라 주변 경관을 포용하는 형태로 향수를 불러일으키는 문화적 흐름을 가지고 다시 도시로 확장되어 시민들의 일상을 담는 상징적 공간으로 계획하였다.

시설 활용성을 높인 다목적 문화공간
대공연장을 중심으로 스튜디오, 제천문화 플랫폼, 커뮤니티, 아트센터 등이 적극 도입되어 시설 활성화를 유도한다. 또한 다양한 카페테리아, 갤러리, 편의시설을 담은 컬처라운지는 광장을 감싸며 개방적인 풍경을 제공하고 지역주민들의 다양한 일상을 담아내는 생동감 넘치는 장소로 탄생한다.

소리의 선율이 빚어내는 파노라마
건물의 자연스러운 흐름을 내부로 유입해 관객에게 설레임을 부여한다. 오선지의 선율을 현대적 리듬감으로 디자인하여 풍부한 음반사의 향연으로 관객에게 깊은 울림을 선사한다.

Basic Plan
The Arts center will be built to accommodate various genres of performances and will provide a community hub centered on culture and art through the formation of a plaza in the declining city center to promote the city center through various festivals and events.

Wellcoming Form
The site of Dongmyeong Elementary School, which has a 100-year history, is a place that contains memories of the citizens of Jecheon. So the Jecheon Arts Center is not only a place for art, but also a symbolic place for citizens' everyday lives by expanding back into the city with nostalgic cultural flows in the form of embracing the surrounding landscape.

Art Platform
Studios, Jecheon cultural platforms, communities, and art centers will be actively introduced around the Grand Theater to encourage the revitalization of the facilities. In addition, Culture Lounge, which includes a variety of cafeterias, galleries and amenities, will be created as a lively place to enclose the plaza, provide an open landscape and capture the daily lives of local residents.

Melody Panorama
The natural flow of the building is brought into the interior to give the audience a thrill. Designing Oh Sun-ji's melodies with modern rhythms, it gives the audience a deep echo with a feast of a rich record label.

Prize winner HAENGLIM Architecture & Engineering_Lee Yongho **Location** Jecheon, Chungcheongbuk-do **Site area** 16,903.00㎡ **Building area** 4,206.65㎡ **Gross floor area** 10,376.46㎡ **Building coverage** 24.89% **Floor space index** 34.60% **Building scope** B1, 3F **Structure** RC, SRC, SC **Parking** 200

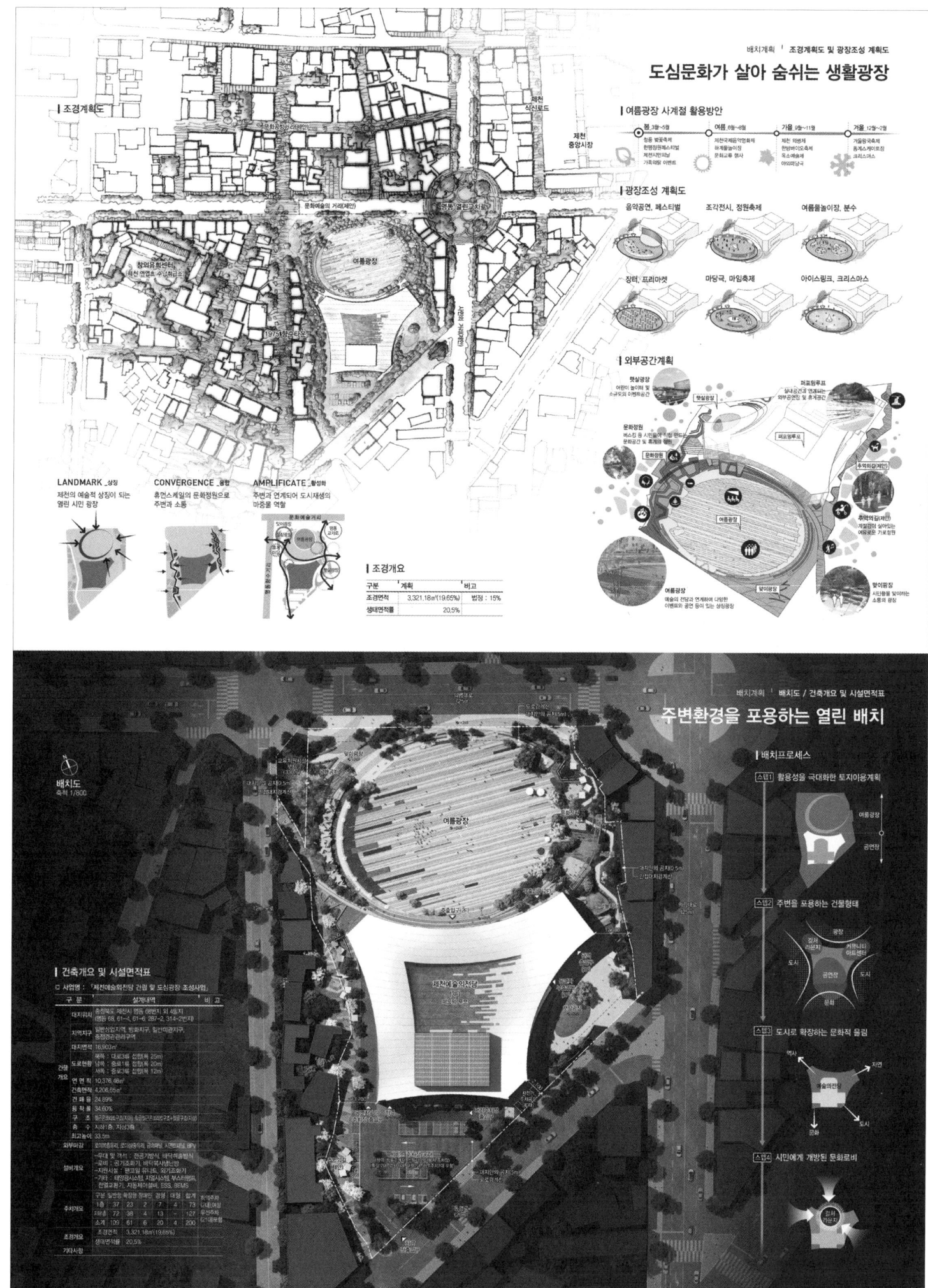

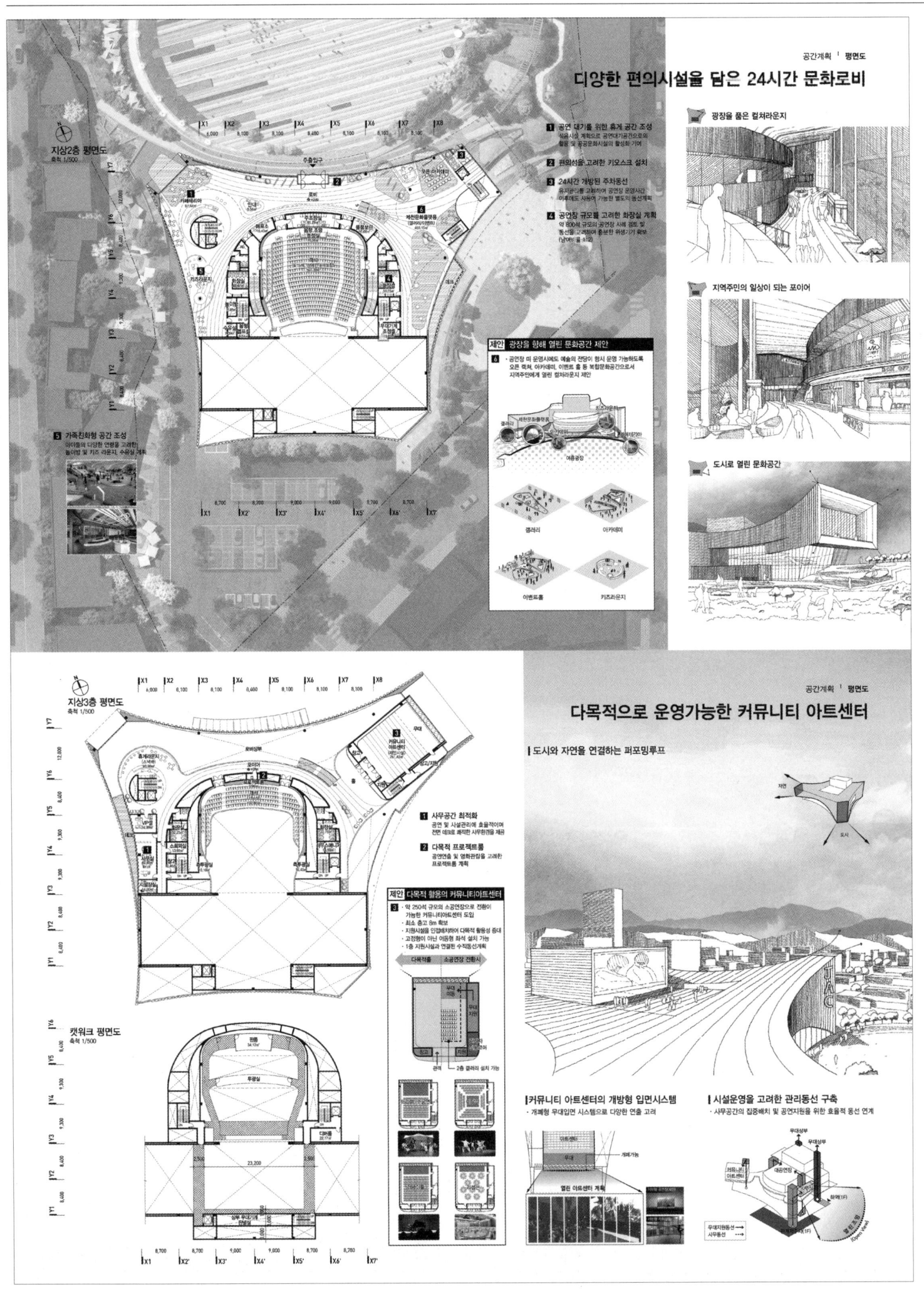

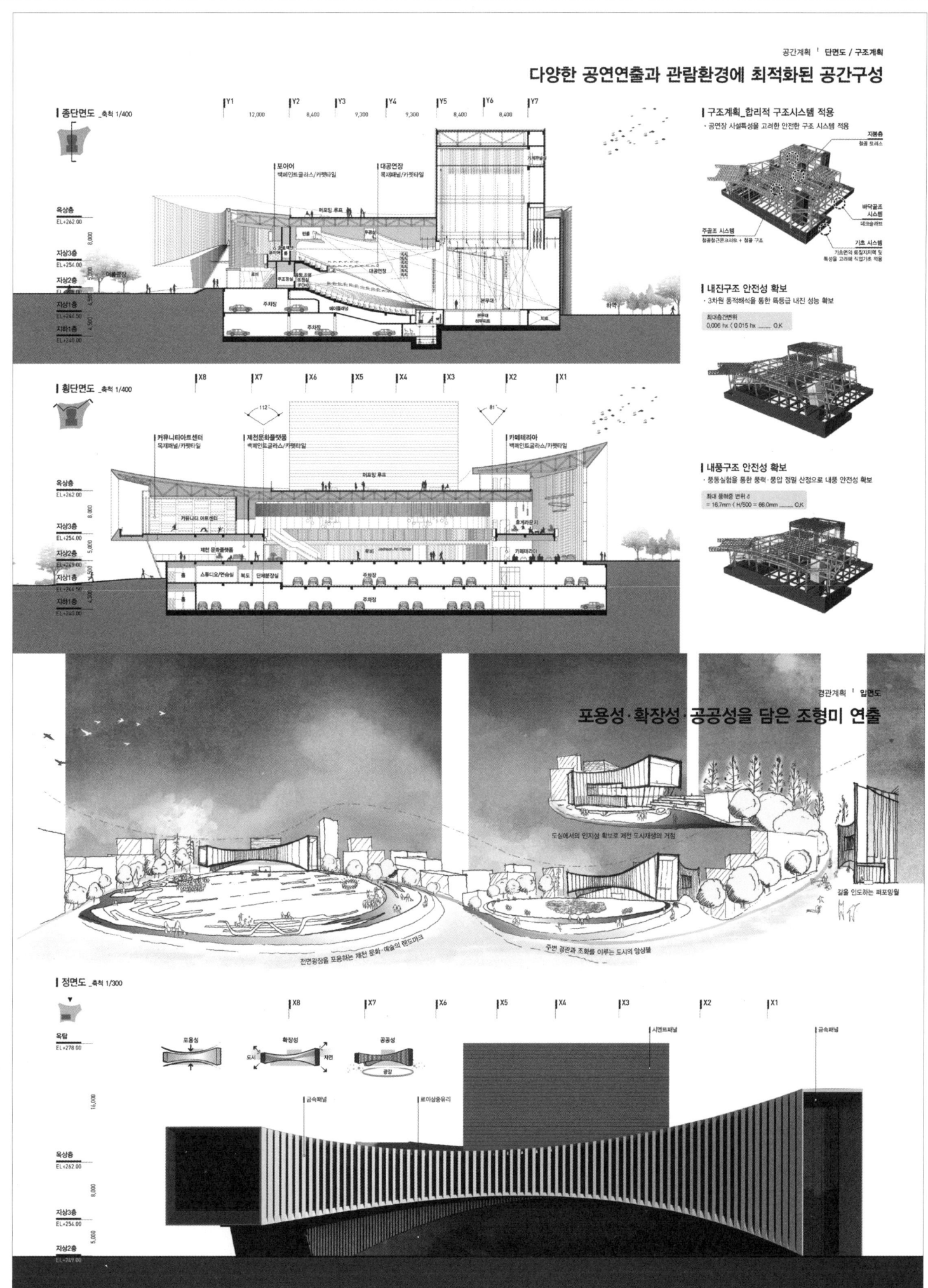

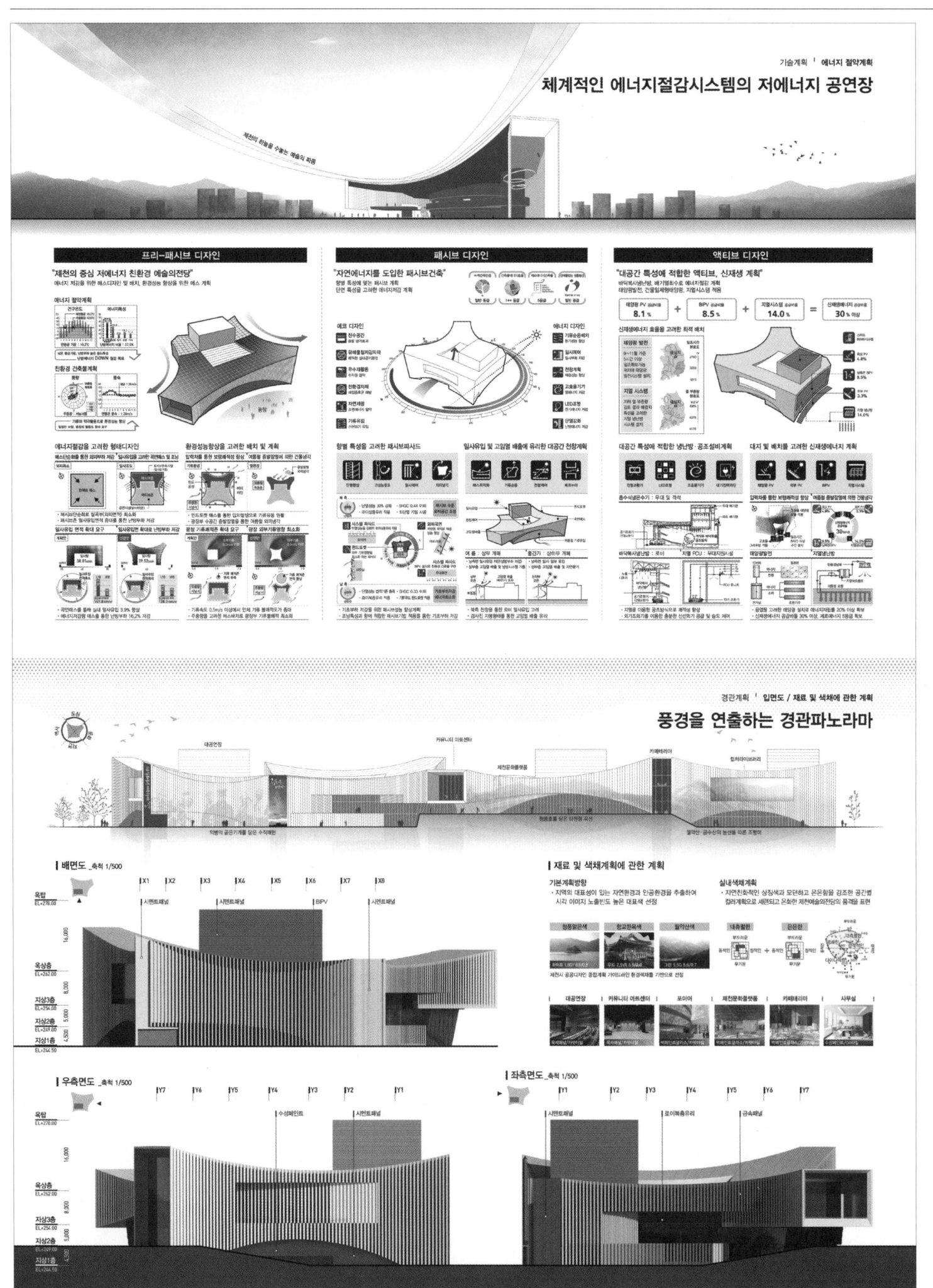

Jecheon Arts Center and the Urban Plaza Design

석촌호수 아트갤러리

당선작 원정연 고려대학교 + (주)위드웍스에이앤이건축사사무소 김성진, 권혁찬 설계팀 Richard Yoo, 배상현, Tamooh Edelbi

대지위치 서울특별시 송파구 신천동 32 **대지면적** 1,396.58㎡ **건축면적** 1,543.20㎡ **연면적** 1,543.20㎡ **건폐율** 21% **용적률** 66% **규모** 지하 1층, 지상 3층 **최고높이** 15m **구조** 철근콘크리트조, 철골조 **외부마감** 콘크리트, GFRC, ETFE, 금속패널

석촌호수공원은 호수가 공원 내에 위치하는 일반적인 공원과는 다른 특별한 지형적 특성을 가진다. 커다란 호수를 감싸는 주변 대지는 링의 형태로 그 자체가 공원을 형성하고 있다. 내부의 보행 링은 유기적인 호수의 형태를 따라 형성되어 있고, 외부의 보행 링은 잠실 지역의 주요 도로들을 따라 직선 형태를 띤다. 4m 이상의 고저차를 가지는 이 두 보행 링 사이 20m 에서 50m 폭의 연속적 공간이 공원으로 만들어진 것이다. 현재에도 호수 주변의 긴 산책로로 중간중간에는 다양한 휴게시설들이 갖춰져 있지만, 앞서 언급한 링의 지형적 특성을 고려하지 않아 공원 외부와 물리적, 공간적 연계에는 많은 한계가 있는 듯 했다.

외부와 내부 보행 링의 보다 유기적인 관계를 형성하고 석촌호수 공원의 상징적 게이트웨이 역할을 할 수 있는 건축적 interpolation이 필요했다. 공원이라기보다는 경계를 만들고 있는 현재의 지형을 관통하여 보행자들의 자연스러운 연결을 유도하는 거리 갤러리 구성을 시작점으로 설정했다. 현재 대지와의 조화를 위해 땅을 자연스럽게 들어올린 데크는 프로젝트의 주요 공공 공간으로 롯데월드 타워 방향을 조망할 수 있도록 계획했으며 전체 매스의 중심 역할을 한다. 프로젝트의 위치를 고려할 때 미술품을 전시하는 목적 못지않게 산책 등 관람자의 일상 속에 예술품을 녹여내는 갤러리의 역할이 클 것이다. 내부와 외부 공간의 흐르는 듯한 연결과 공간과 공간의 유기적 관계를 통해 관람자는 물론 지나는 이들에게도 일상의 예술적 경험을 제공할 수 있기를 기대한다.

Seokchon Lake Park has unusual topographic characteristics which are different from other general parks with a lake inside. The peripheral area that surrounds the large lake forms a ring-shaped territory which itself functions as a park. Inside, there is a pedestrian ring which is laid to follow the lake's organic shape. And outside, there is another one which makes a straight line along the major roads of Jamsil. Nestled between these two pedestrian rings having a level difference of more than 4m, a continuous space with a width of 20 to 50m is forming present day Seokchon Lake Park. Currently, there exist various resting places on the route of a long walkway laid around the lake. But there seemed to have been limitations in establishing physical and spatial connection with the outside of the park because the forementioned topographic conditions of the rings were not carefully considered.

The situation was requiring an architectural interpolation that can bring about a more organic relationship between the pedestrian rings inside and outside the park, and that can serve as a symbolic gateway of the park. The starting point was to design a street gallery that encourages natural interactions among pedestrians while running across the current topography that has been marking boundaries rather than forming a park. A deck for which the ground is lifted up in a natural way to make harmony with the current topography is designed as a main public space; it offers a view of Lotte World Tower and forms the center of the building mass. When thinking about the location of the project site, this gallery will be expected to not only exhibit artworks but also introduce them into the everyday activities of visitors, such as taking a walk. Through the seamless connection between inside and outside and the organic relationship between spaces, the new gallery will provide both visitors and passersby with an artistic, everyday experience.

Prize winner Won Chungyeon_Korea University + WITHWORKS Architects & Engineers Inc._Kim Sungjin, Kwon Hyukchan **Location** Songpa-gu, Seoul **Site area** 1,396.58m² **Building area** 1,543.20m² **Gross floor area** 1,543.20m² **Building coverage** 21% **Floor space index** 66% **Building scope** B1, 3F **Height** 15m **Structure** RC, SC **Exterior finishing** Concrete, GFRC, ETFE, Metal panel

Seokchon Lake Art Gallery

석촌호수 아트갤러리

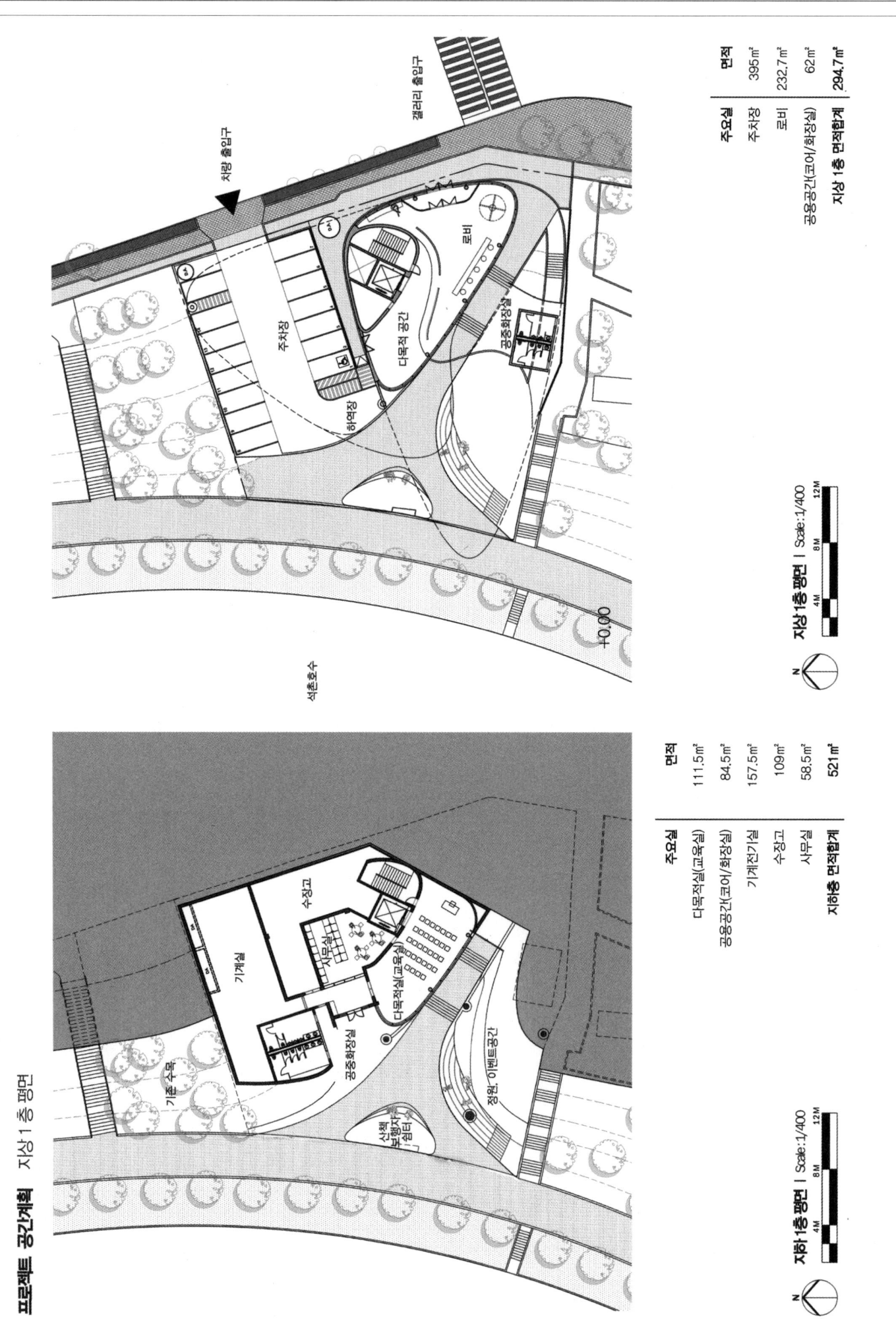

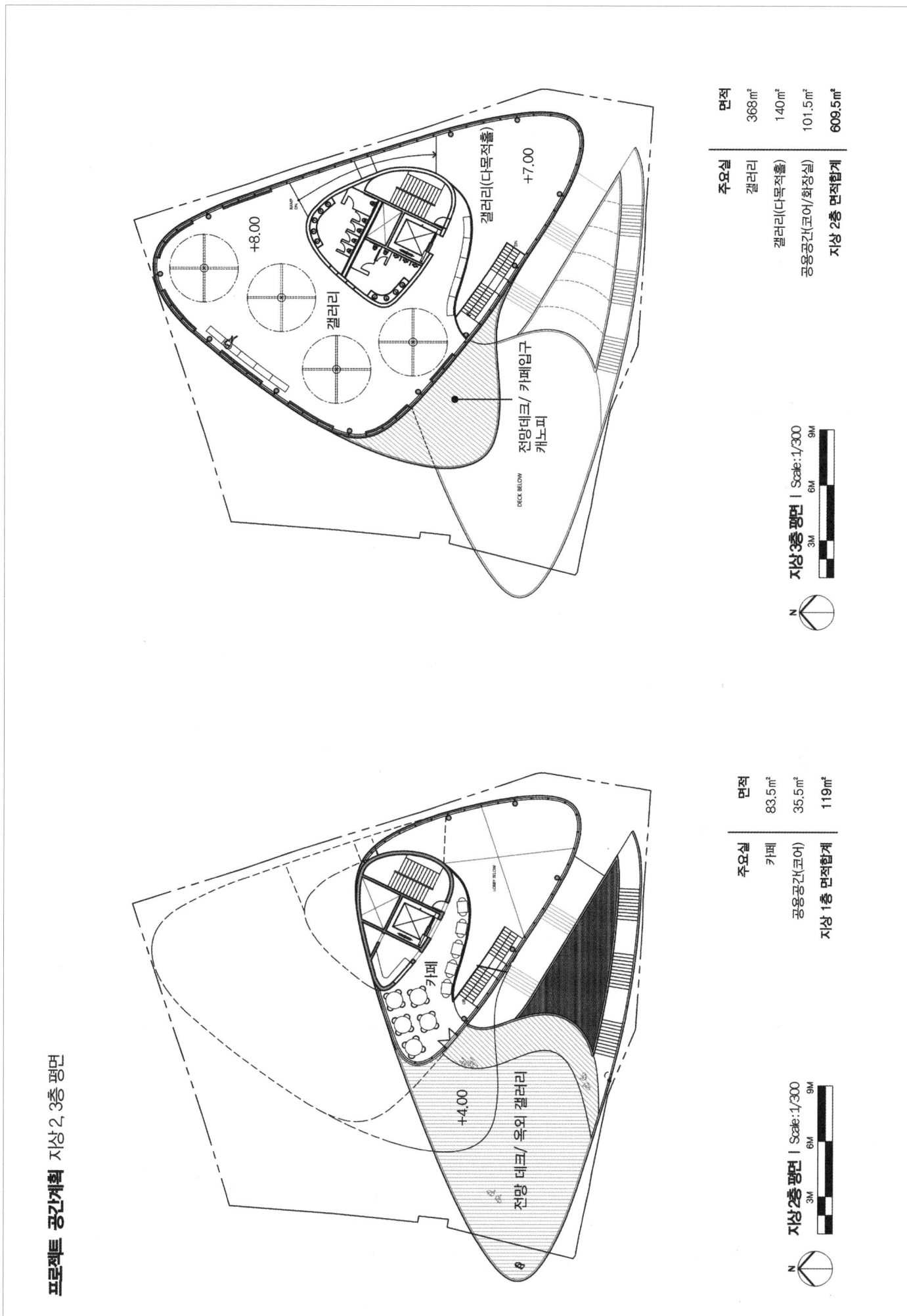

석촌호수 아트갤러리

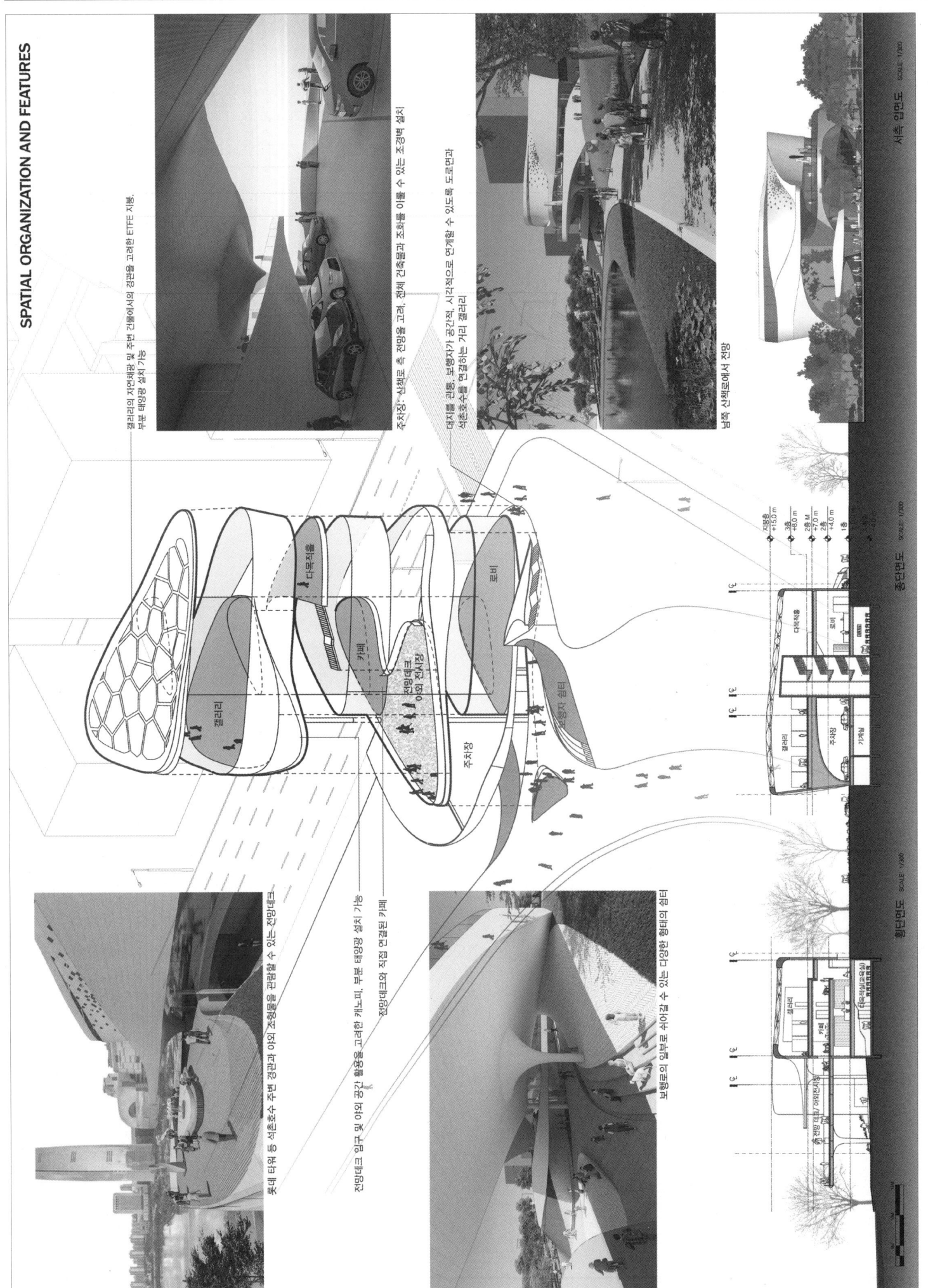

Gwangju Literary House

당선작 (주)건축사사무소 플랜 임태형 설계팀 조하니, 김예은, 류민우

대지위치 광주광역시 북구 각화동 586번지 **대지면적** 8,898.00㎡ **건축면적** 2,312.97㎡ **연면적** 5,128.02㎡ **건폐율** 25.99% **용적률** 55.15% **규모** 지하 1층, 지상 4층 **구조** 철근콘크리트조 **외부마감** 석재, 부식동판, 징크패널, 적삼목, 로이복층유리 **주차** 83대(장애인 주차 1대 포함)

도시의 맥락을 아우르는 "문화의 관문"

계획 부지는 동광주 나들목과 제 2순환도로 등 광주의 관문에 접해있고, 무등산 무돌길로 연결되어 있어 차량뿐만 아니라 보행자들의 통행도 많은 공간이다. 문학관은 기존 시설 중 커뮤니티센터에 수직, 수평 증축하여 들어서게 되며, 연계성을 고려한 배치와 다방면에 대응하는 매스를 통해 문화 콤플렉스의 대표공간으로 거듭날 것이다.

기능적인 "볼륨과 조닝"

구조적 보강을 통해 구조적 안전성을 확보하고, 평면 재구성을 통해 문학관과 커뮤니티센터의 공용홀로서 기능을 강화하였다. 기능군의 성격에 따라 독립적이면서도 상호 유기적으로 연계되어 있어 효율적으로 이용이 가능하다.

가변적인 "전시실"

기획전시실을 저층에 배치하여 방문객의 이용성을 고려하고, 가변형 전시공간 및 영상전시실 설치로 전시의 종류와 성격에 따라 자유로운 구성이 가능하다.

효율적인 "창작, 연구실"

지역 및 초청작가를 위한 작업공간을 제공하고, 다양한 지원공간 인접설치로 작업의 효율성을 높인다. 또한 남향의 실배치, 문화단지 일대 조망으로 쾌적한 실환경을 구현하였다.

개방적인 "공용공간"

저층부의 오픈플랜을 통해 문학관과 커뮤니티센터 뿐만 아니라 단지를 아우르는 공용홀을 설치하였고, 3개 층을 아우르는 연속된 보이드 및 커뮤니티 휴게공간 설치로 개방감을 극대화 하였다.

A 'portal to a cultural realm', which reflects the urban context

The project site is located near the major gateways to Gwangju, such as the Dong Gwangju Interchange and the Second Expressway. Also, it is connected to Mudol-gil of the Mudeungsan Mountain, therefore the site area is frequently used by both vehicles and pedestrians. The new literary house will occupy vertical and horizontal extensions of the community city among other existing facilities. And thanks to an arrangement plan that strengthens connection among different facilities and to a multi-directional mass design, the house will become a major culture complex.

A function-enhanced 'volume and zoning'

Structural reinforcement work is planned to ensure structural stability. The floor plan is redesigned to improve the function of the house and community center as a public hall. Programs are independently positioned or organically connected with others depending on their nature; it enables efficient use of space.

A flexible 'exhibition hall'

A multifunctional exhibition hall is positioned on the lower floor to improve user convenience. Also, flexible exhibition and screening rooms are designed; they can be freely reorganized according to the nature and characteristics of an exhibition.

An efficient 'workshop and laboratory'

workplaces for local and invited artists are provided. And various support facilities are installed nearby to improve work efficiency. Rooms are positioned to face the south, and views of the culture complex are offered to create a pleasant indoor environment.

An open 'public space'

An open-plan space is created on the lower floor as a public hall that integrates the literary house, community center and the entire complex. A continuous void and community lounge that embraces three floors is added, and it strengthens a sense of openness.

Prize winner Plan Architects Office, Inc._Lim Taehyung **Location** Buk-gu, Gwangju **Site area** 8,898.00m² **Building area** 2,312.97m² **Gross floor area** 5,128.02m² **Building coverage** 25.99% **Floor space index** 55.15% **Building scope** B1, 4F **Structure** RC **Exterior finishing** Stone, Copper sheet, Zinc panel, Red pine wood, Low-E paired glass **Parking** 83 (including 1 for the disabled)

광주문학관

기존 마스터플랜과의 조화와 시설의 접근성을 고려한 배치계획

진입성을 고려한 배치계획
· 대지맥락을 고려하여 시설의 접근성을 높이고 기존의 광장을 주차장으로 확장하여 편의성을 높임

도로에 대응하는 시설의 정면성
· 건물에 인접해있는 문화대로에 대한 정면성을 고려하여 건물 배치

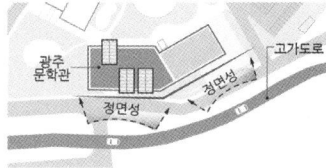

기존 마스터플랜을 활용한 외부공간
· 새롭게 추가되는 문학관의 프로그램과 연계한 기존 외부공간 활용계획

저층부 커뮤니티 공간을 재구성한 1층 평면계획

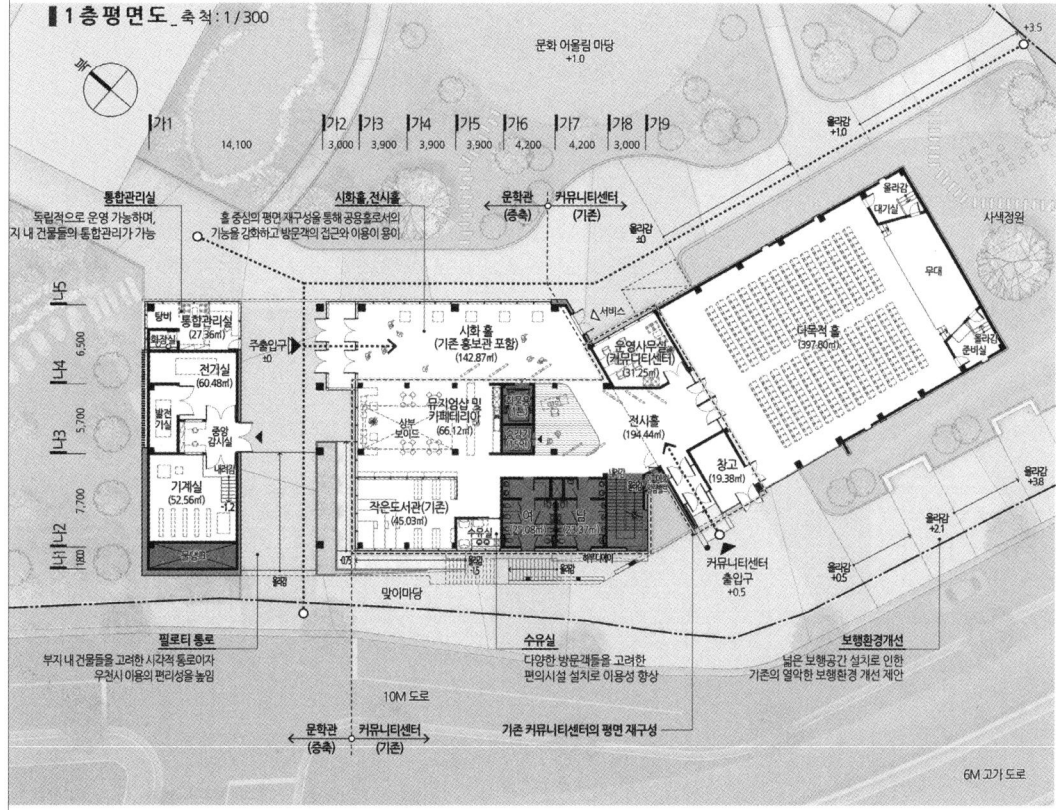

지역주민을 위한 커뮤니타공간 집중배치
· 기존의 전시홀/홍보관/작은도서관 등을 저층부에 집중배치하고 재구성하여 지역주민 이용성 향상

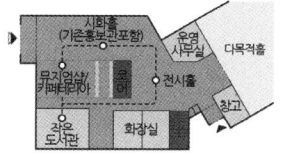

접근성을 높이는 주출입구 계획
· 건물에 인접한 보행로를 필로티로 연계하여 건물의 주출입에 대한 접근성을 높임

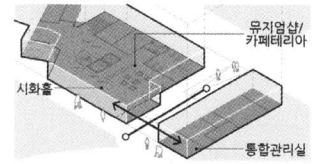

전시 관람이 가능한 시화홀
· 기존의 시화 홍보관을 시화홀과 함께 재구성하여 외부 조망이 가능한 전시 및 관람계획

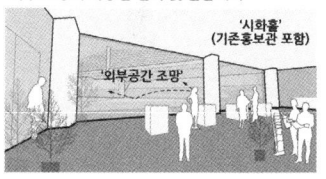

쾌적한 창작공간과 가변형 전시공간의 2층 평면계획

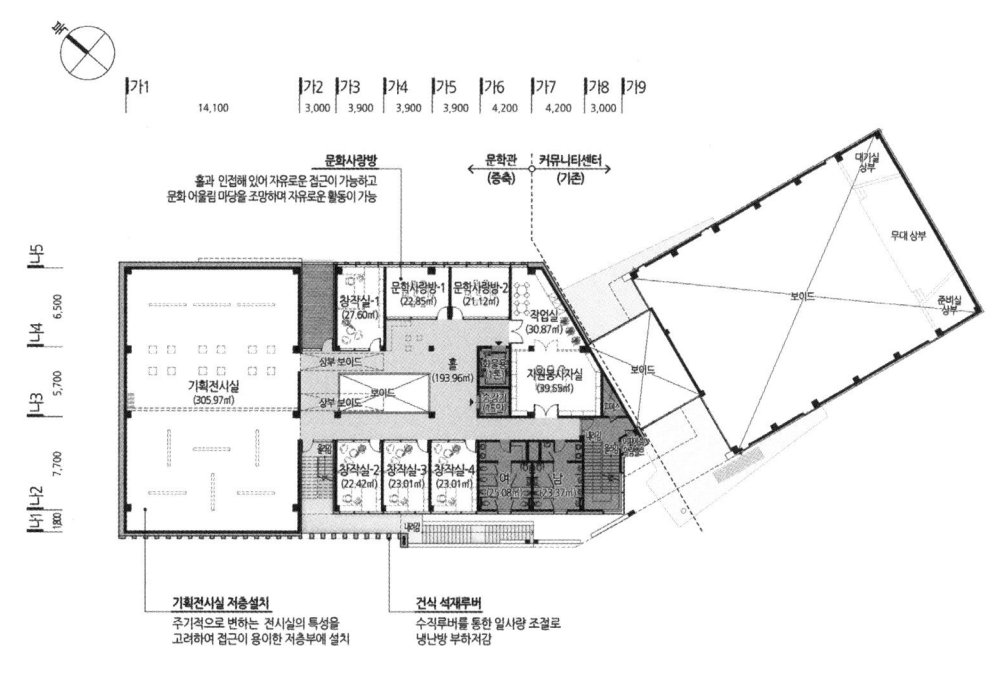

기존 모듈을 활용한 창작실
· 기존의 기둥 모듈을 활용하여 기존의 구성과 어울리는 창작실계획

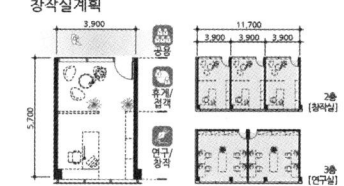

작가를 고려한 쾌적한 실내환경
· 실내 보이드 공간을 통한 창작실 및 연구실 쾌적한 실내환경 조성

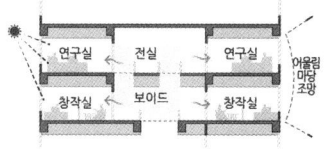

다양한 전시가 가능한 기획전시실
· 이동식 칸막이를 활용하여 다양한 규모의 전시 활용방안 제안

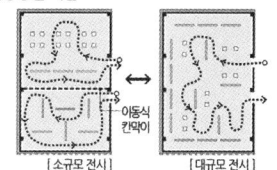

광주문학관

시설이용의 편리함과 다양한 전시관람을 고려한 3층 평면계획

■ 3층 평면도_축척:1/300

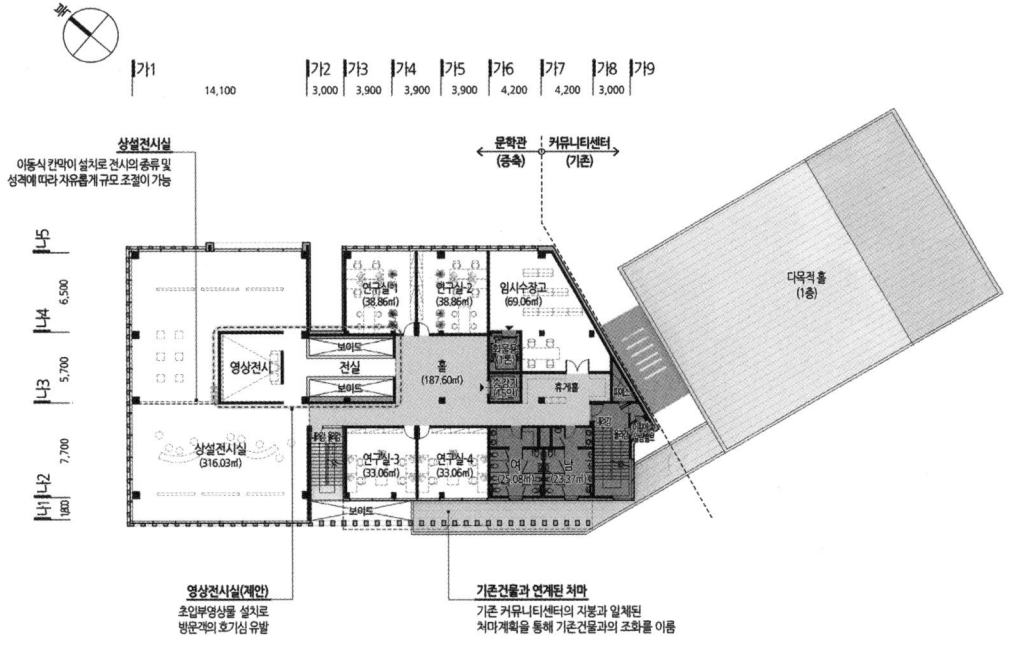

■ 홀을 중심으로한 프로그램 인접 배치
· 연구자 및 관람객들의 접근성을 고려한 홀을 중심으로한 프로그램 인접배치

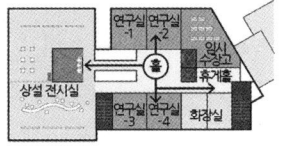

■ 화물용 승강기와 연계된 수장고 계획
· 화물용 승강기를 수장고에 인접하게 배치하여 화물 이동에 불편함이 없도록 계획

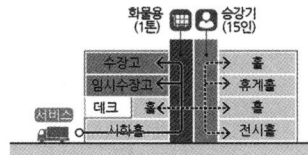

■ 영상전시 및 관람이 가능한 상설 전시실
· 영상전시실 제안으로 관람객의 이해도를 높이고 흥미를 유발

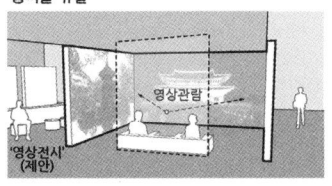

시설을 지원하는 운영시스템을 통해 통합관리가 가능한 4층 평면계획

■ 4층 평면도_축척:1/300

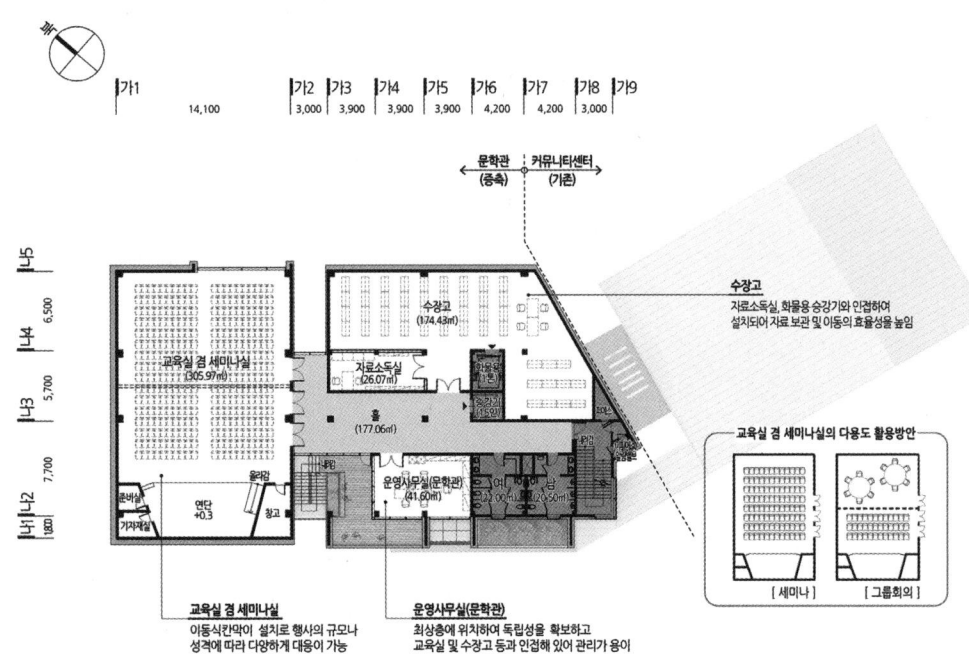

■ 운영 사무실을 중심으로한 통합관리
· 운영사무실을 중앙에 배치하여 시설 및 이용자 통합관리 용이

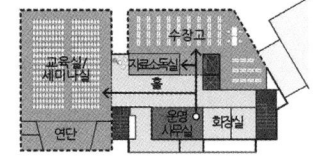

■ 개방적인 교육실 대공간 계획
· 다목적활용을 고려하여 4미터 이상의 층고를 확보한 개방적인 대공간 계획

■ 외부공간 조망이 가능한 운영사무실
· 6M고가도로와 문화소통길 등 외부조망이 가능한 운영사무실

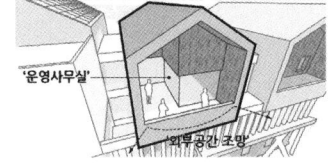

Gwangju Literary House

도로에 대한 인지성 고려한 입면 계획

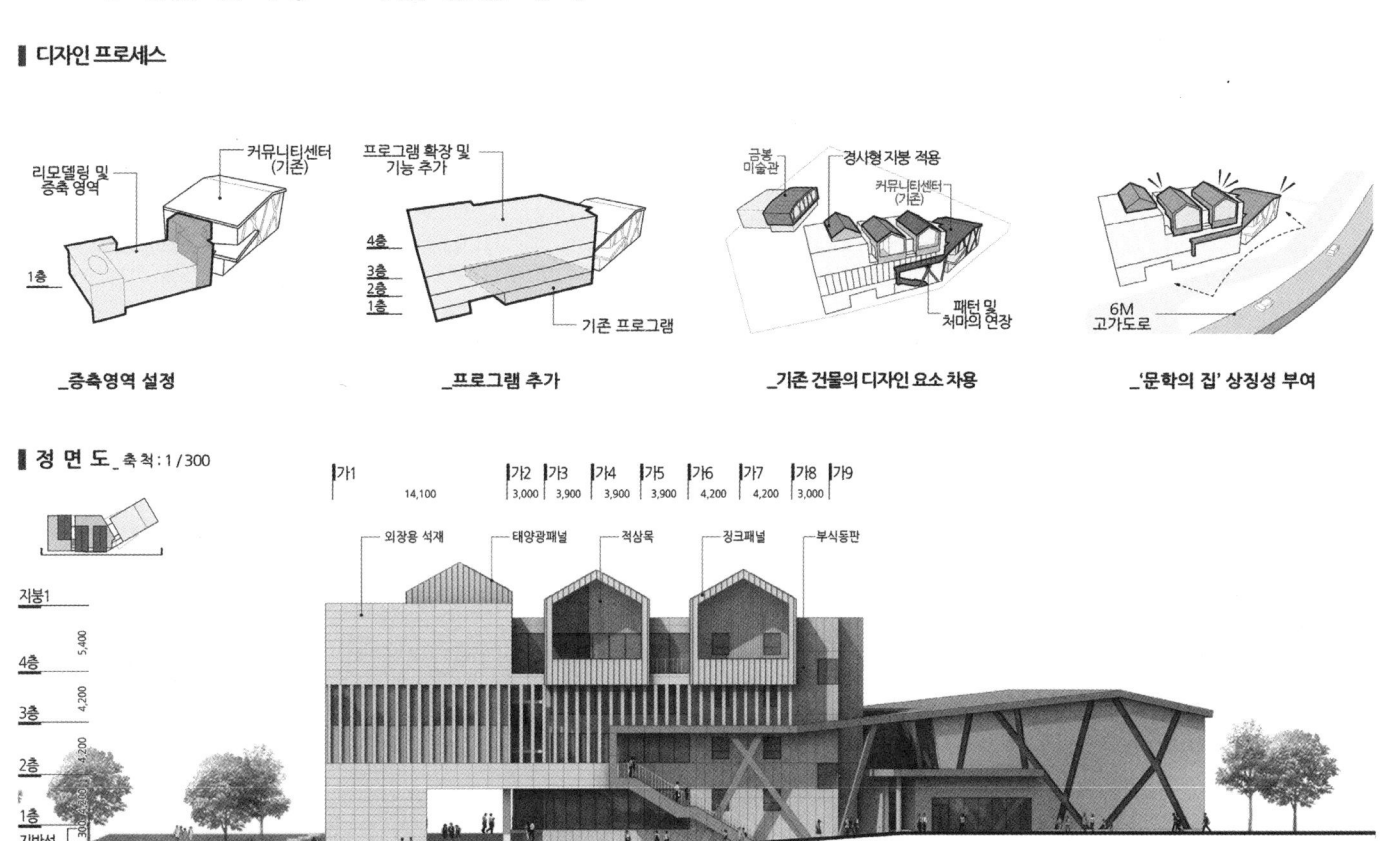

기존 건물들과 조화를 고려한 입면 디자인

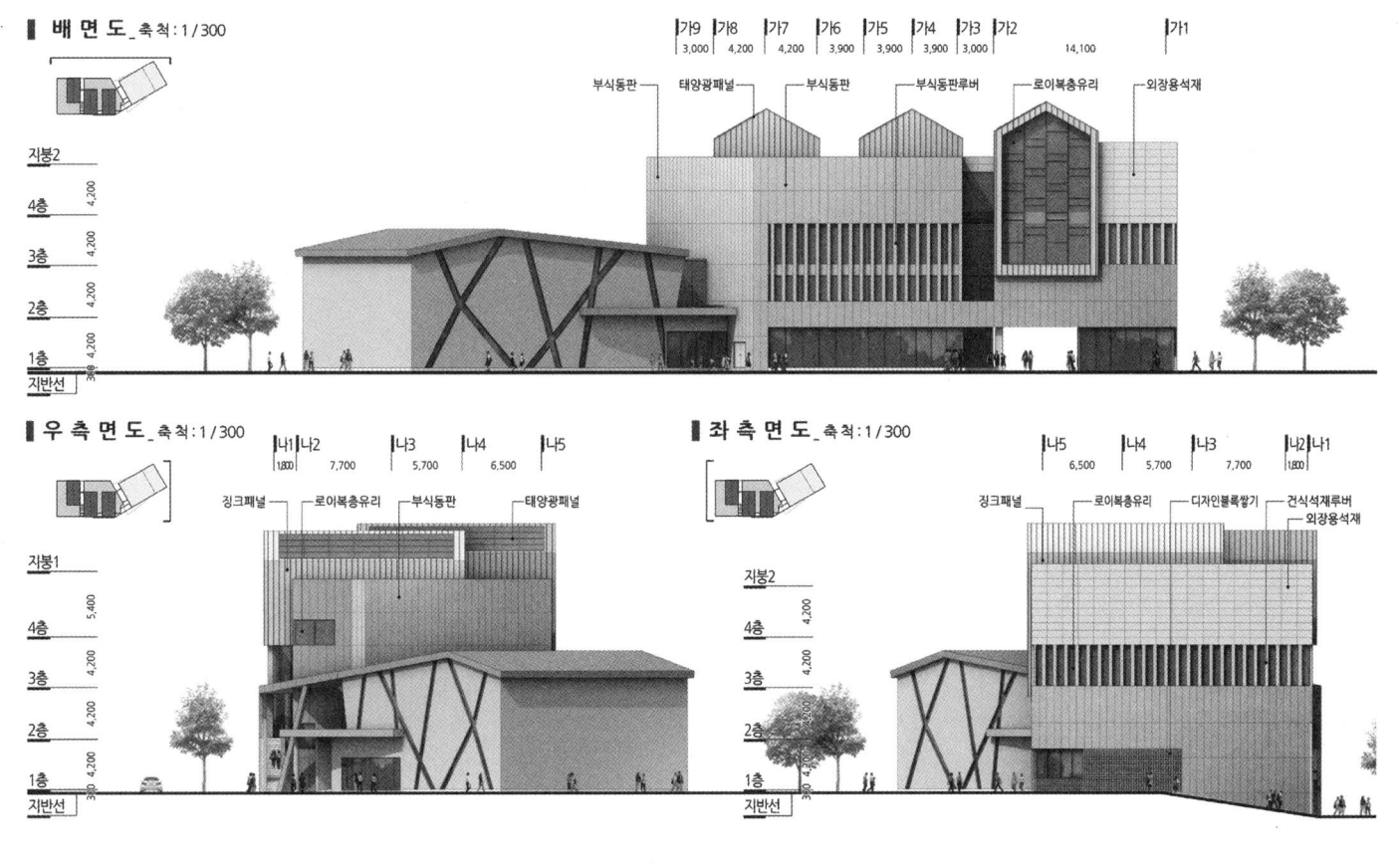

광주문학관

프로그램에 따른 사용자의 편의성을 고려한 단면

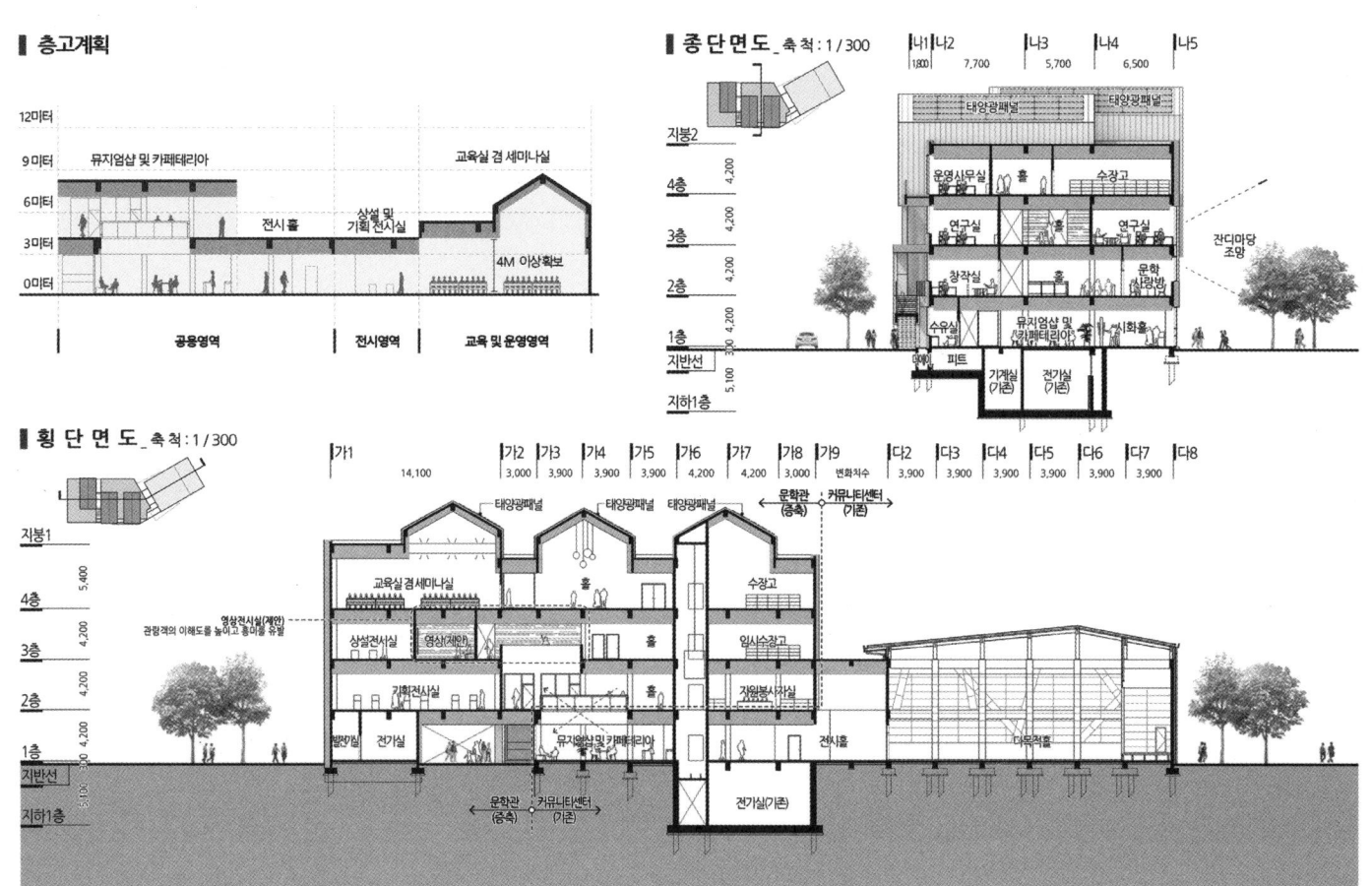

시설의 접근성과 이용자에 따른 편의성을 고려한 동선계획

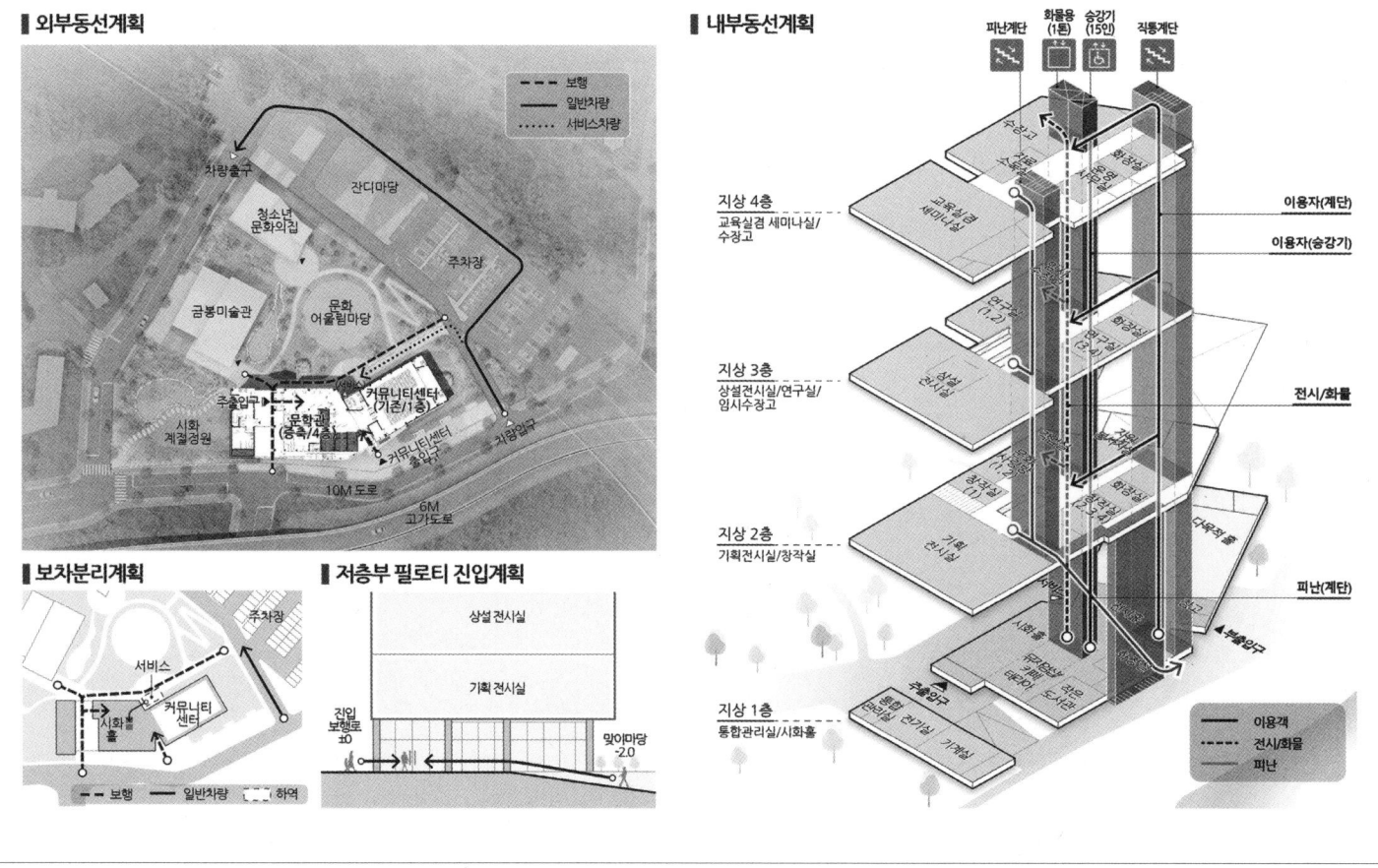

Gwangju Literary House

1. 도시의 맥락을 아우르는 "문화의 관문"

문학관이 들어설 부지는 동광주나들목과 제 2순환도로 등 광주의 관문에 접해있고, 무등산 무돌길로 연결되어 있어 차량뿐만 아니라 보행자들의 통행도 많이 이루어지는 공간이다.
문학관은 기존시설 중 커뮤니티 센터에 수직, 수평 증축하여 들어서게 되며, 시설들과의 연계성을 고려한 배치와 다방면에 대응하는 매스를 통해 문화 컴플렉스의 대표 공간으로 거듭날 것이다.

2. 기능적인 "볼륨과 조닝"

문학관에 들어서는 기능군은 크게 전시/연구/관리/공용공간으로 나눌 수 있다.
구조적 보강을 통해 구조적 안전성을 확보하고, 평면 재구성을 통해 문학관과 커뮤니티 센터의 공용 홀로서 기능을 강화하였다. 기능군의 성격에 따라 독립적이면서도 상호 유기적으로 연계되어 있어 효율적으로 이용이 가능하다.

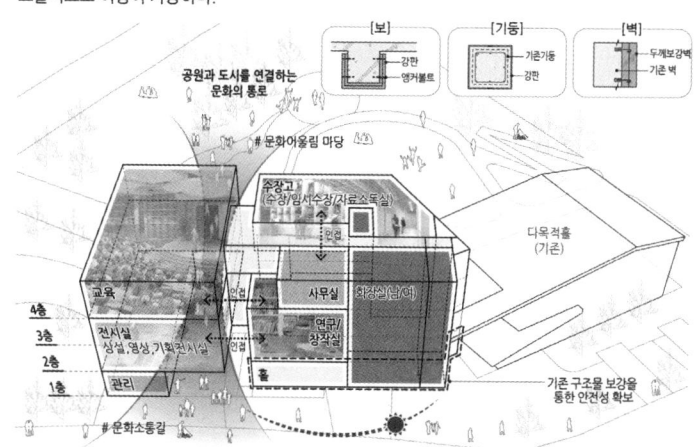

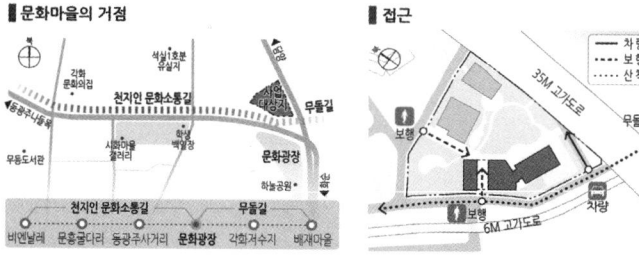

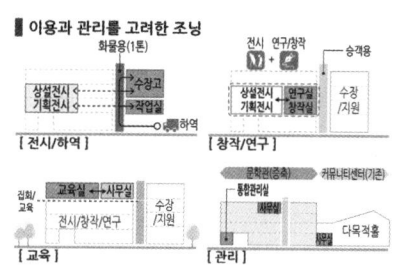

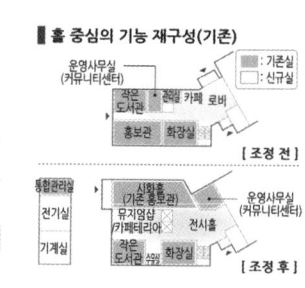

3. 가변적인 "전시실"

다변적인 기획전시실을 저층에 배치하여 방문객의 이용성을 고려하고, 가변형 전시공간 및 영상전시실 설치로 전시의 종류와 성격에 따라 자유롭게 구성이 가능하다.

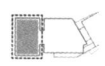

4. 효율적인 "창작/연구실"

지역 및 초청작가를 위한 작업공간을 제공하고, 다양한 지원공간 인접설치로 작업의 효율성을 높인다.
또한 남향의 실배치, 문화단지 일대 조망으로 쾌적한 실환경을 구현하였다.

5. 개방적인 "공용공간"

저층부의 오픈플랜을 통해 문학관과 커뮤니티센터 뿐만 아니라 단지를 아우르는 공용홀을 설치하였고, 3개층을 아우르는 연속된 보이드 및 커뮤니티 휴게 공간 설치로 개방감을 극대화하였다.

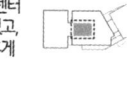

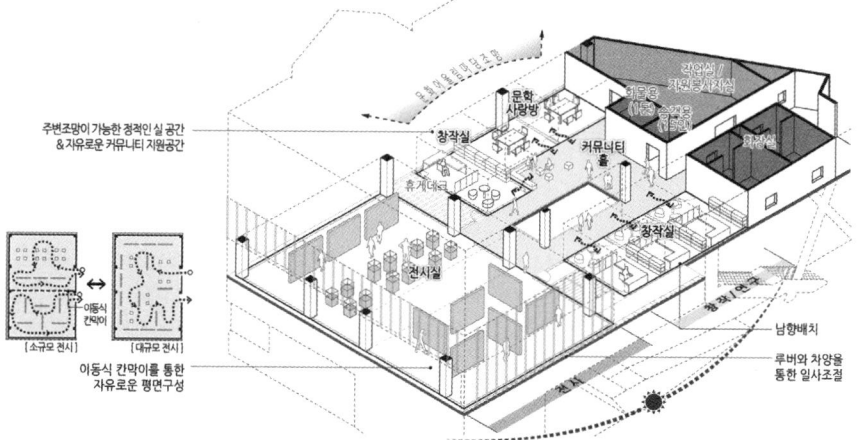

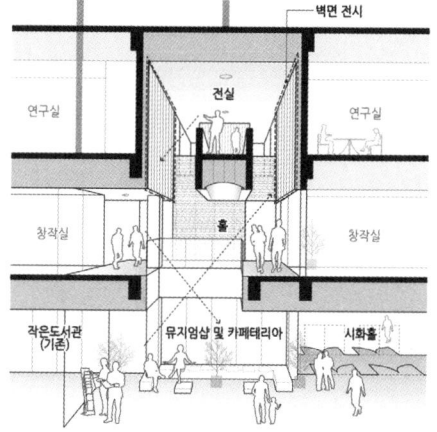

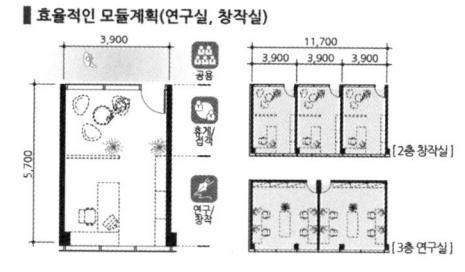

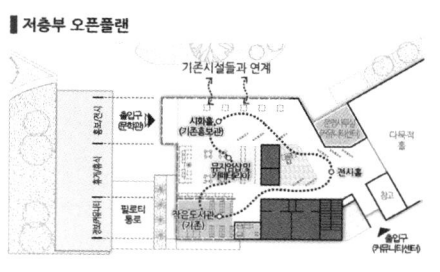

서울 공공한옥 한옥체험시설 리모델링

당선작 (주)참우리건축사사무소 정상철 설계팀 김원천, 탁충석, 문재형, 노진아, 김보경, 김민주

대지위치 서울특별시 종로구 북촌로 11가길 10 **대지면적** 605.00㎡ **연면적** 455.12㎡(한옥체험시설 211.0㎡, 공공시설 242.1㎡) **규모** 지하 2층, 지상 1층 **구조** 지하 - 철근콘크리트조, 지상 - 한식 목구조

북촌의 도시한옥이 우리에게 중요한 것은 오랫동안 골목으로 구획되고 축대로 형성된 필지위에 저마다 고유한 규칙으로 지어진 당시의 주거유형이라는 남겨져 있다는 점이다.

우리는 이형의 필지가 형성된 역사적 배경과 남겨진 한옥의 형태를 존중하고 건물의 형상뿐 아니라 한옥과 마당과의 관계, 마당 간의 관계를 중요하게 보았고, 도로 측 기존마을 입면의 연속성을 고려해 개구부의 크기, 벽면의 재료를 정했으며 특히 주변 환경과의 조화를 위해 기념비적이고 상징적이며 권위적인 건축을 지양했다. 이렇게 땅의 역사적 맥락을 존중하고 도시한옥의 원형을 유지하는 것이 전통이라 본다면 공공시설(북촌전시관, 공용화장실)과 한옥체험시설(게스트하우스)로 운영되는 새로운 프로그램은 장소에 변화를 유도하는 현대적 요소라 할 수 있다. 우리는 이 장소가 북촌의 샘터 같은 공간으로 사람들이 쉬고, 모이고, 즐기고, 정보를 교환할 수 있도록 이를 지원하는 시설의 적절한 배치를 중요하게 생각했다.

저층부는 공공영역으로 북촌의 메인 관광길에서 쉽게 인지될 수 있도록 남동측으로 입구를 옮기고 내부의 길이 골목길로 확장되어 시민과 관광객의 시선이 자연스럽게 공간과 연결될 수 있도록 했으며 지상부는 수익공간인 한옥게스트하우스를 위치시켜 마당에서 침실까지 점진적으로 사적영역의 밀도를 높여서 사용자의 편의를 고려했으며 마당 및 기단의 레벨 변화를 통해 공간의 성격을 부여해 한옥과 함께 내/외부영역이 자연스럽게 구분되도록 계획했다.

What makes urban hanoks in Bukchon so important is the fact that they are built according to their own code on a lot divided by alleys and formed along urban axes over a long period time, and that they are remnants of the housing type at their time.

We addressed the historical background of how the project site ended up having an atypical shape, along with the form of the remained hanok. Also, we paid attention not only to the building's morphology but also to the relationship between hanok and courtyard and between courtyards. We determined the size of an opening and the cladding of a wall to ensure consistency with the facades of existing roadside buildings. But above all else, we tried to propose a monumental, symbolic and authoritative architecture that makes harmony with the surrounding environment. Such efforts to respect the historical context of the land and preserve the originality accentuate the traditional side of the project whereas new programs including public facilities (Bukchon Exhibition Hall and public toilets) and hanok experience facilities (guest houses) form the contemporary side that aims to bring about changes in the site area. We tried to establish an appropriate arrangement plan for support facilities so that the site can become a place for relaxation, gathering, entertainment and sharing information, like the springs of Bukchon.

The lower floor is designated as a public area. Its entrance is moved to a southeast section so that it can be easily found on the main tourist course of Bokchon. Also, the internal path is extended to alleys to attract the eyes of the general public and tourists to the space in a natural way. In the ground area, Hanok Guest House, a source of income, is positioned, and the density of the private area is increased gradually from the courtyard to the guestrooms to improve user convenience. Changes in the levels of the courtyard and the foundation are used to define the characteristics of a space; this helps to mark a natural boundary between inside and outside.

Prize winner CHAMOOREE Architects_Jeong Sangcheol **Location** Jongno-gu, Seoul **Site area** 605.00㎡ **Gross floor area** 455.12㎡ **Building scope** B2, 1F **Structure** Underground - RC, Ground - Korean wood structure

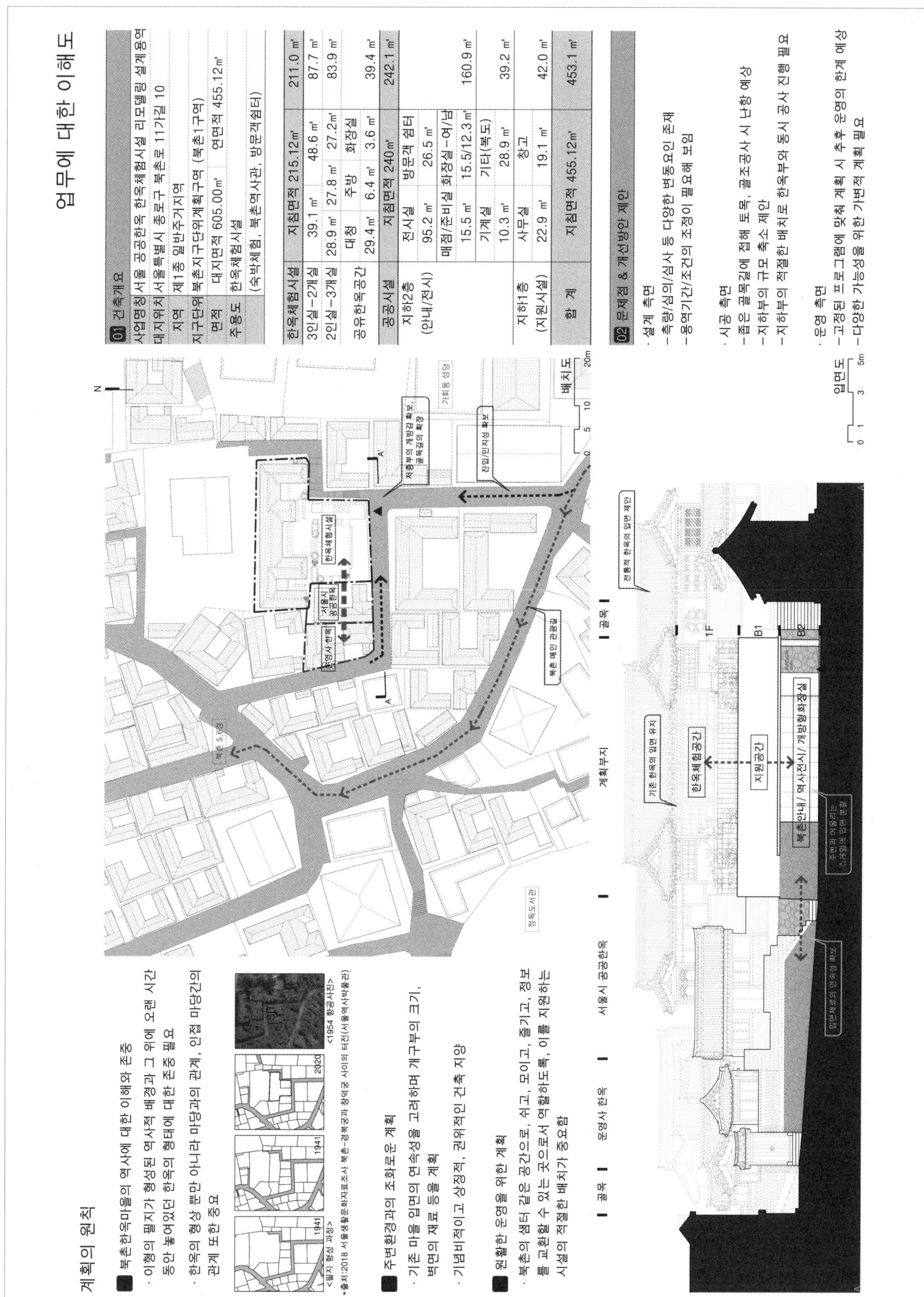

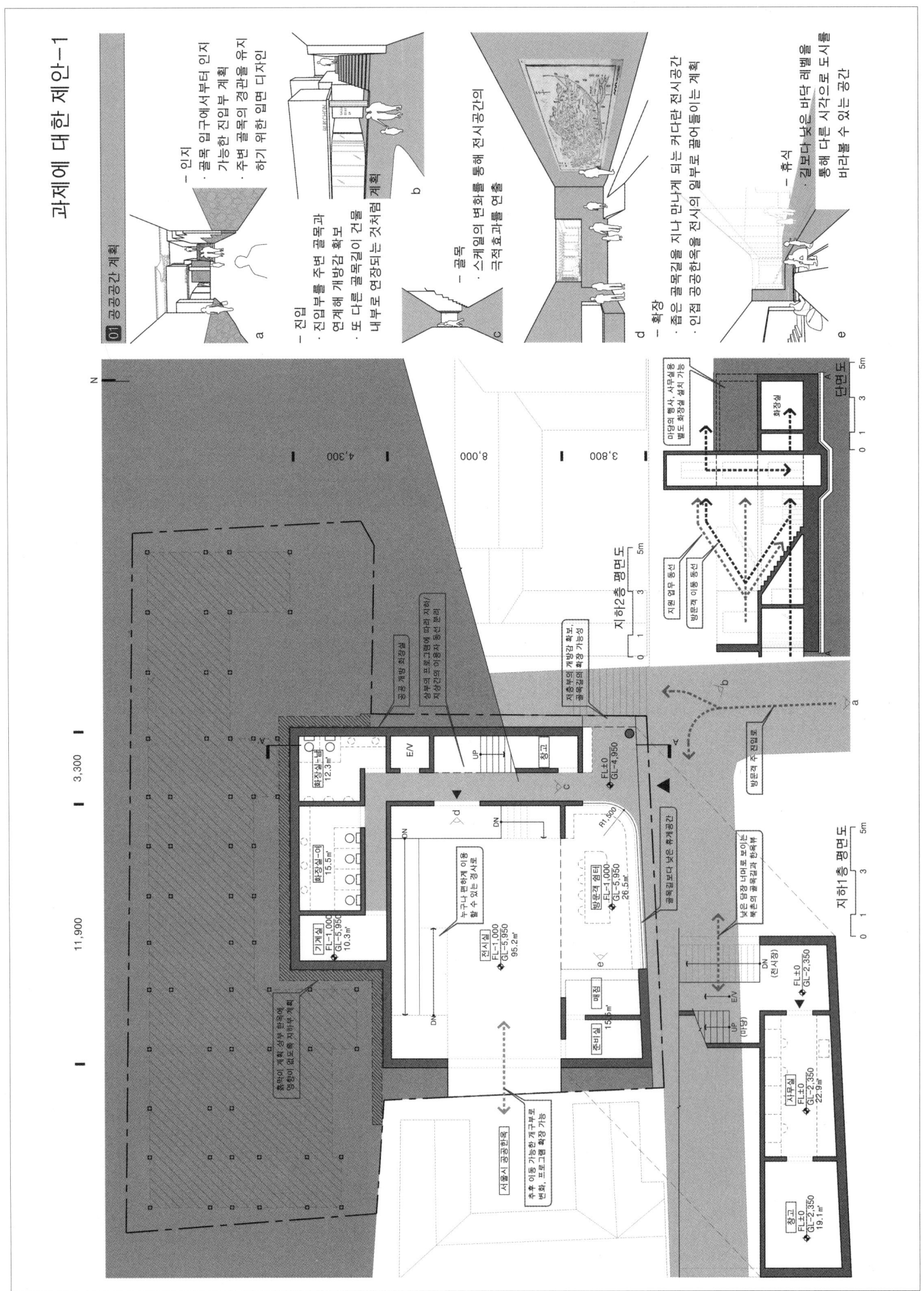

Seoul Public Hanok, Hanok Experience Facility Remodeling

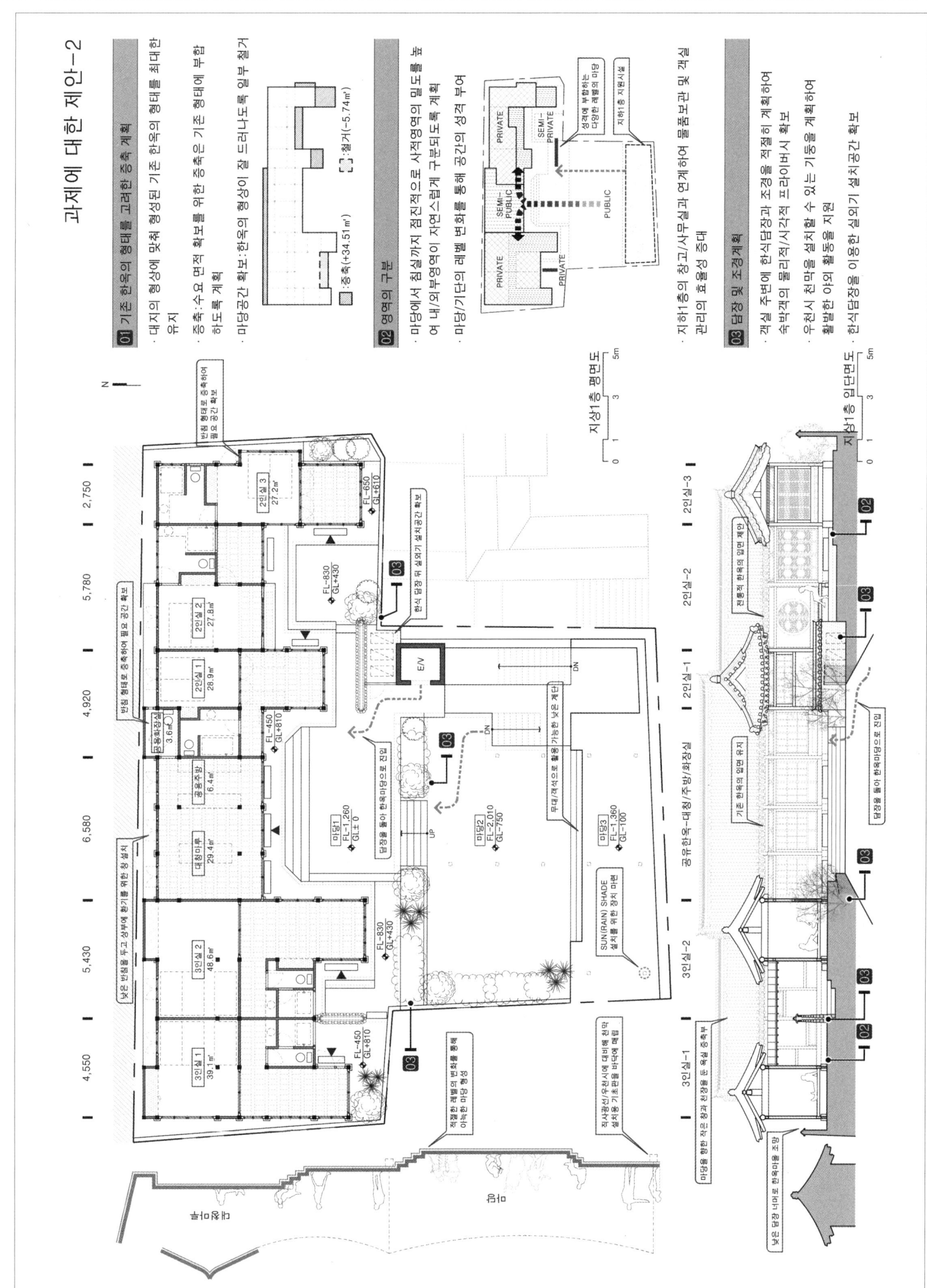

서울 공공한옥 한옥체험시설 리모델링

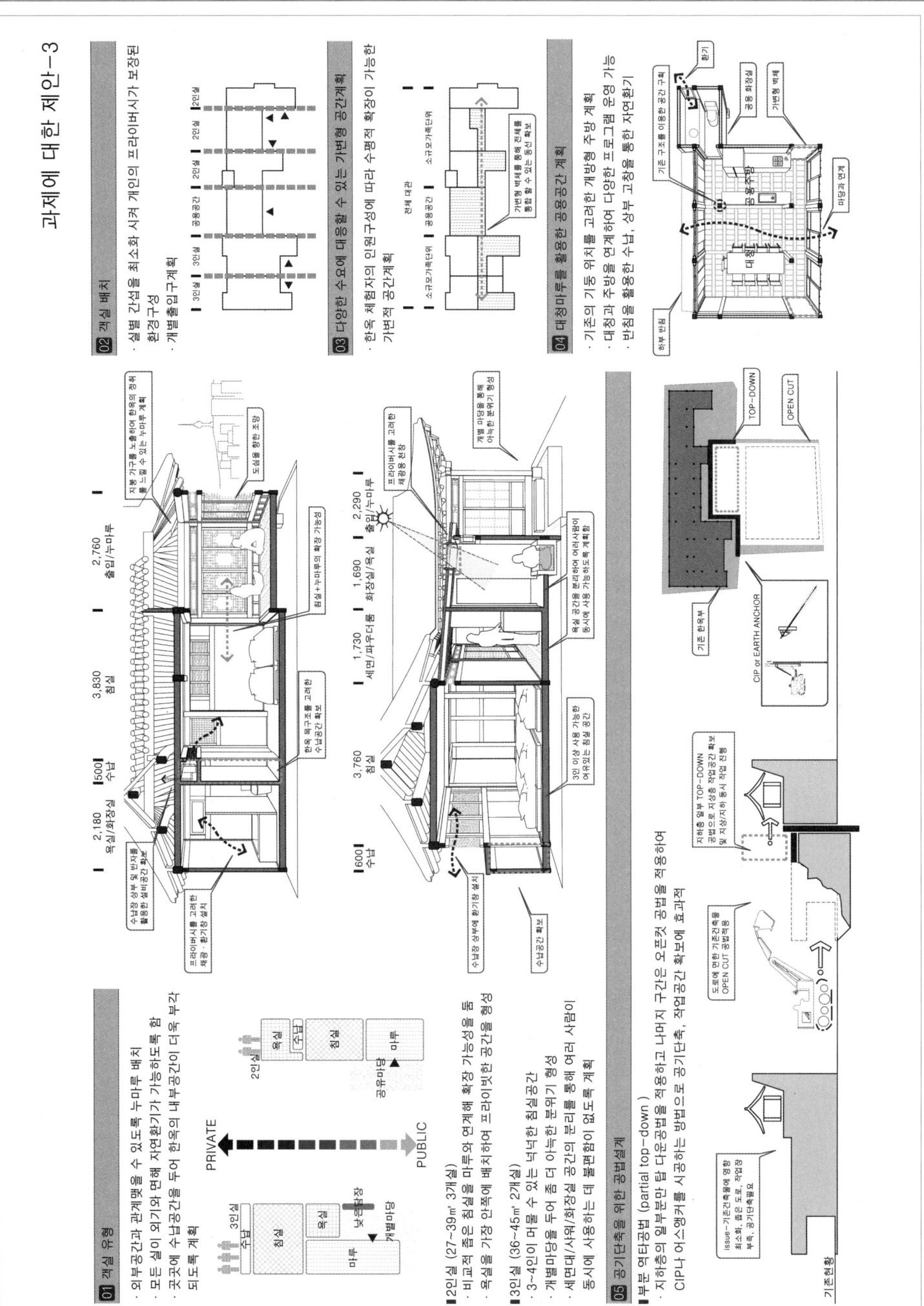

Seoul Public Hanok, Hanok Experience Facility Remodeling

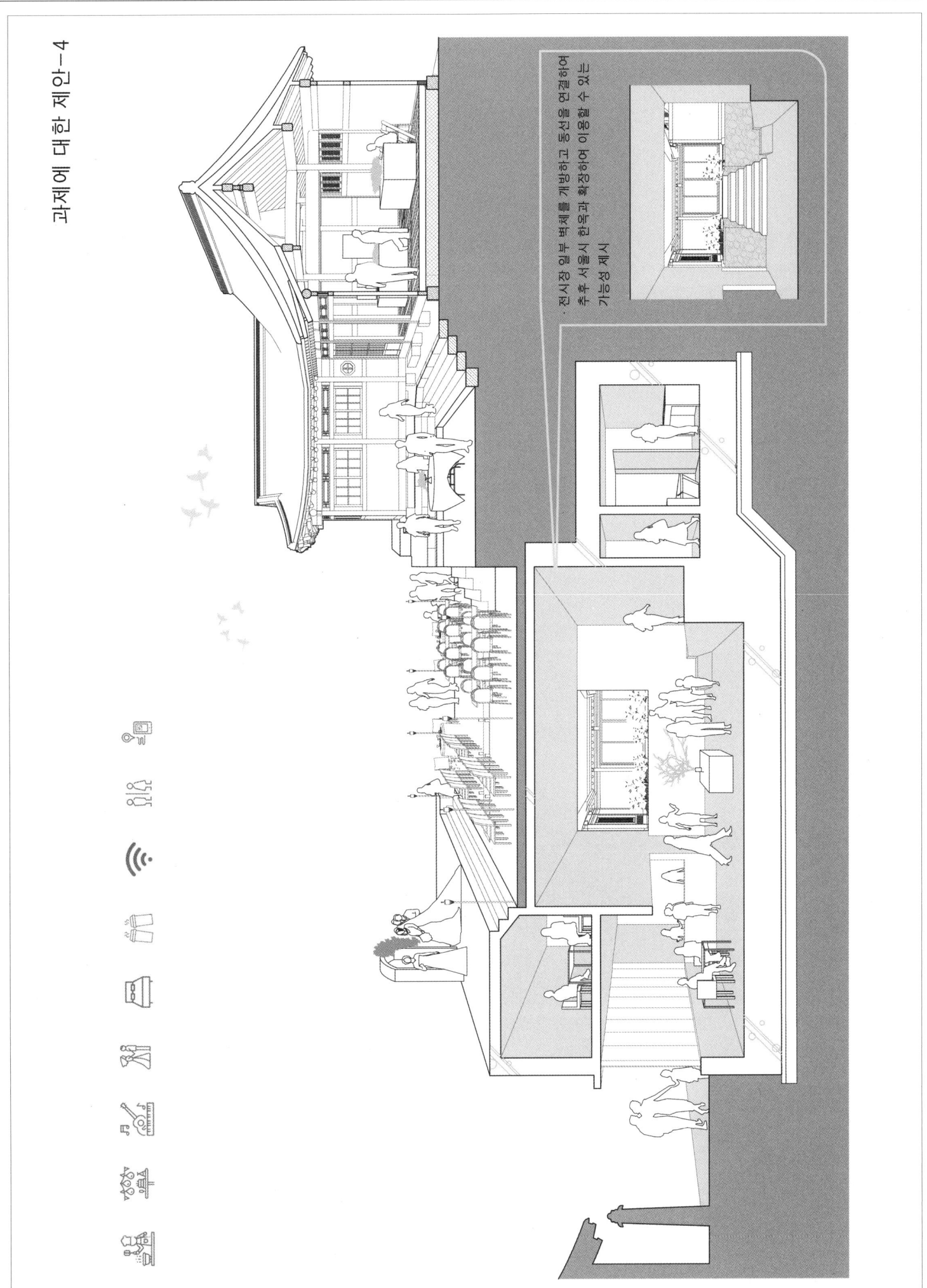

서울 공공한옥 한옥체험시설 리모델링

우수작 (주)구가도시건축 건축사사무소 조정구 설계팀 조지영, 양수민, 노선영, 유희정

대지위치 서울특별시 종로구 북촌로 11가길 10 **대지면적** 605.00㎡ **건축면적** 219.98㎡ **연면적** 450.12㎡ **건폐율** 36.36% **용적률** 37.07% **규모** 지하 2층 지상 1층 **구조** 지하 - 철근콘크리트조, 지상 - 한식 목구조 **외부마감** 한식 회벽, 석재마감

설계설명
북촌 한가운데 자리한 대지 가장 아늑하면서, 북촌과 시내의 전경이 눈 앞에 펼쳐지는 곳. 내가 어느 곳에 있음을 느끼는 확실하고 아늑한 나만의 장소로 이 집을 생각했다. 북촌에서는 보기 드물게 넓은 면적에 들어선 큰 마당과 집합을 이룬 규모 있는 한옥이지만, 나무로 무성한 마당은 계단과 지붕이 차지하고 있어, 그렇게 커 보이지도 쓸모 있어 보이지도 않았다. 그런데도 마당에서 자란 나무가 좋아 하얀 능수 벚꽃이 축대 아래 골목을 향해 꽃가지를 늘어뜨린 모습은 보는 사람을 설레게 했다.

고유한 풍경과 안락함
5개의 객실과 공용의 대청과 식당, 작은 웨딩 등 마당에서 예상되는 각종 행사를 위해 동서로 길게 이어져 있는 한옥을 어떻게 나누고 이어갈까는 큰 고민이었다. 먼저, 가운데 네 칸 대청을 두고 좌우로 객실을 배치하였다. 서로의 위치에 따라 펼쳐지는 풍경이 좋은 곳이 있는가 하면, 그렇지 않은 곳도 있었다. 풍경과 안락함 중 그 객실에서 얻을 수 있는 '한가지' 장점을 잘 살리도록 하여, 전체 객실이 서로 다르면서 그 체험의 총량은 비슷하고, 각각이 고유함을 느낄 수 있도록 계획하였다.

Design concept
A lot nestled at the center of Bukchon. A place with a panoramic view of Bukchon and the city. I thought this house could be a reassuring and warm refuge for myself, which tells me where I am. It was a quite large hanok with a large courtyard, occupying a spacious lot which is rarely seen in Bukchon. But because that most of the area was taken up by stairs and the roof, the tree-clad courtyard did not look to be very big or of good use. Nevertheless, trees growing in the courtyard looked splendid, and white cherry blossom trees with branches drooping toward an alley below the embankment were making a heart-pounding scene.

A unique view or a sense of comfort
It was a huge challenge to figure out how to divide or connect different sections of the existing hanok making a long stretch from east to west, with an aim to accommodate five guest rooms, a shared wooden porch, a cafeteria and a small-scale wedding and various events that are expected to take place in the courtyard. At first, the wooden porch with four slots is positioned at the center, and the guestrooms, on its right and left. I found that some spots offer a good view, but some others don't, depending on their position. Therefore, the 'one' merit of a guestroom, which could be either a good view or a sense of comfort, is strengthened in a way that every guestroom can have a different characteristic yet provide a similar level of experience to allow every and each one of them to give off unique charm.

2nd prize guga urban architecture_Cho Junggoo **Location** Jongno-gu, Seoul **Site area** 605.00m² **Building area** 219.98m² **Gross floor area** 450.12m² **Building coverage** 36.36% **Floor space index** 37.07% **Building scope** B2, 1F **Structure** Underground - RC, Ground - Korean wood structure **Exterior finishing** Korean plastered wall, Stone

Seoul Public Hanok, Hanok Experience Facility Remodeling

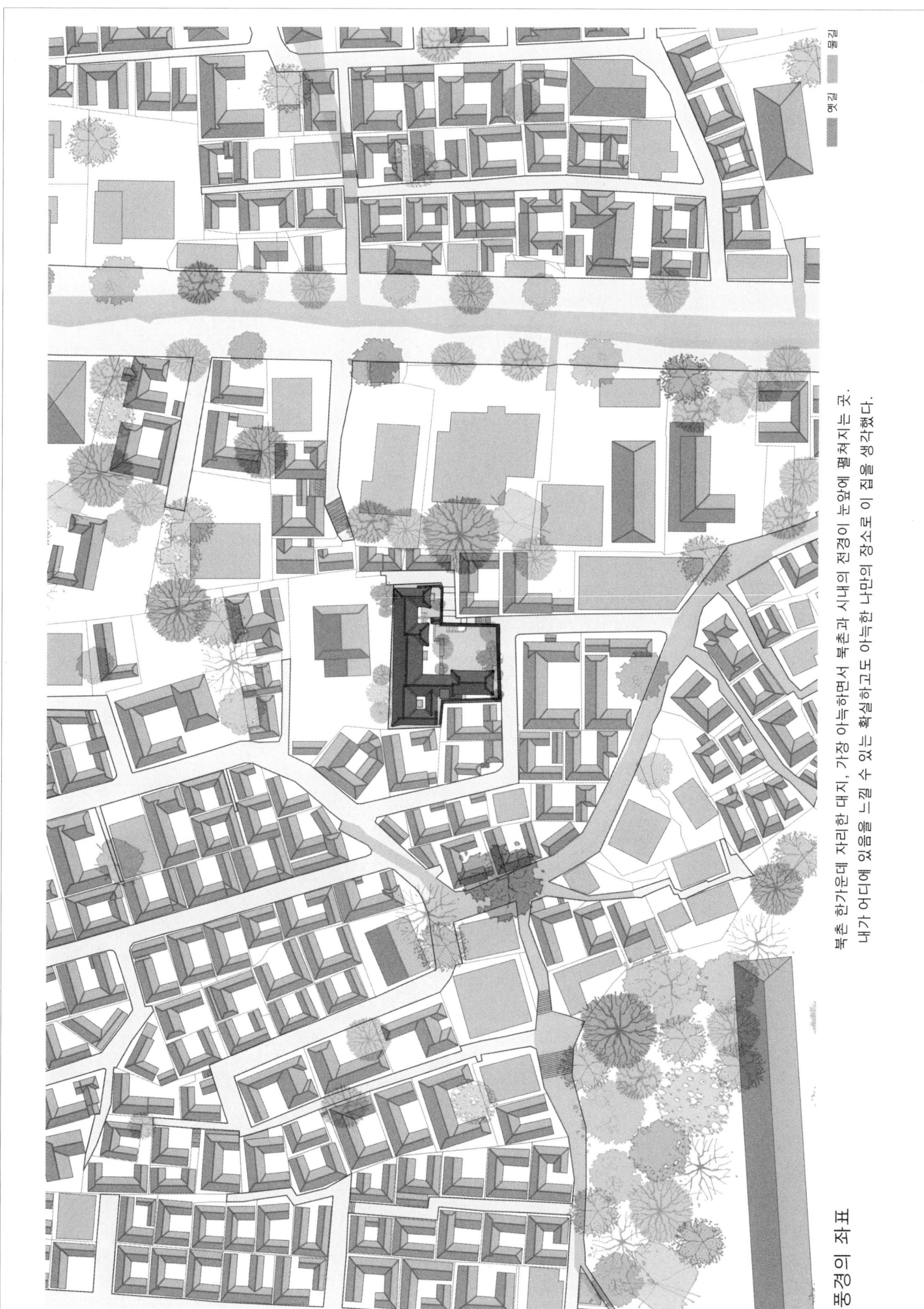

북촌 한가운데 자리한 대지, 가장 아늑하면서 북촌과 시내의 전경이 눈앞에 펼쳐지는 곳. 내가 어디에 있음을 느낄 수 있는 확실하고도 아늑한 나만의 장소로 이 집을 생각했다.

서울 공공한옥 한옥체험시설 리모델링

디자인 개념

객실의 증축과 마당의 재구성

가운데 나온 팔작 지붕날개채를 남쪽으로 길게 뻗어 객실 하나와 지원공간인 사무공간을 그 아래 두었다. 날개채 서쪽에 엘리베이터를 붙여 전체 공간을 통합하였다. 증축으로 인하여 길게 늘어진 한옥 매스를 지붕을 다르게 분절하여 전체적인 조화를 이루도록 하였다.

고유한 풍경과 안락함

5개의 객실과 공용의 대청과 식당, 작은 헤딩 등 마당에서 예상되는 각종 행사를 위해 동서로 길게 이어져 있는 한옥을 어떻게 나누고 이어갈까는 큰 고민이었다. 먼저, 가운데 내간 대청을 두고 좌우로 객실을 배치하였다. 서로의 위치에 따라 펼쳐지는 풍경이 좋은 곳이 있는가 하면, 그렇지 않은 곳도 있었다. 풍경과 안락함을 잘 살리도록 하여, 전체 객실이 서로 다르면서 '한가지' 정점을 잘 살린다는 체험이 그 객실에서 얻을 수 있는 고유함을 느낄 수 있도록 배치하고 계획하였다. 각각이 고유하면서 그 총합은 비슷하도록 계획하였다.

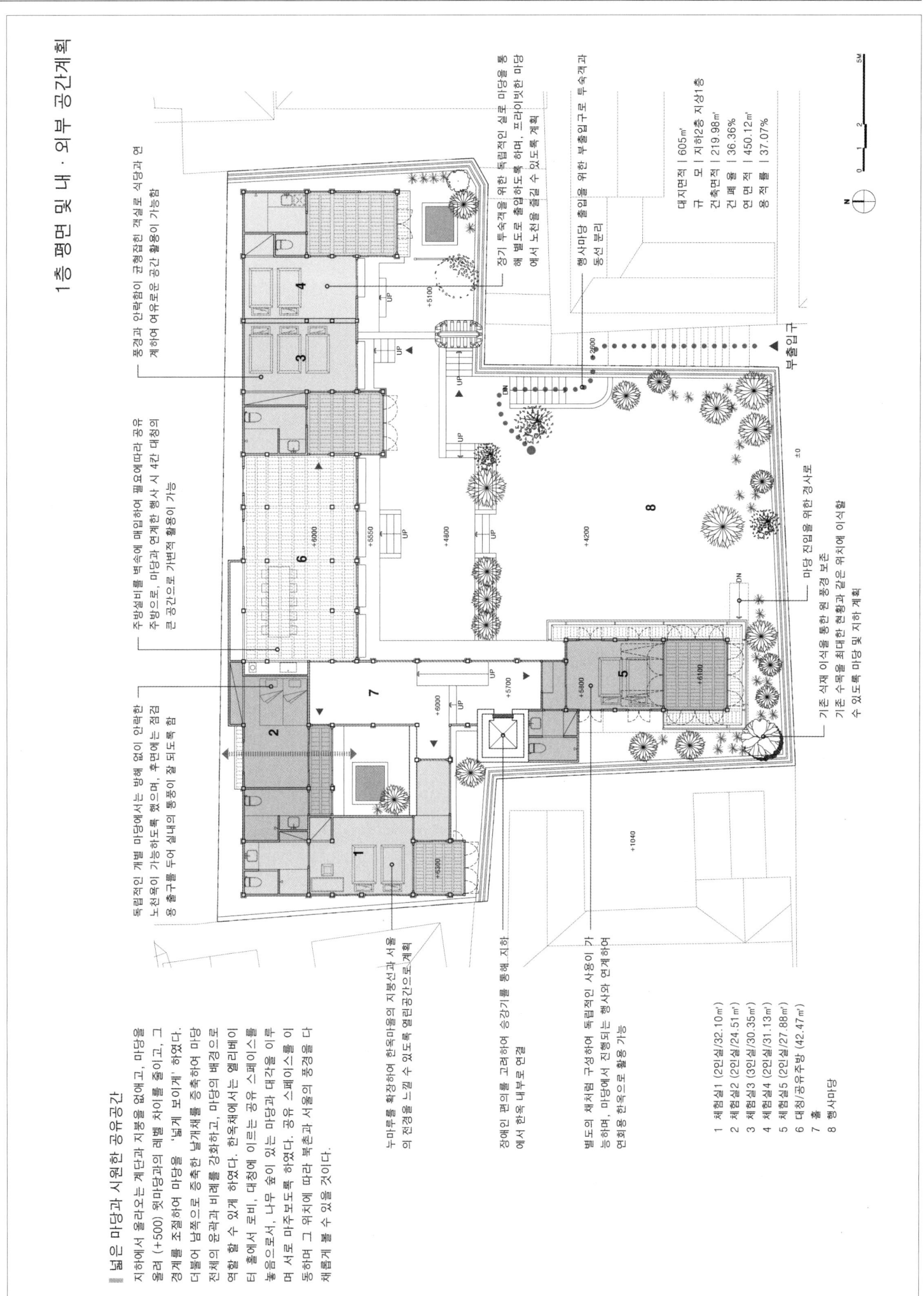

서울 공공한옥 한옥체험시설 리모델링

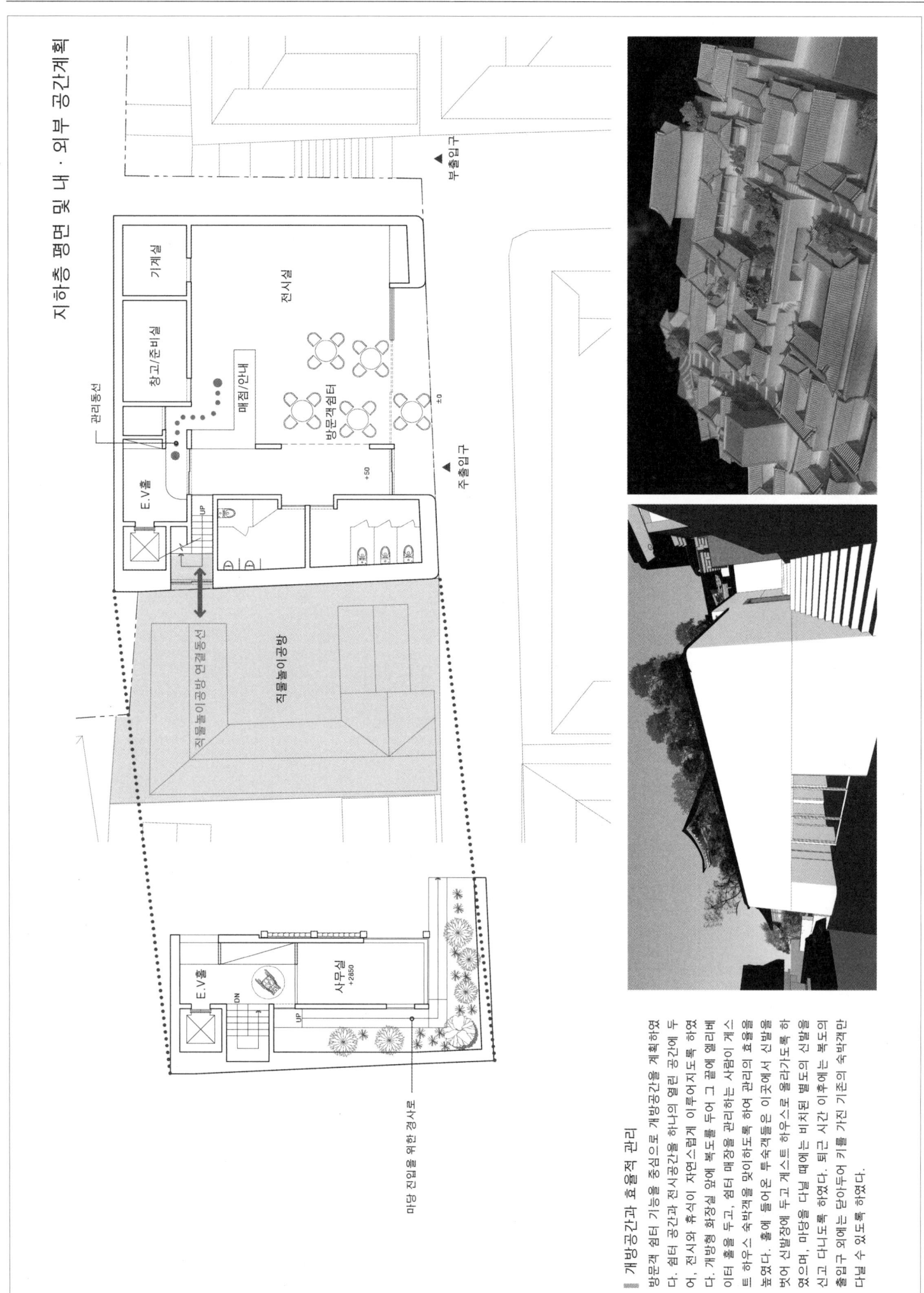

지하층 평면 및 내·외부 공간계획

개방공간과 효율적 관리

방문객 쉼터 기둥을 중심으로 개방공간을 계획하였다. 쉼터 공간과 전시공간을 하나의 열린 공간으로 두어, 전시와 휴식이 자연스럽게 이루어지도록 하였다. 개방형 화장실 앞에 복도를 두어 그 끝에 헬리페이터 출입을 두고, 쉼터 매장을 관리하는 사람이 게스트 하우스 숙박객을 맞이하도록 하여 관리의 효율을 높였다. 룸에 들어온 숙박객들은 이곳에서 신발을 벗어 신발장에 두고 계스트 하우스로 올라가도록 하였으며, 마당을 다닐 때에는 비치된 별도의 신발을 신고 다니도록 하였다. 퇴근 시간 이후에는 복도의 출입구 외에는 단아두어 기존 기존의 숙박객만 다닐 수 있도록 하였다.

Seoul Public Hanok, Hanok Experience Facility Remodeling

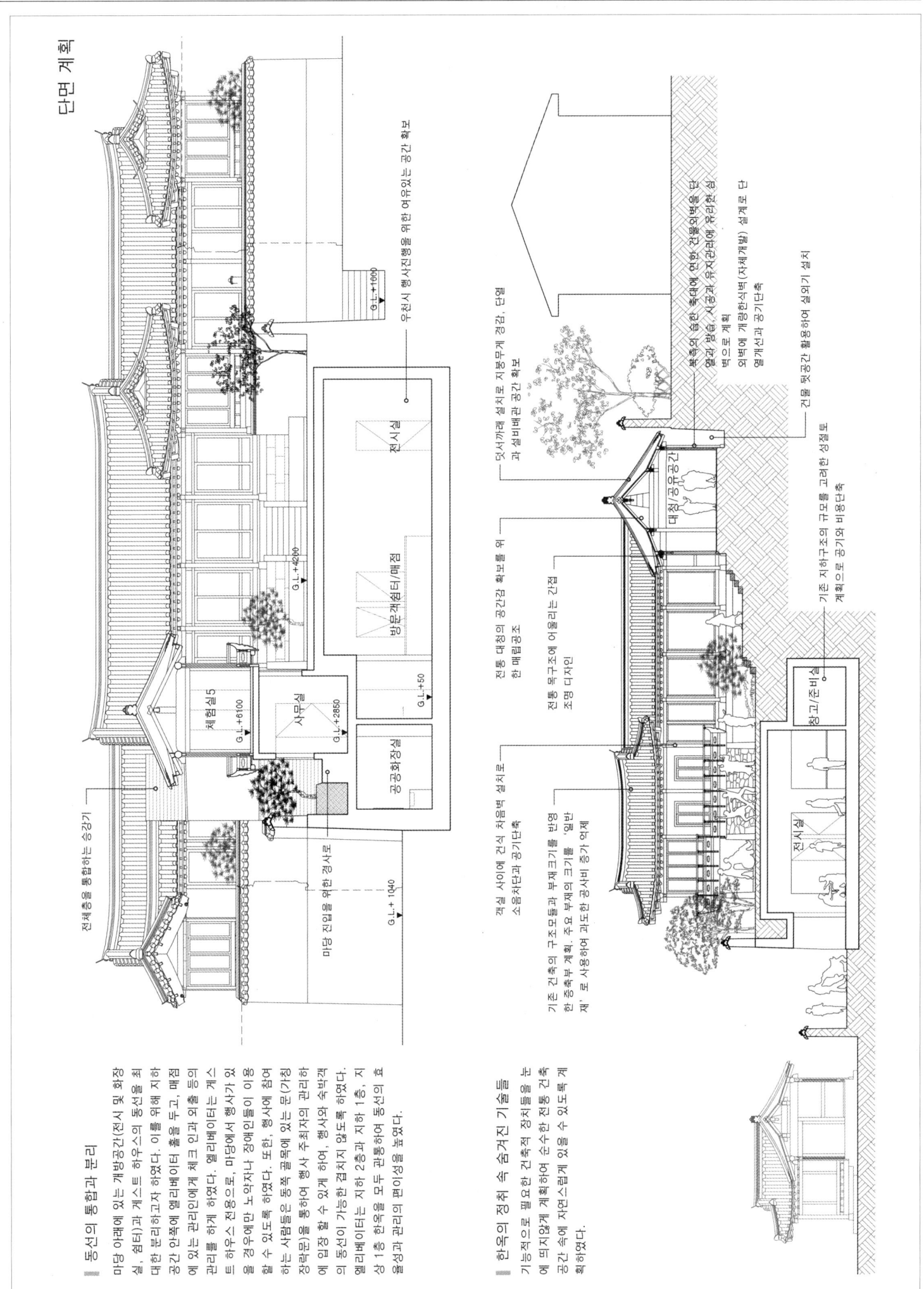

단면 계획

동선의 통합과 분리

마당 아래에 있는 개방공간(전시 및 화장실, 쉼터)과 게스트 하우스의 동선을 최대한 분리하고자 하였다. 이를 위해 지하 공간 안쪽에 엘리베이터 출입구, 매점 에 있는 관리인에게 체크 인과 아웃 등의 관리를 하게 하였다. 엘리베이터는 게스트 하우스 전용으로, 마당에서 행사가 있을 경우에만 노약자나 장애인들이 이용할 수 있도록 하였다. 또한, 행사에 참여하는 사람들은 동쪽 골목에 있는 문(가칭장락문)을 통하여 행사 주최자의 관리하에 입장 할 수 있게 하여, 행사 숙박객의 동선이 가능한 겹치지 않도록 하였다. 지상 1층 한옥은 모두 관통하여 동선의 효율성과 관리의 편의성을 높였다.

한옥의 정취 속 숨겨진 기술들

기능적으로 꼭 필요한 건축적 장치들을 눈 에 띄지않게 계획하여 순수한 전통 건축 공간 속에 자연스럽게 있을 수 있도록 계획하였다.

서서울미술관

당선작 더 시스템랩 김찬중 + 제이더블유랜드스케이프 정욱주 설계팀 박상현, 강민식, 전영신, 김종울림, 최영한, 김유재(이상 더 시스템랩)

대지위치 서울특별시 금천구 독산동 1151번지 일대 **대지면적** 7,370.00㎡ **건축면적** 2,123.10㎡ **연면적** 7,342.49㎡ **건폐율** 13% **규모** 지하 2층, 지상 1층 **최고높이** 7m **구조** 철근콘크리트구조, 철골콘크리트조 **외부마감** 알루미늄 복합패널, 햄머드 스테인리스 스틸패널 **주차** 58대

일상 속의 미술관

본 계획안은 금나래 공원과 주민의 일상을 미술관에 담고자 하였다. 금나래 공원의 중앙보행로는 지역주민이 등하교와 출퇴근 하는 길이며, 강아지와 산책하는 길인 동시에 킥보드를 타고, 이웃과 만나는 일상 속의 일부이다. 그들의 일상에 예술의 레이어를 입히는 방법으로 공원의 중심보행로를 따라 미술관의 다양한 기능들을 개방형으로 배치하였다. 길 가의 상점 쇼윈도를 보듯 매일 예술을 접하는 미술관이다.

투명한 스트리트형 미술관은 공원에 전정과 후정을 만들어 주고, 사이사이로 형성되어 있는 기존의 보행로와 창을 통해 보이는 미술관의 프로그램들이 보행자와 미술관을 유기적으로 연결시켜 준다.

쇼윈도 형식의 프로그램들은 다양한 형태의 현대예술 설치를 수용하는 그리드 아이언 시스템의 수벽을 포함한 지붕구조를 갖는다. 지붕은 보행자에게 쾌적한 그늘을 제공함과 동시에 루프탑 미로정원의 구조체로 작동하며 햄머드 스테인레스 스틸패널을 사용하여 추상적으로 재해석 되는 공원의 풍경을 담는 캔버스 파사드이다.

3개의 메인갤러리는 지하에 구성되어 있으나, 캔틸레버 수벽을 이용한 연속된 콜로네이드와 같은 반외부 공간으로 인하여, 지역주민들은 일상 속에서 예술 활동을 접하게 된다. 공원의 기존 보행로에 예술의 레이어가 입혀지는, 일상에서 예술을 만나는 일상 속의 미술관을 제안한다.

MUSEUM OF DAILY LIFE

The project pursed to include Geumnarae Park and the daily lives of the residents in the museum. The central walkway of Geumnarae Park, in which they walk to commute, stroll with pets, and meet the neighbors, is a part of the daily lives of the locals. As a way of adding a layer of art to their daily lives, various functions of the museum are deployed openly along the central path. Like the show-windows on a street, the museum melts into the daily lives.

The transparent linear museum creates front yard and backyard in the park, and the existing paths in between and the museum programs beyond the windows organically connect the pedestrians with the art museum.

The programs in show-windows have a roof structure that includes a gridiron system that accommodates various types of contemporary art installations. The roof provides shades over the park walkway, supports the rooftop maze garden, and becomes a canvas that responds to the reinterpreted landscape of the park on its hammered stainless-steel panel.

Although the three main galleries are located on the underground level, the semi-enclosed space under cantilevered overhang that resembles a continuous colonnade allows residents to meet the artwork in everyday life. The architects propose a museum that paints a layer of art on the existing park walkway; a museum resides in the daily lives of the residents.

Prize winner THE_SYSTEM LAB_Kim Chanjoong + jwl_Jeong Wookju **Location** Geumcheon-gu, Seoul **Site area** 7,370.00m² **Building area** 2,123.10m² **Gross floor area** 7,342.49m² **Building coverage** 13% **Building scope** B2, 1F **Height** 7m **Structure** RC, SC **Exterior finishing** Aluminum composite panel, Hammered stainless steel panel **Parking** 58

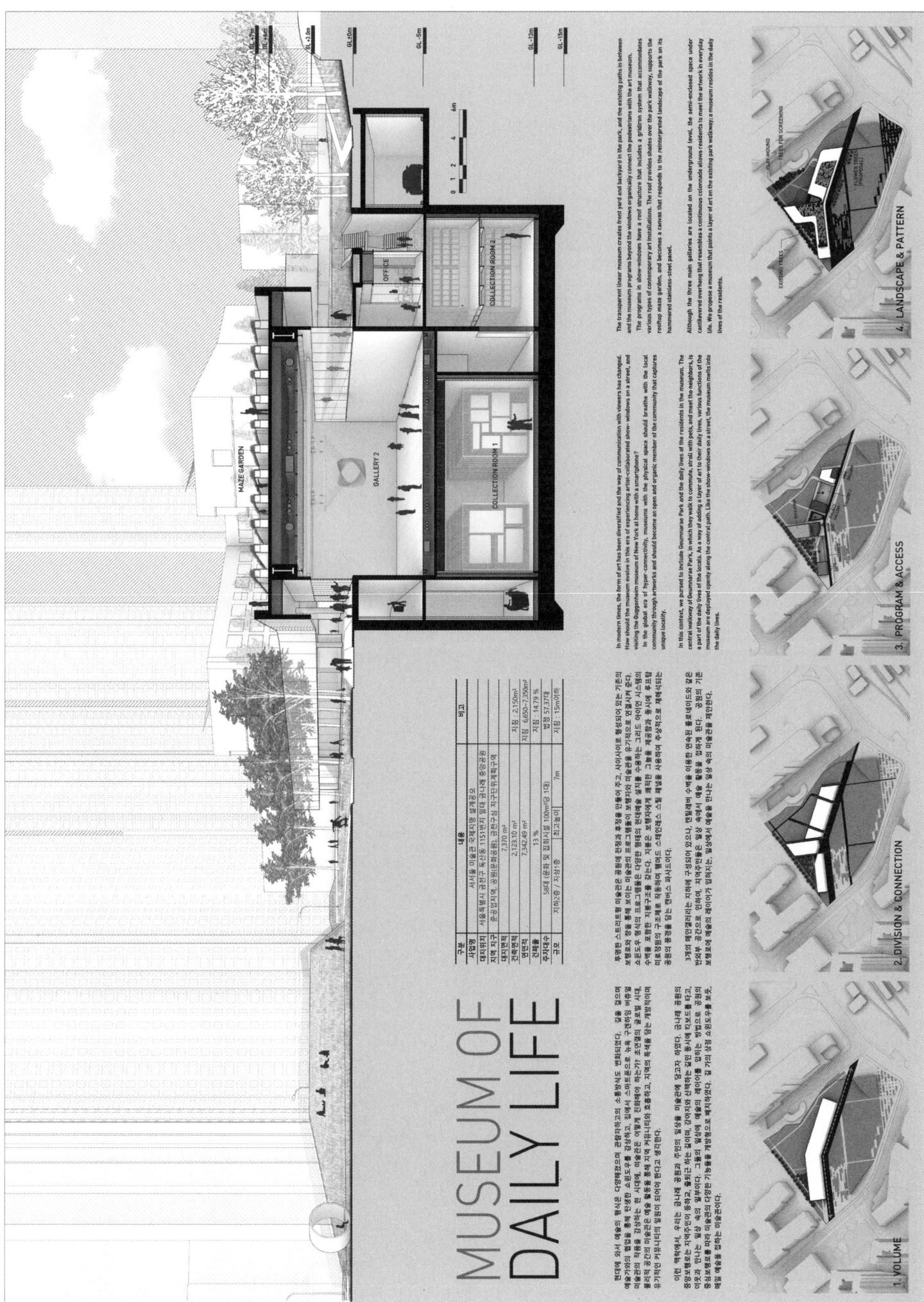

서서울미술관

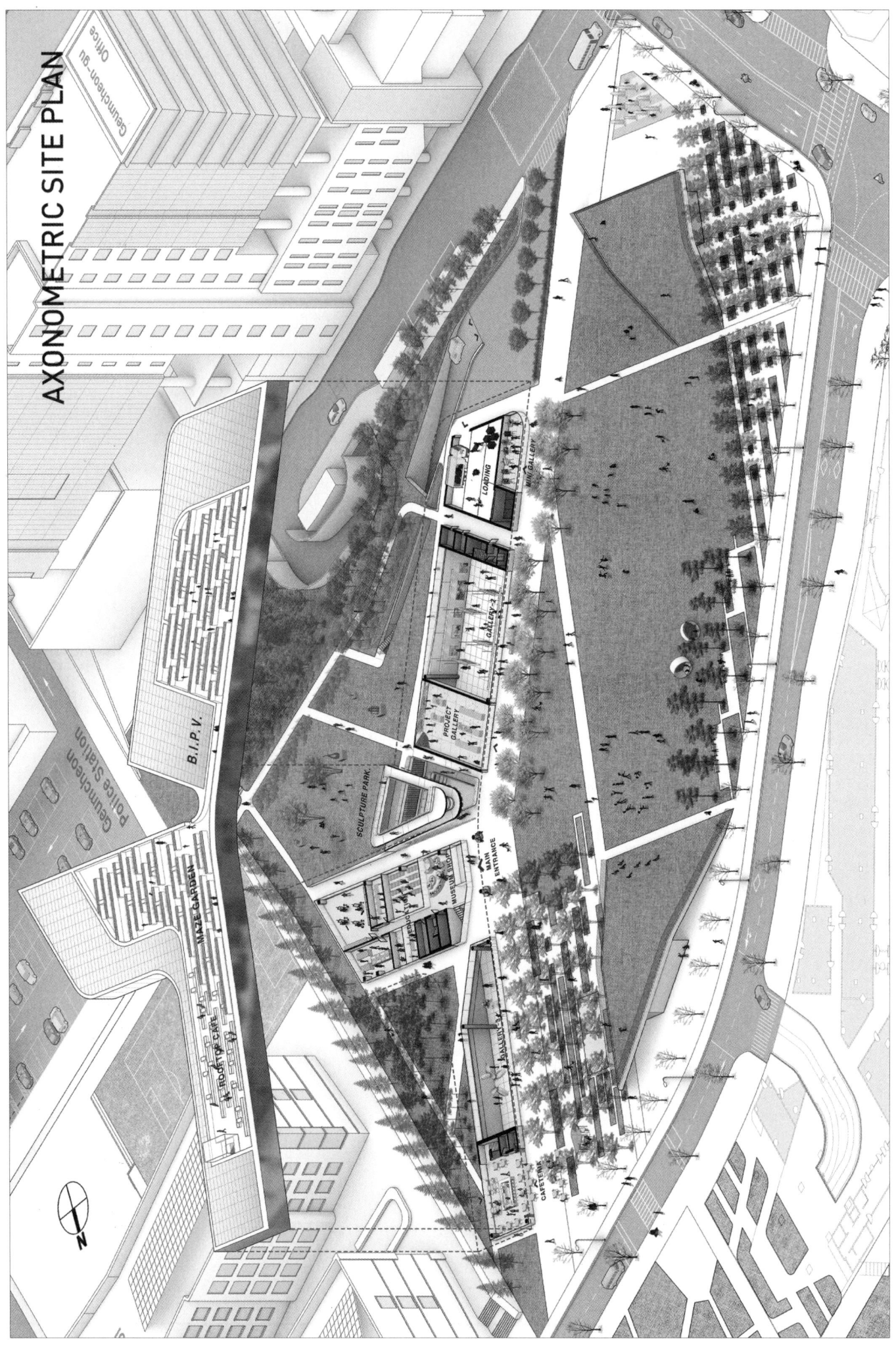

AXONOMETRIC SITE PLAN

Seo-Seoul Museum of Art

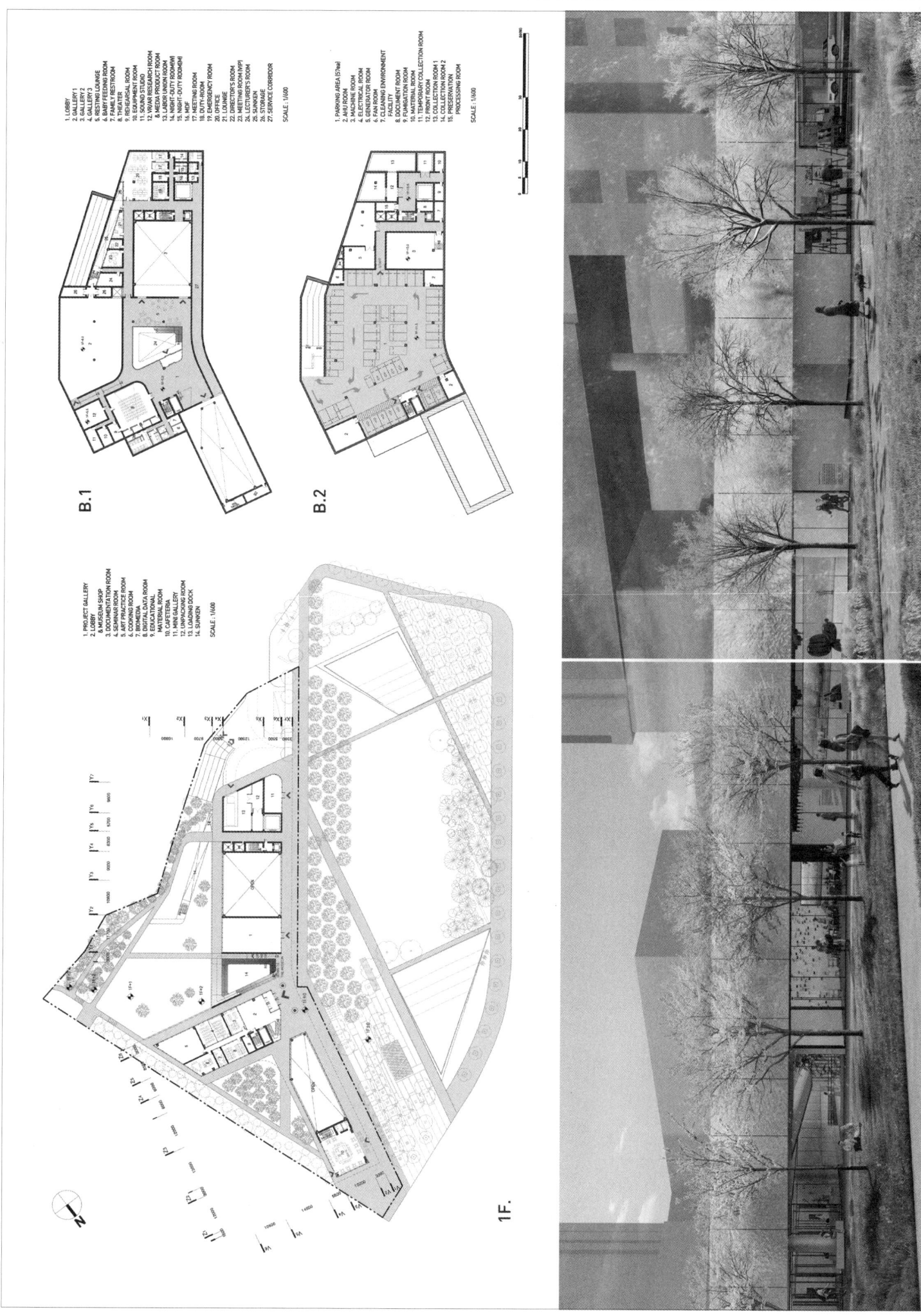

혁신어울림센터

당선작 (주)부산건축종합건축사사무소 정태복, 이채근 + (주)한미건축종합건축사사무소 이봉두 (이상 한미) 설계팀 김문성, 박다예, 임나진, 이주연, 김혜찬, 남수안(이상 부산) 주인철, 박범준, 전명진

대지위치 부산광역시 동래구 온천동 129-2번지 **대지면적** 1,320.00㎡ **건축면적** 729.75㎡ **연면적** 4,050.67㎡ **건폐율** 상업지역 - 56.32% / 주거지역 - 52.93% **용적률** 상업지역 - 177.39% / 주거지역 - 149.99% **규모** 지하 2층, 지상 5층 **구조** 철근콘크리트조 **외부마감** 세라믹패널, 로이복층유리, 알루미늄패널, 알루미늄루버, 목재루버 **주차** 40대(장애인 주차 2대, 경형 4대 포함)

혁신어울림센터는 온천장 도시재생 활성화 계획의 핵심 사업으로서 온천, 뷰티 & 헬스케어 아이템과의 융합을 통해 지역주민과 이용자가 소통하는 입체적 플랫폼이 된다. 혁신어울림센터를 통해 건축물 이 볼거리가 되고, 전시와 상품이 볼거리가 되고, 사람이 볼거리가 되는 매력적인 건축, 그 중심에 온천이 있는 공간을 실현하고자 한다.

비움 – 길과 공간을 잇다
주거지역과 상업지역의 경계에서 길을 열어 누구나 접근 가능한 열린 공간을 제공한다. 'ㄷ'자 매스배치로 위요된 중정공간을 통해 공간을 비우고 행위를 담는다.

연결 – 사람을 잇다
1층에서 4층까지의 개방영역을 순환하는 입체적 연결 계단과 공중정원을 또 다른 플랫폼으로 제안한다. 마당을 둘러싼 각각의 공간은 서로 교감하면서 보고, 보이고, 느껴지는 복합공간이자 실내외의 경계가 없는 공간으로서의 활력과 의미를 가진다.

온천, 뷰티 & 헬스케어의 융합 – 문화를 잇다
7개의 플랫폼 공간을 통해 지역주민들과 이용객이 서로 소통가능한 건축적 공간을 제안한다. 다양한 이벤트가 발생하는 입체적 문화공간 조성으로 공간의 연속적 경험을 선사하며, 동시대의 다양한 문화를 잇는 상징적인 역할을 수행한다.

The proposed center is the main part of the Oncheonjang urban regeneration project. By combining thermal spring, beauty and health care programs, it will become a three-dimensional platform through which visitors and local people can communicate with each other. This proposal aims to introduce a beautiful architecture that adds charm to buildings, exhibitions, products and even people, and create a space that has thermal springs at its core.

Void - Connecting paths and spaces
A path is laid on the border between residential and business areas to create an open space accessible for everyone. The 'ㄷ'-shaped mass encircles a courtyard that provides an empty space to accommodate various activities.

Connection - Connecting people
Along with three-dimensional stairs that circulate through an open area from the 1st to the 4th floor, a hanging garden is added to serve as another type of platform. Positioned to encircle the courtyard, various rooms interact with each other to show themselves, to be seen by others and to feel each other; they form a collective space that doesn't mark the boundaries between inside and outside.

Combining thermal springs, beauty and health care - Connecting cultures
The proposal proposes an architectural space that helps visitors and local people interact with each other through 7 platforms. It creates a continuous spatial experience by introducing a three-dimensional cultural space in which various events take place. Also, it plays a symbolic role by connecting different contemporary cultures.

Prize winner Busan Architecture_Jung Taebok, Lee Chaekeun + Hanmi Architects_Lee Bongdoo **Location** Oncheon-dong, Dongnae-gu, Busan **Site area** 1,320.00m² **Building area** 729.75m² **Gross floor area** 4,050.67m² **Building coverage** Commercial area - 56.32% / Residential area - 52.93% **Floor space index** Commercial area - 177.39% / Residential area - 149.99% **Building scope** B2, 5F **Structure** RC **Exterior finishing** Ceramic panel, Low-E paired glass, Aluminum panel, Aluminum louver, Wood louver **Parking** 40 (including 2 for the disabled, 4 for compact car)

Innovation Eoulim Center

업무에 대한 이해도 / Understanding
프로젝트 배경 분석 및 설계의 방향

[잇다] _ 혁신어울림센터 활성화 계획을 통한 온천장 상권 재생
온천장 도시재생활성화계획 [중심시가지형]

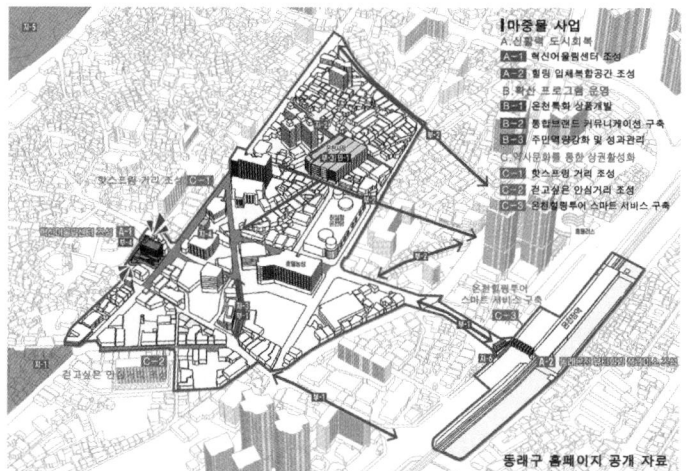

마중물 사업
A. 신활력 도시복원
 A-1 혁신어울림센터 조성
 A-2 힐링 입체복합공간 조성
B. 확산 프로그램 운영
 B-1 온천 특화 성장계통
 B-2 통합플랜트 커뮤니케이션 구축
 B-3 주민역량강화 및 성과관리
C. 야문화를 통한 상권활성화
 C-1 핫스트링 거리 조성
 C-2 걷고싶은 안심거리 조성
 C-3 온천형투어 스마트 서비스 구축

도시재생 사업 추진 배경
1970년도를 정점으로 쇠퇴하고 있는 동래 온천장 일대를 지역이 갖는 온천자산을 통해 정체성을 되찾고자 함

전체 사업방향
- 지역의 정체성 확보를 통한 특색있는 활력상권 형성 필요
- 노후시설 활용 및 재생 상징화로 도시 분위기 전환 필요
- 온천장의 부정적 이미지 탈피를 위한 지속가능 재생 패러다임 도입
- 혁신 플랫폼으로 공간 활용 집약화

현장사진 계획대지 조감뷰

설계 예상문제점과 개선방향

안전한 이용동선 확보 방안

전면 12M도로에서 보행자 동선, 후면 4M도로에서 차량동선 계획으로 안전한 보차 분리 계획

주이용자를 고려한 주차계획
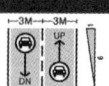
뷰티&헬스케어 관련 주 이용자가 여성과 장년임을 고려
2차선 직선형 램프 계획으로 주차편의성 확보

시공 예상문제점과 개선방향

지하수위 및 지반을 고려한 시공계획

지하수위(4M)를 고려한 CIP차수공법+온통기초 공법으로 시공 계획

운영 예상문제점과 개선방향

코워킹스페이스 운영의 단점 극복 방안
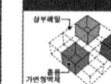
네트워킹과 프라이버시가 동시에 필요한 스타트업 기업을 위한 가변형 공유공간 계획

설계 목표

주거지역과 상업지역의 경계에 위치한 부지의 특성을 고려해 지역주민과 이용자간의 소통을 유도하는 입체적 플랫폼 계획으로 지역상권을 활성화 시키는 열린공간을 계획한다

설계 기본 방향
STEP 01 시선을 열고 마당을 비워 [길을 잇다]

주거지역과 상업지역의 경계에서 길을 열어 누구나 접근가능한 열린공간을 제공한다

STEP 02 실내·외 동선 연결을 통해 [사람을 잇다]
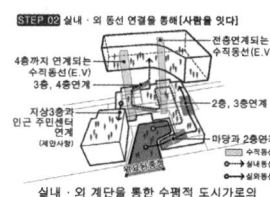
실내·외 계단을 통한 수평적 도시가로의 수직적 연장으로 소통을 유도한다

STEP 03 온천, 뷰티, 헬스케어의 융합을 통해 [문화를 잇다]
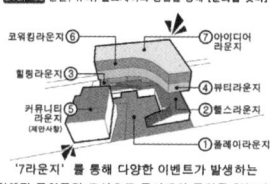
'7라운지'를 통해 다양한 이벤트가 발생하는 입체적 문화공간 조성으로 동시대의 문화를 잇는다

과제에 대한 제안 / Proposal
건축계획

비움을 통해 [길을 잇다]
소통과 개방을 위한 공공건축물로써 이용자와 지역주민에게 열린공간을 제공한다

디자인 프로세스
STEP01 볼륨매스로 인한 시·공간적 단절
STEP02 비움을 통한 연결 통경축 확보
STEP03 수평적 도시가로의 수직적 연장
STEP04 부유하는 매스를 통한 개방감 확보

건축개요

구 분	내 용	비 고
사 업 명	혁신어울림센터 건립공사 기본 및 실시설계용역 설계 공모	
대 지 위 치	부산광역시 동래구 온천동 129-2번지	
대 지 면 적	1,320㎡	
지역 / 지구	일반상업지역, 제2종일반주거지역, 방화지구, 상대보호구역, 온천지구 가로구역별 최고높이제한지역(36M), 역사문화환경보존지역-3지구	
용 도	교육연구시설 및 근린생활시설	
규 모	지하2층, 지상5층	
건 폐 율	일반상업지역 56.32% / 제2종일반주거지역 52.93%	법정 일반상업지역 80%이하 제2종일반주거지역 60%이하
용 적 율	일반상업지역 177.39% / 제2종일반주거지역 149.99%	법정 일반상업지역 1,000%이하 제2종일반주거지역 220%이하
건 축 면 적	515.87㎡ (일반상업지역 302.69㎡ / 제2종일반주거지역 213.88㎡)	
연 면 적	4,050.67㎡ (일반상업지역 2,993.59㎡ / 제2종일반주거지역 1,056.68㎡)	지원대비면적 +5% -4,095㎡
지상연면적	2,230.80㎡ (일반상업지역 1,624.72㎡ / 제2종일반주거지역 606.08㎡)	용적률산정용
구 조	철근콘크리트조	층별내력벽
주 차 대 수	40대 (장애인주차4대, 경형4대, 평행6대 포함)	법정:14대

배치개념도

온천1동 주민센터와의 연계를 고려한 위요된 이벤트 마당 계획
전면 12M도로 보행자동선, 후면 4M도로 차량동선으로 안전한 보차 분리 계획

지하주차장 계획
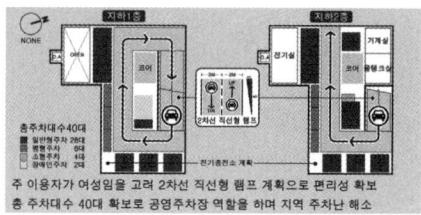
주 이용자가 여성임을 고려 2차선 직선형 램프 계획으로 편의성 확보
총 주차대수 40대 확보로 공영주차장 역할을 하며 지역 주차난 해소

혁신어울림센터

과제에 대한 제안 / Proposal
건축계획

연결을 통해 [사람을 잇다]
수평적 도시가로의 수직적 연결을 통해 입체적 소통을 유도한다.

단면개념도
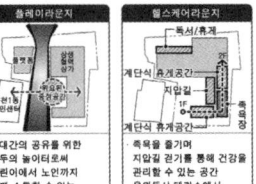

온천, 뷰티, 헬스케어와 연계한 외부공간 계획

정면성 및 아이덴티티를 고려한 입면계획

과제에 대한 제안/Proposal
플랫폼 특화계획

융합을 통해 [문화를 잇다]
온천수를 활용한 뷰티 헬스케어 플랫폼 구성으로 동시대의 문화를 잇는다.

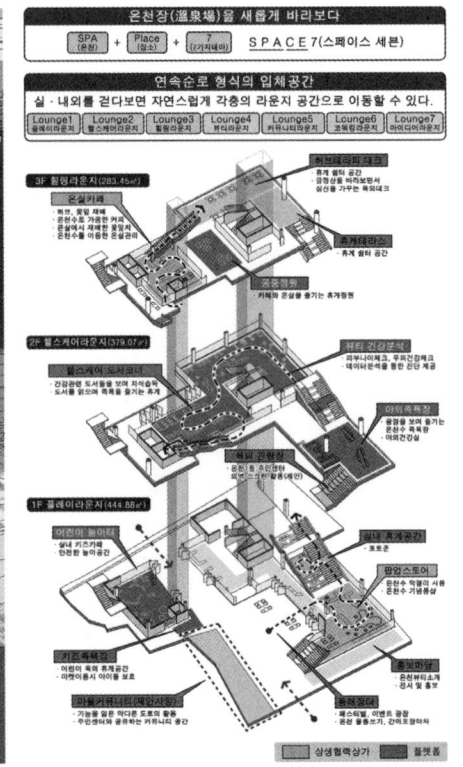

Innovation Eoulim Center

과제에 대한 제안/Proposal
창업공간 특화계획

융합을 통해 [문화를 잇다]
플랫폼과 연계한 공유오피스 창업공간 계획으로 동시대의 문화를 잇는다.

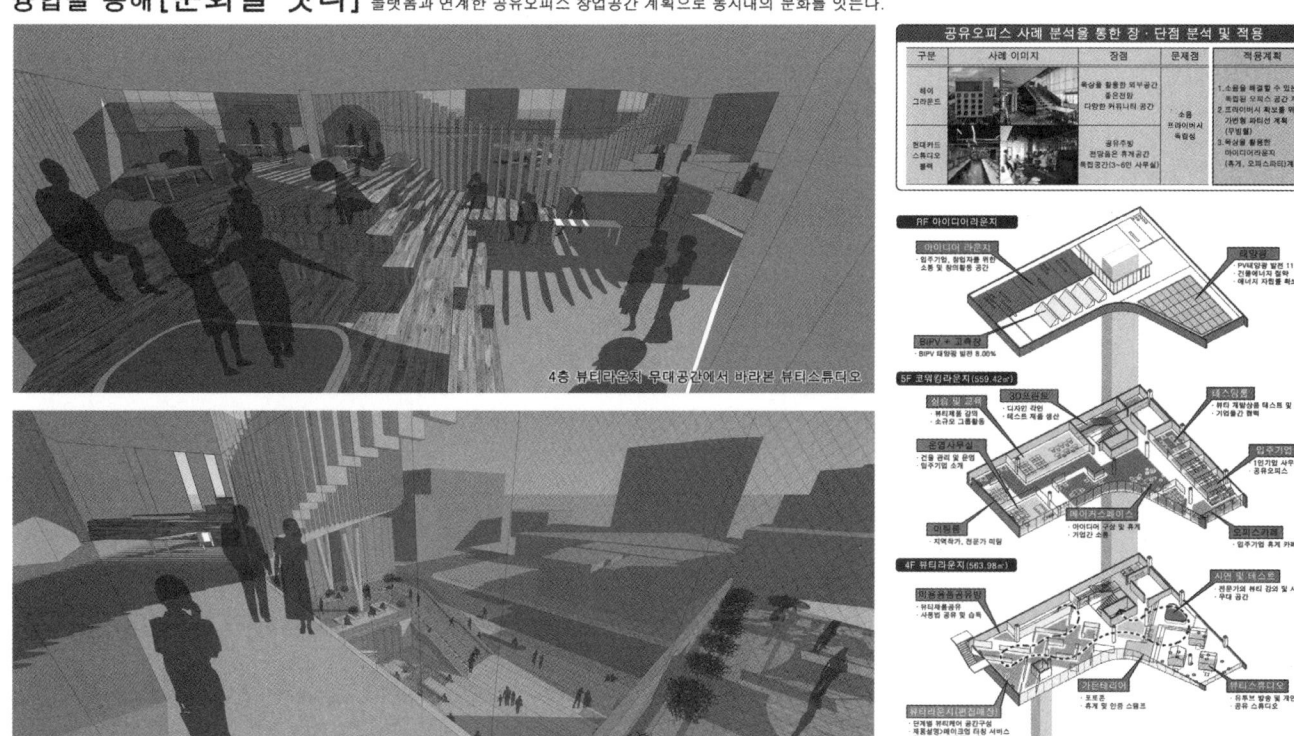

과제에 대한 제안/Proposal
온천수 활용방안 계획

테마 라운지 구성을 통한 온천수 활용 특화공간 계획

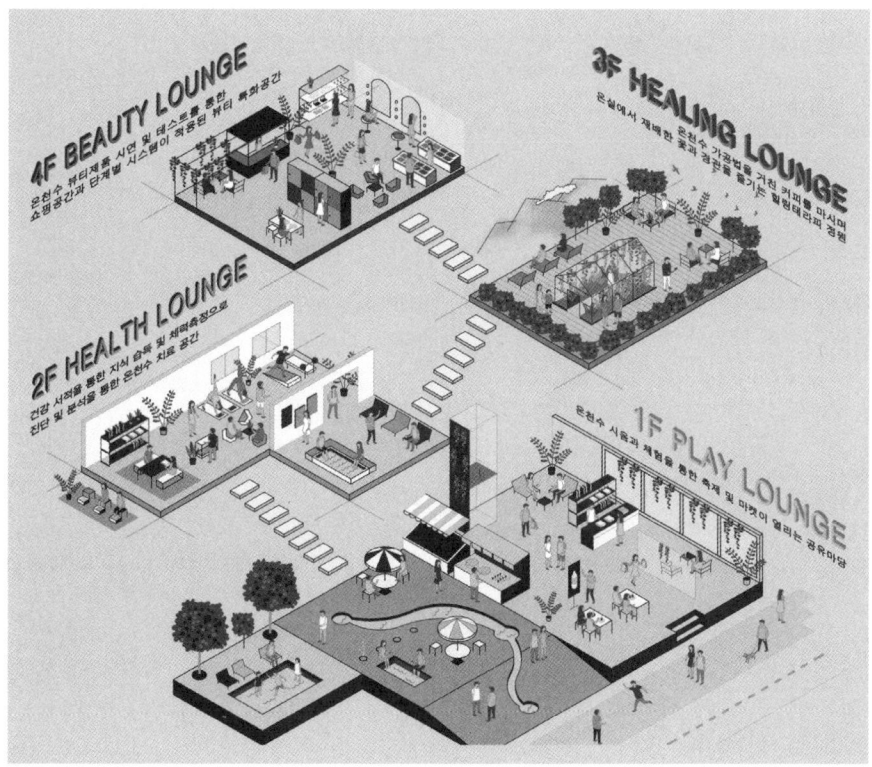

4F_ Beauty Lounge — 뷰티체험 공간
- 뷰티제품 테스팅 : 다양한 온천수 특화 제품을 한 장소에서 자유롭게 테스팅
- 온천수 클렌징 : 화장품 테스트 전 온천수 제품과 온천수로 클렌징
- 메이크업 시연 : 메이크업 서비스 및 클래스 참여
- 뷰티 힐링 : 뷰티 체험 후 금정산과 동래읍장을 배경으로 한 포토존 힐링

3F_ Healing Lounge — 온실카페
- 온실 : 온천수를 활용한 연중 따뜻한 온실 환경 체험
- 온실 속 허브 : 허브식물을 화장품 재료/연구 원료로 활용
- 온천수 허브 힐링 : 허브식물과 온천수를 활용한 테라피
- 온천수 허브티 카페 : 온천수 허브티를 통한 심신안정

2F_ Healthcare Lounge — 마을건강 족욕장
- 헬스케어센터 : 지역 주민들이 가깝게 이용할 수 있는 마을건강센터
- 온천수 족욕장 : 다양한 족욕체험과 셀프 건강체크 연계
- 족욕장 북코너 : 족욕을 하면서 책을 읽을 수 있는 공간
- 주민 헬스 : 헬스케어 센터와 연계한 맞춤형 운동 클래스 참여

1F_ Play Lounge — 온천長壽 Water
- 온천천 기념품 샵 : 온천수 특화제품을 홍보하고 쉽게 접할 수 있는 팝업스토어
- 축제 및 마켓 : 가변형 상가 및 폴딩도어 계획으로 행사시 공간 확장성 확보
- 온천 막걸리 시음 : 플레이 라운지에서 여유를 즐기면서 막걸리 시음 경험
- 키즈 풀장 : 아이들이 친근하게 동래 온천을 경험할 수 있는 친수공간

혁신어울림센터

제로에너지 계획
에너지 절약에 최적화된 제로에너지 건축물 구현

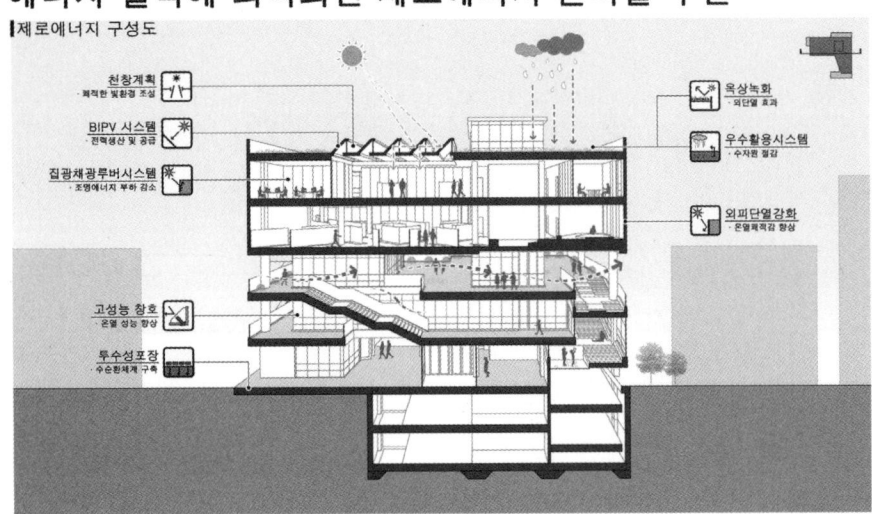
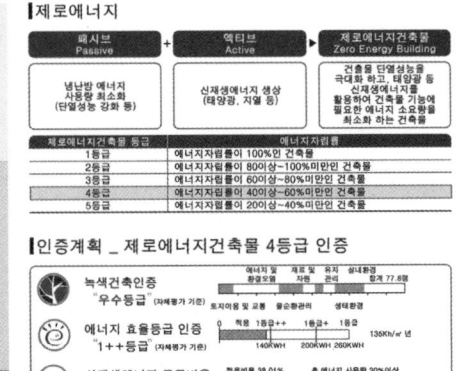

온천수를 활용한 설비시스템 계획

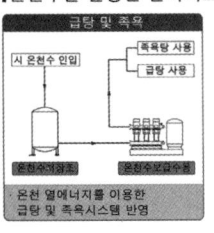
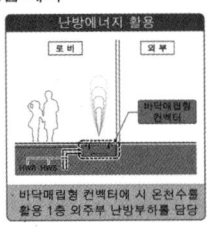
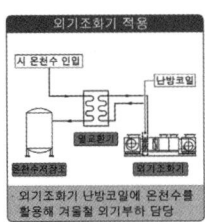
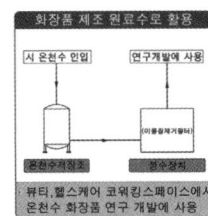

건물에너지관리시스템(BEMS) 적용계획

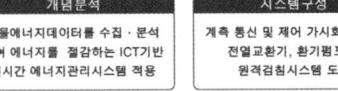

수행계획
체계적 사업수행계획으로 효율적 업무 완수

구조/토목 계획
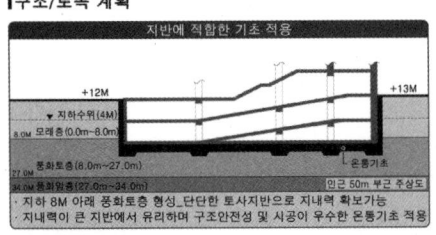

관련분야 전문가 자문위원회 구성 및 운영방안
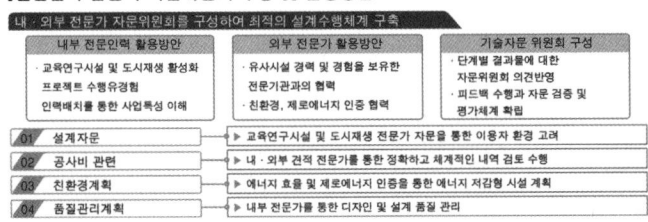

기계/전기 계획
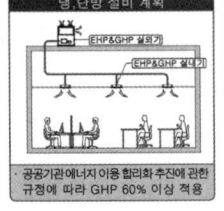
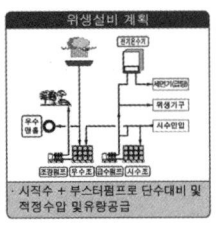
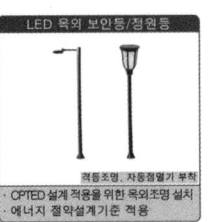

운영주체 구성 및 역할
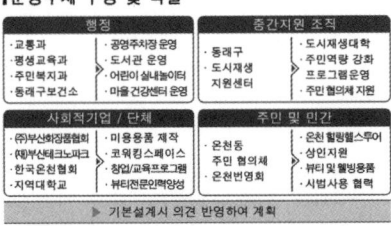

시공과정의 설계자 참여 방안
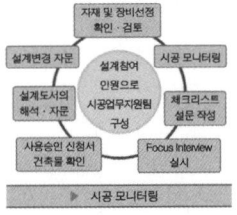

통신/소방 계획
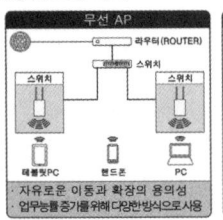
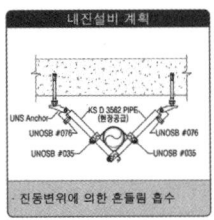

사업일정지연 방지를 위한 설계일정관리 방안

Innovation Eoulim Center

선사문화체험관 · 청소년문화의집

당선작 건축사사무소 이레플랜 안효석, 채정민 설계팀 김진수

대지위치 대구광역시 달서구 대천동 339-2번지 일원 **대지면적** 1,899.20㎡ **건축면적** 1,118.53㎡ **연면적** 4,759.04㎡ **조경면적** 420.66㎡ **건폐율** 58.89% **용적률** 172.98% **규모** 지하 1층, 지상 5층 **구조** 철근콘크리트조 **외부마감** 화강석 고운다듬, 고흥석 버너구이, 라임스톤, 로이유리 **주차** 38대

기본계획

해당부지를 포함한 월성동, 유천동 일대는 대구에서 가장 오래된 구석기 유적과 더불어 신석기, 청동기 유적이 집중 분포되어 있어, 선사시대 거점공원들이 주변에 위치하고 있다. 이런 역사성을 가지는 부지에 전시시설과 수련시설이라는 서로 다른 용도의 시설을 하나의 건물로 건립해야 하는 프로젝트로서. 각 용도별로 고유의 정체성을 살리는 동시에 유기적 연결을 통한 효율적인 복합건물을 구현하는데 중점을 두었다.

또한 대지가 가지는 역사성 및 선사문화체험관이라는 정체성을 살리기 위해, 선사시대라는 상징성을 충분히 구현함과 동시에 청소년시설이 가지는 미래적 비전과 가치, 역동성이 드러날 수 있도록 계획하였다.

계획개념

- 역사와 미래의 만남 : 성장하는 도시적 맥락을 가지는 가로축과 역사성을 가지는 한샘공원의 세로축을 설정하고, 성장과 미래를 상징하는 청소년 문화의집은 가로축에 대응시키고, 선사문화체험관은 공원축에 대응하여 아이덴티티를 부여하고 유기적으로 연계시킨다.
- 선사의 문 : 선사시대 대표적 유적인 고인돌을 모티브로 적용하여 부유하는 매스를 통한 역동적 디자인을 구현하고, 필로티를 활용한 외부가로를 통하여 후면 공원과 적극적으로 연계되도록 하였다.

Basic plan

The oldest paleolithic site in Daegu and many other neolithic and bronze age sites are concentrated in the Wolseong and Yucheon-dong area where the project site is located. Therefore, there are large prehistory-themed parks around the site. On such a historic site, this project aims to build a single building in which the different programs of an exhibition hall and a training center are combined. The proposal puts its focus on emphasizing the unique identity of each program and introducing an efficient complex by establishing an organic connection between the two.

Also, with the goal of underlining the historical significance of the site and the identity of the prehistoric experience center, the symbolism of the prehistoric age is sufficiently expressed, and the futuristic visions and values and the dynamism of a youth facility are reflected in the design.

Concept

- Encounter of history and the future : A horizontal axis is defined in alignment with a growing urban context, and a vertical axis, with Hansaem Park (a prehistoric-themed park) having a historical value. Then the youth center, a symbol of growth and the future, is set on the horizontal axis, and the prehistoric experience center, on the vertical axis to express their identity. And an organic connection is established between them.
- Gate to the prehistoric age : Dolmen, one of the most well-known prehistoric remains, is taken as a design motif, and a floating mass is introduced to express dynamism. And a piloti structure is implemented to create external paths which establish a close connection with the park behind.

Prize winner iREPLAN ARCHITECT_Ahn Hyoseok, Chae Jungmin **Location** Dalseo-gu, Daegu **Site area** 1,899.20㎡ **Building area** 1,118.53㎡ **Gross floor area** 4,759.04㎡ **Landscaping area** 420.66㎡ **Building coverage** 58.89% **Floor space index** 172.98% **Building scope** B1, 5F **Structure** RC **Exterior finishing** Granite smooth trimming, Black granite burner flaring, Limestone, Low-E glass **Parking** 38

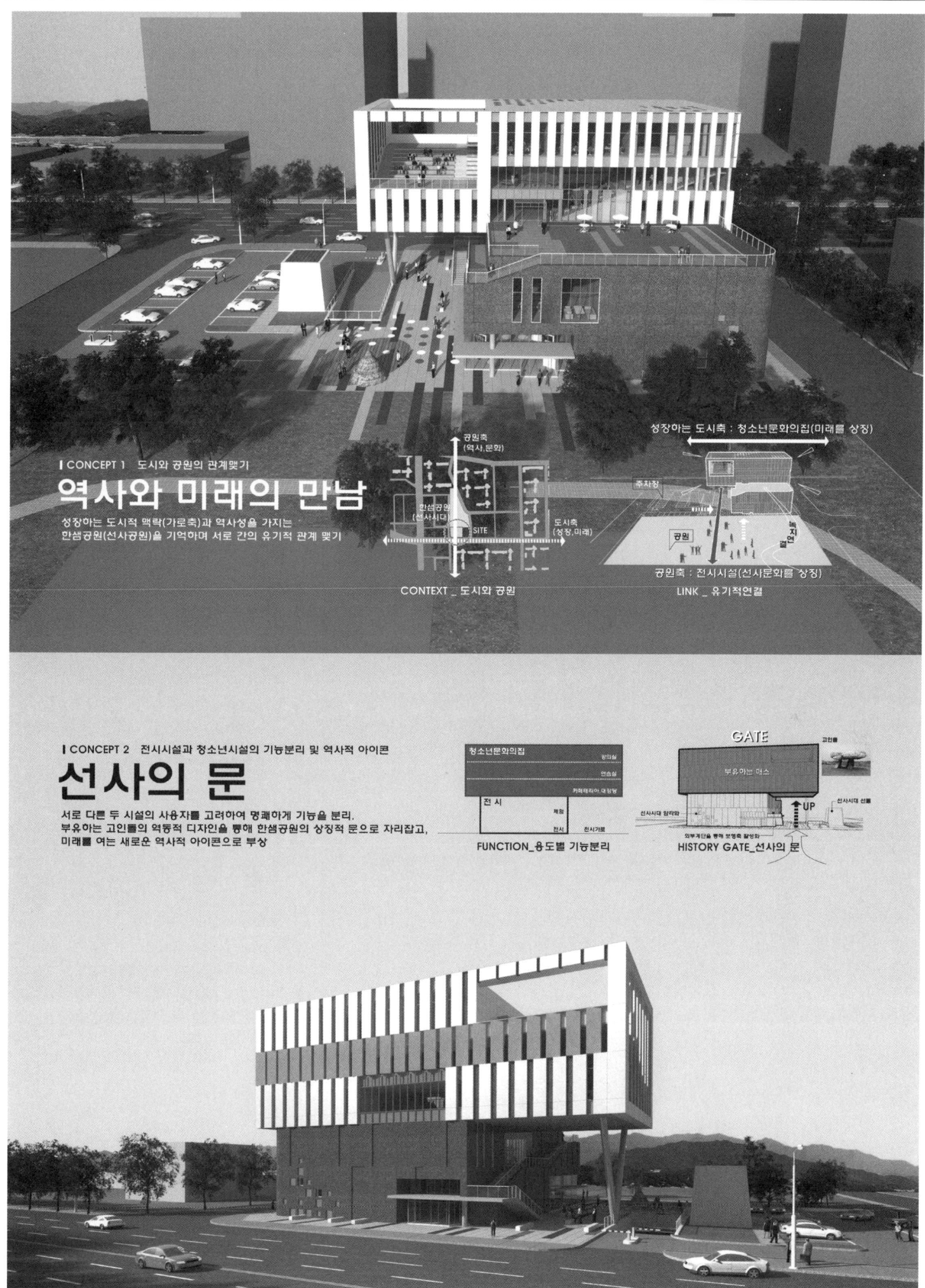

■ 배치계획

조화와 소통을 통한 열린 배치계획

1 건물 배치도 축척:1/300

■ 평면계획 | 지하1층 평면도

사용자의 편의를 고려한 명쾌한 주차동선

1 지하1층 평면도 [지하주차장] 축척:1/250

우측 주차장 부지와 연계한 주차계획

- 장래 우측 주차장 부지와 연계및 확장을 고려한 주차계획
- 지하주차장 면수 최대한 확보- 66대 : 38대+28대(추후증축대수)

합리적인 지하주차장

- 메인코어 배치의 인지성 및 접근성편리
  일방향 순환동선으로 안전사고 위험 방지

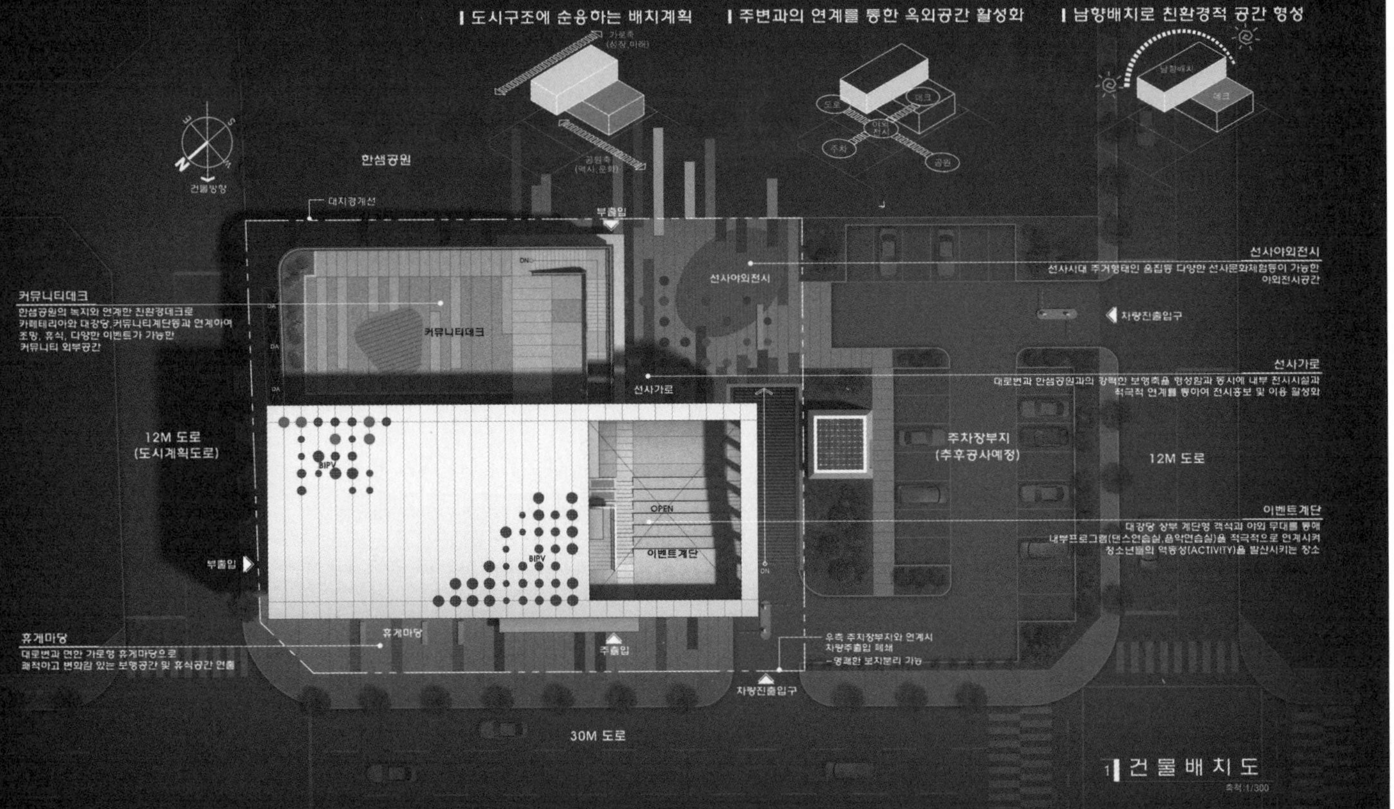

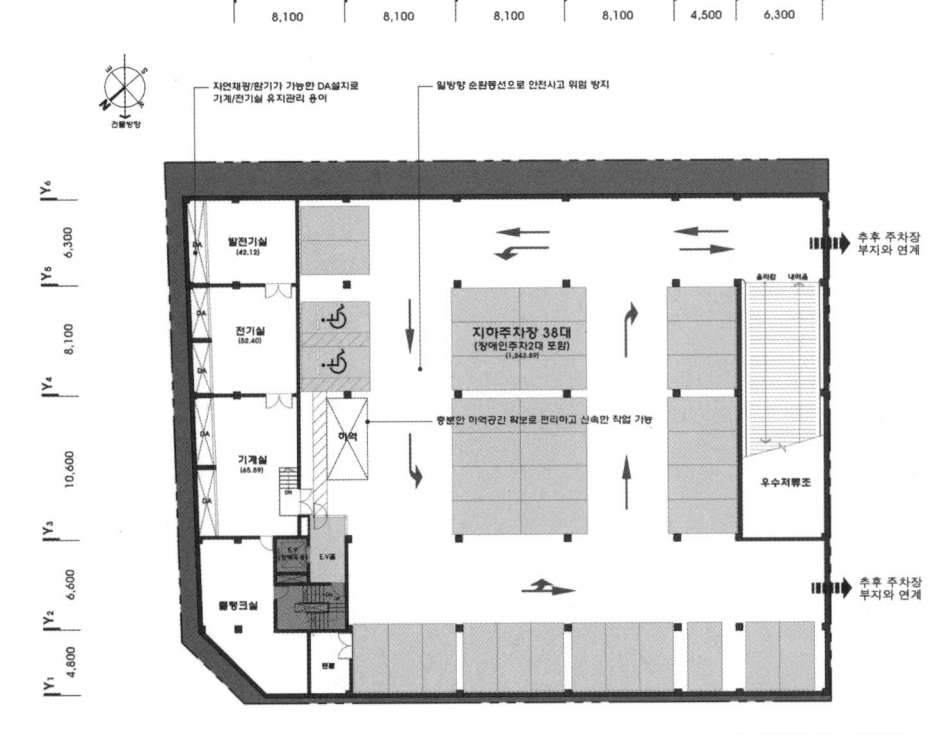

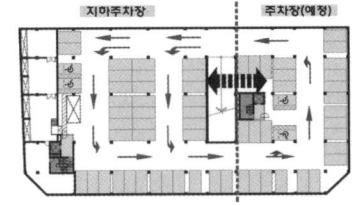

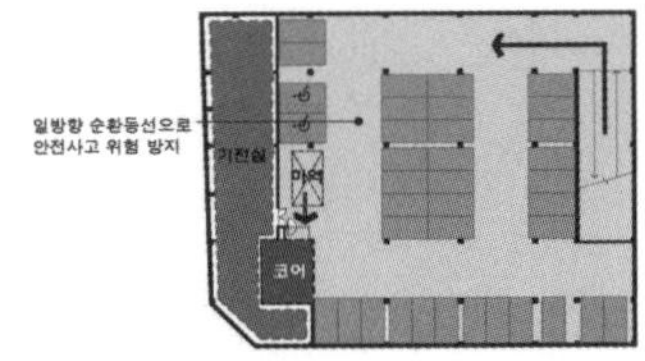

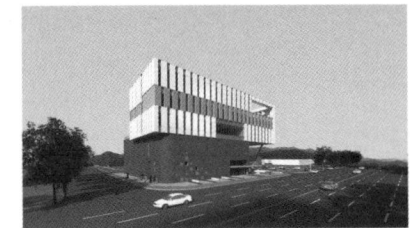

Prehistoric Cultural Experience Center · Youth Culture House

■ 평면계획 | 지상1층 평면도
한샘 공원과 주차장부지를 고려한 명쾌한 동선 및 조닝계획

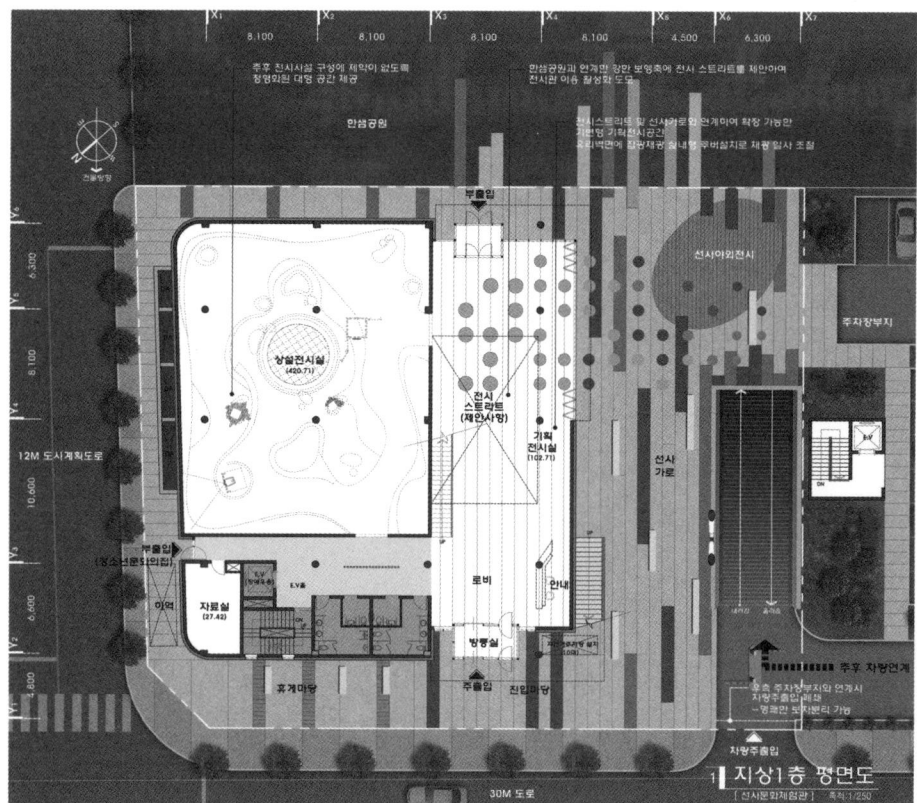

1 지상1층 평면도 [선사문화체험관] 축척:1/250

| 우측 주차장 부지와 공원을 연계한 동선계획
- 추후 우측주차장과 연계시 우측 12M도로에서만 접근
- 한샘공원과의 적극적 연계를 위해 강한 보행축 형성

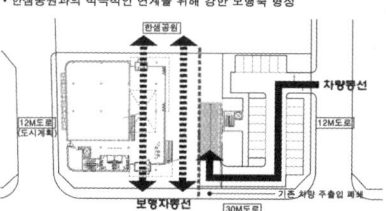

| 전시시설 활성화 계획
- 30M도로와 한샘공원을 연결하는 내,외부 전시동선 축을 설정하고 각 전시간 유기적 연계가 가능하도록 가변성 부여

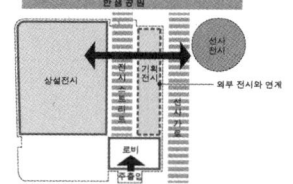

| 선사가로를 통해 한샘공원과 적극적 연계
- 30M도로에서 접근하는 명쾌한 주진입
- 한샘공원(선사공원)과의 적극적 연계를 통한 건물 활성화

■ 평면계획 | 지상2층 평면도
다수의 이용성을 고려한 개방형 공간 계획

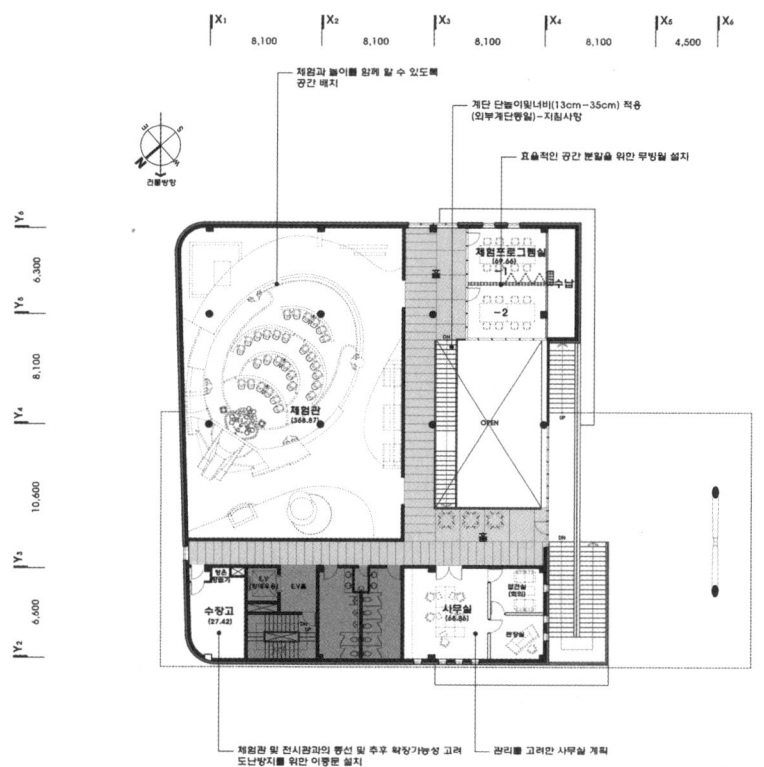

1 지상2층 평면도 [선사문화체험관] 축척:1/250

| 사용자에 따른 명쾌한 공간계획
- 체험영역과 관리 영역의 명쾌한 분리를 통하여 이용자들의 사용 편의성 극대화

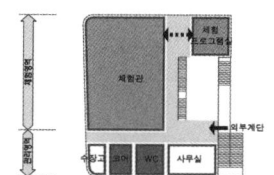

| 효율적 동선 관리
- 중앙 코어를 중심으로 사무영역을 분리하여 접근성을 높이고 안전을 고려한 피난동선 확보

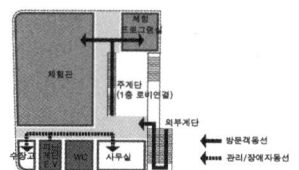

| 수장고 확장 계획
- 장래 수요 증가를 고려한 수장고 확장 계획
- 지침면적 20㎡보다 두배 이상 확장 가능

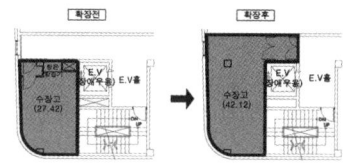

선사문화체험관 · 청소년문화의집

■ 평면계획 | 지상3층 평면도
저층부와 고층부의 기능을 아우르는 다목적 커뮤니티 공간

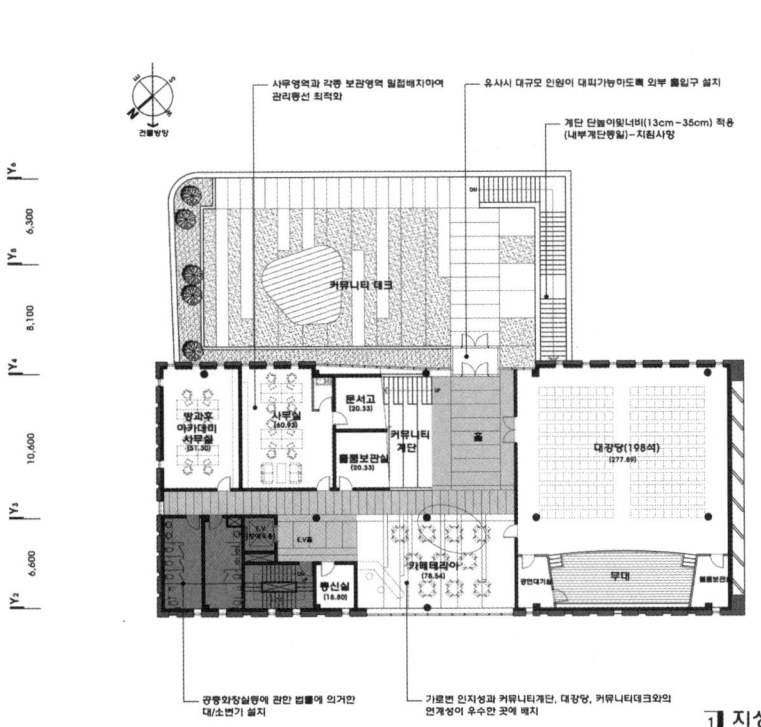

1. 지상3층 평면도 [청소년문화의집] 축척:1/250

영역에 따른 평면조닝 계획
- 외부계단을 통해 외부에서 카페테리아, 대강당으로 바로 접근 가능
- 대강당, 카페테리아, 커뮤니티계단, 커뮤니티데크와의 유기적 연계

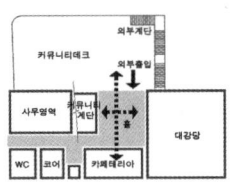

커뮤니티 데크
- 한샘 공원의 녹지와 연계한 친환경 데크
- 조망, 휴식, 다양한 이벤트가 가능한 커뮤니티 외부공간

커뮤니티 계단
- 카페테리아와 대강당과 연계한 다목적 스텝 계단
- 휴식, 독서, 미디어아트등 다양한 문화이벤트가 가능

■ 평면계획 | 지상4,5층 평면도
청소년 문화체험 및 교육에 최적화된 고층부 계획

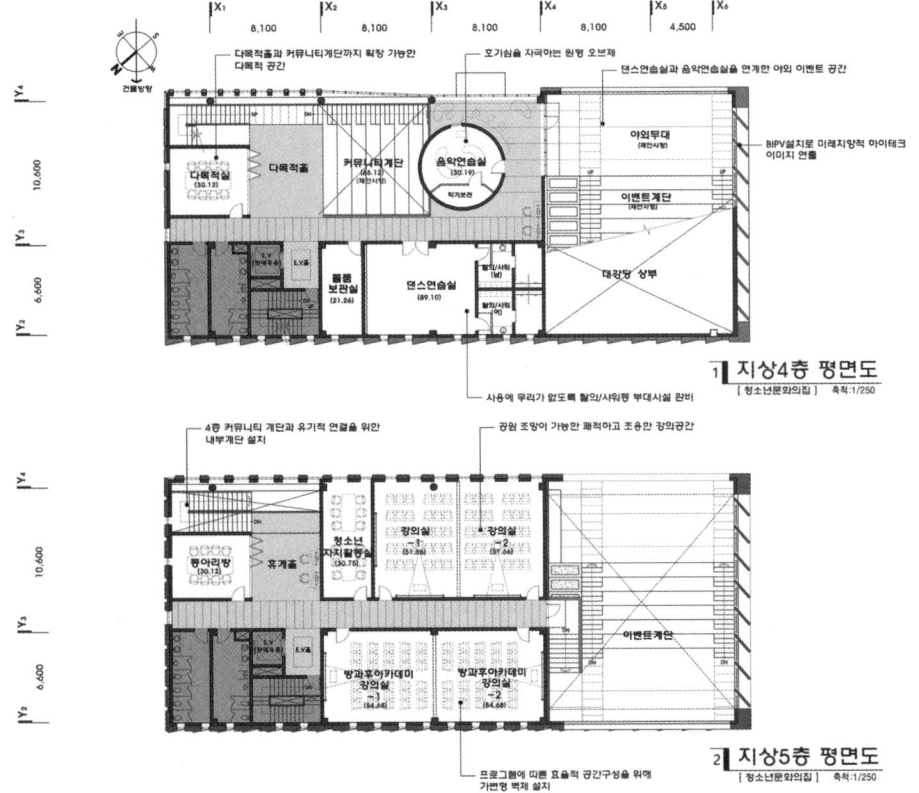

1. 지상4층 평면도 [청소년문화의집] 축척:1/250
2. 지상5층 평면도 [청소년문화의집] 축척:1/250

영역에 따른 평면조닝 계획
- 4,5층을 프로그램 성격에 맞게 층간 분리
- 댄스 및 음악연습 내부프로그램을 이벤트계단으로 확장

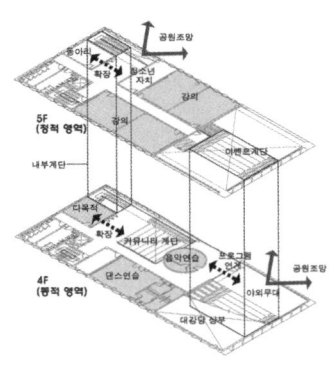

이벤트계단
- 내부프로그램(댄스연습실, 음악연습실)을 적극적으로 연계하여 청소년들의 역동성(Activity)을 발산시키는 장소

Prehistoric Cultural Experience Center · Youth Culture House

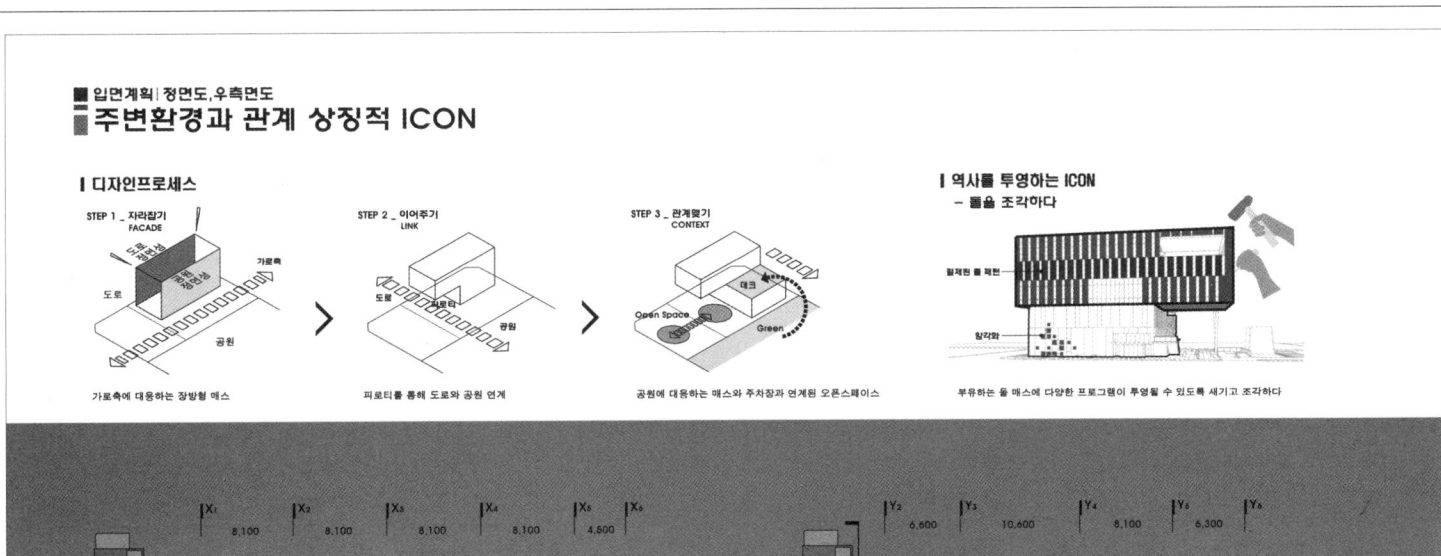

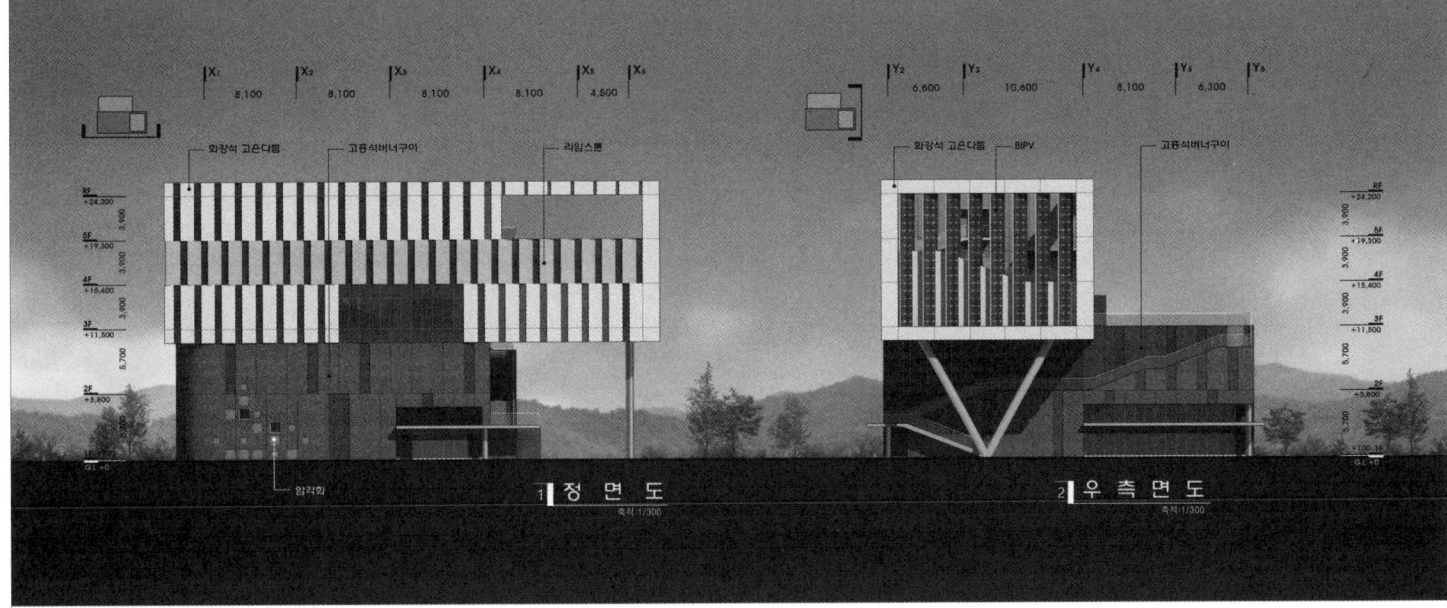

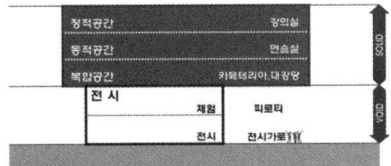

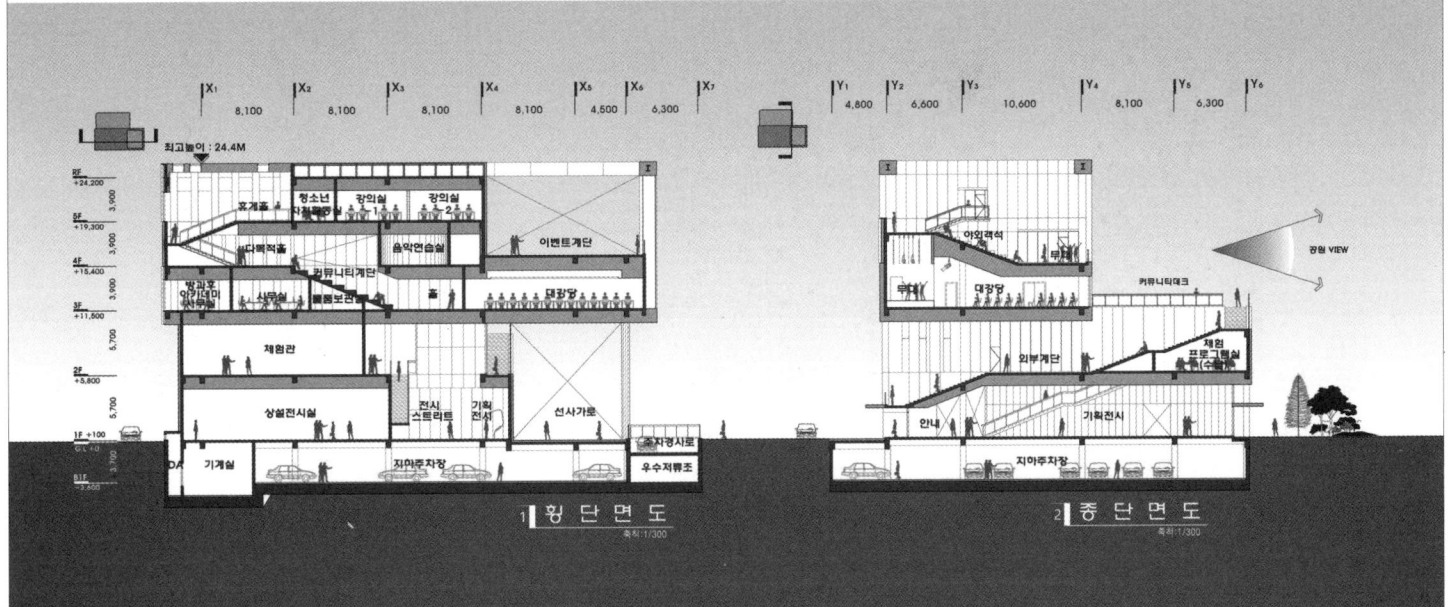

향남문화복합센터

당선작 (주)에이플러스건축사사무소 김대영 + 디유랩건축사무소 박위현 + 조종수 건국대학교 설계팀 김현덕, 양소망, 강정석, 고형욱, 김현직(이상 에이플러스) 서종원, 임 준, 전기환(이상 디유랩)

대지위치 경기도 화성시 향남읍 하길리 1512번지(오음공원 내) **대지면적** 18,343.17㎡ **건축면적** 3,575.55㎡ **연면적** 6,824.65㎡ **건폐율** 19.49% **용적률** 34.05% **규모** 지하 1층, 지상 3층 **최고높이** 15.1m **구조** 철근콘크리트조, 일부 철골조 **외부마감** 유글래스, 세라믹패널, 알루미늄 루버, 로이복층유리, 목재패널, 콘크리트 패널 **주차** 206대

유무상생의 문화복합체

본 설계에서는 다양한 관점에서 자연과의 관계, 사용자 간의 관계, 기능간의 관계 및 도시구조와의 관계 등 다양한 상호관계성을 통합하였고, 공간의 성질을 문화복합체로 구축하여 지속가능한 다양한 복합성이 '생성' 되는 통합공간의 장소적 성질을 모티브로 디자인을 진행하였다. 현대철학이 갖는 본질적 의미로부터 복합문화공간이 생성과 상생의 순환고리를 건축 언어와 프로그램의 다양성을 통해 상호 유기적 결합관계로 형성됨으로서, 다양한 문화가 소통하는 창의적이며 유기적 공간의 복합체로 구축되어 잠재적 생성의 과정과 지속가능한 상생적 소통을 담아내는 것이 목적이다. 즉, 이분법적 사고가 아닌 주체인 인간의 '신체'가 감각과 반응사이의 상호작용을 통해 대상인 공간을 '지각' 하여 지금의 현상을 인식하는 체험적 공간구현을 하기 위하여 서로 다른 크기의 매스를 조합하고 도시와 면한 북측에 전면성을 해체하고 남측의 변화하는 빛의 성질을 반응사이의 매개체로 활용하여 주체로 하여금 다양한 빛의 성질을 통한 시간의 흐름과 자연의 변화를 다양한 방식으로 체험할 수 있도록 유도하였다.

A cultural complex of Win-Win

The proposal combines various types of relationships, such as the relationship with nature, with urban fabric, among users and among functions, from a multifaceted perspective and by doing so defines the nature of program as a cultural complex. And it develops a design with a motif taken from the spatial characteristic of an integrated program which generates different kinds of sustainable complexity.

Inspired from the essential meaning of modern philosophy, the proposed cultural complex implements diversified architectural languages and programs, through which it translates a cycle of generation and coexistence into an interdependent relationship resulting in an organic coupling. Consequently, it aims to become a collective of creative and organic spaces where various cultures interact with each other, and thus to accommodate a potential process of generation and create sustainable, mutually beneficial communication.

Prize winner APLUS_Kim Daeyoung + Design United Lab._Park Wehyun + Cho Jongsoo_Konkuk University **Location** Hyangnam-eup, Hwaseong, Gyeonggi-do **Site area** 18,343.17m² **Building area** 3,575.55m² **Gross floor area** 6,824.65m² **Building coverage** 19.49% **Floor space index** 34.05% **Building scope** B1, 3F **Height** 15.1m **Structure** RC, Parly SC **Exterior finishing** U-glass, Ceramic panel, Aluminum louver, Low-E paired glass, Wood panel, Concrete panel **Parking** 206

Hyangnam Culture Complex Center

"유무상생의 문화복합체" (A Cultural Complex of Win-Win)

다양한 문화가 어우러지는 **향남복합공간의 허브**

개념의 접근 (The Conceptual Approach)

이분법적 사고를 벗어나 공존(co-existence)이나 공생(symbiosis)의 개념을 넘어 있음과 없음이 서로 함께 사는 대화합의 노자사상과 같이 인간과 자연, 세대와 세대, 계층과 계층 등 다양한 존재는 문화를 통한 소통과 나눔을 통해 잠재적 융합을 자연스럽게 형성하게되고, 이는 곧 지속 가능한 생성과정으로 구현될 수 있다. 따라서 근대적 공간개념과 차별화되는 현대적 공간개념은 과거의 이분법적 위계질서에서 벗어나 "현상"적 개념으로부터 주체인 인간의 의식은 대상인 공간과의 매개적 상호관계를 통해 실존한다는 공간 개념과 객체는 공간을 사용하는 체험된 주체에 따라 서로 다르게 지각되어진다는 인식적 본질로부터 출발된다. 즉 주체와 대상이라는 전통적인 이분법적 사고가 아닌 주체인 인간의 "신체"가 감각과 반응사이의 상호작용을 통해 대상인 공간을 "지각"하는 "본질"로 작용함으로서 지금의 현상으로 나타남을 의미하며, 주체인 인간은 이성적 논리 보다는 신체의 감각 기관을 지각에 의하여 건축공간을 인식함으로서 대상의 총체적 현상을 다양하게 체험하게 된다. 따라서 이와 같은 현대의 사상과 철학적 사유를 바탕으로 본 설계에서는 다양한 관점에서 자연과의 관계, 사용자간의 관계, 기능간의 관계 및 도시구조와의 관계 등 다양한 상호관계성을 통합하여 공간의 성질을 문화복합체로 구축하여 지속가능한 복합성이 다양하게 "생성"되는 통합 공간의 장소적 성질을 모티브로 디자인을 진행하였다.

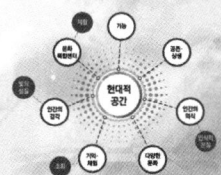 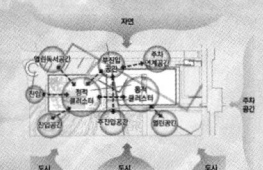

개념의 구축 (The Concept Development)

본 설계는 현대철학이 갖는 본질적 의미로부터 복합문화공간이 생성과 상생의 순환고리를 건축 언어와 프로그램의 다양성을 통해 상호 유기적 결합관계로 형성됨으로서, 다양한 문화가 소통하는 창의적이며 유기적 공간의 복합체로 구축하여 잠재적 생성의 과정과 지속 가능한 상생적 소통을 담아내는 것이 목적이다. 즉 이분법적 사고가 아닌 주체인 인간의 "신체"가 감각과 반응사이의 상호작용을 통해 대상인 공간을 "지각"하여 지금의 현상을 인식하는 체험적 공간구현을 하기 위하여, 서로 다른 크기의 매스를 조합하고 북측면과 남측면을 관통하는 외부공간과 투명성을 매스에 직관적으로 부여하며 자연의 빛을 매개체로 활용함으로써, 주체로 하여금 다양한 빛의 성질을 통한 시간의 흐름과 자연의 변화를 체험할수 있도록 유도하였다.

매스 개념의 구축 (The Tectonic of Mass Concept)

본 설계의 매스의 구축은 내부와 외부의 다양한 관계성을 융합하여 현상으로 나타나는 것이 주안점이다. 이를 통해 내부와 외부 공간은 소통 관계로 구축되고 북측과 남측의 자연환경을 매스자체의 관통을 통해 직관적으로 연결되어 주체가 다양한 공간적 체험을 하도록 유도하였다.

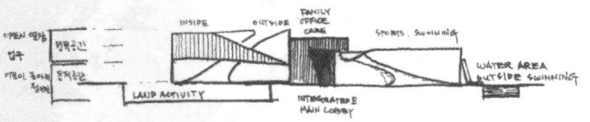

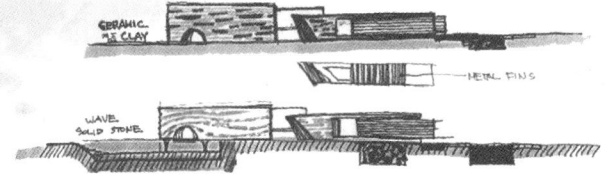

문화공간을 융합한 유무상생의 소통공간

본 대지의 성질은 기존도시와 면하는 북측과 북사면으로 남측 경계에 8m높이의 급한 법면으로 형성된 조형된 자연을 중심으로 동서축으로 길게 놓여져 있다. 동측에는 교육시설이 자리하고 있으며 북측에 면한 주거단지를 중심으로 동북축 교차로에 도시의 코어를 형성하고 이 장소로부터 대다수 사용자의 통행을 유발하고 있다. 또한 동서축의 중심부에 도시를 관통하는 동경축이 열려져 있고 이를 따라 공원과 주거가 공존하고 있다. 따라서 본 설계에서는 대지를 관통하는 통행축을 과감히 열고 서측면을 비워 향후 예정 되어 있는 서측 면의 업무 및 복지시설과의 관계를 중간적 공간으로 구현하고자, 본 설계에서 요구되는 옥외주차시설을 계획하고, 인구가 밀집된 통행축의 동측에는 요구되는 프로그램을 복합하여 배치하였다. 옥외 주차는 정량화된 주차 공간과 식재를 통한 조경공간을 혼용하여 사용하고 주차공간 사이에 보행자 전용보도를 설치하여 보차를 분리하는 동시에 여유로운 문화공간으로의 접근을 유도하는 동시에 통경 축에 자리한 공공공간을 연계하여 수공간의 경험과 수목의 경험 등 다양한 접근방식을 통해 신축건물에 접근하도록 유도 배치하였다.

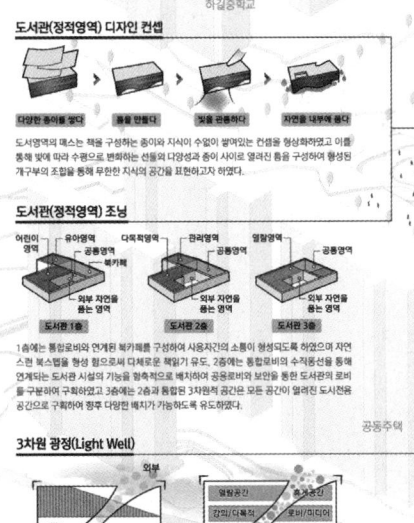

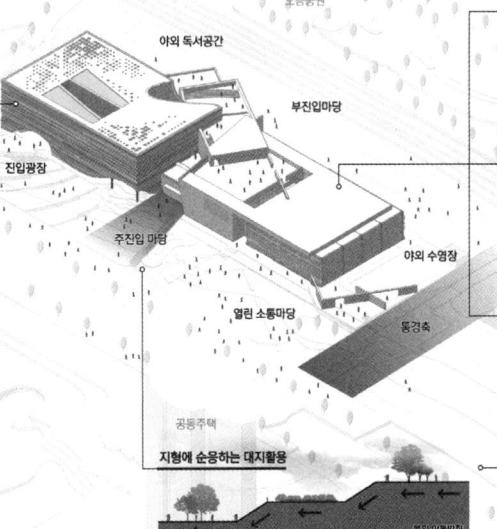

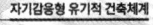

향남문화복합센터

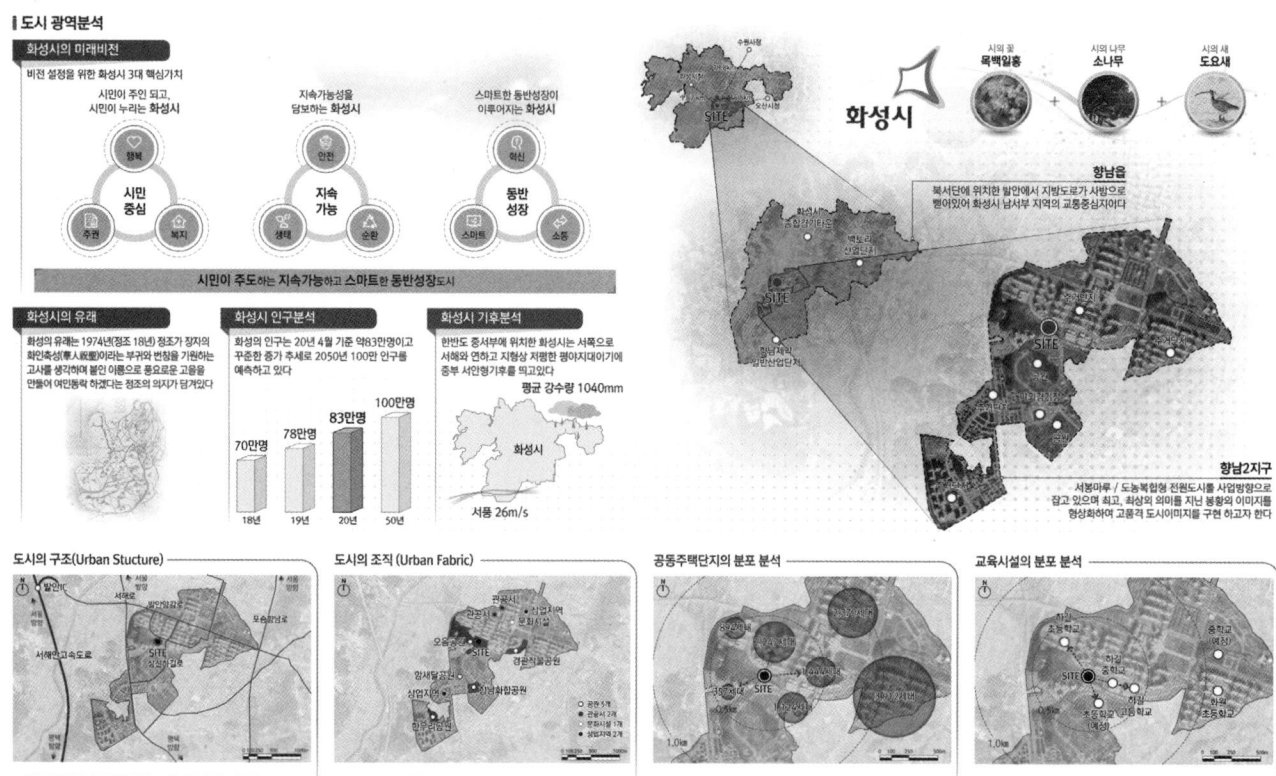

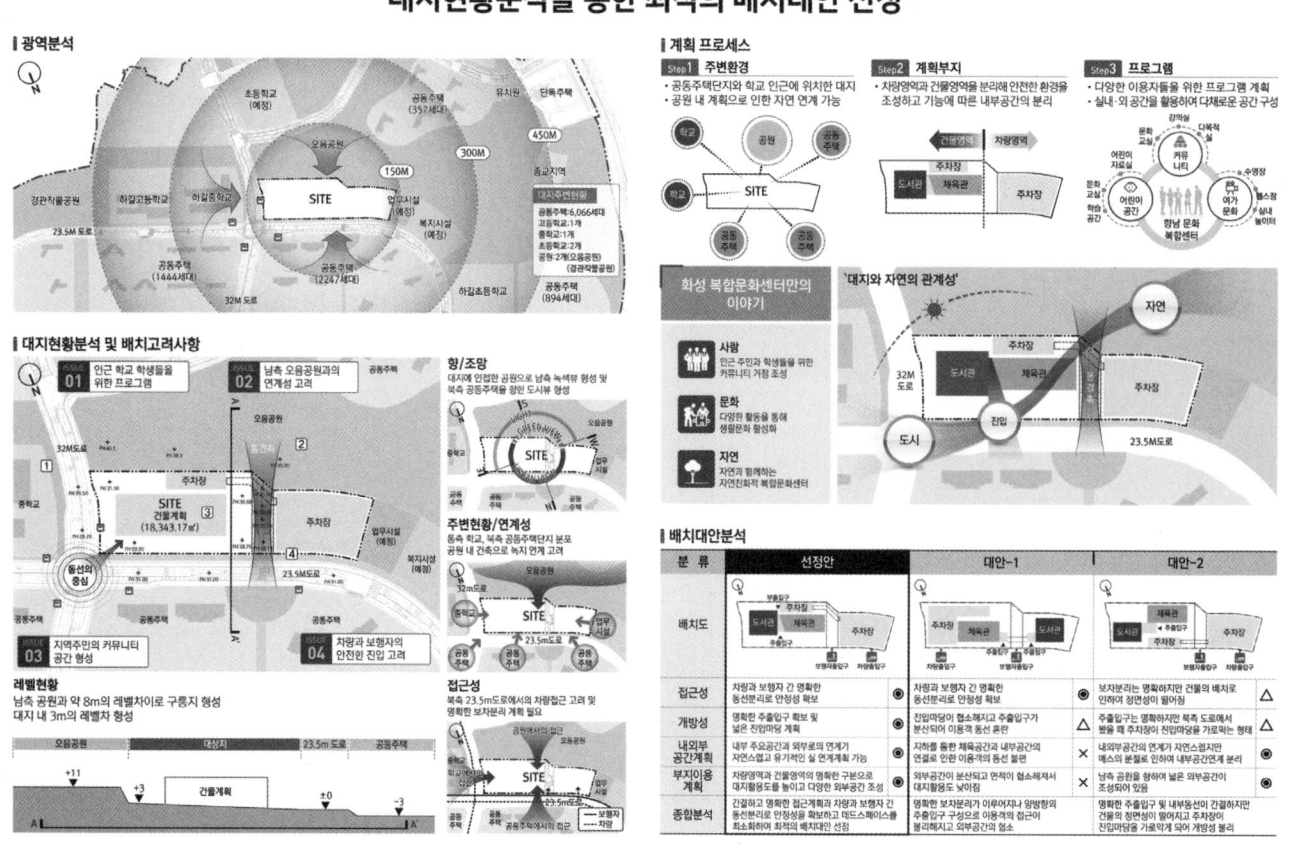

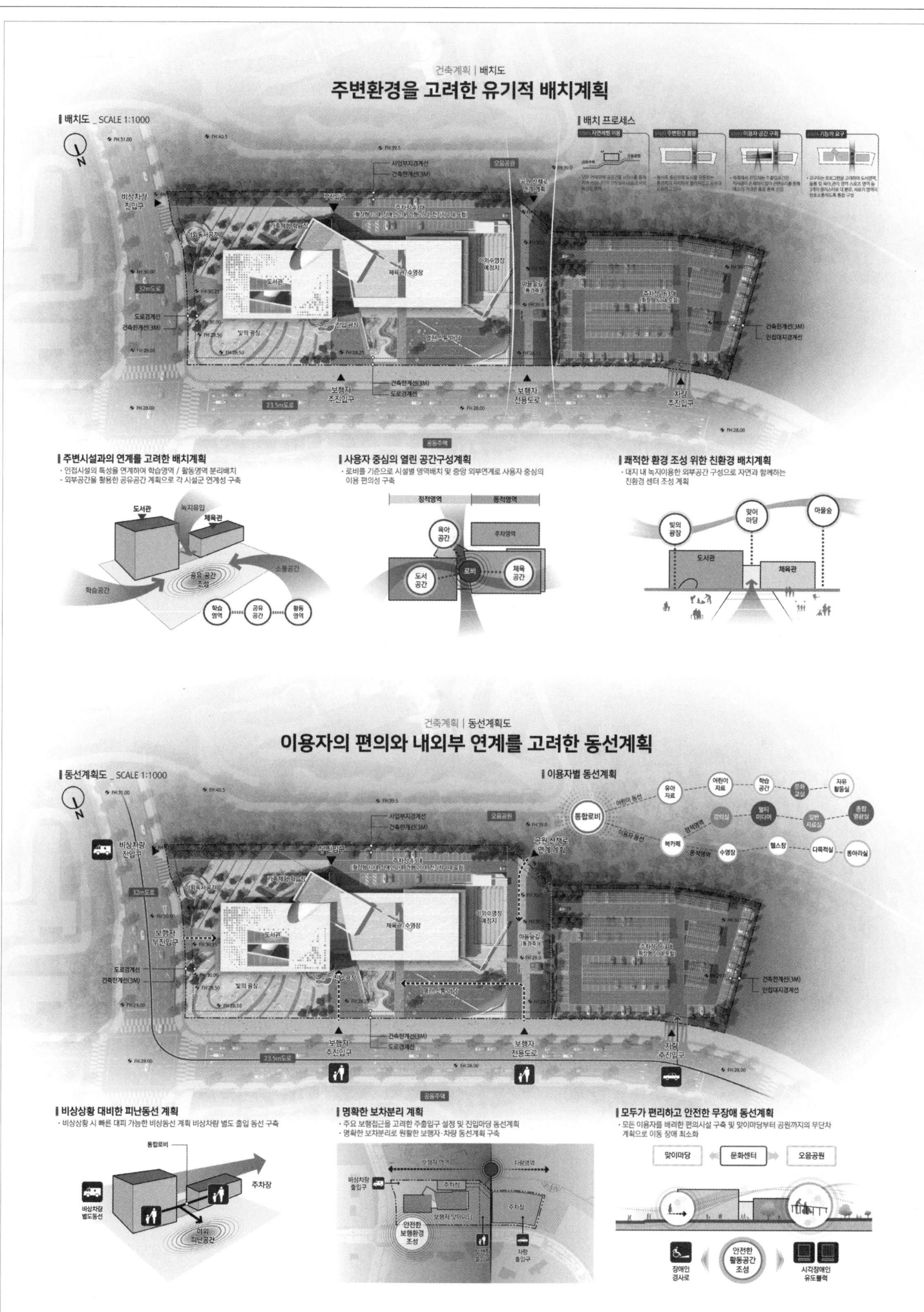

향남문화복합센터

건축계획 | 프로그램 조닝계획 / 지하1층 평면도
다양한 문화가 어우러지는 복합공간

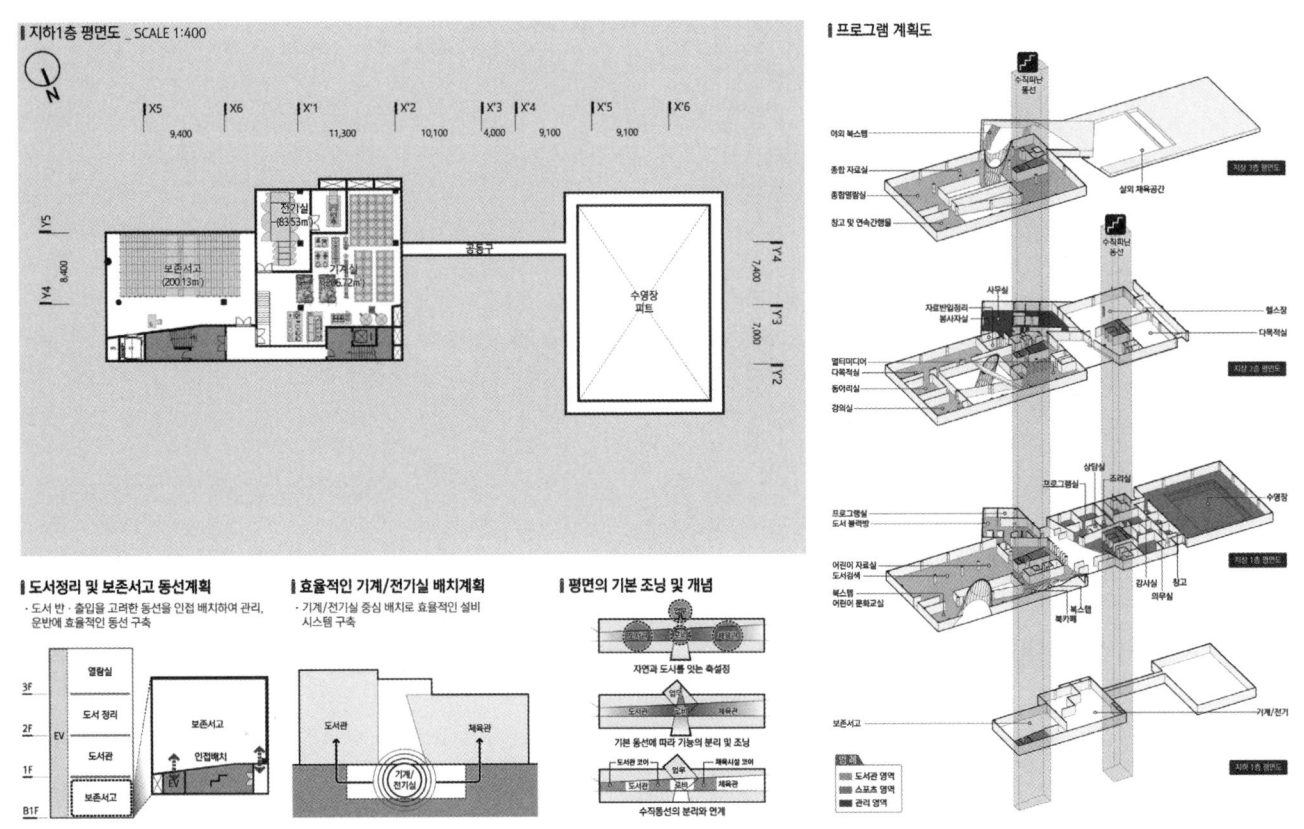

건축계획 | 지상 1층 평면도
맞이마당과 기능별 공간으로 구성된 웰컴스페이스

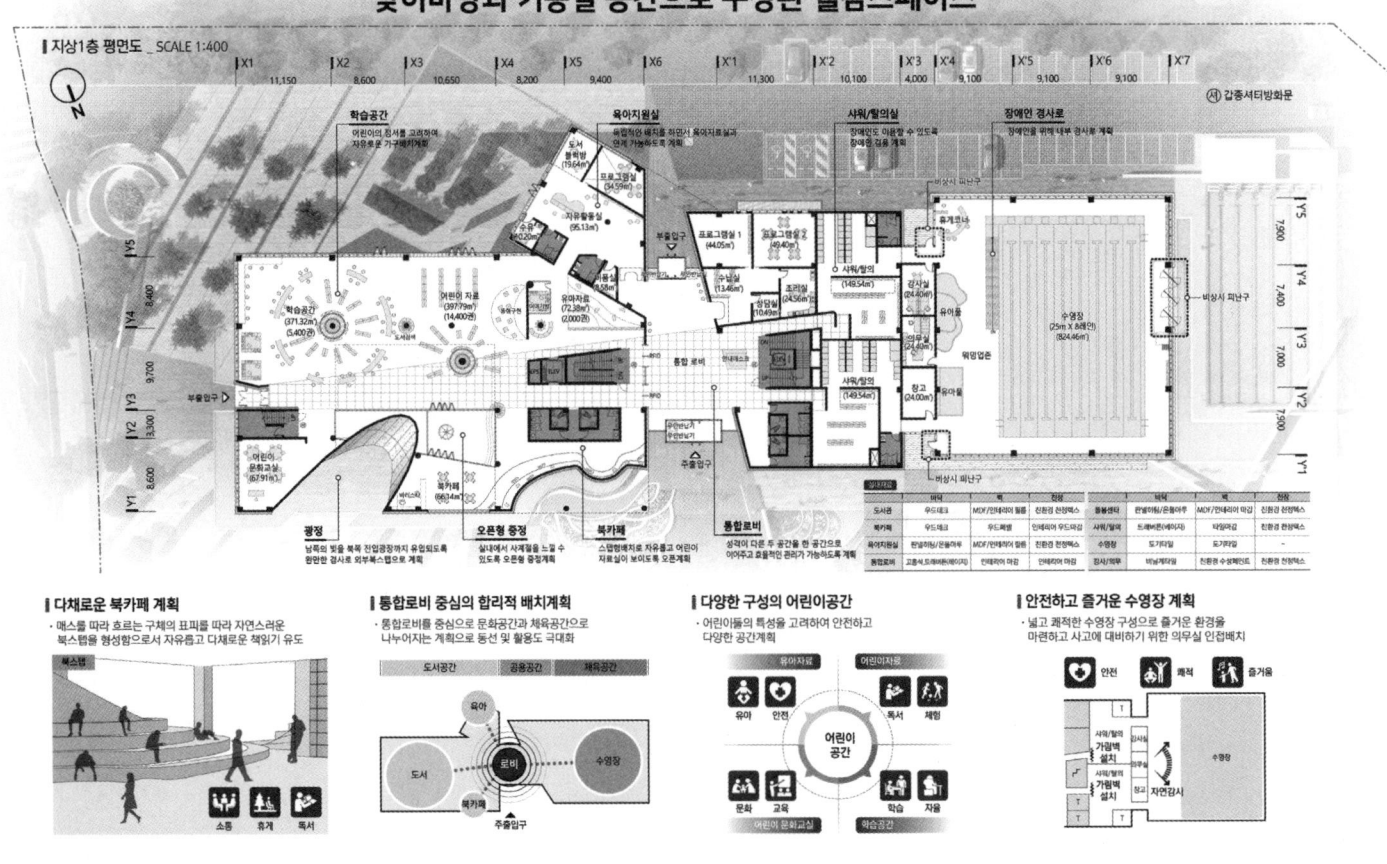

건축계획 | 지상 2층 평면도

다양한 문화활동이 이루어지는 컬쳐스페이스

지상 2층 평면도 _ SCALE 1:400

	바닥	벽	천장
다목적실	원목마루	MDF/인테리어 필름	친환경 천정텍스
동아리실	원목마루	MDF/인테리어 필름	친환경 천정텍스
강의실	비닐계 타일	MDF/인테리어 필름	친환경 천정텍스

	바닥	벽	천장
멀티미디어실	데코타일	MDF/인테리어 필름	친환경 천정텍스
사무공간	데코타일	친환경 수성페인트	친환경 천정텍스
실내놀이터	데코타일	MDF/인테리어 필름	친환경 천정텍스
헬스장	데코타일	친환경 수성페인트	친환경 천정텍스

동적활동 중심의 공간구성

· 동적인 활동이 이루어지는 공간의 구성 및 다양한 활동공간 계획

다양한 목적으로 활용되는 다목적실

· 독서, 체험활동, 전시공연 등 다양한 활동공간을 활용되는 다목적실

이용자의 편의를 고려한 멀티미디어실

· 멀티미디어실 내 다양한 공간구성 및 이용자의 편의성을 높이고 다양한 컨텐츠 제공

효율적인 업무/관리 공간

· 사무실을 중심으로 업무/관리공간을 집약배치하여 업무 효율성 극대화

건축계획 | 지상 3층 평면도

지친 일상 속 휴식처가 되는 리딩스페이스

지상 3층 평면도 _ SCALE 1:400

	바닥	벽	천장
열람실	데코타일	MDF/인테리어 필름	친환경 천정텍스
휴게공간	데코타일	친환경 수성페인트	친환경 천정텍스

쾌적한 일반 자료실 계획

· 공간을 개방하여 넓고 쾌적한 자료실 구성 및 최상층에 위치하여 조용한 환경 계획

북스텝 중심의 수직동선 계획

· 멀티미디어실과 일반자료실을 연결하는 북스텝을 계획하여 이용자 편의 향상

휴게공간 연계계획

· 휴게공간과 데크를 연계하여 휴식의 질을 높이고 다양한 휴게공간 계획

비상시 피난동선 계획

· 가까운 직통계단 2개소를 확보하여 비상시 신속하고 안전한 대피 가능

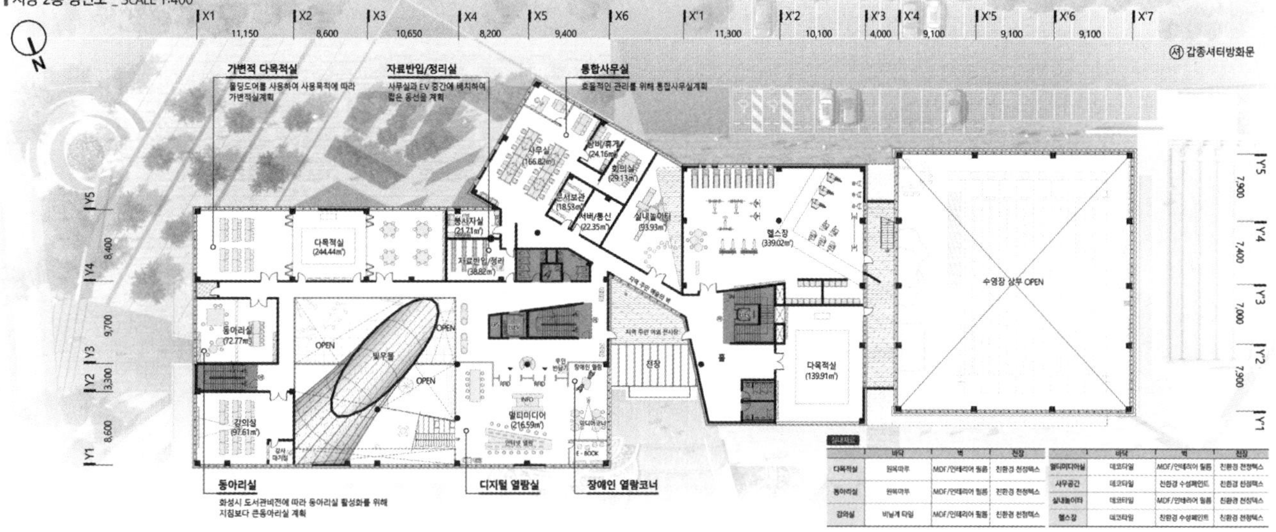

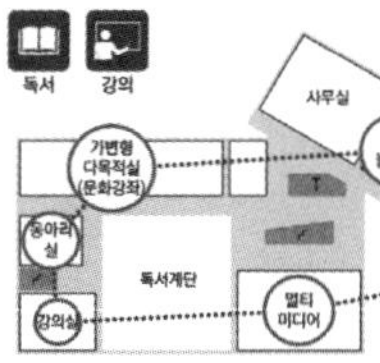

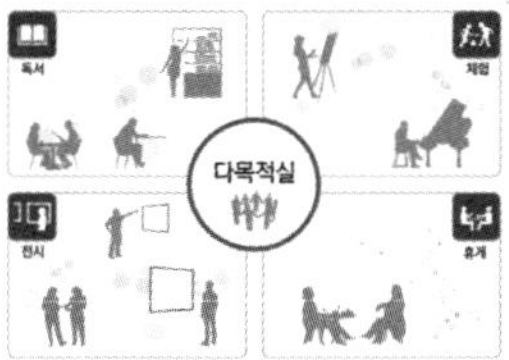

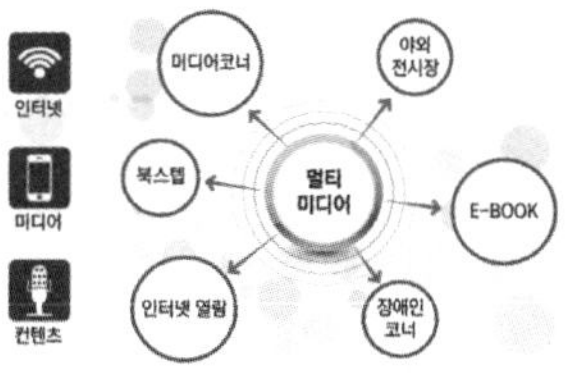

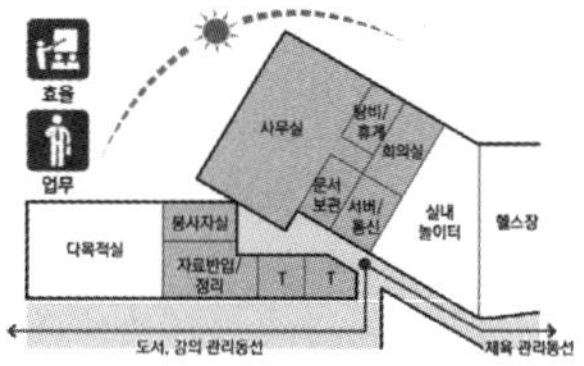

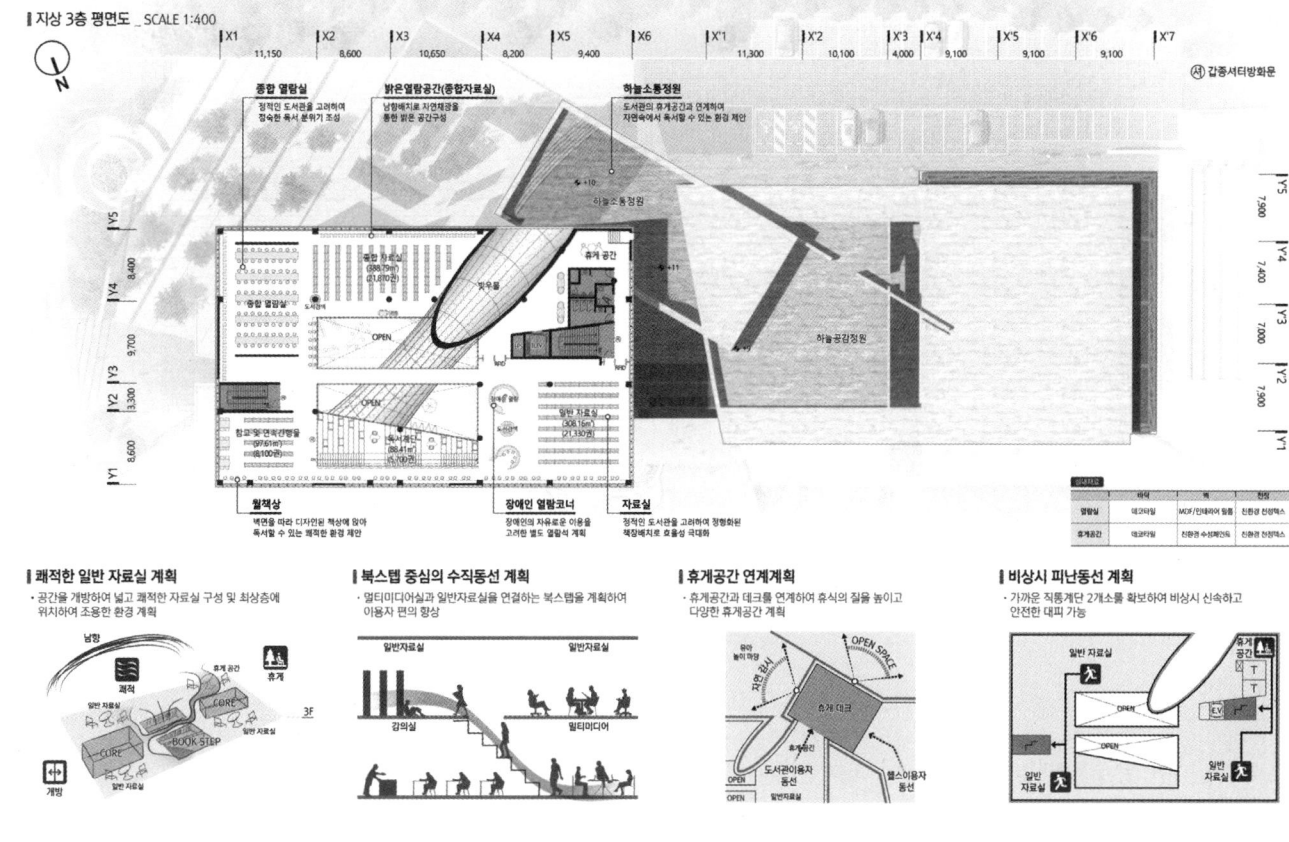

향남문화복합센터

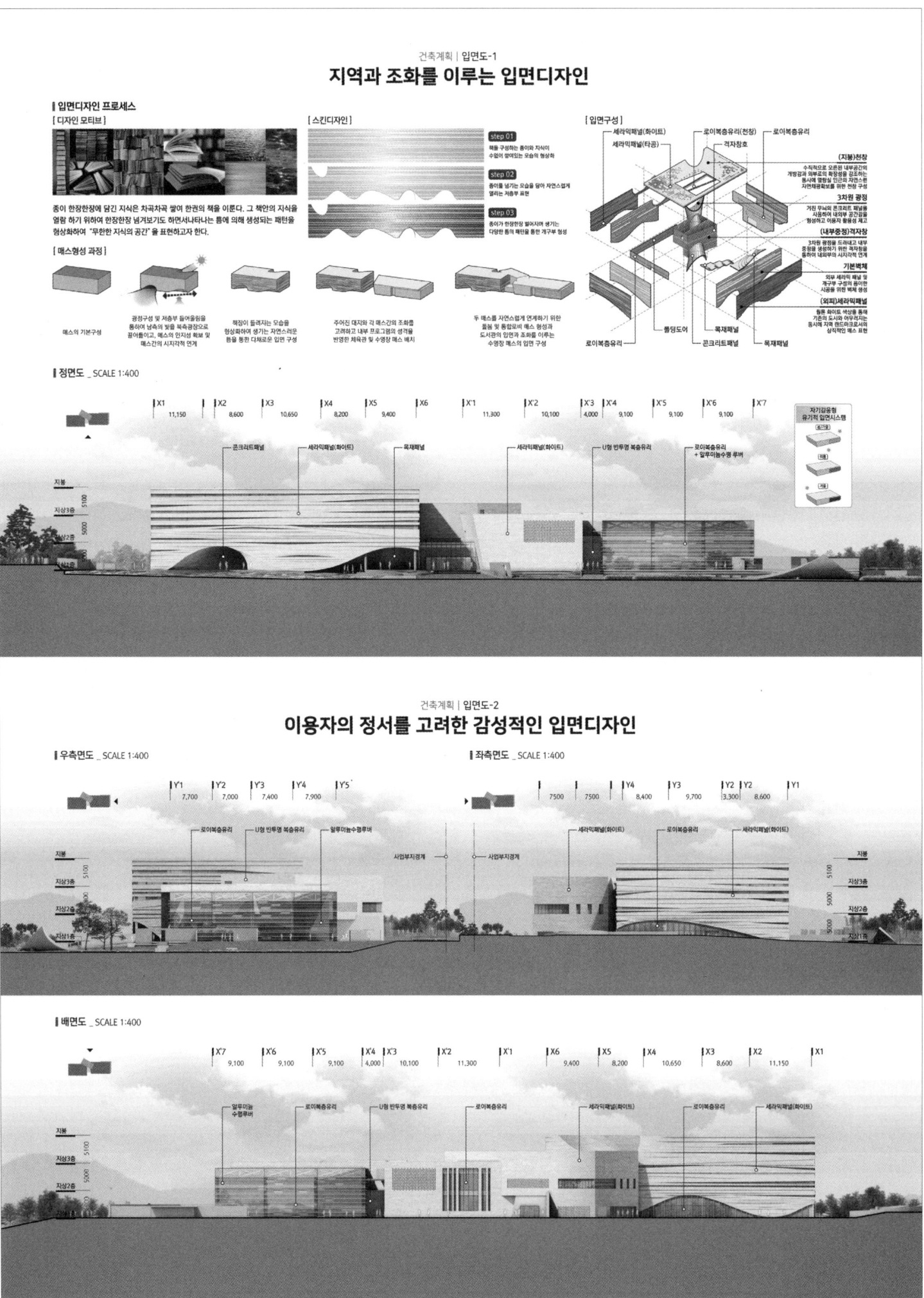

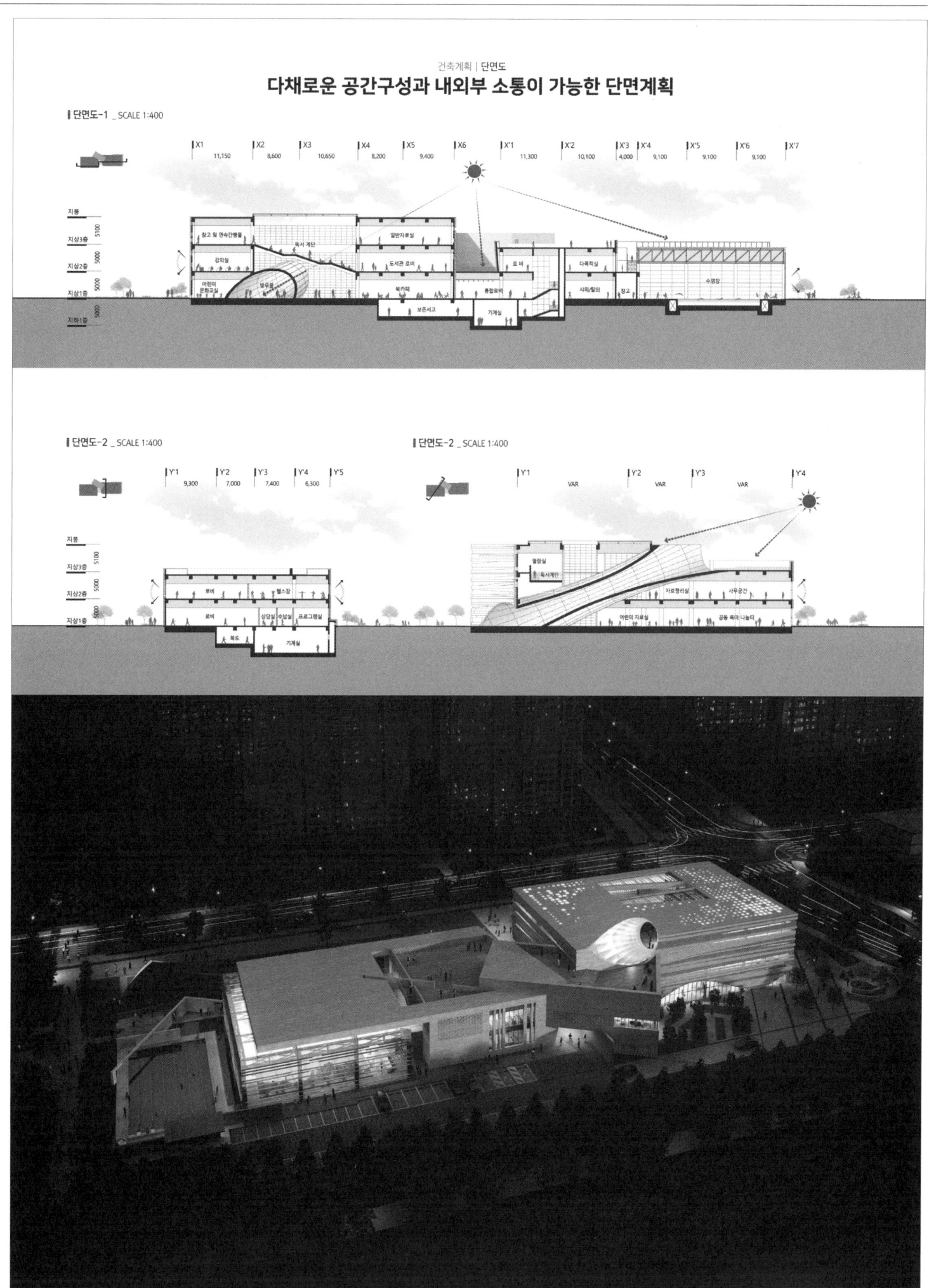

국립여수해양기상과학관

당선작 (주)건축사사무소 유앤피 유영모 설계팀 서기석, 김혜중, 김정호, 양해영, 하한솔

대지위치 전라남도 여수시 공화동 1492-2번지 일원 **대지면적** 5,291.50㎡ **건축면적** 2,509.08㎡ **연면적** 5,549.49㎡ **건폐율** 47.42% **용적률** 94.74% **규모** 지하 1층, 지상 3층 **구조** 철근콘크리트조, 철골조 **외부마감** 노출콘크리트, 박판세라믹, 금속판넬, 세라믹루버, 로이복층유리 **주차** 37대(장애인 주차 2대, 확장형 12대 포함)

프로젝트

여수해양기상과학관 계획부지는 여수 세계박람회장 지구 내에 있다. 박람회장의 각기 다른 오브제로서의 건축물들은 각자의 다양한 방법으로 바다와 육지의 흐름을 연결하고 풍부한 문화 이벤트를 제공한다. 이러한 박람회장이라는 장소가 갖는 특수성을 고려하여 해상기상과학관 역시 독보적인 존재감을 느끼는 또 하나의 새로운 오브제가 되어야 한다. 해양기상과학관은 해상의 자연현상을 모티브로 하였고 유기적인 흐름 안에서 가장 역동적이며 속도감 있는 공간과 형태의 건축으로 담아냈다. 사람들을 환영하기 위한 곡선형 출입구와 전시관의 구 형태, 트위스트 계단의 전망대는 수평적 매스에 변화를 주며 다양한 이야기를 담을 수 있는 공간이 된다. 사람들은 이곳에서 다양한 경관과 경험 등 흥미로운 기억을 가지게 될 것이다.

Project

The project site for the Yeosu National Ocean Meteorological Science Museum is located inside the Yeosu Expo district. Buildings there appear as a unique object that connects different flows around the land and sea in its own way and accommodates a wide range of cultural events. Considering such unique characteristics of the site, the new museum is designed to become another new object that has an extraordinary presence. The proposed design takes ocean phenomena as its motif. It creates an organic flow that envelops spaces and forms with a strong sense of dynamism and speed. The welcoming, curvilinear entrance, sphere-shaped exhibition hall and observatory with spiral stairs add variety to the building's horizontal mass and turn it into a place filled with various stories. Here visitors will enjoy a variety of scenery and experience and make good memories.

Prize winner UNP Architects_Ryu Youngmo **Location** Yeosu, Jeollanam-do **Site area** 5,291.5㎡ **Building area** 2,509.08㎡ **Gross floor area** 5,549.49㎡ **Building coverage** 47.42% **Floor space index** 94.74% **Building scope** B1, 3F **Structure** RC, SC **Exterior finishing** Exposed concrete, Sheeting ceramic, Metal panel, Ceramic louver, Low-E paired glass, **Parking** 37 (including 2 for the disabled, 12 for extension type)

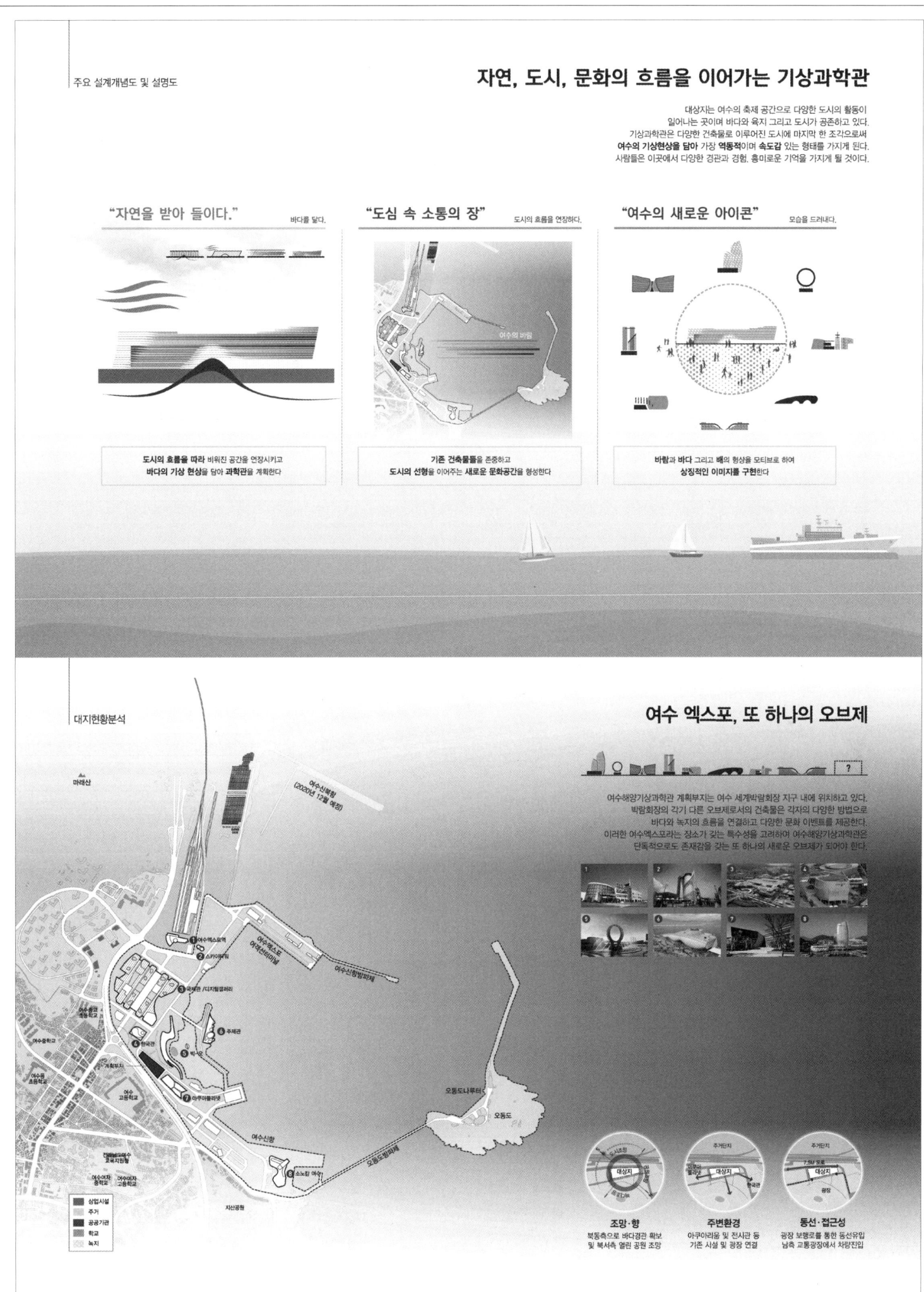

국립여수해양기상과학관

기존 환경과 자연스럽게 조화를 이루는 배치계획

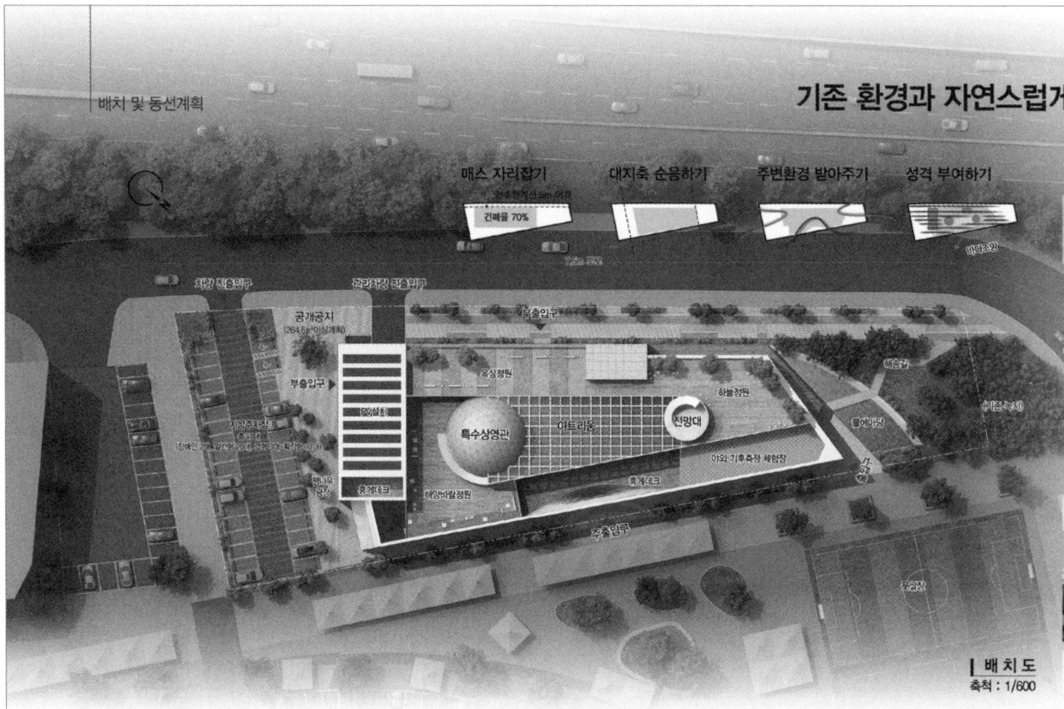

배치 및 동선계획

배치도
축척: 1/600

- 기존시설 및 주변환경을 고려한 조닝계획
- 주변환경에 따라 열린 공간계획
- 효율적인 차량 동선 계획
- 접근이 쉽고 안전한 보행 동선 계획

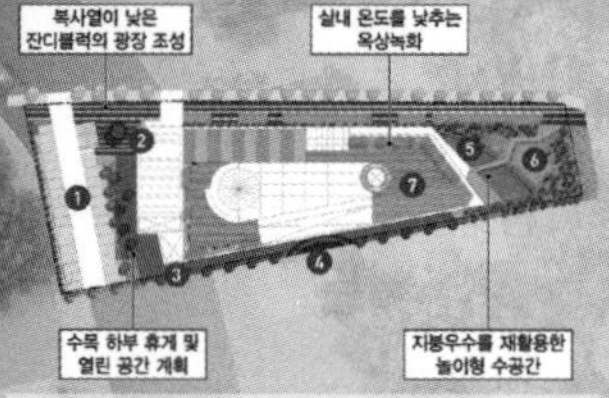

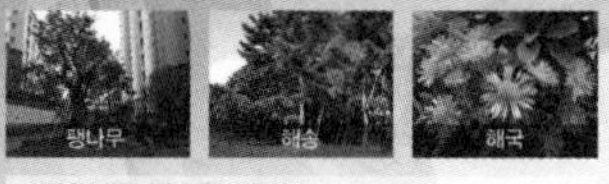

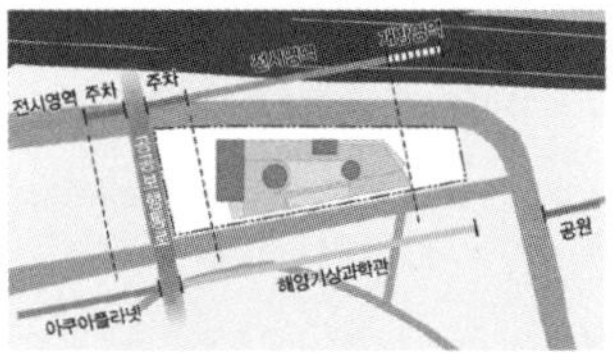

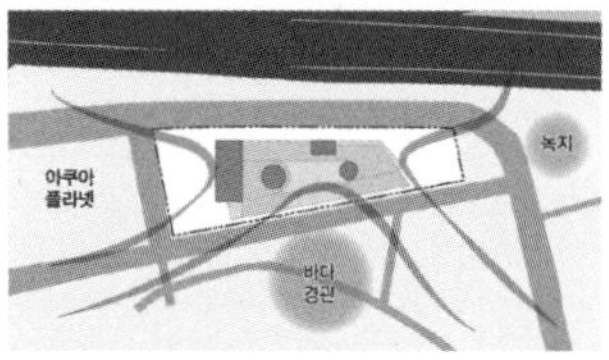

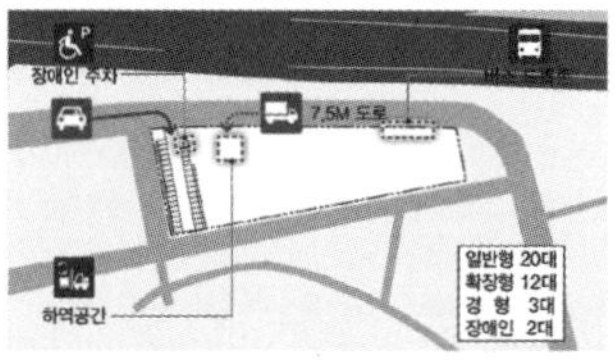

주변환경을 고려하고 이용자를 배려하는 개방적인 공간구성

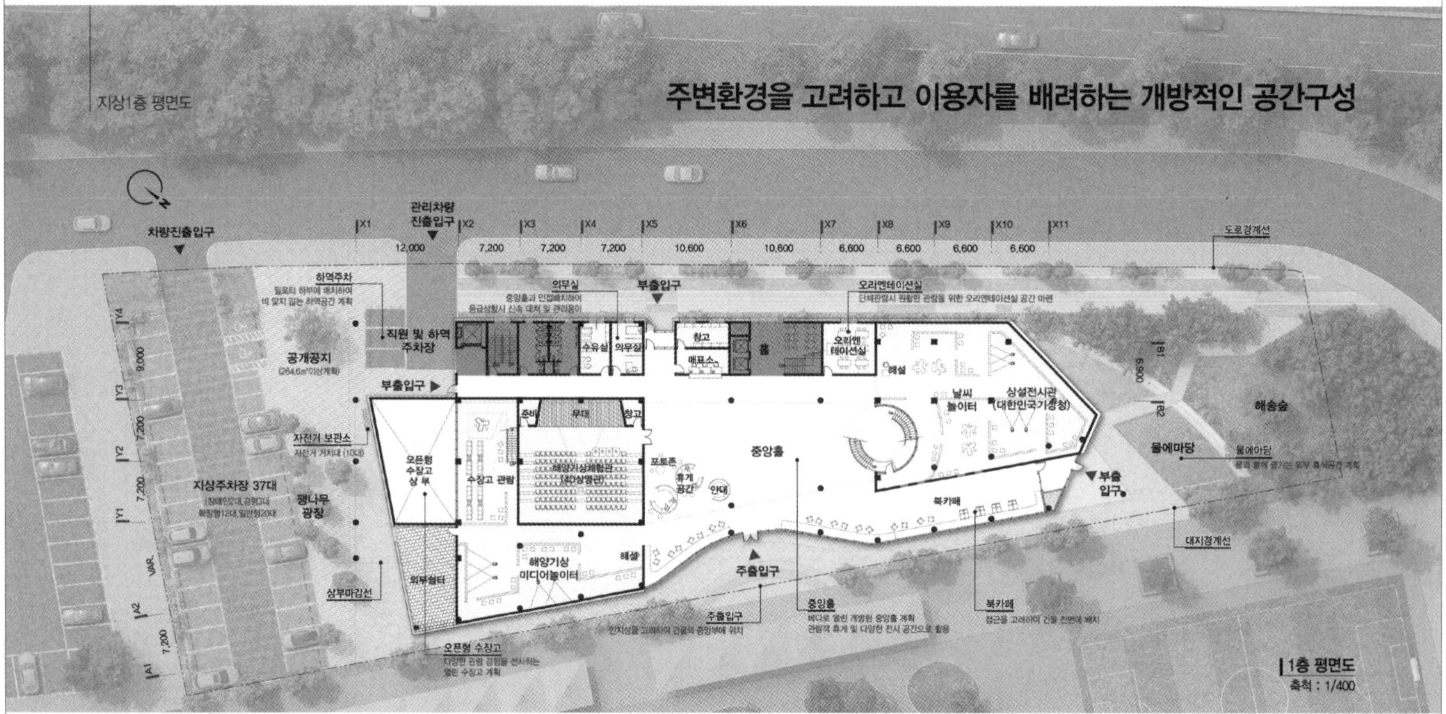

지상1층 평면도

1층 평면도
축척: 1/400

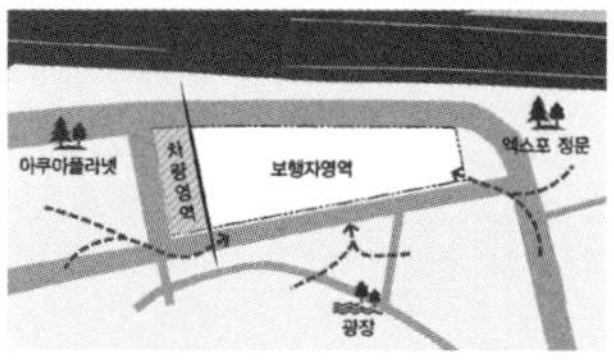

- 간결하고 명확한 전시 영역분리
- 이용 효율성을 높이는 해양기상체험관 계획
- 공용공간을 통한 체험전시 극대화
- 아트리움 전시를 통한 입체적인 전시계획

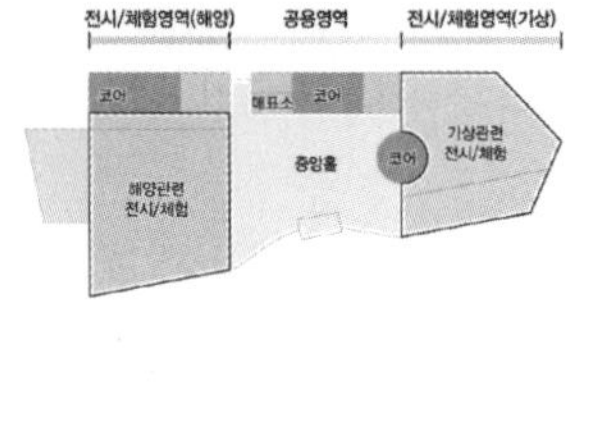

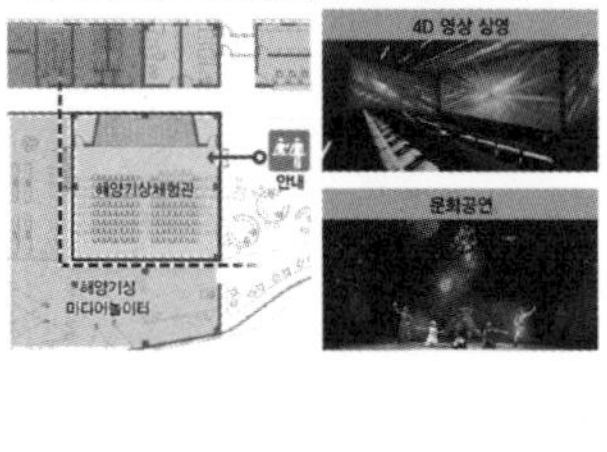

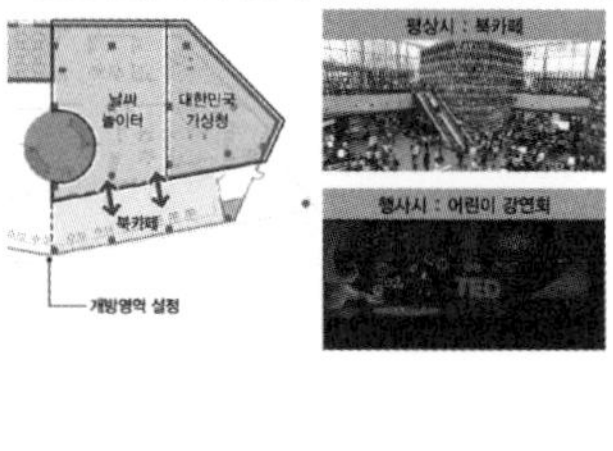

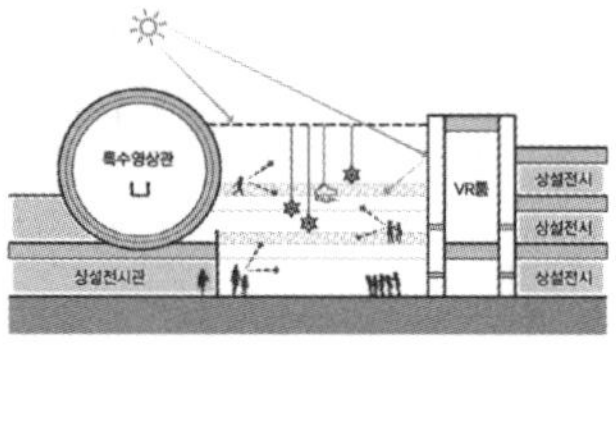

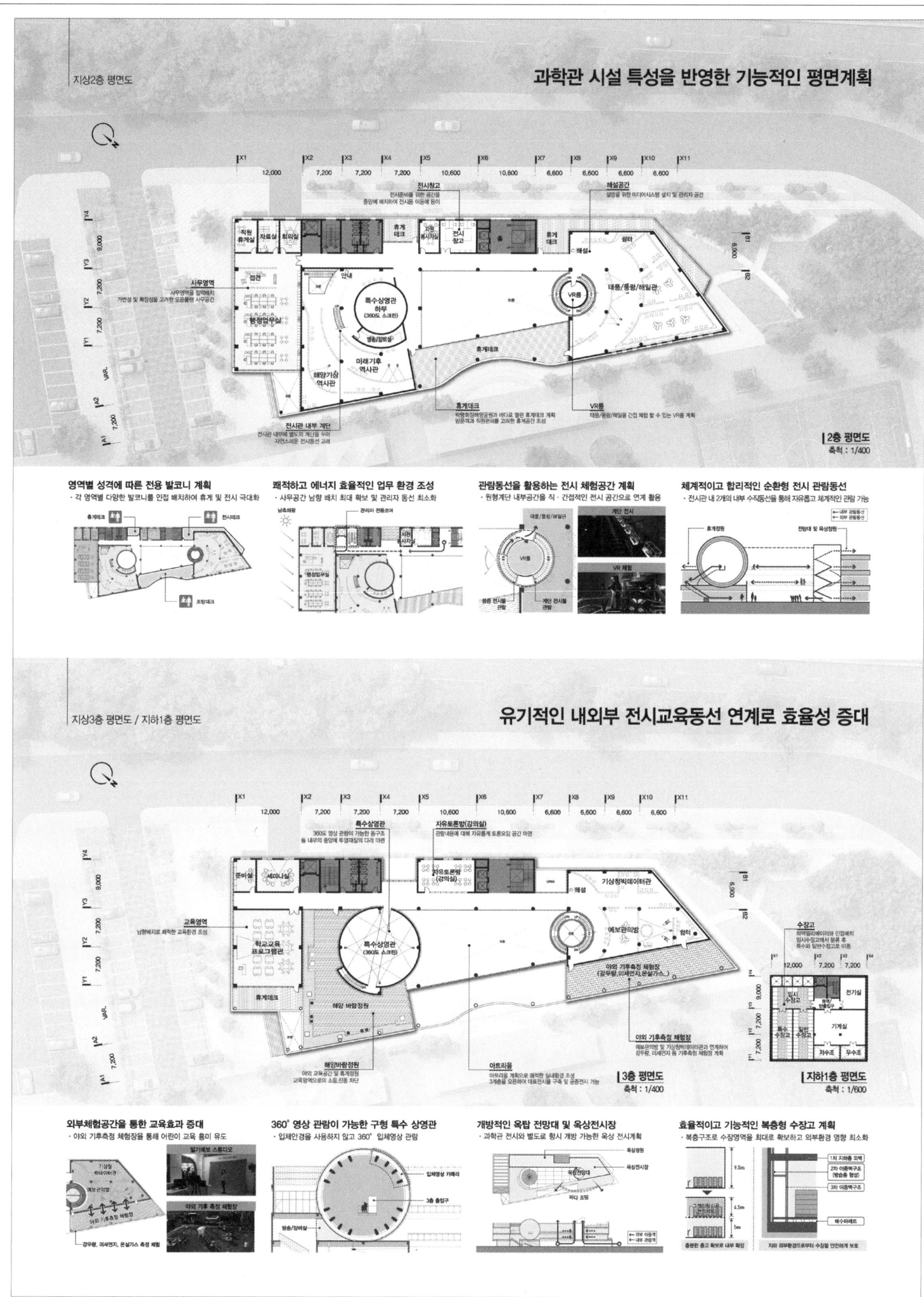

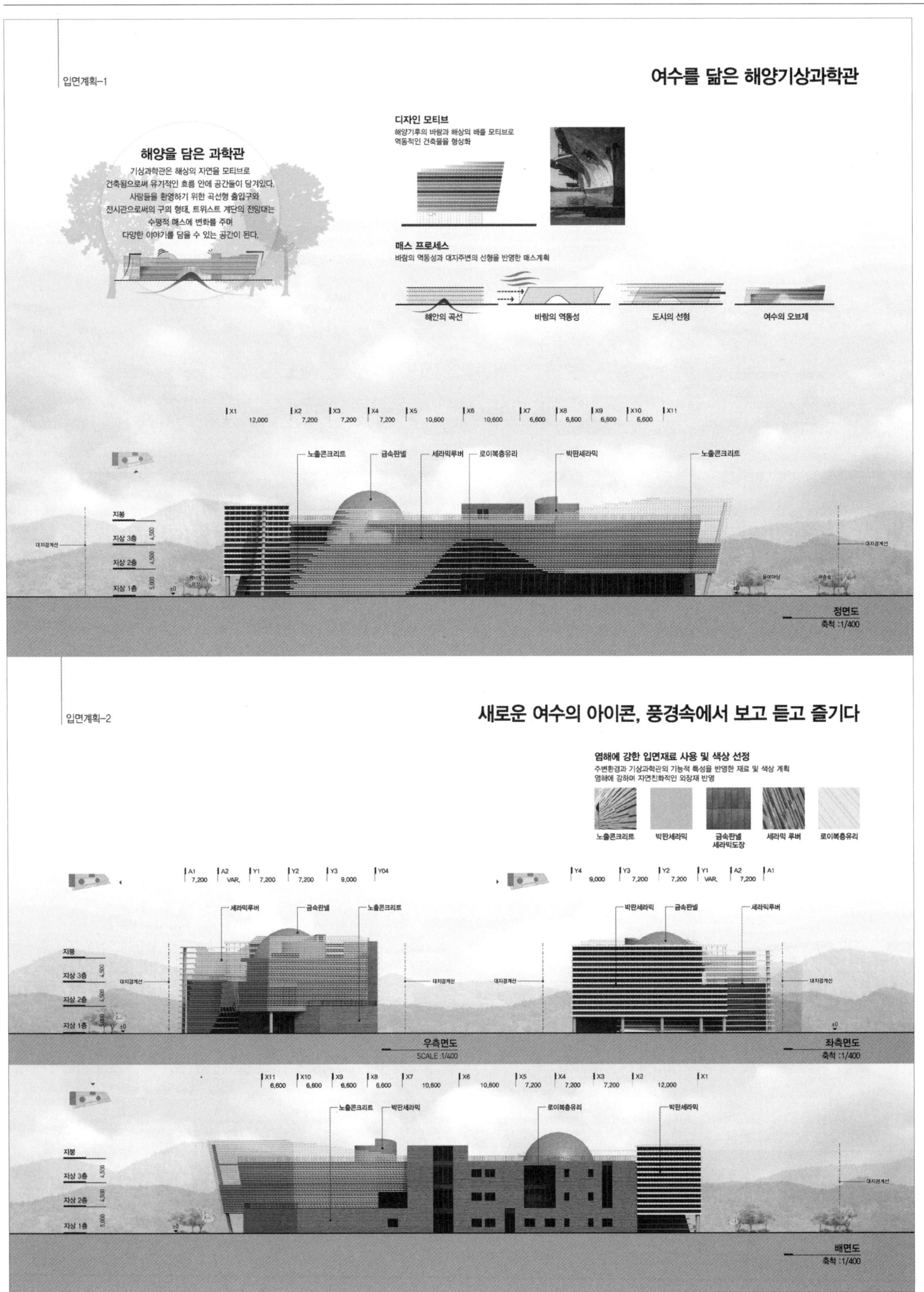

Yeosu National Maritime Meteorological Science Museum

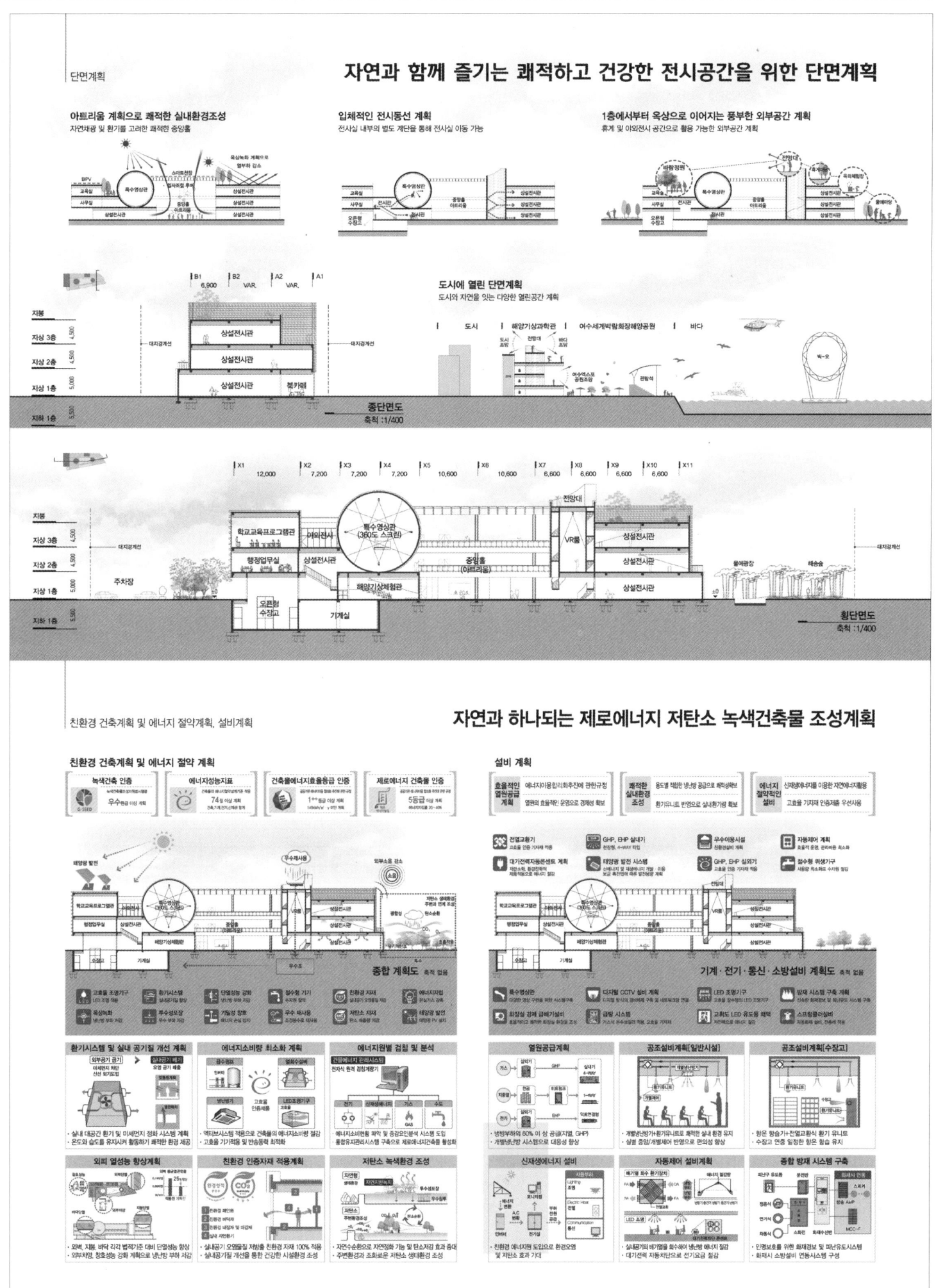

송정복합문화센터

당선작 (주)엠피티종합건축사사무소 김진한 설계팀 고영주, 최병득, 정병후, 김임주, 이채희

대지위치 울산광역시 북구 화봉동 1484-2번지(송정택지지구내) **대지면적** 1,523.00㎡ **건축면적** 658.31㎡ **연면적** 3,478.21㎡ **건폐율** 43.22% **용적률** 154.84% **규모** 지하 1층, 지상 5층 **구조** 철근콘크리트조 **외부마감** 알루미늄복합패널, 알루미늄루버, 석재, 로이복층유리 **주차** 21대(장애인 주차 2대, 확장형 19대 포함)

소셜 마운틴

송정복합문화센터는 신도시의 과거 지형의 풍경을 차용하여 획일화된 시각적 환경에 지역성을 담은 건축으로 계획하였다. 센터와 마주한 대리근린공원과의 장소 공유를 통해 건축물 내의 커뮤니티 공간은 단순한 로비의 역할보다 공원의 연장으로 외연을 확장하게 되고, 내부공간의 커뮤니티는 외부공원으로 확장되어 신도시의 문화 공간과 공원이 많은 사람들의 휴식, 만남, 교류가 권위적이지 않고 자연스레 유도될 수 있도록 계획하였다.

배치계획

남서측의 공원과 북동측의 보도와 마주한 부지로서 대리근린공원의 연장으로 생각하여, 공원처럼 편안하게 접근할 수 있도록 하였다. 서측의 향후 주차장 건축을 고려한 것외에는 남측과 동측, 북측에서 자연스레 접근할 수 있으며, 남측의 공원과 연계하여 다양한 커뮤니티가 내외부로 자연스레 유입되고 확장될 수 있도록 하였다.

평면계획

지하 1층은 선큰을 계획하여 자연환기와 채광이 적극 유입되고, 지상 1층은 숨공원을 계획하여 공원과 융화된 장소로서 2층과 동일 프로그램의 성격을 고려하여 열린 공간으로 하였다. 3층은 돌봄센터로 외부인의 출입을 제한하여 안심 공간이 되도록 하고, 남측에 배치해 쾌적한 실내환경을 조성했다. 4, 5층은 국민체육센터로서 내외부 공간과 실내휴게공간이 균형을 가지도록 계획하였다.

Social Mountain

The proposed enter is designed to add locality to the existing standardized visual environment by means of making use of the original topographic scenery of the new town. The complex shares the sense of place of a public park on the opposite side, therefore the community space inside the complex doesn't just function as a lobby but appears as an extension of the park, which leads to external extension. Also, it expands toward the park outside to turn cultural spaces and parks within the town into a place that encourages people to enjoy rest, meet others or socialize with each other not in a forceful manner but in a natural way.

Site plan

As the project site is facing parks in the south and west and a pedestrian walkway in the northeast, it is arranged to appear as an extension of the public park so that it can become more approachable like a park. The site offers easy access to its south, north and east sections, except for the west section where a parking area is planned to be built. Its connection with the park in the south enables various communities to settle and expand inside and outside the complex.

Floor plan

The 1st basement floor is designed as a sunken space for which natural lighting and ventilation is actively used. The 1st floor has an airy park. Considering the nature of its program which is the same with the 2nd floor, it is designed as an open space combined with the park. The 3rd floor is a daycare center. It restricts visitor access to ensure safety. As it is positioned in the south section, it provides a pleasant indoor environment. The 4th and 5th floors are a public sports center. Its spaces inside and outside and indoor lounge are organized in a balanced way.

Prize winner MPT Total Architects & Consultants Corp._Kim Jinhan **Location** Hwabong-dong, Buk-gu, Ulsan **Site area** 1,523.00m² **Building area** 658.31m² **Gross floor area** 3,478.21m² **Building coverage** 43.22% **Floor space index** 154.84% **Building scope** B1, 5F **Structure** RC **Exterior finishing** Aluminum composite panel, Aluminum louver, Stone, Low-E paired glass **Parking** 21 (including 2 for the disabled, 19 for extension type)

Songjeong Complex Cultural Center

■대지현황분석

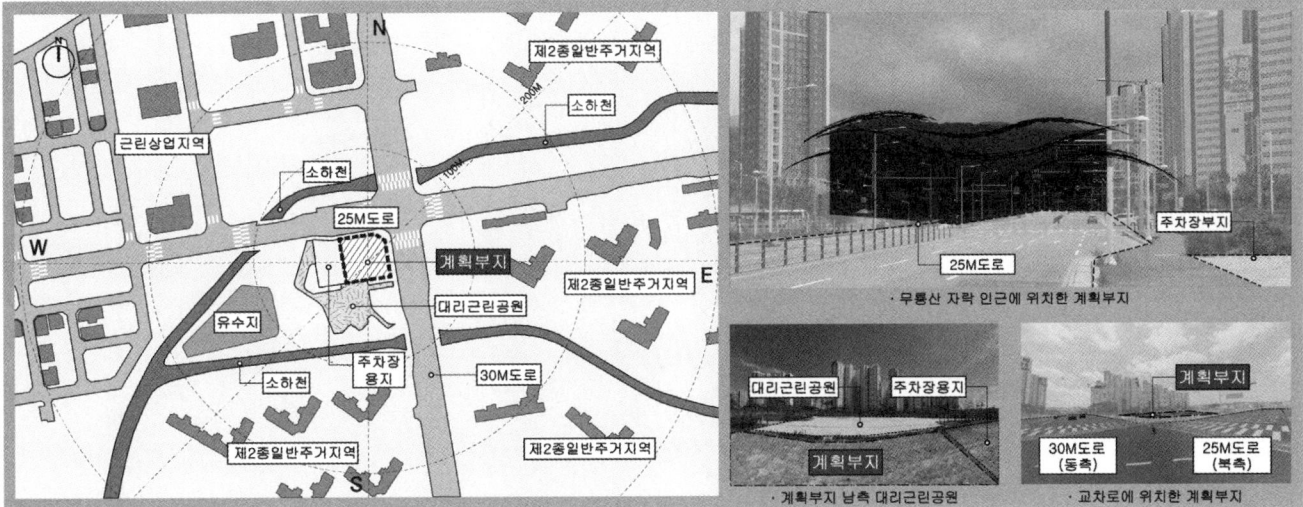

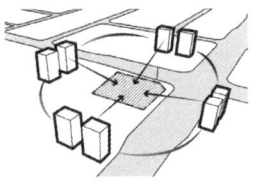

전면성
· 도로로 개방된 형태의 부지로서
송정지역의 상징성이 요구됨

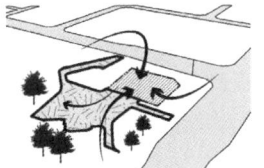

남측 공원
· 근린공원과 인접한 부지로서 공원과 연계한
사회적 공간으로서의 장소가 요구됨

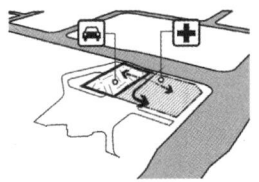

주차장 용지
· 도시관리계획시설(주차장용지)과
추후 연계성이 요구됨

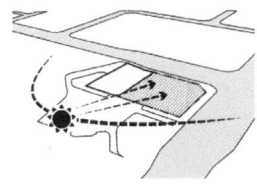

환경
· 지역주민의 소통의 공간으로서
쾌적한 환경조성을 위한 방향성이 요구됨

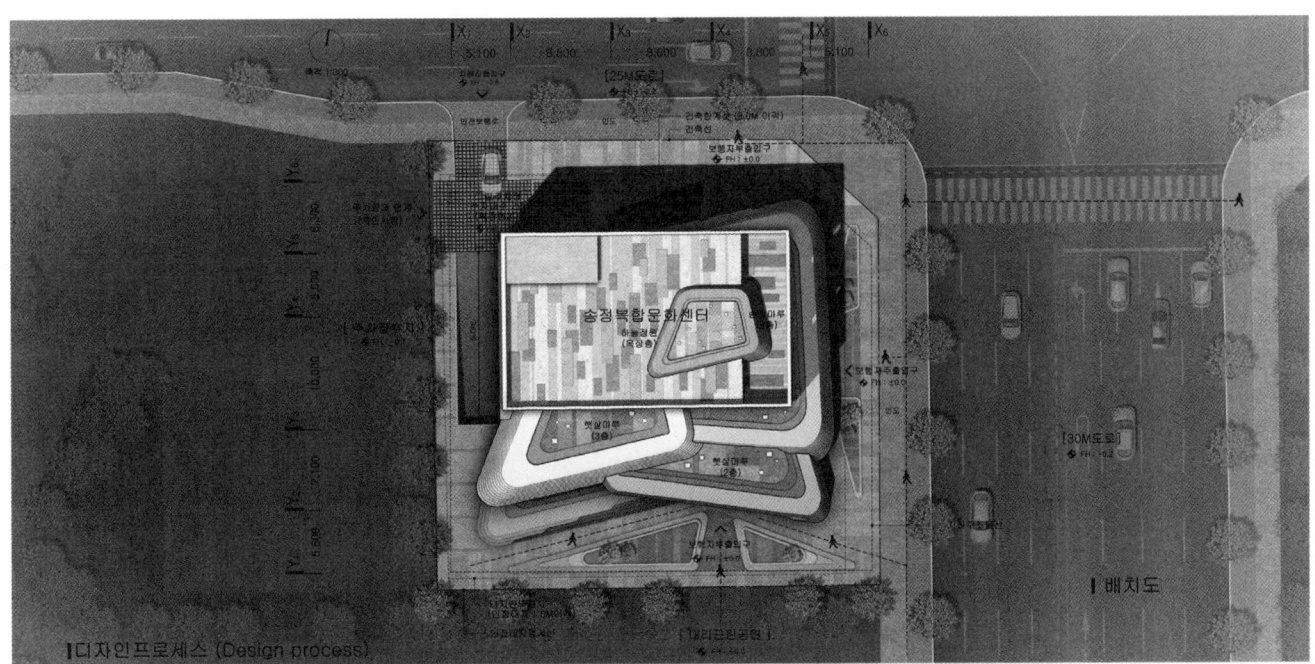

■디자인프로세스 (Design process) | ■배치도

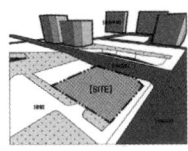

[SITE]
· 환경과 커뮤니티를 탐색

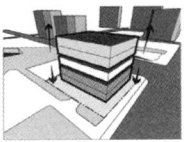

[프로그램]
· 도시축과 프로그램의 구축

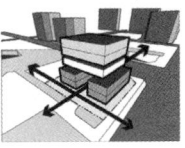

[분리]
· 주변환경과 어울어진 계획

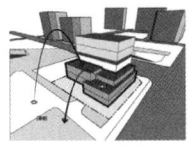

[공원 대입]
· 프로그램과 공원의 연계

[지역성 도입]
· 지역과 소통하는 건축,
외부공간계획

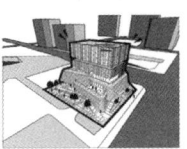

[Social_Space]
· 송정의 아이덴티티를 담은
상징적 형태

송정복합문화센터

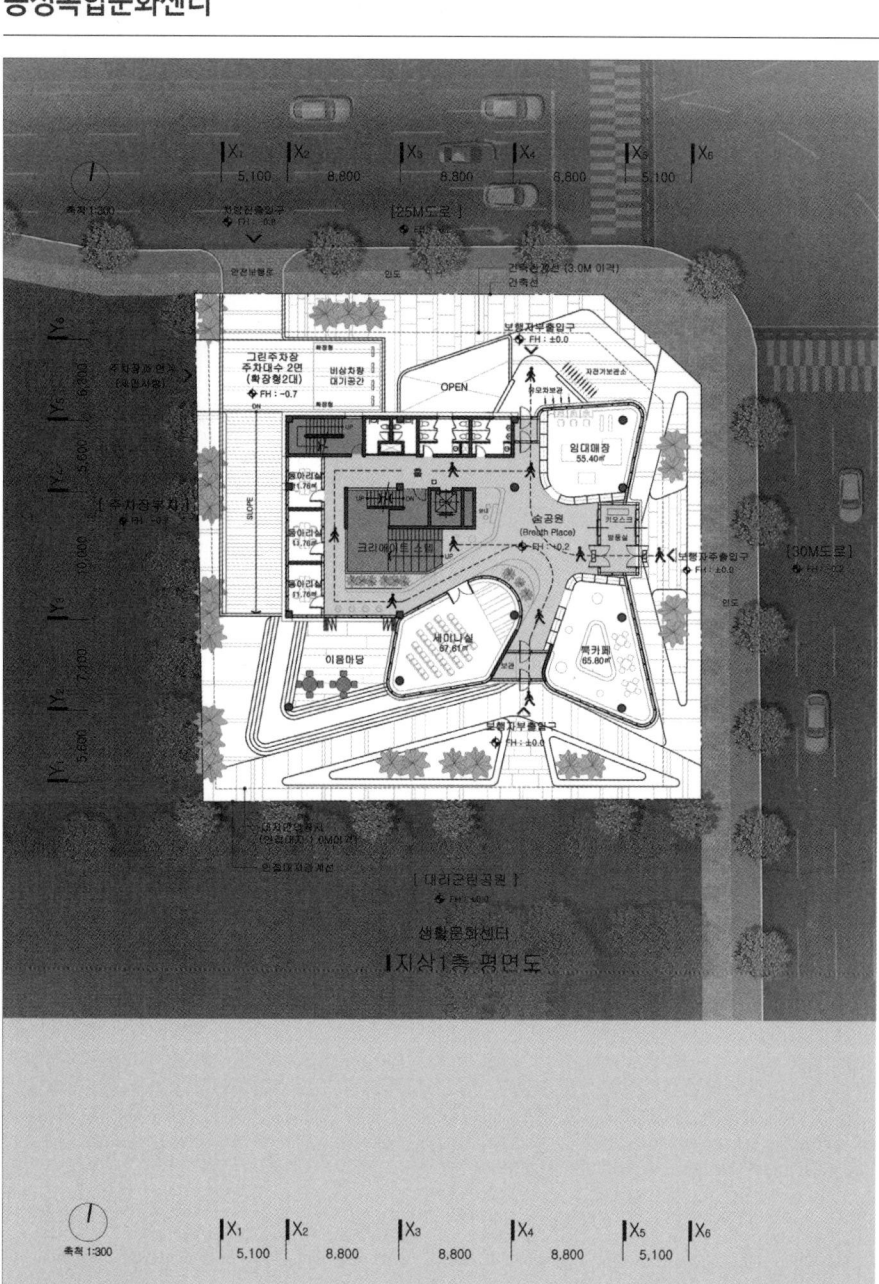

|지상1층 평면도|

지상1층 평면도
교류와 소통을 고려한 브리스플레이스(Breath Place)

대리근린공원과 연계한 송정복합문화센터의 지상1층 공간은 공원의 일상을 자연스레 포용하는 공간으로, 도시 속 공원의 역할을 더욱 강화하고 공원에서의 주민들의 일상이 자연스럽게 이어지도록 하였으며, 주민을 위한 커뮤니티 프로그램을 배치하여 도시 속에 휴식의 장소인 브리스플레이스(Breath Place)로 계획하였다.

지상1층 프로그램-1

· 프로그램별 조닝을 통한 효율적 관리

지상1층 프로그램-2

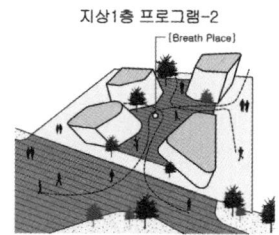

· 공원의 연장으로 쾌적하고 지역커뮤니티 시설로서 다양한 프로그램을 통한 복합문화공간 형성

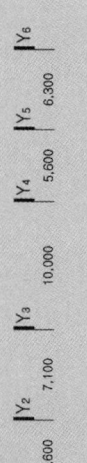
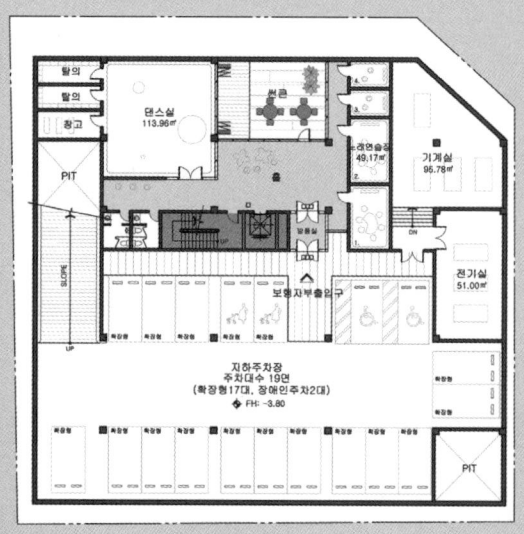

|지하1층 평면도|

지하1층 평면도
쾌적한 환경과 안전을 고려한 지하층 계획

지하1층은 주차장(확장형:2.6Mx5.2M)과 프로그램의 공간을 명확하게 구분하여 계획하였으며, 주차후면을 안전보행접근로로 계획하여 주차 후 안전한 접근을 고려하였다. 지하1층의 썬큰마당 계획을 통해 환기와 채광이 적극 유입되도록 하여 쾌적한 환경을 조성하였다.

지하1층 프로그램-1

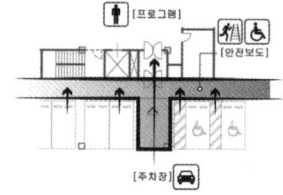

· 안전보행접근로 설치로 안전한 통행로 확보

지하1층 프로그램-2

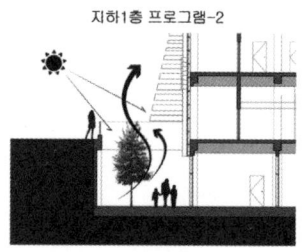

· 자연채광과 환기를 고려한 썬큰 계획

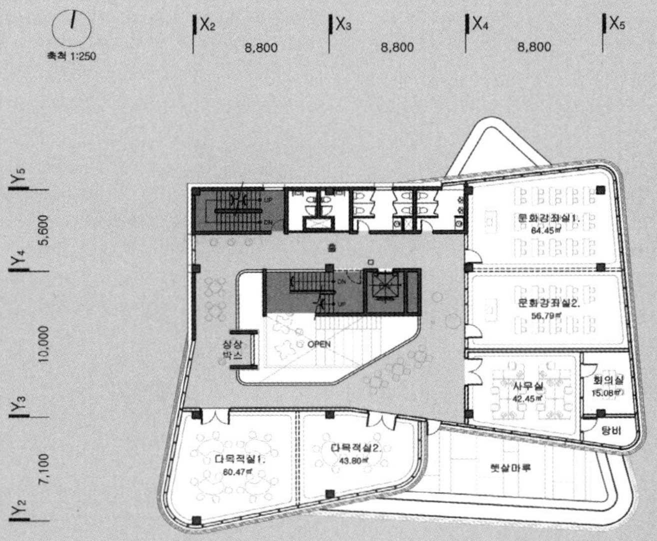

Songjeong Complex Cultural Center

생활문화센터
지상2층 평면도

지상2층 평면도
일상의 열린 문화공간 "생활문화센터"

지상1층의 브리스플레이스와 열린 공간으로서 연계된 생활문화센터의 지상2층은 쾌적한 실내환경을 고려하여 프로그램을 남동측에 배치하고, 대리근린공원과 그린네트워크를 이루는 수직적 정원인 햇살마루를 계획하여 공원과 시각적 환경의 연계를 고려하고, 다양한 프로그램과 사용자를 위해 가변적 공간으로 계획하였다.

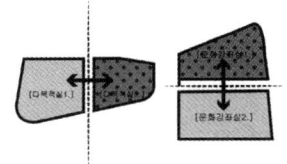

· 다양한 프로그램 수용을 고려한 가변적 공간계획

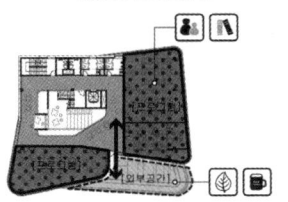

· 대리근린공원과 연계된 그린커뮤니티 계획

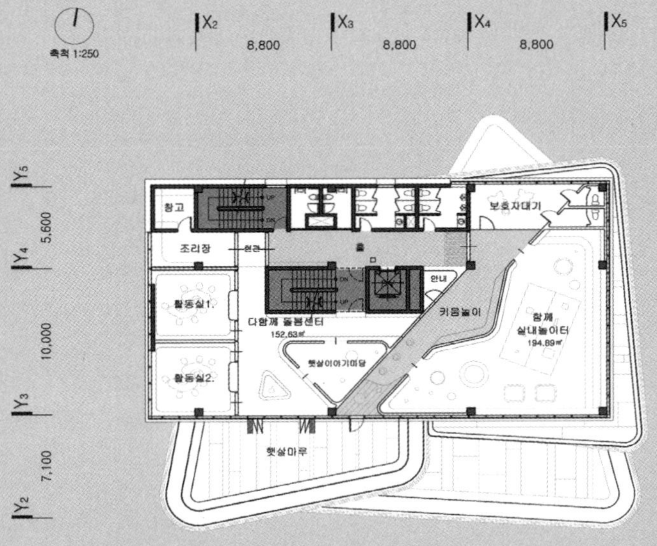

다함께돌봄센터
지상3층 평면도

지상3층 평면도
햇살 가득한 쾌적한 안심공간 "다함께 돌봄센터"

주 대상층(만6세~만12세) 아이들의 쾌적한 실내환경을 고려하여 남향에 실을 계획하고 활동실과 실내놀이터 사이 공간에 햇살이야기마당을 배치하여 창의적인 활동을 위한 공간을 계획하고 외부공간인 햇살마루와 자연스레 연계되도록 하였다. 아이들의 안전한 돌봄공간이 되기 위해 외부인의 출입을 제한하도록하여 안심하고 돌볼 수 있는 쾌적하고 안전한 창의적인 돌봄센터를 계획하였다.

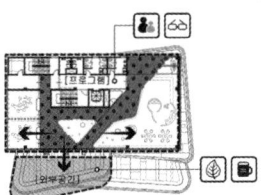

· 프로그램과 유기적으로 연계된 창의적 돌봄공간

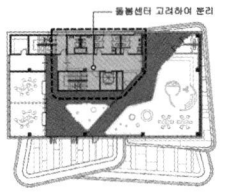

· 안심하고, 안전한 돌봄센터를 위한 제한적 출입 계획

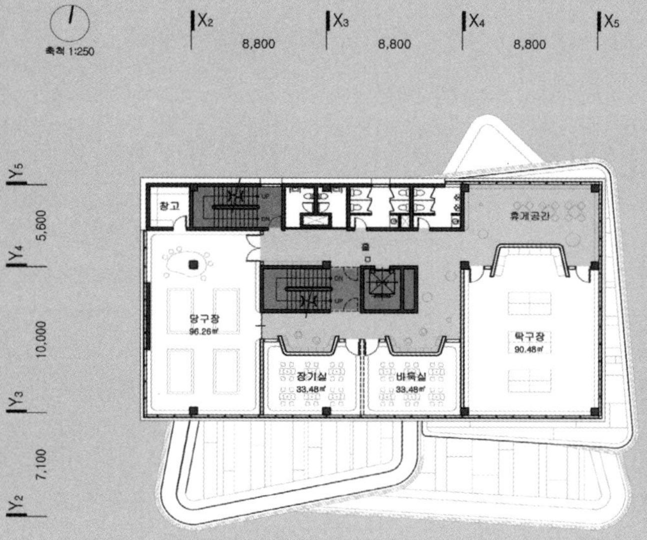

송정복합문화센터

국민체육센터
지상4층 평면도

지상4층 평면도
다양한 취미활동과 휴식의 밸런스 공간 "국민체육센터"

지상4층은 국민체육센터로서 다양한 취미활동을 수용할 수 있도록 가변적 공간을 구성하였으며, 활동공간 사이 휴식공간을 계획하여 활동과 휴식이 균형을 갖도록 사용자를 배려하였다.

지상4층 프로그램-1
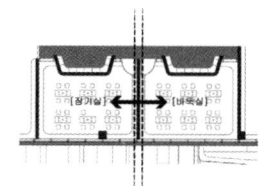
· 가변형 벽을 설치하여 다양한 취미활동 수용계획

지상4층 프로그램-2
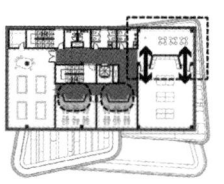
· 사용자의 특성을 고려하고 배려한 포켓휴게공간 계획

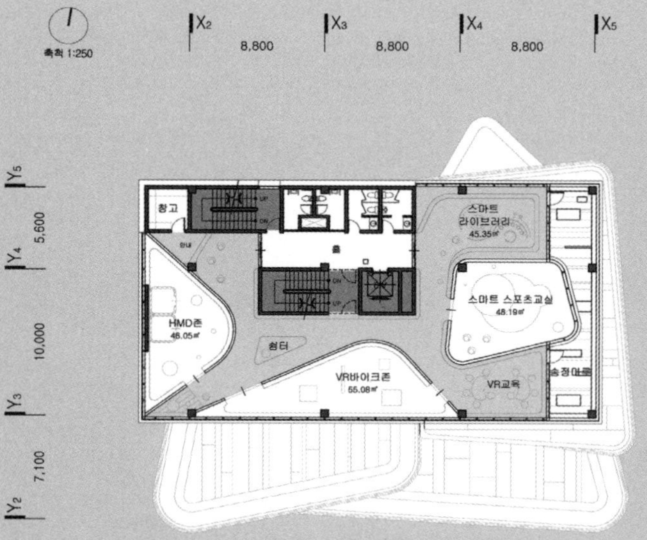

국민체육센터
지상5층 평면도

지상5층 평면도
상상과 창의를 위한 체험놀이공간
"디지털플레이그라운드" (Digital Playground)

지상5층은 가상현실(VR)의 놀이체험을 통해 상상과 창의를 위한 공간으로 프로그램이 유기적으로 연계되도록 계획하였다. 스마트스포츠교실은 가상현실프로그램을 통한 다양한 상황과 스마트환경연출이 일어나는 공간이며, 실내 공간은 외부 그린공간과 연계되어 사용자의 자연적 이완을 위한 휴게공간을 계획하였다.

지상5층 프로그램-1
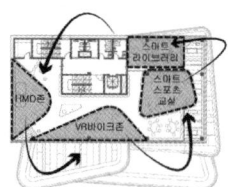
· 다양한 프로그램들의 연속적 구성을 통한 유기적 공간계획

지상5층 프로그램-2
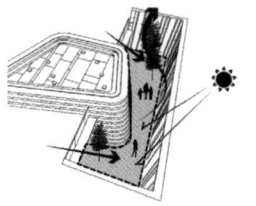
· 스마트라이브러리 VR교육실과 연계한 환기 및 휴게를 위한 야외그린공간

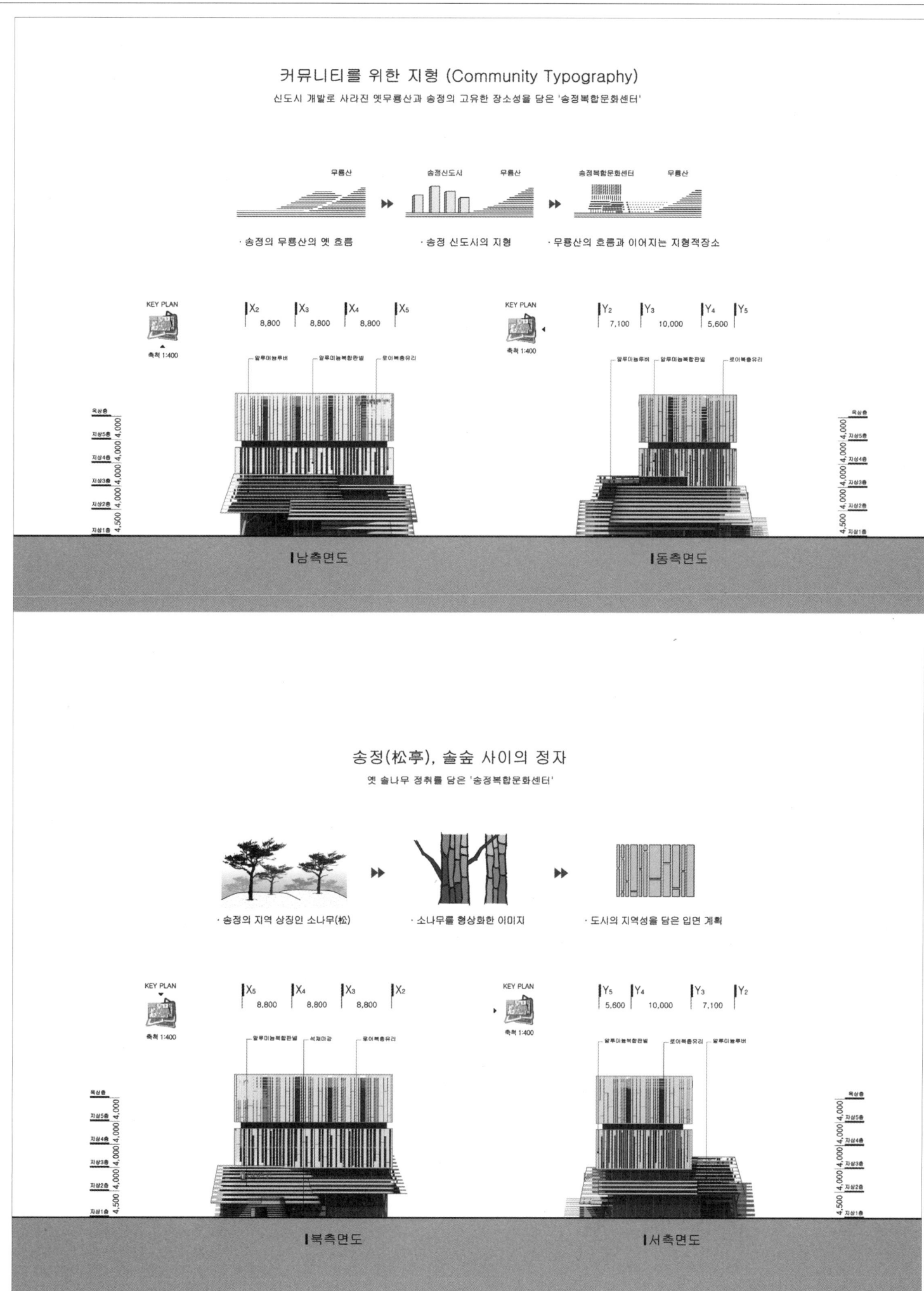

송정복합문화센터

도시 속 공원을 품은 '송정복합문화센터'
근린공원과의 다양한 연계를 담은 수직 정원

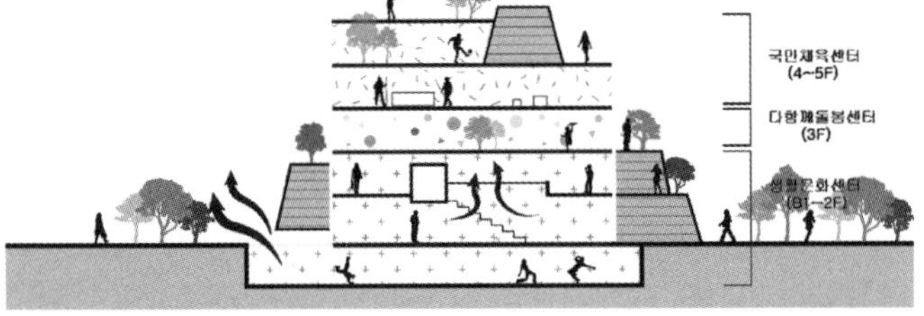

쾌적하고 다채로운 공간구성을 위한 단면계획

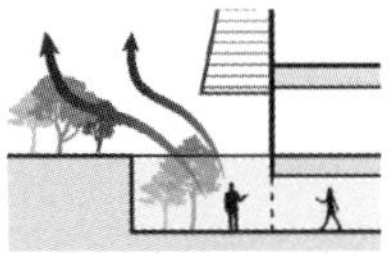

· 자연채광과 환기를 고려한 썬큰 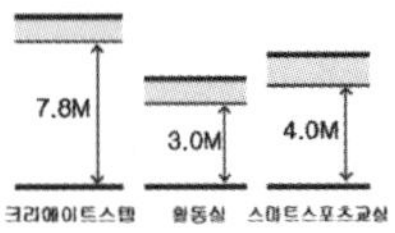
· 다양한 활동을 고려한 창의적 천장높이 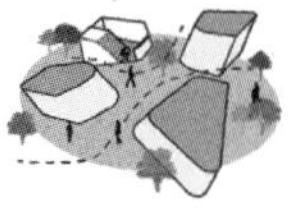
· 공원과 연계되는 열린 사회적 공간 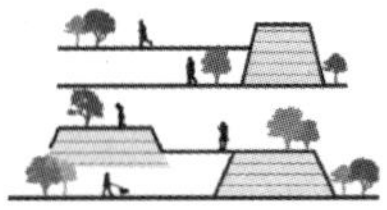
· 다채로운 다층적 외부공간

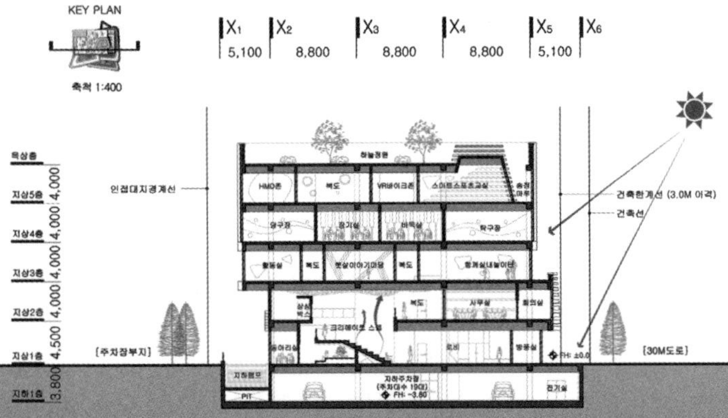

| 종단면도 | 횡단면도 |

Breath Place (브리스플레이스)
공원을 담은 교류와 소통의 장소
-지상 1층-

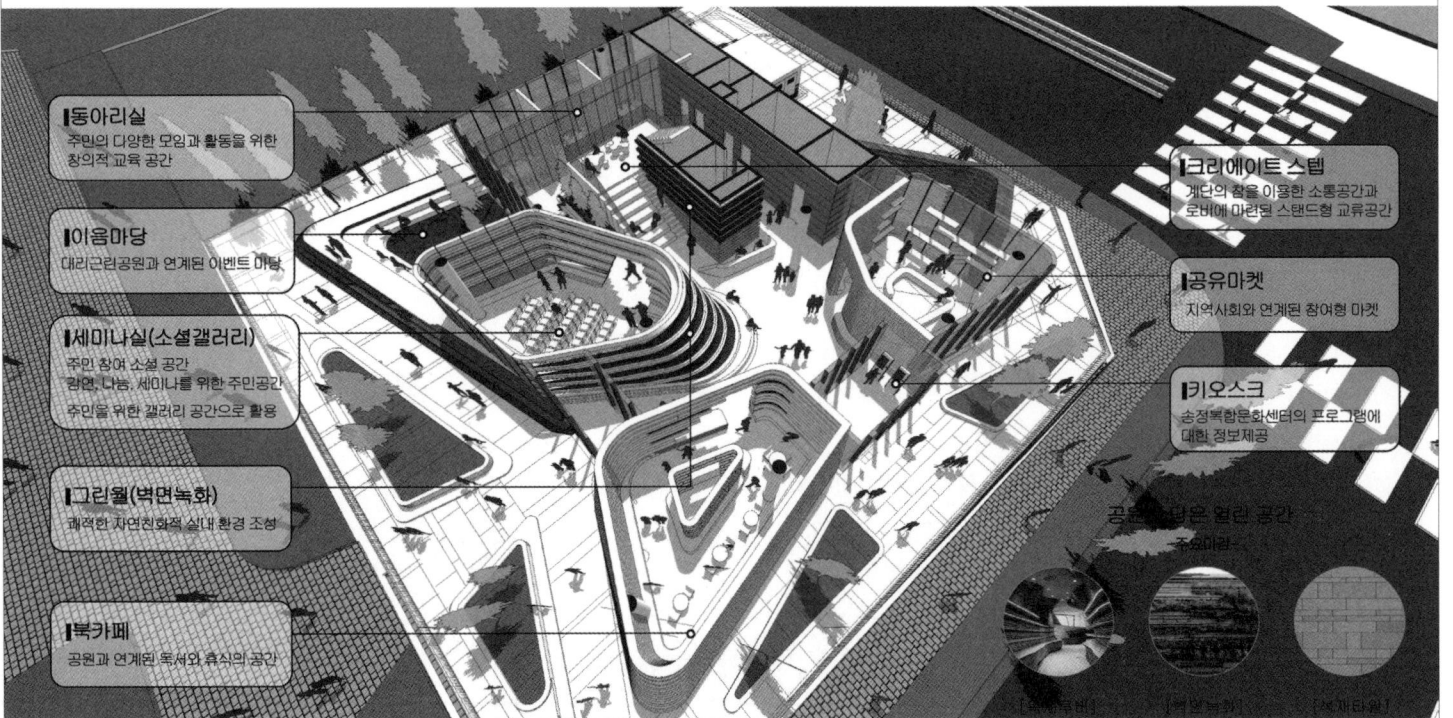

- **동아리실**: 주민의 다양한 모임과 활동을 위한 창의적 교육 공간
- **이음마당**: 대리근린공원과 연계된 이벤트 마당
- **세미나실(소셜갤러리)**: 주민 참여 소셜 공간. 강연, 나눔, 세미나를 위한 주민공간. 주민을 위한 갤러리 공간으로 활용
- **그린월(벽면녹화)**: 쾌적한 자연친화적 실내 환경 조성
- **북카페**: 공원과 연계된 독서와 휴식의 공간
- **크리에이트 스텝**: 계단의 참을 이용한 소통공간과 로비에 마련된 스탠드형 교류공간
- **공유마켓**: 지역사회와 연계된 참여형 마켓
- **키오스크**: 송정복합문화센터의 프로그램에 대한 정보제공

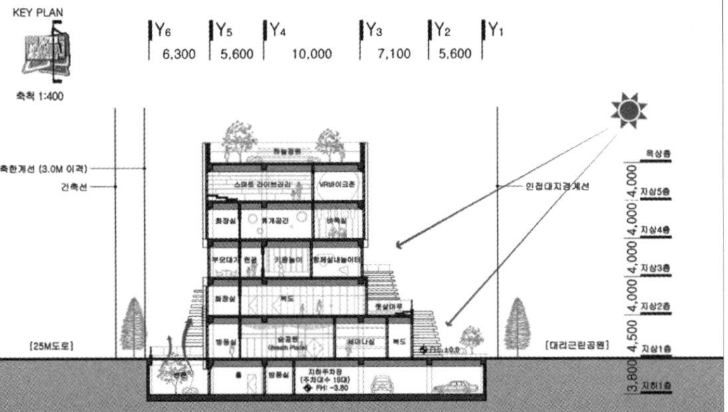

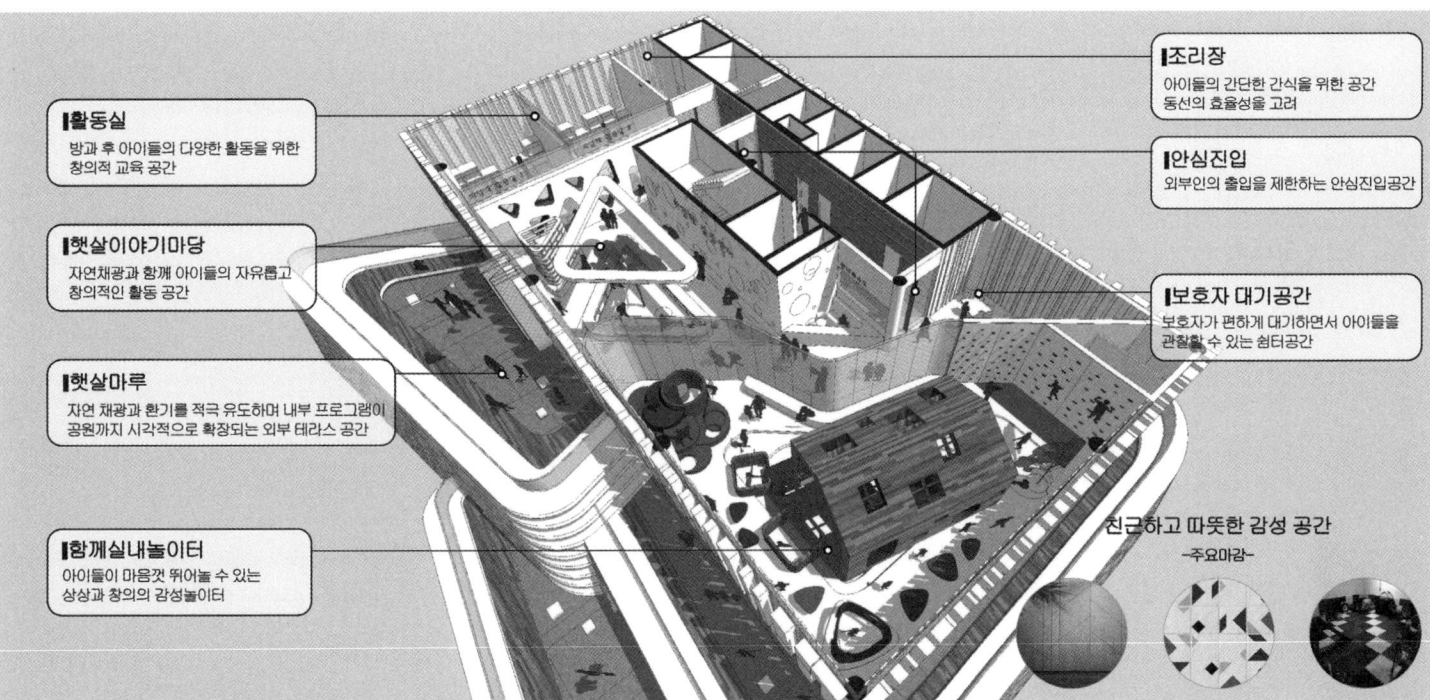
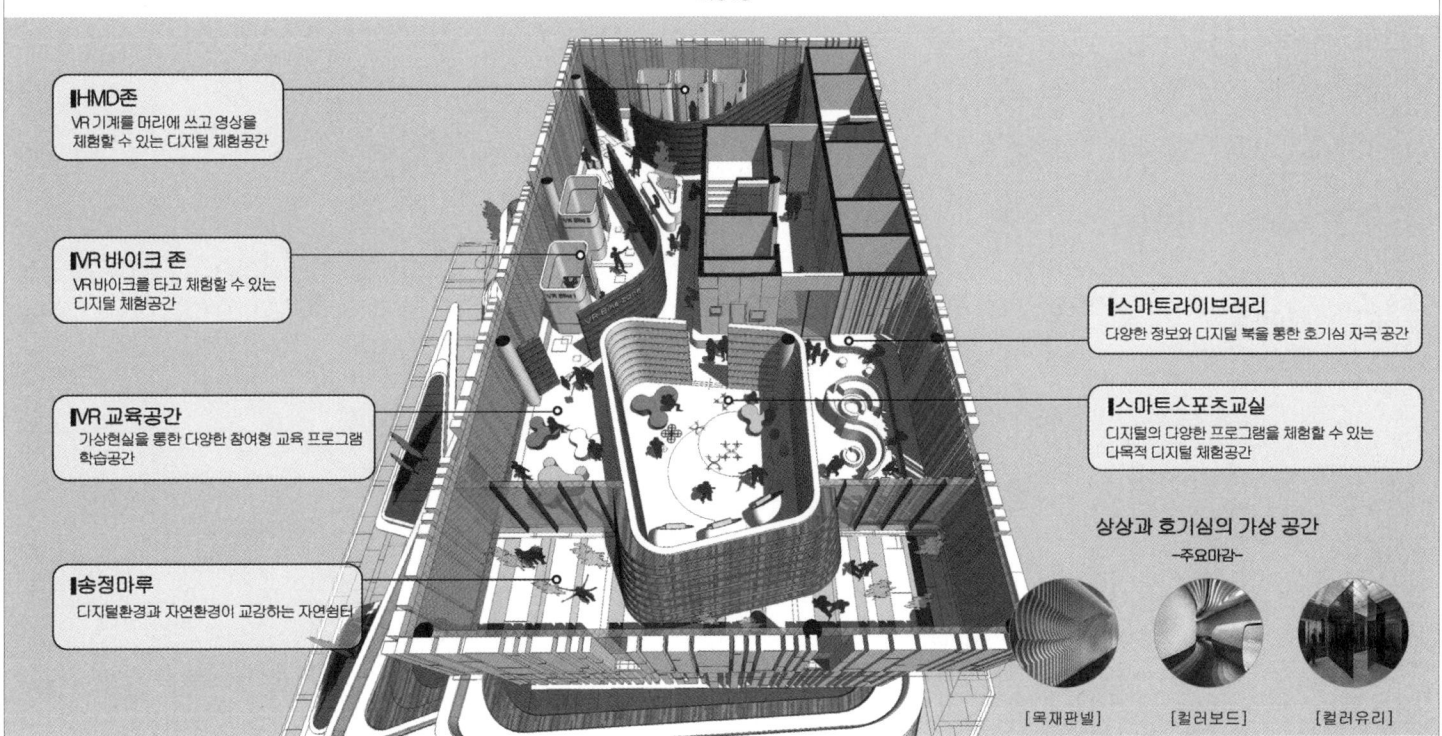

송정복합문화센터

우수작 (주)다움건축 종합건축사사무소 김명건 설계팀 김창희, 이호건, 이민정, 김미선, 김형준, 김아름, 구성태

대지위치 울산광역시 북구 화봉동 1484-2번지(송정택지지구내) **대지면적** 1,523.00m² **건축면적** 777.83m² **연면적** 3,455.58m² **건폐율** 50.81% **용적률** 226.89% **규모** 지하 1층, 지상 5층 **최고높이** 25.2m **구조** 철근콘크리트조 **외부마감** 장벽돌, 세라믹패널, 천연컬러 모르타르, 로이복층유리 **주차** 19대(장애인 주차 2대 포함)

[숨 : 숲] 공원과 함께 호흡하는 복합문화센터

도시의 맥락과 공원을 품는 지역의 풍경 창이 될 새로운 문화시설을 구현한다. 사방이 열린 우수한 조망권을 가진 대지 특성을 살린 자유로운 접근 동선 및 다방향 파사드, 기능에 따라 다양한 실별 층고와 공간 크기, 공간의 활용 특성을 고려한 조닝과 가변형 공간 구성으로 공간의 연속성 및 활용성을 높인다. 건물 내부의 다양한 휴게 공간은 공원의 흐름을 이어가며 지역주민의 일상에서 함께 숨 쉬는 편안한 여유공간을 제공한다.

- 도시의 숨길_공원을 향하여 길을 열다 : 공원과 도시의 접점에 위치한 대지에 길을 내고, 소통과 놀이, 휴식과 충전의 오픈스페이스를 배치한다.
- 도시의 숲길_이어지는 산책길과 열린 문화공간 : 도시의 흐름을 공원과 문화공간으로 이어주어 지역주민의 산책길, 열린 문화공간으로 소통을 유도한다.
- 도시의 교류 공간_자연과 도시, 사람을 잇다 : 매스를 분절하여 길을 열고 내외부 보행로를 연결하여 시각적, 공간적 열림을 끌어낸다. 주변경관을 입체적으로 반영하고 건물 내부로 공원을 유입한다.

[Breath : Forest] A culture complex that breathes together with greenery

The proposal aims to introduce a new cultural venue that embraces the surrounding urban context and greenery and becomes a window to the local scenery. Considering that the project site is open in all directions and so offers an outstanding view, open access routes and multi-directional facades are designed. Rooms are arranged to have different ceiling heights and sizes determined by their function. Also, a zoning system reflecting the use of a space is implemented along with a flexible floor plan. All of these enhance connectivity and usability of the complex. Different types of lounges inside the building join the flow of the park and provide a comfortable resting place that becomes part of the everyday lives of local people.

- Urban Greenways_Cutting a path to greenery : New pathways are laid across the site sitting on the border of an urban area and a park. And an open space for relaxation and refreshment is inserted.
- Urban Shades of Green_A continuous walkway and an open cultural space : Urban flows are channeled into greenery and the complex's cultural space, and they turn into a walkway or an open cultural space that promotes interaction among local people.
- An urban communication space_Connecting nature, community and people : The building mass is fragmented to open a new pathway, and pedestrian walkways inside and outside the building are connected to create visual and spatial senses of openness. The surrounding scenery is reflected in a three-dimensional way, and the park is brought inside the building.

3rd prize DAUM Architects and Planners Ltd._Kim Myeonggeon **Location** Hwabong-dong, Buk-gu, Ulsan **Site area** 1,523.00m² **Building area** 777.83m² **Gross floor area** 3,455.58m² **Building coverage** 50.81% **Floor space index** 226.89% **Building scope** B1, 5F **Height** 25.2 **Structure** RC **Exterior finishing** Wide brick, Ceramic panel, Natural color mortar, Low-E paired glass **Parking** 19 (including 2 for the disabled)

Songjeong Complex Cultural Center

[숨 : 숲] 공원과 함께 호흡하는 복합문화센터

숨길_
길을 열어 공원을 향해 대지를 비운다

숲길_
이어지는 산책길과 커뮤니티 공간을 연결한다

열린 문화공간_
자연과 도시와 사람이 연계된 열린 문화공간으로 나아간다

구 분	내 용
위 치	울산광역시 북구 화봉동 1484-2번지
지역·지구	도시지역, 준주거지역, 지구단위계획구역
대지면적	1,523.00㎡
건축면적	777.83㎡
연 면 적	3,455.58㎡
건 폐 율	50.81%
용 적 률	226.89%
규 모	지하 1층, 지상 5층
구 조	철근콘크리트구조
외부마감	와이드벽돌, 세라믹패널, 천연탈리오르타르, 로이복층유리
주차대수	법정 : 15대 이상(2,963.17 / 200 = 14.80) 설계 : 19대(장애인 2대 포함)
조경면적	법정 : 228.45㎡ 이상(1,523.00 × 0.15 = 228.45) 설계 : 256.49㎡ (지상 : 142.29㎡ / 옥상 : 114.20㎡)

배치계획
근린공원의 흐름을 이어가는 배치

도시맥락을 고려한 정면성 및 상징성 확보

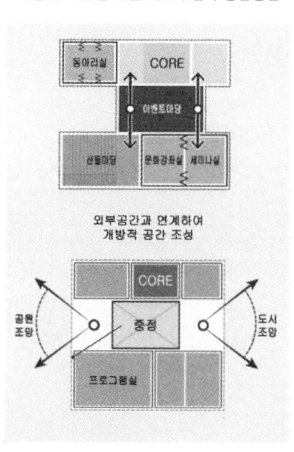

평면계획
소통과 교류를 위한 지역주민의 중심공간

외부공간과 연계하여 개방적 공간 조성

입면계획
주변 자연경관과 연계한 그린네트워크

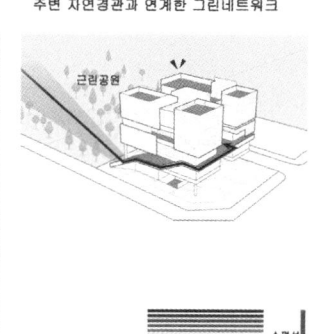

외부공간계획
근린공원을 끌어안은 도심 속 여유공간

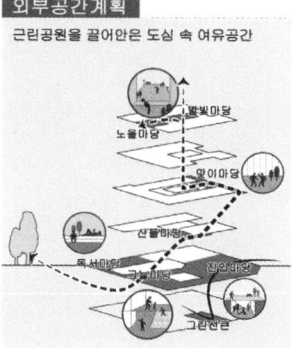

내부공간계획
만남과 어울림이 있는 커뮤니티 공간

주변환경의 직선형 동선에 대응하여 수평, 수직으로 흐르듯 부드럽게 확장하는 공간

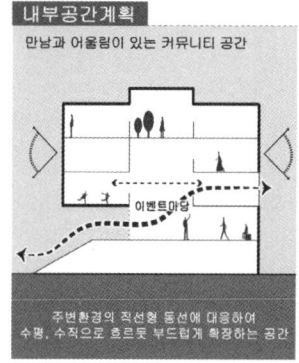

동선계획

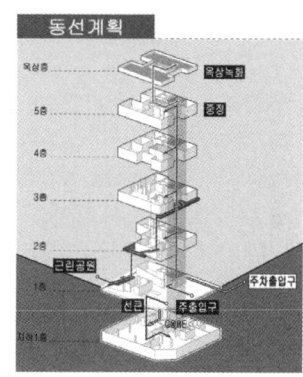

공원과 도시를 하나로 이어주는 새로운 문화시설

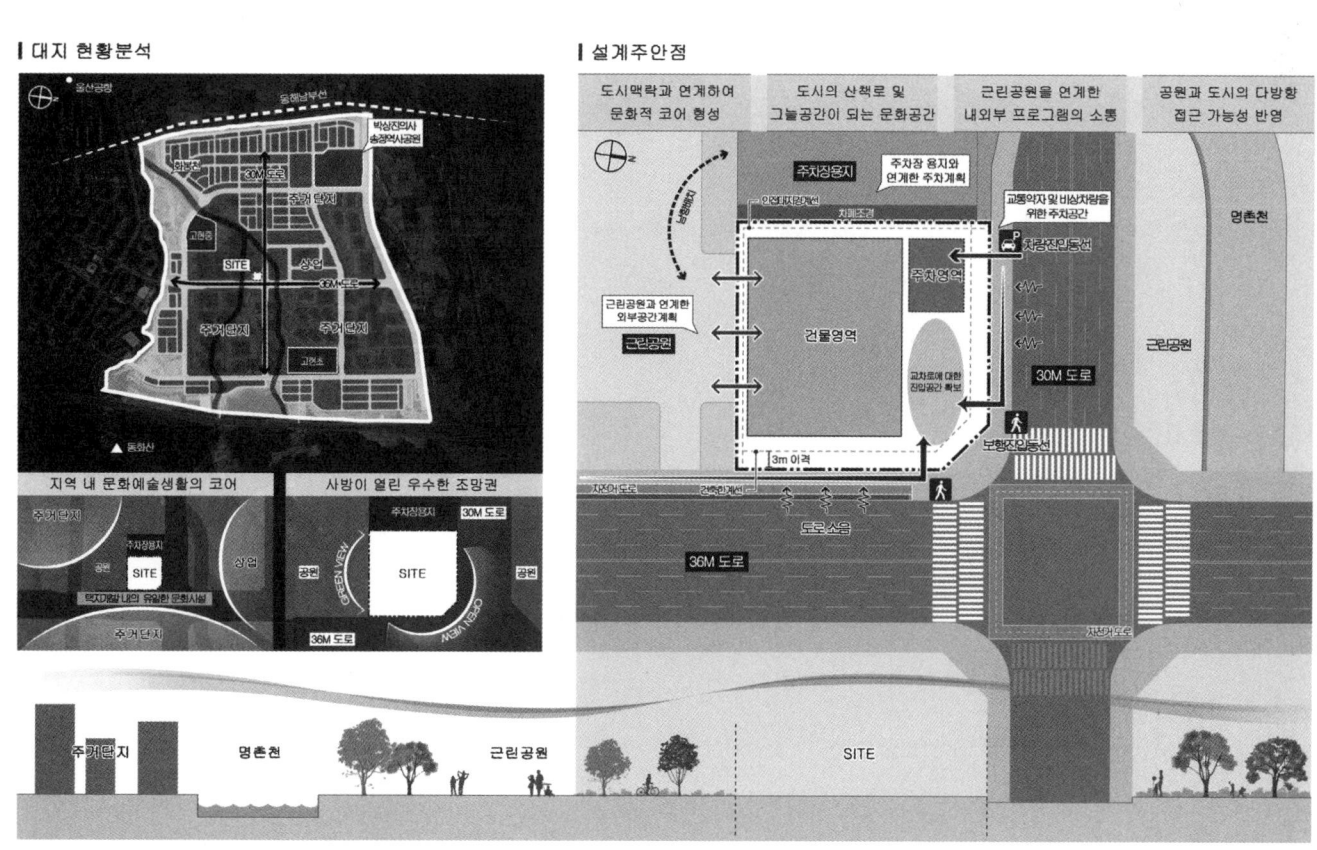

송정복합문화센터

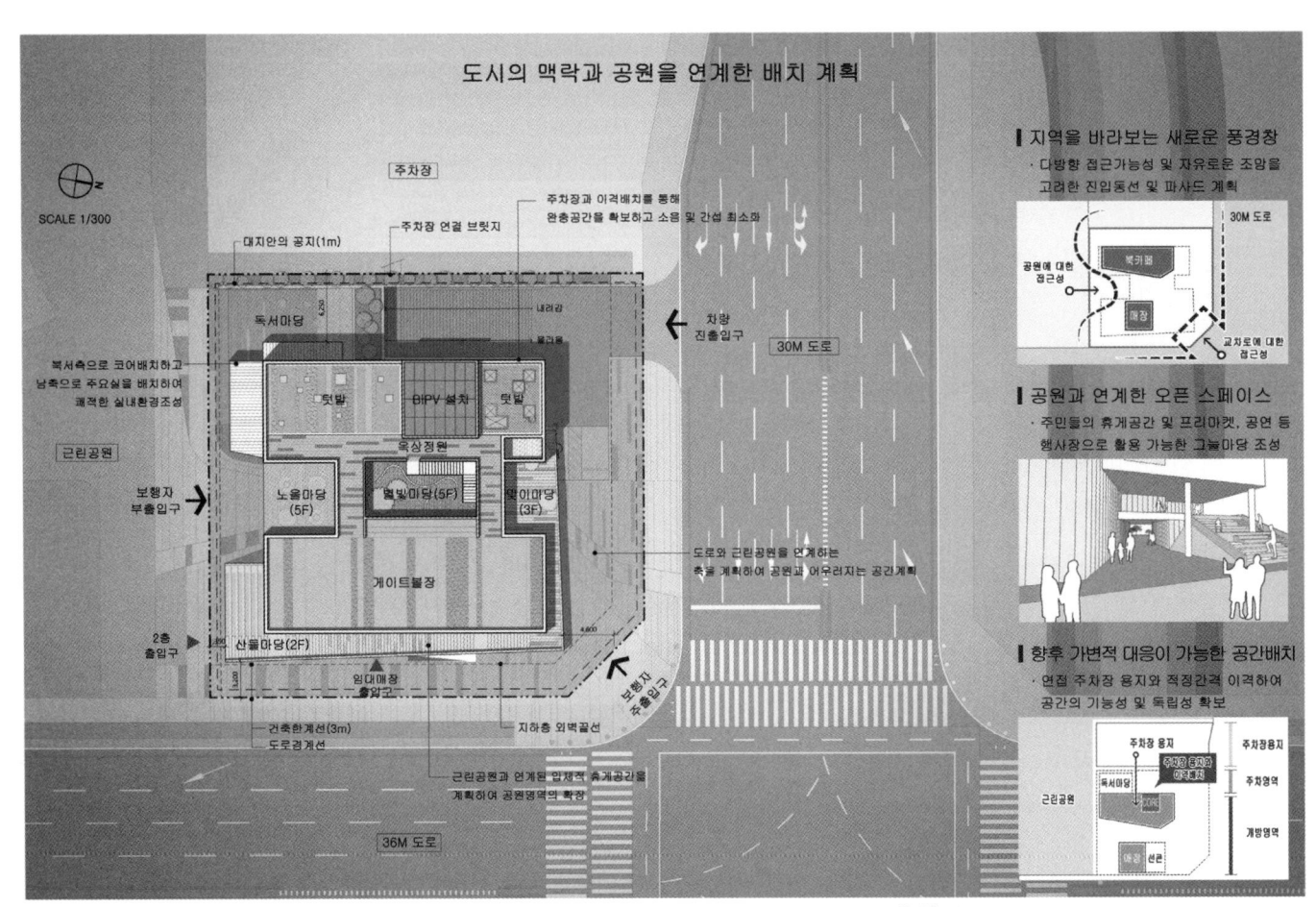

배치도

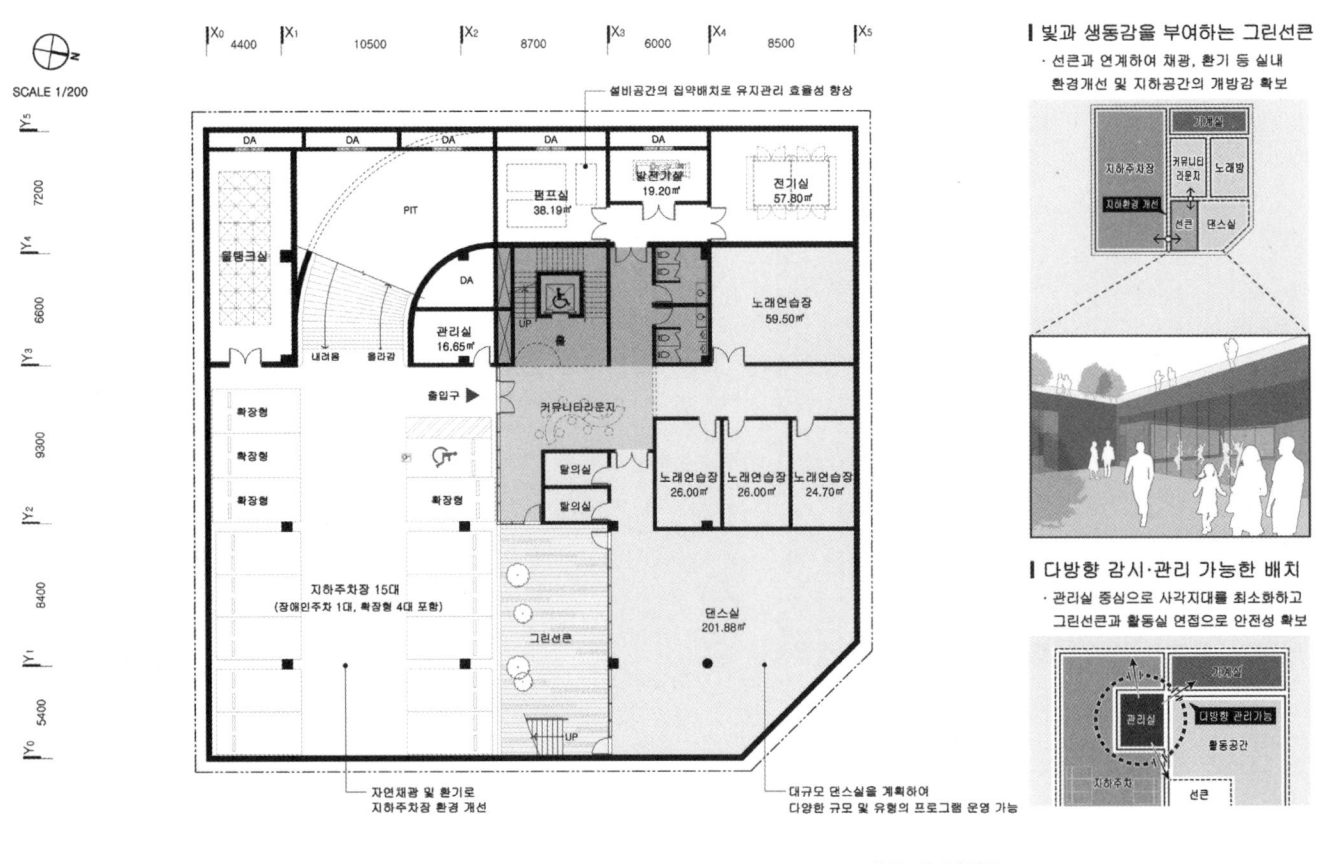

지하1층 평면도

Songjeong Complex Cultural Center

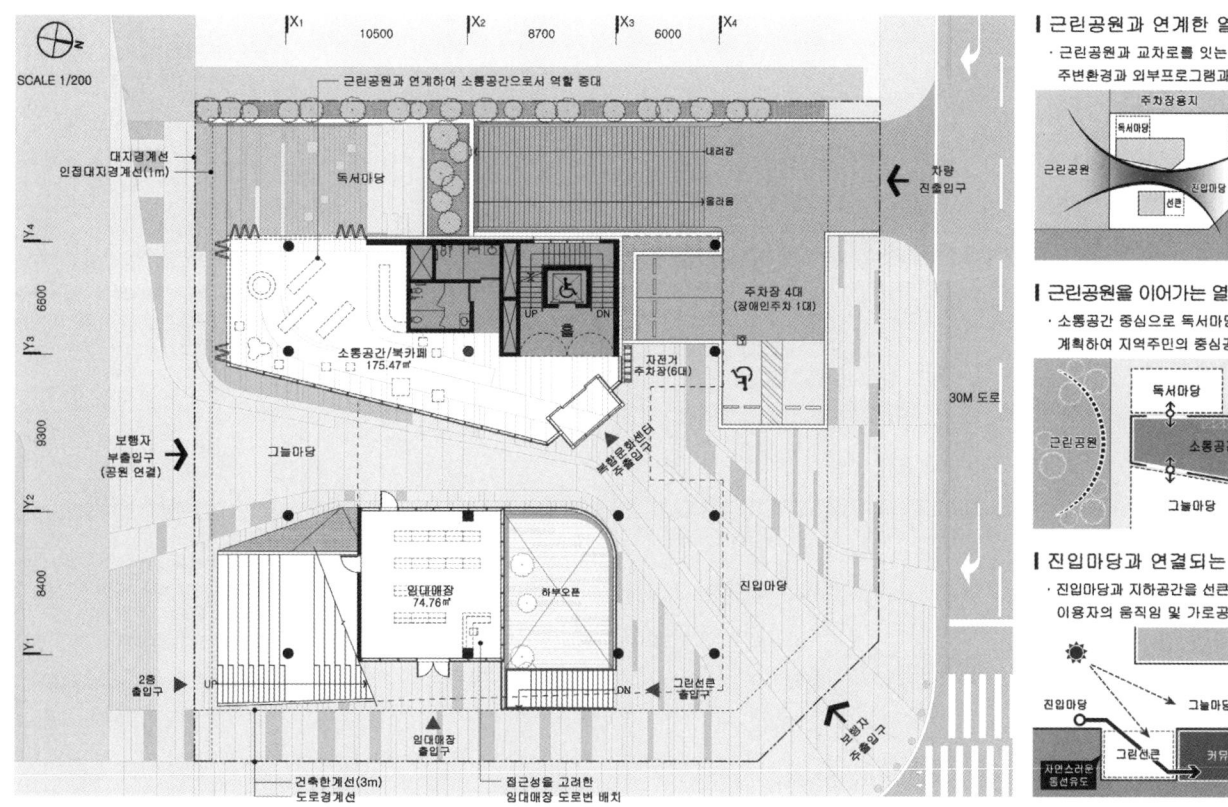

1층 평면도

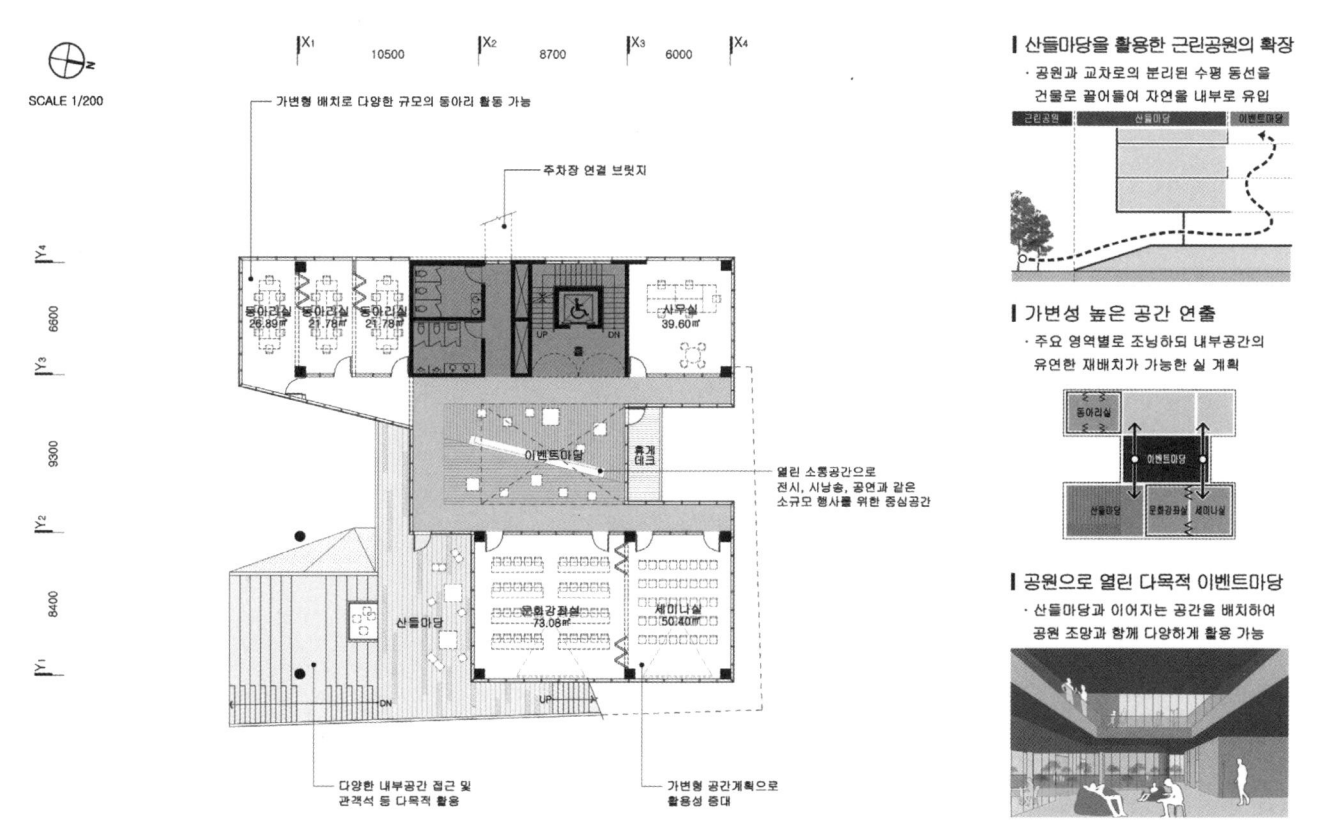

2층 평면도

송정복합문화센터

자유롭게 소통하고 참여하는 동적 공간

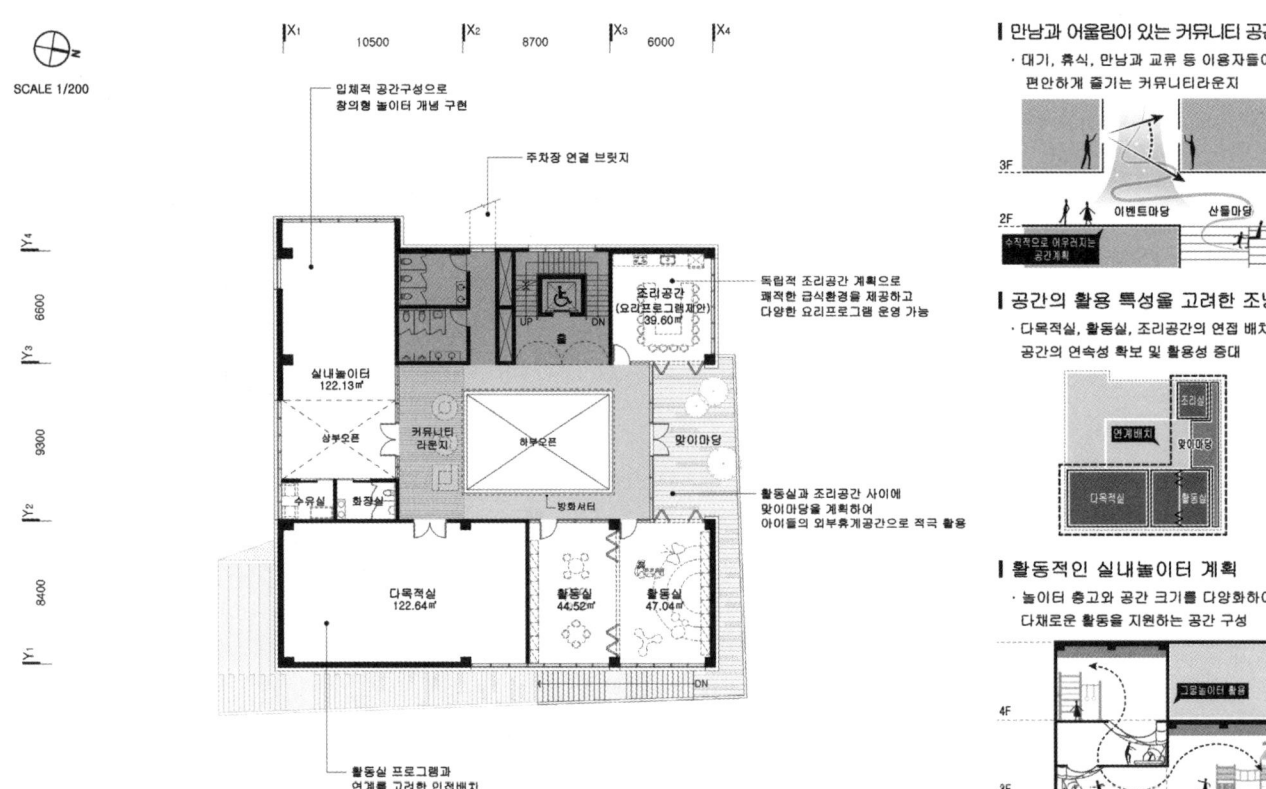

3층 평면도

열린 시야, 순환동선을 강화한 테마형 VR스포츠교실

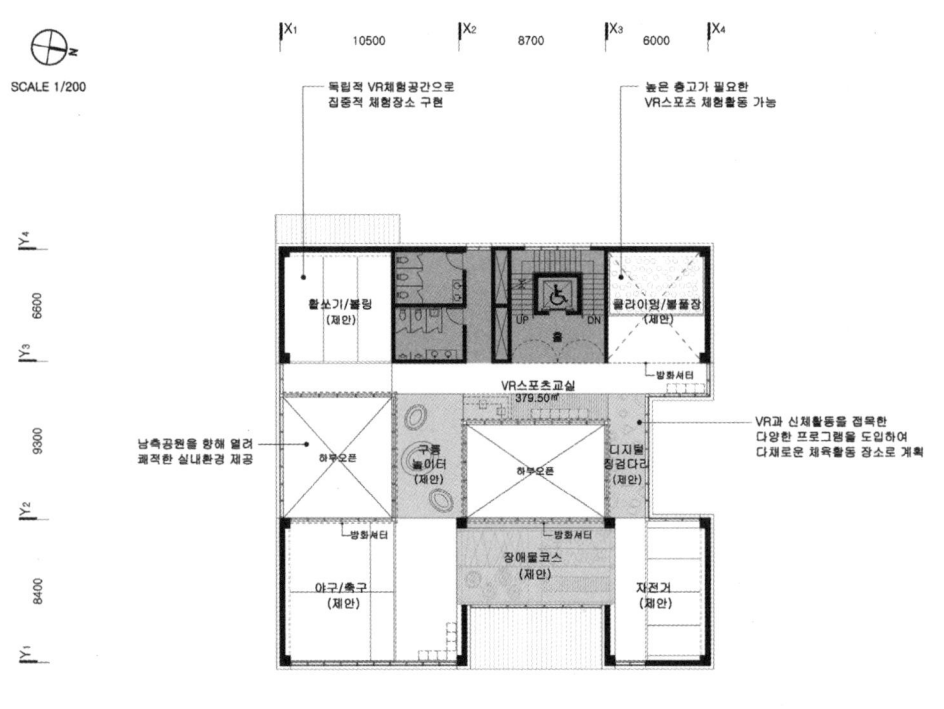
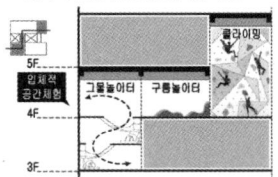
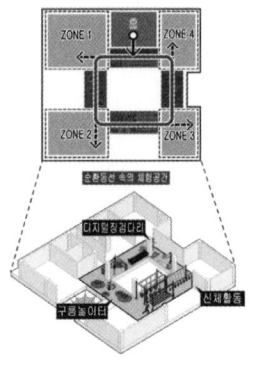

4층 평면도

Songjeong Complex Cultural Center

공원을 향한 시각적 개방을 확보한 설계 계획

활동성을 고려한 유연한 공간구획
- 동적 활동 영역과 정적 활동 영역을 분리하되 목적에 따라 통합 사용이 가능한 공간

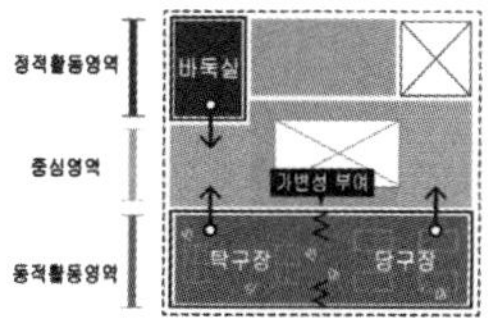

공원 속에 있는 듯한 복합문화센터
- 별빛마당, 노을마당으로 이어지는 통합적 시야 처리로 멀리 공원을 조망

쾌적한 환경의 옥외휴게공간
- 계단을 연계해 체험형 조경, 게이트볼장 등 다양한 사용성을 제공하는 하늘정원

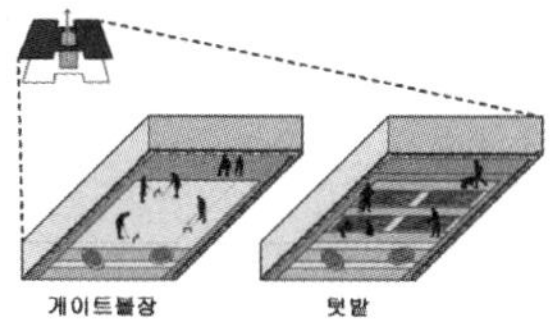

5층 평면도

이용자들의 창의적 스토리가 있는 열린 문화공간

그린네트워크를 이용한 입체적 휴게공간
- 공원의 흐름을 건물로 유입해 다양한 휴게공간을 조성

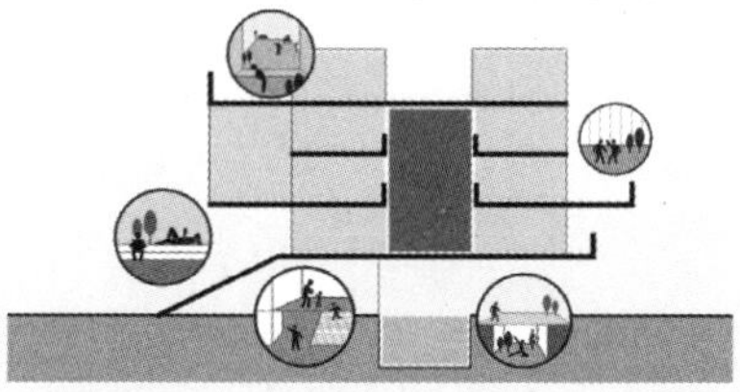

공간의 활용성을 반영한 효율적 단면 조닝
- 실별 기능을 고려한 조닝과 공용공간을 활용한 기능 및 세대간 연계

다양한 층고 변화를 통한 활동적 공간 조성
- 실 특성에 맞게 적정 층고에 변화로 공간 체험도와 활용성을 높임

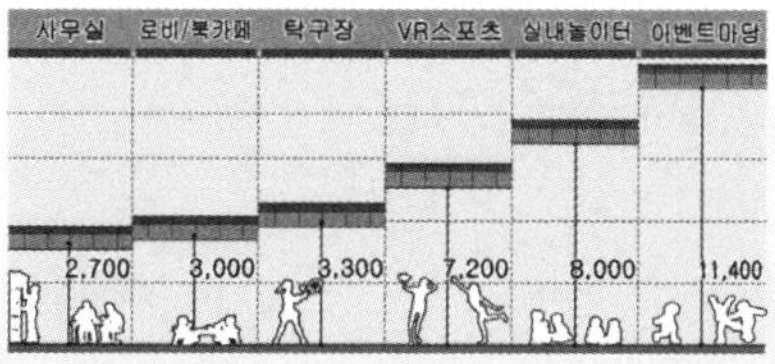

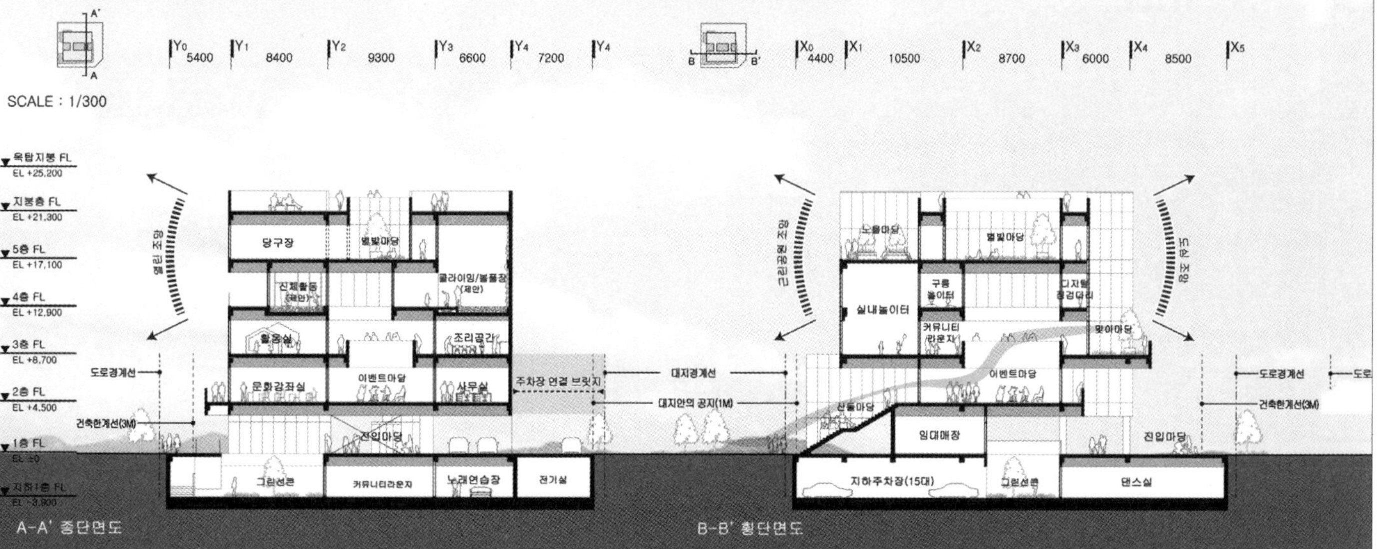

단면도

A-A' 종단면도   B-B' 횡단면도

송정복합문화센터

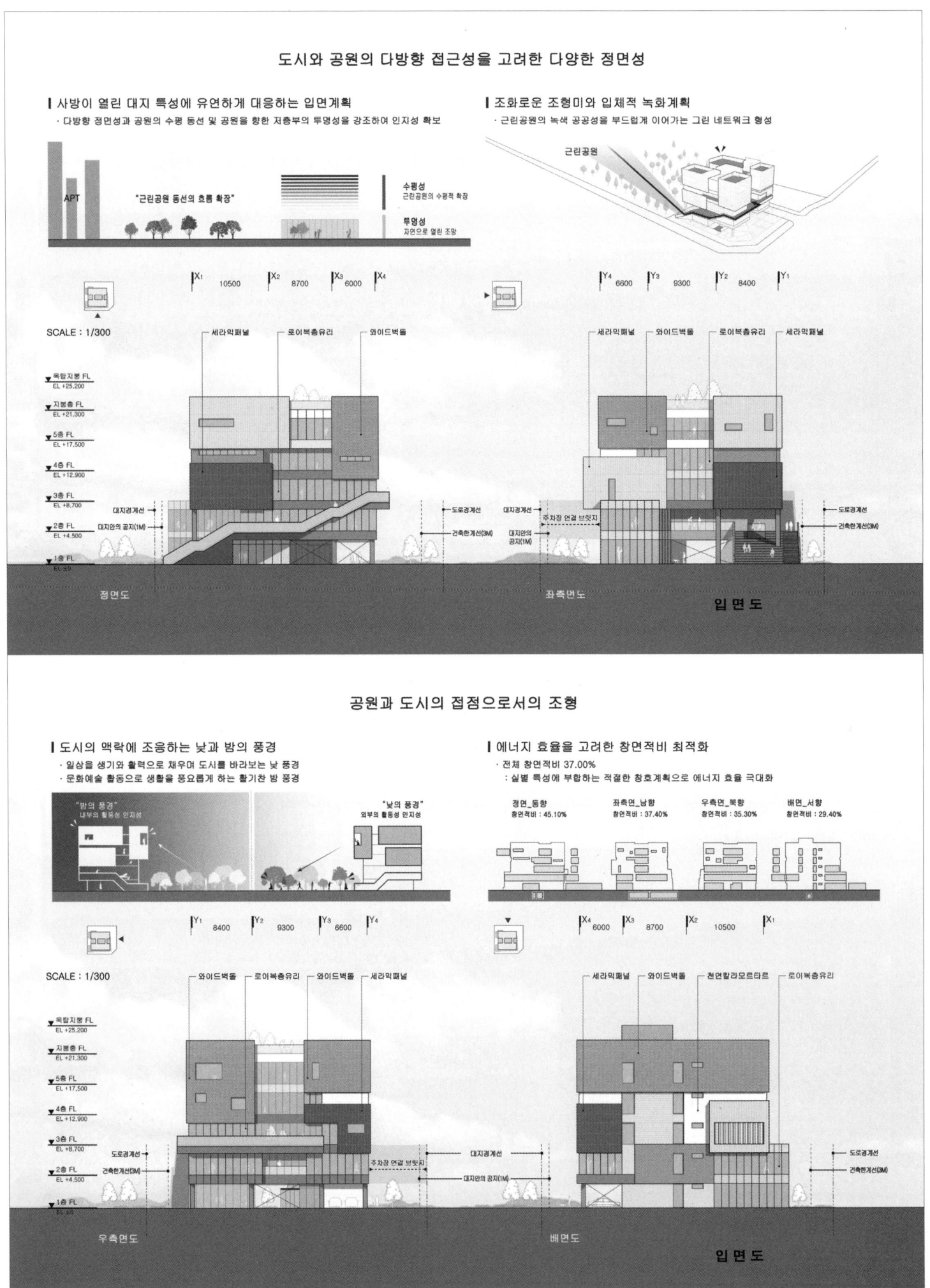

수원문화시설

당선작 (주)에이플러스건축사사무소 김대영 + (주)진우종합건축사사무소 김동훈 + 디유랩건축사무소 박위현 + 조종수 건국대학교　설계팀 김현덕, 양소망, 강정석, 고형욱(이상 에이플러스) 이재원, 서종원, 임 준, 전기환(이상 디유랩)

대지위치 경기도 수원시 권선구 호매실동 1366번지　**대지면적** 4,000.00㎡　**건축면적** 1,921.26㎡　**연면적** 5,211.93㎡　**건폐율** 48.03%　**용적률** 104.74%　**규모** 지하 1층, 지상 3층　**최고높이** 23.9m　**구조** 철근콘크리트조, 철골조　**외부마감** 콘크리트 패널, 알루미늄 루버, 로이복층유리, 목재패널　**주차** 50대

문화생성의 사이(間)

문화의 생성은 영원부동한 행위이기 보다는 부단한 자기운동의 과정이며, 이는 인간의 삶에서 생성의 과정을 통해 상호 존재하는 매개 즉 사이(間)라 할 수 있다. 이와 같은 철학적 사유로부터 수원문화시설은 부단한 자기운동을 통한 문화의 발생과 공유 그리고 교육을 통합한 공간을 구축함으로서, 인간의 삶 및 다양한 문화가 유기적으로 소통하고 이를 통해 문화와 연관된 삶과의 상생과정이 지속가능한 연속성을 가져야 한다는 것이 본 설계의 주안점이다.

본 설계는 도시맥락의 네트워크와 놓여진 파티오의 관계를 연계하여 진입과 부진입, 사용자와 차량의 움직임에 위계성을 부여하였다. 또한 대공연장과 교육장의 덩어리를 기능적으로 분리 배치하여 미래 독립성을 보유한 공간으로 유전되어 발전되도록 유도하였다. 서로의 독립공간이 상호 공간 및 기능으로 소통하는 동시에 사용자의 움직임이 지속적으로 두 독립된 공간을 인식하도록 통합 로비를 중심으로 공간을 중첩하여 구성하였다. 이는 생성과 존재의 관계에서 자연과 연계된 내부의 수직공간과 내부 기능적 수평공간이 시간의 흐름에 따라 이미지로 중첩되어 변화하는 현상을 통해 다양한 공간의 존재가 사용자의 체험과 연동되어 다양하게 나타나고 이는 놓여진 공간과 움직이는 사용자 사이(間)에서 다양한 생성과정이 발생되어 진화되도록 유도하였다.

A crack of a cultural werden

The creation of a culture is not an everlasting event but a constant process of 'motio autonomica'. It can be defined as a medium or transition that ensures its interdependent existence through a process of creation in human life. Inspired from such a philosophical thought, the proposal aims to make human life and different cultures organically communicate with each other and so give sustainable continuity to the process of coexistence with cultural life by creating a space where the creation, sharing and education of culture combine through a constant process of 'motio autonomica'.

Considering the relationship between the urban network and a fixed patio, main and secondary entries and user and vehicle circulations are set in a hierarchical manner. The mass of the large performance hall and training center is fragmented by function so that each facility can ensure their future independence and evolve accordingly. Also, spaces are arranged around a lobby to overlap with each other so that independent spaces of each facility can appear as a shared space or functional feature and that users can constantly perceive these two individual facilities. Designed based on the relationship between creation and existence, different spaces create various user experiences through a phenomenon in which a vertical indoor space and a horizontal indoor space with a specific function are connected with nature and transform into an image overlapping over time. Consequently, this allows various processes of creation to take place and evolve between fixed spaces and moving users.

Prize winner APLUS Architects & Engineering_Kim Daeyoung + JINWOO Architects & Engineers Group_Kim Donghoon + Design United Lab._Park Wehyun + Cho Jongsoo_Konkuk University　**Location** Gwonseon-gu, Suwon, Gyeonggi-do　**Site area** 4,000.00m²　**Building area** 1,921.26m²　**Gross floor area** 5,211.93m²　**Building coverage** 48.03%　**Floor space index** 104.74%　**Building scope** B1, 3F　**Height** 23.9m　**Structure** RC, SC　**Exterior finishing** Concrete panel, Aluminum louver, Low-E paired glass, Wood panel　**Parking** 50

Suwon Cultural Facility

01 기본계획 | 계획개념-1

문화생성의 사이(間)_A Crack of A Cultural Werden

따라서 본 설계는 가장 먼저 대상지 주변 맥락 속의 네트워크(network)와 네트워크를 따라 놓여진 파티오(patio)의 관계를 연계함으로써 진입과 부진입, 사용자와 차량의 움직임에 위계성을 부여하여 배치를 고려하고, 대공연장과 교육장의 덩어리를 기능적으로 분리 배치하여, 미래 독립성을 보유한 공간으로 유전되도록 유도하였다. 또한, 서로의 독립공간이 상호 공간 및 기능으로 소통하는 동시에 사용자의 움직임이 지속적으로 두 독립된 공간을 인식하게 통합 로비를 중심으로 공간을 종합하여 구성하였다. 이는 생성과 존재의 관계에서 자연과 연계된 내부의 수직공간과 내부 기능적 수평공간이 시간의 흐름에 따라 이미지로 중첩되어 변화하는 현상을 통해 다양한 공간의 존재가 사용자의 체험과 연동되어 다양하게 나타나며, 이는 놓여진 공간과 움직이는 사용자 사이(間)에서 다양한 생성과정이 발생되어 진화되도록 유도하고자 한다.

철학적 사유로 부터의 출발

생성(Werden, Becoming)과 존재(Sein, existence)의 관계는 현상을 인식하는 근본적 문제이며, 운동을 부정하고 영원부동(永遠不動)의 '존재'를 세계의 본질로 간주하였던 엘레아학파에 대하여 헤라클레이토스는 자연 그 자체를 부단한 자기운동(自己運動)의 과정으로 파악하고 '만물은 유전(流轉)한다'고 주장하였다. 이는 사물을 고정 상태가 아닌 유동 상태에서 파악하는 변증법적 사상이며 변화는 과정 중에서 있는 두 개의 물체 또는 상태가 서로 비교되어 성립된다는 것이다. 즉 문화의 생성은 영원부동한 행위이기 보다는 부단한 자기운동의 과정이며 이는 인간의 삶에서 생성의 과정을 통해 상호 존재하는 매개 즉 사이(間)라 할 수 있다.

철학적 사유와 건축의 접목

이와 같은 철학적 사유로부터 수원문화시설은 부단한 자기운동을 통한 문화의 발생과 공유 그리고 교육을 통합한 공간을 구축함으로서, 인간의 삶 외 다양한 문화가 유기적으로 소통하고 이를 통해 문화와 연동된 삶과의 상생과정이 지속가능한 연속성을 가져야 한다는 것이 본 설계의 주안점이다.

자연환경

황구지천
의왕에서 평택까지 이어져있는 하천으로 하천을 따라 수변공원이 조성되어있다.

근린공원
황구지천을 중심으로 산울림공원, 바람소리공원, 물새공원 등 15개의 근린공원이 분포되어 있음. 그 중 사이트와 인접한 둘향기공원은 근처 아파트단지가 들어서면서 함께 조성된 공원이다. 공원 내 시설로는 롯셀 경기장, 다목적구장, 경치지(덧발), 정자 등 다양한 쉼터가 구비되어 있다.

교통체계

○ 버스정류장
● 자전거 도로

주요시설

호매실동은 예로부터 매화나무가 많이 자생하여 조선시대부터 호매절이라 불렀다. 지구단위계획으로 인하여 빠르게 개발되고 있으며, 타지의 신도시개발과 달리 기존 도심을 유지하고, 주변 비어있는대지를 활용한 개발을 진행중이다. 광역에는 봉담과천로와 평택파주고속로로 호매실 시까지 서울 서부 및 동부뿐만 아니라 비수도권 지역으로 교통 접근이 매우 편리하다. 또한 수도권 제2순환고속도로와 익산평택고속도로까지 연결될 예정 호매실 지역으로 향후 지구단위계획 1단계와 2단계에 따른 개발과 함께 많은 인구가 꾸준히 유입될 것으로 예상된다.

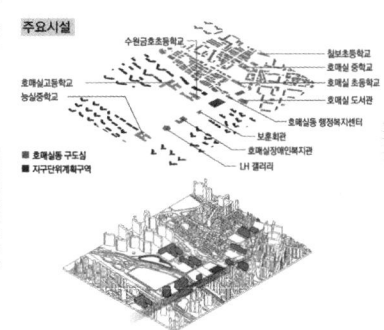

■ 호매실동 구도심
■ 지구단위계획구역

대상지 이슈분석

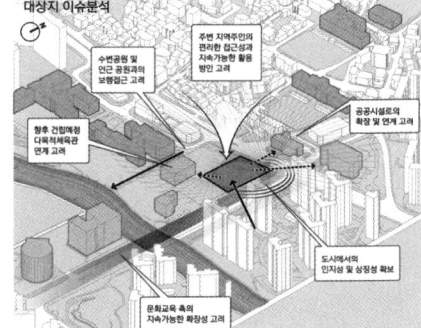

배치 고려사항

대상지가 지니고 있는 지역성을 고려하여 인근 지역주민 및 자연환경과 활발하게 소통하는 공간의 생성

법규에 의해 규정된 대지의 활용가능 공간과 환경에 순응하는 동시에 대응하는 배치 및 프로그램 조닝 구성

---

01 기본계획 | 계획개념-2

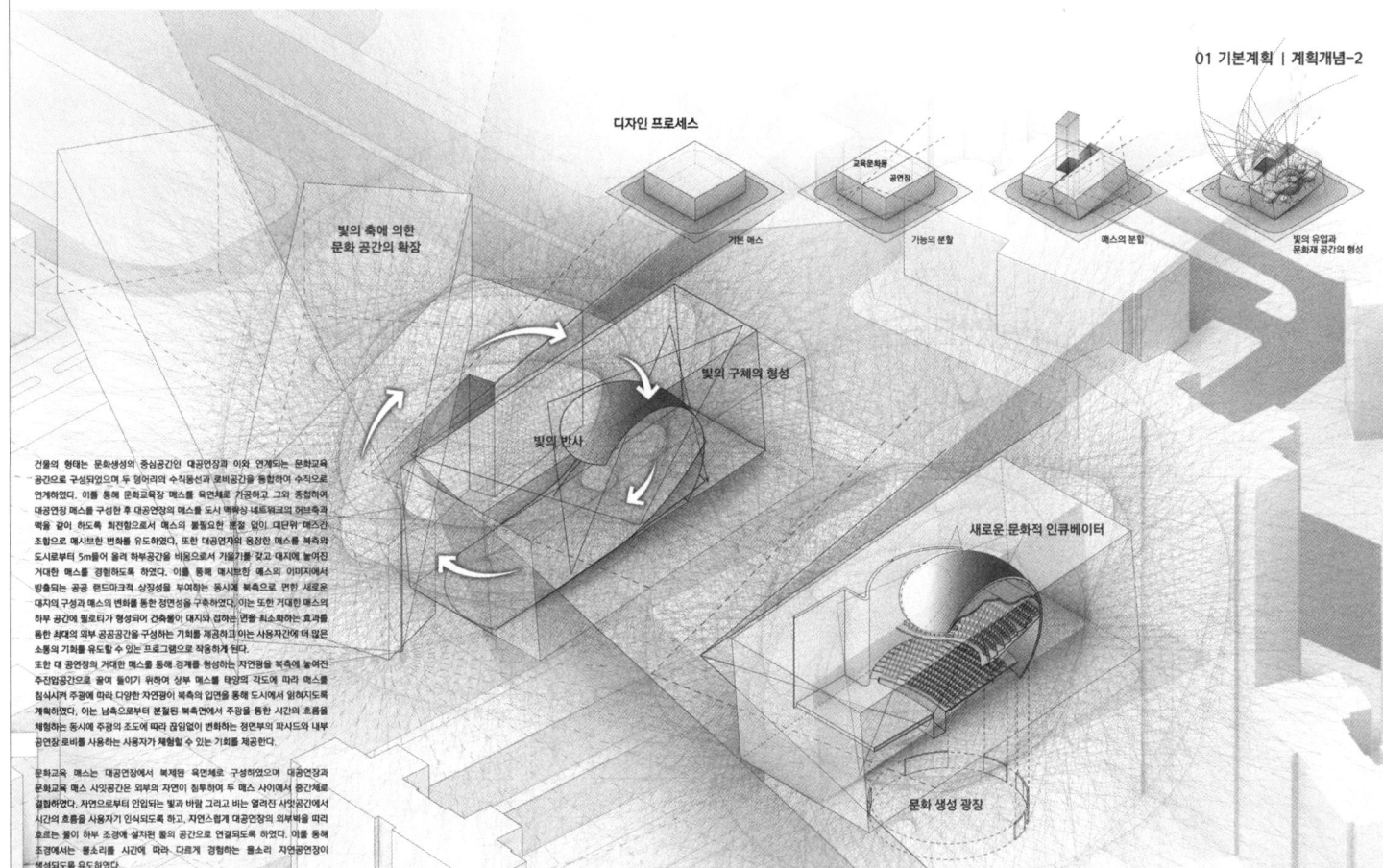

건물의 형태는 문화생성의 중심공간인 대공연장과 이와 연계되는 문화교육 공간으로 구성되었으며 두 덩어리의 수직동선과 로비공간을 통합하여 수직으로 연계하였다. 이를 통해 문화교육 매스를 육면체로 가공하고 그의 중첩하여, 대공연장 매스를 구성한 후 대공연장의 매스를 도시 맥락상 네트워크의 허브와 맥을 같이 하도록 회전함으로서 매스의 불필요한 분절 없이 대단위 매스간 조합으로 매스내부 변화를 유도하였다. 또한 대공연장의 웅장한 매스를 복측의 도시로부터 5m를 올려 하부공간을 비움으로써 거울가릴 같고 대지에 놓여진 거대한 매스를 경험하도록 하였다. 이를 통해 매스자체는 매스의 이미지에 방출되는 공공 랜드마크, 상징성을 부여하는 동시에 복측으로 편한 새로운 대지의 구성과 매스의 변화를 통한 정면성을 구축하였다. 이는 하부 거대한 매스의 하부 공간에 필로티가 형성되어 건축물이 대지에 접하는 면을 최소화하는 효과를 통한 최대의 외부 공공공간을 구성할 기회를 제공하고 이는 사용자간에 따른 소통의 기회를 유도될 수 있는 프로그램으로 작용하게 된다.

또한 대 공연장의 거대한 매스를 통해 경계를 형성하는 자연풍을 복측에 놓여진 주민입주공간으로 끌어 들이기 위하여 상부 매스를 태양의 각도에 따라 매스를 침식시켜 주광에 따라 다양한 자연광이 복측의 입면을 통해 도시로 들어오도록 계획하였다. 이는 남북으로서 분절된 복측면에서 주광을 통한 시간의 흐름을 체험하는 동시에 주광의 조도에 따라 잡임없이 변화된 정면부의 파사드와 내부 공연장 로비를 사용하는 사용자가 체험할 수 있는 기회를 제공한다.

문화교육 매스는 대공연장에서 복제된 육면체로 구성하였으며 대공연장과 문화교육 사잇공간은 외부의 자연이 침투하여 두 매스 사이에서 공간과 공간을 결합하였다. 자연으로부터 인입되는 빛과 바람 그리고 비는 열려진 사잇공간에서 시간의 흐름을 사용자가 인식되도록 하고, 자연스럽게 대공연장의 외부벽을 따라 흐르는 물이 하부 조경에 설치된 물의 공간으로 연결되도록 하였다. 마을 몸 조경에서는 물소리를 시간에 따라 다르게 경험하는 물소리 자연공연이 생성되도록 유도하였다.

디자인 프로세스

빛의 축에 의한 문화 공간의 확장
빛의 구체의 형성
빛의 반사
새로운 문화적 인큐베이터
문화 생성 광장

02 건축계획 | 배치도

▌보차분리가 확실한 배치

· 보행접근과 차량 동선을 명확하게 분리시켜 안전하고 편리한 보행동선 계획

▌대지의 순응한 배치 계획

· 두개의 매스 중첩으로 주도로에서의 다양한 정면성 확보 및 주변 보행유입을 고려한 오픈스페이스 확보

▌다양한 외부공간 계획

· 기존 대지를 적극 활용하고 주변환경과 조화를 이루도록 외부공간 조성

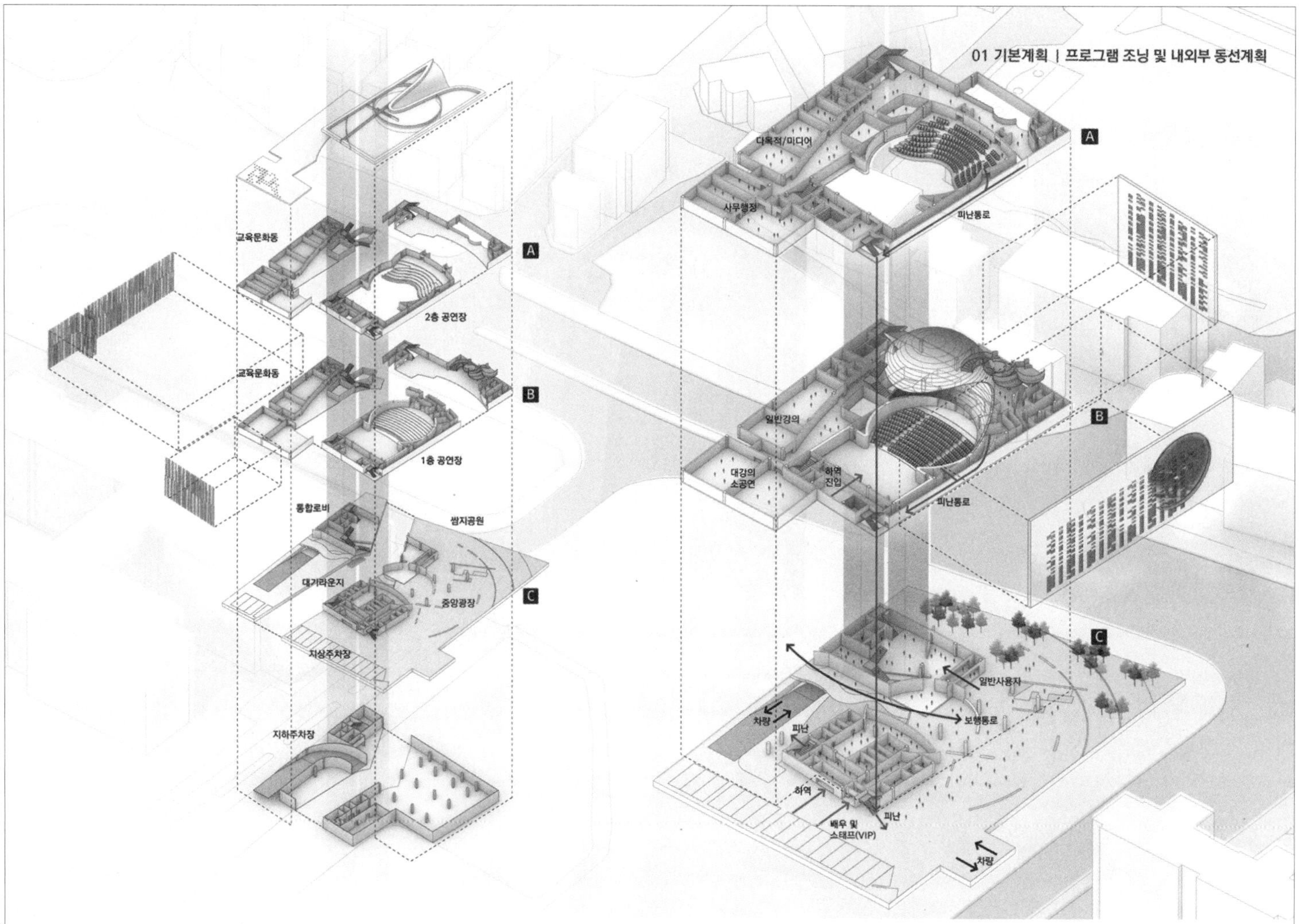

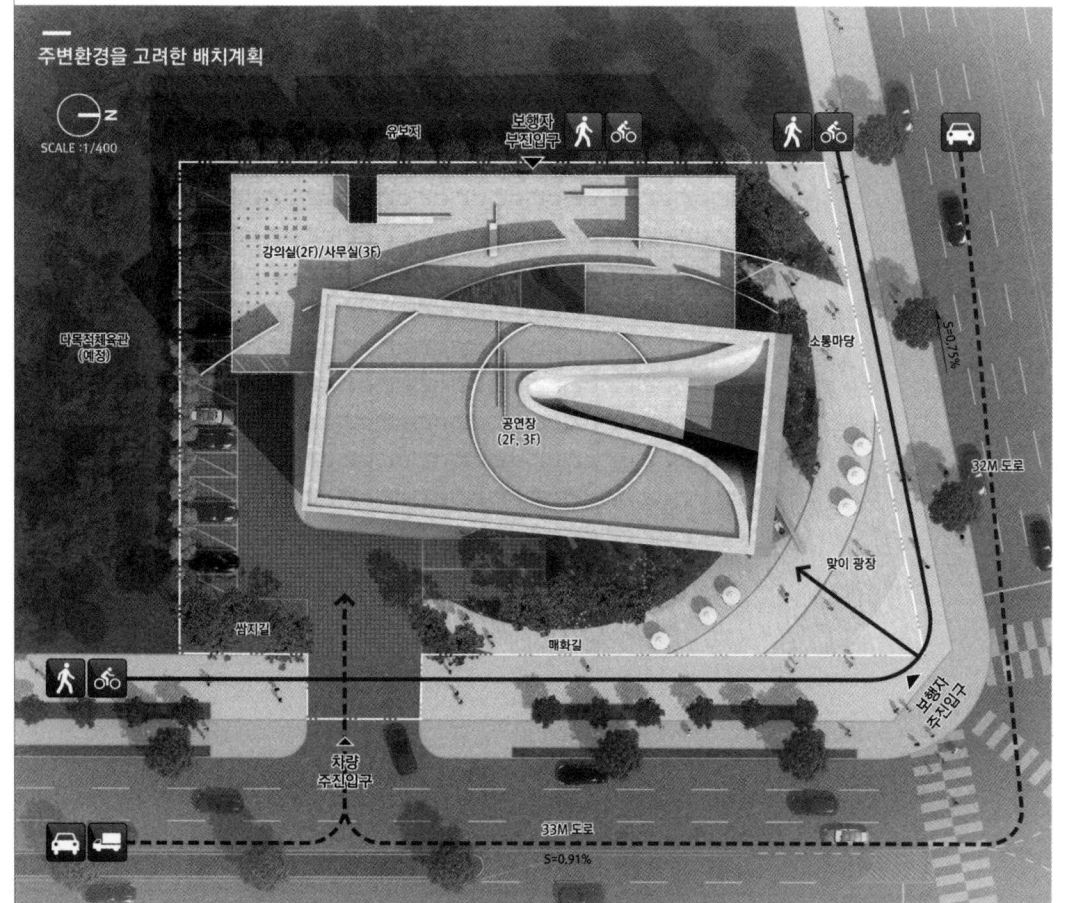

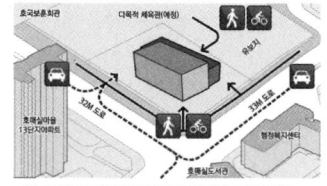

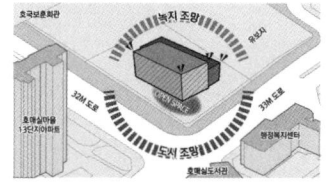

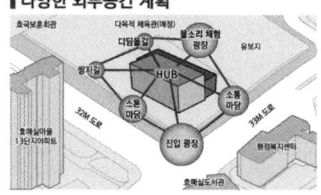

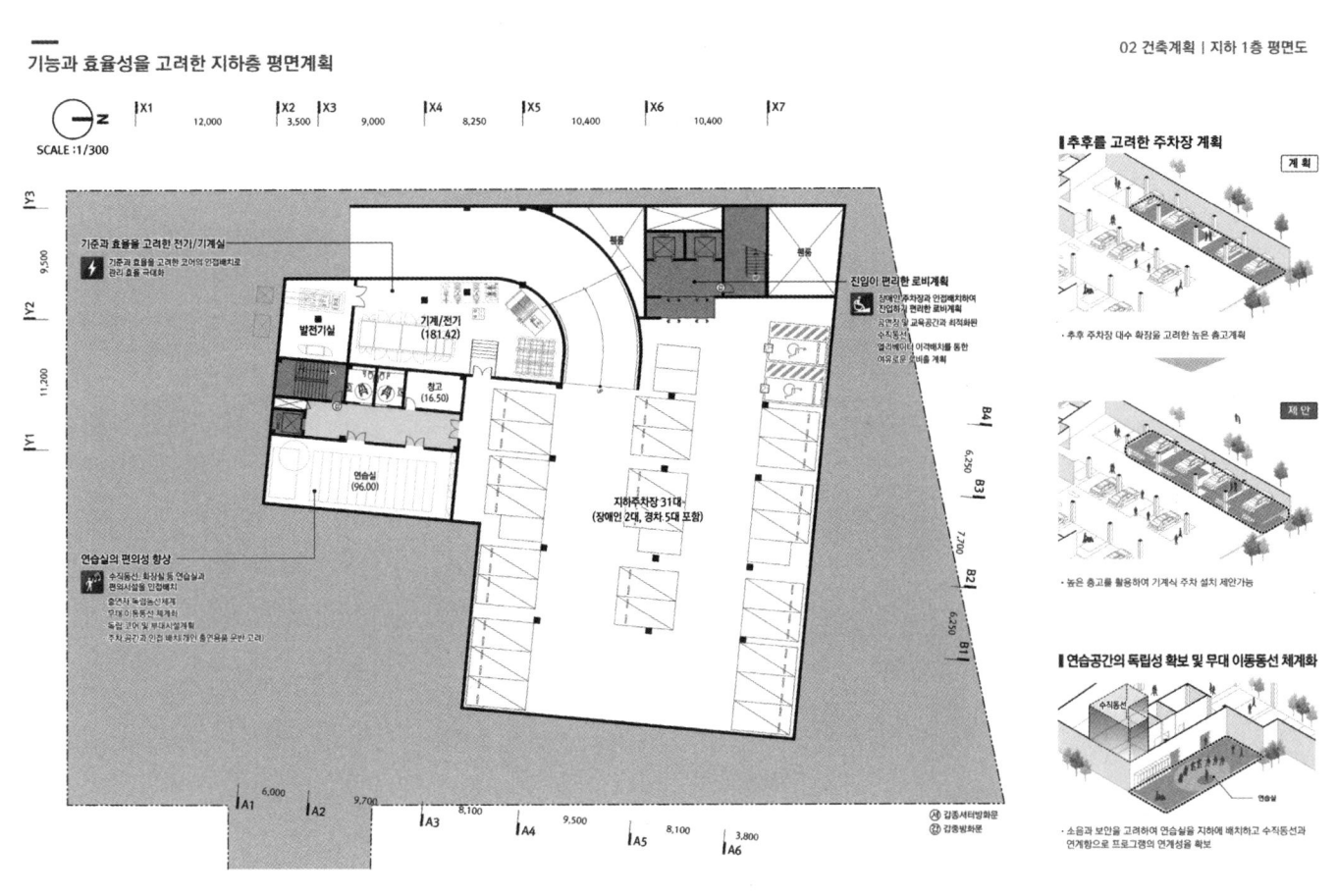

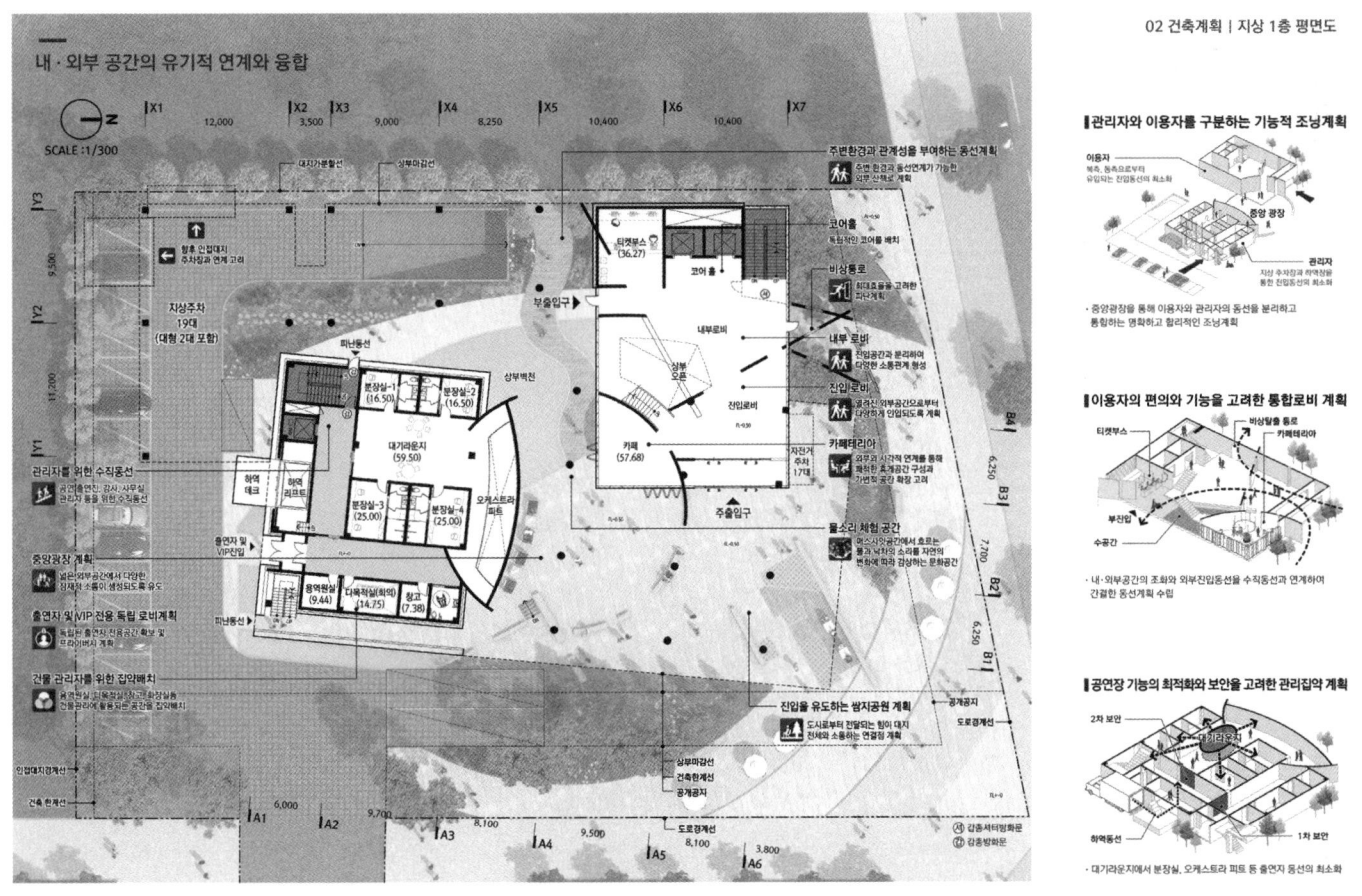

수원문화시설

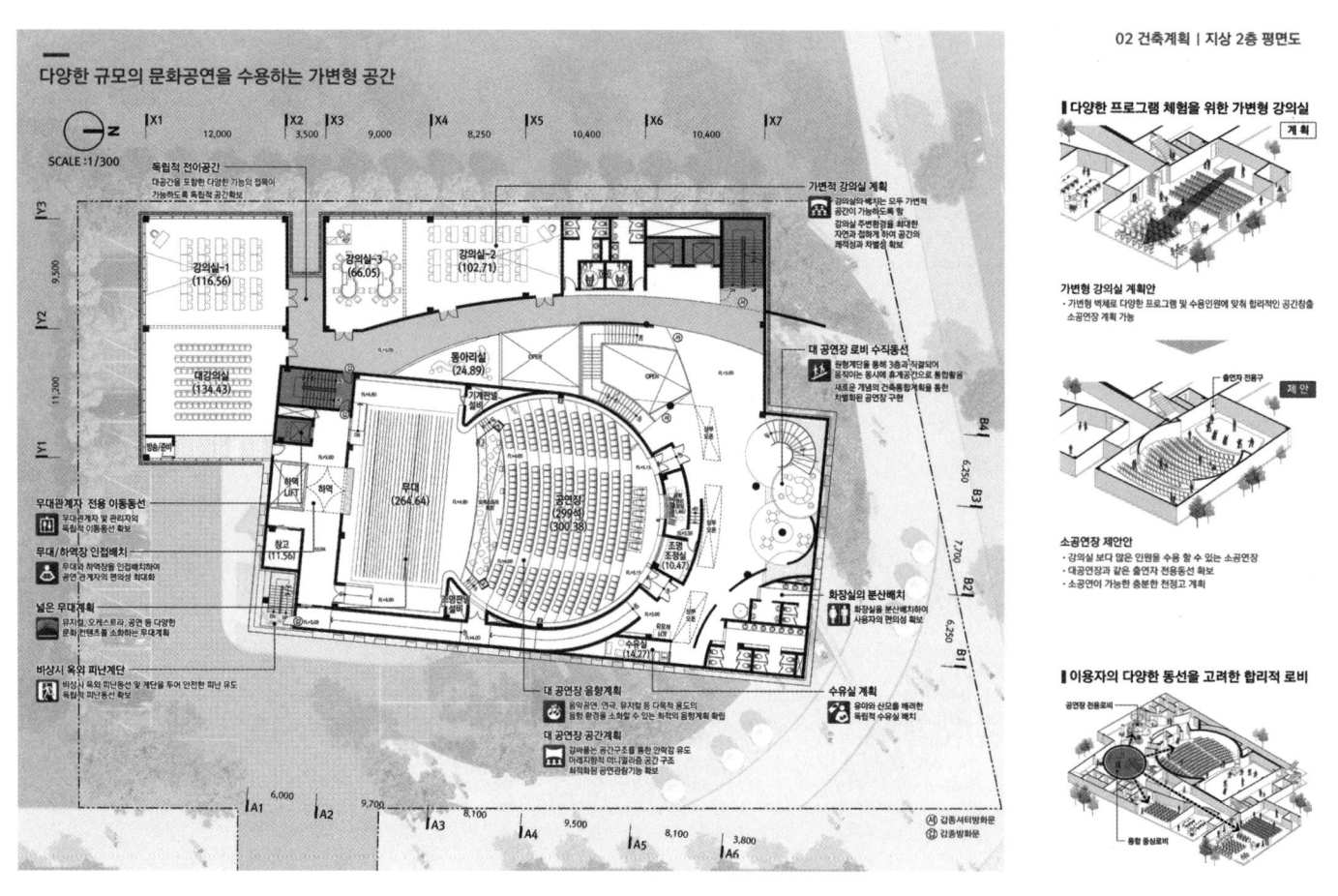

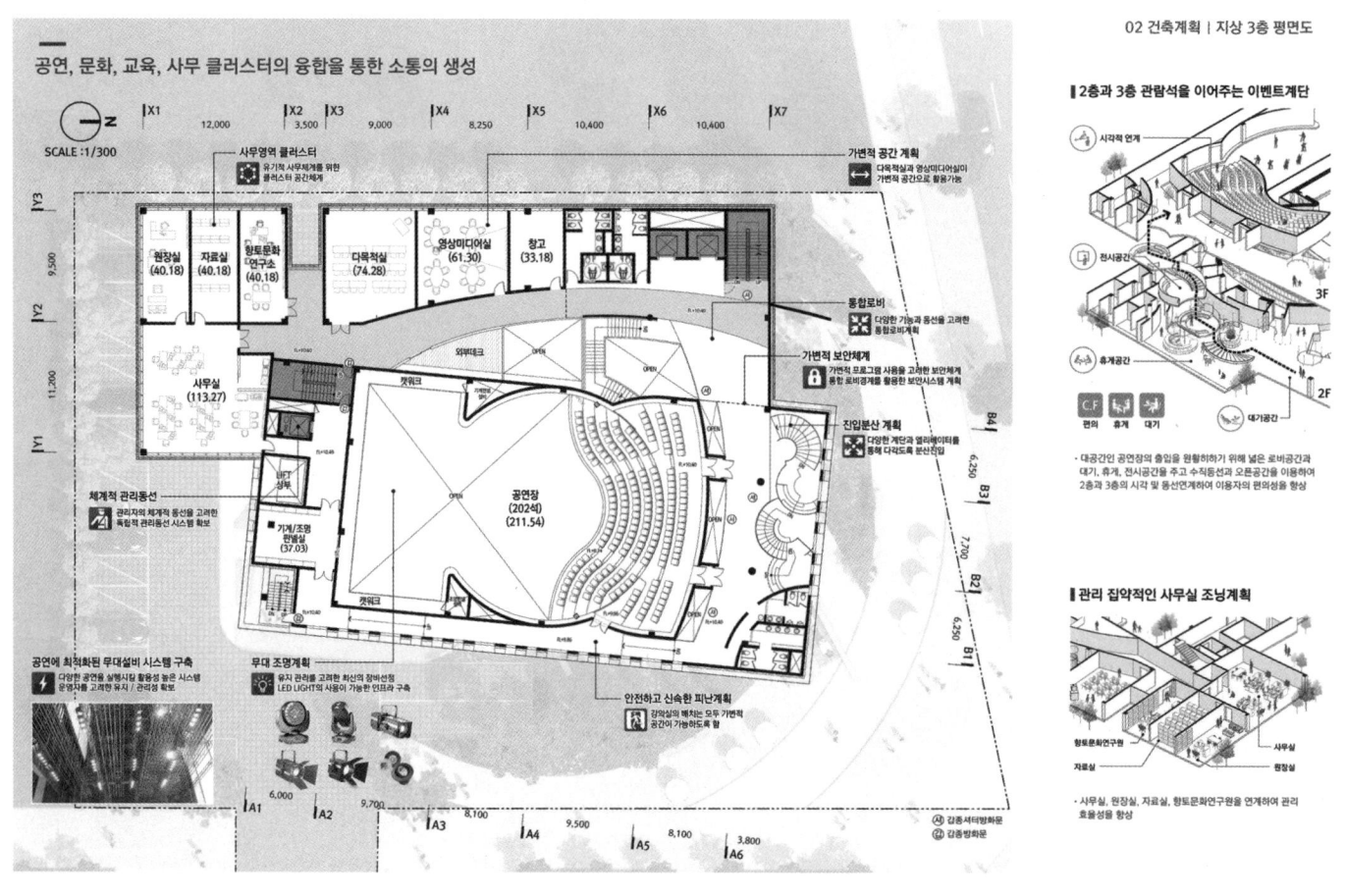

Suwon Cultural Facility

문화를 구현한 디자인계획

02 건축계획 | 입면계획-1

순수한 건물의 형태는 인류 문명 형성의 출발점인 문화를 순백의 정방화된 매스로 계획하였으며, 입면은 컴퓨터 프로그램의 구조가 모니터를 통해 표출되어 나타나는 이미지와 같이, 다양하게 변화하는 문화의 속성과 새로이 생성되는 과정을 표현하였다. 이는 문화의 다양함과 복합성을 표현한 동시에 내부의 움직임이 간접적 체험으로 시각화 될 수 있도록 유도한 것이다. 들어올려져 도시를 품는 매스에는 새로운 문화의 공간이 원형율 모티브로 구성되어 있으며 원형안에서 생성되는 문화와 인간의 소통이 분출되어 표출되는 설계의 주안점으로 부터 입면에서도 내부에 내재되어 있는 원형의 실루엣이 외피에 흔적으로 인식 될 수 있도록 구성하였다. 내부로 부터 흘러나온 원의 형상은 공연장에서 발생하는 장면을 인터페이스를 통해 도시의 이미지로 전달 될 수 있도록 계획하였다. 정면부인 북측면은 일정한 개구부의 집합체로 표현하여 단순한 면과 개구부 집합체가 조화를 이루도록 계획 하였으며, 특히 남측으로 부터 전달되는 주광이 시간에 따라 파사드의 개구부를 통해 전면부에 읽혀지도록 유도하였다.

디자인 프로세스

 +  =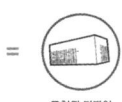
정형화된 매스   프로그램의 이미지   구현된 디자인

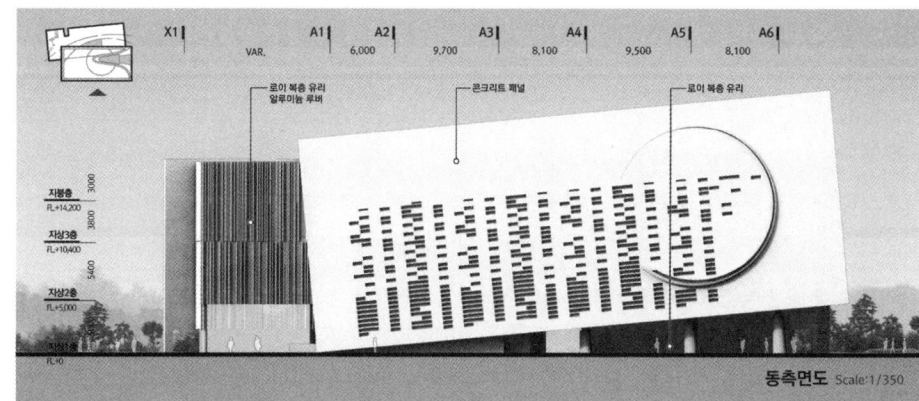

동측면도 Scale:1/350

북측면도 Scale:1/350

기능별 적정층고를 만족하는 단면계획

02 건축계획 | 단면계획

시스템 구성 - 음향 시스템

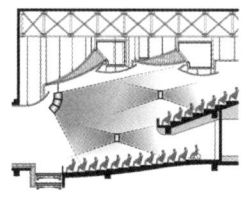

공연장 구조에 최적화 가능한 시스템으로 최상의 음질을 보장하며 명확한 지향특성의 스피커 적용으로 청취 취약 구역의 최소화를 고려해야한다. 서브 스피커의 적용으로 사각지대 발생을 방지할 수 있고 메인 스피커 음압의 비중을 높여 명료도 증가 효과를 기대 할 수 있다. 단테 네트워크를 활용한 I/O RACK 적용으로 외부 인프라를 구성하고 원활한 행사진행을 위해 인터컴 시스템을 적용 하였다.

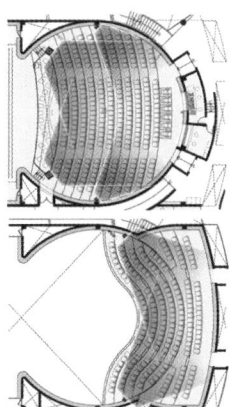

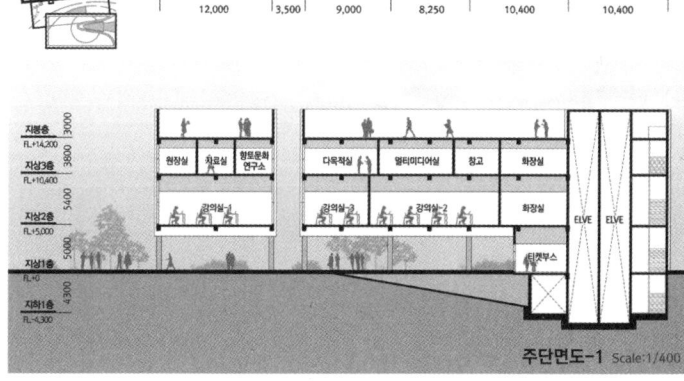

주단면도-1 Scale:1/400

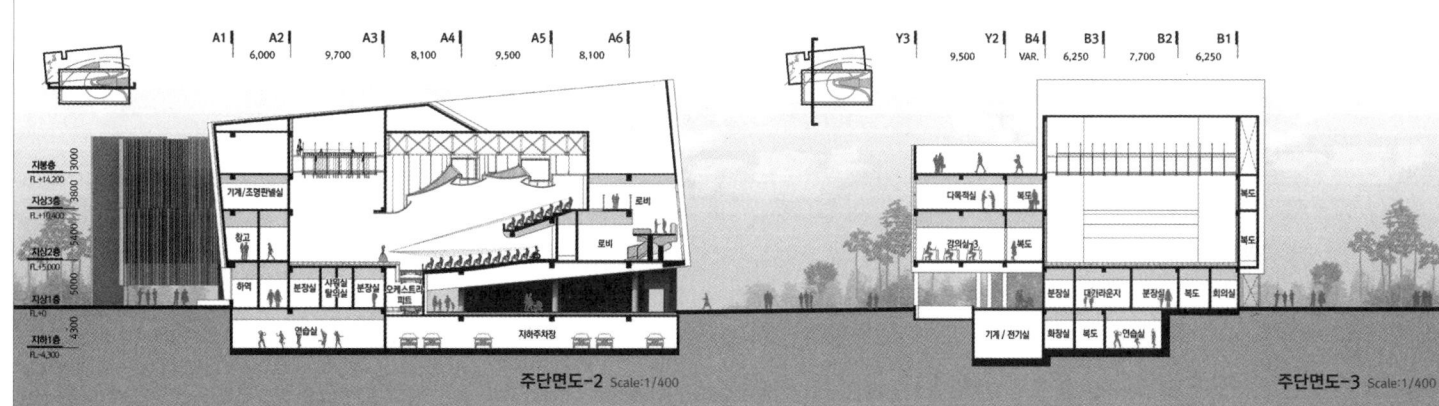

주단면도-2 Scale:1/400   주단면도-3 Scale:1/400

architecture & design competition 문화·주거

수원문화시설

2등작 (주)제이앤제이건축사사무소 최종천 + (주)디본건축사사무소 김태명 설계팀 오영훈, 김혜지, 박지은, 조유진(이상 제이앤제이) 오희성, 류수연(이상 디본)

대지위치 경기도 수원시 권선구 호매실동 1366번지 **대지면적** 4,000.00㎡ **건축면적** 2,222.06㎡ **연면적** 4,960.37㎡ **조경면적** 617.29㎡ **건폐율** 55.55% **용적률** 84.10% **규모** 지하 1층, 지상 3층 **최고높이** 18.1m **구조** 철근콘크리트조, 철골조 **외부마감** 테라코타패널, 금속패널, 유글라스, 목재패널, 로이복층유리 **주차** 56대

수원 문화의 나래
건물 사이의 비워진 공간(여백)은 도시가 품은 문화를 한 폭의 수채화처럼 실루엣으로 담아 내어 사계절이 변화하는 일상의 풍경을 조망할 수 있도록 여유를 주었다. 나래 오름길을 따라 확장되는 걸음은 연속된 하나의 대공간을 마주하고 처마의 형상처럼 공간적 위상에 따른 지역 문화의 장을 더욱 더 날개짓 한다.

배치 및 입면계획
- 도시와 문화에 순응한 배치계획으로 구민소통의 공간 조성
- 전면부의 매스를 분절하여 열린 공간을 줌으로써 구민에게 열린 문화의 공간으로 자리매김 할 수 있도록 계획, 여러 방향으로 통하는 공간요소를 만들어 활기찬 가로 분위기 조성

평면계획
- 지하 1층 : 설비시설의 효율적인 관리 및 사공간 최소화를 통한 합리적인 주차모듈계획
- 지상 1층 : 도시와 구민에게 열린 지역문화시설의 랜드마크로서의 가치 실현
- 지상 2층 : 도시와 자연, 역사와 문화를 잇는 소통의 장
- 지상 3층 : 관리동 업무시설의 편의성과 쾌적한 휴게 공간

The wings of culture
An empty space (margin) between buildings captures the silhouette of a cultural scenery embraced by the city as if it is a piece of painting, and by doing so it provides a place for enjoying daily scenery that changes throughout the seasons. Widening along Narae-oreum gil, a walkway eventually reaches a large continuous space and celebrates the new local culture platform arranged in a spatial hierarchy in the form of eaves.

Site plan & Elevation
- Creating a communication space for local people by implementing an arrangement plan that embraces the city and cultures
- The front mass is fragmented to create an open space for local people to use as an open cultural space. Spatial features with access to multiple directions are added to cultivate an energetic street atmosphere.

Floor plan
- B1F : A practical modular parking system that ensures efficient maintenance of equipment facilities and minimizes dead space
- 1F : Promoting the significance of a landmark that functions as a local cultural venue open to the city and local people
- 2F : A communication platform that serves as a bridge between the city and nature and history and culture
- 3F : Increasing the convenience of office users in the management building, and providing a pleasant resting area

2nd prize J&J Design Group_Choi Jongcheon + design bon architects_Kim Taemyung **Location** Gwonseon-gu, Suwon, Gyeonggi-do **Site area** 4,000.00m² **Building area** 2,222.06m² **Gross floor area** 4,960.37m² **Landscaping area** 617.29m² **Building coverage** 55.55% **Floor space index** 84.10% **Building scope** B1, 3F **Height** 18.1m **Structure** RC, SC **Exterior finishing** Terracotta panel, Metal panel, U-glass, Wood panel, Low-E paired glass **Parking** 56

Suwon Cultural Facility

1 프롤로그 | 디자인개념
수원 문화에 날개를 달아주는 활기찬 문화센터

"수원 문화의 나래"

건물 사이의 비워진 공간(여백)은 도시가 품은 문화를 한 폭의 수채화처럼 실루엣으로 담아내어 사계절이 변화하는 일상의 풍경을 조망할 수 있도록 여유를 주었다.
나래오름길을 따라 확장되는 걸음은 연속된 하나의 대공간을 마주하고 처마의 형상처럼 공간적 위상에 따른 지역 문화의 장을 향해 더욱 더 날개짓한다.

Public Spaces Connection Point

01 건축계획 | 대지현황분석
지반현황과 주변환경을 고려한 합리적인 토지이용계획

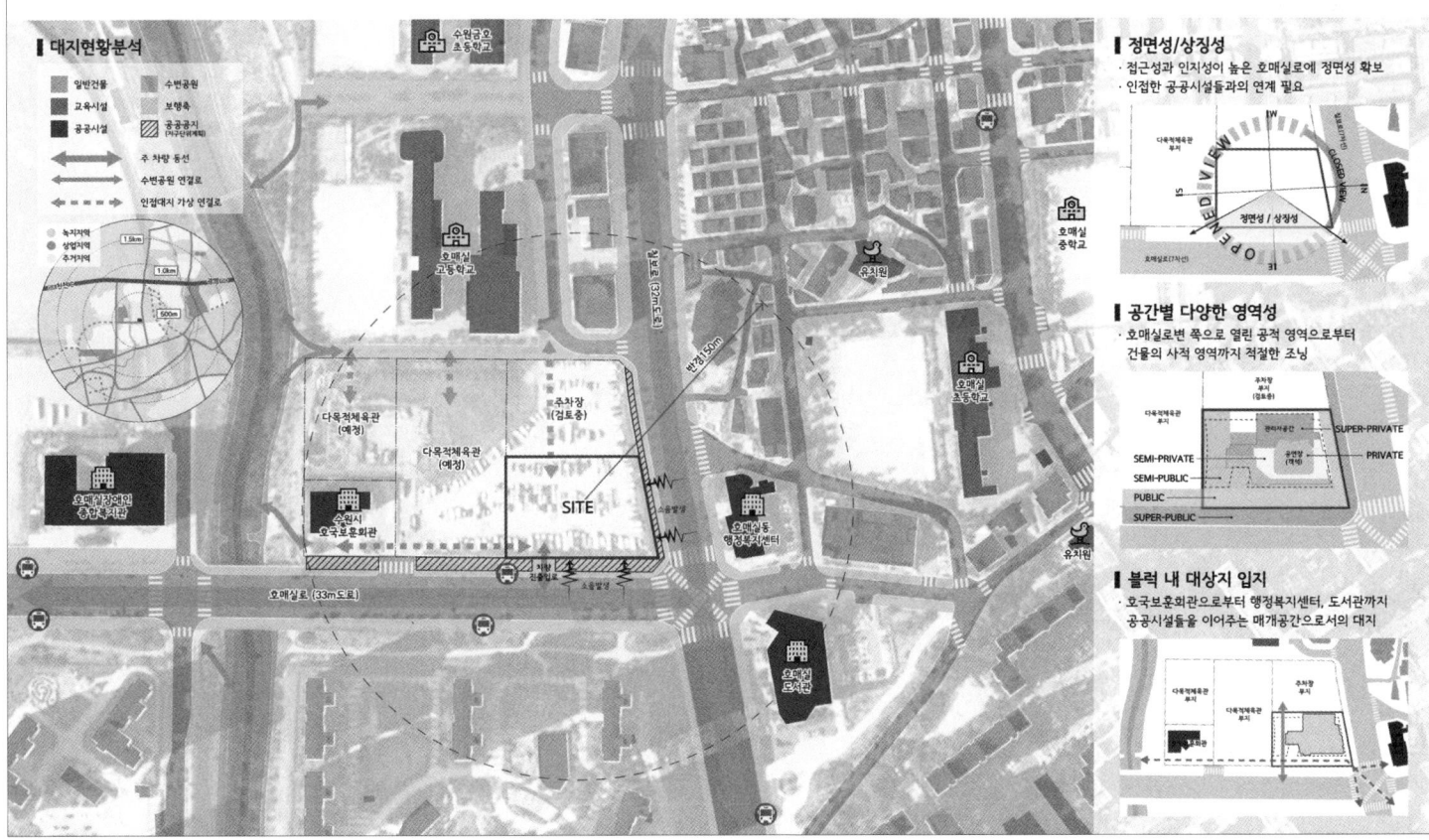

02 건축계획 | 배치계획

도시와 문화에 순응한 배치계획으로 구민소통의 공간조성

정면성/상징성

- 접근성과 인지성이 높은 호매실로에 정면성 확보
- 인접한 공공시설들과의 연계 필요

공간별 다양한 영역성

- 호매실로변 쪽으로 열린 공적 영역으로부터 건물의 사적 영역까지 적절한 조닝 필요

명확한 대지내 기능(Program)분리

- 서로 다른 특성을 가진 공연장, 교육공간, 사무공간과 공공보행영역을 확실히 분리하여 효율적인 배치

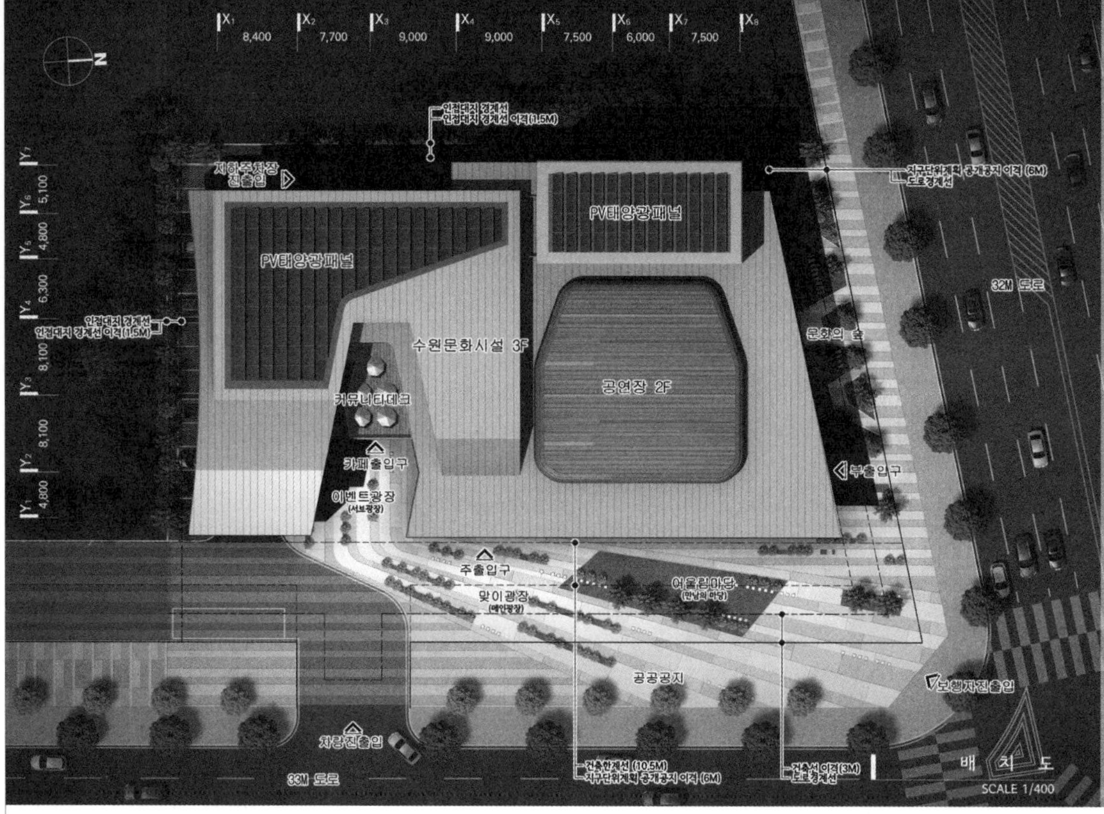

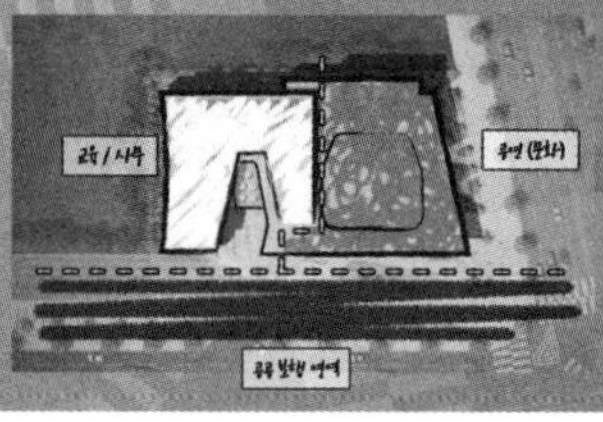

01 건축계획 | 내·외부동선계획

편리한 이용과 안전을 고려한 보행중심공간 계획

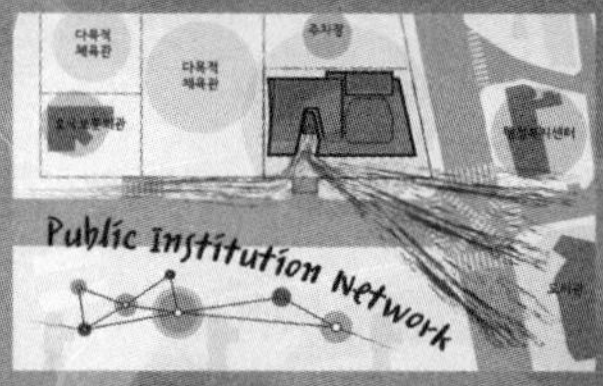

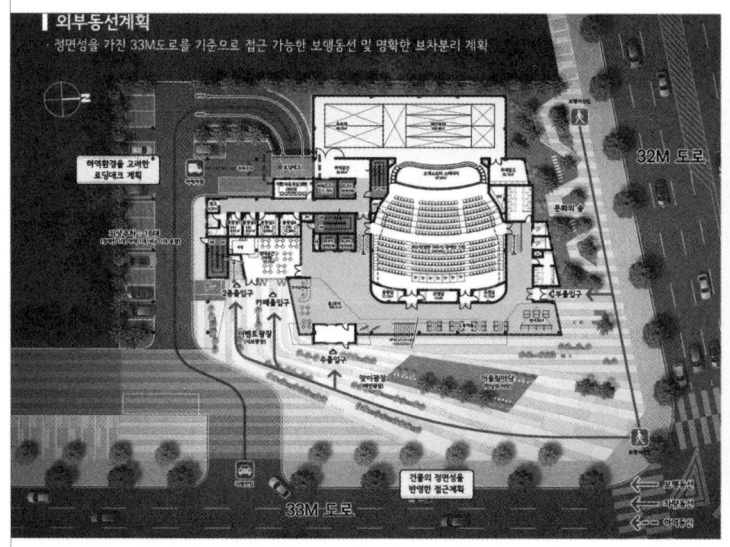

외부동선계획

- 정면성을 가진 33M도로를 기준으로 접근 가능한 보행동선 및 명확한 보차분리 계획

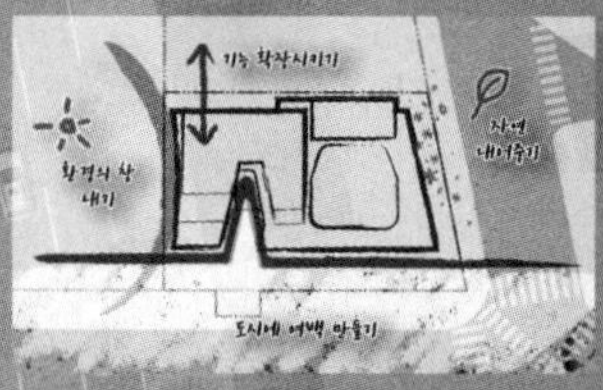

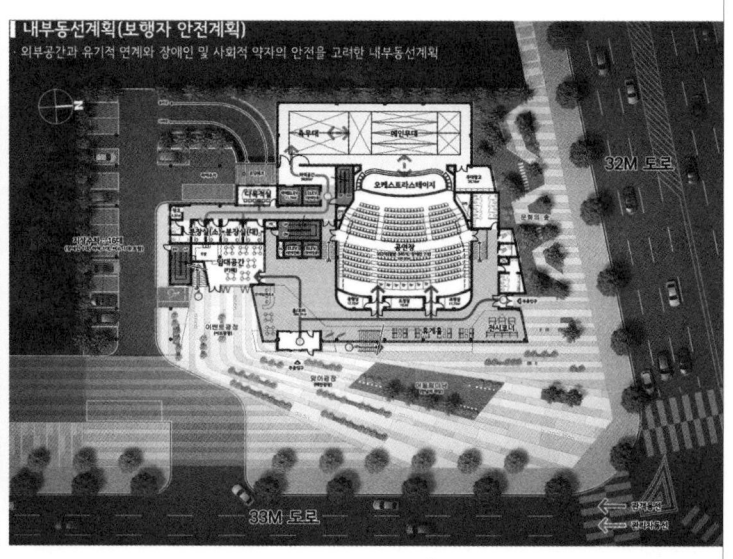

내부동선계획(보행자 안전계획)

- 외부공간과 유기적 연계와 장애인 및 사회적 약자의 안전을 고려한 내부동선계획

명확한 보차분리 계획

- 보행자와 차량 영역 분리를 통한 안전한 보행중심공간 조성
- 주차장 내 별도의 보행로 계획으로 시설접근 용이

하역 및 비상동선 계획

- 화물주차 및 하역공간(로딩데크), 화물용 승강기 인접배치
- 비상시 원활한 차량이용을 고려한 순환동선 계획

사용자별 입체적 동선계획

- 이용자와 프로그램의 특성을 고려한 시설별 진입계획
- 이용자의 편의와 원활한 관리를 고려한 코어계획

안전한 피난동선 수립

- 비상시 신속한 대피 가능한 피난동선 단순화
- 외부로 연결되는 동선계획으로 안정성 확보

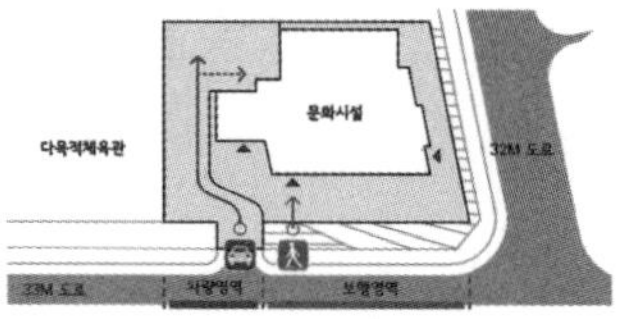

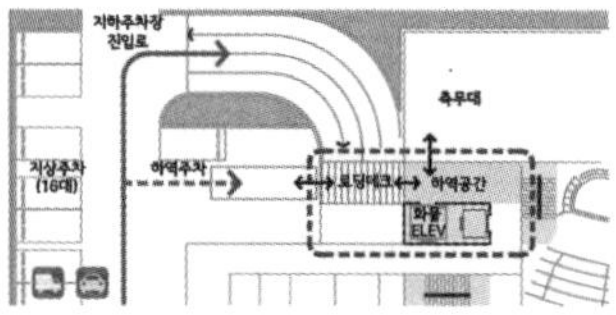

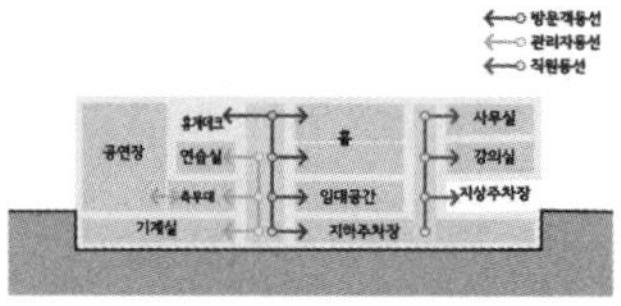

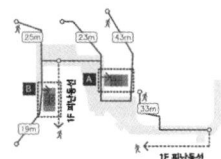

02 건축계획 | 지상1층 평면도

도시와 구민에게 열린 지역문화시설의 랜드마크로서의 가치 실현

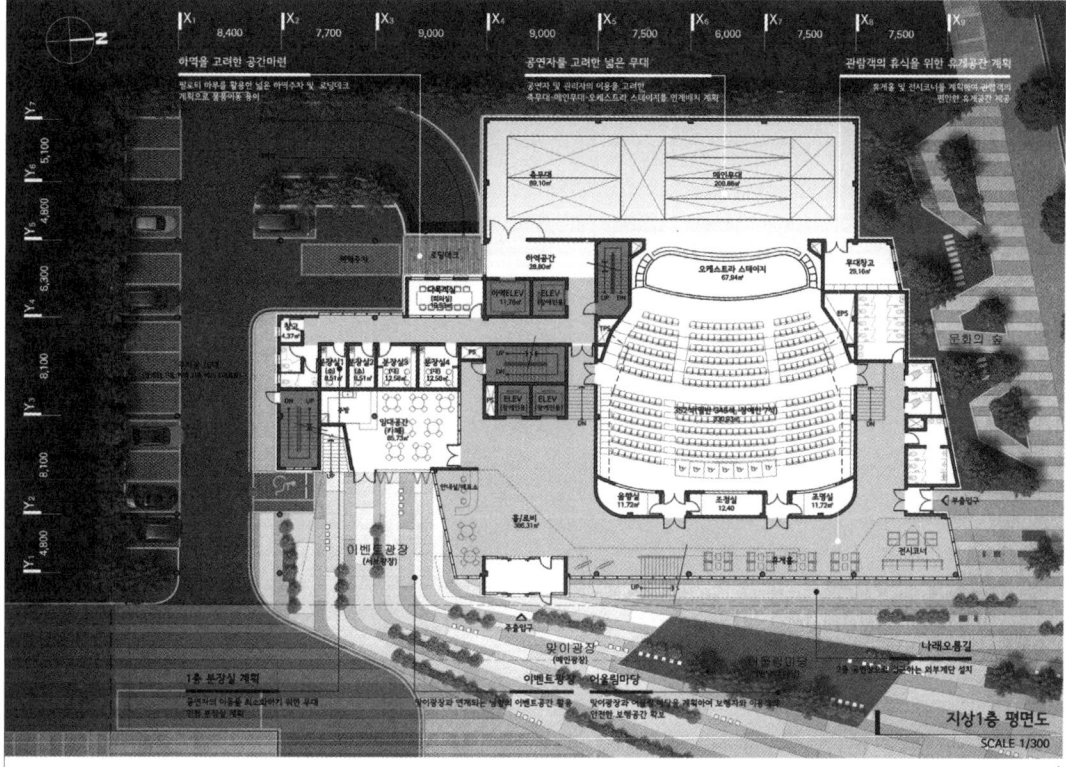

지상1층 평면도
SCALE 1/300

공연장의 인지성을 고려한 주출입구 계획
- 주요 접근성을 고려한 주출입구 도로측 배치
- 전면 휴게홀과 전시공간을 통한 문화의 실루엣 효과

공연 관계자를 위한 부속시설 계획
- 측무대 계획을 통한 충분한 리허설·연출공간 확보
- 전용화장실 및 분장실 등 독립배치를 통해 편의성 확보

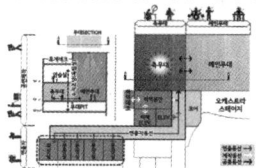

아늑한 공간감을 담은 공연장
- 관람객과 출연자영역의 명확한 조닝분리로 독립성 확보
- 관객과 배우와의 몰입을 위한 실내 리듬감 연출

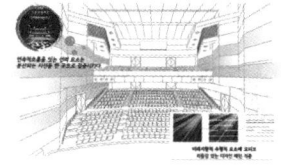

02 건축계획 | 지하1층 평면도

설비시설의 효율적인 관리 및 사공간 최소화를 위한 합리적인 주차모듈계획

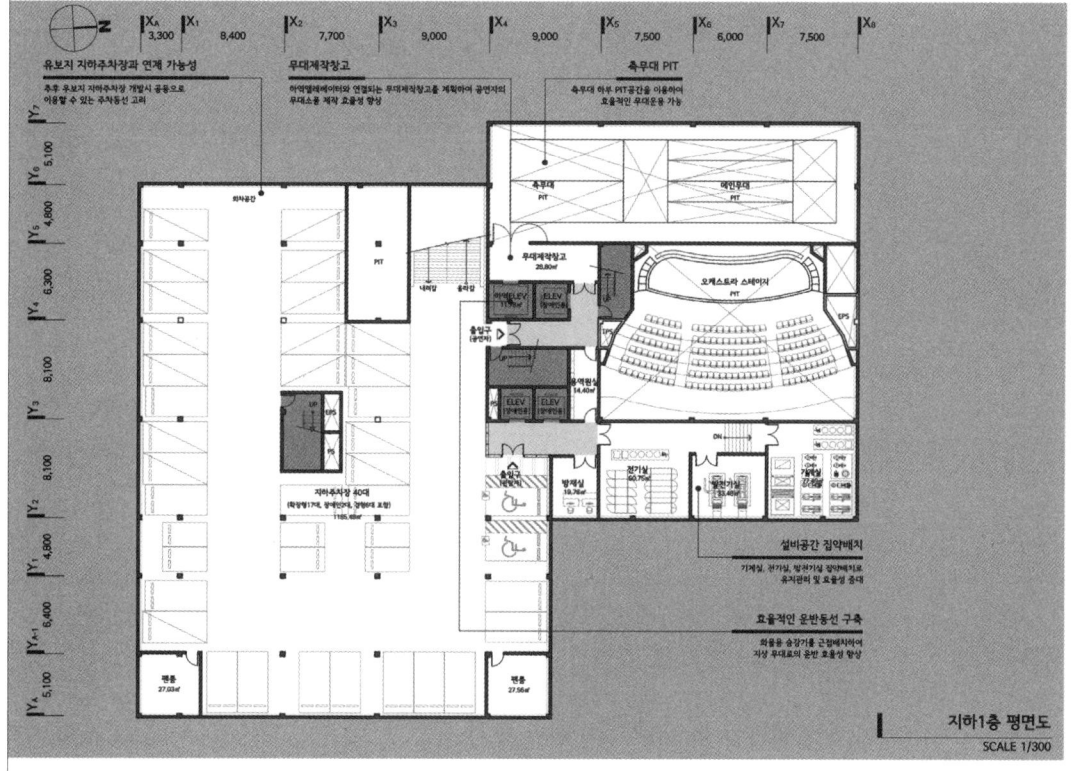

지하1층 평면도
SCALE 1/300

안전하고 쾌적한 주차 및 동선계획
- 다방면 피난계획을 통한 지하공간의 안전성 확보
- 합리적 모듈계획을 통한 원활한 주차공간 확보

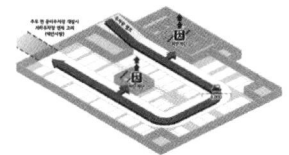

장애인/하역 전용동선 계획
- 장애인 주차구역 출입구에 근접 배치
- 무대장비 및 전시물 하역을 위한 전용코어 계획

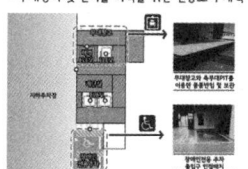

지속가능한 통합형 설비공간계획
- 설비공간의 집약적 배치를 통한 유지관리 및 효율성 증대
- 설비공간간의 단차를 두어 상시 재해·침수 등 예방

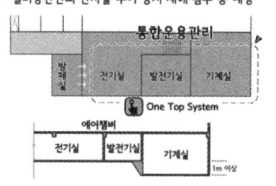

수원문화시설

02 건축계획 | 지상2층 평면도
도시와 자연, 역사와 문화를 이어주는 소통의 장

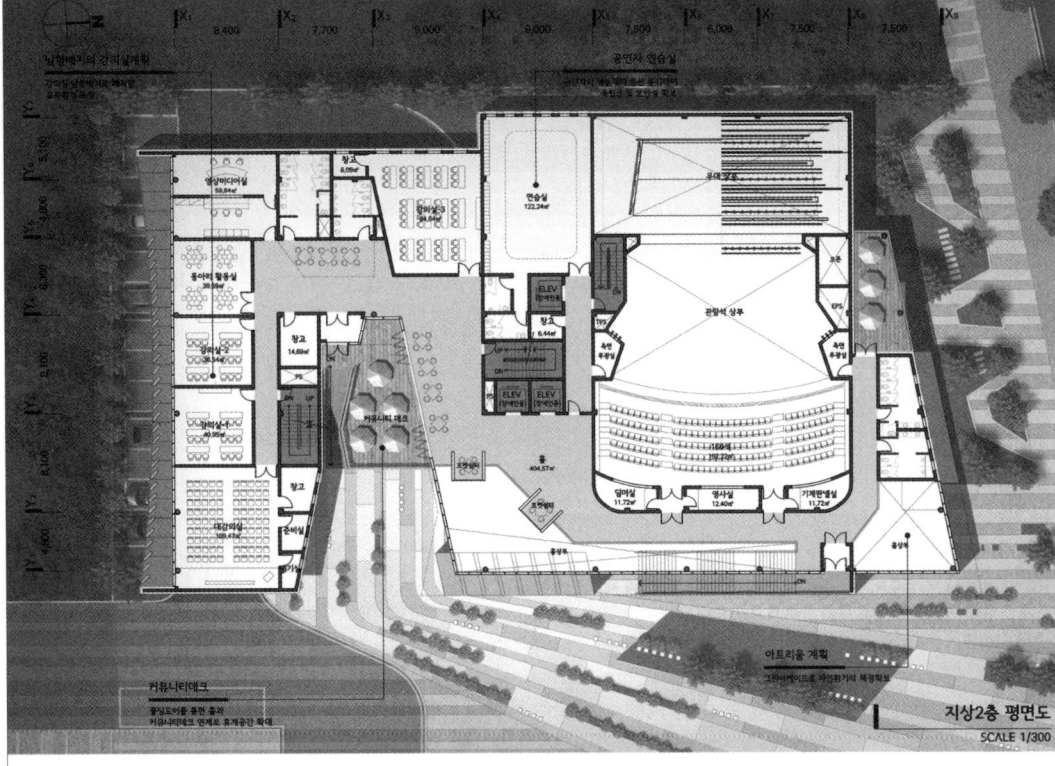

지상2층 평면도
SCALE 1/300

주민을 위한 열린 공용공간 조성
- 두개층 오픈을 통한 시각적 교류 증진 및 쾌적성 확보
- 내·외부 문화의 풍경을 하나로 담기 위한 나래오름길 계획

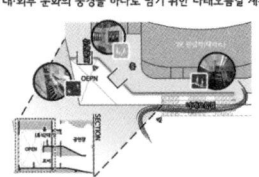

정적공간과 동적공간의 영역분리
- 성격이 다른 두 기능을 분리하여 각각의 독립성 확보
- 내부 홀 커뮤니티공간을 통한 적극적인 만남 유도

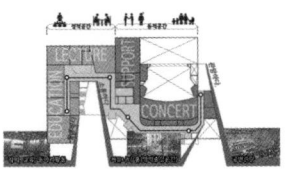

유기적인 내·외부공간 연결계획
- 홀과 연결된 데크를 통해 Multi-Place 공간 구현
- 조망과 채광확보를 통한 쾌적한 분위기 조성

02 건축계획 | 지상3층 평면도
관리동 업무시설의 편의성과 쾌적한 휴게공간

지상3층 평면도
SCALE 1/300

업무공간의 채광 및 조망 확보
- 업무환경에 최적화된 일사량 확보
- 수직루버를 통한 일사 저감 효과

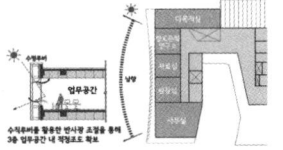

가변형계획을 통한 공간의 다양화
- 업무영역의 프로그램에 따라 공간의 재구성 실현
- 경제성과 실용성을 고려한 다양한 다목적공간

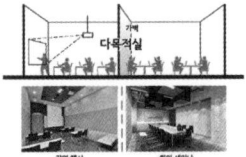

직원휴게를 위한 루프테라스
- 투수성포장과 친환경자재를 활용한 친환경 옥상녹화
- 열섬현상 완화 및 직원을 위한 독립된 휴게공간 제공

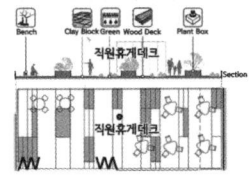

02 건축계획 | 입면계획

수원 권선구의 미래 가치를 구현하는 상징적인 입면계획

▌수원문화공간에 날개를 달아주는 정면 계획개념

· 전면부의 매스를 분절하고 열린 공간를 줌으로써 시민에게 열린 문화공간으로 자리매김 할 수 있도록 계획
· 여러 방향으로 통하는 공간요소를 만들어 활기찬 가로 분위기 조성

▌휴먼시티 수원의 의미를 담은 공연장 홀 공간 계획개념

· 커튼월 안쪽 요소들에 적용한 수원 상징 색은 홀에 생동감을 줌
· 톡톡튀는 요소들이 건물에 문화공간으로서의 정체성을 확고히 함

02 건축계획 | 단면계획

각 시설의 독립성과 연계를 고려한 단면조닝

▌단면 조닝

· 상대적으로 채광이 중요한 강의실이나 사무공간을 남향에 배치
· 가운데에 열린 공간을 주어 시민들을 끌어들이는 기능을 하면서도 홀 공간에 채광이 되도록 계획

▌하중을 고려한 공연장배치

· 대공간 시설 분리 배치로 하중 분산
· 장스판에 적합한 트러스구조 계획 및 상부 시설계획 최소화

▌공연장 관람석 가시선 최적화

· 객석바닥을 경사지게 하여 편안한 관람 가시선 확보
· 가시 장애물 최소화로 공연 집중도 향상

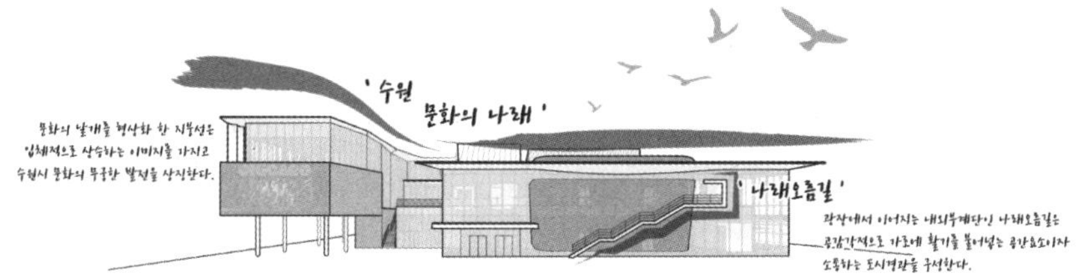

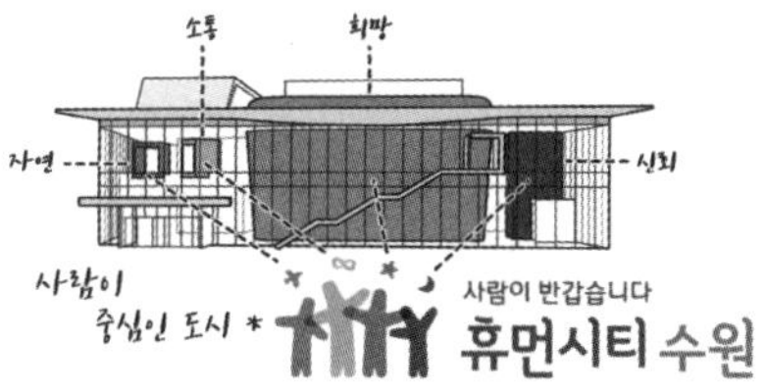

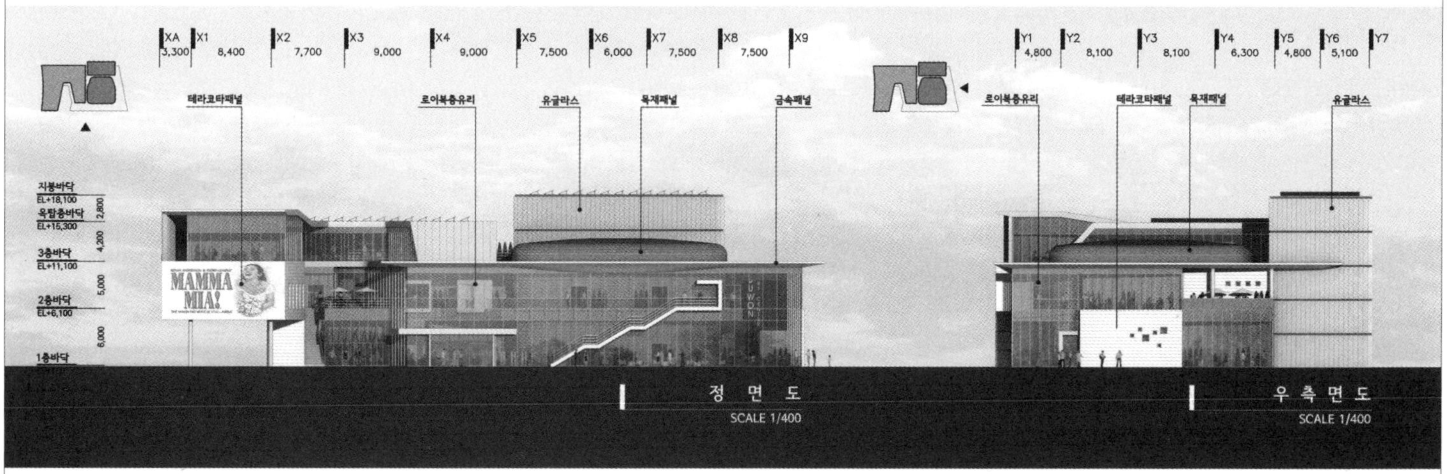

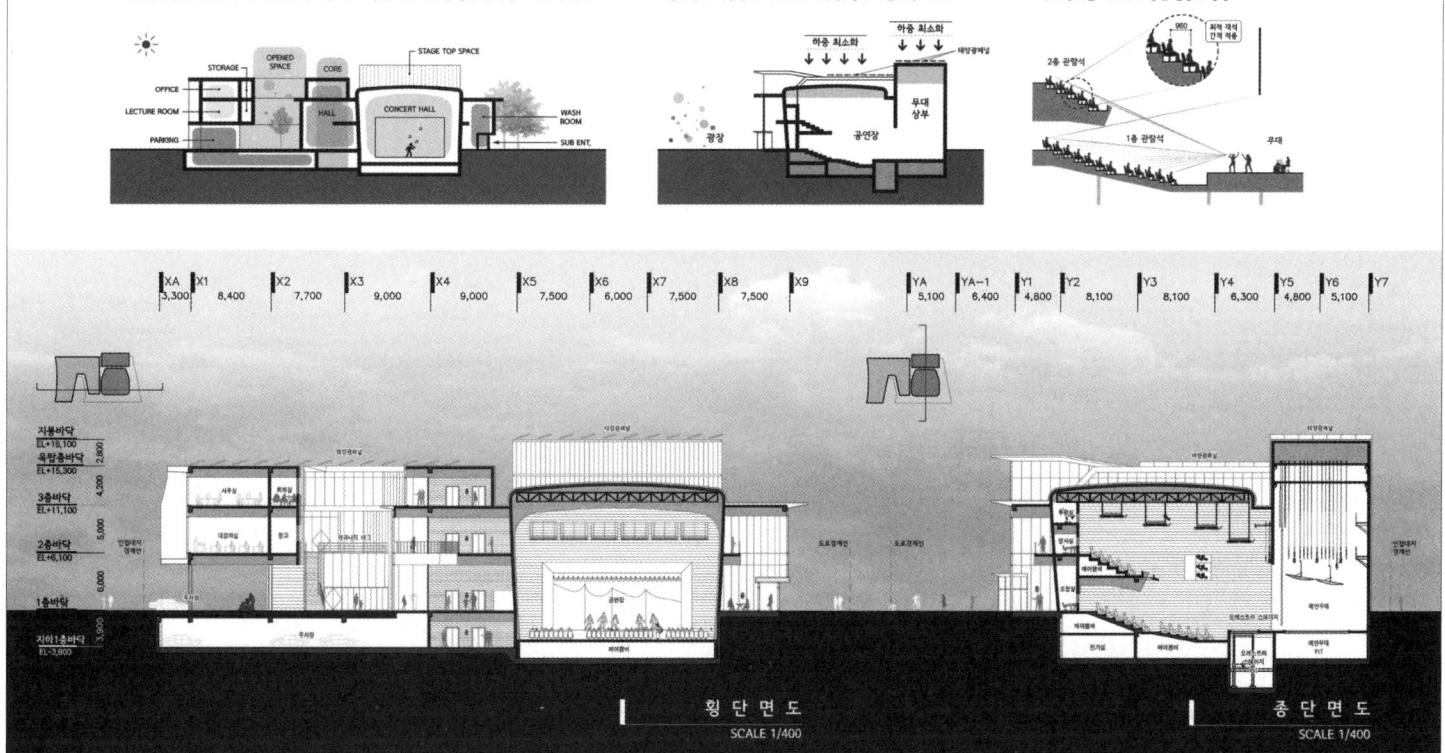

춘천먹거리 복합문화공간

당선작 심플렉스 건축사사무소 박정환, 송상헌 + 어반야드 배건국 설계팀 정은선, 정성욱, 허이서(이상 심플렉스) 박다연, 김지우(이상 어반야드)

대지위치 강원도 춘천시 근화동 154-7번지 일원 **대지면적** 26,414.00㎡ **건축면적** 1,557.00㎡ **연면적** 1,725.50㎡ **건폐율** 5.89% **용적률** 6.53% **규모** 지하 1층, 지상2층 **구조** 철근콘크리트조 **외부마감** 적벽돌, 노출콘크리트, 로이복층유리 **주차** 37대 (장애인 주차 4대 포함)

문화 패치 – 문화의 골목길
본 계획안은 건물 안과 밖의 프로그램이 상호작용하며 다양한 활동이 가능한 먹거리 복합문화공간 조성을 목적으로 한다.

사유지와의 경계
비정형적인 정돈되지 않은 형태의 사유지의 경계부를 자연스러운 형태의 곡선으로 정의했다. 이로써 사유지와의 경계를 명확히 하였다.

내외부 프로그램 연결
대상지로부터 생긴 축의 교집합으로 만들어진 다양한 형태의 패치들이 분산되어있다. 각 패치에 건축 프로그램과 연계되는 외부공간 프로그램을 배치하여 내부 외부를 연결하고 패치마다 각기 다른 테마의 공간을 형성하여 각자의 취향대로 선택하여 즐길 수 있다.

공간의 성격
춘천먹거리 복합문화공간에 필요한 다양한 프로그램을 건물내외부가 연동될 수 있도록 계획하였다. 배치된 문화 프로그램 패치가 유기적으로 연결되도록 대상지를 감싸는 선형의 동선을 계획하였으며, 기존의 자전거 도로가 대상지 내부로 유입되어 자전거 이용자들도 먹거리 공간을 편리하게 사용할 수 있다.

복합문화공간에 어울리는 다양한 컨셉의 공간을 조성하였다. 사회적 거리를 유지할 수 있는 피크닉 존, 수목 아래서 자연을 느끼며 식음할 수 있는 공간, 대상지 내부의 지형차이를 활용한 선큰 가든, 이색적인 샌드 비치 등 개인의 취향에 따라 외부공간을 선택하고 경험하는 장소와 틀을 제공하였다.

CULTURAL PATCH - Cultural alleyway
This proposal aims to create a food culture complex in which various indoor and outdoor programs interact with each other and various activities take place.

Boundaries with private lands
Boundaries with private lands with an atypical and untrimmed shape are shaped in a natural curve. It clearly marks the border with the private lands.

Connecting indoor and outdoor programs
An intersecting set of axes on the site create scattered patches of different shapes. An outdoor program articulated with an architectural program is assigned to each patch to connect inside and outside. For each patch, a differently themed space is created, which users can choose to their liking.

Spatial narrative
Various programs needed by the new complex are designed in a way to integrate inside and outside the building. A linear circulation system is introduced to encircle the site so that patches with a cultural program can establish an organic network. The existing cycle lane is brought into the site so that cyclists can use the complex conveniently.

Spaces with different concepts suitable for a culture complex are proposed. Picnic Zone that enables people to keep social distance, a place for enjoying meals and feeling nature under green trees, a sunken garden designed by making use of topographic differences within the site, and an exotic sand beach are provided along with various places and programs that allow people to choose and experience to their taste.

Prize winner Simplex Architecture_Park Chungwhan, Song Sanghun + Urban Yards_Bae Kunkook **Location** Chuncheon, Gangwon-do **Site area** 26,414.00m² **Building area** 1,557.00m² **Gross floor area** 1,725.50m² **Building coverage** 5.89% **Floor space index** 6.53% **Building scope** B1, 2F **Structure** RC **Exterior finishing** Brick, Exposed Concrete, Low-E paired glass **Parking** 37 (including 4 for the disabled)

Chuncheon Food Complex Culture Space

본 계획안은 건물 안과 밖의 프로그램이 서로 상호작용하며 다양한 활동이 가능한 먹거리 복합 문화공간 조성을 목적으로 한다.

정돈되지 않은 사유지와 대상지의 경계를 자연스러운 곡선을 통해 정의내리고 명확히 하였다. 이는 유기적인 동선을 형성하고, 내외부를 연결시키며 그에 따른 활동영역을 형성한다.

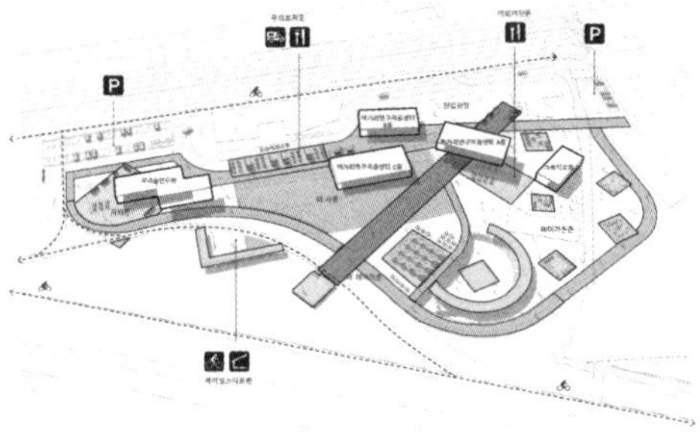

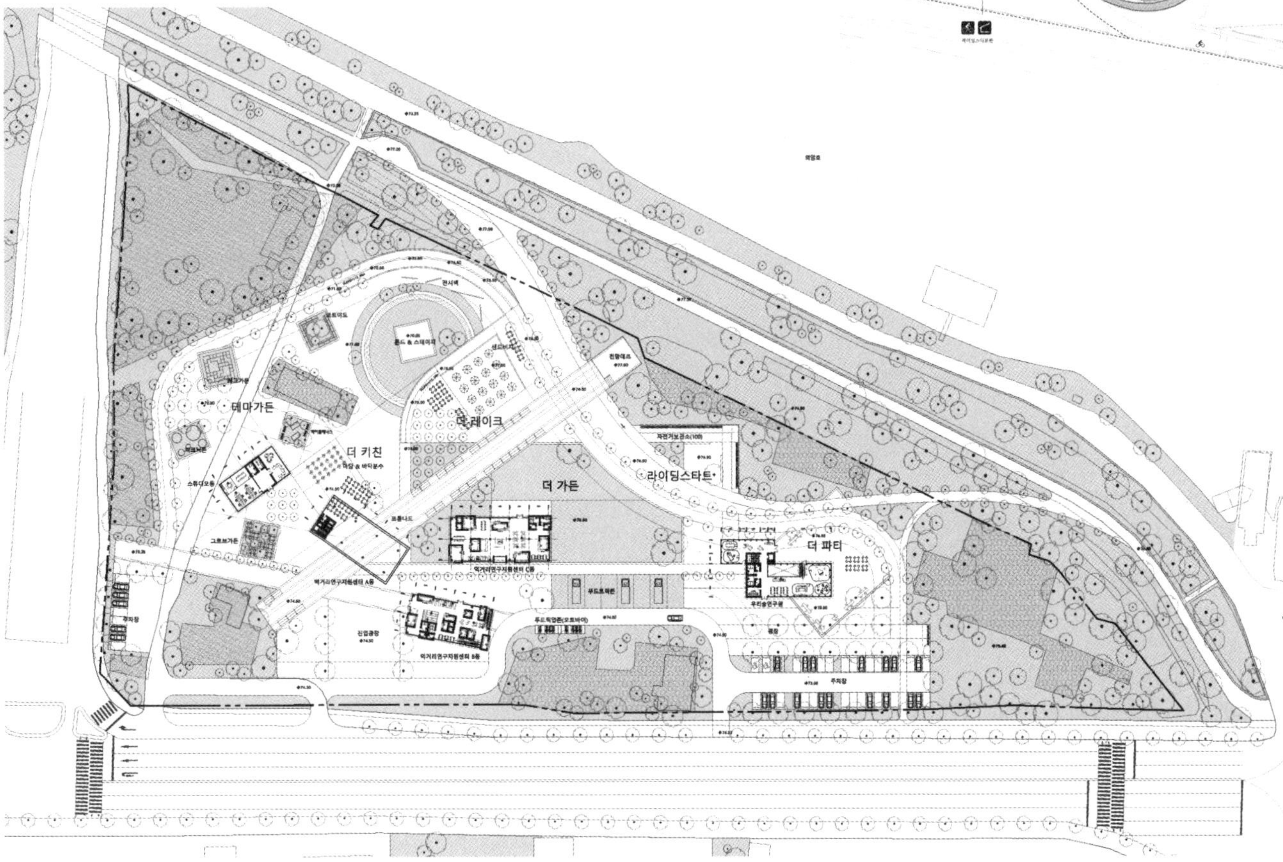

춘천먹거리 복합문화공간

춘천먹거리 복합문화공간은 춘천이 가지는 장소적 특수성과 빠르게 변하는 외식문화에 발 맞춰 시민들에게 다양한 먹거리 및 문화 전달을 목표한다. 분절된 매스들의 자유로운 배치 속에 각각의 매스는 다양한 방향으로부터의 접근을 수용하며, 주위 다양한 조경과 반응하여 공간의 확장과 다양성을 얻는다. 또한 내부적으로 흩뿌려진 창업매장은 자유로운 동선을 제시하며, 창업매장과 혼재된 로컬푸드직매장, 먹거리홍보관은 향토산업을 육성함과 동시에 다양한 식문화를 더욱 효과적으로 전달한다.

먹거리연구지원센터 A,B,C동 지상1층 평면도 1:300

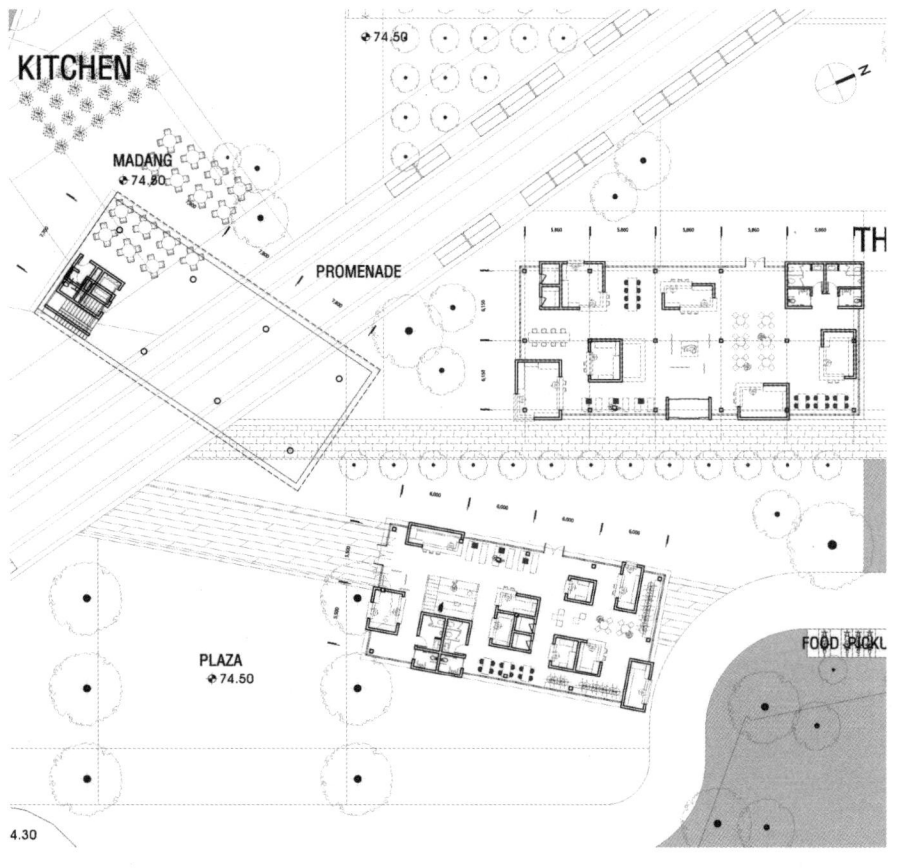

지원센터 지상1층 평면도 1:300

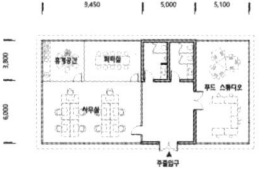

지원센터는 춘천먹거리 복합문화공간을 지원 및 관리하는 시설로서 춘천먹거리의 홍보 및 개발방향을 모색하며, 투명한 유리마감재를 통해 내외부의 소통을 돕고 즉각적인 피드백 반영을 계획한다.

먹거리연구지원센터 A동 지상2층 평면도 1:300

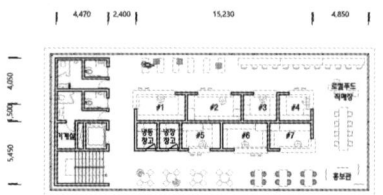

산책로 위로 부유한 매스는 또 다른 먹거리공간이자 전망대로서, 다양한 먹거리 제공과 동시에 춘천먹거리 복합문화공간의 다양한 자연환경을 담아내는 역할을 한다.

Chuncheon Food Complex Culture Space

우리술 연구원은 춘천의 지역술 개발을 목적으로 계획되었으며 로컬푸드와 결합되어 소비될 특색 있는 주류생산에 초점을 맞추고 있다. 이에 따라 지역술 개발을 위한 양조장 뿐만 아니라 시민들이 쉽게 이용할 수 있는 주류체험과 판매 및 전시를 담고 있으며, 예술, 영화, 놀이 등 다양한 테마의 공간과 함께 어우러져 자연스러운 주류 체험과 소비를 기획하였다.

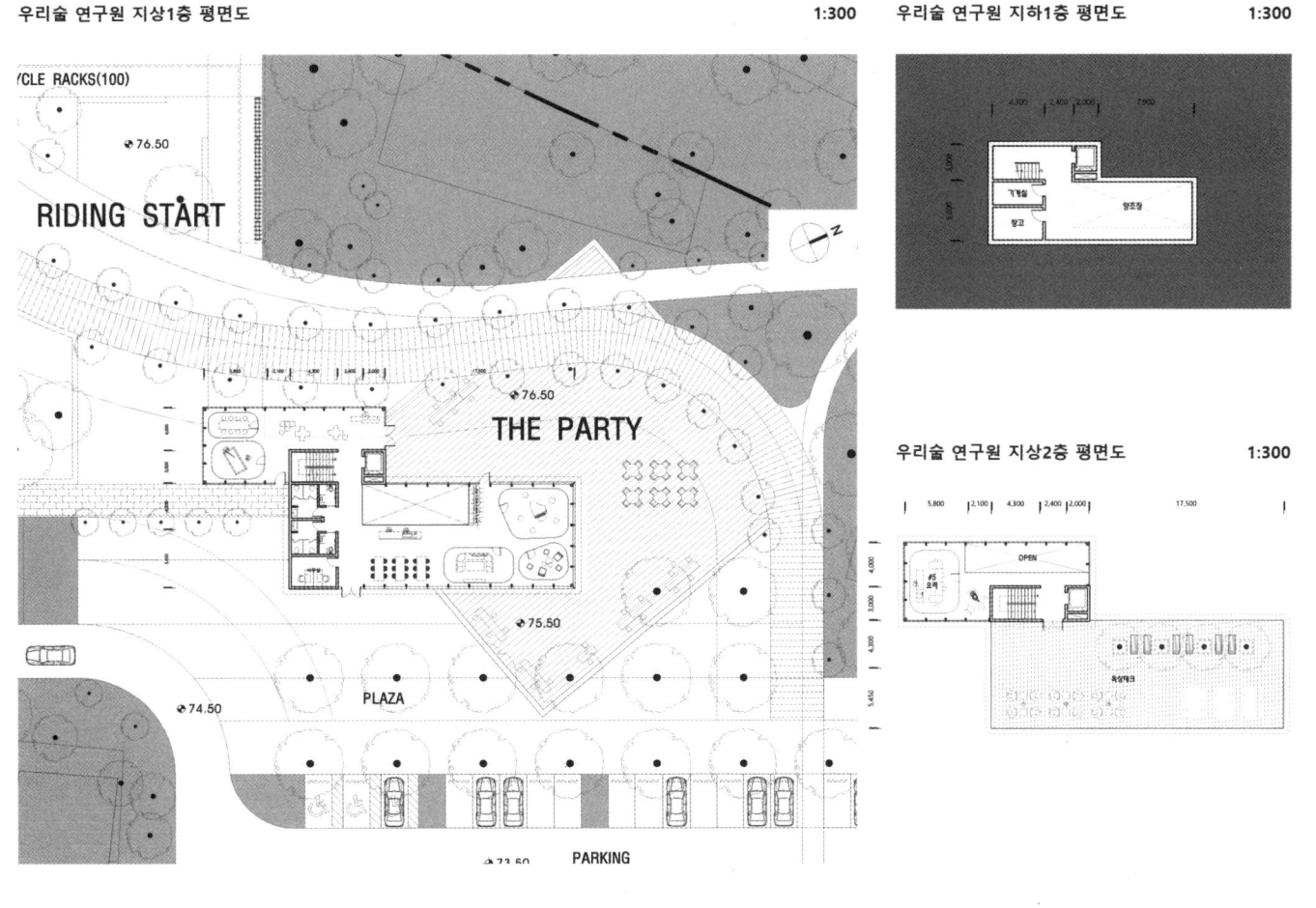

춘천먹거리 복합문화공간

유리입면을 뚫고 돌출된 매스는 외부에서도 손쉽게 먹거리를 즐길 수 있도록 돕는 매개역할을 하며, 이용자로 하여금 자연의 편안한 분위기 속에서 식문화를 즐기를 경험을 제공한다. 돌출부 매스의 마감에 이용된 조적벽돌은 다듬어지지 않은 자연과 조화를 이루고 재료 및 시공의 비용적 절감 측면에서 이점을 지닌다.

저층으로 구성된 시설들은 시민들의 접근 및 이용에 편의를 도모하며 주변환경에 묻혀 조화를 이룬다. 유리를 이용한 투명한 입면은 이용객의 시야를 열어주고 외부자연을 내부로 끌어들여 내부의 프로그램과 자연의 조화를 통해 이용자에게 색다른 경험을 제공한다. 또한 자연채광 및 환기 등 에너지 효율 측면에서 경제성을 갖췄다.

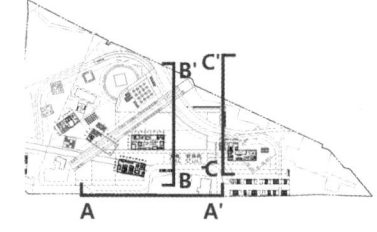

A - A' 입면도 1:500

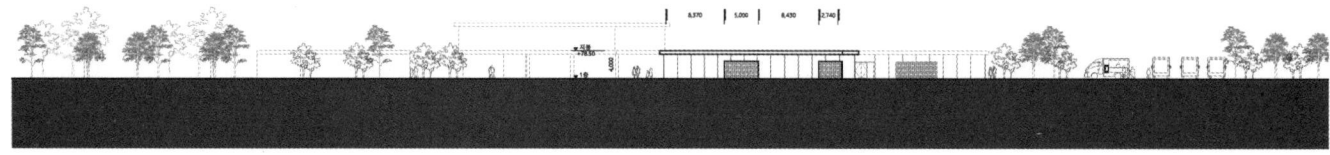

B - B' 입면도 1:500

C - C' 입면도 1:500

Chuncheon Food Complex Culture Space

호수를 향한 산책로 위를 따라 부유한 매스는 이용객의 동선을 고려함과 동시에 자연을 향해 시야를 열어주며 자연을 담는 프레임으로 작용한다. 단층의 매스들은 이용객의 접근성을 높이며 자연과의 원활한 교류를 도모하며, 단층의 매스들 속 복층 매스는 춘천먹거리 복합문화공간에 대한 새로운 시각을 제공한다.

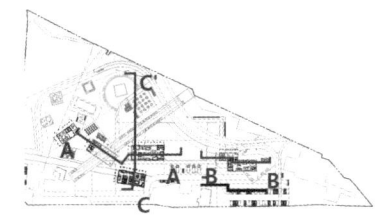

A - A' 단면도 1:500

B - B' 단면도 1:500

C - C' 단면도 1:500

춘천먹거리 복합문화공간

최우수작 (주)산이앤씨건축사사무소 한광호 + 스튜디오 도감 김남주, 지강일 + 스튜디오 MRDO 전진현 설계팀 이상헌, 김희옥, 강현욱, 염희선, 박상화(이상 산이앤씨)

대지위치 강원도 춘천시 근화동 154-7번지 일원 **대지면적** 26,414.00㎡ **건축면적** 2,183.37㎡ **연면적** 1,859.31㎡ **건폐율** 8.27% **용적률** 7.04% **규모** 지상 1층 **구조** 목구조 **외부마감** 금속지붕, 목재루버, 로이복층유리 **주차** 30대(장애인 주차 2대, 확장형 28대 포함)

춘천미각(春川味閣)

자연환경과 주변의 여러 시민문화 공간을 이어주는 역할이 기대되는 대상지는 지형 기복이 심하고 다리와 도로, 3m 높이의 제방에 둘러싸여 마치 섬과 같이 고립되어 있다. 본 제안은 이러한 지형적 한계를 지우기보다 적극적으로 활용하여 기존지형이 가진 가능성, 즉 다양한 높낮이에서의 경험과 조망을 대지에 정착시키고자 한다. 이를 위해, 기존지형을 뼈대로 삼아 춘천역에서 의암호에까지 이르는 주요 동선을 확보하고 여기에 두 동의 건물과 기존 지형을 활용한 외부공간 프로그램들이 뻗어나가도록 구성하였다. 이를 통해 하나의 유기적인 공간으로 엮이며, 또한 대상지 외부의 자연환경과 도시문화 공간들을 이어주는 매개체의 역할을 하게 된다.

음식, 경관, 다양한 외부공간이 어우러지는 먹거리 마을

먹거리 연구지원센터와 우리술연구원 건물은 춘천역과 의암호를 잇는 5m 레벨차의 기존 지형에서 동쪽으로 가지를 뻗듯 배치되었다. 지형의 고저 차로 동서 방향으로 조각나 있던 대상지는 두 건물로 인해 하나로 연결 된다. 두 건물은 여러 개의 프로그램 개체가 느슨하게 묶여 있는 형태이다. 교차하는 지붕과 옥상 데크, 내·외부를 자유롭게 넘나들 수 있는 동선을 제안한다.

두 개의 울타리, 느슨하게 묶인 다양한 프로그램

먹거리 연구지원센터는 여러 개의 개체들의 느슨한 배치를 통해 유연한 동선이 가능하도록 계획하였다. 획일적인 먹거리 문화를 지양하며 청년창업과 지역 협동조합 등의 시민 주도적 다양한 프로그램을 선보였다. 우리술 연구원은 전통주 빚는 과정과 전통주가 빚어지던 공간을 현대적으로 해석하여 공간과 함께 경험할 수 있도록 계획하였다.

Chun-Cheon-Mi-Gag

The project site is expected to function as a link between various public cultural spaces and nature. It has a rugged topography and looks like an isolated island surrounded by a bridge, roads and a 3m-high embankment. This proposal makes efficient use of such topographic conditions, rather than redefining them, to maximize the potential of the original land by providing different experiences and views at various levels throughout the site. To that end, the original topography is used as a framework to lay main pathways between Chuncheon Station and Uiamho Lake, and then two buildings and outdoor programs adapted to the original topography are positioned to expand through these pathways. Consequently, they will establish a single organic network and serve as a medium between urban cultural spaces and natural elements around the site.

A food village in which various foods, views and outdoor programs are interconnected

The research center and the liquor research laboratory are positioned as if they are putting out branches toward the east on the original topography with a 5m level difference, connecting Chuncheon Station and Uiamho Lake. The site used to be divided in the east-west direction by this difference in land elevation, but these two buildings connect the fragmented pieces as one. The buildings appear as if a number of programs are loosely bound. Intersecting roofs and rooftop decks are proposed in addition to pathways that make a free flow between inside and outside.

Two boundaries, loosely bound programs

The food research center is designed to have a flexible circulation system based on an arrangement plan by which a number of programs are loosely bound. It rejects to present a standardized food culture while offering various public-initiated programs for young entrepreneurs or local cooperatives. The liquor research laboratory is designed based on a contemporary interpretation of traditional liquors' making process and the places where they were brewed, and it turns them into a spatial experience.

2nd prize SAN E&C ARCHITECTS_Han Kwangho + STUDIO DOGAM _Kim Namjoo, Ji Kangil + STUDIO MRDO_Jun Jinhyun **Location** Chuncheon, Gangwon-do **Site area** 26,414.00m² **Building area** 2,183.37m² **Gross floor area** 1,859.31m² **Building coverage** 8.27% **Floor space index** 7.04% **Building scope** 1F **Structure** TC **Exterior finishing** Metal roofing, Wood louver, Low-E paired glass **Parking** 30 (including 2 for the disabled, 28 for extension type)

Chuncheon Food Complex Culture Space

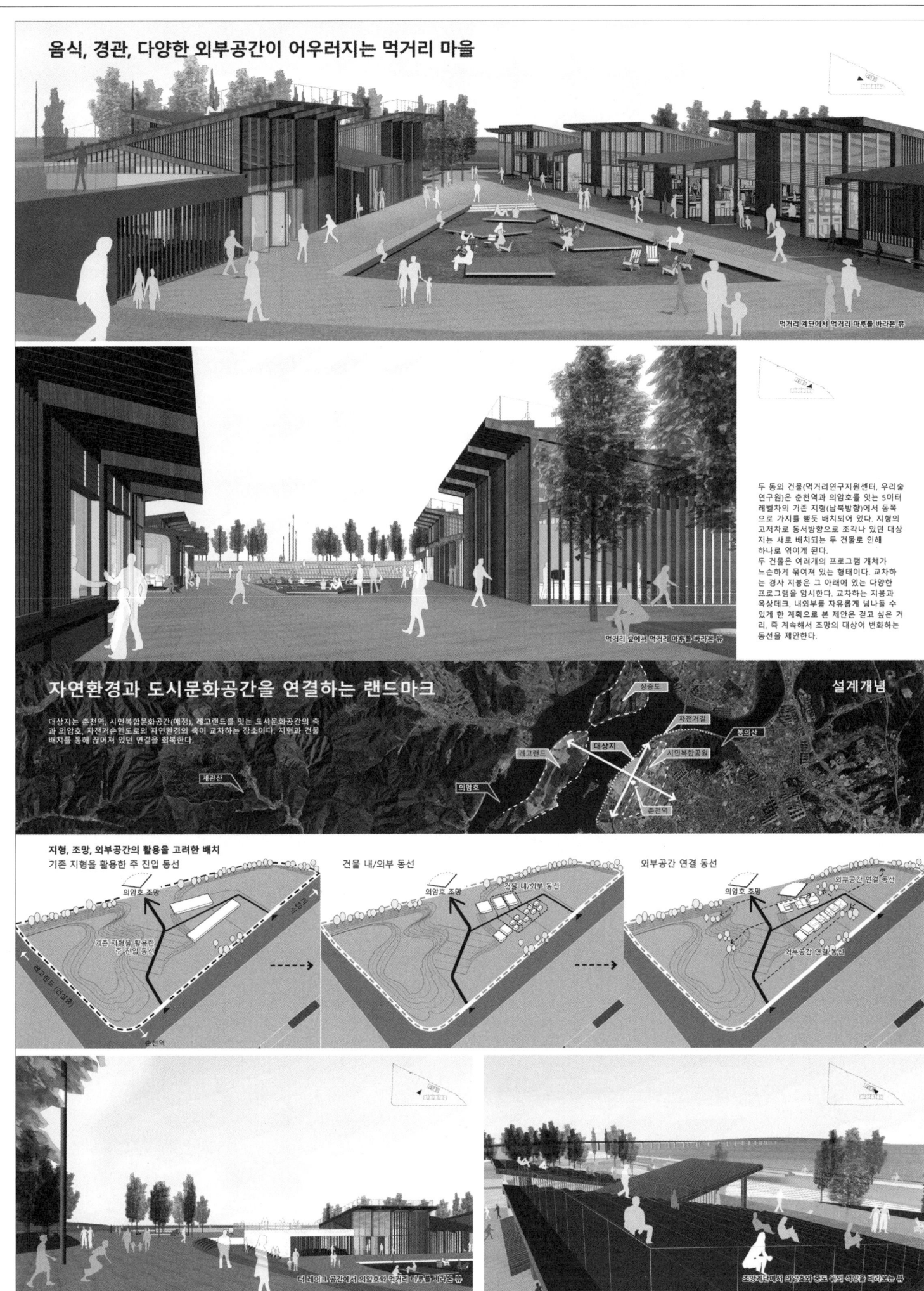

춘천먹거리 복합문화공간

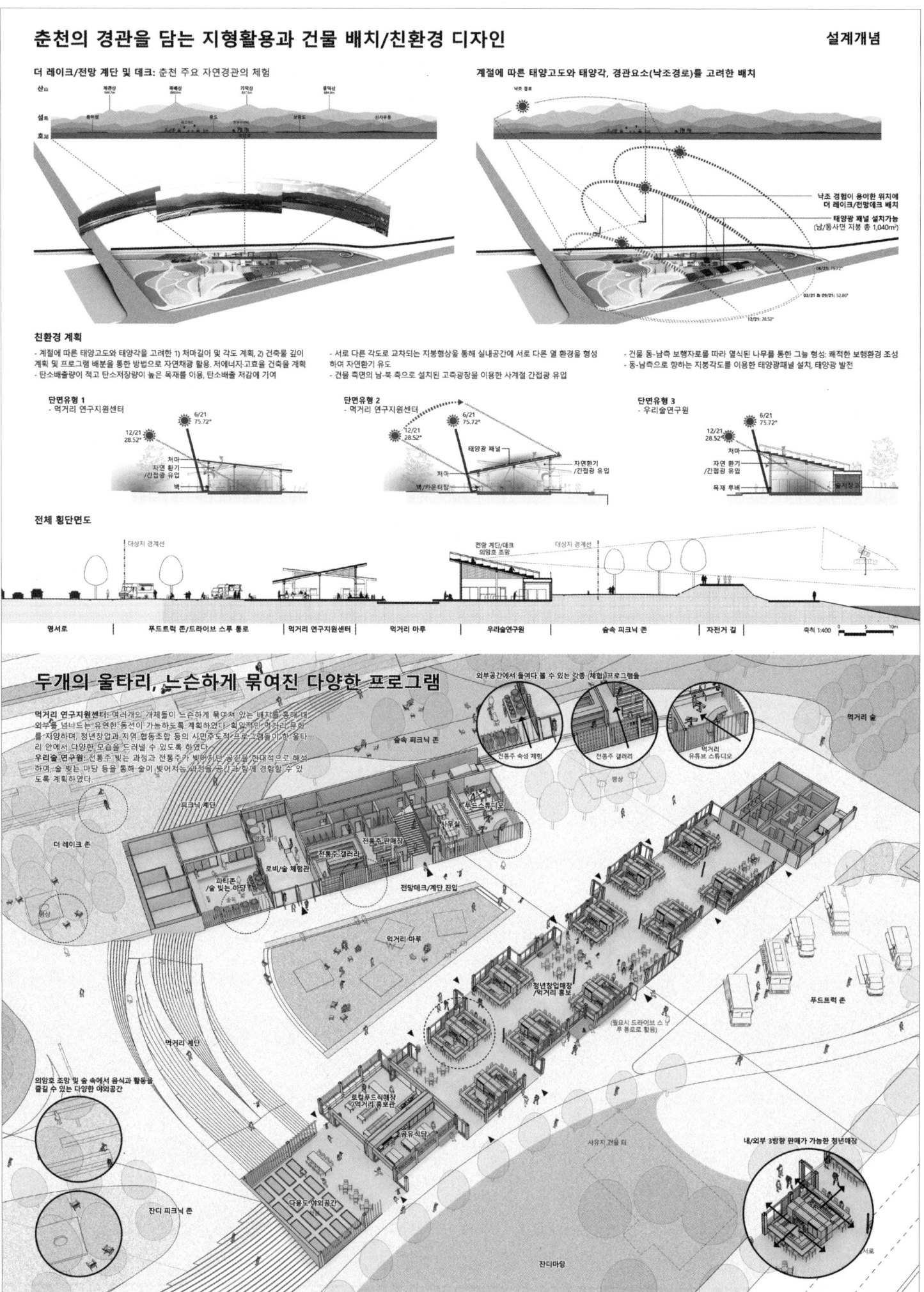

춘천먹거리 복합문화공간

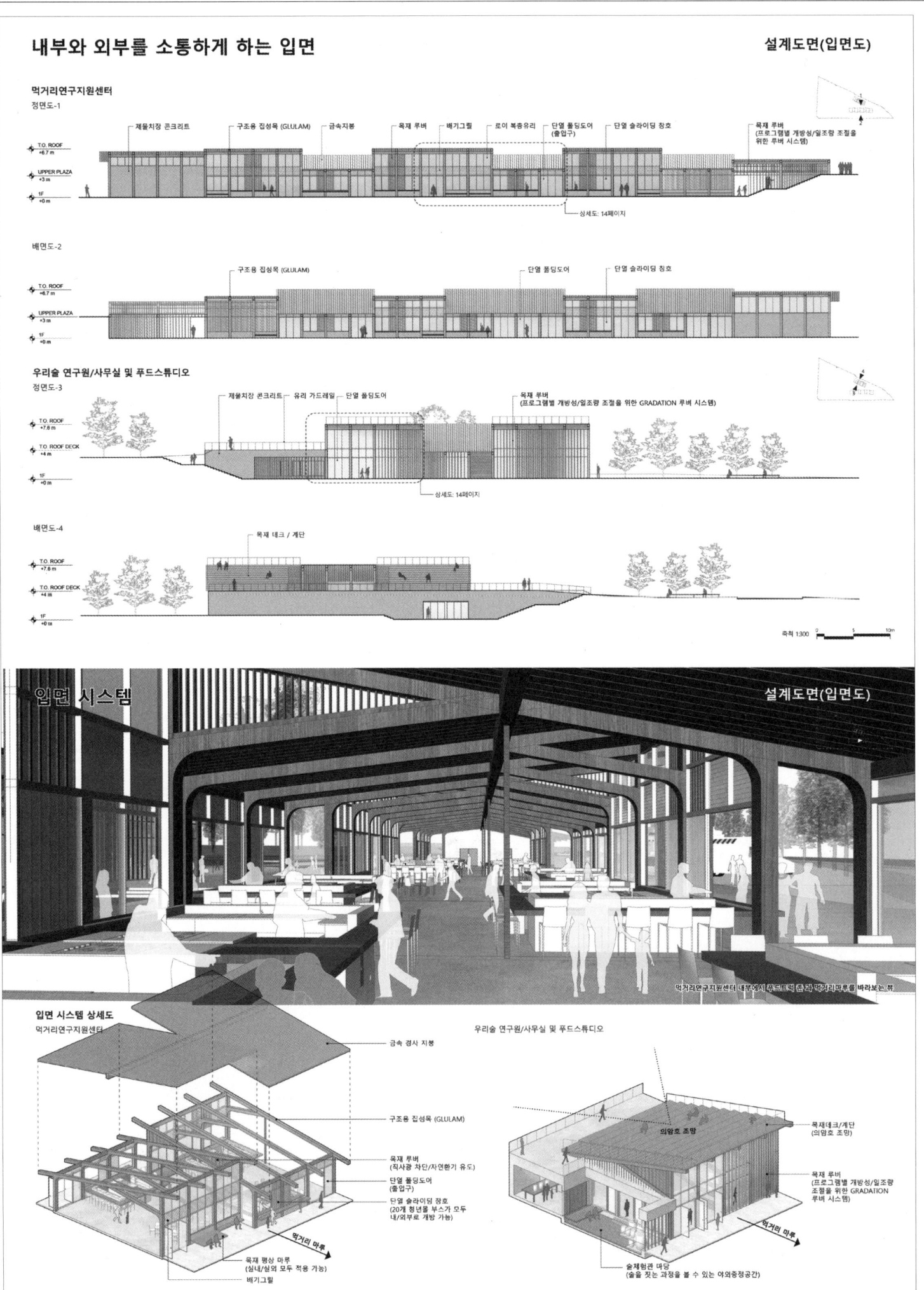

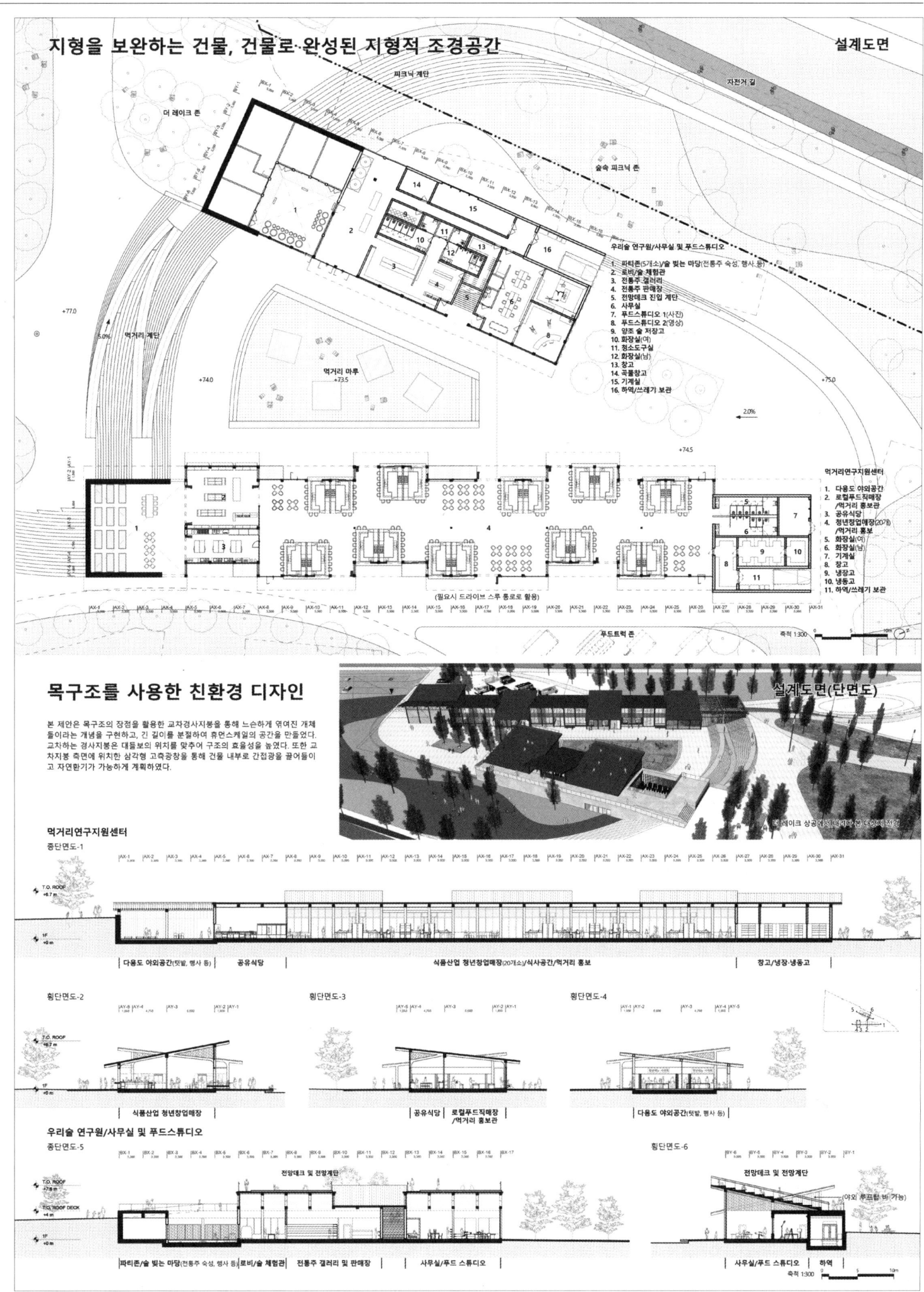

춘천먹거리 복합문화공간

가작 건축사사무소 에브리아키텍츠 강정은 설계팀 이지수, 김형진

대지위치 강원도 춘천시 근화동 154-7번지 일원 **대지면적** 26,414.00m² **건축면적** 1,809.80m² **연면적** 1,809.80m² **건폐율** 6.85% **용적률** 6.85% **규모** 지상 1층 **최고높이** 8.8m **구조** 목구조, 철골구조 **외부마감** 목재패널, 벽돌, 삼중유리, 징크, 펄프혼합지붕재 **주차** 47대(장애인 주차 4대 포함)

선형의 대지는 밴드마다 특징이 명확하게 구분되어, 대지를 이동하면서 다양한 중첩의 이미지를 경험할 수 있으며, 건물과 조경의 이분법적인 구성이 아닌 자연의 풍경에 이질감 없이 자연스럽게 녹아드는 건물을 배치하였다.

각각의 선형 대지 밴드는 장소적 특징을 지닌다. 식재, 경작, 수변공간, 재료, 외부활동 프로그램에 의해 외부의 장소들이 결정되고, 건축의 프로그램 또한 판매, 홍보, 체험, 여가의 밴드로 구성되며 조경과 유기적으로 결합하여 단지 전체를 아우르는 다양성의 중첩공간을 만든다. 건축은 특별한 개성 강한 디자인이 아닌 건물의 유형을 설정하고 내-외부의 공간의 특성과 관계 맺음에 따라 열린 공간-닫힌 공간, 높은 공간-낮은 공간 등 여러 조합을 통해 다양한 활동들을 수용 가능하게 한다. 춘천먹거리 복합문화공간의 선형대지는 다양성·중첩·어울림의 공간이며, 상황에 따라 유연한 대처가 가능하여 프로그램을 담는 건축 내부공간과 그 확장인 외부공간을 자연스럽게 연결하고, 자연+농사+먹거리+ 체험+레저+여가+휴식의 장이 되도록 한다. 모든 프로그램은 체험을 기본으로 하여 사람들이 텃밭을 일구고, 요리로 만들어 먹고, 유기농 제품을 구입하고, 그와 관련된 식·음의 정보를 얻는다. 피크닉을 위한 여가활동의 야외공간으로, 건강한 웰빙의 삶을 위한 체험마당의 장으로 활용될 것을 제안한다. 풍경은 자연스러운 어울림으로 기억될 것이고 대상지가 단순한 먹거리를 위한 이벤트의 공간이 아닌 자연을 즐길 수 있는 일상의 공간으로 자리 잡게 할 것이다.

Each band of the project site with a linear shape has a distinct characteristic. While traveling through the site, people can encounter various images of accumulation. The building and the landscape design are arranged not in a dichotomous manner but in a way that they can blend in with the natural environment.

Each linear band has a different sense of place. Outdoor spaces are defined by a plant, farm, waterfront, material or outdoor activity program. Architectural programs are composed of different bands for sales, promotion, experience or leisure. Through an organic combination with the landscape design, they create diverse overlapped spaces that integrate the whole complex. The proposed building promotes its architectural typology rather than presenting a very intriguing design. The nature of a space inside or outside and their relationships are translated into various combinations such as an open space with a closed one and a high-ceilinged space with a low-ceilinged one so that various activities can take place. The linear project site is a place for diversity, overlap and interaction. It can make a flexible response according to a given situation, which allows the building's program-filled interior space to establish a seamless connection with the outdoor area, an extension of the interior. Consequently, the whole complex turns into a place for nature, farming, food, experience, leisure, recreation and relaxation. Basically, every program is experiential; people can tend a vegetable garden, make a dish with vegetables fresh from the garden, buy organic products and gain relevant information on eating and drinking. The proposal aims to introduce an outdoor space for picnic and other recreational activities and an experiential platform that promotes healthy and well-being life. The scenery will be remembered with its natural and harmonious presence. And the site will become an every-day space for communing with nature, rather than an event space just for enjoying food and drink.

Honorable mention everyarchitects_Kang Jungeun **Location** Chuncheon, Gangwon-do **Site area** 26,414.00m² **Building area** 1,809.80m² **Gross floor area** 1,809.80m² **Building coverage** 8.27% **Floor space index** 7.04% **Building scope** 1F **Structure** TC, SC **Exterior finishing** Wood panel, Brick, Triple glass, Zinc, Pulp mixed roofing **Parking** 47 (including 4 for the disabled)

Chuncheon Food Complex Culture Space

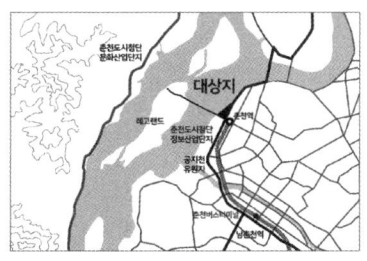

대상지는 춘천역과 의암호 사이에 있으며, 주변에 춘천 도시첨단 정보산업 단지와 레고랜드가 들어설 예정이다. 훌륭한 자연경관을 가진 위치임에도 불구하고 자연과는 상관없는 프로그램들이 주변에 이웃하여 들어설 예정이다.

대상지의 위치

잔잔한 강 + 비포장의 자연스러운 강변로 + 뚝방길의 자전거도로 + 그 주변의 가로수는 대지의 특징적인 랜드스케이프 만들고 있었고 이런 자연적인 흐름이 대지로 연장되길 바라면서 리니어한 조경으로 대지를 재해석하게 되었다.

대지의 해석

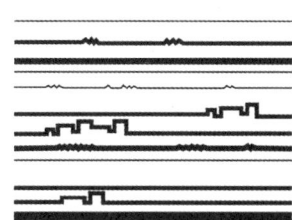

선형의 대지는 각 밴드마다 특징이 명확하게 구분되어, 대지를 이동하면서 다양한 중첩의 이미지를 경험 할 수 있으며, 건물과 조경의 이분법적인 구성이 아닌 자연의 풍경에 이질감없이 자연스레 녹아드는 건물을 배치할 수 있다.

선형대지의 가능성

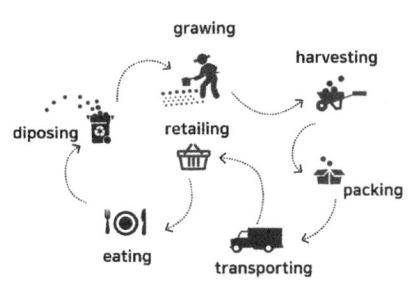

먹거리는 이미 식문화로 자리매김하여 맛에 대한 미감을 자극하는 것에서 나아가 좋은 먹거리에 대한 선호로 발전하고 있다. 이런 개념은 이제 로컬푸드, 푸드마일리지의 개념으로 정착되어 삶에 대한 웰빙문화로 확장되었다.

먹거리 문화

먹는재료를 직접 재배하고 가꾸고 먹는 싸이클에서 나아가 노동에 대한 가치를 새롭게 부여하고 심리적 안정감을 주는 삶에 여유로움을 선사한다. 단순히 먹는 행위에서 자연체험을 위한 외부공간과의 연계는 식문화의 나아갈 방향이다.

먹거리 문화 = 웰빙문화

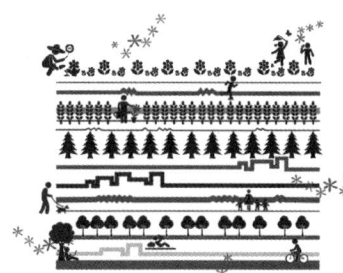

자연을 보고, 듣고, 냄새맡고, 만지고 느끼게 되는 외부공간과 이를 삶과 연결시키는 행위가 일어나는 내부공간은 그 다양함을 선형대지안에서 구현하게 될 것이고, 이를 경험하는 사람들에게 일상을 영위 할 삶의 활력을 주게 된다.

도시농업+먹거리+여가+선형대지+조경+건물

설 계 개 념

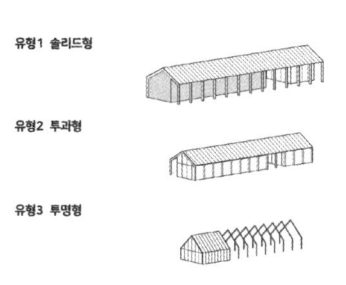

유형1 솔리드형
- 솔리드형 : 철골프레임+벽돌
- 내부프로그램 집중
- 판매용 : 로컬푸드직매장

유형2 투과형
- 투과형 : 철골프레임+유리커튼월
- 외부개방 및 시각적 확장방식
- 홍보/판매용 : 식품산업청년창업매장, 사무실

유형3 투명형
- 투명형 : 철골프레임+유리커튼월
- 내외부 시각적 연결 방식
- 전시/식재용 : 온실

유형4 집중형
- 집중형 : 목구조지붕+벽돌+고측창
- 내부프로그램 집중, 자연친화방식
- 전시/활동지원용 : 먹거리홍보관, 술체험관, 술갤러리

유형5 개방형
- 개방형 : 목구조지붕+벽돌
- 내부 및 외부공간체험공간의 확장방식
- 푸드스튜디오

유형6 외부활용형
- 외부활용형 : 루프탑+유리커튼월
- 공간 직접 연결방식
- 파티존, 모임마당

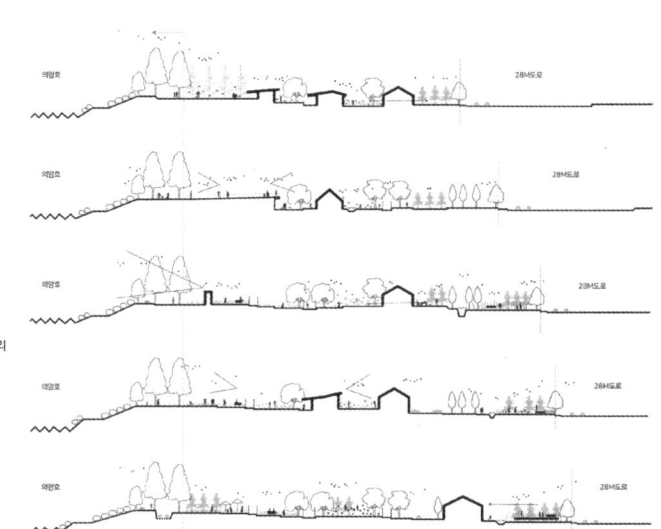

선형대지안에서 건물은 기존의 대지가 갖고 있는 지형에 따라 자연스럽게 배치하고, 사람들이 자연과 함께 어울어지는 풍경속에 거부감이 없는 형태와 스케일로 대지 곳곳에서 마주치게 될 것이다. 이를 위한 건축은 특별한 개성 강한 디자인이 아닌 건물의 유형을 설정하고 내·외부의 공간의 특성과 관계맺음에 따라 열린공간-닫힌공간, 높은공간-낮은공간등 여러 조합을 통해 다양한 활동들을 수용가능하게 한다.

떡갈나무길

푸드스튜디오

건 축 디 자 인 개 념

춘천먹거리 복합문화공간

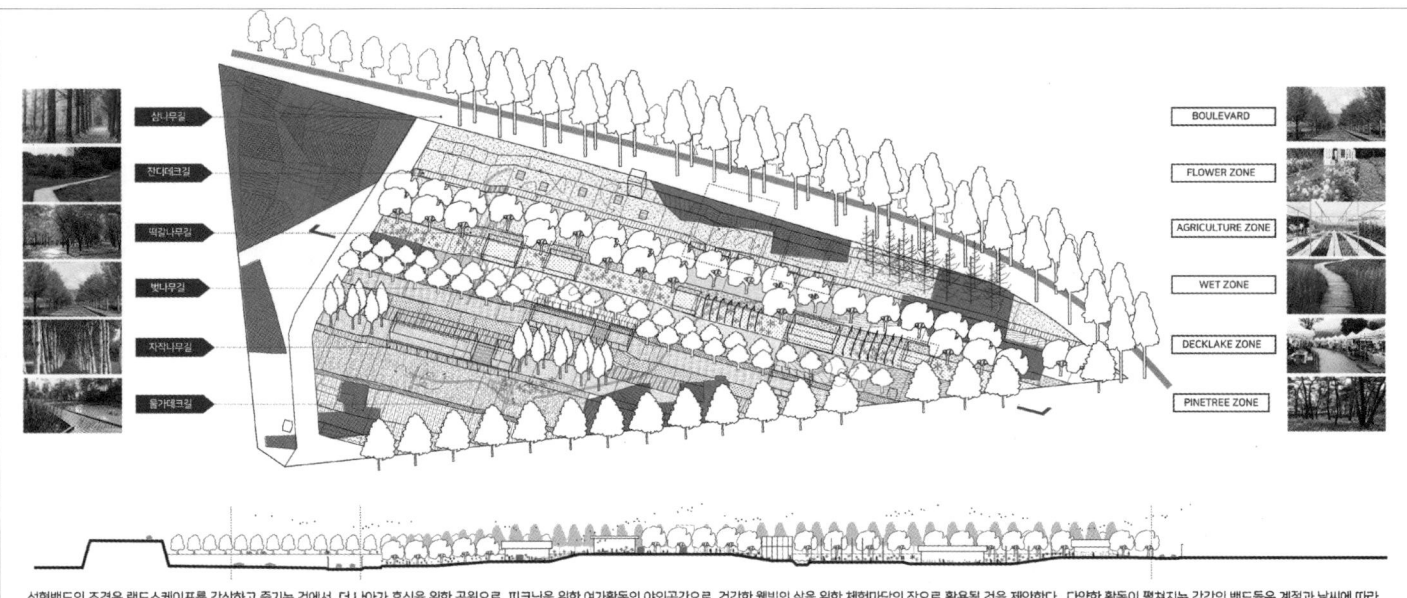

선형밴드의 조경은 랜드스케이프를 감상하고 즐기는 것에서 더 나아가 휴식을 위한 공원으로, 피크닉을 위한 여가활동의 야외공간으로, 건강한 웰빙의 삶을 위한 체험마당의 장으로 활용될 것을 제안한다. 다양한 활동이 펼쳐지는 각각의 밴드들은 계절과 날씨에 따라, 이용하는 사람들의 행위에 따라 각자 독특한 개성을 지니게 될 테지만, 이를 모아놓은 중첩된 풍경은 자연스러운 어울림으로 기억될 것이고 대상지가 단순한 먹거리를 위한 이벤트의 공간이 아닌 자연을 즐길 수 있는 일상의 공간으로 자리잡게 할 것이다.

랜드스케이프

파티존 루프탑

플라워존

조경 디자인 개념

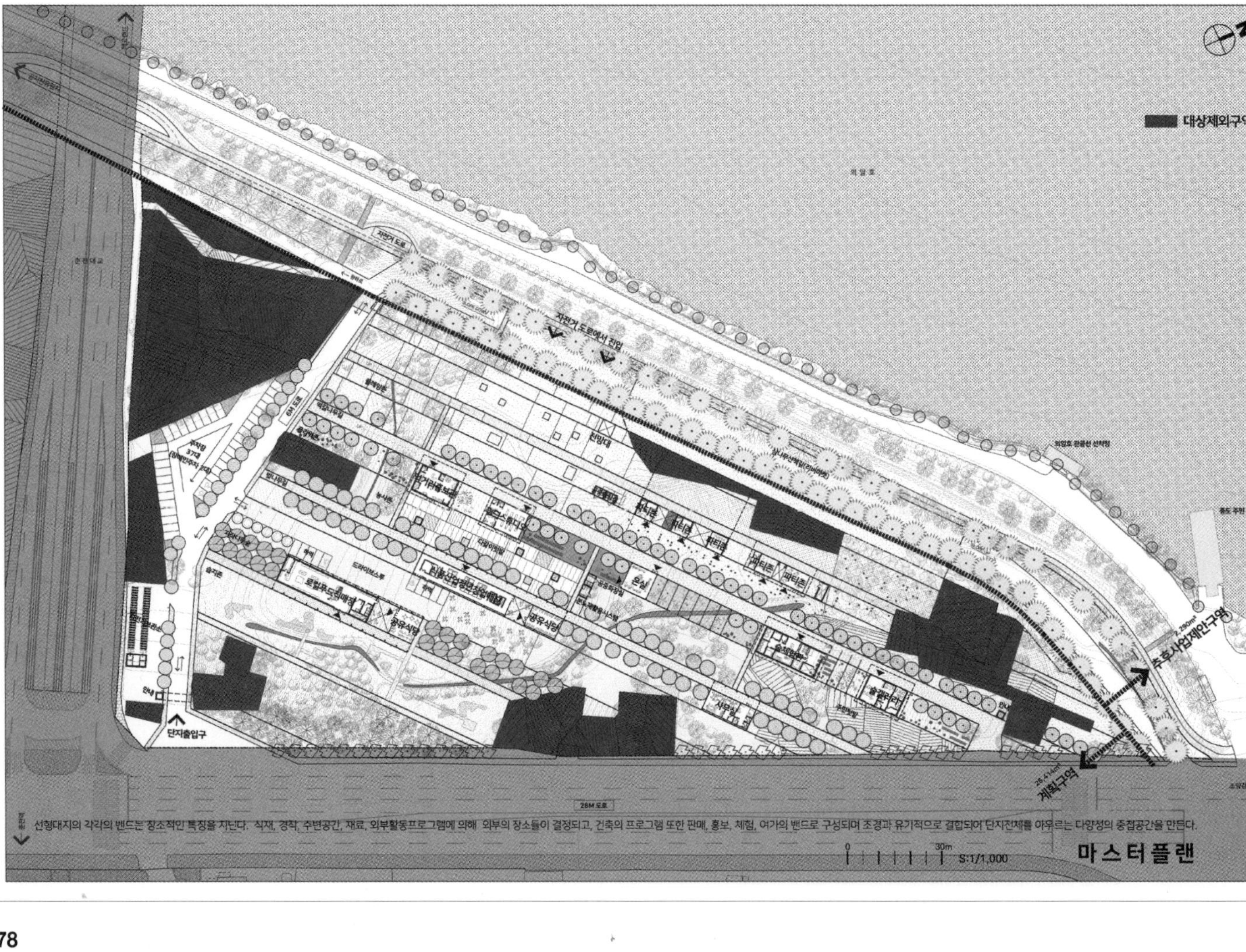

선형대지의 각각의 밴드는 장소적인 특징을 지닌다. 식재, 경작, 수변공간, 재료, 외부활동프로그램에 의해 외부의 장소들이 결정되고, 건축의 프로그램 또한 판매, 홍보, 체험, 여가의 밴드로 구성되어 조경과 유기적으로 결합되어 단지전체를 아우르는 다양성의 중첩공간들을 만든다.

마스터플랜

S:1/1,000

Chuncheon Food Complex Culture Space

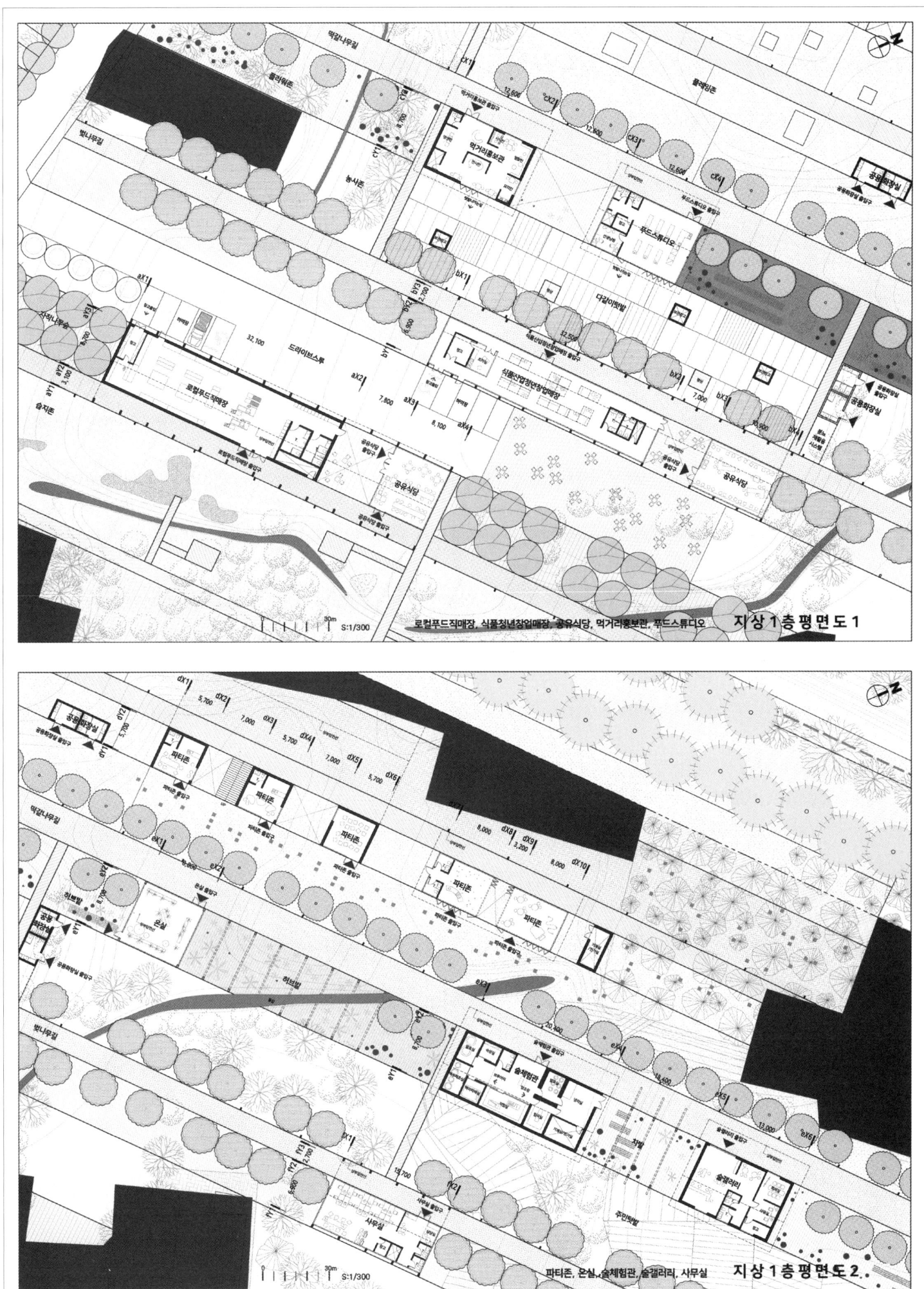

춘천먹거리 복합문화공간

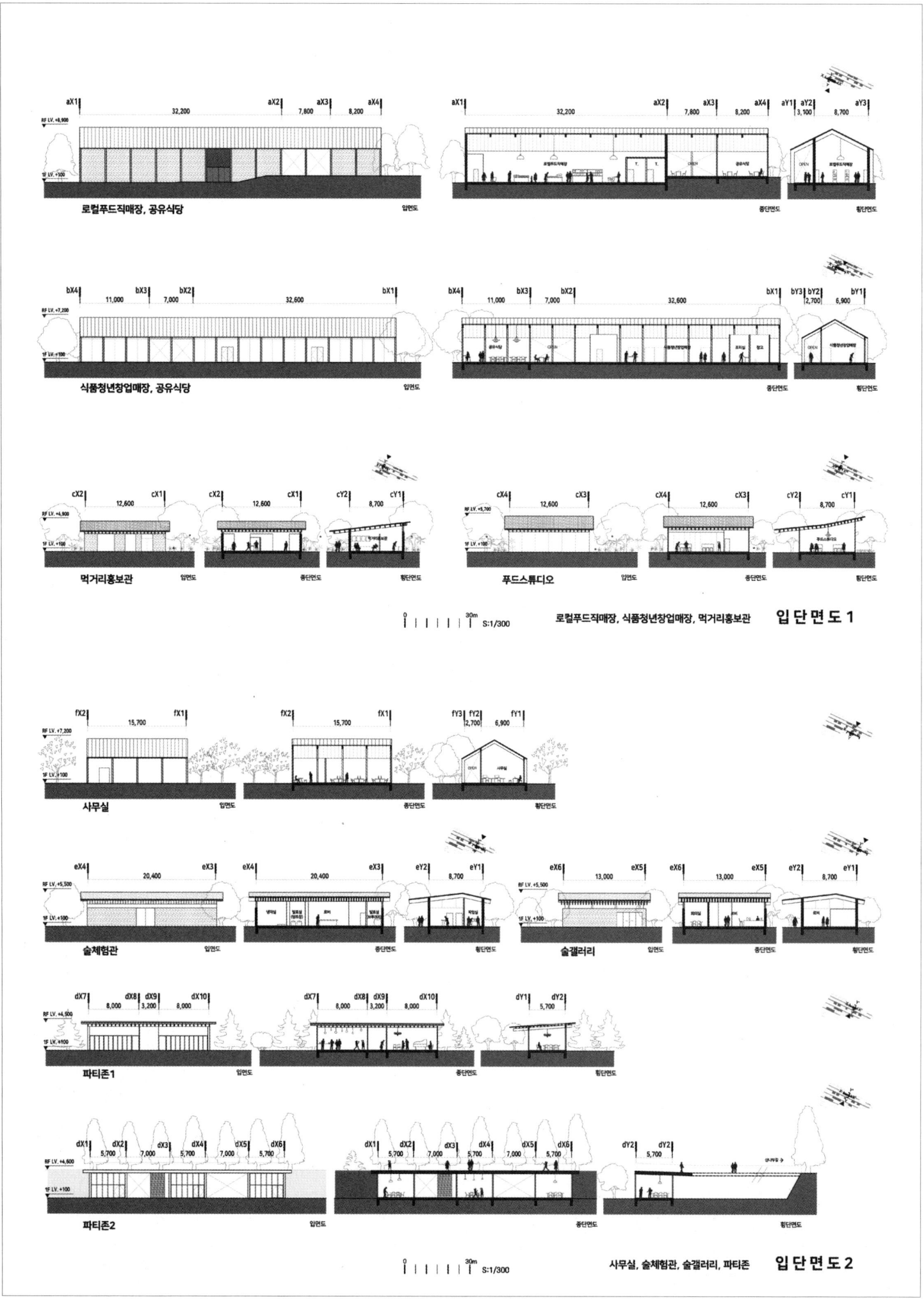

입단면도 1

입단면도 2

Chuncheon Food Complex Culture Space

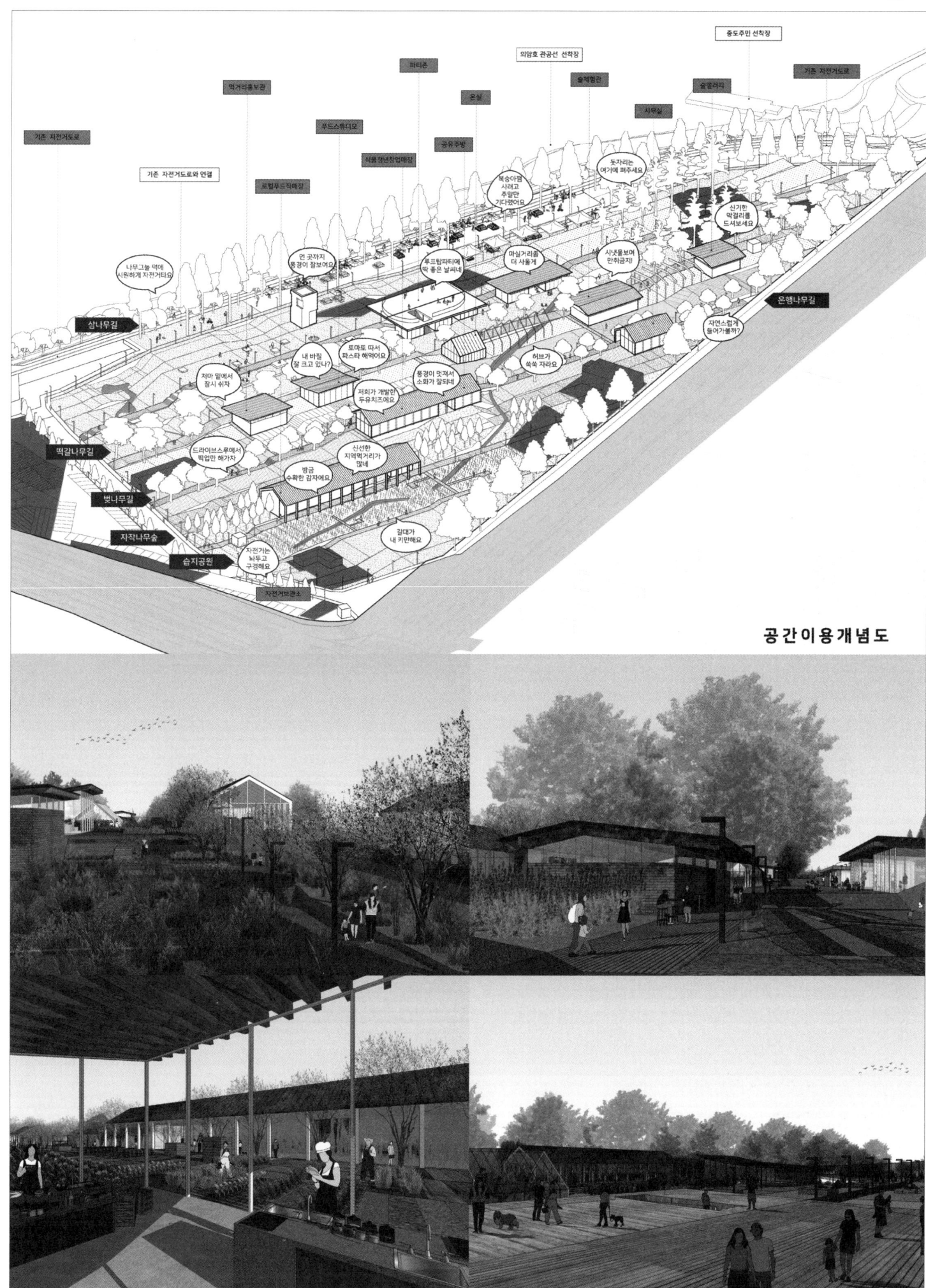

공간이용개념도

여수시립박물관

당선작 (주)아이에스피건축사사무소 이주경 + (주)인테크디자인 최광일 설계팀 고민규, 국동환, 임상균, 박준영(이상 아이에스피)

대지위치 전라남도 여수시 웅천동 1865-1번지 **대지면적** 33,000.00㎡ **건축면적** 7,220.21㎡ **연면적** 6,669.50㎡ **건폐율** 2.15% **용적률** 1.99% **규모** 지상 1층 **최고높이** 9m **구조** 철골조, 철근콘크리트조 **외부마감** 석재, 로이복층유리, 콘크리트 디자인블럭 **주차** 39대

麗水누리
여수의 신도심 웅천동에 위치한 웅천근린공원의 기능은 시립박물관 건립으로 새롭게 다시 태어난다. 자연과 함께 흘러가는 산책길 위에 역사적 장소로 열린 전시공간은 관람객과 공간, 역사가 마주하는 새로운 장소성을 제공 함으로써 여수의 역사와 수려한 자연을 한곳에서 누리는 새로운 박물관의 개념을 선사하고자 한다.

시간을 초월한 흐름
여수시립박물관의 형태적 콘셉트는 시간을 초월한 흐름(Timeless Wave)이다. 세월의 흐름에 따라 적층된 레이어와 그 단면이 보여주는 곡선은 여수의 정체성이자 역사의 연속성을 나타낸다. 필연적으로 만들어진 자연스러운 물결을 따라 걷는 공원 산책로는 역사의 가로(History Street)가 되어 공간과 장소, 시간을 통합한다.

설계방향
대지에 자연의 요소들을 관입시켜 내외부와 관계를 맺고 조화를 이루고자 한다. 기존 공원의 산책로 등의 질서에 순응하는 형태로 내외부 공간과 연계되고, 이 흐름을 따라 전시 동선과 연결된다. 또한 전시 관람 동선 곳곳에 역사적 장소를 향에 열려있는 뷰포인트를 조성해 정보 전달의 목적과 살아있는 현장감을 부여하는 매개공간을 계획하였다.

Yeo-Su-Nu-Ri
The function of Ungcheon Park in Ungcheon-dong, which belongs to the new downtown of Yeosu, will be redefined, with the construction of the new museum. Opening itself to a historic place on a walkway making one flow with nature, the exhibition space creates a new sense of place through which visitors, space and history come to face each other. And by doing so, it presents a new type of museum where visitors can enjoy the history and beautiful nature of Yeosu at one place.

Timeless Wave
The new museum's building form is designed under the concept of 'Timeless Wave'. Accumulated layers formed over the passage of time and curves shown in their section symbolize the identity of Yeosu and the continuity of history. Promenades running along inevitably made natural waves integrate space, place and time as History Street.

Design direction
Natural elements are inserted across the project site to establish a relationship with indoor and outdoor spaces and make harmony with them. They are connected with indoor and outdoor programs in a way to follow the order of existing park walkways. And through this flow, they eventually join exhibition routes. Also, viewpoints open to a historic place are formed throughout the exhibition routes. They serve as a medium to deliver information and give a vivid sense of realism.

Prize winner ISP Architect & Engineering_Lee Jookyoung + INTECH DESIGN_Choi Gwangil **Location** 1865-1, Ungcheon-dong, Yeosu, Jeollanam-do **Site area** 33,000.00m² **Building area** 7,220.21m² **Gross floor area** 6,669.50m² **Building coverage** 2.15% **Floor space index** 1.99% **Building scope** 1F **Height** 9m **Structure** SC, RC **Exterior finishing** Stone, Low-E paired glass, Concrete design block **Parking** 39

Design Direction _설계기본방향

설계기본방향 | 기본계획 |

대지에 자연의 요소들을 관입시켜 내·외부와 관계를 맺고 조화를 이루고자 한다. 기존 공원의 산책로 등의 질서에 순응하는 형태로 내외부공간과 연계되고,
이 흐름을 따라 전시동선과 연결된다. 또한 전시 관람 동선 곳곳에 역사적 장소를 향해 열려있는 뷰포인트를 조성해 정보 전달의 목적과 살아있는 현장감을 부여하는 매개공간을 계획하였다.

NATURAL SPACE

자연과 하나되는 건강한 힐링공간

자연친화형 전시공간을 제공하는 친환경박물관

- 전시동선 및 실내/외에 배치된 수공간, 전시공간, 테라스 및 휴게데크는 적극적인 자연의 관입으로 하여금 실내와 실외의 경계를 모호하게 하는 공간 연출
- 이동하는 동안 사념의 환기를 도우며 도시와 이격된 정적 공간감 형성.

NATURE INTRUTION _ 자연의 관입

- 전시동선 중 전시관 사이를 연결하는 전이공간으로 활용
- 외부공간의 적극적인 실내유입으로 역사전시와 어울리는 자연적 분위기 재현
- 상징적 수공간 계획으로 배면돌산과 어우러진 박물관의 정체성을 갖는 공간계획

PARK MUSEUM

웅천공원과 한데 어울어지는 파크뮤지엄

공원의 질서에 순응하는 형태 및 외부공간의 형성

- 기존 웅천근린공원의 맥락에 이질감 없이 스며들며, 공원전체의 마스터플랜에 순응하는 파크뮤지엄으로 계획
- 박물관 방문객뿐만 아니라 공원이용자 등 대중의 편의도 함께 고려

OUTDOOR NARRATIVE _ 외부공간의 전개

- 기존공원의 산책로를 보존하고 이용하여, 전시동선과 흐름이 이어지도록 계획
- 무대광장과 분수광장을 연결하는 가장 강한 축은 다양한 컨텐츠를 갖도록 계획
- 공원방문객이 머무를 수 있는 휴식 및 소규모 이벤트/전시공간 계획

TIME TRAVEL

과거와 현재, 미래를 연결하는 매개공간

여수역사 유적지와 시각적 연계

- 전시동선을 따라 산재된 뷰포인트는 외부공간과 소통하는 전이공간이기도 하지만 역사적 장소를 향해 오픈됨으로써 여수역사와 관련된 정보를 보다 직관적으로 전달함으로써 박물관의 사회/교육적 기능확대

OPEN TO THE HISTORY _ 역사적장소를 향해 오픈

- 배면돌산의 봉수대 조형물과 항일독립운동 기념탑을 비롯하여 인근의 이충무공 자당기거지, 진남관, 선소유적, 봉화터 등 역사적 장소를 향해 열린공간구성으로 살아있는 현장감 부여

Master Plan _배치계획

배치계획 | 건축계획 |

기존시설과의 동선계획을 고려한 합리적 배치계획과 여수시립박물관의 특성을 보여주는 테마형 외부영역

배치도

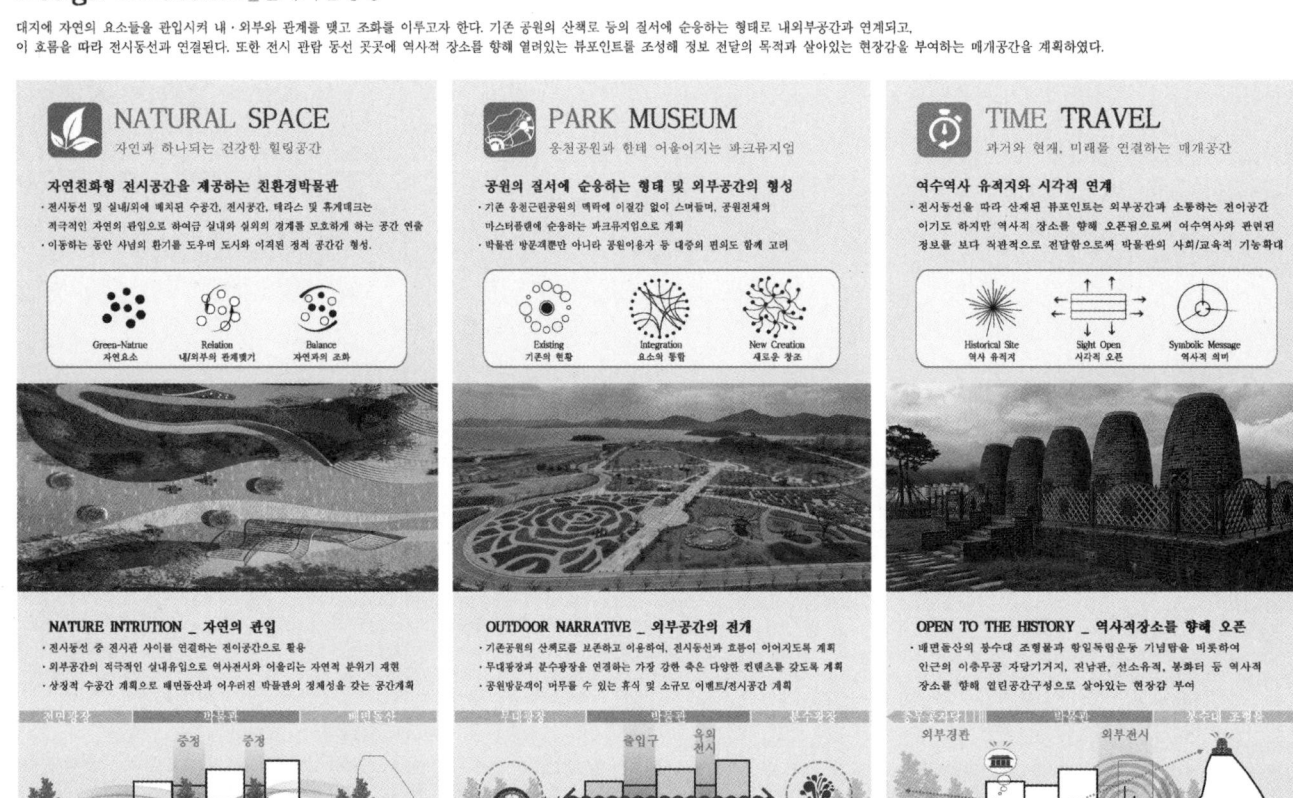

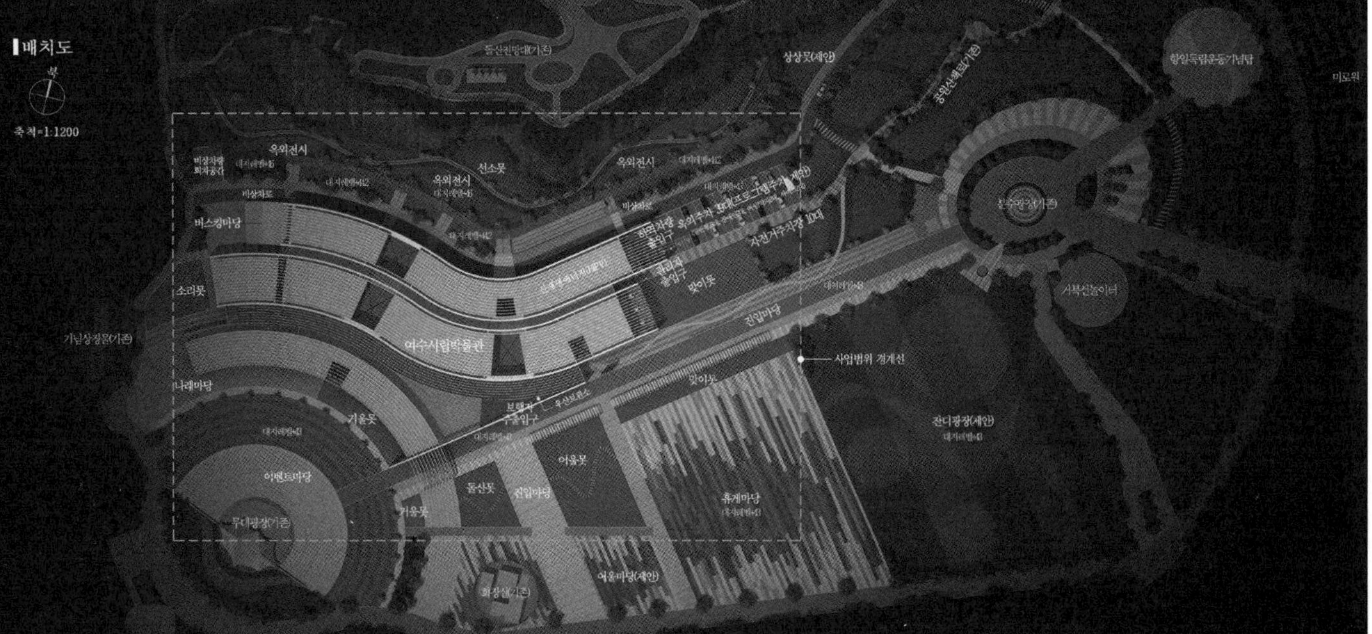

주변환경에 조화로운 배치
ADAPTATION (순응)

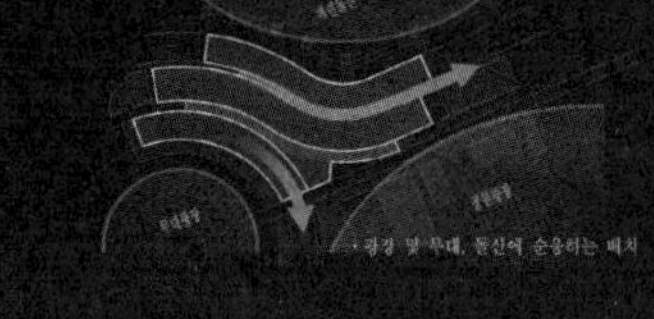

· 광장 및 무대, 돌산에 순응하는 배치

이용자 접근과 정면성 고려
FRONTALITY (정면성)

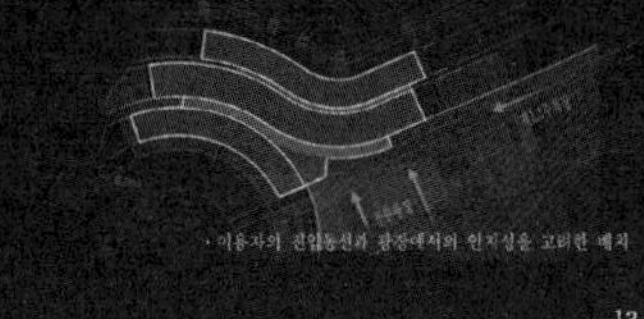

· 이용자의 진입동선과 광장에서의 인지성을 고려한 배치

기존의 맥락 존중
CONSERVATION (보존)

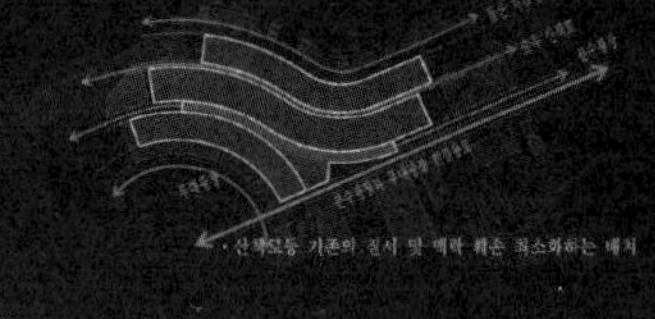

· 산책로등 기존의 질서 및 맥락 훼손 최소화하는 배치

다양한 외부공간의 형성
OUTSIDE-SPACE (외부공간)

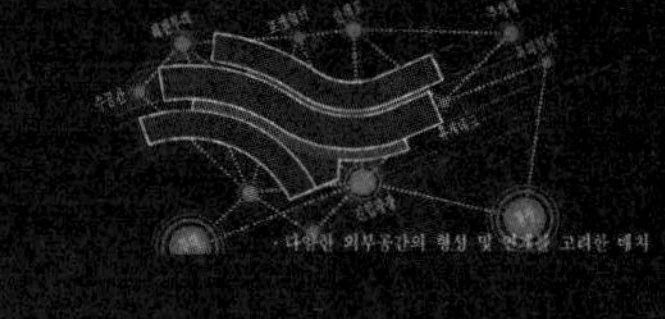

· 다양한 외부공간의 형성 및 연계를 고려한 배치

-13-

Concept _평면컨셉

평면컨셉 | 건축계획 |

Circulation Plan _ 분야별 동선계획

상설전시 Permanent Exhibition
시간의 순서에 따른 여수역사 상설전시 관람동선

기획전시 Temporary Exhibition
독립적 운영이 가능하며 세미나실을 겸비한 기획전시

어린이박물관 KIZ Exhibition
다양하게 광장과 관계맺는 어린이박물관 조닝

사무/수장 Office & Storage
효율적인 관리를 고려한 하역/수장 및 근무자 동선

CONCOURSE _콘코스(역사의 거리)

역사의 거리 HISTORY STREET
다양한 컨텐츠와 유기적으로 연결되는 히스토리몰

ISOMETRIC _아이소메트릭

PERSPECTIVE _투시도

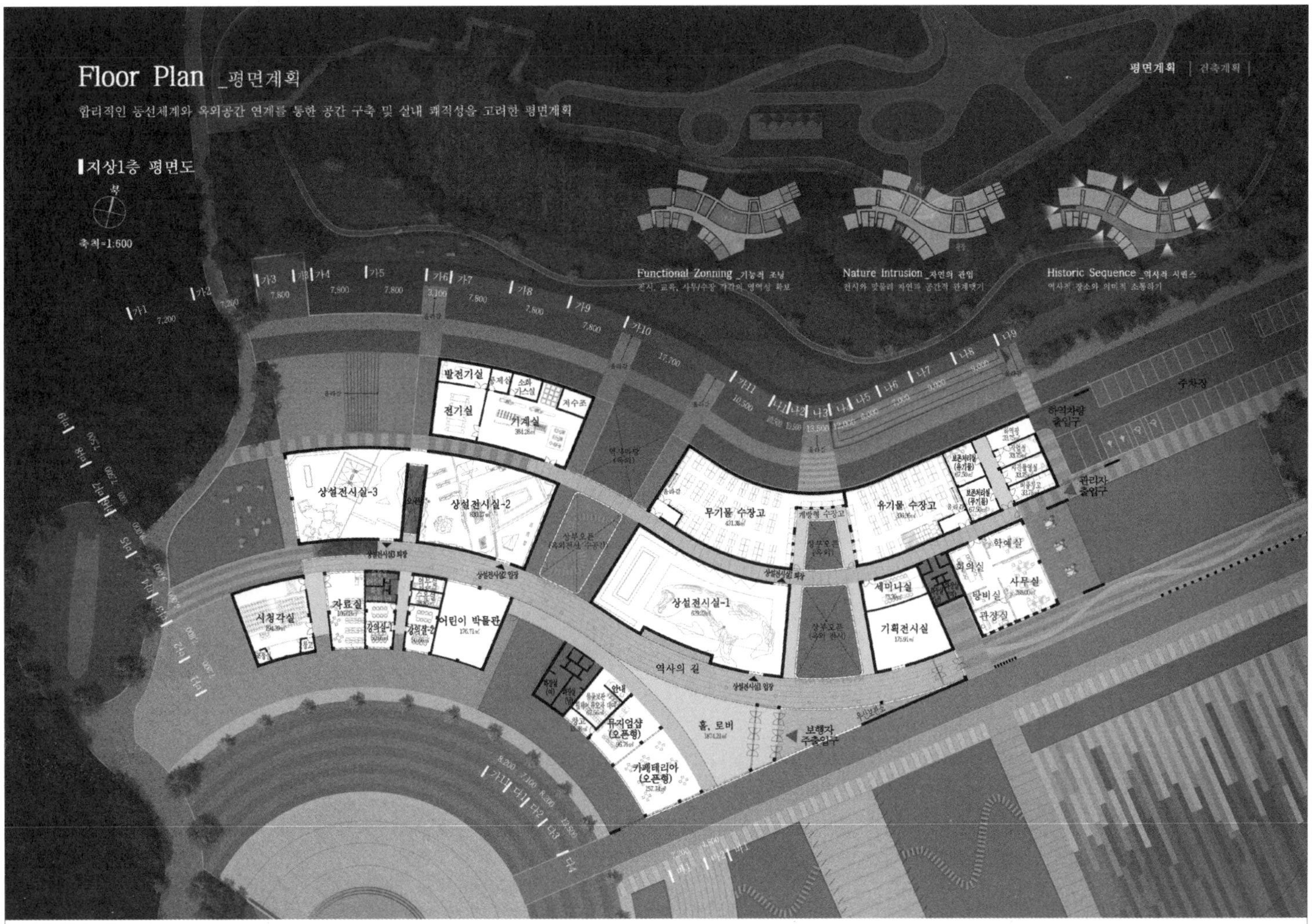

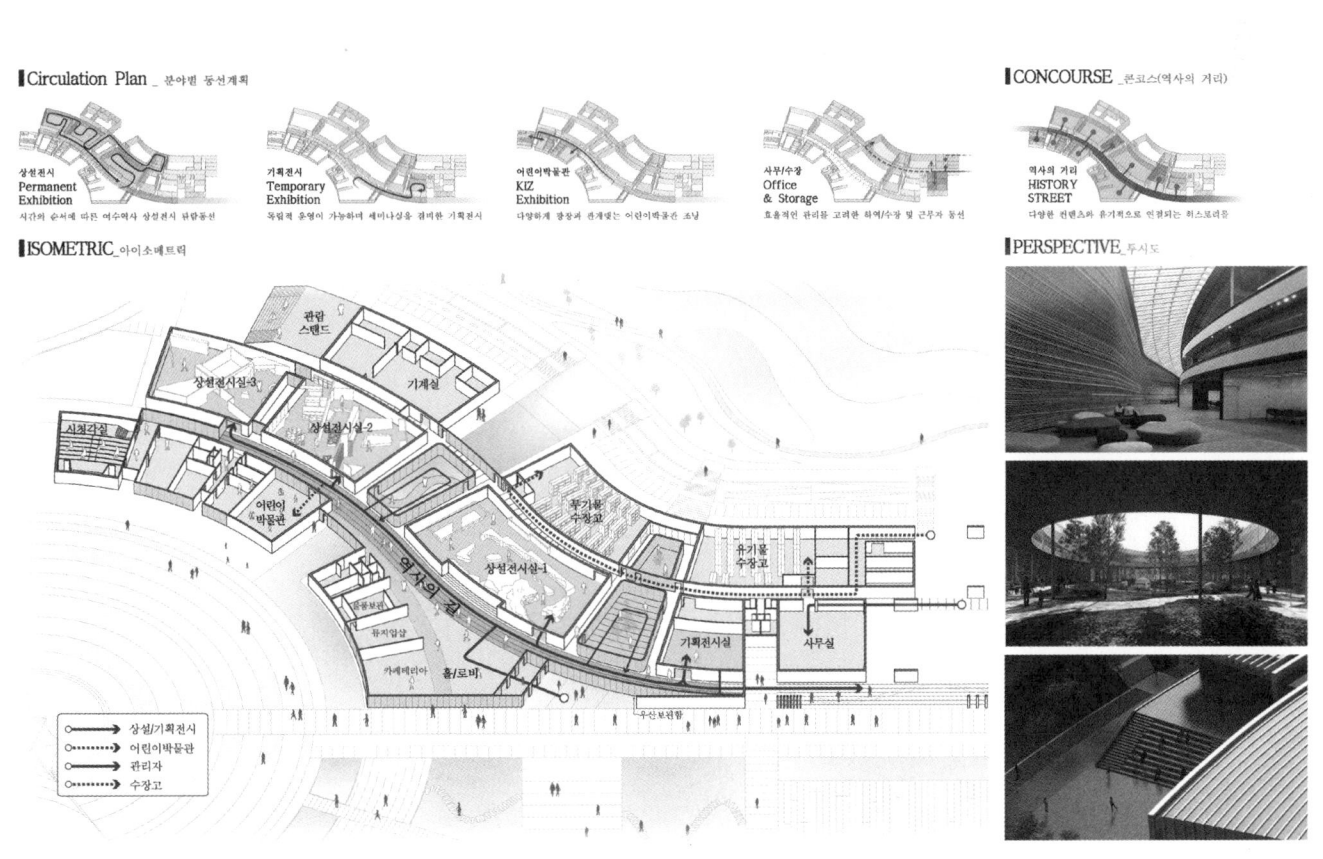

여수시립박물관

Elevation Plan _입면계획

여수의 시간의 흐름과 흔적을 투영한 입면개념과 대지의 주변환경을 고려하고 여수의 자연환경과 역사를 담은 매스 디자인계획

입면 디자인 모티브

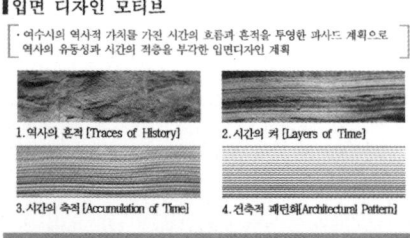

매스 프로세스

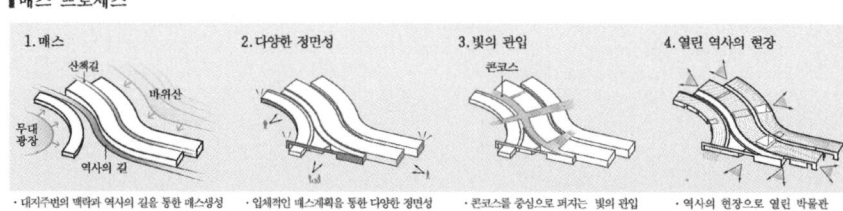

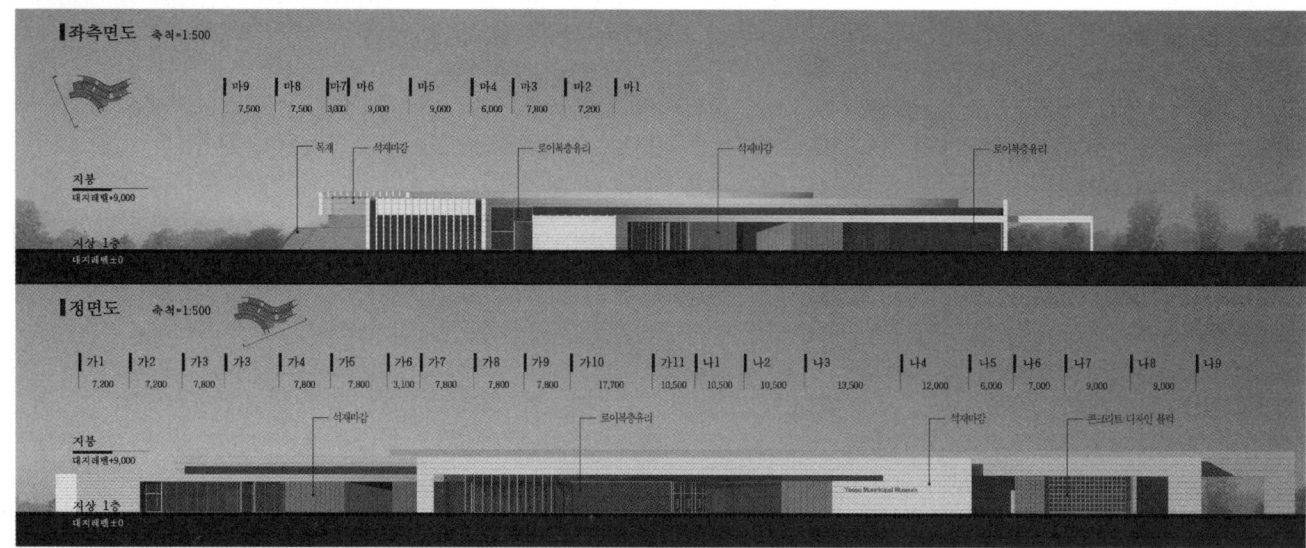

Section Plan _단면계획

프로그램별 연계 및 특성에 따른 합리적인 조닝과 층고계획을 통한 효과적인 전시공간계획

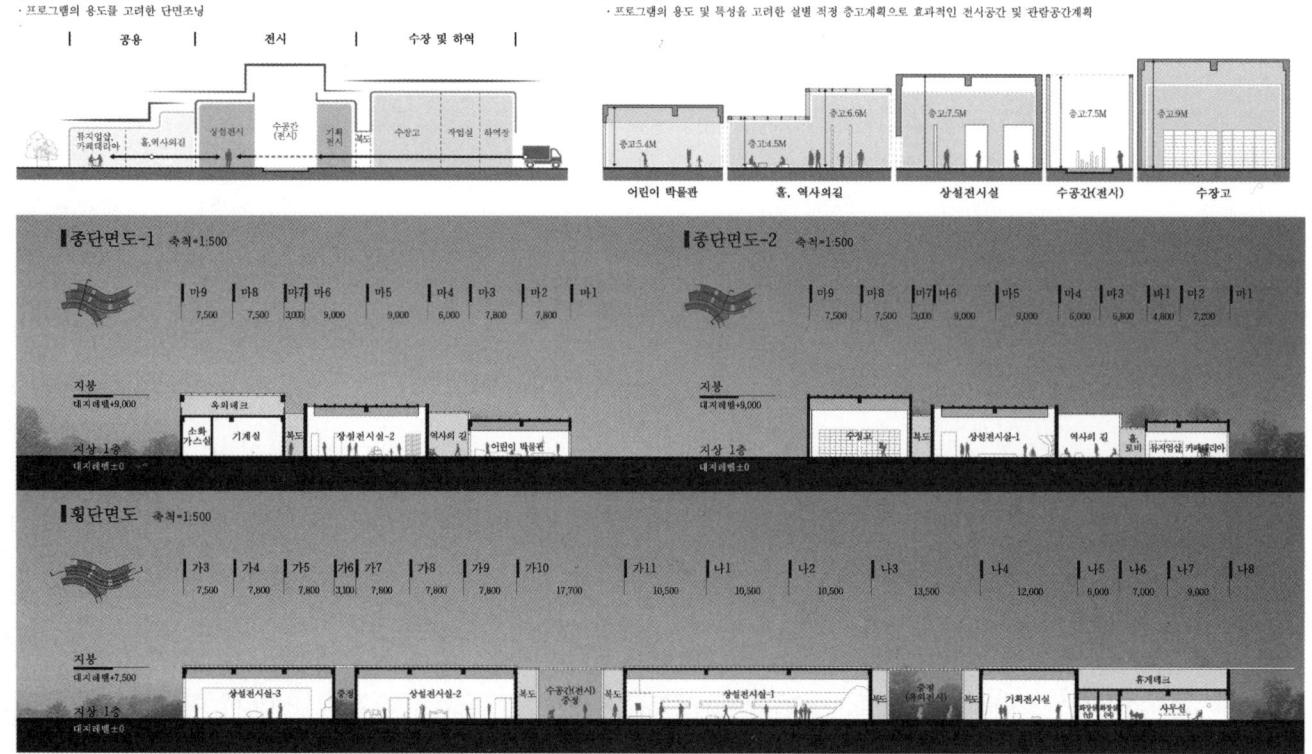

Yeosu City Museum

여수시립박물관

2등작 (주)리가온건축사사무소 이현조 + 송성욱 국립순천대학교 설계팀 김용준, 윤용상, 유세란, 조연호(이상 리가온)

대지위치 전라남도 여수시 웅천동 1865-1번지 **대지면적** 33,000.00m² **건축면적** 6,080.43m² **연면적** 6,582.68m² **건폐율** 1.81% **용적률** 1.96% **규모** 지상 2층 **최고높이** 11.4m **구조** 철골조, 철근콘크리트조 **외부마감** 노출콘크리트, 파주석쌓기, 내후성강판, 로이복층유리 **주차** 456대(장애인 주차 30대, 버스 24대 포함)

뮤지엄 突 [돌]

디자인 개념은 여수의 역사적 고찰을 통하여 설정하였다. 건치 연혁에 의해 여수의 역사적 지명인 돌산현(내밀 '돌'), 여산현(오두막 '여'), 여수(물 '수')는 여수의 지리적 특성인 섬과 바다를 은유한 표현이며 이를 여수시립박물관 계획의 건축적 개념으로 적용하였다. 먼저 돌산현의 '돌'은 바위산으로부터 돌출된 2층의 전시공간을, 여산현의 '여'는 아일랜드화 된 1층의 프로그램을 의미한다. 마지막으로 여수의 '수'의 개념을 활용하여 중정에 수 공간을 담아내었다.

건축적 뮤제오그라피

배치계획의 큰 틀은 사업 부지 내 바위산에 박물관을 최대한 근접시켜 배치함으로써 야외공연장, 마운딩 갤러리, 잔디광장 등 기존 웅천공원의 현황을 그대로 유지하고자 하였다. 다양한 요소들로 혼재된 주변 환경과 비정형 바위산의 형태 앞에서 박물관의 정체성을 강조하기 위하여 정형적이고 절제된 형태의 오브제로써 박물관 배치를 계획하였다. 디자인 개념을 바탕으로 여수 바다를 끌어들인 수공간을 설정하고, 지상 1층에 영역성을 고려한 아일랜드를 구성하였다. 상층부는 바위산에서 열린 바다를 향해 돌출하는 매스를 계획하고, 건축 공간 그 자체가 전시 공간이 되는 뮤제오그라피를 계획하였다.

Museum 突 [Stone]

The design concept is developed based on a study on the history of Yeosu. According to old records, the old names of Yeosu such as Dolsan-hyeon (protrusion), Yeosan-hyeon (cottage) and Yeosu (water) came from an metaphorical expression for Yeosu's geographic characteristics defined by its islands and sea. The architectural concept for the new museum is inspired from such findings. Protrusion from Dolsan-hyeon is expressed with the 2nd floor exhibition hall protruding from a rocky mountain, and cottage from Yeosan-hyeon, with the 1st floor program implemented in the form of an island. Lastly, water from Yeosu is materialized into a water space in the courtyard.

Architectural museographie

The main objective of the proposed arrangement plan is to preserve Ungcheon Park's existing features including an outdoor stage, mounding gallery and grass square by placing the new museum as close as possible to a rocky mountain within the project site. Museum facilities are arranged to look like an object with a typical and controlled form, with the goal of making the identity of the museum stand out against the surroundings where various elements are mingled in one place and against the rocky mountain with an atypical form. In compliance with the design concept, a water space that embraces the sea of Yeosu is added, and a territorial island is formed on the ground floor. As for the upper floors, the building mass is designed to protrude toward the open sea from the rocky mountain. And a museographie that turns architectural space itself into an exhibition hall is proposed.

2nd prize REGAON Architects & Planners Co., Ltd._Lee Hyunjo + Song Sungwook_Sunchon National University **Location** 1865-1, Ungcheon-dong, Yeosu, Jeollanam-do **Site area** 33,000.00m² **Building area** 6,080.43m² **Gross floor area** 6,582.68m² **Building coverage** 1.81% **Floor space index** 1.96% **Building scope** 2F **Height** 11.4m **Structure** SC, RC **Exterior finishing** Exposed concrete, Stone masonry, High-durability polyester coated steel plate, Low-E paired glass **Parking** 456 (including 30 for the disabled, 24 for bus)

Yeosu City Museum

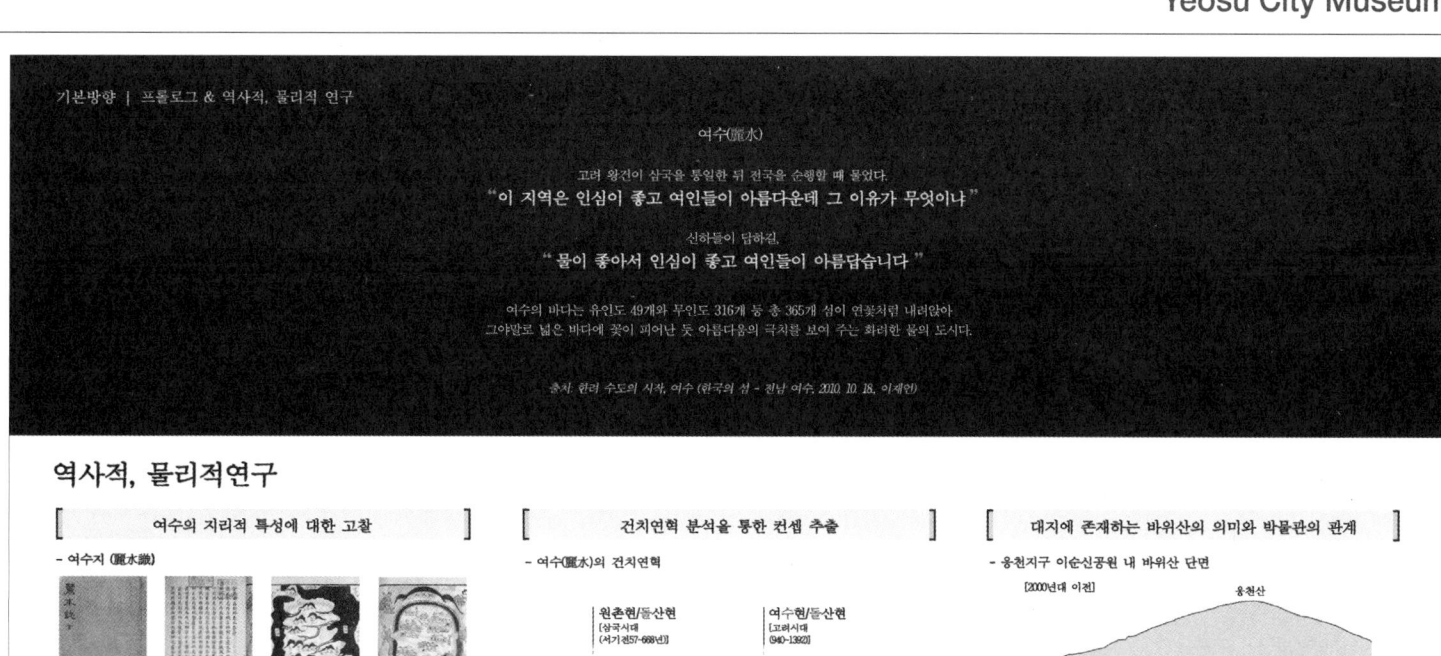

기본방향 | 프롤로그 & 역사적, 물리적 연구

여수(麗水)

고려 왕건이 삼국을 통일한 뒤 전국을 순행할 때 물었다.
"이 지역은 인심이 좋고 여인들이 아름다운데 그 이유가 무엇이냐"

신하들이 답하길,
"물이 좋아서 인심이 좋고 여인들이 아름답습니다"

여수의 바다는 유인도 49개와 무인도 316개 등 총 365개 섬이 연꽃처럼 내려앉아
그야말로 넓은 바다에 꽃이 피어난 듯 아름다움의 극치를 보여 주는 화려한 물의 도시다.

출처: 천년 수도의 시작, 여수 (한국의 섬 - 전남 여수, 2010. 10. 18, 이재언)

역사적, 물리적연구

[여수의 지리적 특성에 대한 고찰]

- 여수지(麗水識)

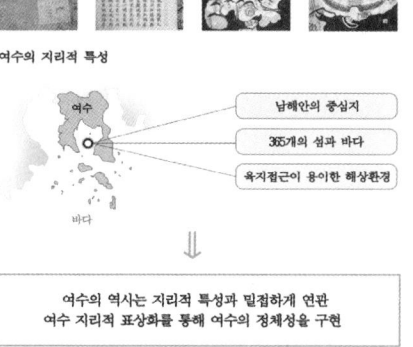

- 여수의 지리적 특성
  - 남해안의 중심지
  - 365개의 섬과 바다
  - 육지접근이 용이한 해상환경

⇩

여수의 역사는 지리적 특성과 밀접하게 연관
여수 지리적 표상화를 통해 여수의 정체성을 구현

[건치연혁 분석을 통한 컨셉 추출]

- 여수(麗水)의 건치연혁

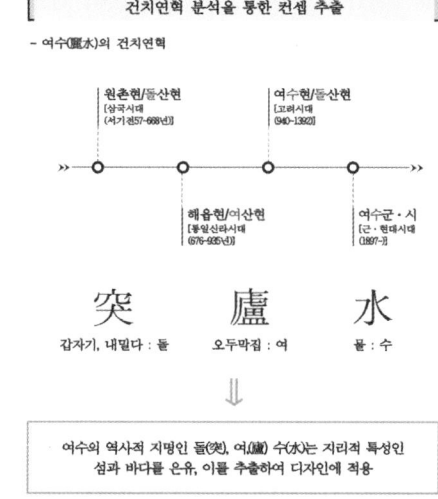

突 (갑자기, 내밀다 : 돌)　廬 (오두막집 : 여)　水 (물 : 수)

⇩

여수의 역사적 지명인 돌(突), 여(廬), 수(水)는 지리적 특성인
섬과 바다를 은유, 이를 추출하여 디자인에 적용

[대지에 존재하는 바위산의 의미와 박물관의 관계]

- 웅천지구 이순신공원 내 바위산 단면

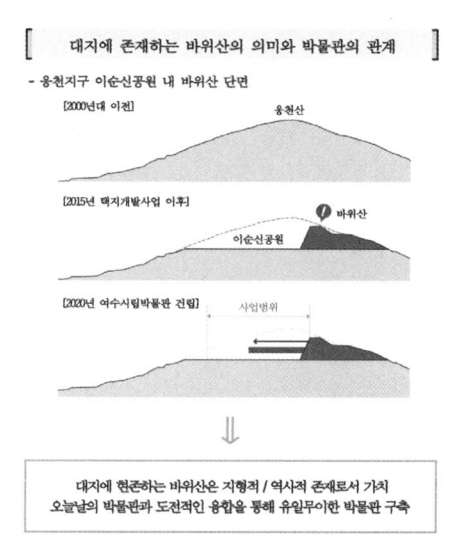

⇩

대지에 현존하는 바위산은 지형적 / 역사적 존재로서 가치
오늘날의 박물관과 도전적인 융합을 통해 유일무이한 박물관 구축

기본방향 | 여수의 지명과 디자인 개념

여수의 지명(地名)과 디자인 개념

여수 건치연혁

삼국시대에는 백제의 땅으로서 지금의 여수지역에 원촌현(猿村縣)이, 지금의 돌산지역에 돌산현(突山縣)이 두어져 감평군(敢平郡) 또는 삽평군(歃平郡)에 예속되었다. 신라의 삼국통일 이후 757년(경덕왕 16)에 감평군(敢平郡)으로 개정되면서 그 예하의 원촌현은 해읍현(海邑縣)으로, 돌산현은 여산현(廬山縣) 세종실록지리지〉에는 廬縣으로 기록되어 있다.)으로 개칭되었다. 940년(태조 23)해읍현이 여수현(麗水縣)으로, 여산현이 다시 돌산현으로 개칭되었다. 이 두 현은 여전히 승평군의 속현이었다. 현지명이 여기에서 비롯되었다.

출처: 한국민족문화대백과, 한국학중앙연구원

여수 지명(地名)의 해석: Toponymy

▶ 삼국시대: 원촌현(猿村縣) / 돌산현(突山縣) 猿 (원숭이 : 원) / 突 (갑자기, 내밀다 : 돌)　　원숭이 꼬리모양의 육지와 바다에 돌출된 산이 있는 도시
▶ 통일신라시대: 해읍현(海邑縣) / 여산현(廬山縣) 海 (바다 : 해), 廬 (농막집, 오두막 : 여)　　바다에 면한 육지와 바다에 오두막 모양의 산이 있는 도시
▶ 고려 940년(태조 23) 여수현(麗水縣) / 돌산현(突山縣) 麗 (수려할 여)　　물이 아름답고 바다에 돌출된 산이 있는 도시

여수 역사를 표상화하는 박물관 : Design Concept

Museum 突
돌산현(突山縣) _ 突: 갑자기, 내밀다 돌

Museum of Islands
여산현(廬山縣) _ 廬: 농막집, 오두막 여

Museum of Water
여수(麗水) : 수려한 물

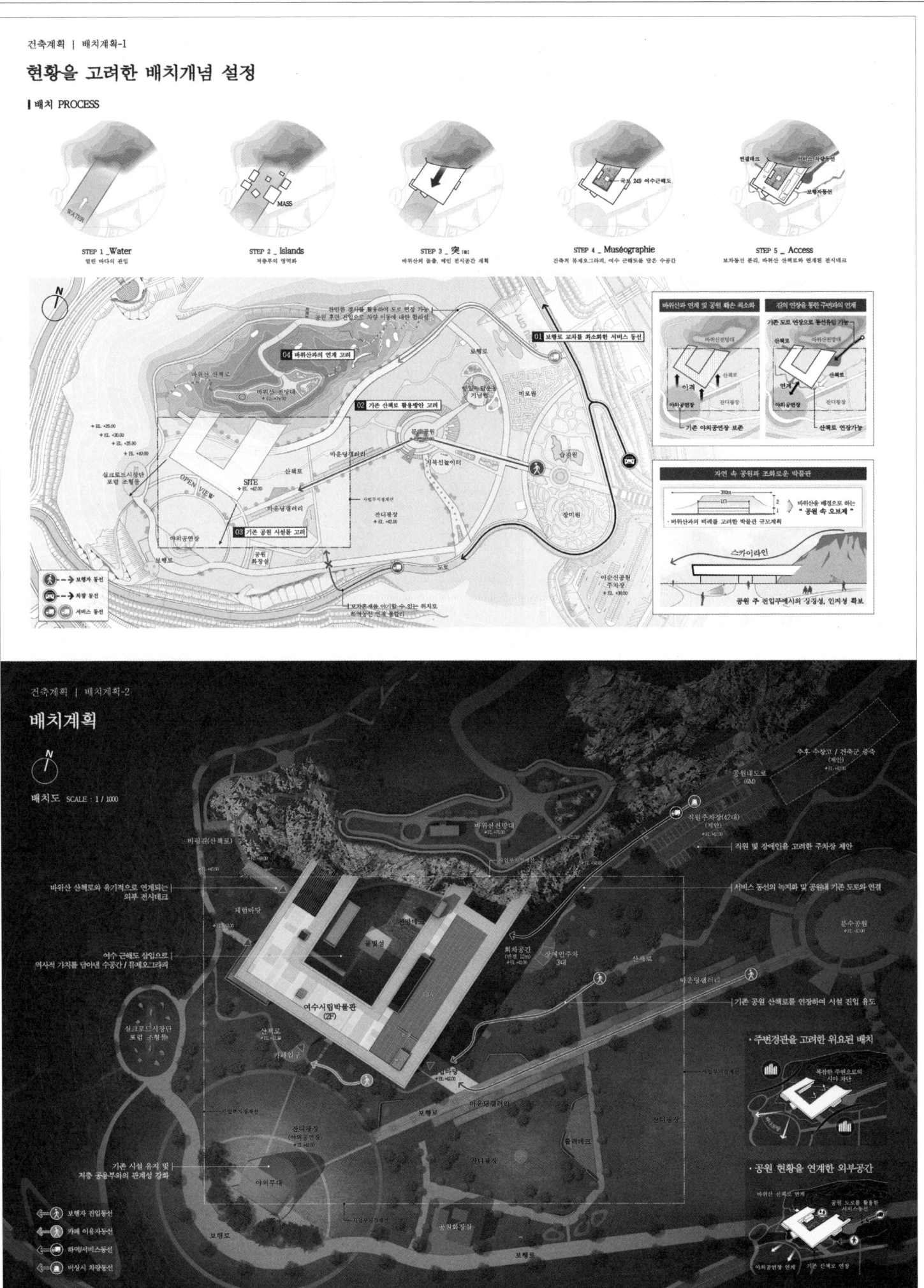

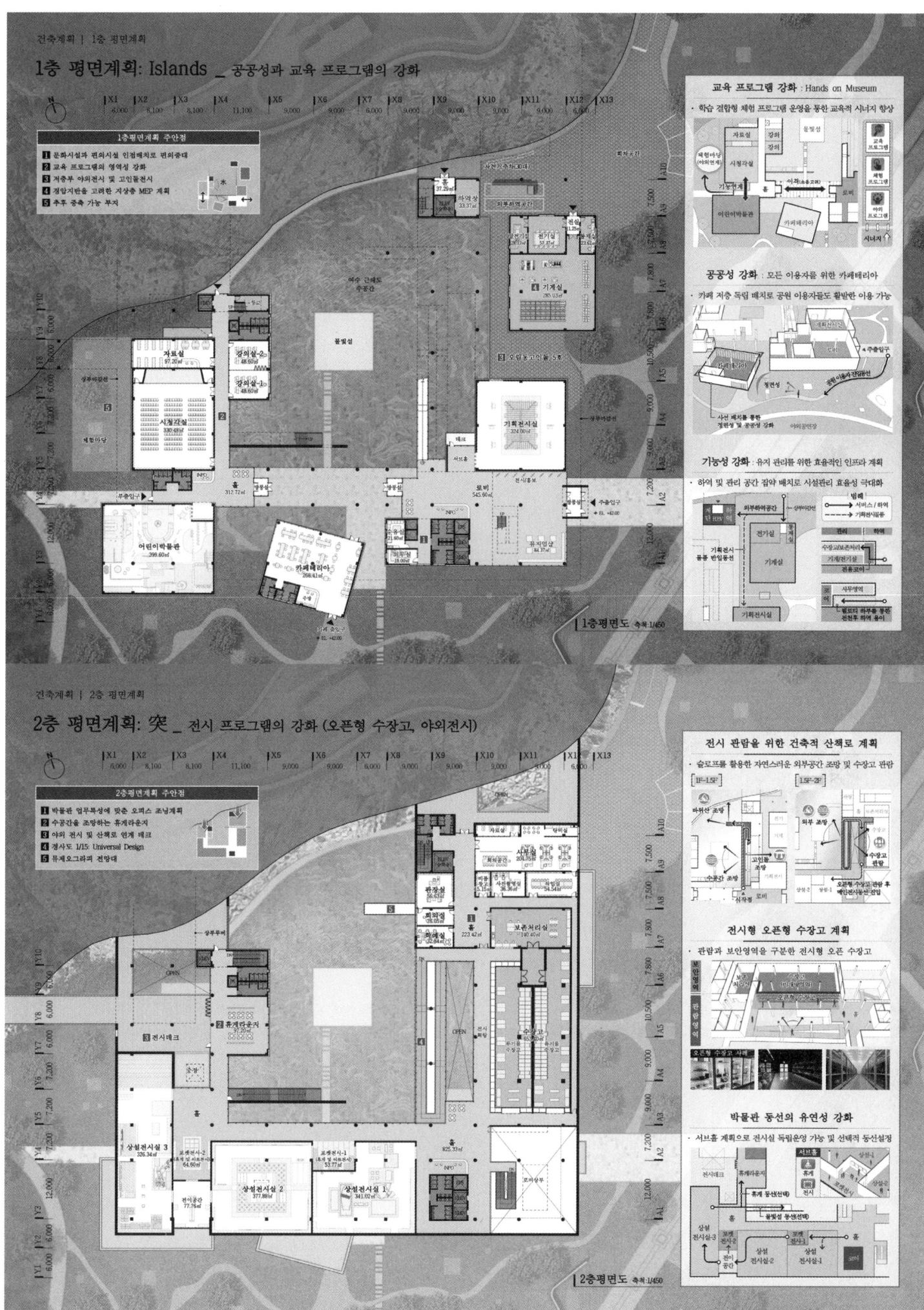

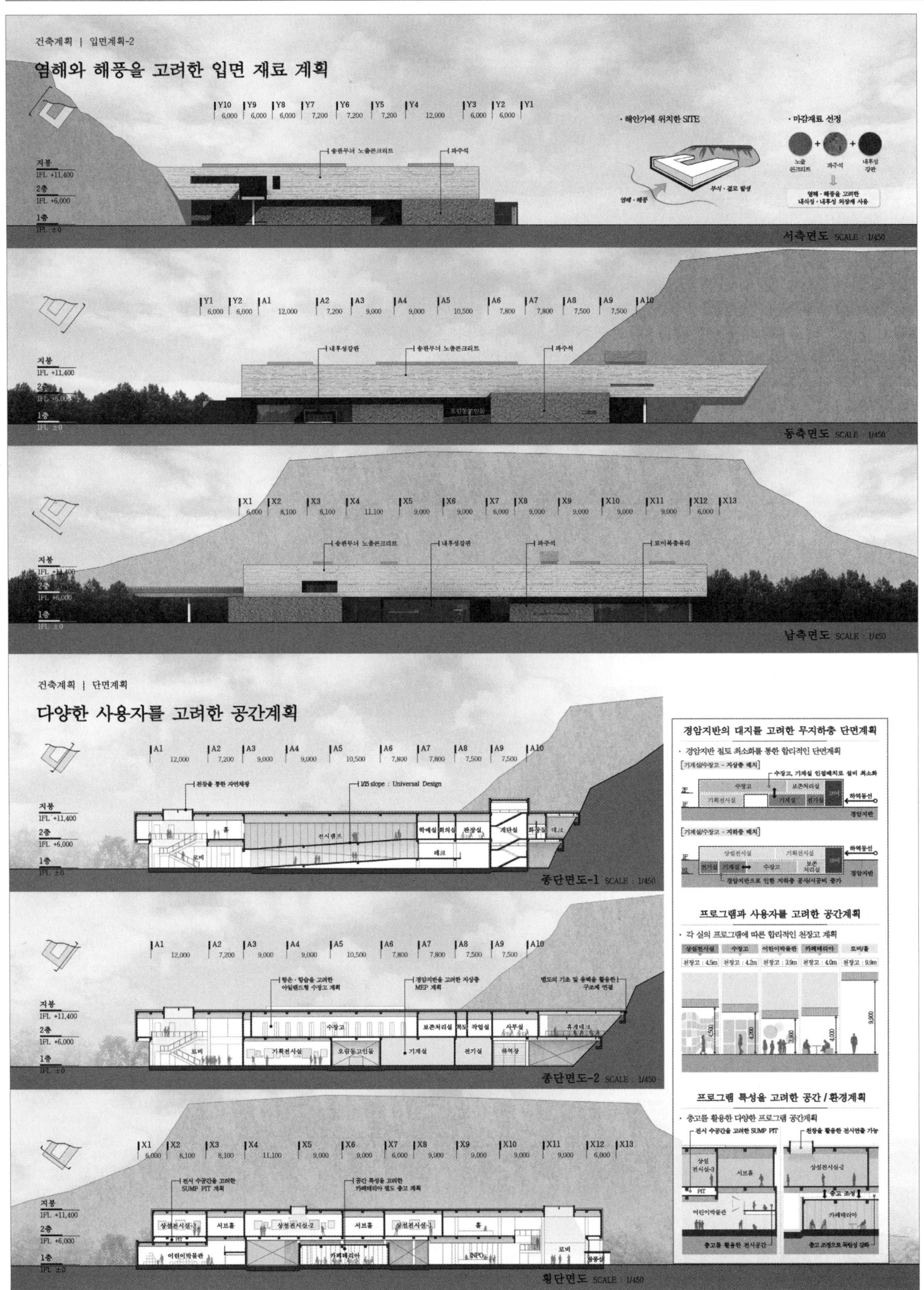

Yeosu City Museum

천안시 청소년복합커뮤니티센터

당선작 (주)길종합건축사사무소이엔지 이길환 + (주)디엔비건축사사무소 조도연 설계팀 설형진, 송재영, 신영선, 민요한, 윤은지(이상 吉종합)

대지위치 충청남도 천안시 서북구 불당동 1507번지 **대지면적** 8,064.00m² **건축면적** 4,589.88m² **연면적** 10,692.12m² **건폐율** 56.91% **용적률** 91.77% **규모** 지하 1층, 지상 5층 **최고높이** 29.0m **구조** 철근콘크리트조 **외부마감** 목재패널, 화이트테라코타, 로이복층유리 **주차** 70대(장애인 주차 4대, 확장형 22대 포함)

아지트

'좌충우돌', '천방지축' 어디로 튈지 모르는 청소년의 천진난만한 모습을 빗대어 사용되는 단어이다. 그러나 현대의 청소년들은 획일적인 주입식 교육과 여과 없는 미디어에 무분별하게 노출로 인해 다른 의미의 천방지축이 되어가고 있다. 이러한 이유로 우리는, 아이들 스스로가 자신의 미래에 흥미가 있고 분별력 있게 미디어를 활용할 수 있도록, 본 시설을 그들만의 아지트로 제안하고자 한다.

대지는 천안-아산의 경계선에서 전·후면에 공원과 아파트 단지를 마주하고 있으므로 접근성이 유리한 조건을 가지고 있다. 우리는 주거 단지와 공원의 연결을 전제로, 외부는 다양한 레벨을 연결하는 하나의 프레임을 설정해 시각적 개방감을 주고, 내부는 프로그램 사이사이에 작은 요소들을 자유롭게 배치해 요소와 요소 사이공간을 아이들만의 아지트로 계획했다.

이 공간이 아이들의 좌충우돌 성장기를 담은 그들만의 아지트로서 그들 스스로 답을 찾아가는 공간이 되고 나아가 천안의 청소년 문화명소와 제3의 학습공간이 되길 기대한다.

Azit

'Playfulness' and 'recklessness' are the words used to describe the pure and simple characteristics of a teenager who is a loose cannon. However, today's teenagers are becoming reckless in a bad sense due to cramming and standardized education and indiscriminate exposure to unfiltered media contents. Considering such a situation, the proposal aims to introduce a safehouse where teenagers can use media in an interesting and sensible way for their future.

The project site is sitting on the border between Cheonan and Asan and has a park and an apartment complex on its front and rear sides. Such conditions give the site an advantage in terms of accessibility. As a pre-requisite to establishing a connection between the residential complex and the park, a framework that connects different levels is laid to create a visual sense of openness outside the building. And for the inside, small elements are randomly arranged between programs to turn these in-between spaces into a shelter for teenagers.

This space will serve as a retreat for teenagers in growth periods and thus is expected to become a place for them to find their own answers as well as a cultural attraction and tertiary learning center for Cheonan.

Prize winner GIL Architects & Engineers Co., Ltd._Lee Gilhwan + D&B architecture design group_Cho Doyeun **Location** Seobuk-gu, Cheonan-si, Chung cheongnam-do **Site area** 8,064.00m² **Building area** 4,589.88m² **Gross floor area** 10,692.12m² **Building coverage** 56.91% **Floor space index** 91.77% **Building scope** B1, 5F **Height** 29.0m **Structure** RC **Exterior finishing** Wood panel, White terracotta, Low-E paired glass **Parking** 70 (including 4 for the disabled, 22 for extension type)

Cheonan-si Youth Complex Community Center

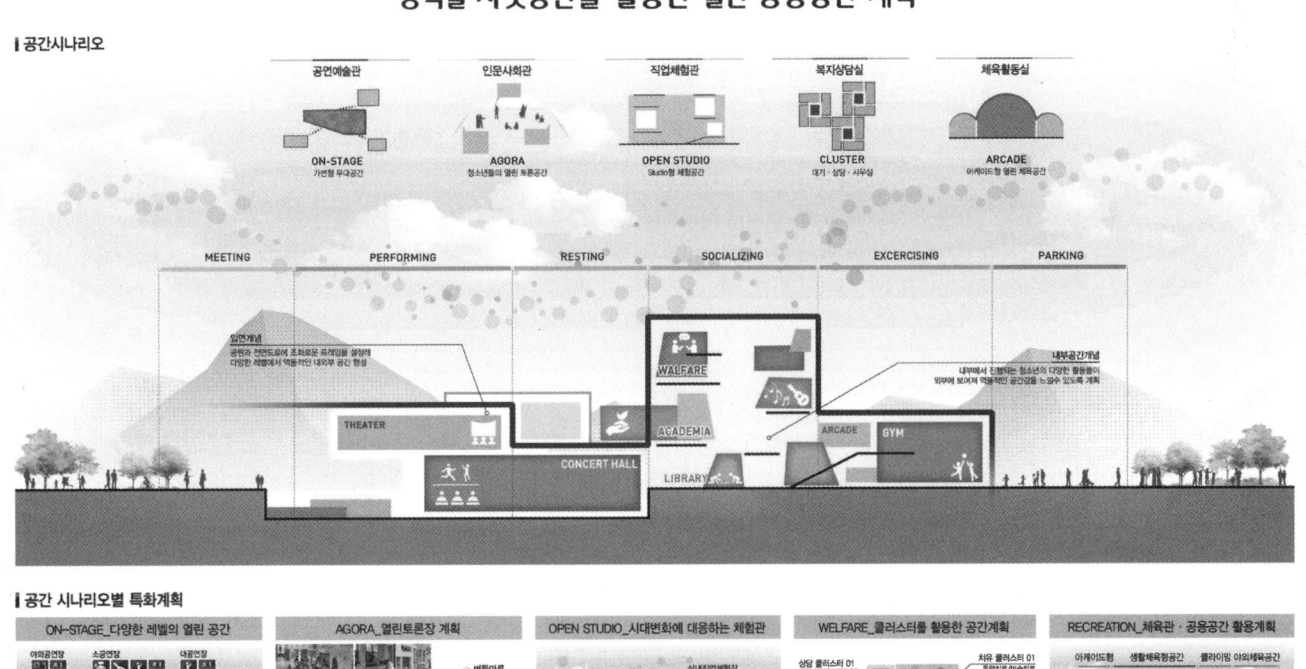

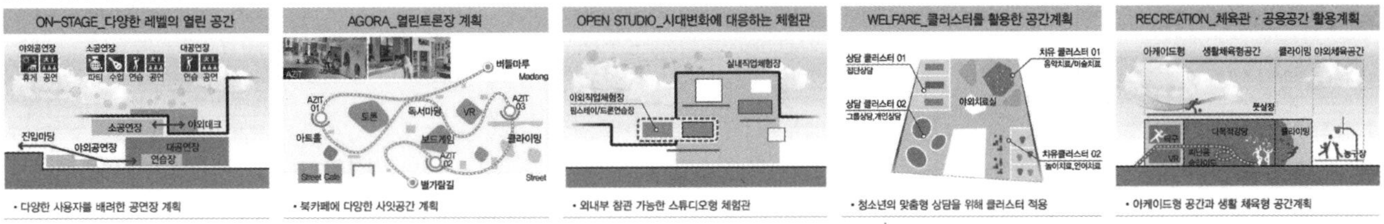

천안시 청소년복합커뮤니티센터

기본계획 | 계획 개념_외부공간개념

인간, 자연, 이야기를 담은 열린 외부 공간계획

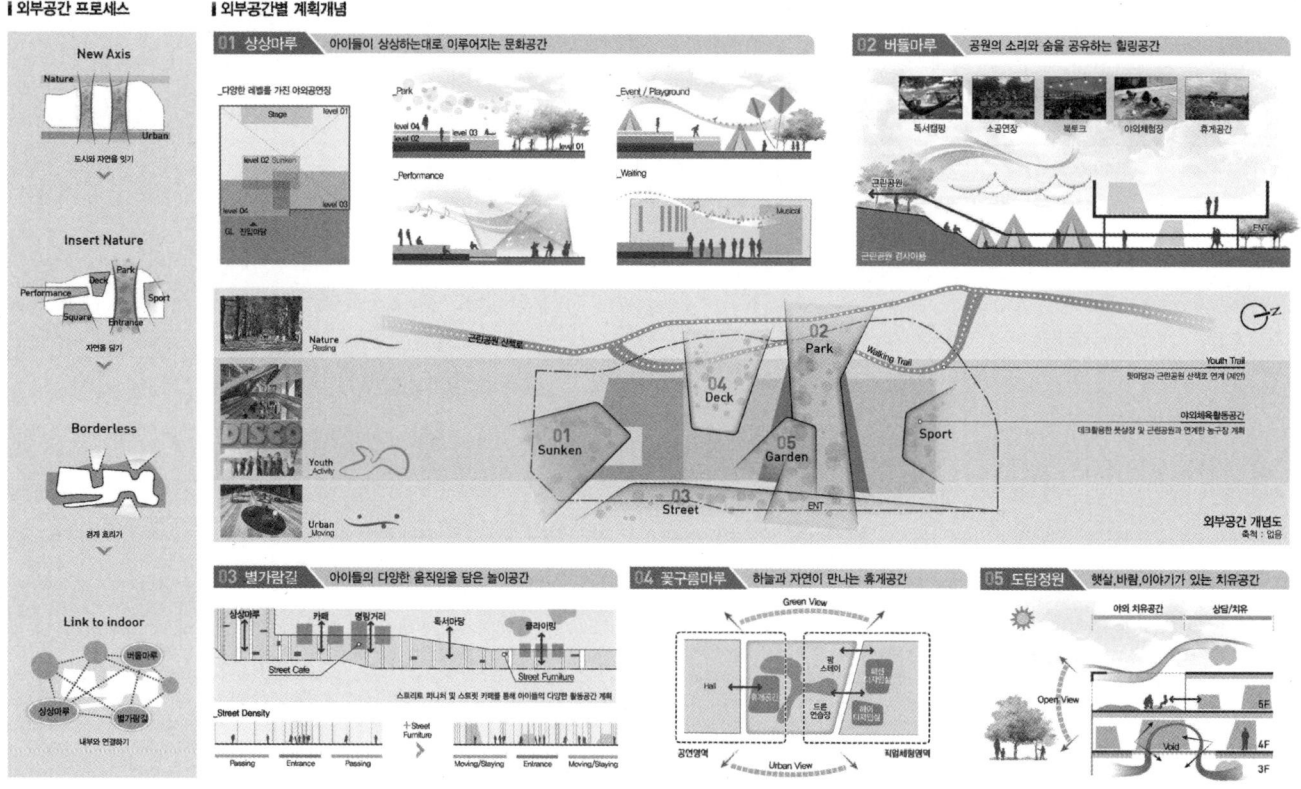

기본계획 | 대지분석 및 배치대안분석

주변현황 분석을 통한 계획의 방향 설정

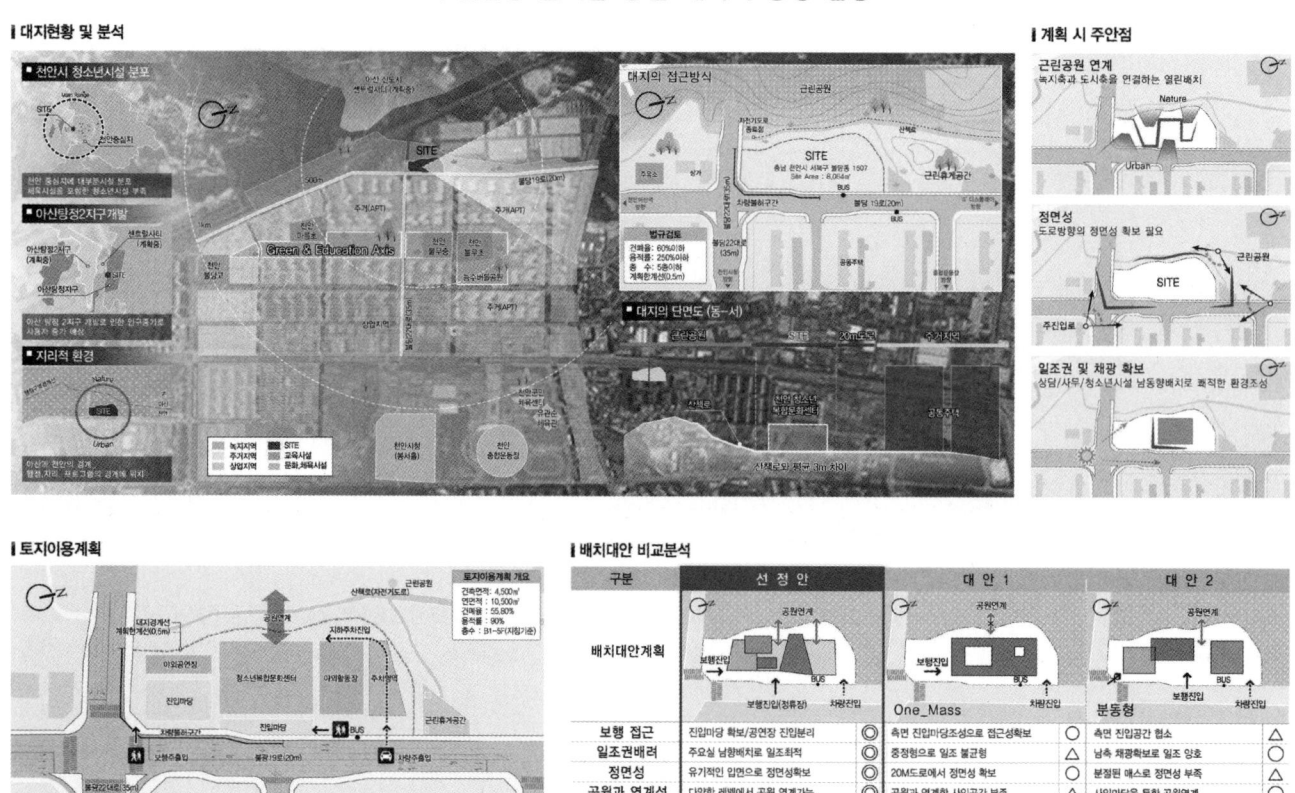

천안시 청소년복합커뮤니티센터

건축계획 | 평면계획
시설별 사잇공간을 활용한 Untact & Ontact 커뮤니티 공간

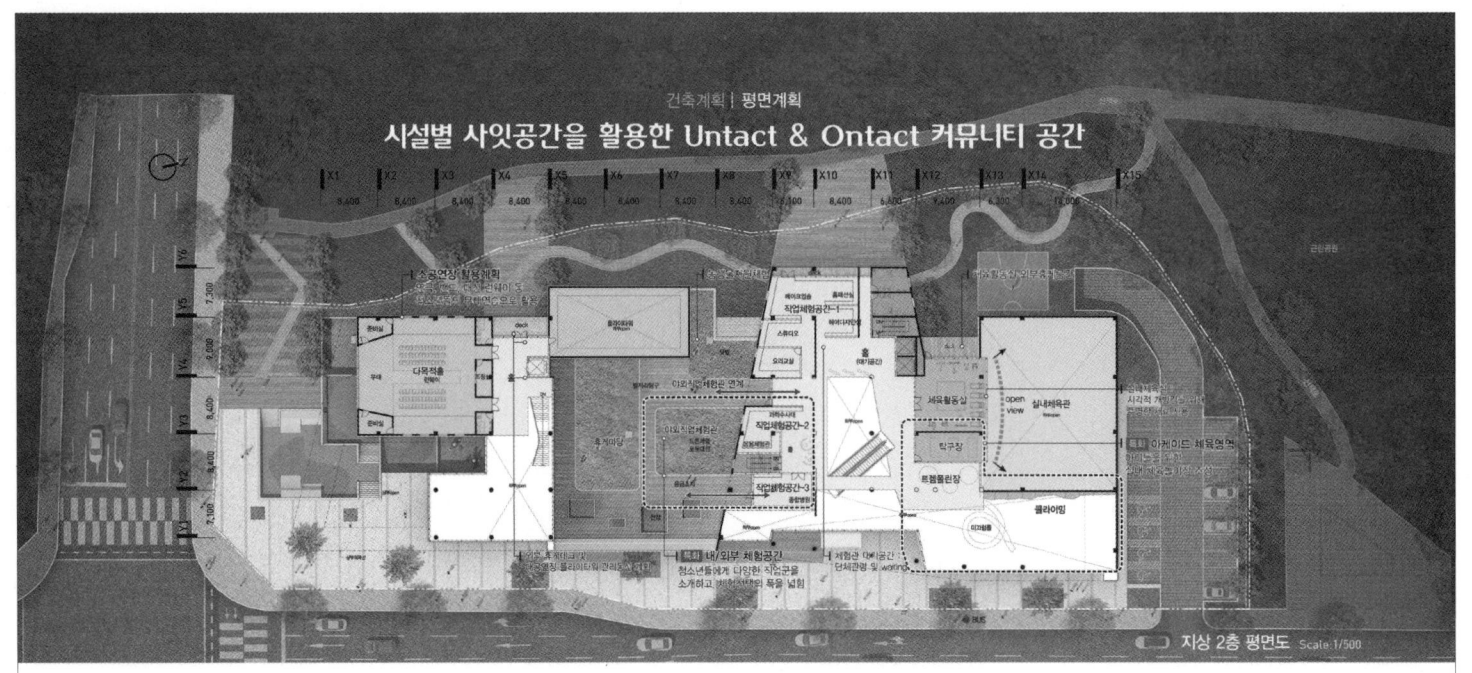

지상 2층 평면도 Scale:1/500

다양하게 활용하는 블랙박스형 다목적홀
· 용도에 맞게 다양한 연습공간으로 활용하는 다목적홀

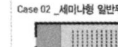
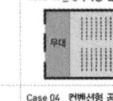

내외부공간을 활용한 직업체험관
· 외부공간의 활용을 높이는 멀티-유즈 계획

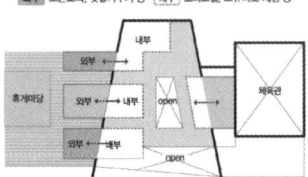

다용도 대기공간과 오픈형 스튜디오
· 단체방문을 대비한 대기공간을 관람공간으로 활용

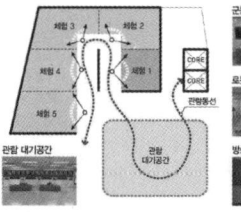

아케이드형 체육영역
· 공용공간과 연계된 열린 체육공간 조성

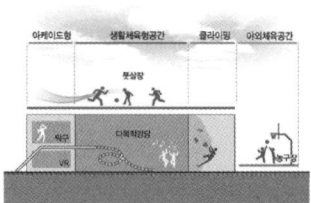

건축계획 | 평면계획
대기공간을 활용한 오픈형 스튜디오와 창의적인 자기개발 공간

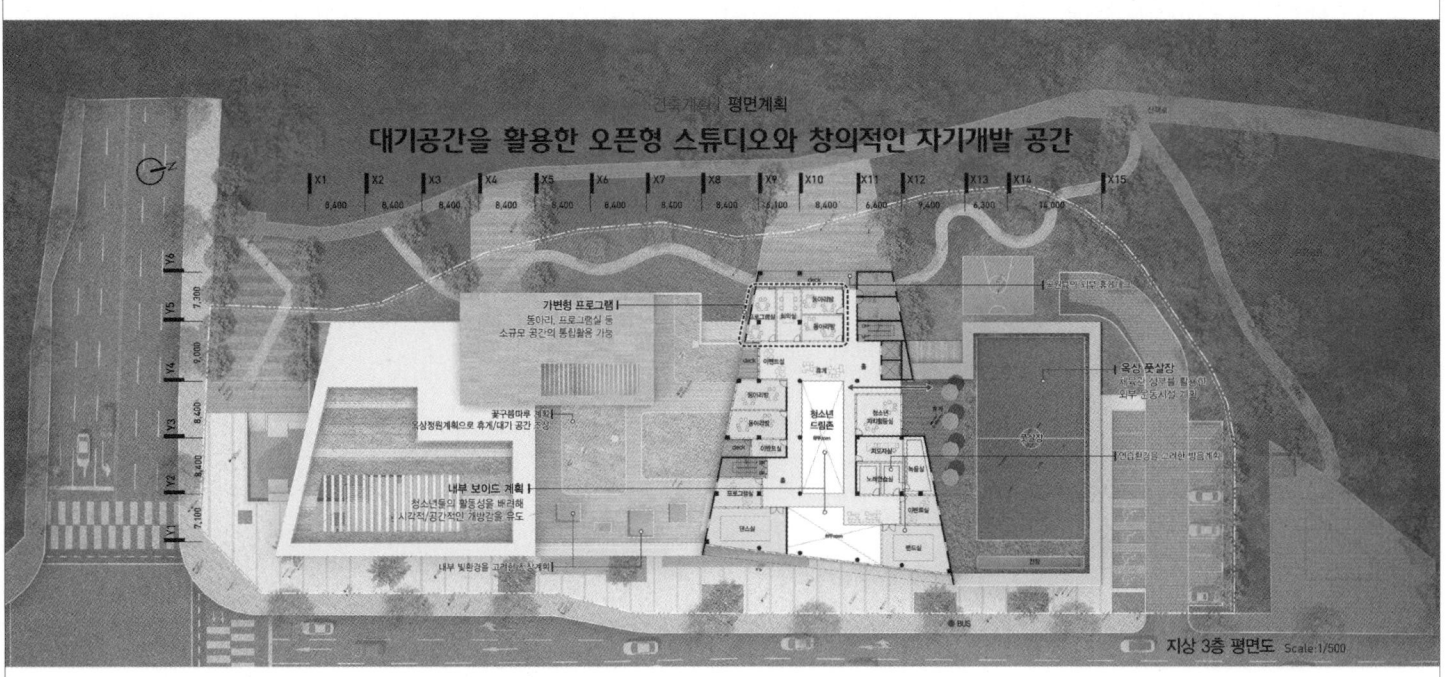

지상 3층 평면도 Scale:1/500

내외부와 소통하는 유기적인 조닝
· 실별 용도에 따른 영역분리 및 사잇공간 활용

영역별 다용도로 활용 가능한 계획
· 가변형 벽체를 활용해 다양한 형태로 운영가능

자연을 담은 외부 휴게데크
· 공원부를 담은 외부 휴게데크 겸 대기공간

다목적홀을 활용한 연습실 확대가능
· 무대연습 필요 시, 다목적홀을 활용하도록 최단 동선 확보

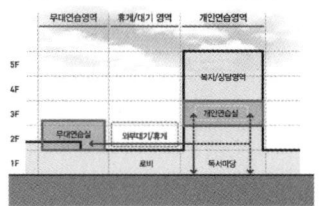

건축계획 | 평면계획

열린 조망과 프라이버시를 보장하는 상담/복지공간

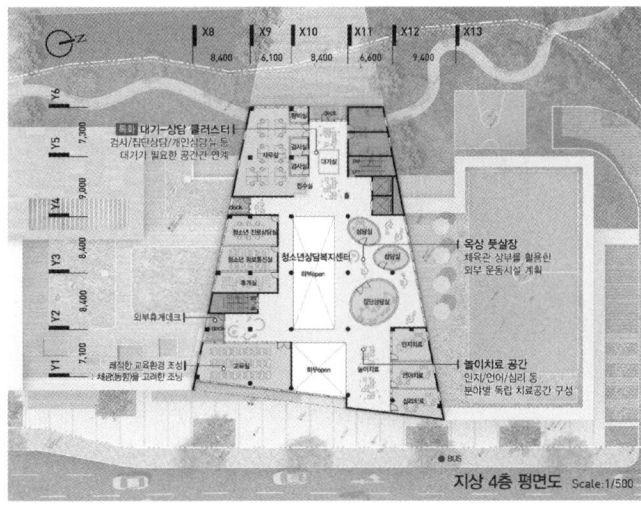

지상 4층 평면도 Scale:1/500

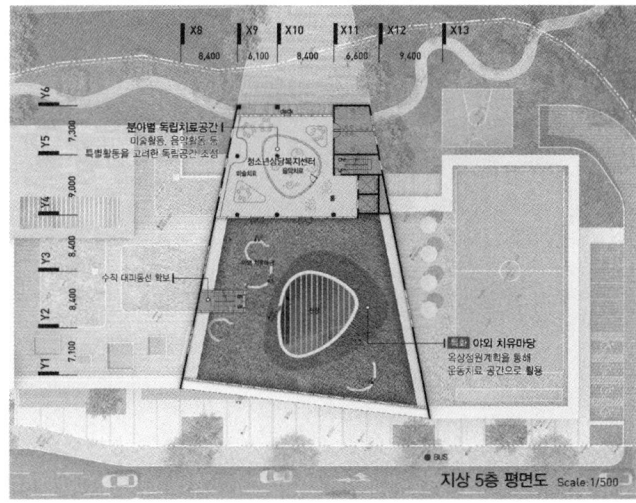

지상 5층 평면도 Scale:1/500

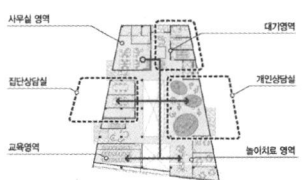
상담복지센터의 영역별 독립구성
· 공용공간을 버퍼존으로 복지/상담 영역성 확보

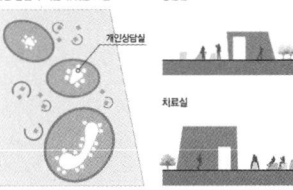
고민상담을 위한 프라이빗 공간계획
· 청소년의 상담을 위한 다락방 구성

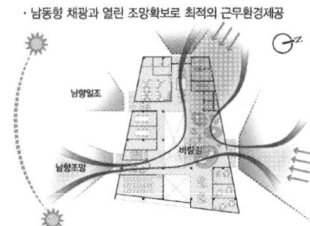
조망/향 계획으로 쾌적한 업무환경 조성
· 남동향 채광과 열린 조망확보로 최적의 근무환경제공

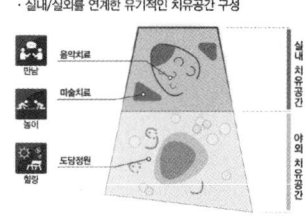
심리적 안정감을 주는 치유공간 계획
· 실내/실외를 연계한 유기적인 치유공간 구성

건축계획 | 평면계획

지역주민 및 보호자의 편의를 위한 접근 및 주차계획

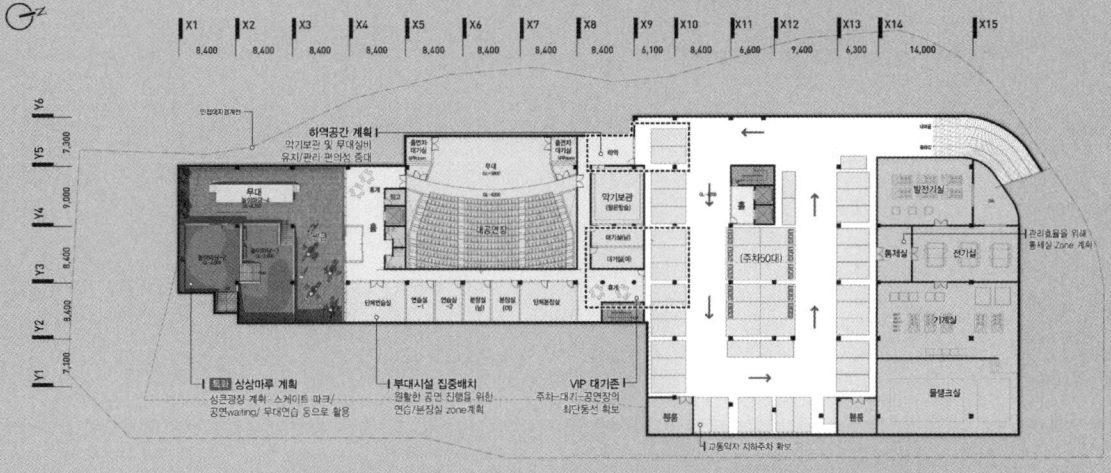

지하 1층 평면도 Scale:1/500

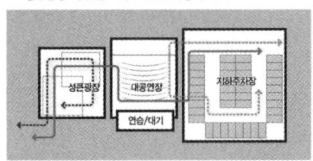
공공성 및 공연동선을 고려한 조닝
· 성큰광장-공연장 하부-지하주차장을 연계

다양하게 활용하는 성큰광장
· 공연 시와 비 공연시로 구분에 다양하게 활용

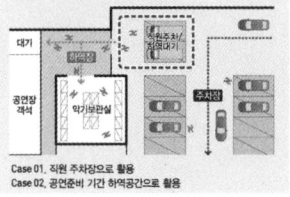
유지관리를 위한 하역공간 계획
· 공연장 무대 관리를 위한 하역장 배치

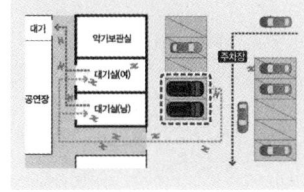
무대 및 대기실 접근성확보
· 공연/축제 시, 셀레브리티의 접근성 확보

천안시 청소년복합커뮤니티센터

건축계획 | 입면계획

프로그램 스페이스, 청소년의 다양한 활동을 담은 경관

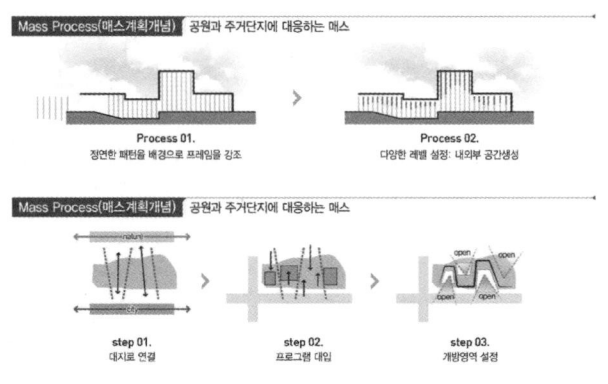

좌측면도 Scale:1/500

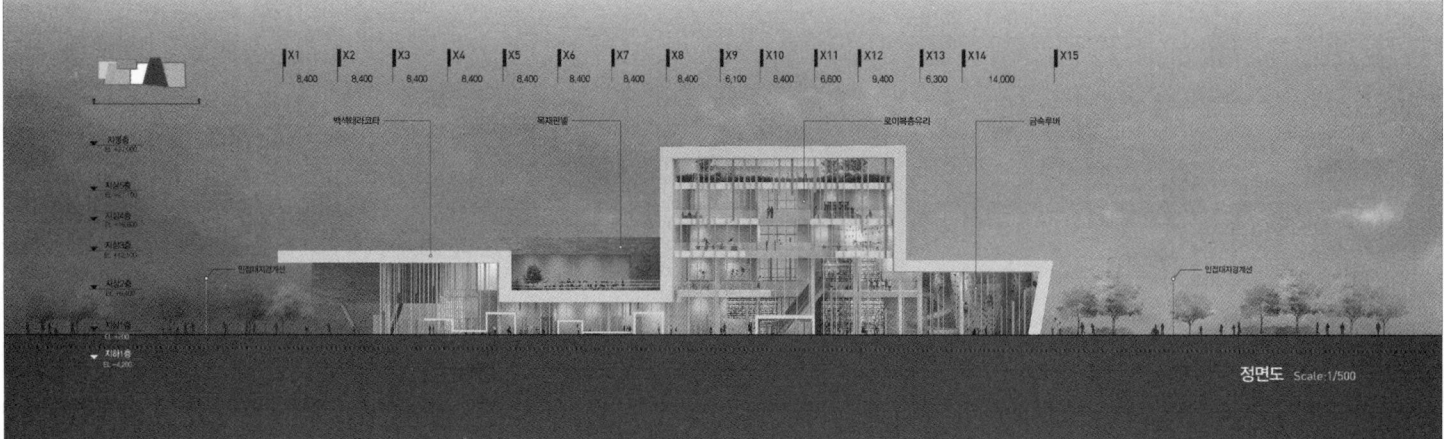

정면도 Scale:1/500

건축계획 | 입면계획

천안의 정서와 자연의 친근감을 담은 색채 및 재료 계획

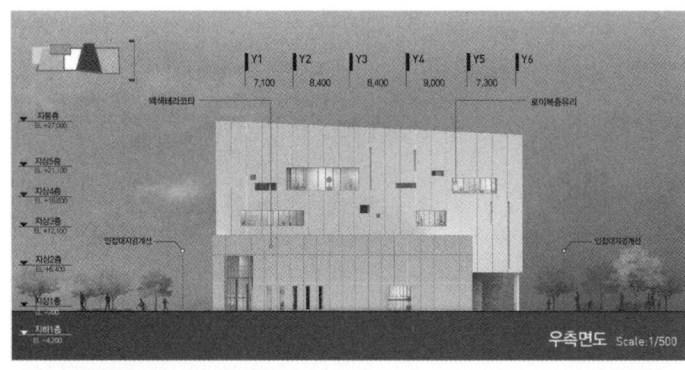

우측면도 Scale:1/500

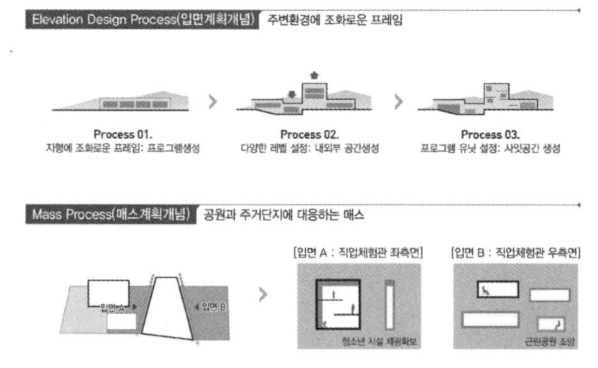

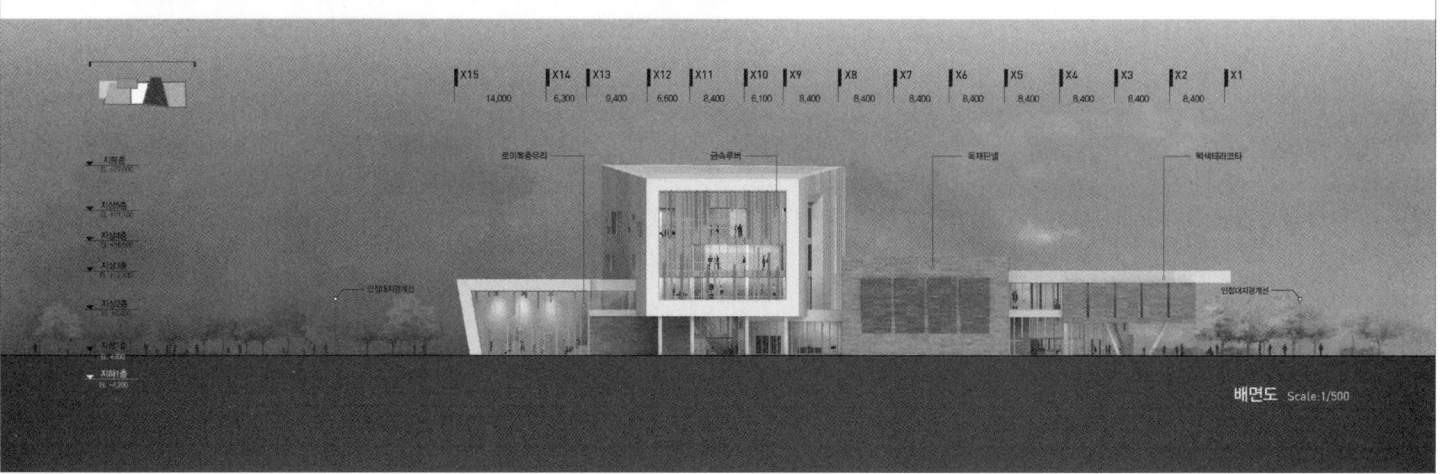

배면도 Scale:1/500

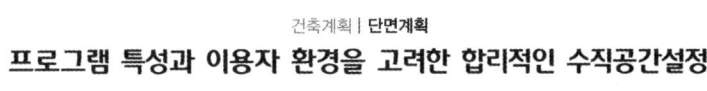

건축계획 | 단면계획
프로그램 특성과 이용자 환경을 고려한 합리적인 수직공간설정

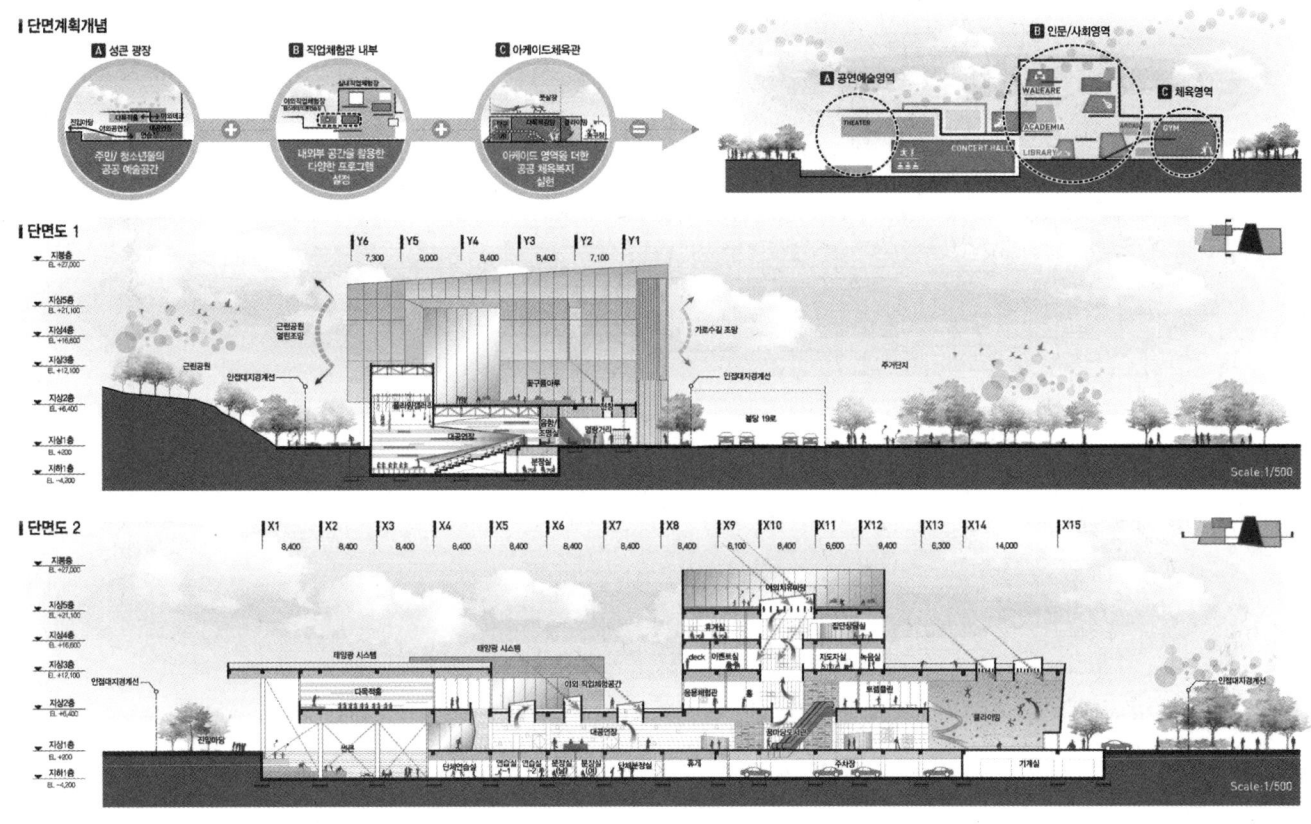

기본계획 | 동선계획
독립성, 공공성, 관리효율성을 고려한 동선계획

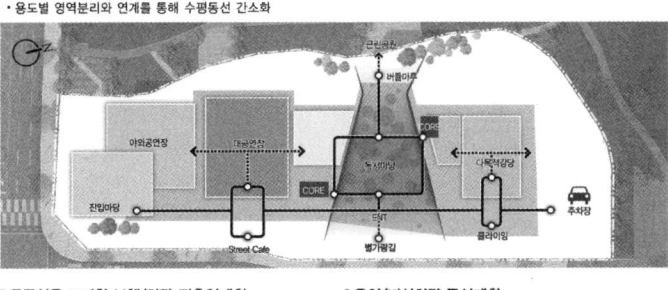

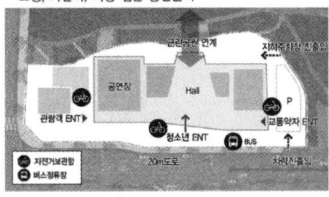

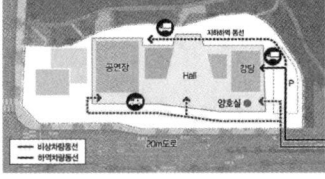

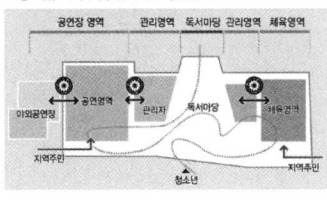

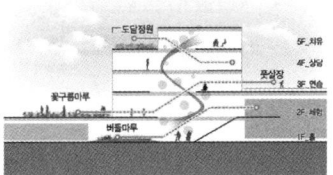

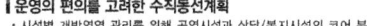

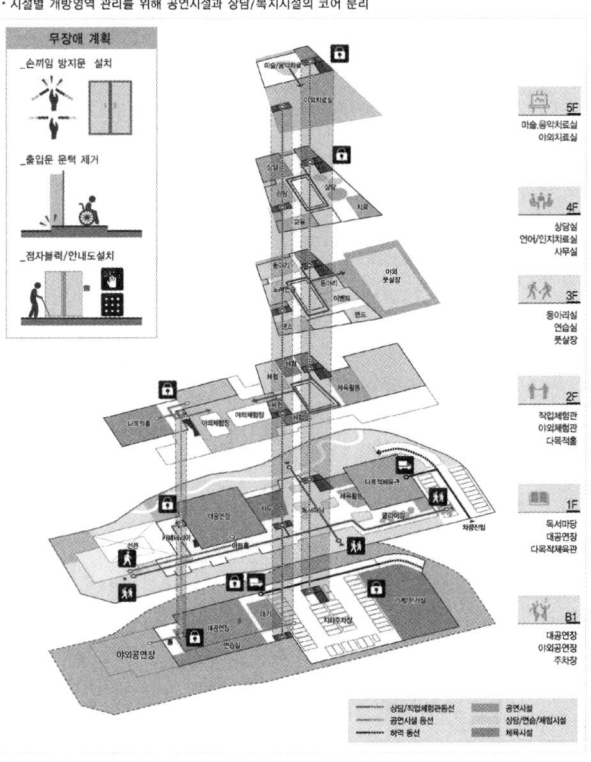

설계경기 02_문화·주거

no.135 ~ 146
Office
Culture
Education
Welfare
Housing
Commerce
Urban
Traffic
Sports
Medical
Landscape

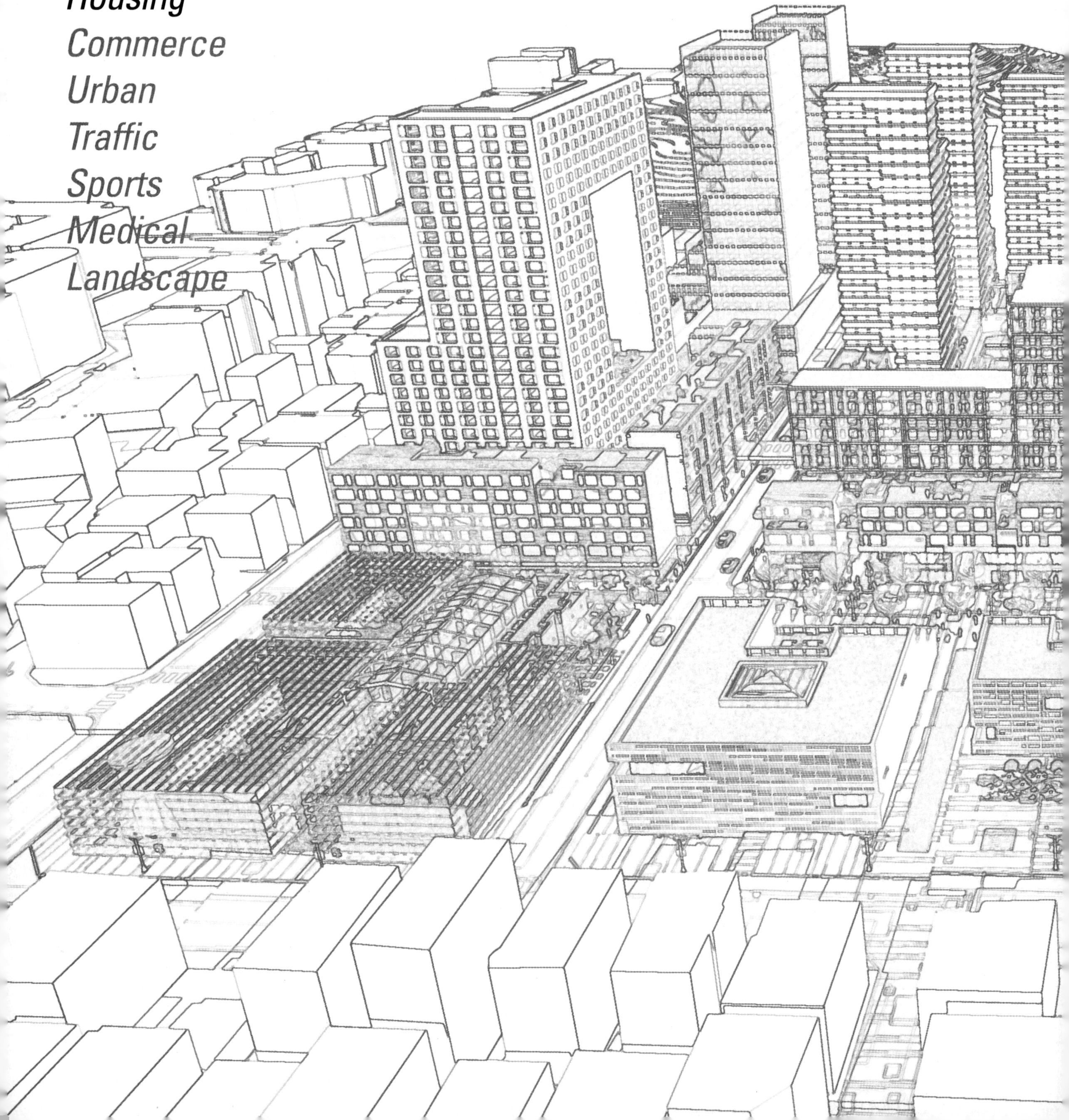

*문화
*주거

양주회천 A-17BL 공동주택
대지위치 경기도 양주시 덕계동 일원 회천택지지구 내 A-17BL
발주처 한국토지주택공사
대지면적 36,648.00㎡
추정공사비 120,816백만원
설계용역비 3,279백만원
참가등록 2019. 1. 24 ~ 1. 25
질의접수 2019. 1. 28 ~ 1. 29
질의회신 2019. 1. 30
작품접수 2019. 2. 21
당선 (주)해안종합건축사사무소

원주무실지구 A-2BL 공동주택
대지위치 강원도 원주시 무실동, 판부면, 흥업면 일원
발주처 한국토지주택공사
대지면적 28,115㎡
추정공사비 145,692백만원
설계용역비 약 3,169백만원
참가등록 2020. 7. 24
질의접수 2020. 7. 27 ~ 7. 28
질의회신 2020. 7. 29
작품접수 2020. 8. 19
당선 (주)종합건축사사무소 가람건축 + (주)강남종합건축사사무소

군산 금광지구 행복주택
대지위치 전라북도 군산시 오룡동 834-50번지 일원
발주처 전북개발공사
대지면적 10,842㎡
연면적 7,814㎡
추정공사비 12,888,089천원
설계용역비 590,590천원
참가등록 2018. 12. 10
질의접수 2018. 12. 19
질의회신 2018. 12. 21
작품접수 2019. 1. 31
당선 (주)길종합건축사사무소이엔지
우수 (주)건축사사무소 윤원

부산 에코델타시티 대방노블랜드 아파트 13블럭
대지위치 부산광역시 강서구 에코델타시티 13블럭
발주처 대방하우징(주)
대지면적 109,816.00㎡
연면적 252,391.69㎡
계획호수 1452세대
설계용역비 305,008천원
참가등록 2020. 7. 3
질의접수 2020. 7. 20
당선 (주)무영종합건축사사무소

파주운정3 A-23BL 공동주택
대지위치 경기도 파주시 다율동 일원
발주처 한국토지주택공사
대지면적 53,554.00㎡
연면적 143,461.92㎡
추정공사비 2,586억원
설계용역비 51억원
참가등록 2020. 2. 25
작품접수 2020. 3. 30
당선 (주)다인그룹엔지니어링건축사사무소 + (주)위더스건축사사무소

옛 성동구치소 부지 신혼희망타운
대지위치 서울특별시 송파구 가락동 161, 162번지
발주처 서울주택도시공사
대지면적 마스터플랜 83,777.5㎡ + 신혼희망타운 21,372.8㎡
추정공사비 60,350,000천원
설계용역비 2,338,521천원
참가등록 2020. 2. 17
질의접수 2020. 2. 21
질의회신 2020. 2. 27
작품접수 2020. 5. 11
당선 (주)디에이그룹엔지니어링종합건축사사무소

과천지식정보타운 S-10BL
대지위치 경기도 과천시 갈현동, 문원동 일원
발주처 한국토지주택공사
대지면적 18,308㎡
추정공사비 68,166백만원
설계용역비 272백만원
참가등록 2020. 3. 24
질의접수 2020. 3. 24 ~ 3. 31
질의회신 2020. 4. 6
작품접수 2020. 5. 11
당선 김태철 + (주)건축사사무소 두올아키텍츠

설계경기 02_주거

양주회천 A-17BL 공동주택

당선작 (주)해안종합건축사사무소 윤세한　설계팀 박재우, 김동영, 김상길, 김미경, 김애리, 김태용, 이현경, 김도형, 양희경, 이건엽, 이지은, 정은호, 조형준, 전종욱, 김용원

대지위치 경기도 양주시 덕계동 일원 회천택지지구 내 A-17BL　**대지면적** 36,648.00㎡　**건축면적** 7,068.84㎡　**연면적** 84,711.42㎡　**조경면적** 8,672.10㎡　**건폐율** 19.29%　**용적률** 146.24%　**규모** 지하 2층, 지상 29층　**구조** 철근콘크리트벽식조

도시와 자연의 경계를 확장하는 열린 단지
주로 판상 남향배치를 통해 거주성을 극대화하고, 상업시설변은 연도형 주동을 통해 안전하고 쾌적한 단지를 구현하였다. 산록변으로 열린 조망을 향유하는 동시에 북측 인접아파트에 일조 간섭을 최소화하는 타워형 주동은 도시와 자연의 경계를 확장한다.

나와 가족이 모두 즐거운 생활문화 커뮤니티 '그로잉 홈'
새내기 부부의 생활을 지원하는 창의센터, 신혼문화센터, 취미작업실 등의 커뮤니티 시설이 중정형 어린이집을 둘러싸도록 계획하여 신혼부부가 아이를 바라보는 동시에 개인의 삶을 충족시킬 수 있는 공간으로 계획한다. 일과 육아가 모두 중요한 밀레니얼 세대의 특성을 반영한 신혼희망타운의 새로운 커뮤니티 모델 '그로잉 홈'을 제안한다.

오늘도 내일도 변할 수 있는 집
가치관과 구성원의 변화에 대응할 수 있도록 중앙으로 집중된 설비공간과 가변성이 풍부한 구조를 통해 풍요로운 생활공간을 제공한다. 필요에 따라 분리와 확장이 가능한 세대, 자연을 즐기는 복층 및 테라스 평면 등을 통해 신혼의 삶의 개성이 드러난다.

Open complex that extends the boundary between the city and the nature
We maximize the habitability by arranging flat-type housing mainly facing the south, and realizes safe and pleasant complex by arranging main street-type housing Tower facing commercial street. Tower-type main housing, which enjoys the view open to the mountain and minimizes the interference of the sun in the north's adjoining apartments, extends the boundary between city and nature.

A life culture community where both me and my family are happy, "Growing home"
Community facilities such as a creative center, a honeymoon culture center and a hobby workshop that support the lives of newlywed will be surrounding the daycare center with courtyard, so that newlyweds can look at their children and meet their personal lives at the same time. We propose the new community model "Growing Home" for the town, which reflects the characteristics of the Millennial Generation, both the work and child care are important.

A house that can change today and tomorrow
With centralized facility space and variable housing structure, it provides a rich living space that responds to values and changes in members. And the Individuality of newlywed life is revealed through the unit types that can be separated or expanded as needed and two-storied or terraced types for enjoying the nature.

Prize winner HAEAHN Architecture, Inc._Yoon Sehan　**Location** Yangju, Gyeonggi-do　**Site area** 36,648.00m²　**Building area** 7,068.8m²　**Gross floor area** 84,711.42m²　**Landscaping area** 8,672.10m²　**Building coverage** 19.29%　**Floor space index** 146.24%　**Building scope** B2, 29F　**Structure** RC wall construction

Yangju Hoecheon A-17BL Housing

기본구상도
SCALE : NONE

살수록 넓어지는 집

신혼희망타운으로 옮겨온 신혼들은 과거의 관계를 뒤로하고 새로운 주거지로 변모하는 신도시에서 어떤 삶을 살아갈 수 있을 것인지 많은 고민을 하게 될 것이다. 한 번 옮기고 나면 바꾸기 쉽지 않은 주거의 속성상 정주성에 가장 큰 목표를 두고, 집이라는 한정적 거주공간을 넘어 외부공간의 물리적 환경과 매일매일 마주칠 이웃 사람들과의 새로운 삶의 관계에 집중하였다. 분양과 임대 등의 소유 개념을 벗어나 누구나 매일 반복해야 할 일상생활을 함께 공유하고, 아이와 함께 할 수 있는 커뮤니티시설을 두어 구성원 모두의 다양한 접촉이 있는 공동체 생활을 계획하였고, 자연과 계절이 스며든 열린 마당과 삶의 출발점과 방식에 따라 자유롭게 변화하는 주거공간을 통해 모두가 살기 좋은 건강한 바탕을 마련하였다. 우리는 일상의 즐거움과 균형을 찾고, 다양한 이웃을 만나게 함께하는 공동체 문화로 나와 이웃의 삶 모두가 동네를 넘어 도시로 확장되는 지속적인 주거지로써 살수록 넓어지는 집을 계획하였다.

동네와 도시로 확장하는 자유로운 생활 중심 만들기
삶의 영역을 집과 단지를 넘어 동네와 도시로 확장시키기 위해 지역 공동체에 접촉하는 단지 중심을 설정하였고, 삶의 다양한 필요나 기회에 따라 도시의 공동체로 확장되는 연속적 중심을 계획하였다.

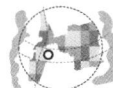
도시와 공유할 수 있는 연속된 삶의 CORE
양주의 자연과 도시가 함께 만들어낸 대상지의 중심성은 잡-도시-자연을 하나로 연결하며, 삶의 CORE는 신혼의 생활이 동네로 영역 넘어 공동체를 만들고, 도시의 다양한 기능에 접촉하는 생활환경의 시작점이 된다.

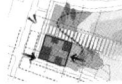
다양한 계층의 삶이 모인 열린 단지 만들기
지역 생활편의 10분 걸음으로 해결하는 대상지의 중심성은 단지 내부 커뮤니티와 주변 이웃과 일상까지 만남을 유도하며, 생활문화중심 그로잉센터와 통경축 및 열린 마당으로 접촉의 다양한 기회를 만든다.

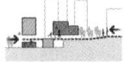
지역과 사람을 잇는 단계적 레벨 계획
신혼과 행복주택이 혼재된 대상지의 특성상 그들이 서로 분리되지 않고 자유로운 기회의 바탕을 마련하기 위해 생활가로에서부터 주거지, 커뮤니티 시설까지 연속적인 길과 마당으로 생활접근성을 고르게 계획하였다.

다양한 공동체가 살고 싶은 또 하나의 집 '그로잉 홈'
신혼 가족의 육아와 보육을 지원하는 생활중심 커뮤니티 공간이며, 동네 단위의 구성원들이 함께 사용할 수 있는 생활유희공간을 통해 공동체 생활문화의 가치가 시간적, 공간적으로 지속되는 중심이 된다.

매일의 발걸음이 닿는 생활중심 커뮤니티
지역 생활편의 중심에 맞물은 대상지는 신혼과 지역 주민의 일상생활이 자연스럽게 만날 수 있는 가능성을 통해 매일 반복되는 생활들을 공유하고 나누어 해결할 수 있는 여유와 함께, 자립적 생활공동체의 출발점이 된다.

아이와 함께 하는 자유로운 일상 '그로잉 홈'
육아, 보육시설을 중심으로 나와 가족 구성원 모두에게 맞춤 실내외 커뮤니티 공간은 인근 주민, 학생에게 선택적으로 개방될 수 있는 프로그램과 다양한 위계로 매일 마주치게 하여 일상에서 자연스럽게 연계될 수 있도록 했다.

나만의 공간을 디자인 해 준 '홈 파빌리온'
집에서 부족한 생활공간을 확장하거나, 혼자 또는 이웃과 같이 즐기는 요가, 영상, 음식 등의 일상적 활동을 내 집 바로 앞에서 즉흥적으로 할 수 있는 가까운 공간을 계획하여 집 밖의 또 다른 집 개념의 장소를 제공한다.

오늘도 내일도 변할 수 있는 집
신혼의 다양한 가치관과 구성원의 변화하는 요구에 공간의 시기별 기능을 모두 대응할 수 있는 무한가변구조와, 축출적인 일상의 변화에 동시에 대응하는 유연한 평면으로 현실적인 삶의 실용성을 계획하였다.

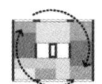
신혼의 다양한 출발점을 이해한 무한퍼즐평면
신혼의 위계없는 라이프스타일에 대응하기 위해 기존의 거실 중심의 평면에서 벗어나, 설비 공간을 압축적으로 중심에 배치하여 생활공간의 위계를 자유롭게 바꿀 수 있는 벽식 구조의 무한퍼즐평면을 계획하였다.

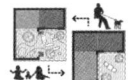
매일매일의 쓰임대로 바꿀 수 있는 유연한 집
서로 다른 취향으로 살아가는 주거공간은 하루하루의 축출적 일상의 변화를 수용할 수 있어야 한다. 신혼과 가족이 겪는 짧은 시간 단위의 생활변화에 대응하도록 실내와 마당을 연계해 유동적으로 사용하도록 유도했다.

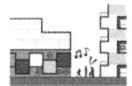
독특한 집과 주동이 만드는 소통의 다양한 풍경
개성있는 라이프스타일을 갖춘 마당, 길과 엮인 집의 다양한 모습과 도시를 향한 북향 커뮤니티 공간이 만든 다채로운 삶의 모습은 단지의 경계에서 내부로 이어져 가로와 내부로 풍성하고 연속적인 풍경을 보여준다.

동네로 열린 커뮤니티시설과 자연을 끌어들인 마당이 서로 연결된 단지

누구나 가보고 싶은 디자인 아이콘이 되는 '그로잉 홈'의 전경

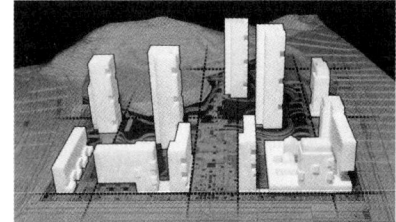
자연의 흐름을 품은 통경축과 다양한 유형의 주거공간이 만든 다채로운 삶의 마당

대지현황분석도
SCALE : NONE

동 - 서 이형형상의 대지

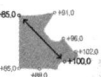
최대 15M의 고저차

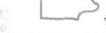
법적 제한사항 (6m 이격, 통경축)

신혼에게 필요한 장소 만들기

대상지는 천보산맥과 불곡산이 이루는 분지형의 장소에 남북의 광역교통축과 동서의 도시가로축과의 교차점에 위치해, 양주의 다양한 지역과 서로 다른 만남의 가능성을 갖추다. 따라서 우수한 광역교통시설과 중심상업지구와 인접한 특징으로 보행중심의 생활권을 형성할 가능성을 내포하고 있다. 주변의 소음 및 옹벽의 단지 등 생활 리스크를 해결하면서 도시와 자연, 그리고 동네가 서로 소통하는 구심점의 성격을 살린 주거지계획이 필요하다.

지역현황
양주는 불곡산과 천보산맥이 감싸는 분지형태의 대지로, 대상지가 중심에서 너른 자연환경과 통경축을 도시와 공유하면서 지역의 중심 연결망을 형성할 수 있게 만든다.

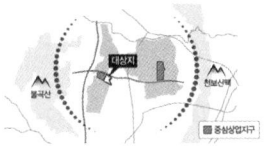

지구현황
회천지구의 도시영역은 산세의 흐름을 따라 남북으로 길게 뻗어 있으며, 그 사이를 동서의 경관축이 생활가로와 함께 자연경관을 도시로 흡수시킨다.

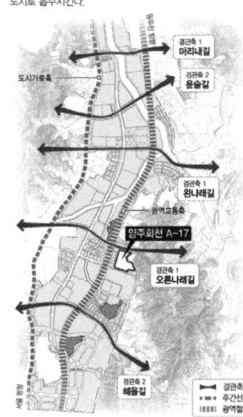

ISSUE 01 상업시설에 편중된 생활권
대상지는 상업지구와 교통축에 근접하여 위치하지만 문화시설은 회천 지역의 기존 시가지와 공유할 수 밖에 없는 상황이다. 아이와 함께 고려한 생활권 내 문화복지 시설의 제안이 필요하다.

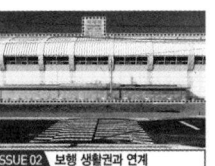
ISSUE 02 보행 생활권과 연계
상업지구와 광역교통에 근접한 대상지의 특성을 고려하여, 생활영역의 진출입 공간과 동선체계의 상호 접근성을 높이고, 생활가로 접점부가 될 단지 출입구의 상징적 경관 디자인이 요구된다.

ISSUE 03 생활 소음 발생
대상지 북쪽 경계 상업지역에 연결되는 간선도로의 소음, 서측 경계 상업시설과의 생활소음 간섭이 예상된다. 오픈 스페이스의 설정 및 주동 배치과정에서 이에 대한 대응방법이 요구된다.

ISSUE 04 주거지 경계부의 옹벽
동쪽 경계 절벽에 매입하는 삼희아파트의 옹벽은 단지의 영구조망을 만들고 가주성을 약화시킬 위험이 있다. 적절한 레벨계획으로 옹벽과 생활영역의 레벨차를 경감시킬 방안이 필요하다.

ISSUE 05 생활가로의 경관
대상지는 산지에 둘러싸인 풍부한 지형 특성과 일률적인 층수의 중심상업지구와 만나고 있다. 단지의 통합과 통경의 NODE가 생활가로와 함께 이루어져 있으며, 동측으로는 삼희아파트의 단차를 함께 해결하는 단지경관계획이 필요하다.

양주회천 A-17BL 공동주택

특화계획도-1
SCALE : NONE

우리의 영역이 함께 넓어지는 집

기존 단지 주변과 단절된 무미 건조한 구성에서 벗어나, 나와 가족, 그리고 이웃을 다같이 품는 공간을 만들기 위해, 도시로는 다양한 유형과 층수의 입체적 주거동이 형성되는 마당공간에서 이웃과의 접촉이 일어나고, 지역으로 개방된 신혼특화커뮤니티를 통해서 다양한 공동체가 형성된다. 고장산으로 시원하게 열린 배치로 지역 경관과 소통하며 단지의 영역, 생활의 영역, 관계의 영역이 점점 확장되는, 실수로 넓어지는 집을 계획하였다.

완결적 거주공간을 넘어 사람과 자연에 품어든 삶의 CORE
도시와 단지가 소통하고 하늘로 열리고 땅으로 연결된 경관 계획으로 도시와 단지 속 어느 누구나 하늘과 자연, 그리고 일상을 풍요롭게 보낼 수 있는 중심을 계획하였다.

도시와 이웃이 함께하는 유동적인 삶의 경계 만들기

누구나 다 좋은 소셜믹스 방안
기존 소셜믹스는 분양과 임대를 주동별 또는 단지영역별로 구분하여 문제로 되었으며, 불규칙한 혼합 또한 누군가의 불만과 문제가 될 것이다. 이에 저층부 기피세대를 마당있는 집, 소호가 가능한 스튜디오 집, 테라스가 있는 집들의 특화세대로 임대로 제공하여 저층부 기피세대 없이 계획하고 고층부에 조망특화와 가변형 프로그램으로 분양에 내어주어 누구나 다 좋은 소셜믹스를 실현하고 한다.

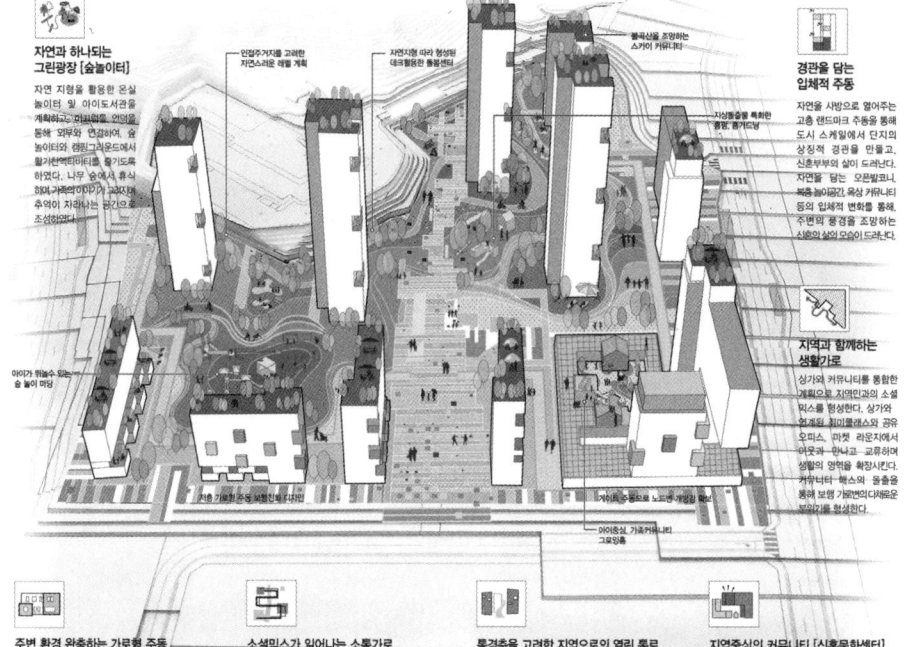

산과 바람, 자연이 풍부하고 내 집 처럼 편안한 동네 그리고 오래오래 살고 싶은 집

자연과 하나되는 그린광장 [숲놀이터]

경관을 담는 입체적 주동

지역과 함께하는 생활가로

주변 환경 완충하는 가로형 주동

소셜믹스가 일어나는 소통가로

통경축을 고려한 지역으로의 열린 동로

지역중심의 커뮤니티 [신혼문화센터]

특화계획도-2
SCALE : NONE

가족의 삶이 확장되는 "그로잉 홈"

지금까지 아파트에서 이웃 관계는 아는 사람만 알고 모르는 사람은 계속 모르고 지내왔기 때문에, 관계의 한계를 극복하지 못하고 공간적으로 제한되어 있다. 이제는 이웃들끼리 서로 엿보고 참여하고 싶은 '보이는 공동체'가 되어 아파트의 공동성을 회복해야 한다. 신혼희망타운의 커뮤니티는 동네 사람들이 어떻게 살고 뭘 하면서 사는지, 심란한 곳과 놀란한 곳이 어디인지, 그리고 엄마는 자신의 시간을 즐기면서 동시에 내 아이가 어떻게 놀고 있는지 지켜볼 수 있을 만큼, 가까이에서 바라보이는 커뮤니티가 되어야 한다. 나를 일부러 드러내지 않고도 남들과 부담 없이 어울리고, 혼자보다 함께 할 때 더 만족스러운 여가시간을 보내며 삶의 여유를 함께 누리고 사는 문화센터 같은 커뮤니티 공간을 담아 내고자 한다.

아이 중심의 가족 커뮤니티 "그로잉 홈"

마당을 품은 아이 커뮤니티 "보이는 어린이 집"

지역의 문화 랜드마크 "신혼 문화센터"

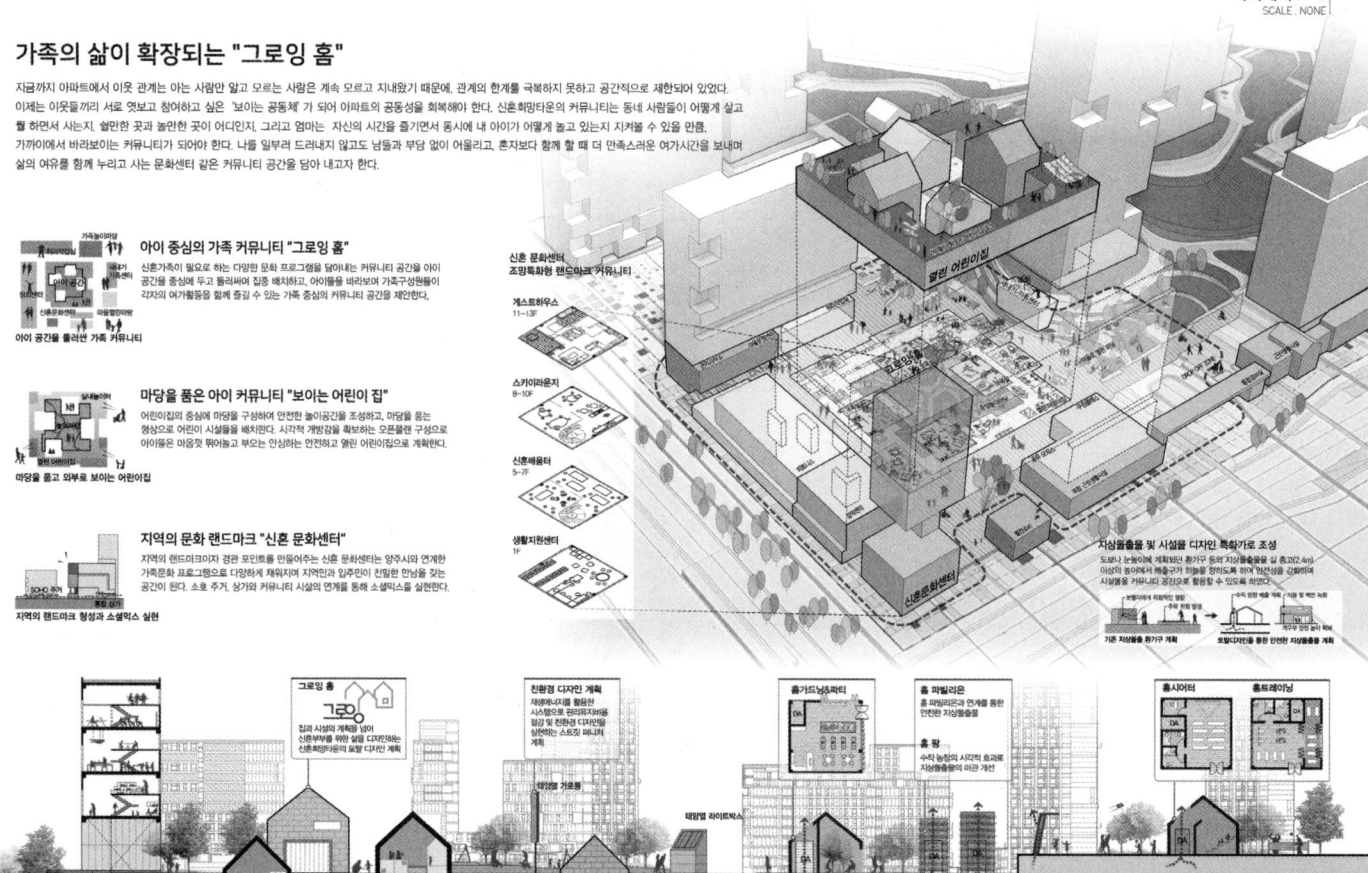

Yangju Hoecheon A-17BL Housing

특화계획도-3
SCALE : NONE

끊임없는 이야기가 이어지는 마당

무한가변으로 스스로의 공간을 만들고, 일상을 집 밖으로 언제나 확장할 수 있는 다양한 집들은 서로 다른 특별한 마당을 중심으로 함께 사는 삶을 다채롭게 만든다. 풍부한 자연과 넓은 통경, 아이들의 사계절 놀이, 동네의 생활문화공간을 담은 세 가지 마당으로 매일매일 반복하는 일상이 외부와 만나 계속해서 다양해지는 장소를 계획하였다.

자연이 품은 마당
통경축의 너른 개방감과 함께 산의 지형을 그대로 이어받은 마당과 산책로는 녹지를 끌어들이며 주거동과 만나 가족, 이웃의 건강한 여가공간이 된다.

문화를 담은 마당
다양한 길과 독특한 마당으로 엮인 복합커뮤니티시설은 아이와 함께 하는 다양한 문화 프로그램과 이웃과의 공용물을 만드는 중심 마당이 된다.

놀이를 풀어놓은 마당
이웃 경계와의 놀이차를 이용한 놀이공간, 미세먼지를 피해 신나게 뛰어 놀 수 있는 실내놀이방 등이 접지세대의 마당을 공유하며 아이들의 천국이 주거.

지역 성격을 고려한 세 가지 마당

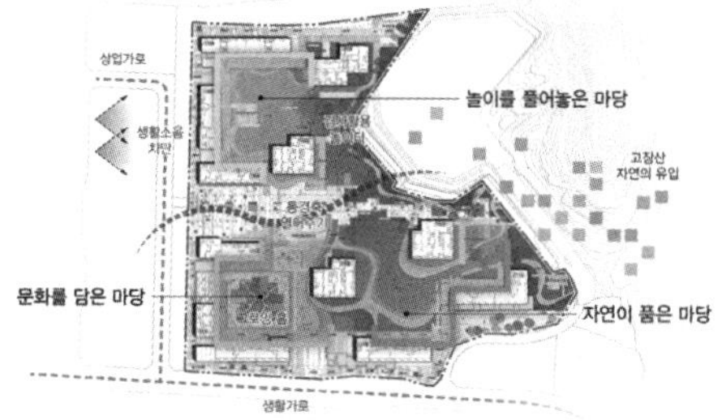

서로 다른 이야기가 있는 세 개의 마당은 대상지 주변 현황을 고려해 성격이 정해지며, 동시에 다양한 구성의 거주공간과 만나면서 단지 전체가 공유하는 특색있는 공간이 된다.

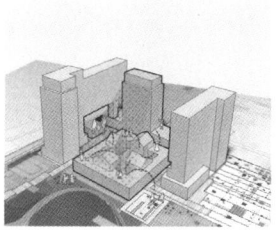
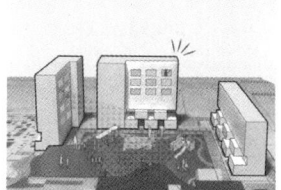

신혼타운의 자유로운 하루
살수록 넓어지는 집은 효율적인 공간 사용으로 작은 거주공간의 한계를 뛰어넘고, 천편일률적 삶의 모습에서 벗어나 자신이 원하는 대로 살 수 있는, 신혼에게 가장 재미있는 집이다.

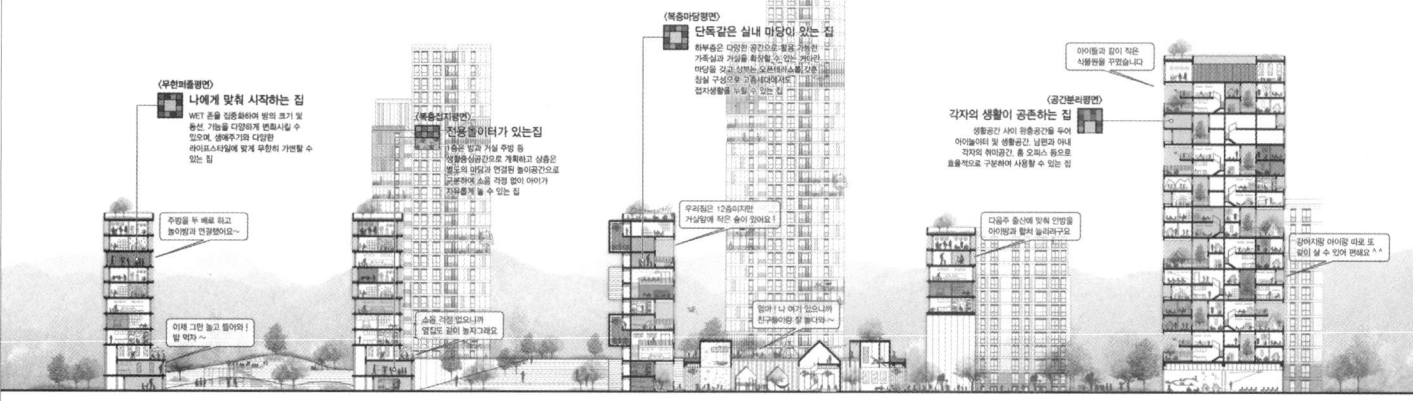

양주회천 A-17BL 공동주택

모두의 이야기를 담은 무한가변평면

기존의 주거유형은 정형화된 크기와 고정적인 위치로 근본적인 내부공간의 변화를 기대하기 어려웠다. 이에 WET-ZONE을 집중화하여 수요자의 필요에 따라 생애주기 뿐만 아니라 라이프스타일에 맞게 오늘도 내일도 변화할 수 있는 시스템을 구현하였다. 또한 최적화된 벽식구조를 활용하여 더 넓고 자유로운 가변 공간을 만들 수 있고 방의 크기, 동선, 기능을 주도적으로 사용할 수 있다.

생애주기 및 라이프 스타일에 따른 공간 분석

가변공간은 수요자가 원하는 방의 크기, 동선, 기능을 주도적으로 사용할 수 있도록 하여 라이프스타일과 생애주기 사이클에 모두 유연하게 가변가능하다.

생애주기별_신혼,육아

라이프스타일별_힐링,여가

형형색색 신혼부부의 개성을 담아내는 다양한 평면

신혼부부가 무한히 집을 바꿔나갈수 있고, 분리와 결합이 자유로우며, 다양한 개성을 드러낼 수 있는 다채로운 유닛을 구성한다.

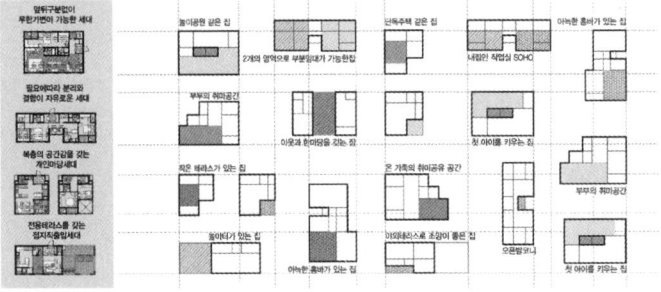

WET ZONE을 집중화하여 생애주기 사이클에 유연하게 대응

중앙에 위치한 Wet Zone을 제외한 나머지 영역은 무한 가변이 가능하게끔되고, 사용자 특성과 기호에 맞는 평면으로 언제든지 가변 가능하다.

신혼부부의 첫걸음을 시작하는 곳
신혼부부의 첫 시작에 맞춘 주방 오픈형 거실과 마스터룸 특화

자라는 아이의 실내놀이 공간
마스터존과 연계한 자녀룸을 특히 넓은 놀이공간 제공

홈오피스가 있는 재택근무형
프라이버시를 고려하여 분리된 오피스 공간

자유로운 공간구성이 가능한 가변평면

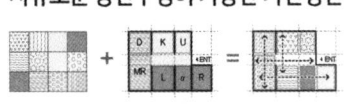

다양한 수요와 개성있는 라이프 스타일을 담기 위한 최적화된 구조설계로 더 넓고 자유로운 가변 공간을 만들 수 있다.

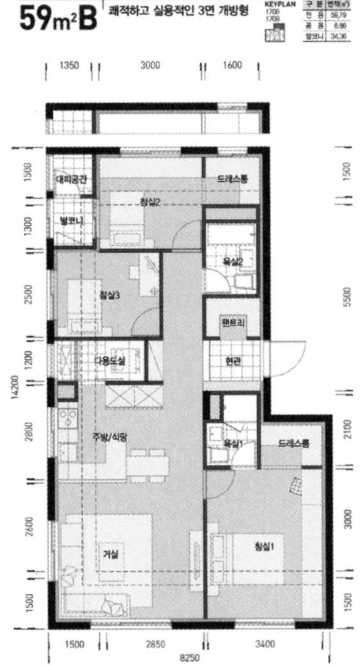

양주회천 A-17BL 공동주택

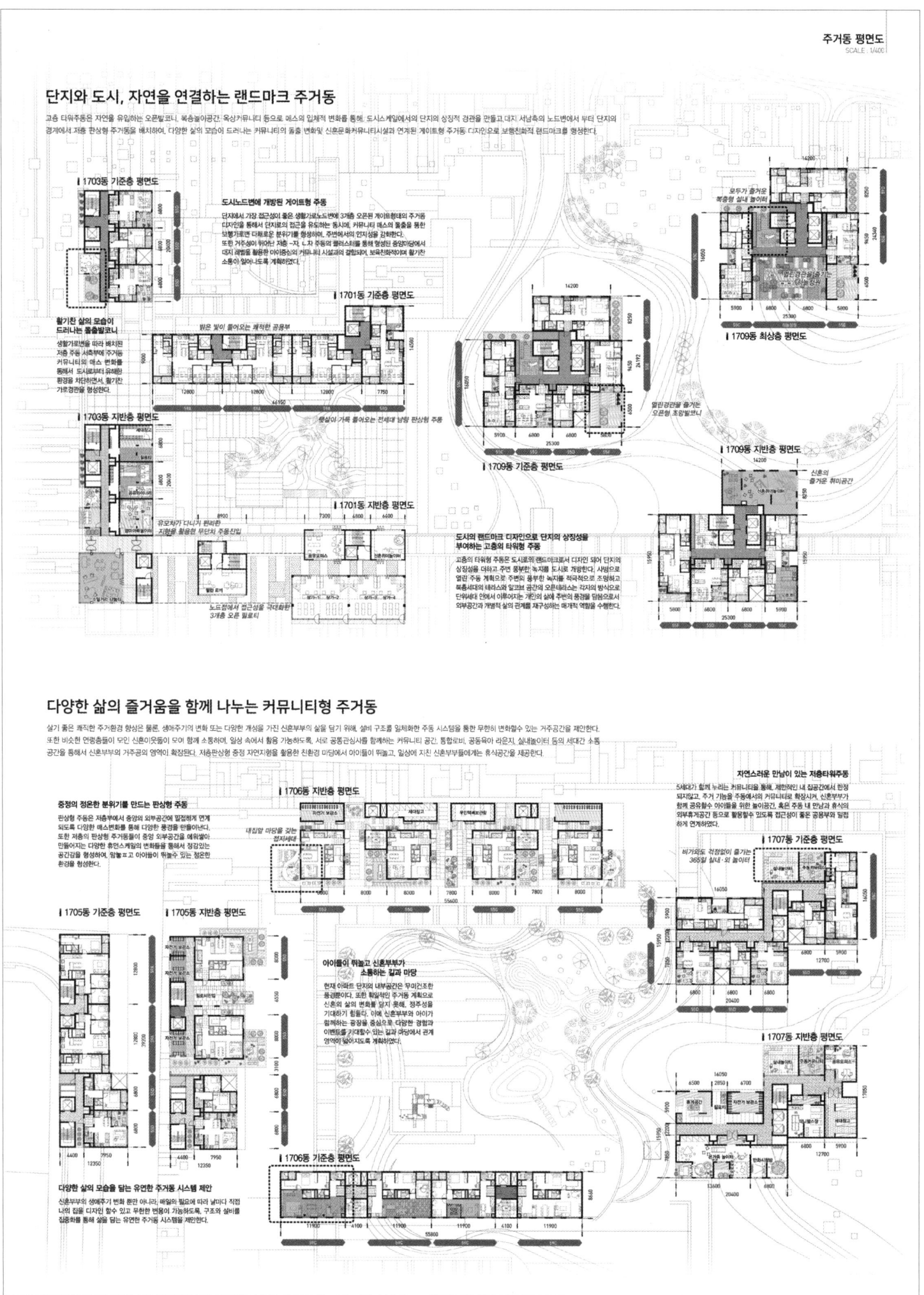

Yangju Hoecheon A-17BL Housing

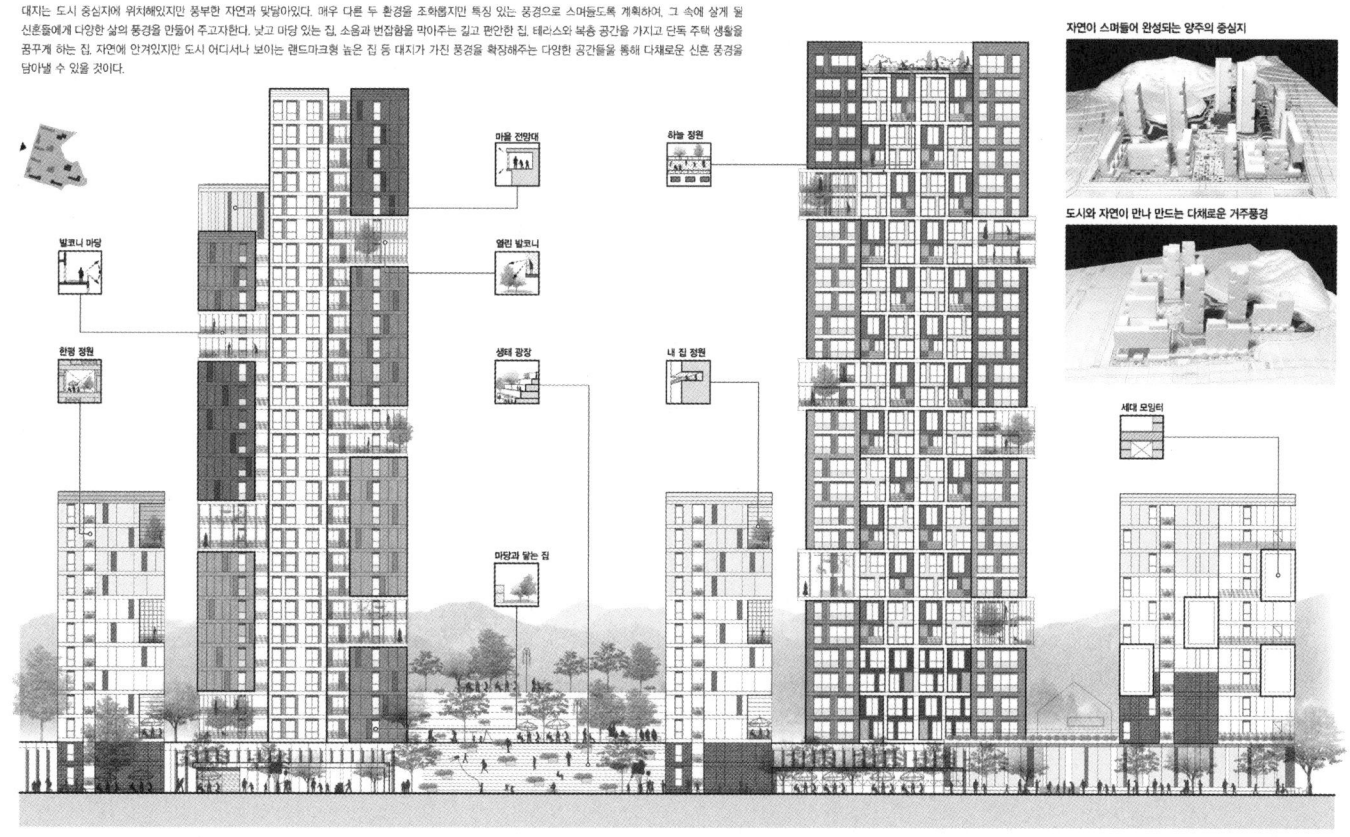

지역사회와 함께 만드는 랜드마크

신혼의 삶은 넓고 광범위한 영역을 필요로한다. 한정된 내 집이라는 개념을 넘어, 매일 매일 마주칠 이웃과 만들 새로운 삶의 이야기를 보여주고자 하였다. 지역을 향해 열린 문화 같은 형태와 커뮤니티 시설이 복합화된 게이트형 주동, 지역 어디서나 쉽게 인지할 수 있는 상징적인 랜드마크 타워 등을 통해 지역 사회와 함께 만드는 공간으로 확장될 수 있는 바탕을 만들어주었다. 그 속에 마당을 함께 쓰는 집, 커뮤니티 시설과 맞닿아 있는 집, 두개층이 함께 쓰는 정원이 있는 집, 목도에서 만나 커피 마실 수 있는 집등 일상생활을 함께 공유 할 수 있는 다양한 생활 풍경을 조합하여 구성원 모두 다양한 접촉이 있는 공동체 생활을 경험 할 수 있도록 계획하였다.

동네와 도시로 확장하는 생활 중심공간

다양한 삶이 모여 만드는 이야기를 담기위해 신혼의 생활이 동네로, 도시로 확장하며 접촉할 수 있는 생활공간을 만들어주고자 했다. 대지의 단차를 활용함에 여러 주거 유형을 조합하고, 사이 공간에 자연스러운 접촉이 이루어지는 공용 공간을 구성하여 소통의 장을 펼치도록 계획했다.

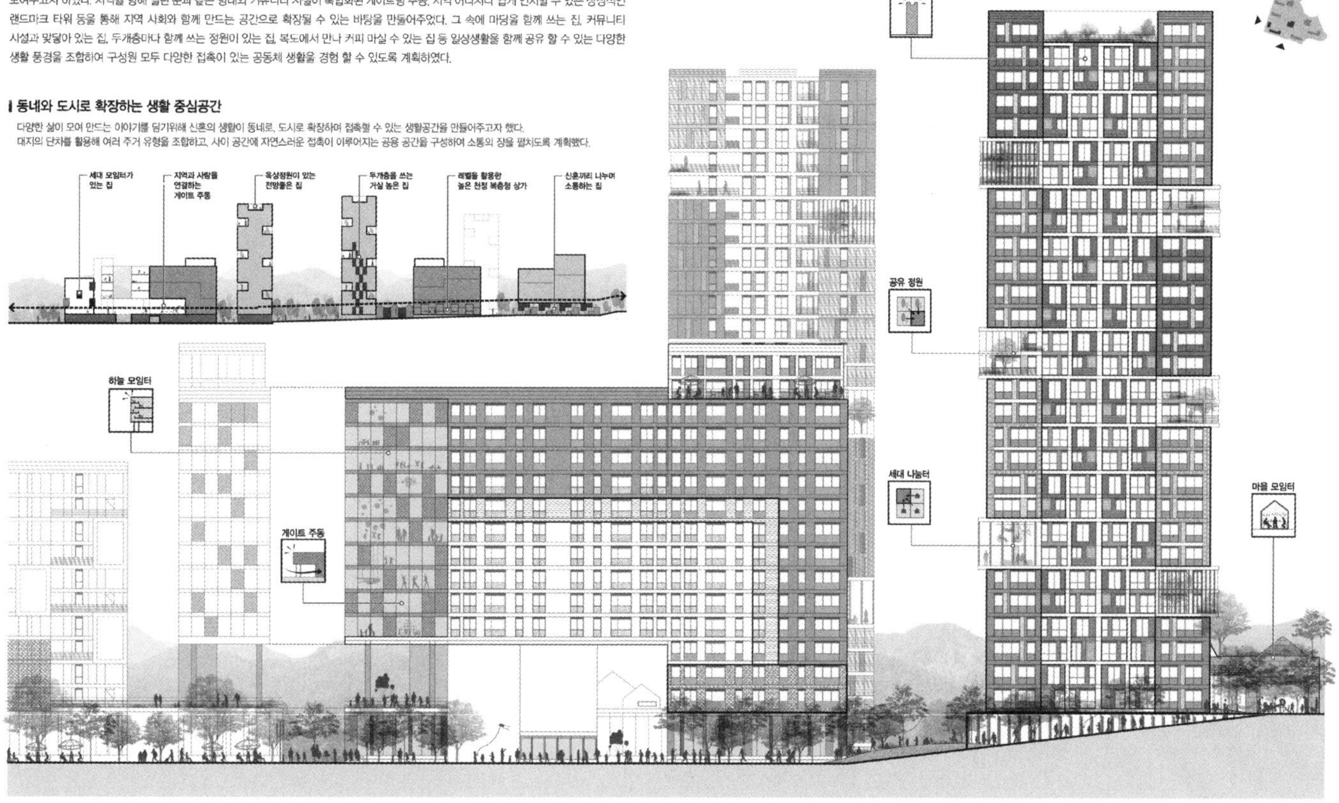

자연이 스며든 도시 중심지의 신혼풍경

대지는 도시 중심지에 위치해있지만 풍부한 자연과 맞닿아있다. 매우 다른 두 환경을 조화롭지만 특징 있는 풍경으로 스며들도록 계획하여, 그 속에 살게 될 신혼들에게 다양한 삶의 풍경을 만들어 주고자한다. 낮고 마당 있는 집, 소음과 번잡함을 막아주는 길고 편안한 집, 테라스와 복층 공간을 가지고 단독 주택 생활을 꿈꾸게 하는 집, 자연에 안겨있지만 도시 어디서나 보이는 랜드마크형 높은 집 등 대지가 가진 풍경을 확장해주는 다양한 공간들을 통해 다채로운 신혼 풍경을 담아낼 수 있을 것이다.

군산 금광지구 행복주택

당선작 (주)길종합건축사사무소이엔지 이길환   설계팀 황인준, 이명형, 최정민, 조진용, 이영주, 최준수

대지위치 전라북도 군산시 오룡동 834-50번지 일원 **대지면적** 10,842.00㎡ **건축면적** 1,061.01㎡ **연면적** 7,962.74㎡ **건폐율** 9.78% **용적률** 56.81% **규모** 지하 1층, 지상 9층 **구조** 철근콘크리트조 **외부마감** 외부용 수성페인트 **주차** 91대(장애인 주차 4대 포함)

연리지_행복한 동행이 시작되는 도시풍경 만들기

사업지는 노후화된 주택정비와 구도심의 활성화를 위해 새롭게 형성되는 장소이다. 자연과 도시의 경계에 위치하고, 주변보다 레벨이 높아 군산의 도시풍경과 자연녹지인 월명산, 금강을 바라볼 수 있는 최적의 입지조건을 가지고 있다. 이러한 입지적 특성을 반영해 자연과 도시를 연계하고, 차별화된 주거단지를 제안한다.

대지의 레벨을 이용해 삶의 공간을 연결하고, 통합된 단지를 완성하여 조화를 이루며, 각각의 세대원들이 한데 모여 함께 동행하는 공간을 담으려 했다. 군산 행복주택은 단순히 거주성만 가진 공공주택이 아닌 모두가 행복, 문화, 여유를 누리며 살아가는 따뜻한 주거공간이 되길 기대한다.

Intertwining trees making one body; creating an urban scenery from which a happy companion begins

The project site is a newly developed area dedicated to promoting old housing redevelopment and vitalization of old downtown. It's sitting on the border between the city and nature. And nestled at a place higher than its neighboring areas, the site is open to views of Gunsan's cityscape, Wolmyeongsan Mountain's natural greenery and the Guemgang river, offering great locational advantages. Such locational merits are taken into account to connect the city and nature and propose a differentiated residential complex.

The proposal strategically uses the level of the site to connect individual living spaces, promotes harmony by introducing an integrated complex, and offers a place in which all residents come together and become a companion to each other. This Gunsan Happy Housing is expected to provide a warm living space for living a happy, cultural and relaxed life, not a public housing that pursues only habitability.

Prize winner GIL Group Total Design Architecture_Lee Gilhwan **Location** Oryong-dong, Gunsan, Jeollabuk-do **Site area** 10,842.00m² **Building area** 1,061.01m² **Gross floor area** 7,962.74m² **Building coverage** 9.78% **Floor space index** 56.81% **Building scope** B1, 9F **Structure** RC **Exterior finishing** Water-paint **Parking** 91 (including 4 for the disabled)

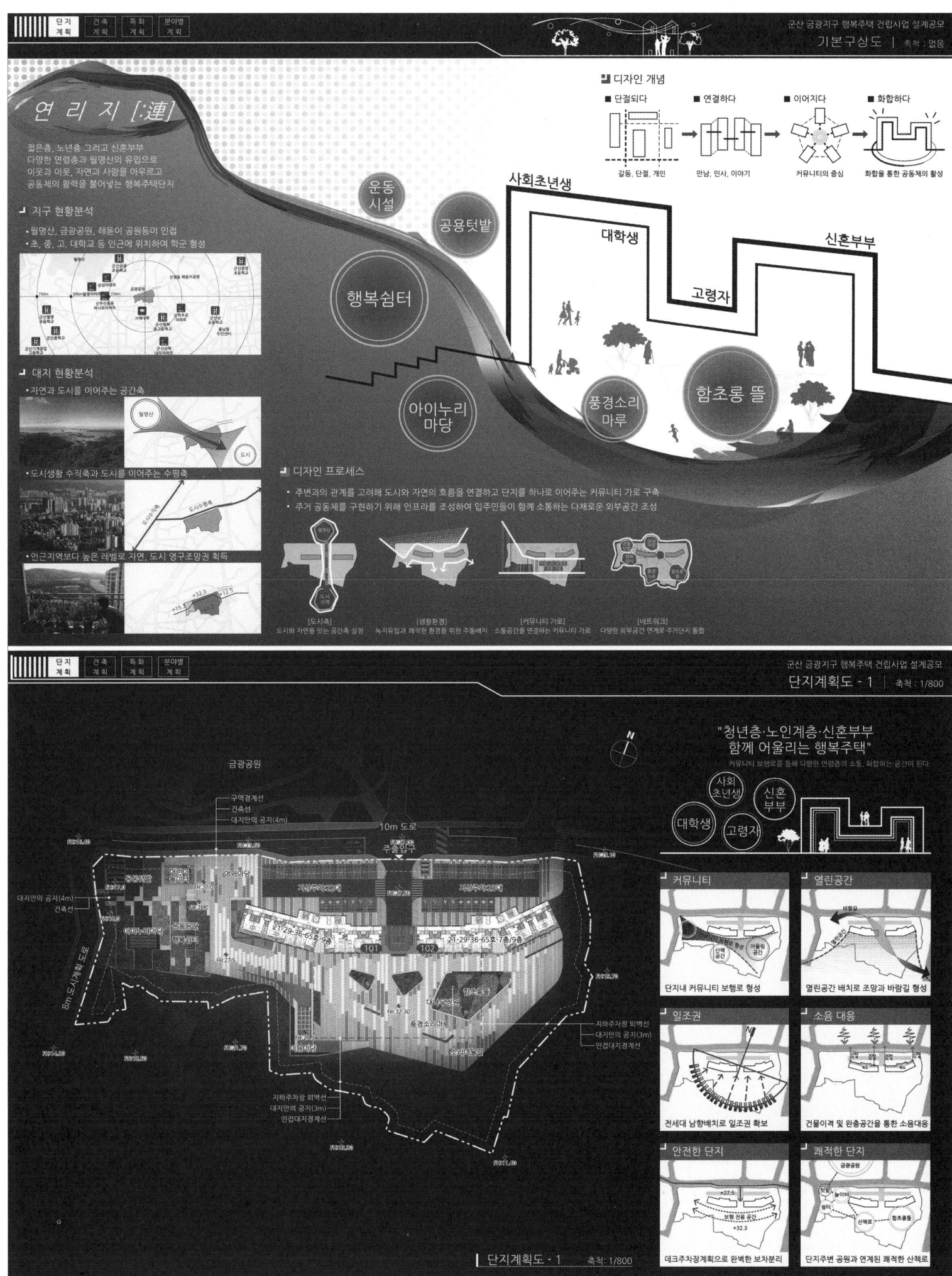

단지 계획 | 건축 계획 | 특화 계획 | 분야별 계획

군산 금광지구 행복주택 건립사업 설계공모

옥외공간계획도 | 축척 : 없음

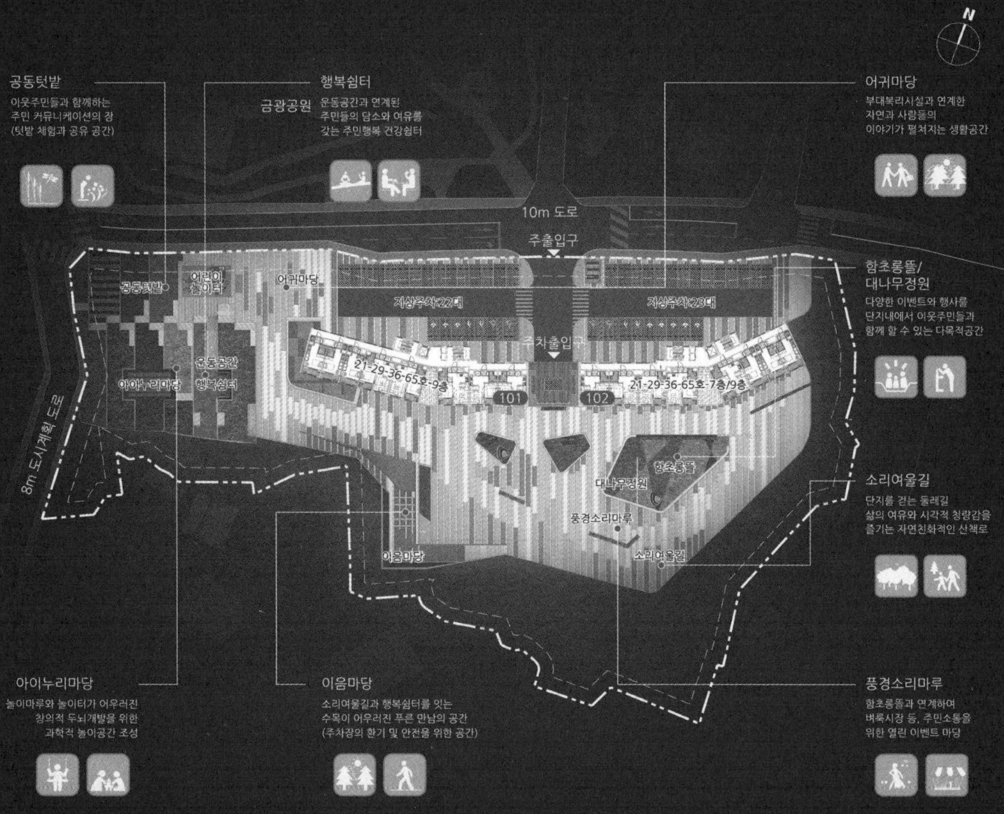

N
공동텃밭
이웃주민들과 함께하는 주민 커뮤니케이션의 장 (텃밭 체험과 공유 공간)
행복쉼터
금광공원
운동공간과 연계된 주민들의 담소와 여유를 갖는 주민행복 건강쉼터
어귀마당
부대복리시설과 연계한 자연과 사람들의 이야기가 펼쳐지는 생활공간
10m 도로
주출입구
부출입구
지상주차22대
지상주차23대
21-29-36-65호-9층
21-29-36-65호-7층/9층
101
102
공동텃밭
어린이놀이터
어귀마당
운동공간
행복쉼터
아이누리마당
8m 도시계획 도로
함초롱뜰/대나무정원
다양한 이벤트와 행사를 단지내에서 이웃주민들과 함께 할 수 있는 다목적공간
함초롱뜰
대나무정원
풍경소리마루
이음마당
소리여울길
소리여울길
단지를 걷는 둘레길 삶의 여유와 시각적 청량감을 즐기는 자연친화적인 산책로
아이누리마당
놀이마루와 놀이터가 어우러진 창의적 두뇌개발을 위한 과학적 놀이공간 조성
이음마당
소리여울길과 행복쉼터를 잇는 수목이 어우러진 푸른 만남의 공간 (주차장의 환기 및 안전을 위한 공간)
풍경소리마루
함초롱뜰과 연계하여 벼룩시장 등, 주민소통을 위한 열린 이벤트 마당

"이웃과 이웃을 연결하는 커뮤니티 공간"

단지내 다양한 커뮤니티 공간을 안전하게 이용할 수 있도록 보행자 중심으로 계획

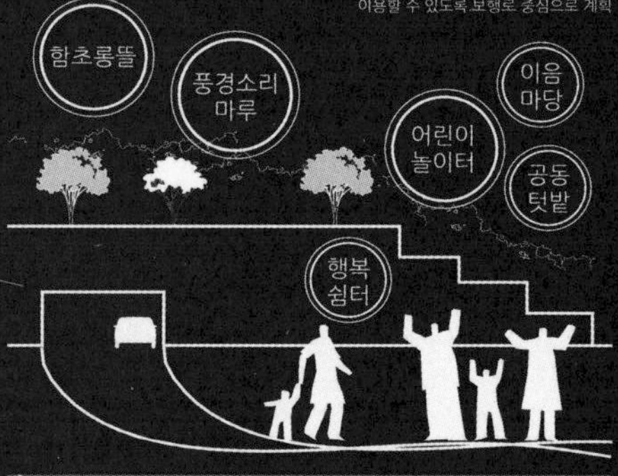

함초롱뜰
풍경소리 마루
이음 마당
어린이 놀이터
공동 텃밭
행복 쉼터

단지 종합 동선계획

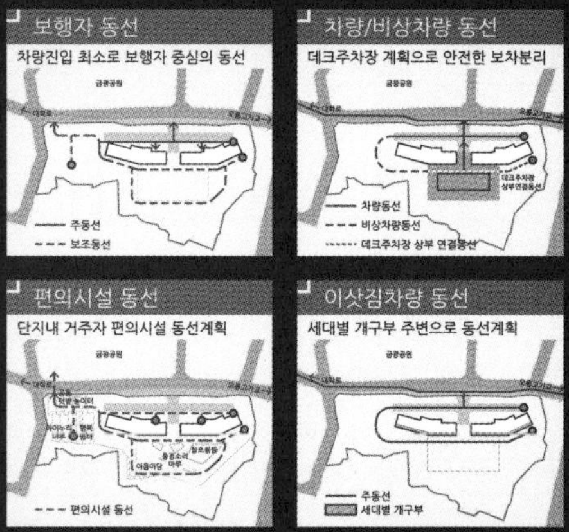

보행자 동선
차량진입 최소로 보행자 중심의 동선
금광공원
주동선
보조동선
차량/비상차량 동선
데크주차장 계획으로 안전한 보차분리
금광공원
차량동선
비상차량동선
데크주차장 상부 연결동선
편의시설 동선
단지내 거주자 편의시설 동선계획
금광공원
편의시설 동선
이삿짐차량 동선
세대별 개구부 주변으로 동선계획
금광공원
주동선
세대별 개구부

단지 계획 | 건축 계획 | 특화 계획 | 분야별 계획

군산 금광지구 행복주택 건립사업 설계공모

생태 및 조경계획도 | 축척 : 없음

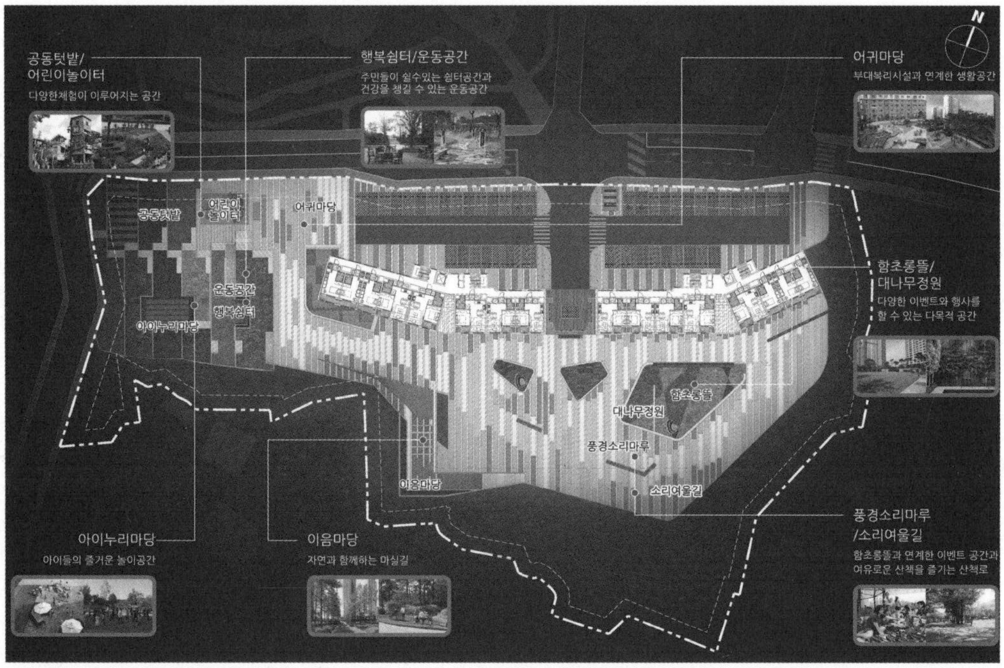

N
공동텃밭/어린이놀이터
다양한체험이 이루어지는 공간
행복쉼터/운동공간
주민들이 쉴수있는 쉼터공간과 건강을 챙길 수 있는 운동공간
어귀마당
부대복리시설과 연계한 생활공간
공동텃밭
어린이놀이터
어귀마당
운동공간
행복쉼터
아이누리마당
함초롱뜰/대나무정원
다양한 이벤트와 행사를 할 수 있는 다목적 공간
함초롱뜰
대나무정원
풍경소리마루
이음마당
소리여울길
아이누리마당
아이들의 즐거운 놀이공간
이음마당
자연과 함께하는 마실길
풍경소리마루/소리여울길
함초롱뜰과 연계한 이벤트 공간과 여유로운 산책을 즐기는 산책로

"자연과 외부공간을 연계한 체험공간"

자연, 외부공간, 이웃과 연계한 단지내 커뮤니티 공간을 통해 다양한 체험을 할 수 있다.

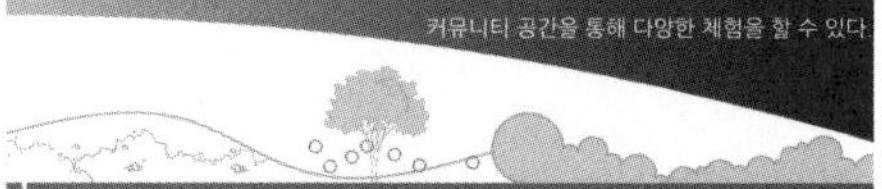

생태 면적표

공간유형	설치면적(㎡)	가중치	인정면적(㎡)
자연지반녹지	7,302.17	1.0	7,032.17
인공지반녹지	609.99	0.7	426.99
수공간(차수)	27.86	0.5	13.93
전면투수포장(자연)	2,062.18	0.3	618.65
전면투수포장(인공)	866.48	0.3x0.7	181.96
합 계	10,598.68	-	8,273.70
생태면적률		76.31%	

친환경 녹색공간

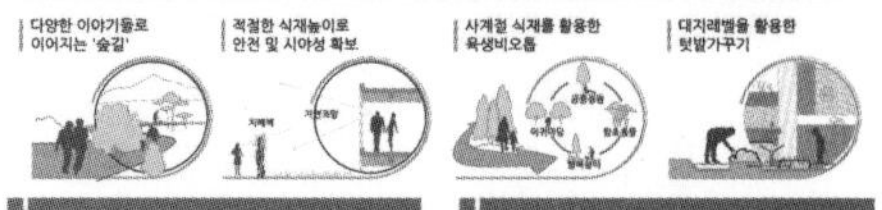

다양한 이야기들로 이어지는 '숲길'
적절한 식재높이로 안전 및 시야성 확보
사계절 식재를 활용한 육생비오톱
대지레벨을 활용한 텃밭가꾸기

환경친화적인 포장재

투수성 포장재로 지하수 확보

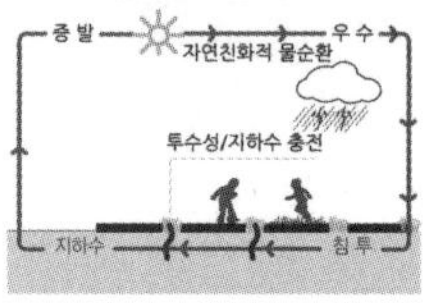

증발
우수
자연친화적 물순환
투수성/지하수 충전
지하수
침투

무단차 + 보차로분리

보행자 및 자전거 이용자 안전확보

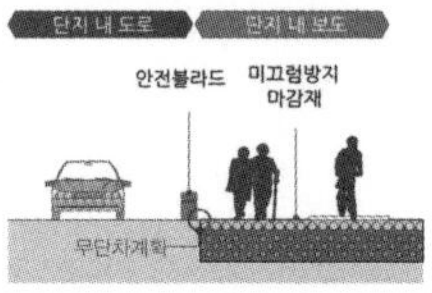

단지 내 도로
단지 내 보도
안전볼라드
미끄럼방지 마감재
무단차계획

자연과 함께하는 입체적인 공간 제공

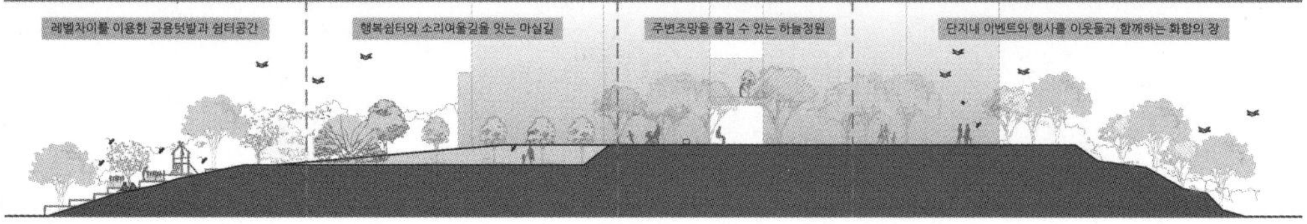

레벨차이를 이용한 공용텃밭과 쉼터공간
행복쉼터와 소리여울길을 잇는 마실길
주변조망을 즐길 수 있는 하늘정원
단지내 이벤트와 행사를 이웃들과 함께하는 화합의 장

점진적 통합 커뮤니티

단지를 통한 생산과 나눔의 연계

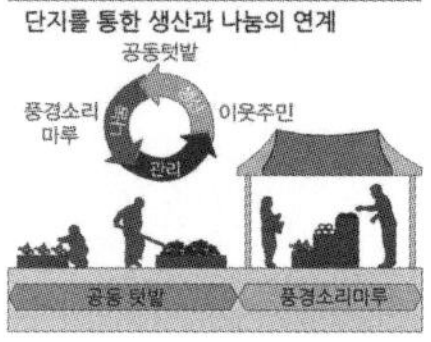

공동텃밭
풍경소리 마루
이웃주민
나눔
관리
공동 텃밭
풍경소리마루

이웃과 함께하는 화합공간

다양한 이벤트가 이루어지는 다목적공간

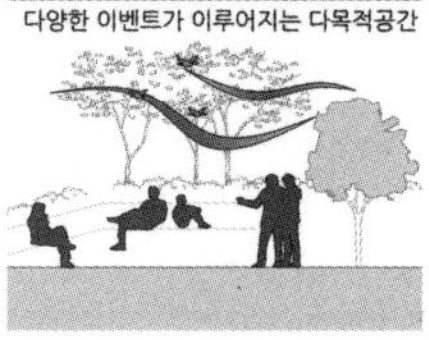

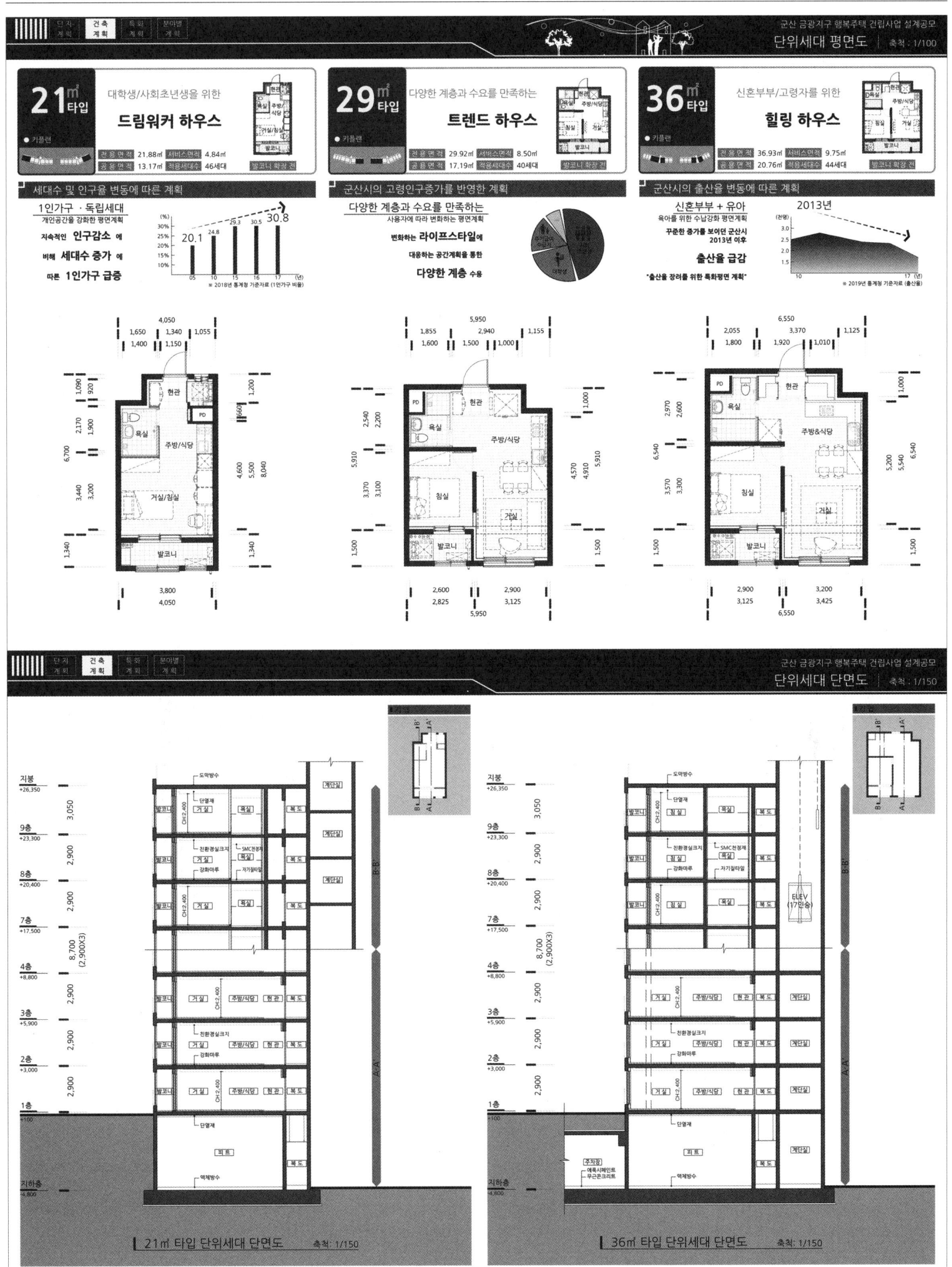

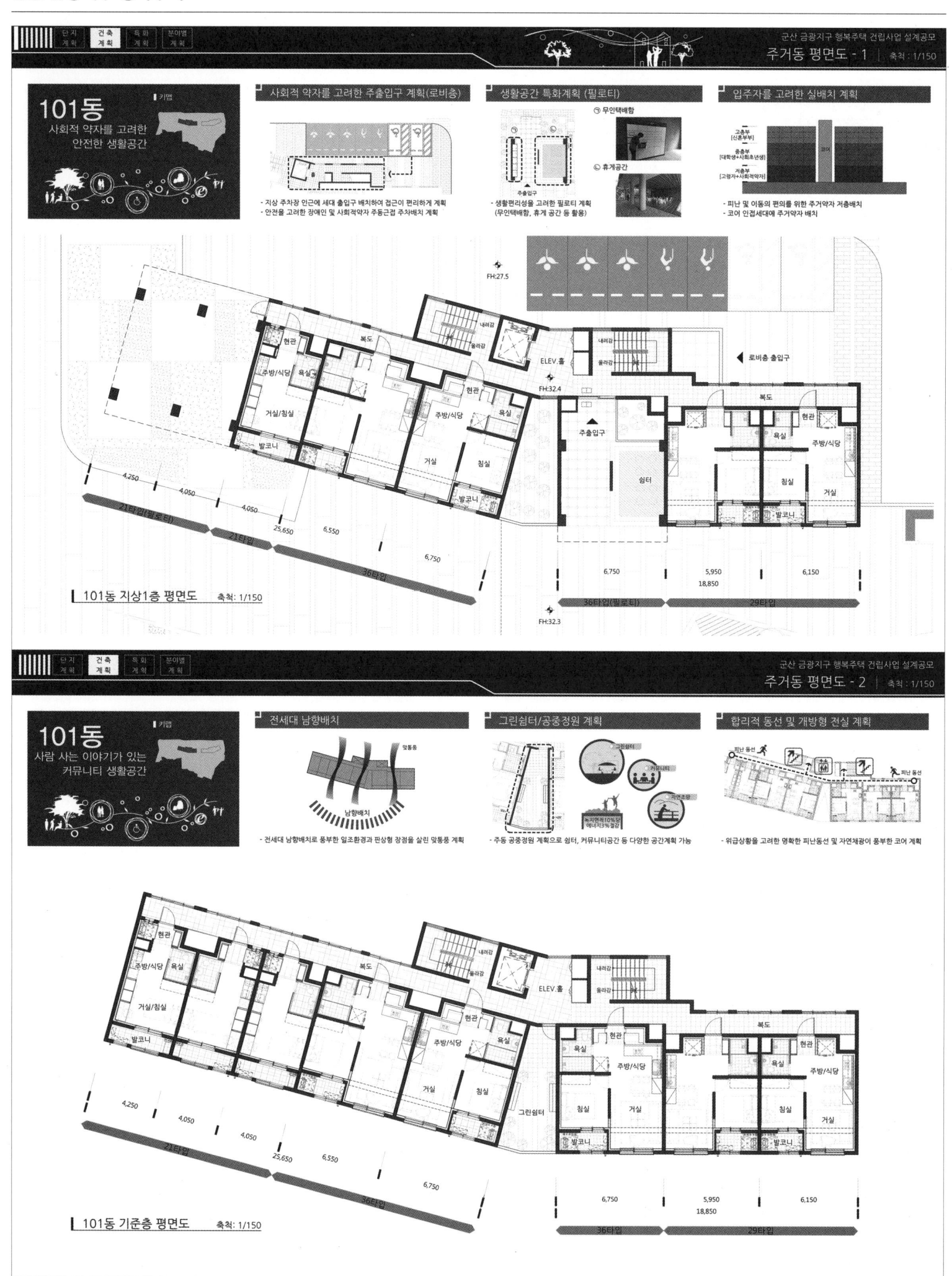

군산 금광지구 행복주택

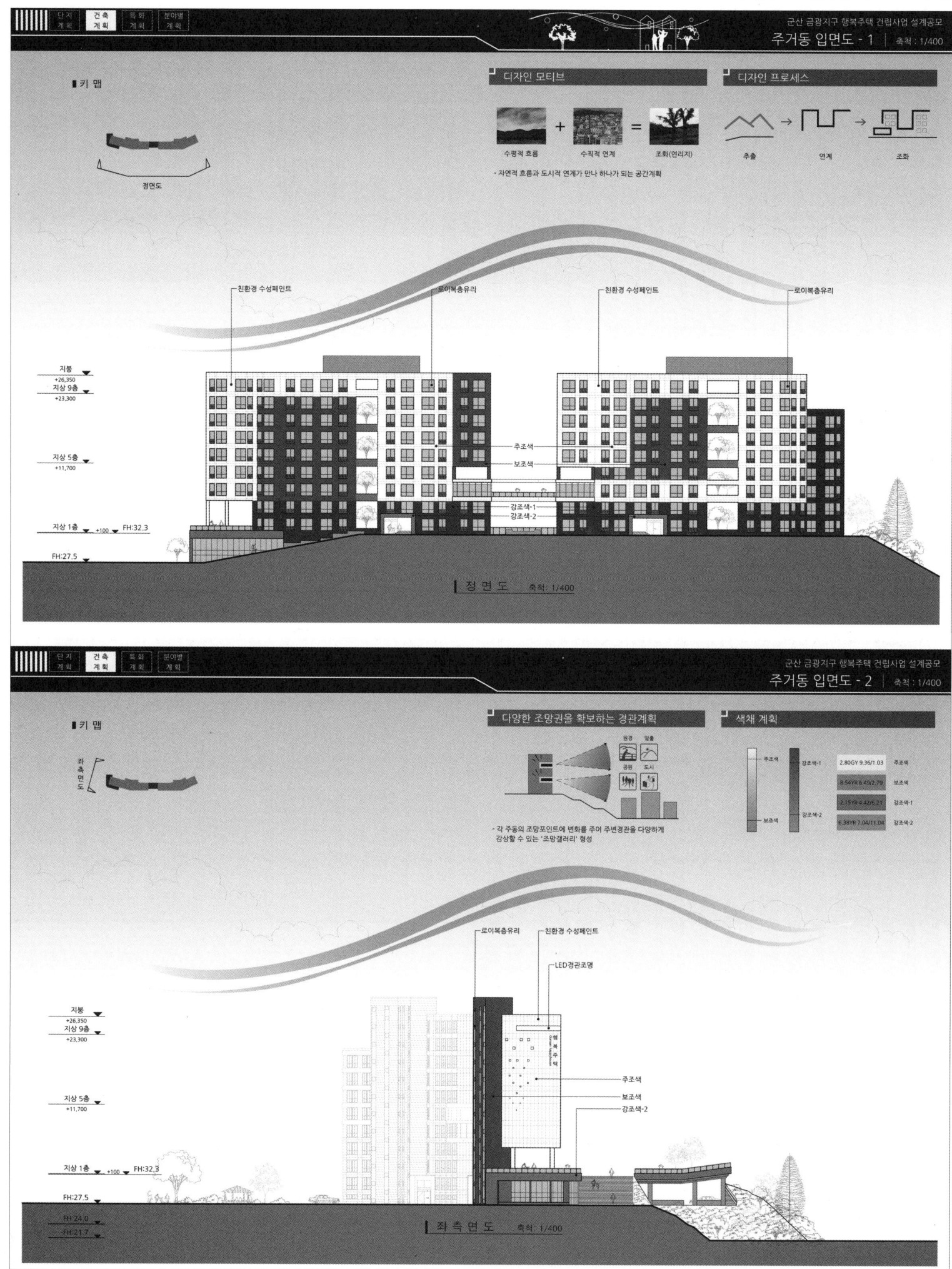

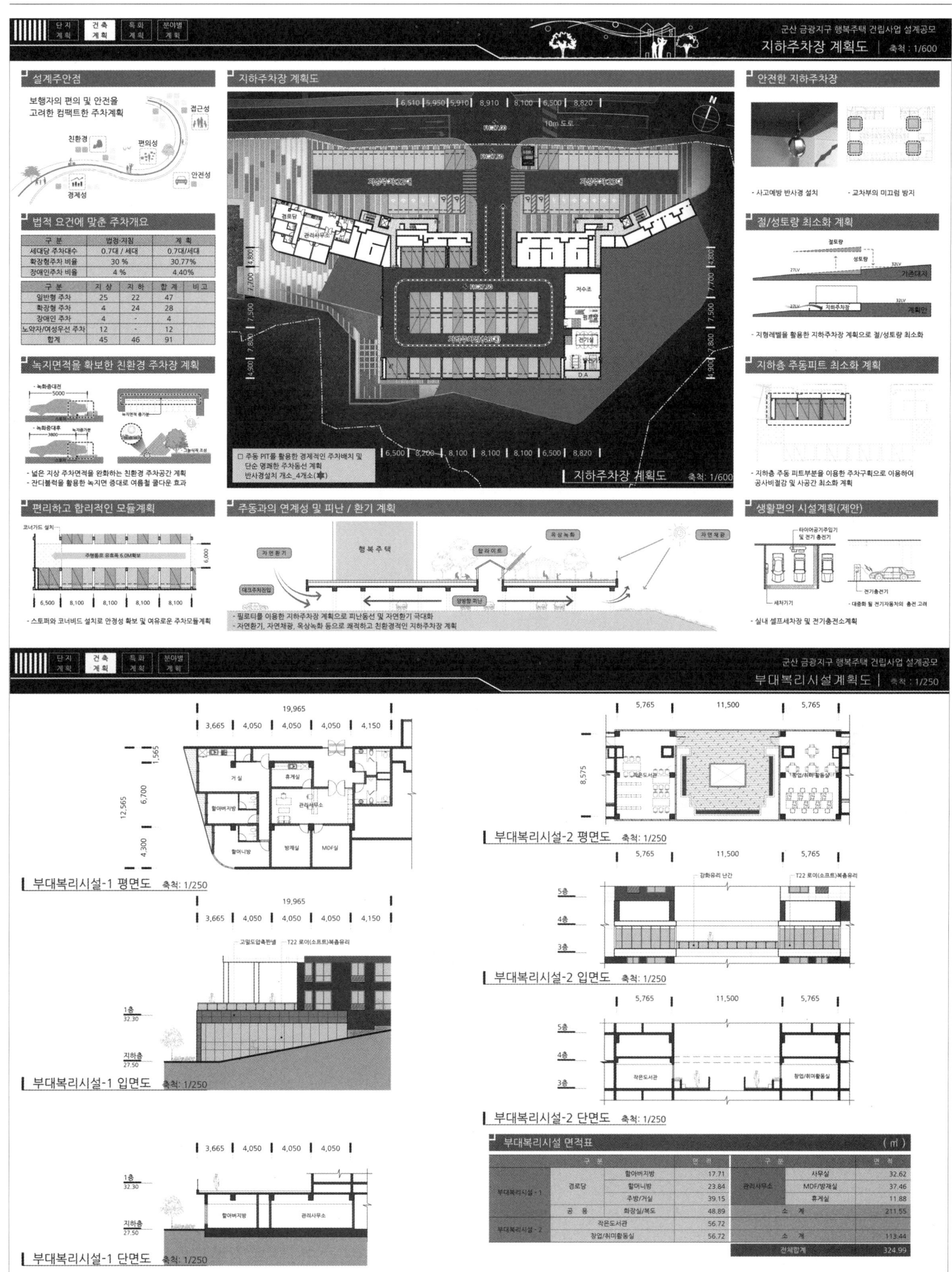

군산 금광지구 행복주택

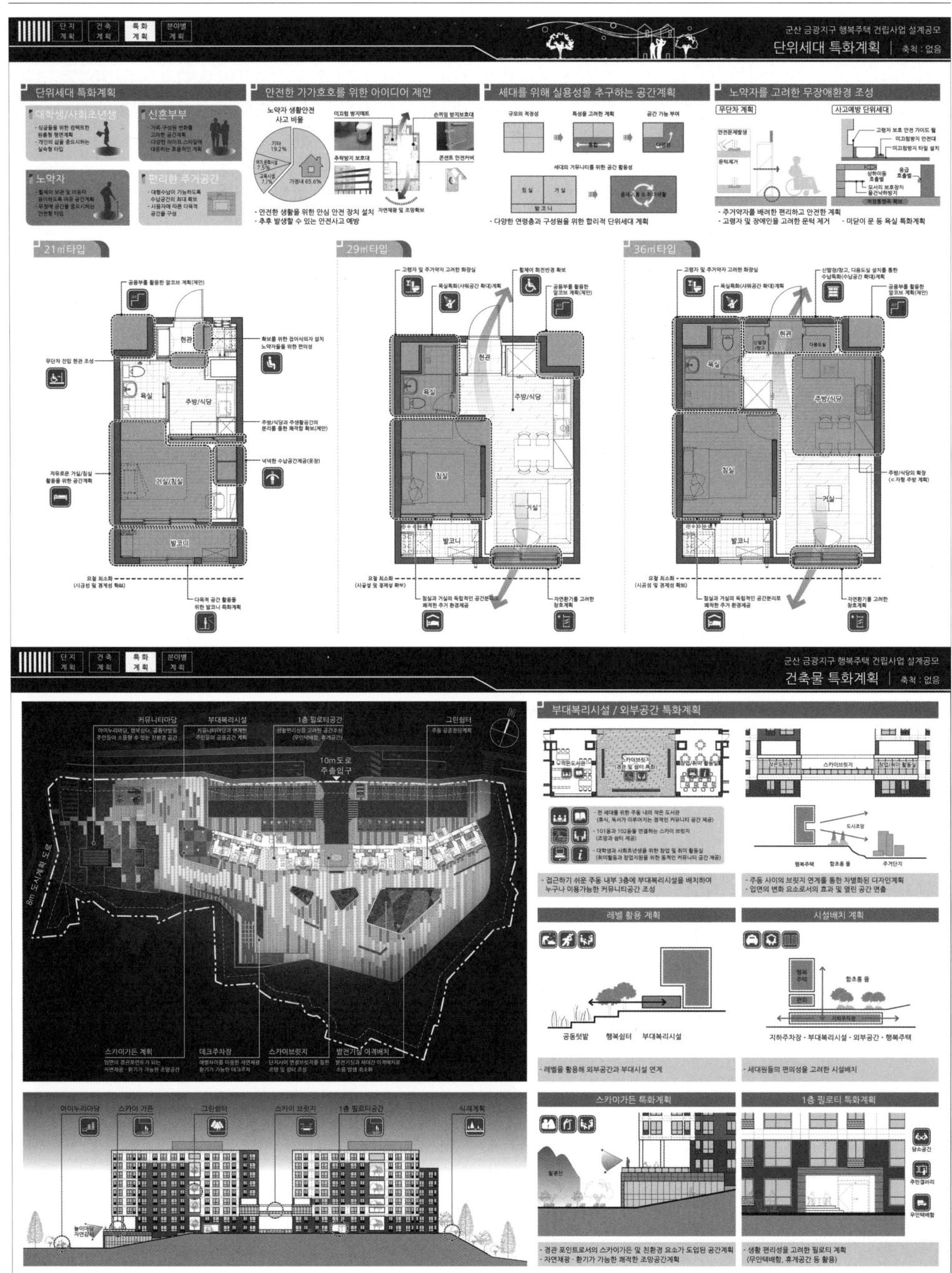

Gunsan Geumgwang District Happy Housing

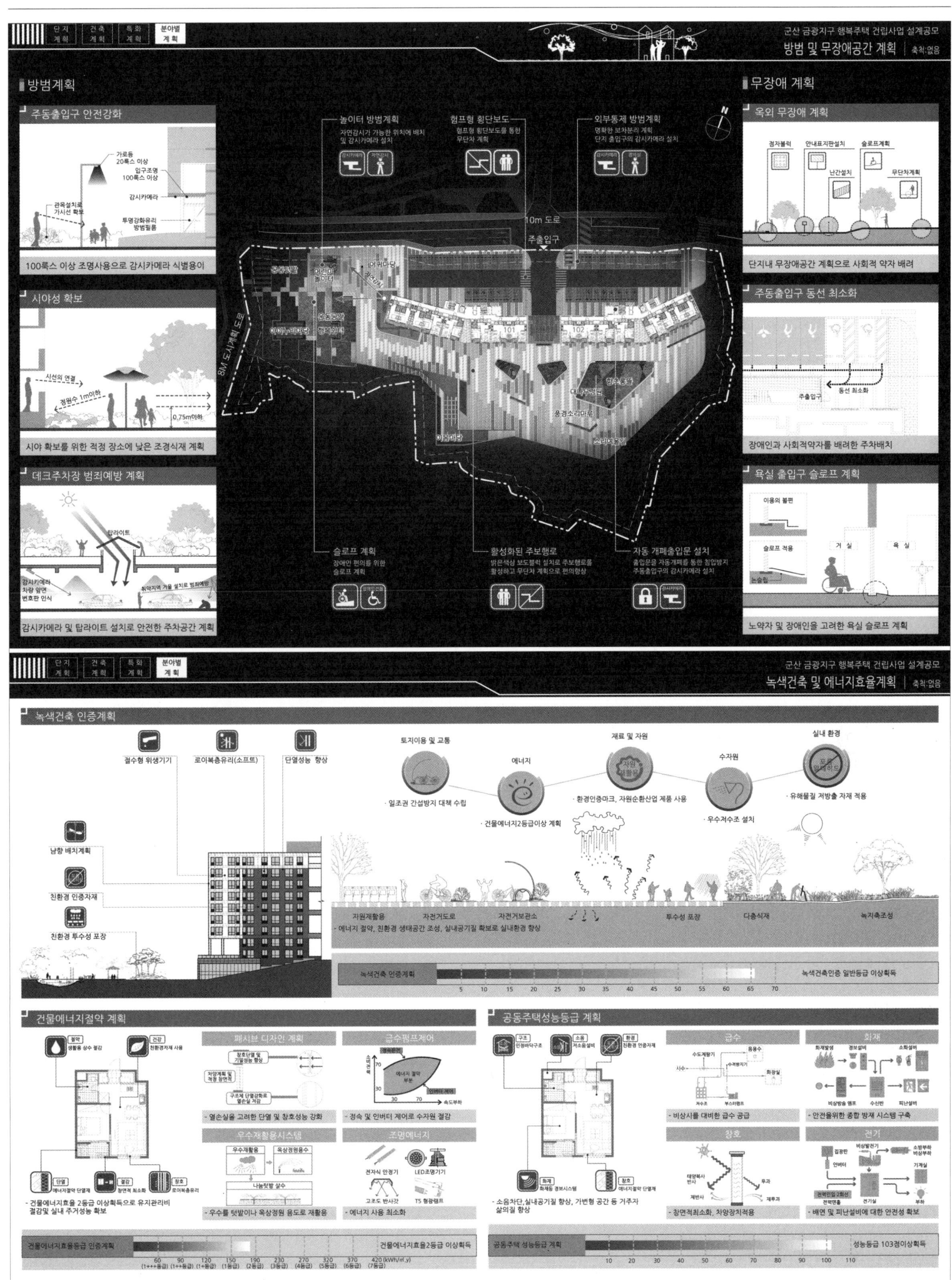

군산 금광지구 행복주택

2등작 (주)건축사사무소 윤원 강승욱 설계팀 박용희

대지위치 전라북도 군산시 오룡동 834-50번지 일원 **대지면적** 10,842.00㎡ **건축면적** 1,494.81㎡ **연면적** 7,945.22㎡ **건폐율** 13.79% **용적률** 54.74% **규모** 지하 1층, 지상 10층 **구조** 철근콘크리트조 벽식구조 **주차** 91대(장애인 주차 4대, 확장형 29대 포함) **협력업체** 구조 - (주)한림구조엔지니어링

단지 내 주민들의 계층화합과 인근 주민들을 이어주는 끈으로서의 공동체 문화를 조성하고자 하였다. 끈 개념을 바탕으로 부대복리시설 상부를 루프탑으로 계획하여 단지 내 주민들의 소통으로 서로를 이해하고 화합하는 장소로 계획하였다.

서쪽 경사지를 이용하여 101동 도로변에 단지 내 주민들과 인근 주민들을 이어주는 도서관 및 가족, 자치단체 행사를 위한 다목적홀을 계획하여 행복주택 이미지를 탈피하고자 하였다. 또한 북동쪽 봉우리 형태의 일부 대지를 보전하여 오룡정을 조성함으로써 주거환경개선사업지구에서 개발이라는 부정적 이미지를 개선하고 개발과 보전이 공존하는 새로운 패러다임을 제시하고자 하였으며, 남쪽 서해대학교 대지 레벨차를 이용한 경사지에 휴게공간 및 102동 1층에 테라스형 개별주택을 계획하여 노약자 및 장애인들이 안전하고 편리하게 이용할 수 있도록 배려하였다. 그리하여 단지 내 다양한 계층이 소통하고 배려하며 인근 주민들과 어울리도록 서로를 이어주는 끈이 되는 진정한 행복마을을 만들고자 하였다.

The proposal aims to promote a community culture that pursues harmony across various groups of people resident in the complex and serves as a string that strengthens ties with locals in the neighborhood. Based on this concept of string, the top of the complex's welfare facility is designed as a rooftop garden that offers a place for residents to communicate, understand and mingle with each other.

A slope in the west is used to design a library which helps residents and locals socialize with each other, and a multipurpose hall for family or local community events on the roadside of Unit 101, with an aim of breaking away from the typical image of Happy Housing. A peak-shaped northeast part of the site is preserved to construct a pavilion. This helps to erase the negative image of a development project and suggest a new paradigm that seeks balance between development and preservation. A lounge area is formed on a slope which is created by making use of level differences around Sohae College in the south, and terrace-type housing units are positioned on the 1st floor of Unit 102 so that the elderly or the disabled can use them safely and conveniently. Ultimately, the proposal introduces a true happy village that serves as a connecting string through which various groups of people resident in the complex can respect and communicate with each other as well as socialize with locals in the neighborhood.

2nd prize Yunwon Architect/Planners/Engineers_Kang Seunguk **Location** Oryong-dong, Gunsan, Jeollabuk-do **Site area** 10,842.00㎡ **Building area** 1,494.81㎡ **Gross floor area** 7,945.22㎡ **Building coverage** 13.79% **Floor space index** 54.74% **Building scope** B1, 10F **Structure** RC wall construction **Parking** 91 (including 4 for the disabled, 29 for extension type)

Gunsan Geumgwang District Happy Housing

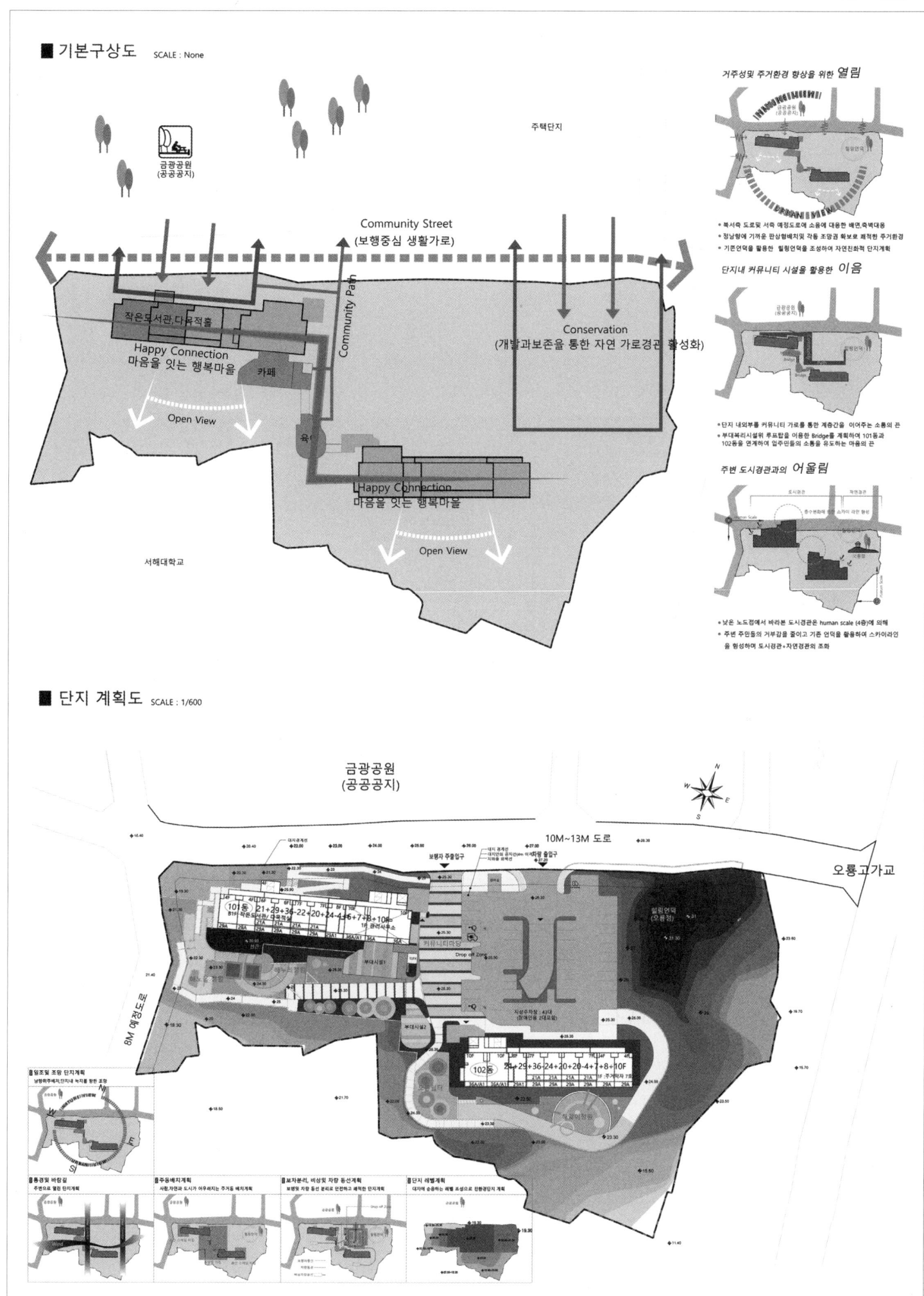

군산 금광지구 행복주택

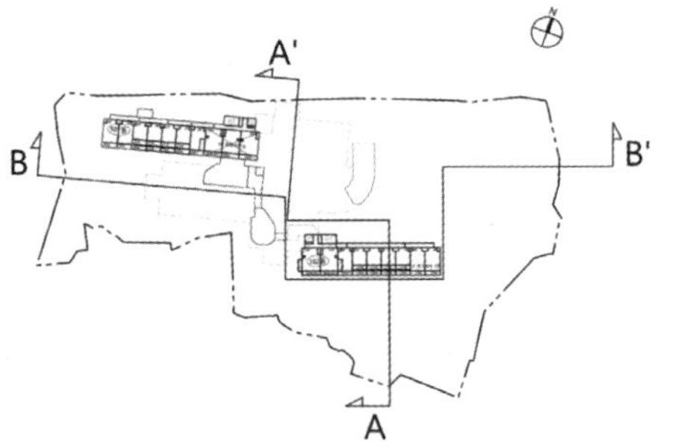

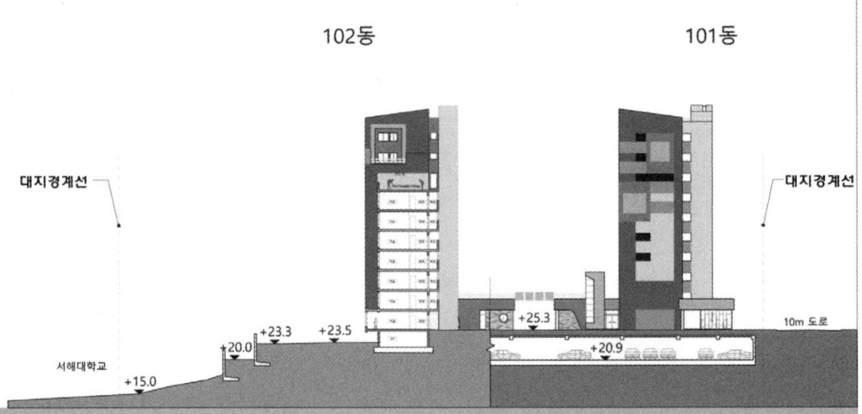

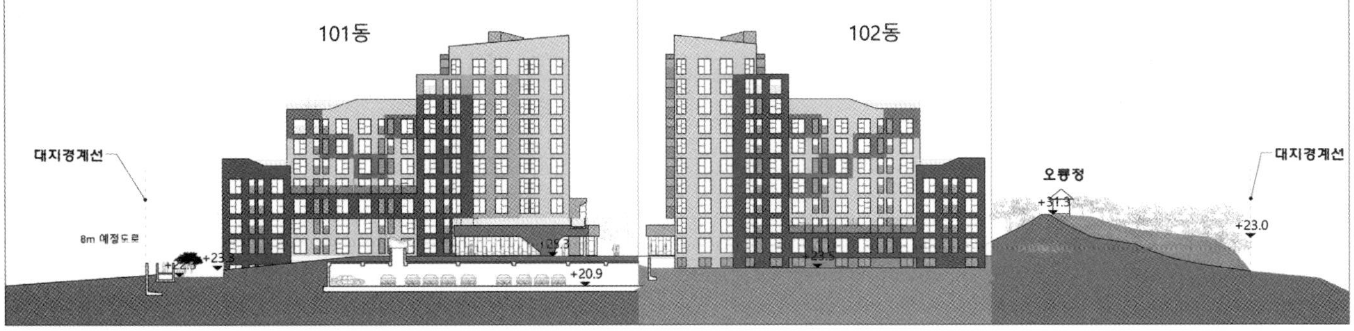

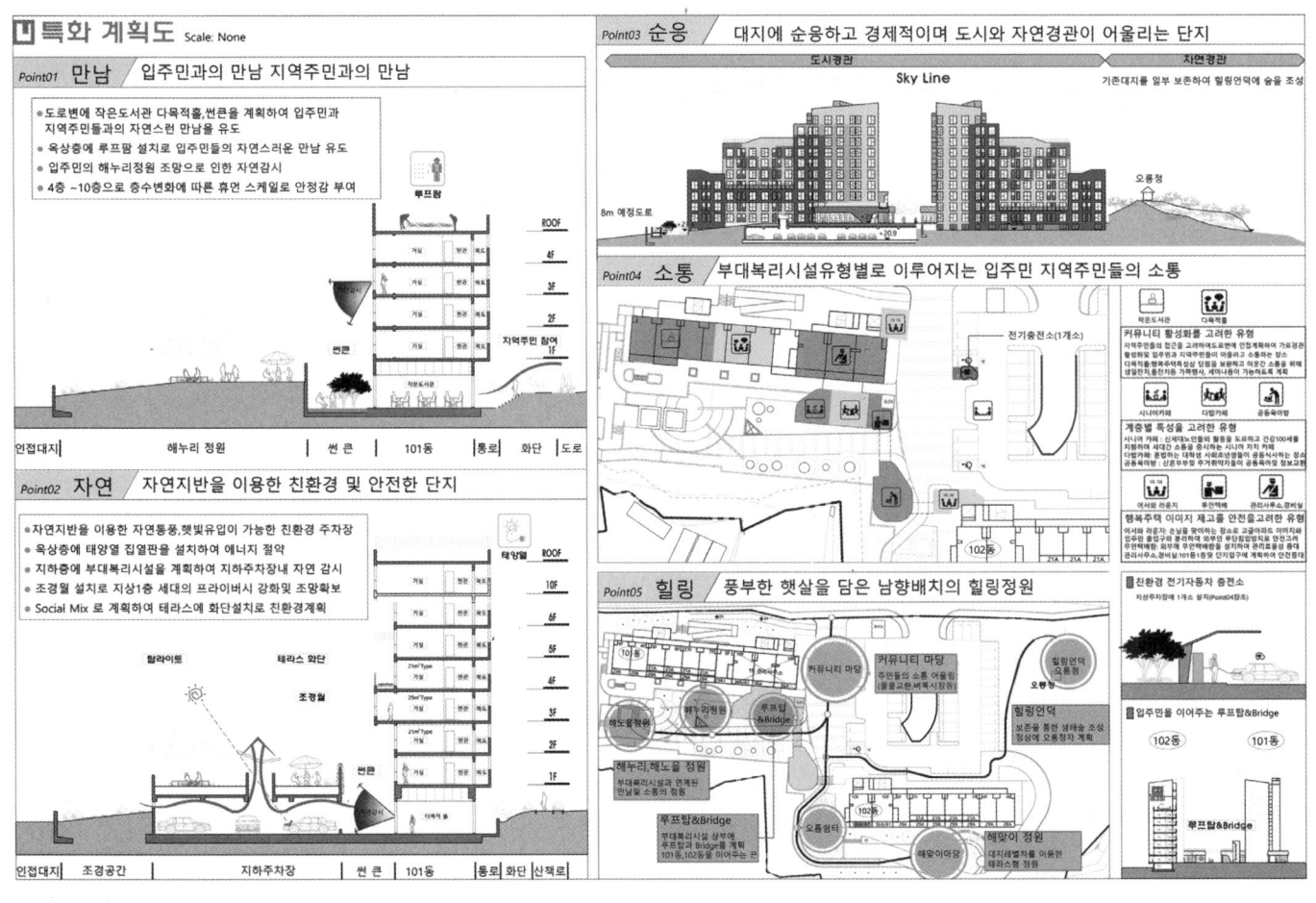

Gunsan Geumgwang District Happy Housing

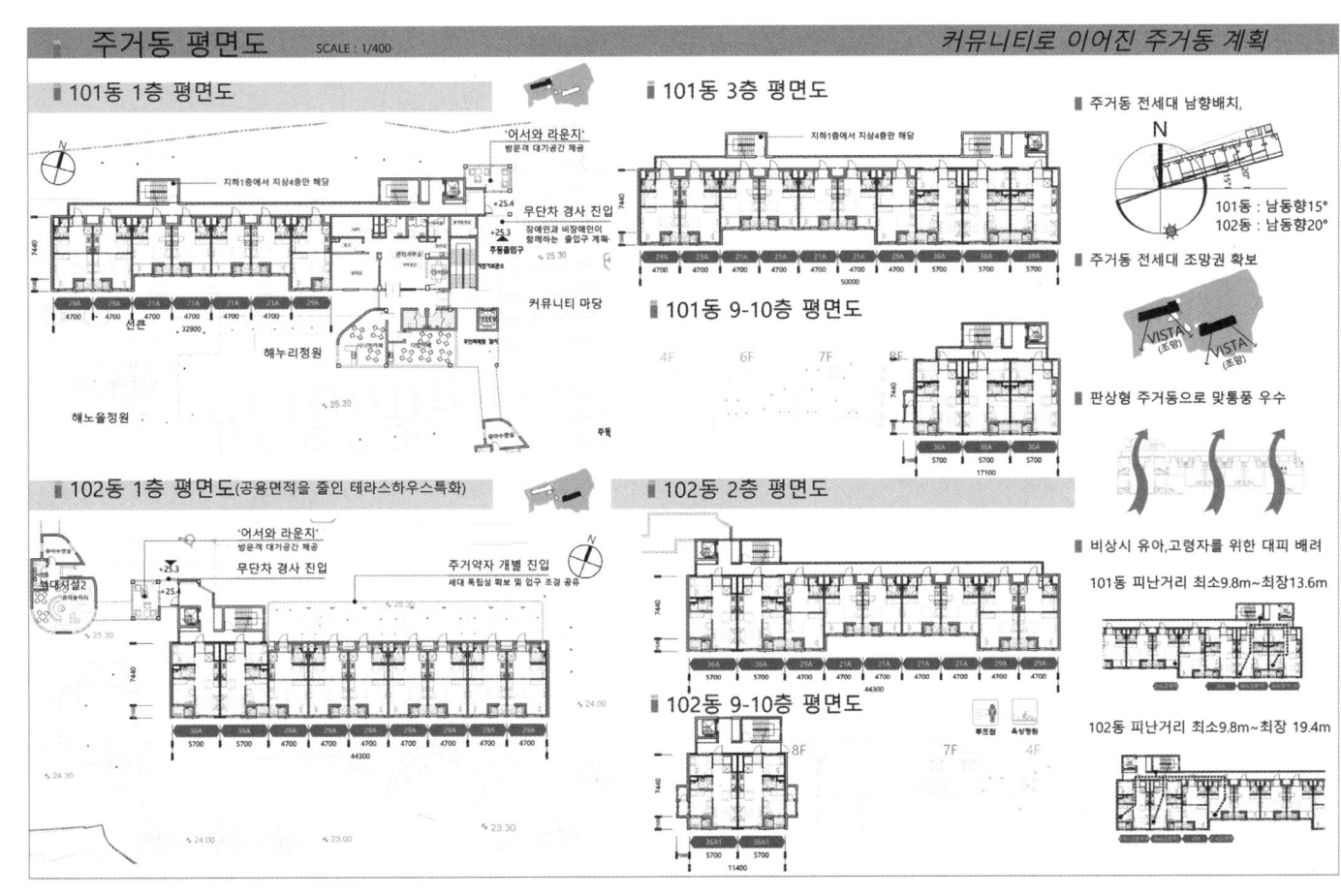

군산 금광지구 행복주택

디자인 주안점 scale:1/300

도시계획적 주안점
- 서해바다를 품은 해안도시로서 바다를 상징하는 힘차고 생동감을 반영한 파도의 이미지
- 주거환경개선사업으로 인한 개발과 보존의 장점을 고려한 인문학적 자연친화적인 계획
- 친환경 단지계획으로 주변지역에 활기를 이입하는 가로경관계획

지역적 주안점
- 지역적 특색에 따른 경사진 주변환경에 순응하며 합리적,경제적인 계단식 디자인
- 지역주민들과 어울리고 소통을 위한 가로변에 공공부대복리시설을 계획한 커뮤니티 코아
- 단지내 다양한 계층들의 소통을 위한 소셜 믹스(Social Mix) 디자인

Mass Design Process

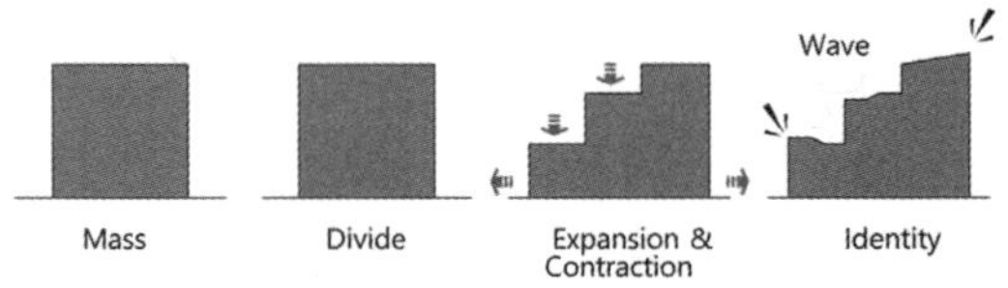

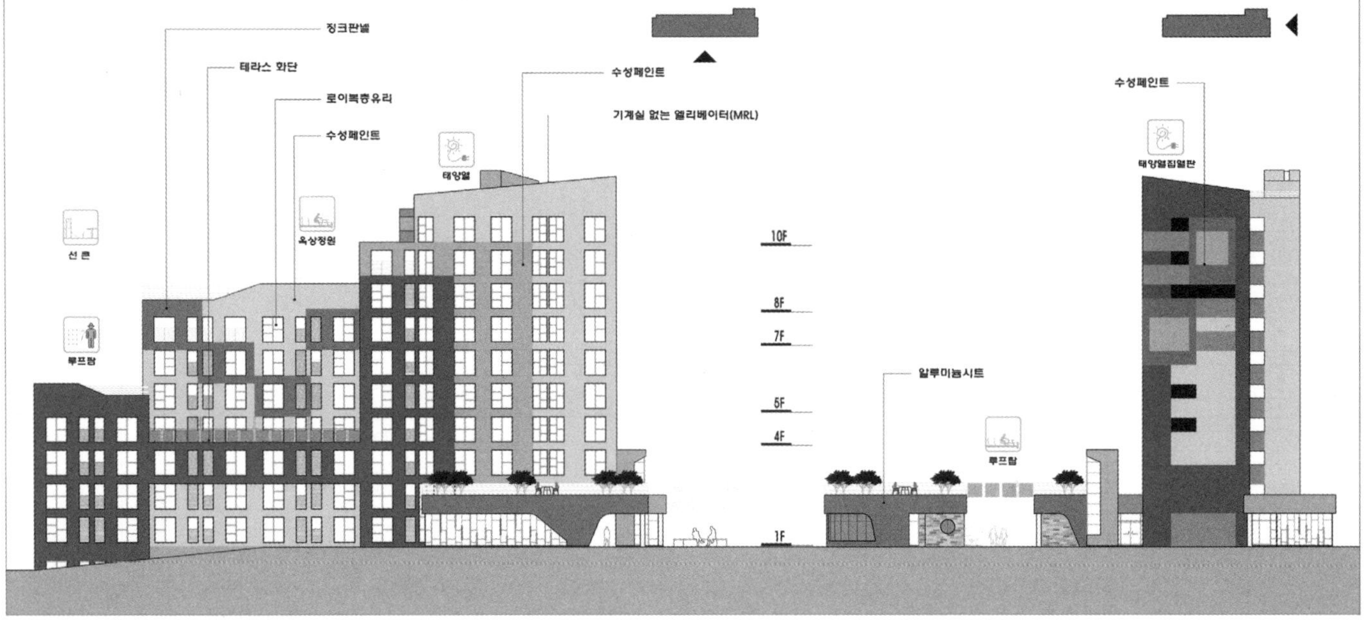

Mass / Divide / Expansion & Contraction / Identity (Wave)

동별계획 주안점 scale:1/300

- 경사대지를 활용한 행복주택특성을 고려한 다양한계층의 소통과 어울림을 강조한 Social Mix
- 기존대지의 보존과 개발을 최소화한 계획으로 공사비절감및 공기단축
- 도시가로경관과 자연경관이 어우러지는 친환경 가로경관계획
- 경사진 대지에 스카이라인을 고려한 주동배치및 휴먼스케일을 고려한 층별계획

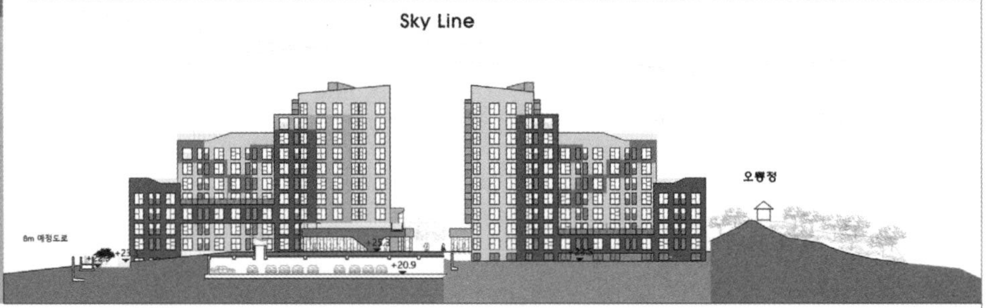

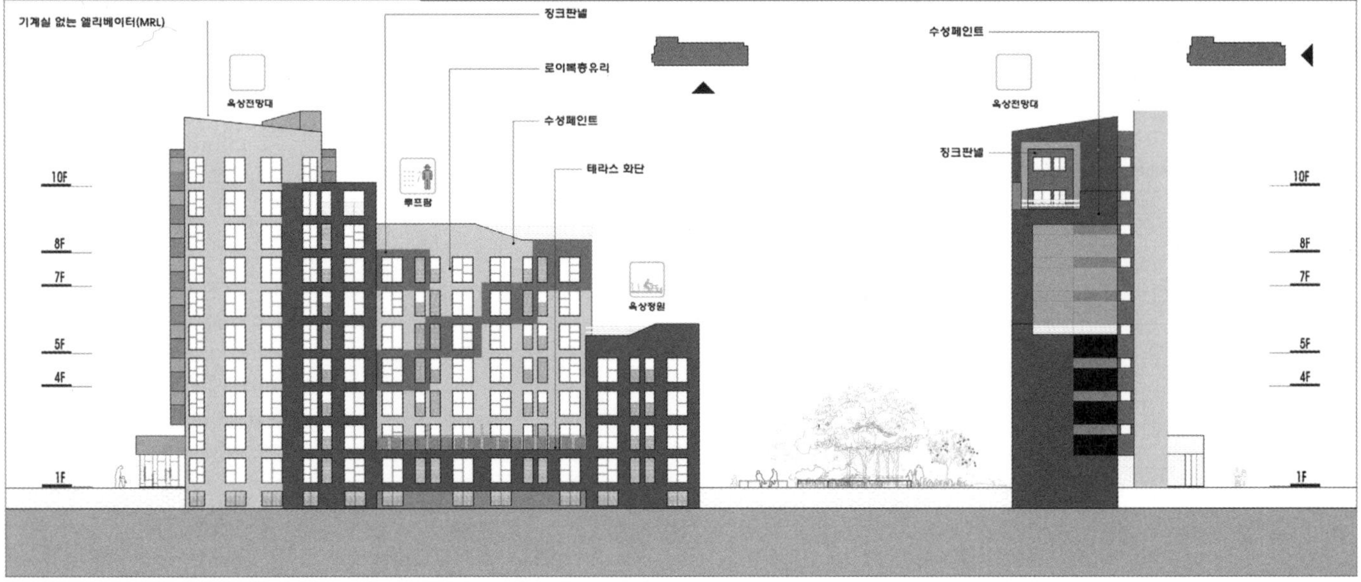

도시경관 / Sky Line / 자연경관

Gunsan Geumgwang District Happy Housing

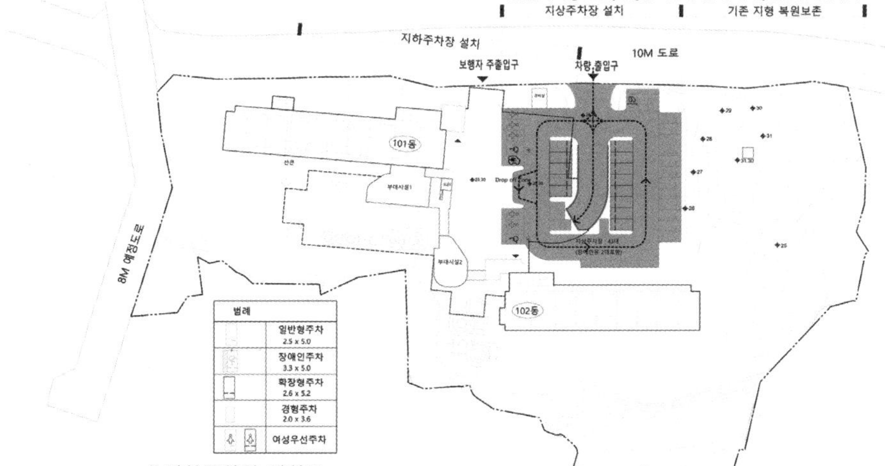

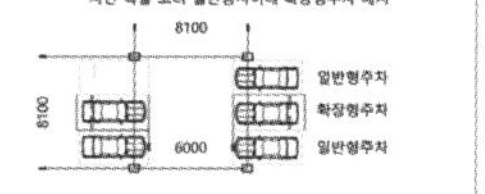

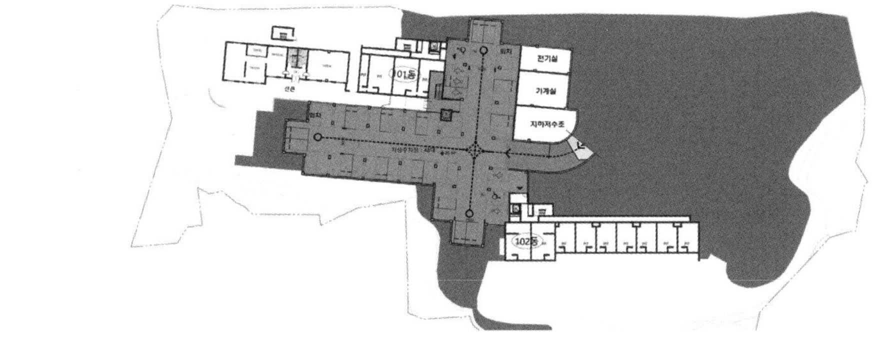

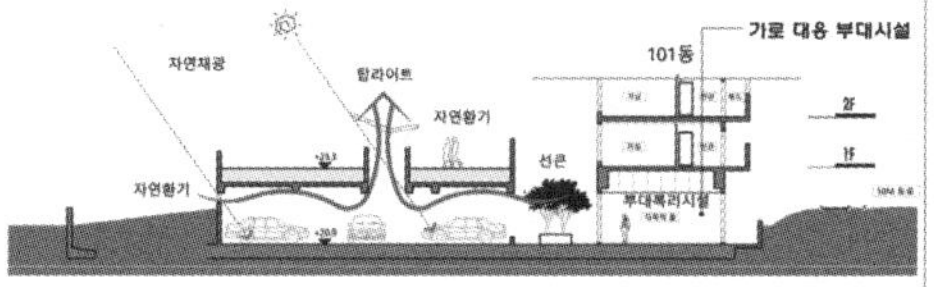

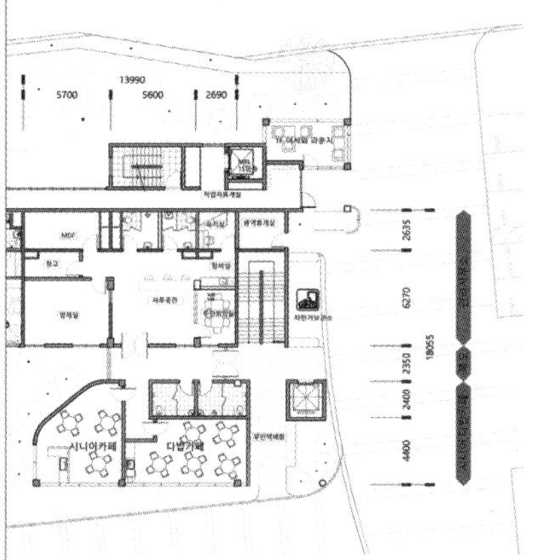

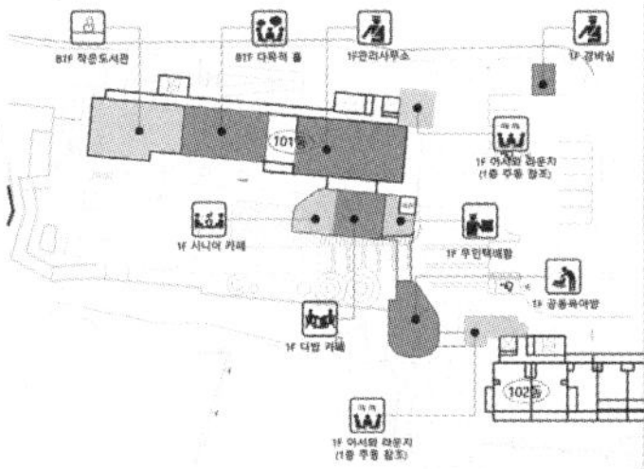

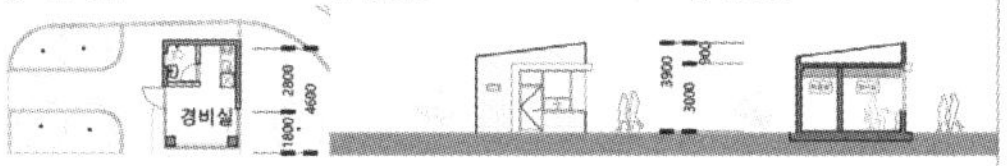

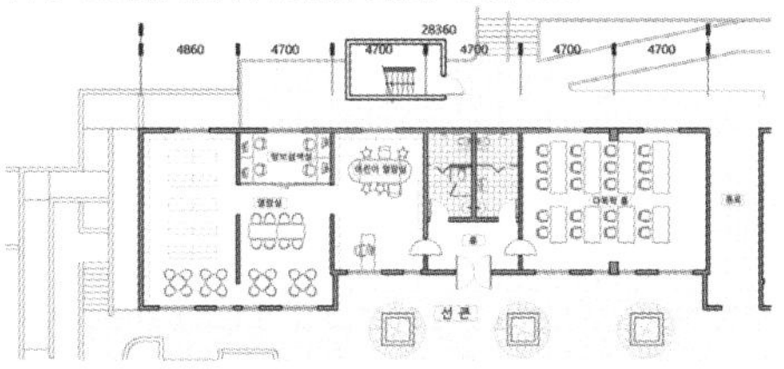

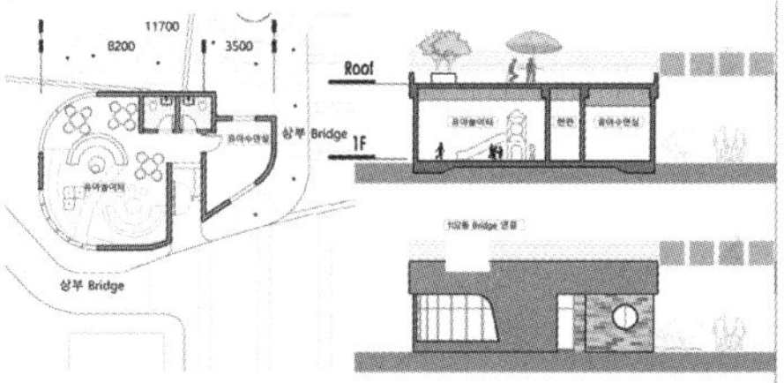

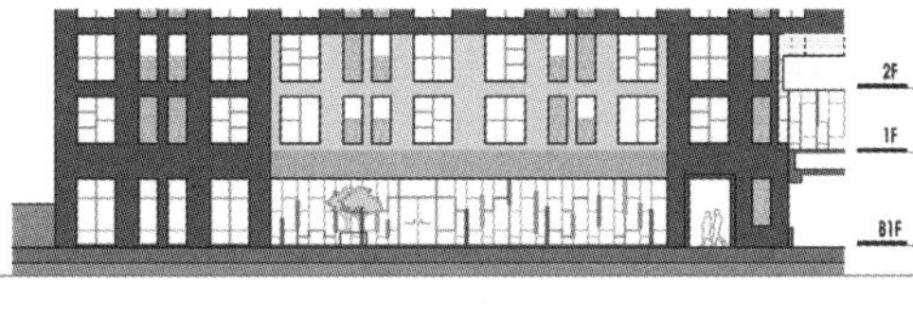

■신기술등 설계특화로 사업성향상 계획-1 SCALE : NONE

구 분	특화설계내용	사업성 영향 추정

01 단지계획

1.1 사업성 향상을 위한 효율적 단지배치

- 경사진 대지에 순응하며 보존과 최소개발을 고려한 합리적 단지계획
- 일조량 확보를 위한 전세대 남향 배치로 인한 에너지효율을 극대화
- 전세대 도시조망권 확보와 북측 동측 소음에 대한 배면,측면 배치계획

사업성 영향 추정:
- 전세대 도시조망및 남향배치로 에너지효율 극대화

▼

주거성능 향상
관리비 절감
생활편익 증진
실용성 극대
경제성 우수

1.2 단지내 보차분리와 합리적인 동선계획

- 보행자 출입구를 안전한 등교길등을 계획하여 입주민 편의성 증대
- 북측 10m~13m 도로변에 보차출입구를 분리계획하여 입주민 안전및 편의성 증대
- 가로경관을 위한 공공성격의 부대복리시설 일부 배치로 입주민과 지역주민의 만남을 통한 소통을 유도하여 공사민원 감소예상
- 단지내 주출입구에 커뮤니티마당을 계획하여 입주민들간의 소통을 유도

사업성 영향 추정:
- 안전한 출퇴근길을 확보하고 Drop of Zone을 계획하여 어린이 안전한 등하교 확보
- 커뮤니티마당을 입주민들에게 제공함으로써 소통하는 단지 조성

▼

주거성능 향상
관리비 절감
생활편익 증진
공사민원감소로
공기단축, 사업성
향상

02 주동계획

2.1 쾌적한 주거조성을 위한 주동평면계획

- 전세대 남향배치로 거주성향을 위한 주거동 평면계획
- 101동과 102동을 이어주는 루프탑및 Bridge계획으로 주민소통 강화

사업성 영향 추정:
- 전세대 남향배치및 남측 자연조망 및 도시조망에 의한 주거성능향상 입주민 선호도 향상
- 주민편의시설 집중화로 관리효율성 증대
- 루프탑설치로 행복주택 이미지 개선으로 입주민 선호도 입주율 증가로 사업성향상 기대

▼

주거성능 향상
관리비 절감
사업성 향상

2.2 대지에 순응하고 다양한층수 변화

- 4층~10층으로 다양한 층수변화로 기존 아파트 입면의 단순함을 탈피하고 다양한계층을 상징화한 계단 형태로 다양한 입면계획
- 최소한의 장식으로 입면 효과 극대화및 입주민 선호도 증가
- MRL엘리베이터 적용으로 입면효과및 옥탑층 시공물량 감소

사업성 영향 추정:
- 동측 서측 도로변에서 조망을 고려한 휴먼스케일의 저층으로 계획으로 위압감 해소로 민원감소
- 다양한 층수및 입면 볼륨감으로 현대적 이미지로 사업성 증대
- MRL엘리베이터 적용으로 입면효과및 시공비,공기단축

▼

행복주택 이미지
개선효과
생활편익 증진
공사민원감소로
공기단축, 사업성
향상

■신기술등 설계특화로 사업성향상 계획-2 SCALE : NONE

구 분	특화설계내용	사업성 영향 추정

03 단위세대계획 / 토목계획

1.1 주택유형별 통합으로 소통하는 단지

- 21A와 29A 층별 변화및 36A를 Social Mix계획하여 세대,계층간 소통 동질감 부여, 36형은 2베이 구조로 맞춤계획
- 원예취미인 입주민을 위한 테라스형 단위세대및 36A1형을 2면 조망 강화형 계획으로 입주민 선호도 증가

사업성 영향 추정:
- 다양한 계층의 유형별 통합및 세대간 소통으로 삶 만족도 향상
- 다양한 계층을 맞춤형계획으로 입주민 만족도 증가

▼

주거성능 향상
사업성 증가
생활편익 증진

1.2 102동 1층 주거약자를 위한 타운하우스형 특화계획

- 주거약자를 동선 단축을 고려한 타운하우스형 맞춤계획

사업성 영향 추정:
- 1층세대 공용복도 제거로 공사비 절감및 주거만족도 상승
- 타운하우스형 타입으로 행복주택 이미지 개선효과

▼

주거성능 향상
관리비 절감
생활편익 증진

2.1 절토량 최소계획

- 기존 대지를 보존하여 힐링언덕을 조성함으로서 절토량을 최소화함

사업성 영향 추정:
- 토공사 최소화

▼

골조물량 최소화
공사비 최소화
관리비절감

04 부대복리시설 / 주차장계획

1 커뮤니티 활성화를 위한 가로형 부대복리시설

- 도로변에서 단지주출입구,커뮤니티마당 어서와라운지로 이어지는 커뮤니티 가로형 부대복리시설로 입주민과 지역주민이 교류하며 소통
- 주변시설의 자연감시로 안전하고 편안한 단지조성

사업성 영향 추정:
- 커뮤니티 부대시설 계획으로 입주민편의를 도모한 쉐어링하우스

▼

주거성능 향상
관리비 절감
생활편익 증진

2 효율적인 주차장 계획

사업성 영향 추정:
- 장애인을 배려한 무장애 동선
- 자연채광과 자연환기를 통한 밝고 쾌적한 주차장 계획 자연감시와 전기차 충전 이용으로 안전하고 자연친화적 주차장 계획

▼

주거성능 향상
관리비 절감
생활편익 증진

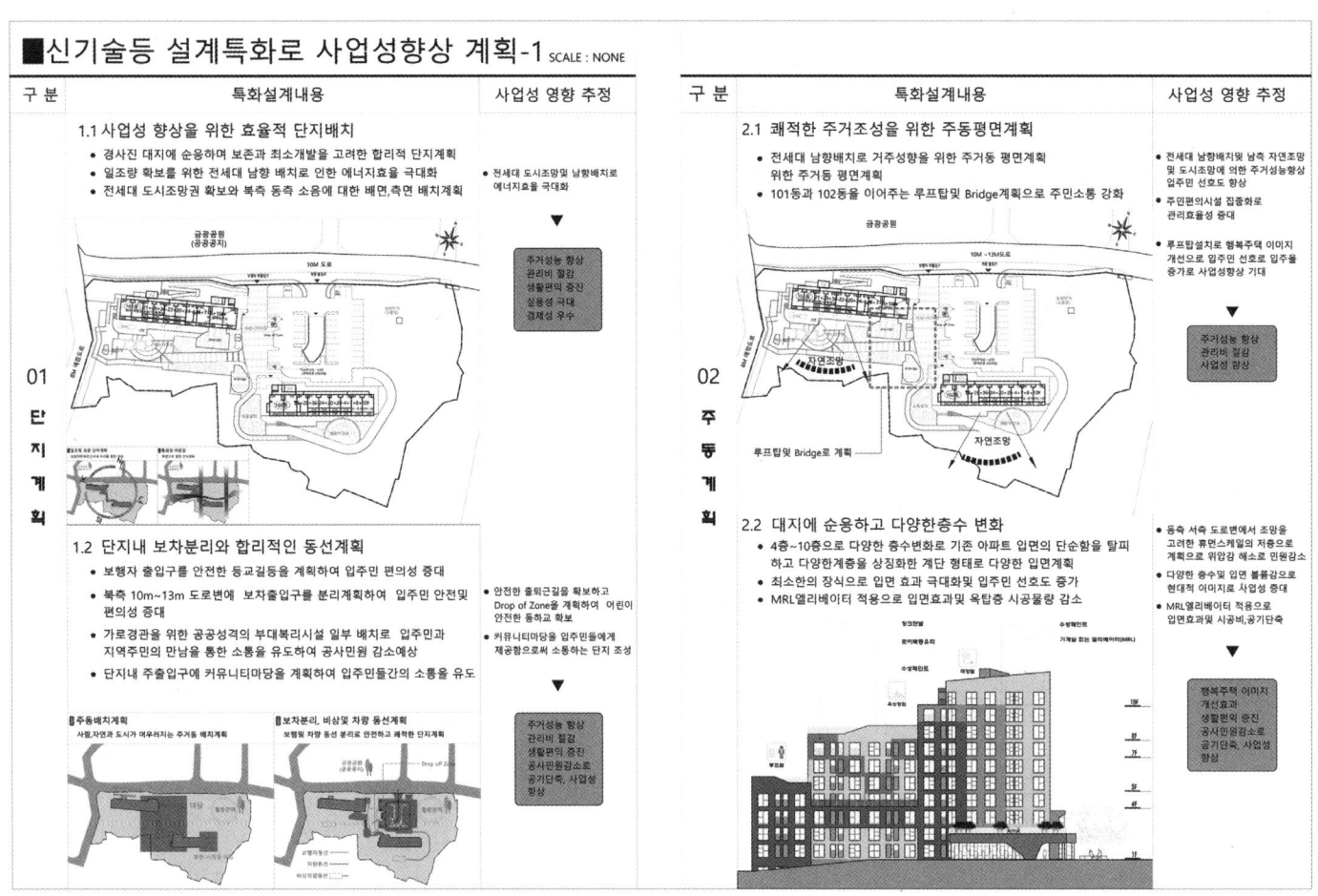

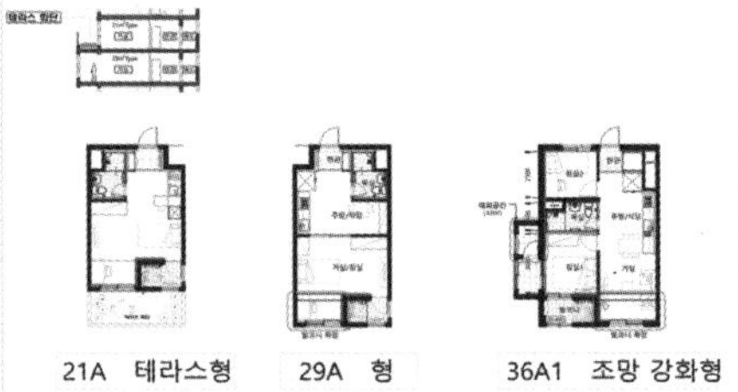

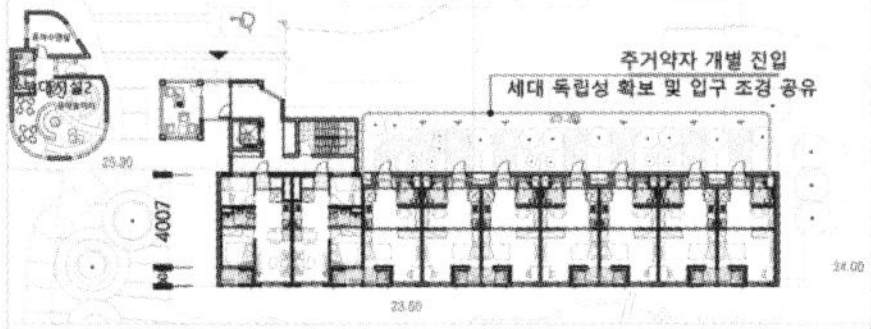

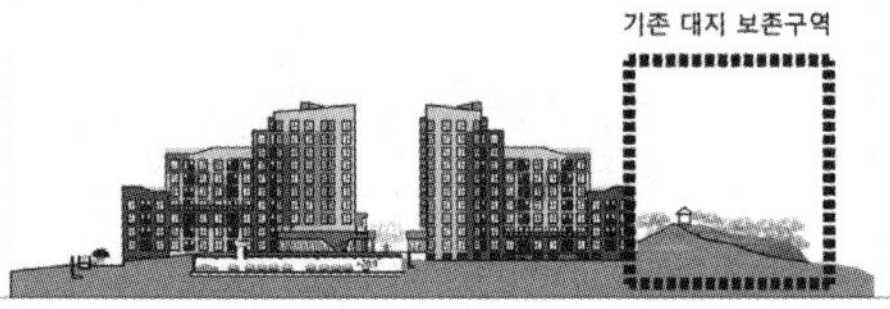

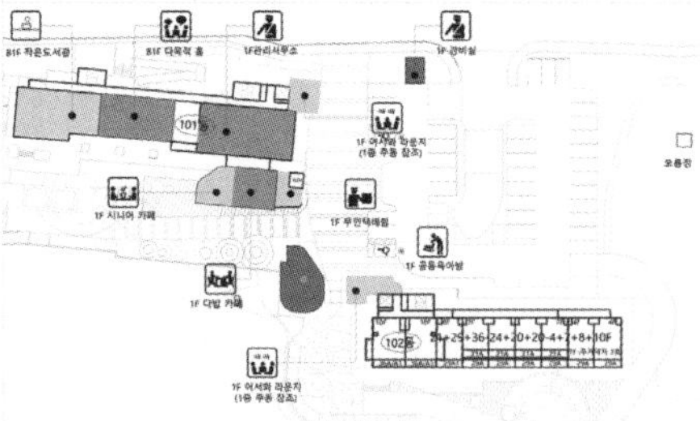

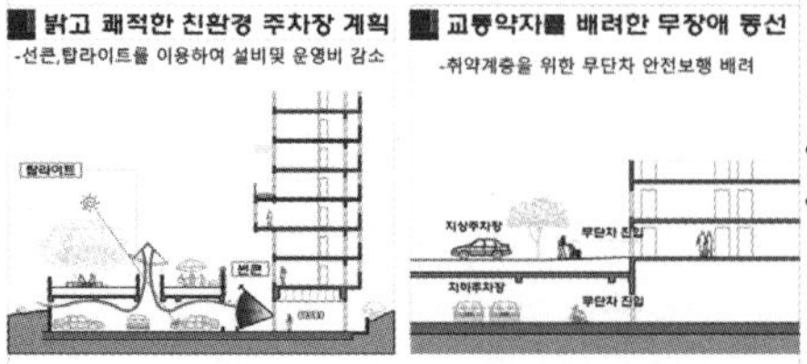

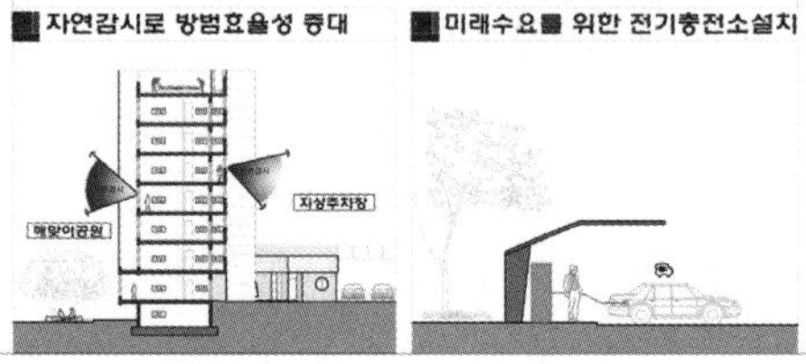

Gunsan Geumgwang District Happy Housing

파주운정3 A-23BL 공동주택

당선작 (주)다인그룹엔지니어링건축사사무소 이경희 + (주)위더스건축사사무소 김원상, 임채성 설계팀 김영일, 김동욱, 하홍영, 손현우, 최민제, 최은혜, 양지은, 유혜민, 박혜림, 임소희(이상 다인) 이명규, 홍가예, 연지영(이상 위더스)

대지위치 경기도 파주시 다율동 일원 **대지면적** 53,554.00㎡ **건축면적** 14,001.07㎡ **연면적** 143,461.92㎡ **건폐율** 26.14% **용적률** 189.84% **규모** 지하 2층, 지상 13~28층 **구조** 벽식구조 **주차** 1,372대

본 대상지는 출판단지로부터 이어오는 문화가로와 접해 있으며, 서쪽 공동주택에서 동쪽 문화공원까지 연결되는 격자형 도시구조로 되어 있다. 우리는 이러한 도시구조를 받아들이어 입주민과 지역주민 모두가 이용할 수 있도록 '함께 사는 공공의 마을'을 제안하였다. 공공의 마을은 도시의 축과 노드점을 연결하여 200 ~300세대로 이루어진 네 개의 소마을 계획을 통해 열린 단지로 구현된다.

특히 3레이어 플랫폼에서 1레이어는 문화공원과 문화가로를 누리는 공공공간의 범위로 계획하였고, 2레이어는 주민과 이웃이 공유할 수 있는 공간으로 성격이 다른 두 개의 레이어가 연결되도록 하였다. 또한 3레이어는 입주민들의 프라이빗한 공간으로서 입주민과 공공의 영역을 분리하였다. 또한, 고층 타워 및 중저층 판상의 조화로운 배치를 통한 도시적 경관을 형성하였으며, 전 세대가 정남향 및 공원을 바라보는 남동향 세대 계획으로 주변 현황과 자연조건을 최대한 활용하였다. 유닛 계획은 신혼부부의 수요에 맞추어 그들의 요구를 분석하여 생애주기에 따른 공간, 다양한 용도로 가변 되는 정원 공간계획 등 입주민들의 생활 패턴을 고려하였다. 이는 진정한 열린 마을의 고민에 의한 결과로써 공공이 만드는 공동 주택의 표본을 제시하고 있으며, 단지만의 프라이버시가 함께 존중되는 계획안이다.

The project site adjoins Culture Street that branches out from Paju Book City, and it is sitting on an urban grid that stretches between a public housing estate in the west and Culture Park in the east. We accepted this urban structure and proposed a 'community town to live together' for both residents and local residents to use. The project site with character-istics of a public property is turned into an open housing estate by connecting axes and nodes on the urban fabric and defining areas for four small towns with, respectively, 200 to 300 households.

Especially, according to the proposed 3 Layer Platformlayer 1 was planned as a range of public spaces that enjoy cultural parks and cultural streets. Layer 2 is a floating space shared by residents and local people. It serves as a connector between two different layers. Layer 3 is a private space for residents. It provides a place for relaxation and leisure, which is divided into resident-only and public spaces. In addition, the upper tower and the lower plate are harmoniously positioned to create an urban style scenery. All units are set to face the south or the park in the southeast to take full advantage of the surrounding environment and given natural resources. As for the housing unit floor plan, from the perspective of newly married couples and their needs, their demands are analysed, and a space design based on the life cycle and a versatile and transformable garden are proposed accordingly to accommodate the lifestyle of residents. As the outcome of efforts to define what open community truly means, the proposal presents an exemplary model for a public-initiated public housing project and respects the privacy of the community.

Prize winner DAAIN GROUP Architects & Engineers Co., Ltd._Yi Kyonghee + WITHUS Architecture Co., Ltd._Kim Wonsang, Lim Chaesung **Location** Paju-si, Gyeonggi-do **Site area** 53,554.00m² **Building area** 14,001.07m² **Gross floor area** 143,461.92m² **Building coverage** 26.14% **Floor space index** 189.84% **Building scope** B2, 13F~28F **Structure** Wall construction **Parking** 1,372

Paju Unjeong 3 A-23BL Housing

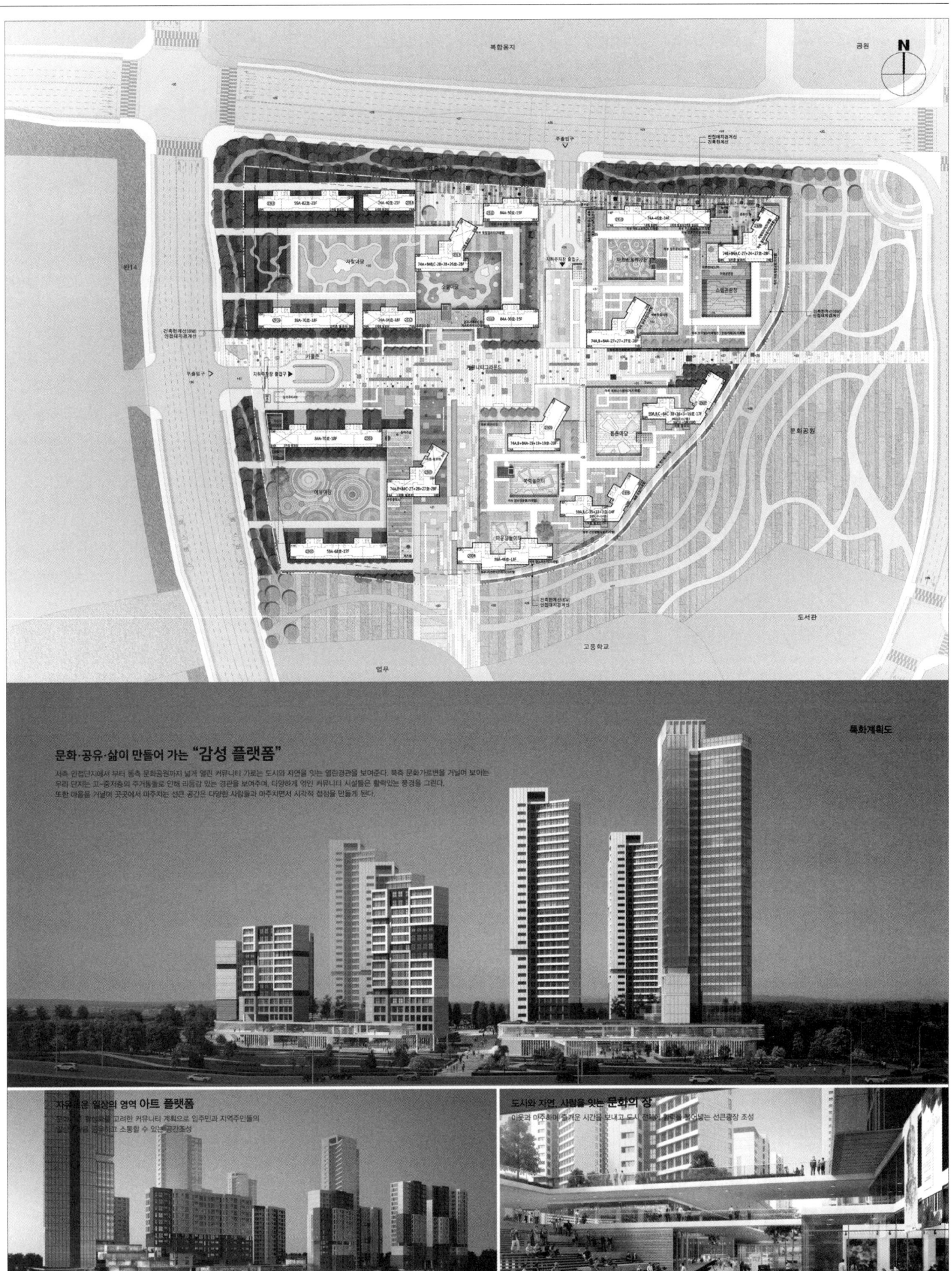

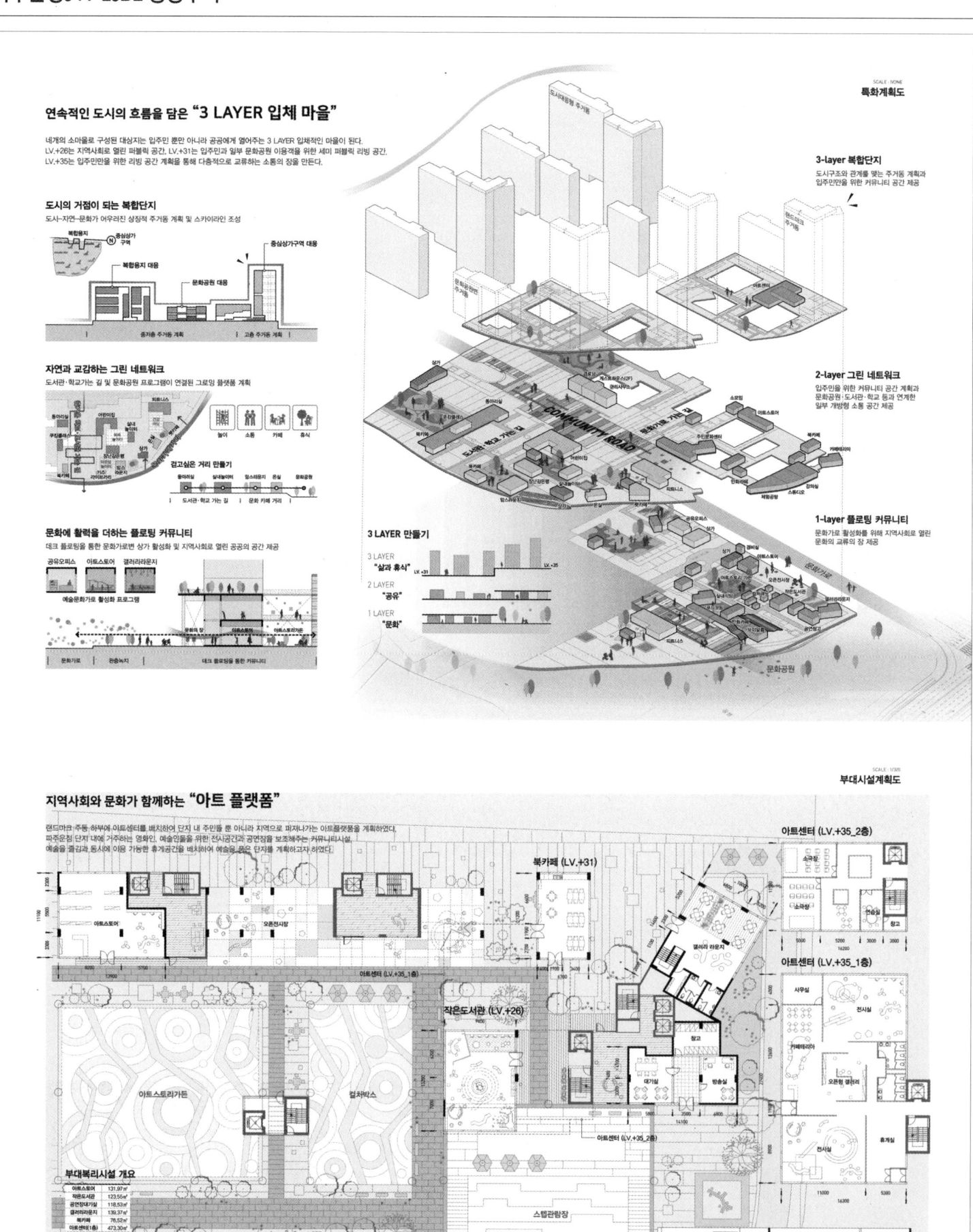

Paju Unjeong 3 A-23BL Housing

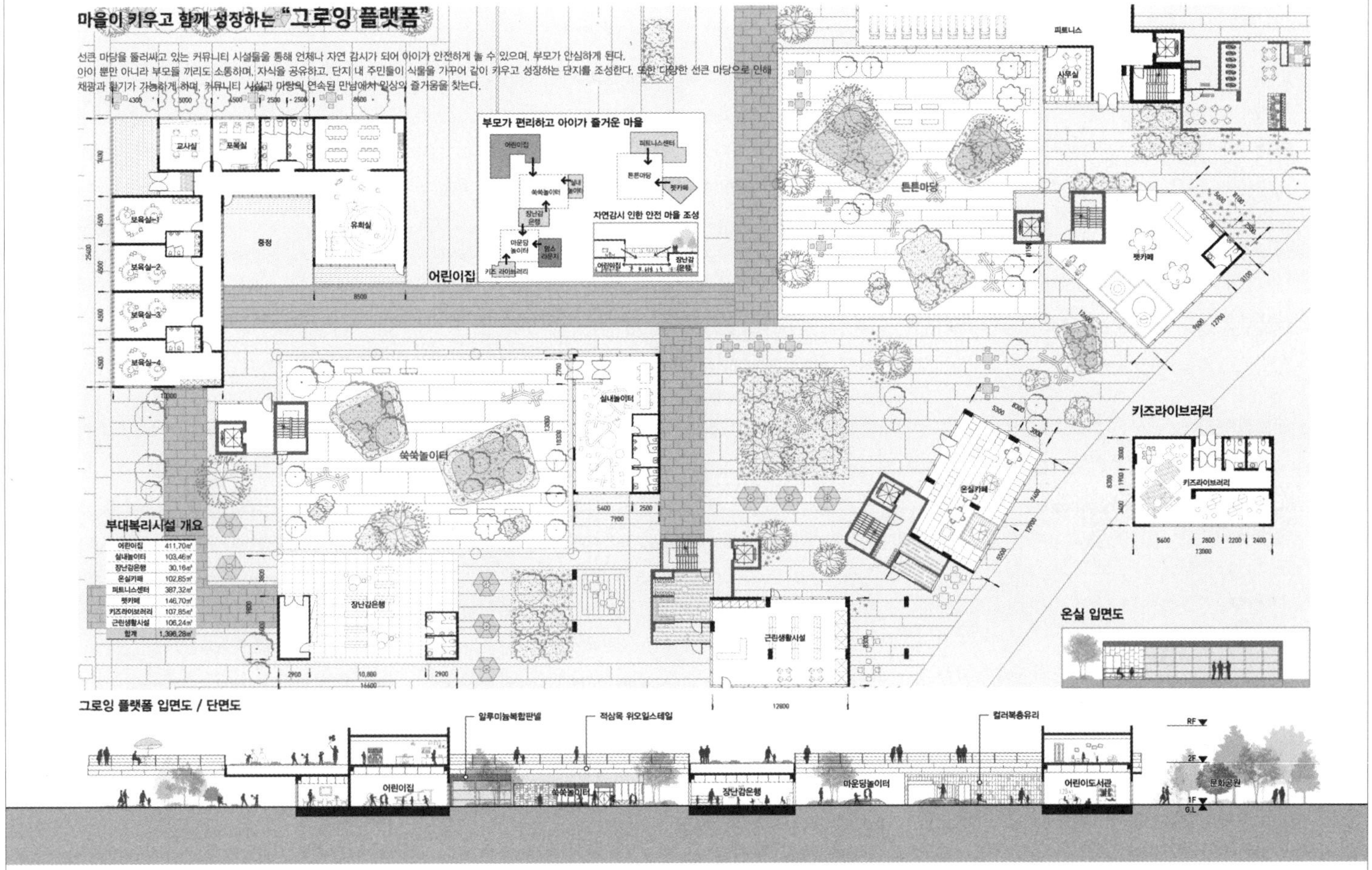

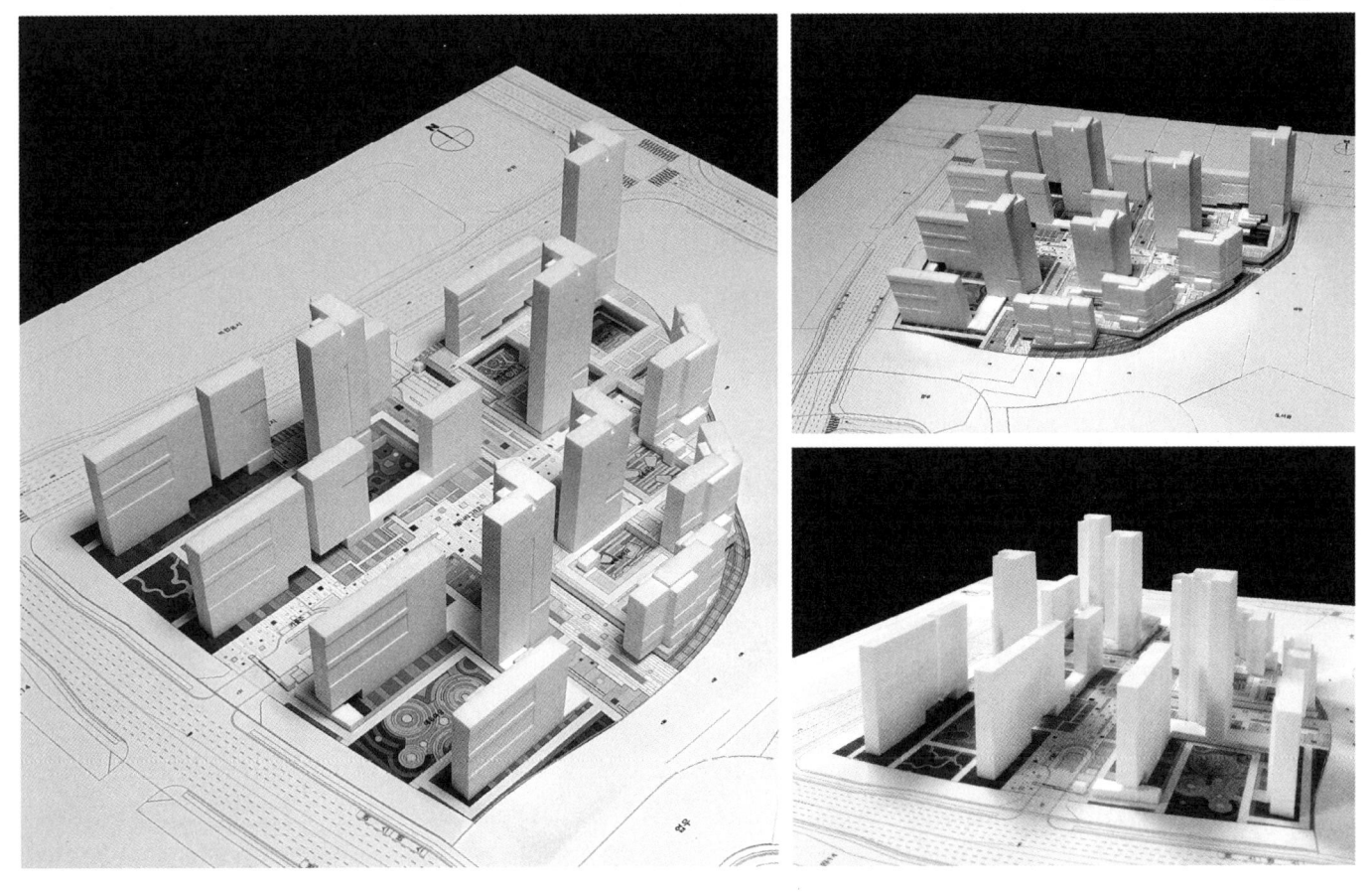

옛 성동구치소 부지 신혼희망타운

당선작 (주)디에이그룹엔지니어링종합건축사사무소 김현호, 조원준 설계팀 이석구, 김승호, 김재삼, 유혜미, 이승현, 김길샘, 이승태, 조은아, 황혜지, 김호성, 문경호, 송지훈, 이민형, 이영훈, 최우수, 한사임, 송수헌, 이수연

대지위치 서울특별시 송파구 가락동 161, 162번지 **대지면적** 1블록 – 5,904.90㎡ / 2블록 – 15,467.90㎡ **건축면적** 1블록 – 3,389.78㎡ / 2블록 – 6,164.55㎡ **연면적** 1블록 – 36,936.86㎡ / 2블록 – 60,684.47㎡ **건폐율** 1블록 – 57.41% / 2블록 – 39.85% **용적률** 1블록 – 399.95% / 2블록 – 249.92% **주차** 1블록 – 314대 / 2블록 – 531대

공공의 도시개발에 대한 담론적 접근
신도시 개발이 주변 구도심을 슬럼화시키는 이유는 기존 도시의 구조와 너무나 다른 도시구조를 만들었기 때문이다. 이에 기존도시와 새로 개발하는 도시가 공존하는 새로운 모델을 제시하고자 했다. 저층부를 구도심의 소형 구조로 구성하고, 중층과 고층에 아파트를 혼합하여 기존의 구도심과 새롭게 개발되는 도시가 공생하며 상호작용하는 새로운 도시모델의 해답을 제시하였다.

가로_창작문화발전소
기존 도시의 시간이 퇴적된 콘텍스트를 적극적으로 받아들이기 위해 '경계없는 도시'를 형성하였다. 기존의 아파트가 골목길이라는 이름의 통로로서의 길을 양산했다면, 본 계획은 경계부의 공간을 허물어 단지와 지역이 생활과 문화를 교류하며 상호작용하는 '창작문화발전소'를 제안한다.

신혼희망타운_생활공유공동체
생활의 일부를 공유하는 커뮤니티를 제안한다. 생활을 공유하는 것은 서로를 알아가는 친밀한 공동체를 만드는 것이다. 빨래를 하며 반려동물의 정보를 나누고, 공동의 주방에서 요리에 대한 정보를 나누는 생활의 공유는 신뢰를 형성하고, 이는 신혼부부의 육아공유로 이어질 것이다. 아이를 안심하고 서로 맡길 수 있는 공동체의 모체는 3층의 '생활공유 플랫폼'에서 이루어진다.

A discourse on government-led urban development
The reason why a new town development turns its neighboring old urban centers into a slum is that it creates an urban structure completely different from an existing one. Therefore, the proposal aims to suggest a new development model that enables old and new towns to complement each other. The lower floors are designed to match the small-scale of the old downtown, and the mid and upper floors are mixed with apartment units, with the goal of presenting a new urban model that allows old and new towns to complement and interact with each other.

Streets; Creative Culture Plant
The concept of a 'borderless town' is proposed to actively embrace the local context in which the historical layers of the existing town have accumulated. Conventional apartments create passageways in the form of an alley whereas the proposed design blurs boundaries to introduce a 'Creative Culture Plant' through which the complex and the local community share lifestyles and cultures and interact with each other.

Hope Town for Newly Weds; a life-sharing community
Proposed is a community that shares part of life. Sharing life means building an intimate community through which individual members can get to know each other. While doing laundry, people may share information about pets, or they may share some cooking tips in a shared kitchen. Such sharing of life would help establish trust within the community, and this can lead newlyweds to share the burden of childcare. And a life-sharing platform on the 3rd floor becomes the foundation for this community that allows its members to entrust their child to other members without worries.

Prize winner DA GROUP Urban Design & Architecture Co., Ltd._Kim Hyunho, Cho Wonjun **Location** Garak-dong, Songpa-gu, Seoul **Site area** 1BL - 5,904.90m² / 2BL - 15,467.90m² **Building area** 1BL - 3,389.78m² / 2BL - 6,164.55m² **Gross floor area** 1BL - 36,936.86m² / 2BL - 60,684.47m² **Building coverage** 1BL - 57.41% / 2BL - 39.85% **Floor space index** 1BL - 399.95% / 2BL - 249.92% **Parking** 1BL - 314 / 2BL - 531

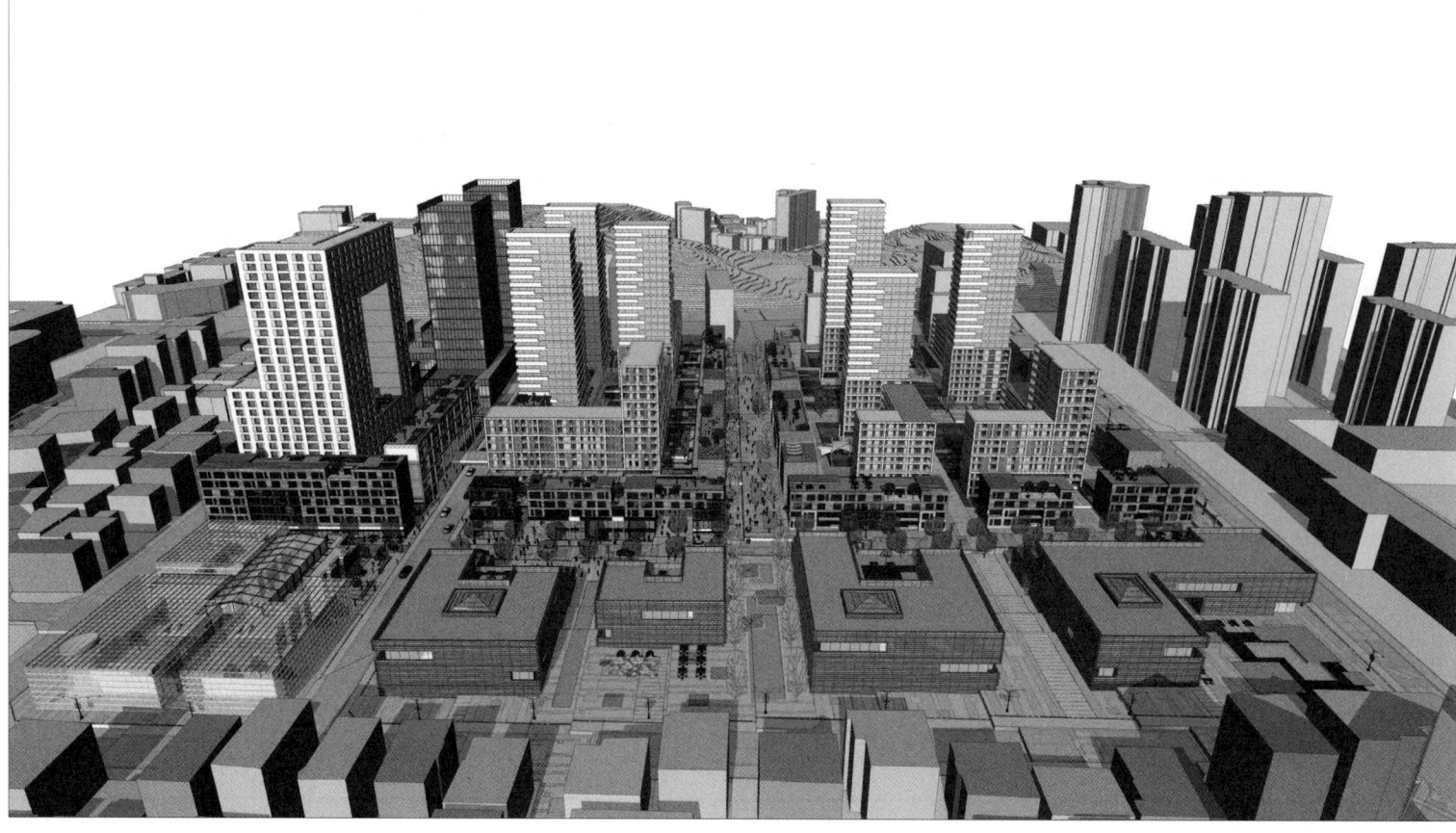

Newlywed Hope Town on the Site of Seongdong Detention Center

창작문화 발전소 경계없는 **Borderless Street**

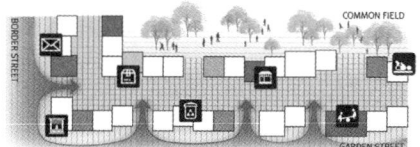

가로는 합의에 의한 방이다.

사람들이 북적이던 골목은 커뮤니티 공간 이전에 일상의 생활의 공간이었다. 아이들이 뛰어놀 수 있는 놀이터였고, 누군가의 주차장이었으며, 택배와 우편물을 받는 장소였고, 쓰레기를 버리는 장소였다. 생활을 위해 하루에도 여러 번 잦은 출입이 일어났고, 이웃과의 스침과 마주침이 시간과 함께 쌓여가며 커뮤니티가 발생해왔다.

이에 우리는 현관을 마주 배치하고 이동하는 동선의 연장선상에 아이들이 뛰어 놀 수 있는 놀이터, 공동육아 장소, 친교를 위한 공방, 일상생활 영위를 위한 공유 공간, 편의시설, 공동 텃밭 등 다양한유형의 시설과 공간을 결합하여 단지 주민과 지역주민으로 하여금 느슨한 연대를 맺을 수 있는 공동의 현관이자 거실을 제안한다.

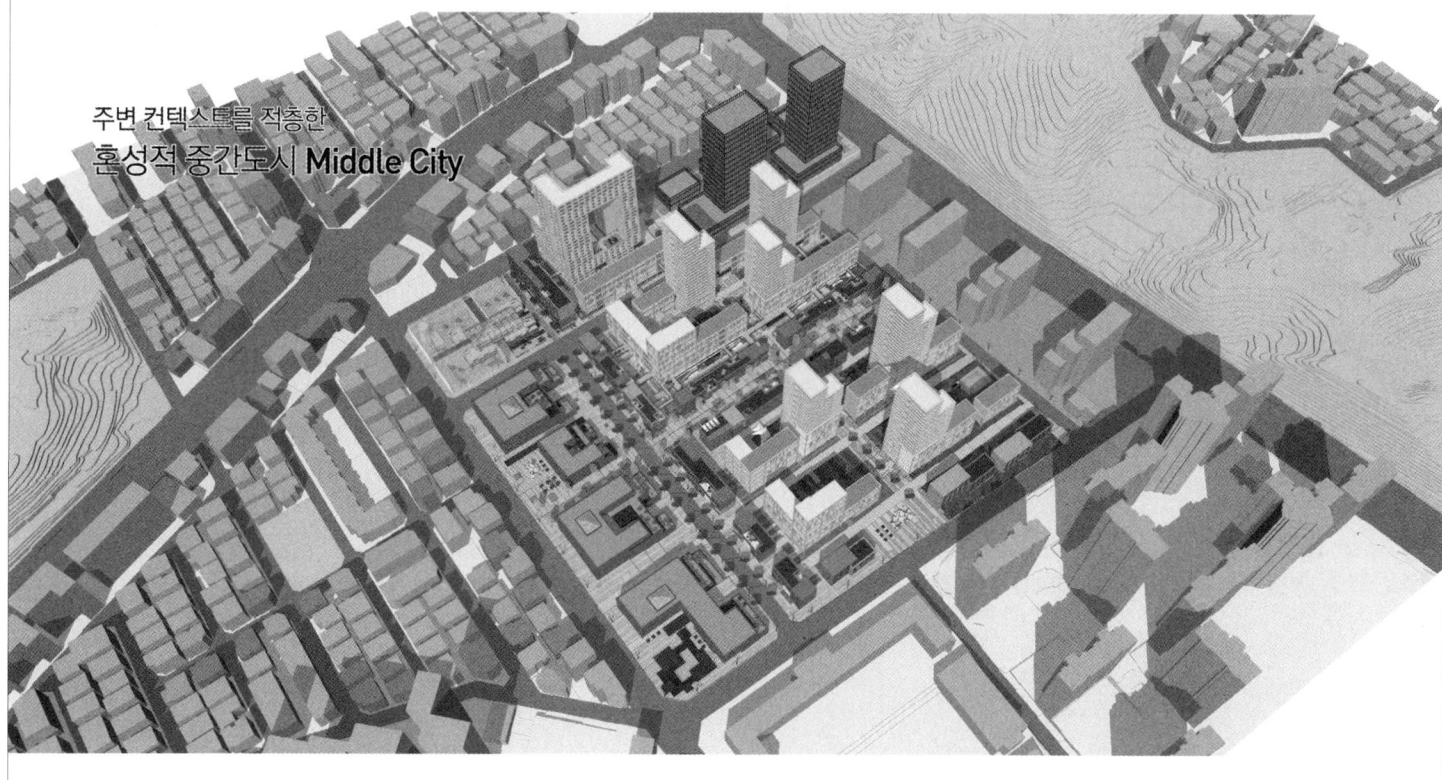

주변 컨텍스트를 적층한
혼성적 중간도시 | Middle City

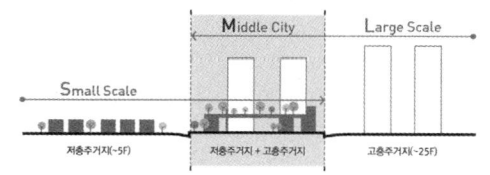

이분법적 주택집합에서 거주 풍경이 적층된 주거집합으로

용도별로 제한되어진 건물의 높이, 건폐율, 용적율을 제한하여 개방하는 방식이 우리 도시를 획일적으로 만들고 그 경계가 명확하여 도시의 단절을 부추겨왔다. 성동구치소가 그동안 물리적 담장으로 양분화된 두 도시를 막아서는 역할을 해왔다면 앞으로 담장이 허물어질 이 지역에 오랫동안 단절되어왔던 건물, 사람 그리고 골목길을 연결해주는 매개자로서 존재해야만 한다.

이에 우리는 단독주택지의 작은 골목길과 스케일을 유입하여 거대한 마스터플랜 내 작은 마을 단위를 만들어 주고 고층아파트의 거대한 매스를 중화시켜 대지 내로 끌어들인다. 경계가 명확하지 않은 우리의 도시는 지역주민이 자연스럽게 흘러들어오는 혼성적 중간도시(middle city)이자 주변 컨텍스트가 적층된 작은도시를 제안한다.

옛 성동구치소 부지 신혼희망타운

거주 풍경 시나리오 Scene+nario

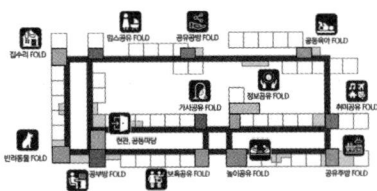

주택은 작은 도시이고, 도시는 큰 주택이다.

일상생활 수준에서 거주자들의 주거동 출입은 각 주동의 앞마당과 출입구에 집중되고 원칙적으로 모든 거주자는 이곳을 통과하여 올라가며 삶의 범위를 단편적으로 재단해왔다.
하지만 사람들은 조금 돌아가더라도 다양한 볼거리가 있고 사람과 만남이 이루어 질 수 있는 거리를 선호한다.
이에 우리는 신혼희망타운을 북적이는 마을의 모습으로 조성하기 위해 사람들의 연결 욕구를 충족시켜줄 수 있는 좋은 길을 지반층 이외에도 주동 곳곳에 배치하고, 자생적으로 이벤트가 수시로 일어 날 수 있는 공간을 배치하여 마을 안팎으로 공동의 관심을 실천하고 소통이 활발한 작은 도시를 제안한다.

담장으로 이분화된 주거유형을 하나의 도시로 결합하기

대지현황분석/기본계획개념

대지의 서측으로는 구치소가 있던 도시 개발 시대에 지어진 작은 스케일의 단독주택과 낮은 근린생활시설이 밀집되어 있고 동 남측으로는 90년대 이후 고층의 대형 스케일 아파트 단지가 자리 잡고있다.
이 이질적인 도시에 또 다른 거대스케일의 주거가 삽입되려 한다. 그렇다면 이 대지의 성격은 어떠해야 하는가?
우리는 이 곳을 혼성적 중간도시라 명명하고 주변의 크고 작았던 스케일을 필요에 의해 긴밀하게 연결하고 배치 하고자 한다.
끊어졌던 도시의 가로를 연결하고 생활거점과 풍경을 이어주는 새로운 가로를 생성하여 도시의 연속성을 유지하고 지속가능한 도심마을의 방향을 제시한다.

SMALL scale
단독주택, 근린생활시설

LARGE scale
공동주택

MIDDLE CITY
혼성적 중간도시

PHASE 1 GREEN CONNECT
녹지를 잇고 시선을 열다

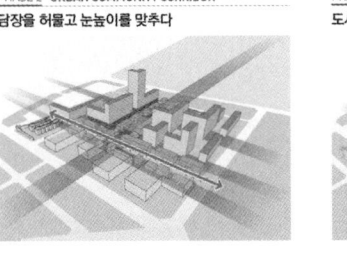
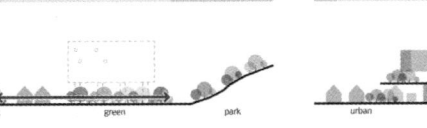

PHASE 2 URBAN COMMUNITY CORRIDOR
담장을 허물고 눈높이를 맞추다

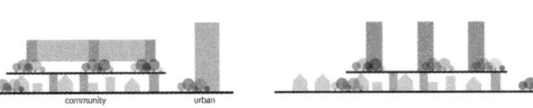

PHASE 3 URBAN BALANCE
도시와 조화로운 풍경을 만들다

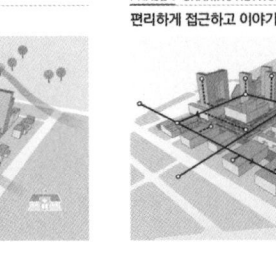
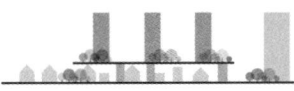

PHASE 4 SHARING NETWORK
편리하게 접근하고 이야기하다

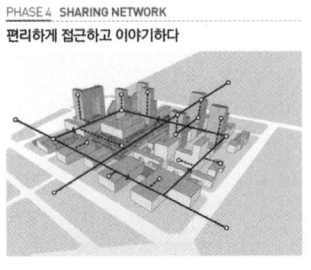
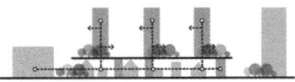

Newlywed Hope Town on the Site of Seongdong Detention Center

사람과 장소 중심의 미래지향적 공동주택만들기

그동안의 도시가 단순히 생계를 위해 살아가는 장소였다면, 신혼희망타운을 품은 이 사이트는 삶을 꾸려가고 키워나가는 정소여야 한다. 이에 우리는 단절된 도시와 사람들의 관계를 회복하는 것을 목표로 가로중심의 도시를 재건하고자 하였다. 가로가 단순히 통과도로가 아닌 사람이 모이고 교류하는 장소로서, 이벤트가 넘치는 풍성한 도시로, 때론 주민을 따뜻하게 품어주는 집으로 계획하고자 하였다.

지구단위 계획도

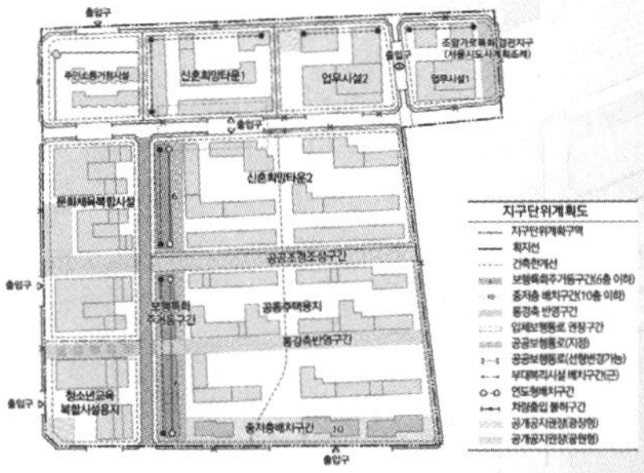

가로별 성격
주변 컨텍스트를 고려하여 가로의 성격을 부여하고 그에 적합한 커뮤니티, 상업

그린네트워크
오금공원-기존녹지까지, 저층주거지-고층 주거지를 이어주는 공공보행통로

친 보행환경
블록별 차량출입을 단지 외부로 집중하고 생활가로 주변으로는 차량출입구

가로경관
저층과 고층매스를 분리하고 그에따른 배치와 가로 환경을 다르게

예술, 문화, 창작이 결합된 느슨한 경계의 가로중심 마을만들기

저층의 긴 구치소와 끝없이 이어지던 담장은 사라졌다. 주거와 업무시설, 문화 공공시설 등 다양한 기능을 수행하게 될 이 새로운 대지 위에 주민을 위한 활발한 소통과 교류를 위한 거점시설과 가로를 배치하고 지속적인 대면공동체의 발전을 위한 호기심과 영감을 주는 공간을 계획하였다. 신혼희망타운1을 대면하는 그란 스트리트는 미래에 계획되는 신혼희망타운2와의 어설감을 최소화 하기 위해 경계를 모호히 하고 지속가능한 소통을 위해 서쪽 도시에서부터 오금공원까지 연결하였다. 또한 다층의 레이어로 구성된 공중 보행 가로들은 도심 마을의 시스템을 구축할 기본 요소로서 안전하고 편리한 주거성을 확보하며 근린생활시설 부터 업무, 공공시설과 연계되어 풍요로운 생활을 기대하게 할 것이다.

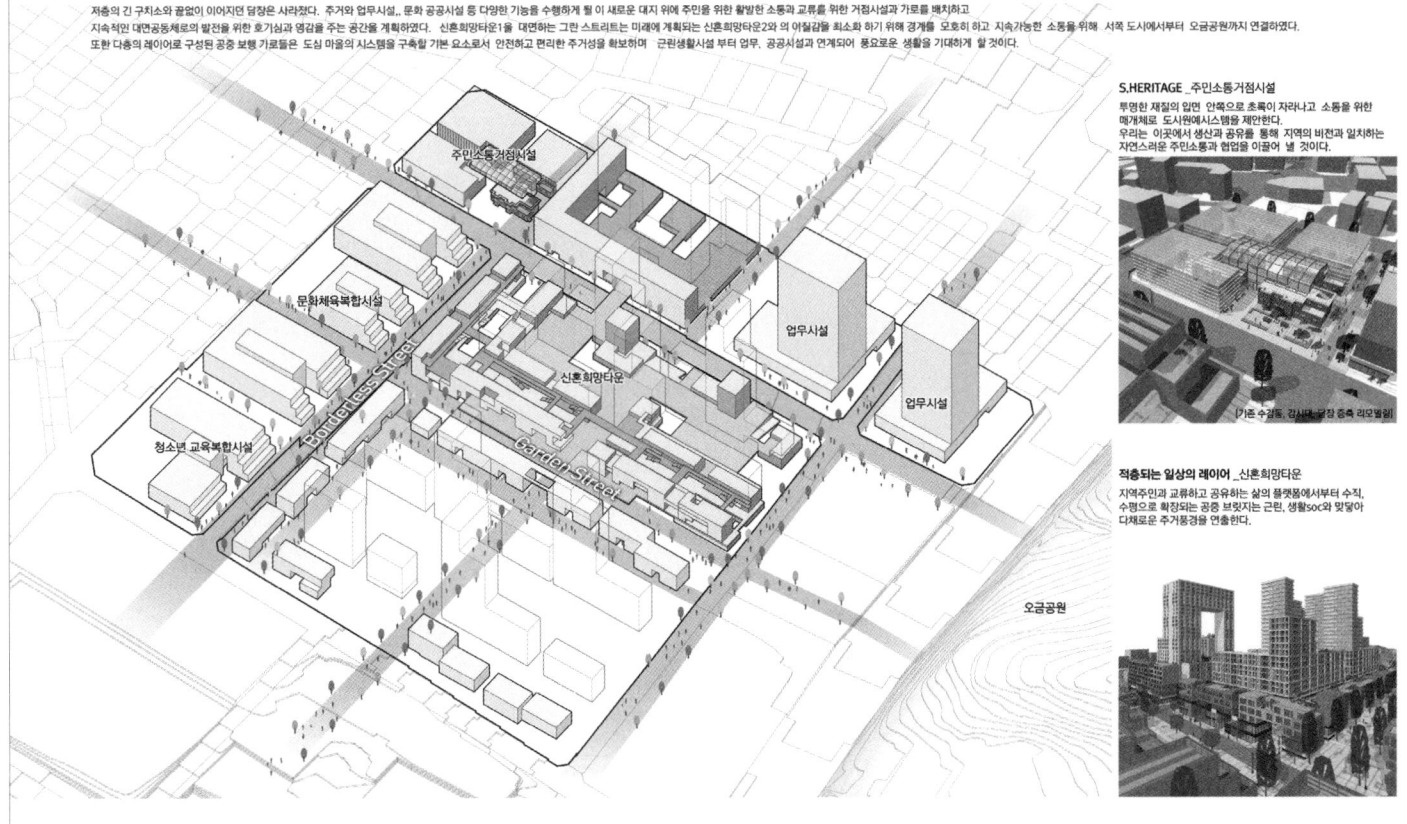

S.HERITAGE _주민소통거점시설
투명한 재질의 입면 안쪽으로 초록이 자라나고 소통을 위한 매개체로 도시원예시스템을 제안한다. 우리는 이곳에서 생산과 공유를 통해 지역의 비전과 일치하는 자연스러운 주민소통과 협업을 이끌어 낼 것이다.

적층되는 일상의 레이어 _신혼희망타운
지역주민과 교류하고 공유하는 삶의 플랫폼에서부터 수직, 수평으로 확장되는 공중 브릿지는 근린, 생활soc와 맞닿아 다채로운 주거풍경을 연출한다.

옛 성동구치소 부지 신혼희망타운

도시와 도시, 사람과 사람이 소통하는 가로 풍경

종횡단면도

'거대함'은 종래의 건축으로 제어의 임계점을 넘은 건물로서 그 자체가 작은 도시이다. 다양한 시설과 함께 거대함으로 읽혀지는 '성동구치소 부지 마스터플랜' 내 신혼희망타운은 주변 컨텍스트와 위화감 없이 공간을 구성하여야한다. 준주거 용지의 밀도와 용적을 채우고, 주변 저층주거지와의 관계를 고려하여 어떻게 조화로운 풍경을 조성할 것인가가 신혼희망타운의 핵심으로 보아도 무방하다... 이에 우리는 보행자의 시선에서 가로가 하나로 인식되도록 주변 컨텍스트 스케일을 받아들이고 용적으로 인해 생성된 매스에 기존의 도시와 새로운 도시사이에 보이드 공간을 두어 두 도시간의 시선의 교류공간을 내어주고 휴식공간으로 활용하였다.

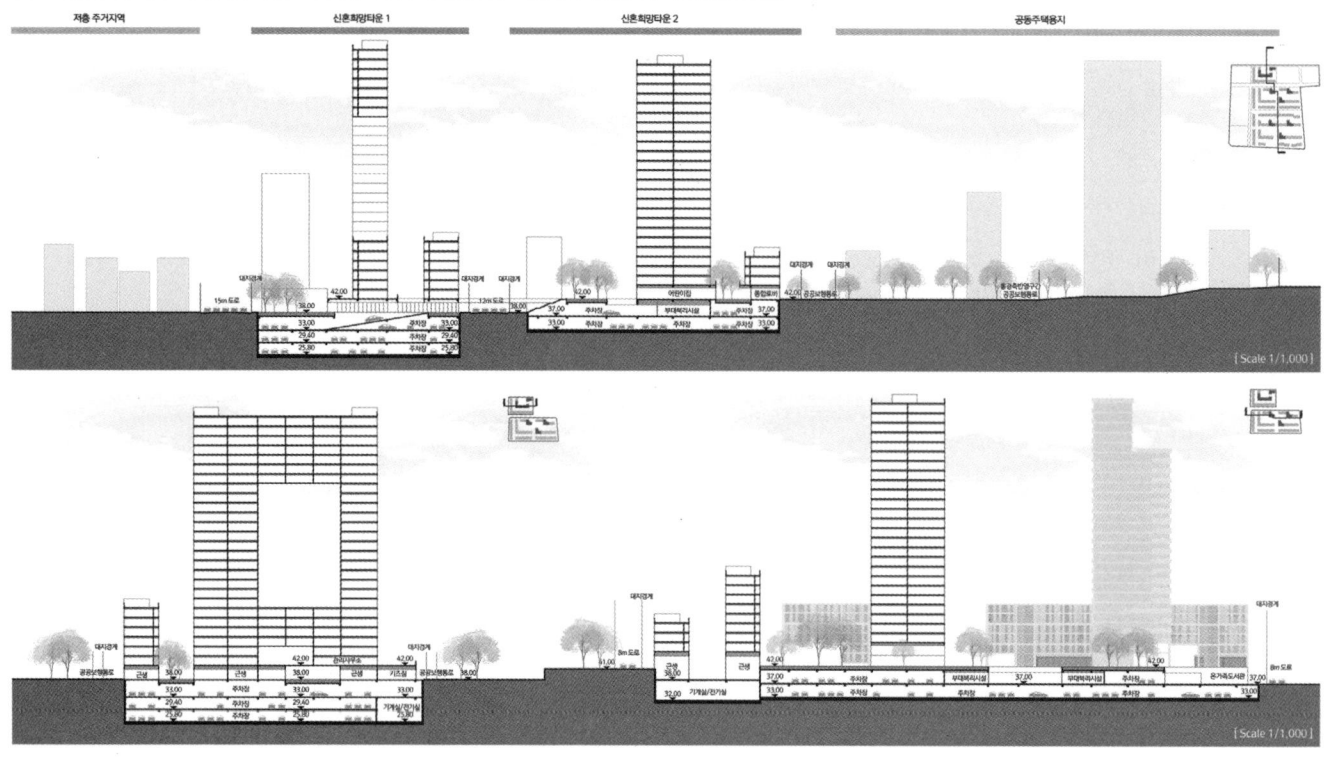

깊이있는 만남과 경험을 유발하는 차이의 풍경

디자인특화계획도

사회와 접속하는 경로가 하나뿐인 '나무형구조'의 기존 아파트에서 각자의 집에 이르는 경로가 단일하지 않고 다양한 경로의 골목길을 계획하였다.
동선이 그물처럼 연결되어 여러가지 경로로 목적지에 도착하며, 자연스레 만나는 사람들의 범위가 넓어지는 '그물망구조'는 기존의 구조에서 마주치고 부딪히는 공간과 사람이 한정적인 한계점을 극복하고 신혼희망타운과 대규모 문화시설과 결합하여 이 지역의 커뮤니티 코어가 된다.

Commom Field [거주민을 위한 정적인 공간] **Borderless Street** [지역주민과의 소통을 위한 경계 없는 가로]

Newlywed Hope Town on the Site of Seongdong Detention Center

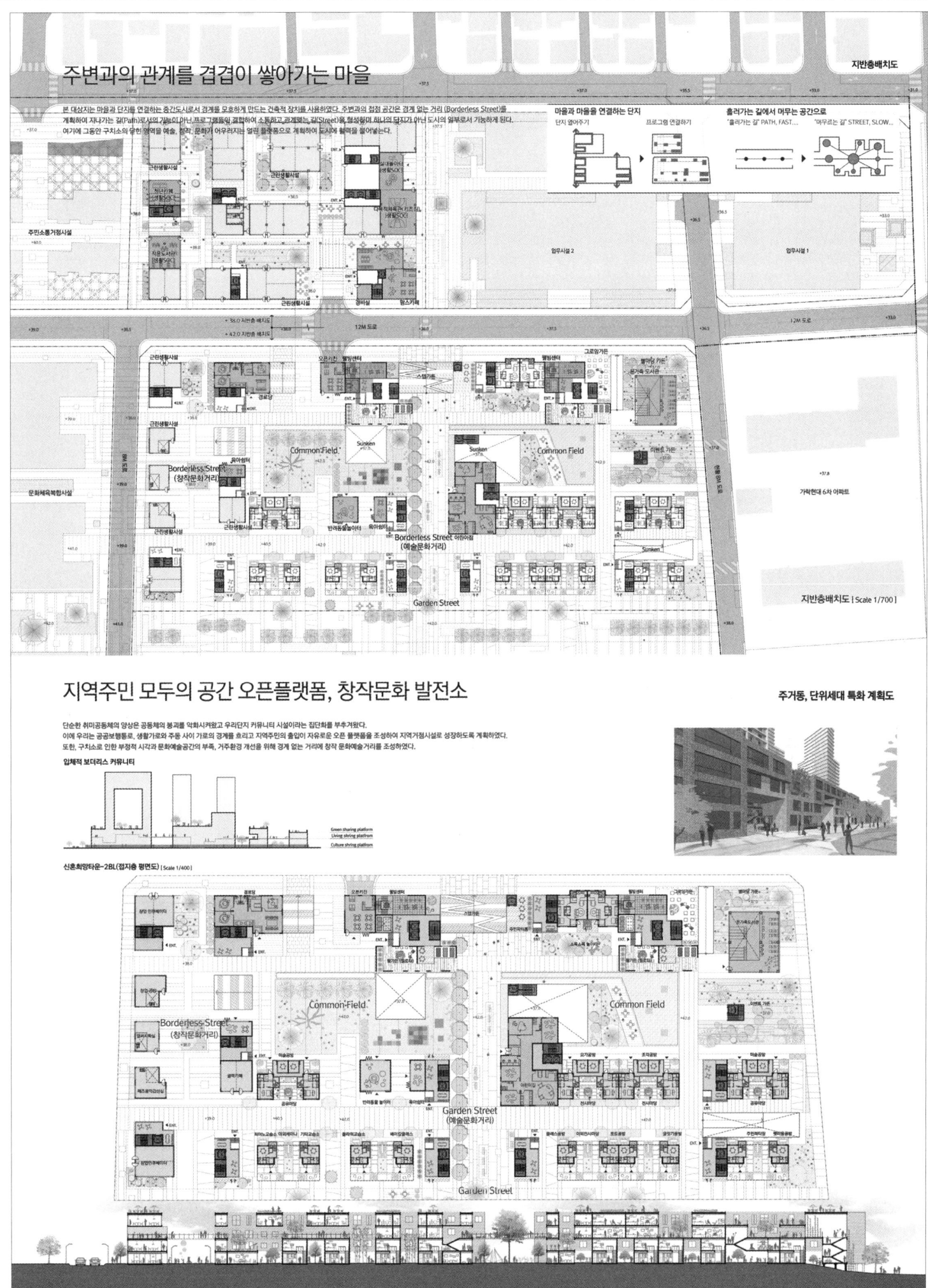

옛 성동구치소 부지 신혼희망타운

열두가지 폴드(12 FOLD)로 생활을 공유하는 쉐어링 플랫폼

주거동, 단위세대 특화 계획도

지반층에서만 한정된 주민을 위한 공간과 가로는 커뮤니티 활성화에 한계점을 가진다.
우리집, 우리동, 우리단지의 경직된 인식을 넘어서기 위해서는 신혼희망타운 전체를 아우르는 동선과 생활밀착형 커뮤니티 시설을 배치하여 내 집 앞의 경계를 확장시키고 동선 사이사이에 개별 단위세대에서 가질 수 없는 생활을 공유하는 12가지 폴드(Fold)공간을 배치하여 입체적 공유공동체를 조성하였다.

다양한 경로와 경험을 갖는 우리동네 FOLD 지도

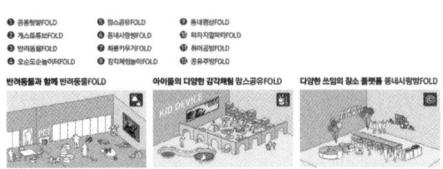

신혼희망타운-2BL (3층 평면도) [Scale 1/400]

젊은 거주자들의 성장과 연대를 위한 삶의 공간, 커뮤니티 플랫폼

주거동, 단위세대 특화 계획도

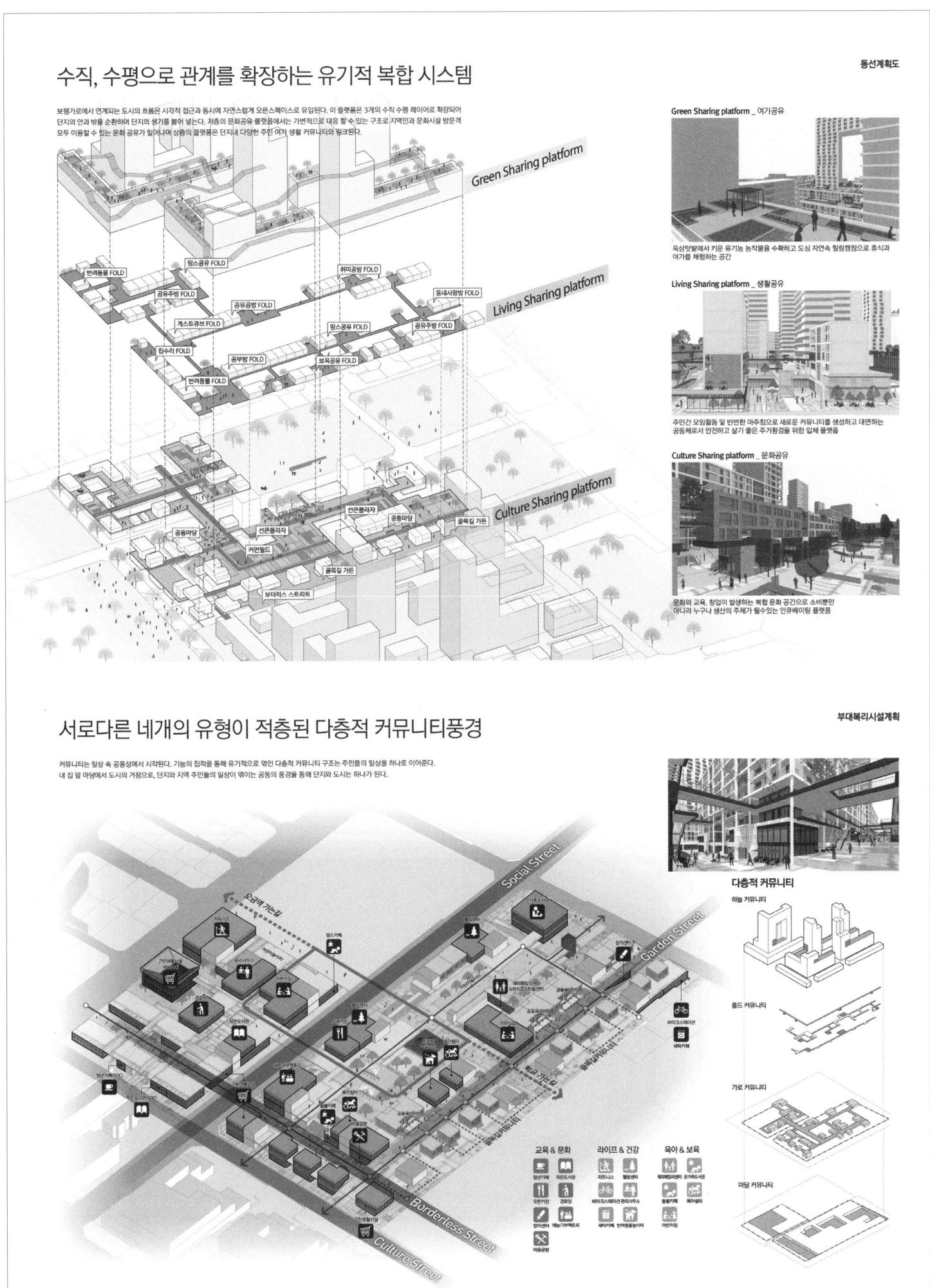

과천지식정보타운 S-10BL

당선작 김태철_동아대학교 + (주)건축사사무소 두올아키텍츠_양성중 설계팀 김설환, 최진이, 전상구, 문우빈

대지위치 경기도 과천시 과천지식정보타운 S-10BL **대지면적** 18,308.00㎡ **건축면적** 4,885.13㎡ **연면적** 53,598.26㎡ **건폐율** 26.68% **용적률** 197.42% **규모** 지하 2층, 지상 24층 **구조** 철근콘크리트조 **주차** 444대

도시프레임 + 자연풍경

과천은 서울시에 가깝게 인접해 있지만 관악산과 청계산의 풍경이 도시의 배경에 있고 안양천 등 풍광을 갖고 있다. 또한 도시의 규모도 중소도시의 규모로 잘 계획되어 자연과 조화를 이루는 곳이다. 대지는 과천과 안양의 경계지점에 위치하여 자연 요소와 도시 인프라가 공존하는 과천도시의 축소판인 곳이다. 대지의 서측은 과천의 끝으로 관양동 선사유적지가 인접하고 지형의 고저차가 있으며 동측은 과천대로가 인접하고 있다. 대지가 가진 특성에 맞게 서측의 자연대응영역과 동측의 도시대응영역으로 나누고, 도시대응영역은 도시가로에 맞는 배치로 도시의 규모와 모습이 보이도록 구성했다. 반면, 자연대응영역은 후면의 관양동 선사유적지의 자연적 요소가 단지의 공간으로 흘러들도록 접지 면을 줄이도록 하거나 자유로운 배치를 시도했다. 또한 조형적 관점에서 도시대응영역은 도로정면에서도 관양동 유적지의 녹지가 관통하여 나오도록 배치하고 도로축과 직각으로 배치하여 자연대응영역의 건물이 자연을 배경으로 풍경의 그림이 될 수 있도록 액자프레임이 되도록 하였다. 결과적으로, 도시대응영역과 자연대응영역이라는 대비되는 두 가지 방향의 성격은 프레임과 풍경으로 상호보완적인 역할을 통하여 통합된 그림이 되도록 했다.

City frame + Natural scenery

Gwacheon is located close to Seoul. However, Gwanaksan and Cheonggyesan Mountains are forming the background to the city, and Anyangcheon Stream is adorning its scenery. The urban scale is well attuned to the scale of small and medium-sized cities, which enables Gwacheon to stay in balance with nature. The project site is sitting on the border between Gwacheon and Anyaong and looks like a miniature of the city of Gwacheon where natural elements and urban infrastructures coexist in harmony. The west section of the site is on the edge of the city. There is a prehistoric site nearby in Gwanyang-dong, and the land has a difference in elevation. The east section is close to Gwacheon-daero. Considering such site conditions, the west section is designated as 'Nature-Oriented Area', and the east, as 'City-Oriented Area.' The city-oriented area is coordinated based on an arrangement plan suitable for an urban street network so that the scale and scenery of the city can be seen. As for the nature-oriented area, however, the ground contact area is reduced, and a free arrangement plan is implemented so that natural elements around the prehistoric site in Gwanyang-dong can flow into the complex. Also, from the formative perspective, the city-oriented area is arranged in a way that the green area of the prehistoric site can flow out in front of the road. Also, the area is positioned to make a right angle with the road so that it can look like a picture frame in which buildings in the nature-oriented area appear like a landscape painting with nature as the background. Consequently, the contrasting designs of these two areas become complementary to each other as a frame and a landscape respectively, and in the end, they form an integrated whole.

Prize winner Kim Taecheol_Dong-A University + Doall Architects & Engineering_Yang Sungjoong **Location** Gwacheon, Gyeonggi-do **Site area** 18,308.00m² **Building area** 4,885.13m² **Gross floor area** 53,598.26m² **Building coverage** 26.68% **Floor space index** 197.42% **Building scope** B2, 24F **Structure** RC **Parking** 444

Gwacheon Knowledge Information Town S-10BL

기본구상도
Design Concept _SCALE : NONE

지역에 새겨진 이야기
이 지역은 과천시에서 가장 남쪽에 있는 마을로 가루개라는 고개 하나를 사이에 두고 안양시 관양동과 접해 있다. 조선시대에는 과천군 군내면의 지역이었다가 1986년 1월 1일 과천이 시로 승격되면서 과천시 갈현동으로 바뀌었다. 북서측의 관악산과 북동측의 청계산의 산세가 이어지면서 흐르는 하천은 예로부터 물이 맑기로 유명하고 이 곳에서 두 물줄기가 갈라진다 하여 갈현동이라는 지명을 얻게되었다. 1963년 서울특별시 행정구역 개편으로 서울의 경계를 개발제한구역으로 지정한 행정의 영향으로 이 일대는 버려진 땅으로 인식되어왔고 40여년간 조용했던 이지역은 2011년 LH가 사업시행자로 지구지정한 과천지식정보타운의 조성계획으로 개발이 시작되었으며 최근 들어 공동주택의 공급이 활발히 이루어지고 있다.

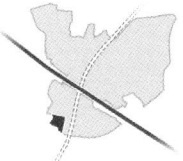
개발제한구역시절
신문서울특별시개발제한구역도(1975) 옛사진

관양동 선사유적 주거지
본 대지의 남측으로 맞닿아 있는 녹지는 행정구역은 안양시이지만 하나의 영역으로 인식되는 나지막한 구릉이다. 이 구릉은 현재 관양동 선사유적주거지로 지정되어 현재도 발굴과 공간개선을 위한 작업이 이루어지고 있으며 향후의 모습에도 큰 변화가 없을 것으로 판단되는 자연녹지이다. 2002년 일대의 개발과정에서 발굴된 청동기 유적은 한반도 중부지역 청동기시대 주거지의 중요한 사례로 평가받으며 이 지역이 선사시대부터 주거지로 자리잡은 정주환경이 우수한 환경이었음을 짐작할 수 있다.

과천지식정보타운 S-10BL의 환경
본 대지를 중심으로 동측에는 관악산 남쪽 계곡에서 발원한 안양천의 지류인 갈현천이 흐르고 서측과 남측은 관양동 선사유적주거지의 녹지에 의해 둘러싸여 있으며 북측에는 S-11BL 공동주택과 마주하는 생활가로를 형성하고 있다. 도시철도 4호선과 47번 국도인 과천대로가 대지의 동측으로 지나가며 제2경인고속도로의 북의왕 IC가 인접하여 지역사회와의 연결 뿐만 아니라 광역의 교통망도 매우 우수한 환경이다. 경관의 측면에서는 풍부한 녹지와 하천이 근경으로 보이고 북측의 원경으로 높이가 비슷한 관악산과 청계산의 정상부가 관측되어 매우 이상적인 주거지의 조건을 갖고 있다.

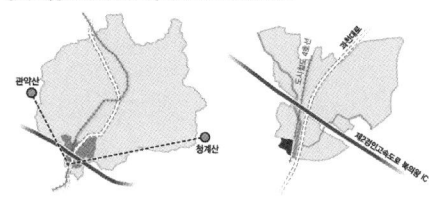

개발과 보전의 가치 양립을 위한
과천 지식정보타운은 긴 시간 그린벨트였던 지역인 만큼, 도시와 자연 사이에서 개발과 보전 가치 양립을 추구하고자 한다. 구 시가지와 주변관계를 고려하는 계획이 필요하다.

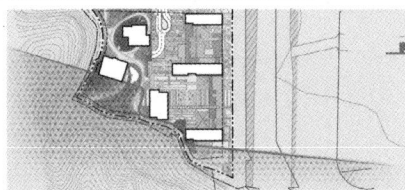

다양한 새로운 문화와 장소성을 확립하기 위한
새로운 소통과 공유의 모델을 제시하여 지역 주민들과 새로운 주민들 사이에서 일상을 공유하고 문화와 장소성을 회복하게 하는 커뮤니티 장이 마련될 필요가 있다.

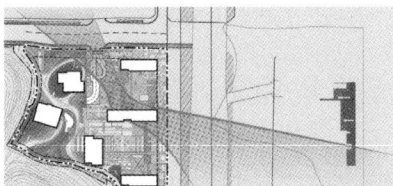

사람들의 다양한 요구를 충족시키기 위한
다양한 니즈를 가진 입주민들이 모여 정주성을 만들기위해 서로 다른 개인의 니즈를 존중하여 거주성능과 경제성 및 인근단지와 차별성에 대한 제고가 필요하다.

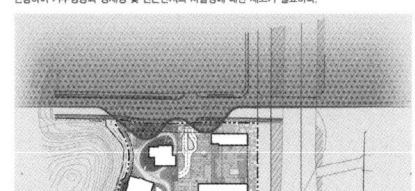

단지계획도
Master Plan _SCALE 1/800

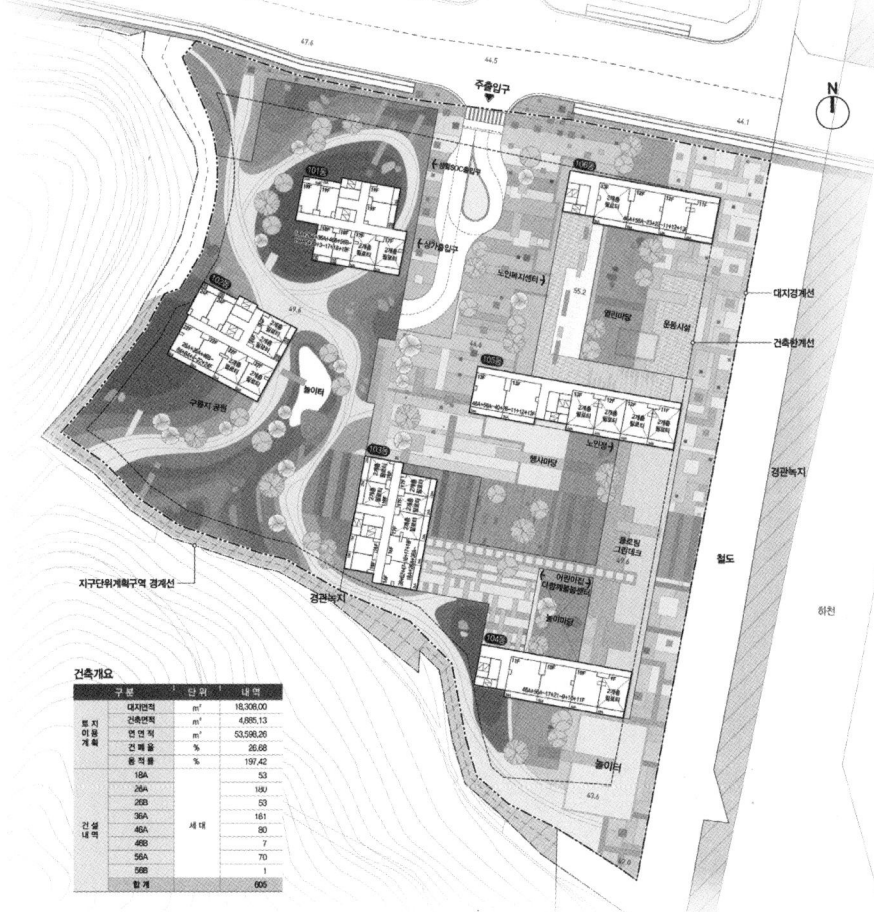

배치계획
과천지식정보타운의 남서측 끝자락에 위치한 S-10BL은 남측 인접지인 선사유적주거지로 인하여 공간적인 확장이 어려운 조건이다. 이 한계를 인식하여 남측과 서측에는 조망을 위한 타워동의 배치로 공간적 연결 없이 시선의 교감을 유도한다. 그리고 생활가로가 있는 북측에는 공공의 흐름이 유연하게 유입이 되도록 가로형 동선이 이어지도록 계획하고 갈현천이 흐르는 동측에는 공간의 연결과 시선의 흐름이 함께 이루어질 수 있도록 개방적 배치를 제안한다. 주민공동시설과 생활 SOC의 경우에도 기본적으로는 가로변과 갈현천변에 연도형으로 계획하는 것을 원칙으로 하면서도 보행의 동선을 단지 내부로 끌어들여 모두에게 열린 마을의 이미지를 구축한다.

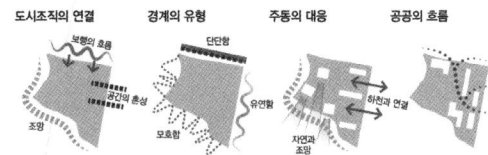
도시조직의 연결 | 경계의 유형 | 주동의 대응 | 공공의 흐름

건축개요

구분		단위	내역
대지이용계획	대지면적	m²	18,308.00
	건축면적	m²	4,885.13
	연면적	m²	53,598.26
	건폐율	%	26.68
	용적률	%	197.42
건설내역	18A	세대	53
	26A		180
	26B		53
	36A		161
	46A		80
	46B		7
	56A		70
	56B		1
	합계		605

과천지식정보타운 S-10BL

특화계획도

주동의 배치 _ 세 개의 켜

본 대지의 주동은 크게 세 개의 켜로 구성된다. 동측 갈현천변은 지침으로 지정된 직각배치 구간으로 저층의 판상형으로 구성하고, 중간의 영역에는 많은 사이의 틈을 만들어 내도록 일자 높은 중층의 타워형으로 배치하며, 서측의 단부에는 주변의 자연형 구릉과 조화를 이루며 각도를 달리하는 고층의 타워를 계획한다. 이는 하천과 녹지를 연결하는 동서방향의 축에서 부드러운 도시의 스카이라인을 형성하는 데에 유리할 뿐만 아니라 대지 동측을 지나가는 도시철도 4호선의 구조물과의 간섭을 최소화하기 위함이기도 하다.

외부공간구성
공공성 / 일상성 / 다원성

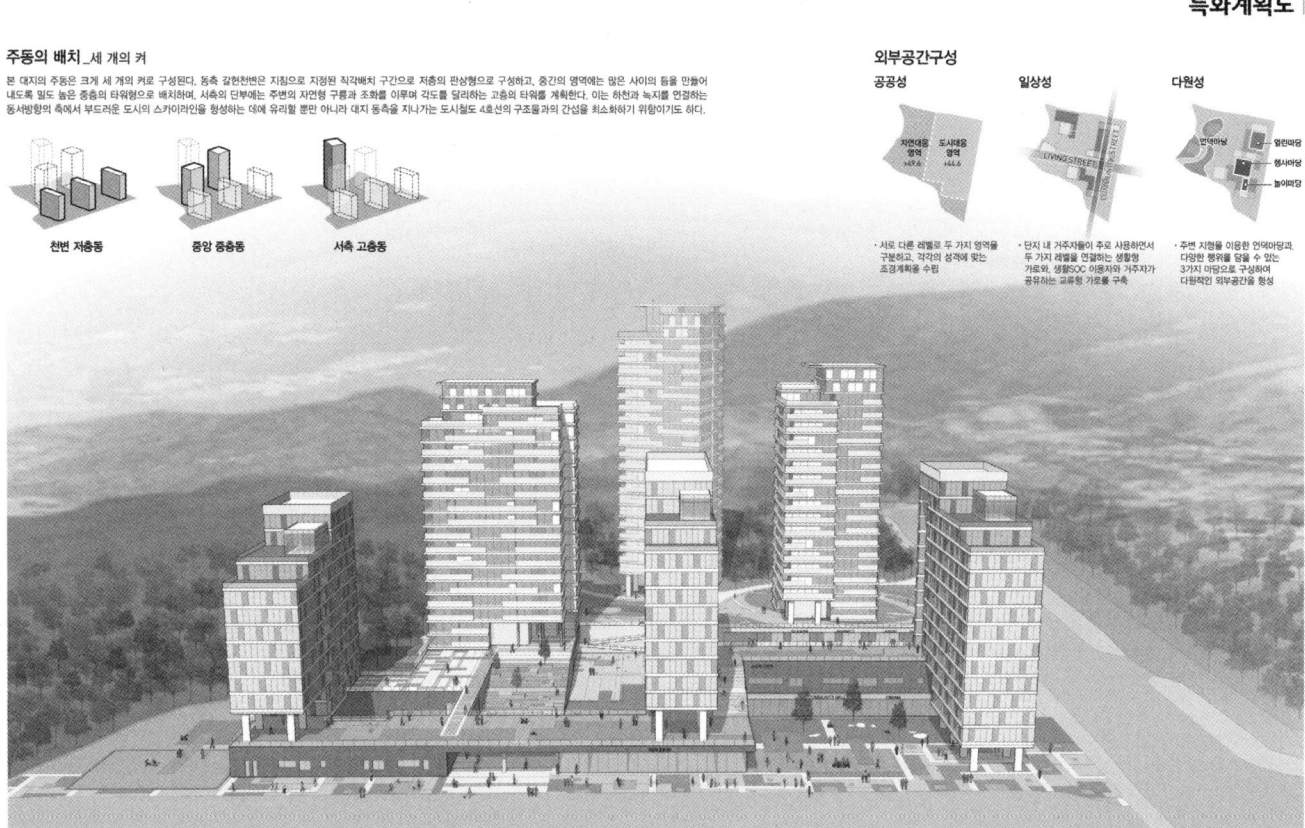

특화계획도

01 | 주거동의 SOCIAL MIX PLAN
다양한 규모의 세대가 함께 모여사는 social mix plan 제시

S-10BL의 주거는 청년과 신혼부부를 위한 5개 type으로 구성된다. 주거의 구조와 시공성을 감안하면 수직의 열 동별 분리가 합리적이지만 건강한 정주환경의 social mix를 위하여 깊은 동에서 청년과 신혼부부의 5개 type이 같이 계획되도록 하여 모두가 함께 살아가는 구조를 제안한다. 두 세대가 수평으로 결합하는 넓은 세대 또는 두 세대가 수직으로 결합하는 복층형 세대를 계획하여 단위세대 면적의 차이에서 오는 갈등요소를 최소화 하여 획일화되기 쉬운 공동주택의 한계를 극복하며 다채로운 환경이 만들어지도록 한다.

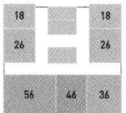

02 | 단위세대의 SOCIAL MIX PLAN
life style을 반영하는 다양한 세대 유형의 제안

청년과 신혼부부의 라이프스타일은 매우 복잡한 패턴을 갖는다. 집에서 보내는 시간이 세대마다 다르며 향보다는 전망을 중시하는 세대 등 다양한 편차를 반영하면서도 구조와 시공성에 큰 영향을 주지 않는 범위 내에서 가능한 여러 유형의 type을 제안한다. 그러한 계획을 통하여 서로의 다름이 함께 하는 획일적이지 않은 마을의 환경을 조성한다. 그리고 이러한 환경은 입주를 준비하는 주민이 자신의 라이프스타일에 맞는 세대를 처음부터 선택하여 정주환경의 만족도를 끌어올릴 수 있도록 한다.

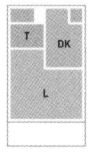
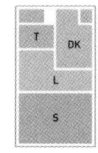
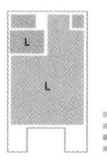

03 | FLOATING GREEN DECK
모든세대의 일상을 담는 갈현천변 공중녹지

갈현천에 면하여 일상의 여유를 갖는 2층의 FLOATING GREEN DECK는 입주민 뿐만 아니라 주민공동시설과 생활SOC 이용자들 모두가 편리하게 접근할 수 있는 다양한 동선체계를 갖는 모두에게 열린 마을의 녹지이다. 노인복지센터와 연계하여 노인을 위한 편안한 휴게스탠드를 설치하고 주 입주지인 청년들의 생활패턴을 고려한 독립적인 녹지가 wi-fi zone이 되도록 하여 personal media를 즐기도록 배려한다. 그리고 어린이집에 면한 영역은 어린이들의 안전한 놀이마당으로 활용되어 모든 세대를 아우르며 하천의 자연환경과 함께하는 일상의 쉼터로 자리잡는다.

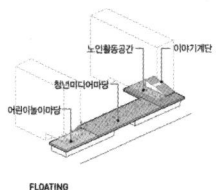

Gwacheon Knowledge Information Town S-10BL

단위세대 평면도
Unit Plan _SCALE 1/150

모두의 이야기를 담은 다채로운 평면

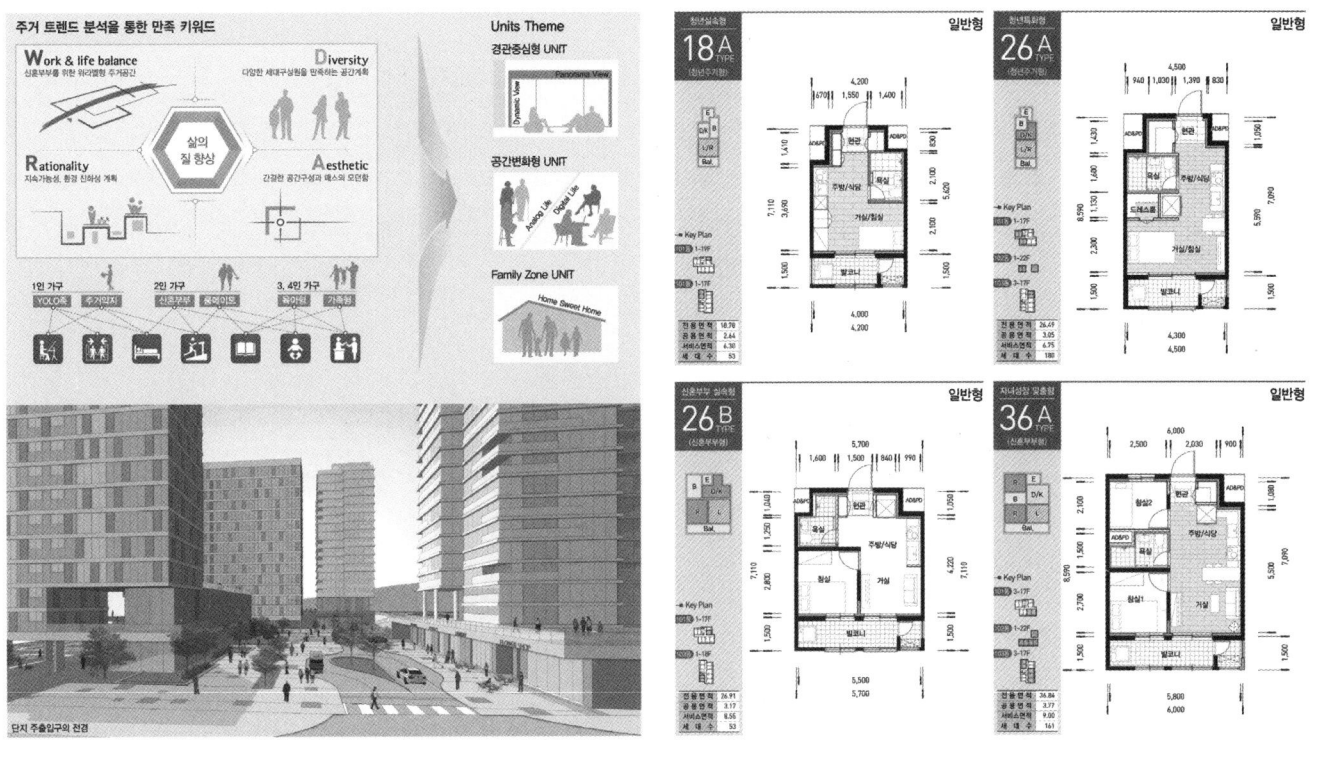

다양한 삶의 즐거움을 함께 나누는 커뮤니티형 주거동

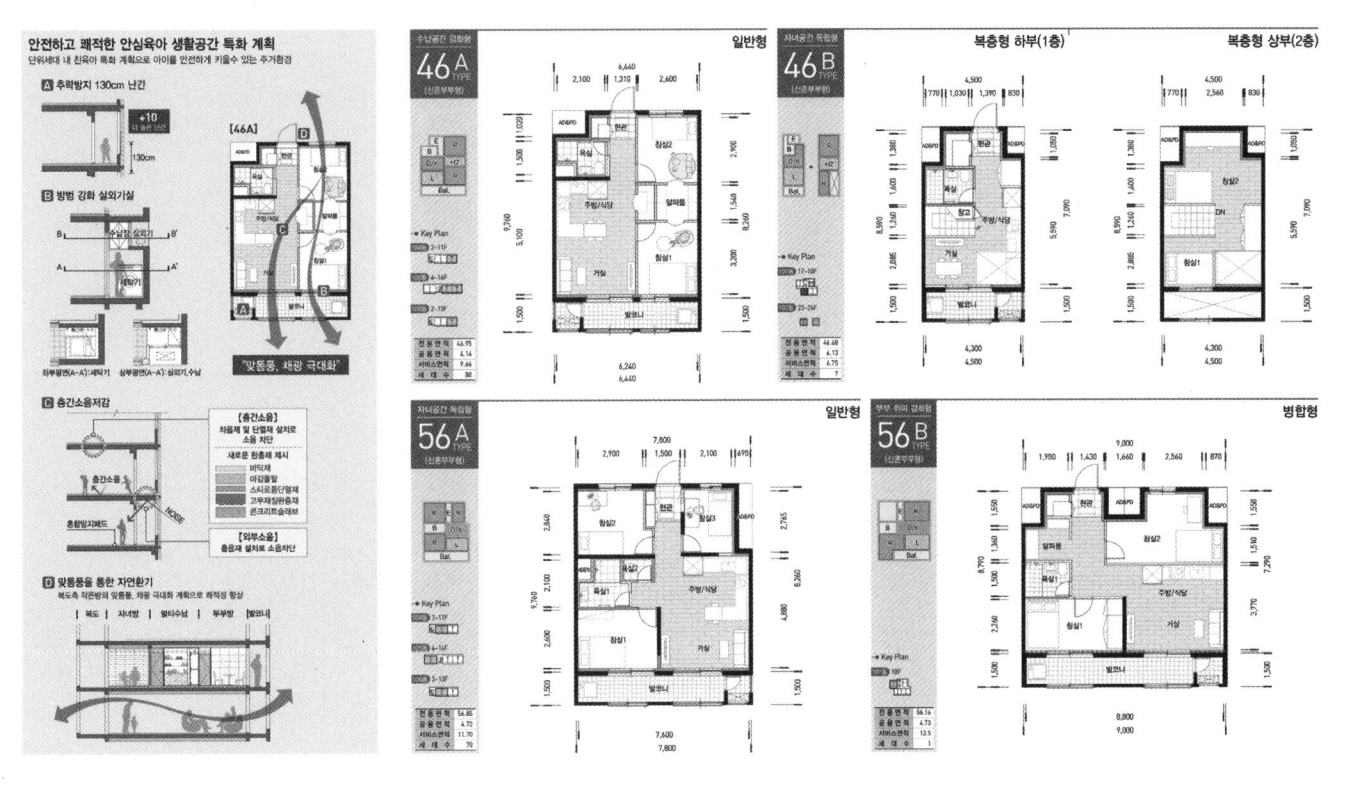

과천지식정보타운 S-10BL

Building Plan _SCALE 1/400
주거동 평면도

단지와 도시, 자연을 연결하는 랜드마크 주동

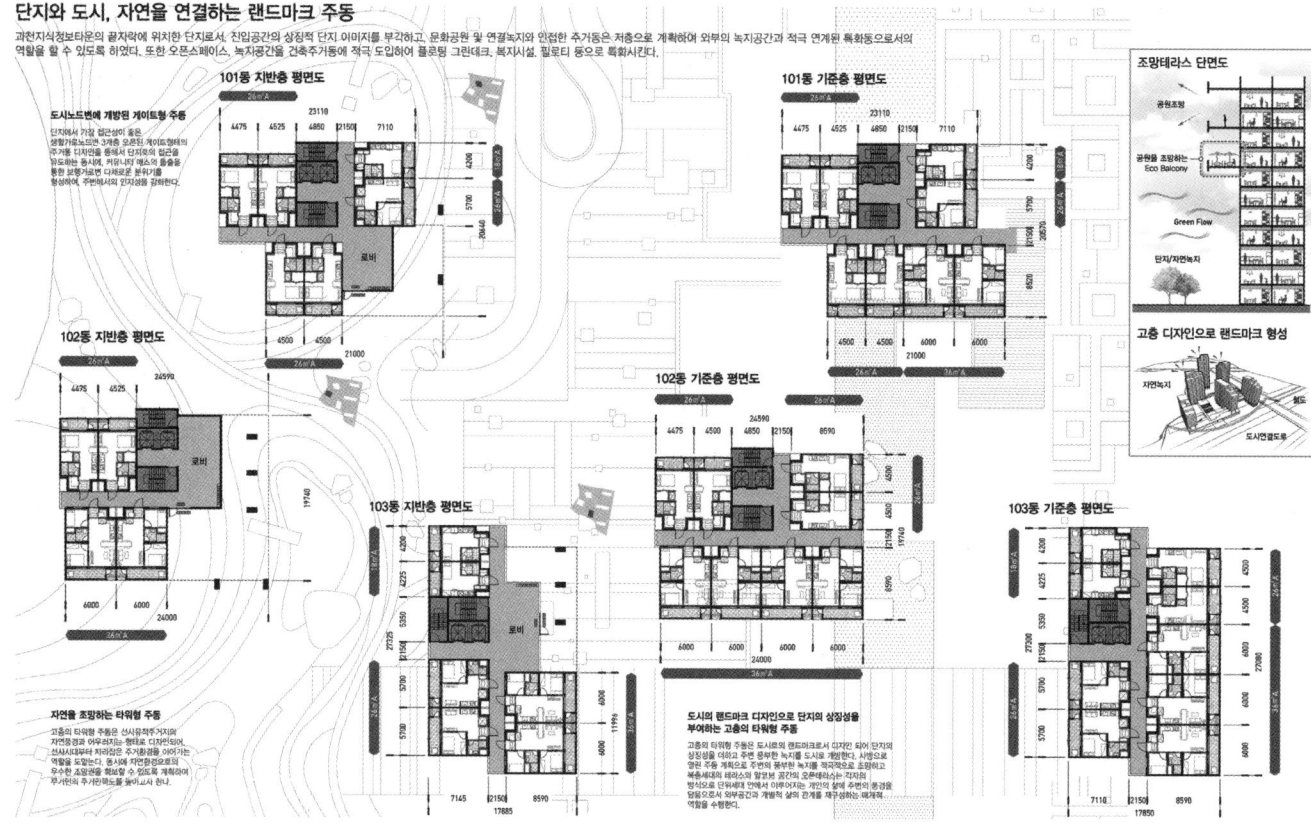

다양한 삶의 즐거움을 함께 나누는 커뮤니티형 주거동

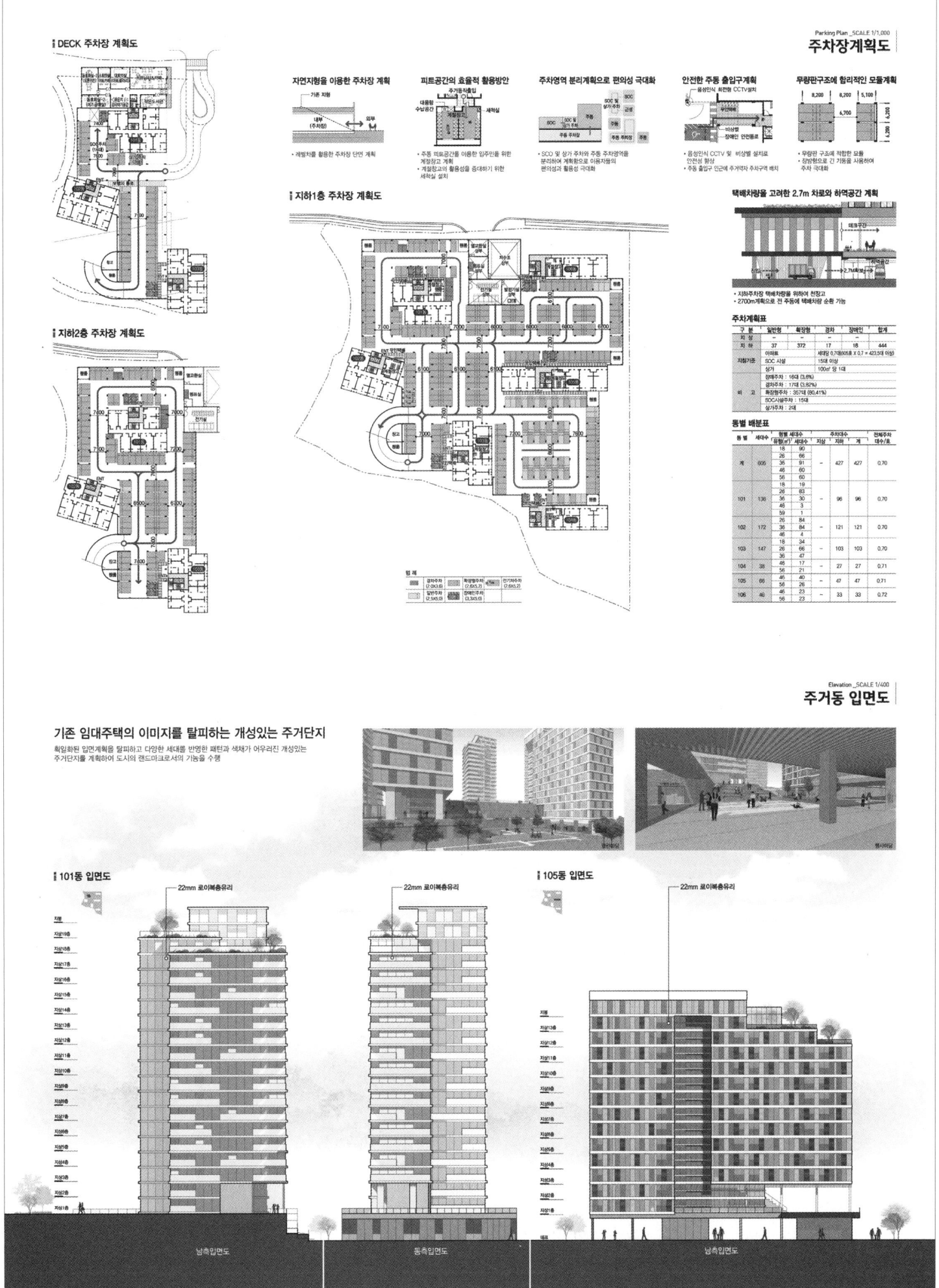

과천지식정보타운 S-10BL

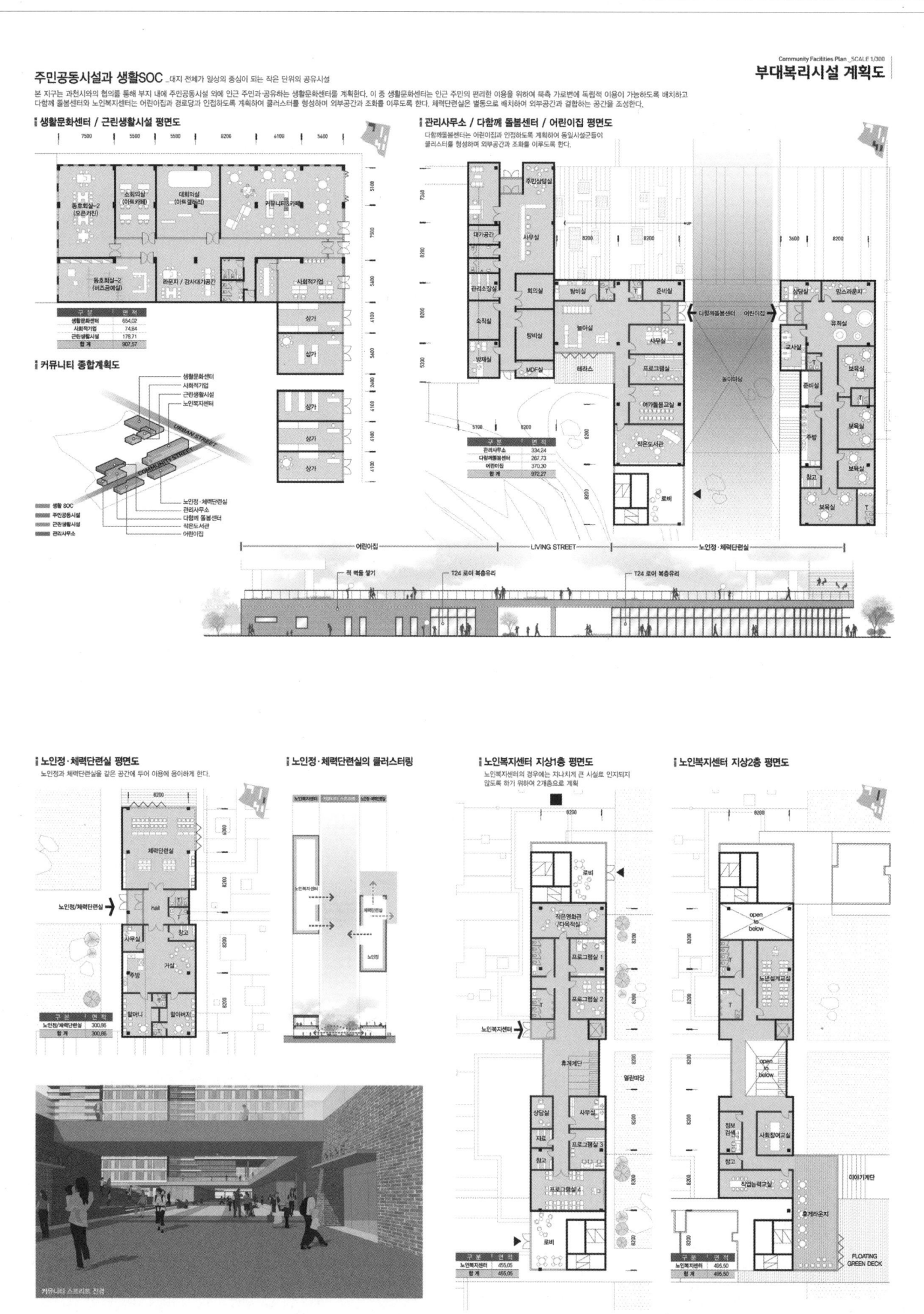

Gwacheon Knowledge Information Town S-10BL

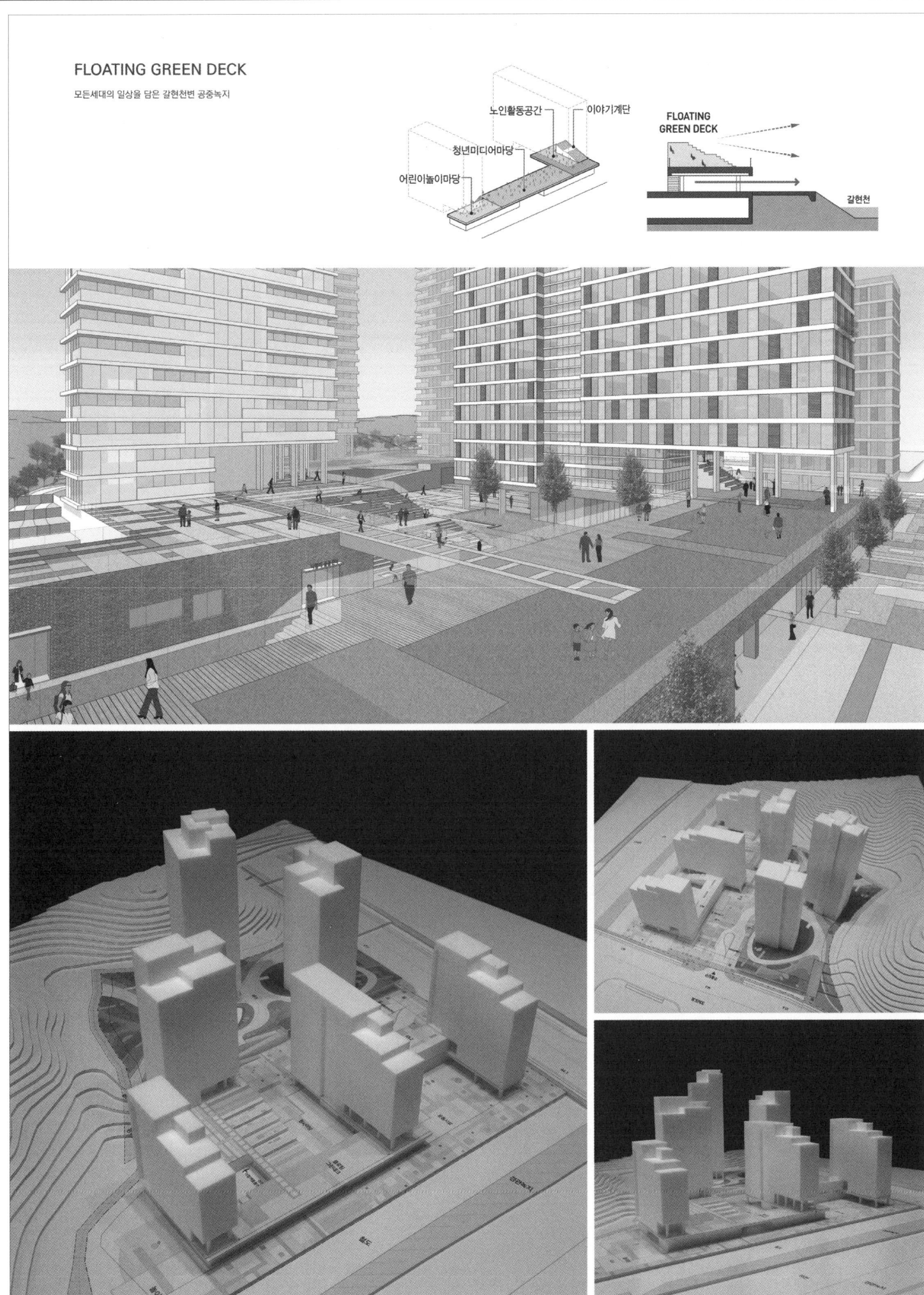

FLOATING GREEN DECK
모든세대의 일상을 담은 갈현천변 공중녹지

원주무실지구 A-2BL 공동주택

당선작 (주)종합건축사사무소 가람건축 장연철 + (주)강남종합건축사사무소 이승기 설계팀 한준성, 김동하, 황석현, 김동윤, 차소정, 함소라, 고명원, 조병찬(이상 가람) 도정수, 장고은, 이경원, 강혜주, 시윤희, 김지은(이상 강남)

대지위치 강원도 원주시 무실동, 판부면, 흥업면 일원 **대지면적** 28,115.00㎡ **건축면적** 6,004.88㎡ **연면적** 87,048.77㎡ **건폐율** 21.36% **용적률** 199.62% **규모** 지하 2층, 지상 25층 **최고높이** 25m **구조** 철근콘크리트 벽식구조 **외부마감** 로이복층유리, 친환경수성페인트 **주차** 836대

시작의 문을 열다
생활가로와 각종 보행로를 통해서 연결되는 시설과 공간을 조합한 클러스터형 커뮤니티를 계획했다. 부대시설의 상부에 지붕설치와 친환경 녹음식재 및 태양광 집열판을 설치하여 쾌적한 차양과 열섬효과가 저감되는 공간을 제공하였다. 또한 저층 연도형 주동과 어울리는 파사드 계획으로 신혼부부, 아이, 지역주민이 즐기고 기억될 수 있는 아이레벨 경관계획을 세웠다.

담소의 문을 열다
단지내 안전한 학교 가는길을 통해 지역주민들이 서로 자유롭게 오고가며 소통과 다양한 경험을 할 수 있는 커뮤니티 및 마당을 조성했다. 생활가로에서 마당까지 이어지는 통과동선으로 입주민, 지역주민 모두의 활용도가 증가되게 유도하였고, 길의 연결을 통해 단지 전체에 안전하고 자연적 셉티드 역할을 하는 안심동선을 제안했다.

흐름의 문을 열다
주변 자연요소인 하천을 잇는 통경축을 단지내로 연결시켜 내부에서도 자연을 체험하도록 했다. 하천의 조망이 유리하도록 생활가로변과 북측에 중저층과 고층을 배치하여 자연스러운 스카이라인을 형성하였고, 조경 동선을 활용하여 북측 하천변에 활성화 계획을 유도했다.

Opening the gate of the beginning
The proposal introduces a cluster-type community that combines different facilities and spaces with access to community streets and pedestrian walkways. A roof system, green plants and photovoltaic panels are installed on top of the support facility to provide an efficient sunshade throughout the year and reduce the heat island effect. A facade design optimized for low-rise apartments in rows is proposed to implement an eye-level landscape plan which newlyweds, children and local people can enjoy and be impressed by.

Opening the gate of conversation
A community plaza is formed so that local people can casually come and go through a safe internal path to school and gain various experiences. Flows of both residents and local people are channeled into a passage leading to the plaza from community streets. Also, a safe circulation system that ensures safety of the entire complex and serves like a CPTED measure by connecting all paths is implemented.

Opening the gate of flows
A vista extended from a stream, one of the natural surroundings, is brought inside so that people can experience nature even within the complex. With the goal of providing a good view of the stream, low, mid and high-rise buildings are positioned in order along community streets and on the north side to form a natural skyline. Also, scenic walkways are introduced to contribute to a vitalization plan for a waterside area in the north.

Prize winner GARAM Architects & Associates_Jang Yeonchul + KANG NAM ARCHITECTS & PLANNERS_Lee Seunggi **Location** Wonju, Gangwon-do **Site area** 28,115.00m² **Building area** 6,004.88m² **Gross floor area** 87,048.77m² **Building coverage** 21.36% **Floor space index** 199.62% **Building scope** B2, 25F **Height** 25m **Structure** RC wall system **Exterior finishing** Low-E paired glass, Eco-friendly water-based paint **Parking** 836

Wonju Musil District A-2BL Housing

Master Plan
단지계획

행복한 신혼, 새로운 시작의 門을 열다

둘이 하나되어 새로운 시작을 하는 신혼부부들에게는 서로 공감하고 의지하며 함께하는 공간이 필요하다.
자연 속에서 아이와 함께 성장하고 이웃과 소통하는 다채로운 경험들으로 즐거운 일상을 만들어간다.
신혼부부, 아이, 이웃이 모두 어울리는 단지를 통해 희망찬 신혼생활의 첫 시작의 문을 열어준다.

SCALE : NONE
기본구상도

시작의 門을 열다

■ 클러스터형 커뮤니티
- 시설과 공간을 조합한 클러스터형 커뮤니티 시설
- 상부 지붕계획으로 신혼/지역주민을 위한 새로운 공간제공 (365일 쾌적한 차양쉼터 및 열섬효과 저감)
- 생활형 커뮤니티 + 중심가로축에서 경관포인트 형성
- 친환경 요소 적극 도입 (녹음식재 및 태양광 집열판)
- 저층 연도형 주동과 어울리는 파사드 계획으로 보행자에게 기억되는 단지

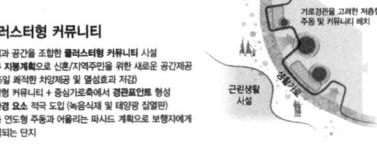
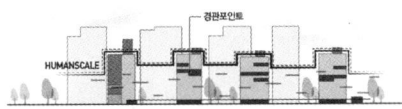
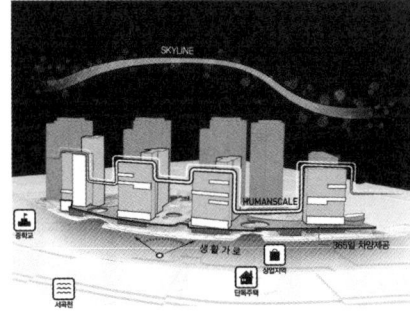

담소의 門을 열다

■ 길의 연결
- 안전한 학교가는 길 : 등하교시 다양한 경험을 할 수 있는 커뮤니티+마당계획으로 활기찬 보행동선
- 마당으로 확장되는 365일 놀이형 보육 커뮤니티
- 버스정류장과 연계된 동선계획으로 입주민 편의증진
- 집객력 향상을 위한 상가활성화 계획
- 생활가로에서 돌리네마켓 마당까지 이어지는 통과동선 계획으로 입주민, 지역주민 모두의 활용도 증가

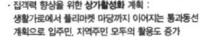
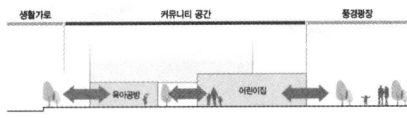
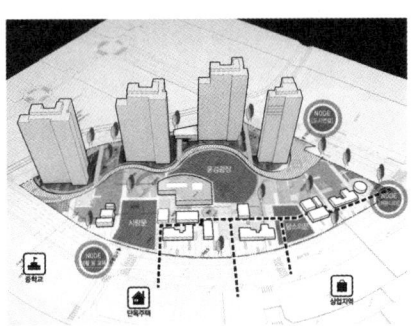

흐름의 門을 열다

■ 자연의 유입
- 남측의 서곡천과 북측의 구역천을 잇는 통경축을 설정하여 단지내부에서도 자연을 체험
- 남향 배치를 높여 분양성을 확보
- 서곡천 조망이 유리하도록 중저층을 배치하여 자연스러운 스카이라인 형성
- 북측 하천변과 연결되는 Landscape 동선 활용

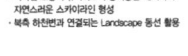

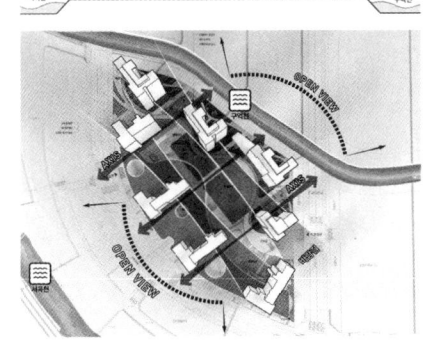

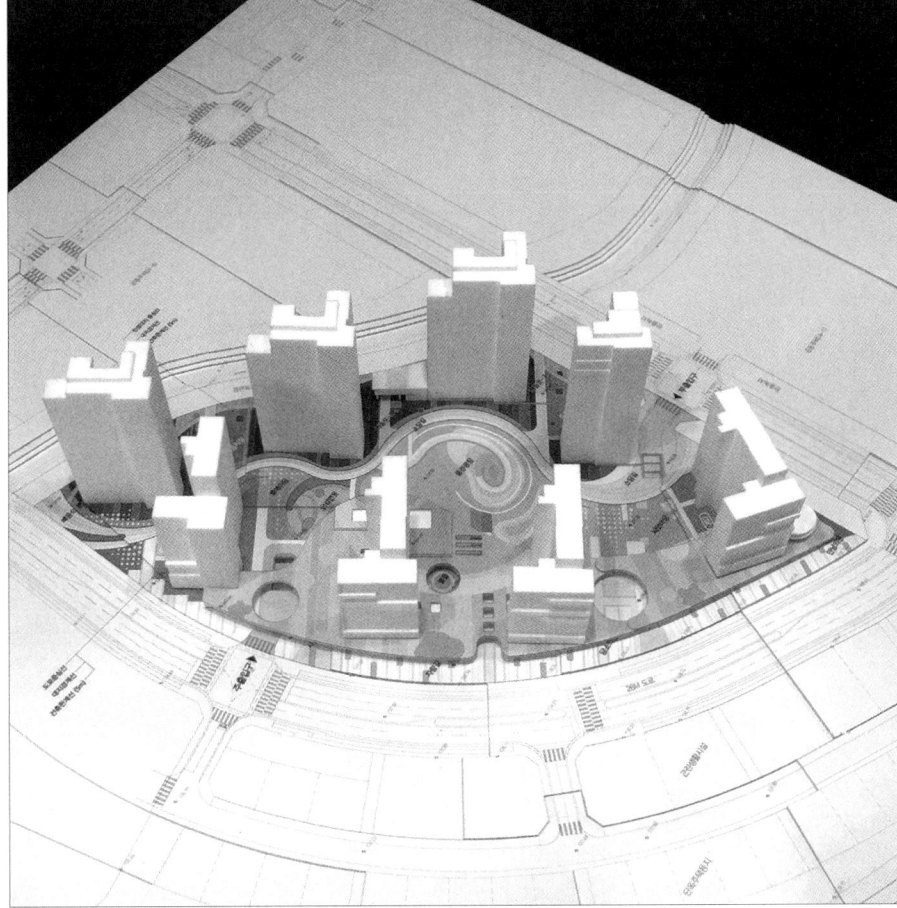

원주무실지구 A-2BL 공동주택

Wonju Musil District A-2BL Housing

단지계획
경계의 공간화를 통한 **열린단지**

눈은 서로 다른 성격의 공간을 나누는 경계의 역할을 한다. 원주무실에서 눈은 경계가 아닌 공간의 의미를 갖는다. 경계의 공간화를 통해 여러 요소들이 혼합되고 상호교류하여 다채로운 커뮤니티로 피어나는 열린단지를 꿈꾼다.

설계개요

구 분		단위	내 역
토지이용내역	대지면적	m²	28,115
	건축면적	m²	6,004.88
	연면적	m²	86,644.73
	용적율산정연면적	m²	56,122.30
	건폐율	%	21.36
	용적율	%	199.62
	녹지율	%	42.97
사업유형	신혼희망(공분)	세대	438
	신혼희망(행복)	세대	237
	소 계	세대	675
건설내역	55A㎡	세대	307
	55B㎡	세대	30
	55C㎡	세대	17
	59A㎡	세대	194
	59B㎡	세대	13
	59C㎡	세대	114
	소 계	세대	675
부대복리시설	복리 및 후생시설	m²	3,760.47
	근린생활시설	m²	287.14
주차대수	지상	대	2 (상가 2대)
	지하	대	834
	소계	대	836 (상가 2대 포함)

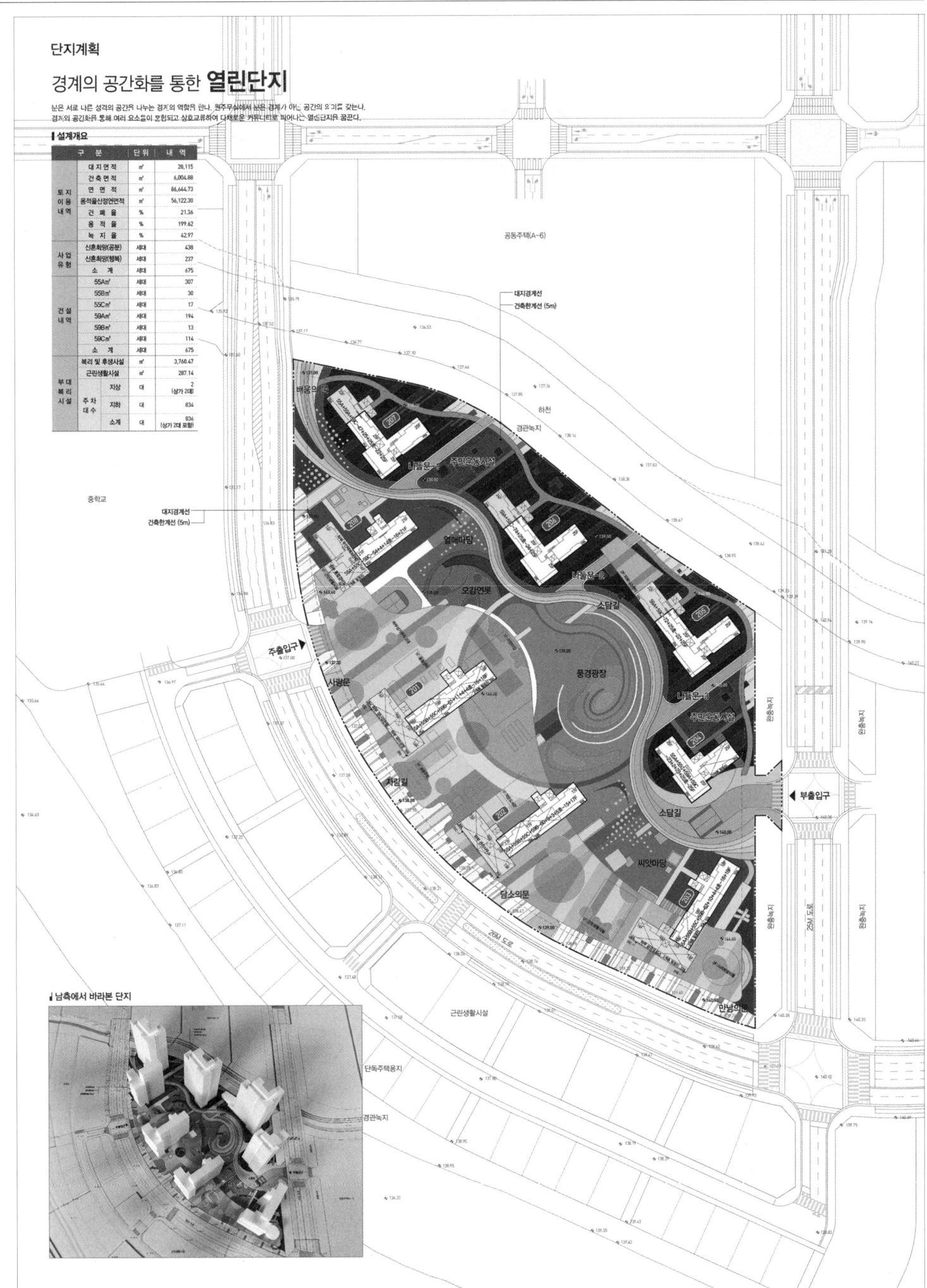

■ 남측에서 바라본 단지

원주무실지구 A-2BL 공동주택

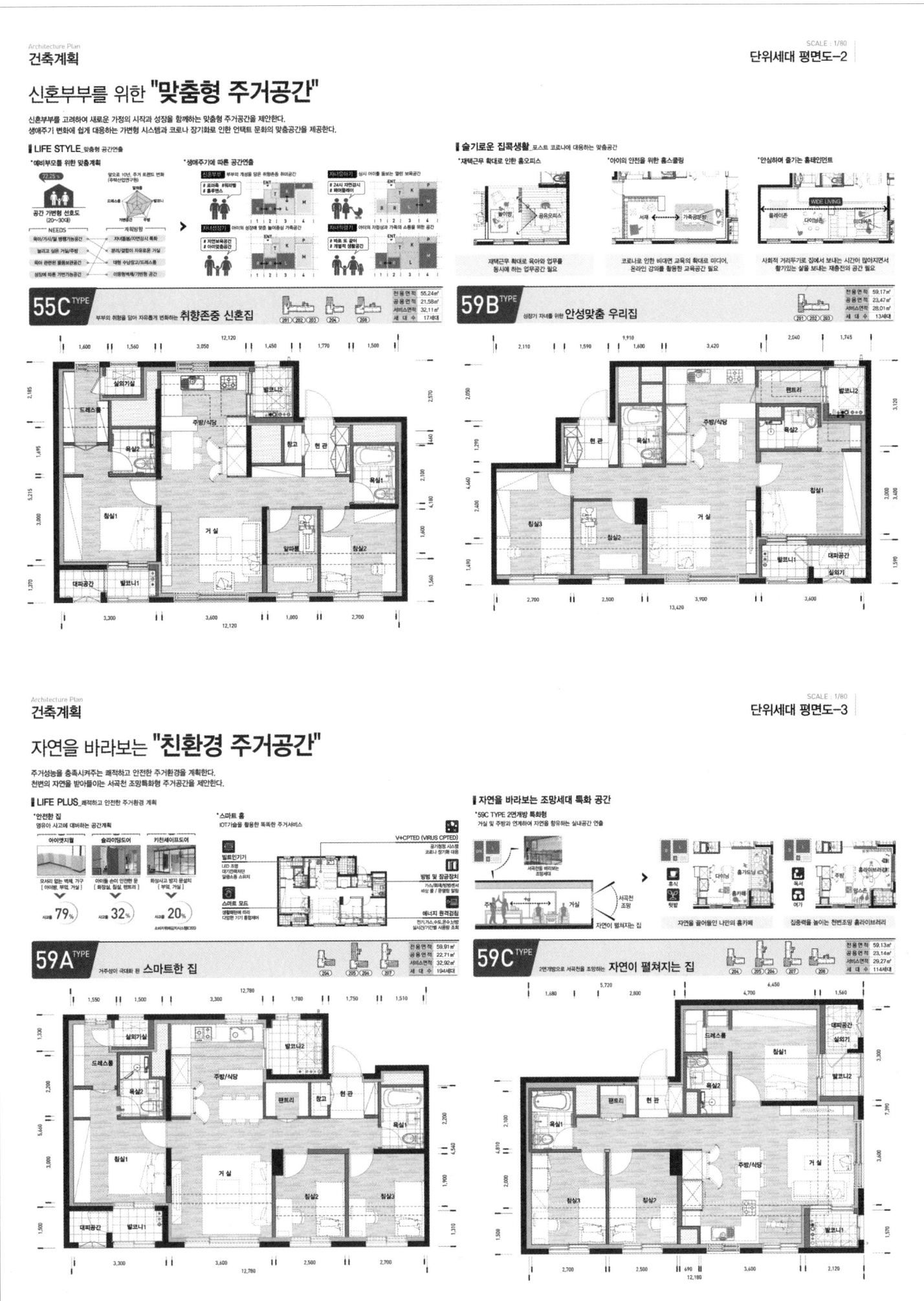

원주무실지구 A-2BL 공동주택

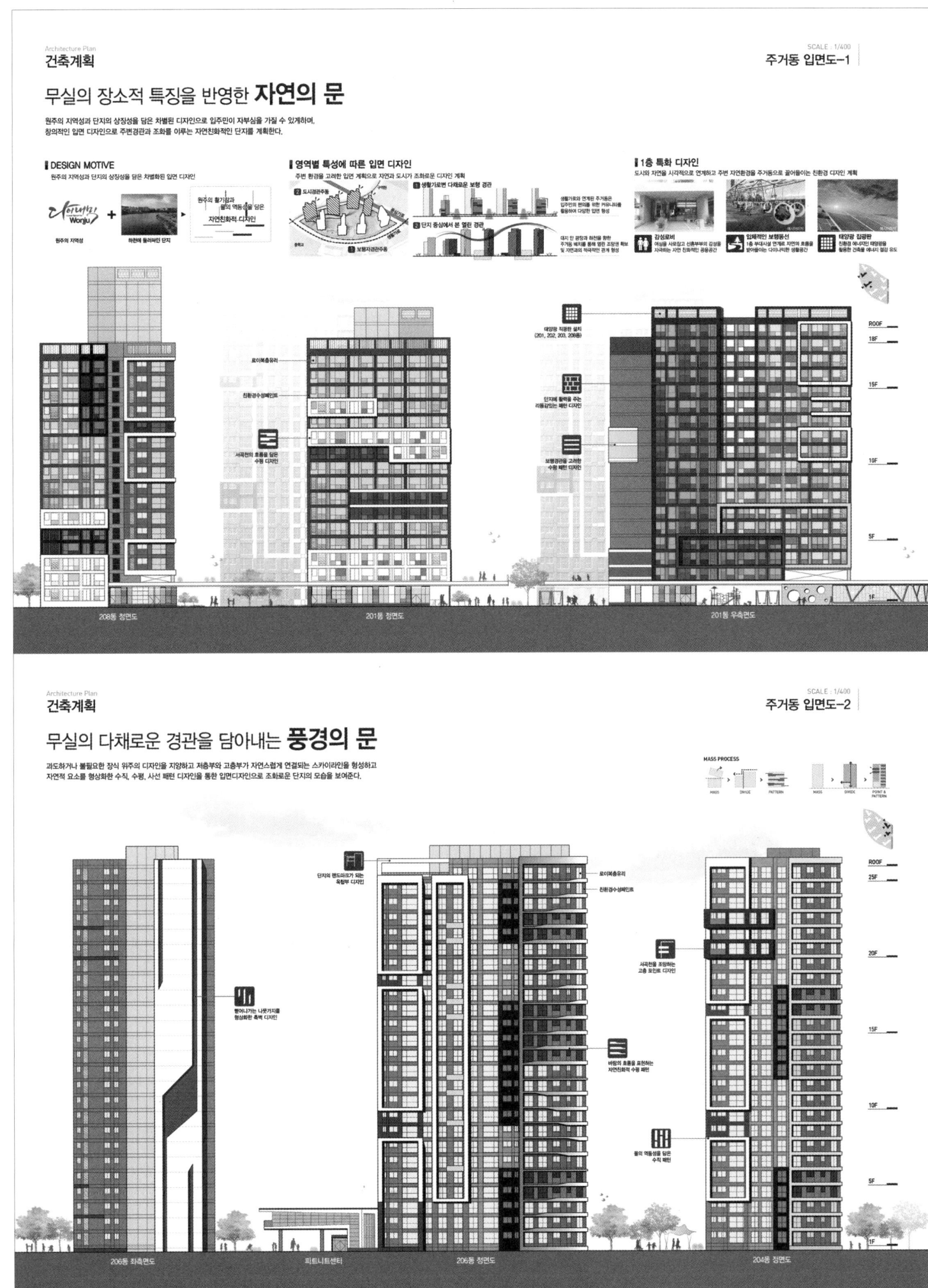

원주무실지구 A-2BL 공동주택

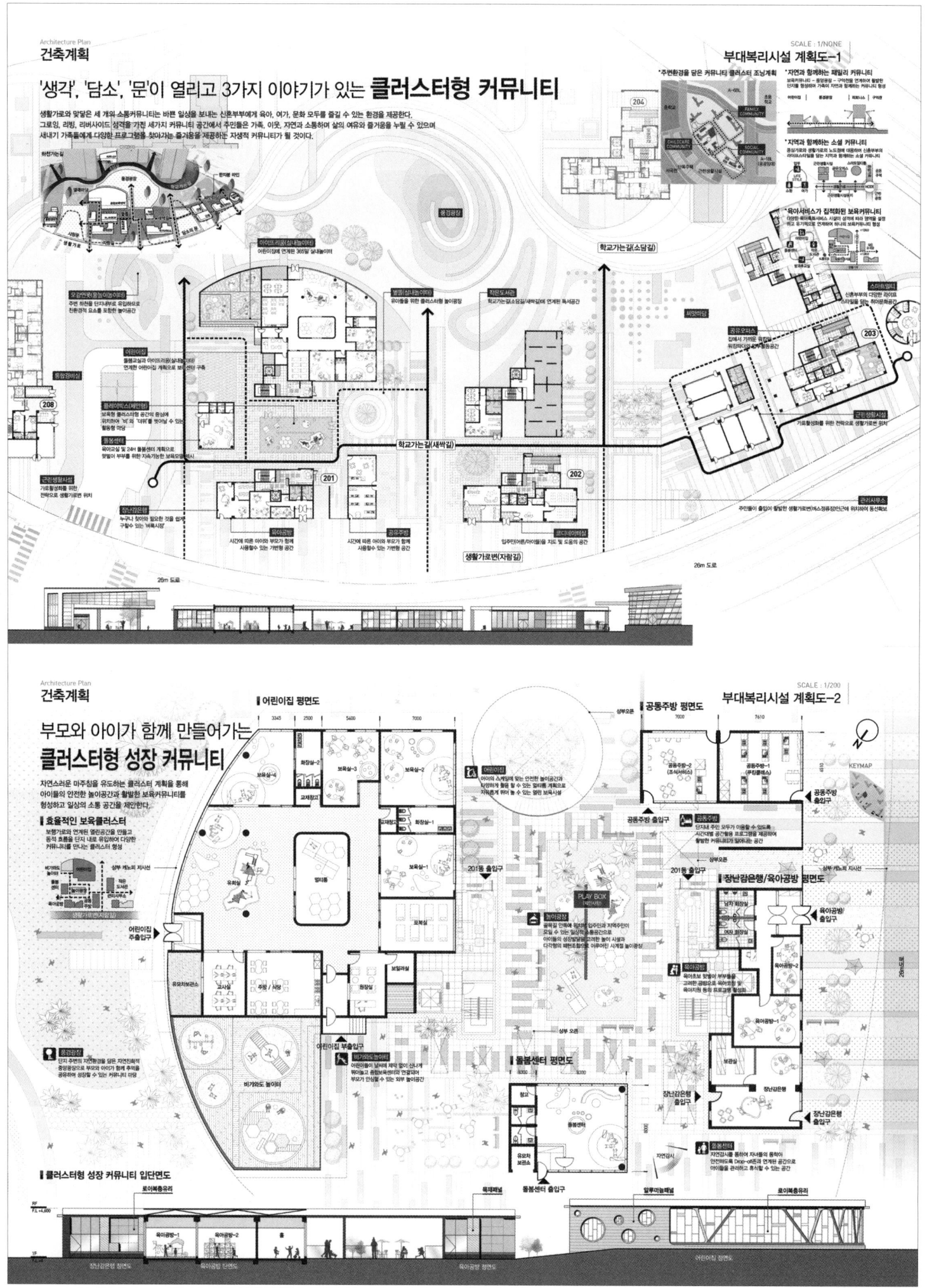

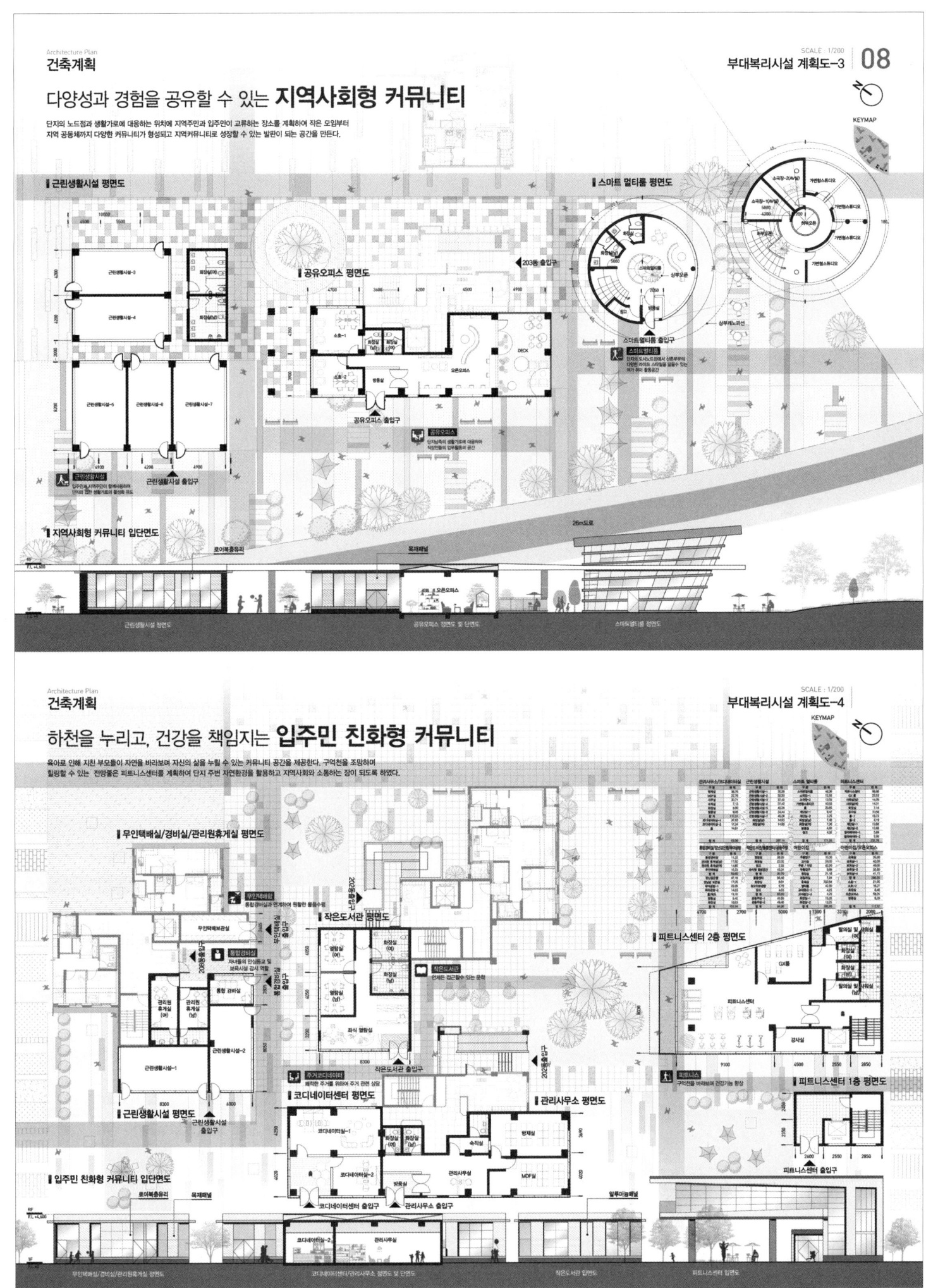

부산 에코델타시티 대방노블랜드 아파트 13블럭

당선작 (주)무영종합건축사사무소 김영우 설계팀 김기백, 양형모, 정종열, 김원교, 김한솔, 이현수, 박영주, 황운지, 박지연, 이종영

대지위치 부산광역시 강서구 에코델타시티 13블럭 **대지면적** 109,816.00m² **건축면적** 22,594.31m² **연면적** 252,391.69m² **조경면적** 5,880.00m² **건폐율** 20.57% **용적률** 160.98% **규모** 지하 1층, 지상 14층 **구조** 철근콘크리트조 **주차** 2,053대

도시맥락과 주거문화의 네트워크

도시와 단지는 다양한 삶이 공존하는 거대한 네트워크를 구조로 되어 있다. 장소가 가지는 네트워크를 기반으로 단지와 연결하고, 다양한 라이프스타일과 커뮤니티의 주거 서비스를 통해 균형 있는 단지가 될 것이다.

장소적 특성과 경계(Border) 허물기

도시 주거유형에서 공동주택의 단지를 개방하고 확장하는 전략은 가로경관을 활용할 수 있는 커뮤니티 생활도로, 학교에 가는 길과 출근하는 길, 공원 산책로, 공공 보행통로 및 진입광장의 거리 공간 네트워크 체계를 조성하여 물, 자연 그리고 사람을 하나로 연결하는 보행 친화적인 단지로 조성될 것이다.

지속 가능한 주거환경(Sustainable Sharing) 만들기

미세먼지와 코로나19 사태에 대응하는 클린존 하우스를 만드는 시스템을 발전시켜 미세먼지 저감 식재, 프라이빗 가든, 스마트공기제어시스템, 현관 클린룸, 클린 커뮤니티 등은 안전한 단지를 만드는 생활기반 플랫폼이 될 것이다.

내가 살고 싶은 주거공간의 변화

현재의 사회적 환경 변화와 가족의 생활패턴을 고려한 새로운 스케일의 유닛 플랜은 레저/수납/클린 일괄 서비스가 가능한 현관 팬트리, 가구 배치가 자유로운 4m의 넓은 자녀 방과 6m의 파노라마 거실 그리고, 마스터 룸과 연계된 대형 알파 룸은 라이프 스타일에 맞게 서재, 놀이방, 아기 침실, 맘스오피스 등을 통해 라이프스타일을 담아내는 평면 구조를 연출 할 수 있다. (***본 안은 현상 설계안으로써 기본계획 시 변경될 수 있습니다.)

A network of urban context and housing culture

A city and a residential complex often form a gigantic network on which various lifestyles thrive together. The site's existing network is used as a foundation for establishing connection with the proposed complex. And various lifestyles and housing services are supported to introduce a well-balanced residential complex.

A sense of place and blurring borders

As a strategy to open and extend the new apartment complex, which is one of the common urban housing types, a street network of community streets making use of streetscapes, paths to school or commute, promenades, public pedestrian walkways and an entrance plaza is established to create a pedestrian-friendly complex through which waters, nature and people are brought together.

Promoting sustainable sharing

In response to the fine dust issue and the COVID-19 pandemic, a Clean Zone House system is developed. Based on it, fine dust-reducing plants, private gardens, smart air control systems, cleanroom porches and Clean Community will form a life platform that makes the complex safer.

Changes in the concept of a desirable living space

Designed on a new scale to reflect today's changes in the social environment and family life, the proposed unit plan has a porch pantry providing an integrated service for leisure, storage and sterilization, spacious 4m-wide rooms for children, a 6m-wide living room and a master bedroom with a large alpha room that can be used differently as a study, playroom, baby room or Mum's Office. These allow the floor plan to accommodate various lifestyles. (***This proposal is a submission to the design competition. It is subject to change at the preliminary design stage.)

Prize winner MOOYOUNG architects & engineers_Kim Youngwoo **Location** Gangseo-gu, Busan-si **Site area** 109,816.00m² **Building area** 22,594.31m² **Gross floor area** 252,391.69m² **Landscaping area** 5,880.00m² **Building coverage** 160.98% **Floor space index** 20.57% **Building scope** B1, 14F **Structure** RC **Parking** 2,053

Busan Eco Delta City Daebang Noble Land Apartment 13BL

물과 자연 그리고 사람을 하나로 연결하는 열린 단지 "Noble Nature City"

| 특화계획도1 | 특화계획

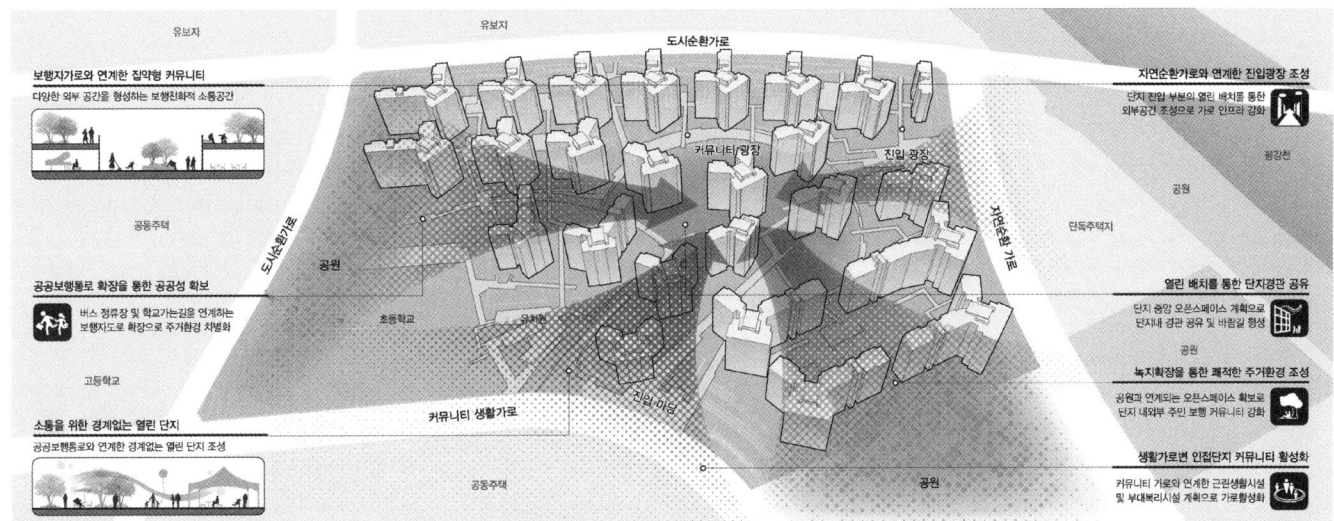

다양한 삶속에서 고귀한 가치를 느낄수 있는 미래형 주거공간 "Noble Value Life"

| 특화계획도2 | 특화계획

생활패턴 변화에 따라 지속가능한 "맞춤형 주거공간"

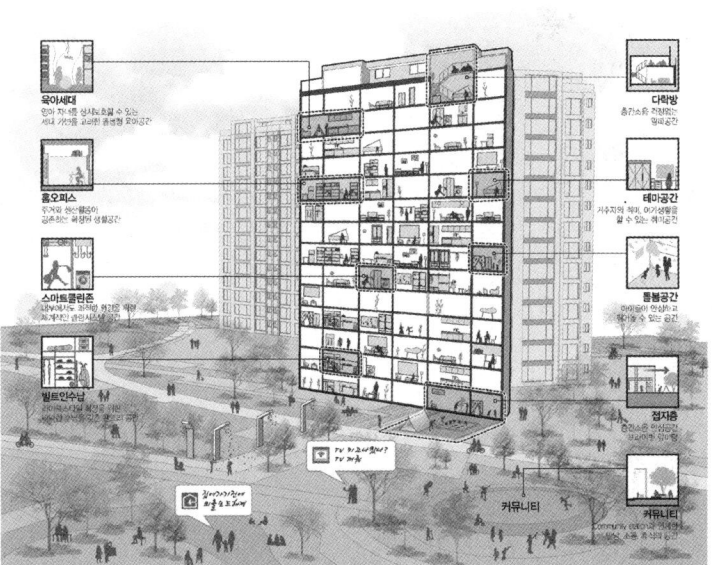

포스트 코로나 시대에 맞춘 "스마트 클린존 하우스"
스마트 기반의 관리용이한 "IOT 프리미엄 특화공간"

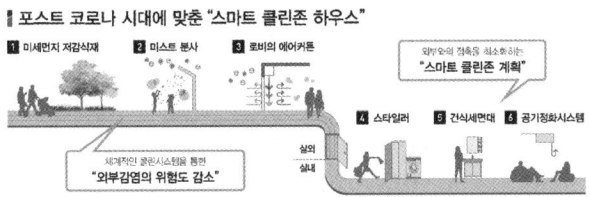

가치를 더하고 성장하는 커뮤니티 **"Noble Growing Community"**

| 특화계획도3 | **특화계획**

01 어린이집 및 경로당 EDU ZONE과 연계된 아이들의 꿈이 자라는 공간 계획

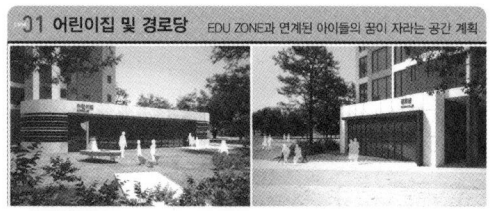

02 문주 및 근린생활시설 생활가로변 보행친화적인 단지 계획

Busan Eco Delta City 13BL

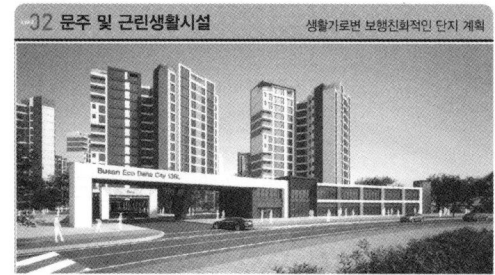

03 진입광장 편리하고 품격있는 진입광장 커뮤니티 계획

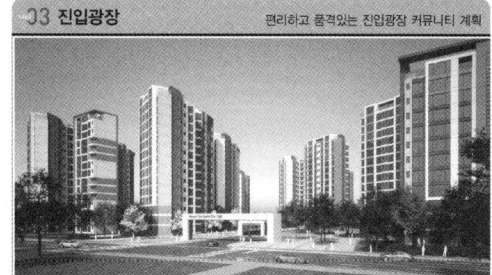

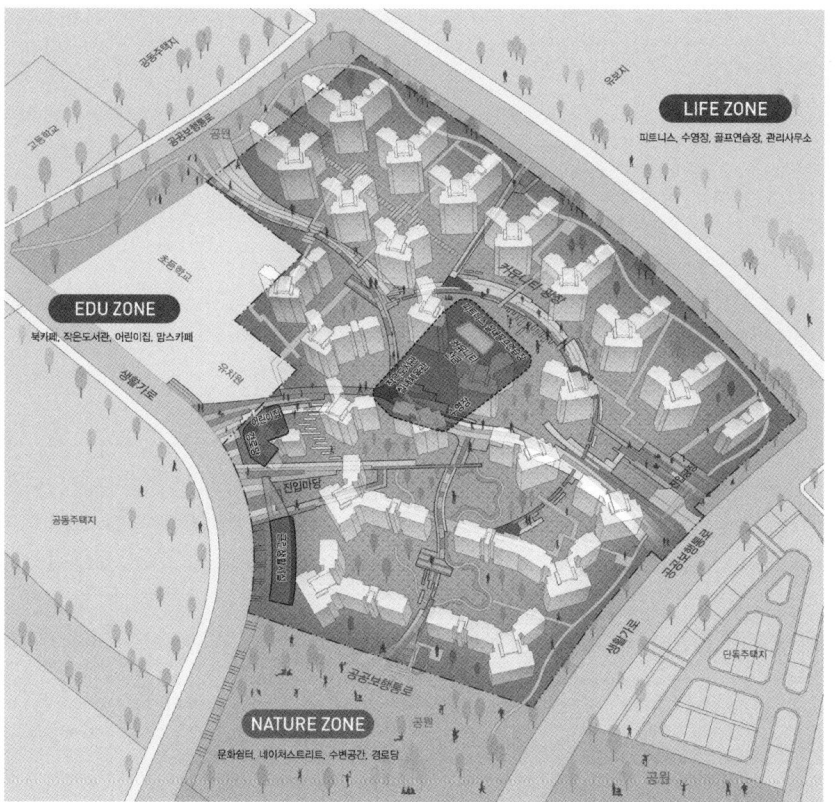

LIFE ZONE
피트니스, 수영장, 골프연습장, 관리사무소
EDU ZONE
북카페, 작은도서관, 어린이집, 맘스카페
NATURE ZONE
문화쉼터, 네이처스트리트, 수변공간, 경로당
공동주택지
고등학교
초등학교
유치원
유보지
공공보행통로
생활가로
진입마당
공원
단독주택지

부산 에코 델타시티 13블럭 대방 노블랜드 아파트 지명현상

자연·교육·커뮤니티가 하나되는 **"에코델타시티 고품격 명품단지"**

| 배치대안#1 | **단지계획**

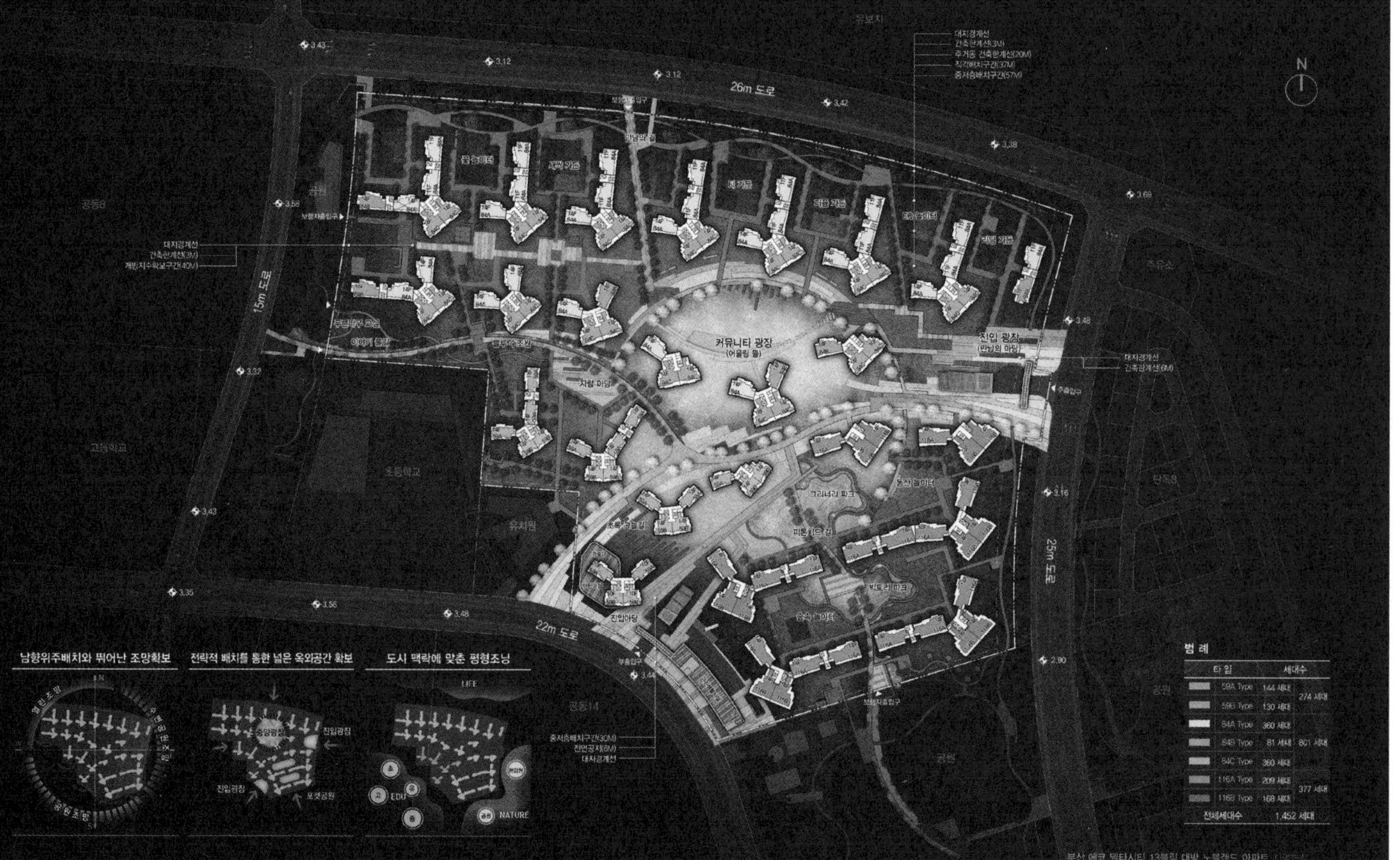
26m 도로
15m 도로
22m 도로
25m 도로
커뮤니티 광장
진입 광장
N
남향위주배치와 뛰어난 조망확보
전략적 배치를 통한 넓은 옥외공간 확보
도시 맥락에 맞춘 평형조닝
LIFE
EDU
NATURE

범 례

	타 입		세대수
	59A Type	144 세대	274 세대
	59B Type	130 세대	
	84A Type	360 세대	801 세대
	84B Type	81 세대	
	84C Type	360 세대	
	116A Type	209 세대	377 세대
	116B Type	168 세대	
전체세대수			1,452 세대

부산 에코 델타시티 13블럭 대방 노블랜드 아파트 지명현상

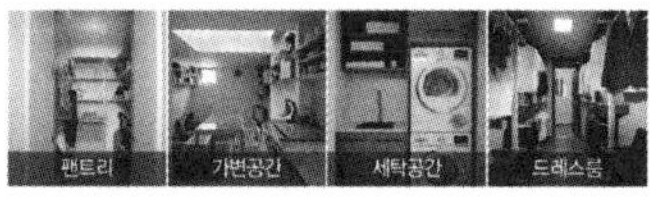

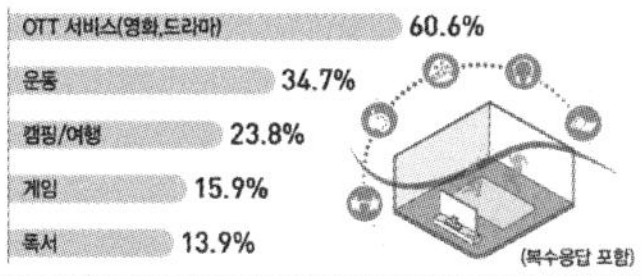

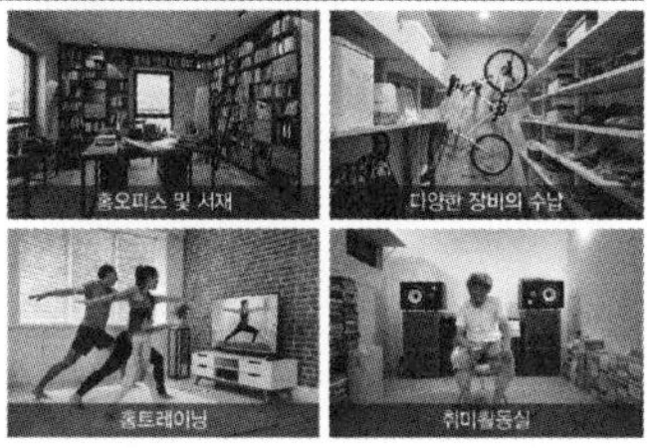

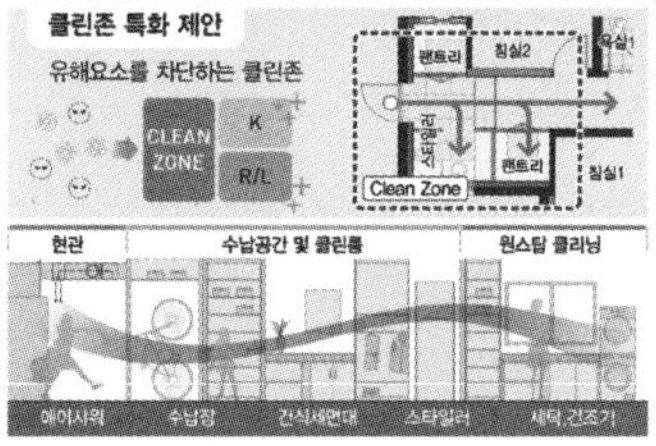

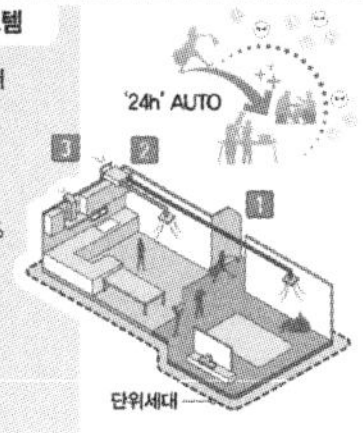

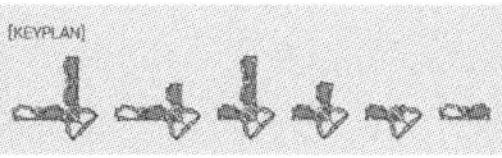

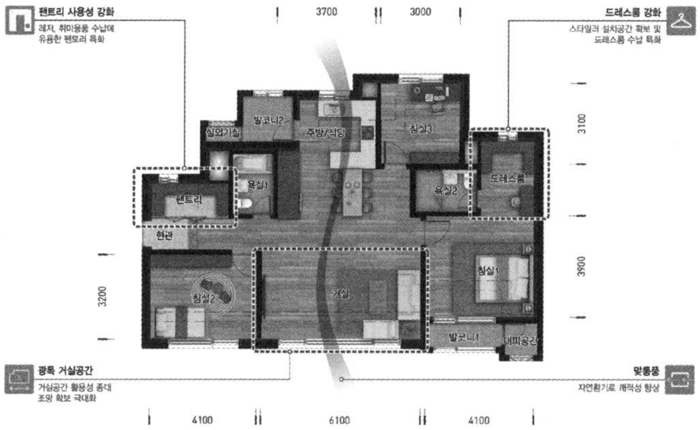

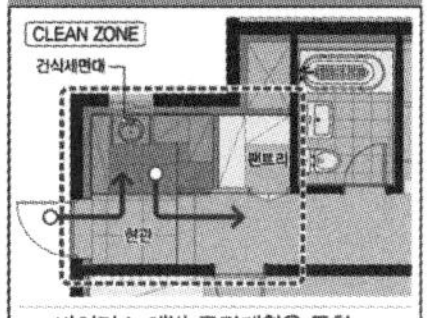

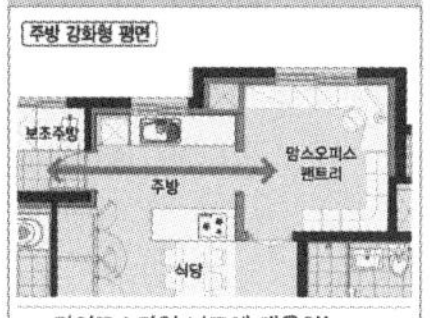

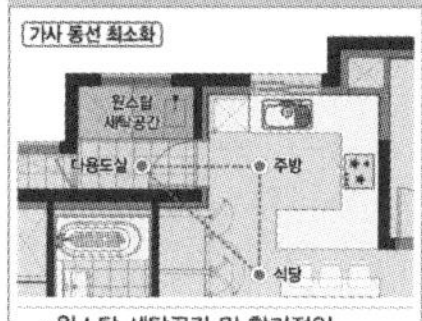

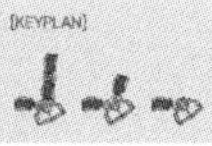

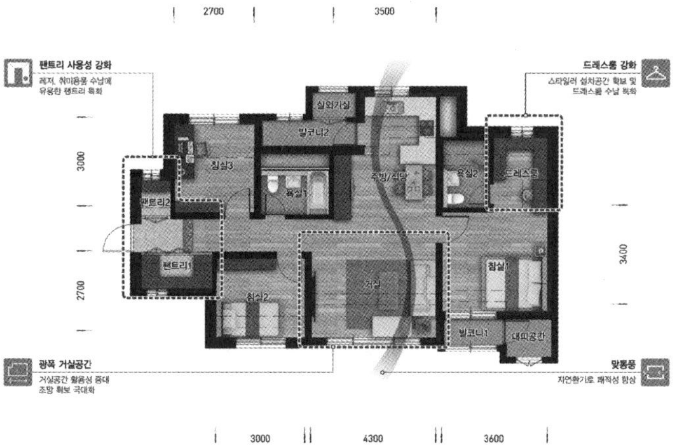

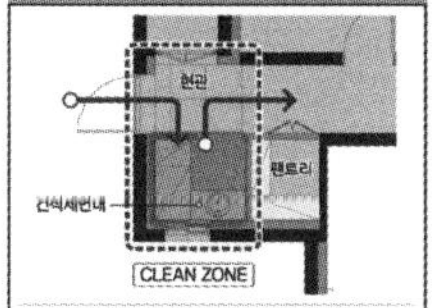

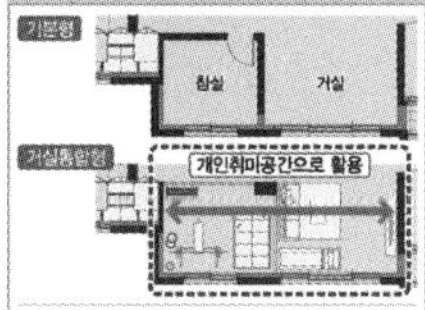

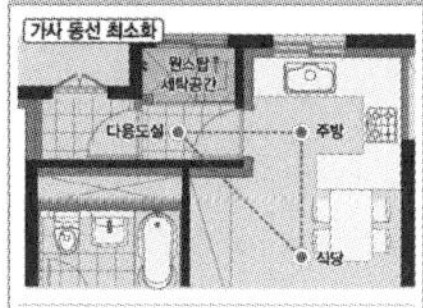

부산 에코델타시티 대방노블랜드 아파트 13블럭

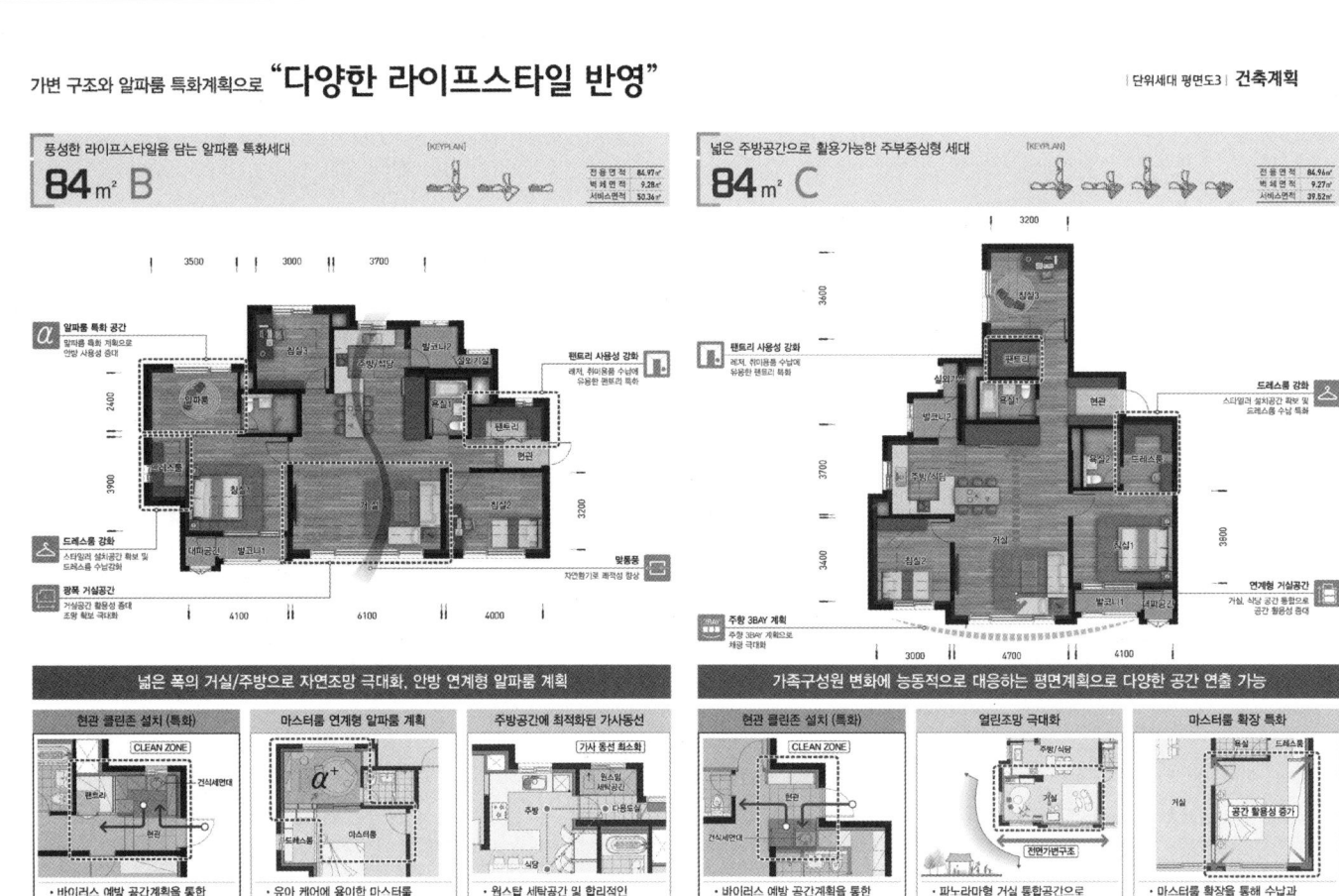

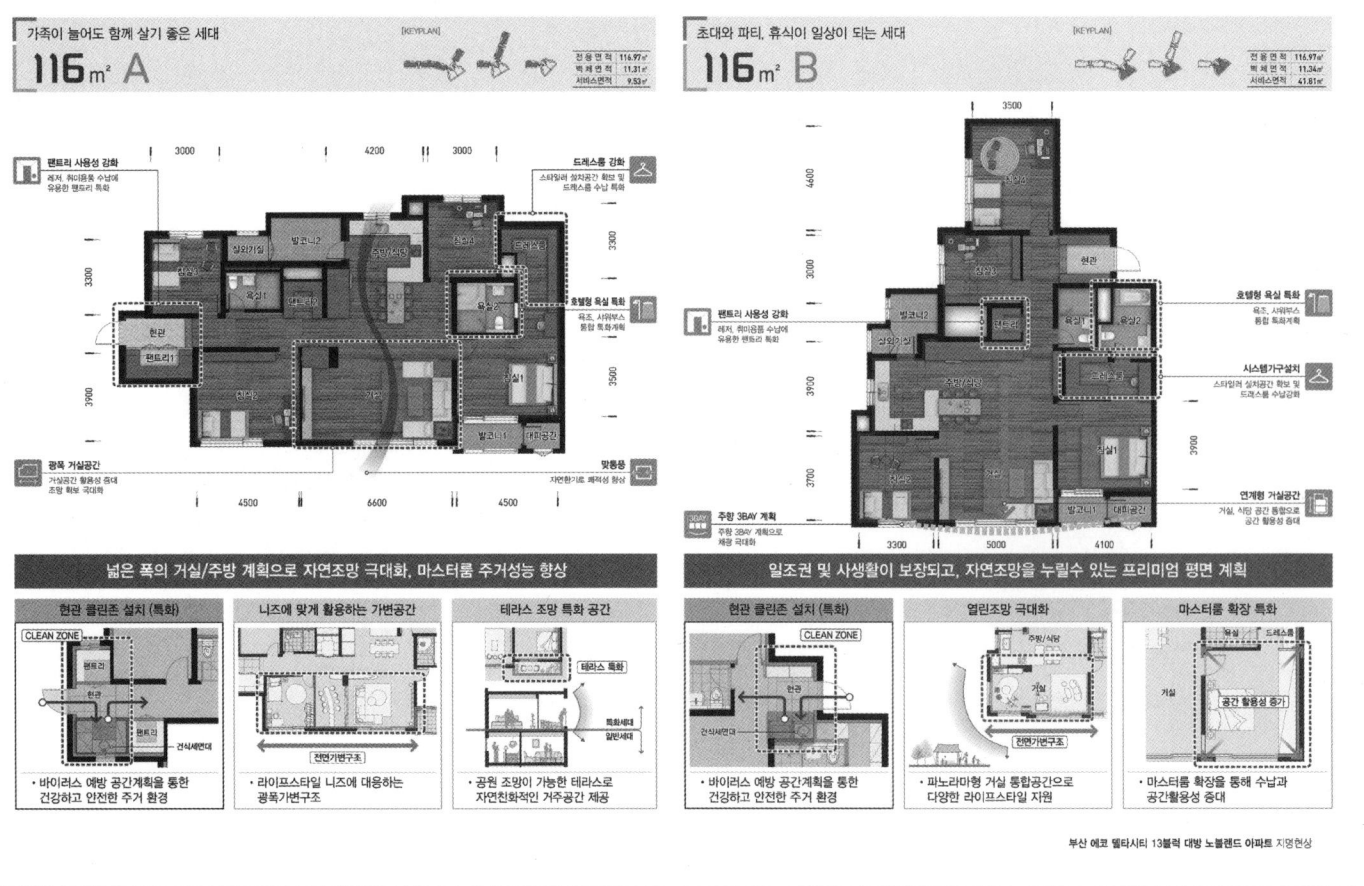

Busan Eco Delta City Daebang Noble Land Apartment 13BL

다양한 인프라를 함께 공유하는 "소통하는 주동계획"

| 주동/입면계획1 | 건축계획

영역별 주동조닝 계획

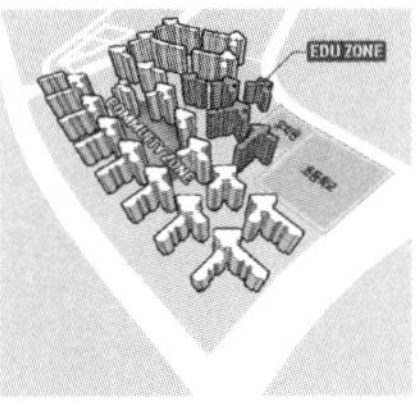

주동 특화계획
- 친환경 코어 계획: 채광창 확보로 채광 및 환기 가능 적합한 코어계획으로 편의성 증진
- 맞통풍 및 조망 확보: 맞통풍으로 채광 및 환기 극대화 단위세대별 맞춤 조망권 확보
- 클린존 로비 계획: COVID-19 등 바이러스를 고려한 공용공간 계획

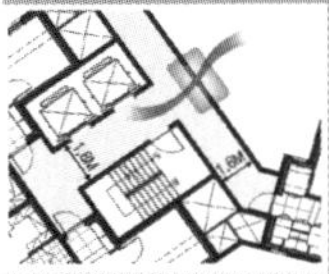

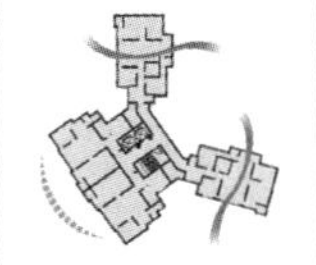

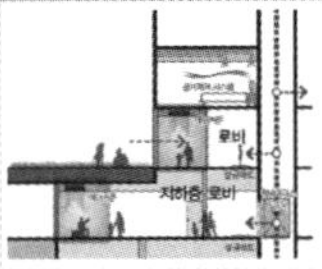

입면 특화계획
Design Process: MASS > INSERT > PATTERN > IDENTITY
- 다양한 경관을 창출하는 수평적 Frame 계획
- 생활가로변에서 도시와 단지가 균형을 이루는 경관 연출

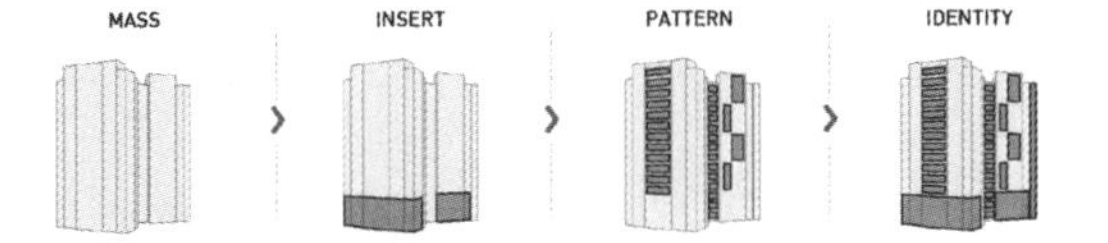

주거동 평면도
59A TYPE / 59B TYPE

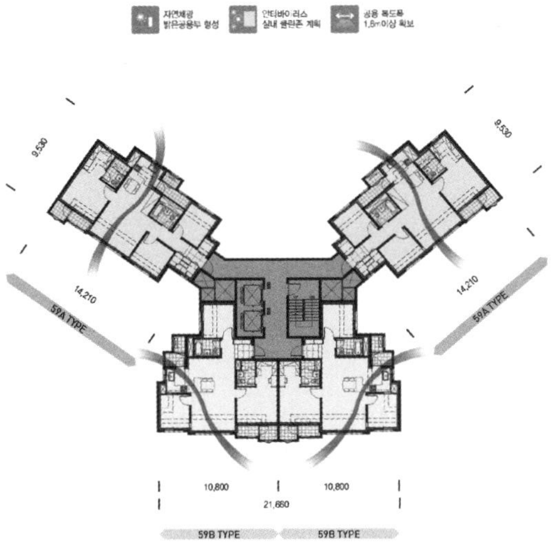

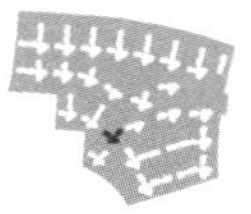

접지층 특화 제안
듀플렉스 하우스
- 지하 PIT공간을 활용하여 1층 세대 알파공간 제공 

주거동 입면 투시도
- 지붕층 디자인: 시각적으로 편안한 스카이라인을 고려하여, 심플하고 깔끔한 이미지 연출
- 입면 디자인: 안정감을 부여하며, 가로와 수직패턴으로 리듬감 부여
- 저층부 디자인: 자연친화적 색채의감으로 안정감있는 하부공간 연출

부산 에코 델타시티 13블럭 대방 노블랜드 아파트 지명현상

수요자의 NEEDS와 라이프 사이클에 대응하는 "합리적인 주동계획"

| 주동/입면계획2 | 건축계획

영역별 주동조닝 계획
LIFE ZONE

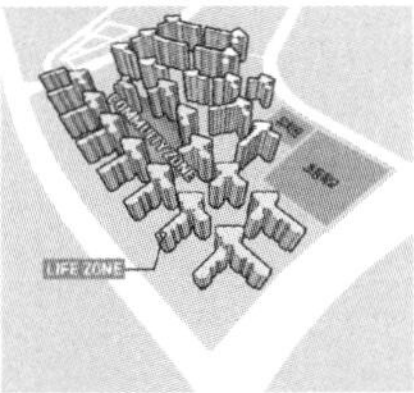

주동 특화계획
- 코어소음 저감 계획: 소음 및 진동피해를 최소화하기 위한 코어계획
- 세대공용 공간 계획: 엘리베이터 홀 공간을 활용한 세대공용 공간 계획
- 프라이빗 로비 가든: 각 주동 프라이버시를 고려한 진출입 계획

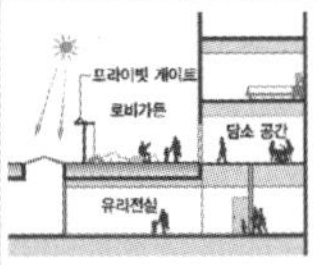

입면 특화계획
Design Process: MASS > INSERT > PATTERN > IDENTITY
- 보행로와 단지내부를 연결하는 Stripe 패턴 계획
- 단지 내부에서 자연적인 이미지와 통일성 부여

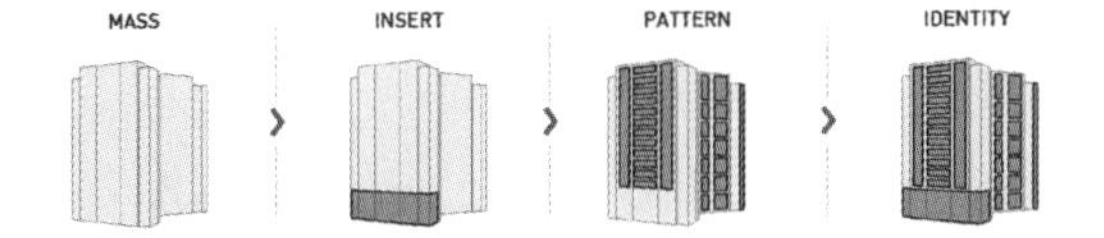

주거동 평면도
84A TYPE / 84C TYPE

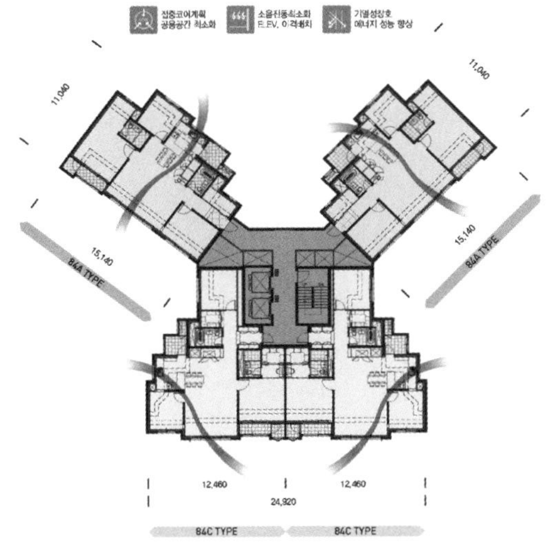

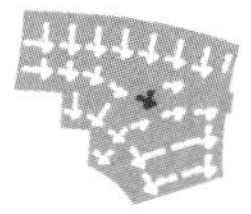

접지층 특화 제안
로비라운지
- 주동 출입시 입주민의 커뮤니티를 위한 특화 

공용창고 
- 지하 PIT 활용 특화 서비스 공간 제공

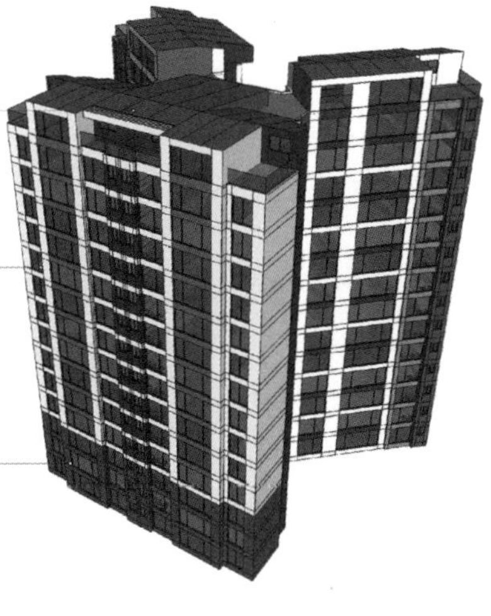

주거동 입면 투시도
- 지붕층 디자인: 시각적으로 편안한 스카이라인을 고려하여, 심플하고 깔끔한 이미지 연출
- 입면 디자인: 수평적 선형 매스디자인으로 연계성 확보
- 저층부 디자인: 저층부 3개층을 석재마감하여 수동 기단부를 강조화

부산 에코 델타시티 13블럭 대방 노블랜드 아파트 지명현상

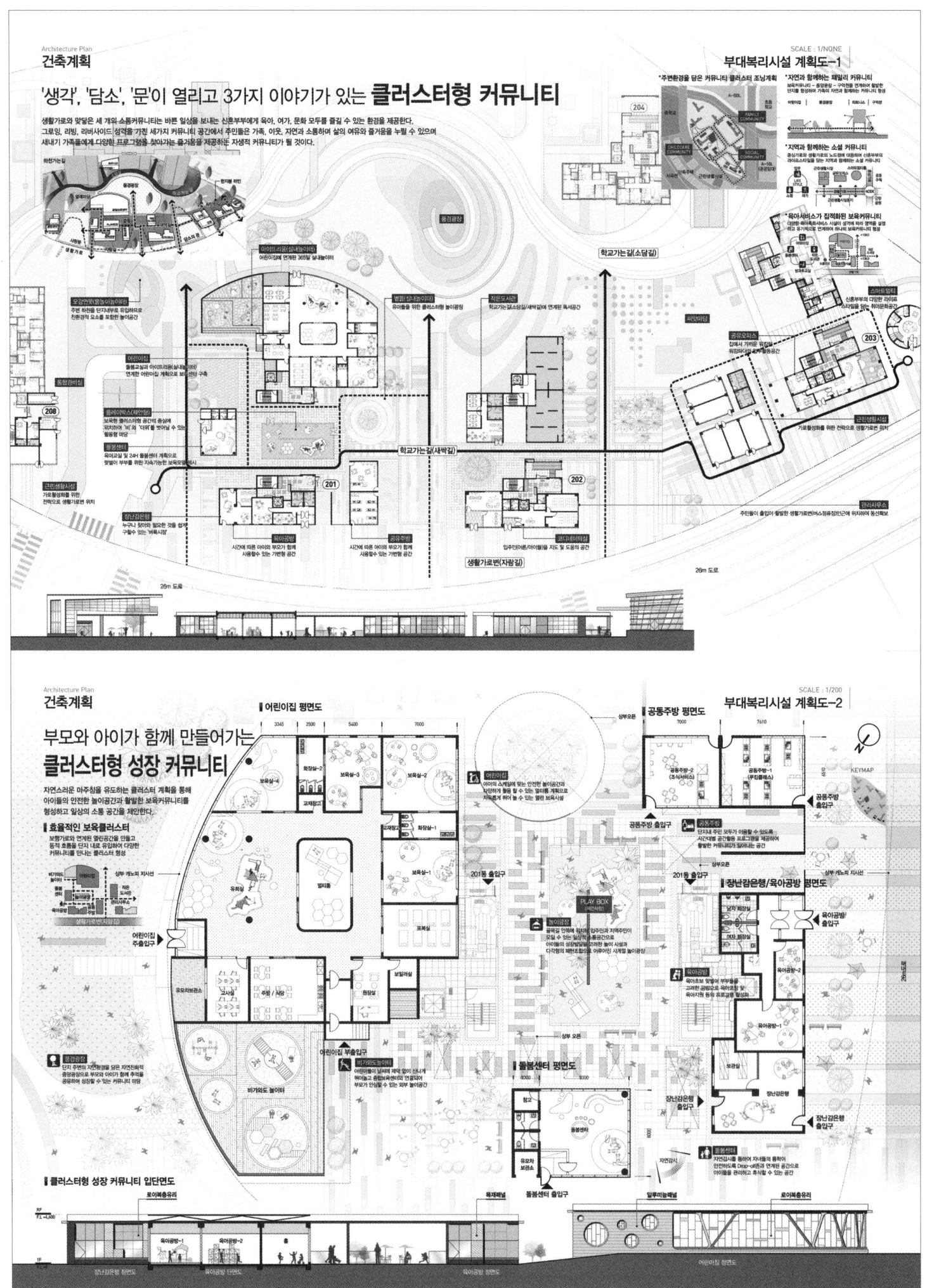

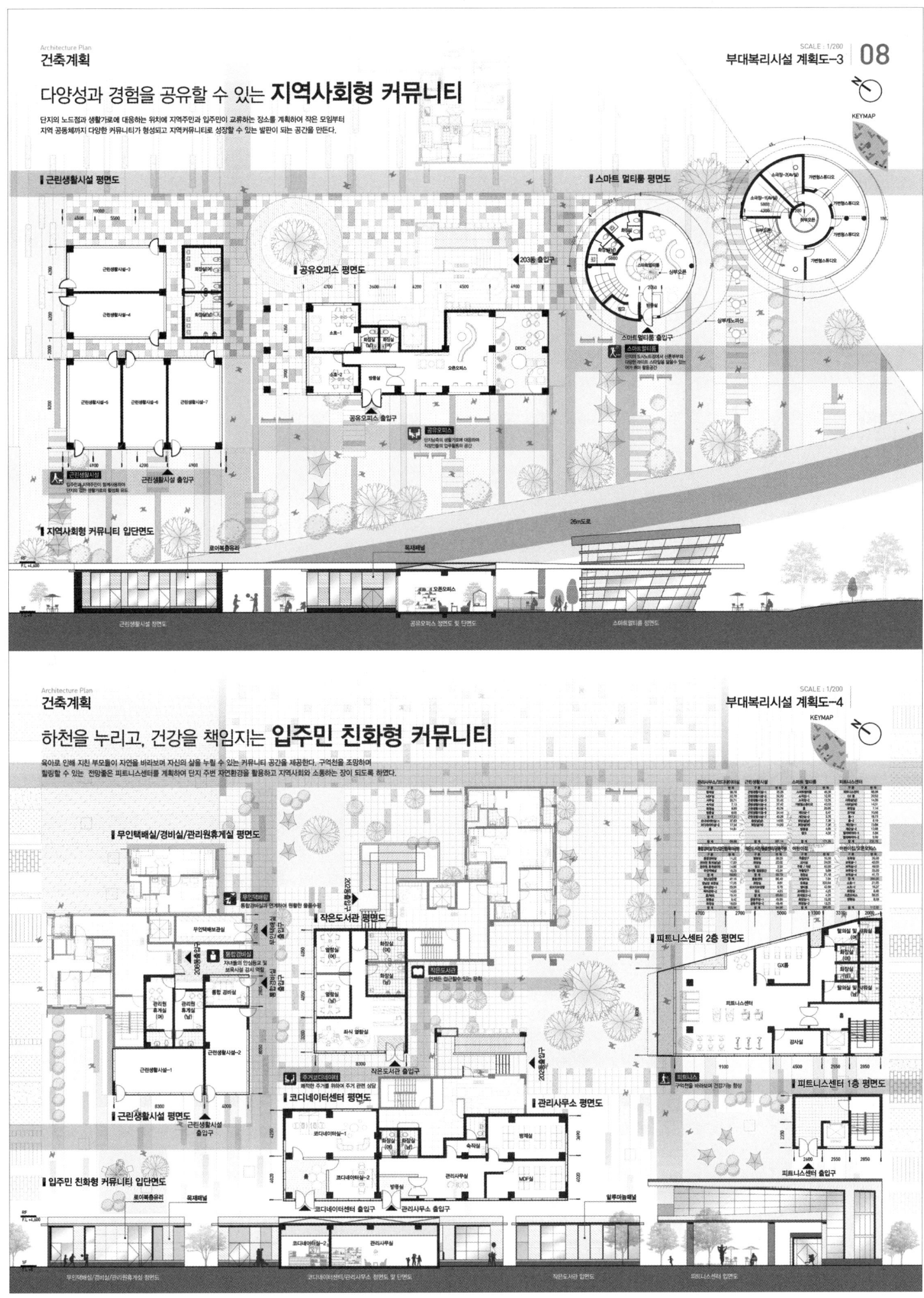

INDEX 2020

설계경기 141호 (2월)

*문화
국립인천해양박물관
금촌 다목적 실내체육관
파주 무대공연종합아트센터
한겨레 얼 체험관

*도시
서울 국제교류복합지구 수변공간 여가문화 공간조성
서남권 활성화를 위한 국회대로 상부 공원 설계 공모 2단계

*업무
경기신용보증재단 사옥
대구 혁신도시 복합혁신센터
에너지-ICT 융복합지식산업센터
우암부두 지식산업센터
창원세무서 청사
북광주세무서 청사
청송소방서
북구소방서
한전KDN 서울지역본부 사옥
보성군 복합커뮤니티센터

*교육 / 의료
국민건강보험공단 인재개발원 제2교육동
경기남부직업능력개발원

설계경기 142호 (4월)

*도시 / 업무
신내 컴팩트시티 국제설계공모 – 북부간선도로 입체화사업
신용보증재단중앙회
전주시 덕진구 혁신동 주민센터
남촌동 복합청사

*문화
대가야역사문화클러스터사업(가얏고 전수관 및 연수원)
민주인권기념관
전주 육상경기장 증축 및 야구장
광주문화예술회관 리모델링

*교육
2019 행정중심복합도시 공동캠퍼스
경기도 대표도서관

광주대표도서관
계수중학교

*복지
온산읍 종합 행정복지타운
우면주민편익시설
북구 행복어울림센터
고산 어린이집·수성구 육아종합지원센터

설계경기 143호 (6월)

*업무 / 주거
김포제조융합혁신센터
세종테크노파크
마산동 행정복지센터
아산시 온양5동 행정복지센터
파주운정3 A-23BL 공동주택

*교육
한국학대학원 외국인 유학생 기숙사
미래교육테마파크
충청남도교육청 진로융합교육원
달성군 교육문화복지센터

*문화
화성동탄2 트라이엠파크 복합문화공간
제천예술의전당 건립 및 도심광장
갈매 공공체육시설
석촌호수 아트갤러리
광주문학관
서울 공공한옥 한옥체험시설 리모델링

*도시
서울 컴팩트시티, 장지공영차고지 입체화사업
3기 신도시 기본구상 및 입체적 도시공간계획 – 남양주 왕숙
과천지구 도시건축통합 마스터플랜
세종포천고속도로 처인(통합)휴게소

설계경기 144호 (8월)

*도시 / 주거
잠실한강공원 자연형 물놀이장
남양주 왕숙2지구 도시기본구상 및 입체적 도시공간계획
옛 성동구치소 부지 신혼희망타운
과천지식정보타운 S-10BL

*교육
국립광주과학관 AI 5G체험관
신용 복합공공도서관
순천시 신대도서관
광탄도서관 복합문화공간
강릉소방서 공동직장어린이집

*업무
경남 사회적경제 혁신타운
춘천ICT벤처센터
청학동 행정복지센터 복합청사
가정1동 행정복지센터
만수5동 행정복지센터

*문화 / 복지
서서울미술관

혁신어울림센터
선사문화체험관·청소년문화의집
당감동 복합 국민체육센터
중부 종합복지타운
장애인복합문화관

설계경기 145호 (10월)

*도시 / 업무
3기 신도시 기본구상 및 입체적 도시공간계획 – 고양 창릉지구
3기 신도시 기본구상 및 입체적 도시공간계획 – 부천 대장지구
원주무실지구 A-2BL 공동주택
건강보험심사평가원 의정부지원 사옥

*문화
향남문화복합센터
국립여수해양기상과학관
송정복합문화센터
수원문화시설
춘천먹거리 복합문화공간

*복지 / 체육
양산시 종합복지허브타운
사천시 생활밀착형 국민체육센터
북구 종합체육관
신현 문화체육복합센터

*교육
순천고등학교 교사동 개축
하망동 공공도서관 및 주차장
강서양천교육지원청 통합교육지원센터 증축
주례 열린 도서관

설계경기 146호 (12월)

*문화
여수시립박물관
천안시 청소년복합커뮤니티센터
복대 국민체육센터
홍성군 장애인수영장

*교육
전남대학교 의대 화순캠퍼스 교육복합동
서울대학교 중앙광장 및 지하주차장 계획
동산초 본관동 증개축
광명동초등학교 복합시설
산본도서관 리모델링
부산대학교 부설 예술중고등 특수학교

*복지
소방복합치유센터
은계어울림센터-2
행복북구 통합 가족센터
하남시 시민행복센터

*업무 / 주거
순천시 생태 비즈니스센터
문화유산과학센터
길상면 주민복합센터
친환경 수소연료선박 R&D 플랫폼센터
한국연구재단 R&D정보평가센터
부산 에코델타시티 대방노블랜드 아파트 13블럭

INDEX 2021

설계경기 147호 (2월)

*업무
순천시 신청사
청정대기산업 클러스터 조성사업
구)울주군청사 복합개발사업
가락119안전센터·강남농수산물검사소 합동청사
글로벌 스마트양식장 테스트베드
온양온천시장 복합지원센터

*문화
서울 의정부지(議政府址) 유구보호시설
경산 청년 지식놀이터
남해 생활 SOC 꿈나눔센터
사천 반다비 체육센터
부안군 복합커뮤니티센터

*교육 / 주거
세종시 평생교육원
체육인교육센터
동삭중학교
호명초등학교 교사 증축
마장고 교사동 증축 및 기존 교사동 리모델링
파주운정3지구 A47블록 공동주택

*복지
수성행복드림센터
삼척 어울림플라자
포천시 돌봄 통합센터
광주 장애인 수련시설

설계경기 148호 (4월)

*국제
송도국제도시 도서관
신포지하공공보도 연장(복합센터)

*교육 / 의료
이노베이션 아카데미 교육연구시설 증축
울산광역시 중부도서관
경산시 청소년수련관
한국전기안전공사 전기안전교육원
김천중앙고등학교
울산 신재전문 공공병원

*업무 / 문화
경상북도구미교육지원청 청사
광탄면 행정복지센터 증축

면목7동 복합청사
불광제2동 복합청사
의성군 로컬푸드 직매장
금사 푸드 & 파크 및 공영주차장

*체육 / 복지
양구종합스포츠타운 및 체육시설
강동구 제2구민체육센터
자인노인복지관
의창노인종합복지관 증축

설계경기 149호 (6월)

*업무
충청북도 도의회청사 및 도청 제2청사
한전 관악동작지사 위탁개발사업
대전스타트업파크 앵커건물
진해공공임대형 지식산업센터
충청북도문화재연구원
남구청 별관

*문화
광주·전남공동혁신도시 복합혁신센터
초정 치유마을 조성사업
국립광주박물관 도자문화관
벌교문화 복합센터
사천제2산단 복합문화센터

*복지 / 체육
고산지구 문화누리센터
부민동 복합센터
울산 남구 복합문화 반다비 빙상장
답내초 실내체육관 증축 및 급식실 현대화

*의료 / 도시
영남권역 감염병 전문병원
호남고속도로 여산(천안방향)휴게소

설계경기 150호 (8월)

*문화
국립한국문학관
순천 어울림센터
제주혁신도시 꿈자람센터
옥화자연휴양림 치유센터
남산창작센터 ZEB전환 리모델링

*도시 / 업무
수원당수2지구 도시건축통합 마스터플랜
위례지구 A1-14BL 신혼희망타운
세종 6-3생활권 복합커뮤니티센터
소상공인복합클러스터
파주 금촌 민·군 복합커뮤니티센터

*교육 / 체육
이천시 청소년 생활문화센터
(가칭)시화1유치원
충남대학교 스포츠콤플렉스
남악신도시 체육시설 확충사업
무안군 다목적체육관

*복지
(가칭)노인회관·50플러스센터
구리시립 노인전문 요양원 증축

충북권 공공 어린이 재활의료센터

설계경기 151호 (10월)

*업무
강서구 통합신청사
국립소방연구원
광양만권 소재부품 지식산업센터
검단신도시 생활SOC복합청사
내덕1동 도시재생뉴딜사업 덕벌나눔허브센터

*도시 / 조경
혁신원자력연구단지
금곡도시첨단산업단지
416 생명안전공원
꿈돌이어린이공원 공영주차장 복합화 사업

*문화 / 복지
충남미술관
영종국제도시 복합공공시설
청양군 가족문화센터 및 평생학습관
서귀포시 종합사회복지관
제주특별자치도 보훈회관

*교육
서울과학기술대학교 도서관 및 학생회관
국가문헌정보관
대전 제2시립도서관

설계경기 152호 (12월)

*업무
고성군 청사
홍성군 신청사
제주지식산업센터
남해 생활SOC 「삼동다락」
용호2동 복합청사

*문화 / 교통
진주실크박물관
펫빌리지
양평동 공공복합시설
부산민주공원 부속건물
수영구 스포츠문화타운 부설주차장

*교육 / 의료
정관 에듀파크
이목지구 근린공원52 내 도서관
공주대학교 글로벌종합연수관
대구보훈병원 재활센터

*주거 / 복지
상무지구 광주형 평생주택
성남낙생 A-2BL 공동주택
다산건강가족센터
공립 치매전담형 노인요양시설

*문화

*주거

Publisher | Heungchae Jung
Editorial Dept. | Joonyong Jung, Eunjae Ma
Design Dept. | A&C design

Print in Korea
ISBN | 978-89-7212-207-4
Price | USD 48 (48,000won)
Registration No. 2004-000166

© A&C Publishing
9F, 15, Teheran-ro 22-gil, Gangnam-gu, Seoul, Korea
T: +82-2-538-7333
www.ancbook.com

Copyright A&C Publishing Co., Ltd. and may not be
reproduced in any manner or from without permission.